U0168882

金属切削机床实用技术手册

邱言龙　李文菱　主编

内 容 提 要

为配合机械制造行业产业转型升级，加强机械制造工艺装备合理使用和发挥应有的效益，为广大技术工人提供一套内容起点低、层次结构合理的机械制造工艺装备的实用参考书，特组织有多年丰富教学经验和高超的实际操作水平的教师，编写了《现代机械制造工艺装备实用技术手册》系列，旨在为从事机械制造工艺装备方面工作的工程技术人员提供一套可直接查阅参考的工具书。

本书共11章，主要内容包括：金属切削机床概述，车床，铣床，钻床和镗床，刨床、插床和拉床，磨床，齿轮加工机床，机床主要部件、机构与装置，机床常用附件，机床的控制与操作，机床的合理使用与维护保养。

本书主要供从事机械制造工艺、机械工艺装备方面工作的工程技术人员查阅、参考；也可供机床设备维修人员和设备管理人员查阅、借鉴，还可作为机械加工制造方面技术和管理人员以及大中专院校与机械制造有关专业的师生参考。

图书在版编目（CIP）数据

金属切削机床实用技术手册/邱言龙，李文菱主编．—北京：中国电力出版社，2022.1

ISBN 978-7-5198-3712-9

Ⅰ.①金…　Ⅱ.①邱…　②李…　Ⅲ.①金属切削-机床-技术手册
Ⅳ.①TG502-62

中国版本图书馆CIP数据核字（2019）第206527号

出版发行：中国电力出版社
地　　址：北京市东城区北京站西街19号（邮政编码100005）
网　　址：http：//www.cepp.sgcc.com.cn
责任编辑：马淑范（010-63412397）
责任校对：黄　蓓　朱丽芳　常燕昆　于　维
装帧设计：赵姗姗（版式设计和封面设计）
责任印制：杨晓东

印　　刷：三河市万龙印装有限公司
版　　次：2022年1月第一版
印　　次：2022年1月北京第一次印刷
开　　本：880毫米×1230毫米　32开本
印　　张：31.875
字　　数：904千字
定　　价：98.00元

丛书前言

随着现代机械制造技术的不断发展，机械设备在工业企业中的作用和地位也显得越来越重要。机床工业属于机械工业的一部分，也称为机械工业装备，是关系国计民生、航空航天、国防科技尖端建设的基础工业和战略性产业。金属切削机床是加工机器零件的主要设备，它所担负的工作量，约占机器总制造工作量的40%～60%，机床的技术水平直接影响机械制造工业产品的最终质量和劳动生产率。在世界范围内，特别是西方发达国家，机床工业广泛受到各国政府的重点关注，一个国家机床工业发展水平的高低，实际上标志着这个国家制造能力的大小。

发展工业是富国之本、强国之路，我国对机床工业的发展一直都很重视。进入21世纪，特别是中国加入WTO以来，我国机床工具行业经历了十几年的连续高速发展，取得了令世人瞩目的巨大成就。经过不懈努力，我国机床工业已经建立起较大规模、较完整的体系，奠定了有力的技术基础，具备了相当的竞争实力。2009年机床工具行业经济规模跃居世界第一位，2010年全行业完成工业产值近5500亿美元，其中金属加工机床产值209亿美元，约占全世界总产值的1/3。经济规模迅猛增长的同时，机床工具行业的产品结构水平持续提升，技术创新能力显著增强，行业企业的综合素质和市场竞争能力不断提高。2010年全行业完成数控机床产量就超过22万台，数控机床的国内市场占有率已达到57%，国产中档数控机床批量投放市场，部分高档数控机床开始进入重点行业的核心制造领域并得到初步应用，在少数核心制造领域已经取得重要突破。从整体来说，我国机床工业现已经跨入世界机床行业的第一方阵，已经成为一个机床生产大国。

目前，我国供应市场的 1500 多种数控机床，覆盖超重型机床、高精度机床、特种加工机床、锻压设备、前沿高技术机床设备等领域，领域之广，可与美国、日本、德国、意大利等工业强国并驾齐驱。

早在 2003 年 4 月第八届国际机床展览会上，我国就推出了 18 台数控五轴联动机床，包括三种重型龙门移动式五轴联动镗铣床，这些机床能够用于航空航天、造船、冶矿等行业，改变了国际强手对数控机床产业的垄断局面，加速了我国从机床生产大国走向机床制造强国的进程。

经过引进、吸收、自主开发及产业化攻关等几个阶段的拼搏，我国的数控系统产业从无到有，形成了数控系统骨干企业。目前，国产低端数控系统已经主导国内市场；中档数控系统已经形成较大的产业规模；高档数控系统的关键技术已经突破，并开始推广应用。国产高档数控装置的控制轴数从 2 轴到 32 轴，联动轴数从 2 轴到 9 轴，适应用户从中档到高档的需求。机床的分辨率已经提高到 0.001mm。已研制出六轴五联动的数控系统，九轴五联动的车铣（或铣车）复合加工中心、九轴控制六轴联动的数控砂带磨床等已经用于复杂型面的加工。我国数控技术和机床工业高速发展，成就举世瞩目。

从产值来看，2010 年世界 28 个机床生产国的产值超过 660 亿美元，同比增长 21%，其中，中国、日本、德国位列全球机床生产前三位，分别占全球市场份额的 32%、18%和 12%。从市场需求来看，2010 年全球机床消费排名前五位的分别是中国、德国、日本、韩国和意大利。

同时，机床行业受下游需求拉动影响较大，下游行业每年固定资产投资中，约 60%用于购买机床。“十二五”期间，机床行业下游的航天工业、新能源汽车、风能发电、动车高铁、工程机械等行业投资增速、产业结构调整，对中高端数控机床需求不断提升。据分析和预测，目前我国金属切削机床年产量虽已高达60多万台，数字庞大，但其中数控机床大约仅有1/5，其余4/5基本上是手动普通机床；而在数控机床中，低、中、高档之比大约为70：29：1；低档（两坐标）最多，中档的较少，高档更少；由此可见，我国机床整体水平较低，中档和高档数控机床仍然大量进口；到2020年我国低中高档数控机床之比将达到20：60：20，中高档数控机床年需求量将在12万～18万台，具有广阔的市场空间。

经过多年的发展和积累，机床行业已经初步具备全面开发高端细分市场的基础条件。"十三五"期间，机床工具行业要集中全行业的力量，在已经取得的服务成果的基础上，迅速转向开发中高端细分市场的能力建设。采取切实有效措施，在为上述重点行业核心制造领域提供装备和服务方面力求取得突破性进展，已经达成广泛共识。

其次在产品的升级换代、新产品的研发方面，有一大批机床制造企业取得不俗成绩。沈阳机床集团昆明机床股份有限公司大力开发和生产市场广阔、技术附加值高的先进产品，如TH61140、TH61160为代表的卧式镗削加工中心，大型落地铣镗床，实现了大型落地铣镗床数控化，全部达到6轴控制、4轴联动、360°任意旋转。五轴联动大型数控落地铣镗床等一系列高端产品的研发成功，不仅使我国大型数控落地铣镗床的研制达到国际先进水平，并在高端装备的国际市场上占有了一席之地。根据《机床工具行业"十二五"发展规划》，2015年我国国产数控机床的国内市场占有率达到70％以上。

为贯彻落实党的十八大和十八届三中全会、四中全会精神，贯彻落实《国家中长期教育改革和发展规划纲要（2010～2020年）》《国务院关于加快发展现代职业教育的决定》，加快发展现代职业教育，建设现代职业教育体系，服务实现全面建成小康社会的宏伟目标，教育部、国家发展改革委、财政部、人力资源社会保障部、农业农村部、国务院扶贫办组织编制了《现代职业教育体系建设规划（2014～2020年）》，把我国现代职业教育和职业技能人才培养提高到了一个非常重要的高度。一是在传统的加工制造业方面，旨在加快培养适应工业转型升级需要的技术技能人才，使劳动者素质的提升与制造技术、生产工艺和流程的现代化保持同步，实现产业核心技术技能的传承、积累和创新发展，促进制造业由大变强。中国经济发展已进入换挡升级的中高速增长时期，要支撑经济社会持续、健康发展，实现中华民族伟大复兴的目标，就必须推动中国经济向全球产业价值链中高端升级。"这种升级的一个重要标志，就是让我们享誉全球的'中国制造'，从'合格制造'变成'优质制造'、'精品制造'，而且还要补上服务业的短板。要实现这一目标，需要大批的技能人才作支撑。"二是在关系国家竞争力的重要产业部门和战略性新兴产业领域，坚持自主创新带动与技术技能人才支撑并重的人才发展战略，推动技术创新体系建设，强化协同创新，促进劳动者素质与技术创新、技术引进、技术改造同步提高，实现新技术产业化与新技术应用人才储备同步。与此同时，加强战略性新兴产业相关专业建设，培养、储备应用先进技术、使用先进装备和具有工艺创新能力的高层次技术技能人才。

《中国制造2025》的制定，为中国制造业未来10年设计了顶层规划和路线图，将我国制造业强国进程分为三个阶段：2025年中国制造业可进入世界第二方阵，通过努力实现中国制造向中国创造、中国速度向中国质量、中国产品向中国品牌三大转变，推动中国到2025年基本实现工业化，迈入制造强国行列；2035年中国制造业将位居第二方阵前列，成为名副其实的制造强国；2045年中国制造业可望进入第一方阵，成为具有全球引领作用和影响力的制造强国。

《中国制造2025》的总体目标：2025年前，大力支持对国民经济、国防建设和人民生活休戚相关的数控机床与基础制造装备、航空装备、海洋工程装备与船舶、汽车、节能环保等战略必争产业优先发展；选择与国际先进水平已较为接近的航天装备、通信网络装备、发电与输变电装备、轨道交通装备等优势产业，进行重点突破。

《中国制造2025》应对新一轮科技革命和产业变革，立足我国转变经济发展方式实际需要，围绕创新驱动、智能转型、强化基础、绿色发展、人才为本等关键环节，以及先进制造、高端装备等重点领域，提出了加快制造业转型升级、提升增效的重大战略任务和重大政策举措，力争到2025年从制造大国迈入制造强国行列。

为配合机械制造行业产业转型升级，加强机械制造工艺装备合理使用和发挥应有的效益，为广大青年技术工人充实到一些优秀的大型乡镇企业和集团化民营企业，提供一套内容起点低、层次结构合理的机械制造工艺装备的实用参考书，我们组织了一批具有国家级职业教育示范院校资格的高职高专、技师学院、高级技工学校有多年丰富理论教学经验和高超的实际操作水平的教师，编写了这套《现代机械制造工艺装备实用技术手册》系列，包括《金属切削机床实用技术手册》《机床夹具实用手册》《金属切削刀具实用技术手册》《冲压模具实用手册》《塑料模具实用技术手册》《测量量具与量仪实用（技术）手册》等，本套系列书各自独立成书，但又相互关联，互相补充，全套书共同组成一个完整的机械制造工艺装备体系。

本套丛书力求简明扼要，不过于追求系统及理论的深度、难度，突出机械制造工艺装备实用技术和应用特点，而且从材料、工艺、设备及行业标准、机床名词术语、计量单位等各方面都贯穿着一个“新”字，以便于工人尽快与现代工业化生产接轨，与国际高端制造产业相对接，与时俱进，开拓创新，更好地适应未来机械工业发展的需要。

《现代机械制造工艺装备实用技术手册》系列书旨在为从事机械制造工艺装备方面工作的工程技术人员提供一套可直接查阅参考的工具书，以有利于正确理解和合理使用相关技术标准，从而为最终提高现代机械制造技术水平和经济效益服务。本套丛书主要供从事机械制造工艺、机械工艺装备方面工作的工程技术人员查阅、参考，还可供机床设备维修人员和设备管理人员查阅、借鉴，也可作为机械加工制造方面技术和管理人员以及大中专院校与机械制造有关专业的师生们参考。

本书是《现代机械制造工艺装备实用技术手册》系列中的一本，全书共11章，主要内容包括：金属切削机床概述，简略介绍机床常用传动装置、传动运动分析，传动系统以及传动原理图的应用和调整计算，机床型号编制方法和机床类、组、系划分；重点介绍各种金属切削机床结构组成及传动系统，包括车床，铣床，钻床和镗床，刨床、插床和拉床，磨床以及齿轮加工机床等，为适应机床自动化和数控技术的升级改造，除专门介绍数控机床组成及典型数控系统外，普通机床各章节还单独介绍了各类数控机床组成结构和功能；为加强对机床结构和操纵性能的了解，特别介绍了机床主要部件、机构与装置，机床常用附件，机床的控制与操作等；为了更好发挥机床设备效益，更好地服务企业，充分发掘机床最大潜能，专门介绍了机床的合理使用、维护与保养等知识。

本书由邱言龙、李文菱任主编，王兵、张军任副主编，参加组稿和编写的人员还有雷振国、聂正斌、汪友英等；周少玉、魏天普、彭燕林等为资料收集、数据统计和图片整理做了大量工作，在此一并表示感谢！本书由崔先虎、魏天普、胡新华担任审稿工作，崔先虎等任主审；全书由邱言龙统稿。

由于编者水平所限，加之时间仓促，搜集资料方面的局限，知识更新不及时等，新标准层出不穷，挂一漏十，书中错误在所难免，望广大读者不吝赐教，以利提高！欢迎读者通过 E-mail：qiuxm6769@sina.com 与作者联系！

编　者

2019.10

目 录

第七章 齿轮加工机床 …………………………………… 428

第一章

金属切削机床概述

第一节　金属切削机床概况

一、我国机床工业概况

发展工业是富国之本、强国之路，和西方发达国家一样，我国对机床工业的发展一直都很重视。进入21世纪，特别是中国加入WTO以来，我国机床工具行业经历了十多年的连续高速发展，取得了令世人瞩目的巨大成就。经过不懈努力，我国机床工业已经建立起较大规模、较完整的体系，奠定了有力的技术基础，具备了相当的竞争实力。2009年行业经济规模跃居世界第一位，2010年全行业完成工业产值近5500亿美元，其中金属加工机床产值209亿美元，约占全世界总产值的1/3。与经济规模迅猛增长的同时，机床工具行业的产品结构水平持续提升，技术创新能力显著增强，行业企业的综合素质和市场竞争能力不断提高。2010年全行业完成数控机床产量就超过22万台，数控机床的国内市场占有率已达到57%，国产中档数控机床批量投放市场，部分高档数控机床开始进入重点行业的核心制造领域并得到初步应用，在少数核心制造领域已经取得重要突破。从整体来说，我国机床工业现已经跨入世界机床行业的第一方阵，已经成为一个机床生产大国。

目前，我国供应市场的1500多种数控机床，覆盖超重型机床、高精度机床、特种加工机床、锻压设备、前沿高技术机床设备等领域，领域之广，可与美国、日本、德国、意大利等工业强国并驾齐驱。

早在2003年4月第八届国际机床展览会上，我国就推出了18台数控五轴联动机床，包括三种重型龙门移动式五轴联动镗铣床，这些机床能够用于航空航天、造船、冶矿等行业，改变了国际强手对数控机床产业的垄断局面，加速了我国从机床生产大国走向机床制造强国的进程。

从产值来看，2010年世界28个机床生产国的产值预计超过660亿美元，同比增长21%，其中，中国、日本、德国位列全球机床生产前三位，分别占全球市场份额的32%、18%和12%。从市场需求来看，2010年全球机床消费排名前五位的分别是中国、德国、日本、韩国和意大利。

经过多年的发展和积累，机床行业已经初步具备全面开发高端细分市场的基础条件。“十二五”期间，机床工具行业要集中全行业的力量，在已经取得的服务成果的基础上，迅速转向开发中高端细分市场的能力建设。采取切实有效措施，在为上述重点行业核心制造领域提供装备和服务方面力求取得突破性进展，已经形成广泛共识。

其次在产品的升级换代、新产品的研发方面，有一大批机床制造企业取得不俗成绩。沈阳机床集团昆明机床股份有限公司大力开发和生产市场广阔、技术附加值高的先进产品，如TH61140、TH61160为代表的卧式镗削加工中心，大型落地铣镗床，实现了大型落地铣镗床数控化，全部达到6轴控制、4轴联动、360°任意旋转。五轴联动大型数控落地铣镗床等一系列高端产品的研发成功，不仅使我国大型数控落地铣镗床的研制达到国际先进水平，并在高端装备的国际市场上占有了一席之地。根据《机床工具行业“十二五”发展规划》，2015年我国应力争使国产数控机床的国内市场占有率达到70%以上。

二、金属切削机床的发展趋势

通过对我国金属切削机床行业及各子行业的发展状况、上下游行业发展状况、市场供需形势、新产品与技术等进行分析，并重点分析我国金属切削机床行业发展状况和特点，以及中国金属切削机床行业将面临的挑战、企业的发展策略等，对全球金属切削机床行业发展态势作详细分析，只有对金属切削机床行业进行趋向研判，准确了解目前金属切削机床行业发展动态，才能把握企业定位和发展方向。

2014 年我国机床工具行业增速持续缓慢回落，国内市场低迷，至 9 月份触底。国产低端产品需求明显减少，进口额高位运行。2013 年 1～12 月，机床工具行业累计完成工业总产值 7210.5 亿元，同比增长 12.3%；累计完成产品销售产值 7001.9 亿元，同比增长 11.8%。2013 年中国机床工具行业延续了两年来的总体下行趋势，市场需求结构发生巨大变化。2013 年 1～12 月，我国机床工具行业累计实现产品销售收入 8026.3 亿元，同比增长 13.7%；实现利润 495.9 亿元，同比增长 8.8%。2014 年以来机床工具行业经济运行总体呈现“低位趋稳”。2014 年 1～7 月，我国机床工具行业累计完成出口交货值 253.86 亿元，累计同比增长 7.5%。

未来随着国民经济稳定增长和市场需求提高，特别是来自汽车制造、高速铁路建设、高速公路建设、绿色能源建设、工程机械、大型飞机、支线飞机等行业快速发展的拉动，国内机床消费量还会有较大的上升空间。金属切削机床行业发展分析，从其行业规模来看，金属切削机床行业资产规模在机床各子行业中居第一位，收入比重和利润比重也几乎占据整个机床行业一半的份额，远高于其他各类子行业。

因为中国处于工业化中期，即从解决短缺为主的阶段逐步向建设经济强国转变，汽车、钢铁、建材、机械、电子、化工等一批以重工业为基础的高增长行业发展势头猛烈。中国已经成为世界第一大机床消费国和机床进口国，其中数控机床逐渐成为机床消费的主流。“十三五”期间，中国金切机床行业会有更大的需求，尤其是中高档数控机床产品。智能金属切削机床不仅具有常规的数控加工功能，而且能够借助先进的检测装置和方法，通过信息集成与知识融合，实现对加工系统的自主监测与控制，从而获得最优的加工性能与最佳的加工质效。金属切削机床的智能化是制造业产业升级的必然需求，在我国由制造大国向制造强国迈进的过程中，也起着重要的基础支撑作用。

第二节　机床常用机械传动装置

一、机械传动概述

1. 机械传动的分类

在工业生产中，机械传动是一种最基本的传动方式。分析一台机器，不论是机床、内燃机、钻探机等，其工作过程实际上包含着多种机构和零部件的运动过程，例如，经常应用摩擦轮、带轮、链轮、齿轮、螺杆和蜗杆等零部件，组成各种形式的传动装置来传递能量。

机械传动的一般分类方法如图 1-1 所示。

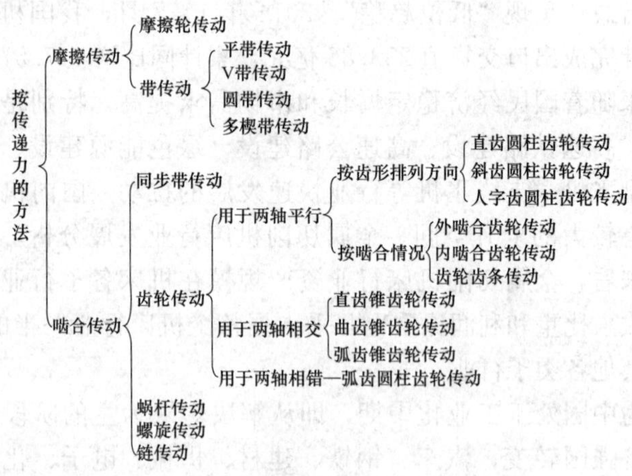

图 1-1　机械传动的分类

2. 机械传动的作用

牛头刨床传动简图如图 1-2 所示，在动力部（电动机）和工作部之间，就有带传动、齿轮传动、平面连杆机构等传动装置。

由图 1-2 可知，牛头刨床由床身、滑枕、刨刀、工作台、齿轮、导杆、滑块等组成，电动机安装在床身上。在大齿轮的偏心销轴上套有一个可以绕其轴线回转的滑块，而滑块可在导杆中间的槽内滑移，导杆上端与滑枕用铰链相连。当大齿轮转动时，通

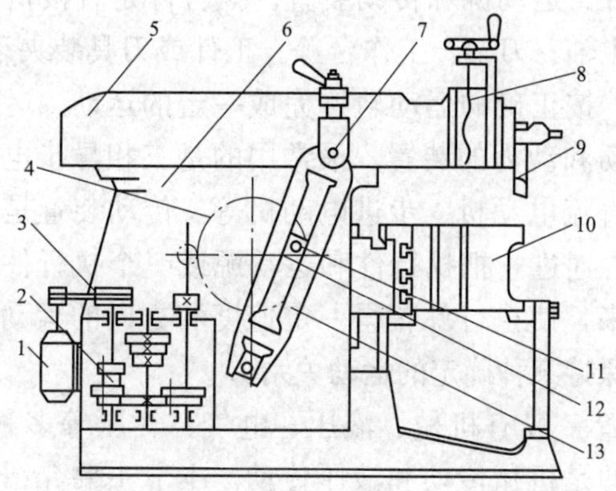

图 1-2　牛头刨床传动简图

1—电动机；2—齿轮传动；3—带传动；4—大齿轮；5—滑枕；6—床身；7—销轴；8—螺旋传动；9—刨刀；10—工作台；11—偏心销轴；12—滑块；13—导杆

过偏心销轴和滑块，便可带动导杆作往复摆动，从而通过铰链使滑枕沿床身的导轨作往复移动。因此，机械传动在其中有如下作用。

(1) 改变运动速度。电动机的转速是比较高的（一般为1450r/min)，经带传动到齿轮变速箱的输入轴上的大带轮时，转速已降低。再通过改变滑移齿轮啮合位置能获得几种不同的转速。可见带传动和齿轮传动可将某一输入转速变为几种不同的输出转速，从而使滑枕能获得多种不同的移动速度。

(2) 改变运动方式。牛头刨床的动力源是电动机，输入的运动形式是回转运动。经带传动和齿轮传动后仍为回转运动，但经平面连杆机构（由偏心销轴、滑块和导杆、销轴及滑枕组成）后，滑枕的运动方式变为直线往复运动。

(3) 传递运动或动力。电动机的输出功率通过带传动和齿轮传动及平面连杆机构把动力传给滑枕，然后使装在刀架上的刨刀有足够的切削力完成刨削工作。

二、机床常用机械传动装置

为实现加工过程中所需的各种运动，机床必须具备三个基本部分：执行件、运动源和传动装置。执行件是直接执行机床运动的部件，如主轴、刀架、工作台等。工件或刀具装夹于执行件上，并由其带动，按正确的运动轨迹完成一定的运动。运动源是给执行件提供运动和动力的装置，最常用的是三相异步电动机，有的机床也采用直流电动机、步进电动机等。传动装置是传递动力和运动的装置，通过它把执行件和运动源或一个执行件与另一个执行件联系起来，使执行件获得一定速度和方向的运动，并使有关执行件之间保持某种确定的运动关系。

传动装置一般有机械、液压、电气、气压等多种传动形式，其中最常见的是机械传动和液压传动。本节主要介绍常用的机械传动装置。

（一）典型分级变速传动机构

机床的变速可分无级变速、分级变速两种。由于机械传动的无级变速装置的变速范围小，结构又较复杂，故很少采用，而代之以液压或电气控制的无级变速。几种典型的机械分级变速传动机构如下。

1. 滑移齿轮变速机构

如图 1-3（a）所示，轴Ⅰ上安装有 3 个轴向固定的齿轮 z_1、z_2 和 z_3，由 z_1'、z_2'和 z_3'组成的三联滑移齿轮块，通过花键与轴Ⅱ连接。当齿轮块分别滑移至左、中、右 3 个啮合位置时，使传动比不同的齿轮副$\frac{z_1}{z_1'}$、$\frac{z_2}{z_2'}$、$\frac{z_3}{z_3'}$依次啮合。因而，当轴Ⅰ的转速不变时，轴Ⅱ可得到 3 级不同的转速。除以上介绍的三联滑移齿轮块变速外，常用的还有双联滑移齿轮块变速。滑移齿轮变速机构结构紧凑，传动效率高，传递力大，变速比较方便（但不能在运转中变速），在机床中得到广泛应用。

2. 离合器变速机构

如图 1-3（b）所示，齿轮 z_1 和 z_2 固定安装于主动轴Ⅰ上，并分别与空套在轴Ⅱ的齿轮 z_1'和 z_2'保持啮合。端面齿离合器 M 通过花键与轴Ⅱ相连接。离合器 M 向左或向右移动时，可分别与齿轮 z_1'和 z_2'的端面齿相啮合，从而将 z_1' 或 z_2' 的运动传给轴Ⅱ。由于

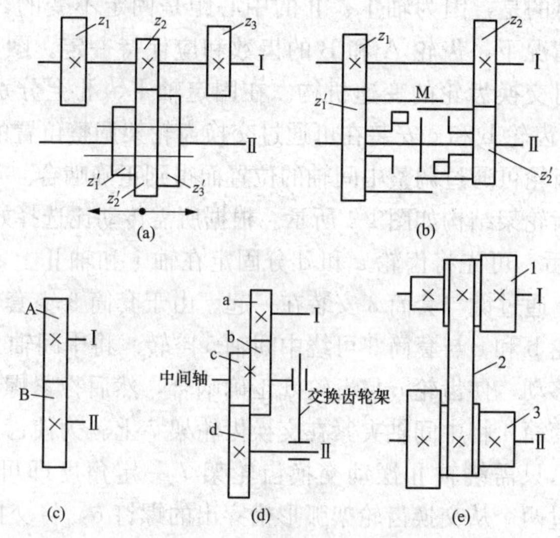

图 1-3　典型分级变速机构

(a) 滑移齿轮变速机构；(b) 离合器变速机构；(c)、(d) 交换齿轮变速机构；(e) 带轮变速机构

1、3—带轮；2—传动带；a、b、c、d、A、B—齿轮；M—摩擦离合器

$\frac{z_1}{z_1'}$和$\frac{z_2}{z_2'}$的传动比不同，因而在轴Ⅰ转速不变时，可使轴得到两种不同的转速。

离合器变速机构变速方便，变速时齿轮无需移动，适于斜齿轮传动。如采用摩擦片式离合器，则可在运转中进行变速。离合器变速机构的主要缺点是齿轮副经常处于啮合状态，磨损较大、传动效率较低。端面齿离合器通常用于重型机床以及斜齿轮传动；摩擦片式离合器常用于自动、半自动机床。

3. 交换齿轮变速机构

交换齿轮变速机构通过更换两轴间齿轮副的齿轮齿数，改变其传动比，从而达到变速目的。图 1-3（c）所示为采用一对交换齿轮的变速机构。在轴Ⅰ、轴Ⅱ上分别装有一个可装卸更换齿轮A和B，根据不同的传动比，选择并装上一定齿数的齿轮，就可变速。

应注意的是，因为轴Ⅰ、Ⅱ的中心距是固定不变的，故在模数不变的情况下，齿轮A和B的齿数和应保持一定。图1-3（d）为采用两对交换齿轮的变速机构。在固定轴Ⅰ、Ⅱ上分别装有齿轮a和d，齿轮b和c安装在可通过交换齿轮架调整位置的中间轴上。两对齿轮可通过调整中间轴的位置而得到正确啮合。

交换齿轮架结构如图1-4所示。根据所需传动比选择好齿轮a、b、c和d后，可先将齿轮a和d分固定在轴Ⅰ和轴Ⅱ上，然后将齿轮b和c通过键与套筒3安装在一起。由于套筒3空套在套筒4上，故齿轮b和c与套筒3可绕中间轴5空转。将中间轴5沿交换齿轮直槽移动，使齿轮c与齿轮d正确啮合，然后拧紧螺母1，经垫圈2和套筒4将中间轴夹紧在交换齿轮架7上。为使齿轮b和a正确啮合，只需绕轴Ⅱ摆动交换齿轮架7一定角度即可。最后，用螺母通过两个从交换齿轮架弧形槽穿出的螺钉6，将交换齿轮架紧固在机体上。

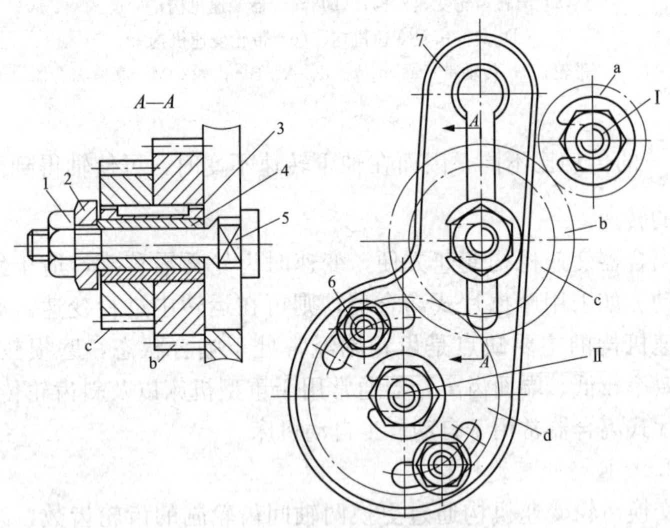

图1-4　交换齿轮架结构

1—螺母；2—垫圈；3、4—套筒；5—中间轴；6—螺钉；7—交换齿轮架

由于中间轴5可在交换齿轮架尺寸允许范围内，任意调整其

相对于固定轴Ⅰ、Ⅱ的位置，因此，采用这种机构，可装上各种齿数的配换齿轮，获得准确的传动比。

交换齿轮变速机构，结构简单紧凑，但变速调整费时，主要用于不需经常变速的自动、半自动机床。采用交换齿轮架结构时，由于中间轴刚性较差，只适用于进给运动，但采用交换齿轮变速，可获得精确传动比，并能缩短传动链，减少传动误差，常用于要求传动比准确的场合，如齿轮加工机床、丝杠车床等。

4. 带轮变速机构

如图 1-3（e）所示，在传动轴Ⅰ和Ⅱ上，分别装有塔形带轮 1 和 3。当轴Ⅰ转速一定时，只要改变传动带 2 的位置，就可得到 3 种不同的带轮直径比，从而使轴Ⅱ得到 3 种不同转速。

带轮变速机构通常采用平带或 V 形带传动，其特点是结构简单，运转平稳，但变速不方便，尺寸较大，传动比不准确，主要用于台钻、内圆磨床等一些小型、高速的机床，也用于某些简式机床。

（二）离合器

在机床上常采用离合器来使安装在同轴线的两轴或轴与空套其上的齿轮、带轮等传动件保持结合或脱开，以传递或断开运动，从而实现机床运动的启动、停止、变速、变向等。

常见的离合器有啮合式离合器、摩擦式离合器、超越离合器和安全离合器等。

1. 啮合式离合器

啮合式离合器是利用零件上两个相互啮合的齿爪传递运动和转矩，啮合式离合器可根据其结构形状分为牙嵌式和齿轮式两种。

（1）牙嵌式离合器。牙嵌式离合器是由两个端面带齿爪的零件组成，如图 1-5（a）、（b）所示，离合器 2 用导向键（或花键）3 与轴 4 连接，带有离合器的齿轮 1 空套在轴上，通过齿爪的啮合或脱开，便可将齿轮与轴连接而一起转动，或者使齿轮在轴上空转。

（2）齿轮式离合器。齿轮式离合器由具有直齿圆柱齿轮形状的两个零件组成，其中一个为外齿轮，另一个为内齿轮，两个齿数、模数完全相同。当它们相互啮合时，便可将空套齿轮与轴

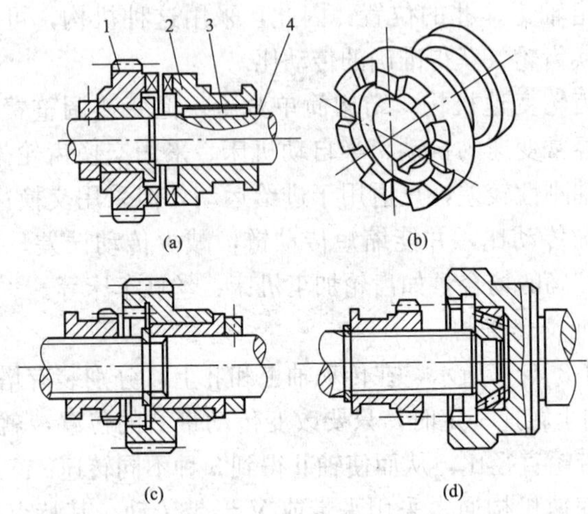

图 1-5 啮合式离合器
(a)、(b) 牙嵌式；(c)、(d) 齿轮式
1—齿轮；2—离合器；3—导向键；4—轴

[见图 1-5（c）] 或同轴线的两轴 [见图 1-5（d）] 连接而一起旋转。它们相互脱开时，运动联系便脱开。

啮合式离合器结构简单、紧凑，结合后不会产生相对滑动，传动比准确，但在转动中接合会发生冲击，所以只能在很低转速或停转时接合，操作不太方便，如 CA6140 型卧式车床进给箱中的 M3、M4、M5 就是齿轮式离合器。

2. 多片式摩擦离合器

机械双向多片式摩擦离合器结构如图 1-6（a）所示。它由结构相同的左、右两部分组成，左离合器传动主轴正转，右离合器传动主轴反转。现以左离合器为例说明其结构、原理，如图 1-6（b）所示。

该离合器由若干形状不同的内、外摩擦片交叠组成。利用摩擦片在相互压紧时的接触面之间所产生的摩擦力传递运动和转矩。带花键孔的内摩擦片 3 与轴 4 上的花键相连接；外摩擦片 2 的内孔是光滑圆孔，空套在轴的花键外圆上。该摩擦片外圆上有四个凸齿，卡在空套齿轮 1 右端套筒部分的缺口内。其内、外摩擦片相

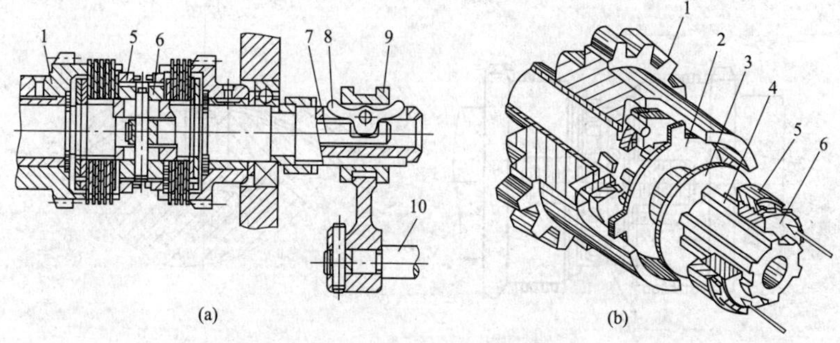

图 1-6　多片式摩擦离合器

（a）结构图；（b）原理图

1—齿轮；2—外摩擦片；3—内摩擦片；4—轴；5—加压套；

6—螺圈；7—杆；8—摆杆；9—滑环；10—操纵装置

间排列，在未被压紧时，它们互不联系，主轴停转。当操纵装置拉杆 10 将滑环 9 向右移动时，杆 7（在花键轴的孔内）上的摆杆 8 绕支点摆动，其下端就拨动杆向左移动。杆左端有一固定销，使螺圈 6 及加压套 5 向左压紧左边的一组摩擦片，通过摩擦片间的摩擦力，将转矩由轴传给空套齿轮，使主轴正转。同理，当操纵装置将滑环向左移动时，压紧右边的一组摩擦片，使主轴反转。当滑环在中间位置时，左、右两组摩擦片都处在放松状态，轴 4 的运动不能传给齿轮，主轴即停止转动。

片式摩擦离合器的间隙要适当，不能过大或过小。若间隙过大会减小摩擦力，影响机床功率的正常传递，并易使摩擦片磨损；间隙过小，在高速车削时，会因发热而“闷车”，从而损坏机床。其间隙的调整如图 1-7 所示。调整时，先切断车床电源，打开主轴箱盖，用旋具把弹簧销 3 从加压套 1 的缺口中压下，然后转动加压套，使其相对于螺圈 2 作少量轴向移动，即可改变摩擦片间的间隙，从而调整摩擦片间的压紧力和所传递转矩的大小。待间隙调整合适后，再让弹簧销从加压套的任一缺口中弹出，以防止加压套在旋转中松脱。

3. 超越离合器

超越离合器主要用在有快、慢两种速度交替传动的轴上，以

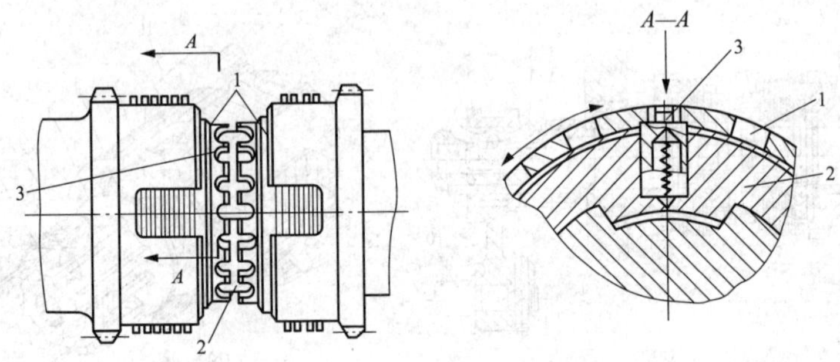

图 1-7　多片式摩擦离合器的调整

1—加压套；2—螺圈；3—弹簧销

实现运动的自动转换。

超越离合器结构原理如图 1-8 所示。它由星形体 4、三个滚柱 3、三个弹簧销 7，以及齿轮 2 右端的套筒 m 组成。齿轮 2 空套在轴Ⅱ上，星形体 4 用键与轴Ⅱ连接。

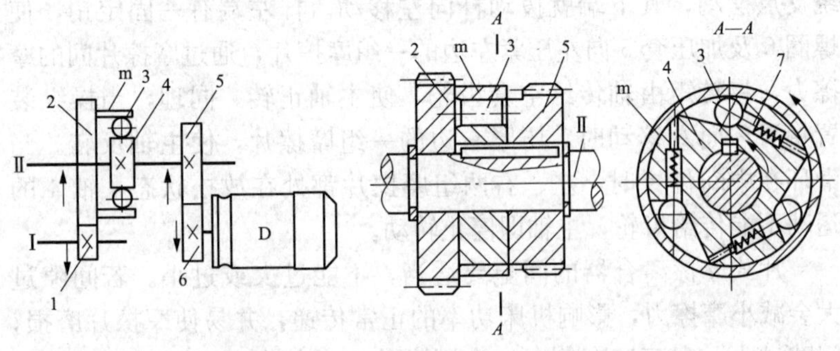

图 1-8　超越离合器

1、2、5、6—齿轮；3—滚柱；4—星形体；7—弹簧销；

m—套筒；D—快速电动机

当慢速运动由轴Ⅰ经齿轮副传来，套筒 m 逆时针转动，依靠摩擦力带动滚柱 3 向楔缝小的地方运动，并楔紧在星形体 4 和套筒 m 之间，从而使星形体和轴Ⅱ一起转动。

若此时启动快速电动机 D，快速运动经齿轮副 6 和 5 传给轴Ⅱ，带动星形体逆时针转动。由于星形体的转速超越齿轮套筒的转速好多倍，使得滚柱压缩弹簧销退出了楔缝，于是套筒与星形体之间的运动联系便自动断开。快速电动机一旦停止转动，超越离合器又自动接合，仍然由齿轮套筒带动星形体实现慢速转动。

4. 安全离合器

安全离合器是一种过载保护机构，其作用是在机床的传动零件过载时，能自动断开机动传动路线，避免传动机构和传动件发生损坏。

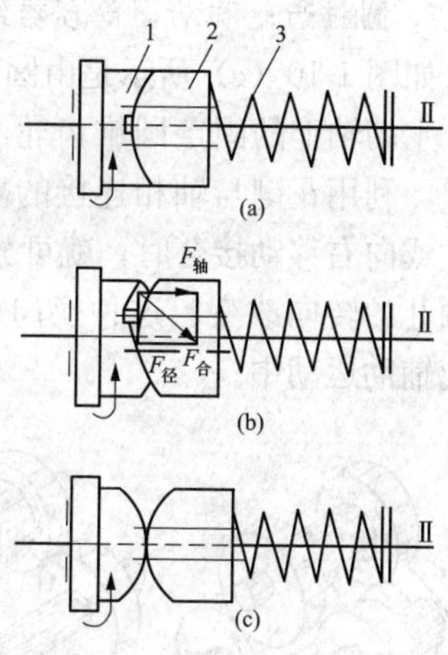

图 1-9　安全离合器

(a) 正常传动；(b) 过载时的离合器；(c) 传动断开

1—离合器左半部；2—离合器右半部；3—弹簧

安全离合器工作原理如图 1-9 所示。在正常情况下，安全离合器左、右两半齿爪在弹簧 3 的压力作用下互相啮合；当过载时，作用在离合器上的轴向分力超过了弹簧 3 的压力，使右半部分 2 被推向右边，如图 1-9（b）所示，离合器左半部分 1 虽然在光杠带动下正常旋转，而右半部分却不能被带动，于是两端面齿爪之间打滑，如图 1-9（c）所示，断开了运动联系，从而保护机构不被损坏。当过载故障排除后，在弹簧 3 的压力作用下，安全离合器又恢复图 1-9（a）所示正常工作状态。

（三）换向机构

换向机构用来改变机床执行件的运动方向。机床上通常采用由滑移齿轮或圆锥齿轮结合离合器组成的换向机构。

1. 滑移齿轮换向机构

如图 1-10（a）所示，是滑移齿轮换向机构。当滑移齿轮 z_2 在图示位置时，运动由 z_3 经中间轮 z_0 传至 z_2，轴Ⅱ与轴Ⅰ的转向相同；当 z_2 左移至虚线位置时，与轴Ⅰ上的 z_1 直接啮合，轴Ⅱ与轴Ⅰ转向相反。这种换向机构刚度较好，多用于主运动中。

2. 圆柱齿轮和摩擦离合器组成的换向机构

如图 1-10（b）所示是由圆柱齿轮和摩擦离合器组成的换向机构。当离合器 M 向左接合时，轴Ⅱ与轴Ⅰ转向相反；离合器 M 向右接合时，轴Ⅱ与轴Ⅰ转向相同。

3. 圆锥齿轮和端面离合器组成的变向机构

如图 1-10（c）所示是由圆锥齿轮和端面离合器组成的换向机构。主动轴上的固定圆锥齿轮与空套在从动轴上的圆锥齿轮保持啮合。利用花键与轴相连接的离合器两端都有齿爪，当离合器 M 向左或向右移动接合时，就可分别与 z_1 或 z_3 的端面齿啮合，从而使轴Ⅱ的转向改变。这种换向机构刚性稍差，多用于进给运动或其他辅助运动中。

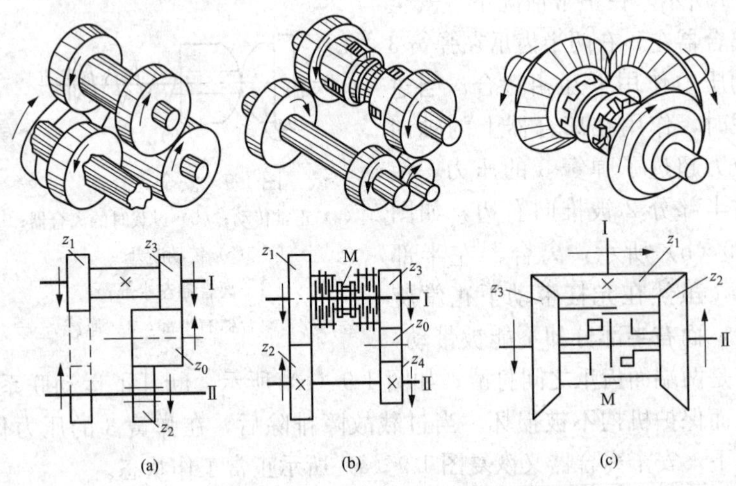

图 1-10　换向机构

（a）滑移齿轮换向机构；（b）圆柱齿轮和摩擦离合器换向机构；（c）圆锥齿轮和端面离合器换向机构

第三节　机床运动分析及调整计算

一、工件加工表面及其形成方法

各种类型的机床在进行切削加工时，应使刀具和工件作一系列的运动。这些运动的最终目的是保证刀具与工件之间具有正确的相对运动，以便刀具按一定规律切除多余的金属，而获得具有一定几何形状、尺寸精度、位置精度和表面质量的工件。

以车床车削圆柱表面为例，如图 1-11 所示，对机床的运动进行分析。在工件安装于三爪自定心卡盘之后，启动机床，首先通过手动将车刀在纵、横方向靠近工件（由运动Ⅱ和运动Ⅲ完成）；然后根据工件所要求的加工直径 d，将车刀横向切入一定深度（由运动Ⅳ完成）；接着通过工件的旋转运动（由运动Ⅰ完成）和车刀的纵向直线运动（由运动Ⅴ完成），车削出圆柱表面；当车刀纵向移动所需长度 l 时，横向退离工件（由运动Ⅵ完成）并纵向退回至起始位置（由运动Ⅶ完成）。除了上述运动外，尚需完成开车、停车和变速变向等动作。

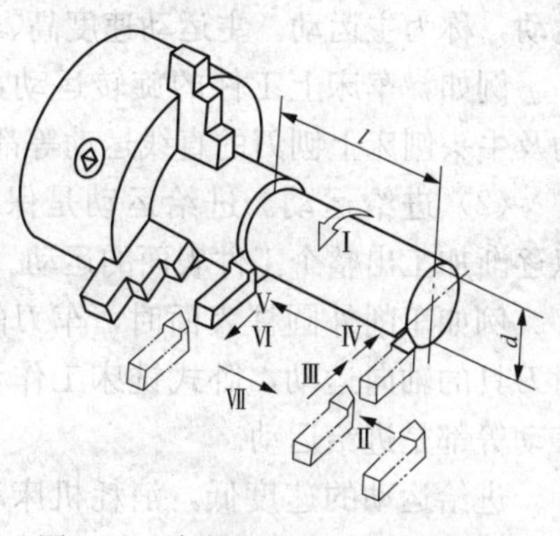

图 1-11 车削圆柱表面所需的运动

二、机床的运动及其参数

（一）机床的运动

机床在加工过程中所需的运动，可按其功用不同而分为表面成形运动和辅助运动两大类。

1. 工件表面的成形运动

机床在切削过程中，使工件获得一定表面形状所必需的刀具和工件间的相对运动称为表面成形运动。

如图 1-12 所示的运动中，工件的旋转运动和车刀的纵向运动是形成圆柱表面的成形运动。机床加工时所需表面成形运动的形式、数目与被加工表面形状、所采用的加工方法和刀具结构有关。如图 1-12（a）所示，采用单刃刨刀刨削成形面，所需的成形运动为工件直线纵向移动及刨刀的横向及垂向运动；如采用成形刨刀加工，则成形运动只需纵向直线移动，如图 1-12（b）所示。

根据切削过程中所起的作用不同，表面成形运动又可分为主运动和进给运动。

（1）主运动。直接切除毛坯上的被切削层，使之变为切屑的运动，称为主运动。主运动速度高、消耗大部分机床动力。

例如，车床上工件的旋转运动，钻床、镗床上的刀具旋转运动及牛头刨床上刨刀的直线运动等都是主运动。

（2）进给运动。进给运动是保证被切削层不断地投入切削，以逐渐加工出整个工件表面的运动。

例如车削外圆柱表面时，车刀的纵向直线运动，钻床上钻孔时刀具的轴向运动，卧式铣床工作台带动工件的纵向或横向直线移动等都是进给运动。

进给运动的速度低，消耗机床动力很小，如卧式车床的进给功率仅为主电动机功率的 1/30～1/25。机床在进行切削加工时，至少有一个主运动，但进给运动可能有一个或几个，也可能没有，如图 1-12（b）所示成形刨刀刨削成形表面的加工就只有主运动而没有进给运动。

钻孔时，钻头装夹在钻床主轴上，依靠钻头与工件之间的相对运动来完成钻削加工。钻头的切削运动如图 1-13 所示。

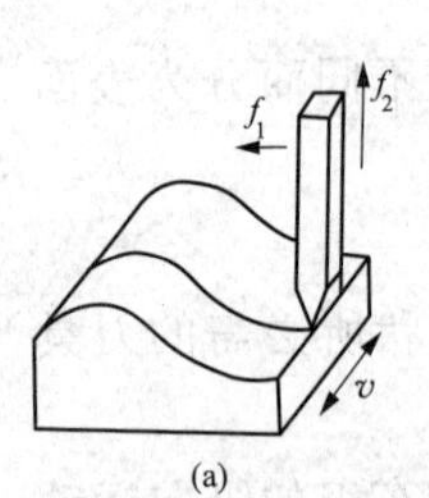

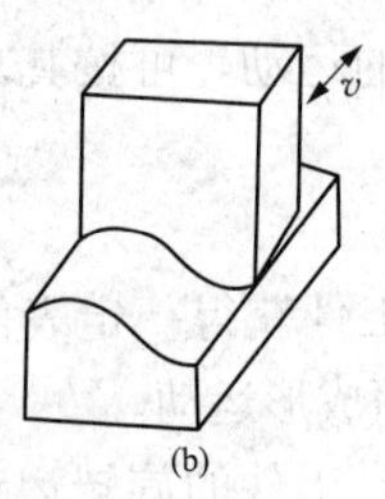

图 1-12　刨削成形面

（a）普通刨刀刨削；（b）成形刨刀刨削

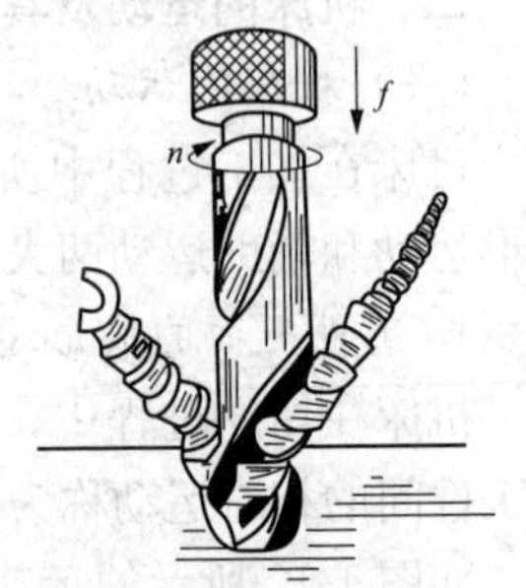

图 1-13　钻头的切削运动

（1）钻头绕本身轴线的旋转运动为主运动。

（2）钻头沿轴线方向的直线移动为进给运动。

钻孔时这两种运动是同时连续进行的，所以钻头是按照螺旋运动来钻孔的。

2. 辅助运动

除了表面成形运动外，机床在加工过程中还需完成一系列其他运动，即辅助运动。除了工件旋转运动和刀具直线移动这两个成形运动外，还有车刀快速靠近工件，径向切入、快速退离工件、退回起始位置等运动。这些运动与外圆柱表面形成无直接关系，但却是整个加工过程中必不可少的，上述这些运动均属于辅助运动。辅助运动的种类很多，一般包括以下几种。

(1) 切入运动。刀具相对工件切入一定深度，以保证工件达到要求的尺寸。

(2) 分度运动。多工位工作台、刀架等的周期转位或移位，以便依次加工工件上的各个表面，或依次使用不同刀具对工件进行顺序加工。

(3) 调位运动。加工开始前机床有关部位的移动，以调整刀具和工件之间正确的相对位置。

(4) 其他各种空行程运动。如车削前后刀具或工件的快速趋近或退回运动，开车、停车、变速、变向等控制运动，装卸、夹紧、松开工件的运动等。

辅助运动虽然并不参与表面成形过程，但对机床整个加工过程却是不可缺少的，同时对机床的生产率和加工精度往往也有很大影响。

(二) 机床运动参数

1. 铣削运动参数

在金属的铣削加工中，为了切除多余的金属，铣刀和工件之间必须有相对工作运动。铣削时工作运动包括主运动和进给运动。

(1) 铣削时的主运动，主要是铣床主轴带动铣刀作旋转运动。铣削时主运动参数就是主运动速度，即铣削速度 v_c，指铣刀旋转运动的线速度。

(2) 铣削时的进给运动，主要是刀具与工件之间产生附加的相对运动，铣削进给运动包括断续进给和连续进给。

铣削进给运动参数包括进给量和吃刀量。吃刀量又分背吃刀量和侧吃刀量。几种铣刀铣削时的背吃刀量 a_p 和侧吃刀量 a_e 如图 1-14 所示。

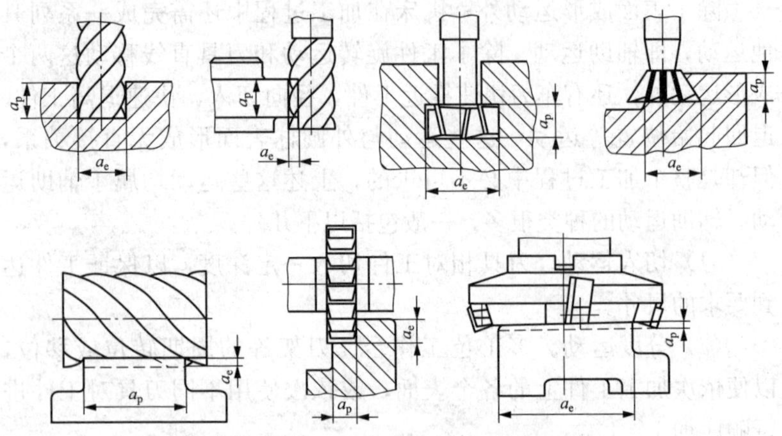

图 1-14 铣削时的背吃刀量 a_p 和侧吃刀量 a_e

2. 磨削运动基本参数

磨削加工属于精加工，与磨削运动有关的参数如图 1-15 所示。

(1) 砂轮圆周速度 v_s。指砂轮外圆表面上任意一磨粒在单位时间内所经过的路程，用 v_s 表示。砂轮圆周速度可按下列公式计算

$$v_s = \frac{\pi d_s n_s}{1000 \times 60} \tag{1-1}$$

式中 v_s——砂轮圆周速度，m/s；

d_s——砂轮直径，mm；

n_s——砂轮转速，r/min。

(2) 工件圆周速度 v_w。工件被磨削表面上任意一点在单位时间内所经过的路程称为工件圆周速度，用 v_w 表示，因其量值比砂轮圆周速度低得多，故单位用 m/min。工件圆周速度可按下列公式计算

$$v_w = \frac{\pi d_w n_w}{1000} \tag{1-2}$$

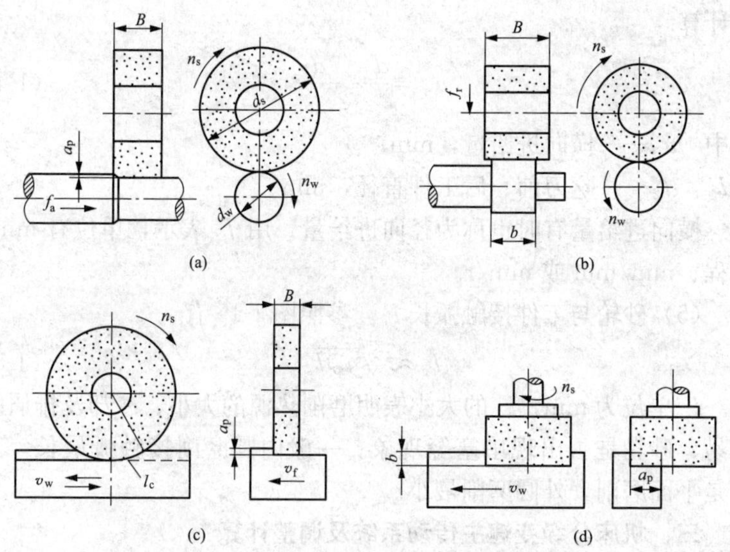

图 1-15 磨削运动参数

(a) 纵进给外圆磨；(b) 切入磨；(c) 圆周平面磨；(d) 端面平面磨

式中 v_w——工件圆周速度，m/min；

d_w——工件直径，mm；

n_w——工件转速，r/min。

(3) 纵向进给量 f_a。工件每转一周相对砂轮在纵向移动的距离称为纵向进给量，用 f_a 表示，单位为 mm/r，如图 1-16 所示。

内、外圆磨削进给速度 v_f（m/min）与纵向进给量 f_a 有如下关系

$$v_f = \frac{f_a n_w}{1000} \tag{1-3}$$

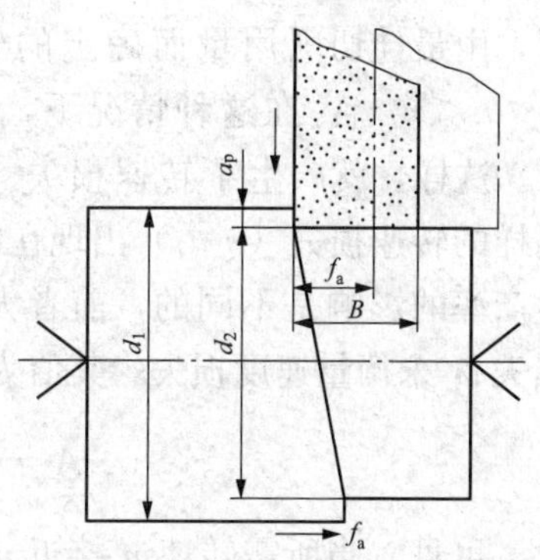

图 1-16 纵向进给量和背吃刀量

(4) 横向进给量 a_p。指在工作台每次行程终了时，砂轮在横向移动的距离，又称为背吃刀量，用 a_p 表示。横向进给量可按下

式计算

$$a_{\mathrm{p}}=\frac{d_1-d_2}{2} \tag{1-4}$$

式中　a_{p}——横向进给量，mm；

d_1、d_2——吃刀前、后工件直径，mm。

横向进给量有时也称为径向进给量，用 f_{r} 表示，单位有 mm/行程、mm/min 或 mm/r。

（5）砂轮与工件接触弧长 l_{c}。参照图 1-15 有

$$l_{\mathrm{c}}\approx\sqrt{a_{\mathrm{p}}d_{\mathrm{s}}} \tag{1-5}$$

l_{c} 单位为 mm，l_{c} 的大小表明磨削热源的大小、冷却及排屑的难易、砂轮是否出现堵塞等现象。一般内圆磨削接触弧最长，其次是平面磨削，外圆磨削最小。

三、机床分级变速主传动系统及调整计算

（一）分级变速系统的转速数列

1. 主轴转速按等比数列排列的优点

通常，机床主轴的转速是按等比数列排列的，因为这样排列具有以下优点。

（1）各级转速对生产率影响较为一致。设分级变速主传动系统具有 Z 级转速：n_1、n_2、n_3、…，n_i、n_{i+1}…n_z。机床在加工时，由最佳切削用量而确定的转速往往介于两级转速之间，即 $n_i<n<n_{i+1}$。在这种情况下，为了不降低刀具寿命，一般选用 n_i。这样，就产生了转速损失（$n-n_i$），降低了生产率。显然，同样的转速损失（n-n_i）出现在低转速范围或出现在高转速范围对生产率的影响是不同的，前者大而后者小。因此，采用相对转速损失 A 来衡量速度损失，其值为

$$\mathrm{A}=\frac{n-n_i}{n}$$

可见，当所需转速 n 接近 n_i 时，相对速度损失较小，当 n 接近 n_{i+1} 时，相对转速损失较大，其最大值 $A_{\max}$ 为

$$A_{\max}=\frac{n_{i+1}-n_i}{n_{i+1}}=1-\frac{n_i}{n_{i+1}}$$

对通用机床来说，各级转速的使用机会基本上是均等的。因此，应使任意相邻两转速间的最大相对转速损失相等，即

$$A_{\max}=1-\frac{n_i}{n_{i+1}}=\text{常数}$$

或
$$\frac{n_i}{n_{i+1}}=\phi^{-1}=\text{常数}$$

可见要满足上述要求，使各级转速对生产率的影响一致，应使转速数列按等比数列排列，其公比为 ϕ，最大相对转速损失为

$$A_{\max}=1-\frac{1}{\phi} \tag{1-6}$$

(2) 简化主变速系统的结构。如图 1-17 所示为具有两个变速组的简易三轴变速系统。轴Ⅰ-Ⅱ间采用三联滑移齿轮变速组，三对传动副$\frac{z_1}{z_1'}$、$\frac{z_2}{z_2'}$、$\frac{z_3}{z_3'}$的传动比分别为 1（ϕ^0）、ϕ^{-1}、ϕ^{-2}；轴Ⅱ-Ⅲ间采用双联滑移齿轮变速组，三对传动副的传动比分别为$\frac{z_4}{z_4'}=\phi^0$ 及$\frac{z_5}{z_5'}=\phi^{-3}$。如轴Ⅰ转速已知为 n_{I}，则通过改变滑移齿轮啮合位置，轴可得到以下六级成等比数列排列的转速

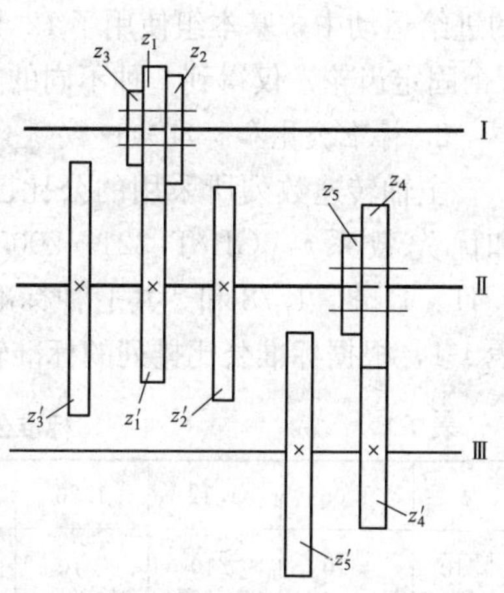

图 1-17　三轴变速系统

$$n_1=n_{\text{I}}\frac{z_3}{z_3'}\frac{z_5}{z_5'}=n_{\text{I}}\phi^{-2}\phi^{-3}=n_{\text{I}}\phi^{-5}$$

$$n_2=n_{\text{I}}\frac{z_2}{z_2'}\frac{z_5}{z_5'}=n_{\text{I}}\phi^{-1}\phi^{-3}=n_{\text{I}}\phi^{-4}$$

$$n_3=n_{\text{I}}\frac{z_1}{z_1'}\frac{z_5}{z_5'}=n_{\text{I}}\phi^{0}\phi^{-3}=n_{\text{I}}\phi^{-3}$$

$$n_4=n_{\text{I}}\frac{z_3}{z_3'}\frac{z_4}{z_4'}=n_{\text{I}}\phi^{-2}\phi^{0}=n_{\text{I}}\phi^{-2}$$

$$n_5 = n_{\text{I}} \frac{z_2}{z_2'} \frac{z_4}{z_4'} = n_{\text{I}} \phi^{-1} \phi^0 = n_{\text{I}} \phi^{-1}$$

$$n_6 = n_{\text{I}} \frac{z_1}{z_1'} \frac{z_4}{z_4'} = n_{\text{I}} \phi^0 \phi^0 = n_{\text{I}}$$

可见，按等比数列排列的主轴各级转速，可方便地通过顺序布置的几个变速组中传动比有一定规律的齿轮副的不同搭配而得到。变速组中某一对齿轮副可在获得不同转速时反复使用，从而使变速机构简单、紧凑。例如 CA6140 型卧式车床的主传动系统，通过改变 4 个变速组内 22 个齿轮可使得主轴获得 24 级（还不包括 6 级重复转速）基本按等比数列排列的转速。而在按等差数列排列的进给运动中，基本组使用了 12 个齿轮（其中 4 个单联滑移齿轮，8 个固定齿轮）仅得到 8 种不同的速比。

2. 标准公比和标准转速数列

主轴转速数列所采用的公比已经标准化，国家标准《优先数和优先数系》（GB/T 321—2005）规定了 1.06、1.12、1.26、1.41、1.58、1.78 和 2 共七种标准公比。七种标准公比的关系见表 1-1，根据标准公比排列的标准转速数列见表 1-2。

表 1-1　　标准公比

ϕ	1.06	1.12	1.26	1.41	1.58	1.78	2
$\sqrt[E1]{10}$	$\sqrt[40]{10}$	$\sqrt[20]{10}$	$\sqrt[10]{10}$	$(\sqrt[20/3]{10})$	$\sqrt[5]{10}$	$\sqrt[4]{10}$	$(\sqrt[20/6]{10})$
$\sqrt[E2]{2}$	$\sqrt[12]{2}$	$\sqrt[6]{2}$	$\sqrt[3]{2}$	$\sqrt{2}$	$(\sqrt[3/2]{2})$	$(\sqrt[6/5]{2})$	2
1.06^{n}	1.06^1	1.06^2	1.06^4	1.06^6	1.06^8	1.06^{10}	1.06^{12}

表 1-2　　机床制造用的标准数列

公比 ϕ 的数值							公比 ϕ 的数值						
1.06	1.12	1.26	1.41	1.58	1.78	2	1.18						
1	1	1	1	1	1	1	1.25	1.25	1.25				
1.06							1.32						
1.12	1.12						1.4	1.4		1.4			

续表

公比φ的数值							公比φ的数值						
1.5							10	10	10		10	10	
1.6	1.6	1.6		1.6			10.6						
1.7							11.2	11.2		11.2			
1.8	1.8				1.8		11.8						
1.9							12.5	12.5	12.5				
2	2	2	2			2	13.2						
2.12							14	14					
2.24	2.24						15						
2.36							16	16	16	16	16		16
2.5	2.5	2.5		2.5			17						
2.65							18	18				18	
2.8	2.8		2.8				19						
3							20	20	20				
3.15	3.15	3.15			3.15		21.2						
3.55	3.55						22.4	22.4		22.4			
3.75							23.6						
4	4	4	4	4		4	25	25	25		25		
4.25							26.5						
4.5	4.5						28	28					
4.75							30						
5	5	5					31.5	31.5	31.5	31.5		31.5	31.5
5.3							33.5						
5.6	5.6		5.6		5.6		35.5	35.5					
6							37.5						
6.3	6.3	6.3		6.3			40	40	40		40		
6.7							42.5						
7.1	7.1						45	45		45			
7.5							47.5						
8	8	8	8			8	50	50	50				
8.5							53						
9	9						56	56				56	
9.5							60						

续表

公比 ϕ 的数值							公比 ϕ 的数值						
63	63	63	63	63		63	265						
67							280	280					
71	71						300						
75							315	315	315			315	
80	80	80					335						
85							355	355		355			
90	90	90					375						
95							400	400	400		400		
100	100	100		100	100		425						
106							450	450					
112	112						475						
118							500	500	500	500			500
125	125	125	125				530						
132							560	560				560	
140	140						600						
150							630	630	630		630		
160	160	160		160			670						
170							710	710		710			
180	180		180		180		750						
190							800	800	800				
200	200	200					850						
212							900	900					
224	224						850						
236							1000	1000	1000	1000	1000	1000	1000
250	250	250	250	250		250							

由表 1-1 中可知，标准公比有以下特点。

(1) 除 1.41 及 2 两种公比外，其他标准公比均为 10 的整数次方根（E_1 次方根）。因此，采用这些公比的等比数列的任一转速，与相隔 E_1 级的转速成 10 倍关系。例如公比 ϕ 为 1.26 时，$E_1=10$，从表 1-2 中可查出公比为 1.26 的标准数列中，第 1 项为 1，第 11 项为 10，第 21 项为 100……

（2）除 1.58、1.78 两种公比外，其他标准公比均为 2 的整数次方根（E_2 次方根）。因此，采用这些公比的等比数列的任一转速，与相隔 E_2 级的转速成 2 倍的关系。例如公比 $\phi=1.12$，$E_2=6$，从表 1-2 中可查出其标准数列中，第 1 项为 1，第 7 项为 2，第 13 项为 4……

（3）所有标准公比均为 1.06 的整数次幂，给机床设计计算带来方便。

当主轴转速数列公比 ϕ、最低或最高转速及转速级数确定后，利用标准公比的上述特点，可以方便地从表 1-2 中查出转速数列。

【例 1-1】 已知某机床的主轴转速级数为 8 级，公比为 1.58，最低转速为 63r/min，试确定其主轴转速数列。

解：从表 1-2 的 $\phi=1.58$ 栏中，可依次查到数列的 1～7 项为 63、100、160、250、400、630、1000。虽然表中最大值为 1000，不能直接查到第 8 项的值，但利用 $\phi=1.58=\sqrt[5]{10}$ 的关系，可知第 8 项应为第 3 项 160 的 10 倍是 1600。故整个转速数列为：63、100、160、250、400、630、1000、1600。

如果上例中最低转速定为 60 时，由于 1.58 一栏中无 60 一项，不能直接查出数列，则可以利用 $\phi=1.58=1.06^8$ 的关系，从 $\phi=1.06$ 栏中找到 60 后，每隔 8 级依次查出其他各级转速。整个数列为：60、95、150、236、375、600、950、1500。

3. 分级变速系统的变速范围

变速系统的变速范围 R_n 指主轴最高转速与最低转速之比。设主轴有 Z 级转速，公比为 ϕ，转速数列为 n_1、n_2、n_3、…、n_z，则最低转速 $n_{min}=n_z$，从而得变速范围

$$R_n=\frac{n_{max}}{n_{min}}=\frac{n_1\phi^{z-1}}{n_1}=\phi^{z-1} \tag{1-7}$$

由式（1-7）可得另两个有用的关系式

$$\phi=\sqrt[z-1]{R_n} \tag{1-8}$$

$$Z=\frac{\lg R_n}{\lg\phi}+1 \tag{1-9}$$

由式（1-9）可知，当主轴变速范围一定时，公比越小，则转速级数越多，相对转速损失越小，但机床结构复杂。反之，公比越大，则转速级数越少，机床结构简单，但相对转速损失大。

一般通用机床多采用 $\phi=1.26$ 或 $\phi=1.41$。自动化机床及重型机床的切削加工时间远大于辅助时间，要求转速损失小，常取较小公比，$\phi=1.06$ 或 $\phi=1.12$。对于小型机床，因辅助时间较长，转速损失对生产率影响不大，常取较大公比 $\phi=1.58$ 或 $\phi=1.78$，这样还能简化机床结构。

（二）主传动分级变速系统拟定方法

1. 确定传动方案的一般原则

在拟定机床主传动系统时，往往可以列出若干传动方案。为了使所设计的变速传动装置结构简单紧凑，并具有良好的使用性能，在确定传动方案时，一般应遵循以下原则。

（1）应合理确定各变速组的传动副数。

1）变速组的传动副数一般为 2 或 3。一定的主轴转速级数，可以由不同的变速组数及传动副数而得到。如图 1-18 所示，主轴的 18 级转速是经 a、b、c 这 3 个变速组传动副的不同搭配，由电动机的运动顺序传至主轴而获得的。如对于 18 级转速来说，传动方案可有 18＝3×6、18＝2×9 及 18＝3×3×2。前两种方案的变速组数及传动轴少，传动链较短，但在第二种变速组中，分别采用了 6 对和 9 对齿轮副。这样，同一轴上齿轮数太多，不仅使变速箱轴向尺寸过大，而且，变速操纵复杂，难以实现。最后一种方案中，变速组的传动副数为 2 或 3。采用这样的方案，虽然多了一根传动轴，但总传动副数为 8 对，比前两种方案分别少 1 对和 3 对。另外，由于轴上滑移齿轮数少，变速操纵较为易行。所以，一般变速组的传动副数为 2 或 3，少数情况下也有采用 4 对传动副的。

2）传动副多的变速组应尽量靠前布置。即使传动副数取 2 或 3，对 18 级转速来说，还可有 18＝3×3×2、18＝3×2×3、18＝2×3×3 共 3 种不同方案。一般主传动系统中，以降速传动为主，布置在前面，靠近电动机的传动轴及轴上传动件的转速较高。在功率不变的情况下，传动件的转速越高，传递的扭矩越小，传动件的尺寸也可小些。故希望前面变速组的传动副数多些；后面靠近主轴，转速较低的变速组内传动副少些。上述 3 种方案中，第一种方案，前两个变速组中传动副数为 3，最后变速组的传动副数为 2，转速高的传动件比后两种方案多，因而较为合理。由此可见，各变速组传动副数的分配一般应符合“前多后少”的原则。

（2）变速组的扩大顺序应与传动顺序一致。对于 $18=3\times3\times2$ 的传动方案，根据变速组扩大顺序不同，可列出不同的结构式方案，如：$18=3_1\times3_3\times2_9$、$18=3_3\times3_1\times2_9$、$18=3_6\times3_2\times2_1$ 等。第一种方案，变速组的扩大顺序与传动顺序一致，即基本组在前，依次为第五扩大组、第二扩大组。第二种方案，第一扩大组在前，依次为基本组、第二扩大组。第二种方案中，第二扩大组在前，第一扩大组、基本组依次随后。第一种方案的转速图如图 1-18 所示，从图中可看出，由于最前面的 a 变速组采用基本组，轴Ⅲ上三级转速的相邻间距各为一格，相互靠得较近，最低转速较高，因而传动件尺寸可选得小些。对照按结构式为 $18=2_9\times3_3\times3_1$ 绘制的转速图如图 1-19 所示，可看到中间传动轴（轴Ⅲ、轴Ⅳ）的转速

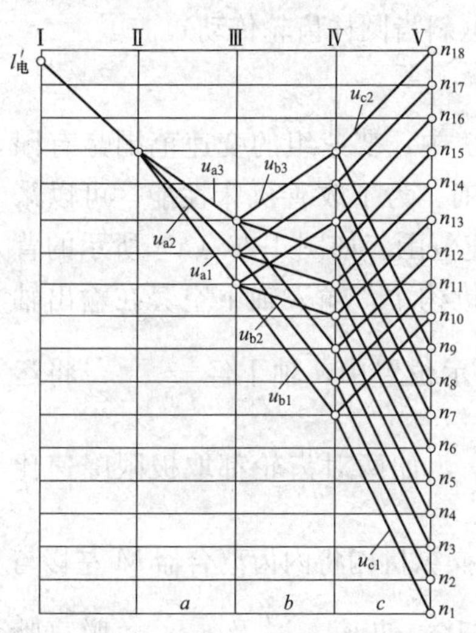

图 1-18　18 级转速主变速系统转速图

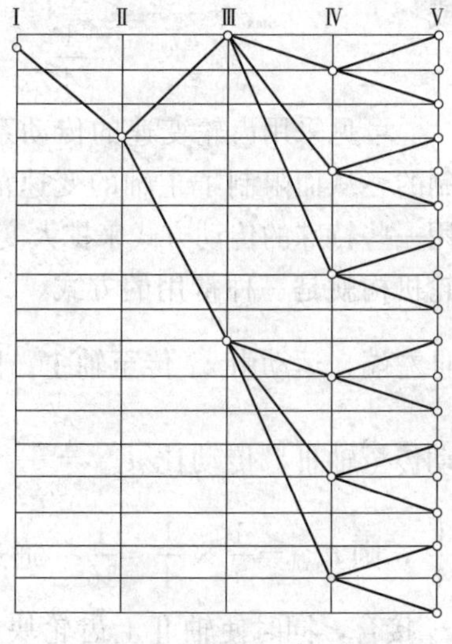

图 1-19　扩大顺序与传动顺序不一致的转速图

分布间距较大，最低转速太低，因而无法采用较小的传动元件。如提高最低转速，则由于变速范围大，使最高转速太大，从而使噪声和发热加剧，并使传动件磨损加快。

由上述分析可知，变速系统中，扩大顺序一般应与传动顺序一致，在转速图上表现为前面变速组传动比连线分布密，而后面变速组的传动比连线分布疏，故又称此原则为“前密后疏”原则。

(3) 合理分配传动比。

1) 传动副的传动比应控制在一定范围内。在降速传动副中，由于主动小齿轮的最少齿数有限制，为避免被动大齿轮直径太大，降速比不能太小，一般限定不能小于$\frac{1}{4}$，升速传动中，为减小振动和传动误差，要求采用直齿圆柱齿轮的传动，升速传动比不大于 2；对斜齿圆柱齿轮传动，升速传动比不能大于 2.5。因此，在主变速系统中，变速组的最大变速范围为

$$r_{max}=\frac{u_{max}}{u_{min}}\leqslant\frac{2}{1}=8\quad\text{（直齿圆柱齿轮传动）}$$

或

$$r_{max}=\frac{u_{max}}{u_{min}}\leqslant\frac{2.5}{\frac{1}{4}}=10\text{（斜齿圆柱齿轮传动）}$$

可见采用齿轮变速的传动系统中，变速组的变速范围是有限制的，从而限制了主轴的变速范围。为了改善机床性能，可以采用一些特殊的传动方式来扩大变速范围。如图 1-20 (a) 所示的背轮机构就是一种常用的方式。该机构中，输入轴 Ⅰ 空套在输出轴 Ⅲ 左端，运动由 z_1 传至轴 Ⅰ。图示位置中，轴 Ⅰ 经$\frac{z_2}{z_2'}$、$\frac{z_3}{z_3'}$将运动传至轴 Ⅲ，传动比 $u_{min}=\frac{z_2}{z_2'}\frac{z_3}{z_3'}$，如两对齿轮都取极限降速比$\frac{1}{4}$，则 $u_{min}=\frac{1}{4}\times\frac{1}{4}=\frac{1}{16}$。通过操纵机构将内齿离合器 M 左移与 z_2 接合，同时使轴 Ⅱ 上齿轮块左移，使 z_2、z_2' 及 z_3、z_3' 脱离啮合，则运动直接由轴 Ⅰ 传至轴 Ⅲ，传动比 $u_{max}=1$。由此可见，以背轮机构为变速组的变速范围最大可达

$$r_{背}=\frac{u_{max}}{u_{min}}=\frac{1}{\frac{1}{16}}=16$$

设 $\phi=1.41$ 时，背轮机构的转速图如图 1-20（b）所示。另外如 TP619 型卧式铣镗床的主传动系统在轴Ⅲ-Ⅳ间采用的多轴变速组也是扩大变速组变速范围的一种方法。

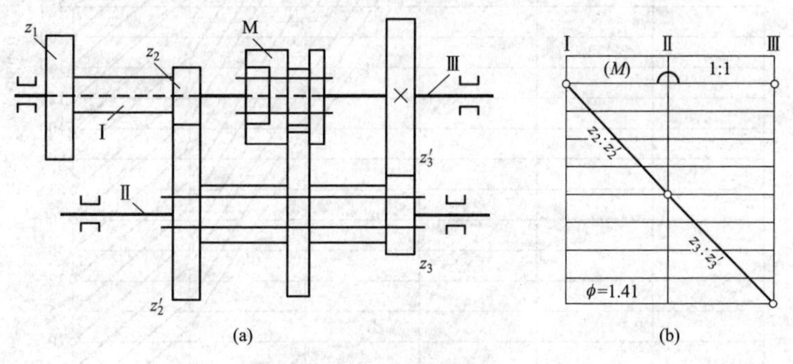

图 1-20　背轮机构示意图

（a）传动系统图；（b）转速图

2）合理安排降速传动比。在分配电动机转速与主轴最低转速间总降速比，即确定各变速组最小传动比时，应遵循“前大后小”的原则，即前面变速组的最小传动比应尽量比后面变速组的最小传动比大一些。这样，一方面可使传动副较多的变速组中传动件的转速高一些，也可使主轴上布置直径较大的齿轮，从而使主轴运转更为平稳。

对于以上各项原则，应根据所设计机床的具体情况作全面分析、考虑，不能生搬硬套。

如一般卧式车床往往在输入轴Ⅰ上布置双向摩擦离合器以控制主轴的开、停及换向，如仍在轴Ⅰ上布置三联滑移齿轮，会使轴向尺寸太大，因而往往使用双联滑移齿轮。例如在如图 1-21 所示的 CA6140 型车床主传动转速图中，可看到轴Ⅰ-Ⅱ间的基本变速组采用两个传动副，而轴Ⅱ-Ⅲ间的第一扩大组采用 3 个传动副，并不符合“前多后少”原则。

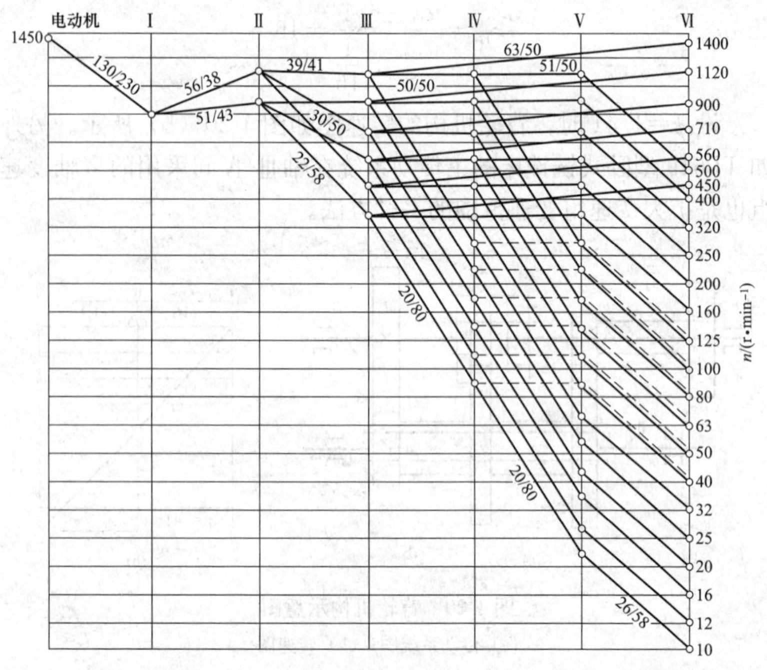

图 1-21　CA6140 型卧式车床主运动转速图

另外，轴Ⅰ上的齿轮加工在摩擦离合器上，直径较大，齿数不能太少，为减小轴Ⅰ-Ⅱ间的径向尺寸，不但未降速，反而采用了升速传动。

另外有的机床由于各级转速使用率差别较大，不采用按单一公比连续排列的转速数列。图 1-22 所示为 Z3040 型摇臂钻床的转速图。从图中可看到主轴转速在中间转速区域按公比 $\phi=1.26$ 的标准数列排列，而在低转速及高转速区域，主轴转速分布较稀，按公比 $\phi=1.58$ 的数列排列。转速数列如此安排是根据摇臂钻床的低转速主要用于攻丝及铰孔，高转速主要用于钻小孔，其使用率远比中间转速使用率低的实际情况而确定的。像摇臂钻床这样采用一种以上公比的转速数列的传动系统称为多公比传动系统。采用多公比传动系统，不仅使转速分布更为合理，而且在不增加主轴转速级数和结构复杂程度的情况下，增大了主轴转速范围和机床的使用范围。

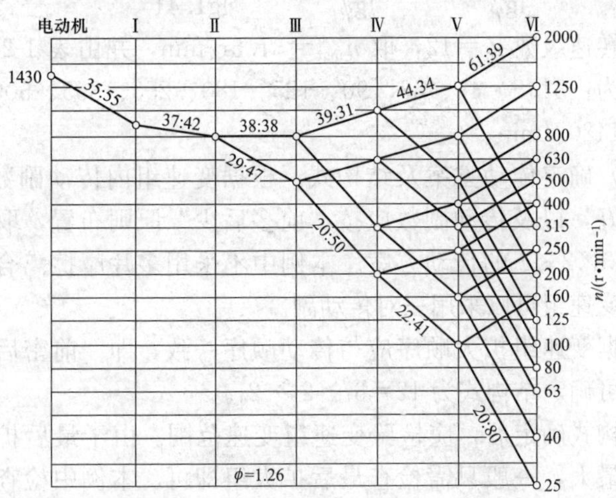

图 1-22　Z3040 型摇臂钻床主运动转速图

2. 分级变速传动系统设计实例

拟定分级变速传动系统一般可按以下步骤进行。

(1) 根据所设计机床的类型和规格，确定公比 ϕ、转速级数 Z 以及转速数列。

(2) 结合机床具体情况，确定传动方案和结构式。

(3) 合理分配传动比，拟定转速图。

(4) 确定齿轮齿数，拟定传动系统图。

以下通过实例来加以说明。

【例 1-2】 设某中型通用机床主传动系统，采用的电动机转速为 1440r/min，主轴最低转速约为 30r/min，最高转速约为 1400r/min，主轴开、停及换向由电动机控制。要求设计该机床主传动系统。

(1) 确定公比 ϕ、转速级数 Z，以及转速数列。由机床类型可选公比 ϕ 为 1.26 或 1.41，为简化结构选 $\phi=1.41$。

由式 (1-9) 可得转速级数

$$Z=\frac{\lg R_n}{\lg\phi}+1=\frac{\lg\frac{n_{\max}}{n_{\min}}}{\lg\phi}+1=\frac{\lg\frac{1400}{30}}{\lg 1.41}+1\approx 12$$

取转速级数 $Z=12$，取 $n_{\min}=31.5\text{r/min}$，并由表 1-2 查得转速数列为：31.5、45、63、90、125、180、250、355、500、710、1000、1420r/min。

（2）确定传动方案及结构式。根据变速组内传动副数以取 2 或 3 为好，以及传动副数应按“前多后少”原则布置，取结构式为 $12=3\times2\times2$ 的传动方案。本例中不采用多片摩擦离合器，故第一个变速组可以采用三对传动副。

根据变速组扩大顺序应与传动顺序一致，即“前密后疏”的原则，可确定结构式为 $12=3_1\times2_3\times2_6$。

结构式确定后，应检验变速组变速范围。由于最后扩大组变速范围最大，一般只需检查最后扩大组即可。本例中检查第二扩大组变速范围

$$r_c=\frac{u_{c\ \max}}{u_{c\ \min}}=\phi^{X_c(P_c-1)}=1.41^{6\times(2-1)}=8$$

符合变速组变速范围的限制要求。

（3）确定各变速组的最小传动比，画出转速图。

（a）确定定比降速副。一般情况下，电动机与主轴箱输入轴之间采用一对定比降速副。定比降速副可采用齿轮副或带传动。这样做的好处是：①可以使前面变速组的降速比不至于太小，从而减小变速机构径向尺寸；②通过改变定比降速副传动比，可方便地提高或降低整个主轴转速的区段；③电动机与传动轴之间采用柔性传动，可避免电动机的振动传给主轴。另外有的机床，如卧式车床，由于结构特点，必须在电动机与主轴箱输入轴间布置带传动。带传动降速比一般可取 $\frac{1}{1.5}\sim\frac{1}{2.5}$。本例中在电动机轴与轴Ⅰ间采用带传动降速，$u_{\text{dai}}=\frac{1}{2}$。

（b）画出线格图。确定各变速组最小传动比，先画出标有轴号及主轴转速级数的线格图。在电动机轴的竖线上，找出代表电

动机转速的点，并以此点为端点，画出带传动降速比连线 $\overline{AB}$ 。下一步可结合线格图，并根据“前大后小”的原则分配轴Ⅰ至主轴间的总降速比。分配时，最后扩大组的最小传动比应尽量取极限值，这样，主轴上的齿轮可以大些，起到飞轮作用，从而使主轴运转平稳。在本例中，由于第二扩大组的变速范围 $r_c=8$ 达到了极限值。所以变速组中升速比及降速比也都应为极限值。因而，取第二扩大组的最小传动比 $u_{max}=\dfrac{1}{4}=\phi^{-4}$ 。由主轴最低转速点，向左上方跨越 4 格画出代表 $u_{ci}=u_{cmin}=\phi^{-4}$ 的传动比连线 $\overline{DE}$ 。由“前大后小”原则，取 $u_{ai}=u_{amin}=\phi^{-2}=\dfrac{1}{2}$、$u_{bi}=u_{bmin}=\phi^{-3}=\dfrac{1}{2.82}$，并画出相应传动比连线 $\overline{BC}$ 、$\overline{CD}$ 。

根据各变速组的级比指数，即相邻传动比连线相距格数，画出各变速组其他传动比连线，如图 1-23 所示。然后在图上补全各传动比连线的平行线，得到转速图如图 1-24（a）所示。

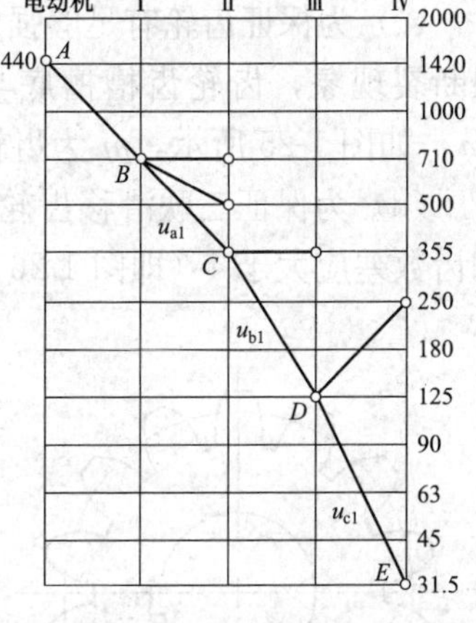

图 1-23 确定变速组最小传动比

结合结构要求，由传动比确定带轮直径（本例中主动轮为 ϕ126mm、从动轮为 ϕ260mm）及齿轮齿数后，可画出传动系统图如图 1-24（b）所示。

3. 确定齿轮齿数

（1）确定齿轮齿数时的注意事项。

（a）为减小变速机构径向尺寸，齿轮副的齿数和 Z_Σ 一般不应超过 100～120。

（b）为避免齿轮的根切现象，齿轮最少齿数应不小于 17，即 $z_{min}\leqslant 17$，如采用变位齿轮，允许 $z_{min}\leqslant 14$。另外，在确定最少齿数时，必须考虑结构限制，例如传动轴的直径，齿轮是否套装等。

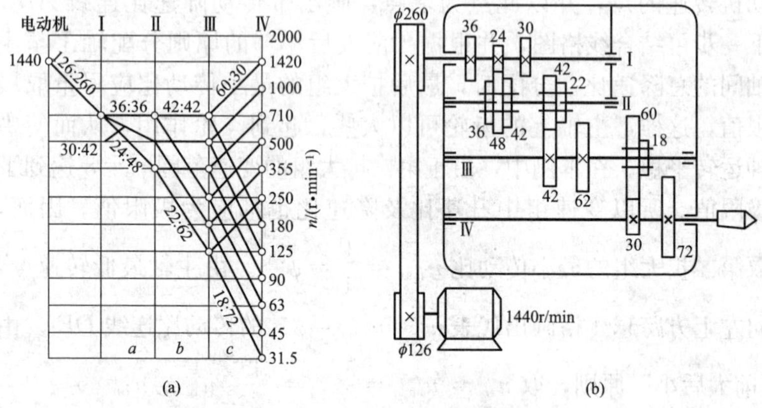

图 1-24　12 级转速主传动系统

(a) 转速图；(b) 传动系统图

(c) 为保证齿轮有足够强度，防止热处理时变形过大或发生齿根断裂现象，齿轮齿槽槽底与孔壁或键槽槽底间的壁厚应大于 $2m$，如图 1-25 所示，m 为齿轮模数。

(d) 为保证三联滑移齿轮能顺利滑移，其最大和次大两齿轮的齿数差应大于 4（即图 1-26 中，$z_3'-z_2'>4$）。

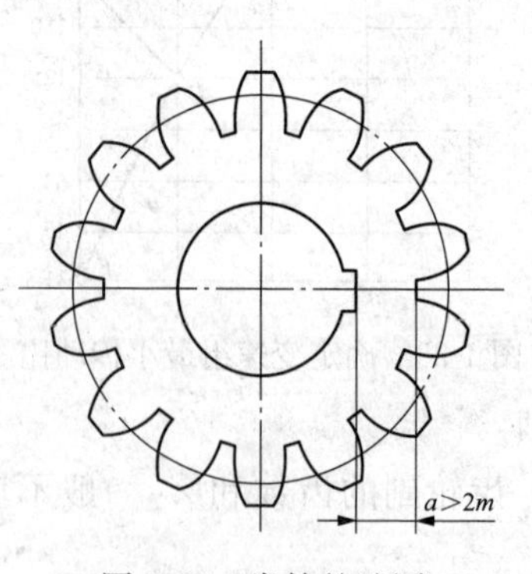

图 1-25　齿轮的壁厚

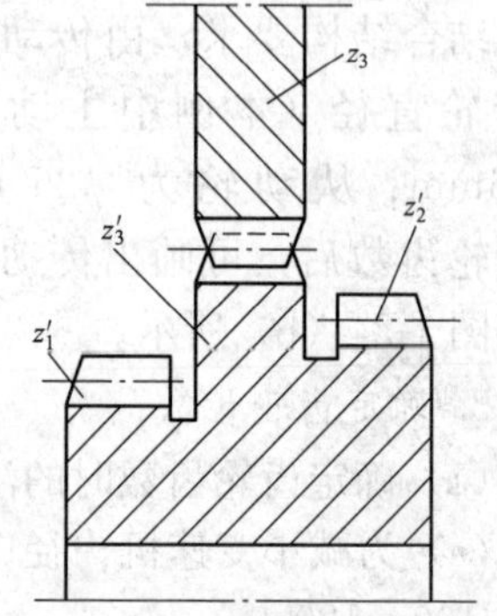

图 1-26　三联滑移齿轮的齿数关系

(e) 由于传动比误差所造成的主轴转速相对误差，应控制在 $\pm10\times(\phi-1)\%$以内，即

$$\Delta n=\left|\frac{n_{实际}-n_{理论}}{n_{理论}}\right|\leqslant 10(\phi-1)\% \tag{1-10}$$

式中 $n_{实际}$——由实际传动比计算得到的主轴转速；

$n_{理论}$——按标准数列确定的主轴转速；

ϕ——转速数列公比。

（2）变速组内齿轮模数相同时齿数的确定。一般主轴箱内同一变速组的齿轮受力情况差别不大，可取相同模数。在最后扩大组，由于齿轮间转速及受力情况差别很大，才采用不同模数。模数相同时，齿轮的齿数一般可通过最小齿数法计算或通过查表而求得（变速组内齿轮模数不同时齿数的确定在此不作介绍）。

1）最小齿数法。变速组内齿轮模数相同，且无变位齿轮时，则可有以下关系式

$$z_i+z_i'=Z_\Sigma \tag{1-11}$$

$$\frac{z_i}{z_i'}=u_i \tag{1-12}$$

式中 z_i、z_i'——主动齿轮与从动齿轮齿数；

Z_Σ——齿轮副的齿数和；

u_i——传动比。

由式（1-11）、式（1-12）进而可得关系式

$$z_i=\frac{u_i}{1+u_i}Z_\Sigma \tag{1-13}$$

$$z_i'=\frac{1}{1+u_i}Z_\Sigma \tag{1-14}$$

传动比 u 往往为分子为 1 的分数，为计算方便，可将其倒数代入式中进行计算。但应注意，此时所计算出的 z_i 为从动轮齿数；z_i' 为主动轮齿数。

在用最小齿数法计算出齿轮齿数时，先找出变速组内最小齿轮，并根据结构要求，确定其齿数，随后分别由式（1-12）、式（1-11）计算出与其啮合的另一齿轮齿数及齿数和。再由式（1-13）或式（1-14）就可求得变速组内其他各传动副的齿轮齿数。举例说明如下。

【例 1-3】 设有变速组如图 1-27 所示，公比 $\phi=1.26$，试确定各对齿轮齿数。

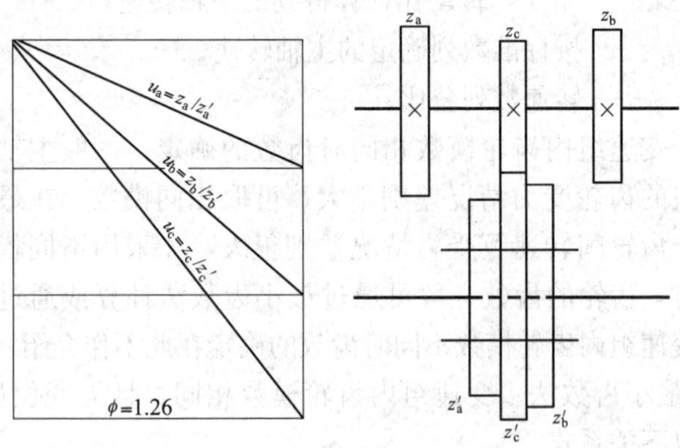

图 1-27 三联滑移齿轮变速组

解：由图 1-27 可知，该变速组内三对齿轮均采用降速传动，其中 $\frac{z_c}{z_c'}$ 降速比最小，其主动轮 z_c 为最小齿轮。如根据结构要求，取 $z_c=21$，则

$$z_c'=\frac{z_c}{u_c}=\frac{21}{\frac{1}{2}}=42$$

$$Z_{\sum}=z_c+z_c'=21+42=53$$

由式（1-14）可得

$$z_a'=\frac{1}{1+u_a}Z_{\sum}=\frac{1}{1+\frac{1}{1.26}}\times 63=35.12 \qquad 取\ z_a'=35$$

$$z_b'=\frac{1}{1+u_b}Z_{\sum}=\frac{1}{1+\frac{1}{1.6}}\times 63=38.77 \qquad 取\ z_b'=39$$

再由式(1-11) 可得

$$z_a=Z_{\sum}-z_a'=63-35=28$$

$$z_b=Z_{\sum}-z_b'=63-39=24$$

最小齿数法计算齿数能使变速机构结构紧凑。如计算后发现传动比误差较大，则应另选最小齿数，或采用变位齿轮。

2）查表法。当变速组的传动比为标准公比的整数次幂或其倒数时，齿轮齿数可由表 1-3 查得。表中最上面一行为齿数和 $Z_{\sum}$，左列为各种传动比，表中其他各项数值为与齿数和及传动比相适应的小齿轮齿数。查表时，先由表上查出各传动比都适用的齿数和及相应的小齿轮，然后再求出各大齿轮齿数。仍以图 1-27 为例，为方便起见，利用该变速组传动比倒数进行查表，但这并不影响结果。从表 1-3 中可查到为传动比 1.26、1.58、2 适用的齿数和有：54、72、75、86……

如选齿数和 $Z_{\sum}=72$，则由表 1-3 可得 $z_a=32$、$z_b=28$、$z_c=24$，再由式（1-11）算得 $z'_a=40$、$z'_b=44$、$z'_c=48$。

表 1-3　各种常用传动比的适用齿数

u \ $Z_{\sum}$	40	41	42	43	44	45	46	47	48	49	50	51	52	53	54	55	56	57	58	59	60	61	62	63	64	65	66	67	68	69
1.00	20		21		22		23		24		25		26		27		28		29		30		31		32		33		34	
1.06		20		21		22		23									27		28		29		30		31		32		33	
1.12	19							22		23		24		25		26		27		28			29		30		31		31	
1.19					20		21		22		23					25		26		27		28		29			30		31	
1.26		18		19		20					22		23		24		25			26		27		28		29	29		30	
1.33	17		18		19			20		21		22			23		24		25			26		27		28			29	
1.41		17					19		20			21		22		23			24		25			26		27		28	28	
1.50	16					18		19			20		21			22		23			24		25			26		27	27	
1.58		16			17					19			20		21			22		23	23		24			25		26		
1.68	15			16					18			19			20		21			22			23		24			25		26
1.78			15					17			18			19			20		21			22			23			24		25
1.88	14			15			16			17			18			19			20		21	21		22	22		23			24
2.00			14			15			16			17			18			19			20			21			22			23
2.11					14			15			16			17			18			19			20			21	21		22	22
2.24						14				15			16			17			18				19	19			20			21
2.37								14				15			16			17				18			19			20	20	
2.51							13			14				15			16				17			18			19	19		
2.66												14				15			16	16			17				18			19
2.82														14	14			15				16				17			18	18

续表

u \ Z_{Σ}	40	41	42	43	44	45	46	47	48	49	50	51	52	53	54	55	56	57	58	59	60	61	62	63	64	65	66	67	68	69
2.99																	14				15				16			17	17	
3.16																			14				15	15			16	16		
3.35																						14				15	15			16
3.55																								14	14				15	15
3.75																											14	14		
3.98																														
4.22																														

u \ Z_{Σ}	70	71	72	73	74	75	76	77	78	79	80	81	82	83	84	85	86	87	88	89	90	91	92	93	94	95	96	97	98	99
1.00	35		36		37		38		39		40		41		42		43		44		45		46		47		48		49	
1.06	34		35		36		37	38			39		40	40	41	41	42	42	43	43	44	44	45	45	46	46		47		48
1.12	33		34		35		36	36	37	37	38	38		39		40		41		42		43		44	44	45	45	46	46	47
1.19	32		33			34	35	35		36		37		38		39	39	40	40	41	41		42		43		44	44	45	45
1.26	31		32		33	33		34		35		36	36	37	37		38		39		40	40	41	41		42		43		44
1.33	30		31			32		33		34	34	35	35		36		37	37	38	38		39		40	40	41	41		42	
1.41	29		30	30		31		32		33	33		34		35	35		36		37	37	38	38		39		40	40		41
1.50	28		29	29		30		31	31		32		33	33		34		35	35		36		37	37		38		39	39	40
1.58	27		28	28		29		30	30		31		32	32		33	33		34		35	35		36		37	37		38	38
1.68	26		27	27		28		29	29		30	30		31		32	32		33	33		34		35	35		36	36		37
1.78	25		26			27			28		29	29		30	30		31			32		33	33		34	34		35	35	
1.88			25			26			27		28	28		29	29		30	30		31	31		32	32		33	33		34	34
2.00			24			25			26			27			28		29	29		30	30		31	31		32	32		33	33
2.11		23	23		24	24			25			26			27			28	28		29	29		30	30		31	31		32
2.24			22	22		23	23		24	24		25			26	26		27	27		28	28		29	29			30	30	
2.37		21			22			23	23			24			25	25		26	26			27	27		28	28		29	29	
2.51	20	20		21	21			22	22		23	23			24	24		25	25			26	26		27	27			28	28
2.66	19			20	20			21			22	22			23	23		24	24			25	25			26	26		27	27
2.82			19	19			20	20			21	21			22			23	23			24	24			25	25			26
2.99		18	18			19	19			20	20			21	21			22	22			23	23			24	24			25
3.16	17	17				18				19	19			20	20			21	21			22	22			23	23			24
3.35	16				17				18	18			19	19			20	20	20			21	21			22	22			23
3.55			16	16				17	17		18	18				19	19			20	20	20			21	21			22	
3.76		15	15				16	16			17	17				18	18				19	19				20	20			21
3.98											16				17	17				18	18				19	19				20
4.22														16	16				17	17				18	18	18			19	19

续表

u \ Z_Σ	100	101	102	103	104	105	106	107	108	109	110	111	112	113	114	115	116	117	118	119	120
1.00	50		51		52		53		54		55		56		57		58		59		60
1.06		49		50		51		52		53	53	54	54	55	55	56	56	57	57	58	58
1.12	47		48		49		50		51	51	52	52	53	53	54	54	55	55	56	56	57
1.19	46	46		47		48		49	49	50	50	51	51	52	52		53		54	54	55
1.26	44	45	45		46		47	47	48	49	49	50	50		51	51	52	52	53	53	
1.33	43	43	44	44		45		46	46	47	47		48		49	49	50	50		51	
1.41		42	42	43	43		44	44	45	45	46	46		47	47	48	48		49	49	50
1.50	40		41	41	42	42		43	43	44	44		44	45	46	46		47	47	48	48
1.58	39	39		40	40		41		42	42		43	43	44	44		45	45	46	46	46
1.68	37	38	38		39	39		40	40	41	41		42	42		43	43	44	44	44	45
1.78	36		37	37		38	38		39	39		40	40	41	41	42	42		43	43	
1.88	35	35		36	36		37	37		38	38		39	39		40	40		41	41	42
2.00		34	34		35	35		36	36		37	37		38	38		39	39	39	40	40
2.11	32		33	33		34	34		35	35	35	36	36	36		37	37		38	38	
2.24	31	31		32	32		33	33	33	34	34	34		35	35		36	36		37	37
2.37		30	30		31	31		32	32	32		33	33		34	34		35	35	35	
2.51		29	29			30	30		31	31	31		32	32		33	33	33		34	34
2.66			28	28		29	29	29		30	30	30		31	31		32	32	32		33
2.82	26		27	27	27		28	28	28		29	29			30	30			31	31	
2.99	25			26	26			27	27			28	28			29	29			30	30
3.16	24	24		25	25	25		26	26	26			27	27			28	28			29
3.35	23	23			24	24			25	25	25		26	26	26			27	27		
3.55	22	22			23	23			24	24	24			25	25	25		26	26	26	
3.76	21	21			22	22				23	23			24	24	24			25	25	25
3.98	20				21	21				22	22				23	23				24	24
4.22	19			20	20	20				21	21				22	22	22			23	23

4. 齿轮的布置

变速组内滑移齿轮一般应布置在主动轴上，这样，由于转速较高，滑移齿轮质量较轻，便于操作。为了操作方便，也可将两个相邻变速组的滑移齿轮布置在一根轴上。

布置齿轮轴向位置时，必须保证一对齿轮完全脱离啮合后，另一对齿轮才能进入啮合。如图 1-28 所示，设齿轮宽度都为 b，则 L 长度必须大于 $4b$，即 $L>4b$，L 的具体值可根据齿轮宽度、

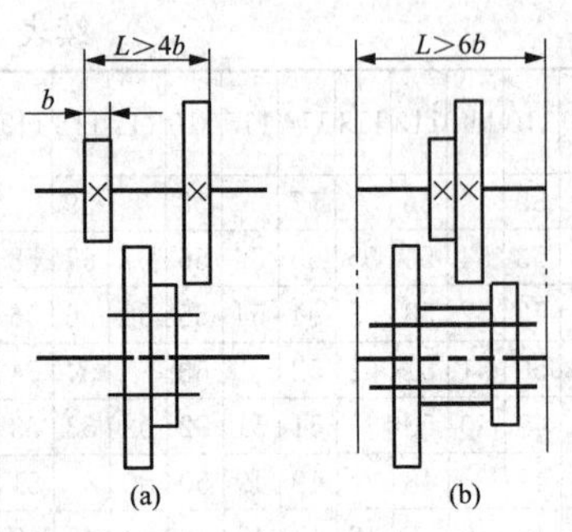

图 1-28　双联滑移齿轮的轴向尺寸

(a) $L>4b$；(b) $L>6b$

齿轮结构（是否有拨叉槽、退刀槽等）而定。

齿轮的布置方式对变速箱的轴向及径向尺寸均有影响，以下几种缩小轴向尺寸及径向尺寸的方法可供参考。

（1）缩小轴向尺寸的方法。

1）一个变速组内最好采用窄式布置。所谓窄式布置，就是采用结构紧凑的滑移齿轮块，而将固定齿轮分开布置，如图 1-28（a）和图 1-29（a）所示。反之，则称为宽式布置，如图 1-28（b）和图 1-29（b）所示。很显然，为了缩小轴向尺寸，应采用窄式布置。对于三联滑移齿轮，当相邻两齿轮的齿数差小于 4 时，可以采用宽窄结合的方式，如图 1-29（c）所示。这样虽然轴向尺寸稍大一些，但能按传动比大小，顺序变换转速。

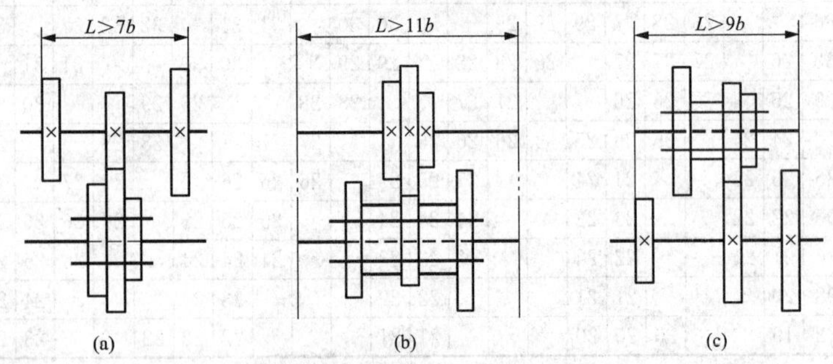

图 1-29　三联滑移齿轮的轴向尺寸

(a) $L>7b$；(b) $L>11b$；(c) $L>9b$

2）相邻变速组内，主、从动轮交错布置。如图 1-30（a）中，两个变速组顺序布置，中间轴左边布置三个从动轮，右边布置两个主动轮，总轴向尺寸 $L>11b$，但如将中间轴的主、从动轮交错布置，如图 1-30（b）所示，则可缩小轴向尺寸到 $L>9b$。

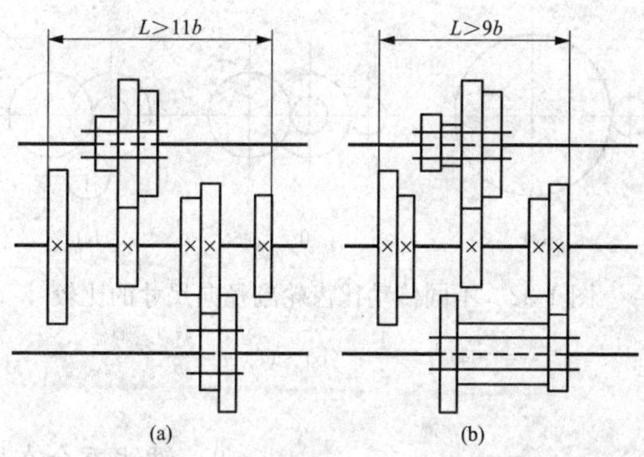

图 1-30　相邻变速组内主、从动轮交错布置

(a) $L>11b$；(b) $L\geqslant 9b$

3）采用公用齿轮。两个相邻变速组采用公用齿轮后，减少了中间轴上固定齿轮数，从而使轴向尺寸减小。如图 1-31（a）中所示，没有布置公用齿轮，$L>8b$；而如图 1-31（b）中所示，采用一个公用齿轮，$L>5b$。

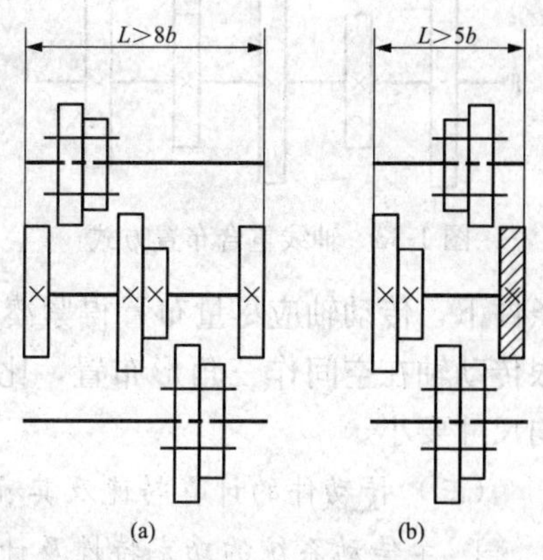

图 1-31　采用公用齿轮缩短轴向尺寸

(a) $L>8b$；(b) $L>5b$

（2）缩小径向尺寸的方法。

1）缩小齿轮副径向尺寸。在强度允许的条件下，尽量采用较小的齿数和，并尽量不使用降速比太小的齿轮副。如图 1-32（a）中齿轮副降速比为 1/4；如图 1-32（b）中采用两对降速比均为 1/2 的传动副；如图 1-32（c）中传动副与如图 1-32（b）相同，只是将 3 根轴在空间作三角形布置。由图中可见，如图 1-32（b）所示布置方式的径向尺寸比如图 1-32（a）所示的小，而如图 1-32（c）所示的布置方法则更为紧凑，其径向尺寸远比如图 1-32（a）方案为小。

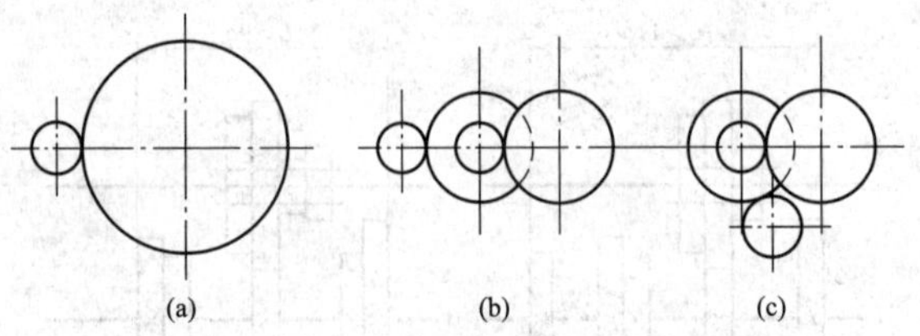

图 1-32 不同传动比齿轮副径向尺寸的比较

(a) $i=\frac{1}{4}$；(b)、(c) $i=\frac{1}{2}$

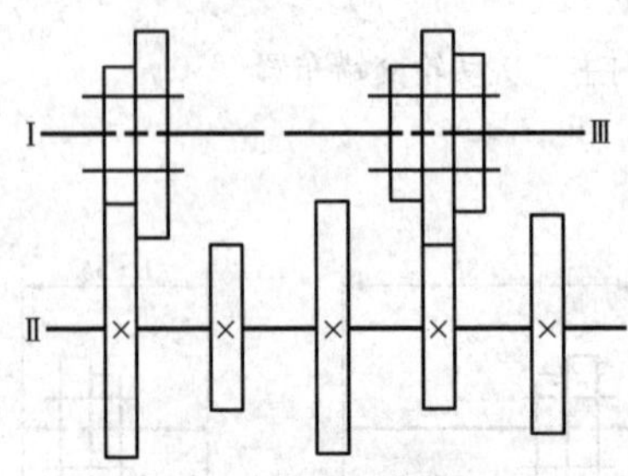

图 1-33 轴线重合布置方式

2）轴线重合布置。在相邻变速组轴间距离相等的条件下，可将其中两根轴布置在同一轴线上，以减小径向尺寸，如图 1-33 所示，轴Ⅰ和轴Ⅲ两根轴就布置在同一轴线上。

3）合理安排传动轴的空间位置。在传动件不发生干涉的条件下，传动轴应尽量布置得紧凑一些。如图 1-32（c）所示中 3 根传动轴在空间作三角形布置，比 3 根轴布置在同一平面内的径向尺寸要小。

（三）传动件的计算转速及其确定

1. 主传动系统的功率特性及计算转速

在确定主传动系统内主轴及其他传动件的尺寸时，主要的依据是传动件所传递转矩的大小。传动件传递转矩的大小，则与它传递的功率及转速有关，可用下式表达

$$T=9550\times\frac{P}{n} \tag{1-15}$$

式中 T——传动件所传递的转矩，N·m；

P——传动件所传递的功率，kW；

n——传动件的转速，r/min。

如果传动件在以各种转速工作时，所传递的功率保持不变，

则其所传递的转矩，应随转速降低而增大，当用最低转速工作时，传递转矩最大。但对于通用机床来说，其主运动的最低几级转速主要用于加工螺纹或铰孔等轻负荷工作，即使用于粗加工，切削用量也受到工艺系统刚度限制。所以，通用机床在以最低几级转速工作时，并不需用电动机的全部功率。因而，在计算主轴及其他传动件尺寸时，不能简单地按各级传动件的最低转速来计算它所能传递的最大转矩。

实际上，通用机床主传动系统只有当主轴以某一级转速 n_j 至最高转速 n_{max} 之间工作时，才需要传递全部功率。在这段区域内，主轴所传递的功率保持恒定，而所传递的转矩则随转速升高而减小。从转速 n_j 往下至最低转速，主轴传递的转矩保持恒定，而所传递的功率则随转速降低而减小，如图 1-34 所示。主传动系统这种转速与其传递功率、转矩之间的关系称之为主传动系统的功率特性或转矩特性。转速 n_j 是主轴传递全部功率的最低转速，也是计算其尺寸的依据，故称为计算转速。

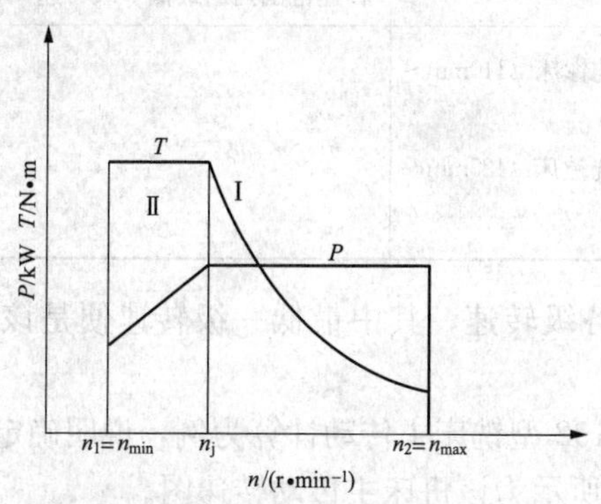

图 1-34　主传动系统的功率特性或转矩特性

2. 主轴及其他传动件计算转速的确定

主轴的计算转速对各种不同的机床是不同的。表 1-4 列出了各类机床主轴计算转速的经验公式。

确定其他传动件，如传动轴、齿轮等的计算转速时，可以在转速图上由该传动件至主轴的传动路线，找出主轴传递全功率时，

表 1-4　　各类机床主轴的计算转速

机床类别		计算转速 n_{j}	
		等公比传动	双公比、混合公比或无级传动
中型通用机床和通用自动机床	车床、升降台铣床、转塔车床、仿形半自动车床、多刀半自动车床、单轴和多轴自动和半自动车床、卧式铣镗床 ϕ63mm～ϕ90mm	$n_{\mathrm{j}}=n_{\min}\phi^{\frac{z}{3}-1}$ 计算转速为主轴最低转速算起第一个 1/3 转速范围内的最高一级转速	$n_{\mathrm{j}}=n_{\min}R_{a}^{0.3}$
	立式钻床、摇臂钻床	$n_{\mathrm{j}}=n_{\min}\phi^{\frac{z}{4}-1}$ 计算转速为主轴第一个 1/4 转速范围内的最高一级转速	$n_{\mathrm{j}}=n_{\min}R_{a}^{0.25}$
大型机床	卧式钻床 ϕ1250mm～ϕ4000mm、立式车床	$n_{\mathrm{j}}=n_{\min}\phi^{\frac{z}{3}}$ 计算转速为主轴第二个 1/3 转速范围内的最低一级转速	$n_{\mathrm{j}}=n_{\min}R_{a}^{0.35}$
	卧式铣镗床 ϕ110mm～ϕ160mm； 落地铣镗床 ϕ125mm～ϕ160mm	$n_{\mathrm{j}}=n_{\min}\phi^{\frac{z}{2.5}}$	$n_{\mathrm{j}}=n_{\min}R_{a}^{0.4}$

该传动件相应各级转速，其中最低一级转速便是该传动件的计算转速。

现以 XA6132 型铣床主传动计算为例，说明确定计算转速的方法。如图 1-35 所示为该机床主传动转速图。

（1）确定主轴计算转速。该铣床共有 18 级转速，由表 1-2 可查出主轴Ⅴ的计算转速为

$$n_{\mathrm{j}}=n_{\min}\phi^{\frac{z}{3}-1}=n_{\min}\phi^{\frac{18}{3}-1}=n_{1}\phi^{5}=n_{6}=95\mathrm{r/min}$$

（2）确定传动轴计算转速。轴Ⅳ以其 9 级转速中任何一级转速时，均可经齿轮副$\frac{z_{13}}{z_{14}}$使主轴以高于 $n_6=95\mathrm{r/min}$ 转速旋转，传递全部功率。所以，轴Ⅳ的计算转速为其最低转速 $n_7=118\mathrm{r/min}$。

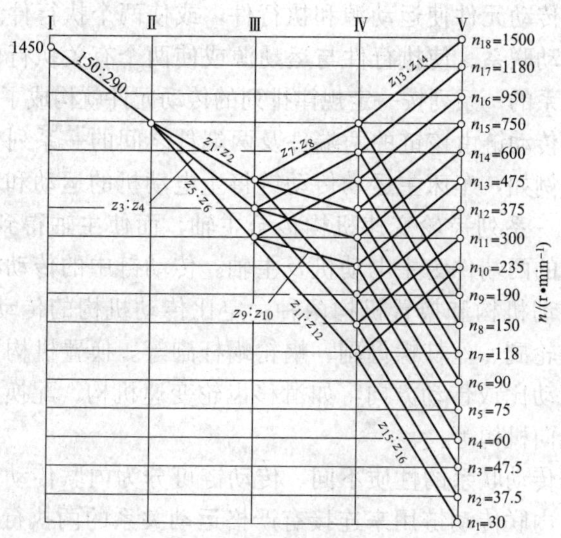

图 1-35　X6132 型铣床主传动转速图

同理，可得轴Ⅲ的计算转速为 $n_{11}=300$r/min。轴Ⅱ与轴Ⅰ均只有一种转速，故计算转速只能为 $n_{15}=750$r/min 及 $n_{电}=1450$r/min。

（3）确定齿轮副的计算转速。z_{16} 在主轴Ⅴ上，主轴的计算转速即是它的计算转速，所以 z_{16} 的计算转速为 $n_6=95$r/min。z_{15} 在轴Ⅳ上，通过 z_{16} 使主轴旋转，由主轴上 n_6 点沿传动比连线往上找到在轴Ⅳ的端点，其对应转速 $n_{12}=375$r/min 便是 z_{15} 的计算转速。主轴由齿轮副$\frac{z_{13}}{z_{14}}$得到的各级转速都要传递全部功率。它们的最低转速分别为其最低转速，z_{13} 为 $n_7=118$r/min、z_{14} 为 $n_{10}=235$r/min。其他齿轮的计算转速都可以此类推而得。

第四节　机床的传动系统和传动原理图

一、机床传动链及传动原理图

1. 机床传动链与传动系统

机床在完成某种加工内容时，为了获得所需的运动，需要由一系列的传动元件使运动源和执行件，或使两个执行件之间保持一定的传动联系。使执行件与运动源或使两个有关执行件保持确定运动联系的一系列按一定规律排列的传动元件就构成了传动链。

一条传动链由该链的两端件及两端件之间的一系列传动机构所组成。例如，车床主运动传动链将主电动机的运动和动力，经过带轮及一系列齿轮变速机构传至主轴，而使主轴得到主运动。该传动链的两端件为主电动机及主轴。传动链中的传动机构可分为定比传动机构和换置机构两种。定比传动机构的传动比不变，如定比齿轮副、丝杠螺母副、蜗轮蜗杆副等。换置机构可根据需要改变传动比或传动方向，如滑移齿轮变速机构、配换交换齿轮机构、换向机构等。

根据传动联系的性质不同，传动链可分为内联传动链和外联传动链。内联传动链用来连接有严格运动关系的两执行件，以获得准确的加工表面形状及较高的加工精度。例如车床的车螺纹传动链，其两端件为主轴及刀架，在加工中要求严格保证主轴每转一周，刀架纵向移动一个导程（用字母 L 表示）以得到准确的螺纹表面形状及导程。可见内联系传动比要求具有准确的传动比，并且在加工过程中保持严格不变。外联系传动链的任务只是把运动和动力传递到执行元件上去，其传动比大小只影响加工速度或工件表面粗糙度，而不影响工件表面形状的形成，故不要求有严格的传动比。如车床主运动链的传动比只影响切削速度而不影响表面形状的形成，即使在车螺纹时，主轴转速的大小也只是影响车削螺纹速度的快慢，而对螺纹表面的形成并无影响。

通常，机床有几种运动就相应有几条传动链，例如，卧式车床需要有主运动、纵向机动进给运动、横向机动进给运动及车螺纹运动，相应就有主运动传动链、纵向进给传动链、横向进给传动链及车螺纹传动链等。实现一台机床所有运动的传动链就组成了该机床的传动系统。

2. 机床传动原理图

机床传动原理图是利用一些简单的符号来表明机床在实现某种表面成形运动时传动联系的示意图。如图 1-36 所示为车床车螺纹时传动原理图，其中电动机、工件、刀架以较为直观的图形表示，虚线表示定比传动机构，菱形符号表示换置机构。图中表示了车螺纹时所需的两个表面成形运动，即工件的旋转运动及刀架的纵向直线运动，以及相应的两条传动链，主运动链及车螺纹传动链。其中主运动链由电动机—1—2—u_v—3—4—工件表示，换置机构 u_v 代表主变速机构，改变 u_v 可以改变主轴的转速；车螺纹传动链由工件—4—5—u_x—6—7—丝杠螺母—刀架表示，换置机构 u_x 代表从主轴到丝杠之间的交换齿轮机构及滑移齿轮变速机构等，调整 u_x 的大小，可加工出各种不同导程的螺纹。

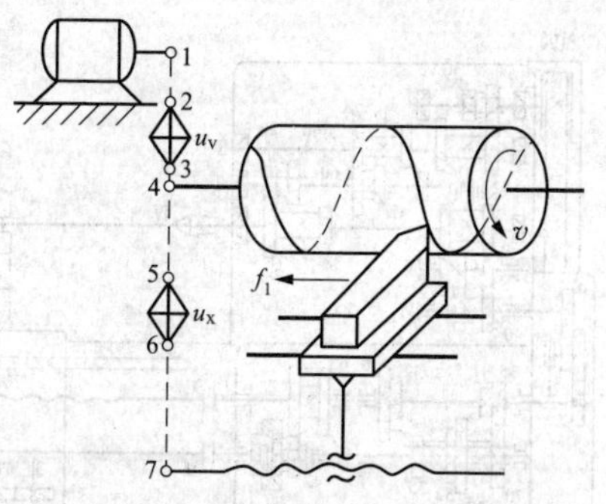

图 1-36　车床车螺纹传动原理图

传动原理图简单明了，是研究机床传动系统，特别是研究一些运动较为复杂的机床传动系统的重要工具。

二、机床传动系统图

机床传动系统图是用以了解及分析机床运动源与执行件或执行件与执行件之间的传动联系及传动结构的一种示意图。传动系统图常用规定的简单符号（见附录B）表示传动系统中的各传动元件，并按照运动传递顺序，以展开图形式绘制在一个能反映机床外形及主要部件相互位置的投影面上。

如图 1-37 所示为一台普通卧式车床的传动系统图。与传动原理图比较可以看出，传动原理图仅表示机床形成某一表面所需的运动及传动联系，而传动系统图则表示了一台机床所有的运动及其传动联系。另外，传动系统图中具体表示了各传动链的传动元件的结构类型以及作调整计算所需的主要运动参数。

在阅读传动系统图时，首先要了解该机床所具有的执行件及其运动方式，以及执行件之间是否要保持传动联系，然后分析从运动源至执行件或执行件至执行件之间的传动顺序、传动结构及

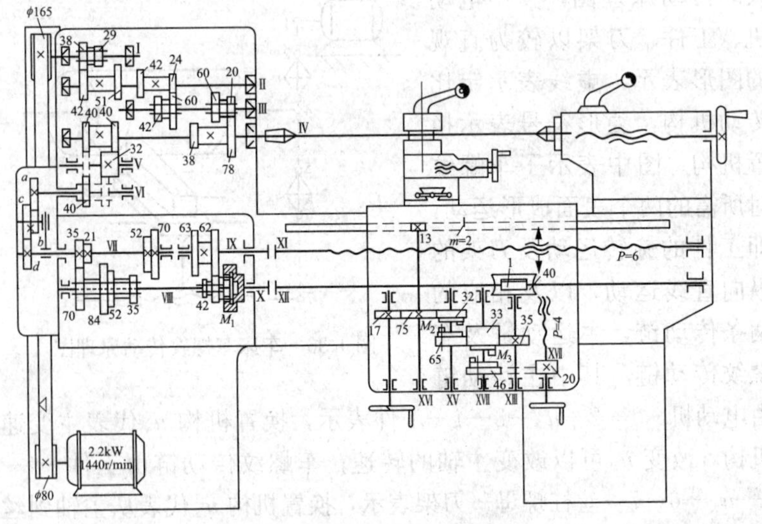

图 1-37　普通卧式车床传动系统图

m—齿轮模数；P—丝杠的螺距

传动关系。

下面以图 1-37 所示卧式车床传动系统图为例进行分析。该车床具有两个执行件，即主轴和刀架。机床工作时，主轴旋转作主运动，刀架直线运动作进给运动。机床传动系统由主传动链、车螺纹传动链、纵向进给链及横向进给链等组成。

（1）主运动传动链。主运动由电动机驱动，经带轮$\dfrac{\phi 80}{\phi 165}$使轴Ⅰ旋转，然后经轴Ⅰ-Ⅱ、轴Ⅱ-Ⅲ以及轴Ⅲ-Ⅴ（主轴）间的三组双联滑移齿轮变速组传动主轴，并使其获得 2×2×2＝8 级转速。由电动机至主轴的传动联系，可简明地用传动路线表达式表示如下：

$$\underset{(1440\text{r/min})}{\text{电动机}}-\frac{\phi 80}{\phi 165}-\text{Ⅰ}-\begin{bmatrix}\dfrac{29}{51}\\ \\ \dfrac{38}{42}\end{bmatrix}-\text{Ⅱ}-\begin{bmatrix}\dfrac{24}{60}\\ \\ \dfrac{42}{42}\end{bmatrix}-\text{Ⅲ}-\begin{bmatrix}\dfrac{20}{78}\\ \\ \dfrac{60}{38}\end{bmatrix}-N\ \text{主轴}$$

（2）进给运动传动链。车床刀架进给运动包括：刀架的纵向进给运动、横向进给运动及车螺纹运动。在车床上车制螺纹时，要求工件的旋转与刀架纵向进给保持严格的传动关系，另外，机动进给时的进给量也是以工件每转刀架移动的距离来衡量其大小的，所以在进给运动中，传动链的两端件应为主轴与刀架。

1）车螺纹传动链。在主轴与轴Ⅵ之间有一滑移齿轮换向机构，该机构一方面可将主轴运动传向进给系统，另外，还可改变轴Ⅵ的转向，从而改变丝杠Ⅺ的转向，以便加工右螺纹或左螺纹。在轴Ⅵ-Ⅶ间有一交换齿轮机构，可通过改变交换齿轮组 $\frac{a}{b}\frac{c}{d}$ 的传动比，加工不同类型的螺纹。主轴运动经换向机构、交换齿轮机构、轴Ⅶ－Ⅷ间滑移齿轮变速机构传至轴Ⅷ。当轴Ⅷ上滑移齿轮z42与轴Ⅸ上齿轮z62或z63啮合时，便可通过联轴节带动丝杠，再经开合螺母机构使刀架纵向移动。车螺纹运动的传动路线表达式为：

$$N—\begin{bmatrix}\frac{40}{40}\\ \text{（换向）}\\ \frac{38}{42}\end{bmatrix}—Ⅵ—\frac{a}{b}\frac{c}{d}—Ⅶ—\begin{bmatrix}\frac{35}{70}\\ \frac{21}{84}\\ \frac{52}{52}\\ \frac{70}{35}\end{bmatrix}—$$

$$Ⅷ—\begin{bmatrix}\frac{42}{62}\\ \frac{42}{63}\end{bmatrix}—Ⅸ—Ⅺ\text{丝杠（车螺纹纵向进给）}$$

2）纵、横向进给运动传动链。机动进给时，轴Ⅷ上的滑移齿轮z42右移，与离合器M1内齿轮啮合，运动由轴Ⅷ传至光杠Ⅻ，再经蜗杆副 $\frac{1}{40}$、轴ⅩⅢ及齿轮z35将运动传至空套在轴ⅩⅣ上的齿轮z33。当离合器M2接通时，运动经齿轮副 $\frac{33}{65}$，离合器M2、齿轮副$\frac{32}{75}$传至轴ⅩⅥ上的小齿轮z13，从而使小齿轮z13在固定于床身的齿条（模数$m=2$）上滚动，并带动刀架作纵向进给运动。当离合器M3接通时，运动由齿轮z33经离合器M3、齿轮副$\frac{46}{20}$传至横向进给丝杠ⅩⅦ，带动刀架作横向进给。纵向、横向进给传动路线表达式为：

$$\text{轴Ⅳ}-\boxed{\text{中间传动路线与车螺纹时相同}}-\text{Ⅷ}-\text{M1}-\text{Ⅻ}-\frac{1}{40}-\text{ⅩⅢ}-\frac{35}{35}-\begin{bmatrix}\frac{33}{65}-\text{M2}-\frac{33}{65}-\text{ⅩⅥ}-\text{z13}-\text{齿条(刀架横向进给)}\\ \text{M3}-\frac{46}{20}-\text{ⅩⅦ}\quad\text{丝杠(刀架横向进给)}\end{bmatrix}$$

由于传动系统图是用平面图形来反映立体的机床传动结构，有时不得不把一根轴画成折断线或弯曲成一定角度的折线；有时把相互啮合的传动副分开，而用虚线或大括号连接以表示它们的传动联系，如图1-37所示的轴ⅩⅣ上齿轮z46与轴ⅩⅦ上齿轮z20就是用虚线连接以表示两者是啮合的。注意至这些特殊表示方法，对读懂机床传动系统图是很有帮助的。

三、机床转速图简介

机床转速图是用简单直线条来表示机床分级变速系统传动规律的线图，它可以非常直观地表示出变速传动过程中各传动轴和传动副的转速情况、运动输出轴获得各级转速时的传动路线等，是认识和分析机床变速传动系统的重要工具。如图1-38所示就是如图1-37所示普通卧式车床主变速系统的转速图。

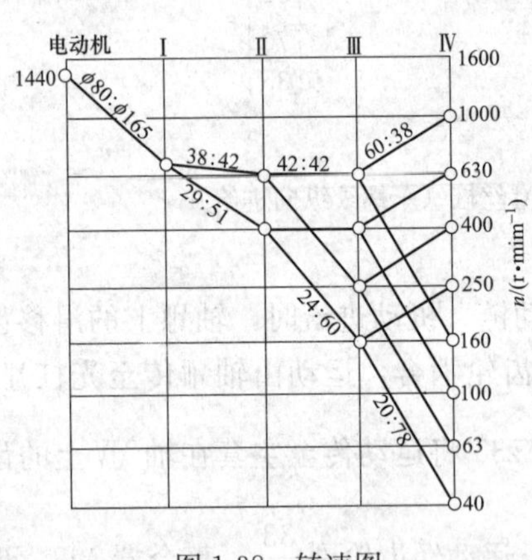

图1-38　转速图

由此可以看出，转速图的基本内容如下。

（1）转速图中一组等距的垂直平行线代表变速系统中从电动机轴至主轴的各根轴，各轴排列次序应符合传动顺序。竖线上端以“电动机”标明电动机轴，以罗马数字标明其他各轴。

（2）距离相等的横向平行线表示变速系统从低至高依次排列的各组转速，在每根线段右端标出该级转速的数值。由于主轴的转速数列排列，为绘制和分析线图方便，代表转速值的纵向坐标采用对数坐标。这样，使得代表任意相邻转速的横向平行线的间距都是相等的。

（3）代表各传动轴的平行竖线上的小圆点代表各轴所能获得的转速。圆点数为该轴具有的转速级数；圆点位置表明了各级转速的数值。例如，轴Ⅱ上有两个圆点，表示轴Ⅱ有 2 级转速，其转速分别为 630r/min 和 400r/min；轴Ⅲ上有 4 个点，表示轴Ⅲ有 4 级转速，其转速分别为 630、400、250、160r/min。

（4）两轴间转速点之间的连线，表示该两轴间的传动副，相互平行的连线表示同一传动副。因此，两轴间互不平行的连线数表示了两轴之间的传动副数。例如，轴Ⅰ—Ⅱ间有两条互不平行的连线，表示轴Ⅰ—Ⅱ间有两对传动副，分别为 $\frac{38}{42}$ 和 $\frac{29}{51}$；轴Ⅱ—Ⅲ间有两条互不平行的连线，表示轴Ⅱ—Ⅲ间也有两对传动副，分别为 $\frac{24}{60}$ 和 $\frac{42}{42}$。连线的倾斜程度表明了传动副的传动比大小。自左往右向上倾斜，表明传动比大于 1，为升速传动，如轴Ⅲ—Ⅳ间的 $\frac{60}{38}$ 传动副；自左往右向下倾斜，表明传动比小于 1，为降速传动，如轴Ⅰ—Ⅱ间的 $\frac{29}{51}$ 传动副；水平连线表示传动比为 1∶1，如轴Ⅱ—Ⅲ间的 $\frac{42}{42}$ 传动副。

（5）转速图上还表明了运动传动路线，在图 1-38 中可看出主轴的最高转速 1000r/min 是由电动机经带轮副 $\frac{\phi 80}{\phi 165}$ 经轴Ⅰ—Ⅱ间

齿轮副 $\frac{38}{42}$、轴Ⅱ—Ⅲ间齿轮副 $\frac{42}{42}$、轴Ⅲ—Ⅳ间齿轮副 $\frac{60}{38}$，依次传递而得到的。

综上所述，转速图清楚地表示了变速系统中传动轴数量，各轴及轴上传动元件的转速级数、转速大小及其传动路线。另外还须指出，转速图不仅有助于了解、分析机床的变速系统，而且是设计变速系统的一种重要工具。

四、机床运动的调整和计算

机床运动的调整计算一般可分两类：一种是根据机床传动系统内传动件的运动参数、计算某一执行件的运动速度或位移量；另一种是根据两执行件间应保持的运动关系，确定相应传动链内换置机构（一般为交换齿轮机构）的传动比，以便于对其进行调整。

机床运动的调整计算，一般可通过分析传动链，按以下 3 个步骤进行。

（1）确定传动件的两端件及传动关系。

如车床主运动传动件的两端件为电动机 $n_{电机}$(r/min)－$n_{主轴}$(r/min)；车床车螺纹传动链的两端件为主轴承—刀架，运动关系为：主轴转 1 转—刀架移动距离为被加工螺纹导程 P_h(mm)。

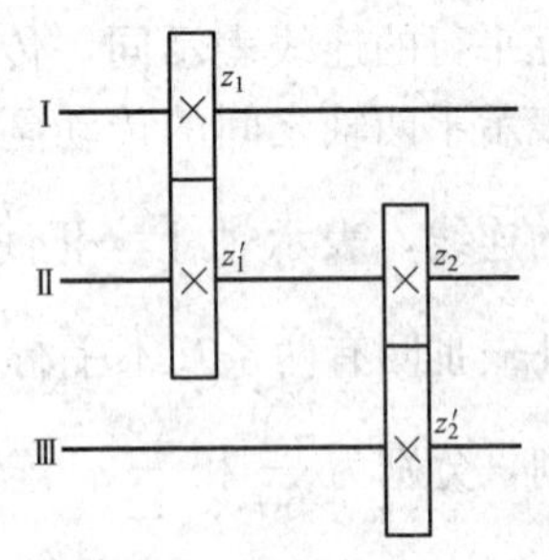

图 1-39　三轴传动系统

（2）列出运动平衡式

运动平衡式可根据传动链中各传动件的运动参数，如齿轮齿数、带轮直径、丝杠螺距等，以及传动关系列出。在图 1-39 中，如已知轴Ⅰ转速为 $n_Ⅰ$，则轴Ⅲ的转速 $n_Ⅲ$ 为

$$n_Ⅲ = n_1 \frac{z_1}{z_1'} \frac{z_2}{z_2'} = n_1 u_{Ⅰ-Ⅱ} u_{Ⅱ-Ⅲ} = n_1 u_{Ⅰ-Ⅲ}$$

式中　$\frac{z_1}{z_1'}$——轴Ⅰ与轴Ⅱ间的传动比，以 $u_{Ⅰ-Ⅱ}$ 表示；

$\frac{z_2}{z_2'}$——轴Ⅱ与轴Ⅲ间的传动比，以 $u_{Ⅱ-Ⅲ}$ 表示；

$u_{\text{Ⅰ}-\text{Ⅲ}}$——轴Ⅰ与轴Ⅲ间的传动比，$u_{\text{Ⅰ}-\text{Ⅲ}}=u_{\text{Ⅰ}-\text{Ⅱ}}u_{\text{Ⅱ}-\text{Ⅲ}}$。

由上式可知：

1）两传动件间的传动比为所求件（一般称被动件）与已知件（一般称主动件）的转速之比，如两传动件为齿轮，则传动比为主动齿轮与被动齿轮的齿数比；传动件为带轮，则传动比为主动轮与从动轮的直径比。

2）传动链两端件间的总传动比为传动链中各传动副传动比之连乘积。

一般来说，如将传动链中已知转速的一端件视为主动件，传动链中各传动副主动件的运动参数分别为：d_1、d_2、…、d_n等及z_1、z_2、…、z_n等相应传动副中被动件的运动参数分别为：d'_1、d'_2、…、d'_n及z'_1、z'_2、…、z'_n，则该传动链的总传动比u为

$$u=\frac{d_1d_2\cdots d_n}{d'_1d'_2\cdots d'_n}=\frac{z_1z_2\cdots z_n}{z'_1z'_2\cdots z'_n}$$

式中　d_1、d_2、…、d_n及d'_1、d'_2、…、d'_n——传动链中主动带轮及从动带轮的直径；

z_1、z_2、…、z_n及z'_1、z'_2、…、z'_n——传动链中主动齿轮及从动齿轮的齿数。

进而可得

$$n'=nu=n\frac{d_1d_2\cdots d_n}{d'_1d'_2\cdots d'_n}=n\frac{z_1z_2\cdots z_n}{z'_1z'_2\cdots z'_n}$$

式中　n——传动链中已知端件的转速，r/min；

n'——传动链中所求端件的转速，r/min。

计算执行元件移动距离的运动平衡式与此相似，只是根据传动件运动参数，如丝杠导程、齿轮模数等，将转速折算成移动距离而已。

（3）确定变速机构的传动比或交换齿轮变速机构中交换齿轮的齿数。

由运动平衡式计算出执行件的转速、进给量或位移量，或者整理出换置机构的换置公式，然后根据加工情况，确定变速机构的传动比或交换齿轮变速机构中交换齿轮的齿数。

下面以图 1-37 所示传动系统图为例介绍具体计算过程。

（1）计算主轴转速。

1）主轴是经主运动链传动的，其两端件为电动机—主轴，运动关系为：电动机（$n_{电动机}=1400$r/min）—主轴，$n_{主轴}$（r/min）

2）列出运动平衡式

$$n=1440\times\frac{80}{165}u_{\text{I}-\text{II}}u_{\text{II}-\text{III}}u_{\text{III}-\text{IV}}$$

式中 n——主轴的转速，r/min；

$u_{\text{I}-\text{II}}$——轴Ⅰ—Ⅱ间的传动比；

$u_{\text{II}-\text{III}}$——轴Ⅱ—Ⅲ间的传动比；

$u_{\text{III}-\text{IV}}$——轴Ⅲ—Ⅳ间的传动比。

3）计算主轴转速。将各轴间不同传动比值（见图 1-37 和图 1-38）分别代入运动平衡式，就可计算出主轴的各级转速。例如，将各轴间最大传动比代入平衡式就可计算出主轴最大转速为

$$n_{\max}=1440\times\frac{80}{165}\times\frac{38}{42}\times\frac{42}{42}\times\frac{60}{38}\approx 997(\text{r/min})$$

（2）确定车螺纹传动链中交换齿轮齿数。

1）该传动链两端件为主轴—刀架，运动关系为：主轴转 1 转—刀架纵向移动 Lmm（L 为工件螺纹导程）。

2）列出运动平衡式，根据传动系统图中，车螺纹传动链的传动关系，可列出运动平衡式为

$$1_{主轴}\times\frac{40}{40}u_{交换}u_{\text{VII}-\text{VIII}}u_{\text{VIII}-\text{IX}}\times 6=L$$

$$u_{交换}=\frac{a}{b}\frac{c}{d}$$

式中 $u_{交换}$——交换齿轮组的传动比；

$u_{\text{VII}-\text{VIII}}$——轴Ⅶ—Ⅷ间的传动比；

$u_{\text{VIII}-\text{IX}}$——轴Ⅷ—Ⅸ间的传动比。

3）整理换置公式。将运动平衡式整理后，可得换置公式为

$$u_{交换}u_{\text{VII}-\text{VIII}}u_{\text{VIII}-\text{IX}}=\frac{L}{6}$$

4）根据被加工螺纹导程，确定交换齿轮齿数。设要加工工件

螺纹导程 $L=6\text{mm}$，可有

$$u_{交换}u_{\text{Ⅶ}-\text{Ⅷ}}u_{\text{Ⅷ}-\text{Ⅸ}}=\frac{L}{6}=\frac{6}{6}=1$$

若选用 $u_{\text{Ⅶ}-\text{Ⅷ}}$ 为 $\frac{70}{35}$、$u_{\text{Ⅷ}-\text{Ⅸ}}$ 为 $\frac{42}{63}$，则

$$u_{交换}\times\frac{70}{35}\times\frac{42}{63}=1$$

$u_{交换}=\frac{3}{4}$，即

$$\frac{a}{b}\frac{c}{d}=\frac{3}{4}=\frac{1\times3}{2\times2}=\frac{1\times30}{2\times30}\times\frac{3\times25}{2\times25}=\frac{30}{60}\times\frac{75}{50}$$

故可取交换齿轮齿数分别为：$a=30$、$b=60$、$c=75$、$d=50$。

第五节　金属切削机床的分类和型号编制

一、金属切削机床型号的编制方法

1. 机床型号编制方法新标准说明

金属切削机床的分类和型号按最新标准 GB/T 15375—2008《金属切削机床型号编制方法》编制，替代 GB/T 15375—1994。

（1）新标准的适用范围。

1）新标准规定了金属切削机床和回转体加工自动线型号的表示方法。

2）新标准适用于新设计的各类通用及专用金属切削机床（以下简称机床）、自动线。

3）新标准不适用于组合机床、特种加工机床。

（2）新标准的修改和变化。

1）新标准取消了企业代号、示例中的企业名称等。

2）新标准增加了具有两类特性机床的说明。

3）新标准增加了联动轴数和复合机床的说明及示例。

4）新标准车床类“组代号 0　仪表小型车床”中增加了“2　小型排刀车床”；“组代号 6　落地及卧式车床”中增加了“6　主轴箱移动型卡盘车床”。

5）新标准钻床类“组代号3　摇臂钻床”中增加了“8　龙门式钻床”；“组代号5　立式钻床”中增加了“5　龙门式立式钻床”。

6）新标准磨床类（2M）“组代号2　滚子轴承套圈滚道磨床”中增加了“9　轴承套圈端面滚道磨床”；“组代号3　轴承套圈超精机”中增加了“7　轴承内圈挡边超精机”和“8　轴承外圈挡边超精机”。

7）新标准齿轮加工机床类“组代号5　插齿机”中取消了“2　端面齿插齿机”、“3　非圆柱插齿机”和“5　人字齿轮插齿机”；“组代号8　其他齿轮加工机”中增加了“3　圆柱齿轮铣齿机”和“4　渐开线花键轧齿机”。

8）新标准螺纹加工机床类“组代号7　螺纹磨床”中增加了“0　螺杆磨床”、“1　螺纹塞规磨床”。

9）新标准铣床类“组代号2　龙门铣床”中增加了“5　高架式横梁移动龙门镗铣床”，“8　落地龙门镗铣床”修改为“8　龙门移动镗铣床”；“组代号3　平面铣床”中增加了“7　滑枕平面铣床”；“组代号6　卧式升降台铣床”中取消了“5　广用万能铣床”。

10）新标准锯床类“组代号5　立式带锯床”中“2　可倾立式带锯床”修改为“2　滑车Ⅰ型立式带锯床”，增加了“3　滑车Ⅱ型立式带锯床”，取消了“4　大喉深立式带锯床”，“7　砂线锯床”修改为“7　金刚石线锯床”，“8　砂带锯床”修改为“8　金刚石带锯床”，“组代号7　弓锯床”中取消了“2　立柱卧式弓锯床”。

11）新标准其他类“组代号1　管子加工机床”中“3　管子车丝机”修改为“3　管螺纹车床”，“6　管接头车丝机”修改为“6　管接头螺纹车床”。

2. 机床通用型号

（1）机床型号编制方法。机床型号是机床产品的代号，用以简明地表示机床的类别、主要技术参数、通用特性和结构特性等。目前，我国的机床型号均按最新标准GB/T 15375—2008《金属切削机床型号编制方法》编制。

金属切削机床型号由基本部分和辅助部分组成，用汉语拼音字母及阿拉伯数字表示，中间用“/”隔开，读作“之”，前者需要统一管理，后者纳入型号与否由企业自定。机床型号表示方法如图 1-40 所示。

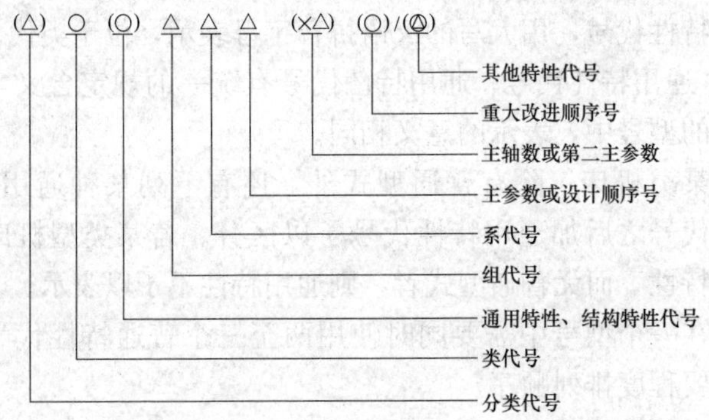

注：1.有“( )”的代号或数字，当无内容时，则不表示。若有内容则不带括号。
2.有“○”符号的，为大写的汉语拼音字母。
3.有“△”符号的，为阿位伯数字。
4.有“◎”符号的，为大写的汉语拼音字母，或阿拉伯数字，或两者兼有之。

图 1-40　机床型号的表示方法

（2）机床的分类及代号。机床按其工作原理划分为车床、钻床、镗床、磨床、齿轮加工机床、螺纹加工机床、铣床、刨插床、锯床和其他机床等共 11 类。

机床的类代号用大写的汉语拼音字母表示，如车床用“C”表示，钻床用“Z”表示。必要时，每类可分为若干分类。分类代号在类代号之前，作为型号的首位，并用阿拉伯数字表示。第一分类代号前的“1”省略，第“2”、“3”分类代号则应予以表示，如磨床分类代号“M”、“2M”、“3M”。

对于具有两类特性的机床编制时，主要特性应放在后面，次要特性应放在前面。例如铣镗床是以镗床为主、铣为辅。

机床的分类和代号见表 1-5。

表 1-5　　机床的类代号

类别	车床	钻床	镗床	磨床			齿轮加工机床	螺纹加工机床	铣床	刨床	拉床	锯床	其他机床
代号	C	Z	T	M	2M	3M	Y	S	X	B	L	G	Q
读音	车	钻	镗	一磨	二磨	三磨	牙	丝	铣	刨	拉	割	其

（3）机床的特性代号。机床的特性代号，包括通用特性代号和结构特性代号，用大写的汉语拼音字母表示，位于类代号之后。

1）通用特性代号。通用特性代号有统一的规定含义，它在各类机床的型号中，表示的意义相同。

当某类机床，除有普通型式外，还有下列某种通用特性时，则在类代号之后加通用特性代号予以区分。若某类型机床仅有某种通用特性，而无普通型式者，则通用特性不予以表示。

当在一个型号中需要同时使用两至三个普通特性代号时，一般按重要程度排列顺序。

通用特性代号，用汉语拼音字母表示，按其相应的汉字字意读音。

机床通用特性代号见表 1-6。

表 1-6　　机床通用特性代号

通用特性	高精度	精密	自动	半自动	数控	加工中心（自动换刀）	仿形	轻型	加重型	简式或经济型	柔性加工单元	数显	高速
代号	G	M	Z	B	K	H	F	Q	C	J	R	X	S
读音	高	密	自	半	控	换	仿	轻	重	简	柔	显	速

2）结构特性代号。对于主参数值相同，而结构、性能不同的机床，在型号中加上结构特性代号予以区分。根据各类机床的具体情况，对某些结构特性代号，可以赋予一定含义。但结构特性代号与通用特性代号不同，在型号中没有统一的含义。只在同类机床中起区分机床结构、性能不同的作用。当型号中有通用特性代号时，结构特性代号应排在通用特性代号之后。

结构特性代号，用汉语拼音字母 A、B、C、E、L、N、P、T、Y 表示。通用特性代号已用的字母和“I、O”（以免和数字“1、0”混淆）两个字母均不能作为结构特性代号使用。当单个字母不够使用时，可将两个字母合起来使用，如 AD、AE 等，或 DA、EA 等。

（4）机床的组、系划分原则及代号。

1）机床的组、系划分原则。每类机床都划分为十个组，每一组又划分为十个系（系列），机床组、系划分原则如下。

(a) 在同一类机床中，主要范围和使用基本相同的机床，即为一组。

(b) 在同一组机床中，其主参数相同、主要结构及布局形式相同的机床，即为同一系。

2）机床的组、系代号。机床的组，用一位阿拉伯数字表示，位于类代号或通用特性代号、结构特性代号之后。机床的系，用一位阿拉伯数字表示，位于组代号之后。

(5) 机床主参数的表示方法。机床型号中主参数用折算值（主参数乘以折算系数）表示，位于系代号之后。它反应机床的主要技术规格，主参数的尺寸单位为 mm。当折算值大于 1 时，则取整数，前面不加“0”；当折算值小于 1 时，则取小数点后第一位，并在前面加“0”。如 CA6140 型车床，主参数的折算值为 40，折算系数为 1/10，即主参数（床身上最大工件回转直径）为 400mm。

(6) 通用机床的设计顺序号。某些通用机床，当无法用一个主参数表示时，则在型号中设计顺序号表示。设计顺序号由“1”起始，当设计顺序号小于“10”时，由“01”开始编号。

(7) 主轴数和第二主参数的表示方法。

1）主轴数的表示方法。对于多轴车床、多轴钻床等机床，其主轴数应以实际数值列入型号，置于主参数之后，用“×”分开，读作“乘”。单轴，可省略，不予表示。

2）机床的第二主参数（多轴机床的主轴数除外），一般不予表示，如有特殊情况，需在型号中表示。在型号中表示的主参数，一般以折算成两位数为宜，最多不超过三位数。以长度、深度等表示的，其折算系数为 1/100；以直径、宽度值等表示的，其折算系数为 1/10；以厚度、最大模数值表示的，其折算系数为 1。当折算值大于 1 时，取整数值；当折算值小于 1 时，则取小数点后第一位数，并在前面加“0”。

(8) 机床的重大改进顺序号。当机床的结构、性能有更高的要求，并须按新产品重新设计、试制和鉴定时，才按改进的先后顺序选用 A、B、C 等汉语拼音字母（但“I”“O”两个字母不得选用，以免和数字“1”和“0”混淆），加在型号基本部分的尾部，以区别原机床型号，如 C6136A 就是 C6136 型经过第一次重大改进的车床。

重大改进设计不同于完全的新设计，它是在原有机床的基础上进行改进设计，因此重大改进后的产品与原型号的产品，是一种取代关系。凡属局部的小改进、或增减某些附件、测量装置及改变工件的装夹方法等，因对原机床的结构、性能没有作重大的改变，故不属于重大改进，其型号不变。

标准中规定，型号中有固定含义的汉语拼音字母（如类代号、通用特性代号及有固定含义的结构特性代号），按其相对应的汉字字音读音，如无固定含义的结构特性代号及重大改进序号，则按汉语拼音字母读音，如 CK6136A 读作“车控 6136A”。

（9）其他特性代号及其表示方法。

1）其他特性代号。其他特性代号，置于辅助部分之首。其中同一型号的机床的变型代号，一般应放在其他特性代号的首位。

2）其他特性代号的含义。其他特性代号主要用于反映各类机床的特性。如：对于数控机床，可用来反映不同的控制系统等；对于加工中心，可用于反映控制系统、联动轴数、自动交换主轴头、自动交换工作台等；对于柔性加工单元，可用以反映自动交换主轴箱；对于一机多能机床，可用于补充表示某些功能；对于一般机床，可以反映同一型号机床的变型等。

3）其他特性代号的表示方法。其他特性代号，可用汉语拼音字母（“I”“O”两个字母除外）表示，其中“L”表示联动轴数，“F”表示复合。当单个字母不够使用时，可将两个字母合起来使用，如 AB、AC、AD 等，或 BA、CA、DA 等。

其他特性代号还可用阿拉伯数字和汉语拼音字母组合表示。

（10）通用机床型号示例。

1）工作台最大宽度为 500mm 的精密卧式加工中心，其型号为：THM6350。

2）工作台最大宽度为 400mm 的 5 轴联动卧式加工中心，其型号为：TH6340/5L。

3）最大磨削直径为 400mm 的高精度数控外圆磨床，其型号为：MKG1340。

4）经过第一次重大改进，其最大钻孔直径为 25mm 的四轴立式排钻床，其型号为：Z5625×4A。

5）最大钻孔直径为 40mm，最大跨距为 1600mm 的摇臂钻床，其型号为：Z3040×16。

6）最大车削直径为 1250mm，经过第一次重大改进的数显单柱立式车床，其型号为：CX5112A。

7）光球板直径为 800mm 的立式钢球光球机，其型号为：3M7480。

8）最大回转直径为 400mm 的半自动曲轴磨床，其型号为：MB8240。根据加工的需要，在此型号机床的基础上变换的第一种型式的半自动曲轴磨床，其型号为：MB8240/1；变换的第二种型式的半自动曲轴磨床，其型号为：MB8240/2，依此类推。

9）最大磨削直径为 320mm 的半自动万能外圆磨床，结构不同时，其型号为：MBE1432。

10）最大棒料直径为 16mm 的数控精密单轴纵切自动车床，其型号为：CKM1116。

11）配置 MTC-2M 型数控系统的数控床身铣床，其型号为：XK714/C。

12）试制的第五种仪表磨床为立式双轮轴颈抛光机，这种磨床无法用一个主参数表示，故其型号为：M0405；后来，又设计了第六种轴颈抛光机，其型号为：M0406。

3. 专用机床型号

（1）专用机床的型号表示方法。专用机床的型号一般由设计单位代号和设计顺序号组成。型号构成如下：

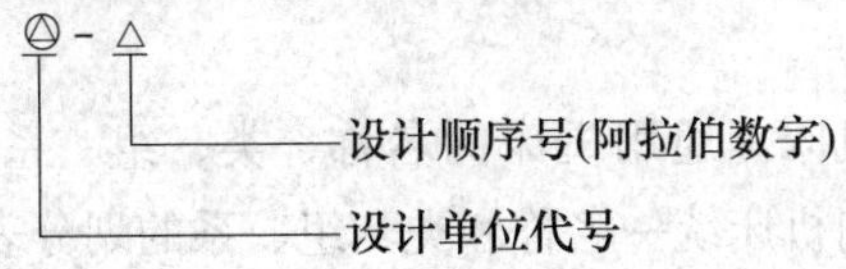

（2）设计单位代号。设计单位代号包括机床生产厂和机床研究单位代号（位于型号之首）。

（3）专用机床的设计顺序号。专用机床的设计顺序号，按该单位的设计顺序号排列，由 001 起始，位于设计单位代号之后，并用“-”隔开。

（4）专用机床的型号示例。

1）某单位设计制造的第 1 种专用机床为专用车床，其型号为：×××-001。

2）某单位设计制造的第 15 种专用机床为专用磨床，其型号为：×××-015。

3）某单位设计制造的第 100 种专用机床为专用铣床，其型号为：×××-100。

4. 机床自动线的型号

（1）机床自动线代号。由通用机床或专用机床组成的机床自动线，其代号为：“ZX”（读作“自线”），位于设计单位代号后，并用“-”分开。

机床自动线设计顺序号的排列与专用机床的设计顺序号相同，位于机床自动线之后。

（2）机床自动线的型号表示方法。机床自动线的型号表示方法如下：

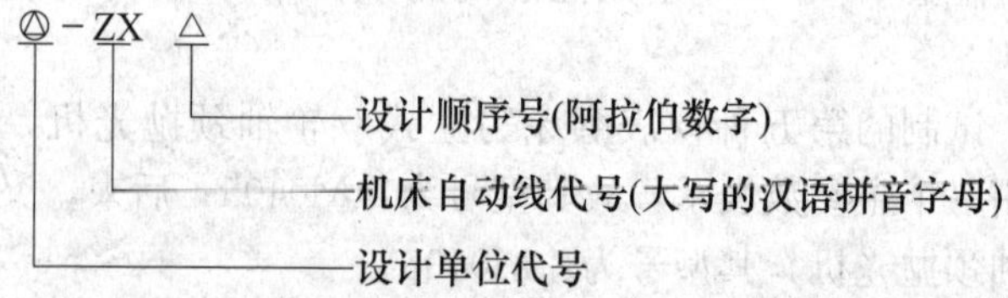

（3）机床自动线的型号示例：某单位以通用机床或专用机床为某厂设计的第一条机床自动线，其型号为：×××-ZX001。

二、金属切削机床统一名称和类、组、系的划分

1. 一般说明

（1）通用机床。通用机床的名称、类、组、系及主参数等应符合“金属切削机床统一名称和类、组、系的划分表”的规定。

(2) 表中"×××"的含义。表中出现"×××"者，表示此系已被老产品占用，在老产品淘汰之前，不得启用。

(3) 主参数。

1) 主参数的计量单位，尺寸以"毫米"（mm）计，拉力以"千牛"（kN）计，扭矩以"牛顿·米"（N·m）计。

2) 在主参数栏中出现"-"者，表示此系机床型号中主参数用设计顺序号代替。

2. 金属切削机床统一名称和类、组、系的划分表

机床的统一名称和组、系划分，以及型号中主参数的表示方法见附录A。

金属切削机床在基本分类方法的基础上，还可根据机床其他特性进一步区分。

(1) 通用性程度。按通用性程度不同，同类型机床可分为以下三种。

1) 通用机床。它可用于加工多种零件的不同工序，加工范围较广，通用性较大，但结构比较复杂。这种机床主要适用于单件小批量生产，例如卧式车床、万能外圆磨床、万能升降台铣床等。

2) 专门化机床。它的工艺范围较窄，只能用于加工某一类（或少数几类）零件的某一道（或少数几道）特定工序，如曲轴车床、凸轮车床、螺旋桨铣床等。

3) 专用机床。它的工艺范围最窄，一般是为加工某一种零件的某一道特定工序而设计制造的，适用于大批量生产。如汽车、拖拉机制造中广泛使用的各种钻、镗组合机床等。

(2) 质量和尺寸。按质量和尺寸不同，同类机床可分为仪表机床、中型机床（一般机床）、大型机床（质量达10t）、重型机床（质量大于30t）和超重型机床（质量大于100t）等。

(3) 工作精度。按工作精度不同，同类型机床可分为普通精度机床、精密机床和高精度机床，分别为精度、性能符合有关标准中规定的普通级、精密级和高精度级要求的机床。

(4) 自动化程度。按自动化程度不同，机床可分为手动、机动、半自动和自动机床。调整好后无需工人参与便能完成自动工

作循环的机床称为自动机床；若装卸工件仍由工人进行，能完成半自动工作循环的机床称为半自动机床。

（5）主要工作部件的数目。按机床主要工作部件的数目不同，机床还可分为单轴的、多轴的或单刀的、多刀的机床等。

通常，机床根据加工性质进行分类，再根据其某些特点进一步描述，如多刀半自动车床、高精度外圆磨床等。

随着机床的发展，其分类方法也将不断发展。现代机床也正向数控化方向发展，且数控机床的功能日趋多样化，工序更加集中。现在一台数控机床集中了越来越多的传统机床的功能。例如，数控车床在卧式车床功能的基础上，集中了转塔车床、仿形车床、自动车床等多种车床的功能；车削加工中心出现后，在数控车床功能的基础一，又加入了钻、铣、镗等类型机床的功能。具有自动换刀功能的加工中心，集中了钻、铣、镗等多种类型机床的功能；有的加工中心的主轴既能立式又能卧式，即集中了立式加工中心和卧式加工中心的功能。可见，机床数控化引起了机床传统分类方法的变化，这种变化主要表现在机床品种不是越分越细，而应是趋向综合。

显然，目前使用的机床型号编制方法有些过细。由于机床数控化后，其功能日趋多样化，一台数控车床同时具有多种组别和系别的车床功能，这就是说，已经很难再把它归属于哪个组别、哪个系别的机床了。

现代机床的发展趋势是机床功能部件化了，每个功能部件是独立存在的，机床生产厂家根据市场需求设计与制造各种功能部件。以数控车床为例，典型的功能部件可以是尾座、多种类型的转塔刀架和下刀架以及主轴分度机构等，这些都可由机床用户选择定购。用户需要什么，机床厂就制造什么。然而，目前的机床型号编制方法仍然是“我造什么你买什么”，已经不适应机床市场发展的新形势。目前我国有些机床企业，也没有完全按照国家推荐的标准进行机床型号的编制，而是依据企业自己的规定编制机床型号。随着机床工业的高速发展，机床型号的编制方法也有待进一步修订和补充。

第二章

车　床

第一节　车床概述

一、车床的用途及分类

1. 车床的用途

普通卧式车床是应用较普遍的车床类型。卧式车床的万能性大，车削加工的范围较广，就其基本内容来说，有车外圆、车端面、切断和切槽、钻孔、钻中心孔、车孔、铰孔、车螺纹、车圆锥面、车成形面、滚花和盘绕弹簧等，如图 2-1 所示。它们的共同特点是都带有回转表面，一般来说，机器中带回转表面的零件所占的比例是很大的，如各种轴类、套类、盘类零件。在车床上如果装上一些附件和夹具，还可进行镗削、研磨、抛光等。因此，车削加工在机器制造业中应用得非常普遍，因而它的地位也显得十分重要。

2. 车床的分类

车床的类型很多，根据构造特点及用途不同分类，车床主要类型有：普通卧式车床、六角转塔车床、立式车床、单轴自动车床、多轴自动和半自动车床、多刀车床、仿形车床、专门化车床（如铲齿车床、凸轮车床、曲轴车床、轧辊车床等）等，其中以普通车床应用最为广泛。由于车削加工具有高的生产率，广泛的工艺范围以及可得到较高的加工精度等特点，所以车床在金属切削机床中占的比例最大，约占机床总数的 20%～35%，而卧式车床又占车床类机床的 60%左右，因此，车床是应用最广泛的金属切削机床之一。车床的组、系划分及分类见附录 A。

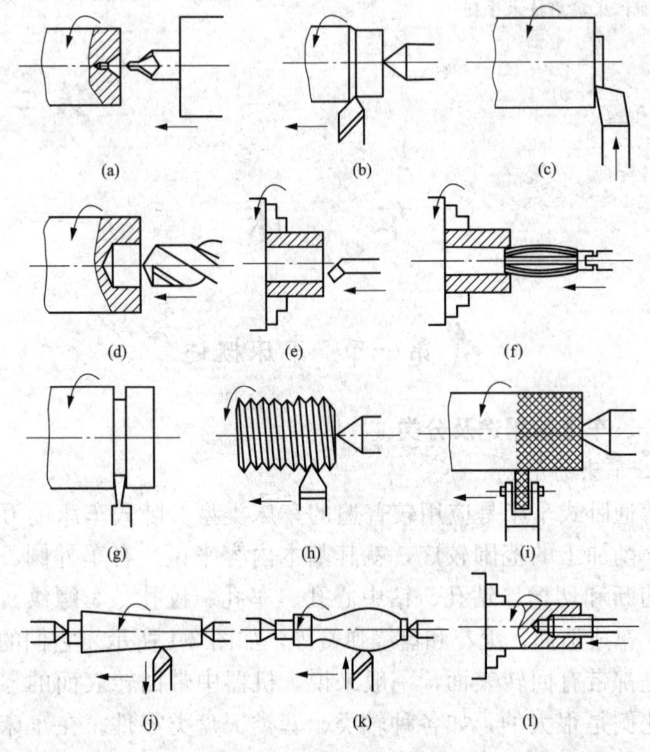

图 2-1　卧式车床的用途

(a) 钻中心孔；(b) 车外圆；(c) 车端面；(d) 钻孔；(e) 车孔；(f) 铰孔；(g) 切断和切槽；(h) 车螺纹；(i) 滚花；(j) 车圆锥面；(k) 车成形面；(l) 攻螺纹

车床也是最早应用数控技术的普通机床。随着数控技术、计算机程控技术的应用和发展，结构上的不断改进，使车床功能也得到了很大的提高和扩展，现已逐步形成以普通数控车床为主，兼顾立式和卧式车削加工中心为发展方向的先进车床。

二、车削加工特点及车削运动

(一) 车削加工特点

车削加工就是在车床上，利用工件的旋转运动和刀具的直线运动或曲线运动来改变毛坯的形状和尺寸，把它加工成符合图纸要求的零件。

车削加工主要是在车床上利用工件相对于刀具旋转对工件进行切削加工的方法。车削加工的切削能主要由工件而不是刀具提供。车削也是最基本、最常见的切削加工方法，在生产中占有十分重要的地位。车削适于加工回转表面，大部分具有回转表面的工件都可以用车削方法加工，如内外圆柱面、内外圆锥面、端面、沟槽、螺纹和回转成形面等，车削加工所用刀具主要是车刀。

车床既可用车刀对工件进行车削加工，又可用钻头、铰刀、丝锥和滚花刀进行钻孔、扩孔、铰孔、攻螺纹和滚花等操作。

1. 车削工艺特点

(1) 车削适合于加工各种内、外回转表面。车削的加工精度范围为 IT13～IT6，表面粗糙度 R_a 值为 12.5～1.6μm。

(2) 车刀结构简单，制造容易，便于根据加工要求对刀具材料、几何角度进行合理选择，车刀刃磨及装拆也较方便。

(3) 车削对工件的结构、材料、生产批量等有较强的适应性，应用广泛。除可车削各种钢材、铸铁、有色金属外，还可以车削玻璃钢、夹布胶木、尼龙等非金属。对于一些不适合磨削的有色金属及其合金可以采用金刚石车刀进行精细车削，能获得很高的加工精度和很小的表面粗糙度值。

(4) 除毛坯表面余量不均匀外，绝大多数车削为等切削横截面的连续切削，因此，切削力变化小，切削过程平稳，有利于高速切削和强力切削，生产效率高。

2. 车削加工特点

(1) 车外圆。车外圆是最基本、最简单的切削方法。车外圆一般经过粗车和精车两个步骤。粗车的目的是使工件尽快的接近图纸上的形状和尺寸，并留有一定的精车余量。粗车精度为 IT11、IT12，表面粗糙度为 R_a12.5μm。精车则是切去少量的金属，以获得图样上所需的形状精度、尺寸精度和较小的表面粗糙度值，精车精度为 IT6～IT8。

(2) 车端面。车端面时，常用的车刀有偏刀和弯头车刀两种。车削时，车刀可由外圆向中心进给。但由于用偏刀由外向中心进给时是用副切削刃进行切削，同时受切削力方向的影响，刀尖易扎入工件形成凹面，影响工件质量。因此，在精车端面时，偏刀再最后一次走刀，应由中心向外进给，这样能避免上述缺点。用弯头车刀车端面时，由于是利用主刀刃来进行切削，所以，切削顺利，适用于加工较大端面。

车端面时，车刀的刀尖要对准中心。否则不仅改变前、后角的大小，而且在工件中心还会留有一个切不掉的凸台，把刀尖压坏或损坏。

（3）切断和切槽。所谓切断是指在车床上用切断刀截取棒料或将工件从原料上切下的加工方法。切断时一般采用正车切断法，同时进给速度应均匀并保持切削的连续性。正切容易产生振动，致使切断刀折断。因此，在切断大型工件时，常采用反车切断法进行切断。反车切断法刀具对工件作用力与工件的重力 G 的方向一致，有效地减少了振动，而且排屑容易，减少了刀具的磨损，改善了加工条件。由于刀头切入工件较深，散热条件差，因此切钢件时应加冷却切削液。

圆柱面上各种形状的槽，一般是用与槽型相应的车刀进行加工。较宽的槽，可通过几次吃刀来完成，最后根据槽的要求进行精车。

（4）车圆锥面。用圆锥面的配合时，同轴度高、装卸方便。锥角较小时，可以传递较大转矩。因此圆锥面广泛用于刀具和工具。

圆锥面的加工方法有以下三种。

1）转动小滑板刀架车锥面。车削锥度较大和较短的内、外圆锥面时，松开固定小刀架滑板的螺母，将刀架小滑板绕转盘转轴线转过某一角度（工件的半锥角），然后锁紧螺母。摇动小滑板的手柄，使车刀沿着圆锥面母线移动，从而加工出所需的圆锥面。

这种方法的优点是能加工锥角很大的外锥面，操作简单，调整方便，因此应用广泛。但因受小滑板行程的限制，不能加工较长的锥面，不能做机动进给，因此只适用于加工短的圆锥面，单件小批量生产。

2）宽刃车刀车锥面。用宽刃车刀加工较短的圆锥面，锥体长度 $L=20\sim25$mm。车刀安装时，切削刃应与锥面母线平行。较长的锥面不能用宽刃刀切削，否则，将引起振动，使工件表面产生波纹。

3）偏移尾架车锥面。在加工较长工件上的小锥度外圆锥面时，可把尾架顶尖向外偏移一定距离 S，使锥面母线与车刀的纵向进给方向平行，利用车刀的自动纵向进给，来车出所需的锥面。

这种方法可以加工较长的锥面，并能采用机动进给，但只能加工半锥角较小的外锥面，因为当圆锥过大时，顶尖在工件中心孔内歪斜，接触不良，磨损也不均匀，会影响加工质量。

此外，对于一些锥面较长，精度要求较高，而批量又较大的零件还可采用靠模法车削。

（5）钻孔和镗孔。在车床上钻孔，工件一般装在卡盘上，钻头则装在尾架上，此时工件的旋转为主运动。为防止钻偏，应先将工件端面车平，有时还在端面中心处先车出小坑来定中心。钻孔时动作不宜过猛，以免冲击工件或折断钻头。钻深孔时，切屑不易排出，故应经常退出钻头，以清除切屑。钻钢料时应加冷却液，钻铸铁不加冷却液。

镗孔是钻孔或铸、锻孔的进一步加工。在成批大量生产中，镗孔常作为车床铰孔或滚压加工的半精加工工序。镗孔与车外圆相似，分粗镗和精镗，必须注意的是背吃刀量进刀的方向与车外圆相反。用于车床的镗孔刀，其特点是刀杆细长，刀头较小，以便于深入工件孔内进行加工。由于刀杆刚性差，刀头散热体积小，加工中容易变形，切削用量要比车外圆小些，应采用较小的进给量和背吃刀量，进行多次进给完成。

（6）车螺纹。螺纹按牙形分为三角螺纹、梯形螺纹、锯齿螺纹和矩形螺纹等。生产中常用的三角螺纹，其螺纹车刀切削部分的形状应与螺纹的轴向截面相符合。车削时，工件每转一转，车刀必须纵向移动一个导程（单头螺纹，导程＝螺距），才能加工出正确的螺纹。

（二）车削运动

1. 车削运动

车削工件时，为了切除多余的金属，必须使工件和车刀产生相对的车削运动。按其作用划分，车削运动可分为主运动和进给运动两种，如图 2-2 所示。

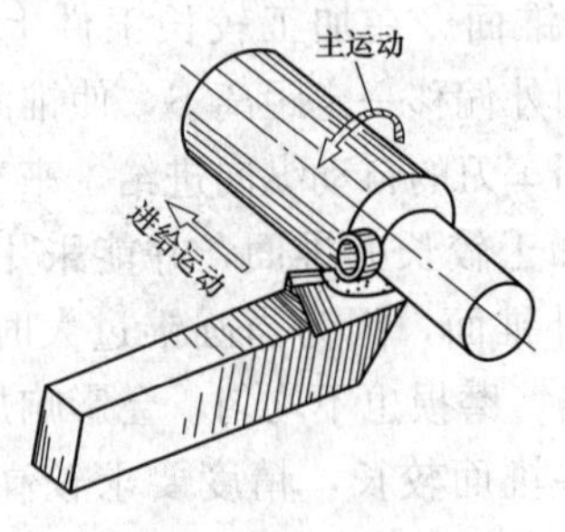

图 2-2　车削运动

（1）主运动。车床的主要运动，它消耗车床的主要动力。车削时工件的旋转运动是主运动。通常，主运动的速度较高。

（2）进给运动。使工件的多余材料不断被去除的切削运动，如车外圆时的纵向进给运动，车端面时的横向进给运动等，如图 2-3 所示。

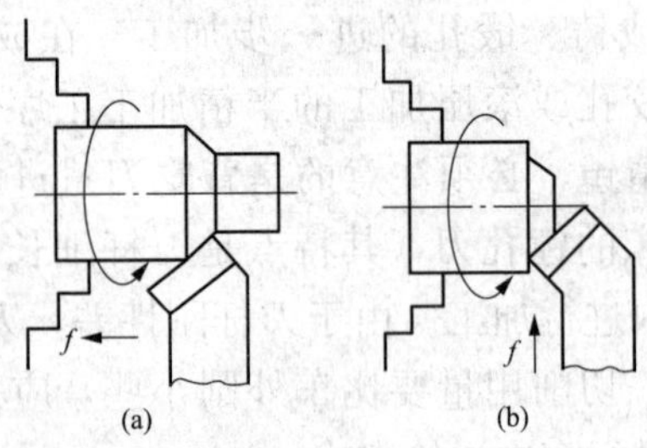

图 2-3　进给运动
（a）纵向进给运动；（b）横向进给运动

2. 车削时工件上形成的表面

工件在车削加工时有三个不断变化的表面，它们是已加工表面、过渡表面与待加工表面，如图 2-4 所示。

（1）已加工表面是工件上经车刀车削多余金属后产生的新表面。

（2）过渡表面是工件上由切削刃正在形成的那部分表面。

（3）待加工表面是工件上有待切除的表面，它可能是毛坯表

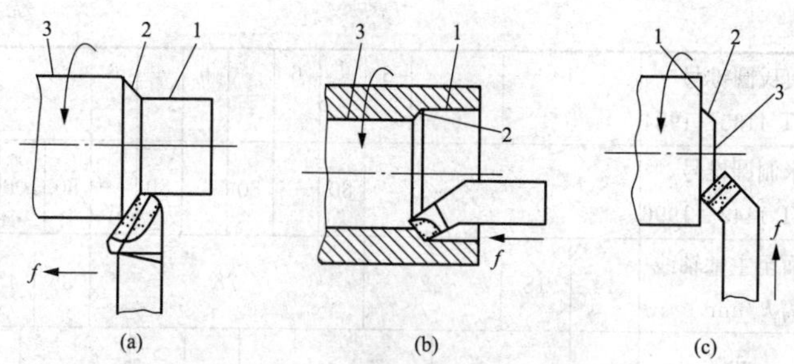

图 2-4　车削时工件上形成的三个表面

（a）车外圆；（b）车内孔；（c）车端面

1—已加工表面；2—过渡表面；3—待加工表面

面或加工过的表面。

三、常用车床型号及主要技术参数

1. 车床参数标准

车床主要技术参数摘自机床参数标准，仅供参考。

（1）卧式车床参数，见表 2-1。

表 2-1　　卧式车床参数（JB/T 2322.3—2011）

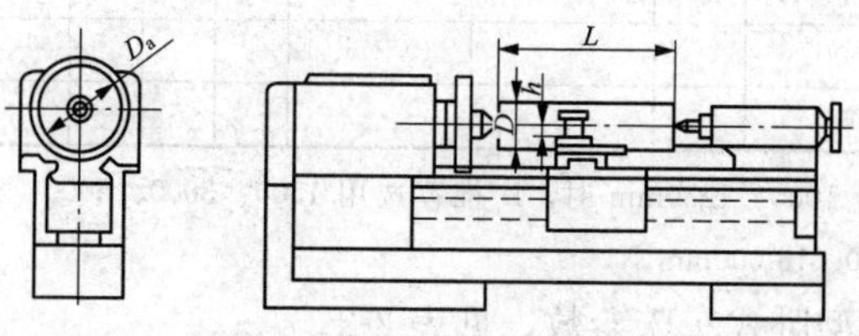

床身上最大工件回转直径 D_a/mm	250	280	320	360	400	450	500	560	630	800	1000	1250
刀架上最大工件回转直径 D/mm>	125	140	160	180	200	225	250	280	320	450	630	800
主轴通孔直径 d/mm>	25		36		50		54		70	80	100	

主轴端部代号 GB/T 5900.1～5900.3	3	4	5	4	5	6	8	6	8	6	8	6	8	11	15

续表

主轴锥孔 莫氏圆锥号 GB/T 4133—1984	4 5		5 6	6	—	6	—	6	—	6			
主轴锥孔 米制圆锥号 GB/T 1443—1996	—				80	—	80	—	80	—	80	100	120
装刀基面至主轴轴线距离 h/mm	14	18	22		28						36	45	56
最大工件长度 L/mm 300													
500													
750													
1000													
1500													
2000													
最大工件长度 L/mm 2500													
3000													
4000													
5000													
6000													
8000													
10 000													
12 000													
14 000													
16 000													

注 D_a 为 1000、1250mm 时，L 推荐选用 1500、3000、5000、8000、10 000、14 000、16 000mm。

（2）重型卧式车床参数，见表 2-2。

表 2-2 重型卧式车床参数（JB/T 3663. 2—2011）

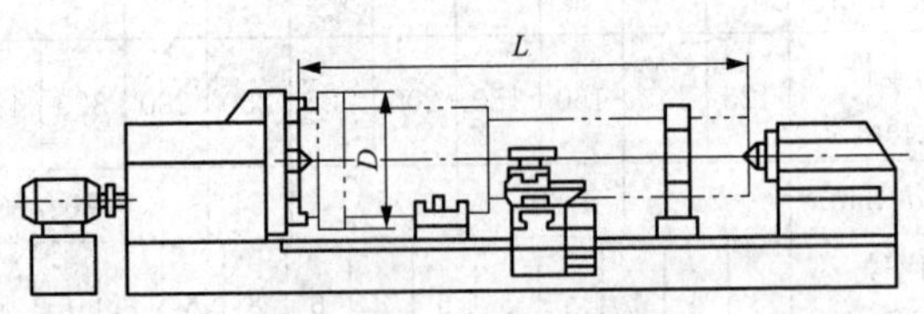

续表

床身上最大回转直径 D/mm	1000	1250	1600	2000	2500	3150	4000	5000
最大工件长度 L/mm	5000	6000	8000	10 000	12 000	16 000	20 000	
顶尖间最大工件质量/t	10	20	40	80	125	200	320	

注　表中参数为基准型系列数值。

（3）落地车床参数，见表 2-3。

表 2-3　　　落地车床参数（JB/T 2523.2—2011）

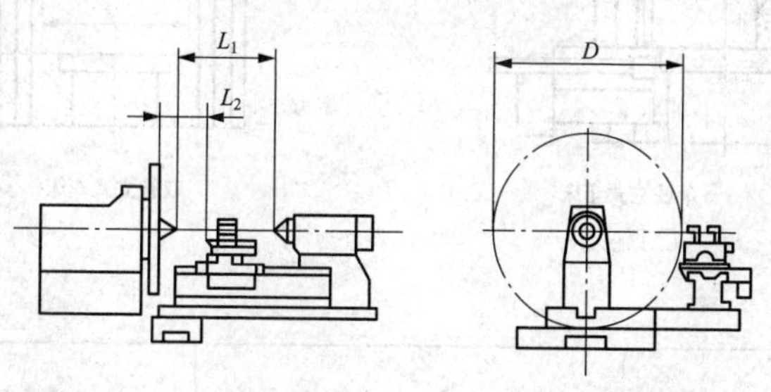

地坑中最大工件回转直径 D/mm		1600	2000	2500	3150	4000	5000	6300	8000
最大工件长度 L/mm	顶尖间 L_1	2000			2500		3150		4000
	地坑中 L_2	—		630	800		1000		1250
最大工件质量/t	悬卡 W_1	2.5		3，15	5	6.3	10	16	25
	顶卡 W_2	8		10	16	20	32	50	80

注　W_1 是指工件重心至花盘端面距离为 L_2 的一半时悬卡最大工件质量（如 ϕ1600mm 机床的 W_1 为 2500kg）。

（4）转塔车床参数，见表 2-4。

表 2-4　　　转塔车床参数（JB/T 5762—2011）

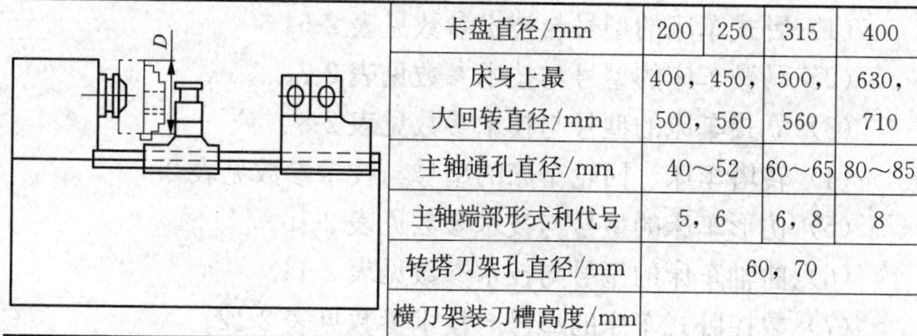

卡盘直径/mm	200	250	315	400
床身上最大回转直径/mm	400，450，500，560		500，560	630，710
主轴通孔直径/mm	40～52		60～65	80～85
主轴端部形式和代号	5，6		6，8	8
转塔刀架孔直径/mm	60，70			
横刀架装刀槽高度/mm				

（5）单柱、双柱立式车床参数，见表 2-5。

表 2-5　单柱、双柱立式车床参数（JB/T 3665.1—2011）

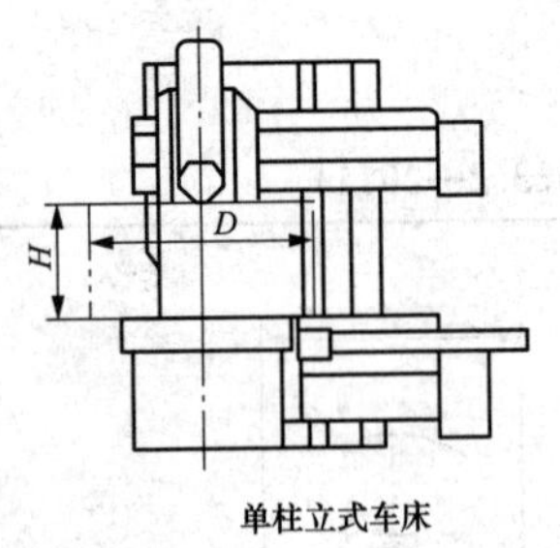

单柱立式车床

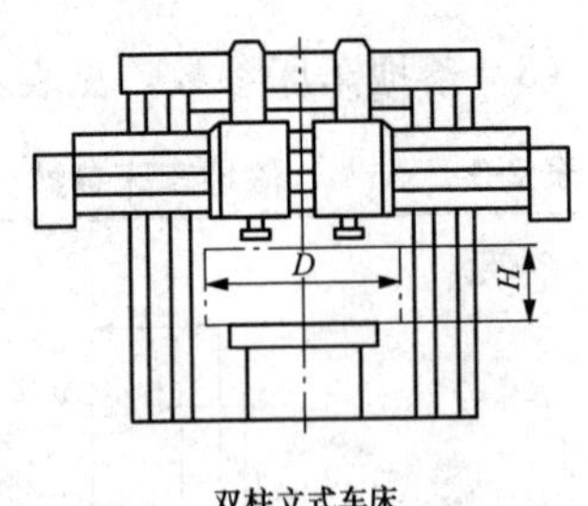

双柱立式车床

	单柱立式车床							双柱立式车床					
最大车削直径 D/mm	800	1000	1250	1600	2000	2500	3150	2500	3150	4000	5000	6300	8000
最大加工长度 H/mm	630	800	1000		1250	1600	2500	1600	2000	2500	3150	4000	
最大工件质量/t	1.2	2	3.2	5	8	12	25	20	32	50	80	125	

2. 车床型号与技术参数

常用普通车床型号及主要技术参数如下。

（1）卧式车床的型号与技术参数见表 2-6。

（2）马鞍车床的型号与技术参数见表 2-7。

（3）立式车床的型号与技术参数见表 2-8。

（4）转塔车床、回轮车床的型号与技术参数见表 2-9。

（5）仿形车床的型号与技术参数见表 2-10。

（6）曲轴车床的型号与技术参数见表 2-11。

（7）数控卧式车床的型号与技术参数见表 2-12。

表 2-6 卧式车床的型号与技术参数

产品名称	型号	技术参数																				
		最大工件直径×最大工件长度/mm	最大加工直径/mm			最大加工长度/mm	加工螺纹				刀架行程/mm		主轴转速		工作精度/mm				电动机功率/kW		质量/t	外形尺寸/mm（长×宽×高）
			床身上	刀架上	棒料		米制/mm	英制/(牙/in)	模数/mm	径节	小刀架纵向	横向	级数	范围/(r/min)	圆度	圆柱度	平面度	表面粗糙度Ra/μm	主电动机	总容量		
轻型卧式车床	CL6134A	340×1000	340	205	38	1000	0.25～9	72～$4\frac{3}{4}$	0.25～3.5	144～8	80	200	9	60～2000	0.015	0.03/150	0.02/ϕ150	3.2	1.1	1.14	0.52	1740×660×1160
卧式车床	C6132	340×750	340	180	49	650	0.45～10	80～$2\frac{3}{8}$	0.45～10	80～$3\frac{1}{2}$	125	220	14	20～2000	0.008	0.014/180	0.009/ϕ180	1.6	3/4		1.3	1960×590×1210
	C6136	360×1000	360	200	49	900	0.45～10	80～$2\frac{3}{8}$	0.45～10	80～$3\frac{1}{2}$	125	220	14	20～2000	0.008	0.014/180	0.009/ϕ180	1.6	3/4		1.45	2210×590×1220
	CA6140	400×750	400	210	50	650	1～192	24～2	0.25～48	96～1	140	320	24	10～1400	0.009	0.027/300	0.019/ϕ300	1.6	7.5	7.84	1.99	2418×1000×1267
	W490	490×1500	490	280	63	1500	0.05～112	1/4～56	0.125～28	1～224	1500	300	24	11.2～2240	0.007	0.02/300	0.015/ϕ300	1.6	11	11.2	2.8	
	W490	490×2000	490	280	63	1500	0.05～112	1/4～56	0.125～28	1～224	2000	300	24	11.2～2240	0.007	0.02/300	0.015/ϕ300	1.6	11	11.2	3.11	
	CR6150	500×750	500	320	74	700	0.5～20	80～$1\frac{3}{4}$	0.5～10	160～$3\frac{1}{2}$	140	280	15	18～1400 22～1600 25～1800	0.01	0.03/300	0.02/ϕ300	1.6	7.5	7.84	2	2260×1050 1260
	CA6150	500×750	500	300	50	650	1～192	24～2	0.25～48	96～1	140	320	24	10～1400	0.009	0.027/300	0.019/ϕ300	1.6	7.5	7.84	2.06	2418×1037×1312
	CA6161	610×1000	610	370	50	900	1～192	24～2	0.25～48	96～1	140	420	24	8～1120	0.009	0.027/300	0.019/ϕ300	1.6	7.5	7.84	2.2	2668×1130×1367

续表

产品名称	型号	最大工件直径×最大工件长度/mm	技术参数												工作精度/mm				电动机功率/kW		质量/t	外形尺寸/mm（长×宽×高）
			最大加工直径/mm			最大加工长度/mm	加工螺纹				刀架行程/mm		主轴转速		圆度	圆柱度	平面度	表面粗糙度Ra/μm	主电动机	总容量		
			床身上	刀架上	棒料		米制/mm	英制/(牙/in)	模数/mm	径节	小刀架纵向	横向	级数	范围/(r/min)								
双刀架卧式车床	CSD630A	615×3000	615	345	68	3000	1～240	28～1	0.5～60	30～1	230		18	14～750	0.015	0.03/300		1.6	11	13	5	4952×1276×1260
	CSD630A	615×4000	615	345	68	4000	1～240	28～1	0.5～60	30～1	230		18	14～750	0.015	0.03/300		1.6	11	13	5.5	5952×1276×1260
卧式车床	CW6163	630×1500	630	350	79	1350	1～240	14～1	0.5～120	28～1	200	420	18	6～800	0.01	0.03/300	0.02/ϕ300	2.5	11	11.6	4	3660×1440×1450
卧式车轴车床	CY6163L	630×3000	630	350	103	3000	0.75～224	48～$\frac{1}{8}$	0.5～112	56～$\frac{1}{4}$	145	340	24	8～1000	0.01	0.01/100	0.015/ϕ200	1.6	7.5	8	4.3	5050×1380×1900
	CY6163L	630×4000	630	350	103	4000	0.75～224	48～$\frac{1}{8}$	0.5～112	56～$\frac{1}{4}$	145	340	24	8～1000	0.01	0.01/100	0.015/ϕ200	1.6	7.5	8	4.7	6050×1380×1900
大孔径卧式车床	CS6166B	660×1000	550	420	82	950	0.5～224	72～$\frac{1}{8}$	0.5～112	56～$\frac{1}{4}$	145	310	24	9～1600	0.01	0.02/200	0.02/ϕ300	2.5	7.5	7.81	2.2	2632×975×1350
	CS6166B	660×1500	550	420	82	1450	0.5～224	72～$\frac{1}{8}$	0.5～112	56～$\frac{1}{4}$	145	310	24	9～1600	0.01	0.02/200	0.02/ϕ300	2.5	7.5	7.81	2.4	3132×975×1350
卧式车床	CT61100	1000×3000	1000	630	98	2700	1～224	28～1	0.25～56	56～$\frac{1}{2}$	350	550	12	6～272	0.02	0.067/500	0.033/ϕ500	1.6	22	24	10.3	5970×2050×1650
	CQW61100C	1000×1500	1000	720	102	1350	1～224	14～1	0.5～120	28～1	200	500	18	6～800	0.01	0.03/300	0.02/ϕ300	1.6	11	12.2	5	3650×1550×1750

表 2-7 马鞍车床的型号与技术参数

产品名称	型号	最大工件直径×最大工件长度/mm	技术参数												工作精度/mm				电动机功率/kW		质量/t	外形尺寸/mm（长×宽×高）
			最大加工直径/mm			最大加工长度/mm	加工螺纹				刀架行程/mm		主轴转速									
			马鞍上	刀架上	棒料		米制/mm	英制/(牙/in)	模数/mm	径节	小刀架纵向	横向	级数	范围/(r/min)	圆度	圆柱度	平面度	表面粗糙度Ra/μm	主电动机	总容量		
轻型马鞍车床	CL6228A	280×500	410	150	38	500	0.25～9	72～$4\frac{3}{4}$	0.25～3.5	144～8	80	180	9	60～2000	0.015	0.02/150	0.02/ϕ150	3.2	1.1		0.4	1280×650×1150
	CL6228A	280×750	410	150	38	750	0.25～9	72～$4\frac{3}{4}$	0.25～3.5	144～8	80	180	9	60～2000	0.015	0.02/150	0.02/ϕ150	3.2	1.1		0.45	1530×650×1150
马鞍车床	JC6232	320×500	510	190	42 52	500	0.2～24	48～$2\frac{1}{4}$	0.25～12	112～6	100	200	12	21～1500 28～2000 35～2500	0.1	0.016/160	0.012/ϕ160	2.5	4	5.125	1.25	1850×960×1220
	C6232	340×750	540	180	49	650	0.45～10	80～$2\frac{3}{8}$	0.45～10	80～$3\frac{1}{2}$	125	220	14	20～2000	0.008	0.014/180	0.009/ϕ180	1.6	3/4		1.3	1960×590×1210
	C6236	360×750	560	200	49	650	0.45～10	80～$2\frac{3}{8}$	0.45～10	80～$3\frac{1}{2}$	125	220	14	20～2000	0.008	0.014/180	0.009/ϕ180	1.6	3/4		1.35	1960×590×1220
	CMD6238	380×1250	610	238	55	1150	0.2～14	72～2	0.3～3.5	44～8	120	235		25～2000	0.01	0.03/300	0.02/ϕ300	1.6	5.5	7.5	1.45	2430×920×1320
	CA6240	400×750	630	210	50	650	1～192	24～2	0.25～48	96～1	140	320	24	10～1400	0.009	0.027/300	0.019/ϕ300	1.6	7.5	7.84	1.99	2418×1000×1267
	C6246B	460×900	685	270	50	810	0.25～6	28～$2\frac{1}{4}$			150	280	16	34～1034	0.015	0.03/300	0.02/ϕ230	2.5	5.5/5	5.62/5.12	1.75	2300×950×1350
	C6246B	460×1500	685	270	50	1420	0.25～6	28～$2\frac{1}{4}$			150	280	16	34～1034	0.015	0.03/300	0.02/ϕ230	2.5	5.5/5	5.62/5.12	1.80	3020×950×1350

续表

产品名称	型号	最大工件直径×最大工件长度/mm	技术参数												工作精度/mm				电动机功率/kW		质量/t	外形尺寸/mm（长×宽×高）
			最大加工直径/mm			最大加工长度/mm	加工螺纹				刀架行程/mm		主轴转速									
			马鞍上	刀架上	棒料		米制/mm	英制/(牙/in)	模数/mm	径节	小刀架纵向	横向	级数	范围/(r/min)	圆度	圆柱度	平面度	表面粗糙度Ra/μm	主电动机	总容量		
高速马鞍车床	ZC480	480×750	685	290	105	750	0.25～23	92～$\frac{3}{4}$	0.25～115	184～$1\frac{1}{2}$	140	280	12	22～1500	0.015	0.03		1.6	7.5	9	2	2250×1150×1450
	ZC480	480×1000	685	290	105	750	0.25～23	92～$\frac{3}{4}$	0.25～115	184～$1\frac{1}{2}$	140	280	12	22～1500	0.015	0.03		1.6	7.5	9	2.1	2500×1150×1450
马鞍车床	CA6250	500×750	720	300	50	650	1～192	24～2	0.25～48	96～1	140	320	24	10～1400	0.009	0.027/300	0.019/ϕ300	1.6	7.5	7.84	2.06	2418×1037×1312
	CHOLET 550	600×2500		312	52	2500	0.25～112	112～$\frac{1}{4}$	0.25～56	112～$\frac{1}{2}$	156	350	18	32～1600	0.01	0.02/300	0.02/ϕ300	1.6	7.5	8.4	3.1	4135×1070×1660
	CA6261	610×750	830	370	50	650	1～192	24～2	0.25～48	96～1	140	420	24	8～1120	0.009	0.027/300	0.019/ϕ300	1.6	7.5	7.84	2.18	2418×1130×1367
	CW6263	630×750	800	350	78	600	1～240	14～1	0.5～120	28～1	200	420	18	6～800	0.01	0.03/300	0.02/ϕ300	2.5	11	11.67	3	2910×1440×1450
大孔径马鞍车床	CS6266B	660×1000	870	420	82	950	0.5～224	72～$\frac{1}{8}$	0.8～112	56～$\frac{1}{4}$	145	310	24	9～1600	0.01	0.02/200	0.02/ϕ300	2.5	7.5	7.81	2.20	2632×975×1370
	CS6266B	660×1500	870	420	82	1450	0.5～224	72～$\frac{1}{8}$	0.5～112	56～$\frac{1}{4}$	145	310	24	9～1600	0.01	0.02/200	0.02/ϕ300	2.5	7.5	7.81	2.40	3132×975×1370
马鞍车床	CW6280C	800×1500	1020	480	102	1350	1～240	14～1	0.5～120	28～1	200	500	18	4.8～640 5.4～720 6～800	0.01	0.03/300	0.02/ϕ300	1.6	11	12.2	4.9	3650×1550×1650

表 2-8 立式车床的型号与技术参数

产品名称	型号	技术参数							工作精度/mm			电动机功率/kW		质量/t	外形尺寸/mm（长×宽×高）
		最大加工尺寸/mm		进给量/(mm/min)	工件最大质量/t	工作台直径/mm	工作台转速/(r/min)		圆度	圆柱度	平面度	主电动机	总容量		
		直径	高度				级数	范围							
单柱立式车床	C518	800	630	0.09～4	1.2	720	16	10～315	0.02	0.01	0.03	22	26.8	6.8	2560×2119×3050
	C518E×8/2	800	800	0.8～86	2	720	16	10～315				22		6.8	
	C5110E×8/3	1000	800	0.8～86	3	900	16	8～250				22		7.1	
	C5110	1000	800	0.09～4	2	720	16	8～250	0.02	0.01	0.03	22	26.8	7.1	
	C5112A	1250	1000	0.8～86	320	1000	16	6.3～200	0.01	0.01	0.02	22	28.6	8.5	2277×2445×3403
	C5112E×10/5	1250	1000	0.8～86	5	1010	16	6.3～200				22		8.3	
	C5116×10/8	1600	1000		8	1400	AC16 DC 无	4～200 2～200						19	3200×3500×3900
双柱立式镗车床	CT5256	5600	2600	0.6～96	50	4000	18	0.6～31	0.03		0.04	55	78	70	7500×12 500×9200
双柱立式车床	CX5220	2000	1550	0.2～145	12	1900	无	1.6～160	0.02	0.01	0.03	55	70.4	33.8	5485×5130×5200
	C5225	2500	1600	0.25～145	10	2250	16	2～63	0.02	0.01	0.03	50	58.6	32.3	5180×5200×4870
	C5231E×15/20	3150	1500	0.25～90 DC0.1～2000	12,20 32,40	2250 2500 2830	AC16 DC 无	2～63 1～50 0.5～56				AC55 DC75		36 50	

续表

产品名称	型号	技术参数							工作精度/mm			电动机功率/kW		质量/t	外形尺寸/mm（长×宽×高）
		最大加工尺寸/mm		进给量/(mm/min)	工件最大质量/t	工作台直径/mm	工作台转速/(r/min)		圆度	圆柱度	平面度	主电动机	总容量		
		直径	高度				级数	范围							
双柱立式车床	C5235E×20/32	3500	2000	0.1～2000	32,40	3150	AC16 DC无	1～50 1.25～63						52	
	C5240E×25/40	4000	2500	0.1～2000 0.05～200	40,50	3150 3600	AC16 DC无	0.56 1.25～36 0.42～42						58	
	C5250E×29/50	5000	2900	0.25～200	50,63	4000 4500	无	0.42～42				75		128 130	
单柱移动立式车床	C5340	4000	2000	0.32～320	20	2250	无	0.63～63	0.02	0.03	0.05	40		45	7200×5420×6910
单柱工作台移动立式车床	C5523A	2300	1050	0.16～8	6.3	1250	12	6～120	0.02	0.04	0.06	30	36.2	20	3900×2575×3760
	C551J	5000	2000	0.6～96	35	4000	18	0.6 31	0.03	0.02 /300	0.04	55	74	63	8715×11 620×8520
单柱定梁立式车床	C576E×5/1	630	500	0.07～3mm/r	1	500	16	12.5～630	0.01	0.01	0.01	15		4.5	2070×1750×2730

表 2-9　　转塔车床、回轮车床的型号与技术参数

产品名称	型号	技术参数					工作精度			电动机功率/kW		质量/t	外形尺寸/mm（长×宽×高）
		最大加工直径/mm	最大加工长度/mm	转塔工位数	主轴转速/(r/min) 级数	主轴转速/(r/min) 范围	圆度/mm	圆柱度	表面粗糙度 Ra/μm	主电动机	总容量		
半自动转塔车床	CB3463-1	ϕ320		6 工位	16	25～1065	0.01	0.02/100	1.6	9/11	14.125	3.8/5	3350×1820×1890
	CB3463MC	ϕ320		6 工位	16	36～1065	0.01	0.02/100	1.6	9/11	14.125	3.8/5	3350×1820×1890
程控双转塔车床	CB3232 MC(PC)	ϕ320	200	4(后刀架 2)	12	51～832	（工作精度 2 级）			10/8	13	4.1	2907×1700×1400
程控横移转塔车床	CH3220MC(PC)	ϕ250	200	4	16	100～1263	（工作精度 2 级）			18/16	11	2.7	3030×1338×1650
	CH3240MC(PC)	ϕ400	200	4	8	60～440	（工作精度 2 级）			10/8	13	4.1	3927×1540×1700
程控立式双转塔车床	CB3640×2MC(PC)	ϕ500	200	4	4	51～730	（工作精度 2 级）			10/13	28.72	12	3428×2325×2968
转塔车床	CB3463MC	ϕ320	（盘类）		16	36～1065	0.01	0.02/100	1.6	9/11	14.125	3.8/5	3350×1820×1890
	C3163-1	ϕ325	200		12	25～1120	0.01	0.02/100	1.6	11	11.825	2.8	3000×1680×1710
	C3180-1	ϕ400	200		12	24～1057	0.01	0.02/100	1.6	15	16.99	3.2	3040×1620×1790
	CQ31125	ϕ400			12	18～780	0.015	0.03/150	3.2	15	15.84	3.2	3370×1560×1820
	CQ31200	ϕ400			16	98～552	0.02	0.03/150	3.2	15	15.89	3.2	3720×1560×1700
	SQ205	ϕ400			12	20～900	0.01	0.02/150	3.2	15	15.89	3.6/4.4	4345×1560×1750

表 2-10　仿形车床的型号与技术参数

产品名称	型号	技术参数					电动机功率/kW		质量/t	外形尺寸/mm（长×宽×高）	按订货供应附件	备注
		最大加工直径/mm	最大加工长度/mm	主轴转速/(r/min) 级数	主轴转速/(r/min) 范围	圆度/mm	主电动机	总容量				
液压仿形车床	HB2-016	ϕ20					5.5					PLC 控制
十字轴液压仿形半自动车床	Y2-1020	ϕ60					5.5		7	1930×1300×1400	液压站刀台扳手	
半自动液压仿形车床	CB716	ϕ60	400	7	315～2400	0.05	5.5	7.125	4	1820×1160×1600	液压卡盘 液压缸	
液压仿形车床	C7212B	ϕ120					7.5					PLC 控制
半自动液压仿形车床	CE7112A	125	710	9	320～2000	0.05	11	4.125	5.5	3200×1200×1800	液压卡盘 液压缸	PC 控制
	CB7216A	160		6	224～1250	0.05	11	13.37	3.5	2114×1290×1950	液压卡盘 液压缸	PC 控制
液压仿形车床	C7220	ϕ200					15					继电 PLC
	C7220/1	ϕ200					15					PLC 控制
液压仿形车床	C7225	ϕ250					15					继电 PLC 控制
半自动液压仿形车床	CB7225A	ϕ250		6	112～630	0.05	18.5	22.75	4.5	2492×1290×2150	液压卡盘 液压缸	CP 控制

表 2-11

曲轴车床的型号与技术参数

产品名称	型号	技术参数						工作精度/mm		电动机功率/kW		质量/t	外形尺寸/mm（长×宽×高）
		最大加工尺寸/mm		进给量范围/(mm/min)	工件最大质量/t	工作台转速/(r/min)		圆度	圆柱度	主电动机	总容量		
		直径	高度			级数	范围						
数控旋风切削曲轴车床	CK4012	480～900	1250	纵向 0.2～500	120	无	0.5～25		0.03/300	22		160	18 960×8500×4800
	CK4016	600～1200	2000	径向 0.05～25	200	无	0.4～20					200	27 000×10 000×5500
曲轴连杆颈车床	C43100	800	4000	纵向 0.71～125	2	6	25～100	0.04	0.04/128	30		22.3	8910×1820×1760
	C43125	1000	6000	横向 0.35～62.5	4	6	20～80			40			
曲轴主轴颈车床	C4280(Q-078)	800	5000	纵向 0.43～85	2.5	无	1.73～84			55		33.5	11 500×2420×2000
	C42100	1000	5000	横向 0.15～30	25	无	1.73～84			55		37.6	11 820×2420×2100

产品名称	型号	技术参数					工作精度						电动机功率/kW		质量/t	外形尺寸/mm（长×宽×高）
		最大加工直径/mm	工件最大安装长度/mm	横向最大进给距离/mm	主轴转速/(r/min)		表面粗糙度 Ra/μm	轴向/mm	开档/mm	圆度/mm	偏心距/mm	相位角/(°)	主电动机	总容量		
					级数	范围										
双头曲轴车床	C41100	1000	5000	530	无	3～80	0.8	0.02	最小 70	0.015	250	90，120	55	621	35	11 685×1800×2000
数控双头曲轴车床	CK41100	1000	4000 5000	460	无	0.5～81	0.63	0.015	最小 70	0.015	250	7290 120	55	58.25	34	10 965×1800×2000
曲轴车床	C8211	1100	3800 特定 6000	395	8	3～30	0.8	0.02	最小 70	0.02	450	7290 120	30	58	54	9000×6800×3285
	QZ-013	1800	3000	1500	无	1～200	1.6			0.03			55	58.4	29	8455×2270×2525

表 2-12　　数控卧式车床的型号与技术参数

产品名称	型号	技术参数									工作精度				电动机功率/(kW)		质量/t	外形尺寸/mm（长×宽×高）	备注
		最大工件直径×最大工件长度/mm	最大加工直径/mm			最大加工长度/mm	脉冲当量		主轴转速/(r/min)		圆度/mm	圆柱度/mm	平面度/mm	表面粗糙度 Ra/μm	主电动机	总容量			
			床身上	刀架上	主轴孔		Z 轴/mm	X 轴/mm	级数	范围									
棒料数控车床	CK3125	25×120				120	0.001	0.001	无级	60～4000	0.007	0.01/60		1.6	5.5	8.5	2	1705×1640×1836	
高效自动车床	H10CS系CZ列	60×300	60			120				800～2000				1.6	4	4	1.7	1950×800×1850	
数控车床	SK100	100×350	220	200		350	0.01	0.005	6	250～1000	0.01	0.01	0.015	1.6	5.5		3	1890×1380×1700	
卧式双轴数控车床	CK3212×2	120×200	120		47	200	0.001		无级	80～2500	0.007	0.03	0.02	1.6	23.5	57.2	9	3400×2400×2200	
	CK3220×2	200×200	200		63	200	0.001	0.001	无级	80～2500	0.007	0.02	0.013		23.5	57.2	9	3400×2400×2200	
数控车床	CK7620（F）	200			53	200	0.001	0.0005	8	90～1000	0.005	0.018/180	0.013/200	1.6	5.5/7.5	8.6	2.5	2400×1800×1615	
	CK7620（杨）	200			53	200	0.001	0.0005	8	90～1000	0.005	0.018/180	0.013/200	1.6	5.5/7.5	8.6	2.5	2400×1820×1615	
简式数控车床	CKJ7620（常）	200			53	200	0.01	0.005	8	90～1000	0.005	0.018/180	0.013/200	1.6	5.5/7.5	8.6	2.5	2400×1820×1615	
数控车床	SK200	200×350	220	200		350	0.001	0.0005	8	90～1450	0.014	0.014	0.025	1.6			3.5	1890×1380×1700	
	CKA3225	250×150	250		58		0.001	0.001	无级	50～3000	0.007	0.03	0.02	1.6	23.5	31	6	3110×1855×2005	
卧式数控车床	CJK3125	250×160	旋径550	90	54	160	0.01	0.005	16	100～1268	0.005	0.01	0.014	1.6	8/6.5	10.5	3.5	4100×1250×2015	

续表

产品名称	型号	最大工件直径×最大工件长度/mm	技术参数								工作精度				电动机功率/(kW)		质量/t	外形尺寸/mm(长×宽×高)	备注
			最大加工直径/mm			最大加工长度/mm	脉冲当量		主轴转速/(r/min)		圆度/mm	圆柱度/mm	平面度/mm	表面粗糙度 Ra/μm	主电动机	总容量			
			床身上	刀架上	主轴孔		Z 轴/mm	X 轴/mm	级数	范围									
简式数控卧式车床	CJK0625	250×350	200	150	38	350	0.01	0.005	无级	150～4000	0.005	0.03	0.02	1.6	5.5	6.5	1.1	1816×878×1450	控制系统ANDIG—8201
数控卧式车床	CT-6	250×350	200	160	40	350	0.001	0.000 5	无级	60～6000	0.005	0.03	0.02	1.6	3.7	20	2	1880×1194×1830	
	CK6432	180×220	320	180		220	0.001	0.001	无级	40～2000	0.007	0.03/100		1.6	7/11		3.6	2280×1817×2045	
	CK6132	180×320	320	180	42	260	0.001	0.001	无级	60～2500	0.007	0.03/100		1.6	7/11		3.8	2280×1817×2045	
数控车床	CK3225/1	250×400	250	120	58	400	0.001	0.001	8	131～1125	0.007	0.03	0.02	1.6	9/11	14	6.5	3110×1855×2070	
	CK3225/2	250×400	250		58	150	0.001		8	131～1125	0.005	0.03	0.02	1.6	9/11	14	6	3110×1855×2070	
中间驱动数控车床	CKU7832	320×2200	320	22		2200			无级	20～450	0.007	0.03	0.02		22/26	31.56	12	5457×1985×2335	FANUC O-TT-C
简式数控车床	CJK6132A	350×500	350	115	40	500			12	40～2000	0.01	0.02/200	0.013/ϕ200	1.6	3/4	3.16/4.16	1.6	2055×880×1650	
数控车床	ZK400	400×300	400	260	80	3000	0.01	0.005		25～1800	0.01	0.015		1.6	7.5	9	4.8	5200×1750×1650	
经济型数控车床	CJK6246	460×500	630	275	40或52	500	0.01	0.005	12	28～2000	0.01	0.02/200	0.013/ϕ200	1.6	3/4	3.16/4.16	1.7	2060×1350×1530	

第二节 CA6140 型卧式车床

CA6140 型卧式车床是在 C620-1 的基础上，我国自行设计的一种应用广泛的车床，其通用性强、系列化程度较高、性能较优越、结构较先进、操作方便和外形美观、精度较高。

一、CA6140 型卧式车床的主要技术规格

床身上工件最大回转直径：400mm。

中滑板上工件最大回转直径：210mm。

最大工件长度（4 种）：750mm、1000mm、1500mm、2000mm。

最大纵向行程：650mm、900mm、1400mm、1900mm。

中心高（主轴中心到床身平面导轨距离）：205mm。

主轴内孔直径：48mm。

主轴转速：

正转（24 级）：10～1400r/min；

反转（12 级）：14～1580r/min。

车削螺纹范围：

米制螺纹（44 种）：1～192mm；

英制螺纹（20 种）：2～24 牙/in；

米制蜗杆（39 种）：0.25～48mm。

英制蜗杆（37 种）：1～96 牙/in。

机动进给量：

纵向进给量（64 种）：0.028～6.33mm/r；

横向进给量（64 种）：0.014～3.16mm/r。

床鞍纵向快速移动速度：4m/min。

中滑板横向快速移动速度：2m/min。

主电动机功率、转速：7.5kW、1450r/min。

快速移动电机功率、转速：0.25kW、2800r/min。

机床工作精度：

精车外圆的圆度：0.01mm；

精车外圆的圆柱度：0.01mm/100mm；

精车端面平面度：0.02mm/400mm；

精车螺纹的螺距精度：0.04mm/100mm、0.06mm/300mm；精车表面粗糙度：Ra(0.8～1.6)μm。

二、车床主要部分的名称和用途

如图 2-5 所示是 CA6140 型卧式车床的外形图，其主要组成部分如下。

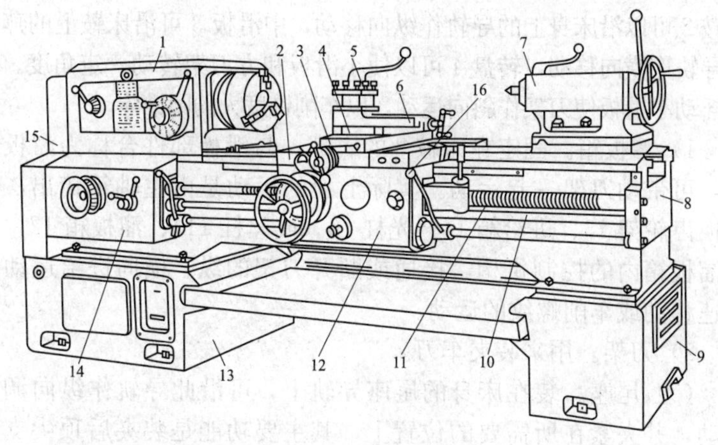

图 2-5 CA6140 型卧式车床的组成

1—主轴箱；2—床鞍；3—中滑板；4—转盘；5—方刀架；6—小滑板；7—尾座；8—床身；9—右床脚；10—光杠；11—丝杠；12—溜板箱；13—左床脚；14—进给箱；15—交换齿轮架；16—操纵手柄

(1) 主轴部分。固定在床身的左上部，其主要功能是支承主轴部件，通过卡盘夹持工件并带动按规定的转速旋转，以实现主运动。主轴箱内有多组齿轮变速机构，变换箱外手柄的位置，使主轴可以得到各种不同的转速。

(2) 交换齿轮箱部分。它的主要作用是把主轴的旋转运动传送给进给箱。变换箱内齿轮和进给箱及长丝杠配合，可以车削各种不同螺距的螺纹。

(3) 进给部分。固定在床身的左前侧，是进给传动系统的变速机构，其主要功用是改变被加工螺纹的螺距或机动进给的进给量。

1) 进给箱。利用内部的齿轮传动机构，可以把主轴传递的动力传给光杠或丝杠。变换箱外手柄的位置，可以使光杠或丝杠得到各种不同的转速。

2）丝杠。用来车螺纹。

3）光杠。用来传递动力，带动床鞍、中滑板，使车刀作纵向或横向的进给运动。

（4）溜板部分。由床鞍2、中滑板3、转盘4、小滑板6和方刀架5等组成。其主要功能是安装车刀，并使车刀作进给运动和辅助运动。床鞍2可以沿床身上的导轨作纵向移动，中滑板3可沿床鞍上的燕尾形导轨作横向移动，转盘4可以使小滑板和方刀架转动一定角度。用手摇动小滑板使刀架作斜向运动，以车削锥度大的圆锥体。

1）溜板箱。固定在床鞍2的底部，与滑板部件合称为溜板部件，可带动刀架一起运动。实际上刀的运动是由主轴箱传出，经交换齿轮架15、进给箱14、光杠10（或丝杠11）、溜板箱12，并经溜板箱内的控制机构，接通或断开刀架的纵、横向进给运动或快速移动或车削螺纹的运动。

2）刀架。用来装夹车刀。

（5）尾座。装在床身的尾座导轨上，可沿此导轨作纵向调整移动，并夹紧在所需要的位置上，其主要功能是装夹后顶尖支承工件。尾座还可相对于底座作横向位置的调整，便于车削小锥度的长锥体。尾座套筒内也可安装钻头、铰刀等孔加工刀具。

（6）床身。床身固定在左、右床脚上，是构成整个机床的基础。在床身上支持和安装车床各部件，并使它们在工作时保持准确的相对位置。床身上有两条精确的导轨，床鞍和尾座可沿导轨移动。床身也是车床的基本支承件。

（7）附件。车床附件还有中心架和跟刀架，车削较长工件时起支承作用；照明系统和冷却系统起照明和冷却作用。

三、CA6140型车床的传动系统

如图2-6所示为卧式车床的传动框图，从电动机到主轴，或由主轴到刀架的传动联系，称为传动链。前者称为主运动传动链，后者称为进给运动传动链。机床所有传动链的综合，便组成了整台机床的传动系统，并用传动系统图表示。

在阅读传动系统图时，首先要注意平面展开图的特点。为了把一个主体的传动结构绘在平面图上，有时不得不把某一根轴绘制成折断线或弯曲成一定角度的折线，有时对于在展开后失去联

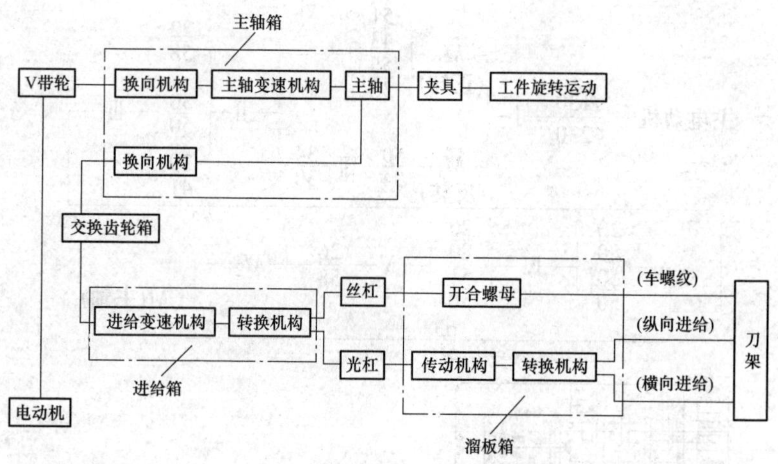

图 2-6　卧式车床传动框图

系的传动副（如齿轮副），就用括号（或假想线）联接起来，以表示其传动联系。

在分析传动系统图时，第一步进行运动分析，找出每个传动链两端的首件和末件（动力的输入端和输出端）；第二步“联中间”了解系统中各传动轴和传动件的传动关系，明确传动路线；第三步对该系统进行速度分析，列出传动结构式及运动平衡方程式。

CA6140 型车床传动系统如图 2-7 所示。

1. 主运动传动链（见图 2-8）

（1）传动路线。该传动链的首末件是电动机和主轴。除完成主轴旋转运动外，还要完成主轴启动、停止、换向和调速。运动由主电动机经 V 带输入主轴箱中的轴Ⅰ，轴Ⅰ上装有一个双向多片式摩擦离合器 M_1，用以控制主轴的启动、停止和换向。离合器 M_1 向左接合时，主轴正转；向右接合时，主轴反转；左、右都不结合时，主轴停转。轴Ⅰ的运动经离合器 M_1 和轴Ⅰ-Ⅲ间变速齿轮传至轴Ⅳ，然后分两路传至主轴。当主轴Ⅵ上的齿轮式离合器 M_2 脱开时，运动由轴Ⅲ经齿轮副 63/50 直接传给主轴，使主轴得到高转速；当 M_2 处于接合时，运动由轴Ⅲ-Ⅳ-Ⅴ间的齿轮机构和齿轮副 26/58 传给主轴，使主轴获得中、低转速。主运动传动链的传动路线表达式如下：

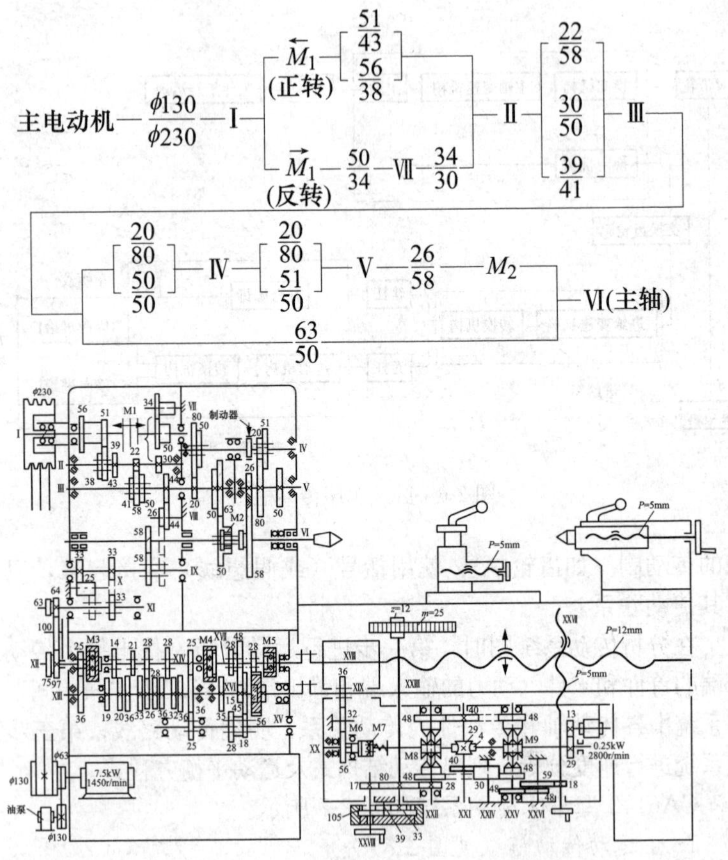

图 2-7　CA6140 型车床传动系统

（2）主轴转速级数。根据上述主运动传动路线的分析可知：主轴可获得 24 级正转转速（10～1400r/min）及 12 级反转转速（14～1580r/min）。

（3）主轴转速的计算。主轴的转速可按下列运动平衡式计算

$$n_{主轴} = n_m \cdot \frac{d_1}{d_2} \cdot \varepsilon \cdot i (\mathrm{r/min}) \tag{2-1}$$

式中　n_m——主电动机转速，r/min；

d_1——主动 V 带轮直径，mm；

d_2——从动 V 带轮直径，mm；

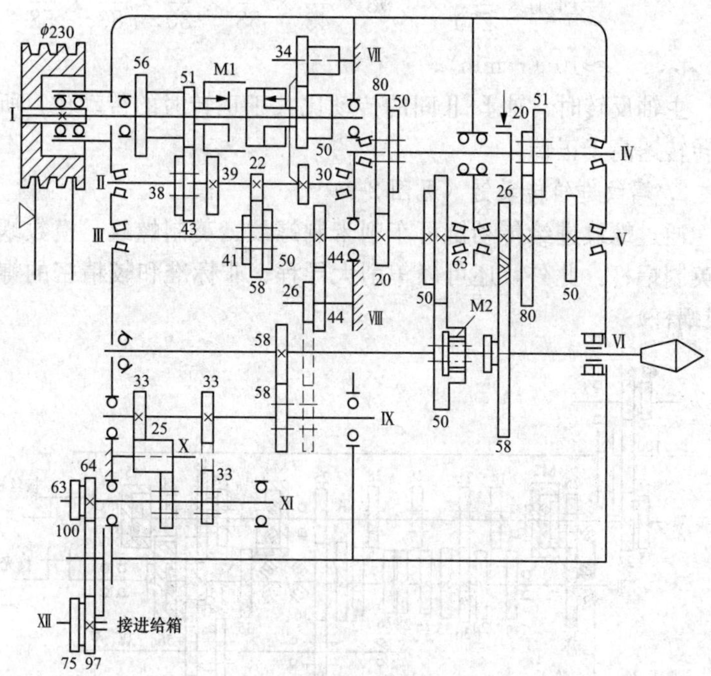

图 2-8 CA6140 型车床主运动传动系统

ε——带传动的滑动系数，ε＝0.98；

i——主轴箱中齿轮总传动比。

【例 2-1】 试计算 CA6140 型车床主轴正转时的最高及最低转速。

解：根据式（2-1）

$$n_{主轴最高}=n_{电动机}\cdot\frac{d_1}{d_2}\cdot\varepsilon\cdot i$$

$$=1450\times\frac{130}{230}\times0.98\times\frac{56}{38}\times\frac{39}{41}\times\frac{63}{50}$$

$$\approx1400\text{（r/min）}$$

$$n_{主轴最低}=n_{电动机}\cdot\frac{d_1}{d_2}\cdot\varepsilon\cdot i$$

$$=1450\times\frac{130}{230}\times0.98\times\frac{51}{43}\times\frac{22}{58}\times\frac{20}{80}\times\frac{20}{80}\times\frac{26}{58}$$

$$\approx10\ (\text{r/min})$$

主轴反转时，轴Ⅰ-Ⅱ间的传动比大于正转时的传动比，所以反转转速高于正转。

2. 螺纹进给传动链（见图 2-9）

通过螺纹进给传动链可车削米制螺纹、英制螺纹、模数蜗杆和英制蜗杆，此外，还可以车削大导程、非标准和较精密的螺纹（或蜗杆）。

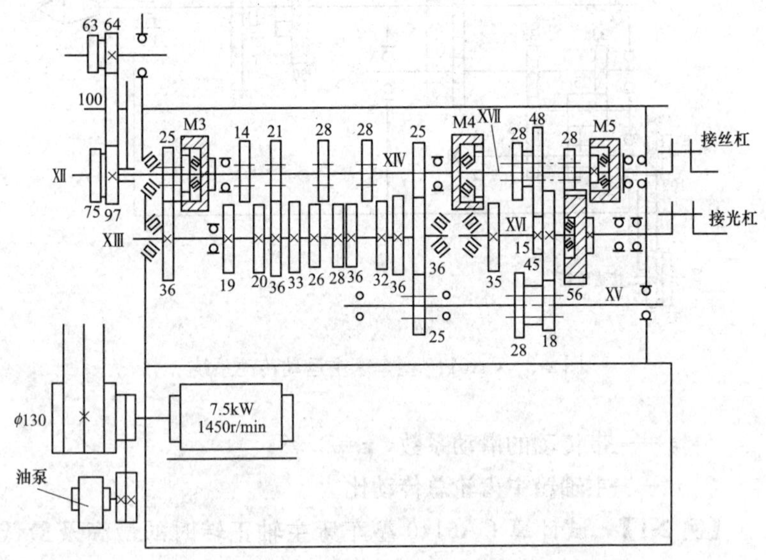

图 2-9 CA6140 型车床进给箱传动系统

在使用正常螺距和标准进给量范围内进行车削时，运动由主轴Ⅵ经齿轮副 58/58 传给轴Ⅸ，然后经换向机构 33/33（车削右旋螺纹）或 $\frac{33}{25}\times\frac{25}{33}$（车削左旋螺纹）传给交换齿轮箱上的轴Ⅺ。车削螺纹时交换齿轮选 63、100、75；车削蜗杆时交换齿轮选 64、100、97。运动经交换齿轮变速后，传至进给箱内轴Ⅻ。

车螺纹时，必须保证主轴每转一转，刀具准确地移动被加工螺纹一个导程的距离，而且它应该等于此时丝杠在转 $i\times1$ 转内通过开合螺母带动刀具所移动的距离。据此，可列出螺纹进给传动链的运动平衡式

$$L_g = 1\times i\times L_s \tag{2-2}$$

$$L = nP$$

式中 L_g——被加工螺纹的导程，mm；

n——螺纹线数；

P——螺纹的螺距，mm；

i——主轴至丝杠间全部传动机构的总传动比；

L_s——车床丝杠的导程，CA6140 型车床的 $L_{丝}=12$mm。

（1）车削米制螺纹和模数蜗杆（即米制蜗杆）。

1）传动路线。车削米制螺纹和模数蜗杆时，在进给箱内的传动路线是相同的。即离合器 M3、M4 脱开，M5 接合。运动由轴Ⅻ经齿轮副 25/36 传至轴Ⅷ，进而由轴Ⅷ—ⅩⅣ间的 8 级滑移齿轮变速机构（基本螺距机构）传给轴ⅩⅣ，然后经齿轮副 $\frac{25}{36}\times\frac{36}{25}$ 传给轴ⅩⅤ，再经轴ⅩⅤ—ⅩⅦ的两组滑移齿轮变速机构（增倍机构）和离合器 M5 驱动丝杠ⅩⅧ转动。合上溜板箱中的开合螺母，使其与丝杠啮合，便带动刀架纵向移动，于是可车削不同螺距的螺纹。

车削米制螺纹时传动链的传动路线表达式如下：

$$\text{主轴Ⅵ}-\frac{58}{58}-\text{Ⅸ}-\begin{bmatrix}\dfrac{33}{33}\\(\text{右旋螺纹})\\\dfrac{33}{25}\times\dfrac{25}{33}\\(\text{左旋螺纹})\end{bmatrix}-\text{Ⅺ}-\begin{bmatrix}\dfrac{63}{100}\times\dfrac{100}{75}\\(\text{米制螺纹})\\\dfrac{64}{100}\times\dfrac{100}{97}\\(\text{米制蜗杆})\end{bmatrix}-\text{Ⅻ}-\frac{25}{36}-$$

$$-\text{Ⅷ}-(\text{基本螺距机构})-\text{ⅩⅣ}-\frac{25}{36}\times\frac{36}{25}-\text{ⅩⅤ}-(\text{增倍机构})-$$

$$-\text{ⅩⅫ}-\overrightarrow{\text{M5}}-\text{ⅩⅧ}(\text{丝杠})-\text{刀架}$$

2）车削米制螺纹时传动链的运动平衡式

$$L_{工} = nP = 1 \times i_{m} \times L_{s} \text{mm} \qquad (2\text{-}3)$$

式中 L_w——被加工螺纹的导程，mm；

i_m——车米制螺纹时，主轴至丝杠全部传动机构的总传动比；

L_s——车床丝杠的导程，mm。

【例 2-2】 当进给箱中齿轮如图 2-7 所示啮合位置时，试计算所车米制螺纹（右旋）的导程。

解：根据式（2-3）有

$$L_{工} = nP = 1 \times i_{m} \times L_{s}$$

$$= 1 \times \frac{58}{58} \times \frac{33}{33} \times \frac{63}{100} \times \frac{100}{75} \times \frac{25}{36} \times \frac{36}{21} \times \frac{25}{36} \times \frac{36}{25} \times \frac{18}{45} \times \frac{15}{48} \times 12$$

$$= 1.5\ (\text{mm})$$

3）车削米制蜗杆时传动链的运动平衡式

$$\pi m_{x} n = 1 \times i_{m} \times L_{s} \qquad (2\text{-}4)$$

即

$$m_{x} = \frac{1 \times i_{m} \times L_{s}}{\pi n}$$

式中 i_m——车模数螺纹时主轴至丝杠间全部传动机构的总传动比；

$\pi m_x n$——模数螺纹导程，mm；

m_x——蜗杆轴向模数，mm；

n——蜗杆线数；

L_s——机床丝杠的导程，mm。

【例 2-3】 若进给箱中轴Ⅷ上的齿轮 Z_{32} 与轴 XⅣ上的齿轮 Z_{28} 啮合，轴 XⅤ上的双联滑移齿轮 Z_{28} 与轴 XⅥ上的 Z_{35} 齿轮啮合，同时 Z_{35} 又与轴 XⅦ上双联滑移齿轮 Z_{28} 啮合，试求出车削单线左旋米制蜗杆的模数。

解：根据式（2-4）有

$$m_{x} = \frac{1 \times i_{m} \times L_{s}}{\pi n}$$

$$=\frac{1\times\frac{58}{58}\times\frac{33}{25}\times\frac{25}{33}\times\frac{64}{100}\times\frac{100}{97}\times\frac{25}{36}\times\frac{32}{28}\times\frac{25}{36}\times\frac{36}{25}\times\frac{28}{35}\times\frac{35}{28}\times12}{\pi\times1}$$

$=2$（mm）

（2）车削英制螺纹和英制蜗杆。

1）传动路线。CA6140 型车床在进给箱内车削英制螺纹和英制蜗杆的传动路线相同，即首先将离合器 M4 脱开，并使 M3 和 M5 接合，于是轴Ⅻ的运动便可直接传给轴ⅩⅣ；与此同时，轴ⅩⅤ左端的滑移齿轮 Z_{25} 向左移动，与轴Ⅷ上的 Z_{36} 齿轮啮合（M3 的结合与轴ⅩⅤ左端 Z_{25} 齿轮的移动是由双动作操纵机构控制的），运动经基本螺距机构变速传给轴ⅩⅤ，再由轴ⅩⅤ经轴ⅩⅥ传给轴ⅩⅧ，从而带动丝杠转动。轴ⅩⅤ—ⅩⅧ间的传动与车米制螺纹相同（车英制蜗杆时应将交换齿轮换成 $\frac{64}{100}\times\frac{100}{97}$ 即可）。

2）车削英制螺纹时传动链的运动平衡式

$$n=\frac{25.4}{1\times i_e\times L_s}\ \text{牙/in} \tag{2-5}$$

式中　n——被加工螺纹每英寸（25.4mm）内的牙数；

i_e——车英制螺纹时从主轴至丝杠间全部传动机构的总传动比；

L_s——机床丝杠的导程，mm。

3）车削英制蜗杆时传动链的运动平衡式

$$D_P=\frac{25.4\times n\pi}{1\times i_e\times L_s}$$

式中　D_P——英制蜗杆的径节；

n——英制蜗杆的线数；

i_e——车英制蜗杆时主轴至丝杠间全部传动机构的总传动比；

L_s——车床丝杠的导程，mm。

（3）车削精密螺纹和非标准螺纹的传动路线。当车削精密螺纹时，必须设法减少系统的传动误差，要求尽量缩短传动链，以提高加工螺纹的螺距精度。为此，车削时可将进给箱中的离合器 M3、M4、M5 全部接合，使轴Ⅻ、ⅩⅣ、ⅩⅧ和丝杠连成一体，把运动直接从轴Ⅻ传至丝杠，车削工件螺纹的导程可通过在交换齿轮箱中选择精密或专用的交换齿轮以调整螺距而得到。

在车削非标准螺距螺纹时，由于在进给箱上的铭牌中查找不到相应的螺距，为此也可按车精密螺纹的方法，使轴Ⅻ与ⅩⅦ轴直通。

车精密螺纹或非标准螺距螺纹的传动链结构式为：

$$
\text{主轴Ⅵ}-\frac{58}{58}-\text{Ⅸ}-\begin{bmatrix}\dfrac{33}{33}\\ \text{(右旋螺纹)}\\ \dfrac{33}{25}\times\dfrac{25}{33}\\ \text{(左旋螺纹)}\end{bmatrix}-\text{Ⅺ}-\begin{bmatrix}\dfrac{Z_1}{Z_2}\times\dfrac{Z_3}{Z_4}\\ \text{(交换齿轮箱中选定交换齿轮)}\end{bmatrix}-\text{Ⅻ}-\text{M3}-\text{ⅩⅣ}-\text{M4}-\text{ⅩⅦ}-\text{M5}-\text{ⅩⅧ(丝杠)}-\text{刀架}
$$

由于车削精密螺纹或非标准螺距螺纹与车削普通标准螺纹一样，应该满足：当工件（主轴）转一圈，车刀必须移动一个工件导程，亦即车床丝杠移动的距离等于一个工件导程。而车刀每分钟移动的距离应等于工件转速与工件导程的乘积，当然也等于丝杠的转速与丝杠导程的乘积。

即 $n_g\times L_g=n_s\times L_s$ 有 $\dfrac{n_s}{n_g}=\dfrac{L_g}{L_s}$

式中 n_s——车床丝杠的转速，r/min；

n_g——工件的转速，r/min；

L_g——工件的导程，mm；

L_s——车床丝杠的导程，CA6140 型车床 $L_s=12$mm。

$\dfrac{n_s}{n_g}=i$ 称为速比，亦即交换齿轮箱中交换齿轮的传动比。

即

$$i=\frac{n_s}{n_g}=\frac{Z_1}{Z_2}\times\frac{Z_3}{Z_4}$$

式中 Z_1、Z_3——主动齿轮；

Z_2、Z_4——从动齿轮。

于是

$$\frac{L_g}{L_s}=\frac{L_g}{12}=\frac{Z_1}{Z_2}\times\frac{Z_3}{Z_4}\tag{2-6}$$

根据式（2-6）计算交换齿轮时，有时只需一对齿轮就可得到要求的速比，即 $\frac{Z_1}{Z_2}$，称为单式轮系；有时需要两对齿轮才能得到要求的速比，即 $i=\frac{Z_1}{Z_2}\times\frac{Z_3}{Z_4}$，称为复式轮系（如图 2-10）。

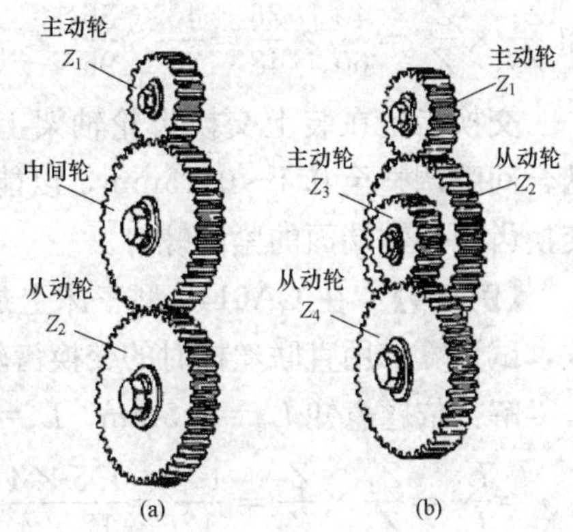

图 2-10 交换齿轮轮系

(a) 单式轮系；(b) 复式轮系

为了适应车削各种螺距螺纹的需要，一般可配备下列齿数的交换齿轮：20，25，30，35，40，45，50，55，60，65，70，75，80，85，90，95，100，105，110，115，120，127。

在应用式（2-6）时，必须使工件螺距与丝杠螺距的单位相同，才能代入公式进行运算，计算出来的交换齿轮必须符合啮合规则。

对于单式交换齿轮，一般要求 Z_1 不能大于 80 齿。复式轮系则应同时满足以下两个规则

$$\begin{cases}Z_1+Z_2>Z_3+15\\Z_3+Z_4>Z_2+15\end{cases}$$

若计算出的交换齿轮不符合啮合规则，可按如下三个原则进行调整。

1）主动轮与从动轮的齿数可以同时成倍地增大或缩小，如 $\frac{Z_1}{Z_2}\times\frac{Z_3}{Z_4}=\frac{40}{60}\times\frac{36}{48}=\frac{50}{75}\times\frac{60}{80}=\frac{60}{90}\times\frac{75}{100}=\cdots$。

2）主动轮与主动轮或从动轮与从动轮可以互换位置，如 $\frac{Z_1}{Z_2}\times\frac{Z_3}{Z_4}=\frac{40}{60}\times\frac{36}{48}=\frac{36}{60}\times\frac{40}{48}=\frac{40}{48}\times\frac{36}{60}$。

3）主动轮与主动轮或从动轮与从动轮的齿数可以互借倍数，

如 $\frac{Z_1}{Z_2}\times\frac{Z_3}{Z_4}=\frac{40}{60}\times\frac{36}{48}=\frac{40}{30}\times\frac{36}{96}$。

交换齿轮在装上交换齿轮轴架上时，必须注意啮合间隙。其啮合间隙调整至 0.1～0.15mm，以能随手转动为合适，然后拧紧交换齿轮心轴端面的紧固螺钉。

【例 2-4】 在 CA6140 型车床上加工螺距为 1.5mm 的精密螺纹，试计算采用直联丝杠时的交换齿轮。

解：依题意知 $L_g=1.5$mm，$L_s=12$mm，根据式（2-6）有

$$i=\frac{L_g}{L_s}=\frac{Z_1}{Z_2}\times\frac{Z_3}{Z_4}=\frac{1.5}{12}=\frac{1.5\times 4}{12\times 4}=\frac{6}{48}=\frac{2\times 3}{12\times 4}=\frac{20\times 45}{120\times 60}$$

因为 20＋120＞45＋15，45＋60＜120＋15，所以不符合搭配原则，若更换两被动齿轮，成为如下搭配形式

$$i=\frac{20\times 45}{60\times 120}$$

有 20＋60＞45＋15，45＋120＞60＋15，符合搭配原则。

所以，$Z_1=20$、$Z_2=60$、$Z_3=45$、$Z_4=120$。

在车削英制蜗杆或英制螺纹，要计算交换齿轮的齿数时，会遇上特殊因子 π 或英寸如何转化成与车床丝杠导程单位（mm）相同的问题。通常可采用下列方式处理

$$\pi\approx\frac{22}{7}\text{或 }25.4\approx\frac{127}{5}$$

若加工的蜗杆精度较高，可查有关的交换齿轮手册，取与 π 值更接近的替代值。

在车床的交换齿轮中有一个特制的 127 牙的齿轮，这个齿轮就是作为米制车床车英制螺纹或英制车床车米制螺纹用的。

（4）车削扩大螺距螺纹的传动路线。在车床上有时车削螺距大于 12mm 的工件时，如需要加工大螺距的螺旋槽（油槽或多线螺纹等），就需使用扩大螺距传动路线。即要求工件（主轴）转一转，而刀架相应移动一个较大的距离。为此，必须提高丝杠的转速，同时降低主轴的转速。其具体方法是将轴Ⅸ右端的滑移齿轮 Z58 向右移（见图 2-7 中虚线位置），通过中间齿轮，使之与轴Ⅷ

的齿轮 Z26 啮合。同时将主轴上的离合器 M2 向右接合，使主轴Ⅵ处于低速状态，而且主轴与轴Ⅸ之间不再是通过齿轮副$\frac{58}{58}$直接传动，而是经Ⅴ、Ⅳ、Ⅲ、Ⅷ轴之间的齿轮副传动。此时轴Ⅸ的转速比主轴转速高 4 倍和 16 倍，从而使车出的螺纹导程也相应地扩大 4 倍和 16 倍。自轴Ⅸ至丝杠之间的传动与正常螺距时相同。

使用扩大螺距时须注意，主轴箱中Ⅳ轴上的两组滑移齿轮的啮合位置，对加工螺纹导程的扩大倍数有直接影响。当主轴转速在 10～32r/min 范围内时，导程可以扩大 16 倍；主轴转速在 40～125r/min 的范围内时，可扩大 4 倍；若主轴转速更高时，导程就不能扩大了。所以在使用扩大螺距时，主轴转速只能在上述范围内变换。

3. 溜板箱传动系统（见图 2-11）

（1）机动进给传动路线。进给箱的运动经ⅩⅦ轴右端 Z28 齿轮与ⅩⅥ轴上 Z56 齿轮啮合传至光杠ⅩⅨ（此时ⅩⅦ轴上的离合器 M5

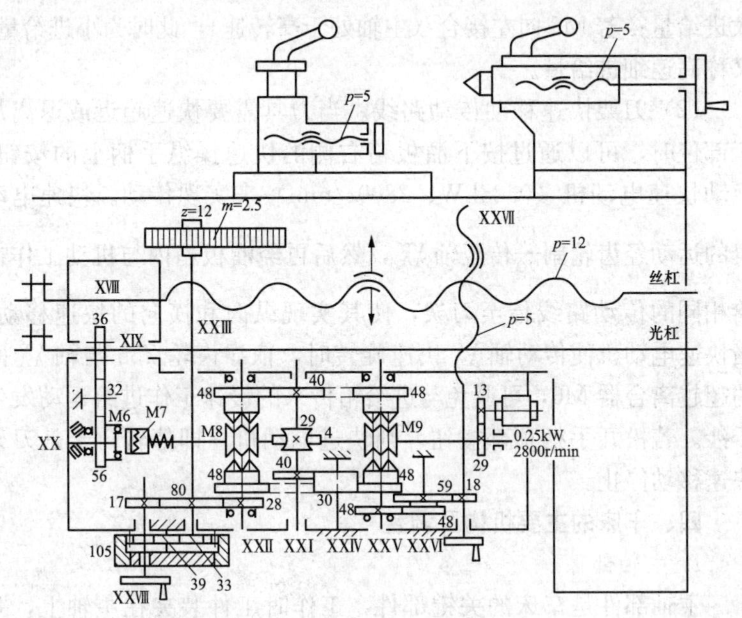

图 2-11 CA6140 型车床溜板箱传动系统

脱开，使XVII轴不能驱动丝杠转动），再由光杠经溜板箱中的齿轮副$\frac{36}{32}\times\frac{32}{56}$、超越离合器M6、安全离合器M7、轴XX及蜗杆、蜗轮副$\frac{4}{29}$传至轴XXI。当运动由轴XXI经齿轮副$\frac{40}{48}$或$\frac{40}{30}\times\frac{30}{48}$、双向离合器M8、轴XXII、齿轮副$\frac{28}{80}$传至小齿轮Z12，驱动小齿轮在齿条上转动时，便可带动床鞍及刀架作纵向机动进给；当运动由轴XXI经齿轮副$\frac{40}{48}$或$\frac{40}{30}\times\frac{30}{48}$、双向离合器M9、轴XXV及齿轮副$\frac{48}{48}\times\frac{59}{18}$传至中滑板丝杠XXVII后，经中滑板丝杠、螺母副带动中滑板及刀架作横向机动进给。

由传动分析可知，横向机动进给在其与纵向进给路线一致时，所得的横向进给量约是纵向进给量的一半。

进给运动还有大进给量和小进给量之分。当主轴箱上手柄位于"扩大螺距"处时，若M2向右接合（则主轴处于低转速），是大进给量；若M2向左接合（主轴处于高转速），此时为小进给量，又称高速细进给量。

(2) 刀架快速移动传动路线。当刀具需要快速趋近或退离加工部位时，可以通过按下溜板箱右侧的快速操纵手柄上的按钮，启动快速电动机（0.25kW、2800r/min）来实现传动。快速电动机的运动经齿轮副$\frac{13}{29}$传至轴XX，然后再经溜板箱内与机动工作进给相同的传动路线传至刀架，使其实现纵向和横向的快速移动。当快速电动机使传动轴XX快速旋转时，依靠齿轮Z56与轴XX间的超越离合器M6，可避免与进给箱传来的慢速工作进给运动发生干涉。若松开手柄顶部按钮，则快进电动机立即停转，于是刀架快速移动停止。

四、车床的主要机构及调整

1. 主轴部件

主轴部件是车床的关键部件，工作时工件装夹在主轴上，并由其直接带动旋转作为主运动。因此主轴的旋转精度、刚度和抗振性对工件的加工精度和表面粗糙度有直接影响。图 2-12 所示是 CA6140 型车床主轴部件。

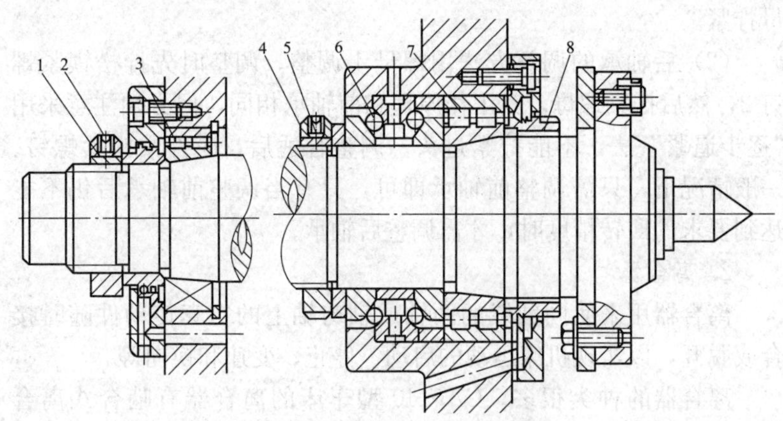

图 2-12　CA6140 型车床主轴部件

1、4、8—螺母；2、5—双列螺钉；3、7—双列短圆柱滚子轴承；6—推力角接触球轴承

为了保证主轴具有较好的刚性和抗振性，采用前、中、后三个支撑。前支撑用一个双列短圆柱滚子轴承 7（NN3021K/P5）和一个 60°角双向推力角接触球轴承 6（51120/P5）的组合方式，承受切削过程中产生的径向力和左、右两个方向的轴向力。

后支撑用一个双列短圆柱滚子轴承 3（NN3015K/P6）。主轴中部用一个单列短圆柱滚子轴承（NU216）作为辅助支撑（图 2-12 中未画出），这种结构在重载荷工作条件下能保持良好的刚性和工作平稳性。

由于主轴前、后两支撑采用双列短圆柱滚子轴承，其内圈内锥孔与轴颈处锥面配合。当轴承磨损致使径向间隙增大时，可以较方便地通过调整主轴轴颈相对轴承内圈间的轴向位置，来调整轴承的径向间隙。中间轴承（NU216）只有当主轴轴承受较大力，轴在中间支撑处产生一定挠度时，才起支撑作用。因此，轴与轴承间需要有一定的间隙。

（1）前轴承的调整方法用螺母 4 和 8 调整。调整时先拧松螺母 8 和螺钉 5，然后拧紧螺母 4，使轴承 7 的内圈相对主轴锥形轴颈向右移动。由于锥面的作用，轴承内圈产生径向弹性膨胀，将滚子与内、外圈之间的间隙减小。调整合适后，应将锁紧螺钉和螺母拧紧。

(2) 后轴承的调整方法用螺母 1 调整。调整时先拧松锁紧螺钉 2，然后拧紧螺母，其工作原理和前轴承相同，但必须注意采用“逐步逼紧”法，不能拧紧过头。调整合适后，应拧紧锁紧螺钉。一般情况下，只需调整前轴承即可，只有当调整前轴承后仍不能达到要求的回转精度时，才需调整后轴承。

2. 离合器

离合器用来使同轴线的两轴或轴与轴上的空套传动件随时接合或脱开，以实现机床运动的启动、停止、变速和换向等。

离合器的种类很多，CA6140 型车床的离合器有啮合式离合器、摩擦式离合器、超越离合器等。

(1) 啮合式离合器。啮合式离合器是利用零件上两个相互啮合的齿爪传递运动和转矩。根据结构形状的不同，分为牙嵌式和齿轮式两种。

牙嵌式离合器是由两个端面带齿爪的零件组成，如图 2-13 (a)、(b) 所示，离合器 2 用导向键（或花键）3 与轴 4 连接，带有离合器的齿轮 1 空套在轴上，通过齿爪的啮合或脱开，便可将齿轮与轴连接而一起转动，或者使齿轮在轴上空转。

齿轮式离合器由具有直齿圆柱齿轮形状的两个零件组成，其中一个为外齿轮，另一个为内齿轮［见图 2-13 (c)、(d)］，两个齿数、模数完全相同。当它们相互啮合时，便可将空套齿轮与轴［见图 2-13 (c)］或同轴线的两轴［见图 2-13 (d)］连接而一起旋转。它们相互脱开时，运动联系便脱开。

啮合式离合器结构简单、紧凑，结合后不会产生相对滑动，传动比准确，但在转动中接合会发生冲击，所以只能在很低转速或停转时接合，操作不太方便，如进给箱中的 M3、M4、M5 就是齿轮式离合器。

(2) 多片式摩擦离合器。CA6140 型车床主轴箱的开停和换向装置，采用机械双向多片式摩擦离合器，如图 2-14 (a) 所示。它

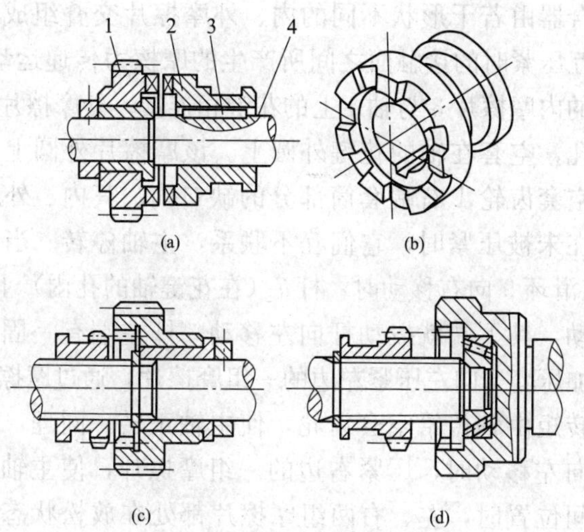

图 2-13 啮合式离合器

(a)、(b) 牙嵌式；(c)、(d) 齿轮式

1—齿轮；2—离合器；3—导向键；4—轴

由结构相同的左、右两部分组成，左离合器传动主轴正转，右离合器传动主轴反转。现以左离合器为例说明其结构、原理［见图 2-14（b）］。

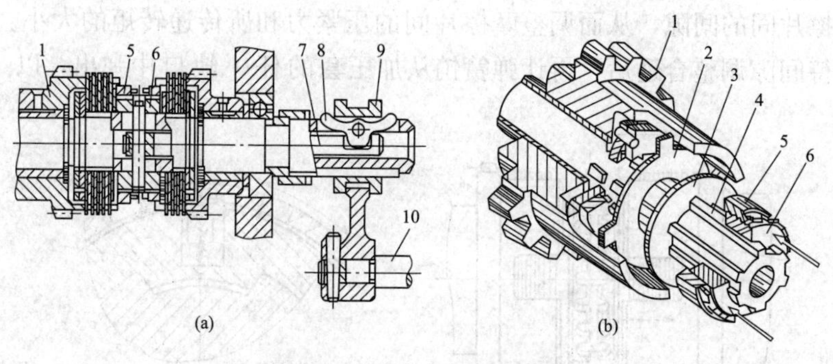

图 2-14 多片式摩擦离合器

(a) 结构图；(b) 原理图

1—齿轮；2—外摩擦片；3—内摩擦片；4—轴；5—加压套；

6—螺圈；7—杆；8—摆杆；9—滑环；10—操纵装置拉杆

该离合器由若干形状不同的内、外摩擦片交叠组成。利用摩擦片在相互压紧时的接触面之间所产生的摩擦力传递运动和转矩。带花键孔的内摩擦片 3 与轴 4 上的花键相连接；外摩擦片 2 的内孔是光滑圆孔，空套在轴的花键外圆上。该摩擦片外圆上有四个凸齿，卡在空套齿轮 1 右端套筒部分的缺口内。其内、外摩擦片相间排列，在未被压紧时，它们互不联系，主轴停转。当操纵装置拉杆 10 将滑环 9 向右移动时，杆 7（在花键轴的孔内）上的摆杆 8 绕支点摆动，其下端就拨动杆向左移动。杆左端有一固定销，使螺圈 6 及加压套 5 向左压紧左边的一组摩擦片，通过摩擦片间的摩擦力，将转矩由轴传给空套齿轮，使主轴正转。同理，当操纵装置将滑环向左移动时，压紧右边的一组摩擦片，使主轴反转。当滑环在中间位置时，左、右两组摩擦片都处在放松状态，轴 4 的运动不能传给齿轮，主轴即停止转动。

片式摩擦离合器的间隙要适当，不能过大或过小。若间隙过大会减小摩擦力，影响车床功率的正常传递，并易使摩擦片磨损；间隙过小，在高速车削时，会因发热而“闷车”，从而损坏机床。其间隙的调整如图 2-14（b）及图 2-15 所示。调整时，先切断车床电源，打开主轴箱盖，用旋具把弹簧销从加压套的缺口中压下，然后转动加压套，使其相对于螺圈作少量轴向移动，即可改变摩擦片间的间隙，从而调整摩擦片间的压紧力和所传递转矩的大小。待间隙调整合适后，再让弹簧销从加压套的任一缺口中弹出，以

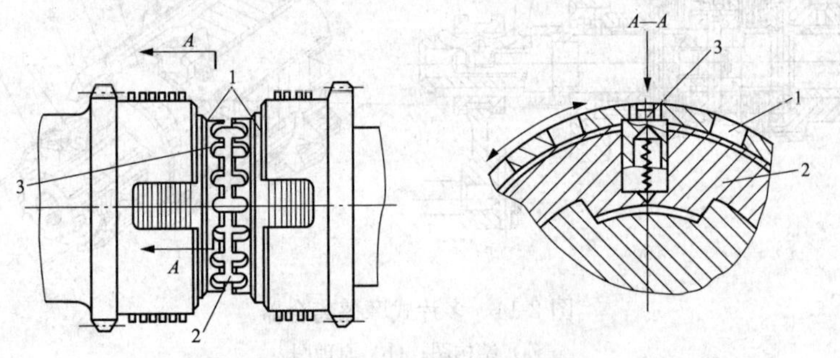

图 2-15　多片式摩擦离合器的调整

1—加压套；2—螺圈；3—弹簧销

防止加压套在旋转中松脱。

(3) 超越离合器。超越离合器主要用在有快、慢两种速度交替传动的轴上，以实现运动的自动转换。CA6140 型车床的溜板箱中装有超越离合器，它的结构原理如图 2-16 所示。

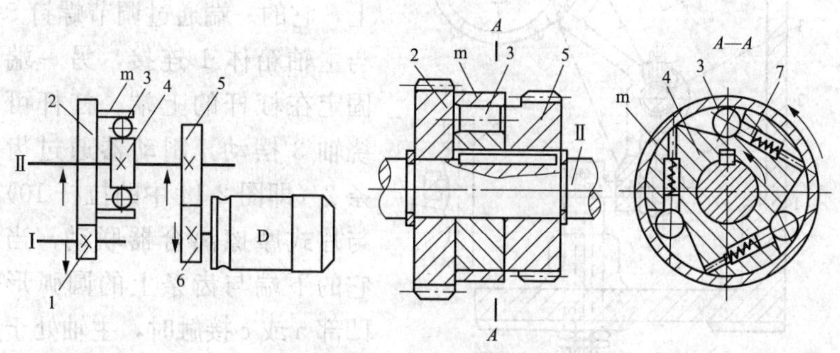

图 2-16 超越离合器

1、2、5、6—齿轮；3—滚柱；4—星形体；7—弹簧销；
m—套筒；D—快速电动机

它由星形体 4、三个滚柱 3、三个弹簧销 7 以及齿轮 2 右端的套筒 m 组成。齿轮 2 空套在轴Ⅱ上，星形体 4 用键与轴Ⅱ连接。

当慢速运动由轴Ⅰ经齿轮副 1、2 传来，套筒 m 逆时针转动，依靠摩擦力带动滚柱 3 向楔缝小的地方运动，并楔紧在星形体 4 和套筒 m 之间，从而使星形体和轴Ⅱ一起转动。

若此时启动快速电动机 D，快速运动经齿轮副 6 和 5 传给轴Ⅱ，带动星形体逆时针转动。由于星形体的转速超越齿轮套筒的转速好多倍，使得滚柱压缩弹簧销退出了楔缝，于是套筒与星形体之间的运动联系便自动断开。快速电动机一旦停止转动，超越离合器又自动接合，仍然由齿轮套筒带动星形体实现慢速转动。

3. 制动装置

制动装置的功用是在车床停车的过程中，克服主轴箱内各运动件的旋转惯性，使主轴迅速停止转动，以缩短辅助时间。图 2-17 所示是安装在 CA6140 型车床主轴箱Ⅳ轴上的闸带式制动器，它由制动轮 8、制动带 7 和杠杆组成。制动轮是一钢制圆盘，与轴

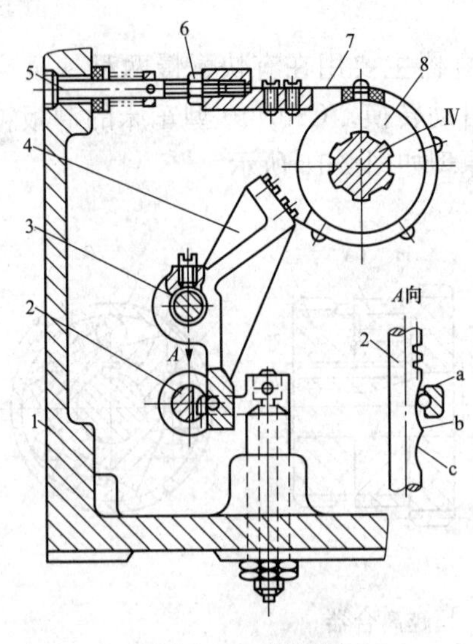

图 2-17　制动器

1—主轴箱；2—齿条；3—轴；4—杠杆；5—螺钉；6—螺母；7—制动带；8—制动轮

Ⅳ用花键连接。制动带为一钢带，其内侧固定着一层铜丝石棉，以增加摩擦面的摩擦系数。制动带绕在制动轮上，它的一端通过调节螺钉 5 与主轴箱体 1 连接，另一端固定在杠杆的上端。杠杆可绕轴 3 摆动。制动器通过齿条 2（即图 2-14 中的拉杆 10）与片式摩擦离合器联动，当它的下端与齿条上的圆弧形凹部 a 或 c 接触时，主轴处于转动状态，制动带放松；若移动齿条轴，使其上凸起部分 b 与杠杆下端接触时，杠杆绕轴 3 逆时针摆动，使制动带抱紧制动轮，产生摩擦制动力矩，轴Ⅳ和主轴便迅速停止转动。

制动装置制动带的松紧程度可以这样来调整：打开主轴箱盖，松开螺母 6，然后在主轴箱的背后调整螺钉 5，使制动带松紧程度调得合适。其标准应以停车时主轴能迅速停转，而在开车时制动带能完全松开，调整好后，再拧紧螺母，并盖上主轴箱盖。

4．进给过载保护机构

进给过载保护机构的作用是在机动进给过程中，当进给抗力过大或因偶然事故使刀架受到阻碍时，能自动断开机动传动路线，使刀架停止进给，避免传动件损坏。

（1）结构原理。CA6140 型车床的进给过载保护机构又称安全离合器，安装在溜板箱中，其结构如图 2-18 所示。其中的 M7 为安全离合器。它由端面带螺旋形齿爪的左、右两半部分 14 和 13 组成。其左半部分用键装在超越离合器 M6 的星轮 3 上，并与轴 XX 空套；右半部分与轴 XX 用花键连接。

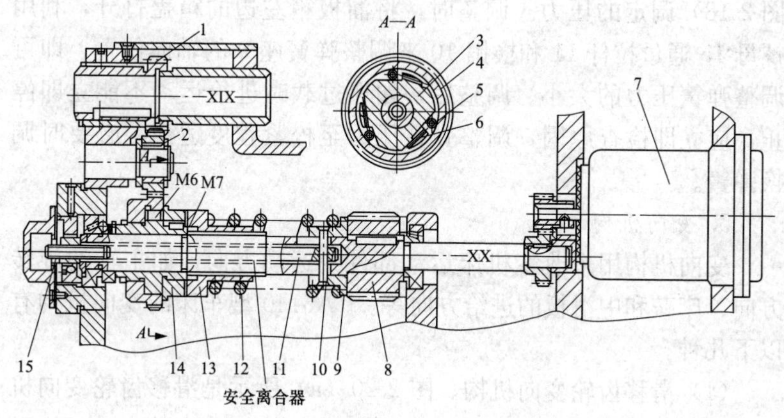

图 2-18 进给过载保护机构（安全离合器）

1、2、4—齿轮；3—星轮；5—滚柱；6、12—弹簧；7—快速进给电动机；8—蜗杆；9—弹簧座；10—横销；11—拉杆；13—离合器右半部；14—离合器左半部；15—螺母

在正常车削情况下，安全离合器左、右两半齿爪在弹簧 3 的压力作用下互相啮合［见图 2-19（a）］，将从光杠传来的运动传递给蜗杆 8（见图 2-18）；当过载时，作用在离合器上的轴向分力超过了弹簧 3 的压力，使右半部分 2 被推向右边［见图 2-19（b）］，离合器左半部分 1 虽然在光杠带动下正常旋转，而右半部分却不能被带动，于是两端面齿爪之间打滑［见图 2-19（c）］，断开了 XX 轴与刀架之间的运动联系，从而保护机构不被损坏。若过载故障排除后，在弹簧 3 的压力作用下，安全离合器又恢复图 2-19（a）所示正常工作状态。

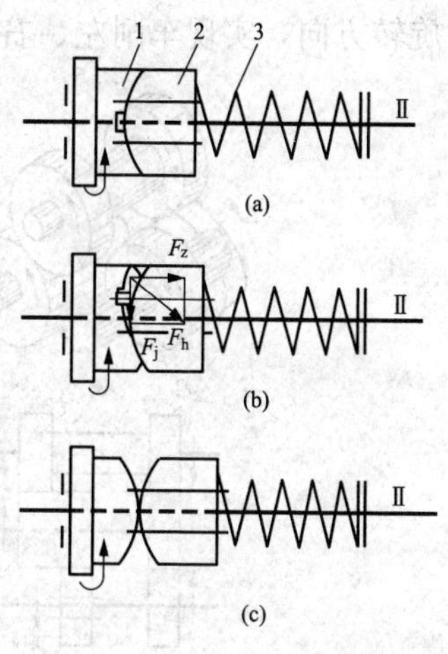

图 2-19 安全离合器

（a）正常传动；（b）过载时的离合器；（c）传动断开

1—离合器左半部；2—离合器右半部；3—弹簧

（2）调整方法。机床许可的最大进给抗力决定于弹簧 12（见

图 2-18）调定的压力。调整时，将溜板箱左边的箱盖打开，利用螺母 15 通过拉杆 11 和横销 10 来调整弹簧座 9 的轴向位置，即可调整弹簧压力的大小。调整后，如遇过载时进给运动不能立即停止，应立即检查原因，调整弹簧压力至松紧程度适当，必要时调换弹簧。

5. 变向机构

变向机构用来改变机床运动部件的运动方向，如主轴的旋转方向、床鞍和中滑板的进给方向等。CA6140 型车床的变向机构有以下几种。

（1）滑移齿轮变向机构。图 2-20（a）所示是滑移齿轮变向机构。当滑移齿轮 z2 在图示位置时，运动由 z3 经中间轮 z0 传至 z2，轴Ⅱ与轴Ⅰ的转向相同；当 z2 左移至虚线位置时，与轴Ⅰ上的 z1 直接啮合，轴Ⅱ与轴Ⅰ转向相反。如图 2-7 中主轴箱内的Ⅺ、Ⅹ、Ⅺ轴上的齿 z33、z25、z33 即组成滑移齿轮变向机构，以改变丝杠的旋转方向，实现车削左、右旋螺纹。

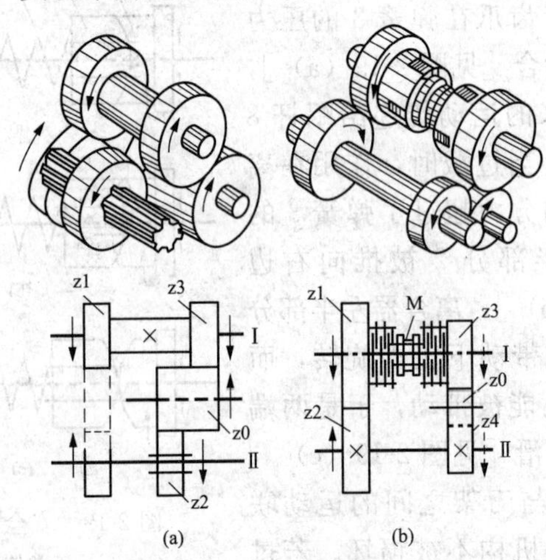

图 2-20　变向机构

（a）滑移齿轮变向机构；（b）圆柱齿轮和摩擦离合器组成变向机构

（2）圆柱齿轮和摩擦离合器组成的变向机构。图 2-20（b）所示是由圆柱齿轮和摩擦离合器组成的变向机构。当离合器 M 向左接合时，轴Ⅱ与轴Ⅰ转向相反；离合器M向右接合时，轴Ⅱ与轴Ⅰ转向相同，如主轴箱内Ⅰ、Ⅱ、Ⅶ轴上的M1与z51、z43，z34、z50、z30组成的变向机构（见图2-8或图2-9）。

6. 操纵机构

车床操纵机构的作用是改变离合器和滑移齿轮的啮合位置，实现主运动和进给运动的启动、停止、变速、变向等动作。为使操纵方便，除了一些较简单的拨叉操纵外，常采用集中操纵方式，即用一个手柄操纵几个传动件（如滑移齿轮、离合器等），这样可减少手柄的数量，便于操作。

（1）主轴变速操纵机构。图2-21所示是CA6140型车床主轴变速操纵机构。主轴箱内有两组滑移齿轮A、B，双联齿轮A有左、右两个啮合位置；三联齿轮B有左、中、右三个啮合位置。两组滑移齿轮可由装在主轴箱前侧面上的手柄6操纵。手柄通过链传动使轴5转动，在轴上固定有盘形凸轮4和曲柄2。凸轮上有一条封闭的曲线槽（图中a～f标出的六个位置），其中以a、b、c位置凸轮曲线的半径较大，d、e、f位置的半径较小，凸轮槽通过杠杆3操纵双联齿轮A。当杠杆的滚子处于凸轮曲线的大半径处时，齿轮A在左端位置；若处于小半径处时，则被移到右端位置。

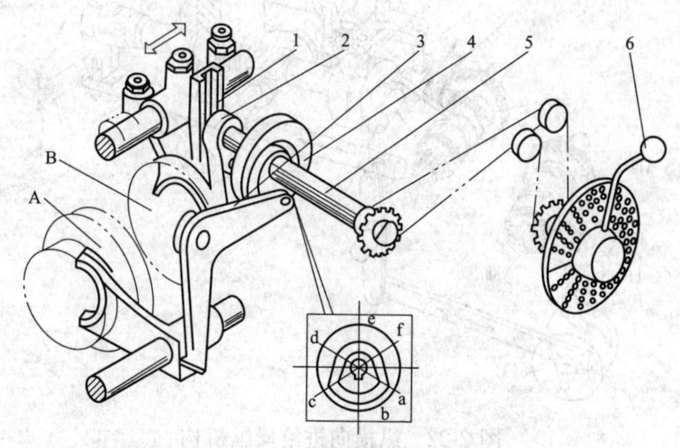

图2-21 主轴箱操纵机构

1—拨叉；2—曲柄；3—杠杆；4—凸轮；5—轴；6—手柄

曲柄上的圆销、滚子装在拨叉1的长槽中，当曲柄随着轴转动时，可拨动滑移齿轮B，使齿轮B处于左、中、右三个不同的位置。通过手柄的旋转和曲柄及杠杆的协同动作，就可使齿轮A和B的轴向位置实现六种不同的组合，得到六种不同的转速，所以又称为单手柄六速操纵机构。

（2）纵、横向机动进给操纵机构。图2-22所示是CA6140型车床纵、横向机动进给操纵机构。它利用一个手柄集中操纵纵、横向机动进给运动的接通、断开和换向，且手柄扳动方向与刀架运动方向一致，使用非常方便。向左或向右扳动手柄1，使手柄座3绕销轴2摆动时（销轴装在轴向固定的轴19上），手柄座下端的开口槽通过球头销4拨动轴5轴向移动，再经杠杆7和连杆8使圆柱凸轮9转动，圆柱凸轮上的曲线槽又通过销钉10带动轴11及固定在它上面的拨叉12向前或向后移动，拨叉拨动离合器M8，使之与轴XXII上两个空套齿轮之一啮合，于是纵向机动进给运动接通，刀架相应地向左或向右实现纵向进给。

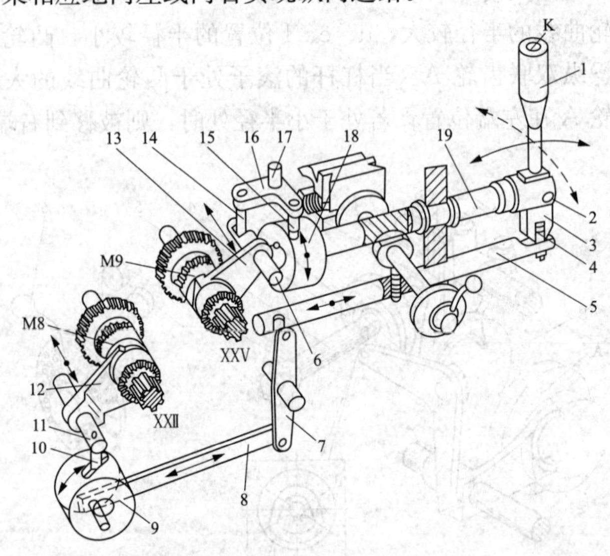

图2-22　纵横向进给操纵机构

1—手柄；2、17—销轴；3—手柄座；4—球头销；5、6、11、19—轴；7、16—杠杆；8—连杆；9、18—凸轮；10、11、14、15—销钉；12、13—拨叉

若向前或向后扳动手柄，通过手柄座使轴 19 以及固定在它左端的圆柱凸轮 18 转动时，凸轮上的曲线槽通过销钉 15 使杠杆 16 绕销轴 17 摆动，再经杠杆上的另一销钉 14 带动轴 6 以及固定在其上的拨叉 13 向前或向后移动，拨叉拨动离合器 M9，使之与轴 XXV 上两空套齿轮之一啮合，于是横向机动进给运动接通，刀架相应地向前或向后实现横向进给。

手柄扳至中间直立位置时，离合器 M8 和 M9 均处于中间位置，机动进给传动链断开。当手柄扳至左、右、前、后任一位置时，如按下装在手柄顶端的按钮 K，则快速电动机启动，刀架便在相应方向上快速移动。

7. 开合螺母机构

开合螺母机构的功用是接通或断开从丝杠传来的运动。车削螺纹和蜗杆时，将开合螺母合上，丝杠通过开合螺母带动溜板箱及刀架运动。

开合螺母机构的结构如图 2-23 所示。上下两个半螺母 1、2，装在溜板箱体后壁的燕尾形导轨中，可上下移动。在上下半螺母的背面各装有一个圆柱销 3，其伸出端分别嵌在槽盘 4 的两条曲线槽中。向右扳动手柄 6，经轴 7 使槽盘逆时针转动时，曲线槽迫使两圆柱销互相靠近，带动上下半螺母合拢，与丝杠啮合，刀架便由丝杠螺母经溜板箱传动进给；槽盘顺时针转动时，曲线槽通过圆柱销使两个半螺母相互分离，两个半螺母与丝杠脱开啮合，刀架便停止进给。开合螺母与镶条要配合适当，否则就会影响螺纹加工精度，甚至使开合螺母操作手柄自动跳位，出现螺距不等或乱牙、开合螺母轴向窜动等弊端。

开合螺母与燕尾形导轨配合间隙（一般应小于 0.03mm），可用螺钉 8 压紧或放松镶条 5 进行调整，调整后用螺母 9 锁紧。

8. 互锁机构

车床工作时，如因操作错误同时将丝杠传动和纵、横向机动进给（或快速运动）接通，则将损坏车床。为了防止发生上述事故，溜板箱中设有互锁机构，以保证开合螺母合上时，机动进给不能接通；反之，机动进给接通时，开合螺母不能合上。

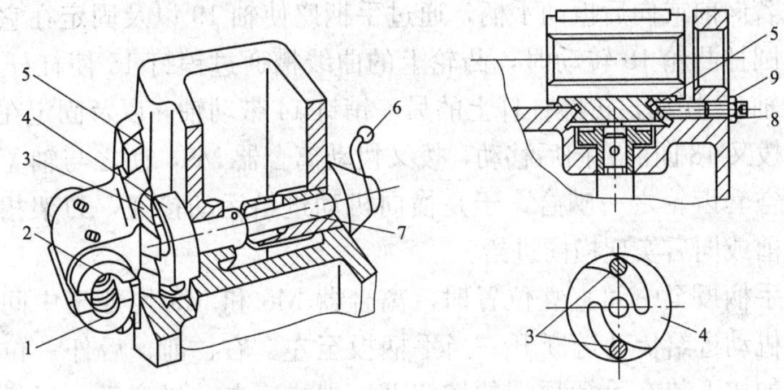

图 2-23　开合螺母机构

1、2—半螺母；3—圆柱销；4—槽盘；5—镶条；6—手柄；7—轴；8—螺钉；9—螺母

CA6104 型车床互锁机构的工作原理如图 2-24 所示（同时参阅图 2-22）。在开合螺母操纵手柄轴 2（图 2-23 中的轴 7）上装有凸肩 T，其外有固定套 3、球头销 4 以及装在纵向机动进给操纵轴 6 中的弹簧 5 等。图 2-24（a）所示是机动进给和丝杠传动均未接通的情况。当合上开合螺母时，由于轴 2 转过了一个角度［见图 2-24（b）］，其上的凸肩 T 嵌入横向机动进给操纵轴 1（即图 2-22 中的轴 19）的槽中，将轴 1 卡住，使之不能转动，无法接通横向机动进给。同时凸肩 T 又将固定套 3 横向孔中的球头销 4 往下压，使它的下端插入轴 6（即图 2-22 中的连杆 5）的孔中，将轴锁住，使其无法接通纵向机动进给。

当接通纵向机动进给时，如图 2-24（c）所示，由于轴沿轴向移动了位置，其上的孔眼不再与球头销对准，球头销无法往下移动，开合螺母手柄轴就无法转动，开合螺母也就不能合拢。

当横向机动进给接通时［见图 2-24（a）］，由于轴转动了一定的角度，其上的沟槽不再对准轴上的凸肩 T，使轴不能转动，于是开合螺母也就无法合上。

9. 中滑板丝杠与螺母间隙的调整

中滑板丝杠与螺母如图 2-25 所示，由前螺母 1 和后螺母 6 两部分组成，分别由螺钉 2、4 紧固在中滑板 5 的顶部，中间由楔块

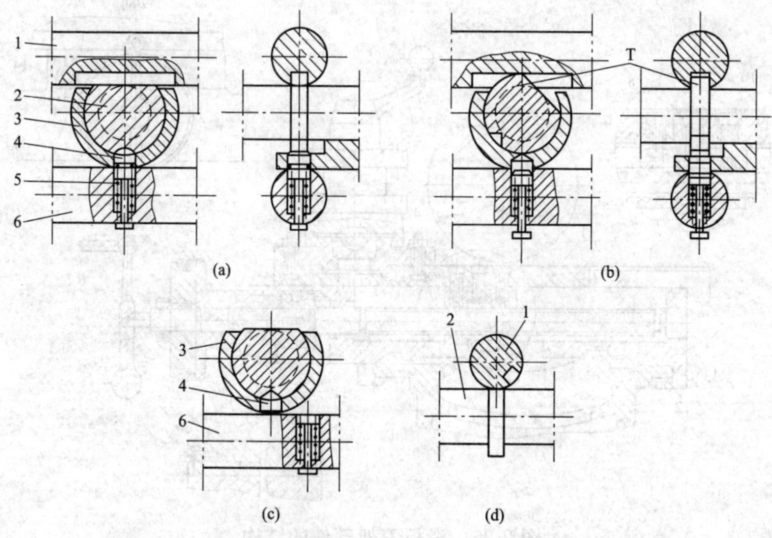

图 2-24　互锁机构工作原理

（a）机动进给和丝杠传动均未接通；（b）凸肩 T 嵌入横向机动进给操纵轴；（c）接通纵向机动进给；（d）横向机动进给接通

1、2、6—轴；3—固定套；4—球动销；5—弹簧

8 隔开。因磨损使丝杠 7 与螺母牙侧之间的间隙过大时，可将前螺母上的紧固螺钉拧松，拧紧螺钉 3，将楔块向上拉，依靠斜楔作用使螺母向左边推移，减小了丝杠与螺母牙侧之间的间隙。调后，要求中滑板丝杠手柄摇动灵活，正反转时的空行程在 1/20 转以内。调整好后，应将螺钉 2 拧紧。

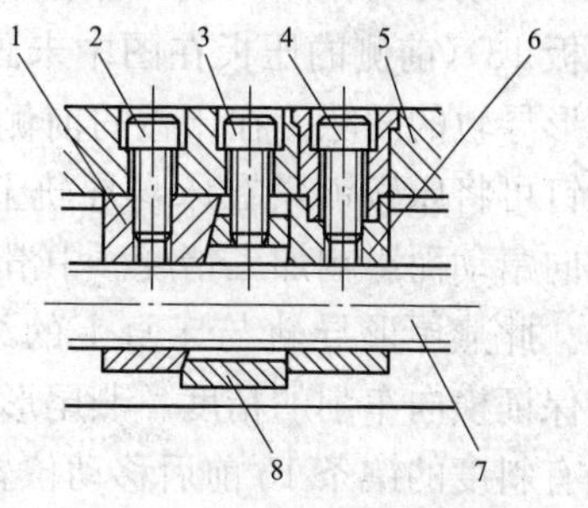

图 2-25　中滑板丝杠与螺母

1—前螺母；2、3、4—螺钉；5—中滑板；6—后螺母；7—丝杠；8—楔块

10. 滑动刀架部件

如图 2-26 所示，滑动刀架部件由床鞍 1、中滑板 2、转盘 3、小滑板 4 和方刀架 5 等组成。

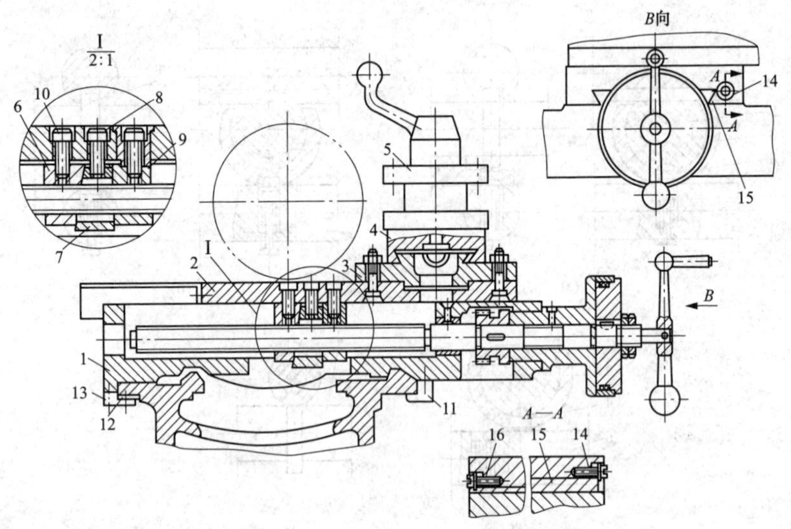

图 2-26　滑板刀架部件的结构

1—床鞍；2—中滑板；3—转盘；4—小滑板；5—方刀架；6—可调螺母；7—楔块；8—调节螺钉；9—固定螺母；10—螺钉；11—可调压板；12—平镶条；13—压板；14、16—螺钉；15—镶条

床鞍（俗称大拖板）安装在床身的 V 形与矩形组合导轨上，它有导向作用以保证刀架纵向移动轨迹的直线度要求。为了防止由于切削力的作用而使刀架翻转，在床鞍的前后两侧各装有两块压板 13（前侧的压板在图中未画出），利用螺钉经平镶条 12 调整矩形导轨的间隙。在床鞍的前侧还装有一可调压板 11，拧紧调整螺钉可将床鞍锁紧在床身导轨上，以免车削大的端面时刀架发生纵向窜动而影响加工精度。中滑板 2 装在床鞍 1 顶面的燕尾形导轨上。此燕尾形导轨与床身上的组合导轨保持严格的垂直度要求。以保证横向车削的精度。燕尾形导轨的间隔，可用螺钉 14、16 使带有斜度的镶条 15 前后移动位置来进行调整。中滑板 2 由横向进给的丝杠螺母副传动，沿燕尾形导轨作横向移动。丝杠的右端支承在两个滑动轴承上，实现径向或轴向定位。利用可调的双螺母 6 和 9 可调整丝杠螺母的间隙。若由于磨损造成丝杆螺母间隙过大时，丝杆就会在工作过程中产生轴向窜动，致使车槽或车槽刀发

生扎刀现象，甚至折断刀具，因而还需要调整间隙。机动进给时，丝杠由溜板箱的XXIX轴的 $z=59$ 的齿轮经丝杠上 $z=18$ 的固定齿轮旋转，手动进给时用摇手柄摇动。

中滑板的顶面上装有转盘 3，转盘上部的燕尾形导轨上装着小滑板 4。转盘的底面上有圆柱形定心凸台，与中滑板上的孔配合，可绕垂直轴线偏转±90°角，因而可使小滑板沿一定倾斜方向进给，以便车削短圆锥面。转盘调整到需要位置后，用头部穿在环形 T 形槽中的两个螺栓紧固在中滑板上。

方刀架的结构如图 2-27 所示。方刀架安装在小滑板上，以小滑板的圆柱凸台定中心，用拧在轴 6 末端螺纹上的手把 16 夹紧。方刀架可以转动间隔为 90°角的 4 个位置，使装在四侧的 4 把车刀

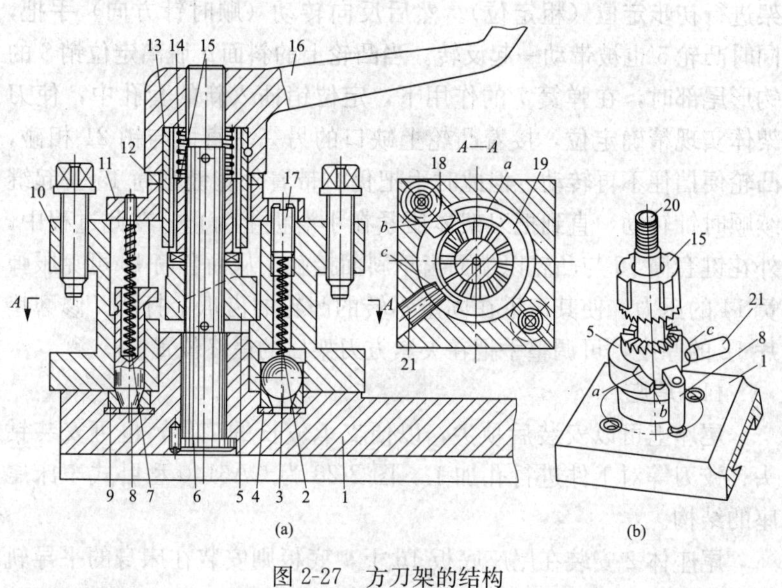

图 2-27 方刀架的结构

(a) 结构图；(b) 原理图

1—小滑板；2、7、14—弹簧；3—定位钢珠；4—定位套；5—凸轮；6—轴；8—定位销；9—定位套；10—方刀架；11—可调压板；12—垫片；13—内花键套筒；15—外花键套筒；16—手把；17—调整螺钉；18—定位销；19—凸轮；20—轴；21—固定销

轮流地进行切削。每次转位后，由定位销 8 插入小滑板的定位套 9 孔中进行定位，以便获得准确的位置。方刀架在换位过程中的松夹、拔出定位销、转位、定位以及夹紧等动作，都由手把 16 操纵。逆时针转动手把，使其从轴 6 的螺纹上拧松时，方刀架体 10 便被松开。同时，手把通过内花键套筒 13 带动外花键套筒 15 转动。外花键套筒的下端有锯齿形齿爪，与齿轮 5 上的端面齿啮合，因而齿轮也被带着沿逆时针方向转动。凸轮转动时，先由其上的斜面 a 将定位销 8 从定位套引孔中拔出，接着其缺口的一个垂直侧面 b 与装在方刀架体 10 中的固定销 21 相碰［见图 2-27（b）］，带动方刀架一起转动，定位钢珠 3 从定位套 4 孔中滑出。当刀架转至所需位置时，钢珠 3 在弹簧 2 的作用下进入另一定位孔，使方刀架进行初步定位（粗定位）。然后反向转动（顺时针方向）手把，同时凸轮 5 也被带动一起反转。当凸轮上的斜面 a 脱离定位销 8 的钩形尾部时，在弹簧 7 的作用下，定位销插入新的套孔中，使刀架体实现精确定位，接着凸轮上缺口的另一垂直面与销 21 相碰，凸轮便挡住不再转动。但此时手把仍右带着外花键套筒 15 一起继续顺时针转动，直到把刀架体压紧在小滑板上为止。在此过程中，外花键套筒 15 与凸轮以端面齿爪斜面接触，从而套筒 15 可克服弹簧 14 的压力，使其齿爪在固定不转的凸轮的齿爪上打滑。修磨垫片 12 的厚度，可调整手把在夹紧方刀架后的最终位置。

11. 尾座

尾座上可以安装后顶尖，以便支承较长的工件，也可安装钻头、铰刀等对工件进行孔加工。图 2-28 为 CA6140 型卧式车床尾座的结构。

尾座体 2 安装在尾座底板 16 上，底板则安装在床身的平导轨 C 和 V 形导轨 D 上，它可以根据被加工工件的长短调整纵向位置。调整时向前推动快速紧固手柄 8，用手推动尾座使之沿床身导轨纵向移动。位置调整好后，再向后扳动快速紧固手柄，通过偏心轴、拉杆 11 及杠杆 12，就可将尾座夹紧在床身导轨上。有时为了将尾座紧固得更牢靠些，可再拧紧螺母 10，通过 T 形螺栓 13 用压板 14 夹紧。后顶尖 1 安装在尾座套筒 3 的锥孔中。尾座套筒 3 安装

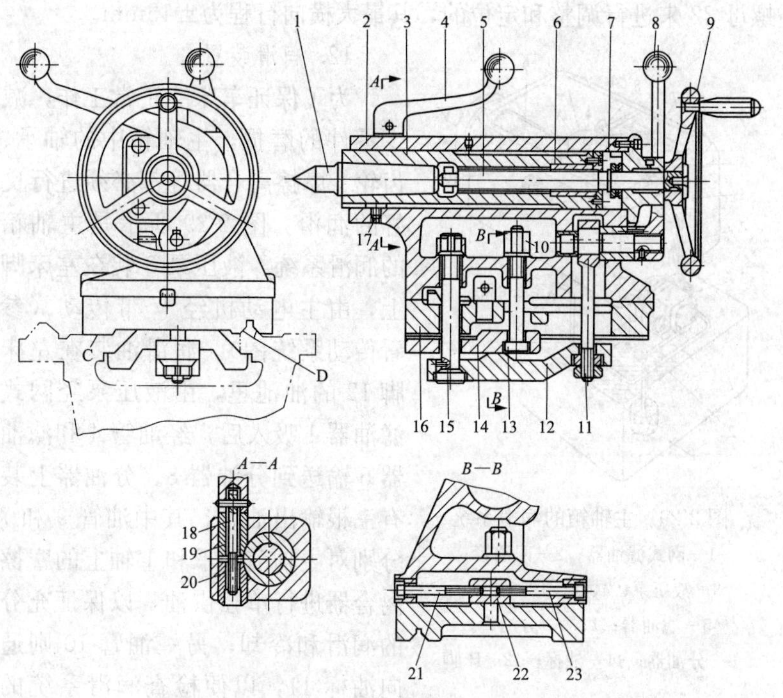

图 2-28 CA6140 型卧式车床尾座

1—后顶尖；2—尾座体；3—尾座套筒；4—手柄；5—丝杆；6—螺母；7—支承盖；8—快速紧固手柄；9—手轮；10—六角螺母；11—拉杆；12—杠杆；13—T 形螺栓；14—压板；15—螺栓；16—尾座底板；17—平键；18—螺杆；19、20—套筒；21、23—调整螺钉；22—T 形螺母

在尾座体 2 的孔中。并由平键 17 导向，所以它只能轴向移动，不能转动。丝杠 5 以螺母 6 和支承盖 7 支承，摇动手轮 9 可使丝杆转动，螺母 6 便带动套筒 3 纵向移动，以顶紧工件或进行钻、铰孔操作。当尾座套筒移至所需位置后，可用手柄 4 转动螺杆 18 以拉紧套筒 19 和 20，从而将尾座套筒 3 夹紧。如需要卸下顶尖，可转动手 9，使套筒 3 后退，直到丝杆 5 的左端顶住后顶尖，将后顶尖从锥孔中取出。

尾座体可沿底板 16 的横向导轨作横向移动，以便车削小锥度的长工件。它是利用两个调整螺钉 21、23 和固定在底板上的 T 形螺母 22 来进行调整和定位的，其最大横向行程为±15mm。

12. 润滑装置

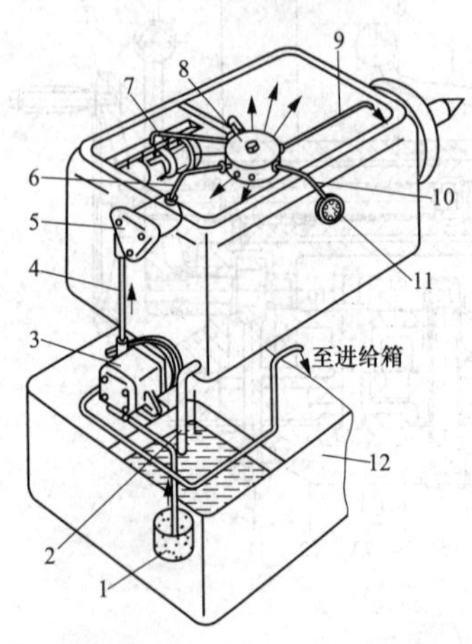

图 2-29　主轴箱的润滑系统
1—网式滤油器；2—回油管；3—液压泵；4、6、10—油管；5—滤油器；7、9—分油管；8—分油器；11—油标；12—床脚

为了保证车床能正常工作，减少零件的磨损，主轴箱中的轴承、齿轮、摩擦离合器等都必须进行良好的润滑。图 2-29 所示是主轴箱的润滑系统。液压泵 3 装在左床脚上，由主电动机经 V 带传动（参看传动系统图）。润滑油装在左床脚 12 的油池里，由液压泵经网式滤油器 1 吸入后，经油管 4 和滤油器 5 输送到分油器 8。分油器上装有三根输出油管，其中油管 9 和 7 分别对主轴前轴承和Ⅰ轴上的摩擦离合器进行单独供油，以保证充分的润滑和冷却；另一油管 10 则通向油标 11，以便检查润滑系统的工作情况，分油器上还钻有很多径向油孔，具有一定压力的润滑油从油孔向外喷射时，被高速旋转的齿轮飞溅到各处，对主轴箱的其他传动件及操纵机构进行润滑。从各润滑面流回的润滑油集中在箱底，经回油管 2 流入左床脚的油池中。这一润滑系统采用箱外循环方式，主轴箱的热量由润滑油带至箱体外，冷却后再送回箱体内，因而可减少主轴箱的热变形，利于保证机床的加工精度，并使主轴箱内的脏物及时排出，减少内部传动件的磨损。

第三节　其他典型车床简介

一、马鞍车床

马鞍车床外形如图 2-30 所示。它和普通车床不同之处在于：它的主轴箱一侧具有一段可卸式导轨（马鞍），卸去马鞍后可使加工工件的最大直径增大。由于马鞍经常装卸，其床身导轨的工作精度及刚性不如卧式车床，它主要用在设备较少、单件小批量生产的小工厂及修理车间。

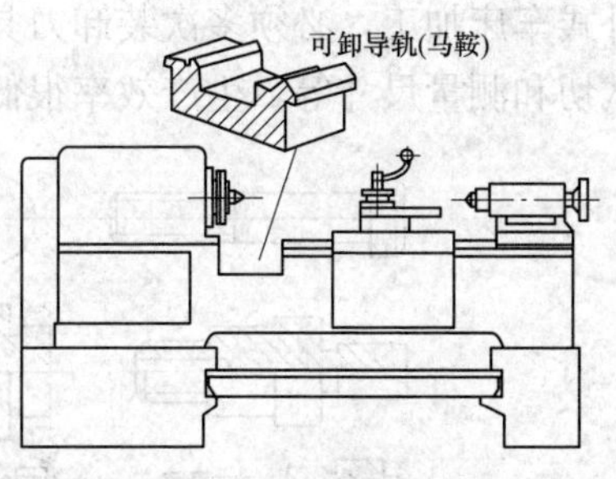

图 2-30　马鞍车床外形

二、落地车床

落地车床适用于加工大而短、没有大直径螺纹的零件。落地车床外形如图 2-31 所示。落地车床又称大头车床，它完全取消了床身。主轴箱 1 及方刀架滑座 8 直接安装在地基和落地平板上，工件夹在花盘 2 上，刀架 3 和 6 可作纵向移动，刀架 5 和 7 可做横向移动，转盘 4 可以调整到一定角度位置，刀架 3 和 7 可以由单独电动机驱动，作连续进给运动，也可以经杠杆和棘轮机构，由主轴周期性地拨动，作间歇进给运动。用于加工特大零件的大头车床，花盘下地坑。

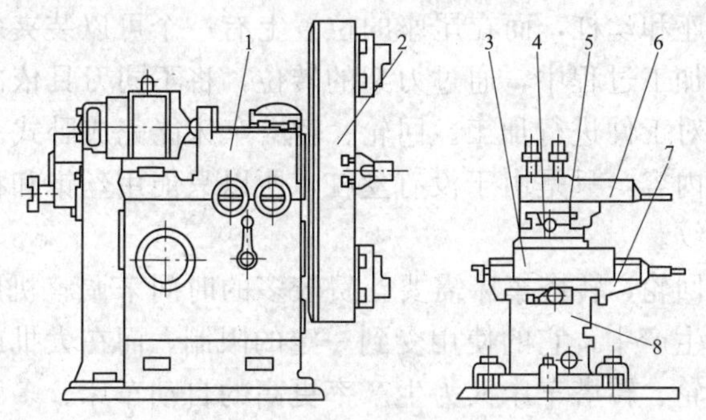

图 2-31　落地车床外形

1—主轴箱；2—花盘；3、5、6、7—刀架；4—转盘；8—刀架滑座

三、回轮、转塔车床

回轮、转塔车床是为了适应成批生产提高生产率的要求，在卧式车床的基础上发展起来的。适于加工形状比较复杂，特别是带有内孔和内、外螺纹的工件。如各种台阶小轴、套筒、油管接头、连接盘和齿轮坯等，回轮转塔车床上加工的典型零件如图 2-32 所示。上述零件通常需要使用多种车刀、孔加工和螺纹刀具，如用

卧式车床加工，必须多次装卸刀具，移动尾座，以及频繁的对刀、试切和测量尺寸等，生产效率很低。

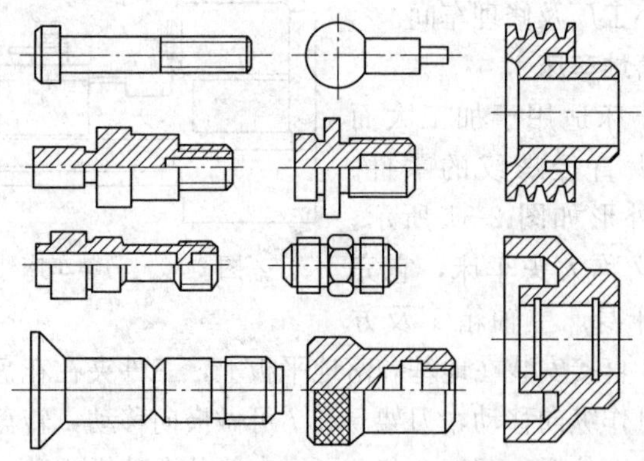

图 2-32　回轮转塔车床上加工的典型零件

回轮、转塔车床与卧式车床比较，结构上最主要的区别是，它没有尾座和丝杠，而在尾座的位置上有一个可以装夹多把刀具的刀架。加工过程中，通过刀架的转位，将不同刀具依次转到加工部位，对工件进行加工。回轮、转塔车床能完成卧式车床上的各种加工内容，只是由于没有丝杠，所以只能用丝锥和板牙加工内、外螺纹。

由于回轮、转塔车床需要花费较多的时间来调整机床，在单件或小批生产中，它的使用受到一定的限制。而在大批或大量生产中，回轮、转塔车床又为生产率更高的自动车床、多刀车床等所代替。

1. 转塔车床

转塔车床的外形如图 2-33 所示。主轴箱 1 和卧式车床的主轴箱相似。它具有一个可绕垂直轴线转位的六角形转塔刀架 3，在转塔刀架的六个位置上，各可装一把或一组刀具。转塔刀架通常只能作纵向进给运动，用于车削外圆、钻、扩、铰和车孔、攻螺纹和套螺纹等。横向刀架 2 主要用于车削大直径的外圆、成形面、端面、沟槽及切断等。转塔刀架和横向刀架各有一个溜板箱（5 和 6），用来分别控制它们的运动。转塔刀架后的定程装置 4，用来控制进给行程的终端位置，并使转塔刀架迅速返回原位。

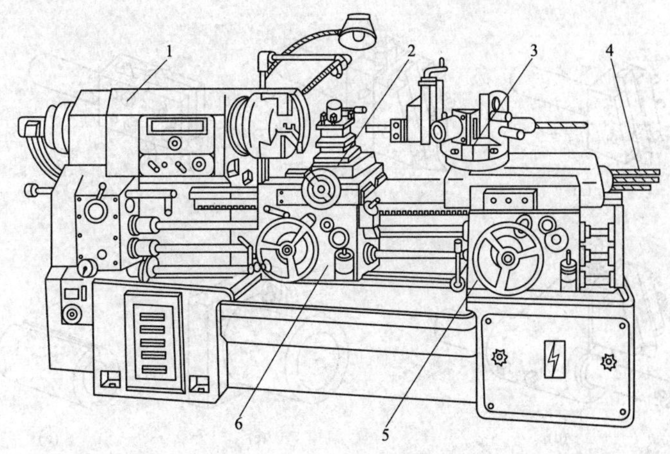

图 2-33 转塔车床外形图

1—主轴箱；2—横向刀架；3—六角形转塔刀架；4—定程装置；5、6—溜板箱

转塔车床刀架典型加工实例如图 2-34 所示，为了能够在刀架上安装各种刀具以及进行多刀切削，还需采用多种辅助工具，如图 2-35 所示。

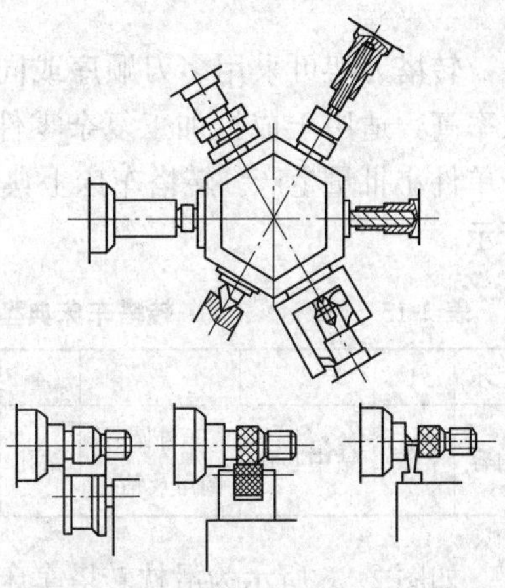

图 2-34 转塔车床刀架典型加工实例

如图 2-36 所示，在转塔车床上加工工件时，必须根据工件的工艺过程，预先把所用的全部刀具装在刀架上，每把（组）刀具只能用于完成某一特定工步，并根据加工尺寸调定好位置。同时，还需相应调定好定程装置的位置，以便控制每一刀具的行程终点位置。机床调整妥当后，只需接通刀架的进给运动，以及工作行程终了时将其退回，便可获得所要求的加工尺寸。在加工过程中，每完成一个工步，刀架转位一次，将下一组所需使用的刀具转到加工位置，

以进行下一工步加工。

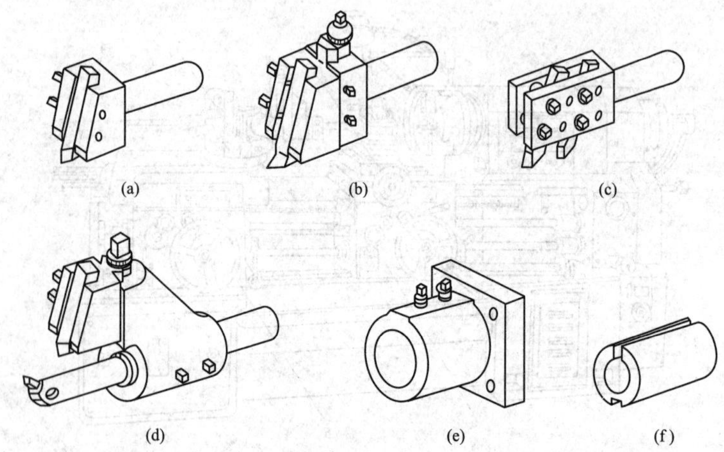

图 2-35 转塔车床的辅助工具

(a) 单刀刀杆；(b) 可调式单刀刀杆；(c) 多刀刀杆；(d) 复合刀杆；(e) 装刀座；(f) 夹紧套

转塔刀架可采用多刀顺序或同时对工件进行切削加工，生产效率高，适用于成批加工复杂零件。由于调刀费时长，因此不用于单件小批量生产。转塔车床上典型加工实例如图 2-36 和表 2-13 所示。

表 2-13 转塔车床典型加工工艺

工步	1	2	3	4	5	6	7	8	9
内容	挡料	钻中心孔	车外圆、倒角及钻孔	钻孔	铰孔	套螺纹	成形车削	滚花	切断

如图 2-36 所示为滑枕转塔车床加工实例，工件材料为圆棒料，加工过程共分 8 个工步：

(1) 送料至转塔刀架挡料杆，控制棒料伸出一定长度（棒料夹紧后，转塔刀架退回并转位）。

(2) 车外圆、钻中心孔（转塔刀架退回并转位）。

(3) 钻孔、倒角（转塔刀架退回并转位）。

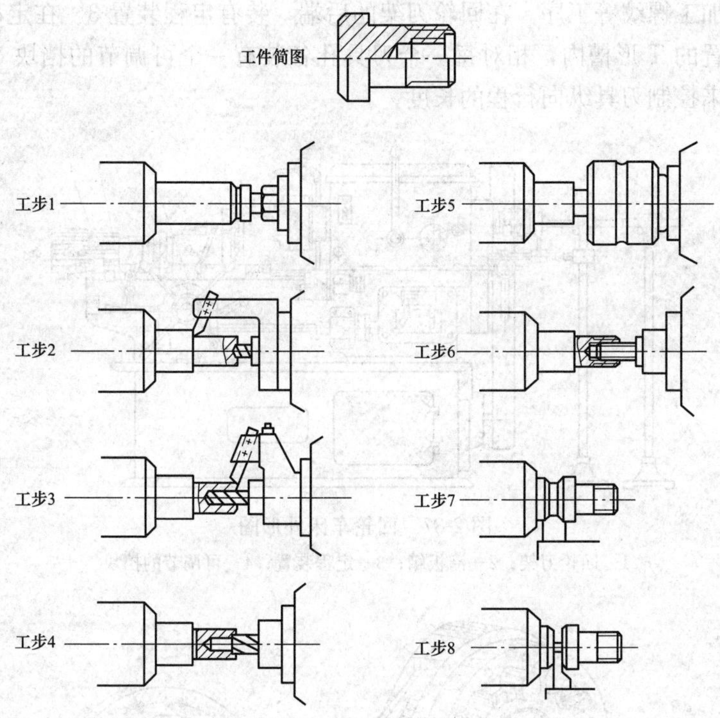

图 2-36 滑枕转塔车床加工实例

(4) 扩孔(转塔刀架退回并转位)。

(5) 套外螺纹(转塔刀架退回并转位)。

(6) 攻内螺纹(转塔刀架退回并转位)。

(7) 用前刀架上的车刀倒角(方刀架转位)。

(8) 用前刀架上的切断刀切断加工完的工件。

2. 回轮车床

回轮车床的外形如图 2-37 所示。它具有一个可绕水平轴线转位的圆盘形回轮刀架 1,其回转轴线与主轴轴线平行。回轮刀架上沿圆周均匀地分布着许多轴向孔(通常为 12～16 个),供装夹刀具之用,如图 2-38 所示。当装刀孔转到最高位置时,其轴线与主轴轴线在同一直线上。回轮刀架随纵向溜板和溜板箱 2 一起,可沿床身导轨作纵向进给运动,以进行车外圆、钻孔、扩孔、铰孔和加工螺纹等工序。在回轮刀架的后端，装有定程装置 3，在定程装置的 T 形槽内，相对每一个刀具孔各装有一个可调节的挡块 4，用来控制刀具纵向行程的长度。

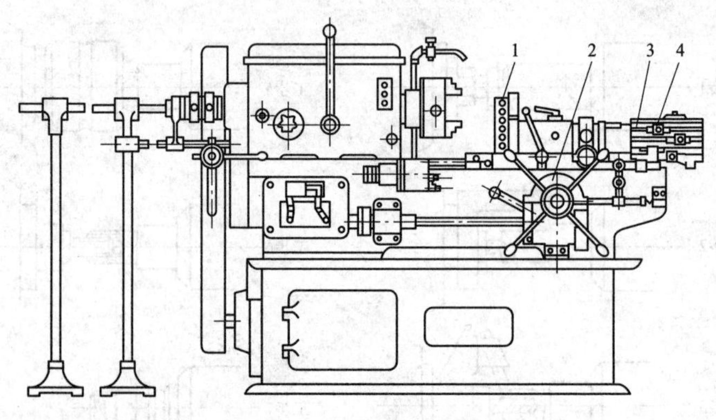

图 2-37　回轮车床外形图

1—回轮刀架；2—溜板箱；3—定程装置；4—可调节的挡块

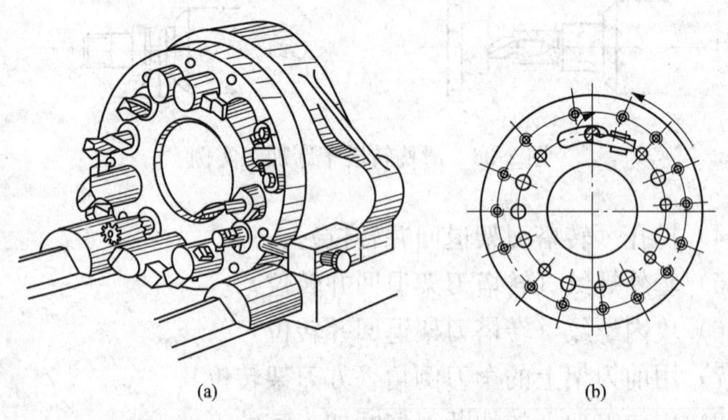

图 2-38　回轮车床刀架

(a) 回轮刀架；(b) 横向进给示意图

在回轮车床上没有前刀架，但回轮刀架可以绕其轴线缓慢旋转，实现横向进给运动，如图 2-38（b）所示，以进行车成形面、车槽和切断等工序。

这种车床加工工件时，除采用复合刀夹进行多刀切削外，还常常利用装在相邻刀孔中的几个单刀刀夹同时进行切削加工，如

图 2-39 所示。

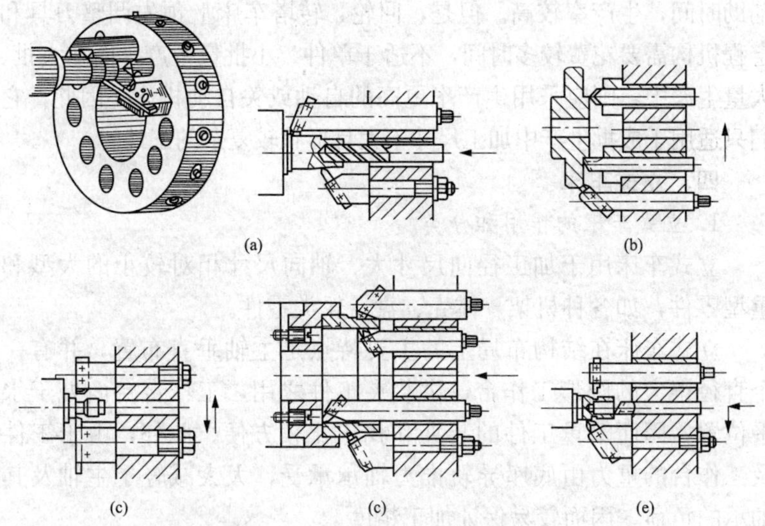

图 2-39　回轮刀架上刀具调整实例

(a) 车外圆和钻孔；(b) 车端面和倒角；(c) 车外沟槽和倒角；(d) 车外圆和内孔；(e) 车内孔、外沟槽和倒角

与卧式车床比较，在回轮、转塔车床上加工工件时，主要具有以下特点。

(1) 转塔或回轮刀架上可安装很多刀具，加工过程中不需要装卸刀具便能完成复杂的加工工序。利用刀架转位来转换刀具，迅速方便，缩短了辅助时间。

(2) 每把刀具只用于完成某一特定工步，但可进行合理调整，实现多刀同时切削，缩短了机动时间。

(3) 由预先调好的刀具位置来保证工件的加工尺寸，并利用可调整的定程机构控制刀具的行程长度，在加工过程中不需要对刀、试切和测量，进一步缩短了辅助时间。

(4) 通常采用各种快速夹头以替代普通卡盘，如棒料常用弹簧夹头装夹，铸、锻件常用气动或液压卡盘装夹；加工棒料时，还可采用专门的送料机构，送、夹料迅速方便。

由上可知，用回轮、转塔车床加工工件时，可缩短机动时间和辅助时间，生产率较高。但是，回轮、转塔车床上预先调整刀具和定程机构需要花费较多时间，不适于单件、小批量生产，而在大批、大量生产中，则应采用生产率更高的自动或关自动机床。因此，它们只适用于成批生产中加工尺寸不大且形状较复杂的工件。

四、立式车床

1. 立式车床的作用和分类

立式车床用于加工径向尺寸大、轴向尺寸相对较小的大型和重型零件，如各种机架、体壳、盘、轮类零件。

立式车床在结构布局上的主要特点是主轴垂直布置，并有一个直径很大的圆形工作台，供装夹工件之用，工作台台面处于水平位置，因而笨重工件的装夹和找正比较方便。此外，由于工件及工作台的重力由底座导轨推力轴承承受，大大减轻了主轴及其轴承的负荷，因而较易保证加工精度。

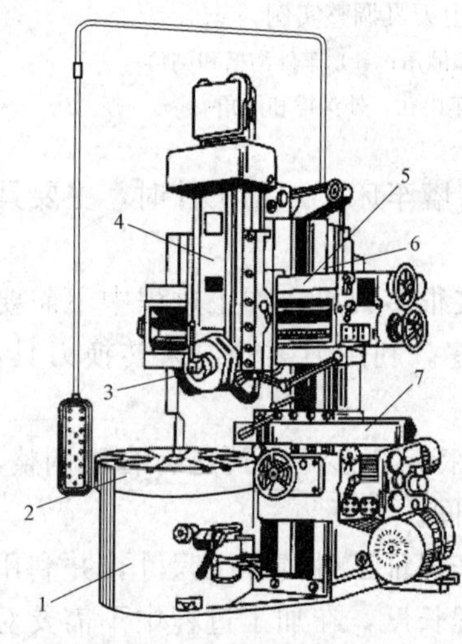

图 2-40　单柱式立式车床
1—底座；2—工作台；3—转塔刀架；4—垂直刀架；5—横梁；6—立柱；7—侧刀架

立式车床分单柱式（见图 2-40）和双柱式（见图 2-41）两种。单柱式立式车床加工直径较小，最大加工直径一般小于1600mm；双柱立式车床加工直径较大，最大的立式车床其加工直径超过 25 000mm。

立式车床的工作台 2 装在底座 1 上，工件装夹在工作台上并由工作台带动作主运动。进给运动由垂直刀架 4 和侧刀架 7 来实现。侧刀架 7 可在立柱 6 的导轨上移动作垂直进给，还可以沿刀架滑座的导轨作横向进给。垂直刀架 4 可在横梁 5 的导轨上移动作横向进给；此外，垂直刀架滑板还可沿其刀架滑座的导轨作垂直进给。中小型立式车床的一个垂直刀架上，通常带有五边形转塔刀架 3，刀架上可以装夹多组刀具。横梁 5 可根据工件的高度沿立柱导轨升降。

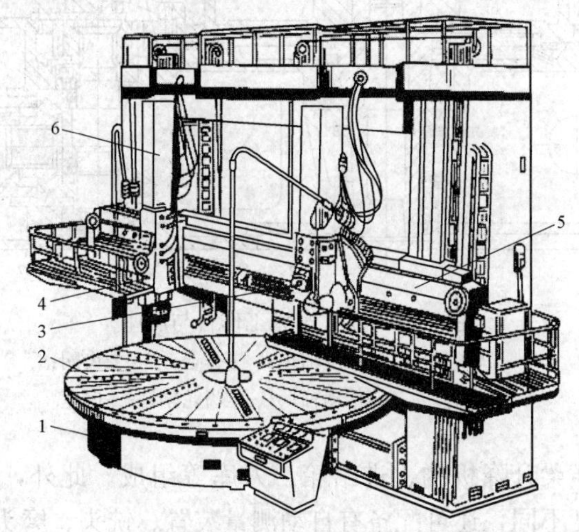

图 2-41 双柱式立式车床

1—底座；2—工作台；3—转塔刀架；4—垂直刀架；5—横梁；6—立柱

如图 2-42 所示是立式车床工作台与底座的结构。工作台 3 以其底面上的环形平导轨支承在底座 9 的导轨上，以承受工件和工作台的重力以及轴向切削力，并保证工作台的轴向旋转精度。与工作台固定连接的主轴 2，支承在上下两个双列短圆柱滚子轴承上，由它们保证工作台的径向旋转精度，并承受径向力和颠覆力矩。为了提高导轨的耐磨性，工作台导轨上装有塑料板 1，并且由油泵供给压力油进行循环润滑，工作台的顶面开有许多径向 T 型槽，用来安装压板螺钉以及卡爪座等，以夹持工件。工作台的底面装有大齿圈 4，来自变速箱的运动经轴 6、锥齿轮副 7、轴 8 以及齿轮 5 和大齿圈 4，直接传动工作台旋转。

2. 立式车床结构组成

(1) 单柱立式车床主要结构组成。单柱立式车床主要结构一般由以下几部分组成：工作台、床身、横梁、滑座、垂直刀架、

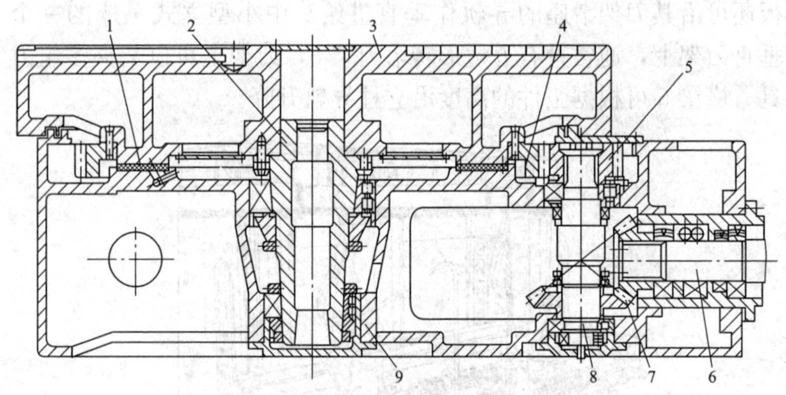

图 2-42　立式车床工作台与底座

1—导轨塑料板；2—主轴；3—工作台；4—大齿圈；
5—齿轮；6、8—传动轴；7—锥齿轮副；9—底座

变速箱、横梁升降机构、进给箱、刀库等组成。此外，根据机床的复杂程度不同，还可配备有自动测量装置、铣头、磨头等。

（2）C5112A 型单柱立式车床的结构特点。C5112A 型单柱立式车床的外形结构如图 2-43 所示。

1）工作台、床身、主轴变速箱结构特点。这三个部分的结构与这三个部分之间的连接方式有很大关系，并相互影响。

C5112A 型立车工作台主轴为短主轴结构。工作台以推力轴承支承于工作台底座上，向心轴承是 3182 型圆锥孔双列圆柱滚子轴承。工作台底座与床身的连接为前后拼合式，床身为非对称结构。右侧导轨前移，既作横梁移置导轨，又作侧面刀架导轨。主轴变速箱为四档十六级变速箱。主轴变速箱输出轴经一对弧齿锥齿轮副将运动传至一小齿轮，小齿轮带动紧固于工作台上的大齿圈，将运动与动力传至工作台。

2）横梁、滑座、垂直刀架、横梁升降机构结构特点。C5112A 型横梁沿立柱上下移动，其左侧较厚，与立柱相接触的滑动面为铸铁面。横梁前面是横梁滑座移动导轨面。导轨为矩形导轨，一般经过淬火处理，以提高耐磨性。

横梁滑座在横梁上作直线运动。摩擦副为淬硬铸铁与铜合金

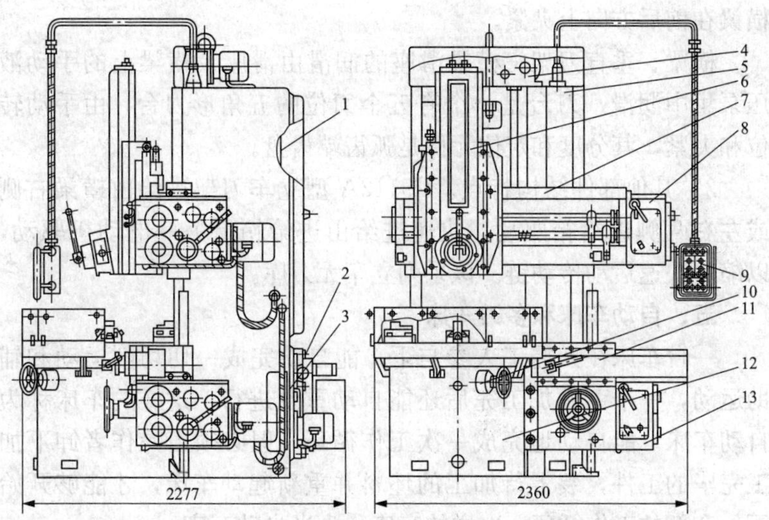

图 2-43　C5112A 型单柱立式车床外形结构图

1—电器安装；2—变速箱；3—液压控制装置；4—横梁升降机构；5—床身；6—垂直刀架；7—横梁；8、13—进给箱；9—按钮站；10—转阀；11—侧面刀架；12—工作台

的滑动摩擦。回转滑座通过螺钉紧固于横梁滑座上，必要时可松开螺钉绕中心轴转动一定角度（用于车削锥体）。

滑枕截面为 T 型，也可提供全包容四方截面滑枕。摩擦副也为淬硬钢与铜合金的滑动摩擦。

刀架的纵、横进给均由横梁右侧的十二级进给箱驱动。刀架的快速进给运动由进给箱上的快速电动机单独驱动。刀架驱动元件为滚珠丝杠。

横梁由单独的梯形螺纹丝杠拖动。横梁升降箱置于立柱上面。动力由交流电动机经蜗杆副传至丝杠。

横梁移置定位后，在前后左右方向上夹紧，首先左右夹紧，然后前后夹紧。横梁右侧后面有一个液压缸，液压缸驱动杠杆，杠杆另一端为不完全齿轮，不完全齿轮驱动带齿形的斜铁，将横梁在左右方向上夹紧。在横梁左侧后面也有一个液压缸，液压缸使压板上可变形部分变形，使之与立柱导轨紧固在一起，从而使横梁在前后方向上夹紧。

横梁、垂直刀架、横梁滑座的润滑由滑座及横梁上的手动液压泵集中润滑。刀台是一个有五个刀位的五角形刀台，由手动转位和夹紧，其分度和定位元件是弧齿端齿盘。

3）其他部件结构特点。C5112A 型立车刀架进给由横梁右侧或左右两侧进给箱驱动，快速进给由进给箱上另一电动机驱动，以缩短快速运动传动链。该系列立车无刀库。

五、自动车床和多刀车床

一台车床在无需工人参与下，能自动完成一切切削运动和辅助运动，一个工件加工完后还能自动重复进行，这样的车床称为自动车床。能自动地完成一次工作循环，但必须由操作者卸下加工完毕的工件，装上待加工的坯料并重新起动车床，才能够开始下一个新的工作循环，这样的车床称为半自动车床。

自动和半自动车床能减轻操作者的劳动强度，并能提高加工精度和劳动生产率。所以在汽车、拖拉机、轴承、标准件等制造行业的大批量生产中应用极为广泛。

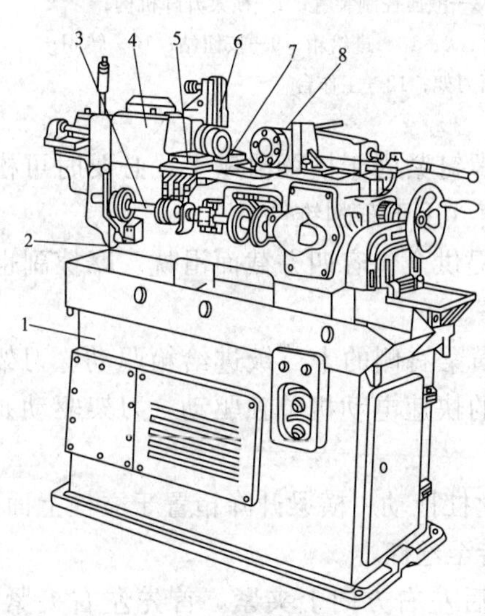

图 2-44　单轴转塔自动车床

1—底座；2—床身；3—分配轴；4—主轴箱；5—前刀架；6—上刀架；7—后刀架；8—转塔刀架

自动车床的分类方法很多。按主轴的数目不同可分为单轴和多轴的；按结构形式不同可分为立式和卧式的；按自动控制的方法不同可分为机械的、液压的、电气的和数字程序控制等。

1. 单轴转塔自动车床

图 2-44 所示的单轴转塔自动车床是应用很广泛的一种自动车床。自动循环是由凸轮控制的。床身 2

固定在底座1上。床身左上方固定有主轴箱4。在主轴箱的右侧分别装有前刀架5、后刀架7及上刀架6，它们可以作横向进给运动，用于车成形面、车槽和切断等。在床身的右上方装有可作纵向进给运动的转塔刀架8，在转塔刀架的圆柱面上，有六个装夹刀具和辅具（如送料定程挡块等）的孔，用于完成车外圆、钻孔、扩孔、铰孔、攻螺纹和套螺纹等工作，在床身的侧面装有分配轴3，其上装有凸轮及定时轮，用于控制机床各部件的协同动作，完成自动工循环。单轴转塔自动车床上加工的典型零件如图2-45所示。

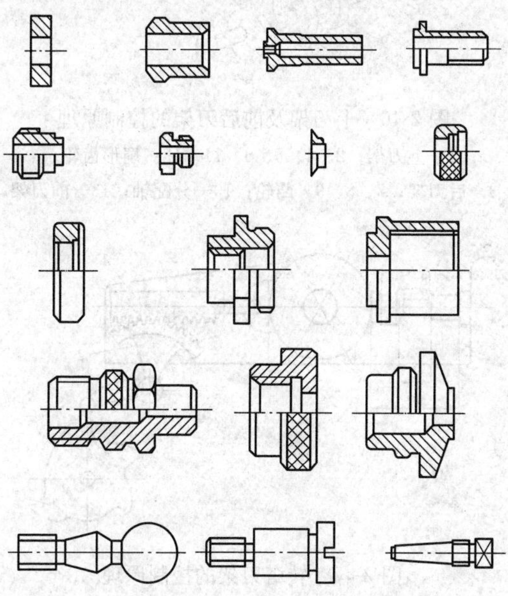

图2-45 在单轴转塔自动车床上加工的典型零件

单轴转塔自动车床上刀架及前后刀架的控制原理如图2-46所示。当分配轴10转动时，凸轮8经扇形齿轮12来控制前刀架13的进给和退刀运动；凸轮9经扇形齿轮11、4控制后刀架3的进给和退刀运动；凸轮7经扇形齿轮6、5、2控制上刀架1的进给和退刀运动。

单轴转塔自动车床转塔刀架的控制原理如图2-47所示。转塔刀架的进给和退刀运动由床身右侧的分配轴上的凸轮3带动扇形齿轮2和齿条1驱动。

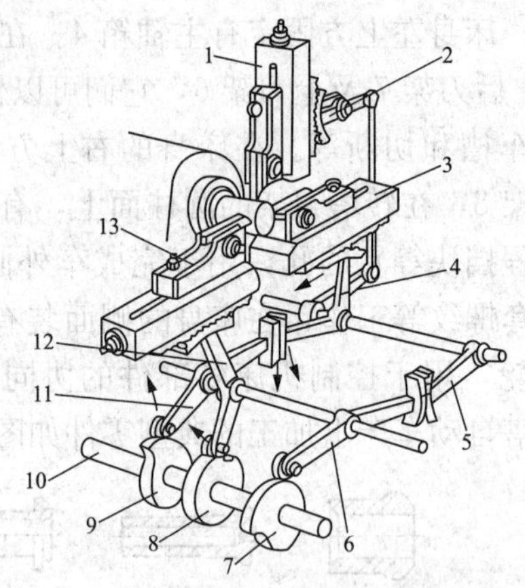

图 2-46　上刀架及前后刀架的控制原理

1—上刀架；2、4、5、6、11、12—扇形齿轮；3—后刀架；7、8、9—凸轮；10—分配轴；13—前刀架

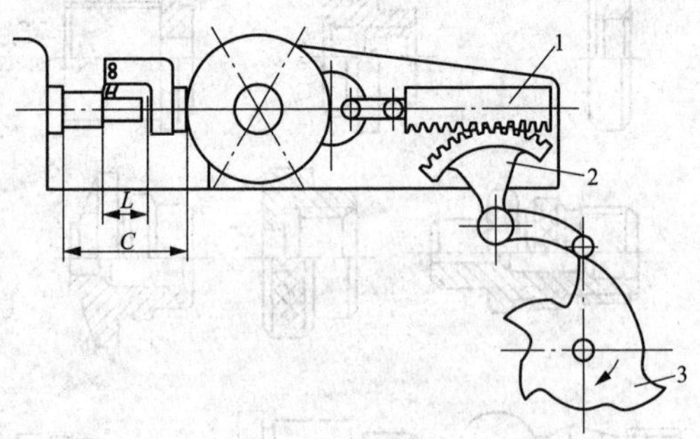

图 2-47　转塔刀架的控制原理

1—齿条；2—扇形齿轮；3—凸轮

单轴转塔自动车床各刀架的作用见表 2-14。

表 2-14　　单轴转塔自动车床各刀架的作用

刀架名称	功　用
转塔刀架	安装多组刀具和辅具，顺次投入工作，加工内外圆柱表面和螺纹
前刀架	加工成形表面和滚花
后刀架	切槽、切断
上刀架	切断

2. 单轴纵切自动车床

单轴纵切自动车床是切削加工轴类零件的自动车床。它的结构组成、工艺范围等可由 CM1107 型单轴纵切自动车床为例加以说明。

图 2-48 所示为 CM1107 型单轴纵切自动车床外形图，各部分的名称和作用见表 2-15 所述。

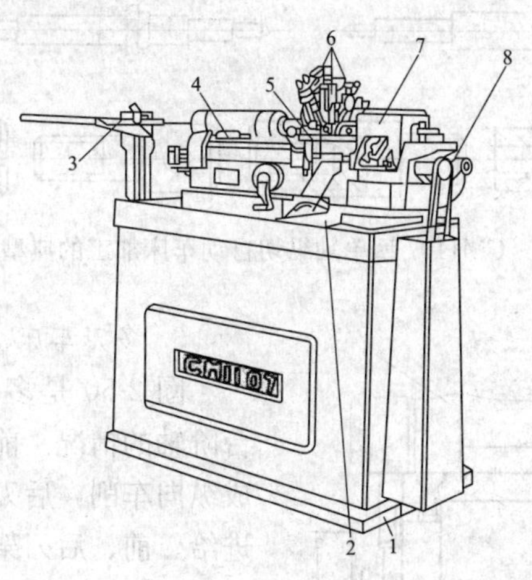

图 2-48 CM1107 型单轴纵切自动车床外形图

1—底座；2—床身；3—送料装置；4—主轴箱；5—平刀架；6—上刀架；7—三轴钻铰附件；8—分配轴

表 2-15 CM1107 型单轴纵切自动车床的主要部件及作用

名称	作 用
天平刀架	与主轴有一定偏心距的轴线摆动时，其刀具实现横向进给
上刀架	实现刀具的横向进给
主轴箱	提供主运动和进给运动
分配轴	旋转时通过轴上安装的凸轮和挡块进给运动和辅助运动的指令，控制工作部件的运动
送料装置	储存和输送棒料
三轴钻铰附件	对工件实现钻、铰、攻丝加工

CM1107型车床的工艺范围以各种钢或有色金属冷拔棒料为原材料，车削阶梯轴类零件，尤其适用于加工细而长的工件。主要加工圆柱面、圆锥面和成形表面。当采用附属装置时，可以扩大加工范围，进行钻孔、铰孔及螺纹加工等工作。常用于钟表、仪器及仪表制造行业中加工精密零件。图2-49为该车床加工的典型零件图。

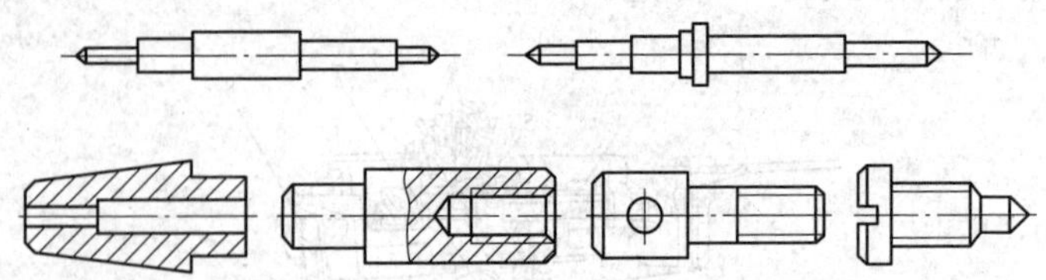

图2-49 CM1107型单轴纵切自动车床加工的典型零件图

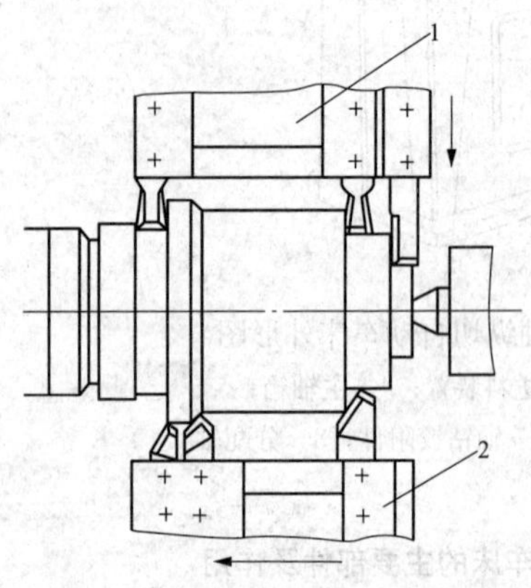

图2-50 在多刀车床上车削台阶轴
1—后刀架；2—前刀架

3. 多刀车床

图2-50是多刀车床上车削台阶轴的情况。前刀架2用于完成纵向车削，后刀架1只能横向进给。前、后刀架上都可以同时装几把车刀，在一次工作行程中对几个表面进行加工。因此，多刀车床具有较高的生产率，可用于成批大量生产台阶轴及盘、轮类零件。

六、铲齿车床

铲齿车床是一种专门化车床，用于铲削成形铣刀、齿轮滚刀、丝锥等刀具的后刀面（刀齿具背），使其获得所需的刀刃形状和具有一定后角。

铲齿车床的外形与卧式车床类似，如图2-51所示，它没有进给箱和光杠，刀架的纵向机动进给只能用丝杠传动，进给量大小由交换齿轮调整；刀架在垂直于、平行于、倾斜于主轴轴线方向作直线往复运动，完成径向、轴向和斜向的铲齿运动。铲齿运动由凸轮传动，凸轮转一转，刀架完成一次往复运动。凸轮与主轴之间由传动链联系，通过调整交换齿轮，可使它们保持一定的运动关系。

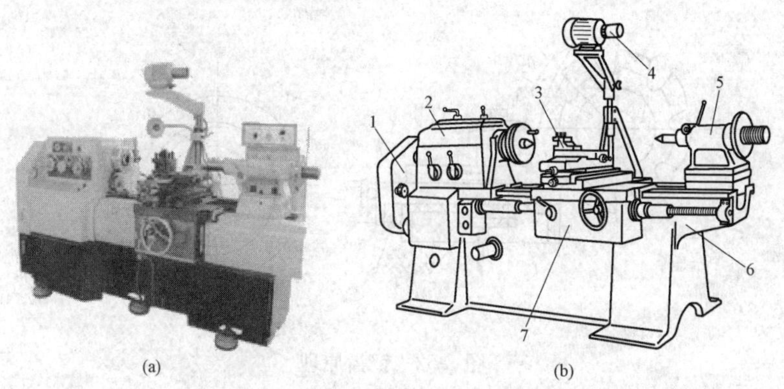

图 2-51　铲齿车床

(a) 外形图；(b) 结构图

1—交换齿轮机构；2—主轴箱；3—刀架；4—带轮；5—尾座；6—床身；7—溜板箱

铲削齿背时，工件（刀具毛坯）通过心轴装夹在机床的前后顶尖上，由主轴带动旋转；铲齿刀装在刀架上，由凸轮传动沿工件径向往复运动。

图 2-52 所示为一个刀齿开始铲削的情况，此时凸轮 2 的上升曲线推动从动销 1，使刀架带着铲刀向工件中心切入，从齿背上切下一层金属。当凸轮转过 α_1，工件相应地转过角度 β_1 时，铲刀铲至刀齿齿背延长线上的 E 点，一个刀齿齿背铲削完毕。接着从动销与凸轮的下降曲线接触，刀架在弹簧 3 的作用下带着铲刀迅速后退。当凸轮转过角度 α_2，工件转过角度 β_2 时，铲刀退至起始位置。此时下一刀齿的前刀面转至水平位置，铲刀又开始切入，重复上述过程。由上述可知，工件每转过一个刀齿，凸轮转一转，铲刀往复运动一次。若工件有 z 个刀齿，则工件每转一转，凸轮应转 z 转。铲削时铲刀径向切入工件的深度为 h，其大小等于凸轮曲线的升程。铲削后所得的齿背形状，决定于凸轮工作曲线（即上升曲线）的形状。常用的凸轮工作曲线是阿基米德螺旋线。由

于齿背的加工余量大且不均匀，需分几次在工件转几转中逐渐切除，如图 2-52（a）右上角附图所示。因此，工件每转一转后，铲刀应周期地切入一定深度，直至达到所需形状和尺寸为止。

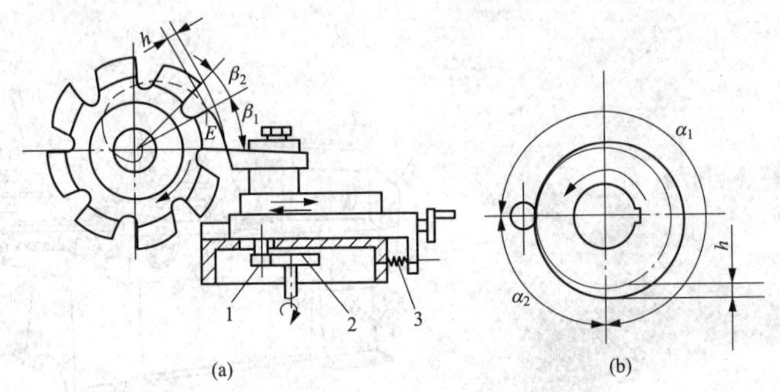

图 2-52　铲齿原理

（a）铲齿运动；（b）凸轮形状

1—从动销；2—凸轮；3—弹簧

工件的形状和结构不同，铲削方法和所需的成形运动也不相同。例如，铲削盘形铣刀等薄工件时，多使用成形铲刀以径向铲削方式进行加工，此时只需一个复合成形运动，即工件的旋转运动 v 和铲刀的径向往复运动 f_1，其传动原理如图 2-53（a）所示。调整联系电动机和工件的主运动传动链中的换置机构 u_v，可使工件获得所需转速。调整联系工件的分度传动链中的换置机构 u_x，可使工件和铲刀保持确定的运动关系，即工件转一转，铲刀往复运动 z 次或凸轮转 z 转（z 为工件的齿数）。

铲削直槽滚刀、直槽丝锥等长工件时，由于刀齿排列在螺旋线上，因此，除工件旋转和铲刀往复运动外，铲刀还需作纵向进给运动 f_2，如图 2-53（b）所示。这后一个运动也应与工件的旋转运动保持确定的运动关系，即工件每转一转，铲刀纵向移动工件螺纹的一个导程 L，调整联系工件与丝杠的传动链中的换置机构 u_y，可达到上述要求。

在铲齿车床的刀架上还可以装上铲磨装置，以高速旋转的砂轮代替铲刀对淬硬工件进行铲磨，如图 2-54 所示。铲磨时砂轮一

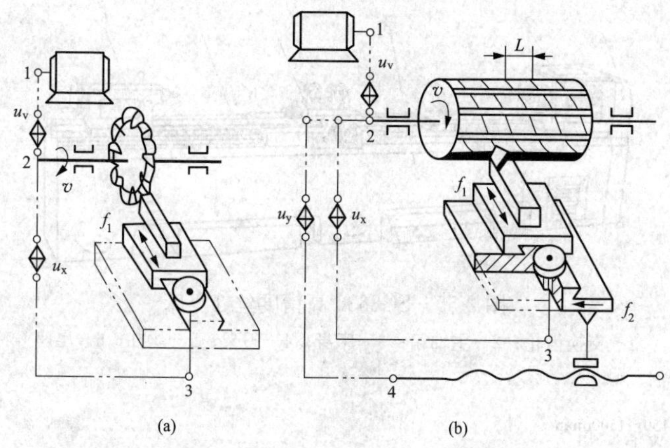

图 2-53 铲削薄工件和直槽形长工件的传动原理

(a) 铲削盘形铣刀；(b) 铲削直槽滚刀

般由装在刀架上的旋转装置驱动旋转如图 2-51 所示的电动机和带轮 4，其余运动与铲削时相同。

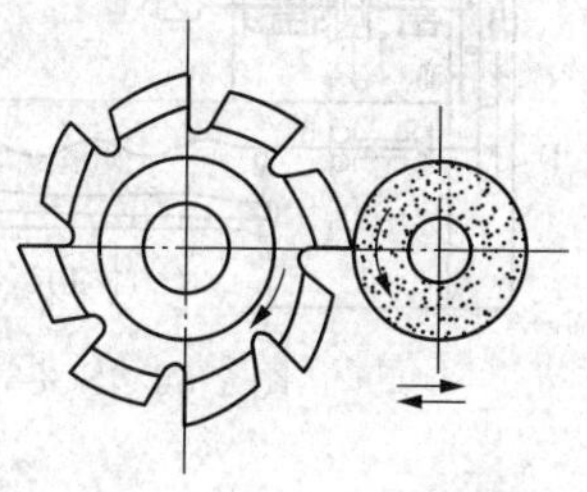

图 2-54 铲磨齿背示意图

七、高精度丝杠车床

高精度丝杠车床用于非淬硬精密丝杠的精加工，所加工的螺纹精度可达 6 级或更高，表面粗糙度可达 R_a0.32～0.63μm。这种机床的总体布局与卧式车床相似，如图 2-55 所示。但它有进给箱和溜板箱，联系主轴和刀架的螺纹进给传动链的传动比由交换齿轮保证，刀架由装在床身前后导轨之间的丝杠经螺母传动。

高精度丝杠车床除尽量缩短传动链（例如 SG8630 型高精度丝杠车床的螺纹进给传动链中只有两对交换齿轮，如图 2-56 所示），提高传动件特别是丝杠和螺母的制造精度，以提高螺纹进给传动链的传动精度外，通常还需采用螺距校正装置。这是因为高精度丝杠车床上加工的螺纹精度要求很高，相应地对机床传动精度的要求也非常高，单纯靠提高丝杠和其他传动件的制造精度来达到这样的要求相当困难，而且也不经济；再者，在机床使用过程中，

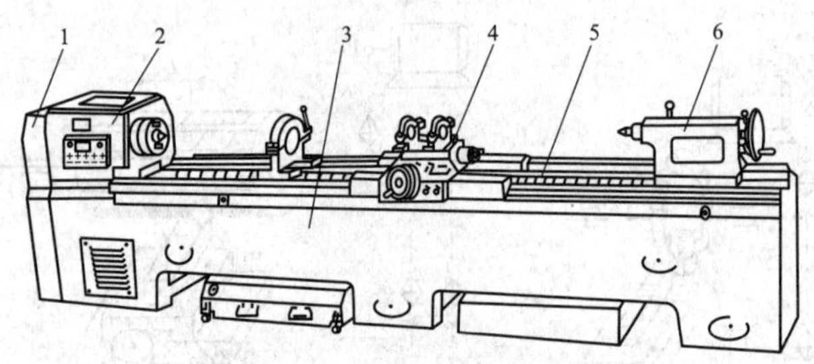

图 2-55　SG8630 高精度丝杠车床

1—交换齿轮；2—主轴箱；3—床身；4—刀架；5—丝杠；6—尾座

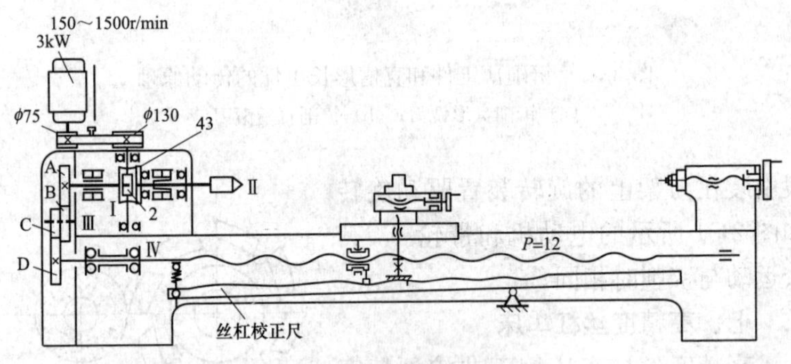

图 2-56　SG8630 高精度丝杠车床传动系统图

传动机构不可避免地要产生磨损和变形，加上工作环境的不稳定，要保持精度的持久性和稳定性也是困难的。如果采用按误差正负变化作反向补偿的误差校正装置——螺距校正装置，则可使机床大部分传动件按经济加工精度制造的条件下，有效地提高传动精度，并保持良好的精度稳定性。

螺距校正装置工作原理如图 2-57 所示，校正尺 1 固定在床身上。校正尺工作面的曲线形状，是根据丝杠 6 各处的实际误差按比例放大后制成的，即尺面各曲线的凹凸量与丝杠相应位置上的螺距误差值相对应。螺母 5 装在刀架的床鞍上，相对于床鞍轴向固定，而周向可自由摆动。弹簧 4 力图使螺母 5 顺时针摆动，经齿轮副 z2 与以及杠杆 3，使推杆 2 始终抵紧在校正尺尺面上。当丝杠经螺母带动床鞍纵向移动时，推杆的前端沿尺面滑动。根据校正尺尺面凹凸变化情况，推杆传动螺母 5 作相应的周向摆动，使床鞍得到附加的纵向位移，此附加位移刚好补偿丝杠的螺距误差，从而使刀架与主轴能保持准确的运动关系。

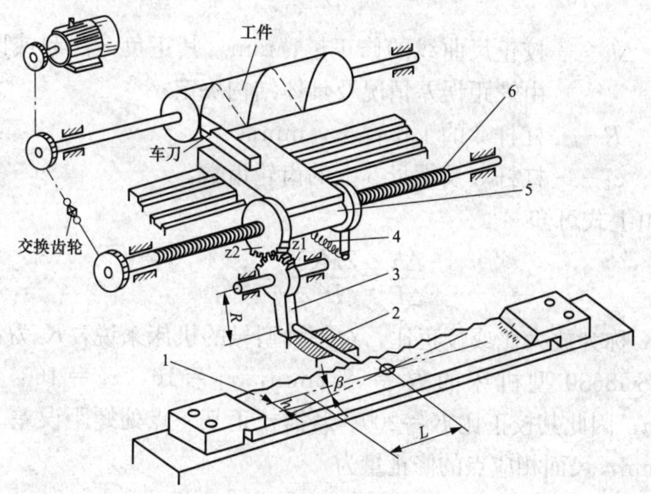

图 2-57 螺距校正装置工作原理

1—校正尺；2—推杆；3—杠杆；4—弹簧；5—螺母；6—传动丝杠

若丝杠有螺距误差 ΔP，需用螺母正反转动一角度 $\Delta\theta$ 进行补偿，则 $\Delta\theta$ 与床鞍附加位移量 Δf（应等于螺距误差 ΔP）有如下关系

$$\Delta f=\Delta P=\frac{\Delta\theta}{2\pi}P$$

$$\Delta\theta=2\pi\frac{\Delta f}{P}=2\pi\frac{\Delta P}{P}$$

式中 Δf——床鞍的附加位移量，mm；

$\Delta\theta$——床鞍附加转动量，rad；

P——丝杠螺距，mm；

ΔP——螺距误差，mm。

由图 2-57 所示可知，若要使螺母 5 转过 $\Delta\theta$，推杆 2 需有位移 Δh

$$\Delta h = R\Delta\theta \frac{z_2}{z_1}$$

将 $\Delta\theta$ 代入上式，经整理可得

$$\Delta h = \frac{2\pi R}{P}\frac{z_2}{z_1}\Delta P$$

式中　Δh——校正尺曲线的修正量，mm。其正负（凸起或凹下）由螺距误差情况及具体结构决定；

R——杠杆 3 的工作臂长，mm；

z_1、z_2——杠杆 3 及螺母 5 上的齿轮齿数。

由上式可知

$$\frac{\Delta h}{\Delta P} = \frac{2\pi R}{P}\frac{z_2}{z_1} = K$$

K 称为放大比或校正比，对一种型号的机床来说，K 为常数。例如 SG8630 型机床的 $R = 38.2$mm，$z_1 = 16$，$z_2 = 160$，$P = 12$mm，因此其校正比 $K = 200$。若需校正某一点处螺距误差 $\Delta P = 0.01$mm，尺面相应点的修正量为

$$\Delta h = K\Delta P = 200 \times 0.01 = 2\text{mm}$$

螺距校正装置还能校正因机床丝杠本身的误差和工件在加工过程中因热变形等因素所产生的积累误差。校正积累误差的方法是将校正尺相对丝杠轴线偏转一定角度 β，如图 2-57 所示，结果在距离校正尺偏转中心 L（单位为 mm）处，校正尺面产生位移量 $h = L\tan\beta$，从而使床鞍产生附加位移量 f

$$\Delta f = \frac{h}{2\pi R}\frac{z_1}{z_2}P$$

附加位移量应等于丝杠在长度 L 内的积累误差。实际应用时，由于值不易测量准确，而 h 值可很容易由千分表测量。所以，通常用来准确地校正尺的偏转位置。

第三章

铣　　床

第一节　铣床概述

一、铣床主要部分的名称和用途

1. 铣床的分类与技术参数

(1) 铣床的分类。铣床的类型很多，根据构造特点及用途分类，铣床主要类型有：升降台式铣床、工具铣床、工作台不升降铣床、悬臂及滑枕铣床、龙门铣床、仿形铣床；此外，还有仪表铣床、专用铣床（包括键槽铣床、曲轴铣床、转子槽铣床）等。铣床的分类见附录A。

铣床（包括万能型）在机械加工设备中占有很大的比重，它也是最早应用数控技术的普通机床之一。随着数控技术、计算机程控技术的应用和发展，结构上的不断改进，使铣床功能得到了很大的提高和扩展，现已逐步开发出数显铣床、数控万能铣床和数控铣削加工中心等先进铣床。

(2) 铣床主要技术参数。以X6132型卧式万能铣床为例，其主要技术参数如下。

工作台工作面积（宽×长）：320mm×1250mm。

工作台最大行程：

纵向（行动/机动）：700mm×680mm。

横向（行动/机动）：260mm×240mm。

垂向（升降）（手动/机动）：320mm×300mm。

工作台最大回转角度：±45°。

主轴锥孔锥度：7∶24。

主轴中心线至工作台面间距离：

最大：350mm。

最小：30mm。

主轴中心线横梁的距离：155mm。

床身垂直导轨至工作台中心的距离：

最大：470mm。

最小：215mm。

主轴转速（18 级）：30～1500r/min。

工作台纵向、横向进给量（18 级）：23.5～1180mm/min。

工作台垂向进给量（18 级）：8～400mm/min。

工作台纵向、横向快速移动速度：2300mm/min。

工作台垂向快速移动速度：770mm/min。

主轴电动机功率×转速：7.5kW×1450r/min。

进给电动机功率×转速：1.5kW×1410r/min。

最大载重量：500kg。

机床的工作精度：

加工表面平面度：100/0.02；

加工表面平行度：100/0.02；

加工表面垂直度：100/0.02；

加工表面的表面粗糙度 Ra：2.5μm。

2. 铣床主要部分的名称和用途

（1）铣床主要组成结构。卧式升降台铣床主要结构如图 3-1 所示。床身 2 固定在底座 1 上，用于安装与支承机床各部件。在床身内部，装有主轴部件、主传动装置及其变速操纵机构等。床身顶部的导轨上装有悬梁 3，可沿水平方向调整其前后位置，悬梁上的刀杆支架 5 用于支承刀杆的悬伸端，以提高刀杆刚性。升降台 8 安装在床身前侧面的垂向导轨上，可作上下垂向移动。升降台内装有进给运动和快速移动传动装置，以及操纵机构等。升降台的水平导轨上装有床鞍 7，可沿平行于主轴 4 的轴线方向作横向移动。工作台 6 装在床鞍 7 的导轨上，可沿垂直于主轴轴线方向作纵向移动。固定在工作台上的工件，通过工作台、床鞍及升降台，可以

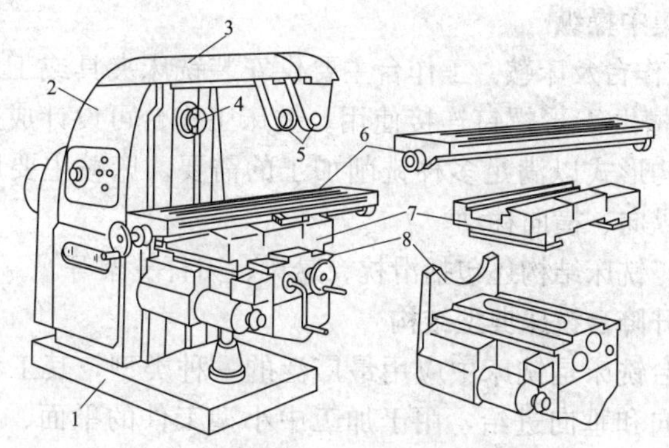

图 3-1 卧式升降台铣床主要结构

1—底座；2—床身；3—悬梁；4—主轴；
5—刀杆支架；6—工作台；7—床鞍；8—升降台

在相互垂直的三个方向实现任一方向的调整或进给运动。

(2) 铣床主要部分的名称和用途。铣床主要组成部分的名称和用途如下。

1) 主传动部分。铣床主传动部分由主传动变速箱及主轴部分组成。主传动变速箱，主要通过滑移齿轮的变速使主轴获得多级转速，以满足不同铣削加工要求。

卧式铣床（如 X6132A）主轴采用了两点支承（与 XA6132、X62W 的三点支承不同），前支承由一个调心滚子轴承组成，后支承由两个角接触球轴承支承。

2) 铣床进给变速部分。由进给变速箱与变速操纵机构组成，各自由独立的电动机驱动。工作进给和快速进给分别由不同的电磁离合器控制，运动经过变速箱变速后，可以得到不同的进给量。工作进给时，由滚珠式安全离合器实现过载保护，变速操纵也采用孔盘集中变速。孔盘的轴向移动一般由一套螺旋差动机构实现。

3) 升降台部分。升降台铣床的升降台与铣床床身以燕尾形导轨、压板结构相互连接，提高了导轨的刚性，便于维修。在升降台内部，装有能完成升降台上、下移动，床鞍横向进给及工作台纵向进给的传动机构，各方向的进给运动由一套鼓轮机构及台面操纵机构集中操纵。

4）工作台及床鞍。工作台主要供安装铣床夹具或工件用，上面有T形槽供T形螺钉连接使用。铣床工作台可设计成回转、旋转多种结构形式以满足多种铣削加工的需要。床鞍主要用来带动工作台作纵向、横向移动。

此外，铣床结构还包括滑枕、悬梁、刀杆支架等。

二、升降台铣床典型结构

升降台铣床是铣床中应用最广泛的一种类型，其工作台可作纵向、横向和垂向进给，用于加工中小型工件的平面、沟槽、螺旋面或成形面等。升降台铣床主要分为立式、卧式和万能式三种。铣削时，工件装夹在工作台上或分度头上作纵向、横向进给运动及分度运动，铣刀作旋转切削运动。

图3-2为万能升降台铣床。

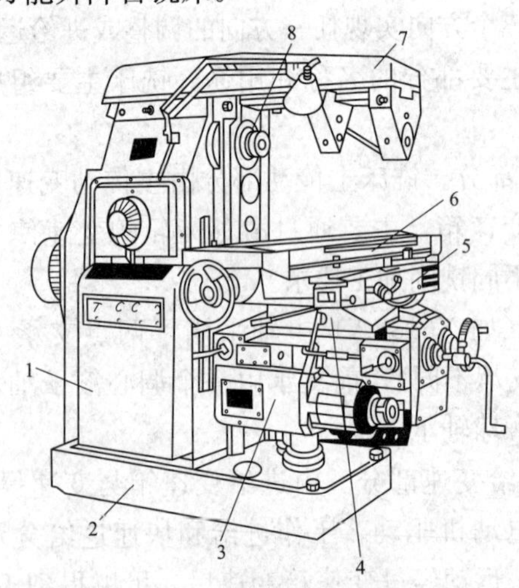

图3-2　万能升降台铣床

1—床身；2—底座；3—升降台；4—床鞍；
5—下工作台；6—上工作台；7—悬梁；8—主轴

1. 卧式万能升降台铣床主要结构

如图3-3所示，这种铣床结构与卧式升降台铣床基本相同，其区别仅是在工作台6和床鞍7下增加一回转盘8。回转盘可绕垂直

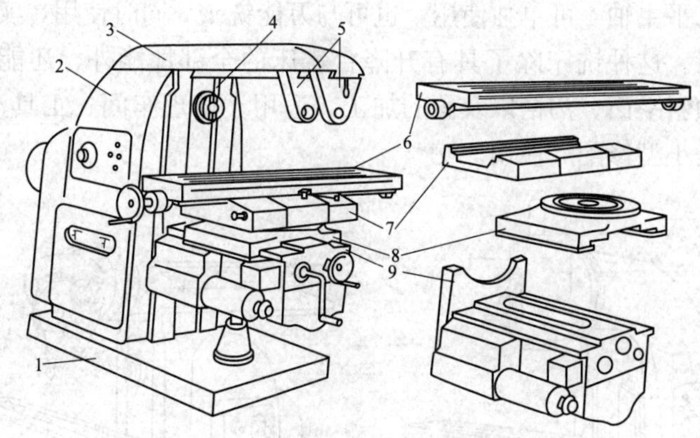

图 3-3 卧式万能升降台铣床主要结构

1—底座；2—床身；3—悬梁；4—主轴；5—刀杆支架；
6—工作台；7—床鞍；8—回转盘；9—升降台

轴在±45°范围内调整一定角度，使工作台能沿该方向进给，因此，这种铣床除了能够完成卧式升降台铣床的各种铣削加工外，还能够铣削螺旋槽。

2. 立式升降台铣床主要结构

立式升降台铣床主要结构如图 3-4 所示，这类铣床与卧式升降台铣床的主要区别是主轴垂直安装，可用各种面铣刀或立铣刀加工平面、斜面、沟槽、台阶、齿轮、凸轮，以及封闭轮廓表面等。工作台 3、床鞍 4、升降台 5 的结构与卧式升降台铣床相同。立铣头 1 可根据加工要求在垂直平面内调整角度，主轴 2 可沿轴线方向进行调整或作进给运动。

3. 万能回转头铣床主要结构

如图 3-5 所示为万能回转头铣床主要结构。万能回转头铣床是在万能升降台铣床基础上发展形成的一种广泛使用的万能铣床，其结构形式很多，从图中可以看出，床身 7、升降台 6、工作台 5 等部分的结构与万能升降台铣床完全相同，仅在床身顶部悬梁的位置安装有滑座 2，滑座前端安装有万能铣头 3，可在相互垂直的两个平面内各调整一定的角度。万能铣头由单独的电动机 1 驱动，并经安装在滑座 2 内部的变速装置传动。滑座 2 可沿横向调整位置。水平主轴4可单独使用，也可与万能铣头3同时使用，实现多刀加工。这种铣床除了具有升降台铣床的全部性能外，还能完成各种倾斜平面、沟槽以及孔的加工，适用于修理车间、工具车间，尤其是小型修配厂使用。

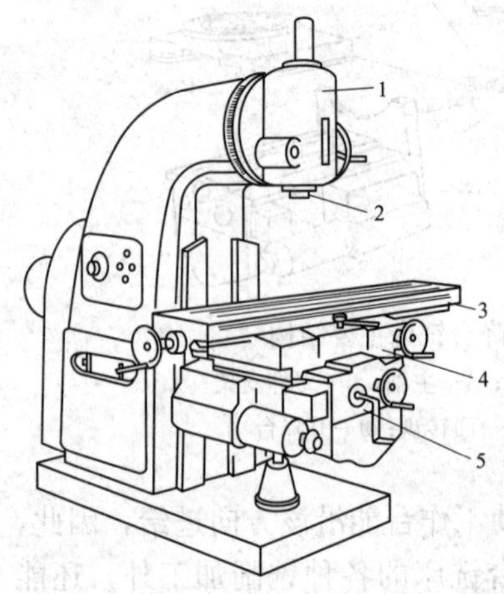

图3-4　立式升降台铣床主要结构

1—立铣头；2—主轴；3—工作台；4—床鞍；5—升降台

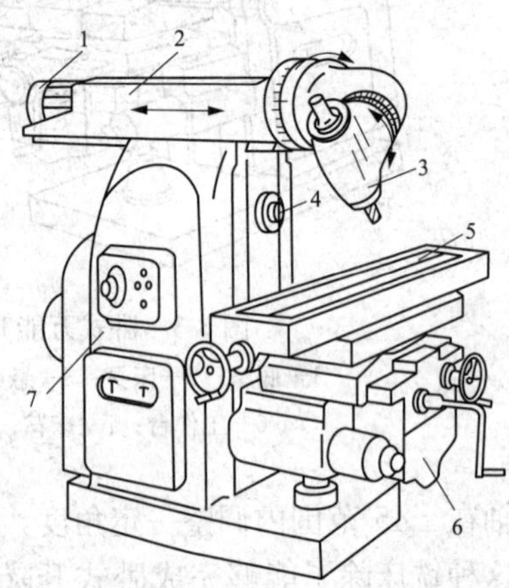

图3-5　万能回转头铣床主要结构

1—电动机；2—滑座；3—万能铣头；4—主轴；5—工作台；6—升降台；7—床身

三、铣床的型号与性能参数

1. 铣床标准参数

铣床各项性能参数参照铣床标准参数确定，供铣床使用时选择。

（1）升降台铣床参数，见表3-1。

表3-1　　升降台铣床参数（JB/T 2800.1—2006）

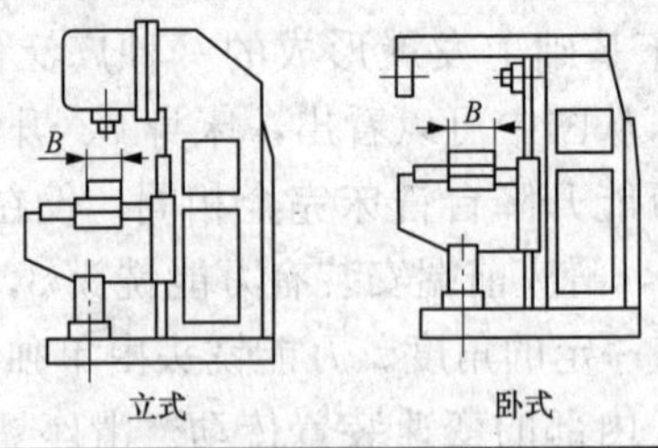

续表

<table>
<tr><td colspan="2">工作台面宽度 B/mm</td><td>200</td><td>250</td><td>320</td><td>400</td><td colspan="2">500</td></tr>
<tr><td colspan="2">工作台面长度/mm</td><td>900</td><td>1100</td><td>1320</td><td>1700</td><td colspan="2">2000</td></tr>
<tr><td rowspan="3">工作台行程
/mm</td><td>纵向</td><td>500</td><td>630</td><td>800</td><td>1000</td><td colspan="2">1250</td></tr>
<tr><td>横向</td><td>190</td><td>236</td><td>300</td><td>375</td><td colspan="2">450</td></tr>
<tr><td>垂向</td><td>340</td><td>375</td><td>400</td><td>450</td><td colspan="2">475</td></tr>
<tr><td colspan="2">卧铣主轴轴线至工作台面最小距离/mm</td><td colspan="2">20</td><td colspan="4">30</td></tr>
<tr><td colspan="2">立铣主轴端面至工作台面最小距离/mm</td><td colspan="2">40</td><td colspan="2">60</td><td colspan="2">80</td></tr>
<tr><td colspan="2">工作台面 T 形槽宽度
(GB/T 158—1996)/mm</td><td colspan="2">14</td><td colspan="2">18</td><td>18</td><td>22</td></tr>
<tr><td colspan="2">7∶24 主轴锥号 (GB/T 3837—2001)</td><td colspan="2">(30)、40</td><td colspan="4">(40)、50</td></tr>
</table>

注 1. 工作台面宽度 B 是指工作台面等高部分的宽度。

2. 括号内的锥度号尽量不用。

(2) 万能工具铣床参数，见表 3-2。

表 3-2 万能工具铣床参数 (JB/T 2875.1—2006)

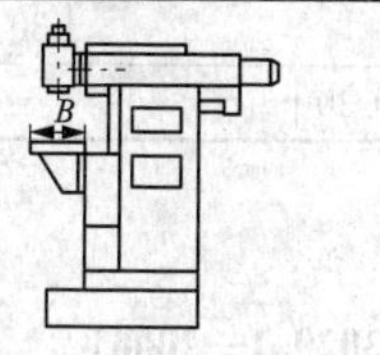

形式Ⅰ(带水平工作台)

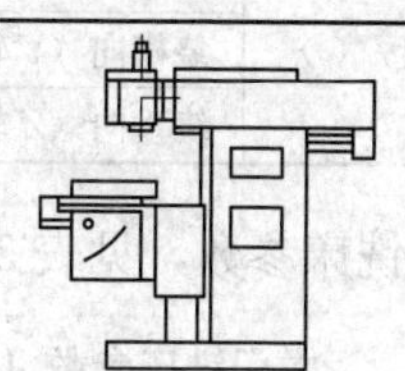

形式Ⅱ(带万能工作台)

<table>
<tr><td colspan="2">水平工作台面宽度/mm</td><td>200</td><td>250</td><td>320</td><td>400</td><td>500</td><td>630</td></tr>
<tr><td>水平工作台面尺寸/mm</td><td>工作台面长度</td><td>650</td><td>700</td><td>750</td><td>800</td><td>900</td><td>1000</td></tr>
<tr><td rowspan="3">垂直工作台面尺寸/mm</td><td>工作台面宽度</td><td>200</td><td>220</td><td colspan="2">250</td><td>400</td><td>450</td></tr>
<tr><td rowspan="2">工作台面长度</td><td>650</td><td>750</td><td>850</td><td>1000</td><td>—</td><td>—</td></tr>
<tr><td>—</td><td>—</td><td>—</td><td>400</td><td>450</td><td>500</td></tr>
<tr><td rowspan="4">机床行程/mm</td><td>工作台纵向</td><td>320</td><td>350</td><td>400</td><td>500</td><td>600</td><td>700</td></tr>
<tr><td>水平主轴横向</td><td>200</td><td>250</td><td>300</td><td>350</td><td>400</td><td>450</td></tr>
<tr><td>工作台垂直</td><td>350</td><td colspan="3">400</td><td colspan="2">450</td></tr>
<tr><td>垂直主轴套筒</td><td>50</td><td colspan="3">60</td><td colspan="2">100</td></tr>
<tr><td colspan="2">水平主轴线到水平工作台面最小距离/mm</td><td colspan="4">40</td><td colspan="2">100</td></tr>
<tr><td colspan="2">工作台 T 形槽宽度/mm (GB/T 158—1996)</td><td>12</td><td colspan="3">14</td><td colspan="2">18</td></tr>
<tr><td colspan="2">主轴锥孔号 (GB/T 3837—2001)</td><td>30</td><td colspan="5">40</td></tr>
</table>

续表

项目							
立铣头回转角度/(°)		±45					
主轴转速范围/(r·min^{-1})		50～2500				40～2000	
主轴转速级数		12或无级		18或无级			
进给速度/(mm·min^{-1})	纵、横向	10～500					
	垂向	10～500				5～250	
	纵、横向快速	1000～2000				1500～3000	
	垂向快速	1000～2000				750～1500	
进给速度级数		18或无级					
电动机功率/kW	主电动机	1.5	2.2	3	3(4)	4	5.5
	进给电动机	0.75	1.1	1.5	2.2		3
水平工作台最大承重/kg		100	150	250	300	400	500
万能台尺寸/mm	万能台面宽度	250	300	340	400	500	630
	万能台面长度	500	630	680	700	900	1000
万能工作台横向行程/mm		—				200	225
万能台回转角度/(°)	绕纵向(*X*轴)	±30					
	绕横向(*Y*轴)	±30					
	绕垂向(*Z*轴)	±30	±360				

(3)龙门铣床参数,见表3-3。

表3-3　龙门铣床参数(JB/T 3029.1—2006)

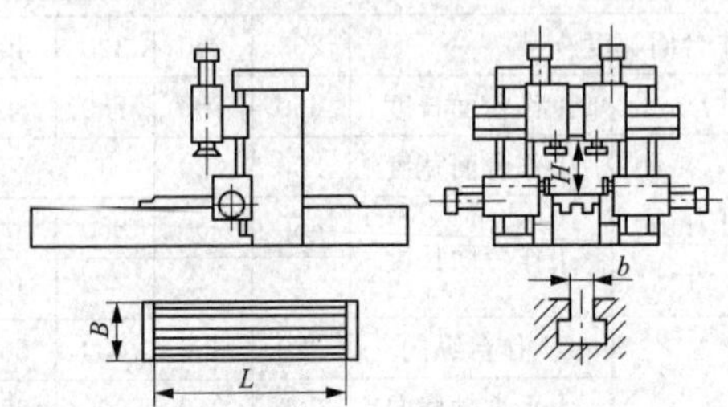

项目							
工作台面宽度 *B*/mm	1000	1250	1500	1750	2000	2250	2500
工作台面长度 *L*/mm	3000	4000	4500	5000	6000	7000	8000
垂直主轴端面至工作台面最大距离 *H*/mm	1000	1250	1500	1750	2000	2250	2500
工作台面T形槽宽度 *b*/mm(GB/T 158—1996)	28		28、36				
7∶24主轴锥度号(GB/T 3837—2001)	50		50、60				

续表

工作台面宽度 B/mm	2750	3000	3250	3500	4000	4500	5000
工作台面长度 L/mm	8500	9000	10 000	11 000	12 500	14 000	16 000
垂直主轴端面至工作台面最大距离 H/mm	2750	3000	3250	3500	4000	4500	5000
工作台面 T 形槽宽度 b/mm(GB/T 158—1996)	28、36		36、42				
7∶24 主轴锥度号（GB/T 3837—2001）	50、60		60、70				

（4）平面铣床参数，见表 3-4。

表 3-4　　平面铣床参数（JB/T 3313.1—2011）

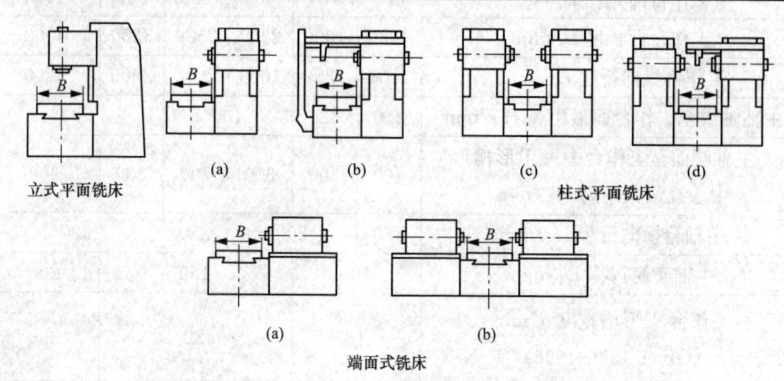

（1）立式平面铣床参数

工作台面宽度 B/mm	320	400	500	63
工作台面长度 L/mm	1250	1600	2000	2500
工作台纵向行程 L_1/mm	1000	1250	1600	2000
主轴箱垂向行程 L_2/mm	400	500	630	800
主轴端面到工作台面最小距离 H_2/mm	100			
主轴套筒行程 L_4/mm	100		160	
工作台 T 形槽宽度 b/mm（GB/T 158—1996）	18		22	
主轴前端锥度号（GB/T 3837—2001）	50			

（2）柱式平面铣床参数

工作台面宽度 B/mm	320	400	500	630	800	1000
工作台面长度 L/mm	1250	1600	2000	2500	3200	4000
工作台纵向行程 L_1/mm	1000	1250	1600	2000	2500	3200
主轴箱垂向行程 L_2/mm	400	500		630		800

续表

主轴轴线至工作台面最小距离 H_2/mm	50					
主轴端面至工作台中央T形槽中心线最大距离 H_4/mm	250	300	400	450	500	600
主轴套筒行程 L_4/mm	100		160			200
工作台T形槽宽度 b/mm（GB/T 158—1996）	18		22			28
主轴前端锥度号（GB/T 3837—2001）	50					50
（3）端面式铣床参数						
工作台面宽度 B/mm	320	400	500	630	800	1000
工作台面长度 L/mm	1250	1600	2000	2500	3200	4000
工作台纵向行程 L_1/mm	1000	1250	1600	2000	2500	3200
主轴轴线至工作台面最距离 H_3/mm	250	320	400		500	
主轴端面至工作台中央T形槽中心线最大距离 H_5/mm	400	500	600	700	800	900
主轴箱横向行程 L_2/mm	160	200		250	320	
主轴套筒行程 L_4/mm	100		160			200
工作台T形槽宽度 b/mm（GB/T 158—1996）	18		22			28
主轴前端锥度号（GB/T 3837—2001）	50					50

注　1. 平面铣床主要参数为工作台面宽度。

2. H_2 按主轴套筒位于上极限位置计算，H_4 和 H_5 均以套筒在退入位置计算。

2. 铣床型号与技术参数

（1）卧式升降台铣床的型号与技术参数，见表3-5。

（2）万能升降台铣床的型号与技术参数，见表3-6。

（3）立式升降台铣床的型号与技术参数，见表3-7。

（4）数控立式升降台铣床的型号与技术参数，见表3-8。

（5）万能工具铣床的型号与技术参数，见表3-9。

（6）卧式升降台铣床的型号与技术参数，见表3-10。

（7）龙门铣床的型号与技术参数，见表3-11。

（8）轻型龙门铣床的型号与技术参数，见表3-12。

（9）龙门镗铣床的型号与技术参数，见表3-13。

表 3-5 卧式升降台铣床的型号与技术参数

产品名称	型号	工作台台面尺寸/mm（宽×长）	技术参数							工作精度		电动机功率/kW		质量/t		外形尺寸/mm（长×宽×高）
			主轴轴线至工作台面距离/mm	工作台中心线至垂直导轨面距离/mm	工作台最大行程/mm			主轴转速/r(min)								
					纵向（机/手）	横向（机/手）	垂向（机/手）	级数	范围	平面度/(mm/mm²)	表面粗糙度 Ra/μm	主电动机	总容量			
卧式升降台铣床	X6012	125×500	0～250	110～210	250	100	125	9	120～1830	0.02/150	2.5	1.5	1.625	0.61		835×870×1633
	X083	140×140	0～130		160	185	130	1	2670	0.2/400	3.2	1.5	1.5	0.37		930×680×1235
卧式升降台铣床	X6025A	250×1200	40～400	120～320	550/570	200	360	8	50～1250	0.02/300	1.6	2.2	2.79		1	1445×1560×1372
	X6025	250×1100	10～430	145～425	680/700	260/280	400/420	18	32～1600	0.02/300	2.5	4	5.14	2.57	1.975	1770×1670×1600
	X6030	300×1100	10～430	160～430	680/700	250/270	400/420	18	32～1600	0.02/300	2.5	4	5.14	2.6	2	1770×1670×1600
	XD6032	320×1325	30×420	215～470	680/700	240/255	370/390	18	30～1500	0.02/100	2.5	7.5	9.09	2.65		2282×1770×1700
	XA6040A	400×1700	30～470	255～570	900	315	125	18	30～1500	0.02/300	2.5	11	14.495		4.25	2570×2326×1925
	X755	500×2000	80～680	550	1400	500	600	18	25～1250	0.03/500	1.6	11	14.55		6.5	2830×2650×2650

表 3-6　　万能升降台铣床的型号与技术参数

产品名称	型号	工作台台面尺寸/mm（宽×长）	主要技术参数								工作精度		电动机功率/kW		质量/t	外形尺寸/mm（长×宽×高）	备注
			工作台最大回转角度/(°)	主轴轴线至工作台面距离/mm	工作台中心线至垂直导轨面距离/mm	工作台最大行程/mm			主轴转速/r(min)								
						纵向（机/手）	横向（机/手）	垂向（机/手）	级数	范围	平面度/(mm/mm²)	表面粗糙度 Ra/μm	主电动机	总容量			
轻型万能铣床	XQ6125	250×1100	±45	40～410	160～395	630	235	370	9	35～750	0.02/100	2.5	3	3.61	1.55	2180×1400×1635	
万能升降台铣床	XQ6132	320×1320	±45	70～480	190～490	800	300	410	9	35～750	0.02/100	2.5	4	4.81	2	2380×1785×1780	
	X6130A	300×1150	±45	20～420	175～410	680	235	400	12	35～1600	0.02/100	2.5	4	4.75	3	1695×1535×1630	立铣头左右转45°，套筒可机动进给，伸臂水平转
	XD6132	320×1325	±45	30～380	215～470	680/700	240/255	330/350	18	30～1500	0.02/100	2.5	7.5	9.09	2.7	2282×1770×1700	
	XA6140A	400×1700	±45	30～455	255～570	900	315	425	18	30～1500	0.02/300	2.5	11	14.495	1.35	2570×2326×1950	
	X6142	424×2000		80～450		1220/1210	360～370	360/370	20	18～1400	0.02/150	1.6	11	14.175	5.3	2785×2793×1950	
卧式万能升降台铣床	X6125	250×1100		10～410	145～425	680/700	260～280	390～400	18	32～1600	0.02/300	2.5	4	5.225	2.6	1770×1670×1600	
	X6130	300×1100		10～410	160～430	680/700	250～270	390～400	18	32～1600	0.02/300	2.5	4	5.225	2.6	1770×1670×1600	

表 3-7 立式升降台铣床的型号与技术参数

产品名称	型号	工作台台面尺寸/mm（宽×长）	技术参数								工作精度		电动机功率/kW		质量/t	外形尺寸/mm（长×宽×高）
			立铣头最大回转角度/(°)	主轴端面至工作台面距离/mm	主轴轴线至垂直导轨面距离/mm	工作台最大行程/mm			主轴转速/r(min)							
						纵向（机/手）	横向（机/手）	垂向（机/手）	级数	范围	平面度/(mm/mm²)	表面粗糙度 Ra/μm	主电动机	总容量		
立式升降台铣床	X5012	125×500	±45	0～250	155	255	100	250	9	120～130	0.02/150	2.5	1.5	1.625	0.6	853×870×1633
	X5020B	200×900	45	10	265	500	190	360	8	60～1650	0.02/300	2.5	3	3.79	1	1700×1300×1650
	X5030A	300×1150	±45	40～410	175～410	680	235	400	12	35～1600	0.02/100	2.5	4	4.75	3	1693×1535×1868
	X5032	320×1320	±45	60～410	350	680/700	240/255	330/350	18	30～1500	0.02/100	1.6	7.5	9.125	2.8	2294×1770×1904
	B_1-400K	400×1600	±45	30～500	450	900	315	385	18	30～1500	0.02/300	2.5	11	14.125	4.25	2256×2159×2298
	X5042A	425×2000		0～490		1180/1200	400/410	450/460	20	18～1400	0.02/150	1.6		14.175	5.1	2435×2600×2500
立式铣床	X715	500×2000		80～680	550	1400	500	600	18	25～1250	0.03/500	1.6	11	14.55	6.5	2830×2635×2650

表 3-8　**数控立式升降台铣床的型号与技术参数**

产品名称	型号	工作台台面尺寸/mm（宽×长）	主要技术参数							定位精度/mm	重复定位精度/mm	电动机功率/kW		质量/t	外形尺寸/mm（长×宽×高）	备注
			主轴端面至工作台台面距离/mm	主轴轴线至垂直导轨面距离/mm	工作台最大行程/mm			主轴转速/(r/min)								
					纵向（机/手）	横向（机/手）	垂向（机/手）	级数	范围			主电动机	总功率			
数控立式升降台铣床	XK5012	125×500	0～250		250	100	250		120～1830	±0.02	0.015	1.5	1.625	0.6	835×870×1630	
	XK5020	200×900	40～400		500	220	360		55～2500			3		1	1700×1350×1680	
	XK5025	250×1120	30～430	360	680	350	440		50～3500	±0.05/300	±0.015	1.5		1.5	1405×1720×2296	
	XKA5032A	320×1320	60～460		760	290	380		30～1500	0.031/300		7.5			1929×2055×2216	
	XK5034	340×1066	35～435		760	350	120		45～3150	X:0.06 Y:0.05 Z:0.04	0.025	3.7		2.1	2060×2000×2035	
	XK5038	381×965	64～595		800	400	203		45～4510	X:0.06 Y:0.05 Z:0.04	0.025	5.5		5	2070×2230×2740	
	XK5040-1	400×1650	100～500		900	350	400		12～1500	0.031/300		7.5		4.5	2255×2190×2694	
	XKA5040A	400～1700	50～500		900	375	450		30～1500	0.031/300		7.5		5	2467×2220×2544	

表 3-9　　万能工具铣床的型号与技术参数

产品名称	型号	主要技术参数										工作精度/mm					电动机功率/kW		外形尺寸/mm（长×宽×高）	质量/t	备注
		工作台台面尺寸/mm（宽×长）	铣头回转角度/(°)	卧轴轴线至工作台面距离/mm	立铣头端面至工作台面距离/mm	主轴轴线至垂直导轨面距离/mm	工作台最大行程/mm			主轴转速/(r/min)		铣削			镗孔						
							纵向	横向	垂向	级数	范围	平面度/(mm/mm²)	等高度	垂直度	圆度	轴线垂直度	主电动机	总容量			
万能工具铣床	X8125	250×700	±90	85～485	55～455（主轴）	140～395	365	255	400	18	40～2000		0.025/100	0.015/100	0.015	0.01/100	1.5	2.89	1215×1200×1800	1.2	数显万能工具铣床显示精度
	X8126A	270×700	±45	30～360	0～265	155	300	200	330	8	水平：110～1230 垂直：150～1600		0.025	0.15/100	0.015	0.01/100	3.0	3.09	1125×1380×1650	0.96	
	X8128	280×700	±45	35～365	0～285	155～355	350	200	350	8	150～1660	0.02/300					3	3.1	1080×1110×1650	1.2	
	X8130	300×750	±60	35～415	65～445（主轴）	80～660	405	200	390	12	40～1600	0.02/300	0.025/100	0.015/100	0.015	0.01/100	2.2	2.875	985×1195×1630	1.05	
	X8132A	320×750	±90	30～430	0～400	170	400	300	400	18	水平：40～2000	0.02/300	0.025	0.015/100	0.015	0.01/100	2.2	3.04	1500×1255×1700	1.3	
	X8140	400×800	±90	85～485	55～455（主轴）	139～544	505	405	400	18	垂直：40～2000	0.02/300	0.025/100	0.015/100	0.015	0.01/100	3	4.94	1383×1427×1817	1.6	
	X8150B	500×900	±90	90～540	150～600	135～535	600	400	450	无	40～400	0.02/300					4	6.2	1580×1660	3.5	

表 3-10 卧式升降台铣床的型号与技术参数

产品名称	型号	工作台台面尺寸/mm（宽×长）	技术参数								定位精度/mm	重复定位精度/mm	电动机功率/kW		质量/t	外形尺寸/mm（长×宽×高）
			立铣头最大回转角度/(°)	主轴端面至工作台面距离/mm	主轴轴线至垂直导轨面距离/mm	工作台最大行程/mm			主轴转速/(r/min)				主电动机	总容量		
						纵向（机/手）	横向（机/手）	垂向（机/手）	级数	范围						
数控	XK8130A	320×750	±60°	55～435	102～682	395	380	200	12	40～1600	0.03/300	0.02	2.2	5	1.1	1400×1560×1803
万能	XK8140	400×800	±45°	55～415	190～550	460	360	360	18	40～2000	0.02	0.01	3	5.56	1.8	1710×1670×1820
工具	XK8146	460×800				480	385	385		63～3150	0.02	0.01	4.4	7.5	1.85	2000×1564×1970
铣床	BU800	700×900	±90°	145～645	140～840	800	700	500	无	40～3000	0.025/500	0.016	8.8	22	5	2800×2100×2400

表 3-11 龙门铣床的型号与技术参数

产品名称	型号	最大加工尺寸/mm（长×宽×高）	技术参数								工作精度		电动机功率/kW		质量/t	外形尺寸/mm（长×宽×高）
			工作台最大承重/t	主轴箱数/个	主轴箱回转角度/(°)	主轴转速/(r/min)		工作台进给量/(mm/min)		推荐最大刀盘直径/mm	平面度/(mm/mm²)	表面粗糙度 Ra/μm	主电动机	总功率		
						级数	范围	级数	范围							
龙门铣床	X2010C	3000×1000×1000	8	3 (4)	垂直头±30° 水平头 ±30° −15°	12	50～630	无级	10～1000 快速 4000	350	0.02/300	2.5	15	60 73	36 37	9640×4740×3915
	X2010C	3000×1000×1000	8	3	±30°	9	40～400		10～1000	350	0.03/300		13	50.12		7700×3850×3200
	X2012C	4000×1250×1250	10	3 (4)	垂直头±30° 水平头 +30° −15°	12	50～630		10～1000 快速 4000	350	0.02/300		15	62 73	45.5 45	11 710×4865×4515
	X2016	5000×1600×1600	20	3		12	31.5～630		10～1000 快速 4000	400	0.02/300		22	107	75	13 500～6240×5440
	X2020	6000×2000×2000	30	3		12	31.5～630		10～1000 快速 4000	400	0.02/300		22	107	110	15 500×6640×5840
	X2025	8000×2500×2500	40	3		12	31.5～630		10～1000 快速 4000	400	0.02/300		22	112	145	1927×7140×6340

表 3-12 轻型龙门铣床的型号与技术参数

产品名称	型号	最大加工尺寸/mm(长×宽×高)	技术参数						工作精度		电动机功率/kW		质量/t	外形尺寸/mm（长×宽×高）	推荐最大刀盘直径/mm
			工作台最大承重/t	主轴箱数/个	主轴转速/（r/min）		工作台进给量/(mm/min)		平面度/(mm/mm²)	表面粗糙度 Ra/μm	主电动机	总容量			
					级数	范围	级数	范围							
轻型龙门铣床	XQT-2014	1600×4000×1000	8	4	6	50～500	1	80～315		1.6	5.5	37.2	40	11 110×3800×3270	460
	XQ209/2M	1700×900×650	3	3	6	70～400	无级	80～1300	0.02	2.5	5.5×3	30.3	24	7100×3700×2800	200
	XQ209/3M	2700×900×650	4.5	3				80～1300			5.5×3	30.3	26	9100×3700×2800	
	XQ2014/2M	3700×1400×1100	10	4				80～1300			5.5×4	27.8	43	11 200×4500×3800	
	XQ2017/6M	5700×1700×1400	15	4				80～1100			7.5×3	41	45	15 000×4850×4220	

表 3-13　　**龙门镗铣床的型号与技术参数**

产品名称	型号	最大加工尺寸/mm（长×宽×高）	技术参数								工作精度		电动机功率/kW		质量/t	外形尺寸/mm（长×宽×高）
			工作台最大承重/t	主轴箱数/个	主轴箱回转角度/(°)	主轴转速/（r/min）		工作台进给量/（mm/min）		推荐最大刀盘直径/mm	平面度/（mm/mm²）	表面粗糙度 Ra/μm	主电动机	总功率		
						级数	范围	级数	范围							
龙门镗铣床	XA2110	3000×1000×1000	8	3		12	10～800	无级	10～1000	350	0.02/300	2.5	15	65	37	9640×4740×3915
	XA2112	4000×1250×1250	10			12	10～800		快速 4000	350			15	76	45	11 710×4865×4515
	X2116	5000×1600×1600	20			18	8～630			400			30	118	75	13 500×6240×5440
	X2120	6000×2000×2000	30			18	8～630			400			30	118	110	15 500×6640×5840
	X2125	800×2500×2500	40			18	8～630			400			30	123	145	19 270×7140×6340
	X2130	10 000×3000×3000	80			18	8～630			400			30	135	230	25 600×8800×7420

第二节 典型铣床机构及传动系统

一、X6132 型万能升降台铣床的结构

1. X6132 型铣床主要结构和组成部分

X6132 型卧式万能升降台铣床与 X62W 型铣床是同一规格的机型。图 3-6 是该机床的外形图，其各部分结构如下。

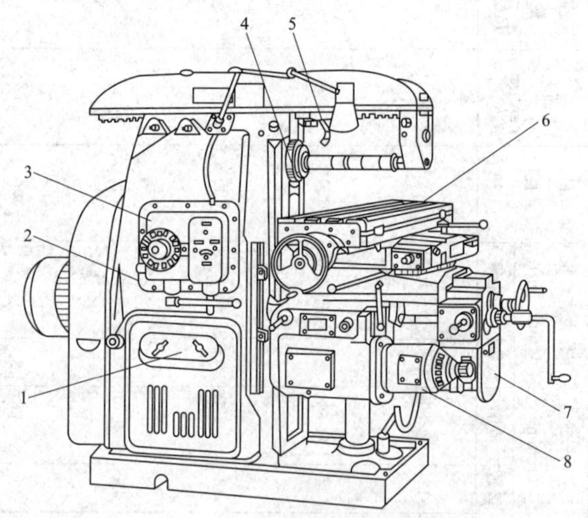

图 3-6 X6132 型卧式万能升降台铣床

1—机床电控柜；2—床身；3—主轴箱及操作机构；4—主轴及刀杆；5—冷却喷嘴；6—工作台；7—升降台；8—进给箱及操作机构

（1）主传动变速部分。如图 3-7 所示，主传动部分由主传动变速箱及主轴部件组成。通过Ⅰ轴、Ⅱ轴的两个三联滑移齿轮Ⅲ轴上的一个双联滑移齿轮，使主轴得到 18 级转速。

（2）机床进给变速部分。如图 3-8 所示是进给变速部分的结构。由进给变速箱与变速操纵机构组成，由独立的电动机驱动。运动由电动机轴输出后，经Ⅰ、Ⅱ、Ⅲ轴传至Ⅳ轴左边的空套双联齿轮。当工作进给时，右边电磁离合器吸合，运动经过变速箱逐级变速后，得到 18 种进给速度。当快速进给时，左边电磁离合

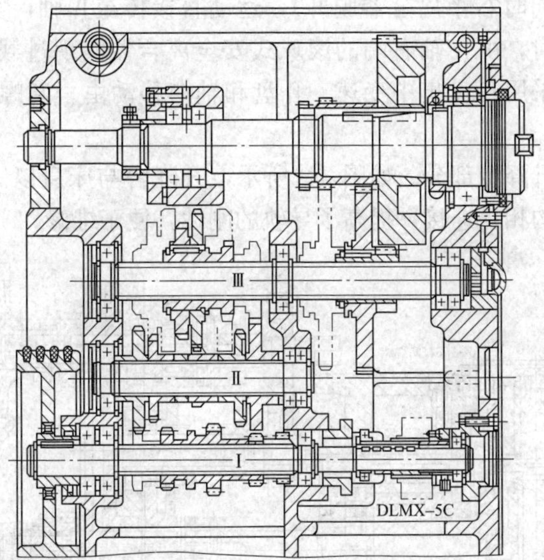

图 3-7　X6132 型铣床的主传动结构

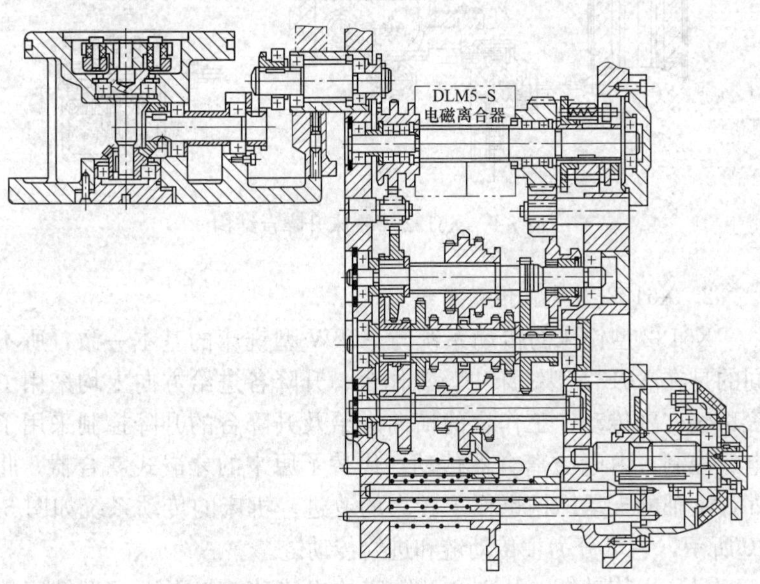

图 3-8　X6132 型铣床进给部分结构

器吸合（同时右半离合器脱开），运动直接传至Ⅳ轴，实现快进。工作进给时，由Ⅳ轴右端的滚珠式安全离合器实现过载保护，变速操纵也采用孔盘集中变速。孔盘和轴向移动由一套螺纹差动机实现。

（3）升降台部分。如图 3-9 所示，升降台与床身以矩形导轨、压板的结构相互连接，提高了导轨的刚性，便于维修。

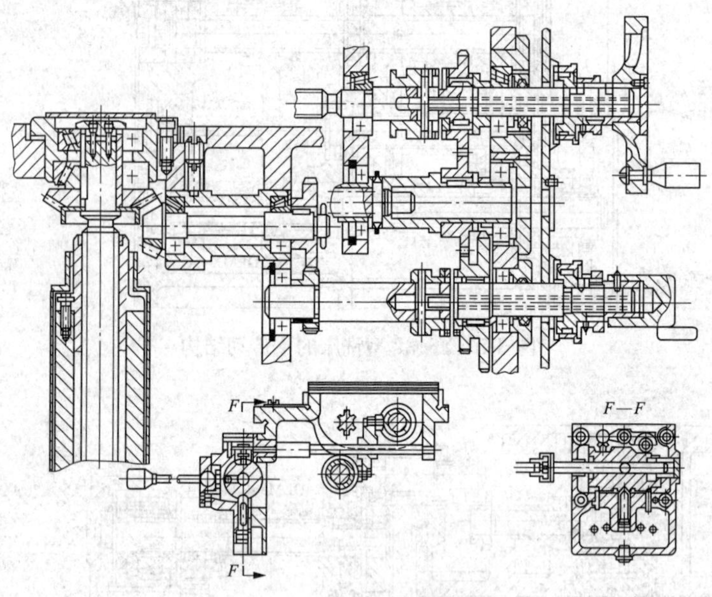

图 3-9　X6132 型铣床升降台结构

2. X6132 型铣床传动系统

X6132 型铣床的传动系统与 X62W 型铣床的基本一致，所不同的是在 X6132 型铣床中，工作台、升降各进给方向上均采用了滚珠丝杠副传动；工作台的横向进给及升降台的升降控制采用了电气控制，由电磁离合器传动，代替了原来的牙嵌式离合器。此外，主轴的支承结构也作了较大的改进。机床的传动系统如图 3-10 所示，它可分为主传动链和进给传动链。

（1）主传动链。X6132 型铣床的主传动链与 X62W 型铣床的基本一致。整个传动链通过Ⅱ轴、Ⅳ轴的三联滑移齿轮及Ⅳ轴右

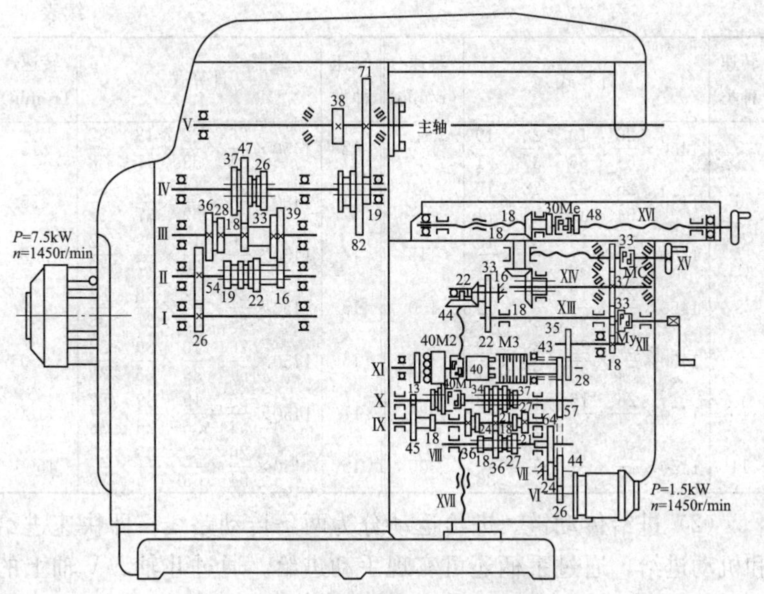

图 3-10 X6132 型铣床传动系统

端的双联滑移齿轮一共可以得到 18 种转速，其传动路线可表示为：

$$\text{电动机}-\text{Ⅰ轴}-\frac{26}{54}-\text{Ⅱ轴}-\begin{Bmatrix}\frac{22}{33}\\ \frac{19}{36}\\ \frac{16}{39}\end{Bmatrix}-\text{Ⅲ轴}-\begin{Bmatrix}\frac{39}{26}\\ \frac{28}{37}\\ \frac{18}{47}\end{Bmatrix}-\text{Ⅳ轴}-\begin{Bmatrix}\frac{82}{38}\\ \frac{19}{71}\end{Bmatrix}-\text{Ⅴ(主轴)}$$

通过计算可以列出主轴的 18 种转速，见表 3-14。

表 3-14　　　　X6132 型铣床主轴转速表

转速种类	计算式	转速/(r/min)	转速种类	计算式	转速/(r/min)
1	$1450\times\frac{26}{54}\times\frac{16}{39}\times\frac{18}{47}\times\frac{19}{71}$	30	3	$1450\times\frac{26}{54}\times\frac{22}{33}\times\frac{18}{47}\times\frac{19}{71}$	47.5
2	$1450\times\frac{26}{54}\times\frac{16}{39}\times\frac{18}{47}\times\frac{19}{71}$	37.5	4	$1450\times\frac{26}{54}\times\frac{16}{39}\times\frac{28}{37}\times\frac{19}{71}$	60

续表

转速种类	计算式	转速/(r/min)	转速种类	计算式	转速/(r/min)
5	$1450\times\frac{26}{54}\times\frac{19}{36}\times\frac{28}{37}\times\frac{19}{71}$	75	12	$1450\times\frac{26}{54}\times\frac{22}{33}\times\frac{18}{47}\times\frac{82}{38}$	375
6	$1450\times\frac{26}{54}\times\frac{22}{33}\times\frac{28}{37}\times\frac{19}{71}$	95	13	$1450\times\frac{26}{54}\times\frac{16}{39}\times\frac{28}{37}\times\frac{82}{38}$	475
7	$1450\times\frac{26}{54}\times\frac{16}{39}\times\frac{39}{26}\times\frac{19}{71}$	118	14	$1450\times\frac{26}{54}\times\frac{19}{36}\times\frac{28}{37}\times\frac{82}{38}$	600
8	$1450\times\frac{26}{54}\times\frac{19}{36}\times\frac{39}{26}\times\frac{19}{71}$	150	15	$1450\times\frac{26}{54}\times\frac{22}{33}\times\frac{28}{37}\times\frac{82}{38}$	750
9	$1450\times\frac{26}{54}\times\frac{22}{33}\times\frac{39}{26}\times\frac{19}{71}$	190	16	$1450\times\frac{26}{54}\times\frac{16}{39}\times\frac{39}{26}\times\frac{82}{38}$	950
10	$1450\times\frac{26}{54}\times\frac{16}{39}\times\frac{18}{47}\times\frac{82}{38}$	235	17	$1450\times\frac{26}{54}\times\frac{19}{36}\times\frac{39}{26}\times\frac{82}{38}$	1180
11	$1450\times\frac{26}{54}\times\frac{19}{39}\times\frac{18}{47}\times\frac{82}{38}$	300	18	$1450\times\frac{26}{54}\times\frac{22}{33}\times\frac{39}{26}\times\frac{82}{38}$	1500

（2）进给传动链。进给运动分为两条传动路线，即快速进给和机动进给。通过Ⅱ轴、Ⅴ轴上的两个三联滑移齿轮，可以得到 9 种进给速度，再经过离合器 35（即 M_1）的开或合，一共可以得到 18 种进给速度，整个传动链的结构可以用以下表达式表示：

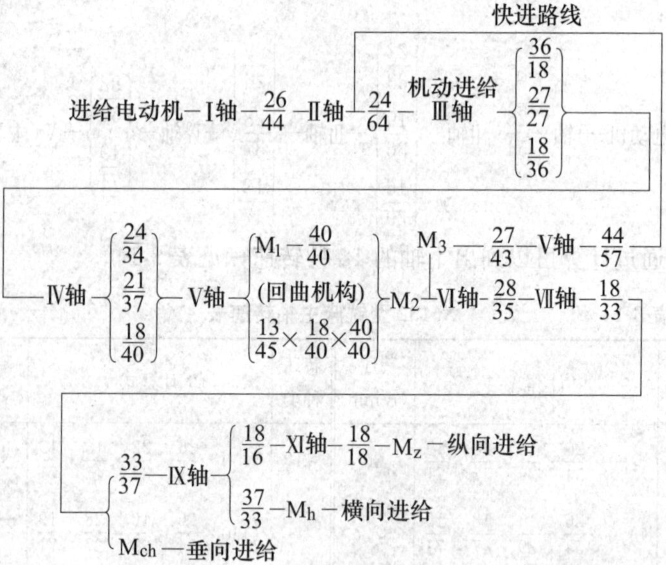

快进路线

$$\text{进给电动机}-\text{Ⅰ轴}-\frac{26}{44}-\text{Ⅱ轴}-\frac{24}{64}\overset{\text{机动进给}}{-}\text{Ⅲ轴}-\begin{Bmatrix}\frac{36}{18}\\ \frac{27}{27}\\ \frac{18}{36}\end{Bmatrix}-$$

$$-\text{Ⅳ轴}-\begin{Bmatrix}\frac{24}{34}\\ \frac{21}{37}\\ \frac{18}{40}\end{Bmatrix}-\text{Ⅴ轴}-\begin{Bmatrix}M_1-\frac{40}{40}\\ \text{(回曲机构)}\\ \frac{13}{45}\times\frac{18}{40}\times\frac{40}{40}\end{Bmatrix}-M_2-\text{Ⅵ轴}-\frac{28}{35}-\text{Ⅶ轴}-\frac{18}{33}-$$

$$M_3-\frac{27}{43}-\text{Ⅴ轴}-\frac{44}{57}-\text{（快进路线，接 Ⅵ 轴）}$$

$$-\begin{cases}\frac{33}{37}-\text{Ⅸ轴}-\begin{cases}\frac{18}{16}-\text{Ⅺ轴}-\frac{18}{18}-M_z-\text{纵向进给}\\ \frac{37}{33}-M_h-\text{横向进给}\end{cases}\\ M_{ch}-\text{垂向进给}\end{cases}$$

根据传动结构式可计算出进给运动的 18 种速度，见表 3-15。

表 3-15 X6132 型铣床的纵向进给速度

进给速度种类	计算式	进给速度/(mm/min)
1	$1450\times\frac{26}{44}\times\frac{24}{64}\times\frac{18}{36}\times\frac{18}{40}\times\frac{13}{45}\times\frac{18}{40}\times\frac{40}{40}\times\frac{28}{35}\times\frac{18}{33}\times\frac{33}{37}\times\frac{18}{16}\times\frac{18}{18}\times6$	23.5
2	$1450\times\frac{26}{44}\times\frac{24}{64}\times\frac{18}{36}\times\frac{21}{37}\times\frac{13}{45}\times\frac{18}{40}\times\frac{40}{40}\times\frac{28}{35}\times\frac{18}{33}\times\frac{33}{37}\times\frac{18}{16}\times\frac{17}{18}\times6$	30
3	$1450\times\frac{26}{44}\times\frac{24}{64}\times\frac{18}{36}\times\frac{24}{34}\times\frac{13}{45}\times\frac{18}{40}\times\frac{40}{40}\times\frac{28}{35}\times\frac{18}{33}\times\frac{33}{37}\times\frac{18}{16}\times\frac{18}{18}\times6$	37.5
4	$1450\times\frac{26}{44}\times\frac{24}{64}\times\frac{27}{27}\times\frac{18}{40}\times\frac{13}{45}\times\frac{18}{40}\times\frac{40}{40}\times\frac{28}{35}\times\frac{18}{33}\times\frac{33}{37}\times\frac{18}{16}\times\frac{18}{18}\times6$	47.5
5	$1450\times\frac{26}{44}\times\frac{24}{64}\times\frac{27}{27}\times\frac{21}{37}\times\frac{13}{45}\times\frac{18}{40}\times\frac{40}{40}\times\frac{28}{35}\times\frac{18}{33}\times\frac{33}{37}\times\frac{18}{16}\times\frac{18}{18}\times6$	60
6	$1450\times\frac{26}{44}\times\frac{24}{64}\times\frac{27}{27}\times\frac{23}{34}\times\frac{13}{45}\times\frac{18}{40}\times\frac{40}{40}\times\frac{28}{35}\times\frac{18}{33}\times\frac{33}{37}\times\frac{18}{16}\times\frac{18}{18}\times6$	75
7	$1450\times\frac{26}{44}\times\frac{24}{64}\times\frac{36}{18}\times\frac{18}{40}\times\frac{13}{45}\times\frac{18}{40}\times\frac{40}{40}\times\frac{28}{35}\times\frac{18}{33}\times\frac{33}{37}\times\frac{18}{16}\times\frac{18}{18}\times6$	95
8	$1450\times\frac{26}{44}\times\frac{24}{64}\times\frac{36}{18}\times\frac{21}{37}\times\frac{13}{45}\times\frac{18}{40}\times\frac{40}{40}\times\frac{28}{35}\times\frac{18}{33}\times\frac{33}{37}\times\frac{18}{16}\times\frac{18}{18}\times6$	118
9	$1450\times\frac{26}{44}\times\frac{24}{64}\times\frac{36}{18}\times\frac{24}{34}\times\frac{13}{45}\times\frac{18}{40}\times\frac{40}{40}\times\frac{28}{35}\times\frac{18}{33}\times\frac{33}{37}\times\frac{18}{16}\times\frac{18}{18}\times6$	150

续表

进给速度种类	计算式	进给速度/(mm/min)
10	$1450\times\frac{26}{44}\times\frac{24}{64}\times\frac{18}{36}\times\frac{18}{40}\times\frac{40}{40}\times\frac{28}{35}\times\frac{18}{33}\times\frac{33}{37}\times\frac{18}{16}\times\frac{18}{18}\times6$	190
11	$1450\times\frac{26}{44}\times\frac{24}{64}\times\frac{18}{36}\times\frac{21}{37}\times\frac{40}{40}\times\frac{28}{35}\times\frac{18}{33}\times\frac{33}{37}\times\frac{18}{16}\times\frac{18}{18}\times6$	235
12	$1450\times\frac{26}{44}\times\frac{24}{64}\times\frac{18}{36}\times\frac{24}{34}\times\frac{40}{40}\times\frac{28}{35}\times\frac{18}{33}\times\frac{33}{37}\times\frac{18}{16}\times\frac{18}{18}\times6$	300
13	$1450\times\frac{26}{44}\times\frac{24}{64}\times\frac{27}{27}\times\frac{18}{40}\times\frac{40}{40}\times\frac{28}{35}\times\frac{18}{33}\times\frac{33}{37}\times\frac{18}{16}\times\frac{18}{18}\times6$	375
14	$1450\times\frac{26}{44}\times\frac{24}{64}\times\frac{27}{27}\times\frac{21}{37}\times\frac{40}{40}\times\frac{28}{35}\times\frac{18}{33}\times\frac{33}{37}\times\frac{18}{16}\times\frac{18}{18}\times6$	475
15	$1450\times\frac{26}{44}\times\frac{24}{64}\times\frac{27}{27}\times\frac{24}{34}\times\frac{40}{40}\times\frac{28}{35}\times\frac{18}{33}\times\frac{33}{37}\times\frac{18}{16}\times\frac{18}{18}\times6$	600
16	$1450\times\frac{26}{44}\times\frac{24}{64}\times\frac{36}{18}\times\frac{18}{40}\times\frac{40}{40}\times\frac{28}{35}\times\frac{18}{33}\times\frac{33}{37}\times\frac{18}{16}\times\frac{18}{18}\times6$	750
17	$1450\times\frac{26}{44}\times\frac{24}{64}\times\frac{36}{18}\times\frac{21}{37}\times\frac{40}{40}\times\frac{28}{35}\times\frac{18}{33}\times\frac{33}{37}\times\frac{18}{16}\times\frac{18}{18}\times6$	950
18	$1450\times\frac{66}{44}\times\frac{24}{64}\times\frac{36}{18}\times\frac{24}{34}\times\frac{40}{40}\times\frac{28}{35}\times\frac{18}{33}\times\frac{33}{37}\times\frac{18}{16}\times\frac{18}{18}\times6$	1180

二、X5032 型立式铣床结构

X5032 是 X52K 型立式铣床的新型号，其规格、操纵机构和传动变速情况，均与 X6132 型万能铣床相同。主要不同点是主轴的位置和主轴附近的结构。图 3-11 所示是 X5032 型铣床的外形，立铣头在床身上部弯颈的前面，两者之间用一个直径 ϕ300mm 的凸缘定位，主轴安装在立铣头内。立铣头相对于床身可向左右回转至任意位置，但一般回转在 45°范围内，故只刻 45°的刻度。转到需要的位置后，可利用四个 T 型螺钉将其固定。为了保证主轴准确地垂直于工作台面，当立铣头处于中间“零”位时，用一个锥形销作精确定位。

X5032 型铣床立铣头的结构如图 3-12（a）所示。自电动机至Ⅴ轴的传动情况与 X6132 型铣床完全相同。立铣头内的运动自Ⅴ轴传至Ⅵ轴。Ⅵ轴安装在立铣头内，由于锥齿轮在传动时有轴向推力，所以用向心推力轴承支承。Ⅵ轴通过一对圆柱齿轮带动Ⅶ

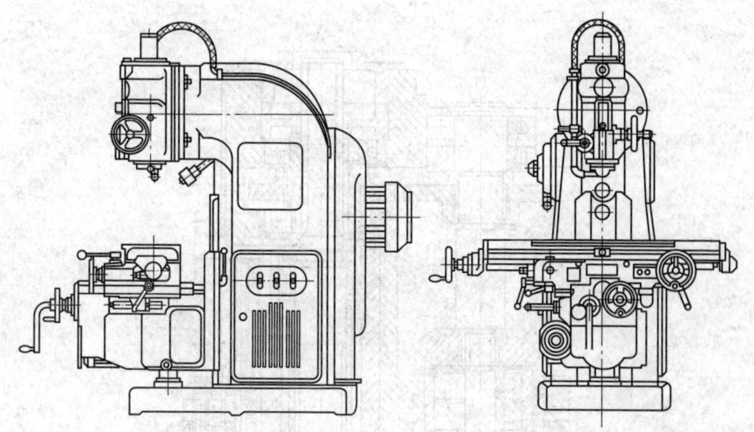

图 3-11 X5032 型立式铣床外形图

主轴。由于一对锥齿轮 z_1 和 z_2 都是 29 齿；一对圆柱齿轮 z_3 和 z_4 都是 55 齿，故Ⅶ主轴的转速与Ⅴ轴相同，也和 X6132 型铣床的完全相同。齿轮 z_4 通过滚动轴承安装在立铣头内，它不能作轴向移动。齿轮 z_4 与轴套 1 之间用键联结传动，轴套与主轴之间用花键联结传动，主轴可在轴套内作轴向移动。主轴 8 的下半部分安装在主轴筒 7 内，它可随主轴套筒作轴向移动，移动的范围是 70mm，以便调节铣削时的背吃刀量。

主轴套筒的上下移动，是摇动手柄 10，通过一对锥齿轮 z_5 和 z_6 带动丝杆 5 旋转，丝杆旋转后使带螺孔的支架 4 连同主轴套筒和主轴一起作上下移动。主轴套筒移动结束后，应予以夹紧，使其固定在立铣头内，以减少振动。夹紧时，将夹紧手柄 11 顺时针转动。由于两滑块 12 和 14 的螺旋方向相同而螺距不同，利用其相对螺杆 13 的移动量的差值，使两滑块间的距离缩小，从而把主轴套夹紧，如图 3-12（b）所示。

在支架 4 上可安装百分表，调节定程螺钉 6 与百分表测量头接触，用以确定主轴的轴向位置，以及作铣削时背吃刀量的微量调节。螺母 2 和紧固螺钉 3 是调整主轴轴承间隙用的，调整时还需要减小或增大半圆垫圈 9 的厚度。

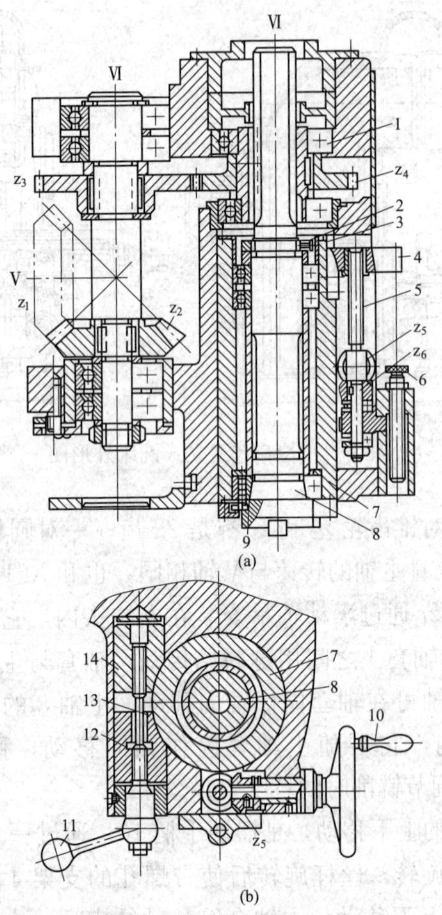

图 3-12　X5032 型铣床立铣头的结构

(a) 立铣头的结构；(b) 主轴套筒的结构

1—轴套；2—螺母；3—紧固螺钉；4—支架；5—丝杆；6—定程螺钉；7—主轴套筒；8—主轴；9—半圆垫圈；10、11—手柄；12、14—滑块；13—螺杆

三、X63WT 型卧式升降台万能铣床结构

1. X63WT 型卧式升降台万能铣床主要结构组成

X63WT 型、X63W 型、X63T 型、X53T 型及 X53K 型、X62W 型及 X52T 型，这些机型尽管比较陈旧，但目前在实际生产

中使用的数量仍然不少，且这些机型在结构上基本上是一致的，在此介绍它们的主要结构以利于维修人员参考。

X63WT 型卧式升降台万能铣床外形图如图 3-13 所示，它主要由床身 1、基座 2、升降台 4、滑鞍 5、工作台 11 及回转盘 8、主传动变速箱、进给传动变速箱等部分组成。

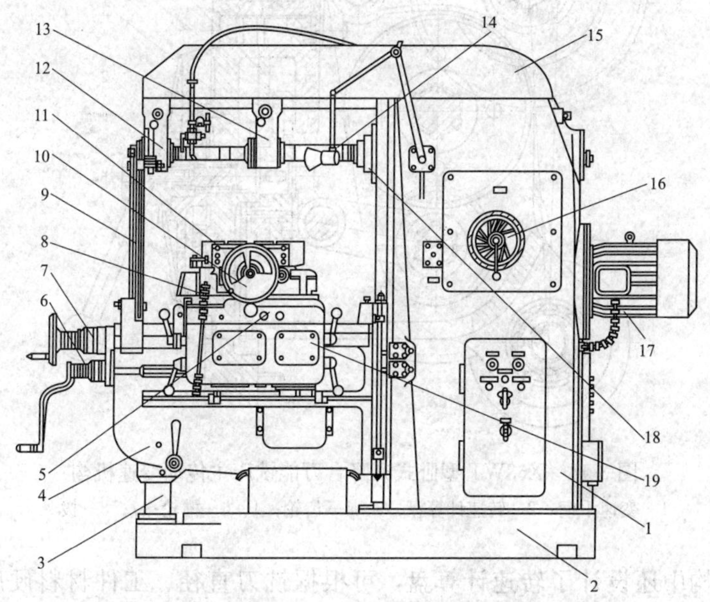

图 3-13 X63WT 型卧式升降台万能铣床外形图

1—床身；2—基座；3—辅助支承；4—升降台；5—滑鞍；6—升降手柄；7—横进给手轮；8—回转盘；9—加强臂；10—工作台进给手轮；11—工作台；12、13—刀杆支架；14—刀杆；15—滑枕；16—主轴变速手柄；17—主驱动电动机；18—主轴；19—进给箱

2. X63WT 型铣床主传动变速操纵机构

X63WT 型铣床主传动变速操纵机构单独装在床身内部。该机构采用槽轮机构和间歇齿轮机构，依靠槽轮中滑槽的偏心距及间歇齿轮（在圆周方向分若干个齿顶高不等的区段）的定位作用，使四个拨叉（图中只画出两个）来拨移变速齿轮，共可得到 20 种速度，如图 3-14 所示。这种结构比较复杂，维修也不方便。变速

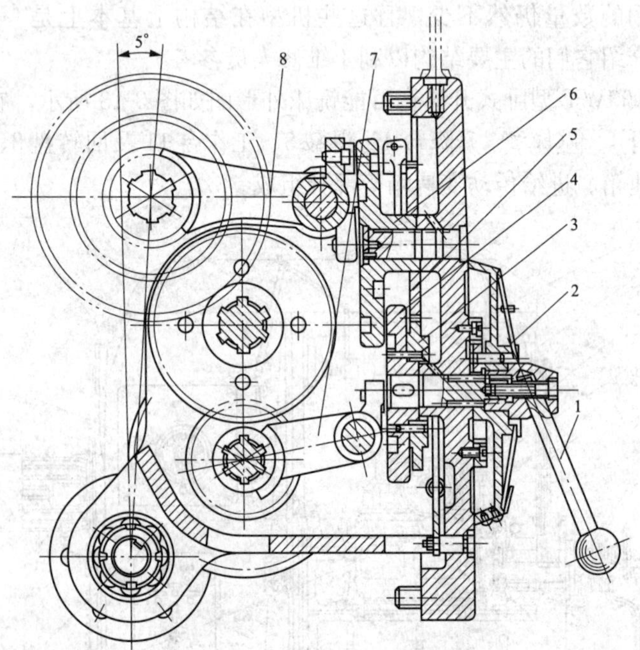

图 3-14　X63WT 型卧式升降台万能铣床主传动变速机构

1—变速手柄；2—转速计算盘；3、5—齿轮；4、6—槽轮；7、8—拨叉

机构中还设计了转速计算盘，可根据铣刀直径、工件材料硬度、表面粗糙度要求来确定合适的切削速度及主轴转速。

3. X63WT 型铣床控制箱

X63WT 型卧式升降台万能铣床控制箱的结构如图 3-15 所示，其主要作用是控制工作台的进给方向，通过手柄来分配装在中滑板上的牙嵌式离合器的相应位置，从而实现工作台的纵向、横向、垂直三个方向的进给运动和停止。

四、X5032A 型立式升降台铣床主传动结构及传动系统

X5032A 型立式万能升降台铣床与 X6132A 型卧式万能升降台铣床的结构基本一致，其区别仅仅在卧式和立式功能上的不同，其他各部分几乎无差别。其主传动结构及传动系统分别如图 3-16 和图 3-17 所示。

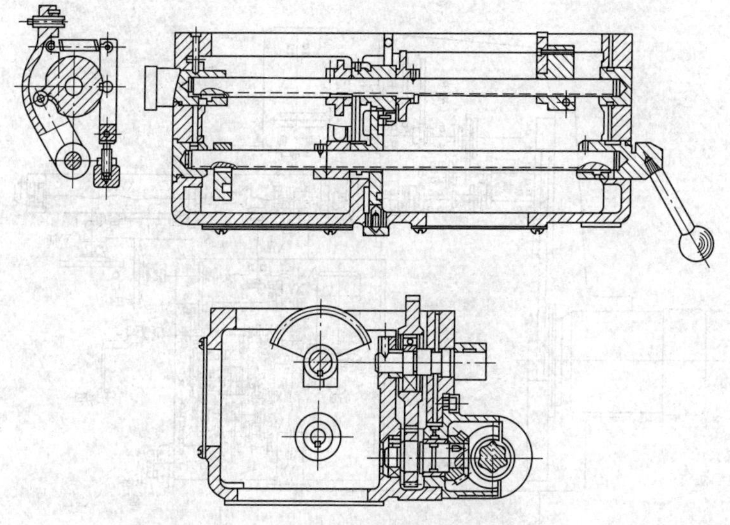

图 3-15 X63WT 型铣床控制箱

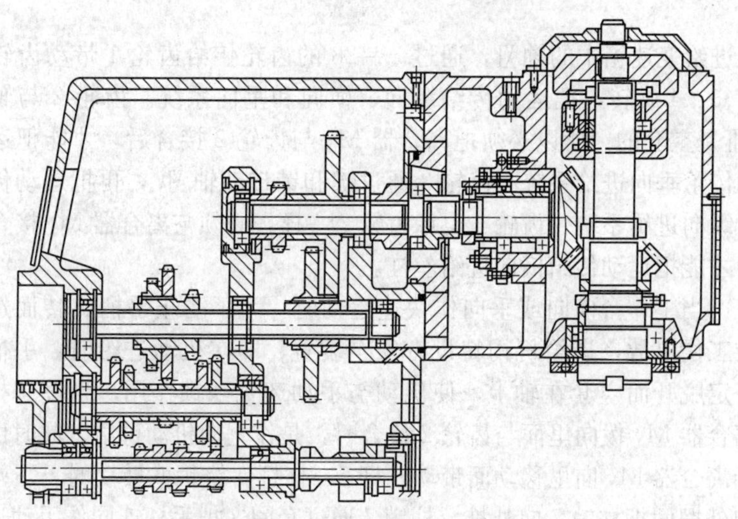

图 3-16 X5032A 型铣床主传动结构图

五、铣床升降台和工作台的结构及操纵系统

1. 升降台的结构和操纵系统

(1) 升降台的结构。如图 3-18 所示是升降台的展开图。运动

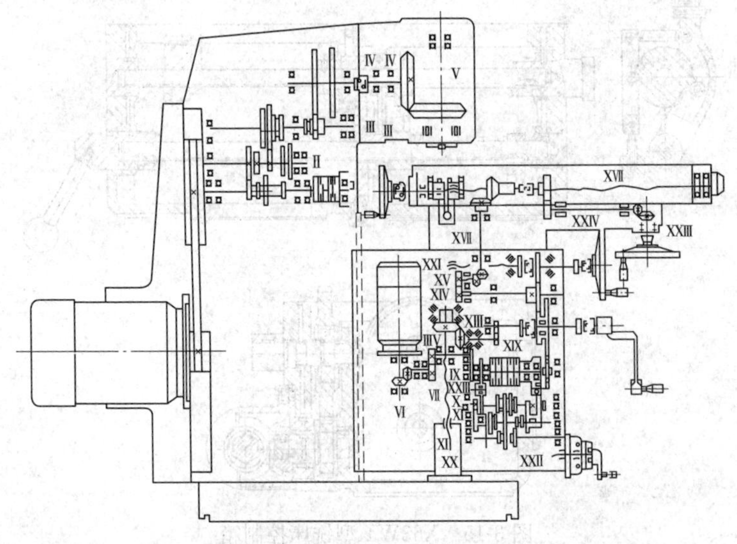

图 3-17 X5032A 型铣床传动系统图

从进给变速箱中的轴Ⅺ，通过 $z=28$ 的齿轮传给齿轮 1 带动齿轮 2、3、4 旋转，把运动传给纵向、横向和垂向系统。齿轮 2 与轴ⅩⅢ是空套的，所以必须把离合器 Mv 与齿轮 2 接合后，才能把运动传给垂向进给系统。齿轮 3 通过键和销带动轴ⅩⅣ，再把运动传给纵向进给系统。齿轮 4 也像齿轮 2 一样，必须与离合器 Me 接合后才能把运动传给横向进给丝杠。

当工作台横向或垂向作快速运动时，为了防止手柄旋转而造成工伤事故，进给机构特设有安全装置，即在机动进给时，手柄一定脱开而空套在轴上，使机动与手动产生联锁作用。当拨叉把离合器 Mv 拨向里面与齿轮 2 接合时，是作垂向机动进给。此时由于离合器 Mv 向里移动而带动杠杆 5，杠杆 5 绕销 6 转动时，下端向外摆而把柱销 7 向外推，柱销 7 通过套圈 8 把手柄连同作手动进给的离合器向外顶，让手柄上的离合器脱开而使手柄不跟轴旋转。横向进给手柄处的联锁装置也是如此。纵向手柄在弹簧力的作用下，经常处于脱开状态。

运动从轴ⅩⅢ上的齿轮（z=22）带动短轴上的齿轮 1（见

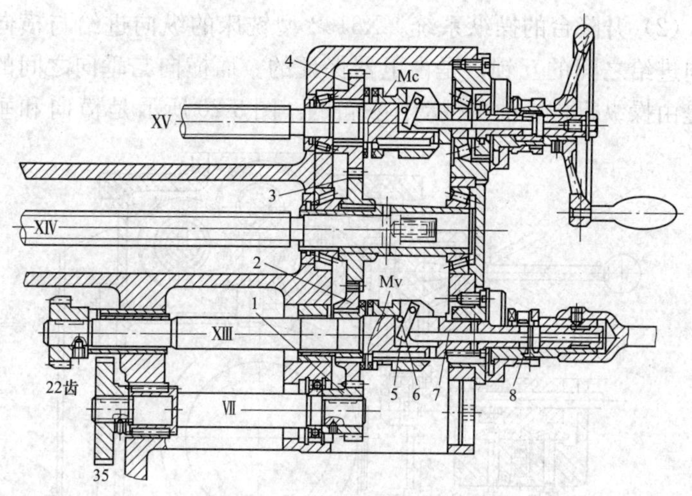

图 3-18 升降台传动系统展开图

1、2、3、4—齿轮；5—杠杆；6—销；7—柱销；8—套圈

图 3-19)，再通过锥齿轮 2 和 3 使丝杠 4 旋转，以达到工作台垂向进给的目的。

由于升降台的行程比较大，升降台内装丝杠处到底座之间的最大距离小于行程的 2 倍，用单根丝杠就不能满足要求，因此采用双层丝杠（见图 3-19)。当丝杠 4 在丝杠套筒 5 内旋至末端时，由于阶台螺母 7 的限制而不能再向上旋，此时就带动丝杠套筒 5 向上旋。丝杠套筒内孔的上部是与丝杠 4 配合的螺母，其外圆是丝杠，在螺母 6 内旋上或旋下。螺母 6 就固定在安装于底座上的套筒内。

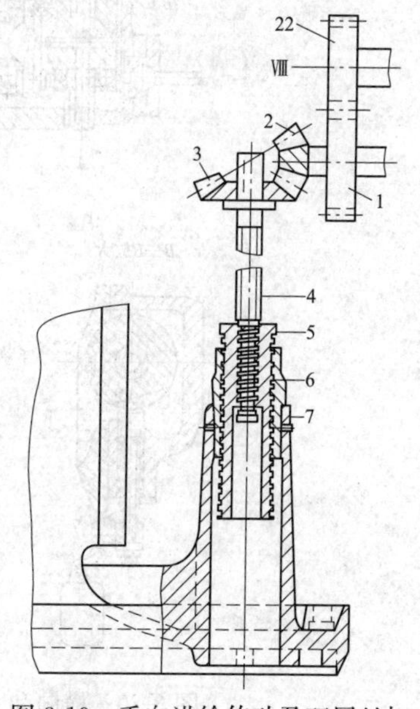

图 3-19 垂向进给传动及双层丝杠

1、2、3—齿轮；4—丝杠；
5—丝杠套筒；6—螺母；7—阶台螺母

（2）升降台的操纵系统。X6132 型铣床的纵向进给与横向和垂向进给之间的互锁，是由电器保证的。而横向与垂向之间的互锁是由操纵机构中的机械动作获得的。图 3-20 所示是横向和垂向

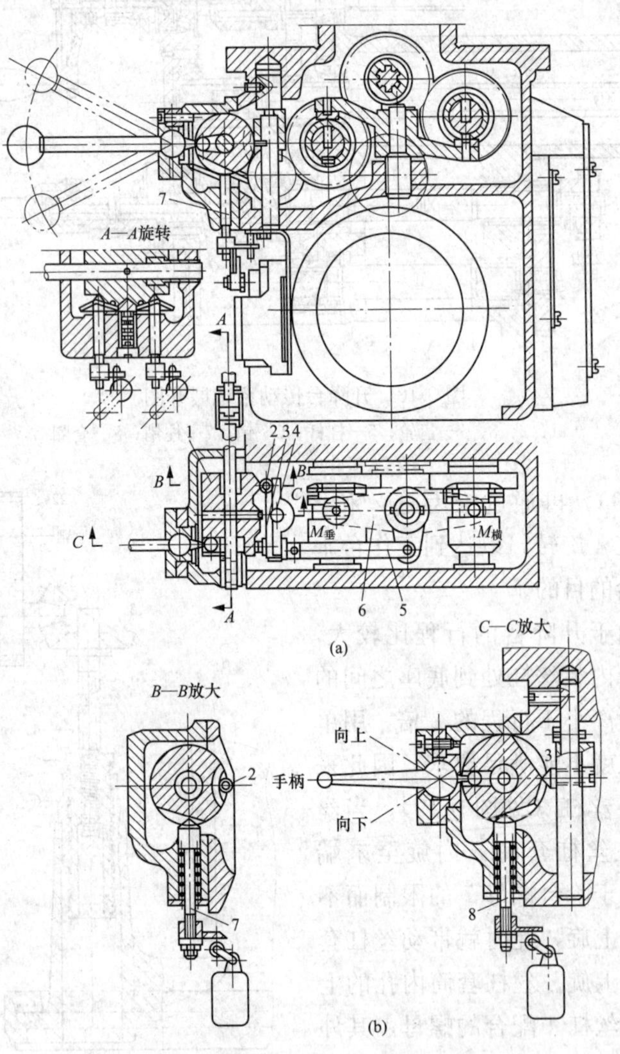

图 3-20　横向和垂直升降的操纵机构

（a）横向进给操纵系统；（b）垂向进给操纵系统

1—鼓轮；2、3—支点；4、5、6—杠杆；7、8—轴销

进给操纵系统的结构图，这两个进给运动是由一个操纵手柄控制的。当需要使工作台作垂直方向进给时，可将手柄向上提或向下压。向上提时，手柄以中间球形部分为支点顶部就向下摆。在手柄顶端的作用下，鼓轮 1 就逆时针转过一个角度，从图 3-20（b）中可看出支点 3 沿斜面向鼓轮中心方向移动，而支点 2 沿弧面向鼓轮外径方向推出。此时杠杆 4 作顺时针方向转，通过铰链带动杠杆 5 和杠杆 6 使 Mv 接合。与此同时，鼓轮的斜面把轴 8 向下压，使进给电机线路接通，工作台就向上运动。当把手柄向下压时，斜面不把轴销 8 向下压，而是把轴销 7 下压，于是进给电机的另一条线路接通而作反转，工作台就向下运动。

若要工作台横向进给时，可将手柄向外或向里推。从图 3-20 中可看出，手柄不论是向外还是向里，鼓轮就相应地向里或向外移动。此时，支点 2 均向鼓轮中心方向移动，而支点 3 则向外径方向推。杠杆 4 就用逆时针转动，使杠杆 5 右移，杠杆 6 作逆时针转，结果使离合器 Mc。从图 *A-A* 中可看出，当手柄向里而使鼓轮向外移时，斜面把轴销 8 压下。反之，则把轴销 7 压下，从而得到工作台向外或向里进给。

2. 工作台的结构和操纵系统

(1) 工作台结构。图 3-21 是工作台的结构图。运动从升降台中的轴 XIV 传到锥齿轮 4 后，因锥齿轮 4 与丝杠 3 没有直接联系，所以必须通过离合器内的滑键带动丝杠 3 转动。螺母 2 是固定在工作台底座上的，丝杠转动时就带动工作台一起作纵向进给。工作台 1 在工作台底座的燕尾槽内作直线运动，燕尾导轨的间隙由镶

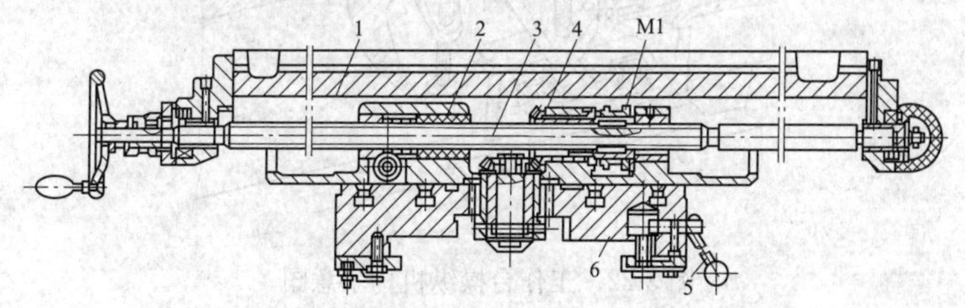

图 3-21 工作台的结构

1—工作台；2—螺母；3—丝杠；4—锥齿轮；5—手柄；6—转盘鞍座

条（塞铁）调整。转盘鞍座 6 由横向进给丝杠带动作横向进给。工作台可随工作台底座绕鞍座上的环形槽向左右作 45°范围的调整。调整后用四个螺钉和穿在鞍座环形“T”形槽内的销子将工作台底座固定牢。

纵向丝杠支承在两端的滚动轴承上，两端均装有推力轴承，以承受由铣削力等产生的轴向推力。丝杠左端的空套手轮，用于手动移动工作台时，将手轮向右推，使其与离合器啮合，手轮带动丝杠旋转而作纵向进给。松开手轮时，由于弹簧的作用而把离合器脱开，以免在机动进给时带动手轮一起旋转。纵向丝杠的右端有键的轴头，用来安装配换齿轮，将运动传给分度头等附件。

在要求把工作台纵向固定时，可旋紧紧固螺钉，通过轴销把塞铁压紧在工作台的燕尾导轨面上，就可使工作台紧固。扳紧手柄 5，可紧固横向工作台。

（2）工作台的操纵系统。工作台的操纵机构都安装在工作台底座上，其示意图如图 3-22 所示。纵向操纵手柄及横向和升降台操纵手柄都有两副，是联动的复式操纵机构。当手柄 1 处在中间位置时，模板 8 的凸出部分把杠杆板 7 顶牢，杠杆板 7 转动后通过销子把轴 6 推在右边，轴 6 通过拨叉 5 把离合器 M_1 脱开，工作台不作机动进给。若把手柄向左或向右拨过一个位置后，通过轴及

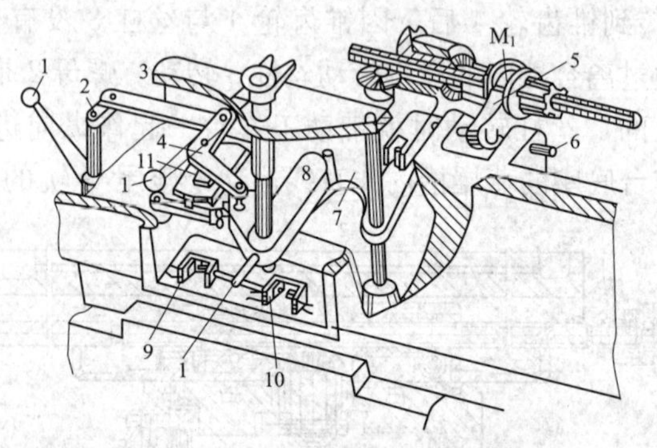

图 3-22　工作台操纵机构示意图

1—手柄；2、3、4—杠杆；5—拨叉；6—轴；
7—杠杆板；8—模板；9、10—开关；11—定板

杠杆 2、3 和 4 拨动模板 8。当模板 8 向左或向右摆过一个角度后，杠杆板 7 上的销与模板 8 上斜面之间就有空隙，此时，轴 6 在弹簧力的作用下向左移动，轴 6 带动拨叉，把离合器向左推而接合。由轴 XIV 通过锥齿轮传来的运动，再通过离合器带动纵向丝杠使工作台作纵向进给运动。

至于工作台的运动方向，是由手柄 1 处的两个电器开关控制的。手柄向左推时，开关 9 接通；向右时开关 10 接通。开关 9 和 10 分别使电机正转和反转。

手柄在中间或左和右三个位置，是由定板 11 上的三个 V 形缺口来定位的。

第三节 其他典型铣床简介

一、X8126 型万能工具铣床

1. 机床的特点与用途

X8126 型万能工具铣床是升降台式铣床的一种基本型式，如图 3-23 所示，它具有水平主轴、垂直主轴，故能担负起万能卧式铣床和立式铣床的工作。垂直主轴能在平行于纵向的垂直平面内偏转到所需的角度位置，刻线范围为 ±45°；在垂直台面上可安装水平工作台，此时便可像普通升降台铣床一样，工作台可作纵向和垂向的进给运动，横向进给运动由主轴体完成；机床安装上回转工作台后，可作圆周进给运动和在水平面内作简单的等分，用以加工圆弧轮廓面等曲面；机床安装上万能角度工作台，工作台可在空间三个相互垂直（纵向、横向和垂向）的坐标轴回转角度，以适应加工各种倾斜面和复杂工件的要求，但此机床不能用挂轮法加工等速螺旋槽和螺旋面。

这种机床特别适用于工具车间制造刀具、模具、夹具和小型复杂零件。由于机床的结构小巧，刚性较差，故适于切削量较小的半精加工和精加工。

2. 机床的主要部件及调整

X8126 型万能工具铣床的主要部件有床身、水平主轴头架、

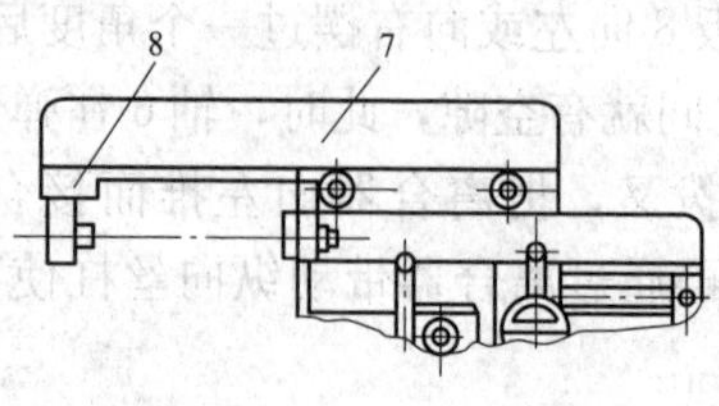

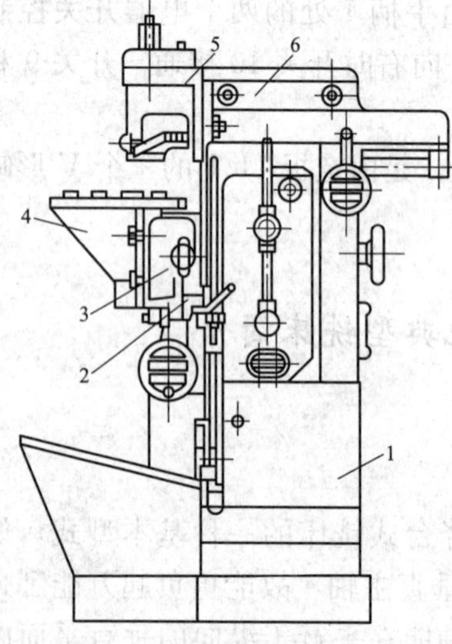

图 3-23　X8126 型万能工具铣床
1—床身；2—升降台；
3、4—工作台；5—立铣头；
6—水平主轴头架；7—悬梁；8—支架

立铣头、工作台、升降台以及主传动和进给传动装置等。

箱形床身固定在机床的底座上，其内部装有主传动变速箱和进给箱。床身的顶部有水平导轨，带有水平导轨的主轴头架可沿导轨移动。可拆卸的立铣头固定在水平主轴头架前面的垂直平面上，能左右回转45°，其垂向主轴可手动轴向进给。当用水平主轴工作时，需卸下立铣头，将铣刀心轴装入水平主轴孔中，并用悬梁 7 和支架 8 把铣刀轴支承起来，如同卧式铣床一样。在床身的前面有垂向导轨，升降台可沿其上下升降。工作台 3 则沿着升降台 2 前面的水平导轨实现纵向进给。工作台前的垂直平面上有五条 T 形槽，供安装各种附件之用。图 3-23 所示为安装上水平角度工作台 4 的情况。

水平主轴头的横向移动、升降台的垂向移动和工作台的纵向移动，都可以手动或机动，并用刻度尺与刻度盘调整其移动距离。调整各相关的挡铁，可自动停止进给运动。

3. 机床的传动系统

图 3-24 所示为 X8126 型万能工具铣床传动系统图。

水平主轴 V 由电动机经主运动链带动旋转。转速变速箱中的三组滑移齿轮，使水平主轴可得到 8 种不同转速，其范围为 110～1200r/min。

垂直主轴Ⅶ由水平主轴经锥齿轮副、圆柱齿轮副传动获得 8

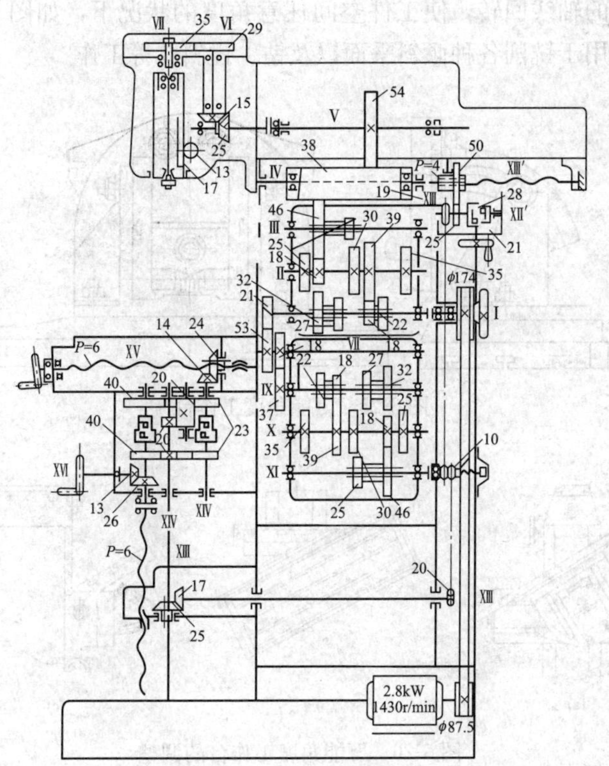

图 3-24　X8126 型万能工具铣床传动系统图

种转速，其范围为 150～1660r/min。

机床的纵向、横向和垂向进给，均同主运动变速箱中的 1 轴和进给变速箱带动，利用三组双联滑移齿轮变速，使三个方向的进给运动都有 8 种进给量。

若需在机床上钻孔，可扳动手柄通过齿轮齿条机构使垂向主轴手动进给。

4. 机床附件

X8126 型万能工具铣床主要附件有水平角度工作台、万能角度工作台、回转工作台、分度头、万向回转平口虎钳等。图 3-25 为万能角度工作台。该工作台安装工件或夹具的台面可绕三个相互垂直的轴线回转，使工件空间任意角度的状况下，如图 3-26 所示，适用于铣削各种倾斜平面以及钻、镗斜孔等工作。

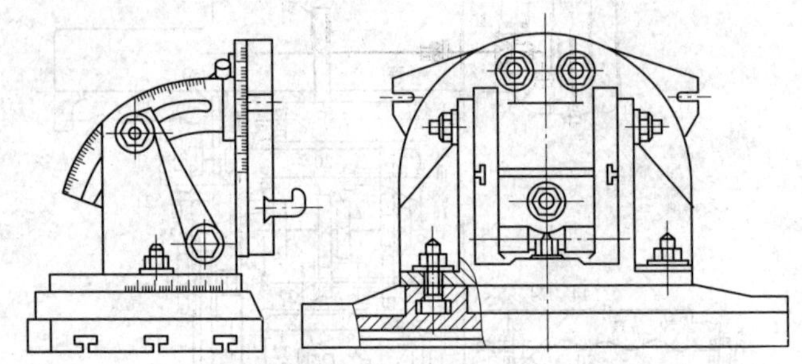

图 3-25　万能角度工作台

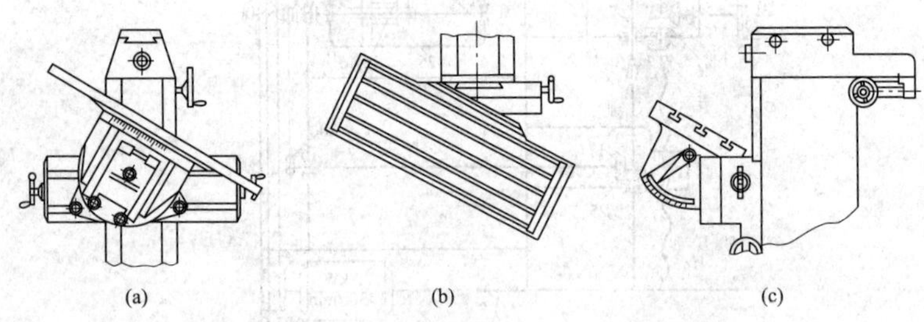

图 3-26　万能角度工作台的调整

(a) 工作台向右倾斜；(b) 工作台水平面倾斜；(c) 工作台向后倾斜

二、工作台不升降铣床

这类铣床工作台不作升降运动，机床的垂直进给运动由安装在立柱上的主轴箱作升降运动完成。这样可以增加机床的刚度，可以用较大的切削用量加工中午等尺寸的零件。

工作台不升降铣床根据工作台面的形状，可分为圆形工作台式和矩形工作台式两种。

1. 圆形工作台铣床

如图 3-27 (a) 所示为双轴圆形工作台铣床的外形图，主要用于粗铣、半精铣平面。主轴箱 1 的两个主轴上分别装粗铣和半粗铣的端铣刀。加工时，工件安装在圆工作台 3 的夹具上（工作台上可同时安装几套夹具，图 3-27 中未画），圆工作台缓慢连续转动，以实现进给运动，工件从铣刀下通过后即被加工完毕。滑座 4 可沿床身 5 导轨横向移动，以调整圆工作台 3 与主轴间的横向位置。主轴箱可沿立柱 2 的导轨升降。主轴可以在主轴箱 1 中调整轴向位置，以保证刀具与工件间的相对位置。圆工作台 3 每转一周加工一个零件，装卸工件的辅助时间与切削时间重合，生产率较高，但需用专用夹具装夹工件。它适用于成批大量生产中铣削中小型工件的平面。

2. 矩形工作台铣床

如图 3-27（b）所示为单轴矩形工作台铣床的外形图，这类铣床工作台为矩形，其结构形式很多，主要由主轴箱 1、立柱 2、矩形工作台 3、滑座 4 和床 5 组成。

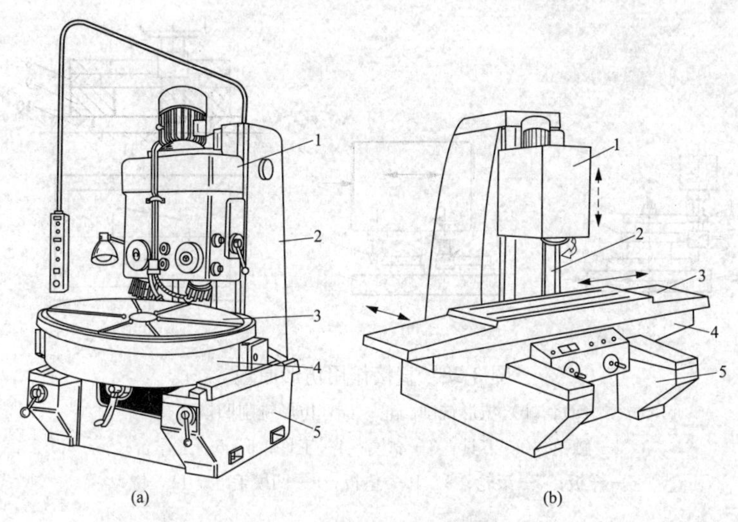

图 3-27 工作台不升降铣床

（a）双轴圆形工作台铣床；（b）单轴矩形工作台铣床

1—主轴箱；2—立柱；3—矩形工作台；4—滑座；5—床身

三、仿形铣床

仿形铣床用于加工直线成形面（如盘形凸轮、曲线样板等）和立体成形面（如锻模、压模、叶片、螺旋桨的曲面）。

根据工作原理，仿形铣床可分为以下两类。

1. 直接作用式仿形铣床

在这类铣床上，铣床刀和仿形触销刚性连接或用一定的机械装置（如缩放仪、杠杆系统等）连接，由触销沿靠模或样件的表面移动来带动铣刀移动，在工件上加工出与靠模曲线轮廓或空间曲面形状相同的表面。如图 3-28 所示，在力 F 的作用下，使触销 1、刀具 2 分别紧靠在靠模 3 及工件 4 上。在如图 3-28（a）中，由于圆工作台 6 作回转的进给运动，使刀具 2 按靠模的轮廓曲线作随动运动，加工出与靠模轮廓形状相同的盘形凸轮。在如图 3-28（b）中，当工作台 5 带动靠模 3 和工件 4 沿垂直于力 F 的方向作进给运动时，刀具 2 按照靠模的轮廓曲线作随动运动，加工出与靠模曲线轮廓形状相同的曲面。

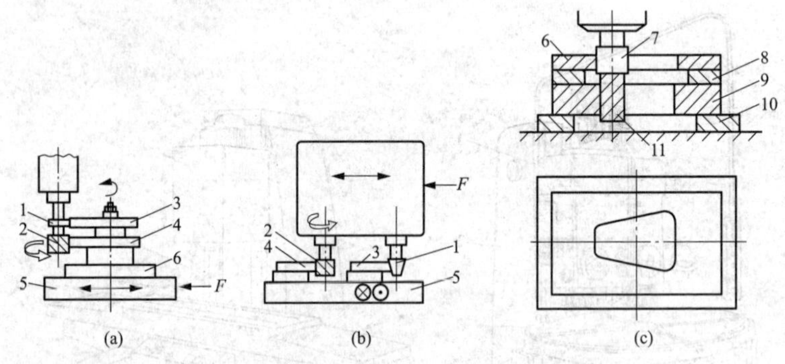

图 3-28　直接作用仿形原理

（a）、（b）仿形铣削凸轮；（c）仿形铣削凹模型孔

1—触销；2—刀具；3—靠模；4—工件；5、6—工作台；

6—样板；7—滚轮；8、10—垫板；9—凹模毛坯；11—铣刀

图 3-28（c）所示为在立式铣床上利用靠模装置精加工凹模型孔。精加工前型孔应粗加工，靠模样板、垫板和凹模一起紧固在工作台上，在指状铣刀的刀柄上装有一个钢制的、已淬硬的滚轮。加工凹模型孔时，用手操纵工作台的纵向和横向移动，使滚轮始终与靠模样板接触，并沿着靠模样板的轮廓运动，这样便能加工出凹模型孔。

利用凹模靠模装置加工时，铣刀的半径应小于凹模型孔转角

处的圆角半径，这样才能加工出整个轮廓。

利用靠模仿形雕刻加工，如图 3-29 所示，工件和模板分别安装在制品工作台和靠模工作台上。通过缩放机构在工件上缩小雕刻出模板上的文字、花纹、图案等。

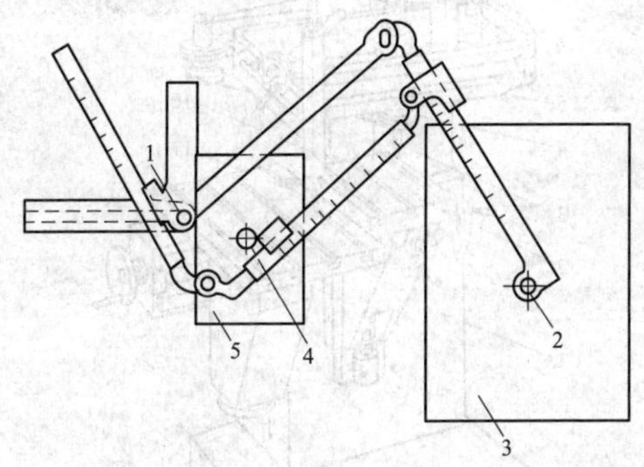

图 3-29　平面刻模铣床示意图

1—支点；2—触点；3—靠模工作台；4—刻刀；5—制品工作台

如图 3-30 所示的立体靠模铣床是根据缩放仪工作原理来实现仿形铣削的机床。这种机床除用于仿形铣削外，并可用于雕刻文字及图形等。机床的工作台 2 用于安装被加工工件，可用手轮调整其纵向、横向及垂直方向位置。靠模工作台 12 用于安装靠模，可在纵向和垂直方向调整位置。缩放仪 5 是铰链连接的平行四边形机构，它安装在转轴 7 上。铣头 4 装在缩放仪的前臂上，由电动机经皮带传动铣刀 3 旋转。下端装有触销 11 的仿形头 10 装在缩放仪右臂的前端。进行平面仿形加工时，用手操纵触销 11，使它沿着靠模的轮廓曲线移动，通过缩放仪带动铣刀沿着与靠模外形相似曲线移动，在工件上铣出所需的轮廓曲线。立体仿形加工时，由仿形杠杆装置 9 将触销 11 沿垂直方向的运动按比例地传递给铣刀轴。

2. 随动作用式仿形铣床

这类仿形铣床具有随动系统，加工时触销作用在靠模上的工作压力很小，因此，可用塑料、木材、石膏和软金属等硬度较低的易加工材料来制造靠模。其随系统有液压、电气、电液联动、

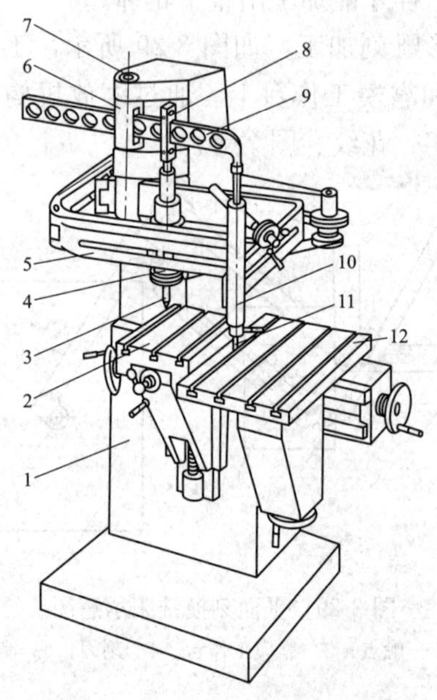

图 3-30　立体刻模铣床结构

1—床身；2—工作台；3—铣刀；4—铣头；5—缩放仪；6—转轴孔；
7—转轴；8、9—仿形杠杆装置；10—仿形头；11—触销；12—靠模工作台

光电联动等方式。

现以采用电气随动系统的立体仿形靠模铣床为例，说明其工作原理如下。

如图 3-31（a）所示，靠模 2 和工件 13 同装在固定的工作台 1 上，触销 3 和铣刀 12 同装夹在铣头 11 上。当铣头 11 随横梁 6 自上向下作垂直进给运动 f_1 时（为主导进给运动），由于靠模 2 轮廓形状与触销 3 接触处的不断变化，使触销通过仿形仪 4 发出相应的信号，经放大装置 7 放大，控制随动进给电动机 8，使铣头 11 带动铣刀 12 跟随着触销 3 作随动进给 f_2，在工件上加工出一条自上而下的曲面，如图 3-31（b）的线段 1-1 内的曲面。接着，立柱底座 9 带动铣头沿横向间断进给一距离 f_2，铣头随即作向上的垂直进给运动 f_1，按同理加工出工件另一条曲面，如图 3-31 中 2-2

线段内的曲面。经过这样的多次进给运动，就可加工出整个工件的曲面。

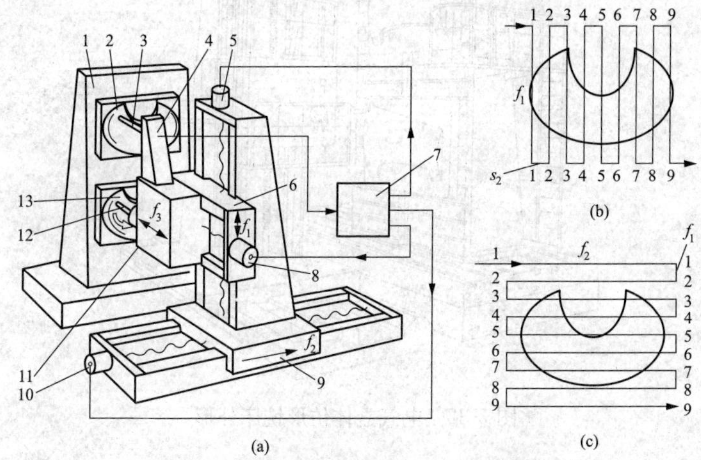

图 3-31 随动作用式仿形铣床工作原理

(a) 仿形铣床结构图；(b) 仿形曲线图

1—工作台；2—靠模；3—触销；4—仿形仪；6—横梁；7—放大装置；
5、8、10—电动机；9—底座；11—铣头；12—铣刀；13—工件

主导进给运动也可改为水平方向的进给运动 f_2，如图 3-31 (c) 所示，而在垂直方向作间断的进给运动 f_1，f_2 仍为随动进给运动。

如图 3-32 所示为电气立体仿形铣床外形。图 3-33 所示为 XB4450 型电气立体仿形铣床。该机床的工作台可沿机床床身作横向进给运动，工作台上装有支架，上下支架可分别固定靠模及模具毛坯，主轴箱可沿横梁上的水平导轨作纵向进给运动，也可连同横梁一起沿立柱上下作垂直进给运动。铣刀及仿形指均安装在主轴箱上，利用三个方向进给运动的合成可加工出三维成形表面。

图 3-34 所示为立体仿形铣床跟随系统的工作原理图。在加工过程中，仿形指沿靠模表面运动产生轴向移动从而发出信号，经机床随动系统放大后，用来控制驱动装置，使铣刀跟随仿形指作相应的位移而进行加工。

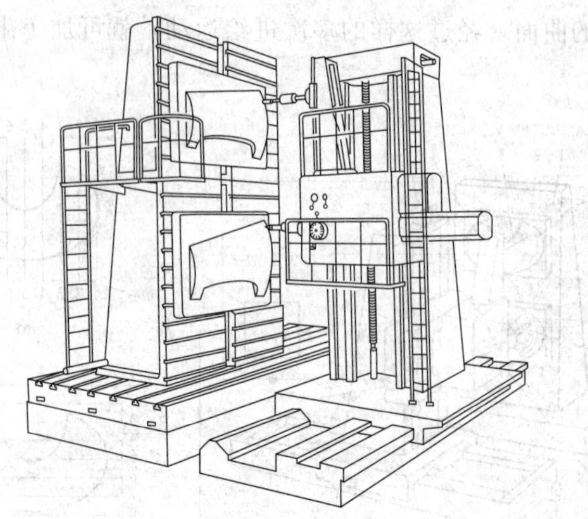

图 3-32　电气立体仿形铣床外形

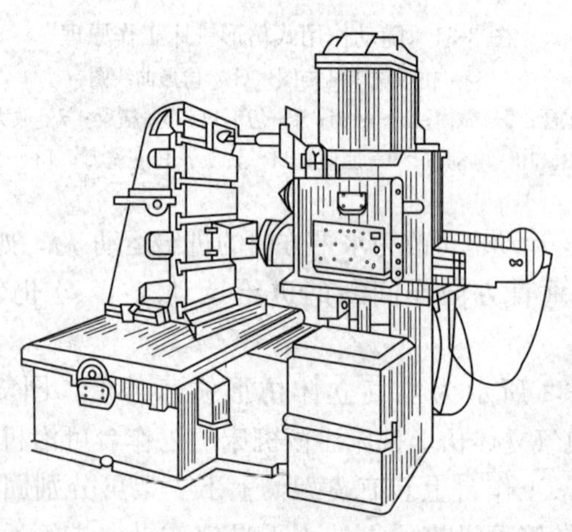

图 3-33　XB4450 型电气立体仿形铣床

四、螺纹铣床

螺纹铣床的主要类型有丝杠铣床、短螺纹铣床和蜗杆铣床等。丝杠铣床使用盘形铣刀加工螺纹，如图 3-35（a）所示，铣刀轴线相对工件轴线偏转一个螺纹升角的角度。铣削过程中，铣刀调整旋转作主运动（n_t），工件慢速旋转作圆周进给运动，同时铣刀沿

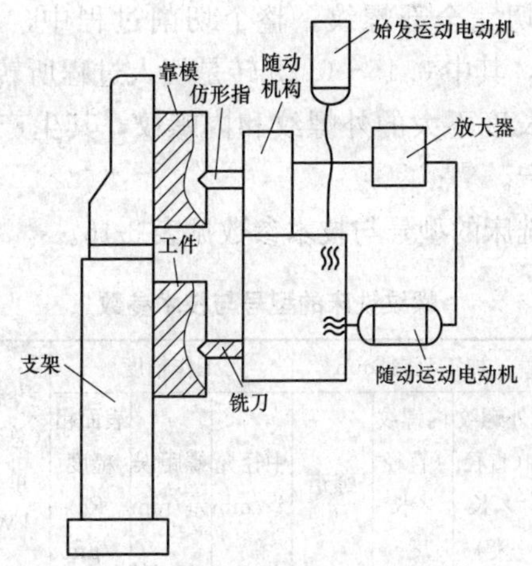

图 3-34　立体仿形铣床跟随系统的工作原理

工件轴线方向移动，完成纵向进给运动（f_a），这一运动与工件的旋转运动组成一个复杂运动——螺旋轨迹运动，因此它们之间必须保持严格的运动关系：工件每转一转，刀具移动被加工螺纹一个导程的距离。这种机床主要用于加工长度较大的丝杠上的传动螺纹，也可用来加工键槽、花键轴和齿轮等。

短螺纹铣床使用梳形铣刀加工外螺纹和内螺纹，如图 3-35（b）、(c)所示。铣刀宽度略大于工件螺纹的长度，铣刀轴线与工件轴线平行。加工开始时，刀具沿工件径向作切入运动，当切至所需螺纹深度后，工件再继续转一整转，铣刀沿工件轴线移动一

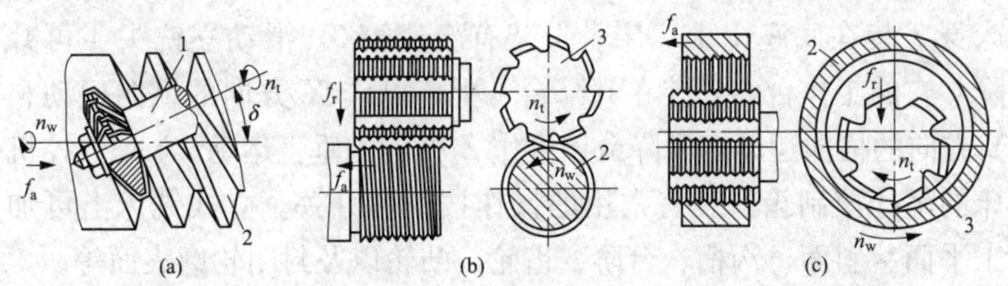

图 3-35　铣削螺纹

（a）盘形铣刀加工螺纹；（b）梳形铣刀加工外螺纹；（c）梳形铣刀加工内螺纹

1—盘形铣刀；2—工件；3—梳形铣刀

个导程，便可切完全部螺纹。整个切削过程中，工件共需旋转1.15～1.25转，其中0.15～0.25转是切入过程所转过的部分。这种铣床可加工长度不大的外螺纹和内螺纹，其生产率较高，适用于大批大量生产。

常用螺纹铣床的型号与技术参数见表3-16。

表3-16　　螺纹铣床的型号与技术参数

型号	中心高/mm	中心距/mm	加工范围/mm			工作精度			功率（总容量）kW	质量/t	外形尺寸/mm（长×宽×高）
			外螺纹（直径×长度）	内螺纹（直径×长度）	螺距	中径允差/mm	螺距误差/mm	表面粗糙度 *Ra*/μm			
SB6110A	240	850	100×80	120×50	0.75～6	0.06		5	4.525	3	2910×1163×1290
SB6120A	240		150×50	200×50	0～3		0.073/120	5	3.825	2.5	2397×1123×1260
S6125	240	1500	最大直径250				0.03/100	5	5.5	3.5	3185×1294×1230
SZ6212A	240			100×50	0～4	0.075		5	3.825	3	2910×1138×1260

五、数控立式升降台铣床

如图3-36所示为数控立式升降台铣床的外形图。这类铣床与卧式升降台铣床的主要区别，在于它的主轴是竖直安装的。立式床身2装在底座1上，床身上装有变速箱3，滑动立铣头4可升降，它的工作台6安装在升降台7上，可作X方向的纵向运动和Y方向的横向运动，升降台还可作Z方向的垂直运动。5是数控机床的吊挂控制箱，装有常用的操作按钮和开关。立式铣床上可加工平面、斜面、沟槽、台阶、齿轮、凸轮以及封闭轮廓表面等。

六、X2010A型龙门铣床

龙门铣床是一种大型高效通用铣床，主要用于加工各类大型工件上的平面、沟槽等。可以对工件进行粗铣、半精铣，也可进

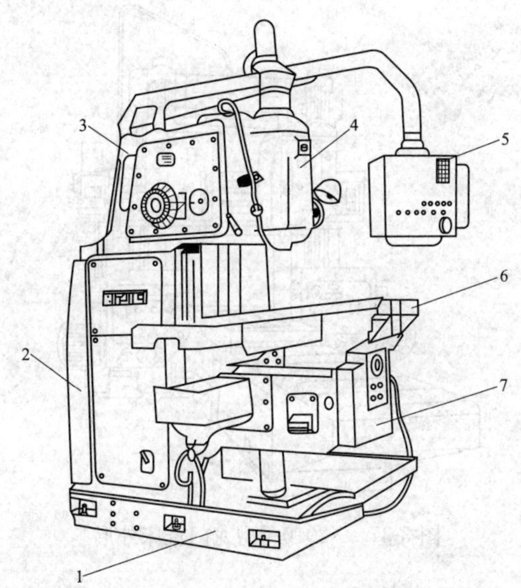

图 3-36 数控立式升降台铣床的外形图

1—底座；2—床身；3—变速箱；4—立铣头；
5—吊挂控制箱；6—工作台；7—升降台

行精铣加工。X2010A 型龙门铣床的外形如图 3-37 所示，X2010A 型龙门铣床，主要用于黑色金属及其他有色金属工件的平面加工，还可以加工台阶面、沟槽及斜面等。

龙门铣床通常有两种布局形式：四轴龙门铣床带有两个垂直主轴箱和两个水平主轴箱，能同时安装四把铣刀进行铣削；三轴龙门铣床比四轴龙门铣床少一个垂直主轴箱。垂直轴能在±30°范围内偏转角度；水平主轴能在－15°～＋30°范围内偏转角度。龙门铣床由于有足够的刚性，故适于进行高速铣削和强力铣削。由于工作台直接安装在床身上，故载重量大，可加工重型工件。但工作台只能作纵向进给运动，横向和垂向进给运动由主轴箱和主轴或横梁来完成。

龙门铣床的结构组成如图 3-38 所示，它的布局呈框架式，5 为横梁，4 为立柱，在它们上面各安装两个铣削主轴箱（铣头）6

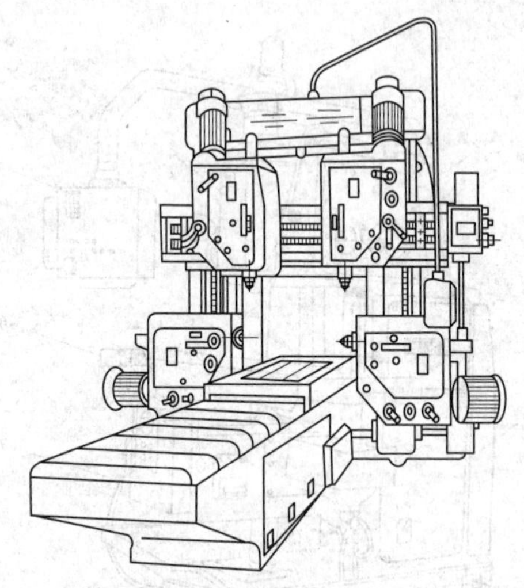

图 3-37　X2010A 型龙门铣床外形

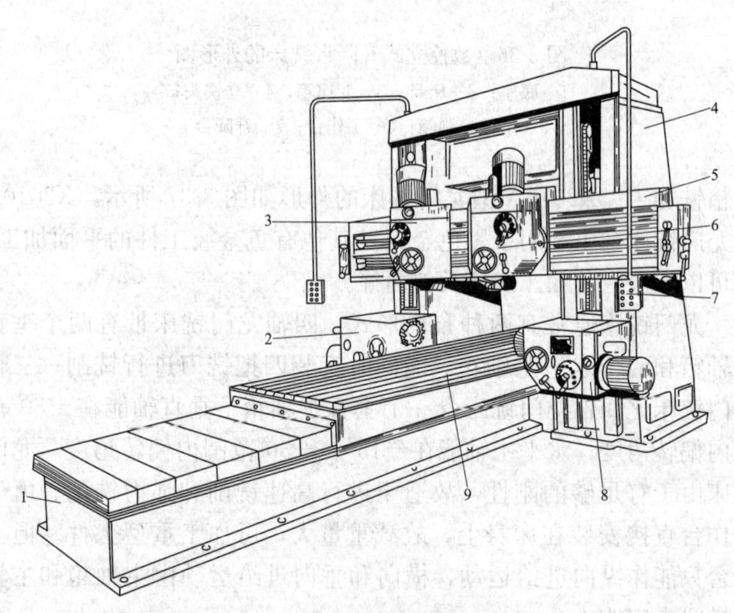

图 3-38　龙门铣床的结构组成

1—床身；2、8—垂直移动铣头；3、6—水平移动铣头；
4—立柱；5—横梁；7—按钮钻；9—工作台

和 3、2 和 8。每个铣头都是一个独立的主运动部件，铣刀旋转为主运动。9 为工作台，其上安装被加工的工件。加工时，工作台 9 沿床身 1 上导轨作直线进给运动，四个铣头都可沿各自的轴线作轴向移动，实现铣刀的进给运动。为了调整工件与铣头间的相对位置，则水平移动铣头 6 和 3 可沿横梁 5 水平方向移动，垂直移动铣头 8 和 2 可沿立柱在垂直方向移位。7 为按钮钻，操作位置可自由选择。由于在龙门铣床上可以用多把铣刀同时加工工件的几个平面，所以龙门铣床生产率高，在成批和大量生产中得到了广泛应用。

X2010A 型龙门铣床使用时应注意以下问题。

（1）应定期检查主轴箱及横梁移动螺母的磨损情况，检查水平主轴箱平衡锤悬挂链条端部的连接情况、横梁夹紧机构的可靠性、主轴轴承及各导轨面的传动间隙，发现问题及时调整。

（2）移动某一部位前，应先检查手动夹紧机构是否已松开。

（3）定期更换油池内的润滑油，注意油位是否在油标规定范围内。机床启动后，应注意油泵供油是否正常，主轴箱油标油位是否正常。

（4）定期检查滤油器、沉淀池、油池；检查各密封处的密封情况，如有漏油现象，应及时更换密封件；检查润滑系统压力继电器的可靠性。

（5）机床运行过程中，禁止变换主轴转速和换接离合器。

（6）定期检查并调整主轴轴承间隙。定期检查并调整各导轨压板、镶条的间隙。

（7）机床主轴箱回转角度后，应添加润滑油，添加数量应保证润滑油指示油标油位正常，当恢复水平或垂直位置后，需要放出多余的润滑油，使油面保持在油标指示刻线上。

钻 床 和 镗 床

第一节　台式钻床和立式钻床

钻床是钳工进行机械加工、维修和装配时最常用的孔加工机床设备之一。钻床可以用钻头直接加工出精度不太高的孔，也可以通过钻孔—扩孔—铰孔的工艺手段加工精度要求较高的孔，利用夹具还可以加工要求有一定相互位置精度的孔系。另外，钻床还可进行攻螺纹、锪孔、锪端面等工作。钻床在加工时，工件一般不动，刀具则一面作旋转主运动，一面作轴向进给运动。

钻床主要类型有台式钻床（简称台钻）、立式钻床（简称立钻）、摇臂钻床、铣钻床、镗钻床和中心孔钻床等；此外，随着数控技术的不断发展，数控钻床的应用也越来越广泛。钻床类、组、系划分参见附录 A。

一、台式钻床

台式钻床简称台钻，是一种小型钻床，可放在工作台上使用。一般用来钻削直径在 ϕ13mm 以下的孔，且为手动进给。台钻的主要特点是：结构简单、体积小、操作方便灵活，常用作小型零件上钻、扩 ϕ16mm 以下的小孔。

1. 台式钻床的主要结构组成

图 4-1（a）所示就是应用广泛的台钻的外形图，图 4-1（b）所示是台钻的结构图，这种台钻灵活性较大，可适应各种情况钻孔的需要，它的电动机 6 通过五级 V 带可使主轴得到五种转速。其头架本体 5 可在立柱 10 上上下移动，并可绕立柱中心转移到任何位置，将其调整到适当位置后用手柄 7 锁紧。9 是保险环。如果

头架要放低一点，可靠它把保险环放到适当位置，再扳螺丝 8 把它锁紧，然后略放松手柄 7，靠头架自重落到保险环上，再把手柄 7 扳紧。工作台 3 也可在立柱上上下移动，并可绕立柱转动到任意位置。11 是工作台锁紧手柄。当松开锁紧螺钉 2 时，工作台在垂直平面内还可左右倾斜 45°。

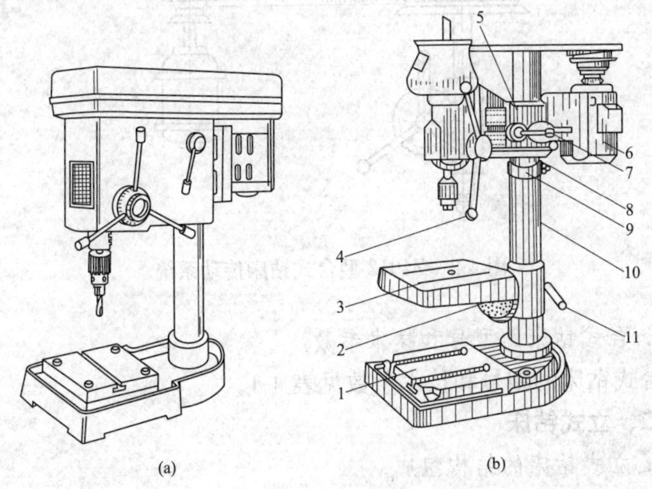

图 4-1 台式钻床结构组成

(a) 台式钻床的外形；(b) 台式钻床的组成

1—底座；2—锁紧螺钉；3—工作台；4—进给手柄；5—头架本体；6—电动机；7—锁紧手柄；8—螺丝；9—保险环；10—立柱；11—工作台锁紧手柄

工件较小时，可放在工作台上钻孔；当工件较大时，可把工作台转开，直接放在钻床底座 1 上钻孔。这类钻床的最低转速较高，往往在 400r/min 以上，不适于锪孔和铰孔。

2. Z4012 型台式钻床的传动系统

Z4012 型台式钻床传动系统比较简单，如图 4-2 所示，主运动：

$$\text{电动机}-\frac{\text{主动 V 带轮（直径）}}{\text{从动 V 带轮（直径）}}-\text{主轴}\begin{cases}(4100\text{r/min})\\(2440\text{r/min})\\(1420\text{r/min})\\(840\text{r/min})\\(480\text{r/min})\end{cases}$$

Z4012 钻床进给运动：三球式手轮—$\frac{\text{齿轮}}{\text{齿条}}$。

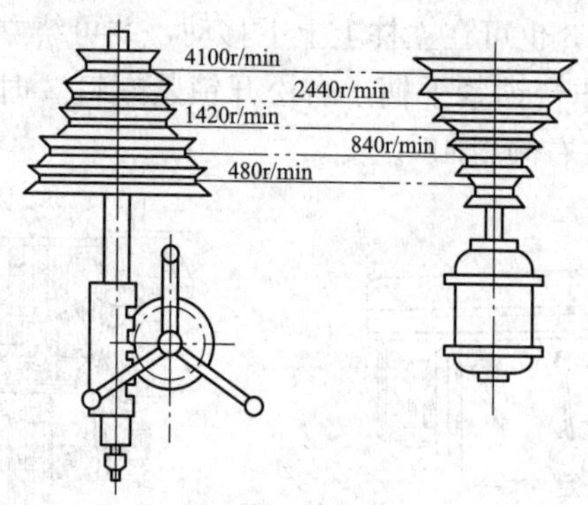

图 4-2　Z4012 型台式钻床传动系统

3. 台式钻床的型号和技术参数

台式钻床的型号和技术参数见表 4-1。

二、立式钻床

1. 立式钻床的结构组成

立式钻床可钻削直径 $\phi25\sim\phi50$mm 各种孔，这类钻床最大钻孔直径有 25、35、40、50mm 等。它一般用来钻削中心型工件，其进给可实现自动进给，它的功率和机构强度都允许采用较高的切削用量，因而它可获得较高的劳动生产率及较高的加工精度。另外它的主轴转速与进给量也有较大的变动范围，可适应不同材料的刀具和各种不同需要的钻削，如锪孔、铰孔、攻丝等。

图 4-3 所示就是一台应用较为广泛的立式钻床，它由底座 8、立柱床身 7、主轴变速箱 4、电动机 5、主轴 2、进给变速箱 3 和工作台 1 等主要部件组成。

立钻的床身 7 固定在底座 8 上，主轴变速箱 4 就固定在箱形立柱床身 7 的顶部。进给变速箱 3 装在床身 7 的导轨面上。床身内装有平衡用的链条，绕过滑轮与主轴套筒相连，以平衡主轴的重量。工作台 1 装在床身导轨的下方，旋转手柄，工作台可沿床身导轨上下移动。在钻削大工件时，工作台还可以全部拆掉，工件直接

表 4-1　　　台式钻床的型号和技术参数

产品名称	型号	技术参数						电动机功率/kW		质量/t		外形尺寸/mm（长×宽×高）	备注
		最大钻孔直径/mm	主轴端至底座面距离/mm	主轴轴线至立柱表面距离/mm	主轴转速		主轴行程/mm						
					级数	范围/(r/min)		主电动机	总容量	毛重	净重		
特轻型台式钻床	ZTQ4106	6	300	104	5	1260～5230	50		0.25			480×240×610	
轻型台式钻床	ZQ4106	6	290	120	3	580～2700	60	0.18			0.019	440×250×240	
	LT-06	6	360～420	130	3	1400～5600	60	0.25		0.037	0.035	474×235×728	
台式钻床	Z402	2	135	80	3	3000～8700	20	0.09			0.014	320×140×370	
	Z402	2	120	80	3	3650～8600	20	0.09			0.015	320×370×140	
	Z403	3	100	100	4	2240～1140	40	0.18			0.035	430×214×443	
	Z406	6	125～225	140	4	1380～8300	65		三相 0.37		0.04	538×265×595	
	Z512	12	130～430	190	8	460～4250	100		0.55	0.1	0.124	782×446×823	液压升降
	Z4012	12	170～355	200	5	450～4000	100	0.37	0.37	0.08	0.092	695×385×855	机械升降
	Z512-A	12	170～355	200	5	450～4000	100	0.37	0.37		0.072	695×360×855	
	ZHX-13	432	300	103	5	515～2580	50	Z7124	0.25	0.025	0.023	411×235.5×581	
	Z4012	13	455	200	4	800～4000	100	Z7114 1.1	0.18	0.114		740×385×101 715	
	Z515	15	130～430	190	8	320～2900	100		0.55		0.13	782×446×823	
	Z516	16	182～550	193	5	480～4100	100	JW7124	0.55	0.13	0.1	688×380×1037	
	Z4018	18	200～400	240	5	335～3150	125	0.75	0.75	0.135	0.125	798×454×1025	机械升降
	Z4119	19	580	205	5	385～3150	125	0.55			0.135	750×400×1040	
	Z4019	19	230～435	185	8	240～3800	110		0.55		0.092	675×320×970	
	Z4020	20	400	240	5	335～3150	125	1.1	1.1		0.132	798×415×1025	
	Z4023	23	230～435	185	8	240～3800	110		0.75		0.194	675×320×970	
	Z4025	25	184～430	240	5	250～2230	125	1.1	1.1	0.155	0.145	798×454×1080	

固定在底座 8 上。这种钻床的进给变速箱 3 也可在床身导轨上移动，以适应特殊工件的需要。不过无论是拆工作台或是移动很重的走刀变速箱都非常麻烦，所以在钻削较大工件时就不太适用了。

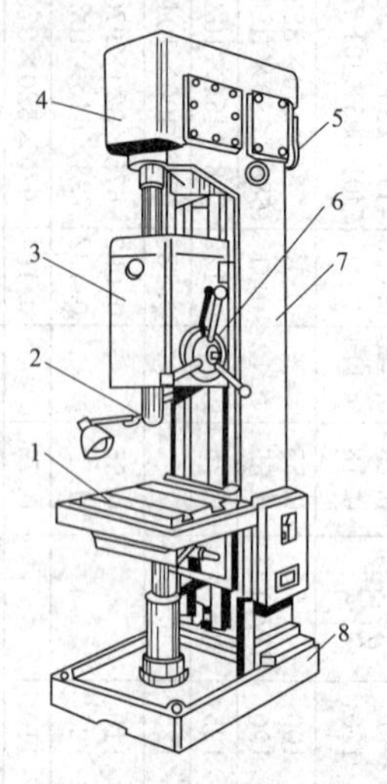

图 4-3　立式钻床的结构组成
1—工作台；2—主轴；
3—进给变速箱；4—主轴变速箱；
5—电动机；6—进给手柄；
7—立柱床身；8—底座

2. Z5125 型立式钻床主要组成部件

Z5125 型立式钻床主要组成部件包括变速箱、进给箱、进给机构和主轴等。

(1) 变速箱。变速箱如图 4-4 所示，内部主要装有传动齿轮和变速操纵机构。两组三联滑动齿轮 1 和 2 用花键与轴连接。齿轮的变换是靠扳动变速箱外部的操纵手柄，使变速箱内的两个扇形齿轮和拨叉动作而得到。

变速箱的最后一根轴是空心轴，上端用平键固定连接一组三联齿轮，下端内部的花键孔则用以将所得的 9 种转速传递给主轴。

在中间一根花键轴的顶端装有一个偏心轮，用以带动活塞式润滑油泵，将润滑油供给变速箱的各个活动部位。

(2) 进给箱和进给机构。在进给箱内部的上方是进给变速部分（见图 4-5），其运动首先由主轴带动具有花键孔的齿轮 1 而传入，并经齿轮 2、3 降速。

通过进给箱外部的操纵手柄，可使进给箱内的拉键机构沿轴向移动，分别与空套在轴套（4 和 5）上的三个齿轮连接而达到变速的目的。三个空套齿轮的端面之间都垫以铜环，借以减轻齿轮间的相互摩擦，并可防止拉键同时进入两个相邻齿轮的键槽内而发生故障。

在轴套 5 的下端装有钢球式离合器与进给机构蜗杆轴上的钢球式离合器相啮合。

在进给箱内部的下方是进给机构部分，如图 4-6 所示。

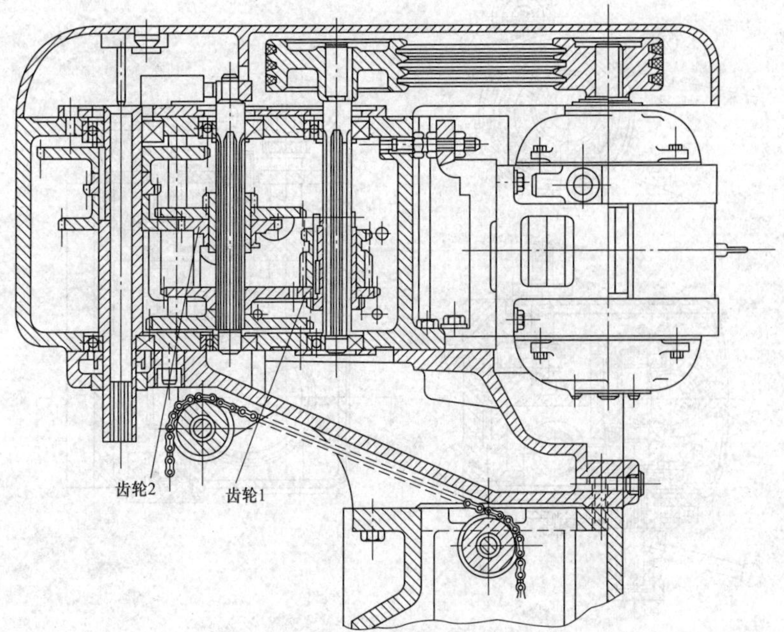

图 4-4　变速箱

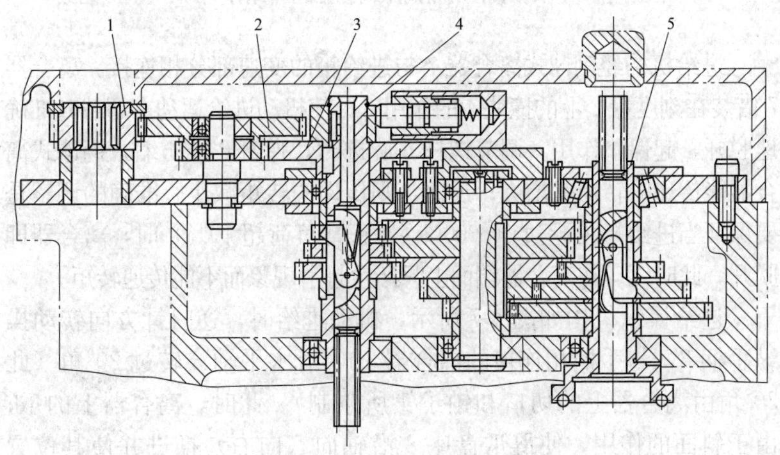

图 4-5　进给箱

1、2、3—齿轮；4、5—轴套

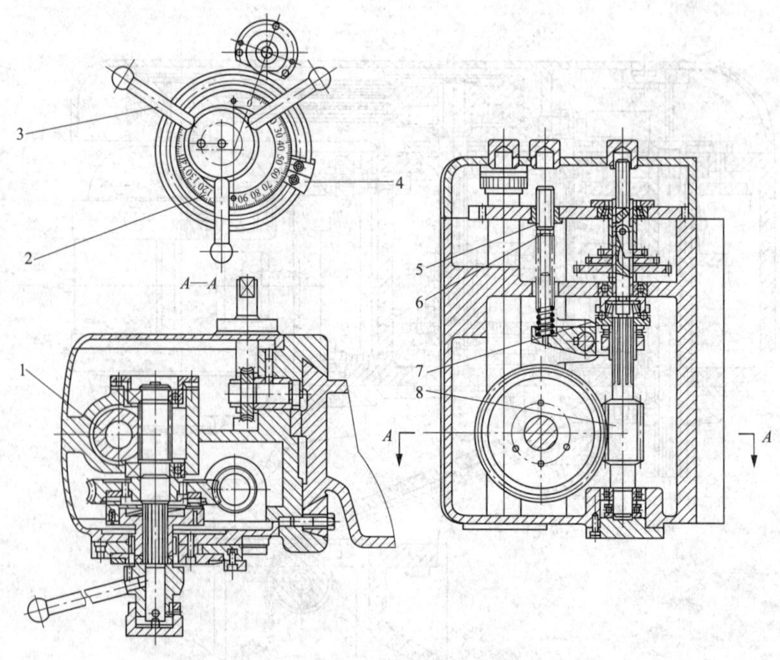

图 4-6　进给机构

1—主轴套筒；2—刻度盘；3—手柄；4—撞块；5—调节螺杆；6—弹簧；7—钢球式离合器；8—蜗杆

进给机构经钢球式离合器 7 与进给箱的变速部分相连接。离合器 7 借装在刻度盘 2 上的撞块 4 的作用，可使机动进给运动在超载时准确地脱开，起保险作用。调节螺杆 5 旋进时，弹簧 6 被压缩，钢球式离合器能传递的转矩就增大；反之，则传递的转矩减小。准确的调整是要保证当进给抗力超过 10 000N（比正常负荷超 10%）时，离合器即脱开。此时钢球在离合器端面上只产生打滑现象而不能传递转矩。

进给操纵机构如图 4-7 所示，机动进给时，逆时针方向转动操纵手柄 2，与手柄相连接的离合器 10，对水平轴 3 转过 20°角（此 20°角由离合器上的切口和销子 1 所限制）。此时，离合器上的爪，由于斜面的作用，使得爪盘座 8 沿轴向（向右）推进并使其位置固定。在爪盘座获得轴向移动时，双面爪盘 6 上的爪，便与固定在蜗轮 4 上的爪盘 5 的齿相啮合。此时，旋转运动由蜗杆经蜗轮

4、爪盘 5、双面爪盘 6、止动爪 7 和爪盘座 8 传给水平轴上的齿轮，并带动主轴套筒上的齿条而得到机动进给。

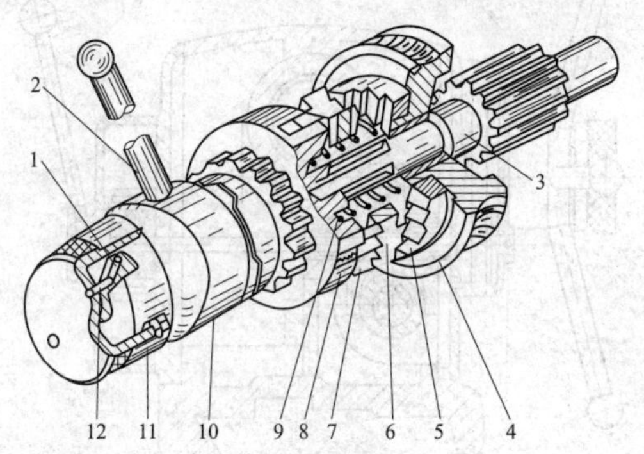

图 4-7　进给操纵机构

1、12—销子；2—手柄；3—水平轴；4—蜗轮；5—爪盘；6—双面爪盘；7—止动爪；8—爪盘座；9—弹簧；10—离合器；11—端盖

如果在机动进给时继续转动操纵手柄，则装在爪盘座上的止动爪，将顺着双面爪盘的齿面滑动。这样就得到机动进给时的手动超越进给，即在机动进给的同时，可允许以大于机动进给的进给量作手动进给。

(3) 主轴部件。若要停止机动进给，只须将操作手柄对水平轴顺转 20°角，此时爪盘座 8 向左移动。于是因爪盘 5 与 6 不再啮合而使进给停止。如果继续顺转手柄，可使主轴上升，操纵十分灵便、安全。

当采用手动进给时，必须先使机动进给停止，然后将端盖 11 沿水平轴 3 推入。在端盖内，装有销子 12，此销子能插入离合器 10 的切口内，于是手柄 2 就不能相对于水平轴转过 20°角。上述机动进给的一系列动作也就不会产生，操纵手柄的旋转运动便直接传给水平轴和齿轮，带动主轴套筒 8 上的齿条而得到手动进给。

攻螺纹时，机床备有手动和自动的电动机逆转装置，如图 4-8 所示。手动操纵攻螺纹至所需要深度时，可操纵手柄 2，主轴便逆转而使丝锥退出。当利用撞块操纵，攻螺纹至需要深度时，在刻度盘上预先调整好的撞块作用下，撞动凸轮 1，经过连接系统，主轴便逆转而使丝锥退出。

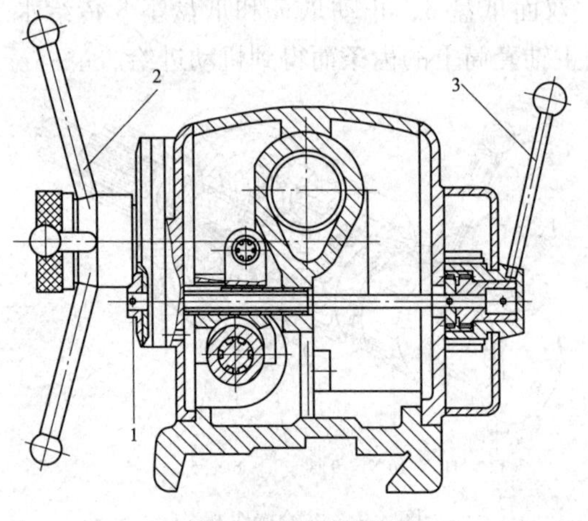

图 4-8　逆转装置

1—凸轮；2、3—手柄

如图 4-9 所示，主轴 4 的上部有花键，与变速箱中空心轴的花键孔连接而获得旋转运动。主轴的两端由深沟球轴承 1 支承。进给时的轴向力，主要由主轴下端的推力球轴承 2 承受。

旋转或旋松主轴上端的螺帽，可调整主轴推力球轴承的轴向游隙。

主轴轴承是通过进给箱空腔内伸出的导油线来润滑的，导油线的供油量约为每分钟一滴。

主轴套筒 3 的上端固定有链条 5，其另一端则经过变速箱上的滑轮后通入床身的内腔，并挂有铸铁的重锤，以平衡主轴部件的重量，使操纵主轴时轻便省力。

3. Z5125 型立式钻床的传动系统

Z5125 型立式钻床外形和传动系统如图 4-10 所示。

(1) 主运动。电动机经过一对 V 带轮 ϕ114mm 及 ϕ152mm，将运动传给 Ⅰ 轴。轴 Ⅰ 上的三联滑移齿轮将运动传给 Ⅱ 轴，使 Ⅱ 轴获得三种速度。Ⅱ 轴三联滑移齿轮将运动传给 Ⅲ 轴，使 Ⅲ 轴获得 9 种速度。轴 Ⅲ 是带内花健的空心轴，主轴上部的花健与其相配合，使主轴也有 9 种不同的转速。主运动传动链的结构式如下：

$$\text{电动机}-\frac{114}{152}-\text{I}-\left\{\begin{array}{c}\frac{25}{54}\\ \frac{37}{58}\\ \frac{23}{72}\end{array}\right\}-\text{II}-\left\{\begin{array}{c}\frac{18}{63}\\ \frac{54}{27}\\ \frac{36}{45}\end{array}\right\}-\text{主轴III}$$

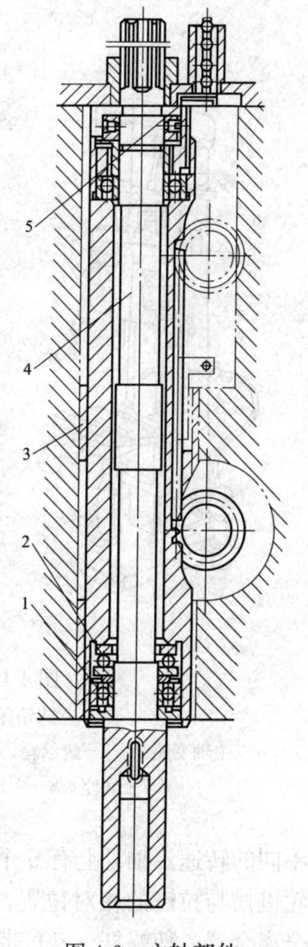

图 4-9 主轴部件

1—深沟轴承；2—推力球轴承；3—主轴套筒；4—主轴；5—链条

其主轴转速的传动方程式为

$$n_{\text{主轴}}=n_{\text{电动机}}\frac{d_1}{d_2}\mu_b$$

式中 $n_{\text{主轴}}$——主轴转速，r/min；

$n_{\text{电动机}}$——电动机转速，r/min；

d_1——电动机 V 带轮直径，min；

d_2——从动轴（Ⅰ轴）V 带轮直径，mm；

μ_b——主轴变速箱的传动比。

根据传动链结构式和议程式，可求出主轴最高和最低转速如下

$$n_{\text{最高}}=n_{\text{电动机}}\frac{d_1}{d_2}\mu_b=1420\times114/152\times37/58\times54/27\approx1360\text{r/min}$$

$$n_{\text{最低}}=n_{\text{电动机}}\frac{d_1}{d_2}\mu_b=1420\times114/152\times23/72\times18/63\approx97\text{r/min}$$

因带轮传动不能保证较为精确的传动比，故而主轴实际的转速会比计算的要低一些。

（2）进给运动。钻床有手动进给与机动进给两种。手动进给是靠手自动控制的，机动进给是靠钻床进给箱内的传动系统控制的。

主轴经 z27 传递给进给箱内的轴Ⅳ，轴Ⅳ经空套齿轮将运动传给Ⅴ轴。轴Ⅴ为空心轴，轴上三个空套齿轮内装有拉键，通过改变二个拉键与三个空套齿轮键槽的相对位置，可使Ⅵ轴得到三种

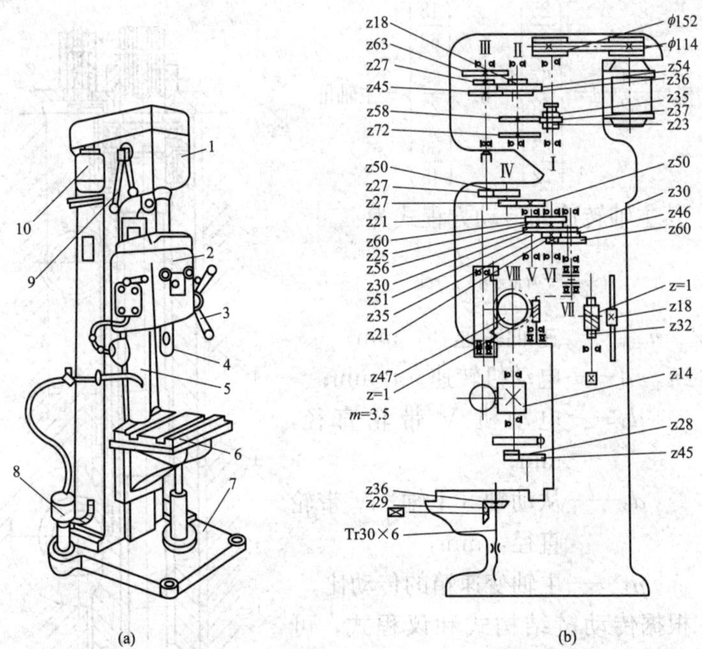

图 4-10　Z5125 型立式钻床

(a) 立式钻床外形；(b) 立式钻床传动系统

1—主轴变速箱；2—进给箱；3—进给手柄；4—主轴；5—立柱；6—工作台；7—底座；8—冷却系统；9—变速手柄；10—电动机

不同的转速。轴Ⅵ上有 5 个固定齿轮，通过改变轴Ⅶ上三个空套齿轮键槽与拉键的相对位置，可Ⅶ得到 9 种转速，再经轴Ⅶ上钢球安全离合器，使蜗杆（z1）带动蜗轮（z47）旋转，最后通过与蜗轮的小齿轮（z14）将运动传递给主轴组件的齿条，从而使旋转运动变为主轴轴向移动的进给运动。进给运动传动链的结构式如下：

$$\text{主轴Ⅲ}-\frac{27}{50}-\text{Ⅳ}-\frac{27}{50}-\text{Ⅴ}-\left\{\begin{matrix}\frac{21}{60}\\ \frac{25}{56}\\ \frac{30}{51}\end{matrix}\right\}-\text{Ⅵ}-\left\{\begin{matrix}\frac{51}{30}\\ \frac{25}{46}\\ \frac{21}{60}\end{matrix}\right\}-\text{Ⅶ}-\frac{1}{47}-\text{Ⅷ}-14-\text{齿条}\ (m=3)$$

根据传动链结构式可列出计算进给量时的传动链方程式为

$$f=1\times\frac{27}{50}\times\mu_{jj}\times\frac{1}{47}\times\pi m\times14$$

式中 f——主轴进给量，mm/r；

μ_{jj}——进给箱总的传动比；

m——z14 和齿条的模数（m=3mm）。

（3）辅助进给。

1）进给箱的升降移动。摇动手柄使蜗杆带动蜗轮转动，再通过与蜗轮同轴的齿轮与固定在立柱上和齿条啮合，来带动进给箱升降移动。

2）工作台升降移动。摇动工作台升降手柄，使 z29 的锥齿轮带动 z36 的锥齿轮，再通过与 z36 的锥齿轮同轴的丝杆旋转，使工作台升降移动。

4. 立式钻床的技术参数

（1）立式钻床的参数标准，见表 4-2。

（2）立式钻床的型号与技术参数，见表 4-3。

表 4-2　　立式钻床参数（JB/T 9903.1—2006）

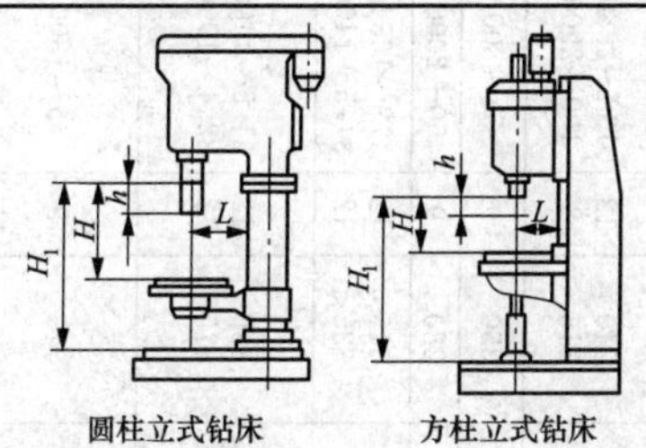

圆柱立式钻床　　方柱立式钻床

	圆柱立式钻床					方柱立式钻床						
最大钻孔直径/mm	16	20	25	32	40	16	25	32	40	50	63	80
跨距/mm	265	300	315	355	375	220	280	315	335	355	375	425
主轴行程 h/mm	160	180	200	220	250	160	200	220	250	280	315	
主轴锥孔莫氏圆锥号	2		3	4		2	3	4		5		6
主轴端面至工作台最大距离 H/mm	500		530		560	600	670		700		800	850
主轴端面至底座最大距离 H_1/mm	950		1000		1050	950	1000		1100		1250	1320

注　主轴箱进给机床，主轴行程不作规定。

表 4-3　　立式钻床的型号与技术参数

产品名称	型号	技术参数											备注
		最大钻孔直径/mm	主轴端至底座面距离/mm	主轴轴线至立柱表面距离/mm	主轴转速/(r/min)		主轴行程/mm	电动机功率/kW		质量/t		外形尺寸/mm（长×宽×高）	
					级数	范围		主电动机	总容量	毛重	净重		
轻型圆柱立式钻床	M1-35 (ZQ5035)	35	1275	320	12	55～2390	160	0.65 /2/2.4	0.6/ 2/2.4	0.6	0.5	840×600×1800	
圆柱立式钻床	ZJ5025 Z5025	25 25	830 1200	240 315	12 8	130～2880 100～2900	110 145	0.85 0.55 /0.75		0.54	0.26 0.44	620×490×1690 788×560×1725	
	Z5040	40	1000	350	9	54～800	240	3	3.12	1.3	1.05	1050×700×2060	
方柱立式钻床	Z5125A	25		280	9	50～2000	200	2.2	2.29	1.125	0.95	962×847×2300	
	ZF5132 Z5140A	32 40	710 750	315 335	12 12	72～1634 31.5～1400	315 250	2.2/2.8 3	2.89	1.3	1.2 1.3	810×1005×2405 1200×800×2550	
	Z5150A Z5163	50 63	(至工作台) 750 1250	335 375	12 12	31.5～1400 22.4～1000	250 315	3 5.5	3.09 5.59	2.3	1.25 2.25	1090×905×2535 1290×965×2820	
数显坐标立式钻床	ZX5432	32	630	315	9	45～1800	220	2.2	2.8		1.5	1480×1560×2505	工作台行程： $X=400$， $Y=300$
立式排钻床	Z5625-2A Z5625-3A Z5625-4A	25 25 25		280 280 280	9 9 9	50～2000 50～2000 50～2000	200 200 200	2.2 2.2 2.2	4.52 1.72 8.92		2.1 3.5	1475×1171×2332 1171×1890×2332 2680×1171×2332	
十字工作台立式钻床	Z5725A Z5740A Z5740B Z5725A	25 40 25	545	280	9 12 9	50～2000 31.5～1400 50～2000	200 250 200	2.2 3 2.2	2.29 3.09		1.25 1.8	1138×1010×2302 1295×1130×2530 1200×1085×2340	带数显

第二节　Z3040 型摇臂钻床

一、摇臂钻床结构组成

摇臂钻床适用于笨重的大工件或多孔工件上的钻削工作。摇臂钻床的结构如图 4-11 所示，它主要是靠移动钻轴去对准工件上的孔中心来钻孔的。由于主轴变速箱 8 能在摇臂 9 上作大范围的移动，而摇臂又能回转 360°角，故其钻削范围较大。

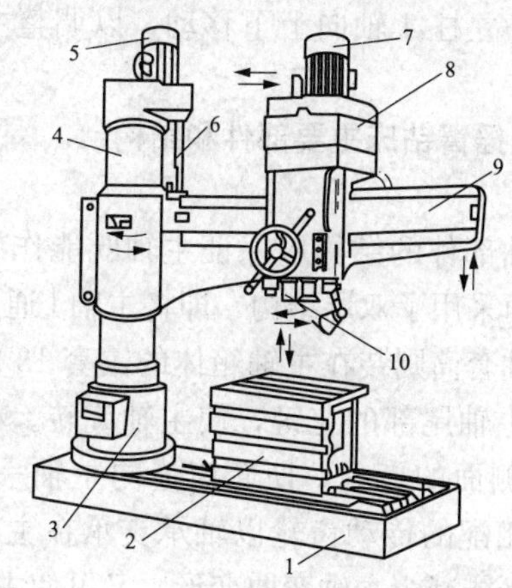

图 4-11　Z3040 型摇臂钻床结构组成

1—底座；2—工作台；3—内立柱；4—外立柱；5—摇臂升降电动机；6—摇臂升降丝杆；7—主电动机；8—主轴变速箱；9—摇臂；10—主轴

当工件不太大、不太重时，可直接压紧在工作台 2 上加工，如果工作台放不下，可把工作台吊走，再把工件直接放在底座 1 上加工。根据工件高度的不同，摇臂 5 可用电动涨闸锁紧在立柱 3 上，主轴变速箱 8 也可用电动锁紧装置固定在摇臂 9 上。这样在加工时主轴的位置就不会走动，刀具也不会产生振动。

摇臂钻床的主轴转速和进给量范围很广，适用于钻孔、扩孔、锪平面、锪柱坑、锪锥坑、铰孔、镗孔、环切大圆孔和攻丝等各种工作。

以 Z3040 型摇臂钻床为例说明如下：

Z3040 型摇臂钻床它是以移动钻床主轴来找正工件的，其操作方便灵活。主要适用于较大型、中型与多孔工件的单件、小批或中等批量的孔加工。它的立柱为双层结构，内立柱 3 安装于底座上，外立柱 4 可绕内立柱 3 转动，并可带着夹紧在其上的摇臂 9 摆动。主轴变速箱 8 可在摇臂 9 水平导轨上移动，有很大的移动范围，其摇臂可绕外立柱 4 作 360°回转，并可通过摇臂升降电动机 5 和摇臂升降丝杆 6 带动作上下运动。通过摇臂和主轴箱的上述运动，可以方便地在一个扇形面内调整主轴 10 至被加工孔的位置。另外，摇臂可沿外立柱 4 轴向上下移动，以调整主轴箱及刀具的高度。

二、Z3040 型摇臂钻床主要部件和结构

1. 主轴部件

摇臂钻床主轴部件的结构应保证主轴既能作旋转运动，又能作轴向移动，因而采用了双层结构，即将主轴 1 通过轴承支承在主轴套筒 2 内，主轴套筒则装在主轴箱体的镶套 13 中（见图 4-12）。传动齿轮可通过主轴尾部的花键，使主轴旋转。小齿轮 4 可通过加工在主轴套筒侧面的齿条，使套筒连同主轴一起作轴向移动。与主轴尾部花键相配的传动齿轮以轴承支承在主轴箱体上，而使主轴卸荷。这样既能减少主轴弯曲变形，又可使主轴移动轻便。

钻床加工时，主轴要承受较大的轴向力，但径向力不大，且对旋转精度要求不太高，因此钻床主轴的径向支承采用深沟球轴承，并且不设轴承间隙调整装置。为增加主轴部件刚度，主轴前端布置了两个深沟球轴承。钻削时产生的向上轴向力，由主轴前端的推力球轴承承受。主轴后端的推力球轴承主要承受空转时主轴的重量或某些加工方法中产生的向下切削力。推力轴承的间隙可由后支承上面的螺母 3 进行调整。

主轴前端有一 4 号莫氏锥孔，用以安装和紧固刀具。在此部位还开有两个横向扁尾孔，上面一个可与刀柄相配，以传递扭矩，并可用专用的卸刀扳手插入孔中旋转，从而卸下刀具；下面的一个用于在特殊加工方式下固定刀具，如倒锪端面时，需将楔块穿过扁尾孔将刀具锁紧，以防止刀具在向下切削力作用下，从主轴

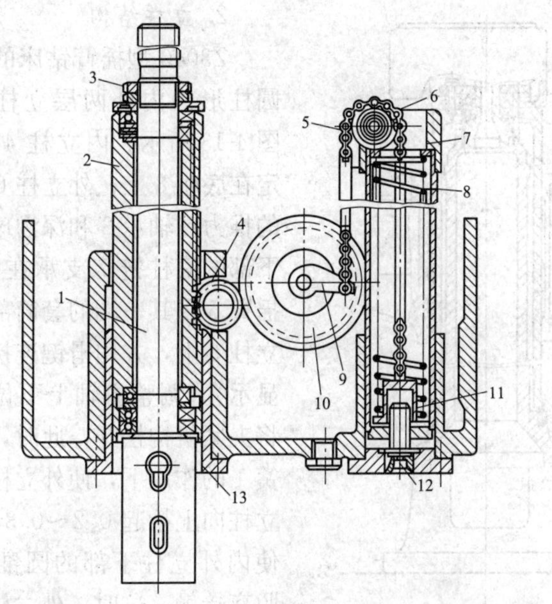

图 4-12 Z3040 型摇臂钻床主轴部件结构

1—主轴；2—主轴套筒；3—螺母；4—小齿轮；5—链条；6—链轮；7—弹簧座；8—弹簧；9—平板凸轮；10—齿轮；11—套；12—内六角螺钉；13—镶套

锥孔中掉下。

为了防止主轴因自重下落，以及使操纵主轴升降轻便，在摇臂钻床内设有一圆柱弹簧凸轮平衡机构。该装置主要由弹簧 8、链条 5、链轮 6、平板凸轮 9 及齿轮 10 等组成。弹簧 8 的弹力通过套 11、链条 5、凸轮 9、齿轮 10、小齿轮 4 作用在主轴套筒 2 上，与主轴的重量相平衡。主轴上下移动时，转动齿轮 10 和凸轮 9，并拉动链条 5 改变弹簧 8 的压缩量，使弹力发生变化，但同时由于凸轮 9 的转动，改变了链条至凸轮 9 及齿轮 10 回转中心的距离，即改变了力臂大小，从而使力矩保持不变。例如，当主轴下移时，齿轮 10 及凸轮 9 顺时针转动，通过链条 5 使弹簧 8 缩短，从而加大了扁尾孔的作用弹力。但同时，由于链条 5 与凸轮 9 回转中心靠近而缩小了力臂，从而使平衡力矩保持不变。平衡力大小可通过螺钉 12 调整弹簧压缩量来调节。

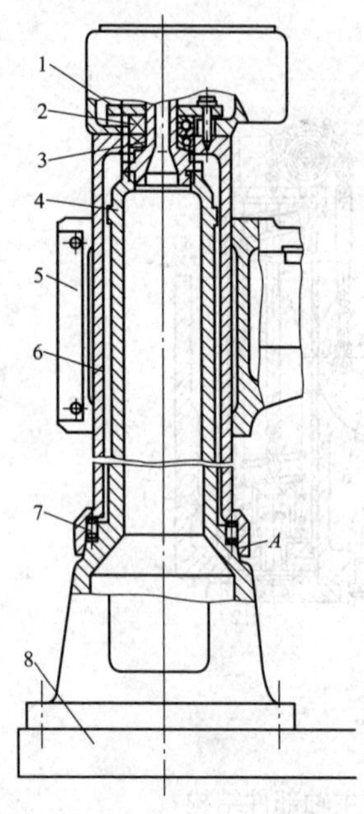

图 4-13 立柱结构

1—平板弹簧；2—推力球轴承；
3—深沟球轴承；4—内立柱；
5—摇臂；6—外立柱；7—滚柱链；
8—底座；A—圆锥面

2. 立柱结构

Z3040 型摇臂钻床的立柱采用圆柱形的内外两层立柱组成，如图 4-13 所示。内立柱 4 用螺钉固定在底座 8 上；外立柱 6 通过上部的推力球轴承 2 和深沟球轴承 3 及下部的滚柱链 7 支承在内立柱上。摇臂 5 以其一端的套筒部分套在外立柱 6 上，并用滑键连接（图中未显示）。调整主轴上下位置时，先将夹紧机构松开，此时，在平板弹簧 1 的作用下，使外立柱相对于内立柱向上抬起 0.2～0.3mm，从而使内外立柱下部的圆锥配合面 A 脱离接触，这时，外立柱和摇臂能轻便地绕内立柱转动。摇臂位置调整好后，利用夹紧机构产生的向下夹紧力使平板弹簧 1 变形，外立柱下移并压紧在圆锥面 A 上，依靠摩擦力将外立柱锁紧在内立柱上。

3. 夹紧机构

摇臂钻床的主轴箱、摇臂及外立柱，在调整好位置后，必须用各自的夹紧机构夹紧，以保证机床在切削时，有足够的刚度和定位精度。图 4-14 所示为 Z3040 型摇臂钻床的摇臂与立柱间的夹紧机构。该夹紧机构由液压缸 8、菱形块 15、垫块 17、夹紧杠杆 3、9，连接块 21、2、10、13 等组成。

摇臂 22 与外立柱 12 配合的套筒上开有纵向切口，因而套筒在受力后能产生弹性变形而抱紧在立柱上。液压缸 8 内活塞杆 7 的两个台肩间卡装着两个垫块 17a 及 17b；在垫块的 V 形槽中顶着两个菱形块 15a 和 15b。需夹紧摇臂时，通过操纵机构，使压力油进入液压缸 8 下腔，活塞杆 7 上移，通过垫块将菱形块抬起，变成水平

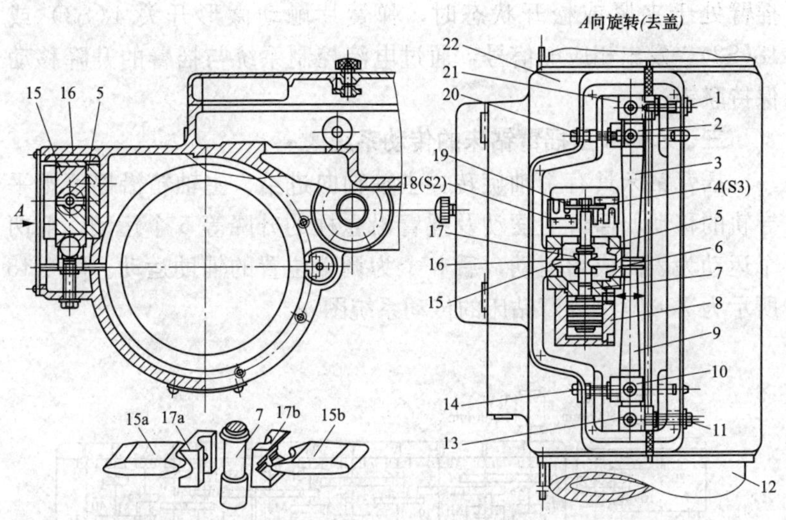

图 4-14 摇臂夹紧机构

1、11—夹紧螺钉；2、10、13、21—连接块；3、9—夹紧杠杆；4、18—行程开关；5—座；6、16—顶块；7—活塞杆；8—液压缸；12—外立柱；14、20—螺钉；15—菱形块；15a—左菱形块；15b—右菱形块；17—垫块；17a—左垫块；17b—右垫块；19—弹簧片；22—摇臂

位置（图示位置）。左边菱形块 15a 通过顶块 16 撑紧在摇臂筒壁上；右边菱形块 15b 则通过顶块 6 推动夹紧杠杆 3 和 9。夹紧杠杆 3 和 9 的一端分别通过销钉装有连接块 21、2、10 和 13。这四个连接块又分别通过螺钉 1、20、14 和 11 与摇臂套筒切口两侧的筒壁相连接。当夹紧杠杆 3 和 9 被菱形块推动，绕销钉摆动时，便通过连接块及紧固螺钉将摇臂套筒切口两侧的筒壁拉紧，从而使摇臂抱紧立柱而得到夹紧。当活塞杆 7 向上移动到终点时，菱形块略向上倾斜，超过水平位置约 0.5mm，从而产生自锁，以保证在摇臂夹紧后，停止供压力油，摇臂也不会松开。当压力油进入液压缸 8 上腔，活塞杆 7 向下移动，并带动菱形块恢复原来向下倾斜位置，此时夹紧杠杆不再受力，摇臂套筒依靠自身弹性而松开。摇臂夹紧力的大小可通过螺钉 1、20、14 和 11 进行调整。活塞杆 7 上端装有弹簧片 19，当活塞杆向上或向下移动到终点位置时，即

摇臂处于夹紧或松开状态时，弹簧片触动微形开关 4（S3）或 18(S2)，发出相应电信号，通过电液控制系统与摇臂的升降移动保持联锁。

三、Z3040 型摇臂钻床的传动系统

摇臂钻床具有主轴旋转、主轴轴向进给、主轴箱沿摇臂水平导轨的移动、摇臂的摆动及摇臂沿立柱的升降等 5 个运动。前两个运动为表面成形运动，后 3 个为调整位置的辅助运动。图 4-15 所示为 Z3040 型摇臂钻床的传动系统图。

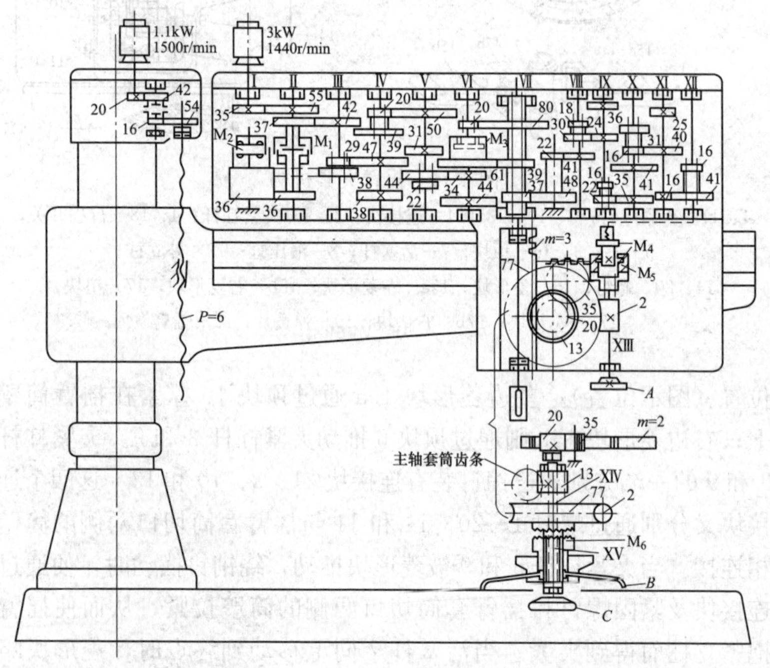

图 4-15　Z3040 型摇臂钻床传动系统图

A、C—手轮；B—手柄；P—丝杆的螺距

由于钻床轴向进给量以主轴每一转时，主轴轴向移动量来表示，所以钻床的主传动系统及进给系统由同一电动机驱动，主变速机构及进给变速机构均装在主轴箱内。

1. 主运动

主电动机由轴Ⅰ经齿轮副$\frac{35}{35}$等传至轴Ⅱ，并通过轴Ⅱ上双向多片式摩擦离合器 M_1，使运动由 $\frac{37}{42}$ 或 $\frac{36}{36}\times\frac{36}{38}$ 传至轴Ⅲ，从而控制主轴作正转或反转。轴Ⅲ—Ⅵ间有三组由液压操纵机构控制的双联滑移齿轮组；轴Ⅵ—主轴Ⅶ间有一组内齿式离合器（M_3）变速组，运动可由轴Ⅵ通过齿轮副 $\frac{20}{80}$或$\frac{61}{39}$ 传至轴Ⅶ，从而使主轴获得 16 级转速，转速范围为 25～2000r/min。当轴Ⅱ上摩擦离合器 M_1 处于中间位置，切断主传动联系时，通过多片式液压制动器 M_2 使主轴制动。主运动传动路线表达式如下：

$$\text{电动机（3kW，1440r/min）}-\text{Ⅰ}-\frac{35}{55}-\text{Ⅱ}-\left\{\begin{array}{c}M_1\uparrow-\frac{37}{42}\\ \text{（换向）}\\ M_1\downarrow-\frac{36}{36}\times\frac{36}{38}\end{array}\right\}-\text{Ⅲ}-\left\{\begin{array}{c}\frac{29}{47}\\ \frac{38}{38}\end{array}\right\}$$

$$-\text{Ⅳ}\rightarrow\left\{\begin{array}{c}\frac{20}{50}\\ \frac{39}{31}\end{array}\right\}-\text{Ⅴ}-\left\{\begin{array}{c}\frac{22}{44}\\ \frac{44}{34}\end{array}\right\}-\text{Ⅵ}-\left\{\begin{array}{c}\frac{20}{80}\\ M3-\frac{61}{39}\end{array}\right\}-\text{Ⅶ（主轴）}$$

2. 轴向进给运动

主轴的旋转运动由齿轮$\frac{37}{48}\times\frac{22}{41}$传至轴Ⅷ，再经轴Ⅷ—Ⅻ间四组双联滑移齿轮变速组传至轴Ⅻ。轴Ⅻ经安全离合器 M_5（常合），内齿式离合器 M_4，将运动传至轴 XIII，后经蜗杆蜗轮副$\frac{2}{77}$、离合器 M_6 使空心轴 XIV 上的 $z=13$ 小齿轮传动齿条，从而使主轴套筒连同主轴一起作轴向进给运动。进给运动传动路线表达式如下：

$$主轴Ⅶ-\frac{37}{48}\times\frac{22}{41}-Ⅷ-\begin{Bmatrix}\frac{18}{36}\\ \frac{30}{24}\end{Bmatrix}-Ⅸ-\begin{Bmatrix}\frac{16}{41}\\ \frac{22}{35}\end{Bmatrix}-Ⅹ-\begin{Bmatrix}\frac{16}{40}\\ \frac{31}{25}\end{Bmatrix}-Ⅺ-\begin{Bmatrix}\frac{16}{41}\\ \frac{40}{16}\end{Bmatrix}$$

$$-Ⅻ-M_5\rightarrow M_4（合）-ⅩⅢ-\frac{2}{77}-M_6（合）-ⅩⅣ-Z13-齿条$$

（m=3）—主轴轴向进给

脱开离合器 M_4，合上离合器 M_6 可用手轮 A 使主轴作微量轴向进给；将 M_4、M_6 都脱开，可用手柄 B 操纵，使主轴作手动粗进给，或使主轴作快速上下移动。

主轴箱沿摇臂导轨的移动可由手轮 C，通过装在空心轴ⅩⅣ内的轴ⅩⅤ及齿轮副$\frac{20}{35}$，使 z=35 齿轮在固定于摇臂上的齿条（m=2mm）上滚动，从而带动主轴箱沿摇臂导轨移动。

3. 辅助运动

摇臂的升降运动由装在立柱顶部的升降电动机（1.1kW）驱动。在松开夹紧机构后，电动机可经减速齿轮副$\frac{20}{42}\times\frac{16}{54}$传动升降丝杠（丝杠的螺距 P=6mm）旋转，使固定在摇臂上的螺母连同摇臂沿立柱作升降运动。

四、摇臂钻床和深孔钻床的技术参数

1. 摇臂钻床的参数标准

摇臂钻床的参数标准，见表 4-4。

表 4-4　　摇臂钻床参数（JB/T 6335.3—2006）

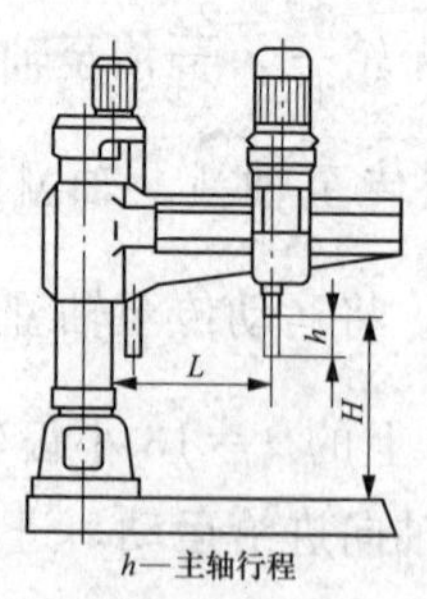

h—主轴行程

续表

<table>
<tr><td colspan="2">最大钻孔直径/mm</td><td>25</td><td>32</td><td colspan="2">40</td><td colspan="2">50</td><td colspan="2">63</td><td colspan="3">80</td><td>100</td></tr>
<tr><td colspan="2">跨距/mm</td><td colspan="2">80～125</td><td>100～160</td><td>200</td><td>100～160</td><td>200</td><td>160～200</td><td>250</td><td>200～250</td><td>315</td><td>400</td><td>315～400</td></tr>
<tr><td colspan="2">主轴至立柱导轨面最小距离 L/mm</td><td colspan="2">300</td><td>350</td><td>400</td><td>350</td><td colspan="2">400</td><td colspan="2">500</td><td>560</td><td>600</td><td>560～600</td></tr>
<tr><td rowspan="2">主轴端面至底座距离 H/mm</td><td>最大</td><td colspan="2">900</td><td colspan="4">1200</td><td>1600</td><td colspan="2">2000</td><td colspan="3">2500</td></tr>
<tr><td>最小</td><td colspan="2">250</td><td colspan="4">350</td><td>400</td><td colspan="2">560</td><td colspan="3">700</td></tr>
<tr><td colspan="2">主轴转速范围 r/min</td><td colspan="2">32～2500</td><td colspan="4">25～2000</td><td colspan="2">20～1600</td><td colspan="3">16～1250</td><td>8～1000</td></tr>
<tr><td colspan="2">主轴进给量范围 mm/r</td><td colspan="2">0.04～1.25</td><td colspan="9">0.04～3.2</td><td>0.06～3.2</td></tr>
<tr><td colspan="2">主轴最大进给抗力/kN</td><td>8</td><td>10</td><td colspan="2">16</td><td colspan="2">18</td><td colspan="2">25</td><td colspan="3">35</td><td>50</td></tr>
<tr><td colspan="2">主轴允许最大转矩/kN·m</td><td colspan="2">0.2</td><td colspan="2">0.4</td><td colspan="2">0.5</td><td colspan="2">1.0</td><td colspan="3">1.6</td><td>2.5</td></tr>
<tr><td colspan="2">主电动机功率/kW</td><td>1.5</td><td>2.2</td><td colspan="2">3</td><td colspan="2">4</td><td colspan="2">5.5</td><td colspan="3">7.5</td><td>13</td></tr>
</table>

2. 摇臂钻床的型号与技术参数

摇臂钻床的型号与技术参数，见表 4-5。

3. 深孔钻床的型号与技术参数

深孔钻床的型号与技术参数，见表 4-6。

表 4-5 摇臂钻床的型号与技术参数

产品名称	型号	技术参数								质量/t	外形尺寸/mm（长×宽×高）	备注
		最大钻孔直径/mm	主轴端至底座面距离/mm	主轴轴线至立柱表面距离/mm	主轴转速/(r/min)		主轴行程/mm	电动机功率/kW				
					级数	范围		主电动机	总容量			
摇臂钻床	Z3025×10/1	25	250～1020	300～1000	16	32～2500	280	1.5	2.71	1.6	1760×800×2050	
	Z3032×10	32	230～980	300～1000	12	45～2050	250	2.2	3.21	1.7	1735×800×2014	
	Z3035B×13	35	350～1250	350～1300	12	50～2240	300	2.4/3		2.52	2290×900×2570	
	ZQ3040×10/2	40	450～1250	200～1000	16	32～2500	280	3		1.7	1760×600×2250	
	Z3050×16/2	50	350～1250	350～1600	16	25～2000	315	4		3.5	2500×1060×2655	
	Z3063×20/1	63	400～1600	450～2000	16	20～1600	400	5.5	8.54	7	3080×1250×3210	
	Z3080×25	80	550～2000	500～2500	16	16～1250	450	7.5	11.39	11	3730×1400×3825	
	Z30100×31	100	750～2500	570—～3150	22	8～1000	500	15	19.84	22	4650×1630×4525	
	Z30125×40	125	750～2500	600～4000	22	6.3～800	500	18.5	23.375	28.5	5130×2000×5120	
万向摇臂钻床	Z3125A	25	20～680	700	8	24～2400	160	1.1/1.5		0.8	1610×690×1860	
	Z3125A	25	680	730	8	35～2000	160	1.5	2.05	0.8	1618×800×1883	
	Z3132×6	32	20～670	345～700	8	75～1420	160	2.4/2	3	1	1610×680×1910	
	Z3140A	40	25～1250	850～1600	16	16～1250	315	3	7.98	4.2	3058×1240×2620	
滑座摇臂钻床	Z3340	40	700～1600	350～1600	16	25～2000	315	3	7.35	5.2	3360×1002×2780	滑座移动量：2000mm
	Z3350×16/45	50	715～1615		16	25～2000	315	4		4.3	4200×1002×2775	滑座行程：4000mm
	Z3363×20/40	63	950～2150	450～2050	16	20～1600	400	5.5	11.1	12	6475×1140×3490	
滑座、万向摇臂钻床	Z3540×16/20	40	340～1490	900～1600	16	16～1250	315	3		6.8	7150×1290×2966	
移动万向摇臂钻床	ZJA3725×8/1	25	30～865	340～830	4	173～960	130	1.5	1.5	0.95	1810×680×2065	
	ZW3725	25	850	350～880	8	90～1010	135	1.3/1.8	1.3 1.8	1.00	1800×640×1900	

表 4-6 深孔钻床的型号与技术参数

产品名称	型号	最大钻孔直径×深度/mm	技术参数										加工粗糙度 Ra/μm	电动机功率/kW		质量/t	外形尺寸/mm（长×宽×高）
			钻孔直径范围/mm	中心高/mm	夹持工件直径/mm		工件最大质量/kg	主轴转速/（r/min）		钻杆转速/（r/min）				主电动机	总容量		
					卡盘	中心架		级数	范围	级数	范围						
枪钻	ZP2102	20×250	3～20	180	5～50	5～50		4	350～1000	12	600～8000		≤0.4	1.5	13.6	1.25	2800×1937×1600
		20×500	3～20	180	5～50	5～50		4	350～1000	12	600～8000		≤0.4	1.5	13.6	1.45	3100×1937×1600
		20×750	3～20	180	5～50	5～50		4	350～1000	12	600～8000		≤0.4	1.5	13.6	1.57	4000×1937×1600
		20×1000	3～20	180	5～50	5～50		4	350～1000	12	600～8000		≤0.4	1.5	13.6	2.1	4100×1937×1600
程控深孔钻床	ZXK213（1500mm）	30×1500	8～30	200	100	100		12	200～2500	/	/		3.2	7.5	21	5.5	5380×800×1130
	ZXK213（750mm）	30×750	8～30	200	100	100		12	200～2500	/	/		3.2	7.5	21	4	4116×800×1130

第三节 镗床的类型及主要结构

一、常用镗床类型

镗床类机床的主要工作是用镗刀进行镗孔，所以叫镗床。镗床主要分为卧式镗床、坐标镗床、金刚镗床等。

（一）卧式铣镗床

卧式铣镗床以主轴水平安装为结构特点，其规格由主轴的直径大小来区分。常见的有卧式镗床、落地镗床、卧式铣镗床和落地铣镗床等。

1. 卧式镗床

卧式镗床加工万能性强，因其工艺范围广泛而得到普遍应用，可以进行孔、孔系的钻、扩、镗、铣等加工。尤其适合大型、复杂的箱体类零件的孔加工。因为这些零件孔本身精度、孔间距精度、孔的轴线之间的同轴度、垂直度、平行度等都有严格要求。上述这些零件如果在钻床上加工都很难以保证精度。卧式镗床除镗孔以外，还可以进行平面铣削加工，平面车削加工、外圆车削加工、槽面、圆柱面及螺纹加工等，因此，一般情况下，零件可在一次安装中完成大部分甚至全部的加工工序。如图 4-16 所示为卧式镗床的主要加工方法。

卧式镗床结构如图 4-17 所示，一般由床身 8、下滑座 7、上滑座 6、工作台 5、主轴箱 1、镗轴 3、平旋盘 4、前立柱 2，以及后立柱 10 和后支架 9 等部件组成。

卧式镗床的主轴箱可沿立柱导轨作升降运动，下滑座可沿床身导轨作纵向进给运动，上滑座可沿下滑座导轨作横向进给运动，工作台可在上滑座上回转，使安装的工件转动任意角度。后立柱可在床身尾端纵向移动，它的垂直导轨上安装着可上下移动的后立柱支承，可作为镗杆的后支承，以增加镗杆的刚性。主轴箱前面的平旋盘可作旋转运动，平旋盘上的径向刀架在平旋盘旋转时可做径向进给。

由此可知，卧式镗床具有下列工作运动：

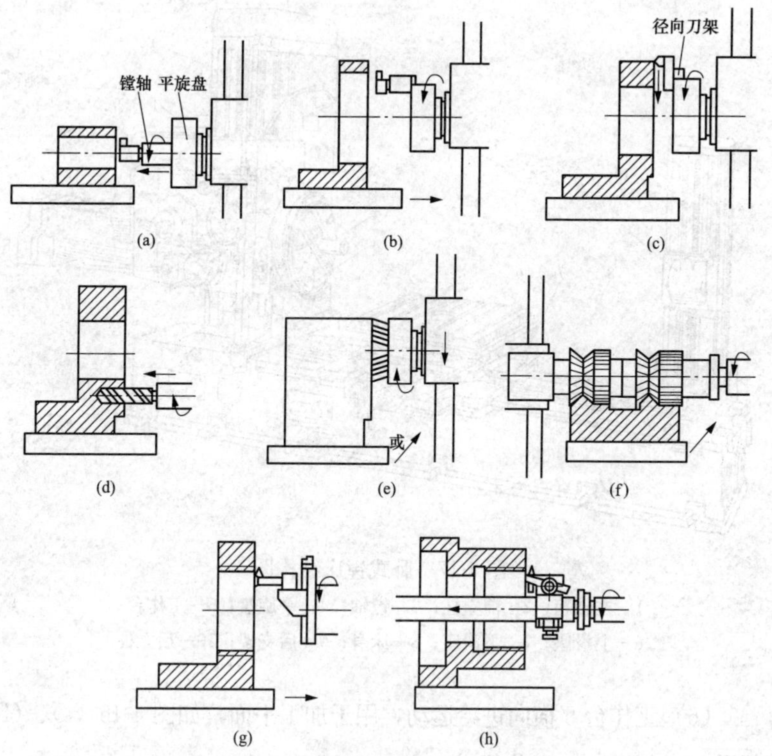

图 4-16　卧式镗床的主要加工方法

（a）用镗轴镗孔；（b）用平旋盘镗孔；（c）用平旋盘车端面；（d）用镗轴钻端面孔；（e）用平旋盘加工平面；（f）用镗轴镗平面；（g）用平旋盘加工螺纹；（h）用镗轴镗加工螺纹

（1）镗轴 3 的旋转主运动。

（2）平旋盘 4 的旋转主运动。

（3）镗轴 3 的进给运动，用于孔加工，如图 4-16（a）、（d）、（h）所示。

（4）主轴箱 1 垂直进给运动，用于加工平面，如图 4-16（c）所示。

（5）工作台 5 纵向进给运动，用于孔加工，如图 4-16（b）、（g）所示。

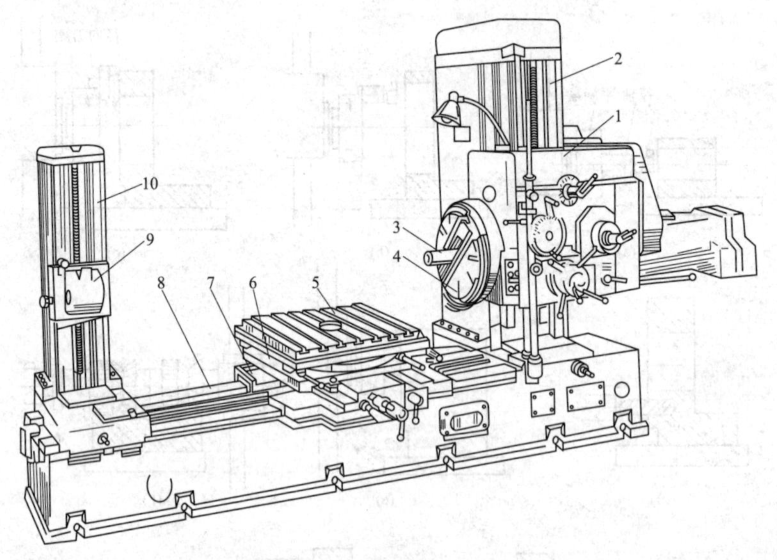

图 4-17　卧式镗床结构图

1—主轴箱；2—前立柱；3—镗轴；4—平旋盘；5—工作台；
6—上滑座；7—下滑座；8—床身；9—后支架；10—后立柱

（6）工作台 5 横向进给运动，用于加工平面，如图 4-16（e）、（f）所示。

（7）平旋盘 4 径向刀架进给运动，用于车削端面，如图 4-16（c）所示。

（8）辅助运动，主轴箱、工作台在进给方向上的快速调位运动，后立柱纵向调位运动，后支架垂直调位运动，工作台的转位运动等这些辅助运动由快速电动机传动。

2. 落地镗床

落地镗床是加工大型工件和重型机械构件的镗床，一般不设工作台，工件安装在同机床分开的大型平台上，故称落地镗床。

典型的落地镗床如图 4-18 所示，主要由床身 1、滑板 2、立柱 3、主轴箱 6、主轴 4 和 11 平旋盘 5 等部件组成。

落地镗床的滑板可沿床身导轨移动，主轴箱可沿立柱导轨升降运动。平旋盘在旋转时，上面的刀架也可做径向进给，主轴除作旋转运动外，还可做轴向进给运动。落地镗床的主轴直径一般大于125mm。由于机床庞大，通常采用操纵台或悬挂式操纵板集中控制。落地镗床通常配有大型回转工作台，其滑座可在底座导轨上相对主轴作轴向移动，工作台可在滑座上作回转运动。

落地铣床的立柱高大，床身较长，故加工面积大，为了提高镗床的灵敏度，避免滑板移动中产生爬行，机床大都采用静压导轨或滚动导轨，为了提高加工精度，减少工人劳动强度，提高生产效率，新型落地镗床大都备有主轴箱升降、主轴轴向进给，滑板移动的位移数显装置。

在卧式铣镗床组类常用的还有卧式铣镗床和落地铣镗床，它们的主轴系统结构刚性极好，可经常用于铣削加工。

（二）坐标镗床

坐标镗床是一种高精度级的孔加工机床，它具有测量坐标位置的精密测量装置，而且这种机床的主要零部件的制造和装配精度很高，并具有良好的刚性的抗振性，所以它主要用于精密工件孔（IT5 级或更高）的精加工和位置精度要求很高的孔系（定位精度达 0.002～0.01mm），如钻模、镗模等的精密孔加工。除进行钻孔、扩孔、镗孔外，还可以进行平面的精铣加工、沟槽加工，精密刻线和划线，以及孔距和直线尺寸的精密测量等工作。

坐标镗床以往主要用在工具车间作单件生产，近年来也逐渐应用到生产车间，成批地加工要求精密孔距的零件，例如，在飞机、汽车、拖拉机、内燃机和机床等行业中加工某些箱体零件的轴承孔。

坐标镗床按其布局和形式不同，可以分为立式和卧式两种结构形式。

1. 立式坐标镗床

立式坐标镗床的主轴与工作台台面垂直，按立柱的结构形式可分为立式单柱坐标镗床和立式双柱坐标镗床。

（1）立式单柱坐标镗床。图 4-19 所示为典型的立式单柱坐标镗床，主要由床身 1，滑座 2、工作台 3、立柱 4 和主轴箱 5 等主要部件组成的。主轴箱 5 可沿立柱导轨上、下移动，滑座可沿床

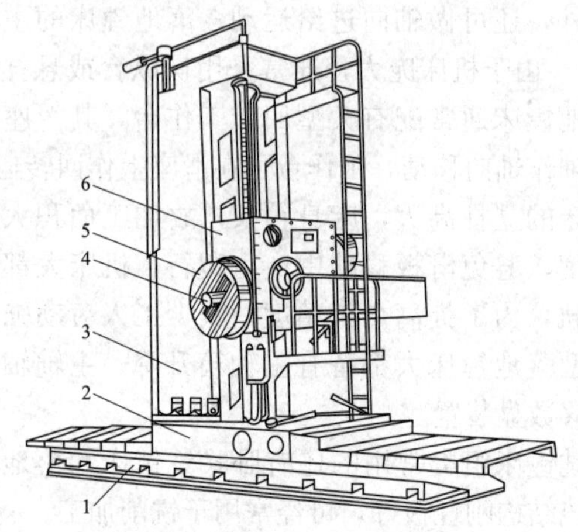

图 4-18　落地镗床

1—床身；2—滑板；3—立柱；4—主轴；5—平旋盘；6—主轴箱

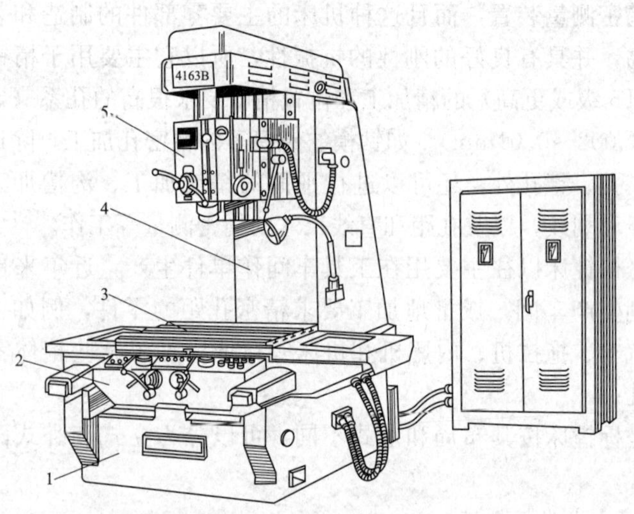

图 4-19　立式单柱坐标镗床

1—床身；2—滑座；3—工作台；4—立柱；5—主轴箱

身导轨移动，工作台可在滑座上导轨上移动。

立式单柱坐标镗床结构简单，工作台的三个侧面都是敞开的，操作比较方便，主轴在水平面上的位置是固定的，但滑座的结构刚性较差，主轴箱悬伸装在立柱上，也减弱了机床的刚性，工作台越大，主轴箱悬伸越长，机床刚性越差，越易引起弹性变形，使主轴轴线偏移，影响加工精度，因此，立式单柱坐标镗床多为中、小型镗床。

(2) 立式双柱坐标镗床。图 4-20 所示为典型的立式双柱坐标镗床，主要由床身 8、工作台 1、立柱 3、6、主轴 7 和主轴箱 5、顶梁 4 和横梁 2 等主要部件组成的。

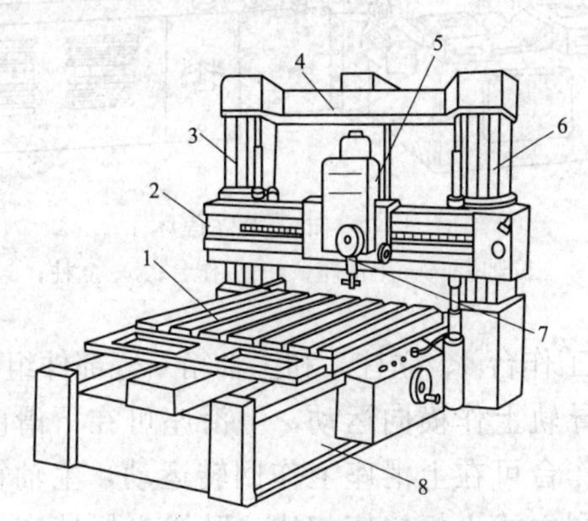

图 4-20　立式双柱坐标镗床

1—工作台；2—横梁；3、6—立柱；4—顶梁；5—主轴箱；7—主轴；8—床身

机床工作台在床身导轨上可作纵向进给运动，主轴箱安装在横梁导轨上，可实现横向进给运动，横梁安装在两个立柱的导轨上，可作垂直的升降运动。

立式双柱坐标镗床由两个立柱、顶梁和床身构成龙门框架式结构，工作台和床身之间的层次比单柱式的少，主轴中心线的悬伸距离也较小，所以刚性较强，适用于中等及较大工件的镗削加工。

2. 卧式坐标镗床

卧式坐标镗床的主轴与工作台台面互相平行，按立柱的结构形式可分为卧式单柱坐标镗床、卧式双柱坐标镗床和卧式坐标镗床。

图 4-21 所示为典型的卧式坐标镗床，主要由床身 1、下滑座

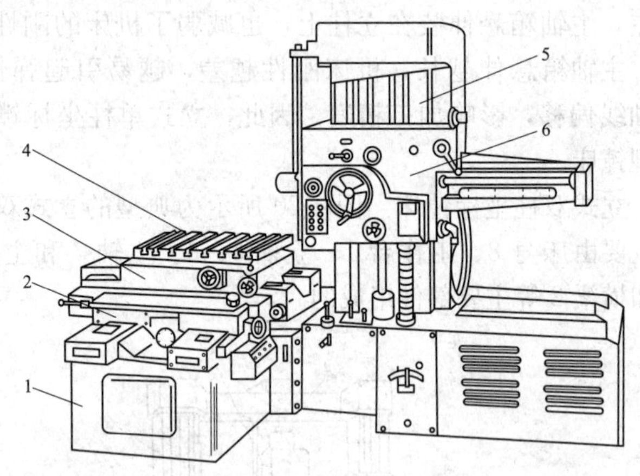

图 4-21 卧式坐标镗床

1—床身；2—下滑座；3—上滑座；4—工作台；5—立柱；6—主轴箱

2、上滑座 3、工作台 4、立柱 5 和主轴箱 6 等部件组成的。它的下滑座可在床身导轨上作横向运动，上滑座可在下滑座上导轨上作纵向运动，工作台可在上滑座上作回转运动，主轴箱可在立柱导轨上下移动。同立式坐标镗床相比，卧式坐标镗床在高度方向的空间范围大，装夹和加工工件时比较方便，加工精度也比较高。

卧式铣镗床和坐标镗床应用广泛，除此之外，还有深孔镗床、立式镗床、精镗床、汽车拖拉机修理用镗床和其他镗床等多种组列，镗床组、系划分及分类参见附录 A。

二、镗床的型号和技术参数

1. 镗床的参数标准

(1) 卧式铣镗床的参数标准，见表 4-7。

(2) 落地铣镗床的参数标准，见表 4-8。

(3) 坐标镗床的参数标准，见表 4-9。

2. 镗床的型号与技术参数

(1) 卧式铣镗床的型号与技术参数，见表 4-10。

(2) 数控卧式镗床的型号与技术参数，见表 4-11。

(3) 落地镗床、数控落地铣镗床的型号与技术参数，见表4-12。

表 4-7　　卧式铣镗床参数（JB/T 4241.1—2011）

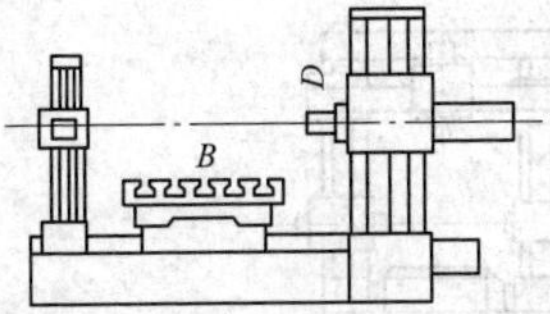

台式 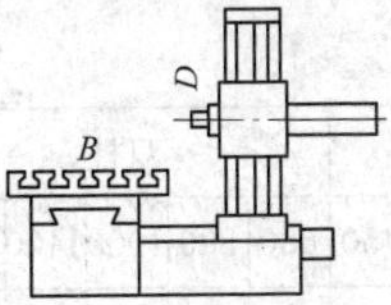　　落地式 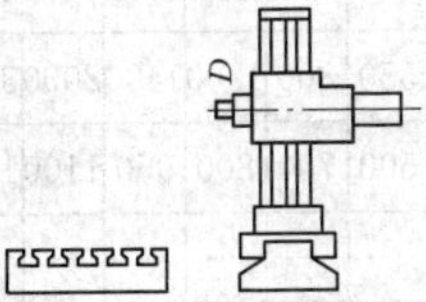　　刨台式

(1) 主参数为镗轴直径的铣镗床参数					
镗轴直径 D/mm		70	90	110	130
镗轴锥孔	莫氏圆锥号（GB/T 1443—1996）	4	5	6	—
	米制圆锥号（GB/T 1443—1996）	—	—	—	80
	7∶24 圆锥号（GB/T 3837—2001）	—	45	50	
工作台面	工作台面宽度 B/mm	800	950	1100	1400
	工作台面长度/mm	900	1100	1300	1600
工作台最大承载重量/kg		1600	2500	4000	6300
(2) 主参数为工作台面宽度的铣镗床参数					
工作台面宽度 B/mm		630	800	1000	1250
工作台面长度/mm		630	800	1000	1250
镗轴直径 D/mm		90		110	130
镗轴锥孔	(GB/T 3837—2001)	45		50	
工作台最大承载质量/kg		1600	2500	4000	5300

表 4-8　　落地铣镗床参数（JB/T 4367.1—2011）（单位：mm）

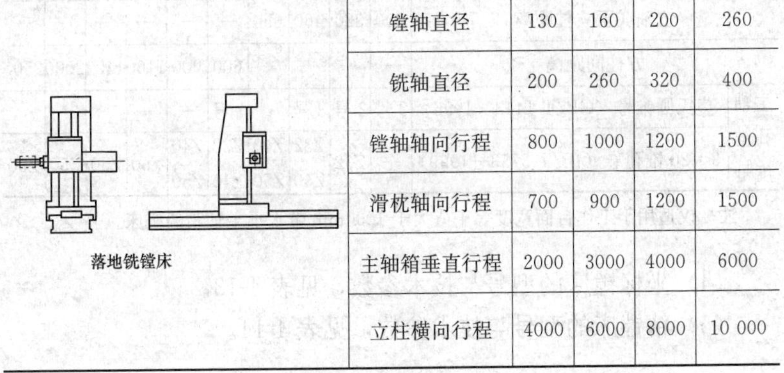

落地铣镗床

镗轴直径	130	160	200	260
铣轴直径	200	260	320	400
镗轴轴向行程	800	1000	1200	1500
滑枕轴向行程	700	900	1200	1500
主轴箱垂直行程	2000	3000	4000	6000
立柱横向行程	4000	6000	8000	10 000

表 4-9　　坐标镗床参数（JB/T 2254.4—2013）　（单位：mm）

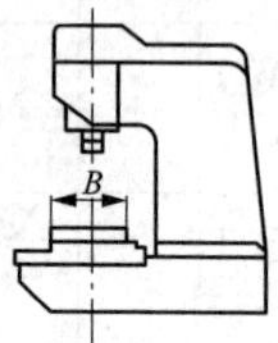

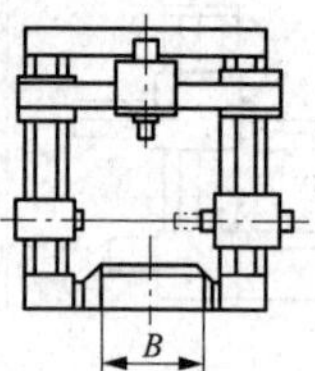

形式	单柱				双柱					
工作台面宽度	200	320	450	630	450	630	800	1000	1400	2000
工作台面长度	400	600	700	1100	650	900	1120	1600	2200	3000
3000 横向坐标最大行程	160	250	400	600	400	630	800	1000	1400	2000
纵向坐标最大行程	250	400	600	1000	550	800	1000	1400	2000	3000
垂直主轴端面至工作台面最大距离	—	—	—	—	500	700	800	950	1100	1300
垂直主轴端面至工作台面最小距离	50	100	150	300	—	—	—	—	—	—
水平主轴轴线至工作台面最大距离	—	—	—	—	—	—	—	650	800	1000
水平主轴端面至尾座端面最大距离	—	—	—	—	—	—	—	1120	1600	2240
主轴套筒最大行程	80	120	180	250	150	250		300		
主轴箱最大行程	150	200	250	300	—	—	—	—	—	—
横梁最大行程	—	—	—	—	350	450	550	650	800	1000
主轴线至立柱距离	200	320	460	650	—	—	—	—	—	—
方柱间距离	—	—	—	—	600	900	1100	1400	2000	2500
主轴孔锥度号 莫氏圆锥号（GB/T 1443—1996）	2 号	2 号	3 号	—	3 号	—	—	—	—	—
主轴孔锥度号 3∶20 锥孔号（JB/T 3753—1999）	—	Z32	Z32 Z40	Z40 Z50	Z32 Z40	Z40 Z50	Z50	Z50	Z50	Z50

注　仅适用于工作台面宽度等于或大于 1000mm 带水平主轴箱的机床。

（4）坐标镗床的型号与技术参数，见表 4-13。

（5）精镗床的型号与技术参数，见表 4-14。

表 4-10　卧式铣镗床的型号与技术参数

型号	技术参数											电动机功率/kW		质量/t	外形尺寸/mm（长×宽×高）	备注
	主轴直径/mm	最大镗孔直径/mm	主轴中心线至工作台面距离/mm	工作台荷重/kg	主轴转速/（r/min）		工作台行程/mm		工作精度			主电动机	总容量			
					级数	范围	纵向	横向	圆柱度/mm	端面平面度/mm	表面粗糙度 Ra/μm					
T617A	75	150	710	1300	9	30～800	900	750	0.01/300	0.015/300	2.5	4	5.5	5.9	3773×2425×1848	
TX617	75	150		1300	14	13～1160	900	760	0.025	0.02	3.2	4	5.5	7.5	3930×1926×2425	配备数量
TX618	85	200	0～80	2000	18	8～1000	1100	850	0.01/300	0.015/300	1.6	5.5	7.7	7.5	4062×1775×2370	
T619A/1	90	250	0～900	2000	18	9～1000（无增速附件） 9～3800（有增速附件）	900，1500（去掉后立柱）	1040	0.01/300	0.015/300	1.6	7.5	15	15	4755×2020×2660	
T6111	110	250	0～880	2500	18	9～1000（无增速附件） 9～3800（有增速附件）	1400	1040	0.01/300	0.015/300	1.6	7.5	15	14	4755×2000×2660	
TX6113A/2	130	350	0～1400	4000	18	6.6～755（无增速附件） 6.6～2880（有增速附件）	1270，2000（去掉后立柱）	1830	0.01/300	0.015/300	1.6	11	20	25	6000×3400×3400	配备数显

表 4-11 数控卧式镗床的型号与技术参数

型号	技术参数															主电动机功率/kW	质量/t	外形尺寸/mm（长×宽×高）	数控系统
	主轴直径/mm	主轴孔锥度	主轴转数/（r/min）		工作行程/mm				快速进给/（m/min）	工作台面尺寸/mm（宽×长）	工作台荷台重/kg	定位精度/mm	重复定位精度/mm	工作台4×90°定位精度	工作台4×90°重复定位精度				
			级数	范围	X向工作台	Y向主轴箱	Z向立柱	W向主轴											
TK6511/1	110	No. 50	无级	15～1500	1400	1000	1000	0.200	6	1000×1250	3000	±0.012/300	±0.005	±4″	±2″	15	14	4487×3603×3778	GM0501-T-I
TK6511/2	110	No. 50	无级	10～1000	1400	1000	900	0.200	6	1000×1250	3000	±0.012/300	±0.005	±4″	±2″	7.5	14	4487×3603×3778	FANUC-3M
TK6511/3	110	No. 50	无级	10～1500	1400	1000	900	0.200	6	1000×1250	3000	±0.012/300	±0.005	±4″	±2″	15	14	4487×3603×3778	DYNAP-ATH-20AM
TKP654/1	110	No. 50	无级	10～1500	1400	1000	880	0.250	6	1000×1250	3000	±0.012/300	±0.005	±4″	±2″	15	14	4487×3603×3778	GM0501-T-I
TKP6511/2	110	No. 50	18	10～1000	1400	1000	880	400	6	1000×1250	3000	±0.012/300	±0.005	±4″	±2″	7.5	14	4487×3603×3778	FANUC-3M
TKP6511/3	110	No. 50	无级	10～1500	1400	1000	880	0.250	6	1000×1250	3000	±0.012/300	±0.005	±4″	±2″	15	14	4487×3603×3778	DYNAP-ATH-20AM
TK6411	110		18	14～1100	1500	1000	700	500	6	950×1100	3000	0.02	±0.005	±6″		6.5/8	14	3663×4080×3700	8025MS

表 4-12　落地镗床、数控落地铣镗床的型号与技术参数

产品名称	型号	镗轴直径（铣轴直径）/mm	技术参数								电动机功率/kW		质量/t	外形尺寸/mm（长×宽×高）
			主轴箱行程/mm	立柱行程/mm	滑枕行程/mm	镗轴行程/mm	主轴转速/（r/min）		工作精度		主电动机	总容量		
							级数	范围	圆度/mm	端面平面度/mm				
落地镗床	TX6216C	160	2000	4000		1200	无级	1.8～500	0.01	0.015	30	39	31	6510×8300×5300
	TK6216	160	2000	4000		1000	无级	3.2～800			30	47	42	8002×8255×6130
落地铣镗床	T6916	镗轴：160 铣轴：260	3000	6000	1200	1200	无级	1.6～508	0.02	0.02	55	88.5	94	10 800×4500×7530
	TA6916	160	3000	6000	800	800	无级	3.15～1000	0.007 5	0.015	55	82	68	10 220×4800×7766
数控落地镗床	TK6213	130	2000	4000		800	无级	3～1000	0.075	0.015	25	37	35	6000×8200×5350
数控落地铣镗床	TK6916	160	4000	6000	1200	1200	无级	2～500	0.007 5	0.015	55	105	109	11 690×7447×9065
	TKA6916	160	3000	6000	800	800	无级	3.15～1000			55	100	68	10 220×4800×7766
	T6920	200	4000	10 000	1500	1500	无级	1.6～400	0.01	0.02	75	110	190	11 000×9800×7500
	FN225	225	4500	10 500	1200	1250	无级	2.5～750			100	150	100	13 000×5000×8500
	T6225G	250	4000	6000		2000	无级	1～280	0.01	0.02	55	80	120	10 910×10 772×7870
	KT6920	200	4000	8000	1200	1200	无级	2～500			55	105	113	14 060×7447×9065
	T6925	250	5000	17 000	1500	1500	无级	1.6～400	0.01	0.02	75	110	200	18 000×10 800×7500
	FB260	260	6000	20 000	1600	1700	无级	1.3～400			110	160	150	21 000×11 000×8500

表 4-13　　坐标镗床的型号与技术参数

产品名称	型号	技术参数										机床精度/mm	工作精度		电动机功率/kW		质量/t	外形尺寸/mm（长×宽×高）
		工作台尺寸/mm（宽×长）	最大加工直径/mm		主轴轴线至立柱距离/mm	主轴端面至工作台面距离/mm	工作台荷重/kg	主轴转速/（r/min）		工作台行程/mm		坐标精度	圆度/mm	表面粗糙度 Ra/μm	主电动机	总容量		
			钻孔	镗孔				级数	范围	纵向	横向							
高精度单柱光学坐标镗床	TG4120B	200×400	10	32	250	50～380	80	无级	200～3000	250	160	0.002		1.25	0.6	0.77	1.3	1230×910×1851
高精度单柱数显坐标镗床	TG4132B	320×600	15	100	330	80～500	200	无级	100～2000	400	250	0.002	0.003	1.25	1.1	1.16	2.5	1540×1260×2021
	TG4145B	450×800	20	200	470	50～630	300	无级	50～2000	600	400	0.003	0.003	1.25	2.2	2.5	5	1980×1628×2021
	TGX4120B	200×400	10	32	250	50～380	80	无级	200～3000	250	160	0.002		1.25	0.6	0.77	1.3	1230×930×1851
立式单柱坐标镗床	TGX4132B	320×600	15	100	330	80～500	200	无级	100～2000	400	250	0.002	0.003	1.25	1.1	1.16	2.5	1540×1290×2021
	TGX4145B	450×800	20	200	470	50～630	300	无级	50～2000	600	400	0.003	0.003	1.25	2.2	2.5	5	2080×1650×2520
	T4145B	450×700	25	150	480	150	250	无级	40～2000	600	400	0.005	0.003	1.25	2	2.4	4.5	1900×1600×2250
单柱坐标镗床	T4163C	630×1100	40	250	700	260～740	600	无级	55～2000	1000	600	0.006	0.006	0.8	2	4	6.8	2230×2300×2610
双柱坐标镗床	B2-040	400×560	25	150		10～500	350	8	45～1250	500	350	0.005	0.005	1.25	1.1	1725	3	1820×1600×1900
精密双柱光学坐标镗床	TM4280	800×1120	40	300	1120	870	1000	16	18～1800	1000	800	0.003	0.003	0.8	3	7.5	11	3390×2415×2870
双柱数显坐标镗床	TX4280	800×1120	40	300	1120	870	1000	16	18～1800	1000	800	0.005	0.005	0.8	3	7.5	11	3390×2415×2870
精密双柱数显坐标镗床	TMX4280	800×1120	40	300	1120	870	1000	16	18～1800	1000	800	0.003	0.003	0.8	3	7.5	11	3390×2415×2870

表 4-14　精镗床的型号与技术参数

产品名称	型号	最大镗孔直径/mm	工作台面尺寸/mm（宽×长）	技术参数						工作精度				电动机功率/kW		质量/t	外形尺寸/mm（长×宽×高）	备注
				加工直径/mm	加工深度/mm	工作台纵向行程/mm	主轴转速/(r/min) 级数	主轴转速/(r/min) 范围	每边主轴数	圆度/mm	圆柱度/mm	孔对底面垂直度/mm	表面粗糙度 Ra/μm	主电动机	总容量			
立式精镗床	T716A	165	500×1200	165	410	700	6	190～600		0.005	0.012	0.02/300	2.5	3	4.1	2.5	1742×1845×2225	配备数显
	T7216	165	1200×500	35～165	550	700	8	70～860	4	0.008	0.02	0.02	0.8	1.5/2.4		4	1610×2100×2090	—
	T7220	200	1200×500	35～200	710	900	8	70～860	5	0.008	0.02	0.02	0.8	1.5/2.4		4.6	1610×2100×2250	—
	TX7220	200	1200×500	35～200	710	900	8	70～860	5	0.008	0.02	0.02	0.8	1.5/2.4		4.6	1610×2100×2250	配备数显
	T7228	2880	500×1400	35～280	750	1200	8	53～600		0.0045	0.02	0.02/300	1.6	2.2/3.3	4.05	4.5	2200×1610×2606	工作台可横向移动
	T7240	400	630×1600	50～400	1250	1200		40～500		0.002	0.012	0.02/300	1.6	5.5	6.25	7	2500×2352×3755	工作台可横向移动
单面卧式精镗床	T7040	140	400×500	150	80	400	1	2500	2	0.005	0.008		1.25	2.2	3.825	1.9	1570×880×1240	—
	T7140	150	400×500	150	80	400	1	2500	2	0.005	0.008		1.25	4.4	5.9	2.5	2010×1025×1280	—
双面卧式精镗床	TY7140	250	400×500	8～250		630	2	～5000	1～4	0.004	0.006	200：0.02	1.6	3	7.2	6	4666×3290×2380	此机床多工位横移工作台
	TY7163	250	630×800	8～250		750	2	～5000	1～4	0.004	0.006	200：0.02	1.6	3	7.2	8.5	5396×3614×2380	此机床多工位横移工作台

第四节 卧式镗床

一、T68 型卧式镗床主要结构

T68 型卧式镗床是我国早期生产的一种机床产品，与现在的 T618 型卧式镗床同属一个组别。T68 型卧式镗床通用性较强，可进行各种工件，特别是箱体、支架工件的钻孔、扩孔、镗孔、铰孔、镗平面、铣平面等工作。机床装有固定式平旋盘径向刀架，能镗削较大的平面，还可作部分镗削工作。此外，机床还备有常用附件，其中包括特殊需要的螺纹加工附件，可以扩大操作使用范围。

T68 型卧式镗床结构主要由如下几个部分组成：

(1) T68 型卧式镗床主轴部件。图 4-22 是 T68 型卧式镗床主轴部件的结构图。主轴 5 装在主轴套筒 4 中，平旋盘主轴 3 安装在主轴箱左壁和中间支承板孔中的精密圆锥滚于轴承中，主轴套筒 4 用两个精密圆锥滚子轴承支承，其前轴承装在平旋盘主轴前孔中，后轴承装在主轴箱右壁的孔中。在主轴套筒的两端压入精密衬套 8、7 和 6，用以支承主轴 5，主轴前端有 5 号莫氏锥孔，用以安装刀具或刀杆。

主轴用 38CrMoAlA 钢制造，表面经渗氮处理，有极高的硬度和极好的耐磨性。衬套用 GCrl5 钢制造，也经过淬火处理；衬套与主轴的配合精度很高，配合间隙约为 0.01mm。因衬套的前后间距较长，使主轴能在较长的时间保持较高的导向精度，并且使主轴有较好的刚性。

平旋盘 1 以圆柱孔与平旋盘主轴 3 的前端轴颈配合，用 6 个螺钉紧固在平旋盘主轴前端面上，用锥销定位。在平旋盘外端面上铣有 4 条径向 T 形槽，供紧固刀夹或刀盘使用，在燕尾导轨内装着径向刀架 17，刀架上有两条供紧固刀具或刀夹的 T 形槽，燕尾导轨用镶条保证径向刀架运动的平稳性和导向的正确性。在径向刀架右端面槽中固定有齿条 16（$m=3$mm），齿条 16 通过齿轮 14（$z=16$）传动，使刀架作径向运动。在刀架上安装刀具镗削大

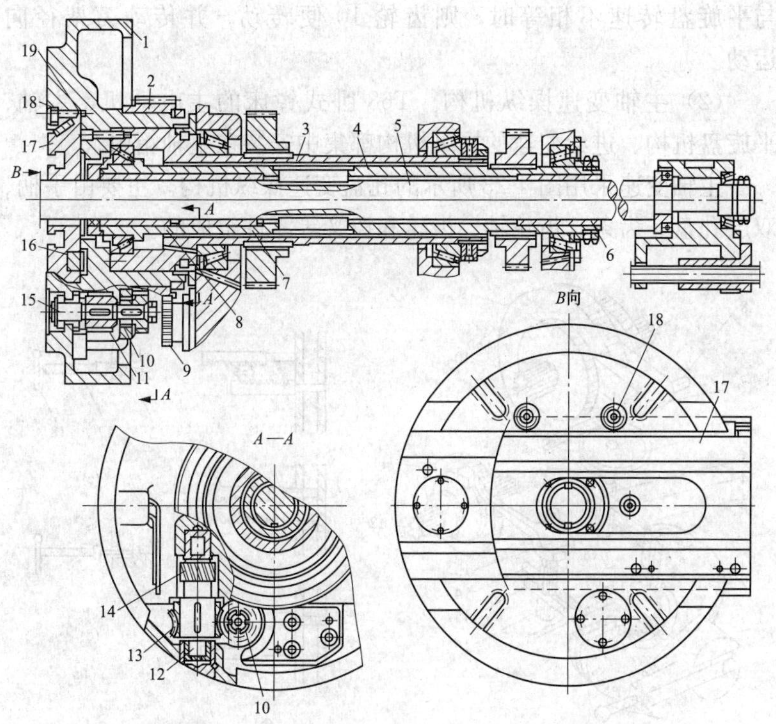

图 4-22 T68 型卧式镗床主轴部件结构图

1—平旋盘；2、9、10、14—齿轮；3—平旋盘主轴；4—主轴套筒；
5—镗床主轴；6、7、8—衬套；11—蜗杆；12、15—轴；13—蜗轮；16—齿条；
17—径向刀架；18—螺塞；19—销

直径孔时，切削过程中刀架 17 不作径向运动。为了提高径向刀架的刚性，可拧紧螺塞 18，通过销 19 将刀架锁紧。

在平旋盘上装着径向刀架的传动机构，它包括齿轮 2($z=116$) 和 10($z=22$)，单头蜗杆 11 和蜗轮 13($z=22$)，齿轮 14 和齿条 16，以及相关的轴 15、12 等零件。齿轮 2 空套在平旋盘的轮毂上，由挡圈限制其轴向位置，齿轮 10 与齿轮 2 啮合并通过蜗杆 11、蜗轮 13，齿轮 14 同齿条 16 保持着传动关系。当齿轮 9($z=24$) 传动齿轮 2，其转速和转向与平旋盘的转动相同时，齿轮 2 与齿轮 10 之间无相对运动，齿轮 10 并不转动，刀架无径向进给；若齿轮 2

与平旋盘转速不相等时，则齿轮 10 便转动，并传动刀架径向运动。

（2）主轴变速操纵机构。T68 卧式镗床的主电动机、主轴、平旋盘机构、进给变速的操纵机构都集中安装在主轴箱内。

主轴变速采用图 4-23 所示的孔盘变速操纵机构。主要由手柄、双层孔盘、齿条、齿轮轴、齿轮和拨叉等零件组成的。

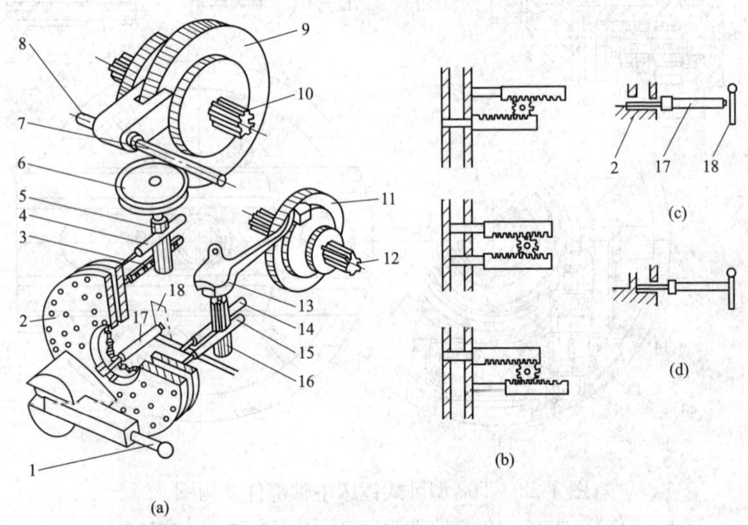

图 4-23　主轴孔盘变速操纵机构

（a）结构组成；（b）齿条位置；（c）、（d）推杆相对电器控制板的位置

1—手柄；2—孔盘；3、4、7、14、15—齿条；5、16—齿轮轴；6、9、11—齿轮；8、13—拨叉；10、12—外花键；17—推杆；18—控制板

主轴变速时，拉出手柄 1 和孔盘 2，使孔盘与齿条 3、4、14、15 都脱开，然后把孔盘转过某一预先设计好的角度，再推向齿条，齿条在孔盘上对应位置孔、盘的控制下作一定的轴向移动，并分别带动齿轮轴 5 和 16 转动预定的角度。齿轮轴 5 带动齿轮 6 回转，推动齿条 7、拨叉 8，使三联滑移齿轮 9 在外花键 10 上滑动；齿轮轴 16 带动拨叉 13 拨动三联滑移齿轮 11 在外花键 12 上滑动。双层孔盘转过不同的预定角度，可使齿条 3、4 和 14、15 分别处在三种

位置［见图 4-23（b）］，带动三联滑移齿轮 9 和 11 各自处在三个不同的啮合位置上，从而使主轴产生 9 种转速。当孔盘转至设定的低速位置时，推杆 17 能穿过孔盘的两层孔，推杆 17 触不到电器控制板 18［见图 4-23（c）］，当孔盘转至设定的高速位置时，推杆 17 触及电器控制板 18［见图 4-23（d）］，使电动机作高转速运转，这样主轴就可以获得 18 种转速。

孔盘变速操纵机构结构紧凑，操作灵活、方便，得到广泛使用，T68 卧式镗床的主轴箱进给变速机构也与此相似。

（3）工作台部件。工作台部件由工作台 2、上滑座 3 和下滑座 9 等部件组成，如图 4-24 所示。工作台运动包括下滑座在床身导轨上的纵向进给运动，上滑座在下滑座的上导轨上的横向进给运动和回转工作台在上滑座的圆导轨上的回转运动。

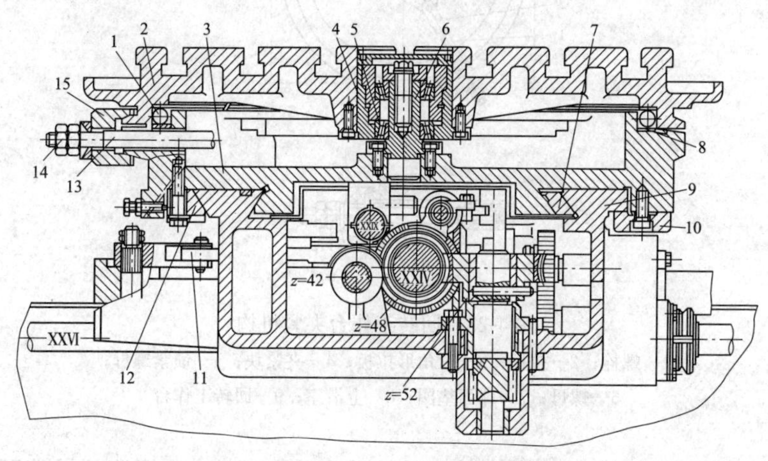

图 4-24　工作台部件

1—钢球；2—回转工作台；3—上滑座；4—法兰套；5—圆锥滚子轴承；6—定心轴；7—镶条；8—钢环；9—下滑座；10—压板；11—夹板；12—斜压板；13—拉杆；14—螺母；15—夹紧板

回转工作台 2 通过钢球 1、钢环 8 安放在上滑座 3 的圆形导轨面上，法兰套 4 固定在工作台中间的圆孔中，套内装有圆锥滚子轴承 5，通过轴承工作台可绕定心轴 6 回转 360°。工作台台面上有 T 形槽用来安装 T 形螺钉夹紧工件。

上滑座在下滑座上导轨上移动时，用镶条 7 对上滑座作水平面定位，用压板 10、斜压板 12 压紧，以承受镗孔或镗削平面时产生的扭矩，下滑座在床身导轨上移动时，用相似的镶条和压板作定位及承受镗削中产生的扭矩。

工作台部件的定位、夹紧机构，包括回转工作台的定位、夹紧机构和上、下滑座的夹紧机构。

回转工作台的夹紧机构如图 4-25 所示。

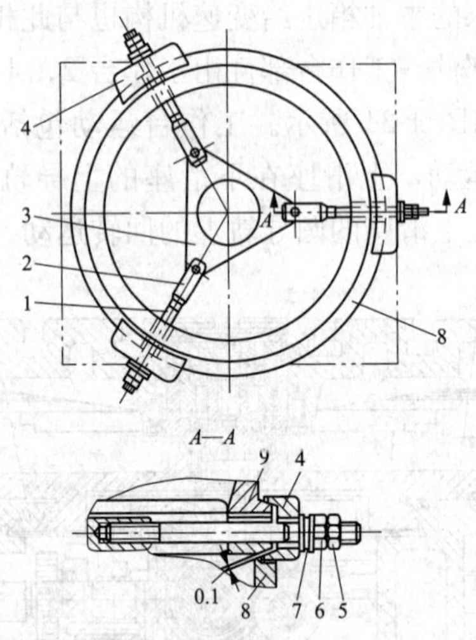

图 4-25　回转工作台夹紧机构

1—螺栓；2—拉杆；3—三角形拉板；4—夹紧块；5—锁紧螺母；6—螺母；7—球面垫圈；8—上滑座；9—回转工作台

在上滑座 8 的圆周三等分处的孔内装有螺栓 1，螺栓的一端同拉杆 2 连接，拉杆以铰链同三角形拉板 3 连接；螺栓的另一端上装有 V 形夹紧块 4、球面垫圈 7、螺母 6 和锁紧螺母 5，夹紧块的上斜面压在回转工作台下部的圆弧面，下斜面压在上滑座的圆弧面，两斜面与工作台和上滑座上的圆弧面间的间隙可用螺母 6、5 调整。夹紧工作台时，拧紧螺母，通过螺栓及三角形拉板使三个夹紧块同时夹向工作台，实现联动夹紧。联动夹紧的特点是能实现快速夹紧和松开，三个夹紧块同时向心夹紧，而且夹紧力相等，因此夹紧稳定，夹紧中不会引起工作台的移动。

回转工作台的定位机构如图 4-26 所示。在上滑座 2 的突臂上装着能绕销轴 5 转动的定位死挡块 3，在回转工作台下部四周边角上分别有一个可以调节的定位螺钉 4，螺钉头端部为球形。当回转工作台转动 90°后需要定位时，可借助手柄将死挡块转起，使死挡块左端面与定位螺钉的球部接触，实现定位。调节螺钉 4 的伸出长度，可调整工作台四个转动位置的位置精度。

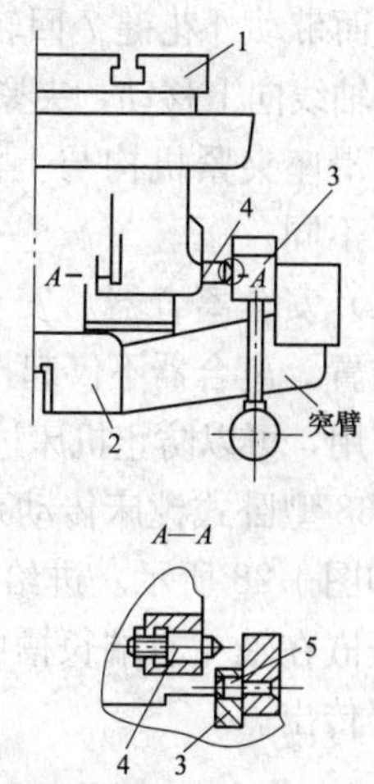

图 4-26　回转工作台的定位机构

1—工作台；2—上滑座；3—死挡块；4—可调定位螺钉；5—销轴

上滑座的夹紧机构如图 4-27 所示。夹紧时转动手柄 B，经锥齿轮副（图中未表示出）带动传动杆 1 转动，并使内螺纹套 2 沿传动杆 1 做轴向位移，使拉杆螺栓 3 旋入

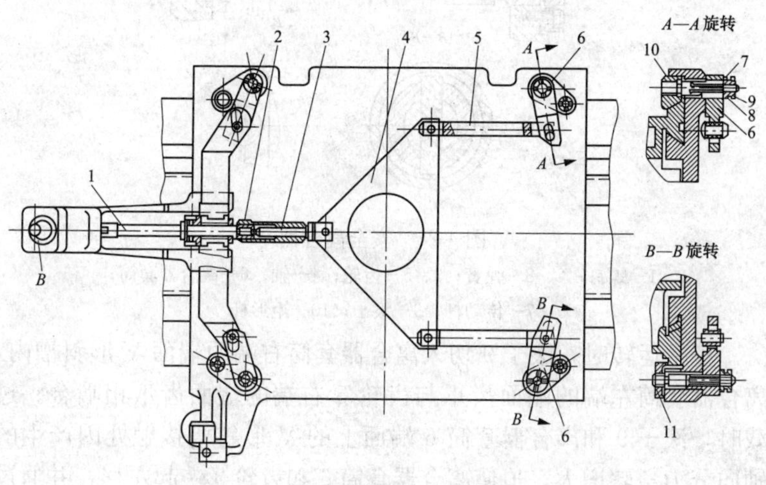

图 4-27　上滑座夹紧机构

1—传动杆；2—内螺纹套；3—螺纹拉杆；4—三角形拉板；5—拉杆；6—花键板；7—外花键；8—螺母；9—锁紧螺母；10—楔形压板；11—平压板

内螺纹套 2 中，从而拉紧三角形拉板 4、拉杆 5，传动花键板 6 摆动，从而带动外花键 7 回转，迫使楔形压板 10 及平压板 11 沿外花键 7 的轴线向上移动，夹紧上滑座。

下滑座夹紧机构与上滑座夹紧机构采用同一原理，仅夹紧部位有所不同。

（4）安全离合器。安全离合器是 T68 卧式镗床传动系统中的重要装置。离合器不仅起接通、断开传动路线的作用，而且起过载保护作用，可以防止机床过载加工或在其他意外事故中引起损坏。

T68 型卧式镗床传动系统图（见图 4-29）的中的离合器 M2 的结构如图 4-28 所示。进给运动由齿轮 3 传入，经键传至轴 4，再经横向镶嵌在轴 4 右端长槽中的传动杆 7、滚子 9、离合器套筒 6 和齿轮 5 传出。

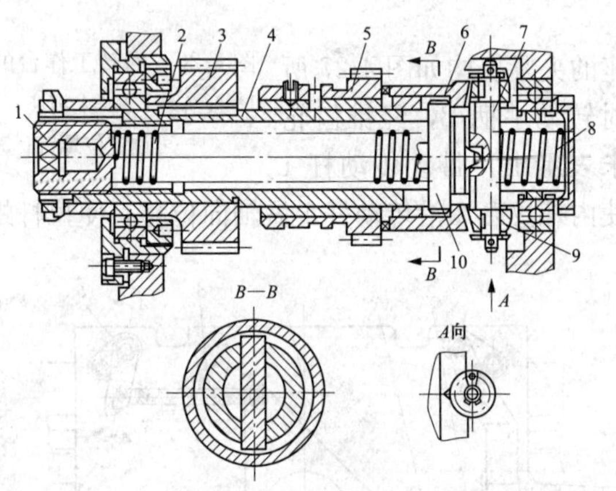

图 4-28　安全离合器

1—螺钉；2、8—弹簧；3、5—齿轮；4—轴；6—离合器套筒；7—传动杆；9—滚子；10—矩形杆

正常运转时，滚子 9 切入离合器套筒右端的端面 V 形斜槽内，离合器套筒左端的端面齿爪与齿轮 5 右端的端面齿爪相啮合。过载时，滚子 9 和离合器套筒 6 端面上的 V 形斜槽接触处因产生的轴向分力急骤增大，迫使离合器套筒 6 和齿轮 5 一起左移，并通过矩形杆 10 压缩弹簧 2。当滚子 9 从 V 形斜槽中滑出后，齿轮 5 和离合器套筒 6 停止转动。滚子 9 由轴 4 带动仍在旋转，当其相对套

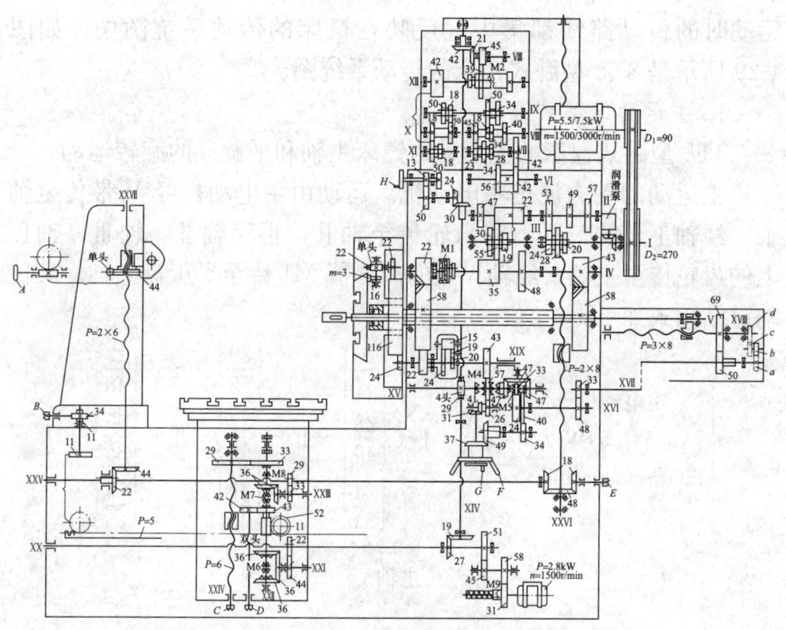

图 4-29　T68 型卧式镗床的传动系统图

筒 6 转过 180°时，滚子与套筒 6 上的 V 形斜槽又相遇，弹簧 2 通过矩形杆 10 将离合器套筒 6 向右推动，使其与滚子 9 重新结合。由于齿轮 5 未移动，故其端面齿爪与离合器套筒的端面齿爪相互脱开，传动链便被断开。

机床过载解除后，用操纵手柄将齿轮 5 向右扳动，并与离合器套筒结合，离合器恢复正常工作状态，传动链便被接通。拧紧螺钉 1，压紧弹簧 2，可以增加离合器承受的进给抗力。离合器所承受的进给抗力由传动路线中各个进给部件需要的转矩大小来定，应以工作中最大许用转矩来调节，不能随意调动，以免造成故障。

当进给部件接通快速传动链时，自动将齿轮 5 向左移动，脱开离合器套筒 6，保证传动中无故障。

T68 型卧式镗床的传动系统中有多个离合器，其工作原理完全相同。

二、T68 型卧式镗床的传动系统

机床的传动系统图是表示机床运动传递关系的示意图，机床运动时的传动路线都集中地反映在机床的传动系统图中，如图4-29所示是T68型卧式镗床的传动系统图。

1. 主运动传动系统

T68型卧式镗床的主运动为镗床主轴和平旋盘的旋转运动。

主运动的动力源是主电动机。运动由主电动机经V带传至轴Ⅰ，经轴Ⅰ上的三联滑移齿轮传至轴Ⅱ，再经轴Ⅱ、轴Ⅲ、轴Ⅳ上的齿轮传至主轴，经轴Ⅳ上的离合器M1传至平旋盘主轴。其传动链结构式如下：

$$\left\{\begin{matrix}\text{主电动机}\\ 5.5/7.5\text{kW}\\ 1500\sim3000\text{r/min}\end{matrix}\right\}-\frac{90}{270}-\text{Ⅰ}-\left\{\begin{matrix}\frac{20}{57}\\ \frac{28}{49}\\ \frac{24}{53}\end{matrix}\right\}-\text{Ⅱ}-\left\{\begin{matrix}\frac{22}{55}\\ \frac{22}{55}\\ \frac{47}{30}\end{matrix}\right\}-\text{Ⅲ}-\left\{\begin{matrix}\frac{19}{48}\\ \frac{55}{35}\\ \frac{55}{35}\end{matrix}\right\}-$$

$$\text{Ⅳ}-\left\{\begin{matrix}\frac{43}{58}-\text{主轴}\\ \overset{s}{\text{M1}}-\frac{22}{58}-\text{平旋盘主轴}\end{matrix}\right.$$

从传动系统图或传动链结构式可以看出：主轴和平旋盘主轴都有2×3×2×2＝24条传动路线，应该得到24级转速，但除了重复的和不适用的之外，主轴实际可得到18级转速，平旋盘主轴可以得到14级有用转速。

2. 进给传动系统

T68型卧式铣床的进给运动包括主轴的轴向进给运动、主轴箱的垂直升降运动、工作台的横向进给运动和纵向进给运动及平旋盘刀架的径向进给运动等。

进给运动的动力源仍为主电动机，运动由主电动机先传至轴Ⅳ，从轴Ⅳ经多级齿轮传动传至光杠ⅩⅣ。其传动链结构式如下：

$$\text{Ⅳ}-\frac{35}{56}-\text{Ⅵ}-\frac{42}{42}-\text{Ⅶ}-\left\{\begin{matrix}\frac{23}{45}\\ \frac{28}{40}\\ \frac{34}{34}\end{matrix}\right\}-\text{Ⅷ}-\left\{\begin{matrix}\frac{18}{50}\\ \frac{34}{34}\end{matrix}\right\}-\text{Ⅸ}-\left\{\begin{matrix}\frac{18}{50}\\ \frac{50}{18}\end{matrix}\right\}-\text{Ⅹ}-\left\{\begin{matrix}\frac{18}{50}\\ \frac{50}{18}\end{matrix}\right\}\rightarrow$$

$$\rightarrow \text{XI}-\frac{50}{42}-\text{XII}-\overset{r}{M_2}\rightarrow-\frac{39}{45}-\text{XIII}-\frac{21}{42}-\text{光杠 XVI}$$

通过进给变速箱中的一个三联滑移齿轮和三个双联滑移齿轮的不同组合传动，光杠ⅩⅣ应得到24级进给转速，但其中有六种是重复的，故可用进给量级数为18级。

进给运动从光杠起，按不同传动路线分别传至各进给机构。

（1）主轴进给运动。传动链结构式如下：

$$\text{XIV}-\frac{4}{29}-\text{XV}-\left\{\begin{array}{l}\overset{r}{M_5} \\ \overset{s}{M_5}-\frac{47}{47}-\frac{47}{47}\end{array}\right\}-\frac{33}{24}-\text{XVI}-\frac{48}{33}\rightarrow$$

$$\rightarrow \text{XVII}-\frac{50}{69}-\text{丝杠 XVIII}-\text{经螺母带动主轴支承座使主轴作轴向运动}$$

离合器M5用以接通或断开轴向进给运动，以及改变进给方向。

镗削螺纹时，脱开轴ⅩⅦ与轴ⅩⅧ间的齿轮副$\frac{50}{69}$，在交换齿轮架上装上交换齿轮$\frac{a}{b}\times\frac{c}{d}$来调整主轴每转进给量，达到所要加工螺纹的螺距即可。

（2）主轴箱垂直进给运动。传动链结构式如下：

$$\text{XIV}-\frac{19}{27}-\text{XX}-\frac{22}{44}-\text{XXI}-\left\{\begin{array}{l}M_6\uparrow-\frac{36}{36} \\ M_6\downarrow-\frac{36}{36}\end{array}\right\}-\text{XXII}-M_7\uparrow-\frac{36}{36}\rightarrow$$

$$\rightarrow \text{XXIII}-\frac{33}{29}-\text{XXV}-\frac{18}{48}-\text{丝杠 XXVI}-\text{螺母}-\text{主轴箱垂直进给运动}$$

离合器M6、M7用来控制主轴箱垂直进给运动的接通、断开以及改变进给方向。

主轴箱进给时，由轴ⅩⅩⅤ经锥齿轮$\frac{22}{44}$传动轴ⅩⅩⅦ使后立柱支承座与主轴箱同速同向运动。转动手轮A，通过$\frac{1}{44}$的蜗杆副传动，由螺母带动支承座，可作手动调整。

(3) 工作台纵向运动和横向进给运动。传动链结构式如下:

$$Ⅹ\text{Ⅳ}-\frac{19}{27}-ⅩⅩ-\frac{22}{44}-ⅩⅪ-\left\{\begin{matrix}M_6\uparrow-\frac{36}{36}\\ M_6\downarrow-\frac{36}{36}\end{matrix}\right\}-ⅩⅫ\rightarrow$$

$$\rightarrow\left\{\begin{matrix}M_7\downarrow-\frac{2}{52}-\text{齿轮}\ z_{11}-\text{齿条}-(m=5\text{mm})-\text{工作台纵向进给}\\ M_8\uparrow-\frac{33}{29}-\text{丝杠}\ ⅩⅩⅣ-\text{螺母}-\text{工作台横向进给}\end{matrix}\right.$$

齿条(m=5mm)固定在床身上,齿轮 z_{11} 转动时,推动下滑座在床身导轨上移动,实现工作台纵向进给;丝杠ⅩⅩⅣ轴向固定不动,丝杠转动时,经螺母推动上滑座,带动工作台实现横向进给运动。

(4) 平旋盘刀架的径向进给运动。平旋盘刀架的径向进给由空套在平旋盘上的齿轮 z_{116} 传动,刀架作径向进给必须使齿轮 z_{116} 同平旋盘保持转速差,两者同步旋转时,则停止进给。该运动由两条传动路线传入,一条由平旋盘主轴经齿轮副$\frac{58}{22}$、M1 传至轴Ⅳ,经进给变速箱传至轴ⅩⅣ,经蜗杆副传至轴ⅩⅤ,轴ⅩⅤ上的离合器 M4 左边啮合时,运动经$\frac{57}{43}$传至轴ⅩⅨ;M4 右边啮合时,运动经锥齿轮$\frac{47}{47}$、$\frac{47}{47}$后经$\frac{57}{43}$传至轴ⅩⅨ,使轴ⅩⅨ反向转动;另一条由平旋盘主轴经$\frac{58}{22}$传至行星机构的转臂。轴ⅩⅨ上的齿轮 z_{20} 传入行星机构的转速同行星机构转臂的转速合成后,由输出端齿轮 z_{24} 传动空套在平旋盘主轴上的齿轮 z_{116},再经齿轮副$\frac{116}{22}$、蜗杆副$\frac{1}{22}$传至齿轮 z_{16},由齿轮 z_{16} 传动齿条(m=3mm)使平旋盘刀别样径向进给。

高行星机构转臂的转速为 n_0,轴ⅩⅨ上的齿轮 z_{20} 的转速为 n_{20},中心轴上的齿轮 z_{24} 的转速为 n_{24},根据行星轮系传动比公式可得:

$$\frac{n_{24}-n_0}{n_{20}-n_0}=(-1)^3\times\frac{20}{19}\times\frac{19}{15}\times\frac{15}{24}=-\frac{5}{6}$$

式中负号表示转向相反。

即
$$n_{24}=\frac{11n_0-5n_{20}}{6}$$

将 $n_0=n_{平旋盘}\times\frac{58}{22}$ 代入上式可得

$$n_{24}=\frac{29n_{平旋盘}-5n_{20}}{6}$$

又因
$$n_{116}=n_{24}\times\frac{24}{116}$$

则有
$$n_{116}=\frac{29n_{平旋盘}-5n_{20}}{6}\times\frac{24}{116}=n_{平旋盘}-\frac{5}{29}n_{20}$$

当 $n_{20}=0$ 时，则

$$n_{116}=n_{平旋盘}$$

齿轮 z_{116} 与平旋盘主轴同步旋转，平旋盘刀架无径向进给。

当 $n_{20}\neq0$ 时，齿轮 z_{116} 与平旋盘不同步，产生转速差，使平旋盘刀架作径向进给。径向进给量的大小、方向决定于 n_{20} 的大小和方向。

将离合器 M4 扳至中间位置时，从平旋盘主轴到轴 XIX 的传动关系被切断，$n_{20}=0$，平旋盘刀架进给运动停止。

T68 卧式镗床的每条进给运动传动路线都要经过光杠传动，光杠有 18 级转速，每种进给运动就有 18 级进给速度。

3. 快速移动传动系统

主轴箱、工作台、平旋盘刀架的快速移动均由快速电动机（$P=2.8$kW、$\eta=1500$r/min）传动。运动经安全离合器 M9、齿轮副$\frac{31}{58}$、$\frac{45}{51}$、$\frac{27}{19}$传至轴 XIV，然后分别按进给传动路线转动各执行部件实现快速移动。

快速电动机的开、关和接通、工作进给的离合离 M2 用同一手柄操纵，保证在接通快速电动机之前先脱开 M2，以免同时接通两条传动路线而损坏机件。

4. 手动调整

移动机床的各个移动部件，除工作进给、快速移动外，还具有相应的手动调整移动。传动系统图中的 A、B、C、D、E、F、G、H 均为手动调整手柄，通过这些手柄，就可进行微量的调整移动。

第五节 T4145 型立式单柱坐标镗床

T4145 型立式单柱坐标镗床，是一种使用较为普遍的精密中型孔加工机床，主要用来加工各类模具孔及有较高位置精度要求的孔、孔系，也可用作样板的精密划线、精密零件的测量等。

T4145 型立式单柱坐标镗床的外形如图 4-30 所示，主要由床身、立柱、滑座、工作台、主轴箱和操纵箱等部件组成。图中编号为各操纵部件的序号，其名称和用途见表 4-15。

表 4-15 T4145 型立式单柱坐标镗床操纵部件名称、用途表

序号	名 称	用 途
1	手动调零杆	用光学调零法调整分划板中零位线
2	纵坐标手柄	纵向调整对线
3	主电动机按钮	启动主电动机
4	照明灯旋钮	照明控制
5	主轴调速手柄	主轴无级调速
6	纵向刻度盘	光屏读数微调
7	镗杆紧固套	锁紧镗杆
8	主轴箱夹紧手柄	锁紧主轴箱
9	定位块移动手柄	镗削有孔深精度要求的孔，作测量基准的调整之用
10	主轴机动升降手柄	镗孔进给时控制用
11	主轴进给量变速手柄	调节进给速度
12	主轴手动微进给手轮	手控主轴微进给
13	刻度盘锁紧盘	锁紧刻度盘，作为进给时镗孔深度读数及自动停刀
14	主轴手动快速升降手柄	调整镗刀初始位置，或作校准工作时用
15	主轴箱升降手轮	调整镗刀高度
16	主轴套筒锁紧手柄	铣削加工时锁紧主轴套
17	纵向粗读数调零器	粗读数调零

续表

序号	名　称	用　途
18	横向对线调整手轮	横向微调投影屏中分划板读数
19	工作台调速手柄	调节工作台纵、横向进给速度
20	工作台拖动电动机开关	启动工作台纵、横向电动机
21	滑座微动手轮	横向微调进给
22	横向粗读数指针调整手柄	调整横向粗读数
23	横向坐标对零手柄	横向光学调零

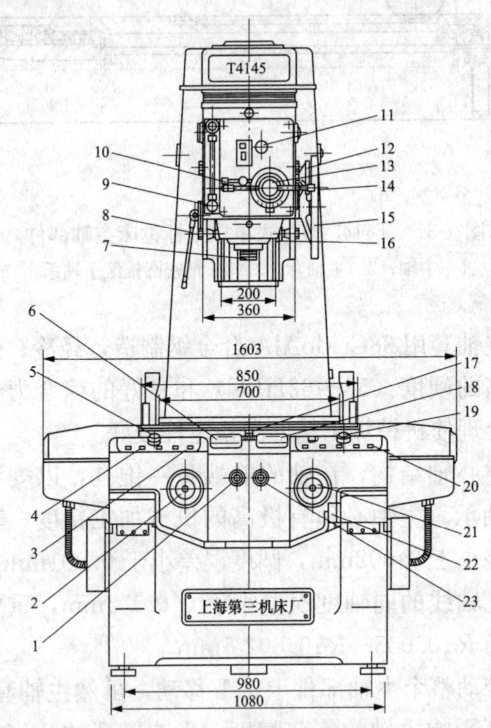

图 4-30　T4145 型立式单柱坐标镗床外形图

1—手动调零杆；2—纵坐标手柄；3—主电动机按钮；4—照明灯旋钮；5—主轴调速手柄；6—纵向刻度盘；7—镗杆紧固套；8—主轴箱夹紧手柄；9—定位块移动手柄；10—主轴机动升降手柄；11—主轴进给量变速手柄；12—主轴手动微进给手轮；13—刻度盘锁紧盘；14—主轴手动快速升降手柄；15—主轴箱升降手轮；16—主轴套筒锁紧手柄；17—纵向粗读数调零器；18—横向对线调整手轮；19—工作台调速手柄；20—工作台拖动电动机开关；21—滑座微动手轮；22—横向粗读数指针调整手柄；23—横向坐标对零手柄

一、T4145 型立式单柱坐标镗床的主要部件结构

1. 主轴部件

主轴部件是坐标镗床的主要部件之一。主轴部件由旋转主轴 1、主轴套 2，精密圆锥滚子轴承 3、4 等主要零件组成，如图 4-31 所示。

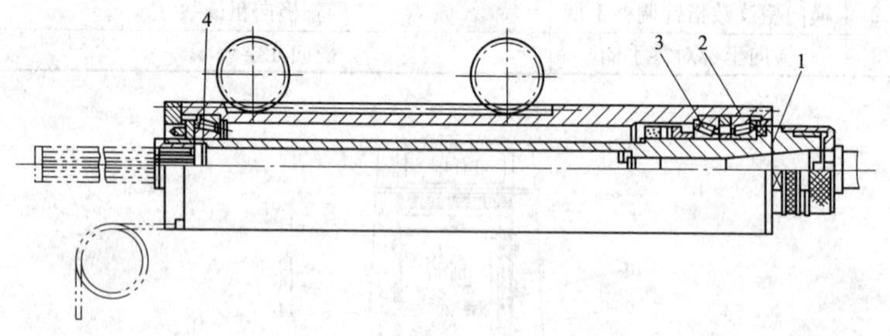

图 4-31　T4145 型立式单柱坐标镗床主轴部件
1—主轴；2—主轴套；3、4—精密圆锥滚子轴承

主轴和主轴套用 38CrMoAlA 合金钢制造，经冷、热处理使部件表面有很高的硬度（58～62HRC）和良好的综合力学性能，良好的冷、热处理使机械加工精度的稳定性较好。

主轴为空心轴结构，在轴的前端是一锥孔，以安装镗杆，轴的两端安装轴承。主轴必须有极高的机械加工精度，轴承安装孔的同轴度误差小于 0.002mm，圆度误差小于 0.001mm，锥孔轴线与轴承安装孔轴线的同轴度误差小于 0.001 5mm，重要加工面的表面粗糙度为 Ra0.005～Ra0.002 5mm。

主轴套带动整个主轴部件上、下移动，虽然主轴套不需转动，但其几何精度影响主轴的安装精度，影响锥孔的几何精度，故主轴套的机械加工精度与主轴有同样高的形状精度、位置精度、尺寸精度和表面粗糙度要求。

主轴和主轴套采用渗氮处理，以提高其表面硬度和耐磨性。

主轴的前、后支承采用圆锥滚子轴承，能同时承受径向和轴向载荷。主轴前端两个圆锥滚子轴承，采用反装，通过修磨中间的垫圈达到合适的预紧，后轴承用弹簧力压紧，可以消除由加工

中热变形引起的主轴伸长，不致造成主轴系统的变形。

2. 主轴箱部件

主轴箱部件如图 4-32 所示。主轴箱内的齿轮 7（图 4-35 中的 4 号齿轮）由传动主轴的花键轴带动，与齿轮 6 啮合带动蜗杆 3，通过蜗杆 3 与进给箱内的蜗轮（图 4-35 中的 7 号件）啮合，从而将主轴的转动与进给箱的传动链连接起来。

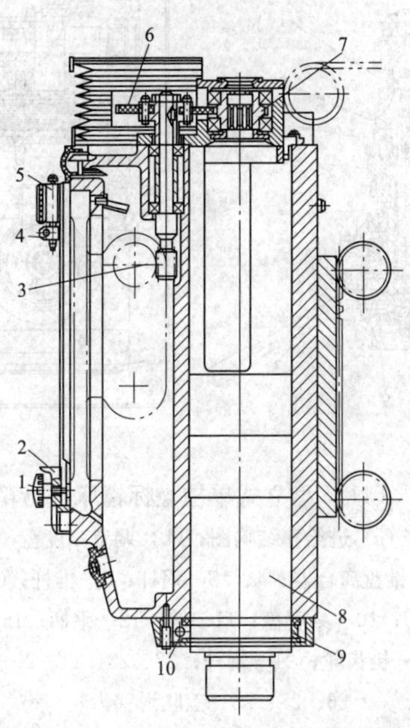

图 4-32　T4145 型立式单柱坐标镗床主轴箱部件

1—螺栓；2—可调挡铁；3—蜗杆；4—千分表托架；5—千分表；6、7—齿轮；8—主轴套；9—钢箍；10—锁紧丝杆

主轴套升降时，安装在主轴套顶端的端盖连接着杠杆随主轴套升降，杠杆的外伸部连着千分表托架 4，托架上装着千分表 5，在镗孔时间主轴一起下降，千分表头触到可调挡块 2 时，可精确地控制镗孔深度。

主轴套锁紧时，拧紧锁紧丝杠 10，拉紧套在主轴套 8 的外圆的钢箍 9，将主轴套锁紧。

3. 进给箱部件

进给箱是镗孔时实现镗刀进给运动的部件。T4145 型坐标镗床的进给运动有四级自动进给和手动微进给，有主轴手动调整传动。其结构如图 4-33 所示。

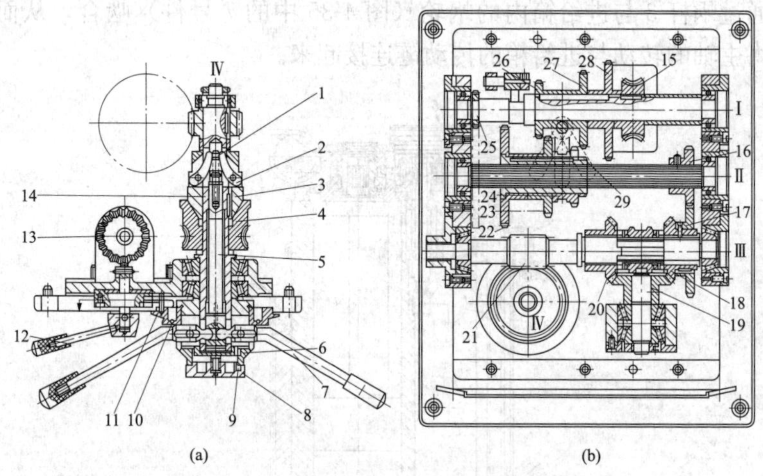

图 4-33　T4145 型立式单柱坐标镗床进给箱结构图

(a) 进给箱结构图；(b) 调节刻度盘

1—锥头；2—杠杆；3—锥盘离合器；4、15—蜗杆；5—推杆；6—锥套；7—叉形手柄；8—盖；9、14—套；10—刻度盘；11—销；12—手柄；16、17、25—齿轮；13、18、19、20—锥齿轮；21—蜗杆；22、23、24、29—四联滑移齿轮；26、27、28—三联滑移齿轮

自动进给时，向前拉紧两叉形手柄 7，推杆 5 的锥头 1 推动杠杆 2，压紧锥盘离合器 3 使其与蜗轮 4 产生的摩擦力达到传递转矩的目的。此时可进行自动进给或手动微量进给。推杆 5 产生的推力大小应在装配时调整好。

自动进给时，传动主轴的花键轴同时传动主轴箱中的蜗杆 3，如图 4-32 所示，带动与其相啮合的蜗轮 15，使轴Ⅰ转动。轴Ⅰ上的三联滑移齿轮 26、27、28 和齿轮 25 与轴Ⅱ上的四联滑移齿轮 23、24、29 和 22 分别啮合。轴Ⅱ上的四种转速由齿轮 16、17 带动空套在轴Ⅲ上的锥齿轮 18，锥齿轮 18 经锥齿轮 19 带动空套锥齿轮20。锥齿轮20通过锥齿轮19过渡，故与锥齿轮18转向相反，当离合器推向右边同锥齿轮18结合时，轴Ⅲ的转向与离合器推向左边同锥齿轮20结合时轴Ⅲ的转向相反。轴Ⅲ上的蜗杆21与轴Ⅳ上的蜗轮4啮合传动轴Ⅳ，如图4-33（a）所示。由轴Ⅳ上的齿轮推动主轴套上的齿条，使主轴完成进给运动。轴Ⅱ上的四联滑移齿轮使主轴产生四级进给速度。轴Ⅲ上的离合器左、右结合使主轴实现了上升、下降进给运动。

主轴行程的可控调节。调节刻度盘10，如图4-33（a）所示，到预定位置后拧紧盖8，通过套9压住刻度盘10，由轴Ⅳ带着转动，到达设定位置后，刻度盘上的销11与微动开关的前触点接触，启动微动开关，中断进给运动。

4. 工作台部件

T4145型立式单柱坐标镗床的工作台部件如图4-34所示。主要由工作台1、滑座6、操纵台10及其传动、夹紧机构组成的。工作台导轨与滑座上导轨之间用滚柱11、保持架12组成滚动导轨，故运动灵活轻快，微动进给时不会产生爬行和振动。齿条5安装在工作台上，减速箱输出轴上的齿轮推动齿条，带动工作台运动。滑座下导轨与床身导轨的结构方式与上述相同，只是齿条安装的位置不同而已。工作台、滑座的夹紧都采用偏心夹紧机构。工作台夹紧机构安装在滑座中央，滑座夹紧机构安装在床身两侧的中间位置。夹紧力由弹簧力提供，机夹时用电磁铁提供推力。

按下纵、横向伺服电动机按钮，即接通松夹电磁铁，电磁力推动顶杆7，如图4-34所示，压缩弹簧8，并使偏心杠杆4偏转一角度，偏心杠杆触点离开最大偏心距位置，夹紧块3上不再受压力，固定在工作台上的钢片2即能随工作台自由移动。当按下电动机断路按钮时，弹簧8推动偏心杠杆到夹紧位置，即触点偏转到最大偏心距位置，夹紧块3压向钢片2，工作台停止纵向进给。如夹紧力不够，使镗孔时移位，可旋动螺钉9，压缩弹簧8，增大夹紧力。由于偏心杠杆的增力作用和偏心夹紧的斜楔增力作用，使弹簧的原始夹紧力可增加好几倍。但螺钉9不能过度旋入，即

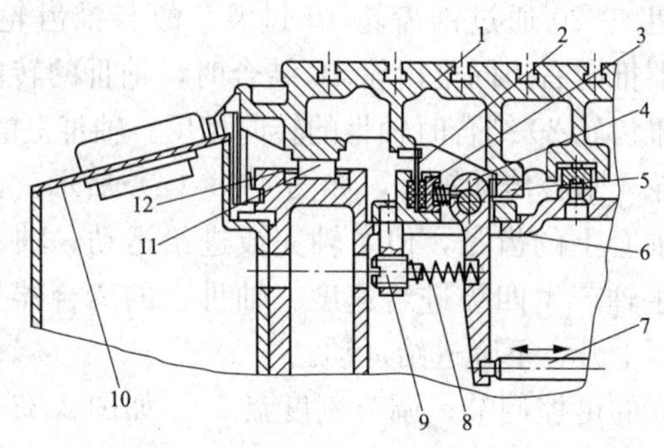

图 4-34　T4145 型立式单柱坐标镗床工作台部件

1—工作台；2—钢片；3—夹紧块；4—偏心杠杆；5—齿条；6—滑座；7—顶杆；8—弹簧；9—螺钉；10—操纵台；11—滚柱；12—保持架

不要使电磁铁的松夹力小于弹簧的夹紧力。电磁铁提供的推力越大，通电时间越长，产生的热量将影响机床的热平衡，影响机床的几何精度和位置精度。因此，电磁铁尽可能少通电，且不要使夹紧力过大。

夹紧钢片和夹紧块上的摩擦片如安装不准确，磨损或本身不平整，往往在夹紧及松夹时引起微小移位，影响正确定位，甚至无法定位。

二、T4145 型立式单柱坐标镗床的传动系统

T4145 型立式单柱坐标镗床的主运动由直流电动机驱动，工作台的纵向进给运动、滑座的横向进给运动各用一台伺服电动机驱动，故机床的传动系统均可进行无级调速，而且有较宽的调速范围。机床工作台、滑座导轨均安装滚柱导轨，而且传动链短，所以机床操作轻快、灵活，传动精度高。机床的传动系统图，如图 4-35 所示。

（1）主轴的主运动。主轴的主运动由主电动机 1 经带传动到外花键，由外花键带动主轴做旋转运动。主轴转速通过调节晶闸管所供给直流电动机工作电流的大小来变化。

（2）主轴的进给运动。主轴的进给运动也是由主电动机传动的。主电动机 1 的转动，经带传动到外花键，经齿轮 4、5，和蜗

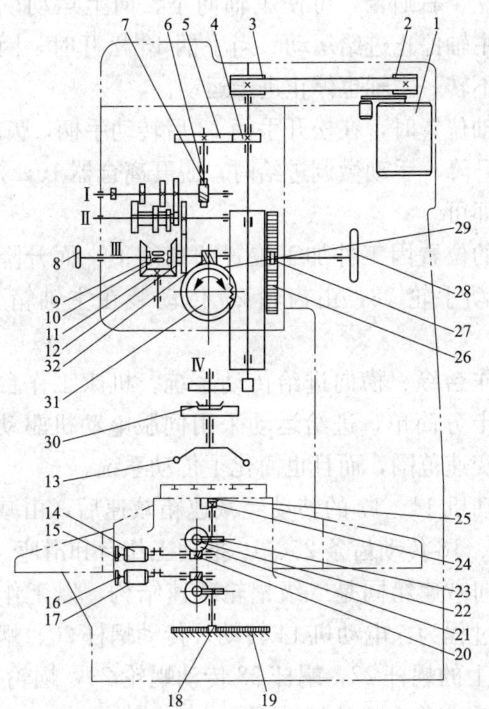

图 4-35 T4145 型立式单柱坐标镗床传动系统图

1—主电动机；2、3—带轮；4、5、18、24、27、31—齿轮；6、7—蜗杆副；8、15、16、28—手轮；9、11、12—锥齿轮；10—离合器；13—手柄；14、17—伺服电动机；19、25、26—齿条；20、22、32—蜗杆；21、23、29—蜗轮；30—锥盘

杆副 6、7 传到进给箱中的轴Ⅰ，经轴Ⅰ上的四个齿轮和轴Ⅱ上的四联滑移齿轮的不同啮合传到轴Ⅱ，并使轴Ⅱ得到四种转速。经齿轮副传至空套在轴Ⅲ上的锥齿轮 12，并经锥齿轮 11 传至空套在轴Ⅲ上的锥齿轮 9。轴Ⅲ上装有离合器 10，可以向左、向右移动，分别和锥齿轮 9、12 啮合，带动轴Ⅲ转动，由轴Ⅲ上的蜗杆 32 带动轴Ⅳ上的空套蜗轮 29 转动。当手柄 13 拉紧时，锥盘 30 压紧蜗轮 29，由摩擦力带动轴Ⅳ转动，轴Ⅳ上的齿轮 31 与主轴套上的齿条啮合完成主轴轴向进给运动。

离合器左、右啮合，可使主轴向下、向上运动；离合器在中间位置时，主轴停止进给运动。当手柄13松开时，因锥盘与蜗轮脱开，轴Ⅳ不转，主轴也停止进给运动。

调整主轴位置时，在松开手柄13后转动手柄，齿轮31可传动主轴套上下升降；手动微调进给时，脱开离合器10，拉紧手柄13，转动手轮8即可。

主轴箱的位置因工件加工位置的高度不一而升降时，松开夹紧机构，转动手轮28，由齿轮27传动装在主轴箱上的齿条26即可。

（3）工作台纵、横向进给传动系统。机床工作台纵、横向进给传动系统十分简单，进给运动采用伺服电动机驱动，不仅可以达到很大的变速范围，而且也简化了传动系统。

伺服电动机14、17的转动经减速箱减速后，由减速箱输出轴上的齿轮24、18传动齿条25、19推动工作台和滑座。

纵、横向减速箱同是二级蜗轮减速结构，以工作台减速箱为例，其传动过程为：电动机14转动，传动蜗杆20、蜗轮21，蜗轮21带动同轴上的蜗杆22，蜗杆22传动蜗轮23，蜗轮23带动齿轮24转动，实现工作台进给运动。

转动手轮15、16，可使工作台和滑座作微量进给，以满足工件镗削前定位需要。

伺服电动机的变速，通过改变电动机输入电流的大小来实现。

第六节　T4240B型立式双柱坐标镗床

T4240B型立式双柱坐标镗床的外形结构如图4-36所示。这种机床具有准确的定位精度及较高的加工（镗孔）精度和高的表面加工质量。

一、T4240B型立式双柱坐标镗床的机床运动

1. 表面成形运动

镗孔时，需要两个成形运动，一个是主轴套筒中的主轴作旋

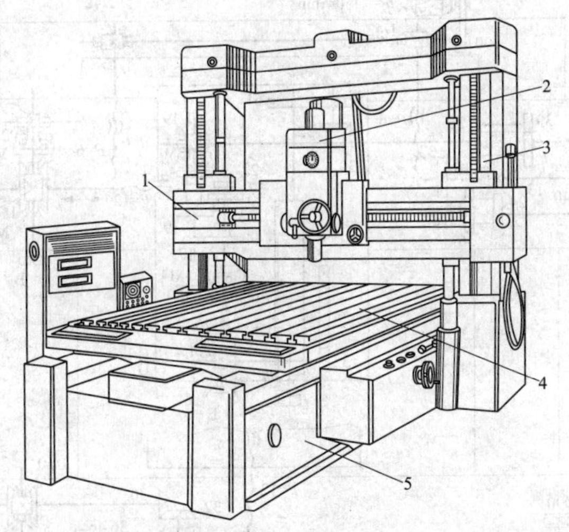

图 4-36　T4240B 型立式双柱坐标镗床的结构

1—横梁；2—主轴箱；3—立柱；4—工作台；5—床身

转运动，使镗刀进行切削，称为主运动；另一个是主轴套筒带动主轴作轴向移动，称为轴向进给运动。

铣削加工时，除了主轴旋转（主运动）外，还有两个方向的进给运动，一个是纵向进给，由工作台沿床身导轨作纵向移动来完成；另一个是横向进给运动，由主轴箱沿横梁横向运动来完成。这两个进给运动也用来实现两个坐标的精确定位。

2. 辅助运动

为了使主轴箱的位置适应不同高度工件加工的需要，装有主轴箱的横梁可沿立柱的导轨作垂直方向的调整运动。

二、T4240B 型立式双柱坐标镗床的传动系统

如图 4-37 所示为 T4240B 型立式双柱坐标镗床的传动系统图。按机床的运动分为如下几条传动链。

1. 主运动传动链

机床主运动传动链用于实现主运动，传动链的两个末端件为主电动机和主轴，其传动路线为

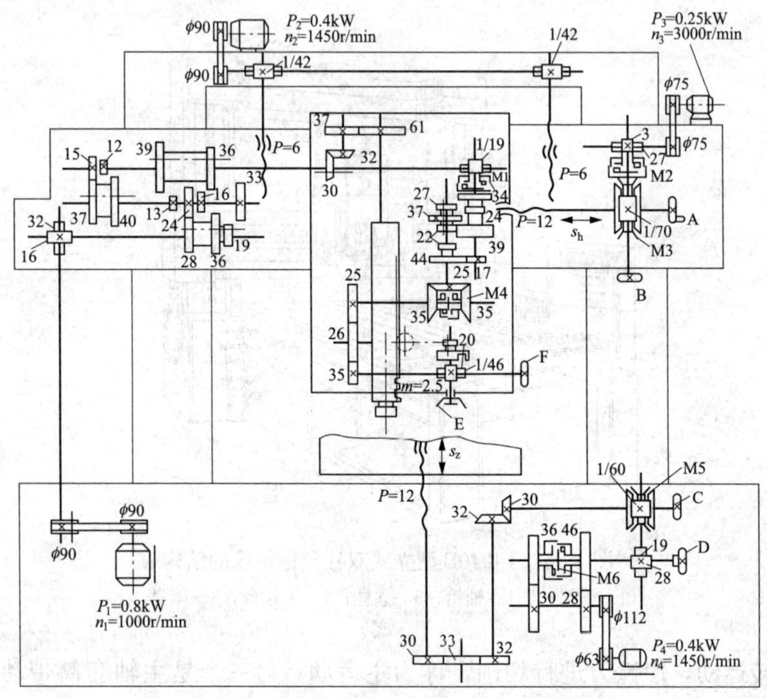

图 4-37　T4240B 型立式双柱坐标镗床传动系统图

$$\text{电动机}(n_1)-\frac{\phi 90}{\phi 94}-\frac{16}{32}-\begin{Bmatrix}\frac{19}{33}\\ \frac{28}{24}\\ \frac{36}{16}\end{Bmatrix}-\begin{Bmatrix}\frac{13}{39}\\ \frac{16}{36}\\ \frac{37}{15}\\ \frac{40}{12}\end{Bmatrix}-\frac{30}{32}-\frac{37}{61}-\text{主轴}(n)$$

主轴转速级数为 $Z=3\times4=12$。

2. 主轴向进给传动链

主轴的轴向进给是以主轴每转一转，主轴沿轴向的移动量来计算的。传动链的两个末端件为主轴和主轴套的齿轮齿条传动副。这条传动链有两条传动路线。当离合器 M_1 接合，如图 4-37 所示位置时，传动路线为

$$\text{主轴}-\frac{61}{37}-\frac{32}{30}-\frac{1}{19}-M_1-\begin{Bmatrix}\frac{24}{37}\\\frac{34}{27}\\\frac{39}{22}\end{Bmatrix}-\frac{25}{35}-\frac{26}{26}-\frac{26}{35}-\frac{1}{46}-20\pi m\text{（齿轮齿条）}$$

当离合器 M_1 脱开，即空套三联滑移齿轮下移使齿轮 39 与空套双联滑移齿轮的齿轮 22 啮合时，传动路线为

$$\text{主轴}-\frac{61}{37}-\frac{32}{30}-\frac{1}{19}-\frac{17}{44}-\frac{22}{39}-\begin{Bmatrix}\frac{24}{37}\\\frac{34}{27}\\\frac{39}{22}\end{Bmatrix}-\frac{25}{35}-\frac{26}{26}-\frac{26}{35}-\frac{1}{46}-20\pi m\text{（齿轮齿条）}$$

主轴的轴向进给量共有 6 级。

手动主轴轴向进给可分为快速调整和微量进给两种情况。快速调整时，将手把 E 从自动进给位置向外拉出，使轴上的小齿轮 20 作轴向移动，与空套蜗轮 46 脱开端齿连接。这时转动手把 E，即可直接通过小齿轮 20 和主轴套筒齿条传动，使主轴作上下快速进给运动。

微量进给时，将手把 E 向里推，通过小齿轮 20 的端齿与蜗轮 46 接合，同时将锥齿轮变向机构的离合器 M_4 放在中间位置而脱开啮合，即可脱开机动传动链，这时，转动手轮 F，通过蜗杆副 1/46 而使主轴作上下微量进给运动。

3. 工作台纵向进给传动链

工作台纵向进给量以工作台沿床身的每分钟移动量来计算。传动链的两个末端件为电动机和工作台，其传动路线为

$$\text{电动机}(n_4)-\frac{\phi 63}{\phi 112}-\begin{Bmatrix}\frac{20}{46}\ (M_6\ \text{向右})\\\frac{30}{36}\ (M_6\ \text{向左})\end{Bmatrix}-\frac{19}{28}-\frac{1}{60}-\frac{30}{32}-\frac{32}{33}-\frac{33}{30}-\text{工作台丝杠}$$

工作台的手动纵向进给也分为快速调整和微量调整两种情况。快速调整时，可转动手轮 C 直接传动，传动链中摩擦离合器 M_5 的作用是当手动速度大于机动速度或反向进给时，可自动与机动

传动脱开。

当要进行手动微量纵向进给时，可将摩擦离合器 M_5 调整到中间的脱开啮合位置，即断开机动传动链，这时转动手钮 D，可通过降速传动副 19/28 实现微量进给。

4. 主轴箱横向进给传动链

横向进给是以主轴箱沿横梁每分钟的横向移动量来计算的。传动链的两个末端件为电动机和主轴箱，其传动路线为

$$电动机（n_3）-\frac{\phi 75}{\phi 75}-\frac{3}{27}-\frac{1}{70}-主轴箱丝杠$$

主轴箱的手动横向进给也有快速调整和微动调整两种情况。摩擦离合器 M_3 的作用与工作台纵向进给传动链中离合器 M_5 的作用相同，所以主轴箱快速手动进给时可直接转动手轮 A 脱开离合器 M_2，即脱开传动传动链时，转动手轮 B 可实现微量进给。

5. 横梁升降传动链

横梁沿立柱升降运动是以横梁每分钟的上下移动量来计算的。传动链的两个末端件为电动机 n_2 和横梁，其传动路线为

$$电动机（n_2）-\frac{\phi 90}{\phi 90}-\frac{1}{42}-横梁丝杠$$

三、坐标测量装置

坐标镗床具有高精度的加工性能，不仅仅是机床零部件的制造精度、装配精度很高，并具有良好的刚性和抗振性，结构上采取防止爬行（采用滚动导轨）、减少变形等措施，而且因为机床的工作台、主轴箱等运动部件配有精密坐标测量装置，能实现工件和刀具的精密定位，对保证机床的加工精度起了重大作用。常见的坐标测量装置有如下几种。

1. 带校正尺的精密丝杠坐标测量装置

如图 4-38 所示，校正尺 10 的曲线形状是根据实测的丝杠 3 的螺距误差，按比例放大制成的，并随工作台 1 一起移动（固定在工作台 1 上）。当丝杠 3 通过螺母 2 传动工作台 1 移动时，校正尺也随之一起移动，尺上的工作曲面通过杆 9 和 8 使转臂 6 摆动，并传动游标盘 4 绕丝杠 3 的轴线摆动一定角度。这样刻度盘 5 按游标盘 4 对线时，相应地就多转或少转了一个角度，使工作台获得一

个附加的移动量，其值正好补偿由于丝杠螺距误差造成的工作台位移误差。

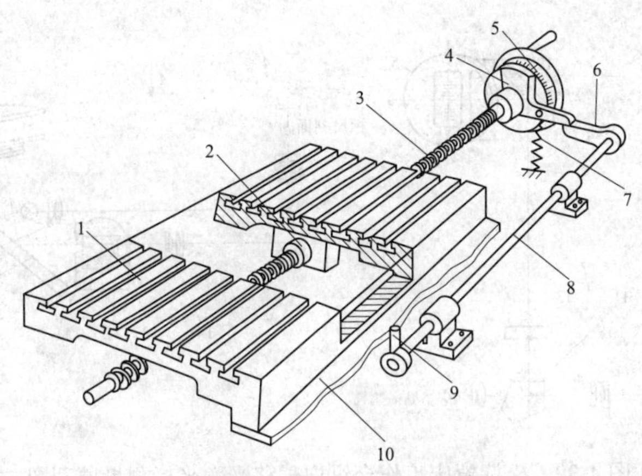

图 4-38　带校正尺的精密丝杠坐标测量装置

1—工作台；2—螺母；3—丝杠；4—游标盘；5—刻度盘；6—转臂；7—弹簧；8—杠杆；9—杠；10—校正尺

这种坐标测量装置结构简单，成本较低。但由于它的测量基准——丝杠同时又是传动元件，使用中的磨损会直接影响机床部件的定位精度，因此，目前只有少数中小型坐标镗床上还有应用。

2. 光屏—标准金属刻线尺光学坐标测量装置

这种测量装置主要由精密刻线尺（标准金属刻线尺）、光学放大装置和读数器三部分组成。如图 4-39 所示为坐标镗床工作台纵向位移的光学坐标测量原理图。4 为精密的标准金属刻线尺，刻线面抛光至镜面，上面刻有分度间隔为 1mm 的线纹，线距精度在 1m 的长度范围内为 0.001～0.003mm。标准金属刻线尺固定在工作台的下侧，与工作台一起纵向移动。坐标测量装置及光源部分装在滑座中，不能沿纵向移动。测量工作台纵向位移时，由光源 8 发出的光，通过聚光镜 9 聚光，经反射镜 2、前组物镜 3，照射到标准金属刻线尺 4 的表面上。刻线尺上被照亮的线纹，通过反射镜 1、后组物镜 4、五棱镜 11，修正平镜 13、反射镜 12 及 10，成像于分划屏板 7 上。通过目镜 5 可以清晰地观察到放大的线纹像。

物镜总的放大倍率为 30 倍。所以，间距为 1mm 的标准金属刻线尺线纹，在分划屏板 7 上的距离为 30mm。

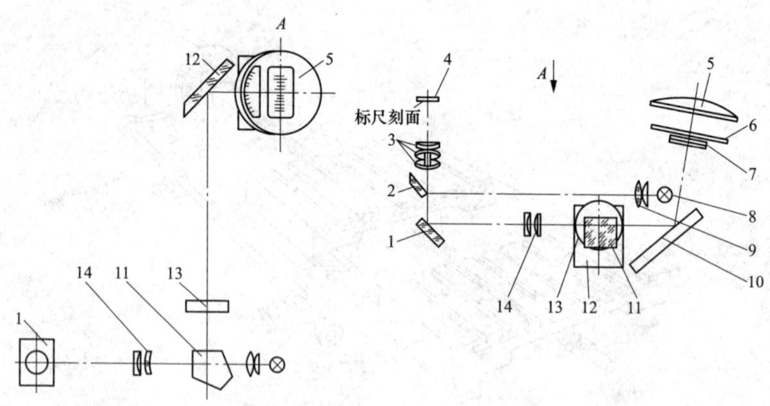

图 4-39　坐标镗床工作台纵向位移光学坐标测量原理图

1、2、10、12—反射镜；3—前组物镜；4—标准金属刻线尺；5—目镜；6—刻度盘；7—分划屏板；8—光源；9—聚光镜；11—五棱镜；13—修正平镜；14—后物镜组

分划屏板 7 上，刻有 0～10 共 11 组等距离的双刻线（见图 4-40D视图），相邻两刻线之间的距离为 3mm，这相当于标准金属刻线尺上的距离为 $3\times\frac{1}{30}=0.1$mm。刻线盘 12（见图 4-40F-F 剖面）和阿基米德螺旋线凸轮 9 连接在一起，如果转动把手 10，便可带动凸轮 9 和刻度盘 12 一起转动。凸轮 9 推动滚子 8，使屏板框架 7 及分划板 13 移动。刻度盘 12 的圆周上刻有 100 格的等分线。当它转过一格时，分划屏板 13 移动 0.03mm（件 12 和件 13 之间靠凸轮实现动作），这相当于标准金属刻线尺（即工作台）的位移量为 $0.03\times\frac{1}{30}=0.001$mm。

在进行坐标测量时，工作台移动量的毫米整数值由装在工作台上的粗读数标尺读取，毫米以下的小数部分则由分划屏板上读数头读取。例如，要求工作台移动量为 193.920mm。其调整过程：先调整测量装置的零位；移动工作台，根据粗标尺，调至 193mm 处；继续移动工作台，直到从目镜（见图 4-41）中看到标准金属

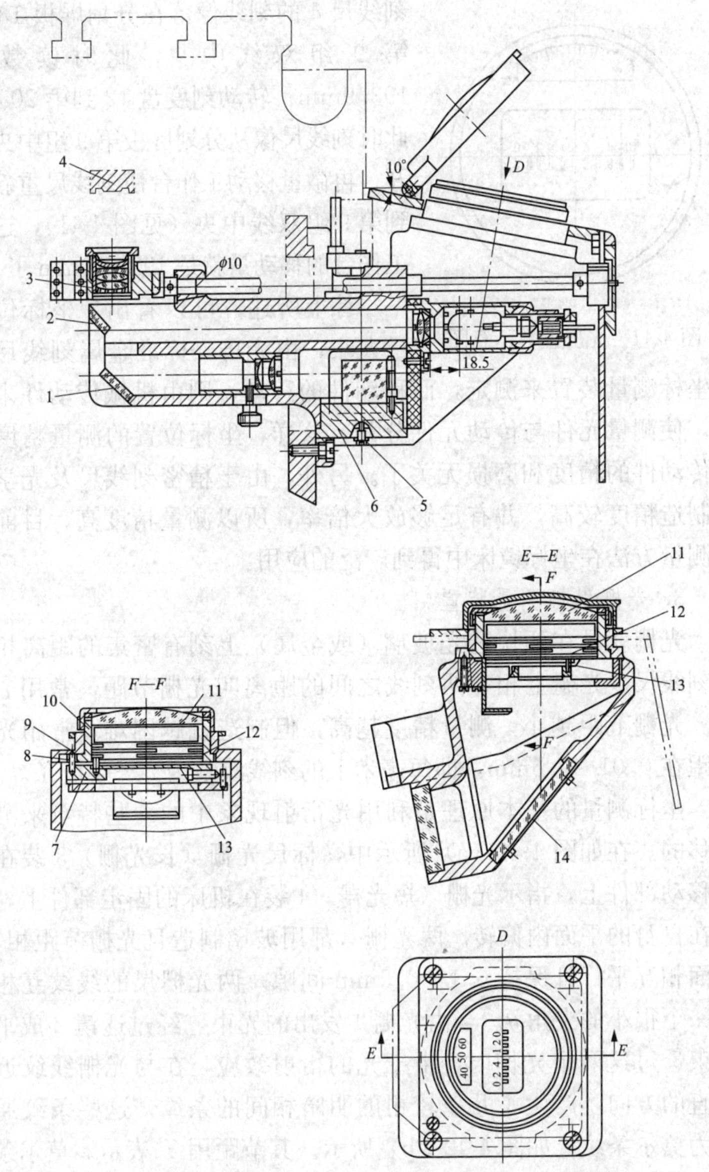

图 4-40　坐标镗床工作台纵向位移光学坐标测量结构图

1、2、14—反射镜；3—前组物镜；4—标准金属刻线尺；5—光源；6—聚光镜；7—屏板框架；8—滚子；9—凸轮；10—把手；11—目镜；12—刻度盘；13—分划屏板

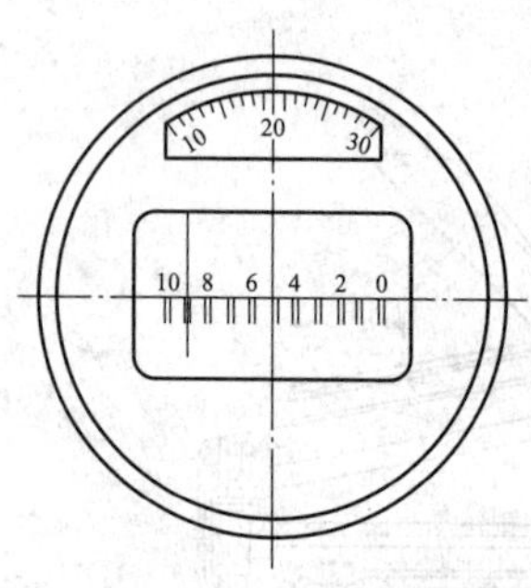

图 4-41　光屏读数示意图

刻线尺 4 的刻线像落在分划屏板 13 的第 9 组双线中央，此时读数为 193.9mm；转动刻度盘 12 到第 20 格，此时刻线尺像从分划屏板第 9 组中央移开。再微量移动工作台使刻线尺重新落到第 9 组双线中央（见图 4-41），这时工作台的移动量就是 193.920mm 了。

综上所述，可以看出，坐标位移量大小，由光屏—标准金属刻线尺光学坐标测量装置来测定，而移动件的移动，则由机械传动件来传动，使测量元件与传动元件分开。这样，坐标位置的测量精度就与传动件的精度和磨损无关了。另外，由于精密刻线尺及光学部分制造精度较高，并有足够放大倍率，所以测量精度高。目前这种测量方法在坐标镗床中得到广泛的应用。

3. 光栅坐标测量装置

光栅就是在两块透光玻璃（或金属）上刻有密集的距离相等的刻线尺。光栅上相邻两刻线之间的距离叫光栅节距，常用 t 表示。光栅节距越小，测量精度越高，但制造就越困难。常用光栅节距在 0.01～0.5mm，即每毫米上的刻线纹数为 20～100 条。

坐标测量的基本原理是利用光衍射现象中的一些特点来测量位移的。在如图 4-42（a）所示中，标尺光栅（长光栅）3 装在机床移动部件上，指示光栅（短光栅）4 装在机床的固定部件上，并可在自身的平面内偏转。两光栅（都用玻璃制造且光栅节距相等）平面相互平行且保持 0.1～0.5mm 间隙。两光栅尺的线纹互相倾斜一个很小的夹角 θ。当由光栅 1 发出的光束，经过透镜 2 成平行光束透过这两个光栅时，由于光的衍射效应，在与光栅线纹近似垂直的方向，产生了几条较粗的明暗相间的条纹，这些条纹通常称为莫尔条纹，如图 4-42（b）所示。其节距用 T 表示。莫尔条纹的节距比光栅节距 t 大好多倍，θ 角越小，则 T 越大，明暗纹越粗。当标尺光栅随工作台沿 X 方向移动一个光栅节距 t，则相映成趣尔条纹沿 Y 方向准确地移动一个节距 T。莫尔条纹移动时，通

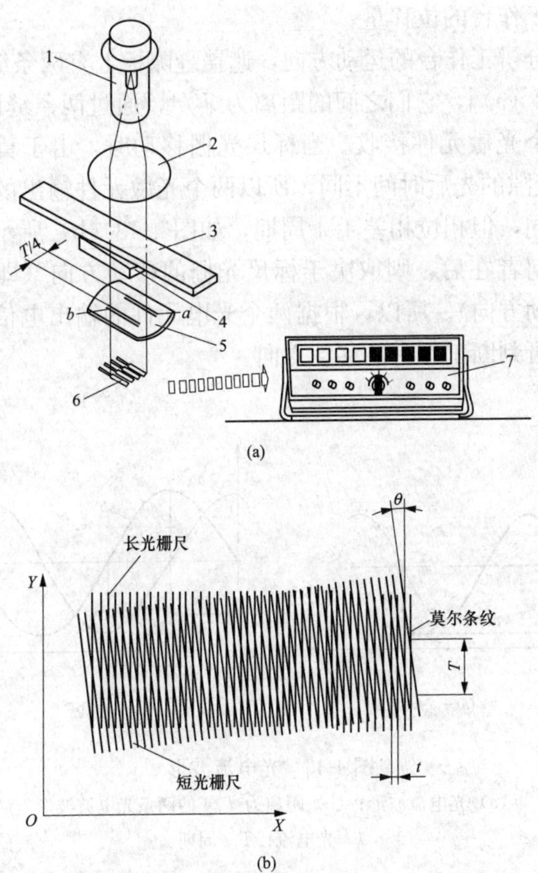

图 4-42　光栅坐标测量装置工作原理图

（a）光栅测量基本原理；（b）莫尔条纹

1—光源；2—透镜；3—标尺光栅；4—指示光栅；

5—缝隙板；6—光敏元件；7—数字显示装置

过遮盖缝隙板 5 的缝隙，使光敏元件 6 接收到明暗条纹变化的光信号，并转变成电信号。也就是说，当标尺光栅随机床部件移动过一个光栅节距 t 时（莫尔条纹移动一个节距 T），光敏元件 6 便接收到光强度变化一次，于是输出一个正弦波的电信号。这些电信号经过电路放大及计数后，在数字显示装置 7 中以数字的形式显示出机床工作台的位移量。

为了分辨工作台的运动方向，遮盖缝隙板上有两条缝隙 a 和 b［见图 4-42（a）］，它们之间的距离为 $T/4$，通过两条缝隙的光线，分别由两个光敏元件接收。当标尺光栅移动时，由于莫尔条纹通过 a、b 缝隙的先后时间不同，所以两个光敏元件输出的电信号虽然波形相同，但相位相差 1/4 周期，如图 4-43（b）所示，至于何者在前，何者在后，则取决于标尺光栅的移动方向（即取决于工作台的移动方向）。所以，根据两个光电元件的输出电信号的相位不同，就可判断工作台的移动方向。

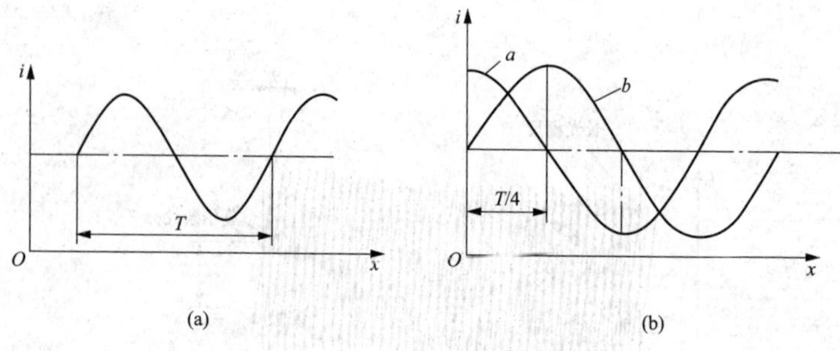

图 4-43　光电流波形

（a）光电流波形；（b）距离为 $T/4$ 的两条光电波波形

i—光电流；T—周期

由于莫尔条纹是由光栅的大量线纹形成的衍射条纹，所以，决定光栅尺工作精度的重要因素不是一条线纹的精度，而是一组线纹平均化后的精度（平均效应）。一般来说，平均化后，减少了局部误差及周期性误差的影响，它的工作精度比栅距精度略高。同时，光栅坐标测量装置的光电放大分倍率也较大。所以，这种测量装置的精度较高。光栅装置还具有便于数码显示，操作者可在较方便的工作位置观察，便于机床的数控和自动化等优点。所以，随着数控技术在坐标镗床上应用的发展，这种测量方法应用得会越来越多。

第七节 其他常见钻床、镗床简介

一、其他常见钻床简介

（一）多轴立式钻床

1. 可调式多轴立式钻床

可调式多轴立式钻床是立式钻床的变形品种，其机床布局基本与立式钻床相似，主要特点是主轴箱上装有若干主轴，主轴在水平面内的位置可根据被加工工件上孔的位置进行调整，如图4-44所示。图 4-44（a）所示为固定工作台机动进给多立式钻床，加工时，操纵进给电动机，主轴箱带着全部主轴沿立柱导轨垂直进给，对工件上多个孔进行同时加工。进给运动通常采用液压传动，并可实现半自动工作循环。图 4-44（b）所示为升降工作台手动进给多立式钻床，工作台高度可手动调节。加工时，操纵十字形手柄，主轴箱带着全部主轴沿立柱导轨垂直进给，对工件上多个孔进行同时加工。这种钻床能灵活地适应工件的变化，且采用多刀切削，生产效率较高，常用于成批生产中。

2. 排式多轴钻床

排式多轴钻床相当于几台单轴立式钻床的组合。它的各个主轴用于顺次地加工同一工件的不同孔径或分别进行各种孔加工工序，如钻孔、扩孔、铰孔或攻螺纹等。由于这种钻床加工时是一个孔一个孔地加工，而不是多孔同时加工，所以它没有可调式多轴钻床的生产率高，但它与单轴立式钻床相比，可节省更换刀具的时间。这种钻床主要用于中小批量生产。

（二）万向摇臂钻床

如图 4-45 所示为万向摇臂钻床。它的摇臂 8 装在升降座 9 的导轨上，可在水平方向移动。升降座连同摇臂一起可绕立柱 6 回转并沿立柱垂直移动。主轴箱 4 装在摇臂一端的转座 2 上，它可在垂直于摇臂的平面内转动 360°，在摇臂的纵向平面内转动 ±90°，电动机 5 控制主轴的回转运动，电动机 7 控制摇臂的升降运动，因而机床可对空间一定范围内任意方向上的孔进行加工。机床采用

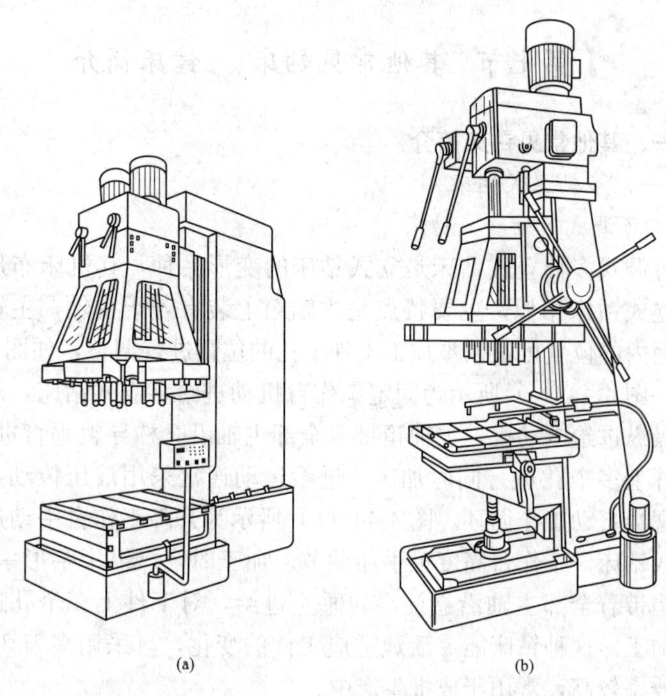

(a)　　(b)

图 4-44　多轴立式钻床

(a) 固定工作台；(b) 升降工作台

不固定安装方式，可根据加工要求吊运至所需工作地点。这种摇臂钻床适用于重型机器、机车车辆、锅炉、船舶和电机等制造业中加工大型零件。

除此之外，摇臂钻床还有摇臂可绕水平轴线回转、主轴箱可在摇臂纵向平面内转动的万向摇臂钻床，能沿铁轨移动、用于铁道桥梁上进行孔加工的车式摇臂钻床等。

二、其他常见镗床简介

卧式镗床除上述基本型式外，还有很多变型品种，如加大主轴直径卧式镗床、加大工作台横向行程卧式镗床、短床身卧式镗床、刨台式卧式镗床和数控自动换刀卧式镗床等。

加大主轴直径卧式镗床是在基本型机床的基础上，取消了平旋盘径向刀具溜板，将主轴直径加大，其他参数和结构则基本不

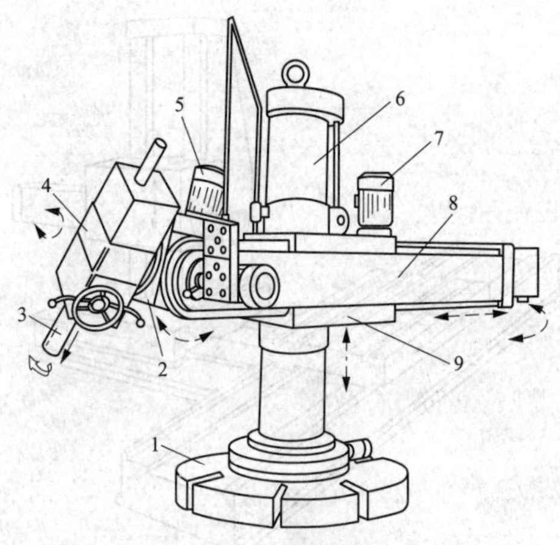

图 4-45 万向摇臂钻床

1—床身底座；2—转座；3—主轴；4—主轴箱；
5、7—电动机；6—立柱；8—摇臂；9—升降座

变，其特点是提高了主轴部件的刚度，但万能性较差。

加大工作台横向行程卧式镗床的特点是：机床上设有与床身主导轨平行的单侧或双侧辅助导轨（辅助导轨或者直接做在床身上，或者与床身分开单独安装），作为工作台下滑座的附加支承，使工作台的横向行程可以扩大，并提高横向移动时的直线性。这种机床适用于加工横向尺寸较大的工件。

短床身卧式镗床的床身较短，无后立柱，工作台回转定位精度较高，可采用悬伸刀杆以调头镗削方法加工同一轴线上相距较远的几个孔。这种机床结构简单，且较易实现加工过程自动化。

1. 刨台式卧式镗床

刨台式卧式镗床的床身呈“T”字形，如图 4-46 所示，工作台仅能沿床身导轨作横向移动，而前立柱可带着主轴箱沿导轨作纵向移动。这种机床工作台横向行程大，移动时直线度精度高，能装载较重的工件，也易于实现自动化，适用于加工横向尺寸大和较重的工件。

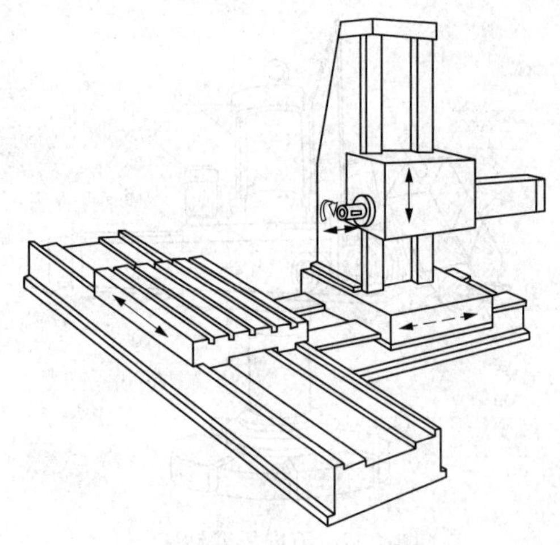

图 4-46　刨台式卧式镗床

2. 数控自动换刀卧式镗床

近年来，随着电子工业和数控技术的发展，数控卧式镗床和数控自动换刀卧式镗床相应得到较快发展。数控卧式镗床自动化程度高，能自动控制机床加工过程中各部件的动作顺序，各运动部件运动速度和方向的变换，控制各部件行程距离，自动实现工件和刀具的度坐标定位等。这种机床用于单件、小批量生产中，不仅可缩短生产准备周期，提高生产效率和保证加工质量，还大大减轻了工人的劳动强度。

数控自动换刀卧式镗床（或称卧镗加工中心）是在普通数控卧式镗床的基础上，增加刀具储存装置和自动换刀装置而成。这是一种高度自动化的多工序机床，在加工过程中，除了完成普通数控卧式镗床的各种自动控制功能外，还可根据工件加工工艺要求，自动地更换刀具。因此，工件以一次装夹后，机床就能自动地连续对工件的各个加工面进行镗、铣、钻、铰、锪、攻丝等多种工序加工。

如图 4-47 所示为数控自动换刀卧式镗床的一种结构型式，其总体布局与刨台式卧式镗床相同。它的主要组成部分有：床身 9、工作台 11、转台 10、刀库 1、装卸刀机械手 2 和 4、主轴部件 5、主轴箱 6、立柱 7、数控装置 8，以及液压传动装置等。加工时，工件直接地或通过夹具安装在转台 10 上，转台可绕垂直轴线进行任意分度。加工过程中所需用的各种刀具储存在刀库上。根据加工工艺要求，刀具可由传动装置带动，自动地进行转位，移送到换刀位置上，以便由装刀机械手将其取出。装刀机械手 2 和卸刀机械手 4 安装在机械手架 3 上，它们可在机械手架 3 的导轨上作伸缩抓刀运动，并随机械手架 3 一起作上下、前后移动以及在刀库与主轴间作 180°翻转运动，以便完成卸刀、装刀、选刀等动作。当某一加工工序结束后，立柱 7 后退和主轴箱 6 上升至坐标原点位置，同时主轴停止在一定角度位置上，然后就开始自动换刀。自动换刀大致过程如下：

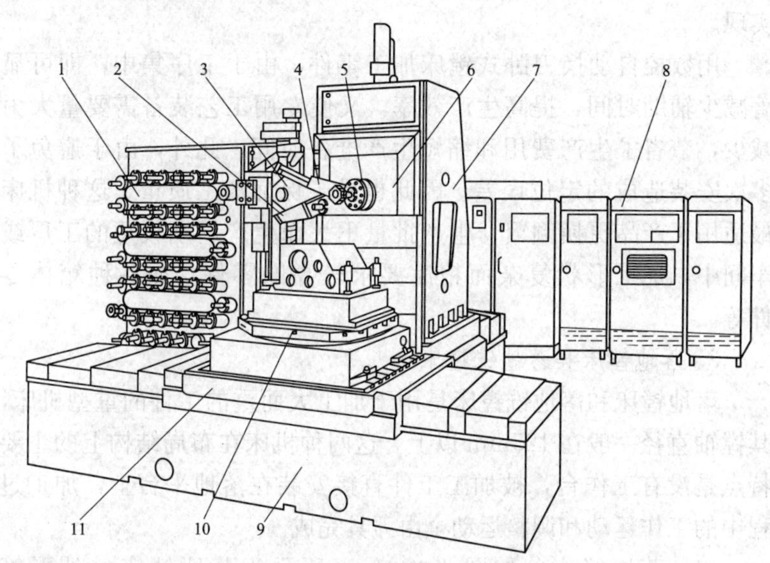

图 4-47　数控自动换刀卧式镗床

1—刀库；2—装刀机械手；3—机械手架；4—卸刀机械手；5—主轴部件；6—主轴箱；7—立柱；8—数控装置；9—床身；10—转台；11—工作台

（1）机械手 3 翻转 180°，使卸刀和装刀机械手的手爪转向主轴，进入装刀位置。

（2）先由卸刀机械手 4 从主轴上拔出上一工序手所用的刀具，

再由装刀机械手2将下一工序待用的刀具插入主轴。在此过程中，由主轴中的夹紧机构自动完成刀具的松开和增值紧动作。

（3）机械手架反向翻转180°，使卸刀机械手的手爪转向刀库，然后垂直下降，找到上一工序所用刀具在刀库上的原始位置，由卸刀机械手将其插入刀库中。

（4）机械手垂直移动，找到再下一个工序需用的刀具位置后，由装刀机械手将其从刀库中拔出。在此过程中，刀库中刀具转位，使需用刀具移动到换刀位置上。

（5）机械手上升到最高位置，准备下一次换刀。

在换刀过程中，从主轴或刀库中拔出刀具是由机械手架向前移动实现的，而将刀具插入主轴或刀库，则由机械手架身后移动实现。

用数控自动换刀卧式镗床加工零件，由于工序集中，即可显著减少辅助时间，提高生产效率，又使专用工艺装备需要量大为减少，节省了生产费用和缩短生产准备时间，此外，由于避免了多次安装造成的定位误差，因此也易于保证加工质量。这种机床最适用于产品更换频繁、生产批量不大而生产周期较短的工厂或车间中，加工形状复杂而精度要求较高的零件，如各种箱体零件等。

3. 落地镗床和落地铣镗床

落地镗床和落地铣镗床是用于加工大而重的工件的重型机床，其镗轴直径一般在125mm以上。这两种机床在布局结构上的主要特点是没有工作台，被加工工件直接安装在落地平台上，加工过程中的工作运动和调整运动全由刀具完成。

（1）落地镗床。如图4-48（a）所示为落地镗床的外形简图。立柱5通过滑座7安装在横向床身8上，可沿床身导轨作横向移动。镗孔的坐标位置由主轴箱6沿立柱导轨上下移动和立柱横向移动来确定。当需用后支承架支承刀杆进行镗刀时，可在平台4上安装后立柱3。后立柱也可沿其底座1上的导轨作横向移动，以便调整后支承架2的位置，使其支承孔与镗轴处于同一轴线上。

落地镗床的主轴部件结构与卧式镗床相同，只有镗轴可以伸缩，铣轴不能轴向移动，因而主要适用于镗孔；用于铣削时其生产效率、加工精度和工艺适应性等都受到限制。但是，在大型和重型零件加工中，铣削工作量往往占有很大比重（约占总工作量的50%左右）。为了适应加工大型和重型零件的实际需要，在落地镗床的基础上又发展了以铣削为主的落地铣镗床。目前，镗轴直径在160mm以上的重型镗床，基本上都向铣镗床发展。

（2）落地铣镗床。落地铣镗床与落地镗床的主要区别是主轴箱中具有一个可移动的滑枕，如图4-48（b）所示，铣轴由轴承支承在滑枕内，铣轴中又装有镗轴，其结构与卧式镗床两层主轴相同。滑枕的截面形状有圆形的、方形的、矩形的或多边形的，具有良好的刚性。滑枕可从主轴箱中伸出较大的长度（如T6916型落地铣镗床的滑枕最大伸出长度为1200mm），便于接近加工部位，并使主轴悬伸长度缩短，因而可提高加工效率和精度。在滑枕的前端还可安装各种切削附件，以完成各种加工工序，如图4-49所示。

为了扩大工艺范围和提高生产效率，落地镗床和落地铣镗床通常需采用回转工作台来安装工件，如图4-19（c）、（d）所示。回转工作台的形式很多：有只能回转的，有既能回转又可水平移动的，有可作分度转位的，也有可作连续回转运动的等，其承载能力最大可达50t。因此，机器制造业中的绝大部分大型和重型工件，都可用回转工作台装夹。

4. 金刚镗床

金刚镗床是一种高速镗床，通常采用硬质合金刀具（过去采用的是金刚石刀具，机床由此得名），以很高的切削速度（加工铝合金时为200～400m/min），很小的背吃刀量（一般不超过0.1mm）和进给量（一般为0.01～0.14mm/r）进行镗削，可获得很高的加工精度（孔径精度一般为IT6～IT7，圆度误差0.003～0.005mm）和较小的表面粗糙度值 Ra(0.08～1.25)μm。这种镗床主要用于对有色金属合金与铸铁工件上的内孔进行精加工——精细镗削，在成批生产、大量生产中获得了广泛应用，例如在汽

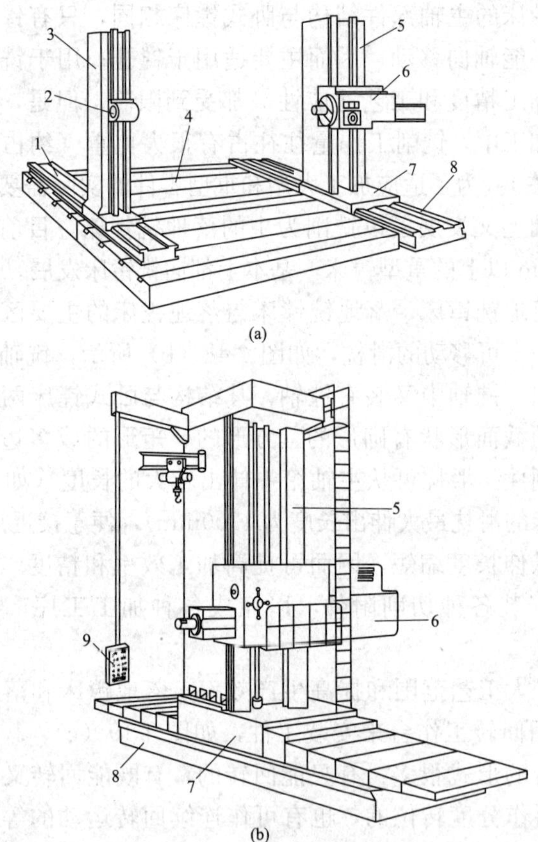

图 4-48　落地镗床的外形简图

（a）落地镗床；（b）落地铣镗床

1—底座；2—后支承架；3—后立柱；4—平台；5—立柱；

6—主轴箱；7—滑座；8—横向床身；9—按钮站

车、拖拉机、柴油机制造业中加工连杆轴瓦、活塞、油泵壳体、气缸套与气缸体等零件上的精密孔。

根据主轴位置不同，金刚镗床可分为卧式和立式两种。

卧式金刚镗床一般用于加工中小型零件，如轴瓦、活塞、连杆等。其常见布局如图 4-50 所示，在床身的一边或两边固定地安装着一个或几个主轴头，主轴头之间的中心距可按工件上的孔距

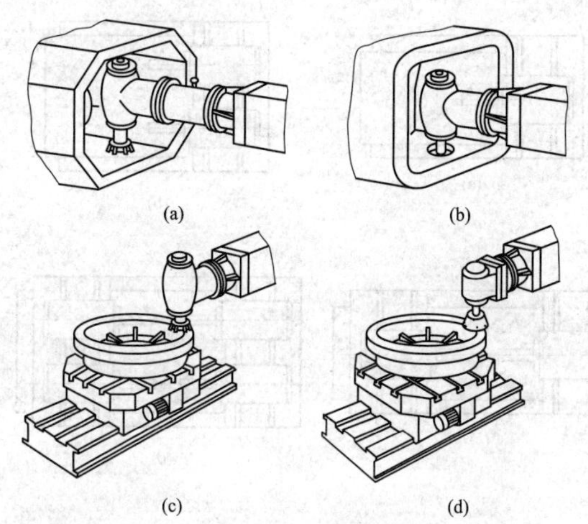

图 4-49　用装在滑枕上的附件进行加工

（a）用角度铣头铣内腔中的平面；（b）用角度镗头镗内腔中的内孔；
（c）用角度铣头和回转工作台铣环形面；（d）用磨头和回转工作台磨环形面

大小进行调整。安装工件用的工作台可沿着床身顶部的导轨左右移动，以完成纵向进给运动。工作台一般采用液压传动，可实现半自动循环。例如：快进行—工进—快退—停止在起始位置（单面机床）；快速向右—向右进给—快速向左—向左进给—快速向右返回中间原始位置—停止（双面机床）。

如图 4-51 所示为单面卧式金刚镗床外形图。机床的主轴箱 1 固定在床身 4 上，主轴 2 由电动机通过带轮直接带动以实现高速旋转，带动镗刀作主运动。工件通过夹具安装在工作台 3 上，工作台沿床身导轨作平稳的低速纵向移动，以实现进给运动。为了获得较小的表面粗糙度值，除了采用高转速、低进给量外，机床主轴结构短且粗，支承在有足够刚度的精密支承上，使主轴运行平稳。工作台一般为液压驱动，可实现半自动循环。

主轴头是金刚镗床的关键部件，其性能好坏，在很大程度上决定着机床的加工质量。为了保证主轴准确平稳地运转，通常由电动机经皮带直接传动旋转，采用精密向心推力球轴承或静压滑动轴承支承。

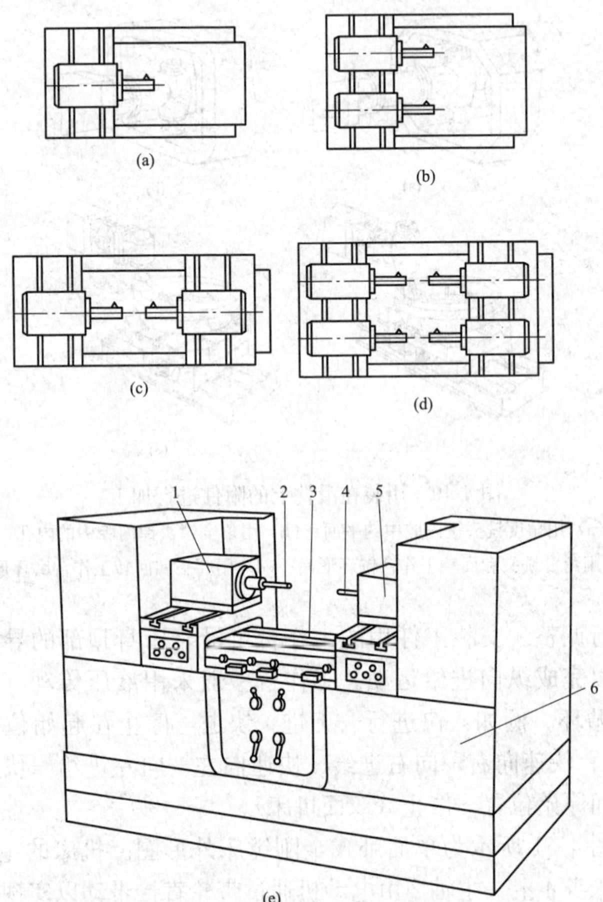

图 4-50　卧式金刚镗床布局图

（a）单面单轴；（b）单面双轴；（c）、（e）双面双轴；（d）双面四轴

1、5—主轴头；2、4—主轴；3—工作台；6—床身

立式金刚镗床的布局形式类似于立式单柱坐标镗床。工作时，主轴作旋转主运动，并由主轴箱带动沿立柱导轨垂直移动以实现进给运动。安装工件的工作台可在纵向或纵横两个方向移动，以便调整工件的镗孔中心位置。这种机床主要用于加工发动机气缸体、气缸套等尺寸较大的零件。

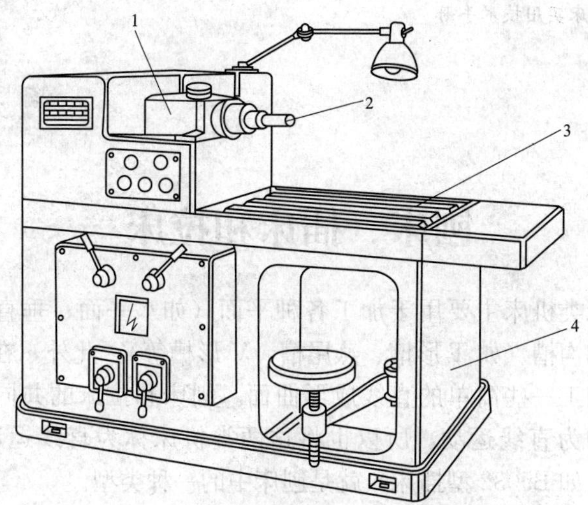

图 4-51　单面卧式金刚镗床外形图

1—主轴箱；2—主轴；3—工作台；4—床身

第五章

刨床、插床和拉床

刨床类机床主要用于加工各种平面（如水平面、垂直面及斜面等）和沟槽（如T形槽、燕尾槽、V形槽等），此外，在刨床上还可以加工一些简单的直线成形曲面。刨床和拉床的共同特点是主运动均为直线运动，所以也将这两类机床称为直线运动机床，而插床（如B5032型插床）就是刨床中的一种类型。

第一节　牛　头　刨　床

一、刨床概述

1. 刨床简介

刨床类机床的主运动是刀具或工件所作的直线往复运动。它只在一个运动方向上进行切削，称为工作行程；返回时不进行切削，称为空行程，此时刨刀抬起，以便让刀，避免损伤已加工表面和减少刀具磨损。进给运动由刀具或工件完成，其方向与主运动方向垂直。它是在空行程结束后的短时间内进行的，因而是一种间歇运动。刨床加工所用的刀具结构简单，通用性较好，且生产准备工作较为方便。但由于刨床的主运动是直线往复运动，变向时要克服较大的惯性力，限制了切削速度和空行程速度的提高，同时还存在空行程所造成的时间损失，所以在多数情况下生产率较低，一般用于单件小批生产。

刨床类机床主要有牛头刨床、龙门刨床和插床3种类型，刨床的组、系划分及分类见附录A。

2. 牛头刨床的分类及结构组成

(1) 牛头刨床的类型。牛头刨床因其滑枕刀架形似“牛头”

而得名，如图 5-1 所示。牛头刨床的主运动为直线往复运动，其切削运动是通过滑枕部件来实现的，用以刨削平面和成形面，主要适用于中小型零件单件和小批量生产。机床的主运动机构装在床身 10 内，传动装有刀架 3 的滑枕 5 沿床身顶部的水平导轨 9 作往复直线运动。刀架可沿刀架座上的导轨垂直移动（一般为手动），以调整刨削背吃刀量，以及在加工垂直平面和斜面时作进给运动。调整转盘 4，可使刀架左右回转 60°，以便加工斜面或斜槽。加工时，工作台 2 带动工件沿横梁 16 作间歇的横向进给运动。横梁可沿床身的垂直导轨 7 上下移动，以调整工件与刨刀的相对位置。工作台 2 可调节，台面上有 T 形槽，可装置机用虎钳、夹具和工件等。

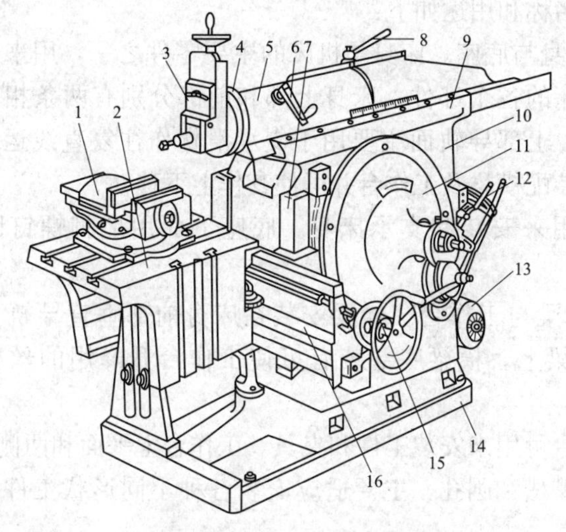

图 5-1　牛头刨床结构组成

1—机用虎钳；2—工作台；3—刀架；4—转盘；5—滑枕；6—滑枕手动手柄；7—前部垂直导轨；8—滑枕锁紧手柄；9—上部水平导轨；10—床身；11—摆杆机构；12—变速机构；13—电动机；14—底座；15—进给机构；16—横梁

牛头刨床主运动的传动方式有机械和液压两种。机械传动常用曲柄摇杆机构，其结构简单、工作可靠、调整维修方便。液压传动能传递较大的动力，还可实现无级调速，运动平稳，但结构较复杂，成本较高，一般用于规格较大的牛头刨床，如BY6090液压牛头刨床。

牛头刨床工作台的横向进给运动是间歇进行的，它可由机械或液压传动实现。机械传动一般采用棘轮机构。牛头刨床的主参数是最大刨削长度。

常见的牛头刨床又可分为如下两大类：

1）普通牛头刨床，如B6065型、B635A型、B6032A型、B6050型、BA6050型、B6050C型、BD6063E型等。

2）液压牛头刨床，如BY6080B型、BY60100A型、BY60100B型、BF62100型等。

(2) 牛头刨床的结构特点。牛头刨床的主要组成部分如图5-1所示，其名称和用途如下：

1）床身与底座。床身是机床的主要零件之一，用来安装和支持牛头刨床的各个部件。床身上部和前部分别有两条相互平行的精确导轨。上部导轨面主要用于支承滑枕作往复直线运动；前部导轨用于装配横梁及工作台并可使其作上下移动。

底座用来安装和支承床身。底座下面用地脚螺钉固定在地基上。

2）横梁与工作台。横梁安装在床身前部垂直导轨上，工作台装在横梁上。横梁底部装有可使工作台升降用的丝杆等传动装置。

工作台可用来安装工件和夹具。工作台上平面和两侧平面的T形槽、V型槽和圆孔，主要适应安装各种不同形状工件和夹具的需要。

3）滑枕用于安装刀架并带动刀具作往复直线运动。

4）刀架。用来装夹和调整刀具。

5）进给机构。主要用于控制工作台横向进给运动。

6）变速机构。变换变速手柄的位置可以使滑枕单位时间内获得不同的往复次数。

7）曲柄摇杆机构。将电动机的旋转运动变为滑枕的往复直线运动。

二、刨床的型号和技术参数

1. 刨床的参数标准

刨床的性能参数参照刨床参数标准，供刨床使用时选择。

悬臂刨床、龙门刨床参数标准见表 5-1。

表 5-1　悬臂刨床、龙门刨床参数（JB/T 2732.3—2006）

（单位：mm）

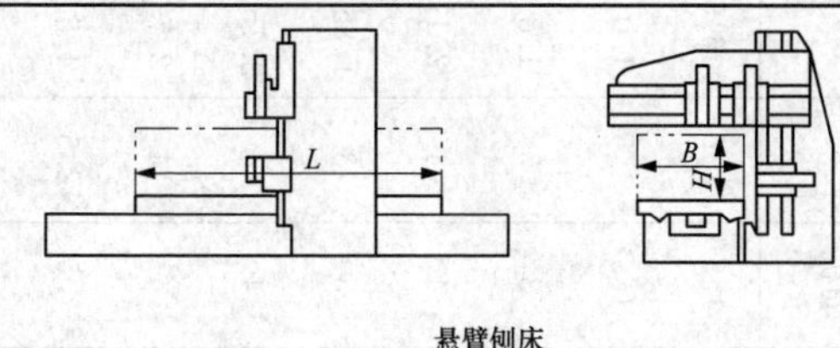

悬臂刨床

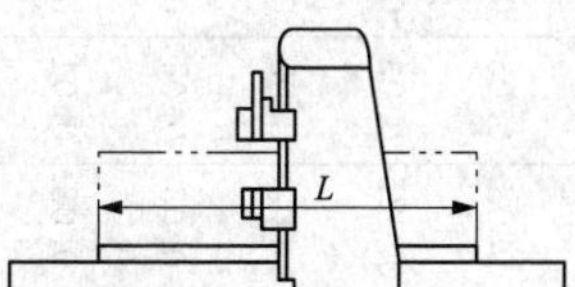

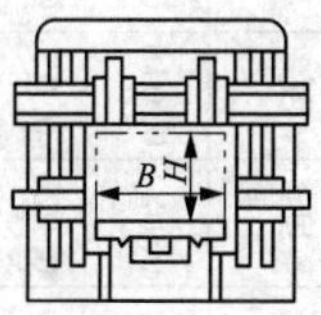

龙门刨床

项目										
最大刨削宽度 B	悬臂刨床	—	1000	1250	1600	2000	2500	3150	—	—
	龙门刨床	800	1000	1250	1600	2000	2500	3150	4000	5000
最大刨削高度 H		630	800	1000	1250	1600	2000	2500	3150	4000
最大刨削长度 L		2000	3000	4000	5000	6000	8000	10 000	12 000	16 000

2. 刨床的型号与技术参数

（1）牛头刨床型号与技术参数见表 5-2。

（2）单臂刨床型号与技术参数见表 5-3。

（3）龙门刨床、数控龙门刨床型号与技术参数见表 5-4。

三、B6050 型牛头刨床主要结构及传动系统

B6050 型牛头刨床是典型机械传动的牛头刨床，操作方便，加工精度高，各主要运动部件均有液压泵连续供油润滑，工作台附有快速传动装置，进给系统有越程安全装置，是目前使用较广泛的一种牛头刨床。

表 5-2　　牛头刨床型号与技术参数

产品名称	型号	最大刨削长度/mm	主要技术参数					工作精度/mm			电动机功率/kW		质量/t	外形尺寸/mm（长×宽×高）	备注
			工作台顶面尺寸/mm	工作台行程/mm		滑枕往复次数		平面度	平行度	垂直度	主电动机	总容量			
				横向	升降	级数	范围/（次/min）								
牛头刨床	B6032	320	320×270	360	240	4	32～125	0.024	0.016	0.01	1.5	1.6	0.615	1208×725×1154	
	B635A	350	345×296	400	270	4	32～125	0.025	0.03	0.02	1.5	1.5	1.0	1390×860×1455	
	B6050	500	480×360	500	300	9	15～158	0.025	0.03	0.02	3	3	1.8	1943×1160×1533	
	B6063C	630	630×400	630	300	8	11～125	0.03	0.05	0.02	4	4	2.1	2300×1184×1490	电磁离合全功能型
	B665	650	620×450	600	305	6	12.5～73	0.025	0.03	0.02	3	3	1.85	2320×1450×1750	
	B6066C	660	660×400	630	300	8	11～125	0.03	0.05	0.02	4	4	2.15	2330×1184×1490	电磁离合全功能型
	BH6070	700	700×420	630	320	6	11～100	0.03	0.04	0.03	4	4	2.7	2480×1400×1780	
	B60100	1000	1000×500	800	320	8	8～90	0.03	0.04	0.03	7.5	2.5	4.5	3507×1455×1761	
	B6080A	800	850×500	750	310	6	12.5～72.8	0.03	0.04	0.03	5.5	6.25	3.6	2960×1650×1740	
数显牛头刨床	BX6080	800	800×450	710	360	6	17～100	0.03/400	0.04/400	0.03/80	5.5	6.6	2.94	2950×1325×1693	

表 5-3　　单臂刨床型号与技术参数

产品名称	型号	最大刨削宽度×最大刨削长度/mm	技术参数					工作精度	电动机功率/kW		质量/t	外形尺寸/mm（长×宽×高）
			最大加工高度/mm	最大加工质量/t	工作台台面尺寸/mm（长×宽）	工作台速度/（m/min）		平面度/（mm/m^3）	直流主电动机容量	总容量		
						级数	范围					
单臂刨床	B1010A/1	1000×3000	800	5	3000×900	无级	6～60 9～90		60		23	6900×3200×3020
	B1012A/1	1250×4000	1000	8	4000×1120		6～60 9～90				29	9000×3500×3270
	B1016A/1	1600×4000	1250	10	4000×1400		4～40 8～80				39	9000×4000×3920
	B1031A/15M	3150×15 000	2500	70	15 000×2800		5～75	0.14/15	60×2	167.7	205	30 860×7370×6850
横梁固定式单臂刨床	B308	800×2000	550	2	2000×710		3～30	0.02/2	7.5	15.4	10	4980×3000×2600

表 5-4 龙门刨床、数控龙门刨床型号与技术参数

产品名称	型号	最大刨削宽度×最大刨削长度/mm	技术参数					工作精度	电动机功率/kW		质量/t	外形尺寸 mm（长×宽×高）	备注
			最大加工高度/mm	最大加工质量/t	工作台台面尺寸/mm（长×宽）	工作台速度/（m/min）		平面度/mm	直流主电动机容量	总容量			
						级数	范围						
轻便龙门刨床	BQ208	800×2000	630	2	2000×630	4	5，14，20，25	0.02		6.1	6.3	4400×2390×2160	
	BQ2010	1000×3000	800	2.5	3000×800	3	5，14，20		5.5	7	8	6400×2250×2335	
	BQ2020	2000×6000	1400	2.5	6000×1750		5～75	0.03	60	62	38	12 940×4695×3400	
	BQ2031A	3150×8000	2000	5	8000×2700		3～60	0.03	120	123	90	18 880×6540×5560	
龙门刨床	B2010A/1	1000×3000	800	5	3000×900	无级	6～60 9～90	0.015	60		23.5	6900×3730×2780	
	B2012A/1	1260×4000	1000	8	4000×1120		6～60	0.015	60		29	9000×4000×3000	
	B2016A/1	1600×4000	1250	10	4000×1400		4～40 8～80	0.015	60		39	9000×4500×3650	
	B2020A/1	2000×6000	1600	20	6000×1800		3.5～35 7～70	0.015	60		48.5	12 800×4800×4150	
	B2025A	2500×8000	2000	5	8000×2250		3～60	0.03	120	123	88	18 880×5940×5560	
	B2031	31 500×8000	2500	40	8400×2800		4～60	0.015	60×2		110	17 400×6500×5650	
数控龙门刨床	BK2012×40	1250×4000	1000	7	4000×1000	无级	3.5～70	定位精度0.035重复定位精度0.02	30	38	26.5	9000×3687×3182	数控系统FANUCB ESK3MA

(一) B6050型牛头刨床的主要结构

B6050型牛头刨床的结构如图5-2所示，主要由床身、底座、横梁、工作台、滑枕、刀架及曲柄摇杆机构、变速机构、进给机构、工作台越程安全机构和摩擦离合器、制动器等组成。

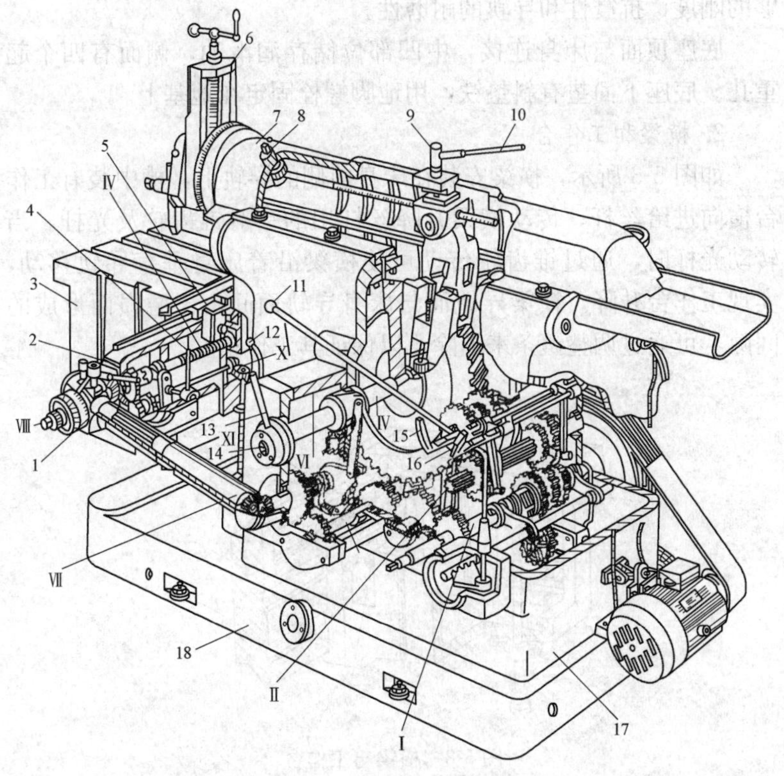

图5-2 B6050型牛头刨床结构

1—进给运动换向手柄；2—横梁；3—工作台；4—工作台横向或垂直方向进给转换手柄；5—压板；6—刀架；7—滑枕；8—调节滑枕起始位置方头；9—螺栓；10—紧定手柄；11—操纵手柄；12—工作台快进移动手柄；13—进给量调节手柄；14—调节行程长度手柄；15、16—变速手柄；17—床身；18—底座

1. 床身与底座

床身是机床的主要部件之一，是箱形铸铁件，机床的许多零部件均安装在床身上。床身内装有变速机构和曲柄摇杆机构。床

身的顶部和前部分别有两条相互平行的精确导轨，顶部导轨用于支承滑枕作往复直线运动，前部导轨用于装配横梁及工作台，并可使其上下移动。床身后部设有防护罩。床身应能长期地保持装配在它上面的各个零部件的正确位置。因此，机床床身应具有足够的刚度、抗震性和导轨的耐磨性。

底座顶面与床身连接，中凹部位储存润滑油，侧面有四个起重孔。底座下面垫有斜垫铁，用地脚螺栓固定在地基上。

2. 横梁和工作台

如图 5-3 所示，横梁安装在床身前侧的导轨上，槽中装有工作台横向进给丝杆、传动横梁升降丝杆用的一对锥齿轮及光杆。当转动光杆时，通过锥齿轮传动可使横梁沿着床身垂直导轨移动，实现工作台升降。横梁导轨面与床身导轨面间由于磨损而形成的间隙，可通过调整镶条来消除，以保证其工作精度。

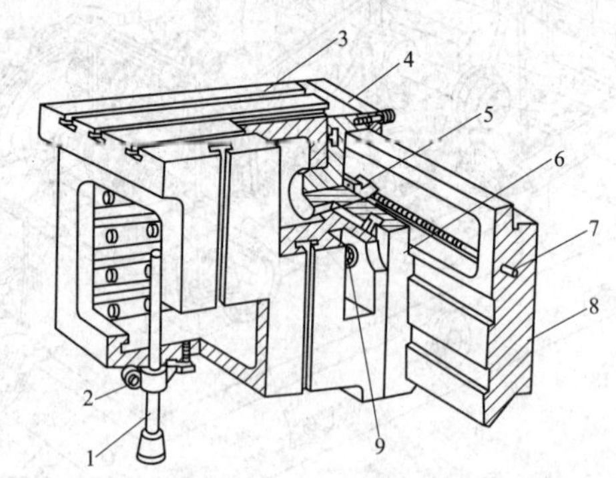

图 5-3　横梁与工作台

1—支承柱；2—螺栓；3—工作台；4—压板；
5、9—螺母；6—滑板；7—丝杆；8—横梁

工作台是长方形箱形铸铁件，上平面和一侧面有均布的 T 形槽，另一侧面有均布的数个圆孔（有的牛头刨床工作台两侧面均有 T 形槽，有的侧面制有 V 形槽），用以装夹工件或安装夹具。工作台与滑板连接，滑板安装在横梁的前面导轨上，可横向移动。工作台和滑板在接合面的中部有凹凸圆台阶相配合，滑板环状 T 形槽内装有四个螺栓，用以固定工作台。松开螺栓，利用环状 T

形槽，可把工作台回转一定的角度（最大可回转±90°），以适应刨削不同的斜面。如在工作时发现工作台有松动或位置不正确，应及时调整，否则影响工件的加工精度。调整时，先松开工作台后端的四个螺母，再转动工作台，然后用百分表检查工作台是否水平。

工作台的前面由支承柱支持，以增加工作台的刚度和稳定性。当工作台需要升降时，须将螺栓松开，待工作台位置调好以后，再将螺母拧紧。

3. 滑枕结构

如图 5-4 所示，滑枕是一个空心铸铁件，内壁有加强肋增加刚度。滑枕内装有丝杆、一对直齿锥齿轮和带螺孔的摇杆叉等，用于调整滑枕的前后位置。滑枕上部有长方形槽，与摇杆叉上部的凸形台阶配合。而摇杆叉横向有螺孔，可使丝杆 8 旋入。另外，通过长方形槽的摇杆叉顶部装有螺栓 5，并有滑块 4 和紧定手柄 6，使滑枕与摇杆叉连接。转动手柄 6 可使滑枕与摇杆叉的连接紧固或松开。若要调节滑枕的前后位置，可将手柄 6 松开，再用方孔摇把转动位于滑枕上的方头 2，通过一对锥齿轮 3 转动丝杆 8，由于摇杆叉上的螺孔固定不动，这样，丝杆 8 便带动滑枕移动，改变滑枕的起始位置。

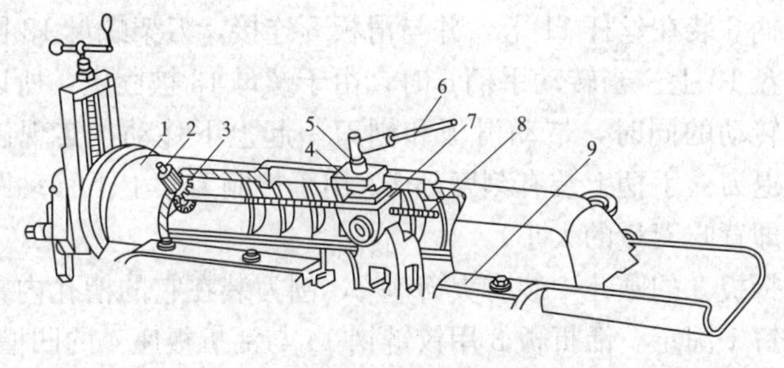

图 5-4　滑枕

1—滑枕；2—调节方头；3—直由锥的轮；4—滑块；5—螺栓；6—紧定手柄；7—摇杆叉；8—丝杆；9—斜压板

滑枕下面凸燕尾导轨与床身顶面的凹燕尾导轨配合，并在其上滑动。导轨之间由于磨损而形成较大间隙时，可通过斜压板 9 调整。滑枕前端有环状 T 形槽，装有两个 T 形螺栓，用于安装刀架及调节刀架的偏转角度。

4. 刀架结构

如图 5-5 所示，刀架用于装夹刨刀。

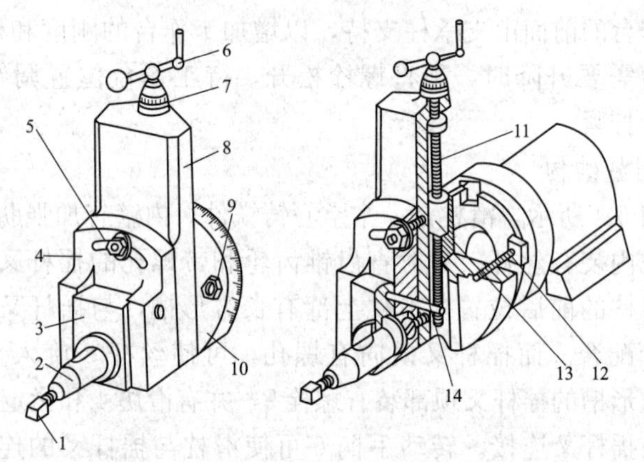

图 5 5　刀架

1—紧固螺钉；2—夹刀座；3—活折板；4—活折板座；5—紧固螺栓；6—手柄；7—刻度环；8—滑板；9—螺母；10—刻度转盘；11—刀架丝杆；12—T 形螺栓；13—刀架螺母；14—铰链销

手柄 6 装在丝杆 11 上，并与滑板 8 连接，刀架螺母 13 固定在刻度转盘 10 上。当转动手柄 6 时，由于螺母 13 被固定，所以丝杆随手柄转动的同时，带动滑板和刨刀一起上下移动，实现刨刀的进刀或退刀。手柄上装有刻度环 7，用于控制刀架上下移动距离的数值（即背吃刀量的大小）。

活折板 3 的圆孔中装有夹刀座 2，刨刀装在它的槽孔内，并用紧固螺钉 1 固定。活折板 3 用铰链销 14 与活折板座 4 的凹槽配合，且能绕铰链销向前上方抬起，这样可避免刨刀在回程时与工件发生摩擦。活折板座 4 是用螺栓 5 固定在滑板 8 上的，旋松螺栓 5，可使活折板座绕弧形槽在滑板平面上作±15°的偏转，以便于在刨削垂直面或斜面时，使刀具抬离加工面。整个刀架和刻度转盘 10 是用 T 形螺栓 12 安装在滑枕前端的环状 T 形槽内，并能按加工需要作±60°的回转。

5. 曲柄摇杆机构

曲柄摇杆机构是B6050型牛头刨床的主要机构之一，如图5-6所示。由传动比$i=1$的一对直齿锥齿轮1、大齿轮2、曲柄销3、螺杆4、偏心滑块5、方头6、摇杆下滑块7、摇杆上滑块8及摇杆9等组成。它的主要作用是把电动机至大齿轮的旋转运动转变为滑枕的往复直线移动。

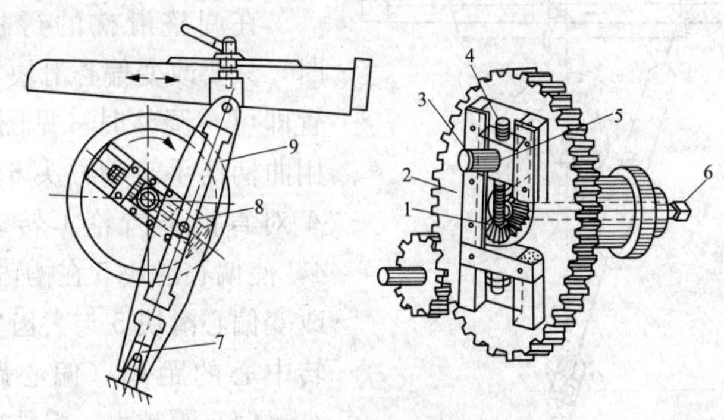

图5-6　曲柄摇杆机构

1—直齿锥齿轮；2—大齿轮；3—曲柄销；4—螺杆；5—偏心滑块；6—方头；7—摇杆下滑块；8—摇杆上滑块；9—摇杆

当大齿轮2带动偏心滑块5以一定的方向等速转动时，装在曲柄销3上的上滑块8在摇杆9的导槽内上、下滑动，并带动摇杆9以下滑块7为支点往复摆动。由于摇杆上端用摇杆叉与滑枕连接，所以当摇杆往复摆动时，就带动滑枕往复直线移动，且大齿轮每转动一周，滑枕就往复运动一次。

当滑块转过α角时，滑枕作刨削行程；转过β角时，滑枕作返回行程。滑枕每作一次往复行程的时间等于大齿轮每转一周所需的时间。

上滑块8随大齿轮作等速转动时，滑枕在各个位置上的运动速度是不相等的。如图5-7所示，在刨削过程中，滑枕的速度$v_{刨削}$由零（在B点）到最大（在P点），再由最大值减速到零（在A点）；在返回行程中，滑枕速度由零（在A点）到最大值（在R

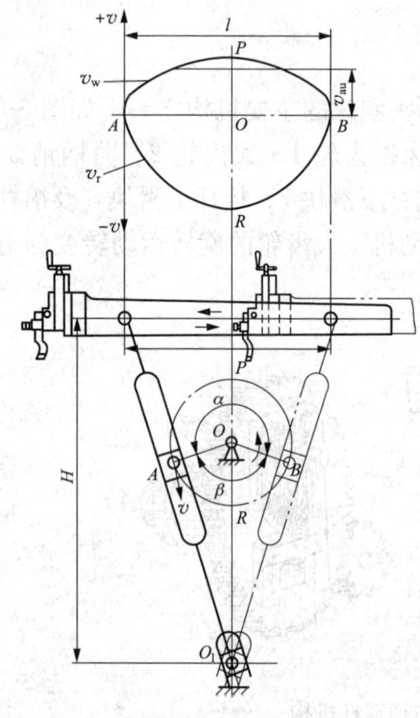

图 5-7 曲柄摇杆机构工作原理图

点)，然后又由最大值降到零(在 B 点)。这样，不但有利于滑枕在变换行程时减少冲击，而且有利于刀具寿命及加工质量的提高。通常说的牛头刨床的切削速度，是指切削行程的平均速度。

在调整滑枕的行程长度时，只要改变偏心滑块 5 的位置即可。调整时（见图 5-6)，用曲柄摇手转动方头 6，通过 A 对直齿锥齿轮 1 转动螺杆 4，使偏心滑块 5 在槽内移动，改变偏心滑块 5 与大齿轮 2 回转中心的距离（偏心距）大小。偏心距越大，滑枕的行程长度越长，反之则越短。

6. 摩擦离合器和制动器

机床上的离合器是用于接通或断开传动链两轴间的运动，以此实现机床的启动、停止、换向及变速等动作。制动器是用于当机床在传动中动力传递被终止后，使惯性作用下的运动件能迅速停止运动，以减少辅助时间和有利于操作安全。如图 5-8 所示为 B6050 型牛头刨床的主运动所用的多片式摩擦离合器和制动装置的结构。图中主运动件为轴 Ⅰ，从动件为三联齿轮。三联齿轮通过一系列传动部件将电动机的动力传递给滑枕，且空套在轴 Ⅰ 上。三联齿轮的右端装有多片式摩擦离合器，左端装有制动装置。

(1) 离合器。离合器的摩擦片有两种不同形状，外摩擦片 3 是以外缘的凸起部分分别卡在三联空套齿轮的右端套筒缺口槽内，其内孔空套在花键轴 Ⅰ 上，而内摩擦片 4 是以花键孔套装在花键轴 Ⅰ 上。内、外两组摩擦片是相间排列安装的。若两组摩擦片是相互分开的，则不能传递运动和动力。当扳动操纵机构上的手柄

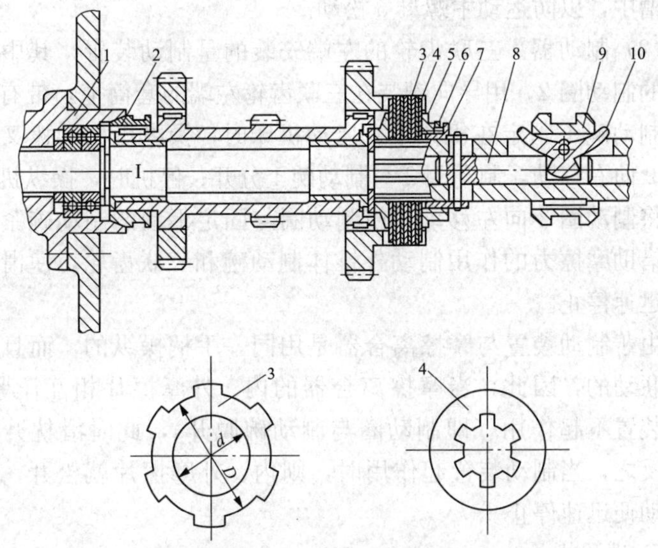

图 5-8　多片式摩擦离合器和制动装置

1—制动碗；2—制动圈；3—外摩擦片；4—内摩擦片；5—螺母；
6—卡子；7—滑环；8—推杆；9—滑环；10—羊角摆块

使滑环 9 向右移动时，使轴 I 上的羊角摆块 10 绕销轴按顺时针方向摆动，其下端就推动推杆 8 向左移动。通过推杆 8 左端的固定销使滑环 7 和螺母 5 同时向左移动，压紧内外摩擦片，依靠摩擦力作用使空套在轴 I 上的三联齿轮随同轴 I 一起转动。当操纵机构的手柄使拨叉将滑环向右移动时，内、外摩擦片松开，使轴 I 与三联齿轮的传动断开，三联齿轮停止转动，滑枕随之也停止运动。

多片式摩擦离合器传递扭矩的大小与摩擦片的对数、相互间的压紧程度及摩擦因数的大小等因素有关。通常，在使用过程中，主要是调节内、外摩擦片间的压紧程度来改变传递扭矩的大小。摩擦片过松时，不能很好地传递机床的动力，或经常产生“打滑”现象，并引起发热；摩擦片过紧时，则容易使机床上的传动件因过载而损坏。因此，内、外摩擦片间的松紧程度一定要适当。调整时，先将卡子 6 在槽中揿下，然后转动调节螺母 5，使之旋进或退出数牙，直至调节到适当的松紧程度为止。调整后，仍将卡子 6

嵌入槽中，以防运动中螺母 5 松动。

（2）制动器。三联齿轮的左端安装的是制动装置，其中带外锥体的制动圈 2，用导向键装在三联齿轮左端的套筒上，带有内锥面的制动碗 1 固定在机体上。启动机床时，操纵机构的拨叉将制动圈 2 向右移动，制动圈 2 与制动碗 1 分开；停机时，操纵机构的拨叉将制动圈 2 向左移动，使制动圈与固定不动的制动碗紧密结合，借助摩擦力的作用制动外锥体制动碗和三联齿轮，使滑枕的运动迅速停止。

由于制动装置与摩擦离合器是用同一手柄操纵的，而且二者又是联动的，因此，当摩擦离合器的内、外摩擦片相互压紧时，制动装置不起作用（即制动圈与制动碗脱开），此时滑枕开始运动；反之，当制动装置起作用时，则内、外摩擦片就松开，滑枕的运动便迅速停止。

7. 进给机构

如图 5-9 所示为 B6050 型牛头刨床的进给机构，主要由单向间

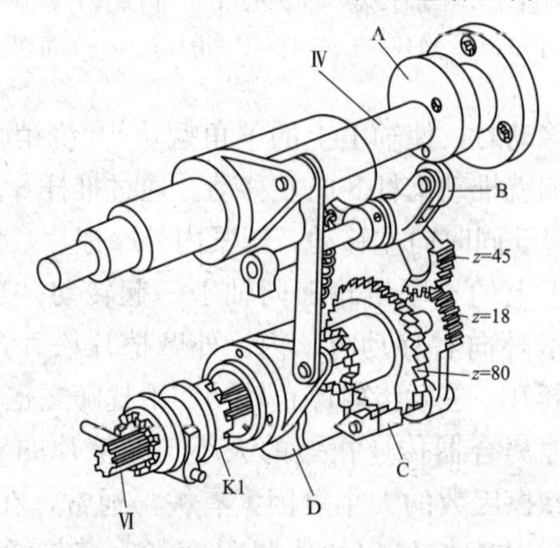

图 5-9　B6050 型牛头刨床进给机构

A、D—凸轮；B—滚轮；C—棘爪；Ⅳ—大齿轮套筒轴；Ⅵ—花键轴；K1—端面离合器

歇进给棘轮机构、四杆机构和一些传动件等组成。

当固定在大齿轮套筒轴Ⅳ轴上的凸轮 A 旋转时，通过滚轮 B 使

扇形齿轮（$z=45$）作往复摆动，并带动另一个扇形齿轮（$z=18$）也作往复摆动，使棘爪 C 推动棘轮（$z=80$）向一定的方向转动一个角度。棘爪 C 摆动的角度是固定不变的，但棘轮转动角度的大小（即进给量的大小）可利用其旁边的凸轮（为了能看出该部分的结构，图中凸轮 D 及其调节机构已向左移出）来控制。凸轮 D 是由手柄 13（见图 5-2）操纵的。调节时，用手柄 13 转动凸轮 D，使其逆时针转动，这样棘爪便抬起，并在凸轮 D 上滑动而不触及棘轮，此时进给机构不起作用；当手柄 13 反向转动（顺时针转动）凸轮 D，可使棘爪推动棘轮转过 1～16 个齿，从而得到不同的进给量。

8. 越程安全机构

如图 5-10 所示是 B6050 型牛头刨床工作台的越程安全机构。该机构主要由平面摩擦片 4 及锥齿轮 5 组成。正常工作时，摩擦片 4 与锥齿轮 5 侧面上的摩擦盘是相互压紧的，靠二者结合面上的摩擦力将机床动力传递给进给机构。当工作台的快速移动或进给运动超过工作台的最大行程范围时，或运动发生障碍时，摩擦盘会自行打滑，使进给运动立即停止，避免机件损坏。

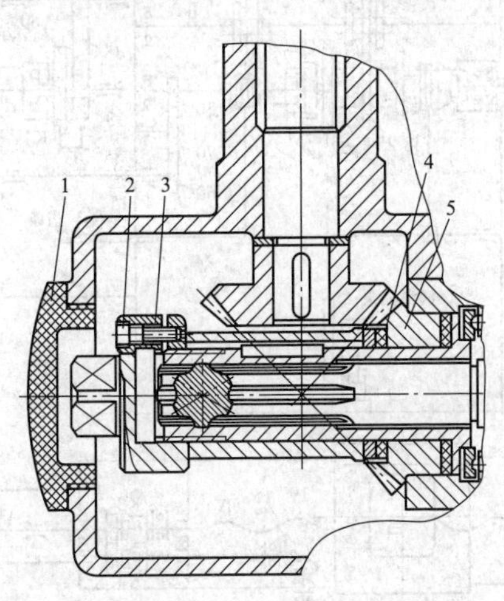

图 5-10 B6050 型牛头刨床工作台越程安全机构

1—端盖；2—螺钉；3—螺母；4—平面摩擦片；5—锥齿轮

如在正常进给过程中出现打滑现象，影响进给量的均匀性，使工件表面粗糙度增大。此时，将盖 1 旋开，旋松螺钉 2，用方头扳手旋转螺母 3（约转过 10°～20°），直至调节到使进给机构正常工作为止，但不宜旋得过紧，以防不起安全作用。调整好后，仍将螺钉 2 及盖 1 旋紧。

（二）B6050 型牛头刨床的传动系统

B6050 型牛头刨床传动系统如图 5-11 所示。传动系统是通过

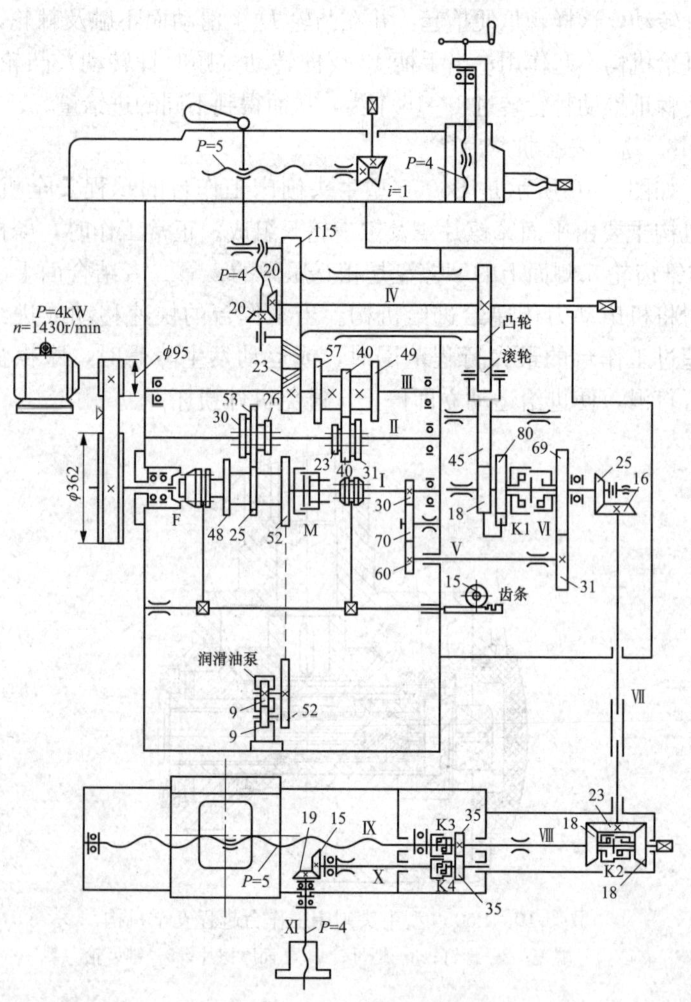

图 5-11　B6050 型牛头刨床传动系统

一些传动零件及机构，把电动机和滑枕、工作台等运动部件连接起来的系统，以传递动力，并协调各部件的运动。

1. 主运动

牛头刨床的主运动是指滑枕的往复直线运动。传动链的首末端件分别为电动机和滑枕。

由传动系统图可知，电动机的运动经传动比为$\frac{\phi 95}{\phi 362}$的V带传动至轴Ⅰ。工作时，利用操纵手柄松开制动器F，并使摩擦离合器M向左移动，内、外摩擦片相互压紧，使空套在轴Ⅰ上的三联齿轮随轴Ⅰ一起运动，传动轴Ⅱ左边的三联滑移齿轮，其传动比分别为$\frac{25}{53}$、$\frac{48}{30}$及$\frac{52}{26}$，使轴Ⅱ获得三种不同的转速。轴Ⅱ的运动经其右端的三联滑移齿轮与轴Ⅲ上的固定三联齿轮啮合传至轴Ⅲ，其传动比分别为$\frac{23}{57}$、$\frac{40}{40}$及$\frac{31}{49}$。这样，当轴Ⅰ上只有一种转速时，通过机床外部的变速手柄15、16（见图5-2）移动轴Ⅱ上的两组三联滑移齿轮使轴Ⅲ获得9种不同的转速。然后由轴Ⅲ左端的斜齿圆柱齿轮（$z=23$）与固定在轴Ⅳ上的大齿轮（$z=115$）啮合，其传动比为$\frac{23}{115}$。最后经曲柄摇杆机构，使滑枕作往复直线运动。大齿轮旋转一周，滑枕往复运动一次。

B6050型牛头刨床主运动的传动结构式如下：

$$\text{电动机}-\frac{\phi 95}{\phi 362}-\text{Ⅰ}-\text{M}-\begin{Bmatrix}\frac{25}{53}\\ \frac{48}{30}\\ \frac{52}{26}\end{Bmatrix}-\text{Ⅱ}-\begin{Bmatrix}\frac{23}{57}\\ \frac{31}{49}\\ \frac{40}{40}\end{Bmatrix}-\text{Ⅲ}-\frac{23}{115}-\text{Ⅳ}-\text{曲柄摇杆机构}-\text{滑枕}$$

将传动结构式加以整理，可以列出计算滑枕各级往复次数的方程式，通常又称运动平衡方程式，即

$$n=n_{\text{电动机}}\times\frac{\phi 95}{\phi 362}\times i_{\text{变}}\times\eta$$

$$i_{变}=\frac{所有从动轮齿数的连乘积}{所有主动轮齿数的连乘积}$$

式中 n——滑枕每分钟往复行程次数，次/min；

$n_{电动机}$——机床电动机转速，空载时为 1500r/min，工作时为 $1500\eta=1430$r/min；

η——带传动的滑动系数，一般取 0.95；

$i_{变}$——机床变速部分的总传动比。

根据运动平衡方程式就可计算出滑枕各级往复行程次数（电动机空载按 1500r/min 计算），一共有 9 级。

2. 进给运动

刨床的进给运动是间歇的，它是在滑枕回程以后，变为切削行程的一瞬间进行的。

进给运动的传动链的首末端件分别为凸轮和工作台。其运功关系是滑枕每往复一次，工作台送进一个距离，称为进给量，用符号 f 表示。进给的方向与水平面平行且与滑枕行程方向垂直的，称为横向进给；进给的方向与水平面垂直的，称为垂向进拾。

如图 5-9 所示，当固定在摇杆齿轮（大齿轮）套筒轴Ⅳ上的凸轮 A 随摇杆齿轮转动时，经滚轮 B、一对扇形齿轮和 l 棘爪 C，使棘爪转过 1～16 个齿的角度。如图 5-11 所示，当齿形离合器 K1 向左合上，则空套在轴Ⅵ上的棘轮通过齿形离合器带动轴Ⅵ转动，经越程安全机构使锥齿轮（$z=25$ 和 $z=16$）带动可伸缩的传动轴Ⅶ转动，然后经锥齿轮的进给换向机构和齿轮离合器 K2（K2 向左或向右移动啮合时，轴Ⅷ可得到两种不同的转向）带动轴Ⅶ转动。此时，操纵Ⅸ轴上的齿形离合器 K3，使之向右移动啮合，传动工作台的横向进给丝杆（螺距 $P=5$mm）轴Ⅸ，使工作台获得横向进给运动；操纵轴Ⅹ上的齿形离合器 K4，使之向右移动啮合，经传动比为$\frac{35}{35}$的齿轮传动轴Ⅹ，再经传动比为$\frac{15}{19}$的锥齿轮，使丝杆（螺距 $P=4$mm）轴Ⅺ转动，从而使工作台获得垂向进给运动。

进给运动的传动结构式表示如下：

$$Ⅳ\text{-凸轮机构}-\left\{\begin{array}{l}\text{进给运动}\\ \text{棘轮机构}\\ \left(\frac{1}{80}\sim\frac{16}{80}\right)\end{array}\right\}\text{K1-Ⅵ-}\frac{25}{16}\text{-Ⅶ-}\left\{\begin{array}{c}\frac{23}{18}\\ \frac{23}{18}\end{array}\right\}\text{(变向)-K2}\rightarrow$$

$$\rightarrow\text{-Ⅷ}\left\{\begin{array}{l}\text{K3}-\text{Ⅸ横向进给丝杆}(P=5\text{mm})\\ \frac{35}{35}\text{-K4-Ⅹ-}\frac{15}{19}\text{-Ⅺ垂向进给丝杆}(P=4\text{mm})\end{array}\right.$$

按进给运动的传动结构式，可列出计算工作台的横向及垂向进给时的平衡方程式，并依次计算出各级进给量的大小。

（1）工作台横向机动进给时的平衡方程式

$$f_{横}=\text{凸轮 1 转}\times\frac{z}{80}\times\frac{25}{16}\times\frac{23}{18}\times5\approx\frac{z}{8}\ (\text{mm/往复行程})$$

式中　$f_{横}$——工作台横向机动进给量，mm/往复行程；

z——棘爪拨动棘轮转过的齿数（$z=1\sim16$ 个齿）。

根据平衡方程式，可计算出工作台最小和最大的横向机动进给量分别为

$$f_{横\min}=\frac{z}{8}=\frac{1}{8}=0.125\ (\text{mm/往复行程})$$

$$f_{横\max}=\frac{z}{8}=\frac{16}{8}=2\ (\text{mm/往复行程})$$

（2）工作台垂向机动进给时的平衡方程式

$$f_{垂向}=\text{凸轮 1 转}\times\frac{z}{80}\times\frac{25}{16}\times\frac{23}{18}\times\frac{35}{35}\times\frac{15}{19}\times4\approx\frac{z}{12.5}\ (\text{mm/往复行程})$$

式中　$f_{垂向}$——工作台垂向机动进给量，mm/往复行程；

z——棘爪拨动棘轮转过的齿数（$z=1\sim16$ 个齿）。

根据平衡方程式，可计算出工作台最小和最大的垂向机动进给量分别为

$$f_{垂向\min}=\frac{z}{12.5}=\frac{1}{12.5}=0.08\ (\text{mm/往复行程})$$

$$f_{垂向\max}=\frac{z}{12.5}=\frac{16}{12.5}=1.28\ (\text{mm/往复行程})$$

3. 工作台的快速移动

如图 5-11 所示，通常情况下，位于轴Ⅵ上的齿形离合器 K1 由于受弹簧（图中未标出）力的作用，使之向左移动，保持与棘轮有端面的棘爪相啮合，并以此传递进给运动。当操纵机床外部的快进移动手柄 12（图 5-2）使 K1 向右移动时，位于轴Ⅰ右端的齿轮 $z=30$，经中间齿轮 $z=70$ 和 60 的齿轮传动轴Ⅴ，其中传动比分别为$\frac{30}{70}$和$\frac{70}{60}$，再经过传动比为$\frac{31}{69}$的齿轮副，使轴Ⅵ转动（此时的传动路线不经过棘轮机构），以下的传动路线均与进给传动时相间，这样，可使工作台获得横向或垂向的快速移动。

调整工作台的位置时，为减轻劳动强度和缩短辅助时间，可操纵快进移动手柄，使工作台快速移动。在操纵工作台快速移动的过程中，操作者始终扳着该手柄。当工作台的位置调整完毕后，立即将手柄松开，此时，K1 在弹簧力的作用下，与刺轮右端的齿爪相啮合，进给系统又恢复原来状态，工作台的快速移动也产即停止。

机床快速传动结构式如下：

$$\text{电动机}-\frac{\phi 95}{\phi 362}-\text{Ⅰ}-\frac{30}{70}\times\frac{70}{60}-\text{Ⅴ}-\frac{31}{69}\ (\text{K1 右移})\text{-Ⅵ-}\frac{25}{16}\text{-ⅧⅨ}-\left\{\begin{matrix}\frac{23}{18}\\ \frac{23}{18}\end{matrix}\right\}\longrightarrow$$

$$\rightarrow-\text{K2}-\text{Ⅷ}-\left\{\begin{array}{l}\text{K3}-\text{Ⅸ 横向进给丝杆}\ (P=5\text{mm})\\ \frac{35}{35}\text{-K4-Ⅹ-}\frac{15}{19}\text{-Ⅺ 垂向进给丝杆}\ (P=4\text{mm})\end{array}\right.$$

工作台横向及垂向快速移动速度，可由下列平衡式计算：

因为空载时电动机转速为 1500r/min，所以

$$v_{\text{横向快速}}=1500\times\frac{\phi 95}{\phi 362}\times\frac{30}{70}\times\frac{70}{60}\times\frac{31}{69}\times\frac{25}{16}\times\frac{23}{18}\times 5=880\text{mm/min}$$

$$v_{\text{垂向快速}}=1500\times\frac{\phi 95}{\phi 362}\times\frac{30}{70}\times\frac{70}{60}\times\frac{31}{69}\times\frac{25}{16}\times\frac{23}{18}\times\frac{35}{35}\times\frac{15}{19}\times 4$$

$$=560\text{mm/min}$$

综上所述，B6050 型牛头刨床的传动结构式如下：

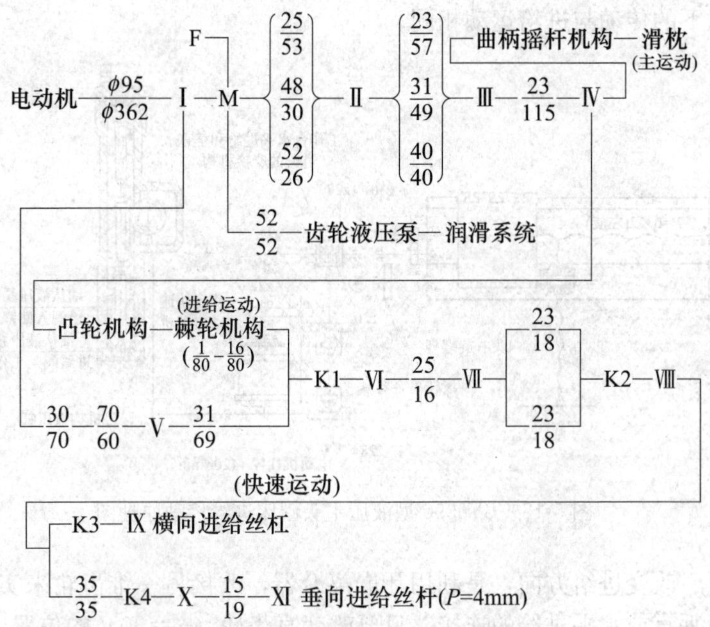

四、BY6090 型液压牛头刨床结构及液压系统

1. BY6090 型液压牛头刨床的结构组成

BY6090 型液压牛头刨床同一般机械传动牛头刨床一样，由床身、滑枕、进给箱、刀架、工作台与横梁等主要部件组成。其滑枕的往复运动依靠液压系统来驱动，工作台的进给是依靠进给箱来完成的。滑枕每往复一次，使工作台进给一次或在水平和垂直方向快速移动工作台。

如图 5-12 所示，滑枕从回程改变为工作行程时，从液压泵送来的油液经过进给阀流入进给液压缸，向上推动活塞，活塞经连杆向上推动圆形齿条从而带动齿轮（$z=28$）转动，运动由该齿轮经滚柱离合器、锥齿轮副$\frac{26}{27}$和直齿轮副$\frac{30}{26}$传递给横向进给丝杠；或者运动从同一对锥齿轮副$\frac{26}{27}$经直齿轮副$\frac{30}{46}$传递给装有升降螺母的蜗杆副。在水平和垂直方向上，工作台的快速移动，是由一单独电动机带动，经 4 个直齿轮传到第二个滚柱离合器的壳体上，以下的传动与进给运动相同。

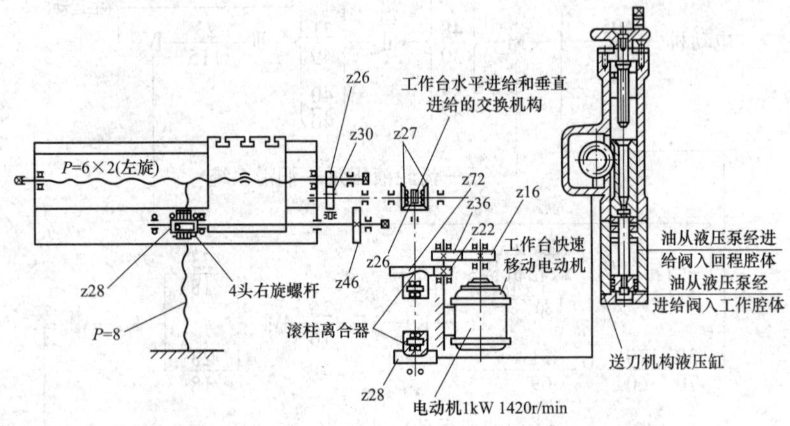

图 5-12　BY6090 型液压牛头刨床进给传动原理图

改变进给方向，是利用牙嵌离合器，改接另一锥齿轮来实现。而垂直或水平进给的连接，只要改变直齿轮（$z=30$）的位置，即是通过改变活塞行程的长短来调整。

2. BY6090 型液压牛头刨床液压系统的主要部件

BY6090 型液压牛头刨床液压系统如图 5-13 所示，包括下列主要部件：

（1）50/100CSY12-2 型双联叶片泵。

（2）CSY311 型液压操纵台，全部滑阀和控制调整机构都在这一操纵台上。

（3）工作液压缸。

（4）8CSFY71-1 型开停阀。

（5）进给阀。

（6）进给液压缸。

（7）140CSY54-1 减压阀。

各部分相互间都用油管连接。液压机构是根据联合调整速度的原理而制成的，因此虽然用了不可调整的液压泵，而耗损在油量节流上的功率却是很小的。

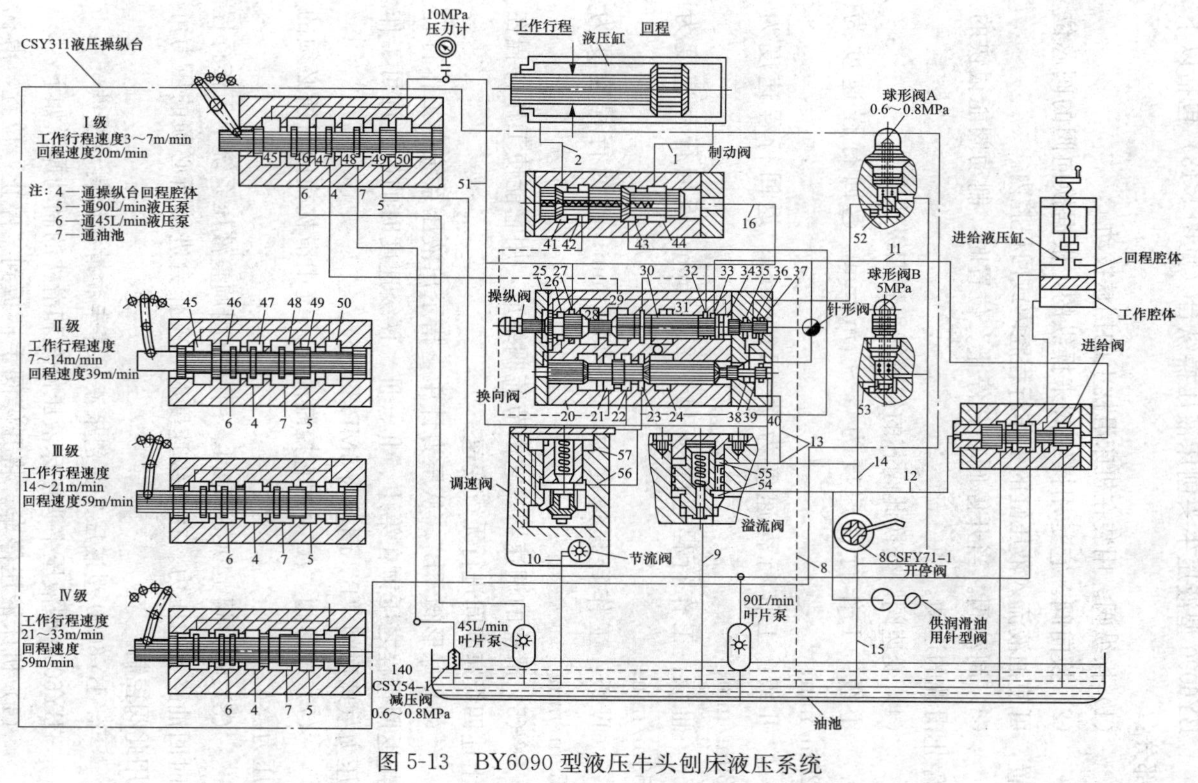

图 5-13　BY6090 型液压牛头刨床液压系统

3. BY6090 型液压牛头刨床液压操纵台组成部分

BY6090 型液压牛头刨床液压操纵台（见图 5-13）包括以下部分：

（1）操纵阀。用装在机床滑枕上的挡铁拨动。

（2）换向阀。它是用操纵阀来操纵的，根据换向阀的阀芯位置，可使油液流入液压缸的工作行程腔内或回程腔内。

（3）制动阀。当开停阀在“停止”位置时，制动阀能很快的停止滑枕的运动。

（4）变速阀。变换此阀芯的位置能得到四级速度。

Ⅰ级：工作行程速度为 3～7m/min；返回行程速度为 20m/min；

Ⅱ级：工作行程速度为 7～14m/min；返回行程速度为 39m/min；

Ⅲ级：工作行程速度为 14～21m/min；返回行程速度为 59m/min；

Ⅳ级：工作行程速度为 21～33m/min；返回行程速度为 59m/min。

（5）滑枕的调速器。它由节流阀组成，用它能使工作行程在上述四级速度间进行无级变速。

（6）球形阀“B”。从压力计中，指示出液压系统中工作行程与返回行程之压力在第Ⅰ、Ⅱ、Ⅲ、Ⅳ级速度时的最大许可工作压力（球形阀“B”调整为 5MPa 不变）。

（7）球形阀“A”。用它控制液压系统中滑枕换向时所必须的压力。

（8）阻力阀 140CSY54-1。用减压阀调整液压系统中工作行程时回油路上的压力。在Ⅰ级速度时，工作台进给所必须的压力可用此阀控制。

4. BY6090 型液压牛头刨床液压停车和滑枕的制动操纵

BY6090 型液压牛头刨床液压停车和滑枕的制动操纵如下：

（1）机床液压停车。将开停阀手柄扳到“停止”位置，滑枕运动便停止，此时液压回路溢流阀上腔 55 便经油管 13、14、15 与油池接通，因此腔体 55 的压力降低，溢流阀上升，油液便从油管 9 放回油池。在这种情况下，液压系统中保持的压力与溢流阀弹簧的调定压力相等。

（2）滑枕的制动（见图 5-13）。当液压系统中的压力降低时，因为弹簧的作用，制动阀芯向右移动使槽 41 与 42、43 与 44 隔断，这时阀关闭了工作液压缸的进出油口，便能可靠而迅速地制动滑枕了。

第二节　龙　门　刨　床

一、龙门刨床的作用及主要结构

（一）龙门刨床的作用

B2012A 型龙门刨床是目前应用较广泛的一种中型龙门刨床，适用于加工大中型工件，特别适用于加工水平面、垂直面、倾斜面以及由平面组成的各种导轨面（如 V 形、菱形、燕尾形导轨等）。龙门刨床刚度较好，能适应粗、精加工的要求，并可安装铣头或磨头，进行铣削或磨削加工。

（二）B2012A 型龙门刨床结构组成

B2012A 型龙门刨床主要由床身、工作台、立柱、横梁、工作台传动机构、进给箱、润滑系统、液压安全装置及电气设备等组成，如图 5-14 所示。

1. 床身与工作台

（1）床身。床身是一个箱形的铸铁零件，刚度和抗振性好。在床身的两侧安装有立柱，其底部用地脚螺栓固定在地基上；床身上部 V 形导轨及水平导轨具有良好的直线度和耐磨性，用以和工作台的导轨面相配合，保证工作台往复运行的精度；床身中部的空腔内装有传动工作台用的主传功机构；在中间部位装有储油箱及集中润滑系统；在床身右侧装有工作台换向的电气行程开关。床身端部装有液压安全器，用来防止工作台行程开关失灵后而造成工作台冲出床身的事故。

（2）工作台。龙门刨床的工作台是一个长方形铸铁件，内有加强肋。工作台下部有导轨和床身导轨相配合；上部有 T 形槽和

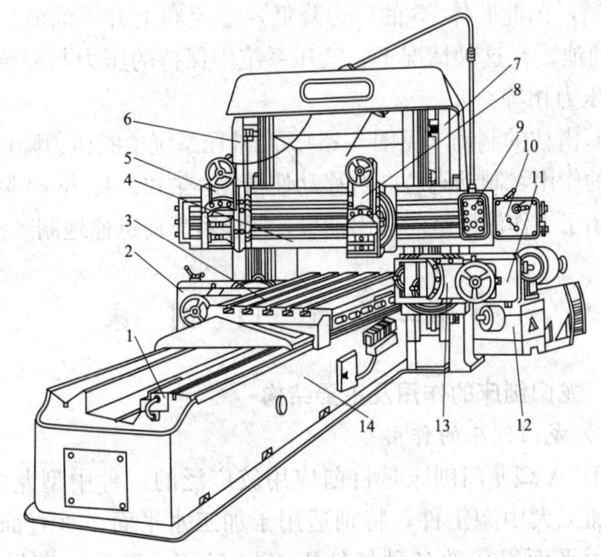

图 5-14 B2012A 型龙门刨床

1—液压安全器；2—左侧刀架；3—工作台；4—横梁；5—左侧垂直刀架；6—左立柱；7—右立柱；8—右侧垂直刀架；9—悬挂按钮站；10—垂直刀架进给箱；11—右侧刀架进给箱；12—工作台减速箱；13—右侧刀架；14—床身

圆孔，用来装夹工件或夹具；右侧有 T 形槽，安装可调节位置的挡块，调节工作台的行程长度及位置；底部中间装有齿条与主传动螺旋齿轮啮合。为确保安全，紧固齿条用的螺栓与销钉均有可靠的防松装置。

2. 立柱与龙门顶

立柱在床身两侧，左右各一。立柱前面有垂直导轨，用来安装横梁和侧刀架，并且均可沿此导轨上下移动；两立柱上端装有龙门顶，龙门顶内安装横梁升降机构；立柱中部空腔内装有平衡重锤，用钢丝绳和侧刀架相连，以平衡侧刀架的重量；每个立柱装有两根丝杆，一根丝杆用来使横梁升降，另一根丝杆用来使侧刀架升降。

3. 横梁与夹紧机构

（1）横梁。龙门刨床的横梁是一个箱形梁，装配在两个立柱的导轨上，并可沿立柱导轨作升降运动，以适应不同高度工件的加工要求。横梁前面有水平导轨，安装垂直刀架的滑板；右端面装有垂直刀架的进给箱；横梁的中间凹槽内装有两根光杆和一根固定丝杆，用以控制垂直刀架的水平和垂直移动。横梁后部装有横梁夹紧机构。

（2）横梁夹紧机构。横梁夹紧机构使横梁夹紧于立柱上，保证横梁在切削过程中的高低位置不变。图 5-15 所示为横梁夹紧机构的俯视结构图。图中轴 2 的中间部分螺纹与减速箱中蜗轮 8 内孔中的螺母 7 配合。轴 2 前端固定有圆盘 4，圆盘 4 顶压在杠杆 1 上。当按下横梁的“上升”或“下降”按钮时，电动机 3 启动，通过蜗杆 9 传动齿数 $z=60$ 的蜗轮 8，再经轴套 10、平键 11 传动螺母 7，使轴 2 向前移动，圆盘 4 不再压紧杠杆 1，横梁松开。位于轴后端的圆盘 6 触及限位开关 5，使电动机 3 停止转动。电动机反向转动时，圆盘 4 又压紧杠杆 1，把横梁夹紧在立柱上。但大型龙门刨床多采用液压夹紧机构。

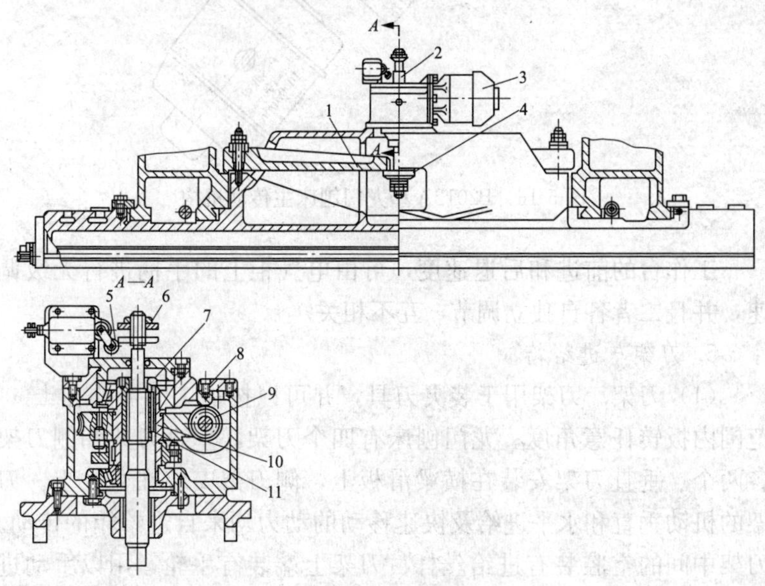

图 5-15 B2012A 型龙门刨床横梁夹紧机构

1—杠杆；2—轴；3—电动机；4、6—圆盘；5—限位开关；7—螺母；8—蜗轮；9—蜗杆；10—轴套；11—平键

4. 工作台传动机构

如图 5-16 所示，工作台传动机构由直流电动机（$P=60\text{kW}$，$n=100\sim1000\text{r/min}$）、变速箱、穿过立柱的长轴、位于床身中部的交错轴斜齿轮、以及位于工作台底部的齿条等零件组成，可使工作台获得往复直线运动。

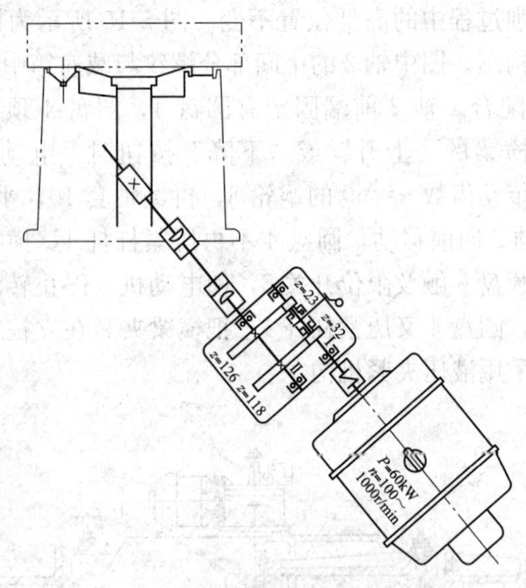

图 5-16　B2012A 型龙门刨床主传动机构

工作台的前进和后退速度，可由电气柜上的手柄进行无级调速，并且二者各自独立调节，互不相关。

5. 刀架与进给箱

（1）刀架。刀架用于装夹刀具，并可以按加工的需要在 ±60° 范围内扳转任意角度。龙门刨床有四个刀架，垂直刀架和侧刀架各两个。垂直刀架安装在横梁滑板上，侧刀架安装在立柱上。刀架的机动垂直和水平进给及快速移动的动力均来自进给箱的传动。刀架中间的空腔装有进给丝杆；刀架上端装有手轮，用以手动进给，在刀架的活折板座内装有自动抬刀机构。如图 5-17 所示为垂直刀架的结构。刀架部件主要由横滑板、刀架滑板座、刀架滑板、活折板座、活折板、丝杆、锥齿轮及电磁抬刀装置等组成。横滑板安装在横梁上，沿导轨横向移动；前面有圆环状T形槽，刀架滑板座5用T形螺栓装在横滑板上，使其在±60°的范围内扳转任意角度，使刨刀刨削不同角度的斜面。刀架滑板8装在刀架滑板座5上；活折板座10装在刀架滑板上；转动手轮7，通过一对锥齿轮传动，使刀架滑板作手动进给。

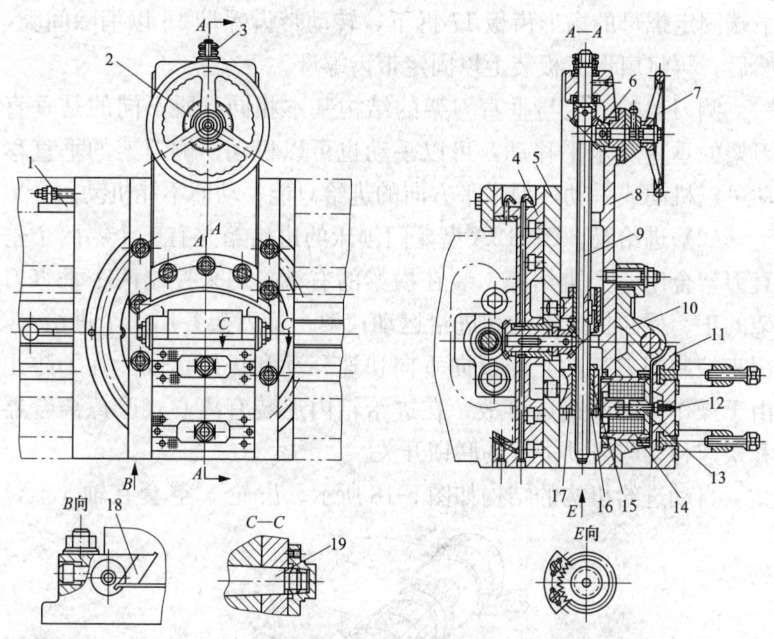

图5-17 垂直刀架的结构

1—镶条块结合；2—刻度盘；3—圆螺母；4—横滑板；5—刀架滑板座；6—锥齿轮；7—手轮；8—刀架滑板；9—丝杆；10—活折板座；11—活折板；12—螺钉；13—顶杆；14—电磁抬刀装置；15、16—双螺母；17—扇形齿轮；18—镶条；19—销轴

刀架在工作过程中直接承受切削力，尤其是经常承受冲击载荷，磨损较快，增大了各配合面处的配合间隙，而配合间隙的大小会直接影响刀架结构的刚性、加工工件的精度和表面粗糙度。因此，在刀架结构中设置了消除配合间隙用的镶条。当横滑板与横梁导轨的配合间隙过大时，可通过转动螺钉带动直镶条1来调整。刀架滑板与滑板座之间的配合间隙过大时，可转动内六角螺

钉（图 5-17 中的 B 向视图）带动镶条 18 来调整。在刨削时，如果活折板有上下窜动的现象，则说明活折板与活折板座上抬刀销轴 19 的间隙过大，可用转动活折板路两端的螺母来调整（图 5-17 中 C-C 剖视图）。为了保持刀架丝杆与配合螺母的间隙不致过大，采用了双螺母 15、16 可调结构。若出现磨损间隙过大时，将螺母下端固定螺母的扇形齿板 17 拆下，转动带齿螺母 16 以消除间隙，然后，再将扇形齿板装上以固定带齿螺母。

侧刀架的结构与垂直刀架的结构基本相同，所不同的是垂直刀架的垂直及水平移动，可以手动也可以机动；侧刀架的垂直移动可以机动或手动，但水平方向的进给只能手动而不能机动。

（2）进给箱。B2012A 型龙门刨床的进给箱共有三个：两个垂直刀架合用一个进给箱，装在横梁的右端，用来控制两个垂直刀架的正、反向快速移动和进给运动；两个侧刀架各用一个进给箱，用来控制侧刀架的正、反向垂向快速移动和进给运动。为了防止由于操作错误而造成事故，在进给箱内还装有离心式摩擦离合器和快速移动与机动进给的联锁开关。

自动进给机构的结构如图 5-18 所示。齿轮 5 空套在轴 3 上，

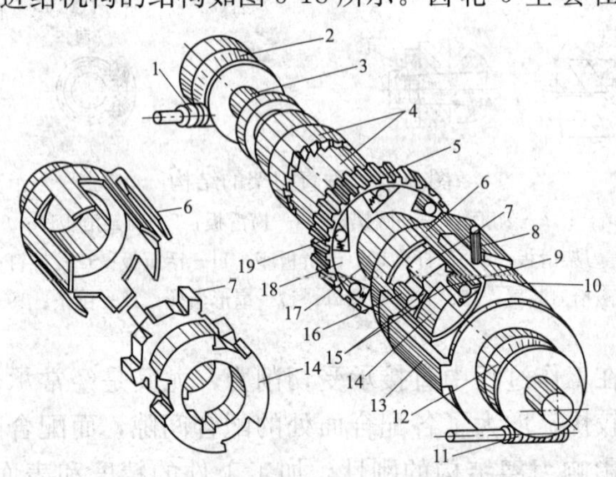

图 5-18　自动进给机构示意图

1—蜗杆；2、12—蜗轮；3—轴；4—爪形离合器；5—齿轮；6—拨叉盘；7—进给星轮；8—固定制子；9—复位滚柱；10—外环；11—调节蜗杆；13—可调制子；14—复位星轮；15—弹簧；16—进给滚柱；17—轴套；18—星轮；19—复位滚柱

内部装有单向超越离合器，由星轮 18 和滚柱 19 等零件组成。右面是双向超越离合器，由进给星轮 7、进给滚柱 16、复位星轮 14、复位滚柱 19、外环 10 及拨叉盘 6 等零件组成。外环用键与轴联结，进给星轮 7、复位星轮 14 和星轮 18 均用键与轴套联结，轴套 17 空套在轴 3 上。拨叉盘 6 又空套在 17 上，外边悬伸着一个撞块，里边的六爪拨叉插入星轮 7 和 14 的缺口中间。

当进给电动机正转时，通过蜗杆 1、蜗轮 2 的啮合带动轴 3 逆时针转动。因为机动进给时离合器 4（图 5-19 中的 M1）是脱开的，轴 3 不能直接带动齿轮转动，但外环 10 随轴一起转动，通过进给滚柱 16 的卡紧作用带动进给星轮 7。进给星轮 7 的转动又带动轴套 17 和星轮 18，再经滚柱 19 的卡紧作用，带动齿轮 5 逆时针转动，实现机动进给。当拨叉盘 6 被带动转过一定角度后，外悬的撞块碰到了固定制子 8，拨叉盘即停止转动，它的短爪推开进给滚柱 16，使进给星轮 7 和外环 10 之间脱开，进给停止，这时外环 10 空转，直到进给电机停止转动为止。

当进给电动机反向转动时，外环 10 通过复位滚柱 9 带动复位星轮 14，使轴套 17 及星轮 18 反转。由于反转时单向超越离合器不起作用，齿轮 5 不转动，因而这时不进给。当拨叉盘 6 被带动顺时针旋转一定的角度以后，它的撞块碰到可调制子 13，拨叉盘停止转动，其长爪推开复位滚柱 9，使复位星轮 14 亦停止转动，完成复位动作，为下一次进给作好准备。

进给量大小的调节，是通过蜗杆 11 使蜗轮 12 带动可调制子 13 转动，改变它与固定制子 8 之间的夹角大小来实现的。夹角大时，进给量大；夹角小时，进给量小，从而使进给量在一定范围内获得调整。

二、B2012A 型龙门刨床的传动系统

图 5-19 所示为 B2012A 型龙门刨床的传动系统图，现根据传动系统图分析各运动的传动情况。

1. 主运动

主运动的传动主要由电气及机械两部分组成，以此实现工作台在较大范围内无级调速，以及往复直线运动的循环动作。

B2012A 型龙门刨床传动是采用直流发电机电动机组的传动，

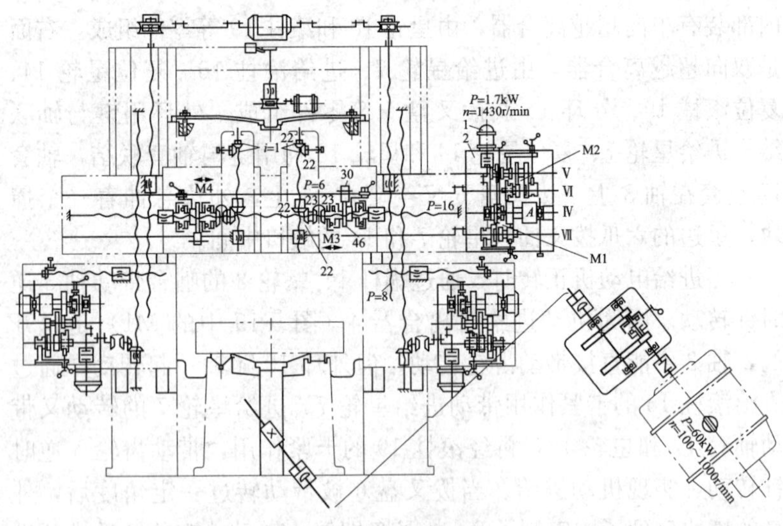

图 5-19 B2012A 型龙门刨床传动系统图

采用调节直流电动机的电压来调节电动机的转速（简称调压调速）及两级齿轮变速的机电联合调速方法。

由传动系统图可知，直流电动机（n＝100～1000r/min）经弹性联轴器传动变速箱中轴Ⅰ。扳动变速箱上的手柄，使双向内齿离合器左移，经传动比 $i=\frac{23}{126}$ 的齿轮副传动，使工作台运动速度在低速挡（v＝0.1～1m/s）；若离合器右移，经传动比 $i=\frac{32}{118}$ 的齿轮副传动，使工作台的运动速度在高速挡（v＝0.15～1.5m/s）。

工作台往复运动的速度在上述范围内通过改变直流电动机的电压获得无级调整。此外，还可根据需要，使工作台运动速度降低到 0.017m/s，以适应磨削加工的要求。

主运动传动的结构式如下：

$$\text{直流电动机}-\text{弹性联轴器}-\mathrm{I}-\left\{\begin{matrix}\frac{23}{126}-(\text{K 向左})\\ \frac{32}{118}-(\text{K 向右})\end{matrix}\right\}-\mathrm{II}-\text{长轴}-\rightarrow$$

$$\rightarrow-\text{交错轴斜齿轮}(z=9)-\text{齿条}(m=12\text{mm})-\text{工作台}$$

由传动结构式，可按运动平衡式求得主运动速度的大小

$$v_{\max}=1000\times\frac{32}{118}\times9\times12\times\pi\times\frac{1}{1000}=90\text{m/min}=1.5\text{m/s}$$

$$v_{\min}=1000\times\frac{23}{126}\times9\times12\times\pi\times\frac{1}{1000}=6\text{m/min}=0.1\text{m/s}$$

工作台前进或后退的速度，均有电气柜面板上的手柄（旋钮）操纵，实现无级调节，且各自独立，毋须停机。

2. 进给运动

位于龙门刨床横梁上的两个垂直刀架的水平（横向）和垂直进给，以及两立柱上的两个侧刀架的垂向进给（横向切入只能手动），由进给电动机（两个垂直刀架合用一个，两个侧刀架各用一个）驱动，使刀架可作快速移动，也可作机动进给。

图 5-20 所示为 B2012A 型龙门刨床垂直刀架进给箱传动系统。

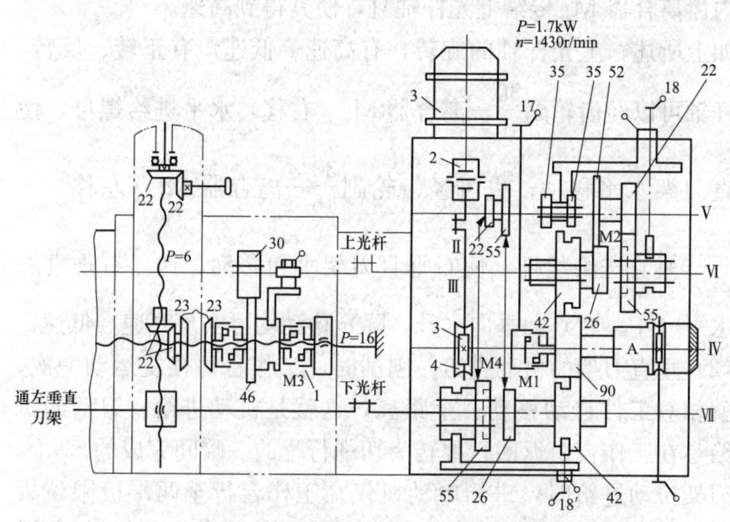

图 5-20　B2012A 型龙门刨床垂直刀架进给箱传动系统

1—电动机；2—离心式摩擦离合器；3—蜗杆；4—蜗轮；M—离合器

(1) 垂直刀架的快速移动。传动链的首末两端件分别为进给电动机和刀架。传动路线如下。

进给电动机 1（$P=1.7$kW，$n=1430$r/min）通过离心式摩擦

离合器2及联轴器，与进给箱中的轴Ⅲ连接。当离合器M_1接合时，运动经传动比$i=\frac{1}{20}$的蜗杆副传动至轴Ⅳ上$z=90$的齿轮。轴Ⅵ上有一个$z=42$的滑移齿轮，控制光杆轴Ⅵ的正、反向转动。如图所示位置，运动经传动比$i=\frac{90}{42}$的齿轮副传给轴Ⅵ上$z=26$的空套齿轮。当$z=42$的齿轮左移到与轴Ⅴ上$z=35$的双联空套齿轮啮合时，则运动经传动比$\frac{90}{35}$及$\frac{35}{42}$的两对齿轮传给轴Ⅵ上$z=26$的空套齿轮，使其反转。当内齿离合器M_2脱开时（图示位置），运动经传动比为$\frac{26}{52}$及$\frac{22}{55}$的两对齿轮副传给上光杆轴Ⅵ，使上光杆轴得到低速。当离合器M_2结合时，运动直接由$z=26$的空套齿轮通过内齿离合器M_2传给上光杆轴Ⅵ，使其得到高速。

如上所述，上光杆轴的旋转，有高速、低速，有正转、反转。上光杆轴可以经齿轮副$\frac{30}{46}$—离合器M_3（右移）水平进给螺母，使右垂直刀架水平移动；也可经齿轮副$\frac{30}{46}$—离合器M_3（左移）—$\frac{23}{23}$—$\frac{22}{22}$—垂直进给丝杆，使右垂直刀架垂向移动。这样右垂直刀架的水平（左、右）和垂向（升、降）移动均可实现高速、低速。

（2）垂直刀架的机动进给。刨削时，工作台每往复运动一次，刨刀就相对工件自动移动一个距离，这就是机动进给。刀架的机动进给是在工作台由返回行程转为切削行程的一瞬间完成的。

刀架机动进给时，进给电动机仅在工作台行至两端极限位置时才作一次短时旋转。工作台返回行程终了时进给电动机反转；工作台切削行程终了时进给电动机反转。通过自动进刀机构A可使电机正转时，刀架移动完成进给；反转时刀架不动。这样，在工作台不断往复运动的情况下，就实现了断续的机动进结，具体过程如下。

电动机正转时，通过离心式摩擦离合器及联轴器使轴Ⅲ转动，

经传动比为 $i=1/20$ 的蜗杆副传动至轴Ⅳ。由于 M_1 已经打开，所以运动经自动进给机构 A 传至 $z=90$ 的齿轮，以此将运动传递下去，即可实现刀架的机动进给。当电动机反转时，自动进给机构不能使 $z=90$ 的齿轮转动，所以刀架不能移动。这样在工作台不断往复运动的情况下，实现了刀架的机动进给。

由上述传动过程的分析，如看不清刀架的快速移动和机动进给的传动，可用如下传动结构式表示：

$$\text{进给电动机-离心式摩擦离合器-联轴器-Ⅲ-}\frac{1}{20}\text{-Ⅳ}\rightarrow$$

$$\rightarrow-\left\{\begin{array}{l}M_1\text{（结合）—快速移动}\\M_1\text{（脱开）—自动进给机构-机动进给}\end{array}\right\}\rightarrow$$

$$\rightarrow-\left\{\begin{array}{l}\frac{90}{42}\text{（正转）}\\\frac{90}{35}-\frac{35}{42}\text{（反转）}\end{array}\right\}-\left\{\begin{array}{l}M_2\text{（脱开）}-\frac{26}{52}-\frac{22}{55}\text{（快）}\\M_2\text{（结合）（慢）}\end{array}\right\}\text{—上光杆轴}-\frac{30}{40}\rightarrow$$

$$\rightarrow-\left\{\begin{array}{l}M_3\text{（右移）—水平进给螺母（}P=16\text{）—右刀架水平进给}\\M_3\text{（左移）—垂直进给丝杆（}P=6\text{）—右刀架垂直进给}\end{array}\right.$$

侧刀架与垂直刀架的传动原理基本相同。

3. 横梁升降运动

横梁升降机构位于立柱上部龙门顶内，如图 5-21 所示，由电动机、连接轴、联轴器、蜗杆及蜗轮等组成。蜗轮和升降丝杆是固定连接，而升降丝杆与固定在横梁上的螺母配合。

为了适应对不同高度的工件进行刨削，横梁的高低位置能随之改变，使刀具与工件的被加工表面处于合适的位置。在调整横梁的高低位置前，须将左垂直刀架移动到横梁的左极限位置，而将右垂直刀架移动到横梁的中间位置，使控制横梁垂直升降的两根丝杆受力处于平衡状态。然后，按悬挂按钮站上的横梁“上升”或“下降”按钮，其具体动作过程如下。

（1）按动按钮十几秒后，横梁夹紧机构放松。

（2）横梁夹紧机构全部放松后，横梁升降电动机（$n=1430$r/min）开动，通过联轴器、连接轴，带动两端的蜗杆（单头）同步转动，传动至两端的蜗轮（$z=20$），使与蜗轮连接在一起的横梁升降丝杆转动，从而实现横梁的升降（见图 5-21）。

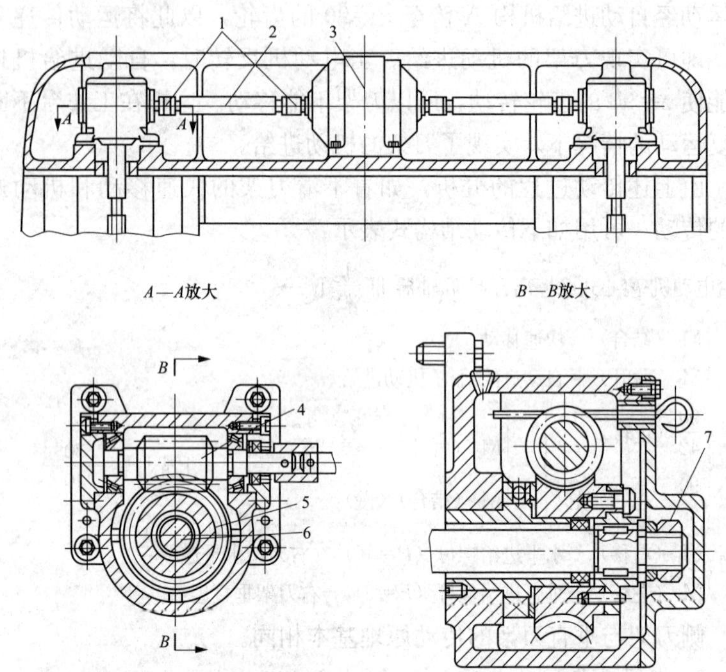

图 5-21　B2012A 型龙门刨床横梁升降机构

1—联轴器；2—长轴；3—电动机；4—蜗杆；5—蜗轮；6—丝杆；7—调整螺母

（3）横梁升降到一定位置后，松开按钮，横梁运动便停止。

（4）横梁运动停止后，横梁夹紧机构通电，开始夹紧横梁，接触限位开关后，横梁夹紧结束，即开始刨削工作。

由上述可知，横梁的升降过程是由横梁的放松升降夹紧三个阶段组成的。

4. 抬刀运动

为了防止工作台回程时切削刃与加工表面摩擦，损坏刀具与加工表面，需要设置抬刀机构，使刀具在回程时抬离工件的加工表面。

如图 5-22 所示，是安装在刀架上的电磁抬刀机构。电磁铁的电路与工作台侧面的换向行程开关相连，使用时，需要哪个刀架

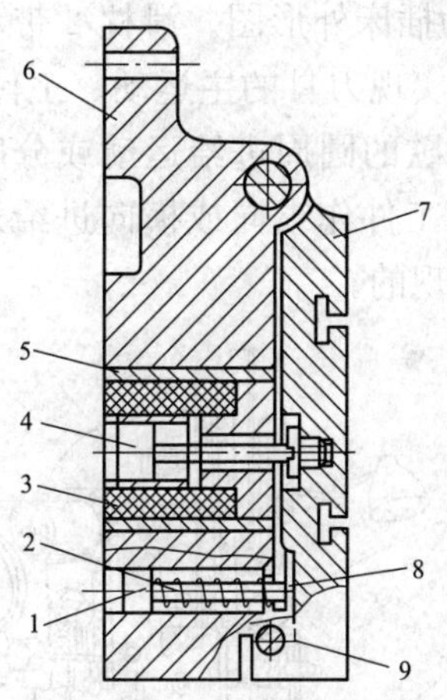

图 5-22 电磁抬刀机构简图

1—柱销；2—压簧；3—线圈；4—推销；5—铜套；
6—活折板座；7—活折板；8—拉回压板；9—拉回螺钉

抬刀，就将电气柜操纵台对应刀架的抬刀开关拨在通电位置。工作台在自动工作循环中，当工作台在返回的一瞬间，抬刀线圈 3 就通电，因受力作用，就使推销 4 将活折板 7 顶起，刀具就抬离力加工表面。当工作台作切削行程前的瞬间，抬刀线圈断电，此时垂直刀架靠活折板及刀具的自重返回。侧刀架靠无政府状态簧 2 将活折板拉回。

第三节 插　床

一、插床的作用及插削工艺特点

1. 插床的作用

插床和牛头刨床有些类似，只是插刀的往复直线运动垂直于工作台面。插床的滑枕是沿垂直于水平面的方向往复运动。因此，插床也称立式刨床。插床的主要用途是加工工件的内部表面。此外，对于某些难以在刨床或其他机床上加工的特殊形状的内、外加工表面等，也经常采用插削加工。

如图5-23所示为插床外形图。滑枕2带动插刀沿立柱3上下方向作往复运动，以实现刀具的主运动。工件安装在圆工作台上，圆工作台的回转作间歇的圆周进给运动或分度运动。上滑座6和下滑座5可分别带动工件作纵向或横向进给运动。圆工作台的分度是由分度装置4实现的。

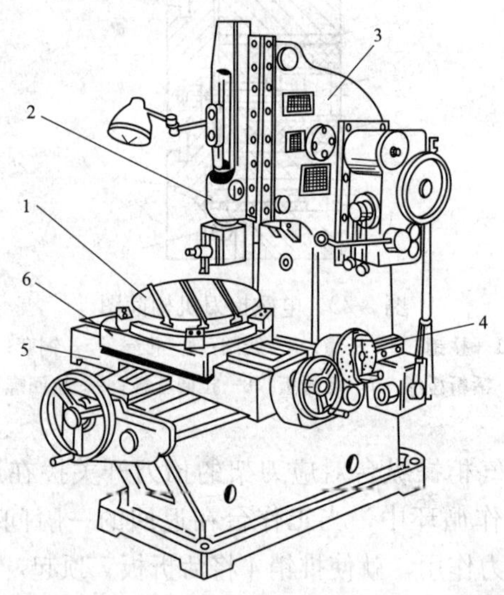

图5-23　插床外形图

1—圆工作台；2—滑枕；3—立柱；4—分度装置；5—下滑座；6—上滑座

2. 插削的工艺特点

（1）插床与插刀的结构简单，加工前的准备工作和操作也比较方便，但与刨削一样，插削时也存在冲击和空行程损失，因此，主要用于单件、小批量生产。

（2）插削的工作行程受刀杆刚性的限制，槽长尺寸不宜过大。

（3）插床的刀架没有抬刀机构，工作台也没有让刀机构，因此，插刀在回程时与工件相摩擦，工作条件较差。

（4）除键槽、型孔外，插削还可以加工圆柱齿轮和凸轮等。

（5）插削的经济加工精度为IT9～IT7，表面粗糙度 Ra 值为6.3～1.6μm。

3. 插床的参数标准

插床的技术性能参数参照插床参数标准，供插床使用时选择，见表 5-5。

表 5-5　　插床参数（JB/T 2825.1—2011）　　（单位：mm）

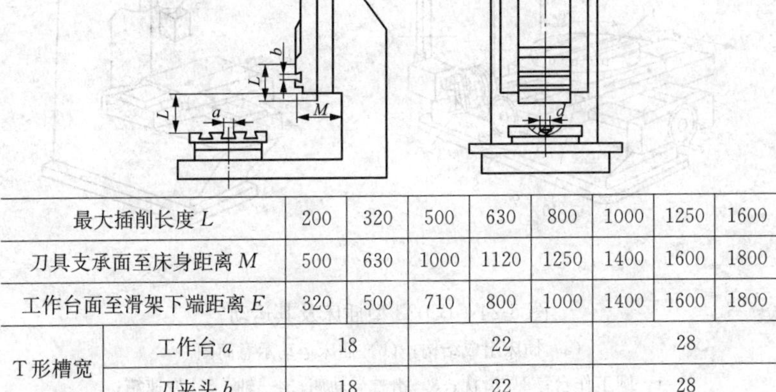

<table>
<tr><td colspan="2">最大插削长度 L</td><td>200</td><td>320</td><td>500</td><td>630</td><td>800</td><td>1000</td><td>1250</td><td>1600</td></tr>
<tr><td colspan="2">刀具支承面至床身距离 M</td><td>500</td><td>630</td><td>1000</td><td>1120</td><td>1250</td><td>1400</td><td>1600</td><td>1800</td></tr>
<tr><td colspan="2">工作台面至滑架下端距离 E</td><td>320</td><td>500</td><td>710</td><td>800</td><td>1000</td><td>1400</td><td>1600</td><td>1800</td></tr>
<tr><td rowspan="2">T 形槽宽</td><td>工作台 a</td><td colspan="2">18</td><td colspan="3">22</td><td colspan="3">28</td></tr>
<tr><td>刀夹头 b</td><td colspan="2">18</td><td colspan="3">22</td><td colspan="3">28</td></tr>
<tr><td colspan="2">工作台中心孔直径 d</td><td colspan="2">32</td><td colspan="5">60</td><td>100</td></tr>
</table>

二、B5032 型插床的组成结构

B5032 型插床主要由床身（立柱、底座）、滑枕、工作台、进给箱、变速箱、分度机构、曲柄摇杆机构、手轮及电气设备等组成，如图 5-24 所示。

1. 床身结构

普通插床的床身结构有整体式和分离式两种。B5032 型插床的床身是采用分离式结构，即立柱和底座两部分组成。这种结构工艺性好，并可实现平行作业，但其承受振动能力差。立柱上装有滑枕及曲柄摇杆机构，立柱底部有润滑油箱，通过柱塞液压泵、分油器等，输油到滑枕导轨等处，打开立柱后盖即可注油。底座顶面有燕尾形导轨，后端装有电动机，右侧装有进给机构。

2. 滑枕结构

插床滑枕的形状与牛头刨床的滑枕相似，不同之处是插床没有完整的刀架，插刀是装在滑枕前端的夹刀座上。夹刀座上有用

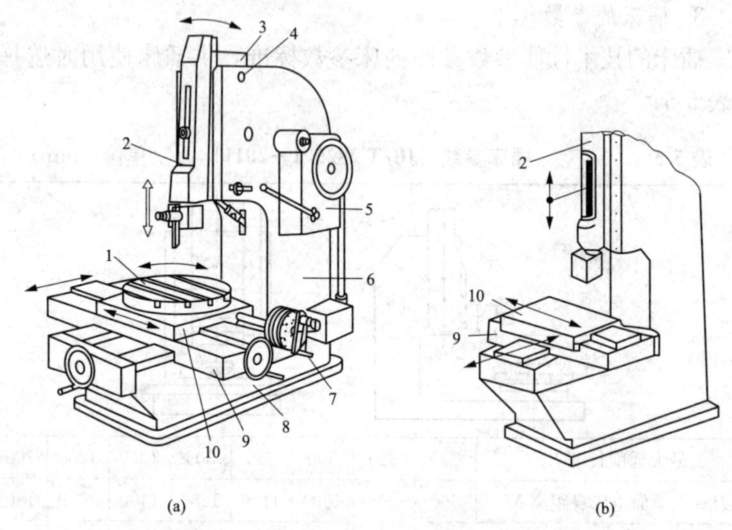

图 5-24　B5032 型插床及其运动

(a) 插床组成结构；(b) 插床运动示意简图

1—圆工作台；2—滑枕；3—滑枕导轨座；4—轴；5—变速箱；
6—立柱；7—分度机构；8—底座；9—下滑座；10—上滑座

来装夹插刀或插刀杆的槽、孔等。插床的滑枕除沿立柱导轨作垂直往复运动外，并可在垂直面内倾斜 0°～8°的角度。

3. 工作台

插床的工作台是圆形的，上面有数条均布的 T 形槽，中间有一圆孔，用来装夹工件或安装夹具；可按加工需要绕垂直轴线回转 360°，或纵向及横向移动。

4. 进给机构

插床进给机构的运动是断续的，即滑枕每往复一次，工作台进给一次。进给机构可分为机械、液压和电气三种，B5032 型插床采用的是机械传动的进给机构。它包括进给变速机构、进给安全机构、进给换向机构和棘轮机构等，如图 5-25 所示。进给量的调节是通过改变螺栓 3 在杠杆 2 的滑槽中位置来达到的。调节时，首先松开紧固螺母，当移动螺栓 3，使其离轴 1（支点）的中心越远，拉杆 4 带动棘爪架 8 及棘爪 7 摆动就越大，也就是进给量越大；如果螺栓 3 离轴 1 的中心越近，则拉杆 4 带动棘爪架 8 及棘爪 7 摆动越小，即进给量也越小。由于棘爪架上有两个棘爪交替地拨转棘轮（图中未示出），所以进给量的调节范围是 1～75 齿，即可调整棘爪跳越半个齿。

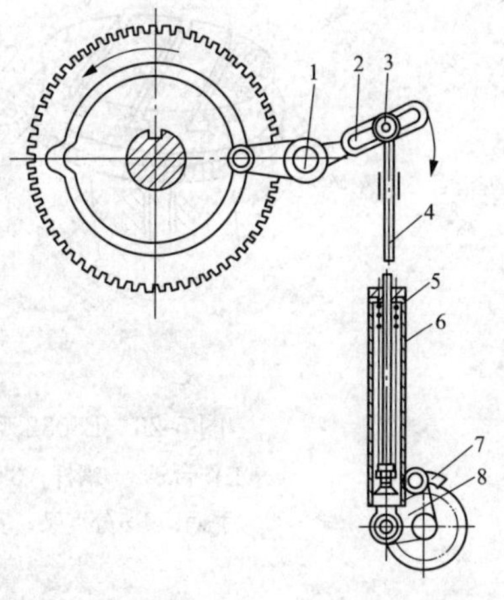

图 5-25 进给机构

1—轴；2—杠杆；3—螺栓；4—拉杆；5—弹簧；6—管套；7—棘爪；8—棘爪架

为保证进给系统不致因过载而损坏，在进给拉杆 4 的下端与进给安全装置相连，拉杆 4 装在管套 6 内，通过弹簧 5 使之与棘爪架 7 相连接。当工作台的可调挡铁碰到固定挡块或进给过载时，虽然拉杆 4 仍向上拉动，而棘爪架却不能摆动，此时进给运动也就自行停止。当上述现象消除后，进给机构即恢复正常工作。

5. 变速箱

变速箱位于立柱的中部，通过操纵手柄控制两个双联滑移齿轮的不同变位，使滑枕获得四种不同的速度（见图 5-27）。

6. 分度机构

分度机构位于底座侧面，其作用是用来等分工件，包括分度盘、分度叉、定位销、摇臂及手柄等，结构如图 5-26 所示。

插床分度机构的传动原理与万能分度头的传动原理基本相同。所不同的是万能分度头的蜗轮齿数为 40，与单头蜗杆相啮合，其传动比为$\frac{1}{40}$，而 B5032 型插床圆工作台的蜗轮齿数为 90，与单头蜗杆相啮合，其传动比为$\frac{1}{90}$，这样，当分度手柄转动时，通过一对传动比为 1∶1 的直齿轮，使单头蜗杆带动齿数为 90 的蜗轮与工作台一起转动。分度手柄每转一转，蜗轮带动工作台转过$\frac{1}{90}$转。

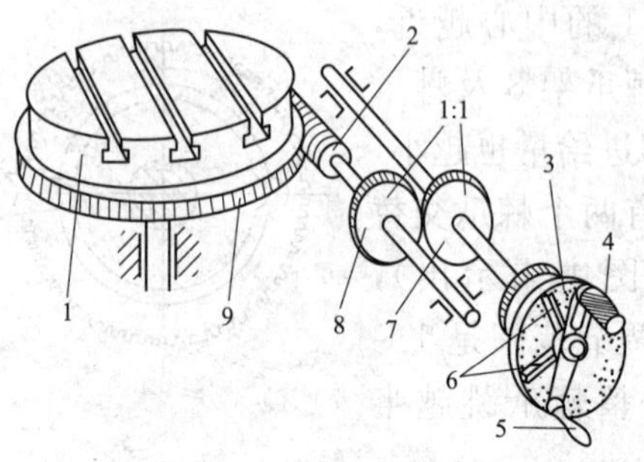

图 5-26 B5032 型插床分度机构

1—工作台；2—蜗杆；3—分度盘；4—定位销；5—手柄；6—分度叉；7、8—齿轮；9—蜗轮

三、B5032 型插床的传动系统

B5032 型插床的传动系统特点如下。

1. 主运动

插床的主运动是指滑枕在垂直方向上的往复直线运动，传动链的首末端件分别是电动机和滑枕。

如图 5-27 所示为 B5032 型插床的传动系统图。电动机（$P=4\text{kW}$，$n=960\text{r/min}$）的转动，经传动比 $i=\frac{\phi 135}{\phi 420}$的 V 带传动至轴Ⅰ。轴Ⅰ上装有多片式摩擦离合器，用来控制机床的开动或停止。当 M 向右移时，即摩擦片压紧，制动装置脱开，轴Ⅰ的转动经摩擦离合器 M 传至轴Ⅱ，再经双联滑移齿轮传至轴Ⅲ（传动比为$\frac{21}{46}$或$\frac{35}{32}$)，再由双联滑移齿轮传至轴Ⅳ（传动比为$\frac{41}{42}$或$\frac{32}{51}$)，这样，轴Ⅰ的一种转速就可使轴Ⅳ获得四种转速。固定在轴Ⅳ上的齿轮（$z=19$）与摇杆齿轮（$z=78$）啮合，使轴Ⅴ旋转。由于曲柄销 6（偏心销）的一端装在摇杆齿轮上的螺母孔内，另一端装在滑块孔中，滑块可在摇杆 4 的导槽内滑动；图 5-27 所示，当摇杆齿轮转动时，摇杆就绕支点 3 摆动；连杆 2 的两端分别以铰链形式与摇杆以及滑块中的螺母 1 连接。当摇杆往复摆动时，滑枕就沿立柱导轨作往复直线运动。

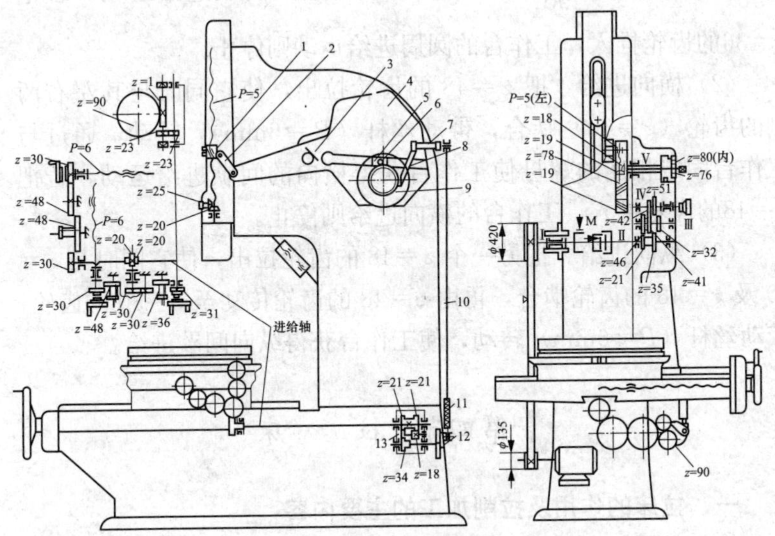

图 5-27　B5032 型插床的传动系统

2. 进给运动

B5032 型插床的进给运动是间歇的，是在滑枕向下运动的瞬间进行的。进给运动传动链的首末端件分别是鼓轮和工作台，它们的运动关系是：滑枕每往复运动一次，工作台前进一个距离，称为进给量。当工作台的运动方向与床身导轨平行时，称为纵向进给；工作台的运动方向与床身导轨垂直时，称为横向进给；工作台绕其轴线转动时，称为圆周进给。

进给运动是由固定在轴Ⅴ上的齿轮（$z=76$）带动有内齿轮（$z=80$）的鼓轮转动。在鼓轮的外圆上有一条封闭的曲线凹槽，进给摇臂 8 一端的滚轮就放在该凹槽内。当轴Ⅴ转动时，曲线凹槽就推动进给摇臂 8 及杠杆 7 作间歇摆动，使拉杆 10 作垂直上下移动，并通过其下端的进给安全机构 11 及棘轮机构 12、进给换向机构 13，使进给轴获得两种不同的转向。

(1) 圆周进给。把 $z=36$ 的齿轮拉出，使它同时与 $z=30$ 及 $z=31$的齿轮啮合，再经过 $z=23$ 与 $z=23$ 的齿轮啮合，传动蜗杆与蜗轮（传动比为$\frac{1}{90}$），工作台则获得圆周间歇进给运动。若把$z=36$的齿轮推入，工作台的圆周进给运动则停止。

（2）横向进给。把$z=48$的齿轮拉出，使它同时与其左右两侧的齿轮（$z=30$）啮合，带动丝杆（$P=6$mm），转动，通过与工作台固定相连的螺母使工作台获得横向的间歇进给运动。若把$z=48$的齿轮推入，工作台的横向进给则停止。

（3）纵向进给。把另一个$z=48$的齿轮拉出，使它同时与$z=30$及$z=48$的齿轮啮合，再由$z=48$的齿轮传动至$z=30$的齿轮，带动丝杆（$P=6$mm）转动，使工作台获得纵向间歇进给。

第四节　拉　　床

一、拉床的作用及拉削加工的主要内容

拉床是用拉刀进行加工的机床，图5-28所示为卧式拉床及拉削示意图，采用不同结构形状的拉刀，可加工各种形状的通孔、通槽、平面及成形表面。

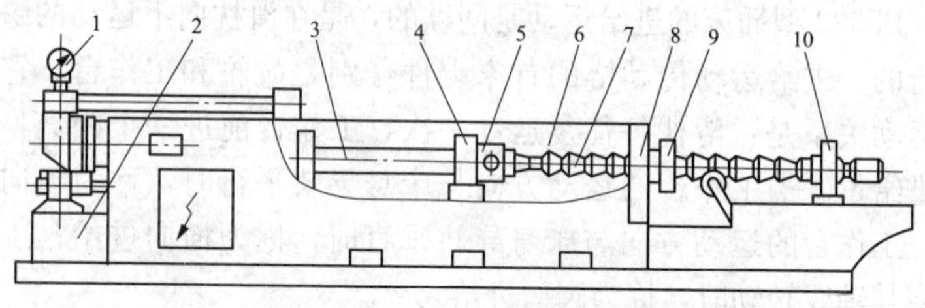

图5-28　卧式拉床及拉削示意图

1—压力表；2—液压传动部件；3—活塞拉杆；4—随动支架；5—刀架；6—床身；7—拉刀；8—支承；9—工件；10—随动刀架

1. 拉床的拉削运动

拉床的运动比较简单，它只有主运动而没有进给运动。拉削时，一般由拉刀作低速直线的主运动。拉刀在进行主运动的同时，依靠拉刀刀齿的齿升量来完成切削时的进给，使被加工表面在一次进给中成形，所以拉床不需要有进给运动机构。考虑到拉削所

需的切削力很大，同时为了获得平稳的且能无级调速的运动速度，因此拉床的主运动通常采用液压驱动，拉刀或固定拉刀的滑座通常由液压缸的活塞杆带动。

2. 拉削加工的主要内容

拉削加工分内拉削和外拉削。内拉削可以加工圆孔、方孔、多边形孔、键槽、花键孔、内齿轮等各种型孔（直通孔），如图 5-29 所示。外拉削可以加工平面、成形面、花键轴的齿形、涡轮盘和叶片上的榫槽等。一些用其他加工方法不便加工的内、外表面，有时也可采用拉削加工。

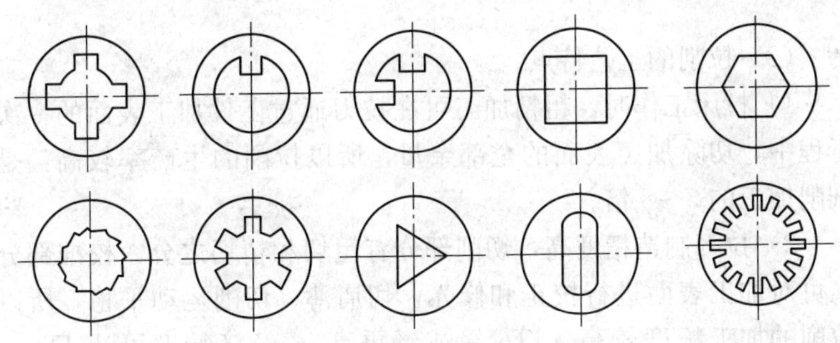

图 5-29　适于拉削的各种型孔

3. 拉削方法及工艺特点

（1）拉削方法。拉削各种型孔时，工件一般不需要夹紧，只以工件的端面支承。因此，预加工孔的轴线与端面之间应满足一定的垂直度要求。如果垂直度误差较大，则可将工件端面贴紧在一个球面垫圈上，利用球面自动定位，如图 5-30 所示。

拉削加工的孔径通常为 10～100mm，孔的长度与孔径之比值不宜大于 3。拉削前的预加工孔不需要经精确加工，钻削或粗镗后即可进行拉削。

外表面的拉削，一般为非对称拉削，拉削力偏离拉力和工件轴线，因此，除对拉力采用导向板等限位措施外，还须将工件夹紧，以免拉削时工件位置发生偏离。图 5-31 所示为拉削 V 形槽时，使用导向板和压板的情形。

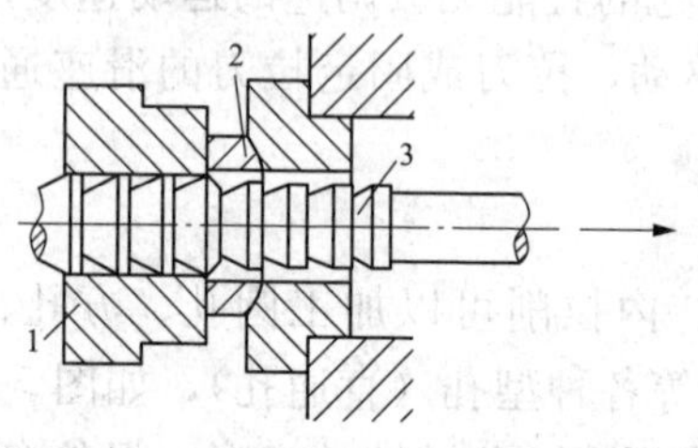

图 5-30　圆孔的拉削

1—工件；2—球面垫圈；3—拉刀

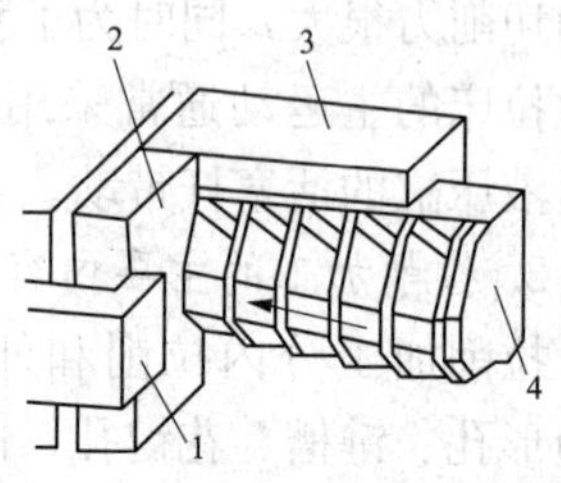

图 5-31　拉削 V 形槽

1—压紧元件；2—工件；3—导向板；4—拉刀

(2) 拉削的工艺特点。

1）拉床工作时，粗精加工可在拉刀通过工件加工表面的一次行程中，切除加工表面的全部余量，所以拉削的生产率较高，是铣削加工的 3～8 倍。

2）拉刀制造精度高，切削部分有粗切和精切之分，校准部分又可对加工表面进行校正和修光，切屑薄、切削运动平稳，所以拉削的加工精度较高（IT6 级或者更高），经济精度可达 IT9～IT7，表面粗糙度 Ra 值为 1.6～0.4μm。

3）拉床采用液压传动，故拉削过程平稳。

4）拉刀适应性差，一把拉刀只适用于加工某种尺寸和精度等级的一定形状的加工表面，且不能加工台阶孔、盲孔和特大直径的孔。由于拉削力很大，所以薄壁孔加工时容易变形，不易采用拉削。

5）拉刀结构复杂，制造费用高，因此只有在大批量生产中才能显示其经济、高效的特点。

二、常用拉床结构特点及类型

常用的拉床，按加工的表面可分为内表面和外表面拉床两类；按机床的布局形式可分为卧式床和立式拉床两类。此外，还有连续式拉床和专用拉床等。

拉床的主参数是额定拉力。拉削时工作拉力较大，所以拉床一般采用液压传动。常用拉床的额定拉力有 100、200、400kN 等，如 L6120 型卧式内拉床的额定拉力为 200kN。

1. 卧式内拉床

卧式内拉床用于加工内表面，如图 5-32 所示为其外形图。床身 1 内部在水平方向装有液压缸 2，由高压变量液压泵供给压力油驱动活塞，通过活塞杆带动拉刀沿水平方向移动，对工件进行加工。工件在加工时，以其端平面紧靠在支承座 3 的平面上（或用夹具装夹）。护送夹头 5 及滚柱 4 用于支承拉刀。开始拉削前，护送夹头 5 及滚柱 4 向左移动，将拉刀穿过工件预制孔，并将拉刀左端柄部插入拉刀夹头，加工时滚柱 4 下降不起作用。

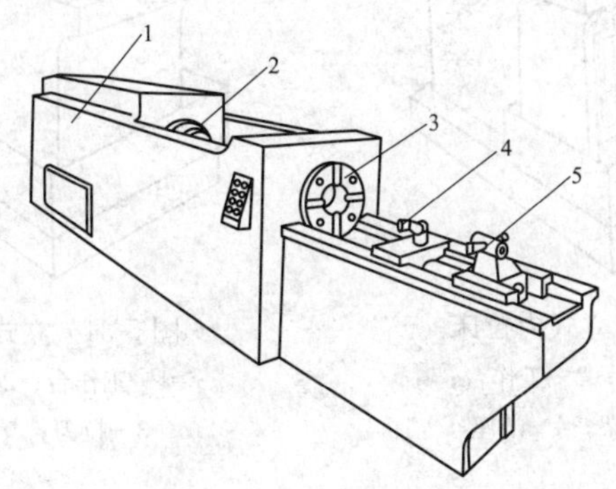

图 5-32　卧式内拉床

1—床身；2—液压缸；3—支承座；4—滚柱；5—护送夹头

2. 立式拉床

立式拉床根据用途可分为立式内拉床和立式外拉床两类。图 5-33为立式内拉床外形图。这种拉床可用拉刀或推刀加工工件的内表面。用拉刀加工时，工件以端面紧靠在工作台 2 的上平面上，拉刀由滑座 4 的上支架 3 支承，自上向下插入工件的预制孔及工作台的孔，将其下端刀柄夹持在滑座 4 的下支架 1 上，滑座 4 由液压缸驱动向下进行拉削加工。

用推刀加工时，工件装在工作台的上表面，推刀支承在上支架 3 上，自上向下移动进行加工。

图 5-34 所示为立式外拉床的外形图。滑块 2 可沿床身 4 的垂直导轨移动，滑块 2 上固定有外拉刀 3，工件固定在工作台 1 上

的夹具内。滑块垂直向下移动完成工件外表面的拉削加工。工作台可作横向移动，以调整切削深度，并用于刀具空行程时退出工件。

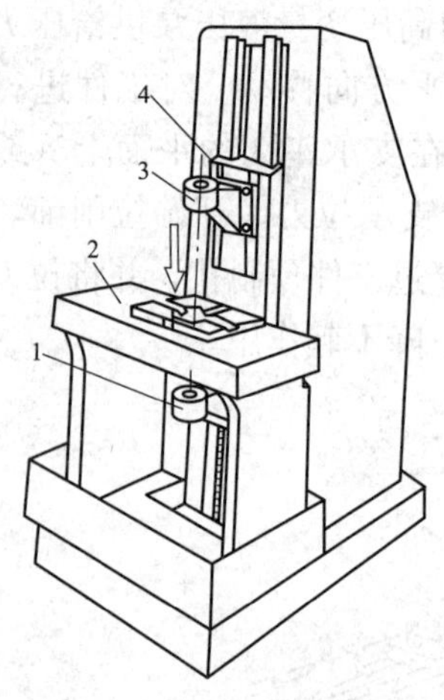

图 5-33　立式内拉床

1—下支架；2—工作台；3—上支架；4—滑座

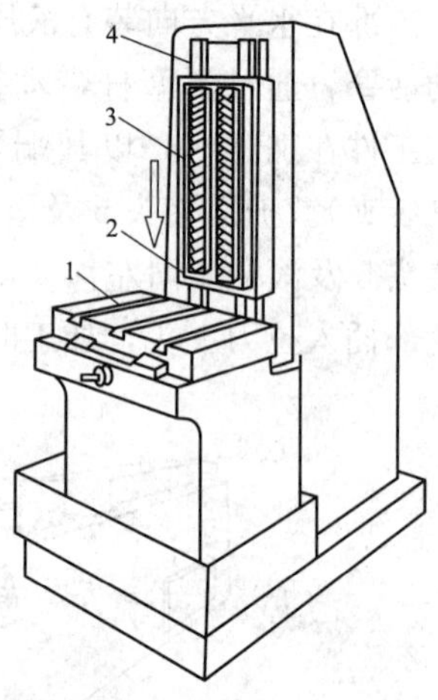

图 5-34　立式外拉床

1—工作台；2—滑块；3—拉刀；4—床身

3. 连续式拉床

图 5-35 是连续式拉床的工作原理图。链条 7 被链轮 4 带动按拉削速度移动，链条上装有多个夹具 6。工件在位置 A 被装夹在夹具中，经过固定在上方的拉刀 3 时进行拉削加工，此时夹具沿床身上的导轨 2 滑动。夹具 6 移至 B 处即自动松开，工件落入成品收集箱 5 内。这种拉床由于连续进行加工，因而生产率较高，常用于大批量生产中加工小型零件的外表面，如汽车、拖拉机连杆的连接平面及半圆凹面等。

三、拉床型号和技术参数

1. 拉床参数标准

拉床性能参数参照拉床参数标准，供拉床使用时选择。

（1）卧式内拉床参数见表 5-6。

（2）立式拉床参数见表 5-7。

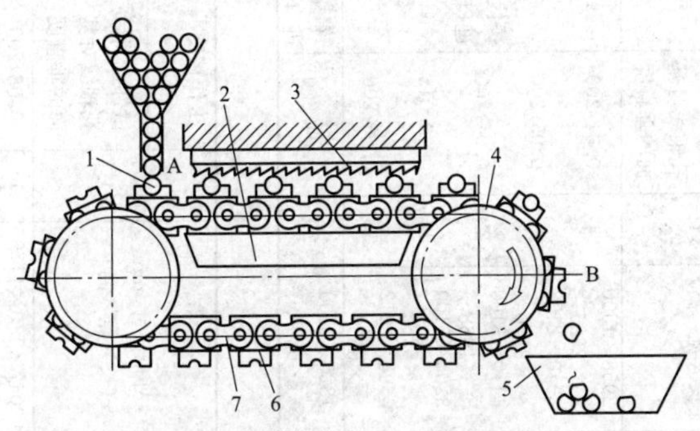

图 5-35　连续式拉床工作原理图

1—工件；2—导轨；3—拉刀；4—链轮；5—成品箱；6—夹具；7—链条

表 5-6　　　　卧式内拉床参数（JB/T 3367.1—2014）

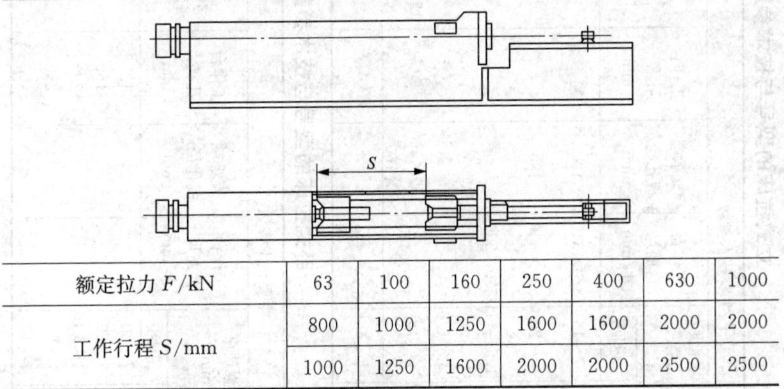

额定拉力 F/kN	63	100	160	250	400	630	1000
工作行程 S/mm	800	1000	1250	1600	1600	2000	2000
	1000	1250	1600	2000	2000	2500	2500

表 5-7　　　　立式拉床参数（JB/T 4181.1—2014）

额定拉力 F/kN	63	100		160		250	400	630
工作行程 S/mm	1000	1000	2000	1250	2000	1600	1600	1600
	1250	1250	2500	1600	2500	2000	2000	2000
	1600	1600	—	—	—	2500	2500	2500

2. 拉床的型号和技术参数

（1）立式拉床的型号与技术参数见表 5-8。

（2）卧式拉床的型号与技术参数见表 5-9。

表 5-8　　立式拉床的型号与技术参数

产品名称	型号	主要技术参数								电动机功率/kW		外形尺寸/mm（长×宽×高）	质量/t	工作精度/mm	备注
		规格		溜板行程速度/(m/min)无级		工作台台面尺寸/mm	支承端板孔径/mm	工作台孔径/mm	花盘孔径/mm	主电动机	总容量			试件拉削后孔轴线对基面的垂直度	
		额定拉力/kN	溜板最大行程/mm	工作	返回										
立式内拉床	L515A	50	800	2.5～10	7～16	320×310	125		80	10	10.75	2958×1500×2695	4	0.04/200	
	L5110A	100	1000	2～11	7～20	530×450	150		100	15	17.2	3340×2128×3360	8	0.05/200	
	L7220A	200	1600	1.5～11	1.5～11	630×500				22	2.5	4410×3100×1968	22	0.04/300	替代进口
	CS-5005	200	1600	1.5～7	7～15					30	40.5	3200×3100×5286	14	0～0.015	
	L5540A	400	2000	2～6	7～17	650×440	160×200×160		120×150×120	40	41.5	3398×2212×6607	18	0.06/200	
高速立式外拉床	L7120	200	2500	1.1～36	7～20	550×630				110	11.5	1820×3100×6290	29	0.04/300	替代进口

表 5-9　　卧式拉床的型号与技术参数

产品名称	型号	主要技术参数								电动机功率/kW		外形尺寸/mm（长×宽×高）	质量/t	工作精度/mm
		规格		溜板行程速度/(m/min)无级		工作台台面尺寸/mm	支承端板孔径/mm	工作台孔径/mm	花盘孔径/mm	主电动机	总容量			试件拉削后孔轴线对基面的垂直度
		额定拉力/kN	溜板最大行程/mm	工作	返回									
卧式内拉床	L6106/1	63	800	1.5～7	7～20			125	80	7.5	7.62	3047×170×1175	1	0.08/200
	L6110A	100	1250	2～11	7～20			150	100	15	15.12	5620×1720×1350	4.8	0.08/200
	L6120C	200	1600	1.5～11	7～20			200	130	22	22.12	6830×1440×1440	5.9	0.08/200
	L6140B	400	2000	1.5～7	7～20			250	150	40	40.12	8160×2055×1375	10.5	0.08/200
	L61100	1000	2000	1～3	7～12			400	320	75	75.12	10 410×2280×1700	17	0.08/200

第六章

磨　床

第一节　磨 床 概 述

一、磨床的用途及分类

1. 磨床的用途

磨床是机械制造业的重要设备之一，在金属切削机床中，磨床占有显著的地位，它能完成多种加工工序，如外圆磨削、内圆磨削、平面磨削和成形磨削等。磨床的加工精度高，加工范围广，是一种应用广、类型多的金属切削机床，是目前机械制造业被广泛采用的工作母机之一。

磨床型号由基本部分和辅助部分组成，用汉语拼音字母及阿拉伯数字表示。型号的排列顺序为：机床类别、机床特性、机床组别和型别、机床的主要规格及机床重大结构改进的顺序等。磨床的类代号用大写的汉语拼音字母表示，必要时，每类可分为若干分类，分类代号在类代号之前，作为型号的首位，并用阿拉伯数字表示。第一分类代号前的“1”省略，第“2”“3”分类代号则应予以表示，如磨床分类代号“M”“2M”“3M”。机床特性代号包括通用特性和结构特性代号两种，也用相应的汉语拼音字母表示。常用的通用特性主要有：高精度、精密、自动、半自动、数控、高速、万能、轻型等，一般在一个型号中只表示机床最主要的一个通用特性。磨床的通用特性代号位于型号第二位，如型号 MB1432A 中的 B 表示半自动。

机床的主参数用折算值（主参数乘以折算系数）表示，位于组、系代号之后，它反应机床的主要技术规格，主参数的尺寸单位为 mm。磨床的主参数有最大磨削直径或工作台宽度等，如 M2110 型内圆磨床，主参数的折算值为 10，折算系数为 1/10，即主参数（床身上最大磨削工件内孔直径）为 ϕ100mm。曲轴磨床则表示最大回转直径的 1/10，无心磨床则表示基本参数本身（如 M1080 表示最大磨削直径为 ϕ80mm）。

2. 磨床分类

磨床品种共分三大类，一般精度磨床为第一类，用字母 M 表示；超精加工机床、抛光机床、砂带抛光机为第二类，用 2M 表示；轴承套圈、滚球、叶片磨床为第三类，用 3M 表示。齿轮磨床和螺纹磨床都分别划入独立的机床类别中，螺纹磨床用“S”表示（读音“丝”）；齿轮磨床用“Y”表示（读音“牙”）。

磨床分十个组别，每组又分为十个系，它们是仪表磨床、外圆磨床、内圆磨床、砂轮机、珩磨机及研磨机、导轨磨床、刀具刃磨床、平面及端面磨床、曲轴（凸轮轴、花键轴、轧辊）磨床、工具磨床，分别用阿拉伯数字 0～9 表示。按磨床的结构及工艺特点，在同一组中又分成不同的型别。

第一类磨床按加工方式不同分以下几组：

0——仪表磨床；

1——外圆磨床（如 M1332A、MBS1332A、MM1420 等）；

2——内圆磨床（如 M2110A、MGD2110 等）；

3——砂轮机；

4——研磨机、珩磨机；

5——导轨磨床；

6——刀具刃磨床（如 M6025、M6025A、M6110 等）；

7——平面及端面磨床（如 M7120A、MG7130 等）；

8——曲轴、凸轮轴、花键轴、轧辊磨床（如 M8240A、M8312、M8612A、MG8425 等）；

9——工具磨床（如 MK9017、MG9019 等）。

二、磨削加工特点及磨削运动

1. 磨削加工方法分类

磨削加工是指用磨料来切除材料的加工方法，根据工艺目的和要求不同，磨削加工已发展成为多种形式的加工工艺。通常按工具类型进行分类，可分为使用固定磨粒加工和游离磨粒加工两大类，如图 6-1 所示。各种加工形式的用途、工作原理和加工运动情况有相当大的差异，但都存在摩擦、微切削和表面化学反应等现象，只是形式和程度不同而已。

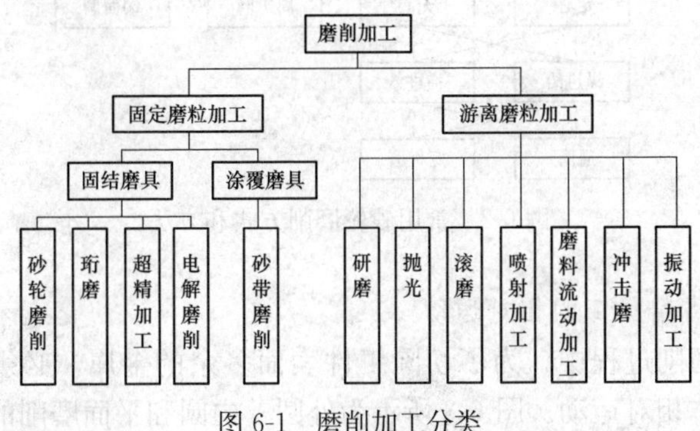

图 6-1 磨削加工分类

通常所称的“磨削”，主要指用砂轮进行的磨削。砂轮磨削方式有多种划分方式。

（1）一般按照加工对象可以分为外圆、内圆、平面及成形磨削。

（2）旋转表面按照夹紧和驱动工件的方法，又可分为定心磨削与无心磨削。

（3）按照进给方向相对于加工表面的关系，可分为纵向进给与横向进给磨削。

（4）考虑磨削行程之后，砂轮相对工件的位置，又区分为通磨和定程磨。

（5）考虑砂轮工作表面类型，又分为周边磨削、端面磨削和周边—端面磨削。

以上所列的大部分磨削方式，在生产实践中并不总是同时存在的，许多磨削方式可以由这些个别特征结合产生，最常用的结合方式如图 6-2 所示。但实际磨削方式和方法，应根据具体条件采用。如磨平面，即可采用端面磨削，也可采用周边磨削，应视设备、加工条件和加工习惯来决定。

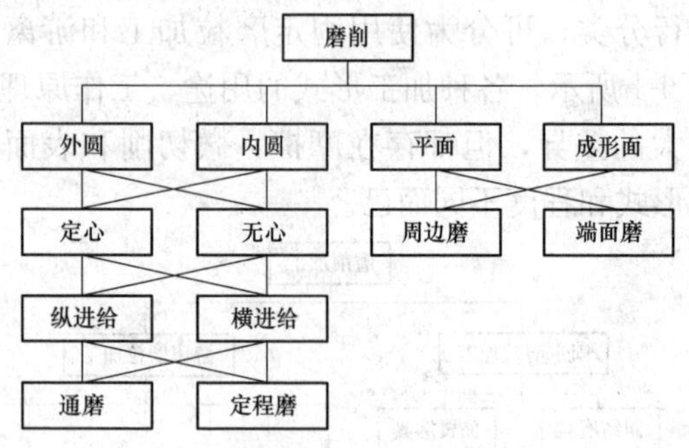

图 6-2　常用砂轮磨削方式和方法

2. 磨削加工的相对运动

在磨削过程中，为了切除工件表面多余的金属，必须使工件和刀具作相对运动。图 6-3 所示为外圆、内圆和平面磨削的运动。

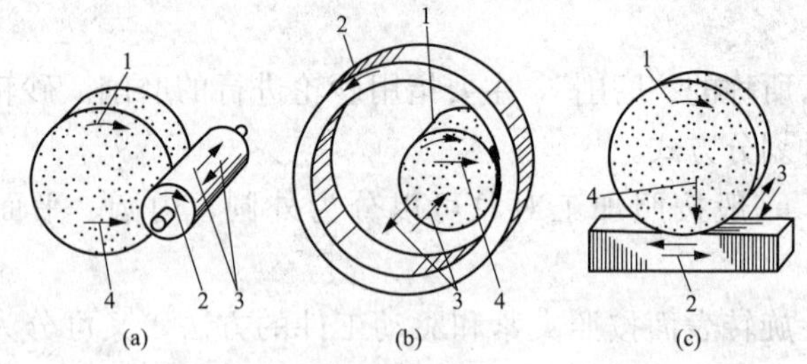

图 6-3　磨削的运动

(a) 外圆磨削；(b) 内圆磨削；(c) 平面磨削

1—砂轮旋转运动；2—工件的进给运动；

3—工件的纵向（内、外圆）进给运动；4—吃刀运动

(1) 磨削运动的分类。磨削运动可分为主运动和进给运动两种。

1) 主运动：直接切除工件表层金属，使之变为切屑，形成工件新表面的运动。主运动一般为一个，如图 6-3 中的运动 1，即砂轮的旋转运动为主运动，其运动的速度较高，消耗的切削功率较大。

2）进给运动：使新的金属层不断投入磨削的运动。如图 6-3 中的运动 2、3、4 均为进给运动，视磨削方式的不同，其运动方向有所区别。

（2）不同磨削方式的进给运动。

1）外圆磨削的进给运动为工件的圆周运动、工件的纵向进给运动和砂轮的横向进给运动（吃刀运动）。

2）内圆磨削的进给运动与外圆磨削相同。

3）平面磨削的进给运动为工件的纵向（往复）进给运动、砂轮或工件的横向进给运动和砂轮的垂直进给（吃刀运动）。

三、磨床型号和技术参数

1. 磨床标准参数

磨床各项性能参数参照磨床标准参数确定，供磨床使用时选择。

（1）外圆磨床参数见表 6-1。

表 6-1　　外圆磨床参数（JB/T 7418.1—2006）

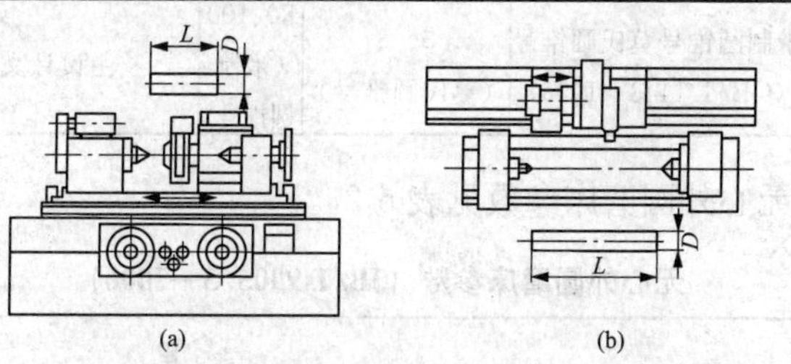

(a)　(b)

（1）工作台移动式外圆磨床参数表［图（a）］

最大磨削直径 D/mm	50	125	200	320	400	500	630	800
最大磨削长度 L/mm	150	150						
	250	250	250					
	350	350	350					
		500	500	500				
		630	630	630				
			750	750				
			1000	1000	1000			

续表

<table>
<tr><td colspan="11">(1) 工作台移动式外圆磨床参数表 [图 (a)]</td></tr>
<tr><td colspan="3" rowspan="6">最大磨削长度 L/mm</td><td></td><td></td><td></td><td>1500</td><td>1500</td><td>1500</td><td></td><td></td></tr>
<tr><td></td><td></td><td></td><td>2000</td><td>2000</td><td>2000</td><td>2000</td><td></td></tr>
<tr><td></td><td></td><td></td><td>2500</td><td>2500</td><td>2500</td><td>2500</td><td></td></tr>
<tr><td></td><td></td><td></td><td>3000</td><td>3000</td><td>3000</td><td>3000</td><td>3000</td></tr>
<tr><td></td><td></td><td></td><td></td><td></td><td>4000</td><td>4000</td><td>4000</td></tr>
<tr><td></td><td></td><td></td><td></td><td></td><td>5000</td><td>5000</td><td>5000</td></tr>
<tr><td>主轴</td><td>头架</td><td>莫氏圆锥号</td><td rowspan="2">2、3</td><td>3、4</td><td rowspan="2">3、4、5</td><td colspan="2" rowspan="2">4、5</td><td colspan="2" rowspan="2">5、6</td><td rowspan="2">—</td></tr>
<tr><td>锥孔</td><td>尾架</td><td>GB/T 1443—1996</td><td>2</td></tr>
<tr><td></td><td colspan="2">米制圆锥号
(GB/T 1443—1996)</td><td>—</td><td colspan="2">—</td><td colspan="2">—</td><td colspan="2">—</td><td>80、100</td></tr>
<tr><td colspan="11">(2) 砂轮架移动式外圆磨床参数表 [图 (b)]</td></tr>
<tr><td colspan="3">最大磨削直径 D/mm</td><td>500</td><td>630</td><td>800</td><td>1000</td><td>1250</td><td>1600</td><td colspan="2">2000</td></tr>
<tr><td colspan="3" rowspan="6">最大磨削长度 L/mm</td><td>3000</td><td>3000</td><td></td><td></td><td></td><td></td><td colspan="2"></td></tr>
<tr><td>4000</td><td>4000</td><td>4000</td><td>4000</td><td></td><td></td><td colspan="2"></td></tr>
<tr><td>5000</td><td>5000</td><td>5000</td><td>5000</td><td>5000</td><td>5000</td><td colspan="2"></td></tr>
<tr><td>6000</td><td>6000</td><td>6000</td><td>6000</td><td>6000</td><td>6000</td><td colspan="2">6000</td></tr>
<tr><td>8000</td><td>8000</td><td>8000</td><td>8000</td><td>8000</td><td>8000</td><td colspan="2">8000</td></tr>
<tr><td></td><td></td><td>10 000</td><td>10 000</td><td>10 000</td><td>10 000</td><td colspan="2">10 000</td></tr>
<tr><td>主轴</td><td>头架</td><td rowspan="2">米制圆锥号莫氏圆锥号
(GB/T 1443—1996)</td><td colspan="2" rowspan="2">5、6
(莫氏圆锥号)</td><td rowspan="2">80、100
(米制
圆锥号)</td><td colspan="5" rowspan="2">由设计文件规定</td></tr>
<tr><td>锥孔</td><td>尾架</td></tr>
</table>

(2) 无心外圆磨床参数见表 6-2。

表 6-2　　无心外圆磨床参数 (JB/T 9905.3—2006)

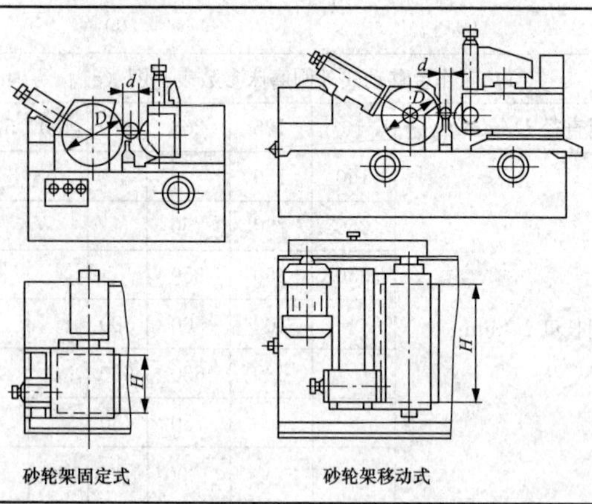

砂轮架固定式　　砂轮架移动式

续表

最大磨削直径 d/mm	30	50	100	200	400
砂轮厚度 H/mm	100	150	200	300	500
砂轮直径 D/mm	300	450	600		750
砂轮孔径/mm	127	203	305		350

（3）内圆磨床参数见表 6-3。

表 6-3　　内圆磨床参数（JB/T 9906.3—2006）

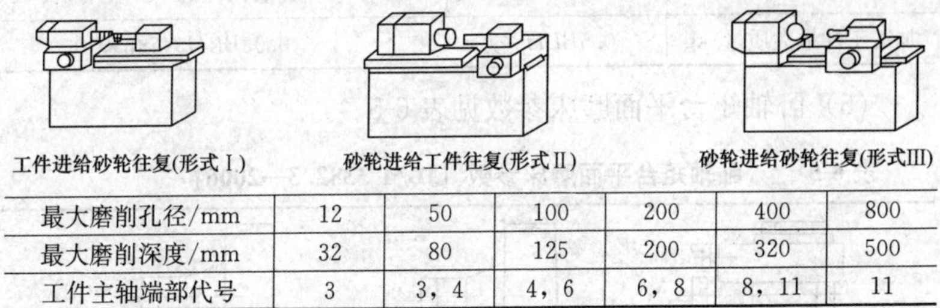

工件进给砂轮往复(形式Ⅰ)　　砂轮进给工件往复(形式Ⅱ)　　砂轮进给砂轮往复(形式Ⅲ)

最大磨削孔径/mm	12	50	100	200	400	800
最大磨削深度/mm	32	80	125	200	320	500
工件主轴端部代号	3	3，4	4，6	6，8	8，11	11

（4）立轴矩台平面磨床参数见表 6-4。

表 6-4　　立轴矩台平面磨床参数（JB/T 4183.3—2006）

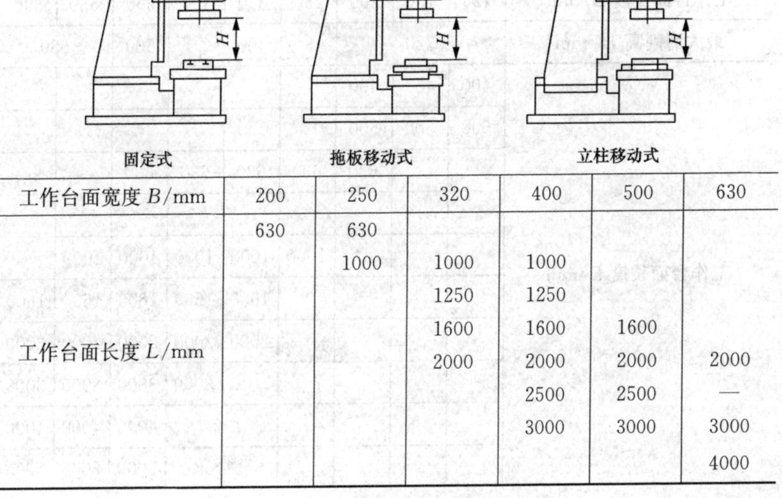

固定式　　拖板移动式　　立柱移动式

工作台面宽度 B/mm	200	250	320	400	500	630
工作台面长度 L/mm	630	630 1000	1000 1250 1600 2000	1000 1250 1600 2000 2500 3000	1600 2000 2500 3000	2000 — 3000 4000

续表

最大磨削高度 H/mm	320	400		500	630
砂轮直径/mm	180～300	350～450	450～550		650～750
工作台最大速度/($\mathrm{m \cdot min^{-1}}$)	1.5	25			
最小垂直进给量/mm	0.005				
砂轮最大线速度/($\mathrm{m \cdot s^{-1}}$)	30				
磨头电动机功率/kW	7.5～15	18.5～30			
加工工件最大质量/kg	$0.5BLH \times 7.8 \times 10^{-6}$		$0.33BLH \times 7.8 \times 10^{-6}$		

(5) 卧轴矩台平面磨床参数见表 6-5。

表 6-5　卧轴矩台平面磨床参数（JB/T 3382.3—2006）

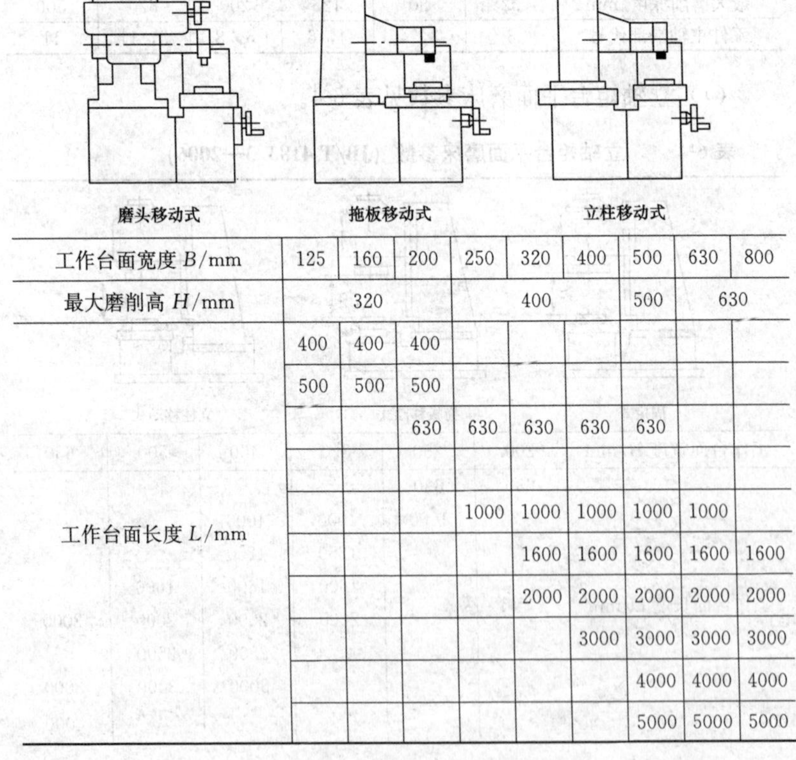

磨头移动式　　拖板移动式　　立柱移动式

工作台面宽度 B/mm	125	160	200	250	320	400	500	630	800
最大磨削高 H/mm	320			400			500	630	
工作台面长度 L/mm	400	400	400						
	500	500	500						
			630	630	630	630	630		
				1000	1000	1000	1000	1000	
					1600	1600	1600	1600	1600
					2000	2000	2000	2000	2000
						3000	3000	3000	3000
							4000	4000	4000
							5000	5000	5000

续表

<table>
<tr><td colspan="2">砂轮直径/mm</td><td>200～250</td><td colspan="2">250～350</td><td>350～400</td><td colspan="2">350～600</td></tr>
<tr><td colspan="2">砂轮最大线速度/(m·s⁻¹)</td><td colspan="6">35</td></tr>
<tr><td colspan="2">工作台速度/(m·min⁻¹)</td><td>16</td><td colspan="2">20</td><td>25</td><td colspan="2">30</td></tr>
<tr><td rowspan="3">最大垂直微进给量/mm</td><td>普通精度</td><td colspan="6">0.010</td></tr>
<tr><td>精密精度</td><td colspan="6">0.005</td></tr>
<tr><td>高精度</td><td colspan="6">0.002</td></tr>
<tr><td rowspan="3">工作台面T形槽(GB/T 158—1996)</td><td>槽数</td><td colspan="2">1</td><td colspan="4">3</td></tr>
<tr><td>宽度</td><td>12</td><td colspan="2">14</td><td>18</td><td colspan="2">22</td></tr>
<tr><td>间距</td><td colspan="2">—</td><td>63</td><td>100</td><td>160</td><td>250</td></tr>
<tr><td rowspan="2">加工工件最大质量/kg</td><td>普通精度</td><td colspan="4">$0.5BLH\times7.8\times10^{-6}$</td><td colspan="2">$0.33BLH\times7.8\times10^{-6}$</td></tr>
<tr><td>精密、高精度</td><td colspan="6">$0.33BLH\times7.8\times10^{-6}$</td></tr>
</table>

(6) 卧轴圆台平面磨床参数见表6-6。

表6-6　卧轴圆台平面磨床参数(JB/T 9908.1—2014)

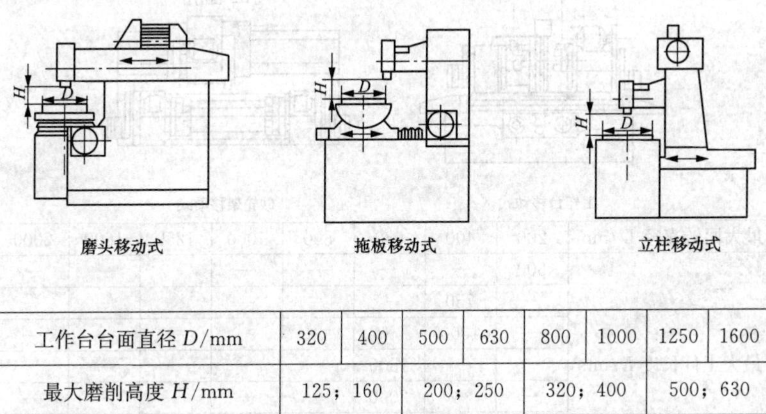

工作台台面直径 D/mm	320	400	500	630	800	1000	1250	1600
最大磨削高度 H/mm	125；160		200；250		320；400		500；630	

(7) 立轴圆台平面磨床参数见表6-7。

表 6-7　　立轴圆台平面磨床参数（JB/T 9909.4—2006）

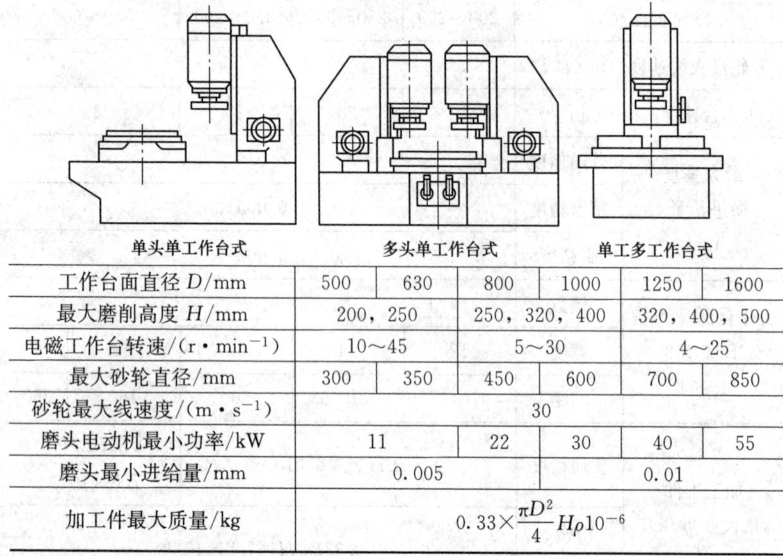

单头单工作台式　　多头单工作台式　　单工多工作台式

工作台面直径 D/mm	500	630	800	1000	1250	1600
最大磨削高度 H/mm	200，250		250，320，400		320，400，500	
电磁工作台转速/(r·min^{-1})	10～45		5～30		4～25	
最大砂轮直径/mm	300	350	450	600	700	850
砂轮最大线速度/(m·s^{-1})	30					
磨头电动机最小功率/kW	11		22	30	40	55
磨头最小进给量/mm	0.005			0.01		
加工件最大质量/kg	$0.33\times\frac{\pi D^2}{4}H\rho 10^{-6}$					

（8）曲轴磨床参数见表 6-8。

表 6-8　　曲轴磨床参数（JB/T 2617.1—2014）

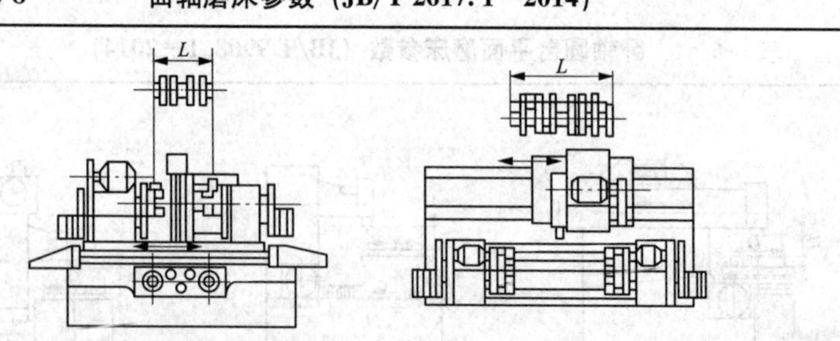

工作台移动式　　砂轮架移动式

最大回转直径 D/mm	200	400	630	800	1000	1250	1600	2000
最大工件长度 L/mm	500	—	—	—	—	—	—	—
	—	750	—	—	—	—	—	—
	—	1000	—	—	—	—	—	—
	—	—	1500	—	—	—	—	—
	—	—	2000	—	—	—	—	—
	—	—	2500	—	—	—	—	—
	—	—	—	3000	—	—	—	—

续表

最大工件长度 L/mm	—	—	—	4000	4000	—	—	—
	—	—	—	—	5000	5000	—	—
	—	—	—	—	—	6000	6000	—
	—	—	—	—	—	8000	8000	8000
	—	—	—	—	—	—	10 000	10 000
	—	—	—	—	—	—	—	12 000

（9）凸轮轴磨床参数见表 6-9。

表 6-9　　凸轮轴磨床参数（JB/T 2999.1—2006）

	最大工件回转直径 D/mm	125	200
	最大工件长度 L/mm	315	—
		500	—
		800	—
		1250	1250
		—	1600
		—	2000
头、尾架主轴锥孔莫氏锥度号（按 GB/T 1443—1996）	3，4	4	

2. 磨床的型号与技术参数

（1）万能外圆磨床的型号与技术参数见表 6-10。

（2）无心外圆磨床的型号与技术参数见表 6-11。

（3）内圆磨床的型号与技术参数见表 6-12。

（4）卧轴矩台平面磨床的型号与技术参数见表 6-13。

（5）立轴矩台平面磨床的型号与技术参数见表 6-14。

（6）卧轴圆台平面磨床的型号与技术参数见表 6-15。

（7）立轴圆台平面磨床的型号与技术参数见表 6-16。

（8）万能工具磨床的型号与技术参数见表 6-17。

（9）曲轴磨床的型号与技术参数见表 6-18。

（10）花键轴磨床的型号与技术参数见表 6-19。

表 6-10　　万能外圆磨床的型号与技术参数

产品名称	型号	最大磨削直径×长度/mm	技术参数								工作精度		电动机功率/kW		质量/t	外形尺寸/mm（长×宽×高）
			最小磨削直径/mm	磨削孔径范围/mm	最大磨削孔深/mm	中心高×中心距/mm	工件最大质量/kg	回转角度/(°)			砂轮最大外径×厚度/mm	圆度圆柱度/mm	表面粗糙度 Ra/μm	主电动机	总容量		
								工作台	头架	砂轮架							
万能外圆磨床	M1412	125×500	5	10～40	50	100×500	10	±9	+10 −90	±180	300×40	0.003 0.005	0.32	2.2	3.425	1.8	1880×1160×1300
		125×350	5	10～40	50	100×350	10	±9	+10 −90	±180	300×40	0.003 0.005	0.32	2.2	3.425	1.5	1770×1160×1300
	MY1420C	200×600	8	13～100	125	140×600	100	+3 −6	+90	±30	400×50	0.003 0.005	≤0.32	5.1	6.5	2.8	2350×1500×1450
	MW1420	200×500	5	25～100	100	135×500	100	+3 −9	+90	±10	400×50	0.003 0.005	0.16	4	6.52	3.2	2000×1800×1650
		200×750	5	25～100	100	135×750	100	+3 −8	+90	±10	400×50	0.003 0.005	0.16	4	6.52	3.7	2400×1800×1650
	M120W	200×500	7	8～50	75	110×500	50	−6 +7	−30 +90	±180	300×40	0.003 0.005	0.32	3	4.4	2	2020×1380×1420
	MD1420	200×500	8	13～80	125	125×500	50	+3 −9	+90	±30	400×50	0.003 0.005	0.2	4	7.125	3.5	2120×1575×1570
		200×750	8	13～80	125	125×750	50	+3 −8	+90	±30	400×50	0.003 0.005	0.2	4	7.125	4	2654×1575×1570
		200×1000	8	13～80	125	125×1000	50	+3 −7	+90	±30	400×50	0.003 0.005	0.2	4	7.125	4.8	

续表

产品名称	型号	技术参数										工作精度		电动机功率/kW		质量/t	外形尺寸/mm（长×宽×高）
		最大磨削直径×长度/mm	最小磨削直径/mm	磨削孔径范围/mm	最大磨削孔深/mm	中心高×中心距/mm	工件最大质量/kg	回转角度/(°)			砂轮最大外径×厚度/mm	圆度圆柱度/mm	表面粗糙度 Ra/μm	主电动机	总容量		
								工作台	头架	砂轮架							
半自动万能外圆磨床	MBA1412	125×250	5	10~40	50	100×250	10	±9	±45	±180	300×40	0.001 0.003	0.025	2.2	3.425	1.8	1550×1220×1300
高精度半自动万能外圆磨床	MGB1412	125×250	4	10~40	50	100×250	10	±9	±45	±180	300×40	0.000 5 0.002	0.01	2.2	4.225	1.8	1550×1190×1600
高精度数显半自动万能外圆磨床	MGBX1412	125×250	4	10~40	50	100×250	10	±9	±45	±180	300×40	0.000 5 0.002	0.01	2.2	4.225	1.8	1550×1190×1600
高精度半自动万能外圆磨床	MGB1420A	200×500	8	13~80	125	125×500	50	+9 −5	±90	5	400×40	0.000 5 0.001	0.01	3/2.2	7	2.1	2000×1420×1600
精密万能外圆磨床	M1420A	200×500	8	13~80	125	125×500	20	+9 −5	±90	5	300×40	0.001 0.003	0.04	3	5	2.1	2000×1420×1600
万能外圆磨床	MA1420A	200×500	8	13~80	125	125×500	20	+9 −5	±90	5	300×40	0.003 0.005	0.4	3	5	2.1	2000×1420×1600
	MA1420A	200×750	8	13~80	125	125×750	20	+9 −5	±90	5	300×40	0.003 0.005	0.4	3	5	2.1	2000×1420×1600
精密半自动万能外圆磨床	MB1420A	200×500	8	13~80	125	125×500	20	+9 −5	±90	5	300×40	0.001 0.003	0.4	3	5	2.1	2000×1420×1600

续表

产品名称	型号	最大磨削直径×长度/mm	技术参数								工作精度		电动机功率/kW		质量/t	外形尺寸/mm（长×宽×高）
			最小磨削直径/mm	磨削孔径范围/mm	最大磨削孔深/mm	中心高×中心距/mm	工件最大质量/kg	回转角度/(°) 工作台	回转角度/(°) 头架	回转角度/(°) 砂轮架	砂轮最大外径×厚度/mm	圆度圆柱度/mm	表面粗糙度 *Ra* /μm	主电动机	总容量		
精密万能外圆磨床	A440N	290×1040	10	40～180	200	150×1123	130	+6 −9	+90	30	500×63	0.000 5 0.001 5	0.05	5.5	15	4.3	4100×2400 ×1700
万能外圆磨床	M131WB	315×1000	8	13～125	125	170×1000	150	+3 −6	+90 −30	±30	400×50	0.005 0.008	0.32	4	7.075	3.6	3400×1690 ×1650
		315×1400	8	13～125	125	170×1400	150	+3 −3	+90 −30	±30	400×50	0.005 0.008	0.32	4	7.075	4.3	4230×1690 ×1650
		315×2000	8	13～125	125	170×2000	150	+2 −3	+90 −30	±30	400×50	0.005 0.008	0.32	4	7.075	5.3	5100×1690 ×1650
	MY1432	320×1000	8	13～100	125	180×1000	150	+3 −9	+90	±30	400×63	0.005		6.6	8.0	3.3	3200×1590 ×1420
		320×1500	8	13～100	125	180×1500	150	+3 −7	+90	±30	400×63	0.008	≤0.32	6.6	8.0	3.8	4200×1590 ×1420
		320×600	8	13～100	125	180×600	150	+3 −9	+90	±30	400×63	0.005 0.008	≤0.32	6.6	8.0	3.0	2514×1500 ×1420
	M1432B	320×1000	8	30～100	125	180×1000	150	+3 −7	+90	±30	400×50	0.005 0.008	0.16	5.5	8.97	4.1	2900×1800 ×1650
		320×1500	8	30～100	125	180×1500	150	+3 −6	+90	±30	400×50	0.005 0.008	0.16	5.5	8.97	4.9	3900×1800 ×1650
	M1432A	320×1500	8	13～100	125	180×1500	150	+7 −3	+90	±30	400×50	0.005 0.008	0.32	4	7.5	4.5	4200×1800 ×1426

续表

产品名称	型号	最大磨削直径×长度/mm	技术参数								工作精度		电动机功率/kW		质量/t	外形尺寸/mm（长×宽×高）
			最小磨削直径/mm	磨削孔径范围/mm	最大磨削孔深/mm	中心高×中心距/mm	工件最大质量/kg	回转角度/(°)			砂轮最大外径×厚度/mm	圆度 圆柱度/mm	表面粗糙度 Ra/μm	主电动机	总容量		
								工作台	头架	砂轮架							
万能外圆磨床	M1432A	320×1000	8	13～100	125	180×1000	150	+7 −3	+90	±30	400×50	0.005 0.008	0.32	4	7.5	3.2	3200×1590 ×1426
	MD1432	320×1000	8	13～125	125	180×1000	150	+3 −7	+90	±30	400×50	0.003 0.006	0.2	4	7.475	4	3238×1754 ×1615
		320×1500	8	13～125	125	180×1500	150	+3 −5	+90	±30	400×50	0.003 0.006	0.2	4	7.475	4.7	4265×1740 ×1680
	ME1432B	320×500	8	13～125	125	180×500	150	+3 −9	+90	±30	400×50	0.003 0.008	0.2	4	7.475	3	2671×1754 ×1615
		320×750	8	13～125	125	180×750	150	+3 −8	+90	±30	400×50	0.003 0.008	0.2	4	7.475	3.5	2945×1754 ×1615
		320×1000	8	13～125	125	180×1000	150	+3 −7	+90	±30	400×50	0.003 0.008	0.2	4	7.475	4	3238×1754 ×1615
		320×1500	8	13～125	125	180×1500	150	+3 −5	+90	±30	400×50	0.005 0.008	0.2	4	7.475	4.7	4265×1754 ×1615
		320×2000	8	13～125	125	180×2000	200	+3 −3	+90	±30	400×50	0.005 0.012	0.2	4	7.475	7	6512×1754 ×1615
		320×3000	8	13～125	125	180×3000	200	+3 −2	+90	±30	400×50	0.005 0.012	0.2	4	7.475	9	

续表

产品名称	型号	技术参数										工作精度		电动机功率/kW		质量/t	外形尺寸/mm（长×宽×高）
		最大磨削直径×长度/mm	最小磨削直径/mm	磨削孔径范围/mm	最大磨削孔深/mm	中心高×中心距/mm	工件最大质量/kg	回转角度/(°)			砂轮最大外径×厚度/mm	圆度圆柱度/mm	表面粗糙度 Ra/μm	主电动机	总容量		
								工作台	头架	砂轮架							
精密万能外圆磨床	MME1432	320×1000	8	16～125	125	180×1000	150	+3 −6	+90	±30	500×50	0.002 0.007	0.025	3.5	9.15	4	3238×1754 ×1615
		320×2000	8	16～125	125	180×2000	200	+3 −5	+90	±30	500×50	0.002 0.007	0.025	5	9.15	6.9	6589×1830 ×1595
		320×3000	8	16～125	125	180×3000	200	+3 −3	+90	±30	500×50	0.002 0.007	0.025	5	9.15	8.9	9110×1830 ×1595
高精度万能外圆磨床	MGE1432B	320×1000	8	16～125	125	180×1000	150	+3 −6	+90	±30	400×50	0.000 5 0.002	0.025	3.6	7.22	4	3238×1754 ×1615
万能外圆磨床	MA1432B	320×1000	8	13～125	125	180×1000	150	+3 −6	+90 −30	±30	400×50	0.005 0.008	0.32	4	7.075	3.6	3400×1790 ×1650
		320×1500	8	13～125	125	180×1500	150	+3 −6	+90 −30	±30	400×50	0.005 0.008	0.32	4	7.075	4.8	4500×1790 ×1650
	M1432B	320×750	8	16～125	125	180×750	150	+8 −8	+90	±30	400×50	0.003 0.006	0.32	5.5	8.57	3.6	3015×1800 ×1515
		320×1000	8	16～125	125	180×1000	150	+3 −5	+90	±30	400×50	0.003 0.006	0.32	5.5	8.57	3.7	3605×1800 ×1515
		320×1500	8	16～125	125	800×1500	150	+6	+90	±30	400×50	0.003 0.006	0.32	5.5	8.57	4.3	4605×1800 ×1515
		320×2000	8	16～125	125	180×2000	150	5	+90	±30	400×50	0.003 0.006	0.32	5.5	8.57	5.9	5700×1800 ×1515
半自动万能外圆磨床	MBA1432	320×1000	16	16～100	125	180×1000	200	+3 −8.5	+90	±20	500×63	0.002 0.006	0.08	7.5 5 （双速）	12.45	4	

续表

产品名称	型号	最大磨削直径×长度/mm	技术参数									工作精度		电动机功率/kW		质量/t	外形尺寸/mm（长×宽×高）
			最小磨削直径/mm	磨削孔径范围/mm	最大磨削孔深/mm	中心高×中心距/mm	工件最大质量/kg	回转角度/(°)			砂轮最大外径×厚度/mm	圆度圆柱度/mm	表面粗糙度 Ra/μm	主电动机	总容量		
								工作台	头架	砂轮架							
半自动万能外圆磨床	MBA1432	320×1500	16	16～100	125	180×1500	200	+3 −7.5	+90	±20	500×63	0.002 0.006	0.08	7.5 5 （双速）	12.45		
	H207	320×1500	16	16～125	125	180×1500	150	+3 −6			400×50		0.32	5.5	9.72		4300×2000 ×2050
	H211	320×1000	16	16～125	125	180×100	150	+3 −7			400×50		0.32	5.5	9.72	3.82	3300×2000 ×2050
万能外圆磨床	F13×1000	350×1000	8	16～125	200	175×1000	300	+7	+90	±45	500×80	0.002 0.005	0.04	5.5	9.5	4.25	2984×2146 ×2320
	F13×1500	350×1500	8	16～125	200	175×1000	300	+7	+90	±45	500×80	0.002 0.005	0.04	5.5	9.5	4.75	4178×2146 ×2320
	ME1450	500×2000	30	25～200	320	270×2000	1000	+3 −3	+90	±30	600×63	0.005 0.008	0.32	7.5	16	10.5	5104×2420 ×1693
		500×3000	30	25～200	320	270×2000	1000	+3 −2	+90	±30	600×63	0.005 0.008	0.32	7.5	16	11.5	6958×2420 ×1693
	M1450B	500×2000	25	30～200	200	270×2000	1000	+2 −5	+90	−30	500×75	0.005 0.008	0.32	7.5	13.8	9.9	6020×2620 ×1600
		500×3000	25	30～200	200	270×3000	1000	+2 −3	+90	−30	500×75	0.005 0.008	0.32	7.5	13	11.3	8820×2620 ×1600
半自动万能外圆磨床	H148	630×4000	30	30～200	400	350×4000	1200	+1 −3	+90	−30	600×75	0.005 0.008	0.32	7.5	14.72	14.4	10 250×2600 ×2400
	H156	630×2000	30	30～200	400	350×2000	1200	+2 −5	+90 −20	±30	600×75	0.005 0.008	0.32	7.5	14.72	10.5	5960×2600 ×2200

续表

产品名称	型号	最大磨削直径×长度/mm	技术参数							工作精度			电动机功率/kW		质量/t	外形尺寸/mm（长×宽×高）
			最小磨削直径/mm	中心高×中心距/mm	工件最大质量/kg	回转角度/(°)			砂轮最大外径×厚度/mm	圆度/mm（外/内）	圆柱度/mm	表面粗糙度 Ra/μm（外/内）	主电动机	总容量		
						工作台	头架	砂轮架								
高精度半自动万能外圆磨床	MGB1432E	320×500	5	180×520	100	±9	90	±3	400×50	0.005/0.002	0.003	0.01/0.04	3.55	5.55	2.1	3000×1700×1700
		320×750	5	180×765	100	±8	90	±3	400×50	0.000 5/0.002	0.003	0.01/0.04	3.55	5.55	3.5	3300×1765×1630
		320×1000	5	180×1080	100	+7 −3	90	±3	400×50	0.000 5/0.002	0.005	0.01/0.04	3.55	5.55	4	4154×1765×1630
高速半自动切入式外圆磨床	MBS1532F	320×750	15	180×750	150	8	90		750×110	0.005		0.4～0.8	11	17	3	2290×1415×1475
		320×1000	15	180×1000	150	7	90		750×110	0.005		0.4～0.8	11	17	3.2	2800×1415×1475
		320×1000	15	180×1500	150	6	90		750×110	0.005		0.4～0.8	11	17	4	3500×1450×1500
半自动切入式端面外圆磨床	MB1632/T	320×750		180×765	50				500×170	0.003	0.005	0.32	5.5	8.5	3	2290×1415×1475
		320×1000		180×1080	50				500×170	0.003	0.005	0.32	5.5	8.5	3.2	2800×1415×1475
高速半自动切入式端面外圆磨床	MBS1632F	320×750	15	180×750	150	8	90		750×110	0.005		0.4～0.8	11	17	3	2290×1415×1475
		320×1000	15	180×1000	150	7	90		750×110	0.005		0.4～0.8	11	17	3.2	2800×1415×1475
		320×1500	15	180×1500	150	6	90		750×110	0.005		0.4～0.8	11	17	4	3500×1450×1500

表 6-11　无心外圆磨床的型号与技术参数

产品名称	型号	技术参数											加工精度			电动机功率/kW		质量/t	外形尺寸/mm（长×宽×高）
		磨削尺寸/mm		砂轮尺寸/mm		导轮尺寸/mm		导轮回转角度/(°)		砂轮转速/(r/min)	导轮转速/(r/min)		圆度/mm	圆柱度/mm	表面粗糙度 Ra/μm	主电动机	总容量		
		直径	长度	直径	宽度	直径	宽度	垂直	水平		工作时	修正时							
无心磨床	M1020A	0.5～20	80	300	100	200	100	−1～+6	−1～+3	2131	20～230（无级）	230	0.001 6	0.003	0.32	4	5.35	2.3	1750×1290×1350
高精度无心磨床	MG1020	10.5～20	80	300	100	200	100	−1～4	−1～3	1920	20～210（无级）	210	0.001	0.001 2	0.125	4	5.57	2	1800×2150×1350
	MT1040A	7～40	140	350	125	250	125	−2～+6	0～3	1870	15～280（无级）	280	0.002	0.002	0.25	7.5	8.8	2.1	1550×1300×1405
	M1050A	5～50	120	400	150	300	150	−2～+5	−1～+3	1668	20～200（无级）	200	0.003	0.001 5	0.32	10	12.48	3.5	1920×1681×1479
	MG1050A	5～50	200	500	150	300	150	−2～7	0～3	1300	10～290（无级）	290	0.001	0.001 8	0.16	11	16.13	5	3550×2600×1800
	MGT1050	2～50	200	450	150	350	225	0～5		790	15～100（无级）	130	0.000 6	0.001 5	0.125	7.5	11.59	6.4	2200×1190×1640
无心磨床	M1050A	50	120	400	150	300	150	−2～3	−1～3	1668	20～100	200	0.002	0.003	0.2	11	13.78	3	1920×1680×1868
	MT1050A	50	120	400	150	300	150	−2～5	−1～3	1668	20～100	200	0.002	0.003	0.2	11	13.43	2.8	2600×1636×1868
	M1080A	5～80	120	500	150	300	150	−2～15	0～3	1500	13～45	200	0.002	0.003	0.32	15	17.6	3	2050×1450×12 550
	M1080B	80	10	500	150	300	150	−2～5	0～3	1300	13～94	300	0.002	0.003	0.32	15	16.62	3.7	1940×1632×1500
	M1080C	80	180	500	150	300	150	−2～5	−1～3	1300	20～100	200	0.002	0.003	0.32	15	17.81	3.5	1994×1887×1479
	MT1080C	80	180	500	150	300	150	−2～5	−1～3	1300	20～100	200	0.002	0.003	0.32	15	17.46	3.3	1994×1887×1479
高速无心磨床	MS1080	5～80	200	500	150	300	150	−2～7	0～3	1650	10～200（无级）	200	0.002	0.003	0.32	15	17.55	5	3400×2605×1770

续表

产品名称	型号	技术参数											加工精度			电动机功率/kW		质量/t	外形尺寸/mm（长×宽×高）
		磨削尺寸/mm		砂轮尺寸/mm		导轮尺寸/mm		导轮回转角度/(°)		砂轮转速/(r/min)	导轮转速/(r/min)		圆度/mm	圆柱度/mm	表面粗糙度 *Ra*/μm	主电动机	总容量		
		直径	长度	直径	宽度	直径	宽度	垂直	水平		工作时	修正时							
无心外圆磨床	M1080B	80	180	500	150	300	150	−2～5	0～3	1300	13～94	300	0.002	0.003	0.32	15	16.91	39	2007×1495×1496
	M10100	10～100	190	500	200	350	200	−2～5	0～3	1250	10～200（无级）	200	0.002	0.004	0.32	18.5	20.21	4	2675×1505×1615
精密无心磨床	MM1080	100	190	600	200	350	200	0～5	0～3	1010	12～90	200	0.001 5	0.002 5	0.2	22	25.09	5.5	2825×1725×1710
	MG10100	10～100	195	600	200	350	200	−2～5	−1～3	795 1093 1103	10～300（无级）	300	0.001	0.002	0.125	18.5	23.21	7	3920×3590
	MGT10100	10～100	200	600	200	350	200	−2～5	−1～3	1093	10～300（无级）	300	0.001	0.002	0.125	18.5	23.21	7	3920×3590
	MS10100	10～100	195	600	250	350	250	−2～5	−1～3	1433	10～300（无级）	300	0.002	0.003	0.32	30	36.61	7	1920×3470
宽砂轮无心磨床	M11100A	10～100	300	50	400	350	400	−2～4	−2～4	1330	12～80（无级）	200	0.002	0.005		30	36.47	10	4100×4000×1700
无心磨床	M1083A	150	250	600	200	350	200	−2～5		1050～1150	7～58	280	0.002	0.003	0.32	18.5	20.625	6.5	2600×1850×1800
		10～150	250	600	200	350	200	−2～5		1100	7～58	280	0.002	0.003	0.32	18.5	22	5.8	2600×1850×1800
	M1083B	150	180	600	200	350	200	0～5		1010	12～90	200	0.002	0.003	0.32	18.5	21.59	5.5	2850×1725×1630
		150	190	600	200	350	200	0～5		1010	12～90	200	0.002	0.003	0.32	18.5	21.59	5.5	2825×1725×1710
	M10200	200	300	600	300	400	300	−2～5	0～3	1100	7～58	280	0.003	0.004	0.4	30	32.91	6	2758×2136×1763
	MW10200	10～200	300	600	350	400	320	−2～+5	−2～3	1110	12～200（无级）	200	0.002	0.004	0.32	37	42.62	10	3670×1558×1718
	MT10400	50～400	200	750	500	500	500	0～5	0～3	880	5～50	300	0.003	0.005	0.4	55	72	18	4450×2080×2000

表 6-12 内圆磨床的型号与技术参数

产品名称	型号	加工尺寸/mm（直径×深度）	最大工件旋径/mm		技术参数									电动机			质量/t	外形尺寸/mm（长×宽×高）	备注
					工作台最大行程/mm	主轴最大回转角度/(°)	工件转速/(r/min)		砂轮转速/(r/min)		加工精度			功率/kW		台数			
			罩内	无罩			级数	范围	级数	范围	圆度/mm	圆柱度/mm	表面粗糙度 Ra/μm	主电动机	总容量				
内圆磨床	M215A	50×80	260		200	30	4	280 400 560 800		16 000～60 000	0.003	0.003	0.63		7.39		1.2	2100×1250×1490	
	MD215A	(3～50)×80	260		200	30	4	280 400 560 800		14 000～48 000	0.003	0.003	0.5		8.14		1.3	2100×1250×1490	
半自动内圆磨床	MB215A	50×80	150		350	30	4	285 400 565 790	6	14 000～48 000	0.003	0.003			8.14		1.3	2100×1250×1490	带端磨
	MBD215A	50×80	150		350	30	4	285 400 565 790	6	14 000～48 000	0.003	0.003			8.14		1.3	2100×1250×1490	
	MBD2110A	100×125	320		450	30	4	225～1000		5000～12 000	0.003	0.005	0.63	3	7.5		5	2500×2200×2100	
内圆磨床	M2110A	100×150	480				4	200 300 400 600		10 000 18 000 24 000	0.003	0.005					1.5	1850×1130×1290	
		$\phi6$～$\phi100$				16		200～600		14 400～24 000	0.006	0.005	0.4						

续表

产品名称	型号	加工尺寸/mm（直径×深度）	最大工件旋径/mm		技术参数									电动机			质量/t	外形尺寸/mm（长×宽×高）	备注
					工作台最大行程/mm	主轴最大回转角度/(°)	工件转速/(r/min)		砂轮转速/(r/min)		加工精度			功率/kW		台数			
			罩内	无罩			级数	范围	级数	范围	圆度/mm	圆柱度/mm	表面粗糙度 Ra/μm	主电动机	总容量				
内圆磨床	M2110C	100×150	480		550	20		180～500		3000	0.002 5	0.004	0.4	2.2	3.69		1.6	2363×1260×1310	
		ϕ6～ϕ100×15～150				60		200～600		14 400～24 000	0.006	0.005	0.4						
	1EF/VL	17×36	夹持外径23		200			1350		51 000 60 000	0.002	0.002 5	0.25	4	8		3.5	2345×1600×2000	引进产品
	1EF70/NDH	42×75	夹持外径115		200			1000		23 600	0.001 5	0.003 8	0.4	7.5	13.45		3.2	3900×1860×2000	引进产品
	1EF70/UJT	60×30			160			1350		42 000 60 000	0.001		0.6	5	8.72		3.2	2395×1500	引进产品
	M2110D	100×130	240	500	300	20	4	180 250 360 500	3	14 400 18 900 24 000									
	MZ2110D	100×150	270	480	550	20	4				0.003	0.005	0.63		4.64			1850×1130×1290	
	MD2110	100×150	270	480	550	20	4				0.003	0.005	0.63		4.64			1850×1130×1290	带端磨
						15	3	100 200 300	3	7000 13 000 18 000			0.8		4.67		2.2	2200×1000×1400	带端磨
	MAD2110	100×150			510	30	4	165 250 370 550		12 000			0.4		10		2.5	2500×1000×1400	带端磨

续表

产品名称	型号	加工尺寸/mm（直径×深度）	最大工件旋径/mm		技术参数									电动机			质量/t	外形尺寸/mm（长×宽×高）	备注
					工作台最大行程/mm	主轴最大回转角度/(°)	工件转速/(r/min)		砂轮转速/(r/min)		加工精度			功率/kW		台数			
			罩内	无罩			级数	范围	级数	范围	圆度/mm	圆柱度/mm	表面粗糙度 Ra/μm	主电动机	总容量				
半自动内圆磨床	MBD2110A	100×125	320		450	30	4	225～1000		5000～12 000	0.003	0.005	0.63	3	7.5		5	2500×2200×2100	带端磨
高精度内圆磨床	MGD2110A	100×125	240	400	500	30		50～500	4	8000 12 000 18 000 24 000	0.001	0.003	0.16	2.2	8		3.5	2850×1220×1670	
内圆端面磨床	MD2115B	150×180			600	15～30		120～600	3	7000 10 000 15 000	0.003	0.005	0.32	0.75	5.82	5	3.6	2505×1925×1600	
数显内圆端面磨床	MDX2115B	150×180			600	15～30		120～600	3	7000 10 000 15 000	0.003	0.005	0.32	0.75	5.82	5	3.6	2505×1925×1600	
内圆磨床	M2120A	200×200	60		550	30		100～500		600 800 1100	0.003	0.008	0.63	4	7.79 8.89		3.3 3.5	2100×2120×1320	
高精度内圆磨床	MGD2120A	200×220	320	530	550	30		30～300		3300 6000 9000 12000	0.0015	0.003	0.16	5	8.3		4.5	3200×2600×2000	带端磨
内圆磨床	M2125	250×250	400	600	600	30	6				0.003	0.008	0.63		8.4			3500×1550×1500	

表 6-13　　**卧轴矩台平面磨床的型号与技术参数**

产品名称	型号	技术参数									工作精度		电动机			质量/t	外形尺寸/mm（长×宽×高）
		工作台尺寸/mm（宽×长）	加工范围/mm（长×宽×高）	砂轮尺寸/mm（外径×宽×内径）	砂轮转速/(r/min)	工作台行程/mm		磨头移动量/mm	磨头轴线至工作台距离/mm	工作台速度/(m/min)	平行度/mm	表面粗糙度 Ra/μm	功率/kW		台数		
						纵向	横向						主电动机	总容量			
台式卧轴矩台平面磨床	SGS-612	150×300	300×150×203	175×13×32	2800	340	178	220	80～300	手动	0.01/300	0.8	0.55	0.55	1	0.3	935×928×785
精密卧轴矩台平面磨床	MPM150	150×350	350×150×280	200×20×32	2800	380	170	310	70～380	手动	0.03/200	0.8	1.1	1.5	2	0.65	1100×1050×1670
手动卧轴矩台平面磨床	HZ-150	150×350	350×150×290	180×13×31.75	3000	375	176	垂直 290	80～370	手动	0.005/300	0.32	0.75	1.35	4	0.62	1100×1000×1822
	MYS7115	150×460	460×150×320	200×13×32	2860	490	180	360	60～420	手动	0.005/300	0.63	0.75	0.79	2	0.68	1346×960×1750
	HZ-618	150×450	450×150×290	180×13×31.75	300	475	176	垂直 290	80～370	手动	0.005/300	0.32	0.75	1.35	4	0.59	1205×1000×1822
卧轴矩台平面磨床	HZ-Y150	150×350	350×150×270	180×13×32	2800	375	170	垂直 280	90～370	3～13	0.005/300	0.63	0.75	2.14	4	0.72	1210×1000×1822
	MY7115	150×460	460×150×320	200×13×32	2860	570	176	373	75～448	2～16	0.005/300	0.63	0.75	1.89	3	0.89	1400×1100×1850
	M7116	400×160	400×200×260	175×13×32	2840	420	220	垂直 260	105～365	1～14	0.004/300	0.32	1.1	2.24	3	1.2	1300×950×1500
	MY7120	200×450	450×200×375	250×25×75	2840	609	284	429	71～500	0～20	0.005/300	0.63	1.5	3.21	5	1.5	2200×1635×1560
	XAST 2050AD	200×500	500×200×400	200×20×32	2850	600	245	300	80～550	3～25	0.01/1000	0.16	1.5	2.8	5	1.3	1850×1480×2120
	M7120A	200×630	630×200×320	250×25×75	1500	780		250	100～445	1～18	0.005/300	0.32	2.8	4.02	3	2.2	2120×1200×1860

续表

产品名称	型号	工作台尺寸/mm（宽×长）	技术参数								工作精度		电动机			质量/t	外形尺寸/mm（长×宽×高）
			加工范围/mm（长×宽×高）	砂轮尺寸/mm（外径×宽×内径）	砂轮转速/(r/min)	工作台行程/mm		磨头移动量/mm	磨头轴线至工作台距离/mm	工作台速度/(m/min)	平行度/mm	表面粗糙度 Ra/μm	功率/kW		台数		
						纵向	横向						主电动机	总容量			
卧轴矩台平面磨床	M7120D	200×630	630×200×320	250×25×75	1500/3000	730		250	320	2～20	0.005/300	0.63	2.4/3	4.48	3	2.5	2170×1300×2050
					1500	780		250	100～445	2～20	0.005/300	0.32	2.4	4.68	5	2.5	2170×1300×2050
	M7120G	200×630	630×200×320	250×25×75	2890	720		液动：325 手动：250	100～445	4～20	0.005/300	0.4	3	4.56		2.2	2100×1200×1950
	MC7120	200×630	630×200×320	250×50×75	2800		立柱：260	垂直365	445	1～25	0.005/300	0.32	4	6.15	5	2.5	2120×1400×2165
	ME7120B	200×630	630×200×320	250×25×75	2050/1430	780	250	345	100～445	1～20	0.005/300	0.4	2.4/3	5.6	3	2.1	2100×1200×1950
精密卧轴矩台平面磨床	MM7120A	200×630	630×200×320	250×25×75	1420/2850	730	220	垂直343	102～445	3～25	0.003/300	0.16	2.1/2.8	4.692/5.392	6	2.3	1900×1205×1750
	MM7125	250×630	630×250×400	300×40×75	1400/2800	750	300	450	100～500	1～25	0.003/300	0.16	4.5/5.5	7.14	5	2.8	2300×1500×1900
	MM7125×0.8	250×800	800×250×400	300×40×75	1400/2800	920	300	450	100～500	1～25	0.003/300	0.16	4.5/5.5	7.14	5	3	2500×1500×1900
高精度卧轴矩台平面磨床	MG7125	250×630	630×250×375	350×32×127	1450	750	300	475	100～500	1～22	0.002/300	0.08	4	7.01	6	3	2140×1760×1900
卧轴矩台平面磨床	M7130	300×1000	1000×300×400	350×40×127	1440	200～1100		垂直：400	135～575	3～27	0.005/300	0.63	4.5	7.62	3	3.5	2295×1673×2035

续表

产品名称	型号	技术参数									工作精度		电动机			质量/t	外形尺寸/mm（长×宽×高）
		工作台尺寸/mm（宽×长）	加工范围/mm（长×宽×高）	砂轮尺寸/mm（外径×宽×内径）	砂轮转速/(r/min)	工作台行程/mm		磨头移动量/mm	磨头轴线至工作台距离/mm	工作台速度/(m/min)	平行度/mm	表面粗糙度 Ra/μm	功率/kW		台数		
						纵向	横向						主电动机	总容量			
卧轴矩台平面磨床	M7132Z	320×1000	1000×320×500	400×50×203	1440	1100		横向 360 垂直 535	165～700	3～22	0.005/300	0.8	4	7.49	4	4	2152×1410×2260
卧轴矩台平面磨床	MA7132	320×1000	1000×320×400	350×40×127	1440	200～1100		横向 360 垂直 400	135～575	3～27	0.005/300	0.63	5.5	8.99	4	3.5	3400×1800×2240
卧轴矩台平面磨床	MA7132B	320×1000	1000×320×400	400×40×203	1440	1100		320	575	3～26	0.005/300	0.63	4.5	8.4	5	4.5	3680×1630×2000
精密卧轴矩台平面磨床	MM7132A×16	320×1600	1600×320×400	300×32×75	1450	1650	330	450	100～550	3～18	0.003/300	0.16	5.5	11.3	6	6.5	4700×1600×2055
高精度卧轴矩台平面磨床	MG7132	320×1000	1000×320×400	300×32×75	1500	1140	350	450	100～550	3～25	0.002/300	0.08	5.5	10	7	4.5	3285×1595×2035
卧轴矩台平面磨床	M7140	400×630	630×400×430	350×40×127	1440	750	450	495	110～605	3～25	0.005/300	0.63	5.5	7.13	5	4	2200×1808×2000
精密卧轴矩台平面磨床	MM7150	500×2000	2000×500×600	450×63×203	1460	2200	570	645	180～825	20～30	0.003/300	0.16	15	21.78	6	12	5380×2449×2400
卧轴矩台平面磨床	M7150A	500×2000	2000×500×600	500×63×305	1450	2200		横向 580 垂直 630	600	7～35	0.025/2000	0.63	18.5	26.46	5	18	6600×2300×3000

表 6-14　　立轴矩台平面磨床的型号与技术参数

产品名称	型号	工作台尺寸/mm（宽×长）	技术参数								工作精度		电动机			质量/t	外形尺寸/mm（长×宽×高）
			加工范围/mm（长×宽×高）	砂轮尺寸/mm（外径×宽×内径）	砂轮转速/(r/min)	工作台行程/mm		磨头移动量/mm	磨头轴线至工作台距离/mm	工作台速度/(m/min)	平行度/mm	表面粗糙度 Ra/μm	功率/kW		台数		
						纵向	横向						主电动机	总容量			
立轴矩台平面磨床	M7232/1	320×1000	1000×320×400	150×100(80)×35(6 块)	1450	1550		垂直 450	450	3～15	0.01/1000	0.63	18.5	22.25	4	6	3780×1560×2200
	M7232H	320×1250	1250×320×450	80×150×25(10 块)	970	1800		垂直 450	450	3～12	0.005/300	1.25	22	25.27	5	9	4828×1675×2470
	M7232B×20	320×2000	2000×320×400	150×100(80)×35(6 块)	1450	2550		垂直 450	450	3～15	0.01/1000	0.63	18.5	22.5	4	7.5	6000×1560×2200
	M7240×30	400×3000	3000×400×400	150×100(80)×35(8 块)	970	3630		垂直 450	450	3～15	0.01/1000	0.63	30	35.5	5	15	7800×1800×2250
	M7263	630×2500	2500×630×630	90×150×35(14 块)	540	3220		垂直 630	630	3～12	0.03/2500	1.25	30	43	6	20	8862×2170×3060

表 6-15　卧轴圆台平面磨床的型号与技术参数

产品名称	型号	技术参数							工作精度		电动机			质量/t	外形尺寸/mm（长×宽×高）	备注
		电磁工作台直径/mm	加工尺寸/mm（直径×高）	砂轮尺寸/mm（外径×宽×内径）	砂轮转速/(r/min)	拖板行程		工作台转度/(r/min)	平行度/mm	表面粗糙度 Ra/μm	功率/kW		台数			
						纵向移动量	速度/(m/min)				主电动机	总容量				
卧轴圆台平面磨床	M7332A	320	320×140	300×40×75	1400×2800	240	0.1～3	40～180	0.005/300	0.63	4/5.5	7.8	5	2.6	1623×980×1730	工作台最大倾斜角度±10°
	M7340B	400	400×140	300×40×75	1400/2800	240	0.1～3	40～180	0.005/300	0.63	4/5.5	7.8	5	2.6	1623×980×1730	工作台最大倾斜角度±3°
高精度卧轴圆台平面磨床	MG7340	400	400×120	300×32×127	1400	240	0.0225～2.5	60～160	0.02/300	0.08	4	8.34	7	2.8	1623×986×1730	工作台最大倾斜角度±10°
卧轴圆台平面磨床	M7350C	500	50×200	400×40×127	1440	345	91～2	15～70	0.005/300	0.63	7.5	10.74	5	4	2100×1365×1863	工作台最大倾斜角度±3°
	M7363	630	630×200	400×40×127	1440	345	0.1～2	15～70	0.005/300	0.63	7.5	10.74	5	4	2100×1365×1863	工作台最大倾斜角度±3°
	M7363A	630	630×250	400×40×127	1440	345	0.1～2	15～70	0.005/300	0.63	7.5	0.74	5	4	2100×1365×1863	工作台最大倾斜角度±10°
精密卧轴圆台平面磨床	MM73100	1000	1000×320	500×50×203	1450	570	0.1～2	8～48	0.003/300	0.16	13	20	8	9	2800×1750×2400	工作台最大倾斜角度±3°

表 6-16　　立轴圆台平面磨床的型号与技术参数

产品名称	型号	工作台尺寸（直径）/mm	技术参数					工作精度				电动机			质量/t	外形尺寸/mm（长×宽×高）
			加工尺寸/mm（直径×高）	砂轮尺寸/mm（外径×宽×内径）	砂轮转速/(r/min)	拖板行程		磨头移动量/mm	工作台转度/(r/min)	平行度/mm	表面粗糙度 *Ra*/μm	功率/kW		台数		
						纵向	速度/(m/min)					主电动机	总容量			
立轴圆台平面磨床	M7450	500	500×300	350×125×280	970			300	21	0.005/300	0.63	22	24.9	5	5	1700×1020×1955
立轴圆台冲模磨床	M7450/1	500	680×250	350×125×280	2840			250	11，17	0.006/300	0.63	3	5.29	4	3	1365×1420×1843
半自动立轴圆台平面磨床	MB7450	500	500×250	筒形 ϕ350×125×ϕ210 砂瓦 WT85 600×150×35（6 块）	1450	350	2		12；22；38	0.005/300	0.63	17	20.5	5	4.5	2370×1380×2165
	MB7463	630	630×250	筒形 ϕ350×125×ϕ210 砂瓦 WT85 600×150×35（6 块）	1450	350	2		12；22；38	0.005/300	0.63	17	20.4	5	4.5	2370×1380×2165
立轴圆台平面磨床	M7475B	750	750×205	450×150×380	1000	450	4		13～20	0.01/1000	1.25	25	34.67	6	6	2435×1180×2230
			750×300	450×150×380	1000	450		400	13，20	0.02/1000	1.25	25	30	6	6	2530×1180××2230
			750×300	450×150×380	1000	450		430	15，20	0.02/1000	0.63	30	34.47	6	5.8	2530×1180×2230
			750×300	450×150×380	960	450	3.8	300	13，20	0.01/1000	1.25	30	34.07/34.67	6	5.2	2530×1180×2230

续表

产品名称	型号	工作台尺寸（直径）/mm	技术参数					工作精度		电动机					质量/t	外形尺寸/mm（长×宽×高）
			加工尺寸/mm（直径×高）	砂轮尺寸/mm（外径×宽×内径）	砂轮转速/(r/min)	拖板行程		磨头移动量/mm	工作台转度/(r/min)	平行度/mm	表面粗糙度 Ra/μm	功率/kW		台数		
						纵向	速度/(m/min)					主电动机	总容量			
立轴圆台平面磨床	M7475C	750	750×300	450×150×380	980	405	4	400	16；24	0.01/1000	0.63	30	35.4	5	6.5	2330×1362×2160
	MA7480	800	800×320	450×150×380	1000				5～30	0.01/1000	1.25	30	34.87	6	7	2435×1240×2250
	M7480	800	800×350	砂瓦 WT85 150×100×35（6 块）筒形 ϕ500×150×ϕ380	970	480	3		6～28 共 6 档	0.02/1000	0.63	30	36.75	7	8	2640×1240×2451
	M7480	800	800×300	450×150×380	980	450	4	400	13；21	0.01/1000	0.63	30/40	35.4/44.8	5	7	2330×1362×2160
	M7480A	800	800×320	450×150×380	960	450		320	13；20	0.01/1000	1.25	30	34.07/34.67	6	5.2	2530×1180×2420
	MX7480	80	800×320	450×150×380	960	450		320	8～30（无级）	0.01/1000	1.25	30	35.87	6	5.35	2810×1180×2420
自动立轴圆台平面磨床	MB7480	800	800×350	筒形 500×150×380 砂瓦 150×100×35	970	480	3		6～28 共分 6 档	0.02/1000	0.63	30	36.75	7	8	2640×1240×2451
立轴圆台冲模磨床	M7480/C_1	800	850×250	450×150×380	2890	0		250	20；40	0.016/1000	0.63	4.0	6.25	5	4.5	1960×1630×1990
	M74100	1000	1000×320	500×150×460	750	540	4.9	430	12；18	0.002/1000	0.63	30	34.6	6	7.5	2895×1507×2183

续表

产品名称	型号	工作台尺寸（直径）/mm	技术参数					工作精度		电动机					质量/t	外形尺寸/mm（长×宽×高）
			加工尺寸/mm（直径×高）	砂轮尺寸/mm（外径×宽×内径）	砂轮转速/(r/min)	拖板行程		磨头移动量/mm	工作台转度/(r/min)	平行度/mm	表面粗糙度 Ra/μm	功率/kW		台数		
						纵向	速度/(m/min)					主电动机	总容量			
立轴圆台冲模磨床	M74100A	1000	1000×400	砂瓦 150×80×25	750	530	2.6	400	6；12；24	0.015/1000	1.25	30	36	5	8	2500×1600×2300
自动双头立轴圆平面磨床	MS74100A	ϕ1000×ϕ660	ϕ170×200	筒形 ϕ500×150×ϕ380 砂瓦 150×100×35	750				0.4～2 共5档	0.01/1000	0.63	30×2	64.4	7	11.5	3000×4000×2600
立轴圆台平面磨床	M74125	1250	1250×400	砂瓦 150×80×25	750	470	4.9	260	12.3	0.015/1000	1.25	55	59.83	7	8	3000×1507×2183
	M74125	1250	1250×320	砂瓦 WP 150×80×25	740	540		320	10；20	0.02/1000	0.63	45/55	50/65	7	8.5	3000×1507×2183
立轴圆台冲模磨床	M74125/C_1	1250	1250×400	砂瓦 150×80×125	2670～9750			400	5～120	0.015/1000	0.63	7.5	15.26	8	16	3650×3700×3780
立轴圆台平面磨床	M74160	1600	1600×400	砂瓦 150×90×35	590	820		400	5；10；15	0.012/1000	0.63	75	84.72	8	25	4508×2384×3470
	M74160	1600	1600×250	砂瓦 150×90×35	585	8102		250	15；20	0.02/1000	0.63	75	83	8	24	4508×2384×3470
	M74180	1800	1800×400	砂瓦 150×90×35	600	920	2.6		5；10；15	0.02/1000	0.63	75	87.5	7	26	4530×2120××3516
	M74225	2250	2250×400	砂瓦 150×90×35	360	1200		400	3.8；6.5；9.4	0.012/1000	0.63	110		8	32	4965×2212×2930
	M74250	2500	2500×450	砂瓦 150×90×35	585			450	10	0.02/1000	0.63	90	106	7	4	5465×2710×3310

表 6-17　　万能工具磨床的型号与技术参数

产品名称	型号	技术参数								加工精度		电动机			质量/t	外形尺寸/mm（长×宽×高）
		最大磨削尺寸/mm		中心高×中心距/mm	回转角度/(°)			转速/(r/min)		直线度/mm	表面粗糙度 Ra/μm	功率/kW		台数		
		直径	长度		工作台	砂轮架水平	砂轮架垂直	工件	砂轮			主电动机	总容量			
万能硬质合金工具磨床	MG602	20	30						2800	0.002（圆度）	0.08	0.55	1.23	3	0.67	820×940×1600
液压万能工具磨床	MYA6025	250	270	130×650	±45	360	±15	170,270	2700,4000 5500	0.005	0.63	1.10	1.65		1.15	1340×1320×1320
数显万能工具磨床	MQX6025A	250	490	125×630	±45	360	±15	290	4200 5600	0.005	0.63	0.75	1.60	3	1.20	1560×1224×1790
万能工具磨床	MA6025	250	270	130×650	±45	360	±15	170,270	2700,400 5500	0.005	0.63	1.10	1.28		1.10	1340×1320×1320
	MQ6025A	250	480	125×650	±60	360	±15	340	3250,6500 3900,7800	0.005	0.63	0.75/1.1	1/1.35	3	1.00	1480×1102×1215
	MQ6025A	250	490	125×630	±45	360	±15	290	4000,5600	0.005	0.63	0.75	1.60	3	1.20	1560×1224×1790
	M6025D	250	400	125×630	±60	360	±15		3000,6000	0.005	0.63	0.55/0.75			1.00	1375×1340×1300
	M6025E	250	400						2800,5600	0.005	0.63	0.45/0.60			1.00	1350×1300×1250

续表

产品名称	型号	技术参数								加工精度		电动机			质量/t	外形尺寸/mm（长×宽×高）
		最大磨削尺寸/mm		中心高×中心距/mm	回转角度/(°)			转速/(r/min)		直线度/mm	表面粗糙度 Ra/μm	功率/kW		台数		
		直径	长度		工作台	砂轮架水平	砂轮架垂直	工件	砂轮			主电动机	总容量			
万能工具磨床	M6025F	250	400	125×630	±60	360	0	322	4100,5600	0.005	0.63	0.75	0.87	2	1.00	1100×1320×1315
	M6025H	250	400	125×630	±60	360	±15	340	3250,6500 3900,7800	0.005	0.63	0.75/1.1	1/1.35	2	1.00	1375×1380×1284
	M6025K	250	400						2650,3800 5350,7600	0.005	0.63	0.45/0.60			1.00	1350×1270×1250
	TC-40H	250	400	125×700	±60	360	±15	286	2170,3080 5170,2600 3700,6200	0.005	0.63	0.75	1	2	1.20	1335×1330×1458
高精度万能工具磨床	MG6025	250	480	125×700	±60	360	±50	270	2433,3474 4865,6974	0.003	0.32	0.45/0.60	1.10	3	1.20	1183×1510×1360
			270	130×650	±45	360	±15	170 270	2700 4000 5500	0.003	0.32	1.10	1.40		1.20	1340×1320×1320
高精度液压万能工具磨床	MGYA6025	250	270	130×650	±45	360	±15	170 270	2700 4000 5500	0.003	0.32	1.10	1.71		1.20	1340×1320×1320

表 6-18　　曲轴磨床的型号与技术参数

产品名称	型号	技术参数											工作精度			电动机功率/kW		质量/t	外形尺寸/mm（长×宽×高）
		最大回转直径×最大工件长度/mm	加工直径/mm		工件长度/mm	凸轮长度/mm	工件质量/kg	头架			砂轮转速/（r/min）	砂轮尺寸/mm（外径×高×内径）	工作台行程/mm	圆柱度/mm	相邻尺寸差/mm	表面粗糙度 Ra/μm	主电动机	总容量		
			用中心架	不用中心架				中心高/mm	顶尖距/mm	主轴转速/（r/min）										
凸轮轴主轴颈磨床	GZ056	1000						180				750×32×305					11			

产品名称	型号	工件最大回转直径×长度/mm	加工曲轴轴颈最大直径/mm	最大曲拐偏心/mm	工件长度/mm	工件最大质量/kg	头架中心高/mm	顶尖距/mm	主轴转速/（r/min）	砂轮线速/（m/s）	砂轮尺寸/mm（外径×宽×内径）	工作台行程/mm	圆柱度/mm	尺寸分散度/mm	表面粗糙度 Ra/μm		电动机功率/kW		质量/t	外形尺寸/mm（长×宽×高）
															端面	外圆	主电动机	总容量		
数控高速曲轴主轴颈磨床	MKS8140	ϕ400×1000	ϕ100	80	1000	100	250	1000	20～300无级	50～恒线	ϕ1100×20～50×ϕ305	ϕ1000	0.004	0.011	0.4	0.4	15	40	15	1500×2600×2200
数控高速曲轴连杆颈磨床	MKS8240	ϕ400×1000	ϕ100	80	1000	100	250	1000	20～200无级	50～恒线	ϕ1100×20～50×ϕ305	ϕ1000	0.004	0.011	0.4	0.4	15	40	16	4500×2600×2200

产品名称	型号	技术参数					工作精度			电动机功率/kW		质量/t	外形尺寸/mm（长×宽×高）
		最大工件直径×长度/mm	工件质量/kg	砂轮尺寸/mm（外径×厚度）	头架中心高/mm	工作台回转角度/（°）	圆度/mm	圆柱度/mm	表面粗糙度 Ra/μm	主电动机	总容量		
数显曲轴磨床	MQX8232	320×500	80	750×40	180		0.001	0.005	0.32	7.5	10.2	3.8	3000×2050×1500
	MQ8240	400×1000	80	750×40	220	+1.5 −3	0.005	0.005	0.32	7.5	10.2	5	4115×2050×1500
	JK101	400×500	80	750×40	220	+1.5 −3	0.001	0.005	0.32	7.5	10.2	4.5	4115×2050×1500
曲轴磨床	MQ8260	580×1600	120	900×40	300		0.005	0.005	0.32	7.5	14.2	6.7	4000×2100×1630

续表

产品名称	型号	最大工件直径×长度/mm	技术参数										工作精度			电动机功率/kW		质量/t	外形尺寸/mm（长×宽×高）
			加工范围				头架		砂轮架		工作台								
			曲颈直径/mm	最大曲板半径/mm	最大长度/mm	工件质量/kg	中心高/mm	转速/（r/min）	移动量/mm	砂轮尺寸/mm（外径×厚度）	纵向行程/mm	回转角度/(°)	圆度/mm	圆柱度/mm	表面粗糙度 *Ra*/μm	主电动机	总容量		
曲轴磨床	M8240	400×1400	160	80	1400	100	220	25;60;40;80 60;120		750×43	1500	+3 −3	0.001	0.001	0.2	7.5	10.25	5	4265×1860 ×1615
	MQ8260	580×1600	30～100	110	1600	120	300	25	185	900×32	1600	5	0.01	0.01	0.2	7.5	9.8	6	4166×2037 ×1584
	MQ8260A	580×1600	30～100	110	1600	120	300	40;60;110	185	900×32	1600	5	0.01	0.01	0.2	7.5	9.8	6	4166×2037 ×1584
	MQ8260B	580×1600	30～100	110	1600	120	300	25;50;100	200	900×40	1600	±30	0.01	0.01	0.4	7.5	10.42	6.71	4000×2100 1630
	M8260A	600×2000 3000	30～100 30～130	120	2000 3000	200 400	320	20;29 40;58	190	900×55 ～175	2100 3100	仅供调节	0.01	0.01	0.4	15	20.52	11 12	6400×2530 ×1750 8400×2530 ×1750
半自动曲轴磨床	MB8260A	600×1500	30～130	120	1500	200	320	20;29 40;58	190	900×55	1600	仅供调节	0.01	0.01	0.4	15	20.52	11	5000×2580 ×1750
曲轴磨床	M8263	630×1500	240	120	1600	120	335	25;50;40;80 60;120	435	900	1600	+3 −3	0.01	0.01	0.2	7.5	10.25	5	5030×2020 ×1775
	M82125	1250～5000；1250～8000	100～350	250	500；800	10 000	700	4～24	350	1600× 8～120			0.01	0.01	0.4	22	81.28	40；50	12 000×3500×3000；15 000×3500×3000

表 6-19　花键轴磨床的型号与技术参数

产品名称	型号	最大磨削直径×长度/mm	技术参数								工作精度				电动机功率/kW		质量/t	外形尺寸/mm（长×宽×高）
			加工直径/mm	安装工件长度/mm	槽数	中心高/mm	砂轮架			砂轮转速/(r/min)	砂轮尺寸/mm（外径×内径）	节距/mm		表面粗糙度 Ra/μm	主电动机	电容量		
							轴线至台面距离/mm	横向行程/mm	垂直行程/mm			相邻	累积					
花键轴磨床	M8612A	120×300	30～120	500	4、6、8、10、12、16、20、24	180	230～350	40	120	3000、4500、6000	100～200×20～32	0.01	0.015	0.8		4.52		3360×1420×1830
	M8612A 1000	120×800	30～120	1000	4、6、8、10、12、16、20、24	180	230～350	40	120	3000、4500、6000	100～200×20～32	0.01	0.015	0.8		4.52		4500×1420×1830
	M8612A 1500	120×1300	30～120	1500	4、6、8、10、12、16、20、24	180	230～350	40	120	3000、4500、6000	100～200×20～32	0.01	0.015	0.8		4.52		4660×1420×1830
	M8612A 2000	1200×1800	30～120	2000	4、6、8、10、12、16、20、24	180	230～350	40	120	3000、4500、6000	100～200×20～32	0.01	0.015	0.8		4.52		6920×1420×1830
	M8616	160×1320	18～160	1600	4、6、8、10、12、16、20、24	210	250～430	20	180	3000、4500、6000	75～200×32	0.01	0.015	1.25	2.2	5.6	5	4200×1380×1860
	M8616	160×1720	18～160	2000	4、6、8、10、12、16、20、24	210	250～430	20	180	3000、4500、6000	75～200×32	0.01	0.015	1.25	2.2	5.6	6	5000×1380×1860
精密花键轴磨床	HJ025-1M	125×980	11～125	1000	4、6、8、10、12、20、24	160	184～254	0	170	2000～5000	175×32 90×30	0.008	0.015	0.4	3	6.2	8	3670×1405×1900
	HJ025-1.5M	125×1480	11～125	1500	4、6、8、10、12、20、24	160	184～254	0	170	2000～5000	175×32 90×30	0.008	0.015	0.4	3	6.2	10	4833×1412×1900

第二节 外 圆 磨 床

一、常用外圆磨削及其磨床

1. 普通外圆磨削

普通外圆磨削常为中心外圆磨削，工件在磨削时按一个固定的旋转中心进行旋转。当工件以中心孔为基准在两顶尖间装夹时，两顶尖的尖端构成工件的旋转中心，这种形式可以达到较高的圆度和同轴度要求。普通外圆磨床和万能外圆磨床（如 M1332A、M1432A、M131W 等磨床）均属此种磨削形式。图 6-4 所示为 MMB1420 精密半自动外圆磨床，工件的圆度误差可控制到 0.000 5mm，工件的表面粗糙度可达到 $Ra0.05\mu m$。

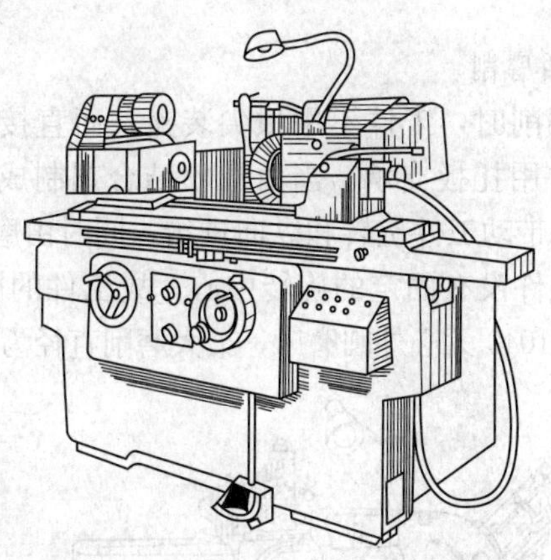

图 6-4 MMB1420 型精密半自动外圆磨床

2. 端面外圆磨削

端面外圆磨削是一种变形的外圆磨削形式。砂轮主轴的轴线对头架主轴轴线倾斜 β 角，砂轮斜向切入时可同时磨削工件的外圆柱面和台阶面，具有较高的加工精度和劳动生产率。图 6-5 所示为 MB1632 端面外圆磨床，加工圆度误差可控制到 0.003mm，垂直度误差可控制到 0.01mm，表面粗糙度值达到 $Ra0.4\mu m$。常用 β 角可按工件圆柱面长度和轴肩高度确定，常用 10°、30°、45°几种。

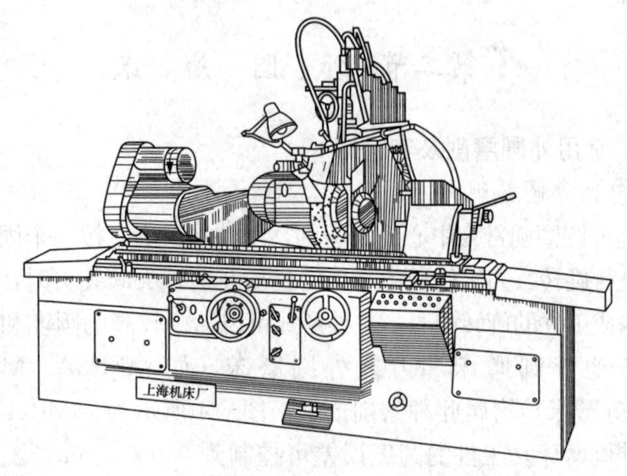

图 6-5 MB1632 型端面外圆磨床

3. 无心外圆磨削

无心外圆磨削时，工件不用顶尖装夹，而直接装夹在导轮与磨削轮之间，并用托板支承。当由橡胶结合剂制成的导轮压向工件时，靠摩擦力带动工件旋转和纵向进给，同时由磨削轮磨削工件的外圆。由于工件没有固定的旋转中心，故工件的圆度误差较大。图 6-6 所示为 M1040 无心外圆磨床，最大磨削直径为 ϕ40mm。

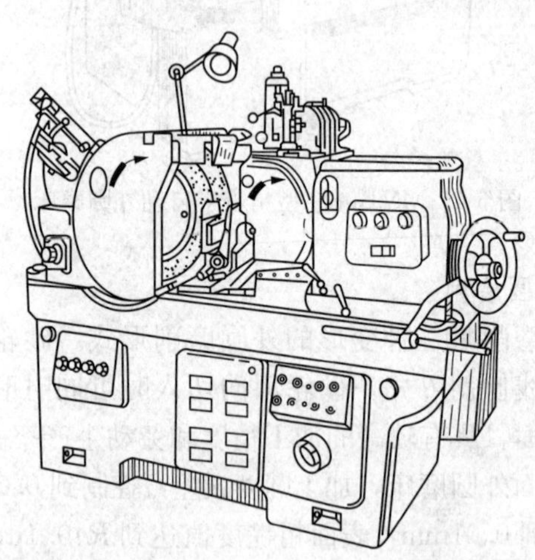

图 6-6 M1040 型无心外圆磨床

二、外圆磨床主要部件的名称和用途

1. M1432B型万能外圆磨床

M1432B型万能外圆磨床是在M1432A型万能外圆磨床基础上改进的，如图6-7所示，它主要由床身1、工作台2、头架3、尾座6、砂轮架4和液压传动、机械传动的操纵机构7及电器操纵箱5等组成。

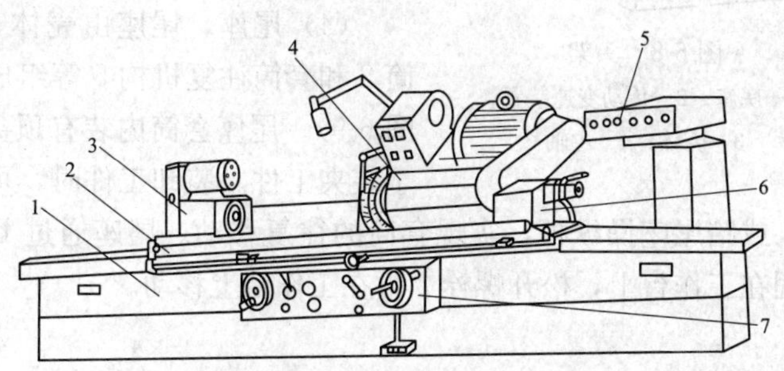

图6-7 M1432B型万能外圆磨床

1—床身；2—工作台；3—头架；4—砂轮架；5—电器操纵箱；6—尾座；7—操纵机构

(1) 床身。床身是一个箱形铸件，用于支承磨床的各个部件。床身上有纵向和横向两组导轨：纵向导轨上装工作台，横向导轨上装砂轮架。床身内有液压传动装置和机械传动机构等结构部件。

(2) 工作台。工作台由上工作台与下工作台两个部分组成。上工作台安装在下工作台之上，可相对下工作台进行回转，顺时针方向可转3°，逆时针方向可转6°。上工作的台面上有T形槽，通过螺栓用以安装和固定头架和尾座。

工作台底面导轨与床身纵向导轨配合，由液压传动装置或机械操纵机构带动作纵向运动。在下工作台前侧面的T形槽内，装有两块行程挡铁，调整挡铁位置，可控制工作台的行程和位置。

(3) 头架。头架由底座1、壳体3、主轴4和传动变速装置2等组成（见图6-8）。头架壳体可绕定位柱在底座上面回转，按加工需要可在逆时针方向0°～90°范围内作任意角度的调整。双速电动机装在壳体顶部。头架通过两个L形螺栓紧固在工作台上，松

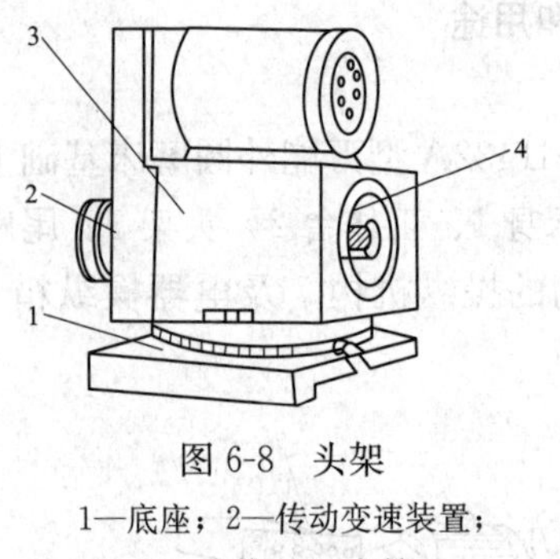

图 6-8　头架

1—底座；2—传动变速装置；3—壳体；4—主轴

开螺栓，可在工作台面上移动。头架主轴上可安装顶尖或卡盘，用来装夹和带动工件旋转；主轴间隙的调整量为 0～0.01mm。

头架变速可通过推拉变速捏手及改变双速电动机转速来实现。

（4）尾座。尾座由壳体 1、套筒 2 和套筒往复机构 5 等组成（见图 6-9）。尾座套筒内装有顶尖，用于装夹工件。装卸工件时，可转动手柄 4 或踏尾座操纵板，实现套筒的往复移动。尾座通过 L 形螺栓紧固在工作台上，松开螺栓 3 可在工作台上移动。

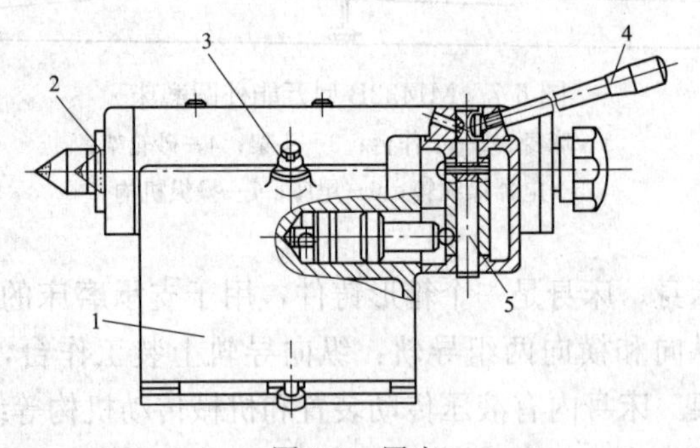

图 6-9　尾座

1—壳体；2—套筒；3—螺栓；4—手柄；5—套筒往复机构

（5）砂轮架。砂轮架由壳体、主轴、内圆磨具及滑鞍等组成。外圆砂轮安装在主轴上，由单独电动机经 V 带传动进行旋转。壳体可在滑鞍上作±30°回转。滑鞍安装在床身横导轨上，可作横向进给运动。内圆磨具支架的底座装在砂轮架壳体的盖板上，支架壳体可绕与底座固定的心轴回转，当需进行内圆磨削时，将支架壳体翻下，通过两个球头螺钉和两个具有球面的支块，支承在砂轮架壳体前侧搭子面上，并用螺钉紧固。在外圆磨削时，须将支架壳体翻上去，并用插销定位。

2. 高精度外圆磨床简介

高精度磨床已较广泛地应用于内、外圆柱面、圆锥面、平面和其他精度要求较高的零件的磨削中。机床除了具有一般磨床的要求外，还有许多特殊要求。以高精度外圆磨床为例，它要有极高的主轴旋转精度；砂轮架主轴的多速传动；头架的无级变速传动；机床附件如切削液过滤器和磨削指示仪等。常用的高精度磨床有 MG1432A、MG1432B、MG1312、MG10100、MG1020 等型号。一般加工工件的表面粗糙度可小于 $Ra0.1\mu m$，最小可达到 $Ra0.012\mu m$。

图 6-10 所示为 MG1432B 型高精度万能外圆磨床，加工工件的圆度可达到 0.001mm。

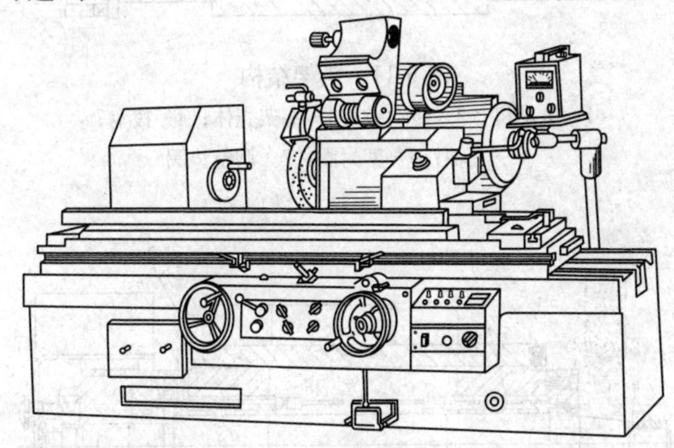

图 6-10 MG1432B 型高精度万能外圆磨床

(1) 头架。如图 6-11 所示，头架由直流电动机 1 经传动带 2 带动拨盘回转。直流电动机可在 20～200r/min 范围内无级调速。主轴 5 采用锥面静压轴承结构。油泵输入的压力为 1MPa，调整垫圈 7 的尺寸以控制轴承理想的间隙，获得高的旋转精度。

(2) 砂轮架主轴轴承及传动。如图 6-12 所示，砂轮主轴由同步传动带 3 带动带轮 4 旋转，传动平稳，无振动现象。主轴轴承采用静压轴承结构，后轴承除了径向支承外，还支承主轴的轴端面，有较高的旋转精度。砂轮主轴由双速电动机驱动，可获得 35、17.5m/s 两级圆周速度。

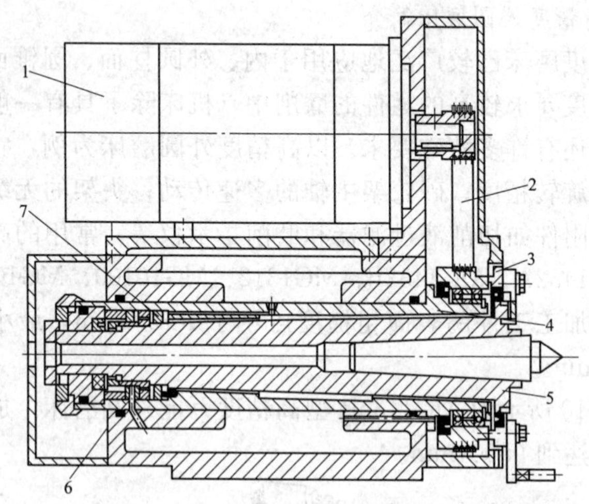

图 6-11　头架结构

1—电动机；2—传动带；3—头架壳体；4—拨盘；
5—主轴；6—密封圈；7—调整垫圈

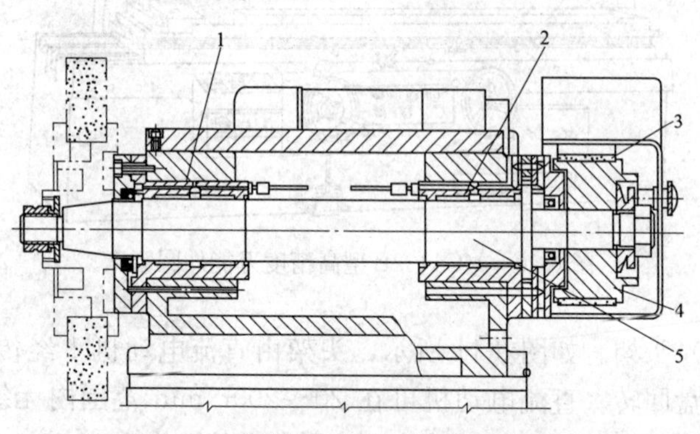

图 6-12　砂轮架主轴轴承结构及其传动

1、2—静压轴承；3—同步传动带；4—带轮；5—主轴

(3) 液压传动系统。如图 6-13 所示，主要包括工作台纵向往复运动、砂轮架快速进退运动和润滑系统等组成。

砂轮架主轴静压压力为 0.6～0.9MPa；头架主轴静压压力为 0.6～0.9MPa。

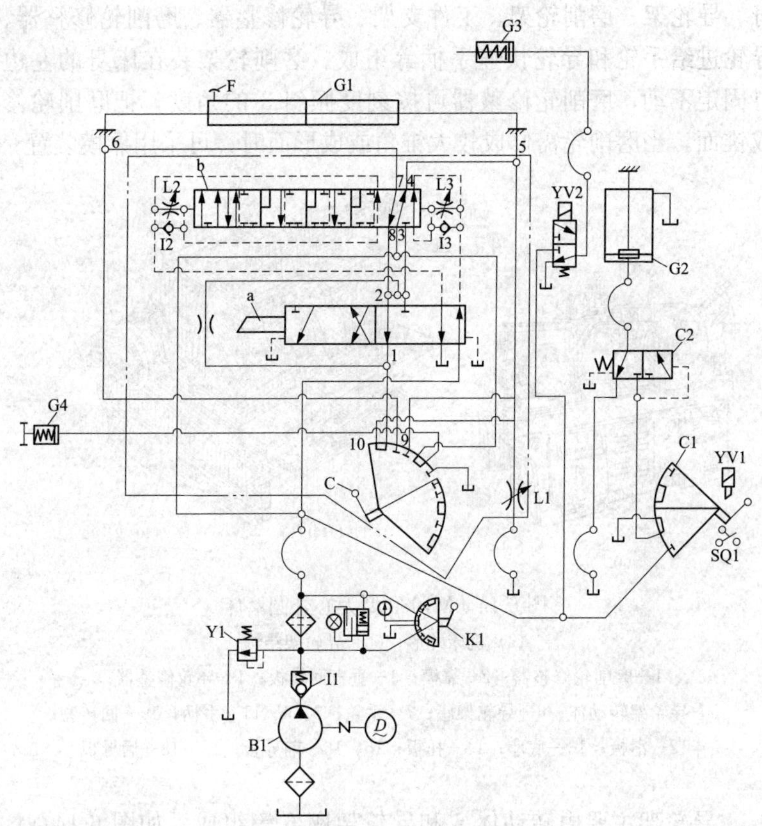

图 6-13 MG1432B 型高精度万能外圆磨床液压传动系统

主传动系统压力为 1～1.2MPa，图示位置为工作台向右移动，其油路为：

进油路：1→先导阀 a→2→3→换向阀→4→5 至油压筒 G1 右腔。

回油路：油压筒 G1 左腔→6→7→换向阀→8→9→阀 C→10→节流阀 L1 回油箱。

修整砂轮时工作台最低速度为 10mm/min。

三、无心外圆磨床的结构

图 6-14（a）所示为 M1080 型无心外圆磨床外形，主要由床

身、导轮架、磨削轮架、工件支架、导轮修整器、磨削轮修整器、导轮进给手轮和导轮快速手柄等组成。磨削轮架装在床身的左边且固定不动，磨削轮修整器可按刻度倾斜 3°的角度，把磨削轮修成锥面，当磨削轮需修成较大锥角或成形面时，可采用靠模装置。

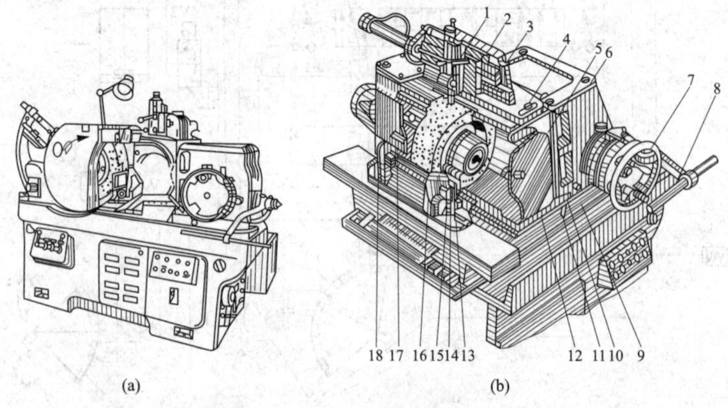

图 6-14　M1080 型无心外圆磨床

(a) 机床外形；(b) 导轮架结构

1—磨削轮修整器；2—靠模；3—垂直回转板；4—导轮修整器；5—导轮架转动体；6—导轮架座；7—手轮；8、9、11—手柄；10—回转座；12—滑板；13—底座；14—托板；15、16—前导板；17、18—后导板

导轮架主要由转动体 5 和导轮架座 6 等组成，如图 6-14 (b) 所示。导轮架座 6 装在滑板 12 上，并可沿着滑板的燕尾，导轮作横向进给运动。滑板 12 装在可回转角度的回转座 10 上。

导轮架转动体 5 可在垂直平面内回转 2°～5°，使导轮在垂直平面内成一倾斜角 θ。

导轮修整器 4 可在水平面内回转较小角度（小于 5°），以便把导轮修成双曲面。

工件支架用于安装托板、导板等组件。它由底座 13、托板 14、前导板 15、16 及后导板 17、18 等组成。托板的位置可由其下端的螺钉调节。紧固手柄 11，并松开手柄 9 时，导轮架与滑板 12 可沿回转座 10 移动，以改变支架和磨削轮之间的距离。当松开手柄 11、紧固手柄 9 时，导轮架可沿滑板 12 移动，以调整导轮和磨削轮之间的距离。利用手柄 8、手轮 7 可实现导轮快速、慢速横向进给。

磨削轮经带轮、传动轮传动，转速为 1340r/min；导轮经链轮、齿轮、蜗轮传动，导轮的工作转速为 13～94r/min，修整转速为 300r/min。

第三节 内 圆 磨 床

一、内圆磨削和内圆磨床

1. 内圆磨削分类

内圆磨削主要分为中心内圆磨削、行星内圆磨削及无心内圆磨削三种。

(1) 中心内圆磨削。在普通内圆磨床或万能外圆磨床上磨削内孔［见图 6-15 (a)］，磨削时工件绕主轴的中心线旋转。这种磨削方法适用于套筒、齿轮、法兰盘等零件内孔的磨削，在生产中应用普遍。图 6-16 为常用的 M2110 内圆磨床，磨削时，工件用卡盘装夹在主轴上。

(2) 行星内圆磨削。行星内圆磨削时，工件固定不转，砂轮除绕自身的轴线高速旋转外，还绕所磨孔的中心以较低速度旋转，以实现圆周进给，砂轮的横向进给是依靠加大行星运动的回转半径 R 实现［见图 6-15 (b)］。这种磨削方式，目前在生产中还应用较少。图 6-17 所示为用于磨削大型零件的卧式行星内圆磨床，磨削时工件固定在工作台上。

(3) 无心内圆磨削。在无心内圆磨床上，工件以外圆支承在支承轮上，并由压轮压向导轮旋转［见图 6-15 (c)］。

(4) 电磁无心内圆磨削。在内圆磨床上用电磁无心夹具装夹工件进行内圆磨削［见图 6-15 (d)］。

2. 内圆磨削的特点

内圆磨削与外圆磨削比较，有如下特点。

(1) 内圆磨削由于孔径的限制，所用砂轮直径小；转速受磨头的限制（机械式磨头转速在 10 000～20 000r/min），磨削速度

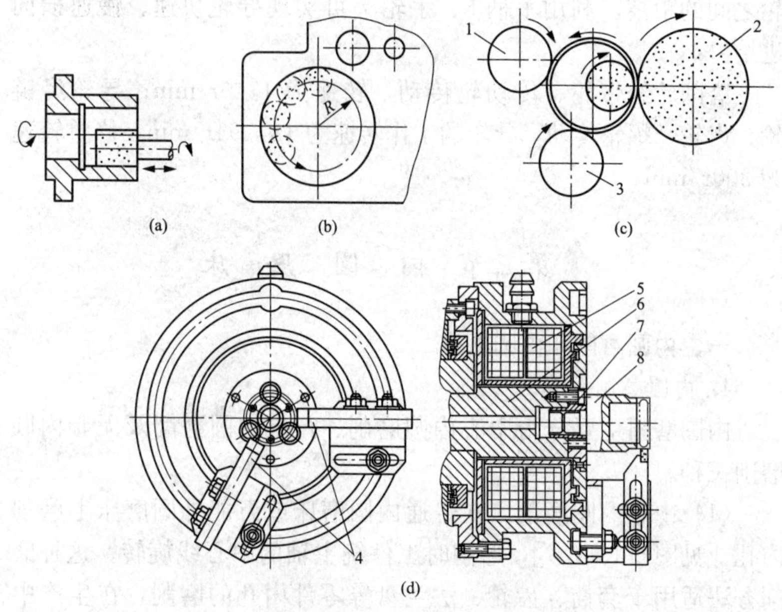

图 6-15　内圆磨削的形式

(a) 中心内圆磨削；(b) 行星内圆磨削；(c) 无心内圆磨削；(d) 电磁无心内圆磨削
1—压轮；2—导轮；3—支承轮；4—支承；5—线圈；6—主轴；7—铁心；8—磁极

在 20～30m/s，甚至更小。加工表面粗糙度参数值较外圆磨削要大。

(2) 因内圆磨削砂轮转速高，故每一磨粒单位时间内参加切削的次数比外圆磨削高十几倍，且砂轮与工件接触弧比外圆磨削长，因此磨削热和磨削力都比较大，磨粒容易磨钝，工件易发热和烧伤。

(3) 因切削液不易进入磨削区域，冷却条件差；磨屑不易排除，当磨屑在工件内孔中积聚时，容易造成砂轮堵塞，从而影响表面质量，磨削铸铁件时尤为明显。

(4) 砂轮轴悬臂伸出较长，且直径细，刚性较差，容易产生弯曲变形和振动，除影响加工精度和表面粗糙度值外，也限制了磨削用量的提高，制约了生产效率的提高。

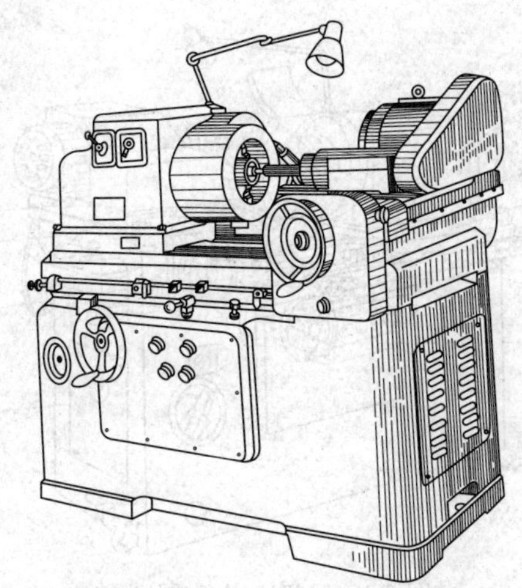

图 6-16　M2110 内圆磨床

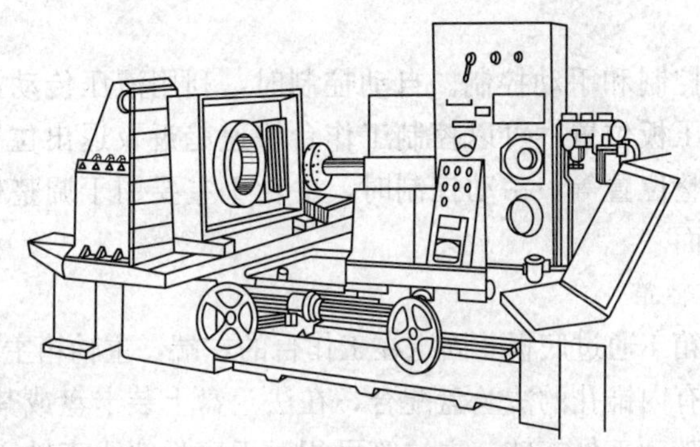

图 6-17　卧式行星内圆磨床

二、内圆磨床主要部件的名称和作用

（一）内圆磨床的结构组成

M2110A 内圆磨床（见图 6-18）是一种常用的普通内圆磨床，由床身 11、工作台 2、主轴箱 4、内圆磨具 7 和砂轮修整器 6 等部件组成。

1. 工作台

工作台 2 可沿着床身上的纵向导轨作直线往复运动，其运动

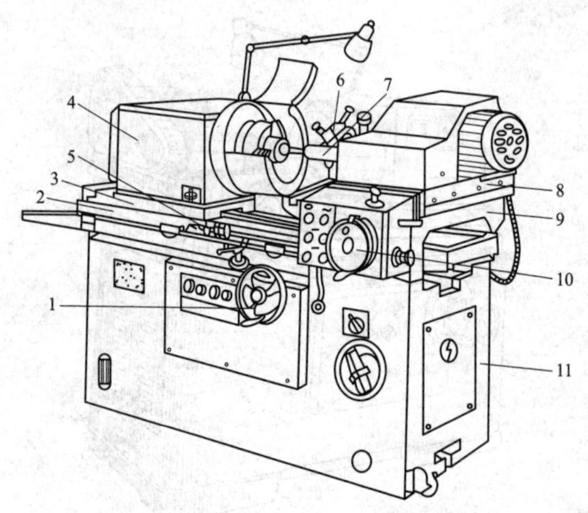

图 6-18　M2110A 内圆磨床

1、10—手轮；2—工作台；3—底板；4—主轴箱；5—挡铁；6—砂轮修整器；7—内圆磨具；8—横滑板；9—桥板；11—床身

可分自动控制和手动控制。自动控制时，利用液压传动，通过调整挡铁和压板位置，可以控制工作台快速趋近及退出位置、砂轮磨削及修整位置等。手动控制时，手轮 1 主要用于调整机床及磨削工件端面。

2. 主轴箱

主轴箱 4 通过底板 3 固定在工作台的左端，主轴箱主轴的外圆锥面与带有内锥孔的法兰盘配合，在法兰盘上装卡盘或其他夹具，以夹持并带动工件旋转。主轴箱可相对于底板绕垂直轴心线转动，回转角度为 20°，以便于磨削内锥孔，并装有调整装置，可作微量的角度调整。

3. 内圆磨具

内圆磨具 7 安装在磨具座中，该机床备有一大一小两个内圆磨具，以便根据磨削工件的孔径大小来选择使用。用小磨具时，要在磨具体壳外圆上装上两个衬套后才能装进磨具座内（见图 6-19）。磨具座上分别装有夹紧螺钉和调节间隙螺钉，以夹紧磨具或松开磨具座上盖，便于调换磨具（见图 6-20）。

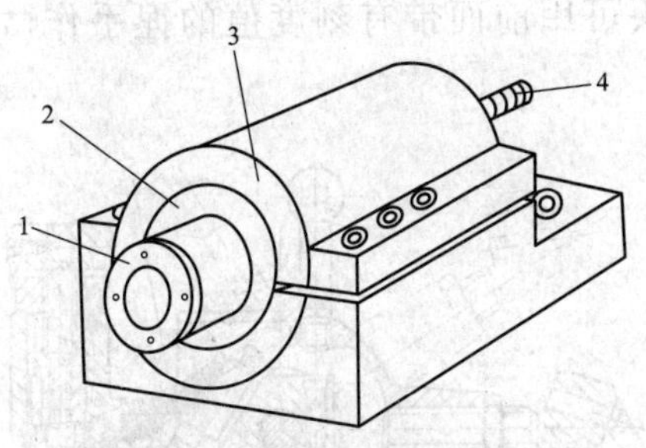

图 6-19 小磨具的安装

1—内圆磨具；2—衬套；3—磨具座；4—平带轮

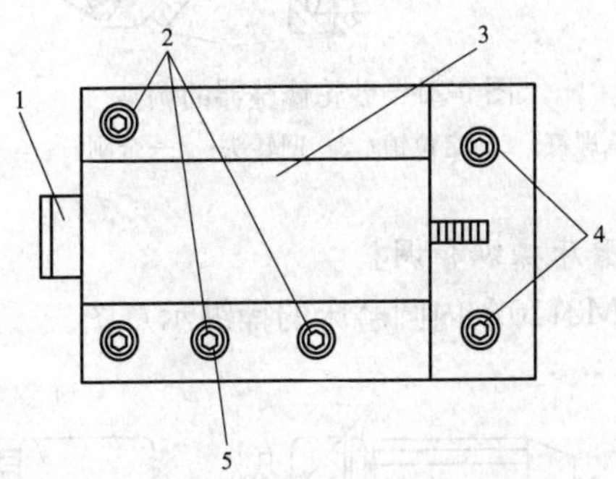

图 6-20 磨具的装卸

1—内圆磨具；2—夹紧螺钉；3—磨具座；4—紧固螺钉；5—调整螺钉

内圆磨具的主轴是由电动机经平带直接传动旋转的。调换带轮可变换内圆磨具的转速，以适应磨削不同直径的工件。磨具座及电动机均固定在横滑板 8 上，横滑板可沿着固定在机床床身 11 上的桥板 9 上面的横向导轨移动，使砂轮实现横向进给运动。

4. 砂轮修整器

砂轮修整器 6 安装在工作台中部的台面上，根据需要可在纵向及横向调整位置，修整器上的修整杆可随着修整器的回转头上下翻转。修整器的动作是由液压控制，当修整砂轮时，动作选择旋钮转到“修整”位置，压力油使回转头放下，修整结束把动作选择旋钮转到“磨削”位置，油压消失，借弹簧拉力将回转头拉回原处。修整头可用前面带有刻度值的捏手作微量进给（见图6-21）。

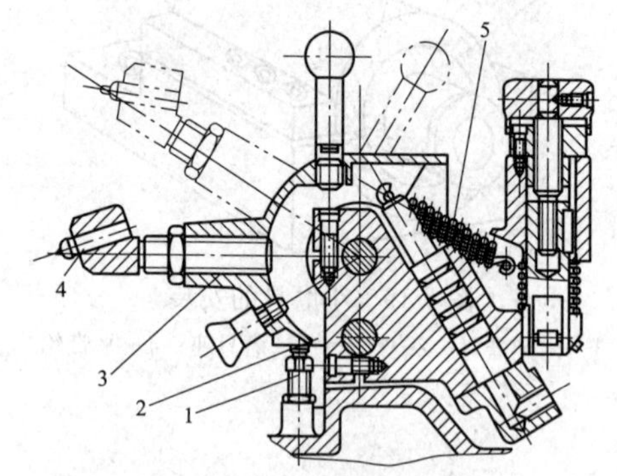

图 6-21 砂轮修整器的调整

1—支承螺钉；2—定位销；3—回转头；4—金刚石；5—弹簧

（二）内圆磨床操纵和调整

图 6-22 为 M2110A 内圆磨床的操纵示意图。

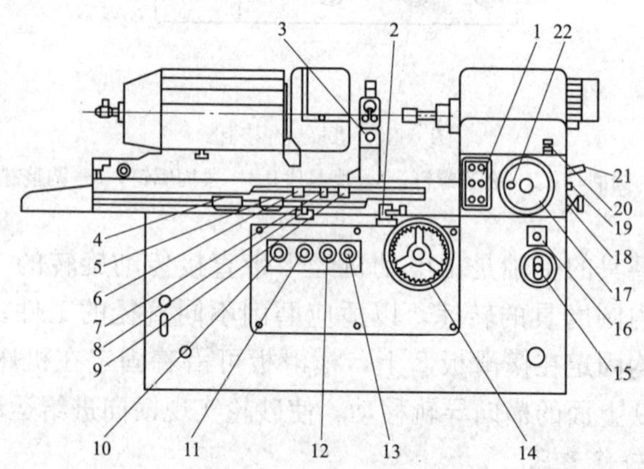

图 6-22 M2110A 内圆磨床的操纵示意图

1—电器操作板；2—换向手柄；3—修整器回转头；4—行程压板；5—中停压板；6—微调挡铁；7—反向挡铁；8—行程阀；9—修整挡铁；10—开停旋钮；11—动作旋钮；12—速度旋钮；13—修整速度旋钮；14、17—手轮；15—电源旋钮；16—转速开关；18—移动旋钮；19—挡销；20—顶杆；21—手柄；22—螺母

1. 工作台的操纵和调整

(1) 工作台的启动。

1) 按动电器操纵板 1 上的液压泵启动按钮，使机床液压油路正常工作。

2) 将工作台开停旋钮 10 旋到“开”位置。

3) 将工作台换向手柄 2 向上抬起，工作台启动阀被压下，工作台快速引进。

4) 手松开，启动阀借弹簧力作用而弹起，工作台停止。

(2) 工作台在磨削位置时挡铁距离的调整和运动速度的调整。

1) 调整行程压板 4 的位置，使砂轮进入工件孔之前，行程压板到达行程阀 8 的位置，将行程阀压下，工作台迅速转入磨削运动速度。

2) 调整工作台往复微调挡铁 6 和工作台返回挡铁 7 的位置，使工作台在工件全长磨削范围内来回往复运动。

3) 调节工作台磨削速度旋钮 12，使工作台运动速度处于磨削所需要的速度。

(3) 工作台在修整砂轮位置时挡铁距离和运动速度的调整。

1) 将动作旋钮 11 从磨削位置转到修整位置。这时，砂轮修整器回转头 3 迅速压下，工作台的速度从磨削速度迅速转为修整速度。

2) 调整修整挡铁 9 的位置，使工作台在金刚石笔修整砂轮的距离内来回往复运动。

3) 调节工作台修整速度旋钮 13，使工作台运动速度处于修整时所需要的速度。

(4) 工作台快速进退位置的调整。工作台在磨削结束后，可快速退出，以减少空行程时间。操作时，只要将工作台换向手柄 2 向上抬起，使换向挡铁越过手柄，行程压板离开行程阀，行程阀弹起，工作台就快速退出。当中停压板 5 移动到行程阀位置时，行程阀被压下，工作台就停止运动。

手动调整工作台时，可摇动手轮 14 进行调整。

2. 主轴箱的操纵和调整

主轴箱的主轴是由双速电动机通过带传动旋转的，在电动机转轴和主轴箱的主轴上装有宝塔带轮，以变换工件转速。在机床床身的右端装有一个工件转速选择开关16，可使主轴箱电动机在高速或低速的位置上工作。

主轴箱的主轴转速有200、300、400、600r/min四挡位置可供选择。

将旋钮转到“Ⅰ”的位置，主轴箱主轴处于“试转”状态；旋钮转到“0”的位置，主轴箱主轴停止转动；旋钮转到“Ⅱ”的位置，主轴箱主轴处于工作状态。

3. 砂轮横向进给机构的操纵和调整

砂轮的横向进给有手动和自动两种。手动进给由手轮17实现，按动手柄21可作微量进给。转动旋钮18至“开”的位置，砂轮作自动进给。调整顶杆20上下行程，可控制进给量的大小。横向进给量每格为0.005mm，转一圈为1.25mm。

当需要调整横向进给手轮“0”位时，先松开螺母22，再拔出挡销19，然后转动刻度圈调整。

旋钮15为电源开关，机床使用完毕，应将电源关掉。

三、内圆磨具

1. 普通内圆磨具

机械传动内圆磨具具有较高的转速（一般转速在1000～20 000r/min），主要由主轴、滚动轴承、套筒壳体和带轮等零件组成，结构如图6-23所示，内圆磨具也叫内圆磨头。更换接长轴，可用来磨削不同直径和长度的内孔。内圆磨具的滚动轴承用锂基润滑脂润滑，须定期清理更换。在磨削小孔或深孔时可采用特殊结构的内圆磨具。

2. 特殊结构的内圆磨具

(1) 风动内圆磨具。磨削ϕ5mm以下的小孔时，采用风动磨具，风动磨具由压缩空气传动。如图6-24所示，压缩空气进入后，分别供应轴承的毛细管喷孔，在轴承间形成润滑的气膜；另一方面压缩空气经叶轮喷孔传动叶轮旋转，主轴转速可高达11 000r/min。

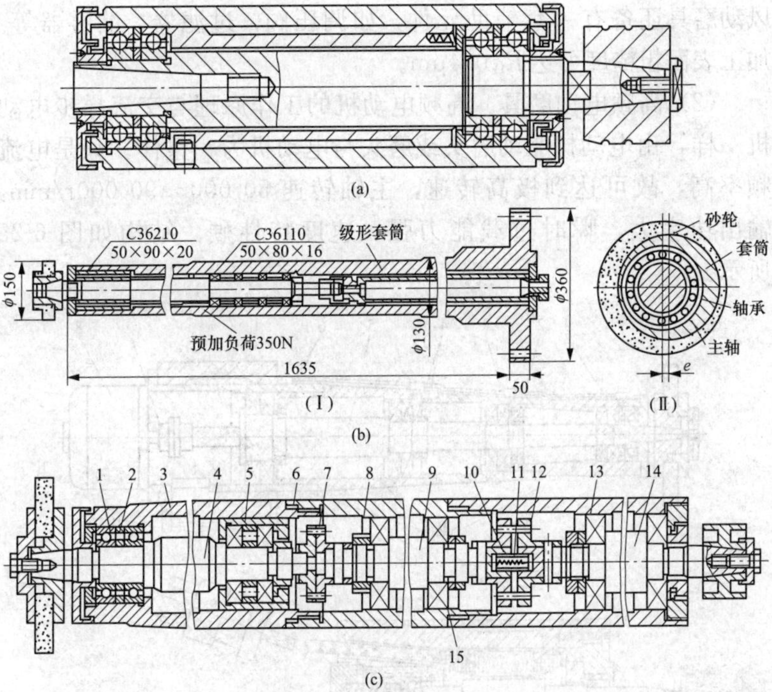

(a)

C36210
50×90×20
C36110
50×80×16
级形套筒
φ150
φ130
φ360
预加负荷350N
1635
50
(Ⅰ)
砂轮
套筒
轴承
主轴
e
(Ⅱ)

(b)

1 2 3 4 5 6 7 8 9 10 11 12 13 14
15

(c)

图 6-23　各种机械传动内圆磨具

(a) 机械传动内圆磨头；(b)（Ⅰ）级形套筒、（Ⅱ）偏心形套筒；(c) 内圆磨头结构

1—向心推力轴承；2—隔环；3、8、13—壳体；4—主轴；5—轴承套；6、15—青铜套；7、12—联轴器；9—中间轴；10—弹簧；11—弹簧套；14—传动轴

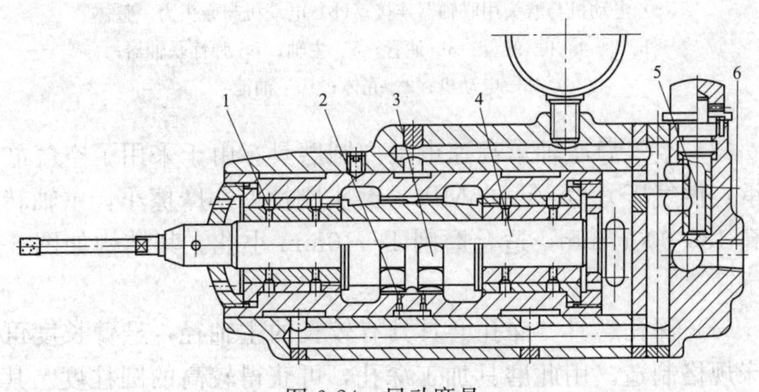

图 6-24　风动磨具

1—主轴气膜喷孔；2—叶轮喷孔；3—叶轮；4—主轴；5—控制阀；6—进气口

风动磨具还备有一套辅助元件，如调压阀、过滤器、油雾器等。加工表面粗糙度可达 $Ra0.4\mu m$。

（2）高频电动磨具。高频电动机的工作原理与交流异步电动机一样，由电动机驱动磨头或磨头与电动机为一整体。只是电流频率高，故可达到极高转速，主轴转速 50 000～90 000r/min，输出功率大，瞬时过载能力强，速度特性硬。结构如图 6-25 所示。

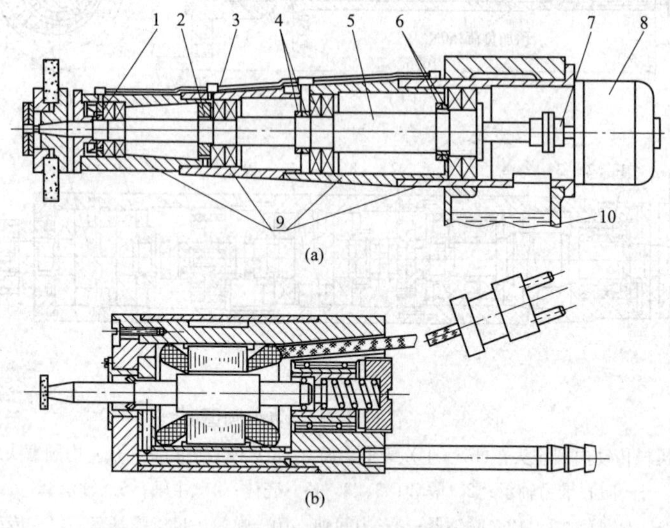

图 6-25　电动磨具

（a）电动机与磨头用联轴器连接；（b）电动机与磨头为一整体

1、2、4、6—螺母；3—油管；5—主轴；7—弹性联轴器；

8—电动机；9—壳体；10—油池

（3）空气静压轴承高速电动内圆磨具。由于采用了空气静压轴承，供气压力为 40～65MPa，磨头刚性好，摩擦小，主轴转速最高 180 000r/min，适合磨削 1～10mm 小孔。其结构如图 6-26 所示。

（4）深孔磨具。深孔磨具具有较长的主轴径，悬臂长度可按机床规格制造。用此磨具加工深孔，可获得较高的圆柱度。其结构如图 6-27 所示。

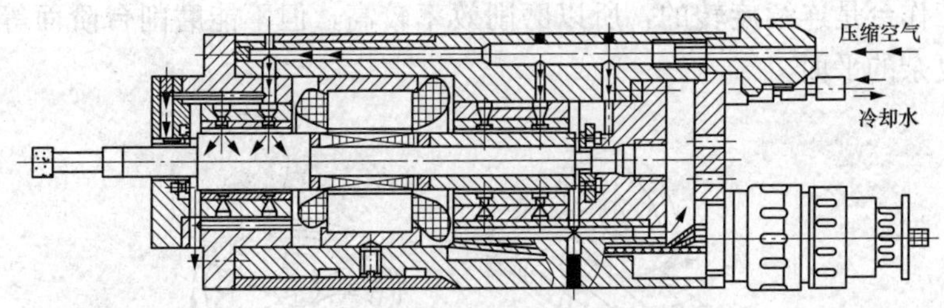

图 6-26　空气静压轴承高速电动内圆磨头

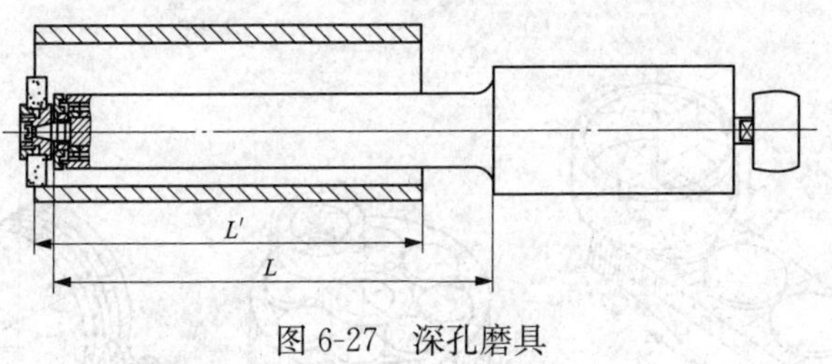

图 6-27　深孔磨具

第四节　平　面　磨　床

一、平面磨床的主要类型

1. 卧轴矩台平面磨床

砂轮的主轴轴线与工件台台面平行［见图 6-28（a）］，工件安装在矩形电磁吸盘上，并随工作台作纵向往复直线运动。砂轮在高速旋转的同时作间歇的横向运动，在工件表面磨去一层后，砂轮反向移动，同时作一次垂直方向进给，直至将工件磨到所需的尺寸。图 6-29 为常用的 M7120A 型卧轴矩台平面磨床。

2. 卧轴圆台平面磨床

砂轮的主轴是卧式的，工作台是圆形电磁吸盘，用砂轮的圆周面磨削平面［见图 6-28（b）］。磨削时，圆台电磁吸盘将工件吸在一起作单向匀速旋转，砂轮除高速旋转外，还在圆台外缘和中心之间作往复运动，以完成磨削进给，每往复一次或每次换向后，砂轮将沿工件垂直方向进给，直至将工件磨到所需的尺寸。由于工作台是连续旋转的，所以磨削效率较高，但不能磨削台阶面等复杂的平面。

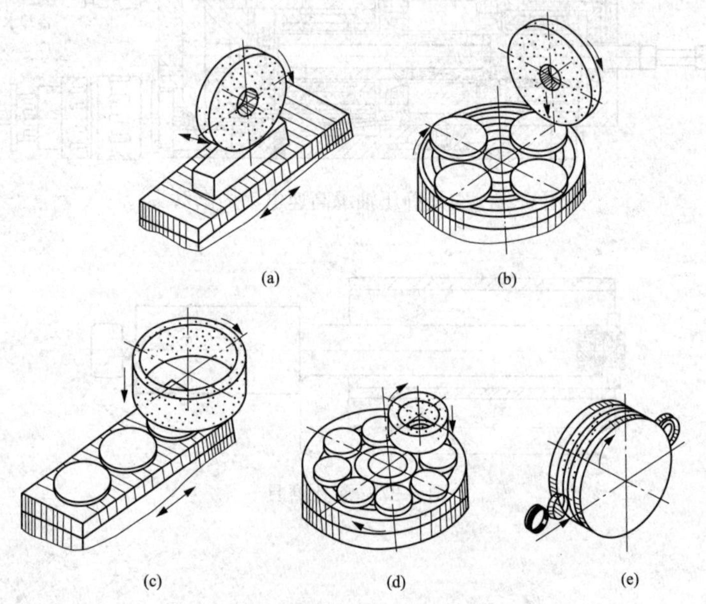

图 6-28 各种平面磨床的磨削运动

（a）卧轴矩台平面磨床；（b）卧轴圆台平面磨床；（c）立轴矩台平面磨床；（d）立轴圆台平面磨床；（e）双端面磨床

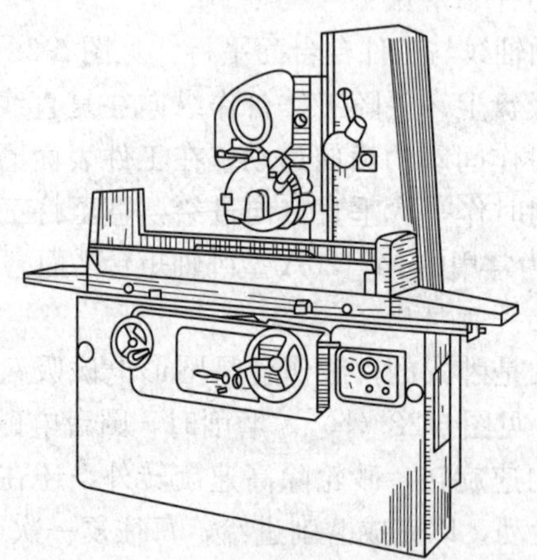

图 6-29 M7120A 型卧轴矩台平面磨床

3. 立轴矩台平面磨床

砂轮的主轴与工作台垂直，工作台是矩形电磁吸盘，用砂轮的端面磨削平面［见图 6-28（c）］。这类磨床只能磨简单的平面工件，由于砂轮的直径大于工作台的宽度，所以砂轮不需要作横向进给，故磨削效率较高。

4. 立轴圆台平面磨床

砂轮的主轴与工件台台面垂直，工作台是圆形电磁吸盘，用砂轮的端面磨削平面［见图 6-28（d）］。磨削时，圆工作台作匀速旋转，砂轮除高速旋转外，还定时作垂直方向进给。

5. 双端面磨床

该磨床能同时磨削工件两个平行面，磨削时工件可连续进料，常用于自动生产线等场合。图 6-28（e）所示为直线贯穿式双端面磨床，适用于磨削轴承环、垫圈和活塞环等工件的平面，生产效率极高。

二、卧轴矩台平面磨床各部件的名称和用途

（一）平面磨床的组成和作用

M7120D 型平面磨床是在 M7120A 型的基础上经过改进的卧轴矩台平面磨床，由床身 1、工作台 2、磨头 3、滑板 4、立柱 5、电器箱 6、电磁吸盘 7、电器按钮板 8 和液压操纵箱 9 等部件组成(见图 6-30)。

（1）床身。床身 1 为箱形铸件，上面有 V 形导轨及平导轨，工作台 2 安装在导轨上。床身前侧的液压操纵箱上装有工作台手动机构、垂直进给机构和液压操纵板等，用以控制机床的机械和液压传动。电器按钮板上装有电器控制按钮。

（2）工作台。工作台 2 是一盆形铸件，上部有长方形台面，下部有凸出的导轨。工作台上部台面经过磨削，并有一条 T 形槽，用以固定工作物和电磁吸盘。在台面四周装有防护罩，以防止切削液飞溅。

（3）磨头。磨头 3 在壳体前部，装有两套短三块油膜滑动轴承和控制轴向窜动的两套球面推力轴承，主轴尾部装有电动机转子，电动机定子固定在壳体上。

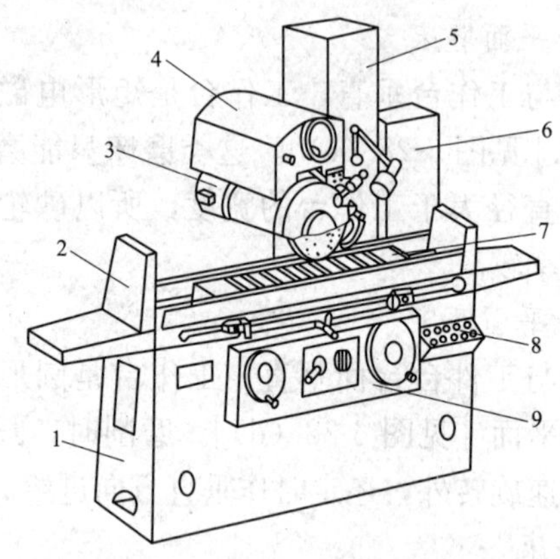

图 6-30　M7120D 型平面磨床

1—床身；2—工作台；3—磨头；4—滑板；5—立柱；6—电器箱；7—电磁吸盘；8—电器按钮板；9—液压操纵箱

磨头 3 在水平燕尾导轨上有两种进给形式：一种是断续进给，即工作台换向一次，砂轮磨头横向作一次断续进给，进给量 1～12mm；另一种是连续进给，磨头在水平燕尾导轨上往复连续移动。连续移动速度为 0.3～3m/min，由进给选择旋钮控制。磨头除了可液压传动外，还可作手动进给。

(4) 滑板。滑板 4 有两组相互垂直的导轨，一组为垂直矩形导轨，用以沿立柱作垂直移动；另一组为水平燕尾导轨，用以作磨头横向移动。

(5) 立柱。立柱 5 为一箱形体，前部有两条矩形导轨，丝杠安装于中间，通过螺母，使滑板沿矩形导轨作垂直移动。

(6) 电器箱。M7120D 型平面磨床在电器安装上进行了改进，将原来装在床身上的电器元件等装到电器箱内，这样有利于维修和保养。

(7) 电磁吸盘。电磁吸盘 7 主要用于装夹工件。

(8) 电器按钮板。电器按钮板 8 主要用于安装各种电器按钮，通过操作按钮，来控制机床的各项进给运动。

(9) 液压操纵箱。液压操纵箱 9 主要用于控制机床的液压传动。

(二)平面磨床操纵和调整

图 6-31 为 M7120D 型平面磨床的操纵示意图。

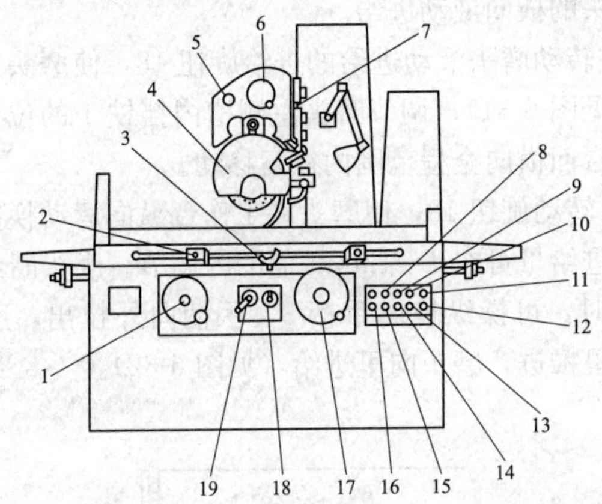

图 6-31 M7120D 型平面磨床操纵示意图

1—工作台手动进给手轮;2—挡铁;3—工作台换向手柄;4—磨头;5—磨头换向手柄;6—磨头横向手动进给手轮;7—磨头润滑按钮;8—砂轮低速启动按钮;9—砂轮停止按钮;10—砂轮高速启动按钮;11—切削液开关;12—电磁吸盘工作状态选择开关;13—磨头自动下降按钮;14—磨头自动上升按钮;15—液压泵启动按钮;16—总停按钮;17—垂直进给手轮;18—磨头液动进给旋钮;19—工作台起动调速手柄

1. 工作台的操纵和调整

(1)液压操纵步骤。

1)按动液压泵启动按钮 15,启动液压泵。

2)调整工作台行程挡铁 2 于两极限位置。

3)在液压泵工作数分钟后,扳动工作台启动调速手柄 19,向顺时针方向转动,使工作台从慢到快进行运动。

4)扳动工作台换向手柄 3,使工作台往复换向 2~3 次,检查动作是否正常;然后使工作台自动换向运动。

(2)手动操纵步骤。

1)扳动工作台启动调速手柄 19,向逆时针方向转动,使工作台从快到慢直至停止运动。

2)摇动手轮 1,工作台作纵向运动,手轮顺时针方向转动,工作台向右移动；手轮逆时针方向转动，工作台向左移动。

2. 磨头的操纵和调整

(1) 磨头的横向液动进给。

1) 向左转动磨头液动进给的进给旋钮18，使磨头从慢到快作连续进给（见图6-31）；调节磨头左侧槽内挡铁1的位置，使磨头在电磁吸盘台面横向全程范围内往复移动。

2) 向右转动旋钮18，使磨头在工作台纵向运动换向时作横向断续进给；进给量可在1～12mm范围内调节。磨头断续或连续进给需要换向时，可操纵换向手柄3，手柄向外拉出，磨头向外进给；手柄向里推进，磨头向里进给（见图6-32）。

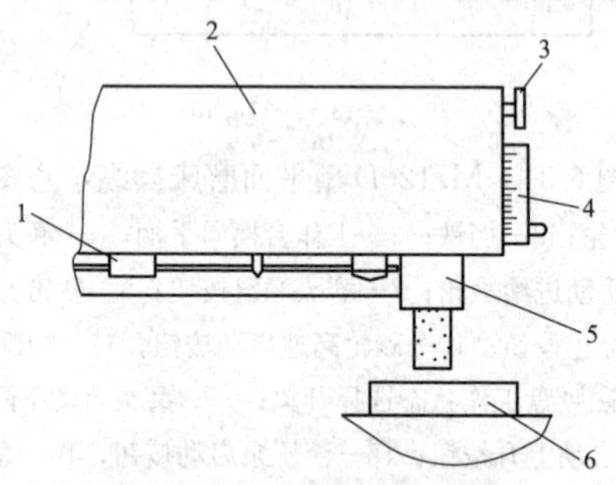

图6-32 磨头的横向进给

1—挡铁；2—滑板；3—换向手柄；4—磨头横向进给手轮；5—磨头；6—电磁吸盘

(2) 磨头的横向手动进给。当用砂轮端面进行横向进给磨削时，砂轮需停止横向液动进给。操作时，应将磨头液动进给旋钮18旋至中间停止位置；然后手摇磨头横向手动进给手轮4，使磨头作横向进给（见图6-32），顺时针方向摇动手轮，磨头向外移动；逆时针方向摇动手轮，磨头向里移动。手轮每格进给量为0.01mm。

(3) 磨头的垂直自动升降。磨头垂直自动升降是由电器控制的。操纵时，先把垂直进给手轮17向外拉出，使操纵箱内的齿轮脱开，然后按动按钮14，滑板沿导轨向上移动，带动磨头4垂直上升；按动按钮13，滑板向下移动，磨头垂直下降；松开按钮，磨头就停止升降。磨头的自动升降一般用于磨削前的预调整，以减轻劳动强度，提高生产效率。

(4) 磨头的垂直手动进给。磨头的进给是通过摇动垂直进给手轮 17 来完成的。操纵时，把手轮 17 向里推紧，使操纵箱内齿轮啮合；摇动手轮 17，磨头垂直上下移动。手轮顺时针方向摇动一圈，磨头就下降 1mm；每格进给量为 0.005mm。

3. 砂轮的启动技巧与禁忌

为了保证砂轮主轴使用的安全，在启动砂轮前，必须先启动润滑泵，使砂轮主轴得到充分润滑。M7120D 型平面磨床油箱采用水银限位开关来延迟砂轮启动的时间，保证了砂轮启动时的安全。

操作时，在润滑泵启动约 3min 后，水银开关被顶起，线路接通。先按动砂轮低速启动按钮 8，使砂轮作低速运转；运转正常后，再按动砂轮高速启动按钮 10，使砂轮作高速运转，磨削结束后，按动砂轮停止按钮 9，砂轮停止运转。润滑泵不启动砂轮是无法启动的。

4. 工件在电磁吸盘上的装卸方法

(1) 将工件基准面擦干净，修去表面毛刺，然后将基准面放到电磁吸盘上。

(2) 转动电磁吸盘工作状态选择开关 12 至“通磁”位置，使工件被吸住。

(3) 工件加工完毕，将电磁吸盘工作状态选择开关拨至“退磁”位置，退去工件的剩磁，然后取下工件。

第五节　其他常见磨床简介

一、万能工具磨床

刀具的刃磨通常可在刃磨机床上进行，常用的刃磨机床有 M6025 型万能工具磨床和 MQ6025A 轻型万能工具磨床，它们装上附件后，可以刃磨铰刀、铣刀、丝锥、拉刀、插齿刀等，同时也可以用来磨削内、外圆柱面和圆锥面及平面等。

（一）M6025 型万能工具磨床

1. M6025 型万能工具磨床的结构

如图 6-33 所示，该机床主要由床身 1、横向滑板 12、纵向滑板 8、立柱 5、磨头架 6 等组成。工作台 7 装在纵向滑板 8 上面，工作台的纵向运动由手轮 11 或手轮 3 操纵，转动手轮 3 能使工作台随纵向滑板轻便、均匀地移动。当需要缓慢移动时，则将减速手柄 10 推入，并转动手轮 11，经差动齿轮减速后带动纵向滑板即可；不用慢速时，可拔出减速手柄 10。转动手轮 4，有丝杠、螺母带动横向滑板 12 移动，在刃磨时可以控制横向进给。转动手柄 9，工作台 7 相对于纵向滑板 8 可偏转一个角度，偏转的角度较大时，则可从工作台中间部位的刻度盘上读出角度值。工作台的最大回转角度为±60°。工作台上可装顶尖座、万能夹头、万能齿托架等，可适应刃磨各种刀具及其他加工的需要。

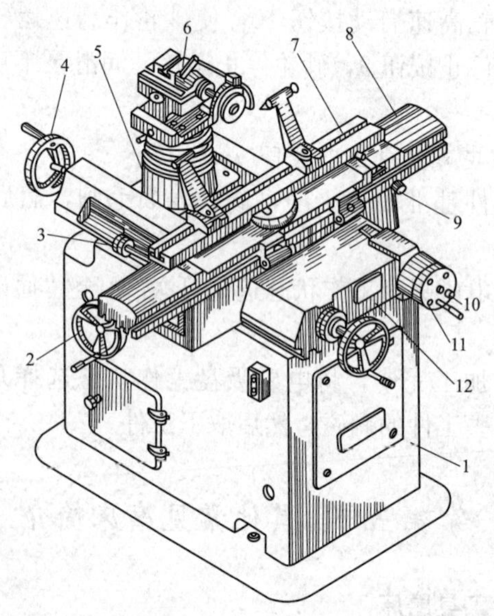

图 6-33 M6025 型万能工具磨床

1—床身；2、3、4、11—手轮；5—立柱；6—磨头架；
7—工作台；8—纵向滑板；9—手柄；10—减速手柄；12—横向滑板

磨头架 6 装在立柱 5 的顶面上，可绕立柱轴线在 360°范围内任意回转。转动手轮 2，磨头可上下移动，以调整砂轮的高低位置。

M6025 型万能工具磨床的主要技术参数见表 6-20。

表 6-20 M6025 型万能工具磨床的主要技术参数

顶尖中心高	125mm
前、后顶尖距离	600mm
工作台最大移动量 纵向 横向	 400mm 250mm
砂轮架垂直移动量 顶尖中心上 顶尖中心下	 130mm 55mm
砂轮最大直径	150mm
砂轮主轴转速	5700、3800r/min

2. 机床主要附件

M6025 型万能工具磨床主要有以下附件。

(1) 顶尖座。前、后顶尖座可用螺钉固定在工作台上，如图 6-34 所示。

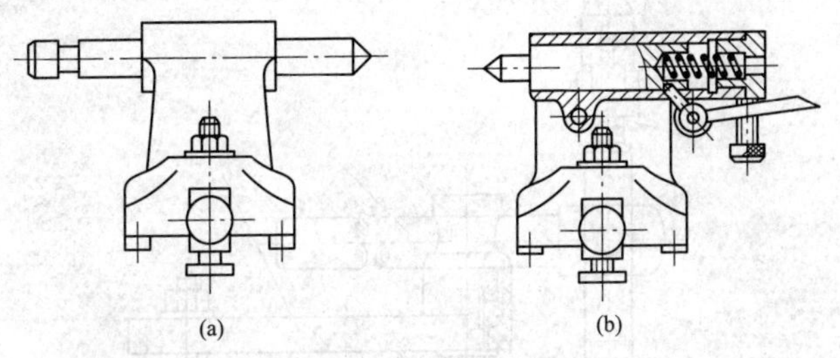

图 6-34 顶尖座

(a) 前顶尖座；(b) 后顶尖座

(2) 万能夹头。万能夹头（见图 6-35）主要用来装夹面铣刀、立铣刀、三面刃铣刀等，以刃磨其端面齿。万能夹头由夹头体 1、主轴 4、角架 2 和底座 3 等组成。夹头体的主轴锥孔的锥度为 7∶24，可用来安装各种心轴。

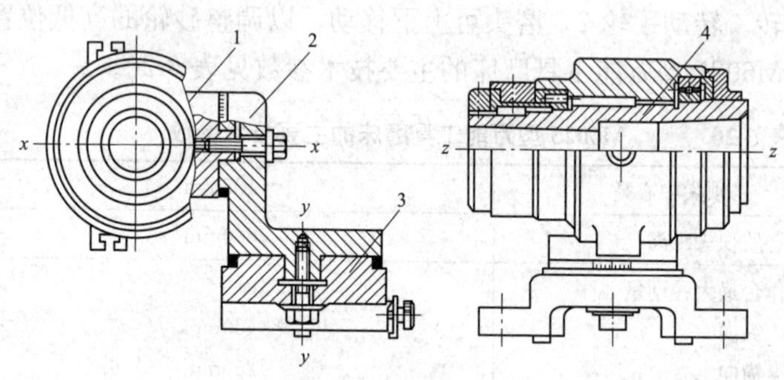

图 6-35 万能夹头

1—夹头体；2—角架；3—底座；4—主轴

(3) 万能托齿架。万能托齿架（见图 6-36）的用途是使刀具刀齿相对于砂轮处于正确的位置上，以刃磨出正确的角度。支架 6 可由螺钉将万能托齿架安装在机床适当的位置上。调节捏手 1 和螺杆 3，可调节齿托片 4 的高低位置。齿托片可绕杆 2 和支架 5 的轴线回转一定的角度，以保证托齿片与刀具的刀齿接触良好。

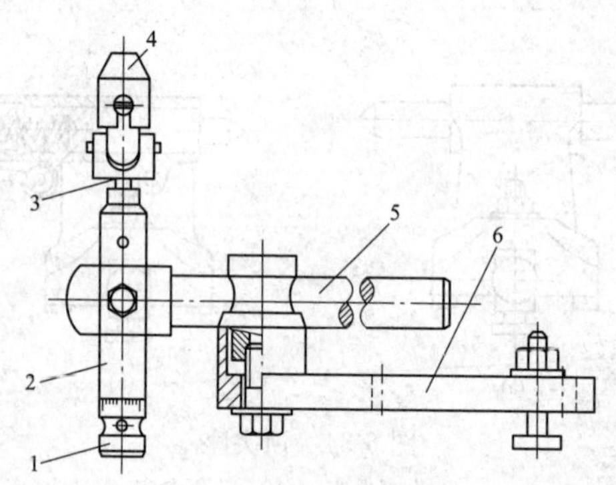

图 6-36 万能托齿架

1—捏手；2—杆；3—螺杆；4—齿托片；5、6—支架

齿托片的形状很多，供刃磨各种尖齿刀具时使用（见图 6-37）。图 6-37（a）、（b）为直齿齿托片，适合刃磨直齿尖齿刀具，如锯片铣刀、角度铣刀等。图 6-37（c）为斜齿齿托片，适合刃磨

各种交错齿三面刃铣刀等。图 6-37（d）为圆弧齿托片，适用刃磨各种螺旋槽刀具，如圆柱铣刀、锥柄立铣刀等。

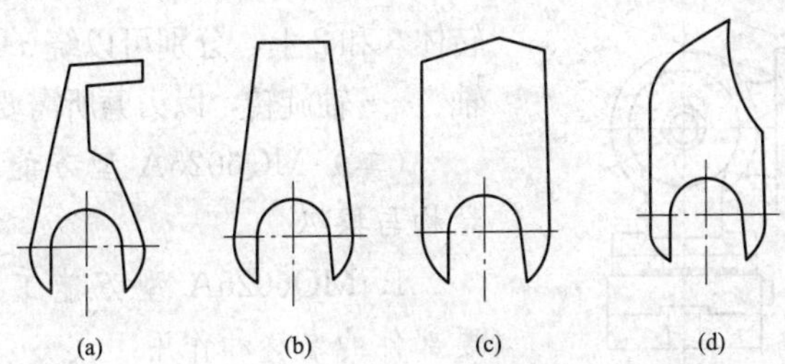

图 6-37 齿托片的形状

（a）、（b）直齿齿托片；（c）斜齿齿托片；（d）圆弧齿托片

（4）中心规。中心规（见图 6-38）是用来确定砂轮或顶尖中心高度的工具，由规体 2 和定中心片 1 组成。规体 2 的 A、B 两个平面经过精加工，平行度误差很小，定中心片 1 可装成图 6-38（a）所示位置，也可调转 180°安装。中心规的 A 面贴住磨头顶面时［见图 6-38（b）］，定中心片所指高度即为砂轮中心高 h_A（等于头架顶面至砂轮轴线的距离），升降磨头把定中心片对准顶尖的尖端时，即可将砂轮中心与工件中心调整到同一高度上。如果将中心规的 B 面放在磨床工作台上时［见图 6-38（c）］，定中心片所指高度 h_B 即为前、后顶尖的中心高度，将它与钢直尺配合，就可以调整齿托片的高度。

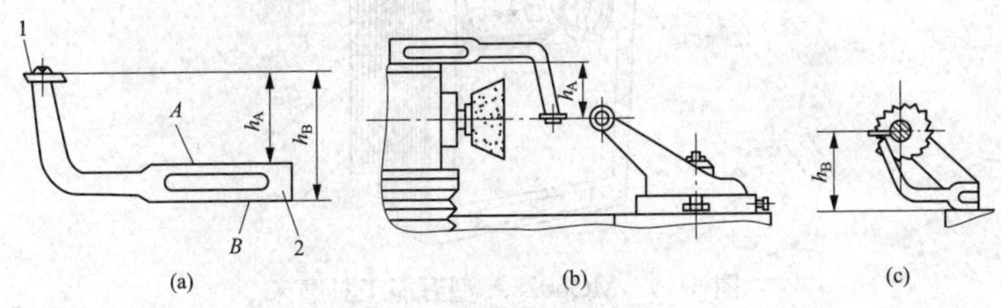

图 6-38 中心规及其使用

（a）中心规；（b）校正砂轮顶尖中心；（c）校正切削刃中心

1—定中心片；2—规体

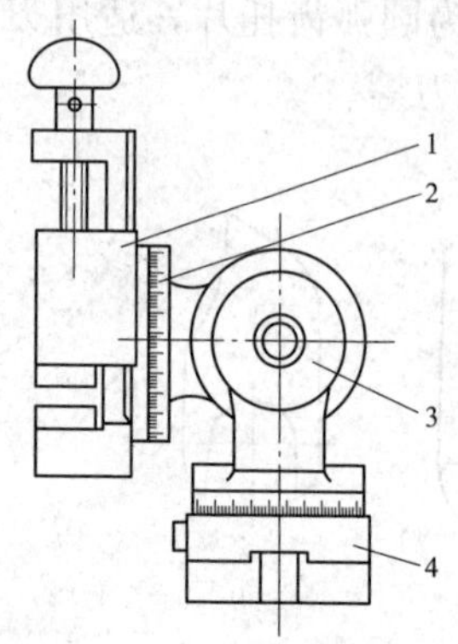

图 6-39 可倾虎钳

1—虎钳；2、3—转体；4—底盘

（5）可倾虎钳。可倾虎钳（见图 6-39），由虎钳 1、转体 2、3 和底盘 4 组成，常用来装夹车刀等。虎钳安装在转体 3 和 2 上，分别可以绕 x-x 轴、y-y 轴、z-z 轴旋转，以刃磨所需要的角度。

（二）MQ6025A 型万能工具磨床结构与操纵

1. MQ6025A 型万能工具磨床主要部件的名称和作用

MQ6025A 型万能工具磨床是性能较优良的改进型工具磨床。装上附件后，除了可以刃磨铰刀、铣刀、斜槽滚刀、拉刀、插齿刀等常用刀具和各种特殊刀具以外，还能磨削外圆、内圆、平面以及样板等，加工范围比较广泛。

MQ6025A 型万能工具磨床主要由床身 11、磨头架 16、工作台 6、横向拖极 7 等部件组成（见图 6-40）。

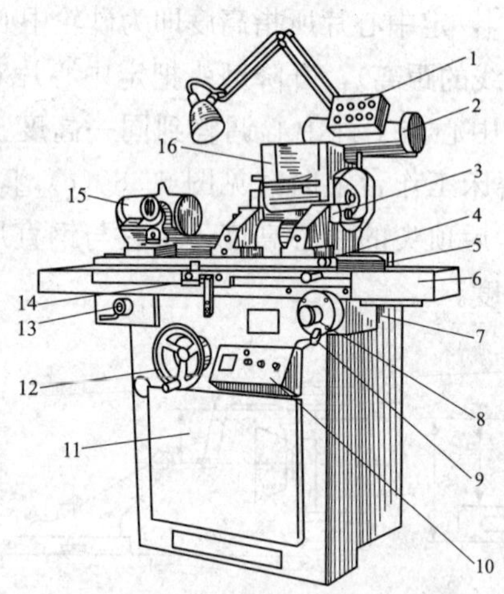

图 6-40 MQ6025A 型万能工具磨床

1、10—电器操纵板；2—升降手轮；3—顶尖座；4、5—手柄；6—工作台；7—横向滑板；8—离合器；9、12、13—手轮；11—床身；14—挡铁；15—万能夹头；16—磨头架

（1）床身。床身11是一个箱形整体结构的铸件，其上部前面有一组纵向V型导轨和平导轨，在后面有一组横向的V型导轨和平导轨。纵向导轨上装有工作台，横向导轨上装有横向拖板，床身左侧门及后门内装有电器原件等。

（2）工作台。工作台6分上工作台与下工作台二部分，下工作台装在床身纵向导轨上，导轨上装有圆柱滚针，使工作台能轻便、均匀地快速移动。工作台前后共有四个操作手轮，便于在不同位置操纵工作台进行磨削。当工作台需要以较慢速度移动时，可将结合子8拉出，摇动手轮9通过行星结构减速，使工作台慢速移动。慢速时，手轮转一圈，工作台移动约12mm。这时摇动其他手轮，工作台不会移动。当工作台需要以快速移动时，可将结合子8推进，摇动手轮13、19或9、25，工作台作快速移动。手轮转一圈，工作台移动126mm（见图6-41或图6-43）。

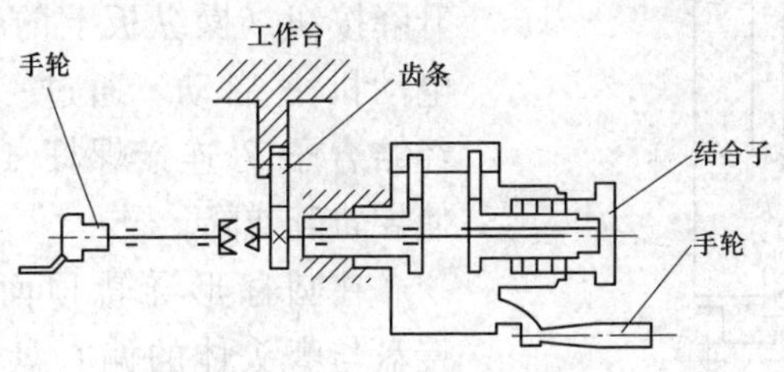

图6-41 工作台变速手轮

上工作台装在下工作台上面，转动手柄5可使上工作台绕轴心转±9°；当需要磨锥度很大的工件或刀具时，可转动手柄4，使上工作台的插销上升脱开滑板，上工作台就可绕轴心转±60°。在上工作台上可装万能夹头15、顶尖座3、齿托片等附件，以刃磨各种刀具及进行其他加工。

（3）横向拖板。横向拖板7装在床身横向导轨上，导轨之间有圆柱滚针。横向传动由手轮12、21通过梯形螺杆和螺母传动。手轮转一圈为3mm，一小格为0.01mm。由于手轮12、21装在同一根丝杆上，因此站在机床前面和后面均可进行操作。在横向拖板上装有磨头架及升降机构；摇动手轮12或21，磨头架作横向进给（见图 6-40 或图 6-43）。

（4）磨头及升降机构。磨头电动机采用标准型 A1-7132 电动机。零件套装而成，机壳与磨具壳体铸成一个整体；电动机定子由内压装改成外压装，采用微形 V 带带动磨头主轴转动。磨头主轴两端锥体均可安装砂轮进行磨削。转速为 4200、5600r/min 两挡。磨头电动机可根据磨削需要，作正反向运转，由操纵板 10 转向选择开关控制。

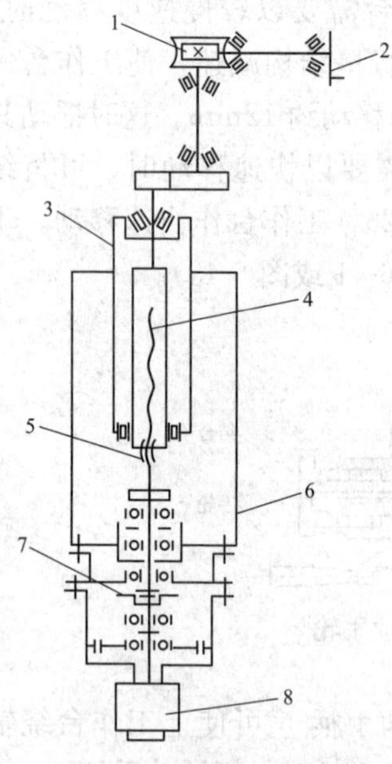

图 6-42　磨头的升降机构

1—蜗轮副；2—手轮；3—导轨；4—螺杆；5—螺母；6—套筒；7—结合子（离合器）；8—电动机

磨头的升降机构如图 6-42 所示，采用圆柱形导轨，由斜键导向。磨头升降分手动和机动两种。手动时，转动手轮 2 通过蜗轮副 1 减速及一对正齿轮升速，通过螺母 5、螺杆 4 使导轨 3 上升或下降。机动时，按升降按钮（操纵板上的机动按钮），电动机 8 启动，通过一齿差减速，经结合子 7 连接螺杆 4，经螺母 5 使导轨升或降。

在圆柱形导轨顶面装有接盘，接盘与磨头体的偏心盘连接，磨头装在偏心盘上面；偏心盘可绕接盘轴在 360°范围内转任意位置。圆柱形导轨在套筒 6 中上下移动，套筒外面装有防护罩，以防止灰尘侵入。

2. 机床的操纵与调整

图 6-43 为 MQ6025A 型万能工具磨床的操纵示意图。

（1）工作台的操纵和调整。

1）操作者站立位置的选择。万能工具磨床在进行内、外圆磨削时，由于工作台操纵手柄在机床前面右侧，因此操作者应站在机床前面，这样便于操作和观察。在进行刀具刃磨时，由于磨削形式不同，为了便于操作和观察，操作者一般站在机床工作台后

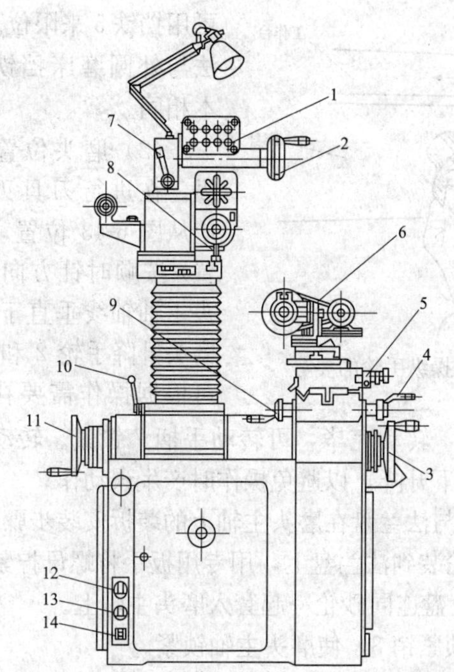

图 6-43 MQ6025A 型万能工具磨床操纵示意图

1—电器操纵板；2—升降手轮；3、4、9、11—手轮；

5—挡铁；6—万能夹头；7、10—手柄；8—锁紧销；

12、13、14—电源插座

面左侧或右侧。

2）操纵手轮的选择和操纵方法。根据磨削形式选择操纵手轮，磨内、外圆时，将结合子拉出，操纵手轮 9，工作台作慢速均匀移动（见图 6-40）。刃磨刀具时，结合子在推进位置，操纵手轮 4 或 9，工作台快速移动（见图 6-43）。刃磨时，工作台是快速手动操作，因此握柄姿势必须准确，否则转动不灵活产生中途停顿的现象。准确的操纵姿势如图 6-44 所示；要注意各手指的用力大小和协调。

3）工作台行程距离的调整。由于工作台是采用圆柱滚针导轨，操纵时稍不注意就会使行程过头；在磨削时为了控制行程，

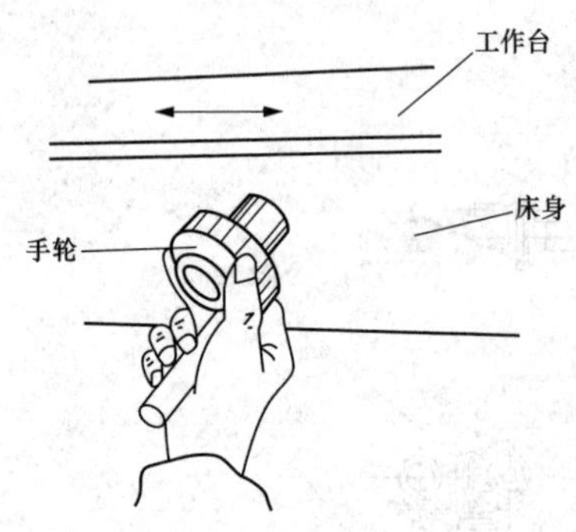

图 6-44　操纵手轮的姿势

可用挡铁 5 来限位。挡铁使用方法与外圆磨床挡铁使用方法基本相同。

（2）磨头位置的调整和操纵。在进行刀具刃磨时，磨头应从图 6-43 位置（外圆磨削位置）按顺时针方向转 90°，使磨头主轴轴线垂直于工作台轴线。磨头升降手轮 2 和电器操纵板 1 可根据操作需要在水平方向作任意角度转动，转动完毕，可转动手柄 7 锁紧。转动手柄 10，可断开磨头的上下升降，以避免操作时产生误动作。

（3）砂轮与法兰盘在磨头主轴上的装拆安装步骤：

1）把砂轮装到法兰盘上，用专用扳手将螺母拧紧。

2）把法兰盘连同砂轮一起套入磨头主轴上。

3）插入锁紧销 8，使磨头主轴锁紧。

4）旋上内六角螺钉，用内六角扳手拧紧。

5）装上防护罩壳，拔出锁紧销，砂轮安装完毕。

拆卸法兰盘时，须将磨头主轴锁紧，然后将法兰盘内六角螺钉卸下，旋上拆卸扳手，将法兰盘从磨头主轴上顶出。图 6-45 所示为砂轮和法兰盘装拆示意图。

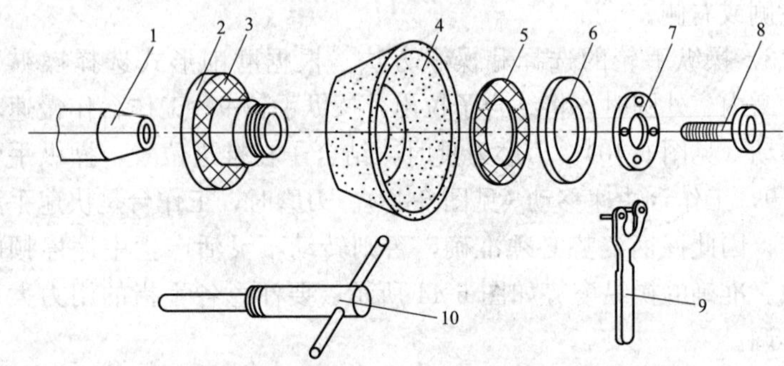

图 6-45　砂轮与法兰盘装拆示意图

1—主轴；2—法兰体；3—纸垫；4—砂轮；5—纸垫；6—法兰盖；7—螺母；8—螺钉；9—专用扳手；10—拆卸扳手

（4）吸尘器的安装。MQ6025A 型万能工具磨床吸尘器为圆形筒体。内装有功率为 0.55kW 的电动机，转速为 2800r/min。使用时，将电源插头插入机床插座内，将电器控制面板 10 上的吸尘、冷却预选开关转到吸尘位置，再接电器操纵板 1 上的吸尘启动按钮，使吸尘器工作。吸尘管固定在磨头架偏心盘的 T 形槽内，管口对准砂轮磨削火花，使大部分灰尘被吸去。机床床身左下角三只插座 12、13、14 分别为吸尘器、切削液泵电动机、头架电动机的电源插座。使用时，可根据需要将电源插头插入相应的插座内。

二、螺纹磨床及其调整

如图 6-46 所示为 S7332 型螺纹磨床，可磨削内螺纹、外螺纹以及精密丝杠等零件，磨削外螺纹的最大长度为 1000、1500、1850mm 等。

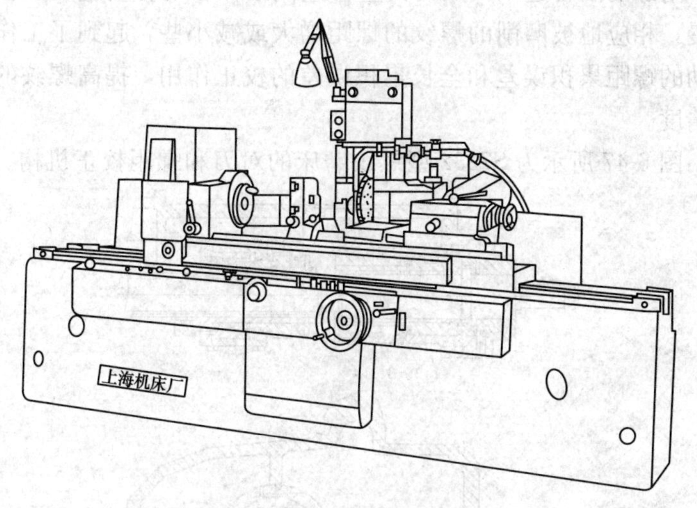

图 6-46　S7332 型螺纹磨床

螺纹磨床的调整要点如下：

1. 磨内螺纹的调整

在万能螺纹磨床上磨内螺纹，备有一套磨内螺纹装置。工件装在四爪单动卡盘内，用千分表找正，将工件端面和内孔校正到规定的精度。选择砂轮直径尽可能大些，以砂轮退出时不碰工件牙顶为宜。修整砂轮时，用试磨薄钢片的方法，校正砂轮牙型角。

2. 磨多线螺纹的调整

利用机床附件—分度卡盘进行多头螺纹磨削。其中分度转盘齿数，根据需要可自行选择。当只有分度齿数为 30 和 48 两种分度转盘时，需分 7、9、11 等线数，应采用交换齿轮分度法解决。

3. 对刀和螺距校正

在机床上磨削削预先经过车削的螺纹时，需要进行对刀，即调整工件与砂轮的轴向位置，使砂轮对准工件的齿槽，以保证螺纹两侧面磨削余量均匀。

螺距的校正是依靠校正机构获得的，通过杠杆使触点紧压在校正尺上，当工作台移动时，触点沿着校正尺运动，使螺母获得一个附加的回转运动，从而使丝杆连同工作台的移动速度加快或减慢，相应地被磨削的螺纹的螺距增大或减小些，起到了工作台运动的螺距累积误差和全长累积误差的校正作用，提高螺纹的加工精度。

图 6-47 所示为 S7332 型螺纹磨床的对刀和螺距校正机构。对

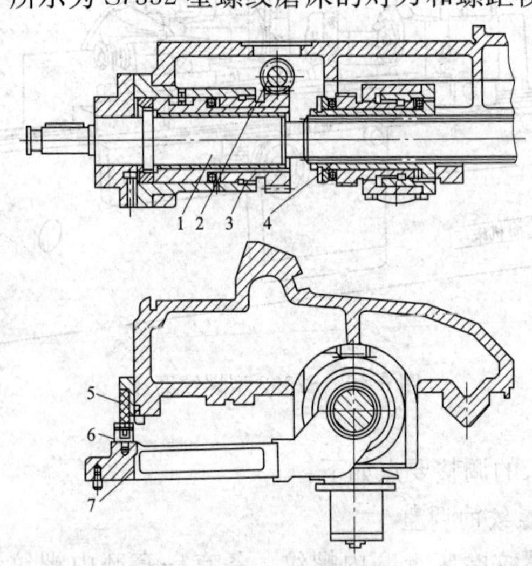

图 6-47　S7332 型螺纹磨床对刀和螺距校正机构

1—丝杆；2—蜗杆；3—齿轮套；4—螺母；5—校正尺；6—触点；7—杠杆

刀时，通过蜗杆2带动齿轮套3旋转，使工件砂轮与耕田对准。校正机构的螺母4在拉簧作用下，通过杠杆7，使触点6紧压在校正尺5的下面，在工作台移动时，即可校正螺距误差。

三、M8612A型花键轴磨床

如图6-48所示为M8612A型花键轴磨床，主要由分度头架1、磨头2、修整器3、工作台4、垂直进给手轮6和床身5等组成。可磨削大径小于ϕ120mm的矩形齿花键轴。

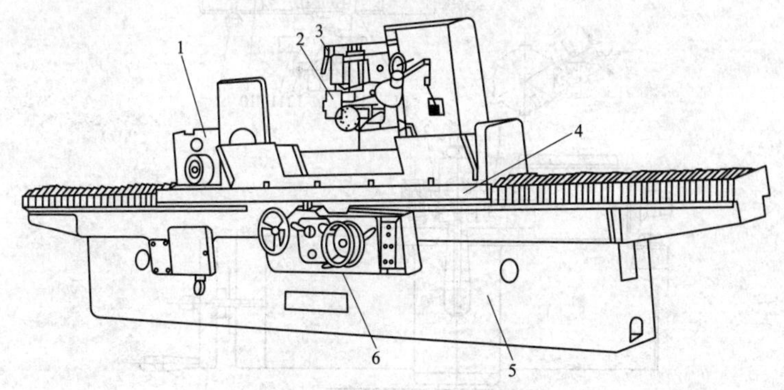

图6-48　M8612A型花键轴磨床

1—分度头架；2—磨头；3—砂轮修整器；4—工作台；5—床身；6—垂直进给手轮

1. 专用砂轮修整器

如图6-49所示为M8612A型花键轴磨床的砂轮修整器。

修整前，先找正刻度盘1上的角度值，并锁紧左、右角度板2，拔起定中心销5，插入定位销8，推动手柄9使导轨10和座11上的金刚钻12、13移动修整砂轮的角度面，修整进给手轮3的刻度值为0.01mm。

修整圆弧时，推上定中心销5，拔起定位销8，使回转架7绕主轴14回转，即可修整砂轮的圆弧面。捏手4每格刻度值为0.01mm，根据花键尺寸确定对刀块的尺寸。

$$B=40-R$$

式中　B——对刀块尺寸，mm；

40——机器常数，mm；

R——修整圆弧半径，mm。

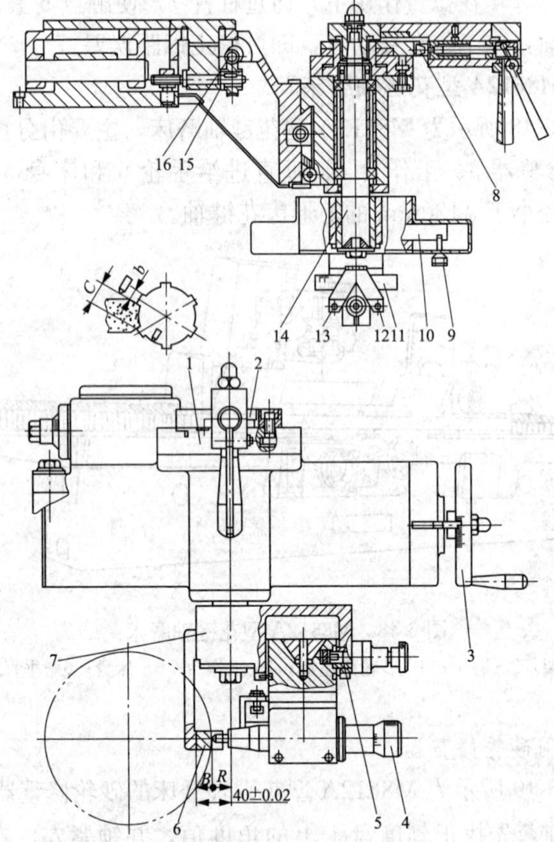

图 6-49　M8612A 型花键轴磨床砂轮修整器

1—刻度盘；2—角度板；3—手轮；4—捏手；5—定中心销；6—对刀块；7—回转架；8—定位销；9—手柄；10—导轨；11—座；12、13—金刚钻；14—主轴；15—蜗轮；16—蜗杆

修整砂轮两斜面时，金刚钻位置 C，可根据花键轴的小径和键宽求得。

$$C=(d-b)/2(\mathrm{mm})$$

式中　d——花键轴小径，mm；

b——花键键宽，mm。

为了保证花键对轴中心的对称度，可用蜗杆16蜗轮15调整。

2. 通用砂轮修整器

如图6-50所示砂轮修整器，它可安装在砂轮架的壳体上，修整工具是金刚石笔。

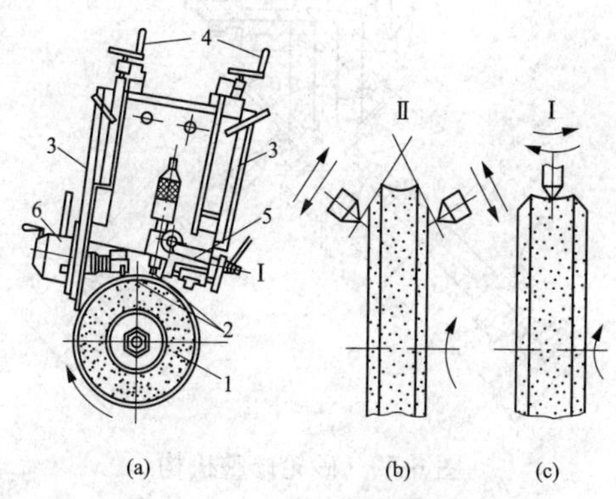

图6-50 成形砂轮修整器

(a) 修整器简图；(b) 修整砂轮侧面简图；(c) 修整砂轮中部简图

1—砂轮；2—金刚石笔；3—托架；4—切入进给手轮；

5—修整砂轮中部的旋转支座；6—修整砂轮侧面的支座

如图6-51所示为修整两个组合砂轮侧面的装置，它可以紧固在机床工作台上或磨头壳体上。

如图6-52所示为修整磨削矩形花键轴砂轮的修整装置，它是由两个修整侧面和一个圆弧小径的金刚石笔组成，转动带有金刚石笔4和5的支撑杆3和6即可修整。花键轴的廓形角是由修整机构的手轮根据角度尺的刻度来实现的。

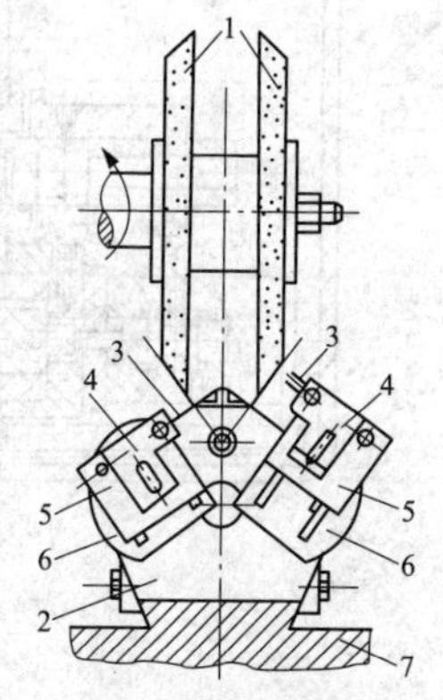

图6-51 修整两个组合砂轮侧面的装置

1—砂轮；2—夹具底座；3—金刚石笔；4—支座；5—移动托架；6—旋转板；7—机床工作台

3. 分度机构

如图6-53所示为M8612A型花键轴磨床头架分度机构。主要由主轴2、分度板1、齿条活塞8和超越离合器10等组成。

其分度机构由液压传动，当工作台行

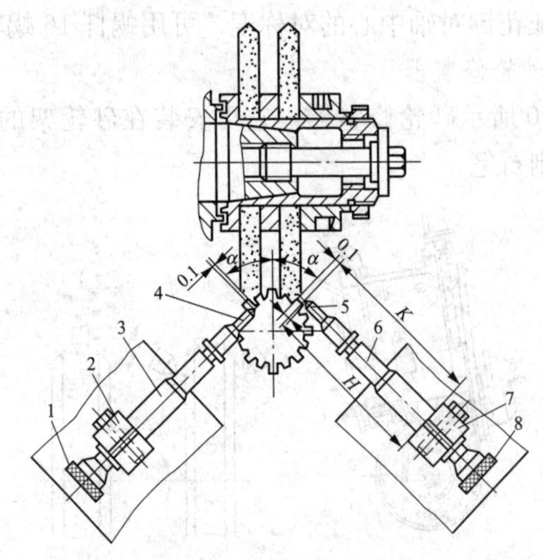

图 6-52　砂轮修整机构

1、8—微调螺杆；2、7—摇杆；3、6—支承杆；4、5—金刚石笔

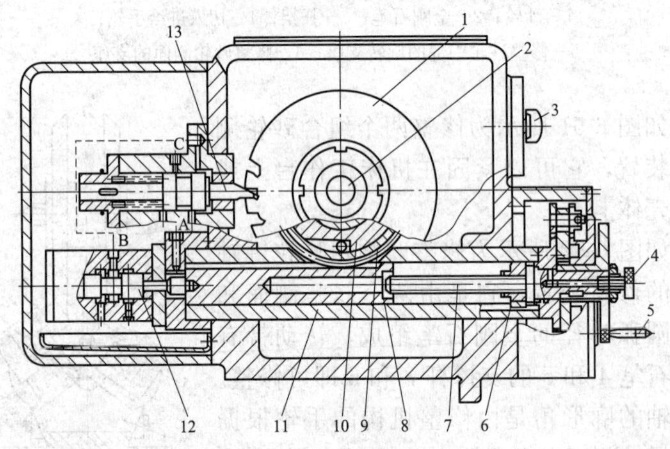

图 6-53　M8612A 型花键轴磨床分度头架

1—分度板；2—主轴；3—分配阀；4—螺钉；5—手轮；6—螺母；7—螺杆；

8—齿条活塞；9—齿轮；10—超越离合器；11—油缸；12—换向阀；13—插销

程至左端时，压力油至油口 A，推动齿条活塞 8 向左移动，超越离合器 10 打滑。同时，分配阀开关 3 使油液至换向阀 12 的油口，经油口B至油口C将插销13拔出；另一路油推动齿条活塞向右移动，超越离合器10使主轴2回转分度。其后，插销插入另一分度槽中，完成一次分度，工作台随即启动向右运动。

为了适应不同的分度，须调整齿条活塞的行程，调整时，转动手轮5，经螺杆7使螺母6移动即可。

四、曲轴磨床简介

MQ8240型曲轴磨床如图6-54所示，适用于大批大量磨削各种曲轴，磨床由床身1、工作台16、头架2、尾座10、左卡盘5和右卡盘8等部件组成。安装工件时用卡盘定位插销4、9将卡盘固定，砂轮架6的快速进退和工作台16的纵向移动，均由液压驱动。机床具有安全的连锁，当加工曲轴时，将选择开关旋在"曲轴"两字位置上，砂轮架在磨削位置时，工作台只能由手轮15手动，不能液动。当操作手柄12使砂轮架后退位置时，工作台可液动。砂轮架进给由手轮11操纵。当磨削一般外圆时，可启动手柄14，并用旋钮13调节工作台速度。

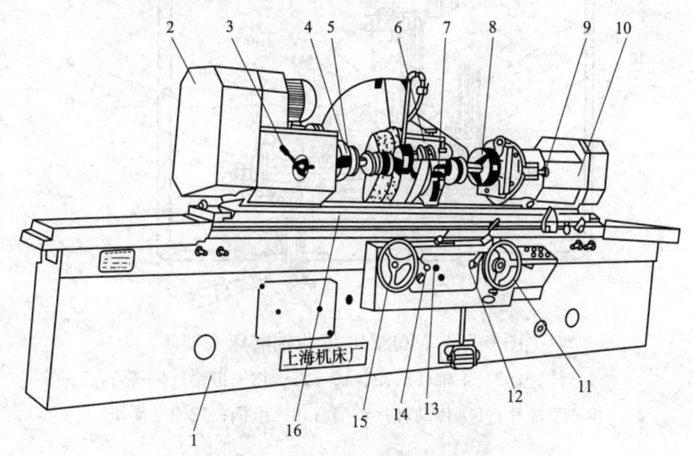

图6-54　MQ8240型曲轴磨床

1—床身；2—头架；3—磨削曲轴启动手柄；4、9—卡盘定位插销；5—左卡盘；6—砂轮架；7—中心架；8—右卡盘；10—尾座；11—横向进给手轮；12—砂轮架快速退刀手柄；13—工作台调速旋钮；14—工作台液压开停手柄；15—工作台纵向手轮；16—工作台

图 6-55 所示为 MQ8240 型曲轴磨床的头架结构。头架传动是由双速电动机经带轮 3、13、11 再通过摩擦片 5 带动带轮 10、9 使主轴 2 转动，主轴转速为 42、84、65、130r/min。

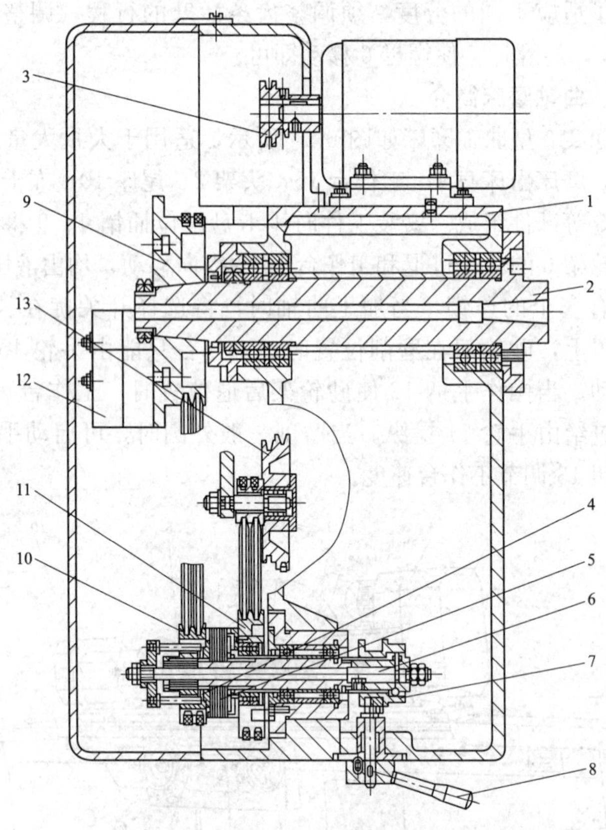

图 6-55　MQ8240 型曲轴磨床头架

1—体壳；2—主轴；3、9、10、11、13—带轮；4—轴；5—摩擦片；6—传动轴；7—套；8—手柄；12—平衡块

主轴 2 是装在精密的角接触球轴承上的。当磨削曲轴时应装上带爪卡盘，为了不使工件在启动时受冲击力的作用而造成错位，操作时应逐步将手柄 8 压紧，使套 7 逐步压紧滚珠，传动轴 6 向右移动，并由三根轴 4 压紧摩擦片。

第六节 现代磨床新技术和新结构

一、砂轮主轴轴承新技术和新结构

1. 静压轴承技术

静压轴承是采用静压技术制成的轴承系统。一般磨床常用动压轴承，主轴旋转时，在轴承和主轴间形成一层压力油膜，起润滑、支承和定心的作用。而当主轴速度低于某一定值时，压力油膜就建立不起来；若旋转停止，压力油膜就会消失。且主轴转速变化后，压力油膜的厚度也随之变化，主轴轴心位置就要改变，其转速精度就要降低。为改善这种状况，由此产生了静压技术。

静压技术是指外界供给一定压力油，在两个相互运动的表面间，不依赖于它们之间的相对速度，而能建立一定的压力油膜，以满足机器设备的高精度、重载荷、高速度及低速度的需要。该项技术已在机床主轴轴承、导轨和丝杠螺母中得到了广泛的应用。

(1) 静压轴承的特点。与动压轴承、滚动轴承相比，静压轴承有以下优点：

1) 工作时纯液体摩擦，摩擦因数仅为 0.001 左右，因此启动功率小，机械效率高，零件使用寿命长。

2) 承载油膜的形成不受速度的影响，能适用于较广泛的速度变化范围，在主轴正、反向旋转及其换向的瞬间，均能保持液体摩擦状态。

3) 油膜抗振性好，且能起平均支承误差的作用，因此运动轨迹平稳，精度保持性好。

4) 油膜承载能力大，故支承承载能力大，适用于大型、重型机床。

静压轴承的缺点是，要配备一套专用的供油系统，并对供油系统的过滤和安全有严格的要求，轴承的制造工艺比较复杂，成本较高。

(2) 静压轴承的工作原理。静压轴承系统一般由供油系统、节流器和轴承三部分组成。静压轴承主轴应有足够的刚性，即在外加载荷的作用下，轴心线位置偏移要小，使轴承在承受载荷后仍具有较高的精度。

在结构上，静压轴承等距地开有几个对称分布的压力区（通常开四个），称之为油腔，其展开图如图 6-56 所示。每个油腔的四周有适当宽度的凸起面作为封油面，又称节流边，它和轴颈之间保持 0.02～0.04mm 的间隙，在每个油腔之间的节流边上开有油槽，将油腔分隔开来，而主轴上不开油槽。

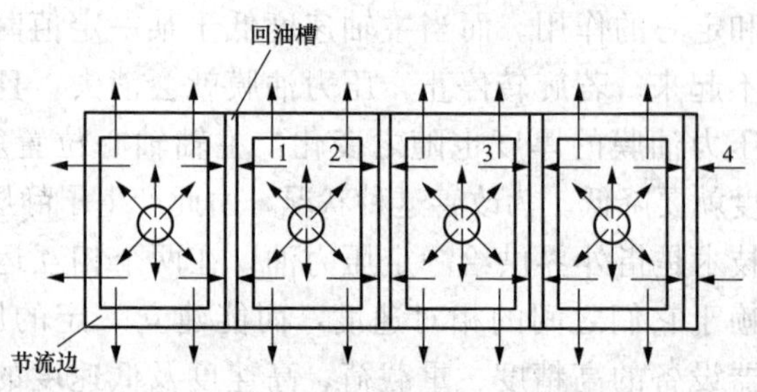

图 6-56　静压轴承油腔的展开图

如图 6-57 所示，油泵输出有一定压力 p_s 的油液，经过四个节流器（阻力分别为 R_{G1}、R_{G2}、R_{G3} 和 R_{G4}）分别流入轴承的四个油腔，将轴颈浮起，推向中央。若损耗在节流器上的压力降为 Δp_G，则各油腔的压力为

$$p_r = p_s - \Delta p_G$$

式中　p_r——各油腔的压力，MPa；

p_s——油泵供油压力，MPa；

Δp_G——损耗在节流器上的压力降，MPa。

油腔中的油又经过间隙 h_0 流回油池，压力从 p_r 降为零。若损耗在轴承间隙中的压力降为 Δp_h，则

$$p_r = \Delta p_h = 0$$

式中　p_r——各油腔的压力，MPa；

Δp_h——损耗在轴承间隙中的压力降，MPa。

如果四个节流器阻力相同，即 $R_{G1} = R_{G2} = R_{G3} = R_{G4}$，那么，四个油腔压力也相等，即 $p_{r1} = p_{r2} = p_{r3} = p_{r4}$，此时没有外载荷

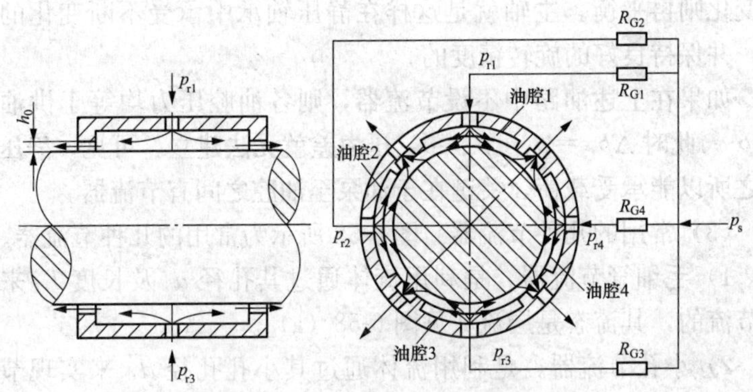

图 6-57　静压轴承的工作原理

作用，主轴被浮在轴承中央，中间被一层高压油膜隔开。

当主轴受到向下方向的外载荷 W 的作用后，主轴中心向下产生一个偏移量，轴承上、下腔回油间隙即发生变化。下面油腔 3 的回油间隙 h_3 减小，而回油阻力 R_{h3} 增大，流量 q_v 下降，通过节流器的流量 q_v 也下降，于是节流器的压力损失 Δp_{Q3} 减小。由于定压系统供油压力 p_s 是始终不变的，由此可得出

$$p_s = p_r + \Delta p_G$$

从中可知，若 Δp_{G3} 减小，则 p_{r3} 必定增大。此时，上面的油腔 1 回油间隙 h_1 增大，回油阻力 R_{h1} 减小，油路中的流量 q_v 增加，通过节流器的流量 q_v 也增加，所以节流器的压力损失 Δp_{G1} 增加，p_{r1} 值减小。这样就在相对应的油腔 3 和油腔 1 之间形成压力差 $(p_{r3} - p_{r1})$，其方向与外加载荷 W 相反，直至压力差满足以下公式的条件时，主轴就又处于平衡状态，其公式为

$$(p_{r3} - p_{r1})A = W$$

式中　p_{r3}——油腔 3 的压力，MPa；

p_{r1}——油腔 1 的压力，MPa；

A——油腔油液的有效承载面积，mm^2；

W——外加载荷，N。

在工作过程中，主轴载荷总是有变化的，通过节流器可以改变油腔压力并形成压力差来平衡外加载荷，使之达到相对的平衡，

再变化则再平衡。主轴就是这样在静压轴承中承受不断变化的载荷，并保持良好的旋转精度的。

如果在上述油路中不设节流器，则各油腔压力均等于供油压力 p_s，此时 $\Delta p_G = p_s - p_r = 0$，压力差就无法建立。可见，静压轴承之所以能承受载荷，关键在于油泵至油腔之间有节流器。

(3) 常用的几种节流器。图 6-58 所示为常用的几种节流器。

1) 毛细管节流器。是利用流体通过其孔径 d_0 及长度 L_0 来实现节流的，其流态是层流［见图 6-58 (a)］。

2) 小孔节流器。是利用流体通过其小孔孔径 d_0 来实现节流的，其流态是紊流［见图 6-58 (b)］。

3) 薄膜节流器。是利用膜片和节流器体壳的圆台之间的间隙 G 来实现节流的。由于膜片在压差下会变形，故它的节流阻尼是可变的［见图 6-58 (c)］。

4) 滑阀节流器。是利用流体通过其阀体和阀之间的隙缝 G 及其长度 L 来实现节流的。由于滑阀在压差下移动而改变隙缝之长度，故它的节流阻尼也是可变的［见图 6-58 (d)］。

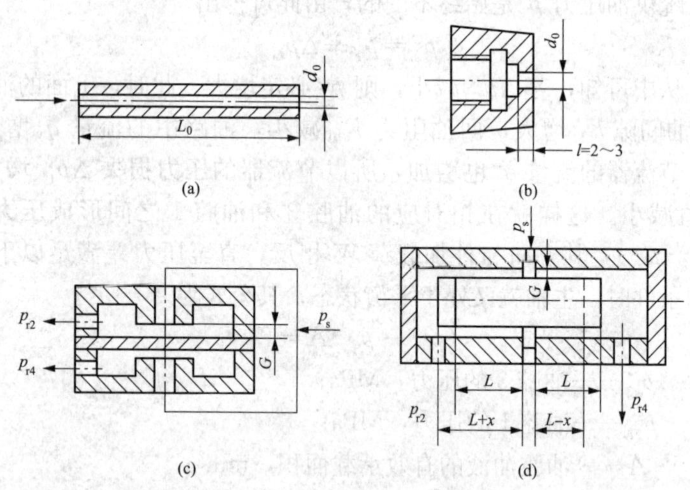

图 6-58 常用的几种节流器

(a) 毛细管节流器；(b) 小孔节流器；(c) 薄膜节流器；(d) 滑阀节流器

以上四种节流器往往和轴承不是一体，故称为外部节流器。

（4）静压轴承的结构与材料。图 6-59 所示为静压轴承结构图。由于静压轴承在正常工作下，无金属之间的直接接触摩擦，故可采用灰铸铁等。但考虑到静压轴承在工作时有可能遇到突然停电或供油系统出现故障等情况，则应采用整体的铸造青铜或铸造黄铜或钢套镶铜材料。为了防止出现突然停电，一般在静压轴承前部设有储能器，在停电瞬间由储能器继续对静压轴承供油。

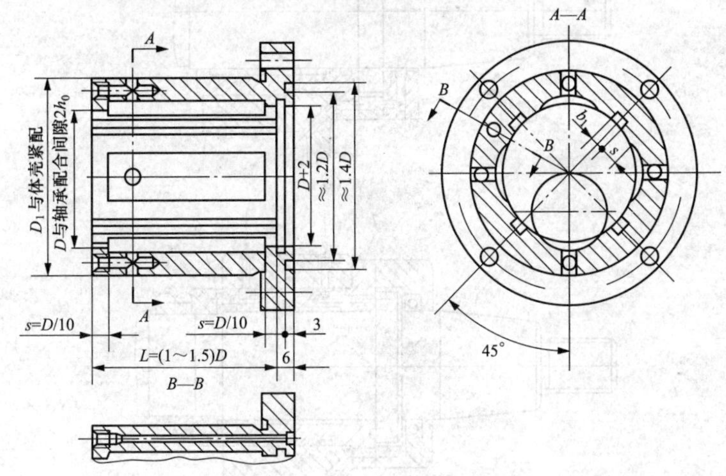

图 6-59　静压轴承结构图

（5）轴向推力静压轴承。轴向推力静压轴承是用以承受轴向载荷的轴承，它需要和径向静压轴承同时使用。这种轴承由两个相对的环形槽的油腔构成，工作原理与径向静压轴承相同。常用的轴向推力静压轴承如图 6-60（a）所示。这种推力静压轴承位于径向静压轴承的前端，径向轴承的前轴肩端面为推力轴承的一个油腔，另一个油腔则开在轴承盖上，两个油腔的轴肩是承载面，轴承的间隙通过修磨调整环的厚度来保证。这种结构容易控制轴肩及调整环的平行度误差，因此精度较高。

图 6-60（b）所示的推力静压轴承位于径向静压轴承的两侧。它的两个油腔开在径向轴承的两个侧面上，前侧面的承载面由轴

肩承受，后侧面的承载面则由固定在轴上的止推环来承受，轴承间隙可通过修磨调整环的厚度来达到。由于两个端面的垂直度误差难以保证，因此精度较低。

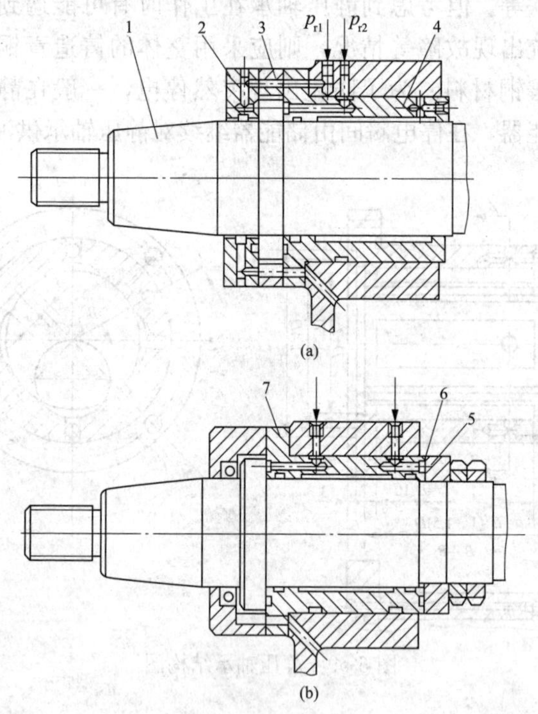

图 6-60　轴向推力静压轴承

(a) 推力静压轴承位于径向静压轴承前端；(b) 推力静压轴承位于径向静压轴承两侧
1—主轴；2—轴承盖；3—调整环；4、7—前轴承；5—止推环；6—调整垫圈

2. 动—静压轴承

动—静压轴承是砂轮主轴轴承的新型结构，它是综合了动压轴承和静压轴承的优点，并克服其缺点而设计的。

如图 6-61 所示为动—静压轴承的结构，它等距地开了几对对称分布的油腔，油腔深度为 0.02～0.04mm，四周为节流边，它和轴颈之间保持适当的间隙，一般为 0.02～0.04mm。在轴承中部有一环形槽，压力油通过环形槽进入四个油腔，形成承载油膜，而在运转时又能产生动压承载油膜，这样可以降低供油压力，因而轴承的温升小。这种轴承在低速时依靠压力油产生承载油膜，这时动压效应较大，因此它适用于不同的主轴转速。

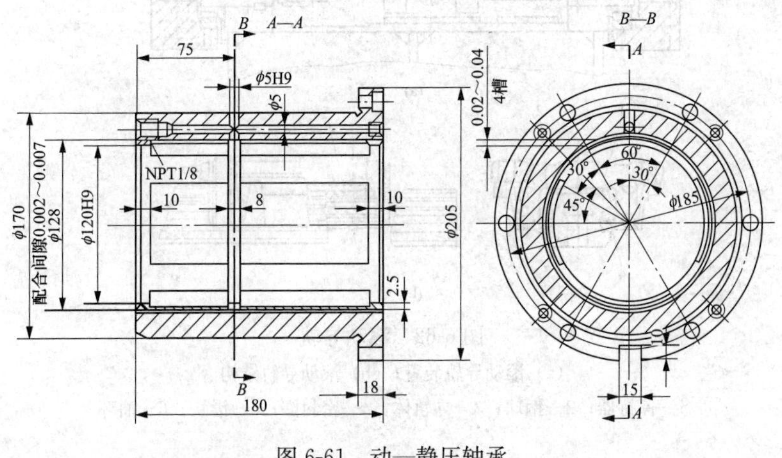

图 6-61 动—静压轴承

二、进给运动机构新技术和新结构

1. 滚动导轨

一般机床导轨多数是平面导轨、V 形面导轨或燕尾形导轨，其传动是滑动摩擦，故称之为滑动导轨。由于滑动导轨摩擦力大，易磨损，传动灵敏性差，因此在精密磨床和数控磨床中采用了新结构的滚动导轨。

如图 6-62 所示为滚动导轨的装置和结构，它主要由导轨体 3、钢球 2 和滑块 5 组成。有预加负荷的钢球安装在导轨两肩和两侧，由保持器保证两肩钢球位置。钢球可以自转，滑块 5 可在钢球上滚动并带动上导轨及工作台运动。

滚动导轨常用于机床直线导轨中，具有较高的制造精度和定位精度。由于钢球在装配时预加负荷，故它有很高的刚度，在 15m/min 的速度下往复运行 1200km 后，钢球的磨损仅为 0.001mm，且传动时摩擦力小，运动平稳。目前，滚动导轨已广泛用于高精度磨床和数控磨床中，能长期保持高精度的传动。

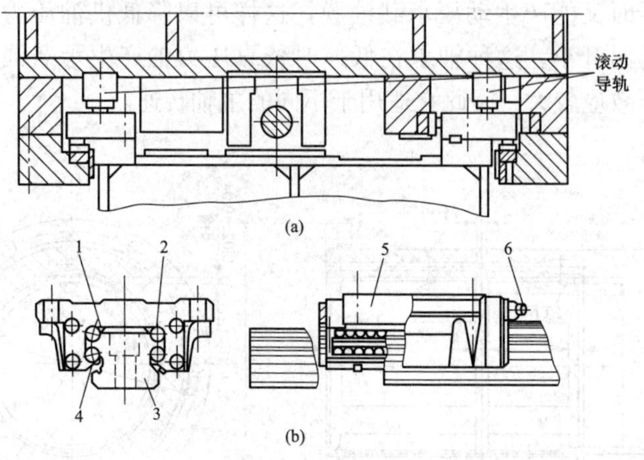

图 6-62　滚动导轨

（a）滚动导轨装置；（b）滚动导轨结构

1—保持器；2—钢球；3—导轨体；4—密封圈；5—滑块；6—油环

2. 滚珠丝杠副

进给传动系统多用丝杠螺母传动。普通丝杠螺母传动是滑动摩擦，摩擦力大、传动效率低。如果用于精密机床上的进给机构，则会影响动作的灵敏性；如果用于数控机床，则不能满足数控机床在几个坐标方向上运动精度的要求。因此须采用新型的进给传动机构，滚珠丝杠副就是顺应需要而产生的新结构，它已在精密机床和数控机床上获得广泛应用。

（1）滚珠丝杠副的特点。滚珠丝杠副就是在丝杠和螺母之间连续装入多粒等直径的滚珠形成一种新型的传动副机构，如图 6-63 所示。

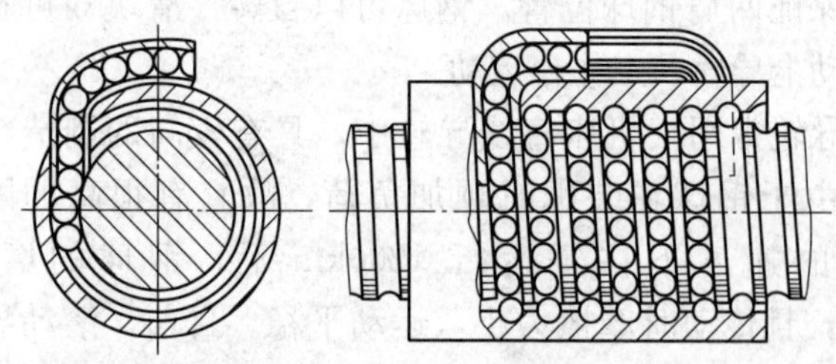

图 6-63　滚珠丝杠副

当丝杠或螺母转动时，滚珠沿着螺旋槽向前滚动，在丝杠上滚过数圈后，通过回程引导装置，又逐个地滚回丝杠和螺母之间，构成一个闭合的循环回路。这种机构可把丝杠和螺母之间的滑动摩擦变为滚动摩擦，克服了普通丝杠螺母传动的缺点。

滚珠丝杠副的优点为：传动效率高、动作灵敏、传动时无轴向间隙、磨损小及精度保持性好。

但滚珠丝杠副也有一些缺点：如结构复杂、径向尺寸较大、制造工艺复杂及成本较高等。此外，由于滚珠丝杠副结构不能自锁，若用于升降机构中须另加一套自锁装置。

（2）滚珠丝杠副的类型。根据滚珠的循环方式，可分为两大类。

1）内循环。滚珠在循环回路中始终与丝杠相接触的滚珠丝杠副称为内循环式滚珠丝杠副。图 6-64 所示为单圈内循环的结构形式。

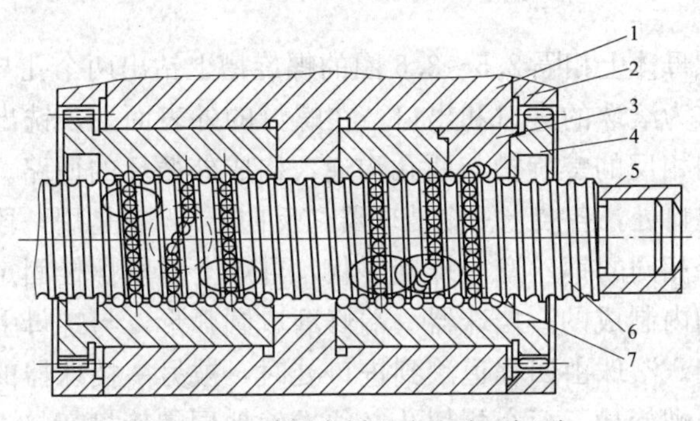

图 6-64 单圈内循环式滚珠丝杠副

1—螺母座；2—齿圈；3—反向器；4—螺母；5—装配套；6—丝杠；7—滚珠

该机构在螺母的侧孔中装一个接通相邻两滚道的反向器，利用平键和外圆柱定位，借助反向器迫使滚珠越过丝杠牙顶进入相邻滚道，以实现循环。通常在一个螺母上采用三个反向器，沿螺母圆周相互错开 120°间隔 $\left(1\frac{1}{3}:2\frac{1}{3}\right)P$，这种结构由于一个循环只有一圈滚珠，因而回路短，工作滚珠数目少，流畅性好，摩擦损失少，效率高，径向尺寸紧凑，承载能力大，刚性好，缺点是反向器加工困难。

2）外循环。滚珠在循环回路中与丝杠脱离接触的称为外循环。外循环式滚珠丝杠副可分为盖板式、螺旋槽式与插管式三种。机床上常用螺旋槽式结构，如图 6-65 所示。

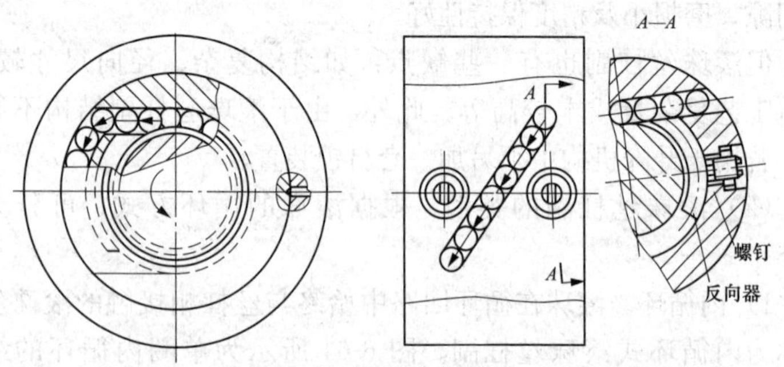

图 6-65　外循环螺旋槽式滚珠丝杠副

在螺母体上相隔 2.5～3.5 圈的螺旋槽上钻出两个孔与螺旋槽相切，作为滚珠的进口和出口。在螺母的外表面上，铣出与螺母螺旋方向相反的螺旋槽与两孔沟通，构成外循环的回路。在螺母的进、出口处，各装上一个挡珠器（反向器）。它是用一段直径和滚珠直径相同的钢丝弯成螺旋形状，再焊上一段螺栓固定在螺母的螺旋槽内制成的。挡珠器一端修磨成圆弧形，与螺母上的切向孔相衔接。滚珠由回程道滚到进口处时，被另一挡珠器的爪端顺利地引入螺旋槽。两个相切孔必须准确地同螺旋槽衔接，螺母体的螺旋回程道也必须与两个切向孔衔接好，以避免运行时滚珠发生冲击、卡珠或引起滑动摩擦而降低传动效率。这种结构由于回程道的制造简单，转折较平稳，便于滚珠返回，因此在各种机床上得到广泛的应用。

（3）消除滚珠丝杠副螺母间隙的方法。滚珠丝杠副要求有较高的精度，但在制造过程中不可避免地会产生一些误差，而造成滚珠丝杠副螺母的间隙。为此，必须消除丝杠螺母的间隙和对其施加预紧力，以实现滚珠丝杠副的精密位移。施加预紧力可以提高滚珠丝杠副的轴向刚度。而消除间隙通常采用双螺母结构，常用的有下列几种形式。

1）垫片式。如图 6-66 所示，一般用螺钉把两个凸缘的螺母固定在体壳的左右两侧，并在其中一个螺母的凸缘中间加上垫片，调整垫片的厚度，使螺母产生轴向位移以消除间隙。垫片式的特点是结构简单，刚性好，但调整时需修磨垫片，在工作中不能随时调整，因此仅适用于一般精度的机构。

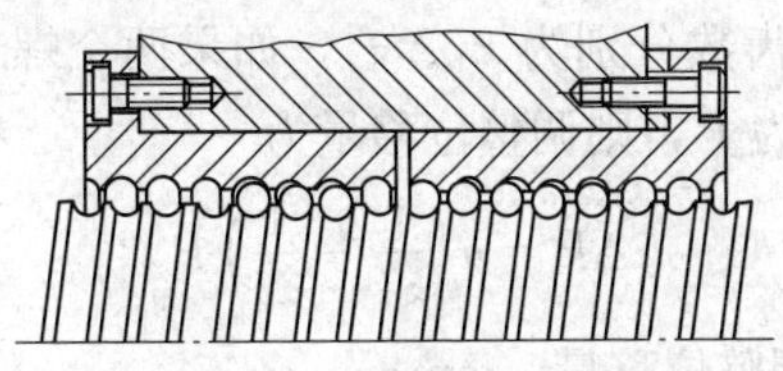

图 6-66 垫片式消除间隙机构

2）螺纹式。如图 6-67 所示，在两个螺母中，一个的外端有个凸肩，而另一个螺母有一段外螺纹，并用两圆螺母固定锁紧，旋转两个锁紧圆螺母，即可消除间隙。螺纹式的特点是结构紧凑，调整方便，因而应用较广泛。

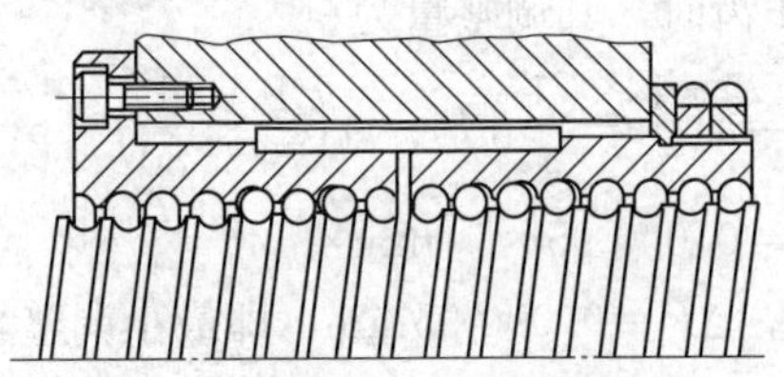

图 6-67 螺纹式消除间隙机构

3）齿差式。如图 6-68 所示，在两个螺母的凸肩上加工出相差一齿的齿轮，安装在左右两侧装有内齿圈的壳体上，为了获得微小的调整量，须将左右两侧的内齿圈与两个螺母上的齿轮脱开，并将两个螺母同方向转一个或几个齿，然后将两侧的内齿圈插入齿轮中并固定在壳体上，则两个螺母便产生了相对转角，从而达到调整间隙的目的。

调整的原理如下：

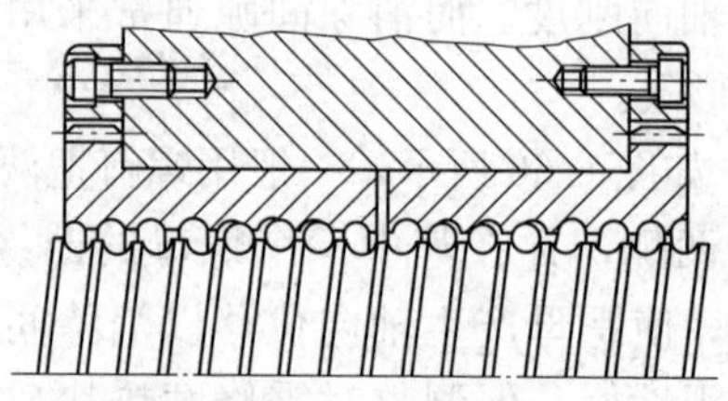

图 6-68　齿差式消除间隙机构

设左右两端齿数分别为 z_1、z_2，如果两个螺母同时同向转过 n 齿，丝杠螺距为 P，则调整位移量为

$$\Delta P = n\left(\frac{1}{z_1} - \frac{1}{z_2}\right)P$$

式中　ΔP——调整位移量，mm；

n——两螺母转过的齿数；

z_1、z_2——两螺母上内齿圈的齿数；

P——丝杠螺距，mm。

以 WCH3006（外循环齿差式双螺母，公称直径为 30mm，丝杠螺距 P=6mm）滚珠丝杠副为例，其齿数 z_1=79，z_2=80，当同时同向转过 n 齿时，其调整量为

$$\Delta P = n\left(\frac{1}{z_1} - \frac{1}{z_2}\right)P = n\left(\frac{1}{79} - \frac{1}{80}\right) \times 6(\text{mm})$$
$$= 0.000\,95n \quad (\text{mm})$$

当 n=1 时，ΔP=0.000 95mm，即最小调整量为 0.95μm。

这种结构的特点是调整精确可靠，定位精度高，但结构比较复杂，目前在数控机床上应用较多。

三、砂轮平衡技术及自动平衡装置

（一）自动平衡的工作原理

砂轮由于制造误差和在法兰盘上安装的原因，往往会造成不平衡。从力学的观点看，砂轮不平衡是指砂轮的重心与旋转中心不重合，即由于不平衡质量偏离旋转中心所致。要使砂轮平衡，一般都是在砂轮上装两个或几个平衡块，调整平衡块的位置，使砂轮的重心与旋转中心重合，即可使砂轮平衡。而平衡块则按砂

轮的大小不同而不同，其形状、运动状态及控制的机构则大有区别。

砂轮通常在高速旋转的情况下工作。按照物理学的公式可知，不平衡的砂轮在高速旋转时产生的离心力为$F=me\omega^2$。离心力的大小与砂轮角速度ω的平方成正比。式中质量m与偏心距e的乘积称为砂轮的不平衡量。要精确平衡砂轮，除了要做静平衡外，还须做动平衡。而动平衡主要又靠自动平衡装置来实现，其基本原理和方法可归纳为直角坐标法和极坐标法两大类。

1. 直角坐标法平衡原理

直角坐标法是将砂轮本身的不平衡量me分解为相互垂直的两个分量me_x和me_y，如图6-69所示。将两个配重块me_{x1}和me_{y1}在砂轮上两个相互垂直的槽内移动，使它们分别和me_x、me_y这两个分量达成平衡。采用此法的装置结构原理简单，但需要反复调整，精心操作，才能达到较理想的效果。

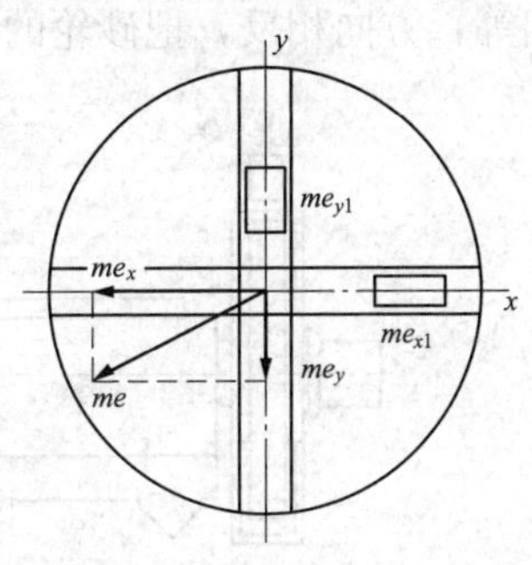

图6-69　直角坐标法平衡原理

2. 极坐标法平衡原理

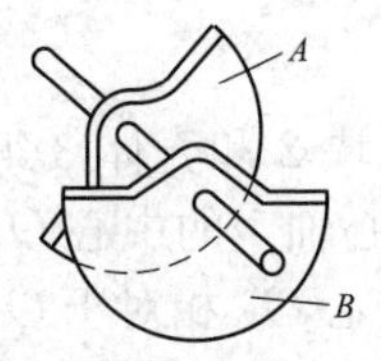

图6-70　极坐标法平衡原理

这种平衡方法如图6-70所示，在一根轴上装上A、B两个半圆形的偏心轮，两个轮子各自独立，互不牵连。使偏心轮随同砂轮一道高速旋转，而且又各自相对于砂轮有缓慢的旋转。当两个偏心轮转至相同的位置时（即形面重叠时），合力为最大值；当两个偏心轮转至相反的位置时（即相差180°时），合力为零。根据砂轮偏重的大小和两个偏心轮的相位差，可调整砂轮的平衡状况。

调整的方法有两种：一种是偏重的大小和相位分开调整，先调整偏心轮相位，后调整砂轮偏重大小；另一种是偏重的大小和相位同时调整。通过调整使砂轮达到平衡要求。

(二) 砂轮自动平衡装置的结构

自动平衡装置的结构形式很多，下面以 WSD-1 型砂轮自动平衡装置为例，来了解其结构概况。WSD-1 型砂轮自动平衡装置，是利用极坐标法平衡原理，采取先调整偏心轮相位、后调整砂轮偏重大小的方法的自动平衡装置，其结构如图 6-71 所示。它由平衡头 1、传动机构 2、驱动装置 3、测振传感器 4 和电气检测控制系统——电气箱 5 等组成。在砂轮高速旋转的情况下，检测砂轮的不平衡量，并用对重方法补偿，使补偿重量产生的离心力大小相等，方向相反，把砂轮的不平衡量减小到允许的范围内。

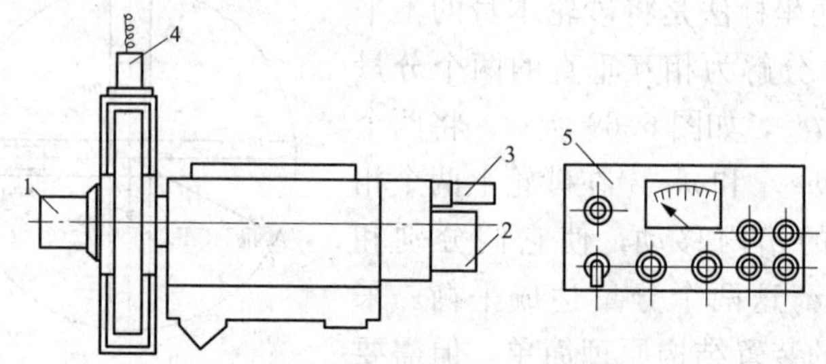

图 6-71 WSD-1 型砂轮自动平衡装置

1—平衡头；2—传动机构；3—驱动装置；4—测振传感器；5—电气箱

1. 平衡头

平衡头如图 6-72 所示，它由偏心轴 1、平衡块 2 和壳体 3 组成。平衡头装在砂轮前端并与砂轮一起旋转。偏心轴 1 的中心 O_1 相对于砂轮的中心 O 偏离 2mm，而平衡块 2 的中心 O_2 相对于 O_1 偏离 2mm，通过机械传动装置，使偏心轴 1 和平衡块 2 同方向同角速度转动时，可在 0°～360°范围内调整补偿重量的相位。当偏心轴 1 和平衡块 2 反方向同角速度转动时，可在 0～4mm 范围内调整补偿重量偏心的大小。相位可以按顺时针方向调整，也可以逆时针方向调整。这样不仅可以节约平衡砂轮的时间，而且还可以避免平衡头的补偿重量和砂轮上的不平衡重量叠加，从而避免引起砂轮主轴部件的剧烈振动。

2. 砂轮的平衡过程

图 6-73 (a) 所示为平衡头与砂轮的任一种相对位置，这时砂

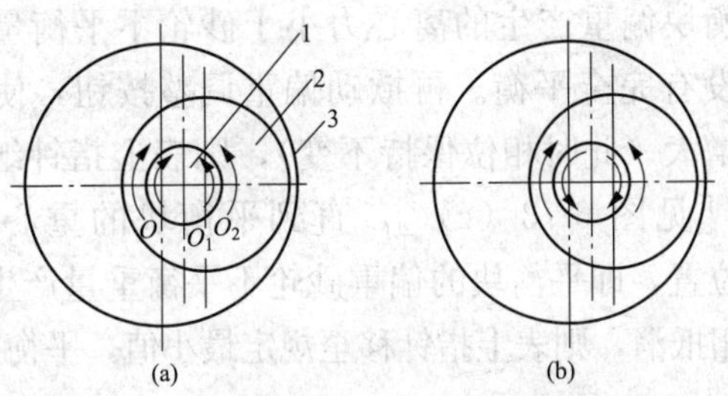

图 6-72 平衡头的相位和偏重的调整

（a）偏心轴和平衡块同方向同角速度转动；（b）偏心轴和平衡块反方向同角速度转动

1—偏心轴；2—平衡块；3—壳体

轮上的不平衡重量产生一个离心力，两者的合力形成一个激振力，使砂轮主轴部件产生强迫振动，其振幅与这个合力的大小成正比，通过测振传感器可反映到仪表上进行检测。揿动相位调整按钮，则平衡块的偏重朝顺时针方向转动，直至其相位与砂轮不平衡重相差 180°，这时两者合力朝减小的方向变化，因此强迫振动的振幅逐渐减小，表上的指针也向小的读数方向移动，达到某一个最小值，表示相位调整完毕，如图 6-73（b）所示。

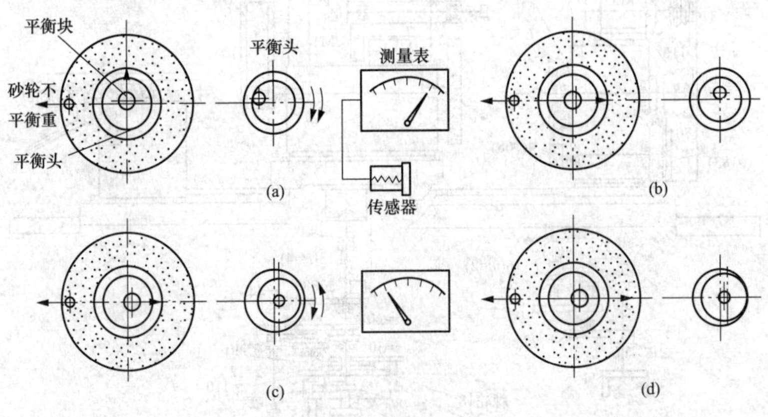

图 6-73 砂轮平衡过程

（a）平衡头与砂轮的任一种相对位置；（b）相位调整；

（c）偏重调整；（d）平衡完成

由于平衡块偏重产生的离心力小于砂轮不平衡量产生的离心力，因此还没有完全平衡。再揿动偏重调整按钮，使平衡块的重心偏移逐渐增大（此时相位保持不变），则表上指针继续向小的读数方向移动［见图 6-73（c）］，直到平衡块的重心移到图 6-73（d）所示的位置，即平衡块的偏重砂轮不平衡重量产生的离心力大小相等，互相抵消，则表上指针移至规定最小值，平衡即告完成。

第七节　典型磨床传动系统分析

一、M1432A 型万能外圆磨床传动系统分析

M1432A 型万能外圆磨床的运动，是由机械传动和液压传动联合组成的。除工作台的纵向往复运动、砂轮架的快速进退、自动周期进给及尾座顶尖套筒的缩进为液压传动外，其余运动都是机械传动。

（一）机械传动系统

图 6-74 所示为 M1432A 型万能外圆磨床机械传动系统。

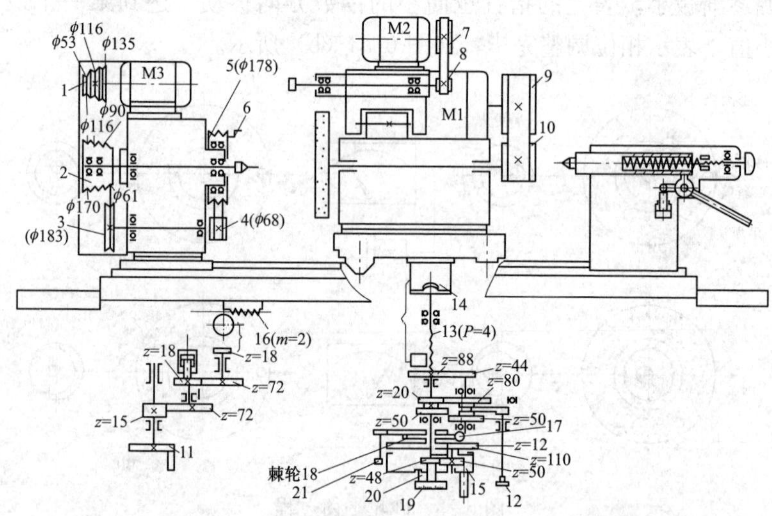

图 6-74　M1432A 型万能外圆磨床机械传动系统

1、2、3、4、5—V 带轮；6—拨杆；7、8、9、10—平带轮；11、15、19—手轮；12、21—捏手；13—丝杠；14—半螺母；16—齿条；17—棘爪液压缸；18—棘轮；20—刻度盘

1. 头架的传动

工件由双速电动机 M3 经三级 V 带轮 1、2 和单级 V 带轮 3、4、5 借拨杆 6 带动工件旋转。把 V 带移至不同直径的带轮上和变速电动机的转速，可使工件得到六种转速。

2. 砂轮的传动

外圆砂轮主轴由电动机 M1 经 V 带轮 9、10 传动。内圆砂轮主轴由电动机 M2 经平带轮 7、8 传动。

3. 砂轮架的横向进给运动

有细进给、粗进给和自动周期进给三种。

（1）细进给时转动手轮 15，通过齿轮副 $\frac{20}{80}$ 和 $\frac{44}{88}$ 及传动丝杠 13，使半螺母 14 带着砂轮架产生进给运动。由于手轮刻度盘上刻有 200 格，因此手轮每转一格进给量为 0.002 5mm。

（2）粗进给时先将捏手 12 推进，转动手轮 15 通过齿轮 $\frac{50}{50}$、$\frac{44}{88}$ 及丝杠 13，使半螺母 14 带着砂轮架产生进给运动。同样手轮刻度盘上刻有 200 格，每格进给量为 0.01mm。

（3）自动周期进给有三种进给方式：双进给、左进给和右进给。自动周期进给是通过棘爪液压缸 17 带动棘轮 18，使手轮转动，并通过齿轮副 $\frac{20}{80}$（或 $\frac{50}{50}$）和 $\frac{44}{88}$ 及丝杠螺母，使砂轮架实现自动周期进给。

4. 工作台手摇传动

转动手轮 11 经齿轮副 $\frac{15}{72}$ 与 $\frac{18}{72}$ 和齿轮（$z=18$）与齿条 16 使工作台移动，实现平动纵向进给。

（二）液压传动系统

图 6-75 为 M1432A 型万能外圆磨床的液压传动系统，能实现工作台的自动往复运动、砂轮架快速进退运动、砂轮架周期进给、尾座套筒的缩回、导轨润滑以及其他一些运动。整个液压系统由单独液压泵电动机带动齿轮泵供给压力油。调节溢流阀 Y，使主系

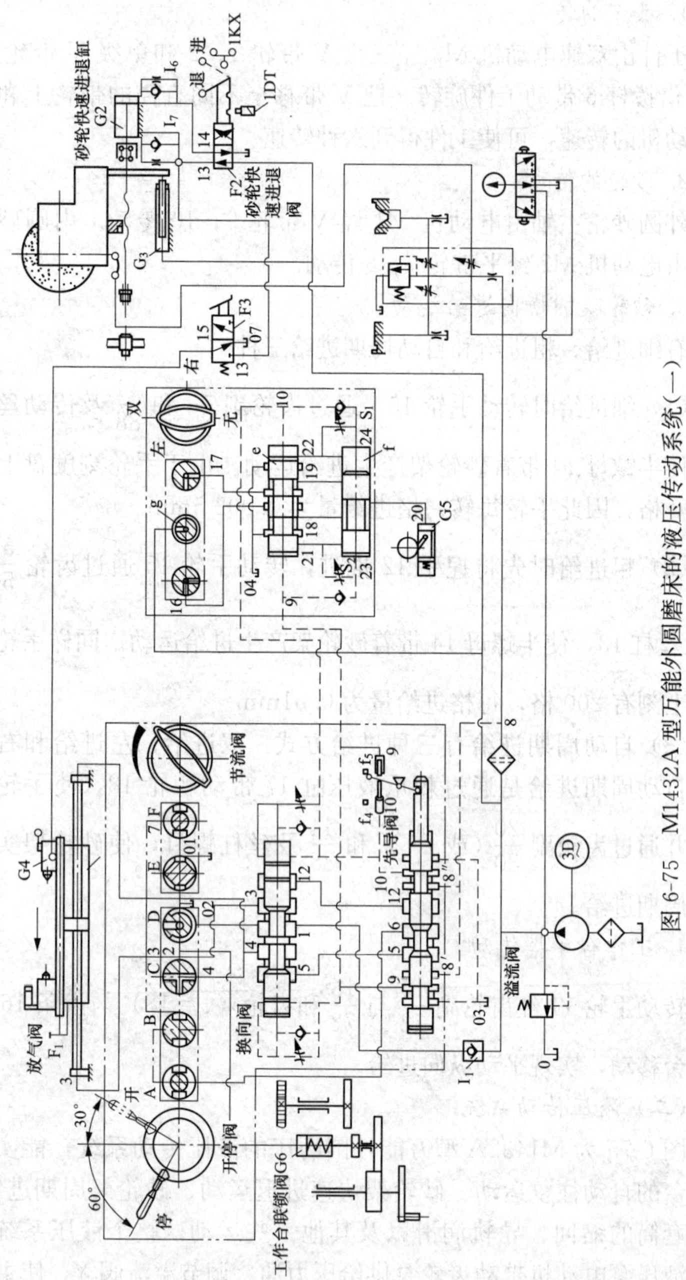

图 6-75 M1432A 型万能外圆磨床的液压传动系统（一）

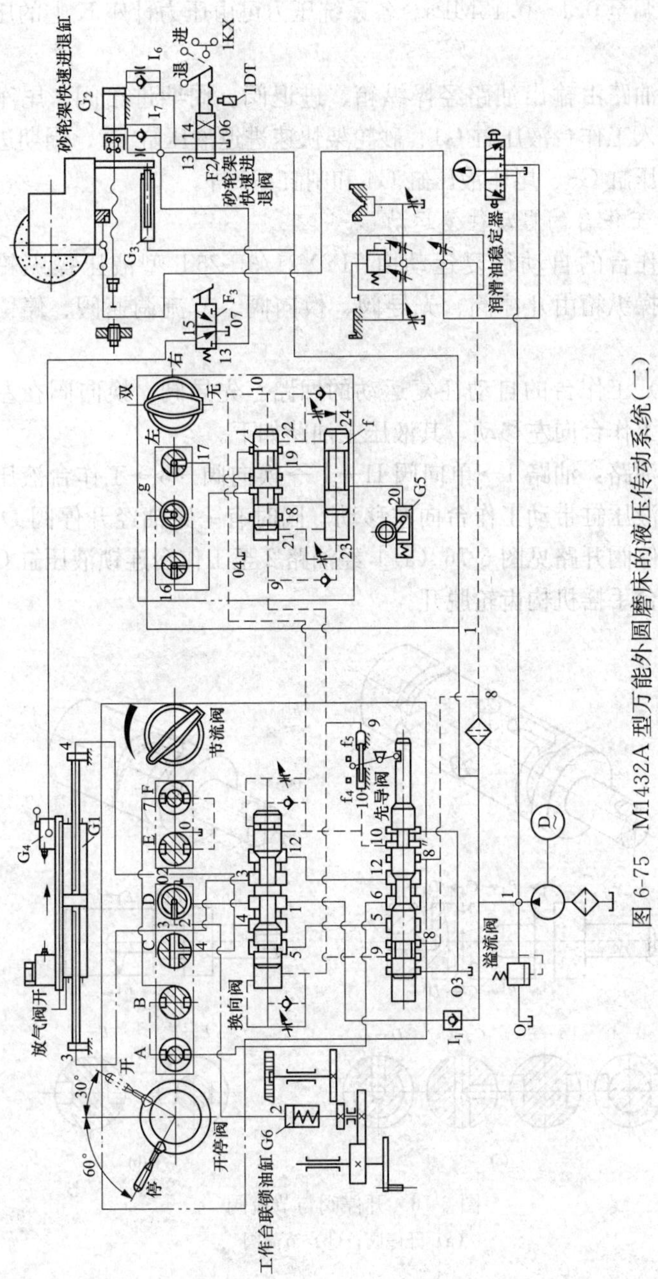

图 6-75 M1432A 型万能外圆磨床的液压传动系统（二）

统压力调至 0.1～0.15MPa。各系统压力可由压力计座 K 上的压力计显示。

主油路由输出油路经操纵箱、进退阀、周期进给阀、尾座阀分别进入工作台液压缸 G1、砂轮架快速进退液压缸 G2、周期进给棘爪液压缸 G3、尾座液压缸 G4 和闸缸 G5 等。

1. 工作台的自动往复运动

工作台的自动往复运动由 HYY21/3P-25T 型液压操纵箱控制，该操纵箱由开停阀、先导阀、换向阀、节流调速阀、停留阀等组成。

(1) 工作台的自动往复运动的回路。先导阀、换向阀在左边位置时工作台向左移动，其液压主油路如下。

进油路：油路 1→单向阀 I1→1′→换向阀→3→工作台液压缸左腔，液压缸带动工作台向左移动。同时有一路油经开停阀 *D* 断面［开停阀开路见图 6-76 (a)］经油路 2 至工作台连锁液压缸 G6，使工作台手摇机构齿轮脱开。

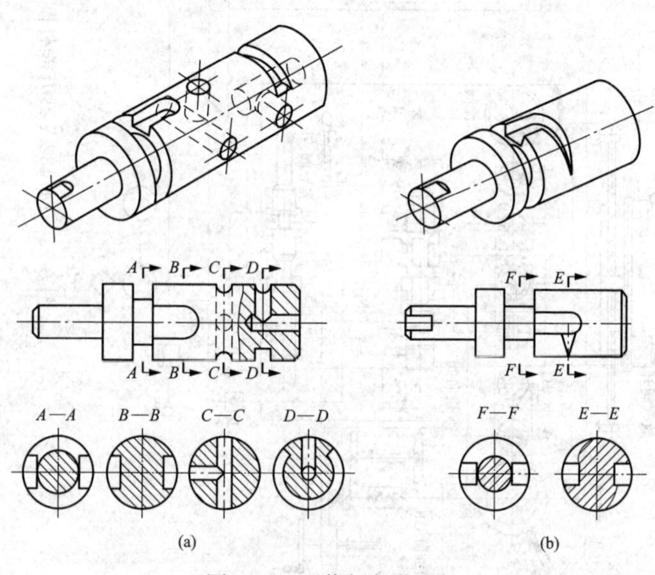

图 6-76　开停阀与节流阀

(a) 开停阀；(b) 节流阀

回油路：工作台液压缸右腔→4→换向阀→5→先导阀→6→开停阀断面→轴向槽→B 断面→30→节流阀 F 断面［节流阀形状见图 6-76（b）］→轴向槽→节流 E 槽断面→油池。

工作台向左运动到调空位置时，工作台上右面的撞块，拨动换向杠杆沿逆时针方向摆动，将先导阀拨动右边位置，在压力油作用下，换向阀也被推向右边，于是工作台液压缸进回油路切换，工作台向右行。

（2）工作台运动速度的调节。工作台液压缸回油腔的回油，都是经节流阀回油池的。所以旋转节流阀，改变节流口（E 断面上圆周方向的三角形槽）的开口大小，便可使工作台的运动速度在 0.05～4m/s 范围内作无级调整。由于节流阀安置在回油路上，液压缸的回油腔有一定的背压，造成阻尼，因而可防止冲击，使工作台运转平稳，而且还较易实现低速运动。

（3）工作台的换向过程。工作台的换向过程分三个阶段即制动阶段、停留阶段和启动阶段。现以工作台向左行程终了时的换向为例，说明上述三个阶段。

1）制动阶段。工作台换向时制动分两步，即先导阀的预制动和换向阀的终制动。当工作台左行至接近终点位置时，其撞块碰上换向杆，拨动先导阀开始向右移动。在移动过程中，先导阀上的制动锥将液压缸回油通路 5→6 逐渐关小，使主回油路受到节流，工作台速度减慢，实现预制动。由于先导阀的移动，便控制换向阀的油路切换，通道 8′→10 关闭［见图 6-77（a）］通道 8″→9 打开，从控制油路来的压力油进入换向阀左端油腔，推动换向阀向右移动，其控制回路如下。

进油路：1→精过滤器→8→8″→先导阀→9→9″→单向阀 I_2→7′→换向阀左端油腔。

回油路：换向阀右端油腔→10′→10→先导阀→油池 0_3［见图 6-77（b）］。

由于此时回油路直通油池，所以换向阀阀芯迅速地从左端原位快跳到中间位置，称为换向阀的第一次快跳。此时主油路通道 1′→4 和 1′→3 都打开，压力油同时进入工作台液压缸左右腔，两

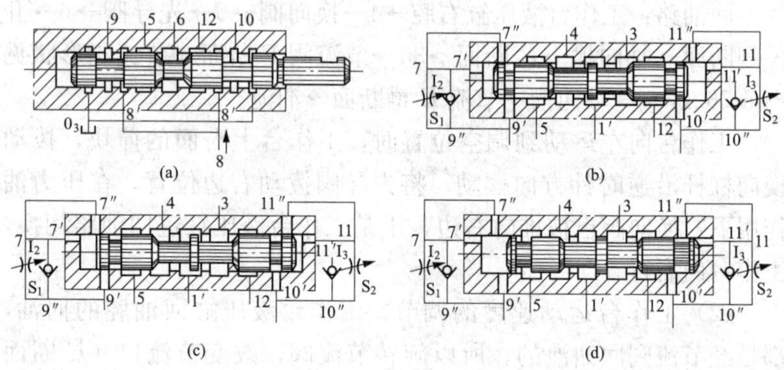

图 6-77　工作台换向各阶段换线阀位置

(a) 换向阀进油；(b) 换向阀回油；(c) 工作台停留；(d) 工作台启动

腔压力平衡，工作台迅速停止，实现终制动。

2）停留阶段。换向阀第一次快跳结束后，继续右移［见图 6-77（c）］，工作台液压缸左右腔一直互通压力油，故工作台停留不动。换向阀在移动时中，由于通孔 10′已被遮盖住，右端油腔需经 11′→11→节流阀 S_2→10″→10→先导阀→油池 0_3。回流速度受节流阀 S_2 控制，即可调整工作台换向时停留时间。

3）启动阶段。换向阀继续右移时，11″与 10′通过换向阀芯右端沉割槽相互接通，于是，右腔油路可经 11′→11→11″换向阀芯沉割槽→ 10′→10→先导阀→油池 0_3，换向阀作第二次快跳，直到右端终点位置［见图 6-77（d）］。

此时换向阀迅速切换主油路，工作台启动反向。

（4）先导阀的快跳。由图 6-75 可见，在先导阀换向杠杆的两侧各有一个小柱塞液压缸 f_4 和 f_5，也称为抖动阀，它们分别由控制油路 9 和 10 供给压力油，并与换向阀右、左油路相通。当先导阀由工作台上的撞块经换向杠杆带动移动一段距离，对工作台完成预制动并切换控制换向阀的油路时，压力油同时进入抖动阀和换向阀，由于抖动阀的直径比换向阀的小，所以快速移动，并通过换向杠杆推动先导阀迅速移动到底，这就是所谓先导阀的快跳。

（5）工作台液动与手动的互锁。当工作台由液压传动作自动往复运动时，工作台手摇机构应该脱开，工作台自动往复时，手轮不能转，以免旋转伤人，这个动作由工作台互锁液压缸完成。当开停阀在“开”的位置时，工作台作自动往复运动时，压力油由 1→单向阀 I1→1′→换向阀→开停阀 *D—D* 断面→工作台互锁液压缸 G6，推动活塞使传动齿轮脱开啮合，因此工作台不能带动手轮旋转。当开停阀在“停”的位置时，工作台互锁液压缸通过开停阀断面上的径向孔和轴向孔与油池接通，活塞在弹簧力作用下恢复原位，使传动齿轮恢复啮合。同时，工作台液压缸左右腔通过开停阀 *C—C* 断面上的相交径向孔互通压力油，因此便可用手轮摇动工作台。

2. 砂轮架进给运动

砂轮架进给运动有砂轮架快速进退运动和自动周期进给运动两种。

(1) 砂轮架快速进退运动。由手动二位四通换向阀 F2 控制砂轮架快速进退油缸 G2。

当扳动进退阀 F2 手柄于“进”位置时，砂轮架快速前进，其液压回路为（见图 6-75）：进油路 1→F2→14→单向阀 I7→G2 右腔通入压力油推动活塞向前，通过丝杠、螺母带动砂轮架快速前进。回油路：G2 左油腔→13→进退阀 F2→油池 O6。

同理，当扳动进退阀于“退”位置时（见图 6-75），砂轮架快速后退，压力油经进退阀 F2→13→单向阀 I6→G2 左腔通入压力油推动活塞后退，通过丝杠、螺母带动砂轮架快速后退。

(2) 砂轮架自动周期进给运动。如需要自动周期进给磨削时，可旋转进给选择阀 9，当工作台的右撞块撞及杠杆带动先导阀换向时，控制压力油 8→8″→9 推动四通阀 e 右移，压力油 1→16→18→20→进给油缸 G5 活塞移动、活塞上棘爪带动棘轮通过齿轮、丝杠、螺母使砂轮架微量进给一次（即右进给）。当阀 e 移动一段距离后，控制压力油经 9→21→S3→23 推动进给阀 f 右移。此时进给液压缸 G5 油流经 20→19→油池 O4。进给液压缸 G5 活塞靠弹簧复位。阀 f 右（左）移的速度可调节 S4（S3）以保证进给液压缸有足够的通油时间。

工作台换向后，左撞块撞换向杠杆，砂轮架再微量进给一次，故为上进给。

如选择阀 9 置于“右进给”位置，则磨削时在工作台右端进给。

如选择阀 9 置于“左进给”位置，则磨削时在工作台左端进给。

如选择阀 9 置于“无进给”位置，则磨削时砂轮架无自动周期进给。

3. 尾座套筒的自动进退

当砂轮架处于退出位置时，用脚踏下脚踏操纵板，使尾座阀 F3 的右位接入系统，则压力油由 1→砂轮架快速进退阀→13→尾座阀→15→尾座液压缸 G4 活塞移动，通过杠杆使尾座套筒向后退回，将工件松开。松开脚踏操纵板，尾座阀在弹簧作用下复位，左位接入系统，于是尾座液压缸接通油池，尾座套筒在弹簧作用下向前顶出。

为了保证工作安全，尾座套筒的自动进退与砂轮架快速引进是互锁的。当砂轮架处于快速前进位置时，油路 13 通过砂轮架快速进退阀与油池相通，如果误踏脚踏操纵板，尾座套筒也不会后退，因此实现了在磨削时不会发生工件自动松开的危险。

二、平面磨床机械传动系统

1. M7120A 型卧轴矩台平面磨床的结构及机械传动系统

（1）M7120A 型卧轴矩台平面磨床的结构特点。M7120A 型卧轴矩台平面磨床如图 6-78 所示，它由床身、工作台、立柱、滑板、磨头和垂直进给机构、工作台手摇进给机构、磨头手动横向进给机构及液压传动系统等部分组成，是一种典型的卧轴矩台平面磨床。

M7120A 型平面磨床不同于立轴圆台普通平面磨床，其传动一般以液压传动为主，机械传动比较简单。主要用来加工较大平面的工件，加工精度也较高。

（2）M7120A 型卧轴矩台平面磨床机械传动系统。M7120A 型卧轴短台平面磨床的机械传动系统如图 6-79 所示。

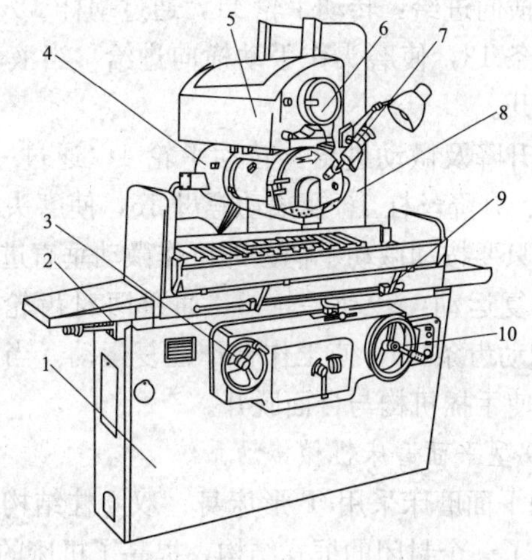

图 6-78　M7120A 型卧轴矩台平面磨床外形图

1—床身；2—工作台；3、6—手轮；4—磨头；5—滑板；7—砂轮修整器；8—立柱；9—撞块；10—转动手柄

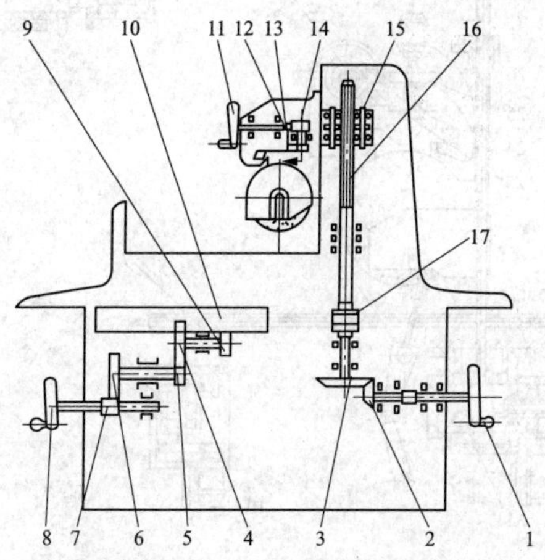

图 6-79　M7120A 型平面磨床机械传动系统

1、8、11—手轮；2、3—锥齿轮；4、5、6、7、9—齿轮；10、13—齿条；12—蜗杆；14—蜗轮；15—滚动螺母；16—升降丝杠；17—联轴器

该系统主要完成以下几个主要运动和动作。

磨头手动横向进给：转动手轮 11，通过蜗杆 12、蜗轮 14，由小齿轮带动齿条 13，使磨头作手动横向进给。当液动进给时，小齿轮与齿条脱开。

磨头垂直升降及微动进给：转动手轮 1，通过一对锥齿轮 2、3，联轴器 17、升降丝杠 16 及滚动螺母 15，使磨头上下升降。通过棘轮机构，只要按动微动手柄，即可作微动垂直进给。

工作台往复运动：转动手轮 8，通过两对齿轮 4、5、6、7，由小齿轮 9 带动齿条 10，使工作台作往复运动。当液动时，齿轮 6 和 7 脱开，使手摇机构与台面脱开。

2. M7140 型平面磨床机械传动系统

M7140 型平面磨床采用 T 形床身、双立柱结构、由床身、立柱、顶盖构成了一个封闭的框式结构，提高了机床的刚性。

M7140 型平面磨床机械传动系统如图 6-80 所示。

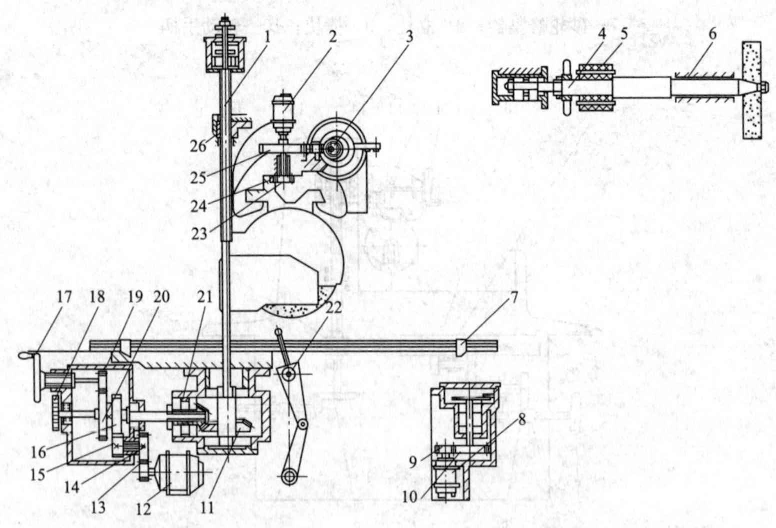

图 6-80　M7140 型平面磨床机械传动系统示意图

1—丝杠；2—电动机；3—螺旋齿轮；4—磨头主轴；5—转子；6—前轴承；7—挡块；8—电动同位器；9、10、13、14、15、16、19、20、23、25—齿轮；11、21—锥齿轮；12—电动机；17—手轮；18—刻度盘；22—先导阀杠杆；24—齿条；26—螺母该机床机械传动系统主要完成以下几个动作：

（1）磨头的手动进给。摇动手轮 17→齿轮 19、20→锥齿轮 21、11→升降丝杠 1→螺母 26→带动磨头升降。

（2）磨头快速升降。此时由升降电动机 12→齿轮 13、14→内轮 15、16→锥齿轮 21、11→升降丝杠 1→螺母 26→带动磨头快速升降。

（3）磨头手动横向进给。该机构的手动横向进给和液动横向进给借助于一联锁阀互锁，其动作还与磨头横向进给换向机构互锁。手动时，依靠一蜗杆带动齿轮 3，经齿轮 25、23 传递至齿条 24 带动磨头作横向进给，此时液压动作闭锁。

第七章

齿 轮 加 工 机 床

第一节　齿轮加工机床概述

一、齿轮加工机床的工作原理

1. 齿轮加工机床的作用

齿轮加工机床是用来加工各种齿轮轮齿的机床。由于齿轮传动具有传动比准确、传力大、效率高、结构紧凑、可靠耐用等优点，因此，齿轮传动在各种机械及仪表中的应用极为广泛，齿轮的需求量也日益增加。随着科学技术的不断发展，对齿轮的传动精度和圆周速度等的要求也越来越高，为此，齿轮加工机床已成为机械制造业中一种重要的技术装备。

2. 齿轮加工机床的工作原理

齿轮加工机床的种类繁多，构造各异，加工方法也各不相同，但就其加工原理来说，不外是成形法和展成法两类。

（1）成形法。成形法加工齿轮所采用的刀具为成形刀具，其刀刃（切削刃）形状与被切齿轮齿槽的截面形状相同。例如在铣床上用盘形或指形齿轮铣刀铣削齿轮，如图 7-1 所示，在刨床或插床上用成形刀具加工齿轮。

在使用一把成形刀具加工齿轮时，每次只加工一个齿槽，然后用分度装置进行分度，依次加工下一个齿槽，直至全部轮齿加工完毕。这种加工方法的优点是机床结构较简单，可以利用通用机床加工，缺点是加工齿轮的精度低。因为加工某一模数的齿轮盘铣刀，一般一套只有八把，每把铣刀有它规定的铣齿范围，铣刀的齿形曲线是按该范围内最小齿数的齿形制造的，对其他齿数

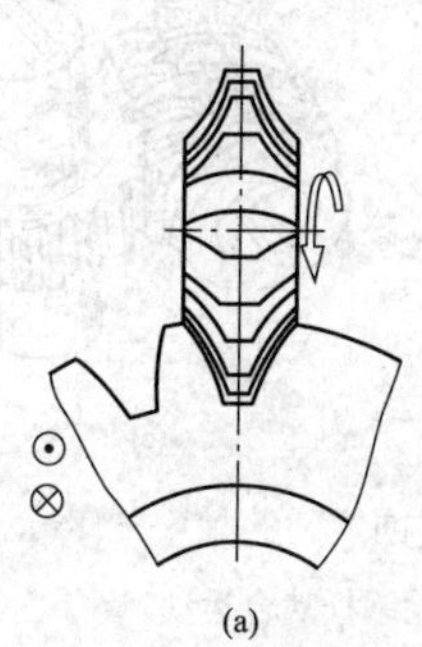

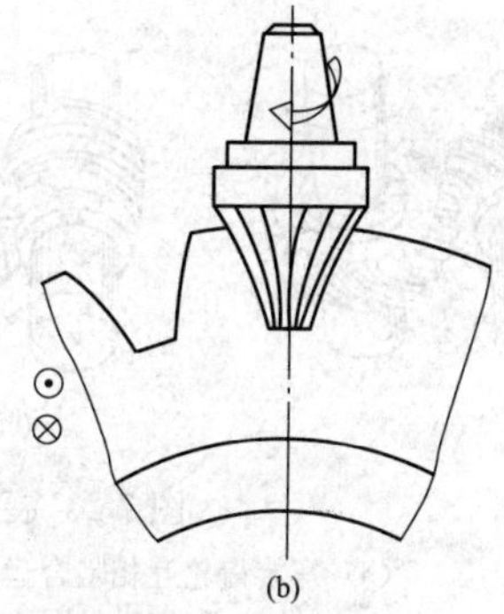

图 7-1　成形法加工齿轮

(a) 盘状铣刀铣齿轮；(b) 指状铣刀铣齿轮

的齿轮，均存在着不同程度的齿形误差，另外，加工时分度装置的分度误差，还会引起分齿不均匀，所以其加工精度不高。此外，这种方法生产率较低，只适用于单件小批生产一些低速、低精度的齿轮。

在大批大量生产中，也可采用多齿廓成形刀具来加工齿轮，如用齿轮拉刀、齿轮推刀或多齿刀盘等刀具同时加工出齿轮的各个齿槽。

(2) 展成法。展成法加工齿轮是利用齿轮的啮合原理进行的，即把齿轮啮合副（齿条—齿轮或齿轮—齿轮）中的一个制作为刀具，另一个则作为工件，并强制刀具和工件作严格的啮合运动而展成切出齿廓。下面以滚齿加工为例加以进一步的说明。

在滚齿机上滚齿加工的过程，相当于一对螺旋齿轮互相啮合运动的过程，如图 7-2 (a) 所示，只是其中一个螺旋齿轮的齿数极少，且分度圆上的螺旋升角也很小，所以它便成为蜗杆形状，如图 7-2 (b) 所示。再将蜗杆开槽并铲背、淬火、刃磨，便成为齿轮滚刀，如图 7-2 (c) 所示。一般蜗杆螺纹的法向截面形状近似齿条形状，如图 7-3 (a) 所示。因此，当齿轮滚刀按给定的切削速度转动时，它在空间便形成一个以等速 v 移动着的假想齿条，当这个假想齿条与被切齿轮按一定速比作啮合运动时，便在轮坯上逐渐切出渐开线的齿形。齿形的形成是由滚刀在连续旋转中依

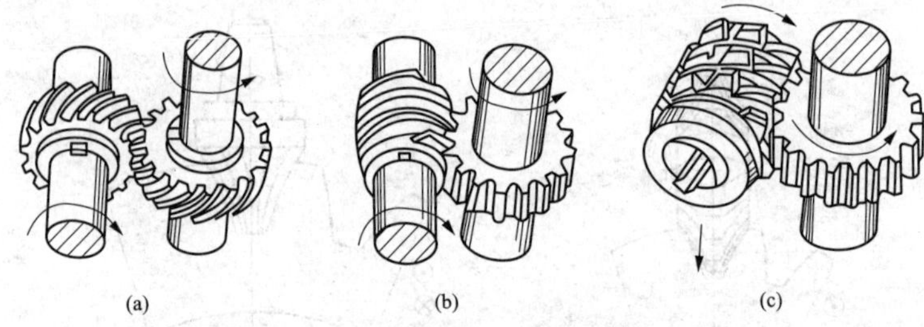

图 7-2　展成法滚齿原理

（a）螺旋齿轮互相啮合运动；（b）蜗轮蜗杆啮合运动；

（c）齿轮滚刀滚齿运动

次对轮坯切削的若干条刀刃线包络而成，如图 7-3（b）所示。

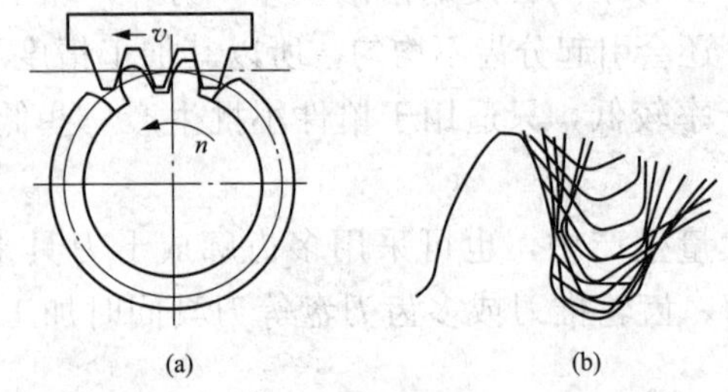

图 7-3　渐开线齿形的形成

（a）蜗杆螺纹的法向截面形状；（b）包括线曲线

用展成法加工齿轮，可以用同一把刀具加工同一模数不同齿数的齿轮，且加工精度和生产率也较高，因此，各种齿轮加工机床广泛应用这种加工方法，如滚齿机、插齿机、剃齿机等。此外，多数磨齿机及锥齿轮加工机床也是按展成法原理进行加工的。

二、齿轮加工机床的分类及其用途

按照被加工齿轮种类不同，齿轮加工机床可分为圆柱齿轮加工机床和圆锥齿轮加工机床两大类。

1. 圆柱齿轮加工机床

这类机床又可分为圆柱齿轮切齿机床及圆柱齿轮精加工机床两类。

（1）滚齿机。主要用于加工直齿、斜齿圆柱齿轮和蜗轮。

（2）插齿机。主要用于加工单联及多联的内、外直齿圆柱齿轮。

（3）剃齿机。主要用于淬火前的直齿和斜齿圆柱齿轮的齿廓精加工。

（4）珩齿机。主要用于对热处理后的直齿和斜齿圆柱齿轮的齿廓精加工。珩齿对齿形精度改善不大，主要是减小齿面的表面粗糙度值。

（5）磨齿机。主要用于淬火后的圆柱齿轮的齿廓精加工。

此外，还有花键轴铣床、车齿机等。

2. 圆锥齿轮加工机床

这类机床可分为直齿锥齿轮加工机床和曲线齿（弧齿）锥齿轮加工机床两类。

（1）用于加工直齿锥齿轮的机床有锥齿轮刨齿机、铣齿机、拉齿机以及精加工磨齿机等。

（2）用于加工曲线齿（弧齿）锥齿轮的机床有弧齿锥齿轮铣齿机、拉齿机以及精加工磨齿机等。

三、齿轮加工机床的类型及性能参数

1. 齿轮加工机床的参数标准

（1）滚齿机的参数标准，见表 7-1。

表 7-1　　　　滚齿机参数（JB/T 6344.3—2006）

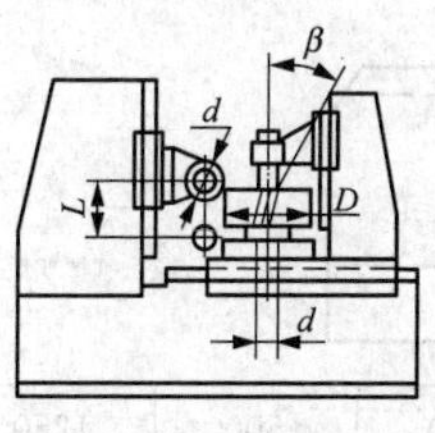

工作台移动式(Ⅰ型)

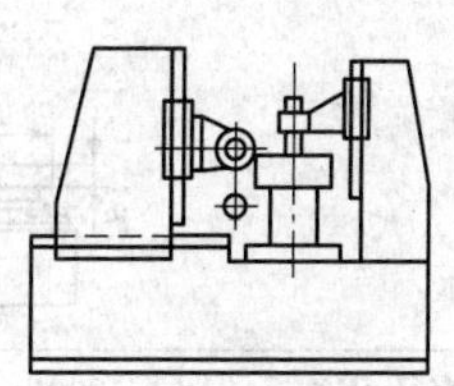

立柱移动式(Ⅱ型)

续表

<table>
<tr><th>最大工件直径
D/mm</th><th>最大模数
m/mm</th><th>滑板行程长度
L/mm</th><th>最大加工螺旋角
β</th><th>最大安装滚刀直径 d
/mm</th><th colspan="2">滚刀主轴锥孔锥度</th><th>工作台孔径 d_1
/mm</th><th>工件心轴莫氏锥度</th><th>工作台承载质量
/t</th></tr>
<tr><td rowspan="2">125</td><td>2</td><td>125</td><td rowspan="14">±45°</td><td>71</td><td rowspan="10">莫氏锥度</td><td rowspan="3">4</td><td>—</td><td rowspan="3">4</td><td rowspan="7">—</td></tr>
<tr><td rowspan="2">4</td><td rowspan="2">160</td><td rowspan="2">112</td><td rowspan="2">60</td></tr>
<tr><td rowspan="2">200</td></tr>
<tr><td rowspan="2">6</td><td>200</td><td rowspan="2">140</td><td rowspan="4">5</td><td rowspan="2">80</td><td rowspan="4">5</td></tr>
<tr><td>320</td><td>250</td></tr>
<tr><td>500</td><td>8</td><td>320</td><td>160</td><td>100</td></tr>
<tr><td>800</td><td>10</td><td>400</td><td>200</td><td>120</td></tr>
<tr><td>1250</td><td>16</td><td>630</td><td>235</td><td rowspan="3">6</td><td>160</td><td rowspan="3">6</td><td>(Ⅰ型) 3
(Ⅱ型) 5</td></tr>
<tr><td rowspan="2">2000</td><td>20</td><td>800</td><td>280</td><td>300</td><td>10</td></tr>
<tr><td>25</td><td>1000</td><td>320</td><td>400</td><td>15</td></tr>
<tr><td>3150</td><td>32</td><td rowspan="4">1600</td><td>380</td><td colspan="2" rowspan="4">米制圆锥</td><td rowspan="4">100</td><td rowspan="4">—</td><td>49</td></tr>
<tr><td>5000</td><td rowspan="3">40</td><td rowspan="3">420</td><td rowspan="3">65</td></tr>
<tr><td>8000</td></tr>
<tr><td>12 500</td></tr>
</table>

（2）插齿机的参数标准，见表 7-2。

表 7-2　　插齿机参数（JB/T 3193.1—2013）

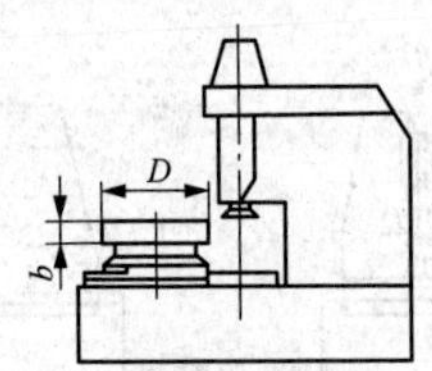

最大工件直径 D/mm	200	320	500	1250	3150
最大模数 m/mm	4	6	8	12	16
最大加工齿宽 b/mm	50	70	100	160	240

续表

主轴插齿刀	轴径 d/mm	31.743	31.743	31.743	31.743	80
	锥孔	莫氏 3 号	—	—	—	1∶20
工作台	孔径 d_2/mm	60	80	100	180	240
	T 形槽槽数	—	4	4	8	16
	槽宽/mm	—	12	14	22	36

(3) 渐开线圆柱齿轮磨齿机的参数标准，见表 7-3。

表 7-3　渐开线圆柱齿轮磨齿机参数（JB/T 3989.1—1999）

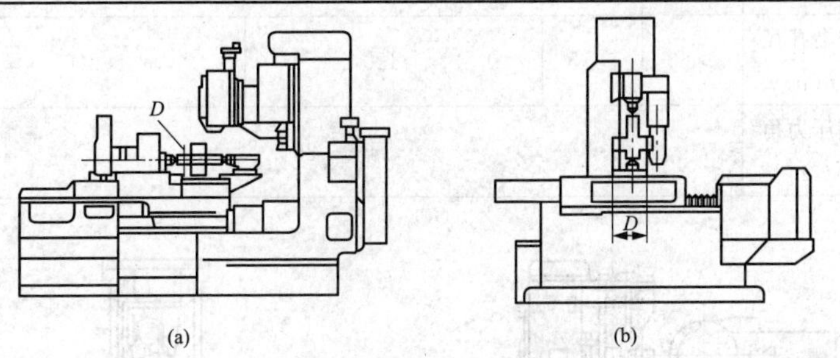

(a)　　(b)

(a) 碟形砂轮磨齿机参数

最大工件顶圆直径 D/mm		320	630	1000	1600
最小滚圆直径/mm		20	30	160	250
法向模数 m_n/mm		1～12	1.5～15	2～20	4～20
最大齿宽/mm		200	300	500	
工件齿数		10～180	10～200	12～200	25～400
最大螺旋角/(°)		±45		±30	
最大承载质量/kg	使用顶尖尾架	20	30		
	使用滚动尾架	60	200	2000	3000
砂轮直径/mm		280～200		340～245	450～360

(b) 锥形砂轮磨齿机参数

最大工件顶圆直径 D/mm	320	500	630	800	1000	1250	1600	2000
最小顶圆直径/mm	30	50	65	80	100	125	250	300

续表

法向模数/mm	1～8	2～12		2～16			3～20	
最大齿宽/mm	160			225			430	
工件齿数	6～120	12～240	12～150			20～300		25～400
最大螺旋角/(°)	±45			±35			±30	
最大承载质量/kg	60	280		850	1200	2000	3000	4500
砂轮直径/mm	250/190	350/270			400/290			450/350
工作台孔径/mm	>60	>75	>120			>200		
磨削压力角/(°)	14.5～25							

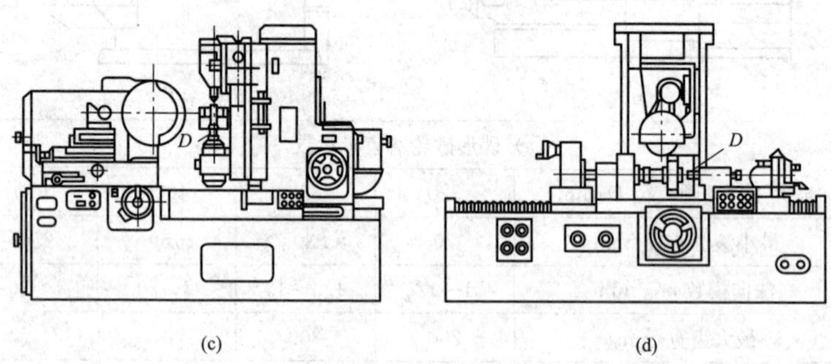

(c) (d)

	(c) 蜗杆砂轮磨齿机参数			(d) 成形砂轮磨齿机参数		
最大工件顶圆直径 D/mm	200	320	630	320	630	1000
最小顶圆直径/mm	10		40	30	65	300
法向模数/mm	0.2～2	0.5～5	1～7	1～8	1～16	3～16
最大齿宽(正齿)/mm	80	160	220	100	160	250
工件齿数	10～250	12～130	16～250	8～120	10～140	20～180

续表

工件压力角/(°)	14.5～30			14.5～25		
最大螺旋角/(°)	±45		±30	±30		0
最大承载质量/kg	20	60	240	55	400	2000
砂轮直径/mm	450～380	380～300	400～280	250～190	350～270	
砂轮宽度/mm	25	60；80；100	80；100	10；16；20	10;16;20;25;32	16；20；25；32；40

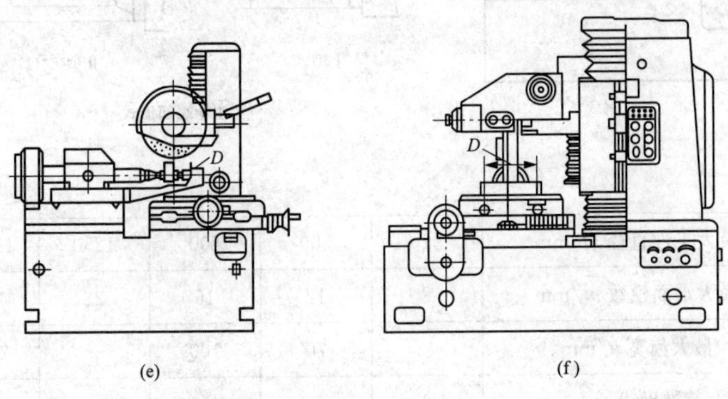

(e)　　(f)

	(e) 平面砂轮磨齿机参数		(f) 内齿轮磨齿机参数		
最大工件顶圆直径 D/mm	200	320	200	500	800
最小根圆直径/mm	20	35	—	—	—
最小顶圆直径	—	—	90	180	250
法向模数/mm	1～8	2～16	1～3	2～6	2～8
最大齿宽/mm	—	—	80	100	160
工件齿数	8～120	12～160	32～140	32～170	32～240
最大螺旋角/(°)	±35		0	±25	±30
磨削压力角/(°)	10～23		14～25		
最大工件质量/kg	15	30	—	—	—
砂轮直径/mm	400～300	800～660	90～65	200～150	200～150

（4）弧齿锥齿轮铣齿机的参数标准，见表 7-4。

表 7-4　　弧齿锥齿轮铣齿机参数（JB/T 3192.1—2013）

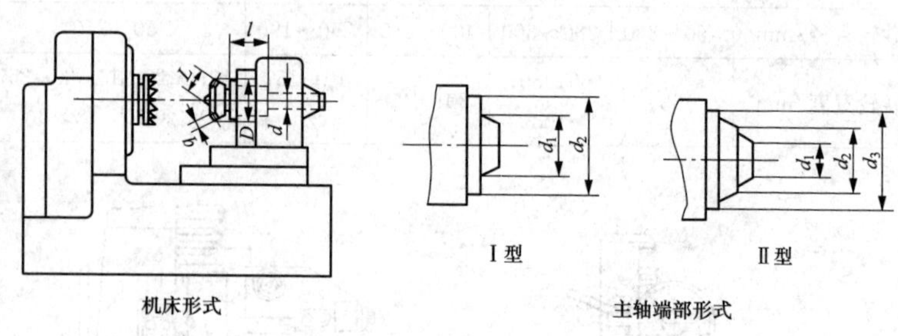

项目							
最大工件直径 D/mm			320	500	800	1250	1600
最大端面模数 m/mm			8	12	16	22	28
最大齿宽 b/mm			45	70	100	—	200
是大节锥母线长 L/mm			160	250	400	—	800
最大传动比 i			1∶10				
工件箱主轴孔尺寸	锥度		1∶20				
	锥孔大端直径/mm		80	100	160	—	200
	锥孔深度 l/mm		≥202	≥240	≥350	—	≥424
	端孔直径 d/mm		≥50	≥75	≥125	—	≥160
铣刀盘最大公称直径/mm			250	400	500	—	1000
铣刀盘配合处直径/mm	Ⅰ型	d_1	58.221	58.221	—	—	—
		d_2		126.996	—	—	—
	Ⅱ型	d_1	25.4	58.196	58.196	—	—
		d_2	58.196	126.96	126.96	—	215.8
		d_3	—	—	215.8	—	330

（5）直齿锥齿轮刨齿机的参数标准，见表 7-5。

表 7-5　　直齿锥齿轮刨齿机参数（JB/T 4177.1—1999）

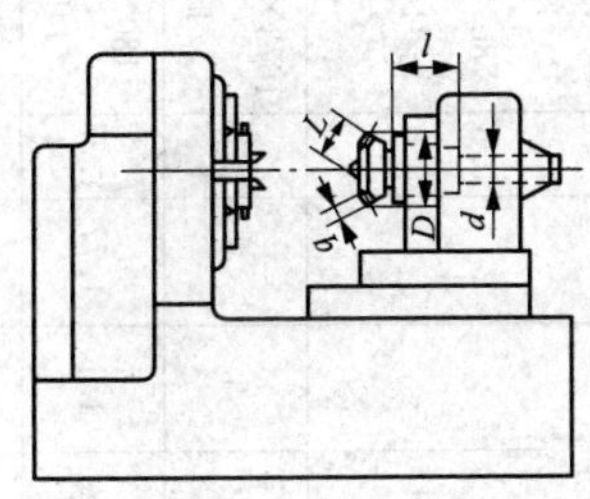

最大工件直径 D/mm		320	500	800	1600
最大模数 m/mm		8	10	20	32
最大齿宽 b/mm		50	90	150	270
最大节锥母线长 L/mm		160	250	400	800
最大传动比 i		1∶10	1∶10	1∶10	1∶8
工件箱主轴孔尺寸	锥度	1∶20	1∶20	1∶20	1∶20
	锥孔大端直径/mm	80	100	160	200
	锥孔深度 l/mm	⩾202	⩾240	⩾350	⩾424
	通孔直径 d/mm	⩾50	⩾75	⩾125	⩾160

2. 齿轮加工机床的型号与技术参数

（1）滚齿机的型号与技术参数，见表 7-6。

（2）插齿机的型号与技术参数，见表 7-7。

（3）剃齿机的型号与技术参数，见表 7-8。

表 7-6　　滚齿机的型号与技术参数

产品名称	型号	技术参数									工作精度		电动机功率/kW		质量/t	外形尺寸/mm（长×宽×高）	备注
		最大加工直径×最大模数/mm	滚刀至工作台最小中心距/mm	加工范围			工件质量/t	工作台尺寸/mm	主轴转速/(r/min)		等级	表面粗糙度 *Ra*/μm	主电动机	总容量			
				齿宽/mm	螺旋角/(°)	最少加工齿数			级数	范围							
卧式滚齿机	YGA3603	32× 0.5/0.8 钢	8		3	10～240				110～301	4			1.8	0.6	780×925×1430	高精度仪表齿轮加工用
	YM3603	32× 0.5/0.8 钢	8		3	10～240				750～3010	5				0.6		
高效滚齿机	YBS3112	125×3	40 60	35	50 60	5		180		80～400		3.2	3		1.95	1673×1218×1565	
半自动滚齿机	YB3112/2	125×2		100	±60			120	6	100～560	7	3.2	1.1	1.77	1.35	1180×750 1490	
卧式滚齿机	YN3616	160×2.5	6		±45	4～300		120	9	132～850	7	3.2	3.2	5.27	4	1820×1530×1655	
数控滚齿机	YK3120	200×6	30	200	±45	4		280	无级	100～600	6	3.2	12.5	40	10	4730×2925 2670	全密封护罩带油雾分离装置、六轴数控

续表

产品名称	型号	技术参数									工作精度		电动机功率/kW		质量/t	外形尺寸/mm（长×宽×高）	备注
		最大加工直径×最大模数/mm	滚刀至工作台最小中心距/mm	加工范围 齿宽/mm	加工范围 螺旋角/(°)	加工范围 最少加工齿数	工件质量/t	工作台尺寸/mm	主轴转速/(r/min) 级数	主轴转速/(r/min) 范围	等级	表面粗糙度 Ra/μm	主电动机	总容量			
高效滚齿机	YX3120	200×6	40		45	6		320	7	152～605	6-6-7	3.2	11	16.72	9.5	2750×2550×2140	全密封护罩带油雾分离装置
高效滚齿机	YX3120/02	200×6	40		45	6		320	7	160～500	6-7-7	3.2	11	16.72	9.5	3250×3500×2380	全密封护罩带油雾分离装置
高效滚齿机	YXN3120	200×6	30	200	±45	5		250	12	118～375	7	3.2	8	12.75	7	2460×1790×1900	全密封护罩带油雾分离装置
半自动滚齿机	YB3120	200×6	60	160	±45	特4/12		300	8	80～500	6-7-7	3.2	7.5	10.57	3.5	2250×1590×1720	
半自动滚齿机	YBA3120	200×4	10	170	±55	5		210	8	63～315	6-7-7	3.2	2.2	3.5	1.95	1673×1218×1425	
非圆齿轮铣齿机	YK8320	200×2			±30			210	无级	0～250		3.2	1.4		2	2990×1750×2130	五轴数控三联动
高效滚动机	YXA3132	320×8	60	230	±45	6		320	7	125～500		3.2		17.87		2700×2695	
高效滚动机	YBA3132	320×8	60	250	±45	7		320	8	200～720	5-7-7	3.2		17.87	8	2830×2800×2120	
高效滚动机	YX3132	320×8	60	200	±45	10	0.4	320	8	100～500	7	3.2	7.5	11.68	7	3192×1820×1940	

续表

产品名称	型号	技术参数									工作精度		电动机功率/kW		质量/t	外形尺寸/mm（长×宽×高）	备注
		最大加工直径×最大模数/mm	滚刀至工作台最小中心距/mm	加工范围			工件质量/t	工作台尺寸/mm	主轴转速/(r/min)		等级	表面粗糙度 Ra/μm	主电动机	总容量			
				齿宽/mm	螺旋角/(°)	最少加工齿数			级数	范围							
大模数数控滚齿机	YD3140	400×12	25		±40	6		510		32～200		3.2		8.45	5	2530×1400×2000	
滚齿机	Y3150E	500×8	30	250	±55	6		510	9	40～250	5-6-7	3.2	4	6.35	4.3	2439～1272×1770	
	YN3150	500×10	25	300	±60	6	0.8	440	9	32～315	7	3.2	5.5	9.1	7.5	2587×1435×2040	
	YLN3150	500×10	25	300	±60	6	0.8	440	9	32～315	7	3.2	5.5	9.47	8.1	2537×1560×2024	
	Y3150/3	500×6		240	±45			320	8	50～275	7	3.2	3	3.125	3	1825×960×1730	
	Y3150E	500×8	30	250	±60	5	0.8	500	9	40～250	7	3.2	4	6.75	4.3	2439×1272×1770	
	YA3150E	500×8	30	250	±60	6		510	9	40～250	5-6-7	3.2	4	6.35	4.4	2475×1670×1880	半自动循环
	YA3150	500×8	30		±60	6		540	9	50～315	5-6-7	3.2	5.5	10	7	3050×2080×2150	半自动一次方框循环，径向自动切入
	YA3180	800×10		350	±45			ϕ690	9	45～280			7.5	10.19	7.5	3050×1825×2100	

续表

产品名称	型号	最大加工直径×最大模数/mm	技术参数								工作精度		电动机功率/kW		质量/t	外形尺寸/mm（长×宽×高）	备注
			滚刀至工作台最小中心距/mm	加工范围			工件质量/t	工作台尺寸/mm	主轴转速/(r/min)		等级	表面粗糙度 Ra/μm	主电动机	总容量			
				齿宽/mm	螺旋角/(°)	最少加工齿数			级数	范围							
精密滚齿机	YM3150E	500×6	30	250	±55	7		510	9	40～250	4-5-6	3.2	4	6.35	4.3	2439×1272×1770	
	YMA3150	500×8	30		±60	8		540	9	44～280	4-5-6	3.2	5.5	10	7	3050×2080×2150	
	YM3180H	800×8		500	±45			ϕ650	8	40～200			5.5	8.45	5.5	2765×1420×1850	
半自动滚齿机	YB3150E	500×8	30	250	240	6		510	9	40～250	5-6-7	3.2	4	6.35	4.3	2439×1272 1770	半自动循环自动串刀
硬齿面滚齿机	YC3150	500×8	30	250	±60	6		510				3.2				2475×1670×1880	
筒式数控滚齿机	YKJ3150	500×8	30	250	±45	6		510			7	3.2	4		5	2470×1515×2100	
	YKJ3180	500×10(无后立柱 800)	50	300	240	8		650	8	40～200		3.2	5.5	9.12	5.5	2770×1490×1972	
万能滚齿机	YW3180	800×10	50		±65	8		690		45～280	5-6-7	3.2		16.3	8.5	3050×1830×2100	二次 L 循环，组合刀架切向对角滚切

续表

产品名称	型号	最大加工直径×最大模数/mm	技术参数								工作精度		电动机功率/kW		质量/t	外形尺寸/mm（长×宽×高）	备注
			滚刀至工作台最小中心距/mm	加工范围			工件质量/t	工作台尺寸/mm	主轴转速/(r/min)		等级	表面粗糙度 Ra/μm	主电动机	总容量			
				齿宽/mm	螺旋角/(°)	最少加工齿数			级数	范围							
硬齿面滚齿机	YC3180	800×10	50		±65	8		690	9	50～320	6-6-7	3.2	7.5	16.03	8	3050×1825×2100	加工硬度HRC45-62组合刀架
数控滚齿机	YK3180	800×10	50		±45			650	无级	80～240		3.2	9			4600×2800×2550	
摆线铣齿机	Y3280	800×8偏心距	80	170		9		650	4	73～142.5	10.5	6.3		10.45	5.5	2765×1420×1850	五轴数控四联动
高精度滚齿机	YG3780	800×8	100			60	1	1000	9	16～50	4	1.25	5.5	8.75	10	2714×2335×2110	
卧式滚齿机	Y36100A	1000	150	2800	45		20		无	6.3～63	6	1.6	22		60	9800×4120×2740	
大模数滚齿机	Y30100	1000×钢12铁16	60	500	240	7		950	8	23～180	6-6-7	3.2	11	18.75	13	3595×2040×2400	
滚齿机	Y31124E	1250×钢12铁16	100	500	±60	12	3	950	7	16～125	5-6-7	3.2	10	17.75	13	3590×2040×2400	五轴数控四联动
精密滚齿机	YM31125E	1250×钢8铁12	100	500	±60	12	3	950	7	16～125	4-5-6	3.2	10	17.75	13	3590×2040×2400	

续表

产品名称	型号	技术参数									工作精度		电动机功率/kW		质量/t	外形尺寸/mm（长×宽×高）	备注
		最大加工直径×最大模数/mm	滚刀至工作台最小中心距/mm	加工范围			工件质量/t	工作台尺寸/mm	主轴转速/(r/min)		等级	表面粗糙度 Ra/μm	主电动机	总容量			
				齿宽/mm	螺旋角/(°)	最少加工齿数			级数	范围							
硬齿面滚齿机	YC31125	1250×12	100	500	±60	12	3	950	8	22～184	6-6-7	3.2	11	18.75	13	3590×2040×2400	加工硬度HRC45～62自动串刀
滚齿机	Y31125A	1250×M16	450			12			7	16～125	7	1.6	10	17.4	15	3691×2018×2306	
高精度滚齿机	YGA 31125	1250×8	100	620	±45	55		1030	11	10～101	5	1.6～3.2	10	7.1	17	4835×2000×2945	
卧式滚齿机	Y36160	1600			45		40		无	5～50	6	1.6	30		80	12300×4250×3350	
	Y36200	2000	4000	4500	45		40		无	5～50	6	1.6	37		115	12600×5200×3330	
大型滚齿机	Y31200H	2000×12	100	700	±45	12	10	1650	18	12～90	6～8	3.2	13	24.4	34	7220×3260×3200	有切向进给单分度组合刀架

表 7-7 插齿机的型号与技术参数

产品名称	型号	最大加工直径×最大模数/mm	技术参数					工作精度		电动机功率/kW		质量/t	外形尺寸/mm（长×宽×高）
			加工范围			插齿刀往复冲程							
			内齿轮直径/mm	最大加工齿宽/mm	斜齿轮最大螺旋角/(°)	级数	范围/（次/min）	等级	表面粗糙度 Ra/μm	主电动机	总容量		
精密插齿机	YM5132	320×6	320	80	±45	12	115～700	6	2.5	3/4	5.8	4	1700×1040×1960
高速插齿机	YS5132	320×6	320	80	±45	8	255～1050	7	3.2	2.6/3.7	7.8	5.5	1965×1060×1950
高速精密插齿机	YSM5132	320×6	320	80	±45	8	255～1050	6	2.5	2.6/3.7	7.8	5.5	1965×1060×1950
插齿机	Y54B	500×6	550	105	36	6	80～400	7	3.2	3	3.95	4	1750×1300×2060
	YM5150A	500×8	500	100	45	12	83～538	6	3.2	4	7.5	5.5	2000×1720×2200
	YM5150H	500×8	500	100		12	79～704	7	1.6	4/5.5	7	7.5	2220×2110×2700
	YP5150A	500×8	600	125	小于 45	6	100～600	6	3.2	3/4	8.19	6	2100×1320×2210
精密插齿机	YM5150B	500×8	500	100	±45	6	65～540	6	2.5	4.5/6.5	11	6	2240×1512×2280

续表

产品名称	型号	技术参数										质量/t	外形尺寸/mm（长×宽×高）
		最大加工直径×最大模数/mm	加工范围			插齿刀往复冲程		工作精度		电动机功率/kW			
			内齿轮直径/mm	最大加工齿宽/mm	斜齿轮最大螺旋角/(°)	级数	范围/（次/min）	等级	表面粗糙度 Ra/μm	主电动机	总容量		
插齿机	Y5180A	800×10	800	180	±45	6	50～410	7	3.2	6.7/8.7	13.2	7.1	2410×1512×2620
	Y58A	800×12	1000	170	45	7	25～150			7.5	9.5	12	3552×1783×3792
精密插齿机	YM5180	800×10	800	180	±45	6	50～410	6	2.5	6.7/8.7	13.2	7.1	2410×1512×2620
插齿机	Y51125A	1250×12	1800	200		11	45～262	7	3.2	12/9	19	18	3625×1570×2955
精密插齿机	YM51125	1250×12	1800	200		11	45～262	6	2.5	12/9	19	18	2625×1570×2955
插齿机	Y51160	1600×14	2100	330		6	13～65	7	3.2	11	24	30	4540×2260×4000
精密插齿机	YM51160	1600×14	2100	330		6	13～65	6	2.5	11	24	30	4540×2260×4000
大型插齿机	T_1-Y51200	2000×16	2250	180	45	8	20～125	8	3.2	18.5	26.54	32	4540×2700×3720

续表

产品名称	型号	最大加工直径×最大模数/mm	技术参数					工作精度		电动机功率/kW		质量/t	外形尺寸/mm（长×宽×高）
			加工范围			插齿刀往复冲程							
			内齿轮直径/mm	最大加工齿宽/mm	斜齿轮最大螺旋角/(°)	级数	范围/（次/min）	等级	表面粗糙度 Ra/μm	主电动机	总容量		
插齿机	Y51250B	2500×16	2700	250		6	23～125	7	3.2	11	21	28	4750×2260×3610
精密插齿机	YM51250	2500×20	2800	320		6	13～65	6	2.5	11	21	30	4750×2260×4000
数控扇形齿轮插齿机	YK5612	120×10		80		无级	90～660	7	3.2	5.5	10	8	2295×1960×2180
三轴数控插齿机	YKN5132	320×6	320	70	小于45	12	160～800	6	3.2	3/4.5	5.92	6.5	2310×1610×2440
扇形齿轮插齿机	Y5612A	120×10		80		无级	90～660	7	3.2	5.5	10	8	2295×1960×2180
滚插联合机床	YL8320	插齿 125×4 滚齿：200×6		插齿：23 滚齿：150			600～1000	7	3.2	7.5	15	7	2300×1200×2350
插齿机	Y5120B	200×4	220	50	±45	4	200～600	6	3.2	1.5	2.14	1.7	1303×966×1830

续表

产品名称	型号	最大加工直径×最大模数/mm	技术参数					工作精度		电动机功率/kW		质量/t	外形尺寸/mm（长×宽×高）
			加工范围			插齿刀往复冲程							
			内齿轮直径/mm	最大加工齿宽/mm	斜齿轮最大螺旋角/(°)	级数	范围/（次/min）	等级	表面粗糙度 Ra/μm	主电动机	总容量		
全自动离速插齿机	YZS5120	200×4	110（ds）	30	±45	16	265～1250	6	3.2	3.5/5	12	6.5	3105×1604×2045
高速插齿机	YSN5120	200×4	110（ds）	30	小于45	16	265～1250	6	3.2	3.5/5	6.77	6	2275×1580×2045
高速插齿机	YB5120	200×6	200	50	±45	8	300～1050	7		2.2/3.6	4.5	4	1600×1000×1900
高速精密插齿机	YSM5120	200×6	200	50	±45	8	255～1050	6	2.5	2.6/3.7	7.8	5.5	1815×1060×1950
简式数控插齿机	YKJS5120	200×6	200	50	±45	无级	56～1250	7	3.2	5.5	12	5.5	1815×1060×1950
插齿机	YZ5125	250×6	120＋刀具直径	60	45	8	250～900	6	1.6	4.0/5.5	12	5.5	2510×2230×2210
高速插齿机	YZX5125	250×6	120＋刀具直径	60	45	12	250～1350	6	1.6	4/5.5	12	5.5	2510×2230×2210
插齿机	Y5132	320×6	320	70	小于45	12	160～800	6	3.2	3.5/5	9.22	6.5	2310×1610×2440
	Y5132D	320×6	320	80	±45	12	115～700	7	3.2	3/4	5.8	4	1700×1040×1960

续表

产品名称	型号	技术参数										
		最大加工长度×最大模数/mm	加工范围		插齿刀往复冲程/（次/min）		工作精度		电动机功率/kW		质量/t	外形尺寸/mm（长×宽×高）
			最大加工齿宽/mm	斜齿轮最大螺旋角/(°)	级数	范围	等级	表面粗糙度 $Ra/\mu m$	主电动机	总容量		
齿条插齿机	YBJ5612	108×6.5	40		4	125～350			3.5		4.5	2000×1600×2000
	Y58125	1250×8	80	±45	6	65～540	7	2.5	4.5/6	10.72	10	2240×2500×2260
	58125A	1250×8	100	45	12	83～538	6	3.2	4	7	5.5	1700×2500×2520
	Y58125	1250×8	100		12	65～540	7	3.2	6/4.5	11	8	1750×700×2620

表 7-8　　剃齿机的型号与技术参数

产品名称	型号	技术参数							工作精度		电动机			质量/t	外形尺寸/mm（长×宽×高）
		最大加工直径×最大模数/mm	最大加工宽度/mm	刀架最大回转角/(°)	工作台最大行程/mm	工作台顶尖距离/mm	主轴转速/(r/min)		等级	表面粗糙度 Ra/μm	功率/kW		台数		
							级数	范围			主电动机	总容量			
剃齿机	Y4212	125×1.5	40	±30	50	220	9	63～400	6	1.6	1.5	1.75	4	1.7	1305×1490×1375
	Y4212D	125×2.5													
	Y4250	500×8	90	±30	100	500	6	80～250			2.2			4	1396×1600×2325
剃齿机	YP4232C	320×6	90	±30	100	400	6	80～250	6	1.6	2.2	3.79	5	3	1240×1500×2165
	YA4232	320×8	160	±30	160	540	6	80～270	6	1.25	2.2	5	5	2.8	1820×1400×2310
	YA4250													3.2	1820×1400×2460
万能剃齿机	YW4232	320×8	90	±30	0°，100 90°，20	500	0	50～250	6	1.6	2.2	4.75	5	4.8	1550×1920×2225
	YWA4232				100										
剃齿机	YP4250	500×8	90	±30	100	500	6	80～250	6	1.6	2.2	3.79	5	4	1000×1600×2325

第二节　Y3150E 型滚齿机

一、Y3150E 型滚齿机主要组成部件

1. 滚齿机的作用

Y3150E 型滚齿机主要用于加工直齿和斜齿圆柱齿轮。此外，使用蜗轮滚刀时，还可用手动径向进给滚切蜗轮，也可用于加工花键轴及链轮。

机床的主要技术参数为：加工齿轮最大直径 500mm，最大宽度 250mm，最大模数 8mm，最小齿数 $5k$（k 为滚刀头数）。

2. 机床主要组成部件

Y3150E 型滚齿机结构如图 7-4 所示，机床由床身 1、立柱 2、刀架溜板 3、滚刀架 5、后立柱 8 和工作台 9 等主要部件组成。立柱 2 固定在床身上。刀架溜板 3 带动滚刀架可沿立柱导轨作垂向进给运动或快速移动。滚刀安装在刀杆 4 上，由滚刀架 5 的主轴带动作旋转主运动。滚刀架可绕自己的水平轴线转动，以调整滚刀的安装角度。工件安装在工作台 9 的工件心轴 7 上或直接安装在工作

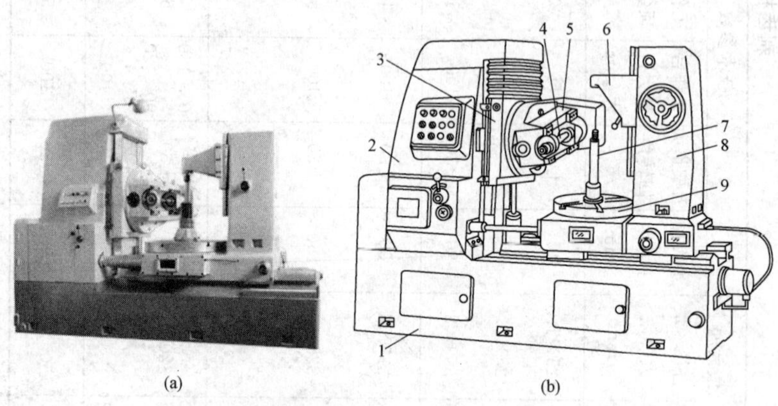

图 7-4　Y3150E 型滚齿机结构图

（a）外形图；（b）结构组成图

1—床身；2—立柱；3—刀架溜板；4—刀杆；5—滚刀架；6—支架；7—工件心轴；8—后立柱；9—工作台

台上，随同工作台一起作旋转运动。工作台和后立柱装在同一溜板上，可沿床身的水平导轨移动，以调整工件的径向位置或作手动径向进给运动。后立柱上的支架 6 可通过轴套或顶尖支承在工件心轴的上端，以提高滚切工作的平稳性。

二、滚齿机的工作运动

1. 机床工作运动

根据展成法滚齿原理可知，用滚刀加工齿轮时，除具有切削工作运动外，还必须严格保持滚刀与工件之间的运动关系，这是切制出正确齿廓形状的必要条件。因此，滚齿机在加工直齿圆柱齿轮时的工作运动如下。

（1）主运动。主运动即滚刀的旋转运动。根据合理的切削速度和滚刀直径，即可确定滚刀的转速。

（2）展成运动。展成运动即滚刀与工件之间的啮合运动。两者应准确地保持一对啮合齿轮的传动比关系。设滚刀头数为 k，工件齿数为 z，则每当滚刀转一转时，工件应转 k/z 转。

（3）垂向进给运动。垂向进给运动即滚刀沿工件轴线方向作连续的进给运动，以切出整个齿宽上的齿形。

为了实现上述三个运动，机床就必须具有三条相应的传动链，而在每一传动链中，又必须有可调环节（即变速机构），以保证传动链两端件间的运动关系。图 7-5 所示为加工直齿圆柱齿轮时滚齿

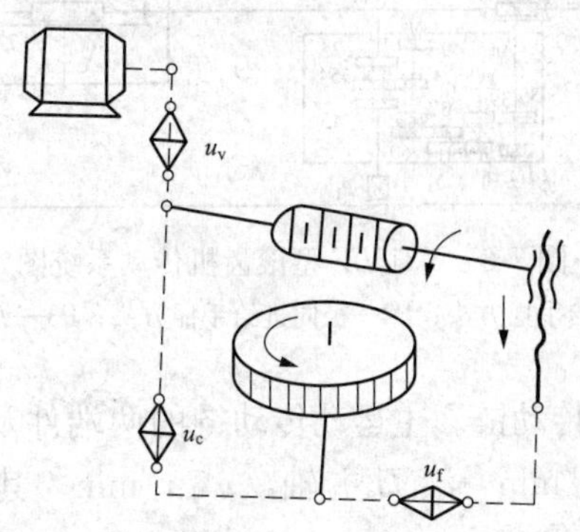

图 7-5　加工直齿圆柱齿轮时滚齿机传动原理图

机传动原理图。图中，主运动传动链的两端件为电动机和滚刀架，滚刀的转速可通过改变 u_v 的传动比进行调整；展成运动传动链的两端件为滚刀及工件，通过调整 u_c 的传动比，保证滚刀转一转，工件转 $\frac{k}{z}$ 转，以实现展成运动；垂向进给运动传动链的两端件为工件和滚刀，通过调整 u_f 的传动比，使工件转一转时，滚刀在垂向进给丝杠带动下，沿工件轴向移动所要求的进给量。

2. 加工直齿圆柱齿轮的调整计算

根据上面讨论的机床在加工直齿圆柱齿轮时的运动和传动原理图，即可从图 7-6 所示的传动系统图中找出各个运动的传动链并进行运动的调整计算。

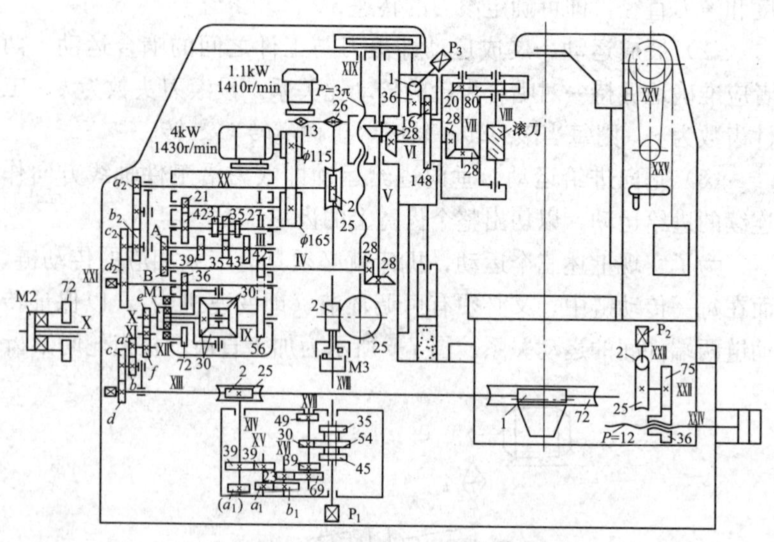

图 7-6　Y3150E 型滚齿机传动系统图

P1—滚刀架垂向进给手摇方头；P2—径向进给手摇方头；P3—刀架板角度手摇方头

（1）主运动传动链。主运动传动链的两端件及其运动关系是：主电动机 1430r/min—滚刀主轴，$n_{刀}$ r/min。其传动路线表达式为：

$$\text{主电动机}\binom{4\text{kW}}{1430\text{r/min}}-\frac{\phi 115}{\phi 165}-\text{I}-\text{II}-\begin{bmatrix}\frac{31}{39}\\ \frac{35}{35}\\ \frac{27}{43}\end{bmatrix}-\text{III}-\frac{A}{B}-\text{IV}-\frac{28}{28}-\text{V}-\frac{28}{28}$$

$$-\text{VI}-\frac{28}{28}-\text{VII}-\frac{20}{80}-\text{VIII}\text{（滚动主轴）}$$

传动链的运动平衡式为

$$1430\times\frac{115}{165}\times\frac{21}{43}\times u_{\text{II}-\text{III}}\times\frac{A}{B}\times\frac{28}{28}\times\frac{28}{28}\times\frac{28}{28}\times\frac{20}{80}=n_{\text{刀}}$$

由上式可得主运动变速交换齿轮的计算公式

$$\frac{A}{B}=\frac{n_{\text{刀}}}{124.583u_{\text{II}-\text{III}}}$$

式中　$n_{\text{刀}}$——滚刀主轴转速，按合理切削速度及滚刀外径计算，r/min；

$u_{\text{II}-\text{III}}$——轴Ⅱ-Ⅲ之间三联滑移齿轮变速组的三种传动比。

机床上备有A、B交换齿轮，其传动比为：$\frac{A}{B}=\frac{22}{44}$、$\frac{33}{33}$、$\frac{44}{22}$。因此，滚刀共有如表7-9所列的9级转速。

表7-9　　滚刀主轴转速

A/B	22/44			/33/33			44/22		
$u_{\text{II-III}}$	27/43	31/39	35/35	27/43	31/39	35/35	27/43	31/39	35/35
$n_{\text{刀}}/\text{min}^{-1}$	40	50	63	80	100	125	160	200	250

（2）展成运动传动链。展成运动传动链的两端件及其运动关系是：当滚刀转1转时，工件相对于滚刀转 k/z 转。其传动路线表达式为：

$$\text{IV}-\frac{28}{28}-\text{V}-\frac{28}{28}-\text{VI}-\frac{28}{28}-\text{VII}-\frac{20}{80}-\text{VIII}\text{（滚刀主轴）}$$

$$\llcorner\ \frac{42}{56}-\text{IX}-\text{合成机构}-\text{X}-\frac{e}{f}-\text{XII}-\frac{ac}{bd}-\text{XIII}-\frac{1}{72}-\text{工作台（工件）}$$

传动链的运动平衡式为

$$1\times\frac{80}{20}\times\frac{28}{28}\times\frac{28}{28}\times\frac{28}{28}\times\frac{42}{56}\times u_{合}\times\frac{e}{f}\frac{a}{b}\frac{c}{d}\times\frac{1}{72}=\frac{k}{z}$$

滚切直圆柱齿轮时，运动合成机构用离合器 M1 连接，此时运动合成机构的传动比 $u'_{合}=1$（见后面的说明）。化简上式可得展成运动交换齿轮的计算公式

$$\frac{a}{b}\frac{c}{d}=\frac{f}{e}\frac{24k}{z}$$

上式中的 $\frac{f}{e}$ 交换齿轮，应根据 $\frac{k}{z}$ 值而定，可有如下 3 种选择：

当 $5\leqslant\frac{k}{z}\leqslant 20$ 时，取 $e=48$，$f=24$；

当 $21\leqslant\frac{k}{z}\leqslant 124$ 时，取 $e=36$，$f=36$；

当 $143\leqslant\frac{k}{z}$ 时，取 $e=24$，$f=48$；

这样选择后，可使 $\frac{a}{b}\frac{c}{d}$ 的数值适中，以便于交换齿轮的选取和安装。

（3）垂向进给运动传动链。垂向进给运动传动链的两端件及其运动关系是：当工件转 1 转时，由滚刀架带动滚刀沿工件轴线进给 f mm。其传动路线表达式为：

$$\text{IV}-\frac{1}{72}-\text{工作台(工件)}$$

$$\text{IV}-\frac{2}{25}-\text{XVI}-\frac{39}{39}-\text{XV}-\frac{a_1}{b_1}-\text{XVI}-\frac{23}{69}-\text{XVII}-\begin{bmatrix}\frac{49}{35}\\\frac{30}{54}\\\frac{39}{45}\end{bmatrix}$$

$$-\text{XVIII}-\text{M3}-\frac{2\text{I}}{25}-\text{XIX}\text{(刀架垂向进给丝杠)}$$

传动链的运动平衡式为

$$1\times\frac{72}{1}\times\frac{2}{25}\times\frac{39}{39}\times\frac{a_1}{b_1}\times\frac{23}{69}\times u_{XVII-XVIII}\times\frac{2}{25}\times3\pi=f$$

化简上式可得垂向进给运动交换齿轮的计算公式

$$\frac{a_1}{b_1}=\frac{f}{0.46\pi u_{XVII-XVIII}}$$

式中　f——垂向进给量，mm/r，根据工件材料、加工精度及表面粗糙度等条件选定；

$u_{XVII-XVIII}$——进给箱中XⅦ-XⅧ之间的滑移齿轮变速组的3种传动比。

当垂向进给量确定以后，可从表7-10中查出进给交换齿轮。

表7-10　垂向进给量及交换齿轮齿数

$\frac{a_1}{b_1}$	$\frac{26}{52}$			$\frac{32}{46}$			$\frac{46}{32}$			$\frac{52}{26}$		
$u_{XVII-XVIII}$	$\frac{30}{54}$	$\frac{39}{45}$	$\frac{49}{35}$	$\frac{30}{54}$	$\frac{39}{45}$	$\frac{49}{35}$	$\frac{30}{54}$	$\frac{39}{45}$	$\frac{49}{35}$	$\frac{30}{54}$	$\frac{39}{45}$	$\frac{49}{35}$
$f/(\mathrm{mm}\cdot\mathrm{r}^{-1})$	0.4	0.63	1	0.56	0.87	1.41	1.16	1.8	2.9	1.6	2.5	4

3. 加工蜗轮时的调整计算

Y3150E型滚齿机，通常用径向进给法加工蜗轮，如图7-7所示。加工时共需三个运动：主运动、展成运动和径向进给运动。主运动及展成运动传动链的调整计算与加工直齿圆柱齿轮相同，径向进给运动只能手动。此时，应将离合器M3脱开，使垂向进给传动链断开。转动方头 P_2 经蜗杆蜗轮副 $\frac{2}{25}$，齿轮副 $\frac{75}{36}$ 带动螺母转动，使工作台溜板作径向进给。

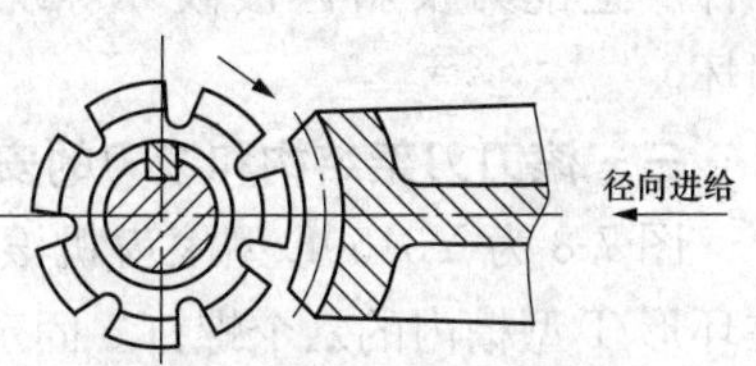

图7-7　径向切入法加工蜗轮

工作台溜板可由液压驱动作快速趋近和退离刀具的调整移动。

4. 滚刀架的快速垂直移动

利用快速电动机可使刀架快速升降运动，以便调整刀架位置及在进给前后实现快进和快退。此外，在加工斜齿圆柱齿轮时，启动快速电动机，可经附加运动传动链传动工作台旋转，以便检查工作台附加运动的方向是否正确。

刀架快速垂直移动的传动路线表达式为：

$$\underset{\left(\begin{smallmatrix}1.1\text{kW}\\1410\text{r/min}\end{smallmatrix}\right)}{\text{快速电动机}}-\frac{13}{25}-\text{XⅧ}-\text{M3}-\frac{2}{25}-\text{XⅨ}-\text{(刀架垂向进给丝杆)}$$

刀架快速移动的方向可通过快速电动机的正反转来变换。在Y3150E型滚齿机上，启动快速电动机前，必须先用操纵手柄将轴上的三联滑移齿轮移到空挡位置，以脱开XⅦ和XⅧ轴之间的传动联系，如图7-6所示。为了确保操作安全，机床电气互锁装置，保证只有当操纵手柄放在“快速移动”的位置上时，才能启动快速电动机。应注意的是，在加工一个斜齿圆柱齿轮的整个过程中，展成运动链和附加运动链都不可脱开。例如，在第一刀粗切完毕后，需将刀架快速向上退回，以便进行第二次切削，绝不可分开展成运动和附加运动传动链中的交换齿轮或离合器，否则将会使工件产生乱刀及斜齿被破坏等现象，并可能造成刀具及机床的损坏。

三、滚刀刀架结构和滚刀的安装调整

图7-8为Y3150E型滚齿机滚刀刀架的结构。刀架体25用装在环形T型槽内的六个螺钉5固定在刀架溜板（图中未显示）上。调整滚刀安装角时，应先松开螺钉5，然后用扳手转动刀架溜板上的方头P_3（见图7-6），经蜗杆副$\frac{1}{36}$及齿轮z_{16}，带动固定在刀架体上的齿轮z_{148}，使刀架体回转至所需的滚刀安装角。调整完毕后，应重新扳紧螺钉5上的螺母。

主轴17前端用内锥外圆的滑动轴承支承，以承受径向力，并用两个推力球轴承15承受轴向力。主轴后端通过铜套12及花键套筒13支承在两个圆锥滚子轴承10上。当主轴前端的滑动轴承磨损引起主轴径向跳动超过允许值时，可拆下调整垫片14及16，磨去相同的厚度，调配至符合要求时为止。如仅需调整主轴的轴向窜

动，则只要将调整垫片 14 适当磨薄即可。

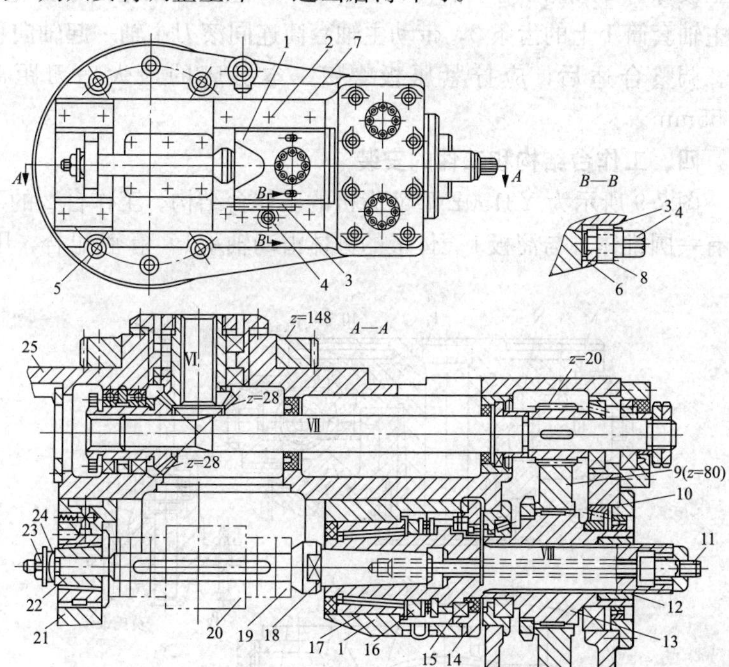

图 7-8　Y3150E 型滚齿机滚刀刀架

1—主轴套筒；2、5—螺钉；3—齿条；4—方头轴；6、7—压板；8—小齿轮；9—大齿轮；10—圆锥滚子轴承；11—拉杆；12—铜套；13—花键套筒；14、16—调整垫片；15—推力球轴承；17—主轴；18—刀杆；19—刀垫；20—滚刀；21—支架；22—外锥套；23—螺母；24—球面垫圈；25—刀架体

安装滚刀的刀杆 18 用锥柄安装在主轴前端的锥孔内，并用拉杆 11 将其拉紧。刀杆左端支承在支架 21 的滑动轴承上，支架 21 可在刀架体上沿主轴轴线方向调整位置，并用压板固定在所需位置上。

安装滚刀时，为使滚刀的刀齿（或齿槽）对称于工件的轴线，以保证加工出的齿廓两侧齿面对称，另外，为使滚刀的磨损不过于集中在局部长度上，而是沿全长均匀地磨损，以提高其使用寿命，都需调整滚刀轴向位置，即所谓对中和串刀。调整时，先松开压板螺钉 2，然后用手柄转动方头轴 4，经方头轴上的小齿轮 8 和主轴套筒 1 上的齿条 3，带动主轴套筒连同滚刀主轴一起轴向移动。调整合适后，应拧紧压板螺钉。本机床的最大串刀距离为 55mm。

四、工作台结构和工件的安装

图 7-9 所示为 Y3150E 型滚齿机的工作台结构。工作台 2 的下部有一圆锥体，与溜板 1 壳体上的锥体滑动轴承17 精密配合，用

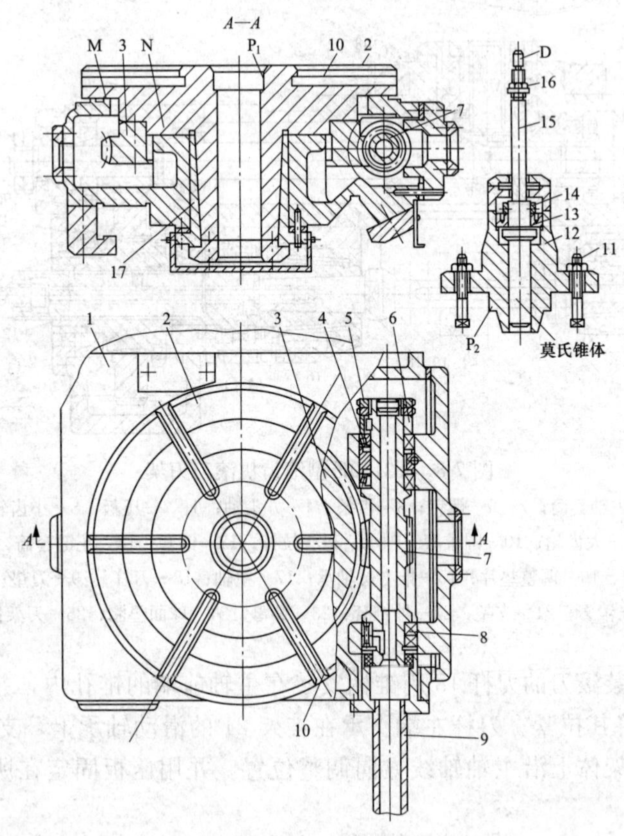

图 7-9　Y3150E 型滚齿机工作台结构

1—溜板；2—工作台；3—蜗轮；4—圆锥滚子轴承；5—螺母；6—隔套；7—蜗杆；8—角接触球轴承；9—套筒；10—T 形槽；11—T 形螺钉；12—底座；13、16—压紧螺母；14—锁紧套；15—工件心轴；17—锥体滑动轴承

以定中心。工作台支承在溜板壳体的环形平面导轨 M 和 N 上作旋转运动。分度蜗轮 3 用螺栓及定位销固定在工作台的下平面上，与分度蜗轮相啮合的蜗杆 7 由两个圆锥滚子轴承 4 和两个角接触球轴承 8 支承着，通过双螺母 5 可以调节圆锥滚子轴承 4 的间隙。底座 12 用它的圆柱表面 P_2 与工作台中心孔上的 P_1 孔配合定中心，并用 T 形螺钉 11 紧固在工作台 2 上；工件心轴 15 通过莫氏锥孔配合，安装在底座 12 上，用其上的压紧螺母 13 压紧，用锁紧套 14 两旁的螺钉锁紧以防松动。

加工小尺寸的齿轮时，工件可安装在工件心轴 15 上，心轴上端的圆柱体 D 可用后立柱支架上的顶尖或套筒支承起来。加工大尺寸的齿轮时，可用具有大端面的心轴底座装夹，并尽量在靠近加工部位的轮缘处夹紧。

第三节　Y5132 型插齿机

一、插齿机的作用及工作原理

1. 插齿机的作用

常用的圆柱齿轮加工机床除滚齿机外，还有插齿机。插齿机主要用于加工直齿圆柱齿轮，尤其适用于加工在滚齿机上不能滚切的内齿轮和多联齿轮。

2. 插齿工作原理及所需运动

插齿机是按展成法原理来加工齿轮的。插齿刀实质上是一个端面磨有前角，齿顶及齿侧均磨有后角的齿轮［见图 7-10(a)］。插齿时，插齿刀沿工件轴向作直线往复运动以完成切削主运动，在刀具和工件轮坯作“无间隙啮合运动”过程中，在轮坯上渐渐切出齿廓。加工过程中，刀具每往复一次，仅切出工件齿槽的一小部分，齿廓曲线是在插齿刀刀刃多次相继的切削中，由刀刃各瞬时位置的包络线所形成的［见图 7-10(b)］。

加工直齿圆柱齿轮时，插齿机应具有如下运动［见图 7-10］。

(1) 主运动。插齿机的主运动是插齿刀沿其轴线（即沿工件的轴向）所作的直线往复运动。在一般立式插齿机上，刀具垂直

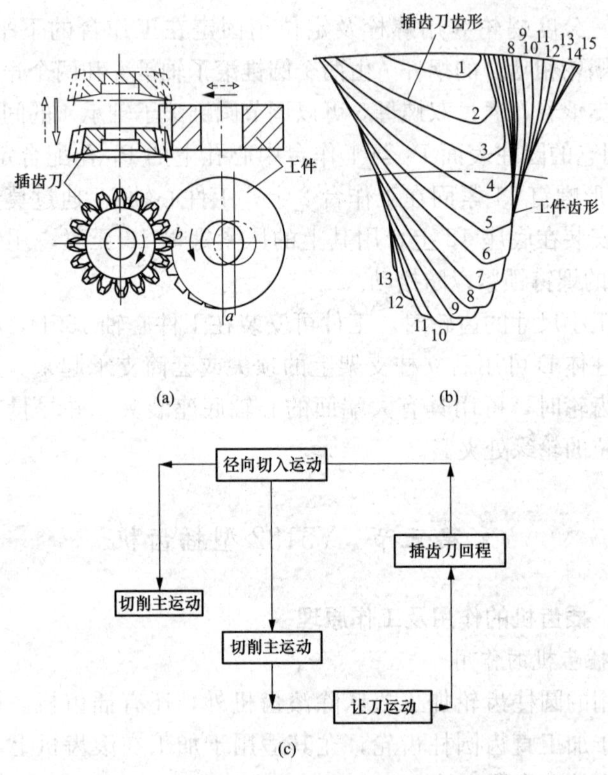

图 7-10　插齿原理

(a) 展成法加工原理；(b) 插齿刀齿形包络曲线；(c) 插齿运动

向下时为工作行程，向上为空行程。主运动以插齿刀每分钟的往复行程次数来表示，即双行程数/min。

(2) 展成运动。加工过程中，插齿刀和工件必须保持一对圆柱齿轮的啮合运动关系，即在插齿刀转过一个齿时，工件也转过一个齿。工件与插齿刀所作的啮合旋转运动即为展成运动。

(3) 圆周进给运动。圆周进给运动是插齿刀绕自身轴线的旋转运动，其旋转速度的快慢决定了工件转动的快慢，也直接关系到插齿刀的切削负荷、被加工齿轮的表面质量、机床生产率和插齿刀的使用寿命。圆周进给运动的大小，即圆周进给量，用插齿刀每往复行程一次，刀具在分度圆圆周上所转过的弧长来表示，单位为mm/双行程。

（4）径向切入运动。开始插齿时，如插齿刀立即径向切入工件至全齿深，将会因切削负荷过大而损坏刀具和工件。为了避免这种情况，工件应逐渐地向插齿刀作径向切入，图7-10（a）中，ab 表示工件作径向切入的过程。开始加工时，工件外圆上的 a 点与插齿刀外圆相切，在插齿刀和工件作展成运动的同时，工件相对于刀具作径向切入运动。当刀具切入工件至全齿深后（至 b 点），径向切入运动停止，然后工件再旋转一整转，便能加工出全部完整的齿廓。径向进给量是以插齿刀每次往复行程，工件径向切入的距离来表示，单位为mm/双行程。

（5）让刀运动。插齿刀向上运动（空行程）时，为了避免擦伤工件齿面和减少刀具磨损，刀具和工件间应让开一小段距离（一般为0.5mm的间隙），而在插齿刀向下开始工作行程之前，又迅速恢复到原位，以便刀具进行下一次切削，这种让开和恢复原位的运动称为让刀运动。插齿机的让刀运动可以由安装工件的工作台移动来实现，也可由刀具主轴摆动得到。由于工件和工作台的惯量比刀具主轴大，由让刀运动产生的振动也大，不利于提高切削速度，所以新型号的插齿机（如Y5132），普遍采用刀具主轴摆动来实现让刀运动。

二、Y5132型插齿机结构组成及传动系统

1. 机床的组成结构

如图7-11所示为Y5132型插齿机外形图，主要由主轴4、工作台5、工作台溜板7等部件组成。

Y5132型插齿机加工外齿轮最大分度圆直径为320mm，最大加工齿轮宽度为80mm；加工内齿轮最大外径为500mm，最大齿轮宽度为50mm。

2. 机床的传动系统

如图7-12所示为Y5132型插齿机的传动系统图。其传动路线表达式为

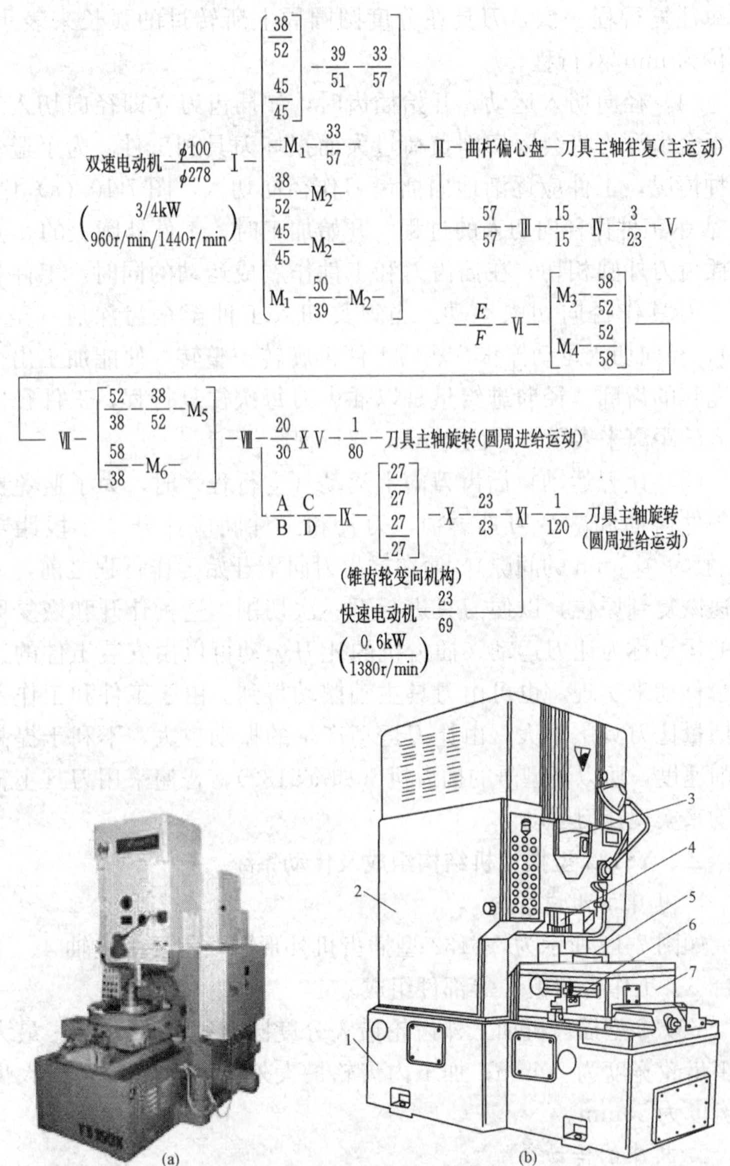

图 7-11　Y5132 型插齿机结构图

(a) 外形图；(b) 结构图

1—床身；2—立柱；3—刀架；4—插齿刀主轴；5—工作台；6—挡块支架；7—工作台溜板

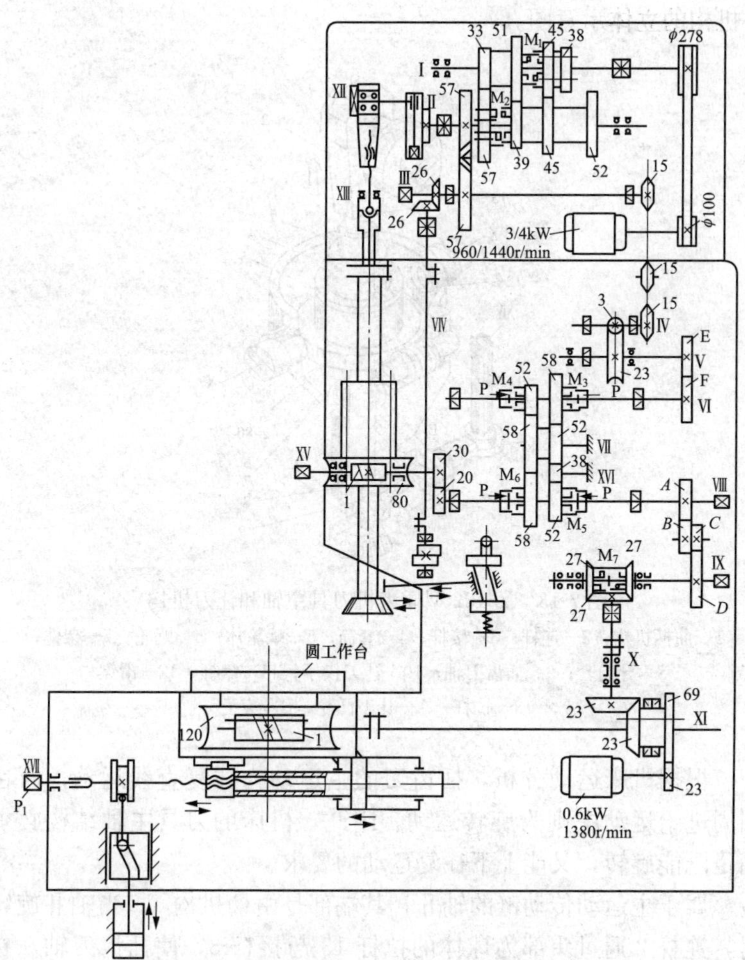

图 7-12　Y5132 型插齿机传动系统图

P_1—手柄；A、B、C、D—变换齿轮

根据传动系统图及传动路线表达式，按分析滚齿机传动链的类似方法，即可得出插齿机主运动传动链、展成运动传动链、圆周进给运动传动调整计算式，在此就不再一一进行分析计算。

3. 机床的部分结构原理

（1）刀具主轴和让刀机构。图 7-13 所示为机床刀具主轴和让刀机构的立体示意图。

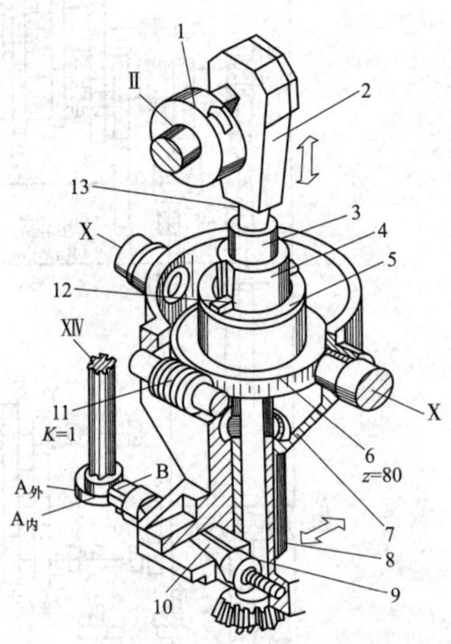

图 7-13　Y5132 型插齿机刀具主轴和让刀机构

1—曲柄机构；2—连杆；3—接杆；4—套筒；5—蜗轮体；6—蜗轮；7—架体；8—导向套；9—插齿刀轴；10—让刀楔子；11—蜗杆；12—滑键；13—拉杆；A—让刀凸轮；B—滚子

根据机床运动分析，插齿刀的主运动为往复直线运动，而在圆周进给运动中则为旋转运动。因此，机床的刀具主轴结构必须满足既能旋转，又能上下往复运动的要求。

属于主运动传动链的轴Ⅱ，其端部是由柄机构 1。当轴Ⅱ旋转时，连杆 2 通过头部为球体的拉杆 13 与接杆 3，使插齿刀轴 9 在导向套 8 内上下往复运动。往复行程的大小可通过改变曲柄连杆机构的偏心距来调整；行程的起始位置则是通过转动球头拉杆 13，改变它在连杆 2 中的轴向长度来调整的（图中未示）。

插齿刀轴 9 的旋转运动由蜗杆 11 传入，带动蜗轮 6 转动而得到。在蜗轮体 5 的内孔上，用螺钉对称地固定安装两个长滑键 12。插齿刀轴 9 装在与球头拉杆 13 相连的接杆 3 上，并且在插齿刀轴 9 的上端装有带键槽的套筒 4。当插齿刀轴 9 作上下往复的主运动时，还可由蜗轮 6 经滑键 12 和套筒 4，带动插齿刀轴 9 同时作旋转运动。

Y5132 型插齿机的让刀运动是由刀具主轴的摆动实现的。让刀机构主要由让刀凸轮 A、滚子 B 及让刀楔子 10 等组成。当插齿刀向上移动时，与轴 XIV 同时转动的让刀凸轮 A 以它的工作曲线推动让刀滚子 B，便让刀楔子 10（楔角 7°）移动，从而使刀架体 7 连同插齿刀轴 9 绕刀架体的回转轴线 X-X 摆动，实现让刀运动。让刀凸轮共有两个，$A_{外}$用于插削外齿轮，$A_{内}$用于插削内齿轮。由于插削内外齿轮时的让刀方向相反，所以两个凸轮的工作曲线相差 180°。

（2）径向切入机构。如上所述，插齿时插齿刀要相对于工件作径向切入运动，直至全齿深时刀具与工件再继续对滚至工件一转，全部轮齿即切削完毕，这种方法称为一次切入。除此以外，也有采用二次或二次切入的。用二次切入时，第一次切入量为全齿深的 90%，在第一次切入结束时，工件和插齿刀对滚至工件一转（粗切），再进行第二次切入，到全齿深时，工件和插齿刀再对滚至工件一转（精切）。三次切入和二次切入类似，只是第一次切入量为全齿深的 70%，第二次为 27%，第三次为 3%。

插齿机上的径向切入运动，可由刀具移动也可由工件移动实现。Y5132 型插齿机是由工作台带动工件向插齿刀移动实现的。加工时，工作台首先以快速移动一个大的距离使工件接近刀具（这个距离是装卸工件所需要的），然后才开始径向切入。当工件全部加工结束后，工作台又快速退回原位。工作台的上述运动，分别由液压系统操纵大距离进退液压缸和径向切入液压缸实现。图 7-14 所示为 Y5132 型插齿机的径向切入机构的工作原理图。

工作台大距离进退液压缸 7 的缸体固定在工作台下侧，当压力油进入液压缸右腔 m 时，缸体连同工作台前进（图中向右）较大距离，使工件接近插齿刀。当压力油进入液压缸左腔时，工作台退回原位。开始径向切入时，压力油进入径向切入液压缸 1 的后腔 p，推动活塞连同凸轮板 2 移动，使该子 3 沿着凸轮板的直槽口进入斜槽 b，从而使与滚子 3 连接在一起的丝杠 4、螺母 5 及活

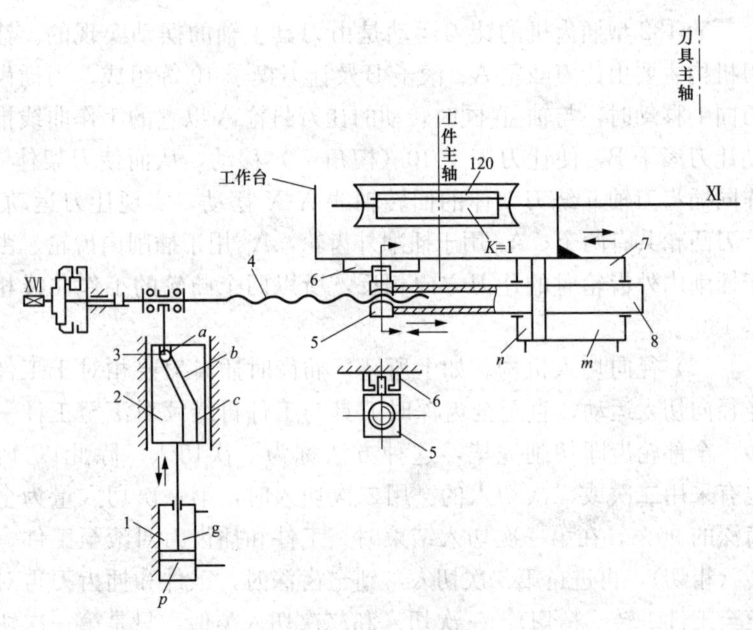

图 7-14　Y5132 型插齿机径向切入机构原理图

1—液压缸；2—凸轮板；3—滚子；4—丝杆；5—螺母；6—止转板；7—液压缸；8—活塞杆

塞杆 8 移动，并推动缸体和工作台向前（图中向右）移动，实现径向切入运动。当滚子 3 进入直槽 *c* 时，径向切入到全齿深位置（这里以加工外齿轮为例），径向切入停止。当插齿刀和工件对滚至工件一转后，压力油进入液压缸 1 的前腔 *g*，工作台退出，此时大距离进退液压缸也处于退回的供油状态。径向切入液压缸的液压系统可提供两种速度：快速用于移近和返回；慢速用于切入时的工作行程（其调整范围为 0.02～0.07mm/双行程）。两种速度的转换由调整挡块控制。

转动轴 XVII 的方头，可使丝杆 4 转动，用以调整工作台切入运动的起点位置。

第四节　Y7131 型齿轮磨床

一、齿轮磨削简介

1. 齿轮磨削特点

齿轮磨削是齿轮精加工的主要方法之一，高精度的齿轮和齿轮刀具等一般均需磨削。经过磨削的齿轮精度可达到 IT4～IT7 级，表面粗糙度为 $Ra0.8\sim0.2\mu m$。和其他齿轮精加工方法相比（如剃齿、珩齿等），齿轮磨削有很多优点，例如剃齿、珩齿对齿轮预加工时产生的误差纠正能力较小，因而它的加工精度直接受齿轮预加工精度的影响，并且剃齿使用一般剃齿刀不能加工热处理淬硬的齿轮，而磨齿不仅能纠正齿轮预加工产生的误差，而且能加工淬硬的齿轮，从而消除热处理产生的变形，其加工精度也比剃齿和珩齿高得多。磨齿的主要缺点是生产率较低，加工成本较高。因而，过去在大量生产齿轮时，很少采用磨齿工艺，随着对齿轮传动精度和传动效率的要求不断提高，要求齿轮具有承受大载荷、高速度、低噪声、长寿命的性能，因而就必须提高齿轮的精度和齿面的硬度。

自从出现了蜗杆砂轮和立方氮化硼（CBN）成形砂轮等新型磨齿机床，磨齿效率成倍提高，加工成本不断下降，这就使磨齿工艺在大量生产齿轮中逐渐得到广泛采用。

2. 齿轮磨削的方法

齿轮磨削的方法很多，按照磨齿的原理可分为成形砂轮磨齿和展成法磨齿两大类。

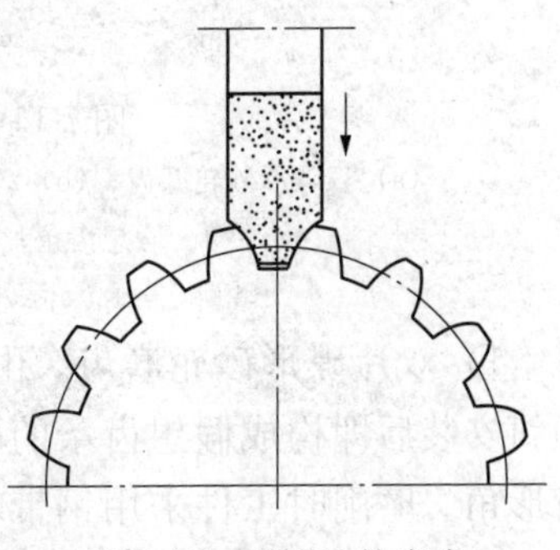
图 7-15　成形砂轮磨齿

（1）成形砂轮磨齿。成形砂轮磨齿是一种高效的齿轮磨削方法，如图 7-15 所示。由于机床不需展成运动，因而机床结构较简单，需要一套较复杂的砂轮修整装置，按不同的模数把砂轮修成渐开线齿形。如 Y73100、Y7550 型磨齿机均属此种类型，可磨削模数 2～12mm 的齿轮。

（2）展成法磨齿。展成法磨齿是依靠工件相对砂轮作有规则运动来获得渐开线齿形的。常见的有双碟形砂轮磨齿、双锥面砂轮磨齿和蜗杆砂轮磨齿等三种（见图 7-16）。我国生产的齿轮磨床有很多，如 Y7032A 型双碟形砂轮磨齿机；Y7131、Y7132、Y7150 型双碟形砂轮磨齿机；Y7215A、YA7232A 型蜗杆砂轮磨齿机等多种型号。

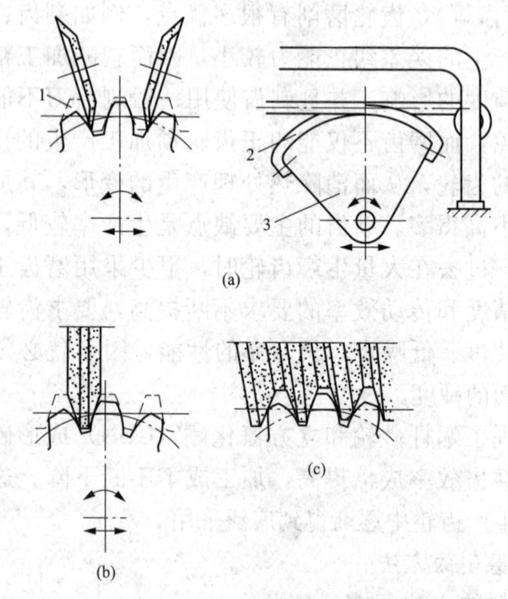

图 7-16　展成法磨齿

（a）双碟形砂轮磨齿；（b）双锥面砂轮磨齿；（c）蜗杆砂轮磨齿

1—假想齿条；2—钢带；3—基圆盘

1）双片碟形砂轮磨齿。由图 7-16（a）可见，两片碟形砂轮倾斜安装后即构成假想齿条的两个侧面，其斜角分别等于齿轮的齿形角。磨削时工件采用钢带基圆盘按展成法原理工作，基圆盘与钢带之间的纯滚动和工件的磨削节圆与砂轮的节线之间的纯滚动是一致的。一个齿槽的两侧磨完后，工件即快速退离砂轮，然后进行分度，以便磨下一个齿槽，这种磨齿方法的加工精度很高，一般不低于5级。

2）双锥面砂轮磨齿。这种磨削方法是利用齿条和齿轮啮合的原理进行的［见图7-16(b)］。砂轮截面呈锥形，相当于齿条的一个牙齿，磨削时工件一方面旋转，另一方面移动，其运动相当于齿条静止，齿轮节圆在假想齿条的节圆上滚动一样。

3）蜗杆砂轮磨齿。砂轮修成蜗杆状［见图7-16(c)］，磨齿原理与滚齿相似，即砂轮回转一周，工件相应转过一齿。由于滚切运动及其伴随的分度运动是连续的，所以生产率较高。

二、Y7131型齿轮磨床

1．齿轮磨床外形

齿轮磨床俗称磨齿机。如图7-17所示为大型精密的磨齿机加工齿轮的情况。

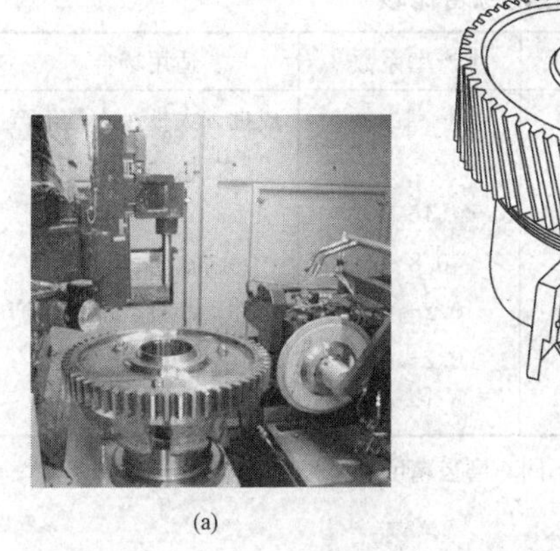

(a)

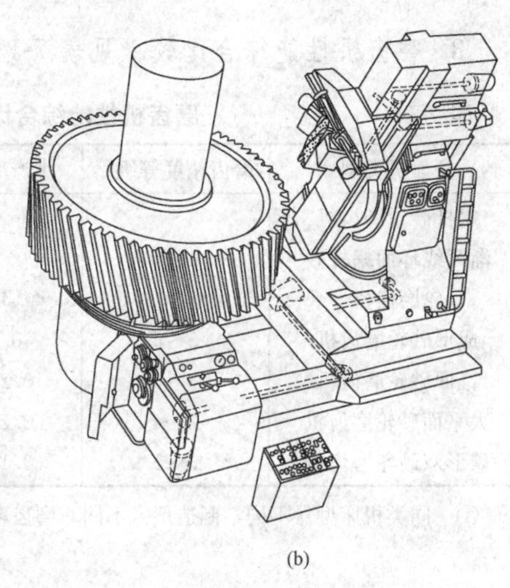

(b)

图7-17　大型精密磨齿机磨齿加工

(a) 磨齿加工实例；(b) 大型精密磨齿机

2．Y7131型磨齿机传动系统

Y7131型双锥面形砂轮磨齿机传动系统如图7-18所示。

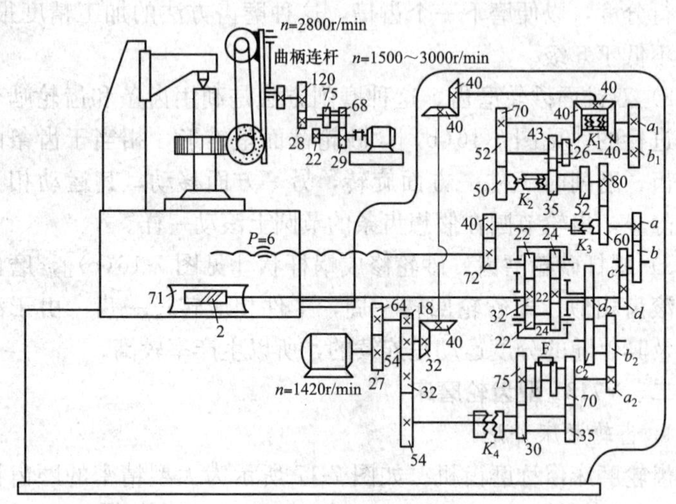

图 7-18　Y7131 型双锥面形砂轮磨齿机

3. 磨齿机性能综合比较（见表 7-11）

表 7-11　　磨齿机性能综合比较

磨齿机类型	磨齿精度等级①	生产率系数①	适用场合
蜗杆砂轮磨齿机	3～5	1	成批、大批、大量生产
渐开线环面蜗杆砂轮磨齿机	4～6	4～6	大批、大量生产
成形砂轮磨齿机	5～6	0.8～2	大批、大量生产
锥面砂轮磨齿机	5～6	0.2～0.3	单件、小批、成批生产
大平面砂轮磨齿机	3～4	0.2～0.3	小批、成批生产
碟形双砂轮磨齿机	3～5	0.1～0.2	小批、成批生

① 同类机床型号不同，制造厂家不同，磨齿精度和磨齿生产率也大不相同。

第五节　YKS3120 型数控滚齿机

一、齿轮加工机床数控化

机械传动式齿轮加工机床，有很长的各种运动传动链和复杂的机械传动机构。例如，使用最广泛的滚齿机，由于运动关系及其传动机构复杂，传动链长，影响齿轮加工精度；在加工齿数和斜角不同的齿轮时，还必须配备多个用于分度和差动等的交换齿轮，调配复杂而且费时；机械传动式滚齿机上的快进、工进、快退的位置和距离需要细心调整，加工前还要反复试车，操作方便性较差，生产效率也较低，不适合单件或小批生产。随着计算机数控技术在机床领域的应用，齿轮加工机床逐渐实现数控化，各种类型的数控齿轮加工机床应运而生。数控滚齿机是目前应用最广泛的数控齿轮加工机床，这类机床的工作原理、特点及其传动系统分析说明如下。

数控滚齿机同机械传动滚齿机的滚切原理和表面成形运动基本是一样的，如图 7-19 所示。滚切齿轮时，用展成法和相切法加工轮齿的齿面。滚刀主轴伺服电动机 MB 带动滚刀旋转 B_{11}，伺服电动机 MC 带动工件旋转 B_{12}，通过数控系统（电子交换齿轮）实现展成运动，形成母线（渐开线）；伺服电动机 M_Z 带动滚刀，沿齿坯轴线方向作进给运动 A_{21} 与工件的附加转动 B_{22}，通过电子交换齿轮实现进给运动和差动运动，用相切法形成导线（直线或螺旋线）。

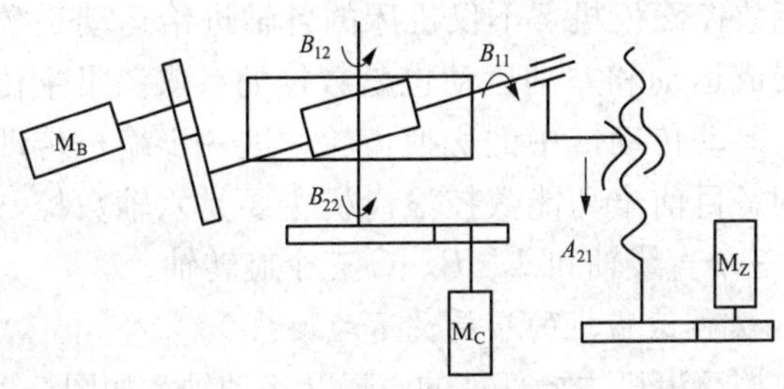

图 7-19　数控滚齿机的表面成形运动

显然，数控滚齿机的各个传动链，采用伺服电动机直接驱动，非常靠近各自的末端执行件，传动链的两个末端件之间的大量中间传动环节被取消，传动链很短，提高了传动精度和传动刚度，从而提高齿轮的制造精度。各个传动链都是数控的，运动之间的内联系，通过“电子交换齿轮”代替机械连接，它不需要交换齿轮，也不需手动调整安装角，只需通过数控编程，即可实现齿轮的自动加工。有的数控滚齿机，在加工前输入被加工齿轮的参数、刀具参数、加工方式和切削参数等，系统进行自动编程，实现自动加工循环。滚齿机数控化，不仅可提高齿轮加工精度和加工效率，还可扩大机床的加工范围。

二、六轴数控滚齿机

1. 数控滚齿机的类型

数控滚齿机目前可分为非全功能数控和全功能数控两种类型。非全功能数控滚齿机主要是三轴数控，是指在工件轴向（Z 轴）、工件径向（X 轴）和工件切向（Z 轴）上的进给运动采用数控技术，而展成分度传动链、差动传动链和主传动链，仍为传统的机械传动。非全功能数控滚齿机也有二轴数控的，它比三轴数控少了工件切向进给运动的数控。这种数控加工方式，可以通过几个坐标轴联动来实现齿向修形齿轮的加工，省去了传统加工修形齿轮所需要的靠模等装置；它可通过编程控制工作循环、进给量、仿形加工和数字显示，部分减少调整时间和增强柔性，适用于需要有多种循环方式的中、小批生产。

全功能数控滚齿机，不仅机床的各轴进给运动是数控的，而且机床的展成运动和差动运动也是数控的，取消了主传动链、展成分度链、差动传动链中的交换齿轮，进一步缩短传动链，简化了传动机构。目前全功能数控滚齿机主要是六轴数控，六轴是指 X、Y、X 三个直线轴和 A、B、C 三个旋转轴。

2. 六轴数控滚齿机的布局及运动轴系

六轴数控滚齿机主要部件的布局及运动轴系如图 7-20 所示。

在床身 1 的左侧装有立柱（径向滑座）2，可沿床身 1 的导轨作水平方向左右移动（X 轴），用于调整滚刀相对工件径向位置或作径向进给运动；也有的数控滚齿机，安装工件的工作台 7，沿床身 1 右侧的导轨作水平方向移动，调整工件的径向位置或作径向进给运动。在径向滑座（立柱）2 上装有轴向滑座 3，可沿立柱上的导轨上下移动（Z 轴），进行轴向进给直线运动。切向滑座 4 可沿轴向滑座 3 的导轨前后移动（Y 轴），进行切向进给运动。滚刀

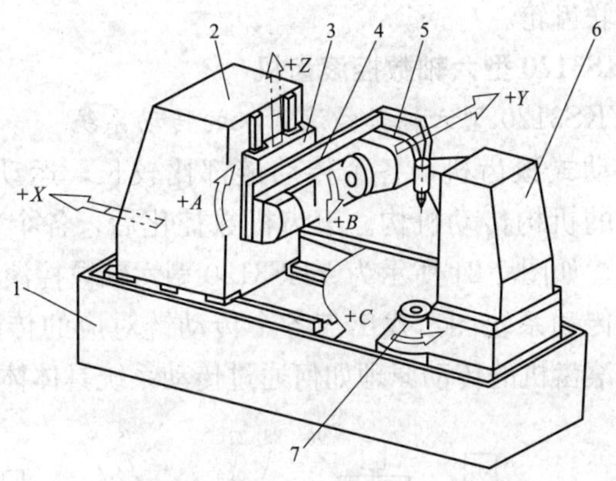

图 7-20　六轴数控滚齿机的运动轴

1—床身；2—径向滑座；3—轴向滑座；4—切向滑座；5—滚刀架；6—后立柱；7—工作台

架 5 可以绕自己的水平轴线转位（A 轴），以调整滚刀和工件间的相对位置（安装角），该轴作为机床运动的伺服调整轴，为了满足滚齿加工的切削角度需要，进行刀架转角运动；在加工单齿时，该轴不运动，处于锁紧状态。滚刀安装在滚刀架的主轴上，作旋转运动（B 轴），这是滚切齿轮的主运动。后立柱 6 支承在工作台 7 上，工件安装在工作台的心轴上，随同工作台 7 一起旋转（C 轴），它是展成运动和差动运动的主要组成部分。

六轴数控滚齿机包含 1 个主轴（B）和 5 个伺服轴（C、Z、X、Y、A），其主要运动有滚刀主运动、展成运动和差动运动以及各轴的进给运动。各运动轴之间的联动可以用于加工各种类型的齿轮，滚刀主轴（B 轴）和工件主轴（C 轴）联动加工出齿轮的齿形，Z 轴轴向进给得到齿轮的宽度，X 轴径向进给得到齿轮的齿高。加工圆柱直齿齿轮和斜齿齿轮，需要 B、C、Z 三轴联动；加工鼓形齿轮、小锥齿轮和非圆齿轮，要求 B、C、X、Z 或 B、C、Y、Z 四轴联动；如果采用对角滚齿滚刀加工非圆齿轮和修形齿轮，则要求 B、C、Z、X、Y 五轴联动。六轴数控滚齿机可以加工直齿圆柱齿轮、斜齿轮、蜗轮、小锥度齿轮、鼓形齿轮、花键（渐开线花键、矩形花键），不同模数、不同螺旋角大小及方向的双联或多联齿轮。

三、YKS3120型六轴数控滚齿机

（一）YKS3120型六轴数控滚齿机的传动系统

机械传动式滚齿机，各个传动链都比较长，运动关系复杂，需要有复杂的机构传动机构。滚齿机数控化后，各个传动链明显简化和缩短。如图7-21所示为YKS3120型六轴数控滚齿机的传动系统。依据传动系统图，找出与各个传动链对应的传动路线，从中体会数控滚齿机的传动原理如何通过传动系统具体体现出来。

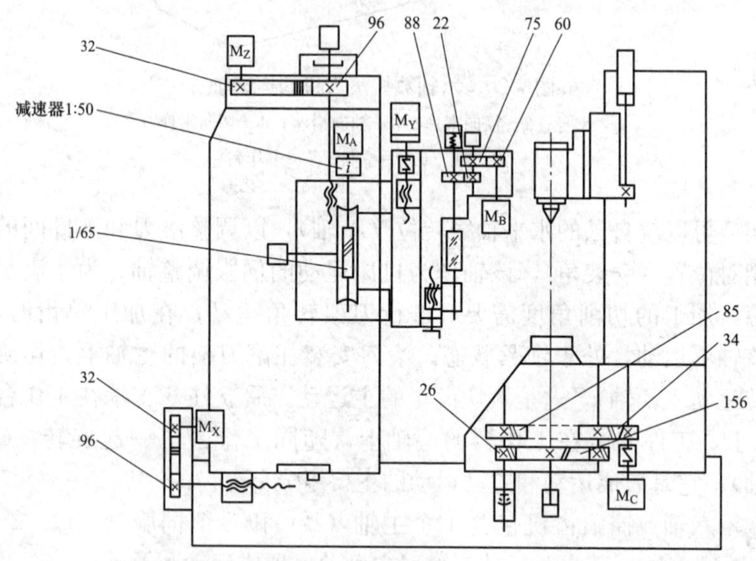

图7-21　YKS3120型六轴数控滚齿机的传动系统

1. 主运动传动链（B轴）

主运动传动链两端的末端件是主轴电动机M_B和滚刀，通过两级齿轮传动。这条传动链的传动路线为

$$\text{主轴电动机 MB}-\frac{60}{75}-\frac{22}{88}-\text{滚刀}$$

主轴电动机MB的转速范围为750～6000r/min，速比为1∶5，滚刀主轴的转速n_B=150～1200r/min，无级调速。

2. 工件（工作台）主轴传动链（C 轴）

这条传动链的两个末端件是伺服电动机 M_C 和工件，通过两级齿轮传动，传动路线为

$$\text{伺服电动机 } M_C - \text{联轴器} - \frac{34}{85} - \frac{26}{156} - \text{工件（工作台）}$$

伺服电动机的转速范围为 15～3000r/min，速比为 1∶15，工作台的转速 $n_C = 1 \sim 200$r/min，无级调速。

3. 轴向进给传动链（Z 轴）

这条传动链的两个末端件是伺服电动机 M_Z 和 Z 轴丝杠，通过同步齿形带传动，传动路线为

$$\text{伺服电动机 } M_Z - \frac{32}{96} - Z \text{ 轴丝杠（} P_h = 5\text{mm）}$$

轴向进给的速度范围为 1～1000mm/min（无级），伺服电动机 M_Z 最高转速达 3000r/min，速比为 1∶3，轴向快速移动速度为 5m/min。

4. 径向进给传动链（X 轴）

这条传动链的两个末端件是伺服电动机 M_X 和 X 轴丝杠，通过同步齿形带传动，传动路线为

$$\text{伺服电动机 } M_X - \frac{32}{96} - X \text{ 轴丝杠（} P_h = 5\text{mm）}$$

径向进给的速度范围为 1～1000mm/min（无级），伺服电动机 M_X 最高转速达 3000r/min，速比为 1∶3，轴向快速移动速度为 5m/min。

5. 切向进给传动链（Y 轴）

这条传动链的两个末端件是伺服电动机 M_Y 和与 Y 轴滚珠丝杠之间采用联轴器直联的一级传动，传动路线为

$$\text{伺服电动机 } M_Y - \text{联轴器} - Y \text{ 轴丝杠（} P_h = 5\text{mm）}$$

切向（Y 轴）快速移动速度为 3m/min。

6. 刀架回转传动链（A 轴）

这条传动链的两个末端件是伺服电动机 M_A 与滚刀架，通过降速比为 1∶50 的行星齿轮减速器和蜗杆副传动，传动路线为

$$伺服电动机\ M_A - \frac{1}{50} - \frac{1}{65} - 滚刀架$$

伺服电动机的转速 3000r/min，降速后，刀架回转运动的速度为 5.5°/s。

（二）数控滚齿机各轴间的联动关系

1. 展成运动（*B*—*C* 链）

滚刀旋转（*B* 轴）和工件旋转（*C* 轴）保持联动（*B*-*C* 链），两者转速比等于工件齿数与滚刀头数比、转向全拍，切削刃所形成的切向移动速度等于工件分度圆圆周的线速度，从而形成展成运动，加工出渐开线齿轮。

传统滚具机是由机械展成链实现 *B*、*C* 轴联动，进行直齿、斜齿等圆柱齿轮的加工，但要加工异形齿轮很困难。数控滚齿机采用电子交换齿轮可以很方便地实现各坐标轴的联动控制，从而实现异形齿轮加工。

2. *Z* 轴差动运动（*Z*—*C* 链）

在加工斜齿轮时，滚刀沿轴向（*Z* 轴）进给时，工作台（*C* 轴）应有附加转动，这种 *Z*—*C* 联动形成 *Z* 轴差动运动，从而加工出正确的斜齿轮齿向。

3. *Y* 轴差动运动（*Y*—*C* 链）

加工渐开线齿轮的过程，又可看成是滚刀基本齿条和加工齿轮的拟合。齿条的移动必定带来齿轮的转动。在实际加工中，滚刀沿 *Y* 轴切向窜刀或对角滚切齿轮时，工作台（*C* 轴）也应有附加转动。在加工蜗轮或锥底花键时，要求滚刀切向进给的位移量与工作台（*C* 轴）的附加角位移之间应该满足严格的比例关系，这种 *Y*—*C* 联动称为 Y 轴差动运动。

4. 多联动（*B*—*C*—*X*—*Z* 链）

加工鼓形齿轮和小锥度齿轮时，要求齿向滚切联动，即 *B*—*C*—*X*—*Z* 四轴联动，其中 *X*—*Z* 两轴联动形成正确的齿向。加工非圆齿轮时，展成运动的传动比和滚刀的 *X* 轴位置不停变化，要求齿形滚切联动，即 *B*—*C*—*X*—*Z* 四轴联动，其中 *B*—*C*—*X* 三轴联动得到正确的齿形。

YS3120 型数控滚齿机是六轴四联动，即 $B—C—X—Z$ 轴联动或 $B—C—Y—Z$ 轴联动。

目前已经有六轴五联动的数控滚齿机，如果采用对角滚切齿轮或滚切过程中自动窜刀，则要求 $B—C—Y—Z—X$ 五轴联动。双联或多联齿轮的每个齿轮斜角、齿数等参数都有可能不同，这就要求在其中上联齿轮加工完毕后，应该调整滚刀的角度加工下联的不同螺旋角的齿轮，则要求 $B—C—X—Z—A$ 五轴联动。

数控系统对各控制轴采用半闭环与全闭环相结合的控制方式。对 X 轴（径向进给），采用直线光栅尺的闭环控制来提高该轴的控制精度。对其他五个轴（Y、Z、A、B、C），采用旋转角度编码器的半闭环控制方式，实现各控制轴运动的电子同步。

第六节　其他类型齿轮加工机床简介

一、刨齿机

加工锥齿轮的方法有成形法和展成法。成形法通常是利用单片铣刀或指状铣刀，在卧式铣床上进行加工。用这种方法加工锥齿轮，由于沿齿线不同位置的法向齿形是变化的，一般难于达到要求的齿形精度，因而仅用于粗加工或精度要求低的场合。

在锥齿轮加工机床中，普遍采用展成法，这种方法的加工原理，相当于一对啮合的锥齿轮传动，但是为了使刀具易于制造及机床结构易于实现，所以在加工过程中，并不是一对普通的锥齿轮啮合过程的再现，而是将其中的一个锥齿轮转化为平面齿轮。

平面齿轮在锥齿轮加工机床上并不存在，而是利用刀具运动时形成平面齿轮一个轮齿（或齿槽）的两个侧面。这个平面齿轮称为假想平面齿轮。

如图 7-22 所示为直齿锥齿轮刨齿机的加工示意图。工作时，用两把刨齿刀 3 的刀刃代替平顶齿轮一个齿槽的两侧面，并使刨刀沿平顶齿轮径向作交替的直线往复主运动 A_1，便形成了假想平顶齿轮 2。由机床传动系统强制此假想平顶齿轮和工件（锥齿轮坯）按啮合传动关系作展成运动（$B_{21}+B_{22}$），就可在轮坯上切出

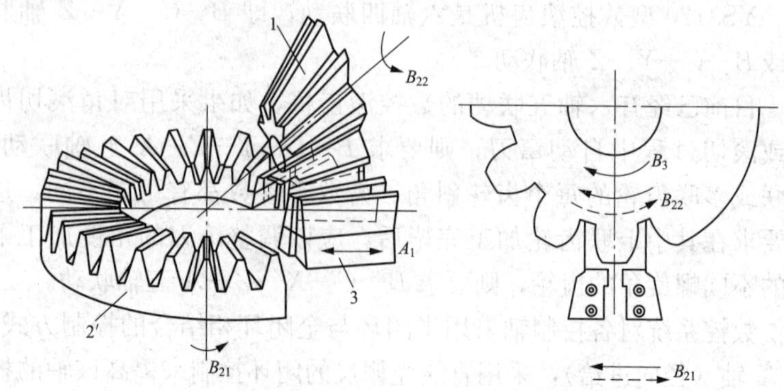

图 7-22　直齿锥齿轮刨齿机加工示意图

直齿锥齿轮的一个齿。由于假想平顶齿轮上只有一个齿槽，所以加工完一个齿后，工件必须进行分度运动 B_3，才能加工另一个齿，工件主轴经多次分度转过一整转后，即完成工件全部轮齿的加工，这时由工件主轴上的撞块按下行程开关，机床即自动停止。

直齿锥齿轮刨齿机的传动原理如图 7-23 所示。主运动传动链的首端是电动机，末端是安装双刨刀的圆盘 2。当曲柄盘 5 连续转动时，通过连杆 4 使圆盘 2 在一定角度内来回摆动，从而带动双刨

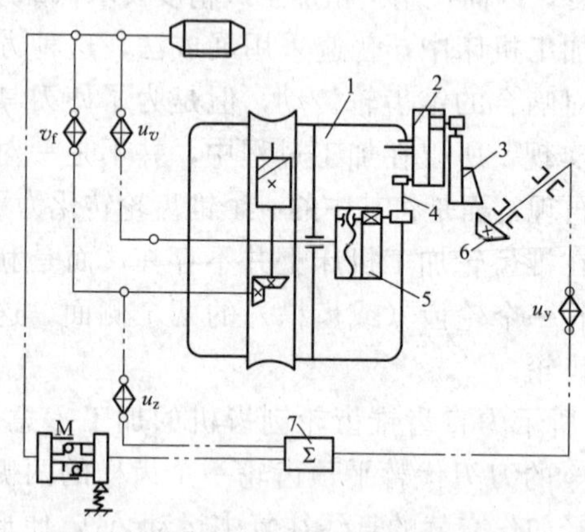

图 7-23　直齿锥齿轮刨齿机的传动原理

1—摇台；2—圆盘；3—刨刀；4—连杆；5—曲柄盘；6—工件；7—合成机构

刀作相互交替的直线往复运动。换置机构 u_v 用于调整刨刀的每分钟往复行程次数。展成运动传动链的首端件是摇台 1，末端件是安装工件的主轴。当摇台转过相当于平顶齿轮的一个齿，工件应严格地也转过一个齿，两者的运动关系由换置机构 u_c 加以保证。圆周进给传动链的首端件是圆盘 2，末端件是摇台 1，换置机构 u_f 用于变换摇台带动双刨刀的圆周进给速度。周期分度运动传动链中，离合器 M 在工件分度时定时接通，将运动传入并通过运动合成机构 7，使工件在保持展成运动联系的同时，进行分度运动。每次分度时工件转角的大小由换置机构加以保证。

加工直齿锥齿轮的典型机床是直齿锥齿轮刨齿机。直齿锥齿轮刨齿机的工作原理如图 7-24 所示。加工直齿锥齿轮的工作原理与加工弧齿锥齿轮相同。由于被加工的锥齿轮的齿线由圆弧变为过顶锥的直线，所以只需摇台上旋转的切齿刀盘改为两把切削刃是直线形并作往复直线运动的刨齿刀，且使其直线运动轨迹的延长线通过摇台中心。刨齿刀 3 的构造和两把切削刃切削直齿锥齿轮 1 的情况如图 7-24（a）所示。一般通过曲柄连杆摆盘机构，使刨齿刀 3 在摇台 2 上进行往复直线运动；两把切削刃运动轨迹所夹的中心角为 2α（α 是平面齿轮的齿形角），切削刃的运动轨迹就构

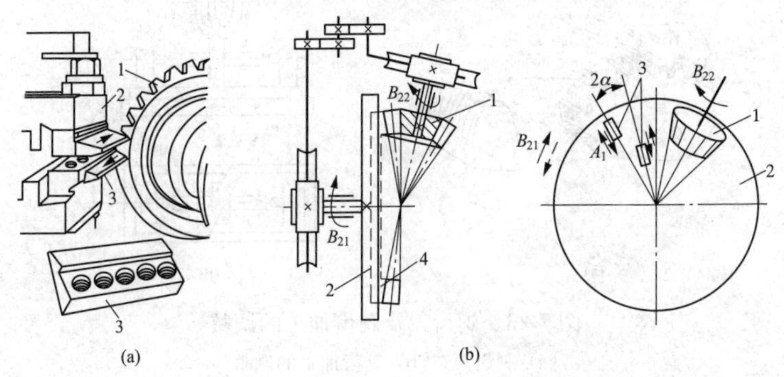

图 7-24 直齿锥齿轮刨齿机工作原理

（a）刨齿刀工作位置；（b）假想平面齿轮和齿轮毛坯的展成运动

1—直齿锥齿轮；2—摇台；3—刨齿刀；4—假想平面齿轮

成假想平面齿轮 4［见如图 7-24（b）中摇台平面上的虚线］的两个齿侧面，齿线的形状为直线（导线），它是用轨迹法成形的，由刨齿刀的往复直线运动 A_1 来实现。渐开线齿廓（母线）的成形是工件毛坯同假想平面齿轮 4（摇台 2）按展成法加工原理得到的，因此机床需要一个展成运动［见图 7-24（b）］，可分解为两个部分：摇台 2 的摆动 B_{21} 和工件的转动 B_{22}。这种展成运动用含有交换齿轮的展成运动传动链来保证。

二、剃齿机

剃齿加工过程是剃齿刀带动已粗加工过的齿轮在转动中进行切削，将粗加工和精加工过的齿形修整成精确的齿形，其加工精度可达 IT6 级精度，表面粗糙度可达 $Ra0.2\sim0.8\mu m$。

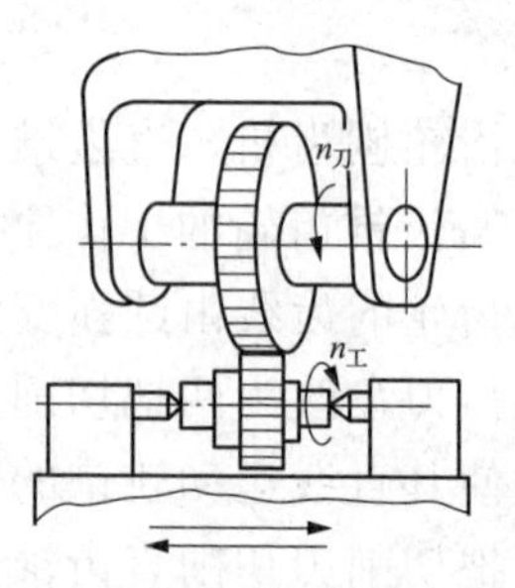

图 7-25　剃齿加工示意图

由于剃齿过程是剃齿刀带动工件旋转而进行切削的，因此剃齿机的传动系统结构简单，剃齿机外形也较小，剃齿加工如图 7-25、图 7-26 所示。

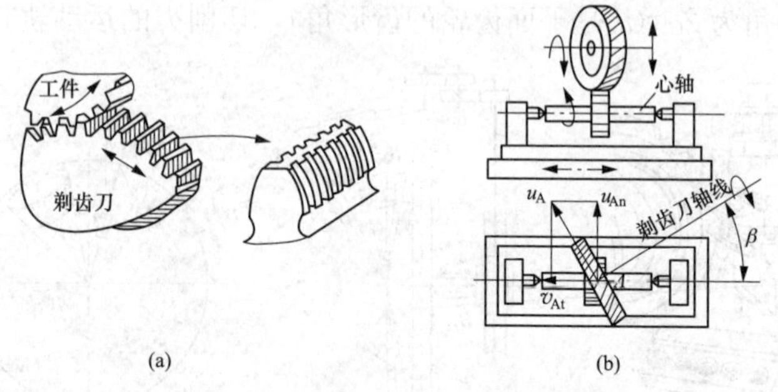

图 7-26　剃齿刀及剃齿加工的调整
（a）剃齿刀；（b）剃齿加工的调整

剃齿过程对剃前具有的齿形误差、公法线长度误差、齿圈径向跳动等项有关运动精度提高很小，对改善齿形误差、齿向误差和减小表面粗糙度等有关齿轮传动平稳性和接触精度，均有一定程度的作用。

因此，剃前齿距误差、公法线长度误差、齿圈径向跳动等不能过大，应控制在一定范围内，否则剃切加工后仍保留大部分，就不符合剃齿工艺了。

卧式剃齿机外形如图 7-27 所示，Y4245 型剃齿机传动系统如图 7-28 所示。

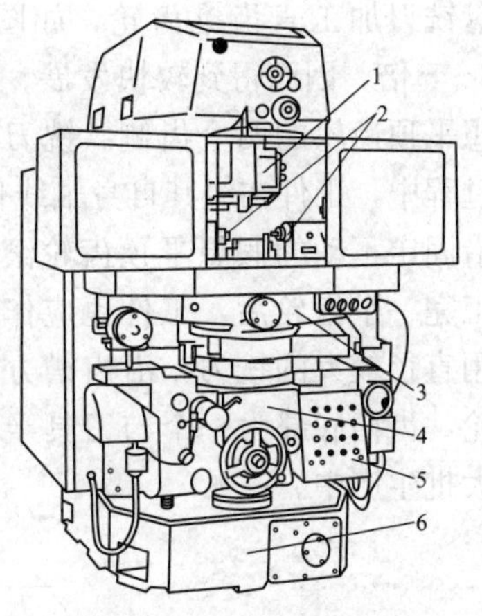

图 7-27 卧式剃齿机外形图

1—刀架；2—顶尖座；3—工件台；4—升降台；5—控制面板；6—床身

三、铣齿机

1. 直齿锥齿轮铣齿机

刨齿机在工作过程中，由于刀具往复运动时的惯性和空行程损失，生产率较低，近年来采用了圆

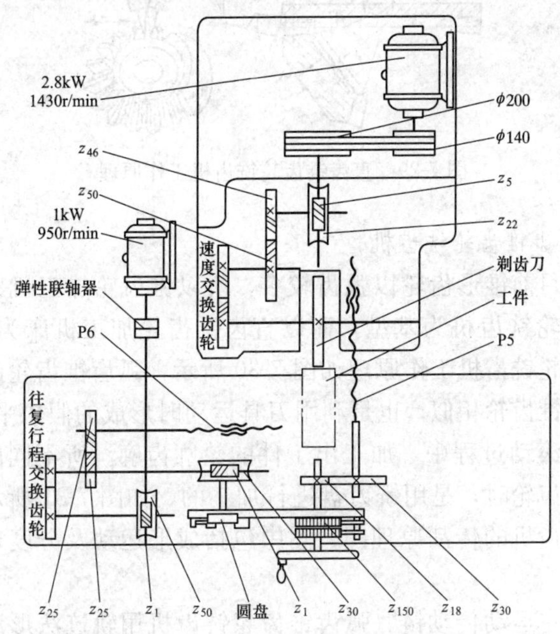

图 7-28 Y4245 型剃齿机传动系统图

盘铣刀加工直齿锥齿轮，如图 7-29 所示，其生产率为刨齿机的 3～5 倍，因而得到较快发展。其工作原理如下：两把铣刀代替假想平顶齿轮的两个齿侧。铣刀作旋转运动对工件进行切削。加工过程中，工件在绕其自身轴线作自转运动的同时，还作公转运动，沿固定不动的假想平顶齿轮滚动，以实现展成运动。在工件上加工完一个齿轮后，工件也应作分度运动。为了简化机床结构，采用直径较大的铣刀，沿齿槽方向不作运动，这时铣出的直齿锥齿轮，齿槽底部为一个与刀具半径相似的圆弧。这种机床一般用于大批生产中。

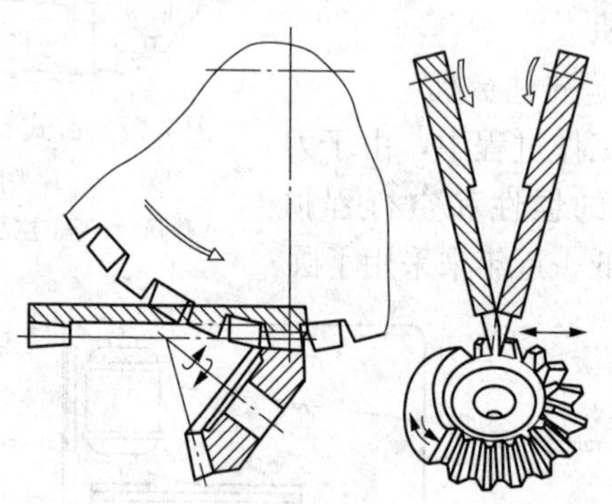

图 7-29　直齿锥齿轮铣齿机工作原理

2. 弧齿锥齿轮铣齿机

由于目前锥形齿轮以弧齿较多，所以锥齿轮加工机床往往以弧齿锥齿轮铣齿机为基型，而以直齿锥齿轮加工机床为其变型。弧齿锥齿轮铣齿机工作原理如图 7-30 所示，弧齿锥齿轮的加工原理和直齿锥齿轮相似，也是利用刀具运动时形成的假想平顶齿轮，在与工件滚动过程中，加工出工件的轮廓齿廓。所不同的是，加工圆弧锥齿轮时，是用铣刀盘进行加工的。如图 7-31 所示是弧齿锥齿轮铣齿机的传动原理图，图中包括成形运动及分度运动的传动联系。

（1）主运动传动链。弧齿锥齿轮铣齿机用轨迹法形成轮齿的齿线（圆弧线），需要一个成形运动，即铣刀盘的旋转运动 B_1。这

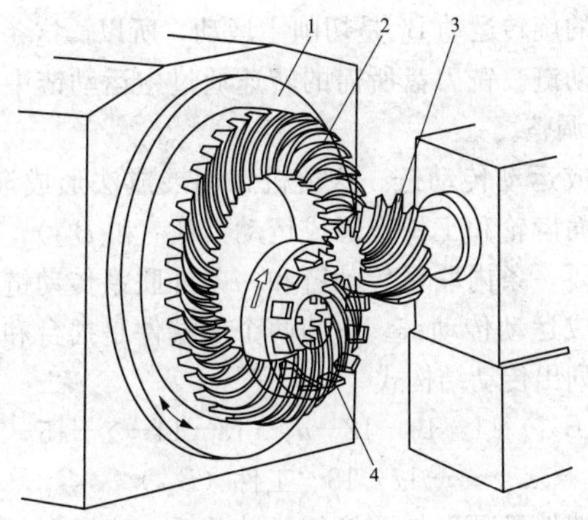

图 7-30　弧齿锥齿轮铣齿机工作原理

1—刀具摇台；2—假想平顶齿轮；3—工件；4—铣刀盘

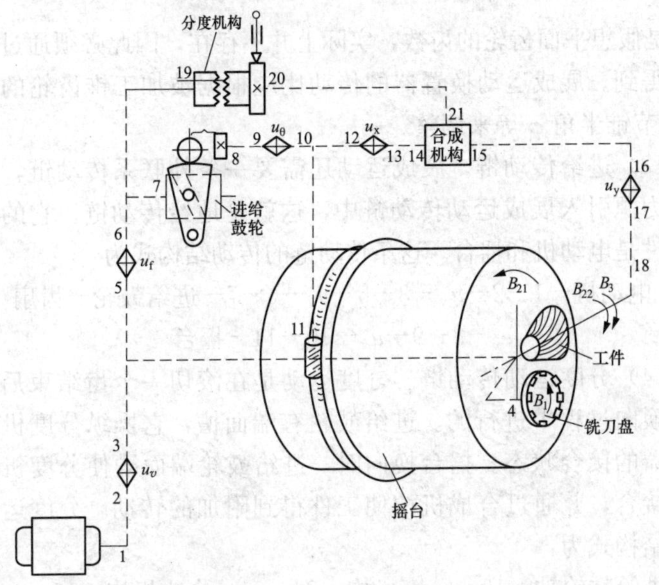

图 7-31　弧齿锥齿轮铣齿机工作原理

个简单运动只需一条外联系传动链，它的两个末端件为电动机和摇台刀具主轴，由传动原理可以列出这条链的传动结构式为

$$电动机-1-2-u_v-3-4-铣刀盘$$

铣刀盘的旋转运动 B_1 是切削主运动，所以，这条外联系传动链称为主运动链。铣刀盘所需的转速通过主运动链中换置器官的传动比 u_v 来调整。

（2）展成运动传动链。这类机床用展成法形成渐开线齿形，需要假想平面齿轮和工件作展成运动（B_{21} 和 B_{22}）。这个复合的成形运动需要一条内联系传动链和一条外联系传动链。内联系传动链就是展成运动传动链。它的两个末端件是摇台和工件，由传动原理图可列出传动结构式

摇台（B_{21}）11—10—12—u_x—13—14—Σ—15—16—u_y
—17—18—工件（B_{22}）

两个末端件必须保持严格的运动关系，即摇台（假想平面齿轮）转过一个齿$\left(\frac{1}{z_{平面}}转\right)$时，工件也应转过一个齿$\left(\frac{1}{z_{工}}转\right)$。这里 $z_{平面}$ 是假想平面齿轮的齿数，实际上并不存在，因此必须通过计算才能得到。展成运动换置器的传动比应根据被加工锥齿轮的齿数 $z_{工}$ 和节锥半角 φ 等来调整。

（3）进给传动链。展成运动还需要一条外联系传动链，以便把动力源引入展成运动传动链中，这就是地给传动链。它的两个末端件是电动机和摇台。这条传动链的传动结构式为

电动机—1—2—u_v—3—5—u_f—6—7—进给鼓轮—齿扇
—8—9—u_θ—10—11—摇台

（4）分度运动传动链。分度运动是在滚切一个齿结束后，在摇台换向过程中进行的。进给鼓轮有端面槽，它操纵分度机构的离合器的接合状态。摇台换向时，进给鼓轮端面槽使分度机构离合器接合，并通过合成机构使工件得到附加的转动。分度运动的传动结构式为：

进给鼓轮轴—19—分度机构—20—21—合成机构—15—16
—u_y—17—18—工件

在进给鼓轮端面槽的操纵下，分度机构接合一次，工件转过一个齿，这可通过调整传动链分度传动链分度交换齿轮的传动比 u_y 来实现。

弧齿锥齿轮铣齿机结构如图 7-32 所示。铣刀盘 3 的刀齿交错地安装形成内外两圈刀刃，假想平顶齿轮 2 事实上只存在一个轮齿，它是由铣刀盘旋转形成的。当刀具摇台 2 绕中心缓慢回转时，铣刀盘刀齿运动轨迹的一段形成铲形齿轮的一个齿廓，铲形齿轮与工件 4 在作展成运动过程中，在工件上切出一个齿槽的两侧渐开线齿廓。

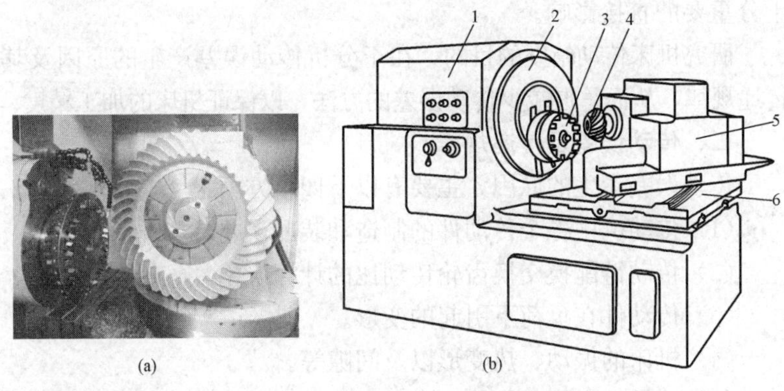

图 7-32　弧齿锥齿轮铣齿机

(a) 弧齿锥齿轮加工；(b) 铣齿机结构图

1—主轴箱；2—刀具摇台假想平顶齿轮；3—铣刀盘；4—工件；5—工件头架；6—床鞍

与刨齿机加工时一样，弧齿锥齿轮铣齿机在一个工作循环中，只完成工件一个齿槽的加工，每加工完毕一个齿槽，都需要退出工件并分度一次，逐渐加工出全部轮齿。如图 7-32 所示为弧齿锥齿轮铣齿机的外形，图中 3 为铣刀盘，2 为刀具摇台；工件 4 装在工件头架 5 上，工件头架可在床鞍 6 上调整角度。床鞍可作切入进给运动。

第七节　齿轮加工机床的传动精度

一、机床传动精度及其对加工精度的影响

机床的传动精度是指机床内联系传动链对其两端件间相对运动的准确性和均匀性的保证程度。由于内联系传动链的两端件要

求严格地保证相互间的运动关系，所以传动精度对内联系传动链具有极其重要的意义。例如车床的车螺纹传动链，当主轴带动工件转一转时，刀架必须合刀具沿工件轴向准确而均匀地移动一个导程的距离，否则将会产生螺距误差；滚齿机的展成运动链，当滚刀转一转时，工件必须准确而均匀地转 k/z 转，否则将会产生齿形误差和齿距误差等。可见，传动精度对工件的加工精度有着十分重要的直接影响。

研究机床传动精度的目的，在于分析传动误差产生的原因及其传递规律，从而掌握减少传动误差的方法，以保证机床的加工精度。

二、传动误差及传递规律

传动误差产生的原因，主要有以下四个方面：

（1）传动链中各个传动件的制造和装配误差。

（2）传动链配换交换齿轮传动比的计算误差。

（3）传动件在负荷下引起的变形。

（4）机床的振动、热变形以及间隙等。

各传动件的误差，都将沿着传动路线，并按误差传递的规律，最终传至末端件上，使末端件——工件或刀具产生运动位移误差。

现以直齿圆柱齿轮传动为例来说明传动误差的传递规律。

齿轮的误差是多方面的，如齿形误差、齿距误差、齿距累积误差、运动误差等，其中影响传动精度最大的是齿距累积误差。如图 7-33 所示，主动齿轮 1 存在齿距累积误差 ΔF_p，致使某瞬时本应在 P 点啮合的轮齿，变动至 P'点，则 $\Delta F_p = PP'$。

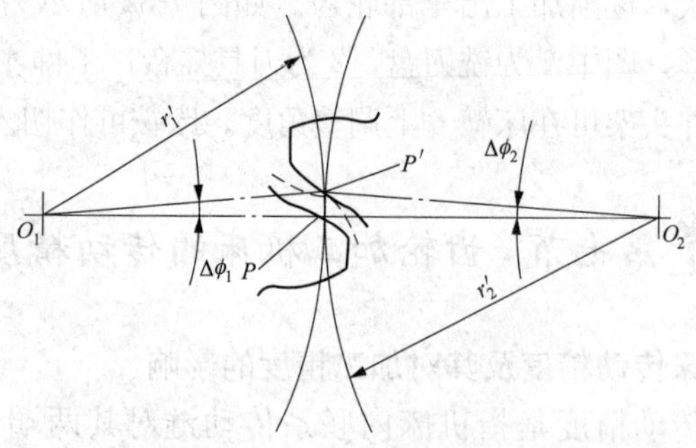

图 7-33　齿轮齿距累积误差

设 ΔF_{p} 对应于主动轮的转角误差为 $\Delta\phi_1$，由此引起被动轮 2 产生转角误差 $\Delta\phi_2$，则因

$$\Delta F_P = \Delta\phi_1 r'_1 = \Delta\phi_2 r'_2$$

所以

$$\Delta\phi_2 = \frac{\Delta F_P}{r'_2} = \Delta\phi_1 \frac{r'_1}{r'_2} \Delta\phi_1 u_{1-2}$$

式中　r'_1、r'_2——主动轮及被动轮的节圆半径；

　　u_{1-2}——主动轮至被动轮的传动比。

由于被动齿轮多转或少转一个角度 $\Delta\phi_2$，使得传动副的瞬时传动比产生变化，即传动比精度降低。

同理，直齿圆柱齿轮的其他误差也会转化为传动时的转角误差。

由于齿轮 1 产生转角误差 $\Delta\phi_1$，而使齿轮 2 产生转角误差 $\Delta\phi_2$，齿轮 3 与齿轮 2 装在同一根轴上，其转角误差相等，即 $\Delta\phi_1 = \Delta\phi_2$，如图 7-34 所示；齿轮 3 的转角误差 $\Delta\phi_3$ 又使齿轮 4 产生转角误差 $\Delta\phi_4$

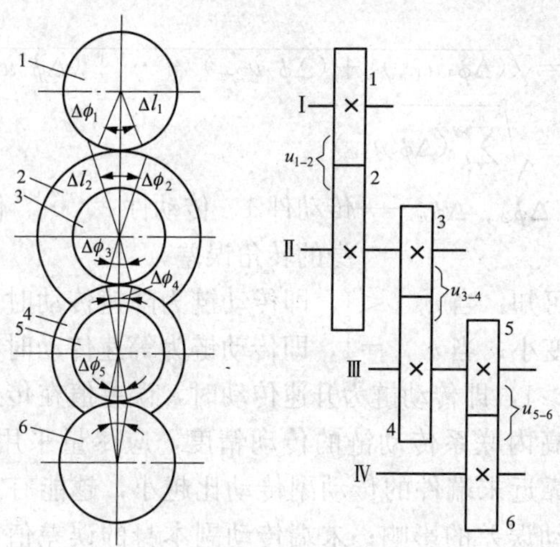

图 7-34　传动链中误差的传递

$$\Delta\phi_4 = \Delta\phi_3 u_{3\text{-}4} \Delta\phi_1 u_{1\text{-}2} u_{3\text{-}4} = \Delta\phi_1 u_{1\text{-}4}$$

同理，$\Delta\phi_5=\Delta\phi_4$

$$\Delta\phi_6=\Delta\phi_5 u_{5\text{-}6}=\Delta\phi_1 u_{1\text{-}6}$$

式中　$u_{3\text{-}4}$、$u_{1\text{-}4}$、$u_{5\text{-}6}$、$u_{1\text{-}6}$——齿轮 3 至齿轮 4、齿轮 1 至齿轮 4、齿轮 5 至齿轮 6、齿轮 1 至齿轮 6 的传动比。

为此，可以得出结论：在传动链中，任一传动件 i 的转角误差，总是将误差传递至末端件 n 上，并与该传动件至末端件间的总传动比成正比。即由传动件 i 的转角误差传至末端件的转角误差为

$$\Delta\phi_n=\Delta\phi_i u_{i\text{-}n}$$

其线性误差为

$$\Delta l_n=r_n\Delta\phi_n=r_n\Delta\phi_i u_{i\text{-}n}$$

式中　$\Delta\phi_i$——传动件 i 的转角误差；

$u_{i\text{-}n}$——传动件 i 至末端件 n 的传动比；

r_n——末端件与传动精度有关的半径。

根据概率原理，如各误差值按正态分布，则各传动件产生的转角误差传递后，反映到末端件上的总转角误差，可按均方根计算误差，即

$$\Delta\phi_{\sum}=\sqrt{(\Delta\phi_1 u_{1\text{-}n})^2+(\Delta\phi_2 u_{2\text{-}n})^2+\cdots+(\Delta\phi_n u_{n\text{-}n})^2}$$

$$=\sqrt{\sum_{i=1}^{n}(\Delta\phi_i u_{i\text{-}n})^2}$$

式中　$\Delta\phi_1$、$\Delta\phi_2$、$\Delta\phi_n$——传动件 1、传动件 2、…、传动件 n 本身的转角误差。

从上式可知：当 $u_{i-n}<1$，即传动链为降速传动时，误差值在传递过程中变小；当 $u_{i-n}=1$，即传动链为等速传动时，误差值不变；当 $u_{i-n}>1$，即传动链为升速传动时，误差值在传递过程中扩大。为了提高内联系传动链的传动精度，应尽量采用降速传动；且末端件或靠近末端件的传动副传动比越小，越能有效地减少前面传动件传动误差的影响；末端传动副本身的误差值，对传动误差值影响较大。因此，传动件的末端的传动副应尽量提高精度和采用最小传动比。

对传动链中的其他传动副，如斜齿圆柱齿轮、丝杠螺母副、

螺杆蜗轮副等，其传动误差的分析方法与直齿圆柱齿轮相似，而误差的传递规律则完全相同。

三、提高传动精度的措施

（1）尽可能缩短传动链，减少传动副数目，从而减少传动误差。

（2）传动链尽可能用降速传动，且末端传动副的传动比一般应是最小的。因此对传递运动的末端件传动副，常用蜗杆蜗轮副（如滚齿机、插齿机等）；对传递直线运动的末端件传动副常采用丝杆螺母副（如车床、铣床等）。

（3）合理选用传动副。在内联系传动链中，不应采用传动比不稳定的传动副，如摩擦传动副；少用难以保证制造精度的多头蜗杆、多头丝杆、圆锥齿轮等。

（4）合理地确定各传动件的制造精度，并适当提高装配精度。从误差传递规律可知，接近传动链末端的传动副，其误差对加工精度的影响最大，因此末端传动副的制造与装配精度应高于中间各传动副。

（5）配换交换齿轮齿数时，应力求使实际传动比与理论传动比的差值最小，并进行误差核算。

（6）采用误差校正装置。误差校正装置是利用校正尺或校正凸轮等校正元件使末端传动副得到误差补偿运动，以校正传动链中的各种传动误差。误差校正装置的结构形式很多，现以精密螺纹车床的误差校正装置为例说明如下：

如图 7-35 所示为 SG8630 型高精度螺纹车床丝杠校正装置原理图。校正尺 1 前侧的凹凸表面，是按车床实测出的丝杠 5 的导程误差放大一定倍数后，由钢板或有机玻璃等材料经人工锉研而制成的，并固定在车床床身上。车削螺纹时，丝杠 5 转动，由螺母 6 带动刀具溜板作纵向进给运动，螺母 6 和配置的校正元件 2、3、4、7、8、9 也随之一起移动。在弹簧 7 的作用下，螺母 6 有顺时针转动的趋势，并经扇形齿板 8、小齿轮 9，使杠杆 4 有逆时针转动的趋势，从而通过钢球 3、推杆 2 使与校正尺接触的滚子紧靠在校正尺 1 的凹凸表面上。当校正元件随溜板一起作纵向移动时，

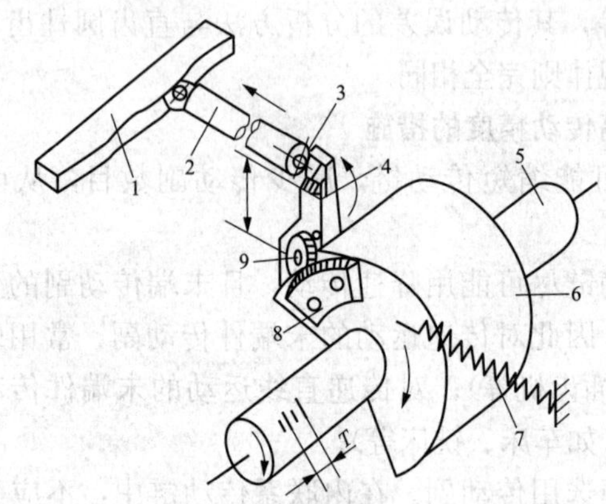

图 7-35　SG8630 型车床丝杠校正装置

1—校正尺；2—推杆；3—钢球；4—杠杆；5—丝杆；6—螺母；7—弹簧；8—扇形齿板；9—小齿轮

校正尺 1 的凹凸面可使螺母 6 相对于丝杠 5 产生一附加的转动，使刀架溜板产生相对的附加移动量，从而补偿丝杠的导程误差。

第八章

机床主要部件、机构与装置

第一节 机床主轴部件

大多数机床都具有主轴部件，并且主轴部件是机床的一个重要组成部件。有的机床只有一个主轴部件，有的则有多个。主轴部件包括：主轴、主轴轴承以及安装在主轴上的传动件和密封件等。机床主轴部件是机床的执行件，它的功用是在加工工件时支承并直接带动刀具或工件进行表面成形运动，同时还起传递运动和扭矩、承受切削力和驱动力等载荷的作用。因此，主轴部件的静、动态特性直接影响工件的加工质量和机床的生产率。

一、主轴部件的基本要求

各类机床的主轴部件在一定的载荷和转速下，都要保证安装其上的工件或刀具准确而可靠地绕主轴的旋转中心旋转，并能在其寿命期内稳定地保持这种性能。为此，主轴部件应满足如下几个方面的要求。

1. 旋转精度

主轴作旋转运动时线速度为零的点的连线，称为主轴的旋转中心线。理想状态下，该线即主轴几何中心线，其位置是不随时间变化的。但实际上，由于制造和装配等种种误差的影响，主轴旋转时，该线在空间的位置每时每刻都在发生着变化。这些瞬时旋转中心线的平均空间位置，称为理想旋转中心线。瞬时旋转中心线相对于理想旋转中心线在空间位置的偏差，即主轴旋转时的瞬时误差（旋转误差）。其瞬时误差范围即主轴的旋转精度。如图8-1所示（图中实线为理想中心线）。为了便于分析，可以把主轴的旋转误差分解成径向圆跳动 Δr、轴向窜动 Δo 和角度摆动 $\Delta\alpha$。实际上，主轴的旋转误差是这三者的综合反映。

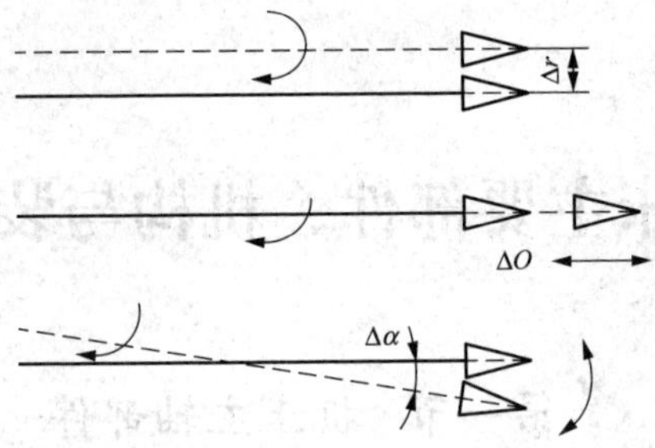

图 8-1　主轴的旋转精度

生产实际上，主轴部件的旋转精度是用主轴前端对刀具或工件进行定位的定位面的径向圆跳动、端面圆跳动和轴向窜动值的大小来衡量的。检测是在无载荷、手动或低速转动主轴的条件下，即静态下进行的。主轴在工作转速时的旋转精度，称为运动精度。

主轴部件的旋转精度取决于各主要零件如主轴、轴承等的制造精度和装配、调整精度。运动精度还取决于主轴的转速、轴承的设计和性能以及主轴部件的动态特征。

各类通用机床主轴部件旋转精度已在机床精度标准中作了规定，专用机床主轴部件的旋转精度应根据工件精度要求确定，如钻、镗组合机床主轴的旋转精度可参阅表 8-1。

表 8-1　钻、镗组合机床主轴的旋转精度　（单位：mm）

组合机床类型	主轴孔中心线径向圆跳动		主轴轴线对床身导轨的平行度（在 150 范围内）
	距轴端 10	距轴端 150	
一般组合机床	0.07	0.09	0.03
具有刚性主轴的组合机床	0.045	0.06	0.045

2. 主轴刚度

主轴部件的静刚度简称主轴部件刚度，是指主轴部件在外力作用下抵抗变形的能力。如图 8-2 所示，通常，主轴部件的刚度 K 用在主轴工作端的作用力 F 与主轴在力 F 方向上所产生的变形 γ

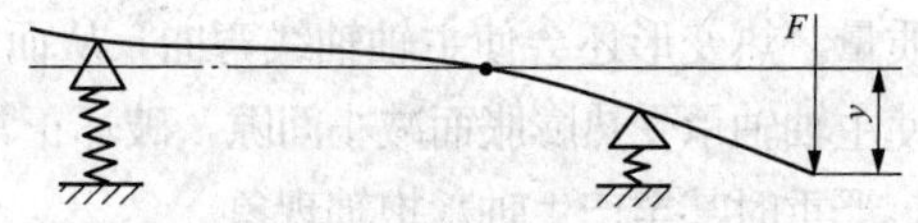

图 8-2　主轴的刚度

之比来表示，即

$$K=\frac{F}{\gamma}$$

如果作用在主轴工作端的是静扭矩 T（N·m），θ（rad）为在该扭矩作用下主轴工作端的扭转角，L（m）为扭矩 T 的作用距离，主轴的扭转刚度为

$$K_T=\frac{TL}{\theta}$$

一般情况下的主轴结构，如保证了其主轴刚度，扭转刚度基本上也能得到保证。主轴部件的刚度不足，将对工件的加工精度、表面质量以及机床的传动质量及工作平稳性有直接影响。

影响主轴部件刚度的主要因素是主轴的结构形式及尺寸，轴承的类型、配置及预紧，传动件的布置方式以及主轴部件的制造与装配质量等。

3. 抗振性

主轴部件的抗振性是指机床工作时主轴部件抵抗振动、保持主轴平稳运转的能力。主轴部件抗振性差，工作时易产生振动，从而影响工件表面质量，限制机床切削速度，降低刀具寿命和主轴轴承寿命，并产生噪声污染工作环境等。因此，提高抗振性对主轴部件是十分重要的。

影响主轴部件抗振性的主要因素是主轴部件的刚度、阻尼特性和固有频率等。提高主轴部件的刚度可以有效地抑制主轴部件产生振动。

4. 热稳定性

主轴部件在运转过程中，因摩擦和搅油等产生热量，使主轴因热膨胀而变形。热变形会改变主轴轴线与机床其他部件之间的相对位置，直接影响加工质量。热变形还会使主轴轴线弯曲，从而使传动件的工作状况恶化，使主轴轴承受热膨胀而减小间隙，破坏正常的润滑条件，加快轴承磨损，严重时甚至产生轴承抱轴现象。

影响主轴部件热稳定性的主要因素是轴承的类型、配置方式和预紧力的大小以及润滑方式和散热条件等。

一般规定，使用滑动轴承时，主轴轴承温度不得超过 60℃，对于特别精密的机床则不得超过室温 10℃。

5. 耐磨性

主轴部件的耐磨性是指主轴部件保持原始精度的工作时间，即精度保持性。影响耐磨性的首先是轴承，其次是主轴轴端对刀具或工件进行定位的定位面和锥孔，以及其他有相对滑移的表面等。如果主轴装有滑动轴承，则轴颈的耐磨性对精度保持性的影响很大。

为了提高耐磨性，要正确选择主轴和滑动轴承的材料及其热处理方法。一般主轴上的易磨损部位都必须经过表面淬火处理，使之具有一定的硬度。合理调整轴承间隙，并保证良好的润滑和可靠的密封，对提高主轴耐磨性有明显效果。

二、主轴部件的类型及传动方案

1. 主轴部件的类型

按运动方式可以将主轴部件分为如下几种类型。

（1）只作旋转运动的主轴部件，如车床、铣床和镗床的主轴部件。其结构较简单，主轴通过轴承直接安装在箱体上。

（2）既有旋转运动又有轴向进给运动的主轴部件，如钻床、镗床的主轴部件。主轴通过轴承安装在主轴套筒内，套筒通过轴承安装在主轴箱体上。主轴在套筒内作旋转主运动，主轴套筒则可带动主轴作轴向进给运动。

（3）既有旋转运动又有径向进给运动的主轴部件，如卧式铣镗床的平旋盘主轴部件，平旋盘作旋转主运动，安装其上的径向刀架溜板作径向进给运动。

（4）既有旋转运动又能轴向调整移动的主轴部件，如滚齿机、部分立式铣床和龙门铣床的主轴部件，主轴安装在主轴套筒内作旋转运动，并可以根据需要随主轴套筒一起作轴向调整移动。调位移动完毕后，夹紧主轴套筒以提高主轴部件刚度。

2. 主轴的传动方式

对于机床主轴，传动件的作用是以一定的功率和最佳切削速度完成切削加工。按传动功能不同，可将主传动作如下分类。

(1) 有变速功能的传动。为了简化结构，在传动设计时，将主轴当作传动变速组，常用变速副是滑移齿轮组。为了保证主轴传动精度及动平衡，可将固定齿轮装于主轴上或在主轴上装换挡离合器，这类传动副多装于两支承中间。对于不频繁的变速，可用交换齿轮、塔轮结构，此时变速传动副多装于主轴尾端。

(2) 固定变速传动方式。这种传动方式是为了将主轴运动速度（或扭矩）调整到适当范围。考虑到受力和安装、调整的方便，固定传动组可装在两支承之外，且尽量靠近某一支承，以减少对主轴的弯矩作用，或采用卸荷机构。常用的传动方式有齿轮传动、带传动和链传动等。

(3) 主轴功能部件。将原动机与主轴传动合为一体，组成一个独立的功能部件，如用于磨削加工的各类磨床用主轴部件或用于组合机床的标准型主轴组（又称主轴单元）。它们的共同特点是主轴本身无变速功能，主轴转速的调节可采用机械变速器或与电气、液压（气动）控制等方式，但可调范围较小。

三、主轴部件的位置及典型结构

主轴部件是机床的关键部件，包括主轴的支承、安装在主轴上的传动零件等。主轴部件质量的好坏直接影响加工质量。无论哪种机床的主轴部件都应满足下述几个方面的要求，即主轴的回转精度、部件的结构刚度和抗振性、运转温度和热稳定性以及部件的耐磨性和精度保持能力等。对于数控机床，尤其是自动换刀数控机床，为了实现刀具在主轴上的自动装卸与夹持，还必须有刀具的自动夹紧装置、主轴准停装置和主轴孔的清理装置等结构。

1. 主轴的位置确定

在布置变速箱轴系时，首先确定主轴在变速箱上的位置，然后确定与主轴上齿轮有啮合关系的轴，其次确定电动机轴和输入轴，最后确定其他各传动轴的位置。

确定主轴位置时，应首先考虑机床的主参数及其他结构参数、变速箱的重心位置、床身导轨所受的颠覆力矩、被加工零件的最大尺寸、主轴位置对机床工作性能的影响等。表 8-2 供确定机床主轴位置时参考。

表 8-2　　机床主轴位置的确定

机床类别	主要依据	特点
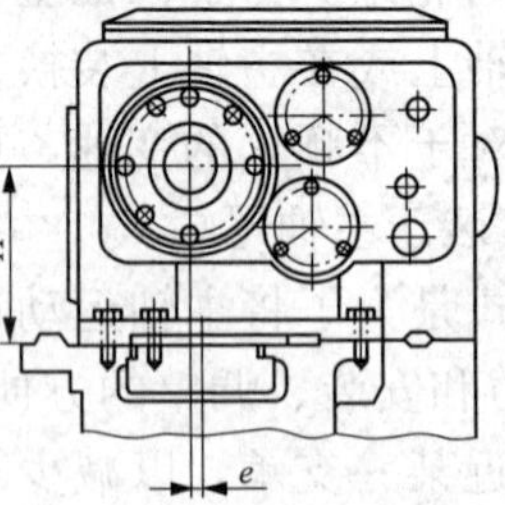 卧式车床	主轴中心高 H，主轴中心线与机床导轨中心线之间的偏心距 e	H 值与工件的最大加工直径有关 为降低床身导轨的扭曲变形，从希望主切削力的方向尽可能落在前、后两导轨之间考虑，主轴中心越往后越好；但从便于装卸工件，减轻工人劳动强度考虑，则主轴中心越往前越好；设计时应综合分析确定
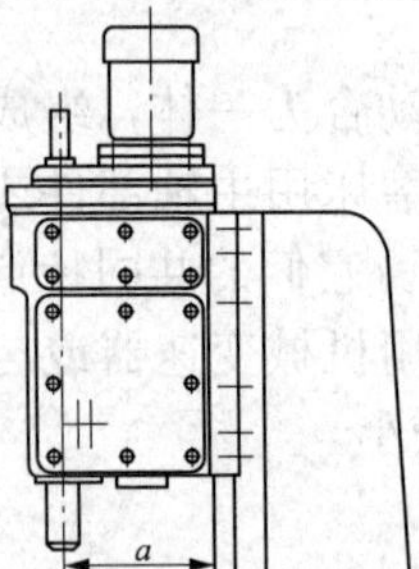 立式钻床	主轴中心线到立柱导轨面的最大距离 a	与最大工件尺寸有关
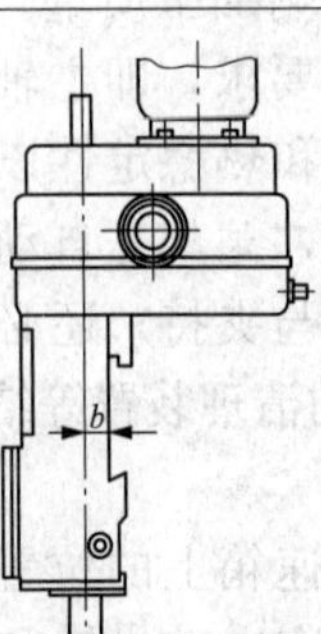 摇臂钻床	主轴中心线到摇臂导轨面的距离 b	为使变速箱重心尽量靠近摇臂导轨面，以减少颠覆力矩，尽量减少 b 值

续表

机床类别	主要依据	特点
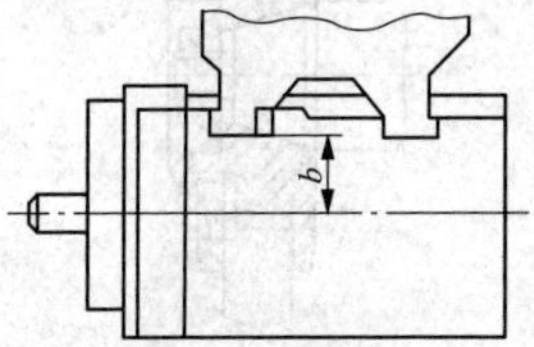 卧式铣镗床	主轴中心线至立柱导轨面的距离 b	为使变速箱重心尽量靠近横梁或立柱导轨面，以减少颠覆力矩，尽量减少 b 值
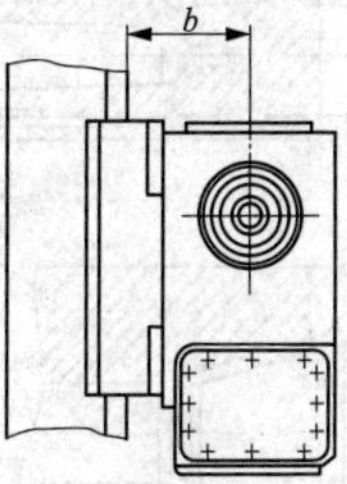 龙门铣床	主轴中心线至横梁或立柱导轨面的距离 b	

2. 主轴端部的结构形式

主轴端部用于安装刀具或夹持工件的夹具，在设计要求上，应能保证定位准确、安装可靠、连接牢固、装卸方便，并能传递足够的转矩。由于刀具、卡盘或夹具已经标准化，主轴端部的结构形状标准化，通用机床的主轴轴端结构形状和尺寸也已标准化，图 8-3 所示为普通机床和数控机床通用的几种结构形式。

图 8-3（a）所示为车床主轴端部，卡盘依靠前端的短圆锥面和凸缘端面定位，用拨销传递转矩，卡盘装有固定螺栓。卡盘装于主轴端部时，螺栓从凸缘上的孔中穿过，转动快卸卡板将数个螺栓同时拴住，再拧紧螺母将卡盘固牢在主轴端部。主轴为空心，前端有莫氏锥度孔，用以安装顶尖或心轴。

图 8-3（b）所示为铣、镗类机床的主轴端部，铣刀或刀杆在前端 7∶24 的锥孔内定位，并用拉杆从主轴后端拉紧，由前端的端面键传递转矩。

图 8-3（c）所示为外圆磨床砂轮主轴的端部；图 8-3（d）所

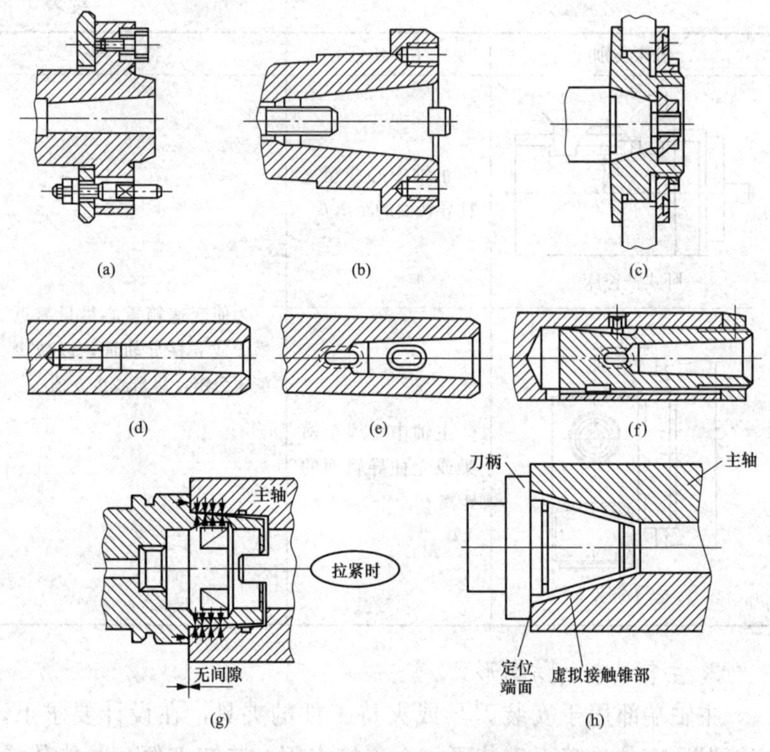

图 8-3　主轴端部的结构形式

（a）车床；（b）铣、镗类机床；（c）外圆磨床砂轮；（d）内圆磨床砂轮；（e）钻床与普通镗杆；（f）高速钻床；（g）高速主轴；（h）WSV-1 高速刀柄

示为内圆磨床砂轮主轴端部；图 8-3（e）所示为钻床与普通镗杆端部，刀杆或刀具由莫氏锥孔定位，用锥孔后端第一个扁孔传递转矩，第二个扁孔用以拆卸刀具，但在数控镗床上要使用图 8-3（b）所示的形式，因为 7：24 的锥孔没有自锁作用，便于自动换刀时拔出刀具。图 8-3（f）用于高速钻床，螺纹与螺钉是作为紧固用的。

图 8-3（g）所示是高速主轴端部之一，与此对应的刀柄为 HSK 型刀柄，是 1：10 短锥面刀具系统。HSK 刀柄由锥面（径向）和法兰端面（轴向）共同实现与主轴的连接刚性，由锥面实

现刀具与主轴之间的同轴度，锥柄的锥度为1：10。采用锥面、端面过定位的结合形式，能有效地提高结合刚度；锥部长度短和采用空心结构后质量较轻，能加快刀具的移动速度，缩短移动时间，有利于实现ATC的高速化；采用1：10的锥度，与7：24锥度相比锥部较短，楔形效果较好，故有较强的抗扭能力，且能抑制因振动产生的微量位移。

图8-3（h）所示是与WSU-1高速刀柄配合的主轴，是以离散的点或线形成一个锥面，与主轴内锥孔面接触，实现这些点线接触的元件是弹性的，因此，当拉杆轴向拉力使刀柄与主轴端面定位接触时，只会使刀柄锥体的这些弹性元件变形，刀柄不变形。这种方法可使接触锥部获得较大的过盈量，而不需太大的拉力，也不会使主轴膨胀，对接触面的污染不敏感。

3. 手动换刀圆锥连接的主轴端部结构

7：24圆锥连接是依靠其定心精确而自锁的性能，传递力是依靠安装在主轴端面上的键来实现的，广泛应用于具有铣削功能的各类普通铣床、镗铣床、数控机床、加工中心等主轴端部，如图8-4所示，标准规定的锥度尺寸与国际标准是等效的，因此具有广泛的通用性。

标准共规定10种规格的锥度，可满足大、中、小各型机床的需要。其中，锥度号为50及以下的规格，多用在中、小型机床的主轴上；锥度号为60及以上的规格，多用在重型或超重型机床的主轴上；实际用的频次最多的锥度号为40～60这几种。

四、主轴部件常用轴承及配置形式

主轴轴承对主轴部件的工作性能影响极大。主轴轴承是影响主轴部件旋转精度的关键部件，由于轴承刚度不足而引起的主轴轴端位移量约占其总位移量的30%～50%；主轴轴承是引起主轴部件热变形的主要热源；主轴部件的振动与轴承（特别是前轴承）的结构密切相关。因此，主轴轴承必须具有旋转精度高、承载能力和刚度大、功率损耗小、抗振性好、运动平稳和调整方便等优点。

主轴轴承可分成滚动轴承和滑动轴承两大类。滚动轴承适应

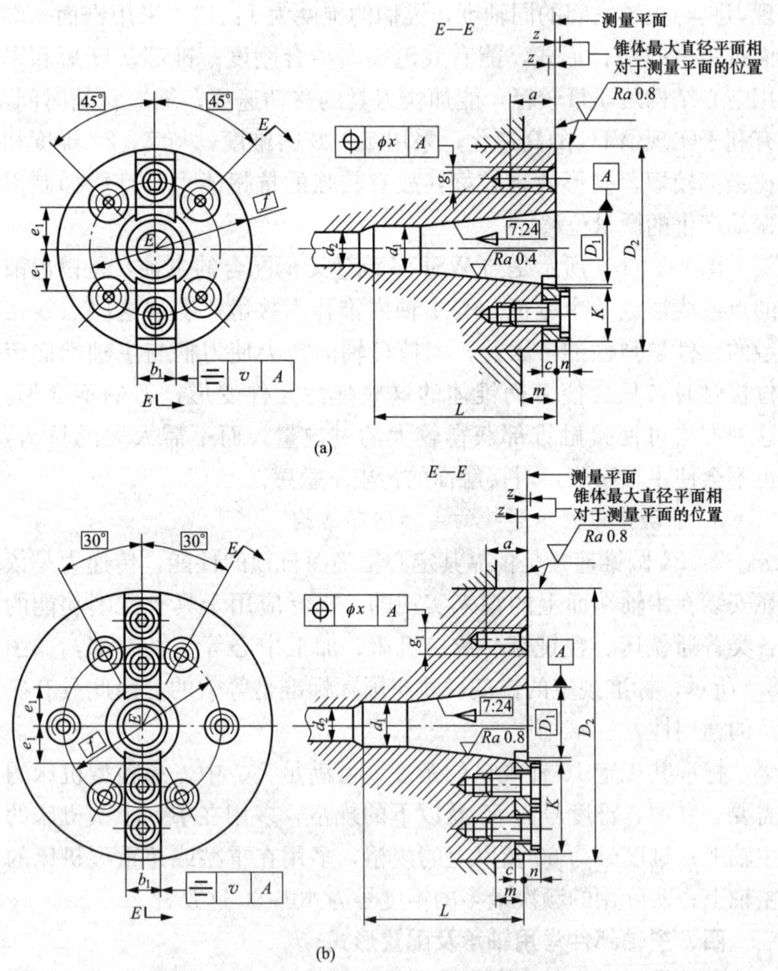

图 8-4　7：24 手动换刀圆锥连接机床主轴端部结构形式

（a）30～60 号主轴端部圆锥；（b）65～80 号主轴端部圆锥

转速范围广，旋转精度和刚度能满足一般机床主轴部件的要求，且选购方便，便于机床的制造和维修。因而，目前绝大多数机床的主轴都采用滚动轴承。但滑动轴承与滚动轴承相比，具有旋转精度高、刚度高、抗振性好、运动平稳、结构尺寸小等优点，因此在精密机床和重型机床上多使用滑动轴承。

（一）滚动轴承

1. 主轴常用的滚动轴承

机床主轴常用的滚动轴承除标准中规定的一般类型的轴承外，还有一些特殊性能的轴承，种类繁多，这里只介绍几种常用的一般类型轴承的性能和特点。

线接触轴承的承载能力和刚度好于点接触的轴承，而极限转速是点接触轴承高于线接触轴承。承受轴向载荷的轴承中，推力球轴承的承载能力和刚度最好，但由于离心力的作用，滚动体对滚道磨损较大，故其极限转速较低。圆锥滚子轴承的小端与滚道有滑动摩擦，发热较大，故其极限转速较低。如果提高其精度，极限转速可以提高。如图 8-5 所示为主轴常用的几种滚动轴承。

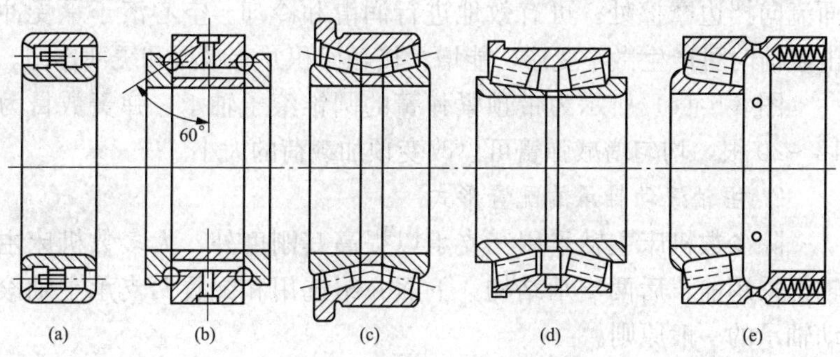

图 8-5　主轴常用的滚动轴承

（a）锥孔双列圆柱滚子轴承；（b）双列推力角接触球轴承；（c）双列圆锥滚子轴承；（d）带凸肩的阵列圆柱滚子轴承；（e）带预紧弹簧的圆锥滚子轴承

图 8-5（a）所示为锥孔双列圆柱滚子轴承，内圈为 1∶12 的锥孔，当内圈沿锥形轴颈轴向移动时，内圈胀大以调整滚道的间隙。滚子数目多，两列滚子交错排列，因而承载能力大，刚性好，允许转速高。它的内、外圈均较薄，因此，要求主轴颈与箱体孔均有较高的制造精度，以免轴颈与箱体孔的形状误差使轴承滚道发生畸变而影响主轴的旋转精度。该轴承只能承受径向载荷。

图 8-5（b）所示是双列推力角接触球轴承，接触角为 60°，球径小、数目多，能承受双向轴向载荷。磨薄中间隔套，可以调整

间隙或预紧，轴向刚度较高，允许转速高。该轴承一般与双列圆柱滚子轴承配套用作主轴的前支承，并将其外圈外径作成负偏差，保证只承受轴向载荷。

图 8-5（c）所示是双列圆锥滚子轴承，它有一个公用外圈和两个内圈，由外圈的凸肩在箱体上进行轴向定位，箱体孔可以镗成通孔。磨薄中间隔套可以调整间隙或预紧，两列滚子的数目相差一个，能使振动频率不一致，明显改善了轴承的动态特性。这种轴承能同时承受径向和轴向载荷，通常用作主轴的前支承。

图 8-5（d）所示为带凸肩的阵列圆柱滚子轴承，结构上与图 8-17（c）所示轴承相似，可用作主轴前支承。滚子作成空心的，保持架为整体结构，充满滚子之间的间隙，润滑油由空心滚子端面流向挡边摩擦处，可有效地进行润滑和冷却。空心滚子承受冲击载荷时可产生微小变形，能增大接触面积并有吸振和缓冲作用。

图 8-5（e）所示为带预紧弹簧的圆锥滚子轴承，弹簧数目为 16～20 根，均匀增减弹簧可以改变预加载荷的大小。

2. 主轴滚动轴承的配置形式

除少数机床主轴采用三支承以提高其刚度外，大多数机床主轴都采用前、后两支承结构。下面介绍选用和配置两支承主轴滚动轴承的一般原则。

（1）载荷较大、转速较高时，采用双列圆柱滚子轴承和接触角为 60°的双向推力角接触球轴承组合；转速中低时，采用双列圆柱滚子轴承和推力球轴承或圆锥滚子轴承的组合。

（2）载荷中等、转速较高时，采用双列圆柱滚子轴承和角接触球轴承的组合或采用前后支承都是角接触球轴承的组合；转速中、低时，可采用两个圆锥滚子轴承做前后支承轴承。

（3）载荷较小、转速较高时，可采用前后支承都是单列角接触球轴承的组合，如果要提高轴向刚度可每个支承并列两个轴承；转速中、低时，可采用深沟球轴承和推力球轴承的组合。

主轴的轴向定位，主要由推力轴承来实现。推力轴承的布置形式有三种：

（1）前端定位。推力轴承布置在前支承处。主轴发热后向后伸长，轴前端的轴向精度较高，但前支承结构复杂。常用于主轴轴向精度要求较高的精密机床上。

（2）后端定位。推力轴承布置在后支承处。主轴受热变形时向前伸长，影响轴端的精度和刚度，但这种结构便于轴承间隙调整，常用于普通精度机床上。

（3）两端定位。推力轴承分别布置在前后支承处。支承结构简单，发热量小，但主轴受热变形会改变轴承间隙，影响主轴旋转精度。常用于支承跨距小、转速较低或旋转精度要求较低的机床上。

3. 主轴滚动轴承的精度

主轴部件所用滚动轴承的精度有高级 p6X、精密级 p5、特精级 p4 和超精级 p2。前支承的精度一般比后支承的精度高一级，也可以用相同的精度等级。普通精度的机床通常前支承取 p4、p5 级，后支承用 p5、p6X 级，特高精度的机床前后支承均用 p2 级精度。

4. 数控机床主轴滚动轴承的配置

在实际应用中，常见的数控机床主轴轴承配置有下列 3 种形式。

图 8-6（a）所示的配置形式能使主轴获得较大的径向和轴向刚度，可以满足机床强力切削的要求，普遍应用于各类数控机床的主轴，如数控车床、数控铣床、加工中心等。这种配置的后支承也可用圆柱滚子轴承，进一步提高后支承的径向刚度。

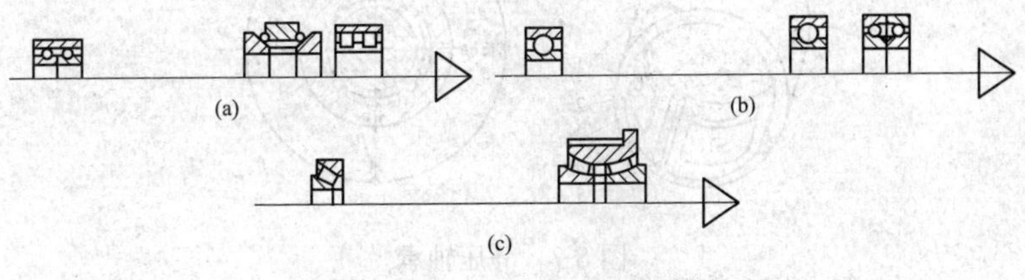

图 8-6　数控机床主轴轴承配置形式

（a）～（c）形式 1～3

图 8-6（b）所示的配置没有图 8-6（a）所示的主轴刚度大，

但这种配置提高了主轴的转速，适合主轴要求在较高转速下工作的数控机床。目前，这种配置形式在立式、卧式加工中心机床上得到广泛应用，满足了这类机床转速范围大、最高转速高的要求。为提高这种形式配置的主轴刚度，前支承可以用四个或更多个的轴承相组配，后支承用两个轴承相组配。

图 8-6（c）所示的配置形式能使主轴承受较重载荷（尤其是承受较强的动载荷），径向和轴向刚度高，安装和调整性好。但这种配置相对限制了主轴最高转速和精度，适用于中等精度、低速与重载的数控机床主轴。

为提高主轴组件刚度，数控机床还常采用三支承主轴组件。尤其是前后轴承间跨距较大的数控机床，采用辅助支承可以有效地减少主轴的弯曲变形。三支承主轴结构中，一个支承为辅助支承，辅助支承可以选为中间支承，也可以选为后支承。辅助支承在径向要保留必要的游隙，避免由于主轴安装轴承处轴径和箱体安装轴承处孔的制造误差（主要是同轴度误差）造成的干涉。辅助支承常采用深沟球轴承。

（二）滑动轴承

机床主轴多采用滚动轴承作为支承，对于精度要求高的主轴则采用动压或静压滑动轴承（见图 8-7）及磁悬浮轴承作为支承（见图 8-8）。

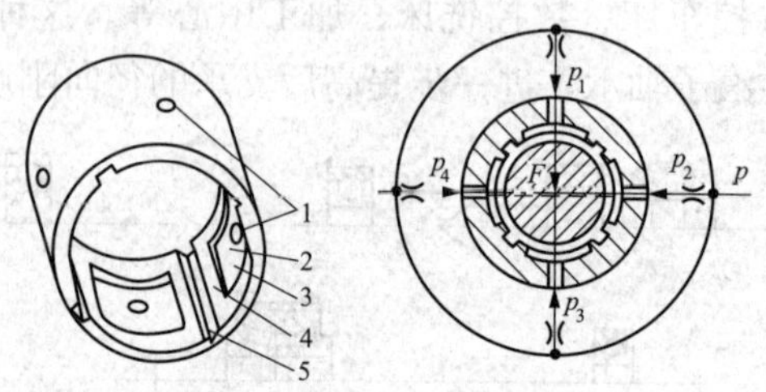

图 8-7　静压轴承

1—进油孔；2—油腔；3—轴向封油面；4—周向封油面；5—回油槽

液体静压轴承和动压轴承主要应用在主轴高转速、高回转精度的场合，如应用于精密、超精密数控机床主轴、数控磨床主轴。

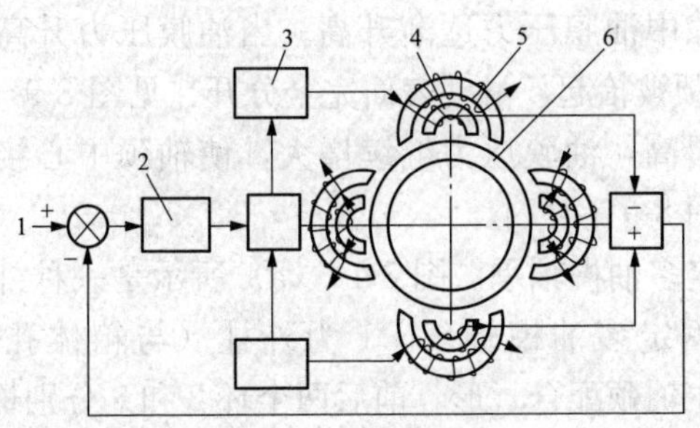

图 8-8　磁悬浮轴承

1—基准信号；2—调节器；3—功率放大器；

4—位移传感器；5—定子；6—转子

对于要求更高转速的主轴，可以采用空气静压轴承，这种轴承可达每分钟几万转的转速，并且有非常高的回转精度。

主轴滑动轴承按其产生油膜压强方式的不同，可分为动压轴承和静压轴承两类。

1. *液体动压滑动轴承*

液体动压轴承的工作原理如图 8-9 所示。当主轴静止不转时，由于轴颈与轴承之间存在间隙，在载荷 F（包括主轴重量）的作用下，轴颈移向下方，与轴承表面形成楔形缝隙，如图 8-9（a）所示。主轴开始转动时，速度较低，轴颈与轴承仍是金属表面接触（边界摩擦状态），摩擦力使轴颈向右滚动，接触点偏向右方［见图 8-9（b）］。随着转速的增高，带入楔形缝隙的油量逐渐增

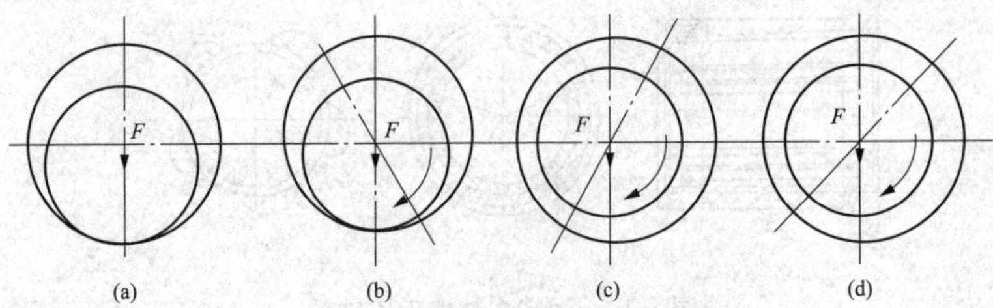

图 8-9　液体动压轴承的工作原理

（a）主轴静止不转；（b）主轴低速转动；

（c）主轴较高速转动，轴颈被抬起；（d）主轴高速转动；轴颈接近于轴承孔中心

多，楔形缝隙中油膜压力逐渐升高。当油膜压力升高到能支持外力 F 时，轴颈被抬起，滑动表面完全分开［见图 8-9（c）］。主轴转速进一步提高，油膜压力继续增大，使轴颈中心接近于轴承孔的中心［见图 8-9（d）］。

（1）固定多油楔轴承。图 8-10（a）所示是一种外圆磨床的砂轮架，采用固定多油楔轴承。1 为外柱（与箱体孔配合）内锥（1∶20，与主轴颈配合）形，前后两个环 2 和 5 分别构成滑动推力轴承，转动螺母 3 可使主轴相对于轴瓦作轴向移动，通过锥面调整轴承间隙，这种调整方式称为锥形轴颈轴向调整式，螺母 4 可用于调整推力轴承的轴向间隙，主轴的后支承是双列圆柱滚子轴承 6。

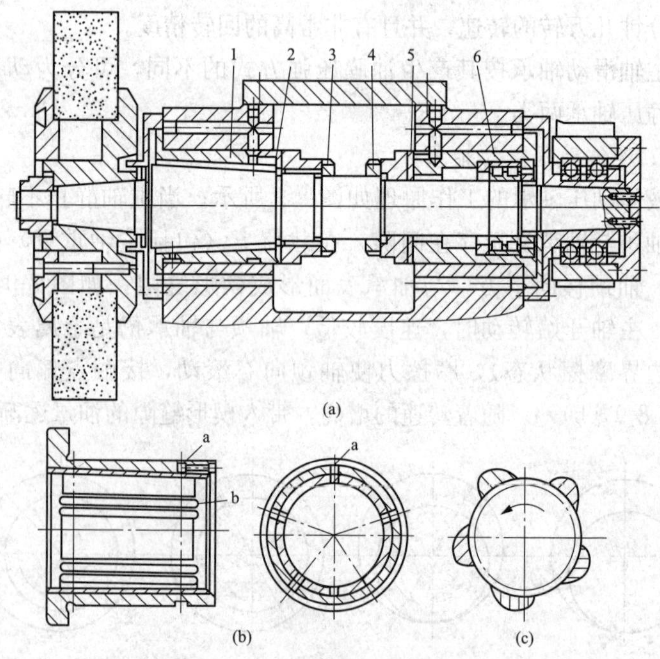

图 8-10　固定多油楔动压轴承

（a）外圆磨床；（b）多油楔轴承；（c）主轴转向及油压分布

1—外柱圆锥；2、5—环；3—转动螺母；4—螺母；

6—双列圆柱滚子轴承；a—进油孔；b—回油槽

固定多油楔轴承的形状如图 8-10（b）所示。在轴瓦内壁上开有 5 个等分的油囊，形成 5 个油楔。由于磨床砂轮主轴的旋转方向恒定，故油囊的截面形状为阿基米德螺旋线。主轴的旋转方向及油压分布如图 8-10（c）所示。由液压泵供应的低压油经 5 个进油孔 a 进入油囊，从回油槽 b 流出，形成循环润滑。供应低压油的目的在于避免主轴启动或停止时产生的干摩擦现象。

这种轴承的油楔是由机械加工形成的，因此轴承工作时的尺寸精度、接触状况和油模参数等均较稳定，拆卸后的变化也很小，故维修也较方便。

（2）活动多油楔轴承。活动多油楔动压轴承如图 8-11 所示。它由三块均布在主轴轴颈周围的扇形轴瓦 4 组成（轴瓦的包角为 60°，长径比为 $L/D=0.75$），轴瓦的背面支承在球头支承螺钉 3 上，不和箱体上的支承孔直接接触。前、后各 3 块轴瓦的支承螺钉都可单独调节，使主轴和箱体的支承孔中心重合。支承螺钉的球形头与相配轴瓦背面上的球形凹坑要求配研，接触面积在 80% 以上，以保证有良好的接触刚度，并使轴瓦能灵活地绕球形支承自由摆动。轴承的工作原理如图 8-11 所示，当主轴高速旋转时，轴瓦在支承上摆动，自动地调整位置，使主轴轴颈与轴瓦间形成适当的楔形间隙，从而产生 3 个独立的油楔。轴瓦除了径向可摆动外，在轴向也能摆动，这就可以消除边缘压力。

轴承的径向间隙可用支承螺钉 3 调整，一般调整到 5～15μm。调整支承螺钉 3 时，起锁紧作用的空心螺钉 2 和拉紧螺钉 1 都要旋出。拉紧螺钉 1 的作用是消除支承螺钉螺纹间的间隙，防止松动。

这种轴承由于轴瓦背面凹球面位置是不对称的，主轴只许朝一个方向旋转，否则不能形成压力油楔。这种轴承的油膜压力，借助一定的轴颈圆周速度（$v>4\text{m/s}$）而形成，故属于动压滑动轴承。在高速轻载时比滚动轴承的抗振性好，运转平稳，结构简单，因此在各类磨床主轴部件中得到广泛的应用。这种轴承的缺点是轴瓦靠螺钉的球形头支承，面积较小，刚度不高，其综合刚度低于固定多油楔轴承。

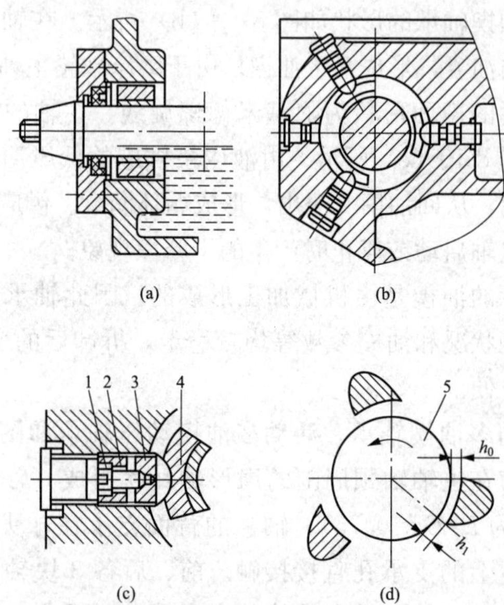

图 8-11　活动多油楔动压轴承

（a）结构图；（b）三块扇形轴瓦支承主轴轴颈；

（c）轴瓦靠螺钉的球形头支撑；（d）主轴轴颈与轴瓦间形成锲形间隙

1—拉紧螺钉；2—空心螺钉；3—支撑螺钉；4—扇形轴瓦；5—主轴

2．液体静压滑动轴承

动压轴承在转速低于一定值时，压力油膜就建立不起来，因此当主轴处于低转速或启动、停止过程中，轴颈就要与轴承表面直接接触，产生干摩擦。主轴转速变化后，压力油膜的厚度要随之变化，致使轴心位置发生改变。液体静压轴承就是为了克服上述缺点而发展起来的。

静压轴承旋转精度高，抗振性好，其原因是轴颈与轴承间有一层高压油膜，它具有良好的吸振性能，其缺点是需要配备一套专用的供油系统，而且制造工艺较复杂。

（1）工作原理。静压轴承一般是由供油系统、节流器和轴承三部分组成，如图 8-12 所示为静压轴承的工作原理图。轴承内圆柱面上，间隔相等地开有几个油腔（通常为 4 个），各油腔之间开

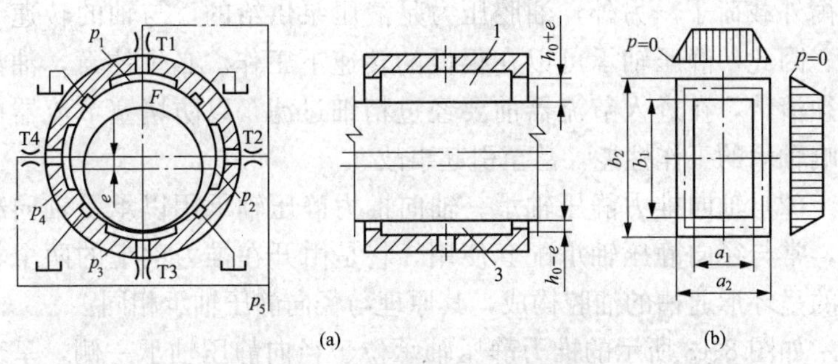

图 8-12　静压轴承的工作原理

(a) 结构图；(b) 压力分布图

1、3— 油腔；T1～T4—节流器

有回油槽，用过的油一部分从这些回油槽流回油箱（径向回油），另一部分则由两端流回油箱（轴向回油）。油腔四周形成适当宽度的轴向封油面和周向封油面，它们和轴颈之间保持适当间隙，一般为 0.02～0.04mm。油泵供油压力为 p_s，油液经节流器 T 进入各油腔，将轴颈推向中央。油液最后经封油面流回油箱，压力降低为零。

当主轴不受载荷且忽略自重时，则各油腔的油压相同，保持平衡，主轴在轴承正中心，这时轴颈表面与各腔封油面之间的间隙相等，均为 h_0，当主轴受径向载荷（包括自重）F 作用后，轴颈向下移动产生偏心量 e。这时油腔 3 处的间隙减小为 h_0-e，由于油液流过间隙小的地方阻力大，流量减小，因而流过节流器 T3 的流量也减少，压力损失（压降）也随之减小。供油压力 p_s 是一定的，所以油腔 3 内的油压 p_3 就升高。同时，油腔 1 处的间隙增大为 h_0+e，由于油液流过间隙大的地方阻力小，流量增加，因而流过节流器 T1 的流量增加，压力损失亦随着增加，所以油腔 1 内的油压 p_1 就降低。这样油腔 3 与油腔 1 之间形成了压力差 $\Delta p=p_3-p_1$，产生与载荷方向相反的托起力，以平衡外载荷 F。如油腔的有效承载面积为 A，则轴承的承载能力为

$$F=A(p_3-p_1)$$

从静压轴承的原理可以看出，集中供油的静压轴承每个油腔必须串联一个节流器。否则各油腔油压相同，互相抵消，就不能

平衡外载荷了。另外，油腔压力是液压泵供给的，与轴的转速无关。因此，静压轴承可以在很低的转速下工作。必须注意，油液必须清洁，在进入节流器前要经过精细过滤，以防堵塞节流器而影响轴承的工作性能，甚至引起事故。

（2）轴向推力静压轴承。轴向推力静压轴承用以承受轴向载荷，常与径向静压轴承配套使用。它是由开在推力面上的两个相对的呈环形通槽的油腔构成，其原理与径向静压轴承相同。

如图 8-13 所示的推力静压轴承位于径向静压轴承一侧，呈环形通槽的油腔分别开在径向静压轴承的右端面和轴承盖的左端面上，两油腔之间的轴肩是承载面。这种结构在用修磨调整环厚度来控制轴承间隙时，易保证轴肩与调整环的平行度，故适用于精度较高、轴向载荷较大的场合。

静压轴承存在着动压现象，如图 8-14 所示。主轴颈在外加载荷 F 的作用下，不可能绝对处在轴承的中心，因此往往存在着与动压轴承相类似的楔形间隙。

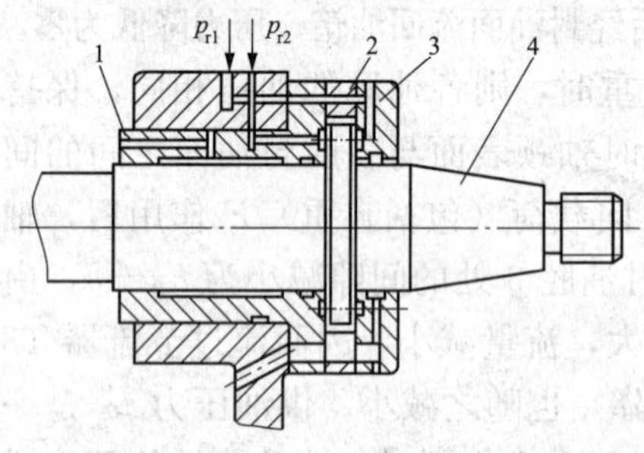

图 8-13　轴向推力静压轴承

1—前轴承；2—调整环；3—轴承盖；4—主轴

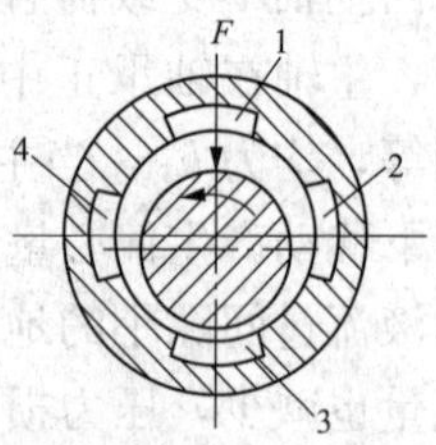

图 8-14　静压轴承中的动压现象

1～4—油腔

当主轴逆时针方向旋转时，沿着旋转方向的油腔 4 的间隙是缩小的，因而油压增高；相对应油腔 2 的间隙是扩大的，则油压降低。因此使主轴轴颈向油腔 2 移动，影响主轴位置。轴承间隙 h_0 越小，节流边越长，轴颈线速度越高，动压现象越显著。一般说来提高供油压力 P_0（大于 1MPa），可以减少动压现象。

五、主轴部件的预紧和密封

1. 主轴滚动轴承的预紧

所谓轴承预紧，就是使轴承滚道预先承受一定的载荷，不仅能消除间隙，而且还使滚动体与滚道之间发生一定的变形，从而使接触面积增大，轴承受力时变形减少，抵抗变形的能力增大。对主轴滚动轴承进行预紧和合理选择预紧量，可以提高主轴部件的旋转精度、刚度和抗振性。机床主轴部件在装配时要对轴承进行预紧，使用一段时间以后，间隙或过盈有了变化，还得重新调整，所以要求预紧结构要便于调整。滚动轴承间隙的调整或预紧，通常是通过轴承内、外圈的相对轴向移动来实现的，常用的方法有以下几种。

（1）轴承内圈移动。如图 8-15 所示，这种方法适用于锥孔双列圆柱滚子轴承。用螺母通过套筒推动内圈在锥形轴颈上作轴向移动，使内圈变形胀大，在滚道上产生过盈，从而达到预紧的目的。图 8-15（a）所示结构简单，但预紧量不易控制，常用于轻载机床主轴部件。图 8-15（b）所示结构用右端螺母限制内圈的移动量，易于控制预紧量。图 8-19（c）所示结构在主轴凸缘上

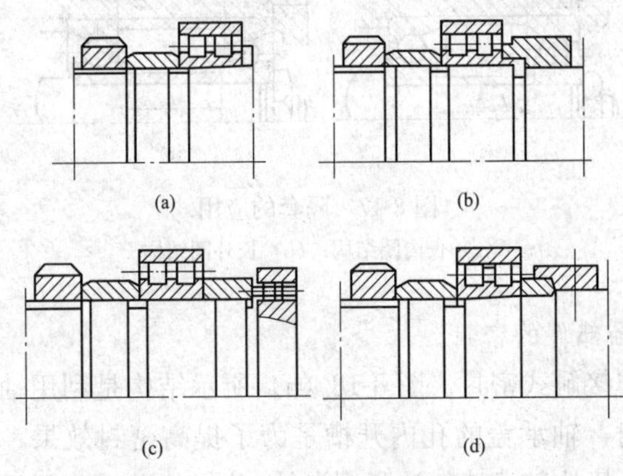

图 8-15　轴承内圈移动

（a）用螺母推动内圈在锥形轴颈上作轴向移动；（b）用右端螺母限制内圈的移动量；（c）主轴凸缘上用螺钉调整内圈的移动量；（d）修磨轴承右端的垫圈厚度调整

均布数个螺钉以调整内圈的移动量，调整方便，但是用几个螺钉

调整，易使垫圈歪斜。图 8-15（d）所示结构将紧靠轴承右端的垫圈做成两个半环，可以径向取出，修磨其厚度可控制预紧量的大小，调整精度较高，调整螺母一般采用细牙螺纹，便于微量调整，而且在调好后要能锁紧防松。

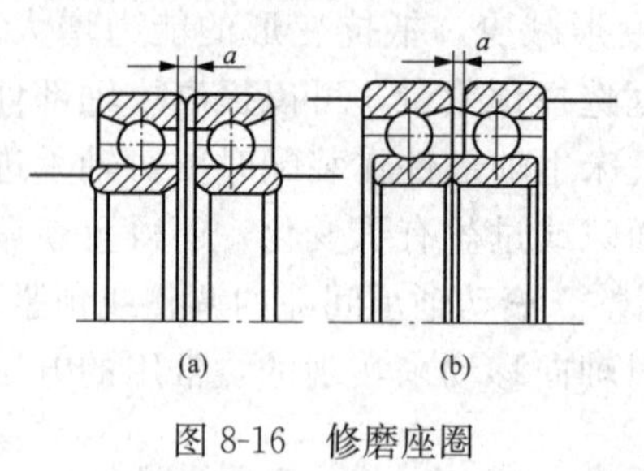

图 8-16　修磨座圈

（2）修磨座圈或隔套。图 8-16（a）所示结构为轴承外圈宽边相对（背对背）安装，这时修磨轴承内圈的内侧；图 8-16（b）所示结构为外圈窄边相对（面对面）安装，这时修磨轴承外圈的窄边。在安装时按图示的相对关系装配，并用螺母或法兰盖将两个轴承轴向压拢，使两个修磨过的端面贴紧，这样在两个轴承的滚道之间产生预紧。另一种方法是将两个厚度不同的隔套放在两轴承内、外圈之间，同样将两个轴承轴向相对压紧，使滚道之间产生预紧，如图 8-17 所示。

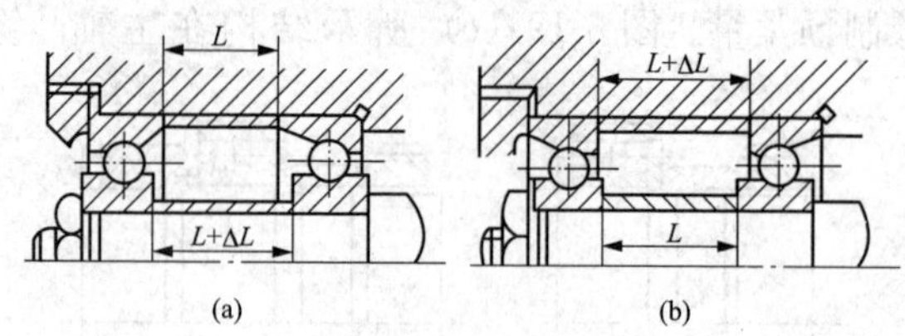

图 8-17　隔套的应用

（a）长内圈结构；（b）长外圈结构

2. 主轴部件的密封

（1）非接触式密封。图 8-18（a）所示结构是利用轴承盖与轴的间隙密封，轴承盖的孔内开槽是为了提高密封效果，这种密封用在工作环境比较清洁的油脂润滑处；图 8-18（b）所示结构是在螺母的外圆上开锯齿形环槽，当油向外流时，靠主轴转动的离心力把油沿斜面甩到端盖 1 的空腔内，使油液流回箱内；图 8-18（c）所示结构是迷宫式密封结构，在切屑多、灰尘大的工作环境下可

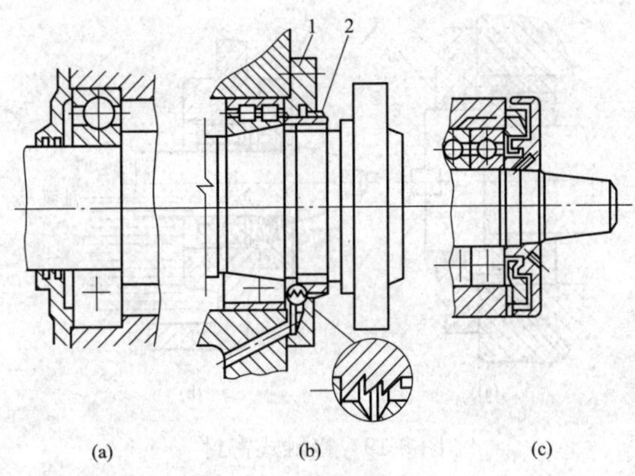

图 8-18　非接触式密封

(a) 利用轴承盖与轴的间隙密封；(b) 在螺母的外圆上开锯齿形环槽密封；

(c) 迷宫式密封结构

1—端盖；2—螺母

获得可靠的密封效果，这种结构适用油脂或油液润滑的密封。

(2) 接触式密封。接触式密封主要有油毡圈和耐油橡胶密封圈密封，如图 8-19 所示。如图 8-20 所示为卧式加工中心主轴前支承的密封结构，该卧式加工中心主轴前支承采用的是双层小间隙密封装置。主轴前端加工有两组锯齿形护油槽，在法兰盘 4 和 5 上开有沟槽及泄漏孔，当喷入轴承 2 内的油液流出后被法兰盘 4 内壁挡住，并经其下部的泄油孔 9 和套筒 3 上的回油斜孔 8 流回油箱，少量油液沿主轴 6 流出时，在主轴护油槽处由于离心力的作用被甩至法兰盘 4 的沟槽内，再经回油斜孔 8 重新流回油箱，从而达到防止润滑介质泄漏的目的。

当外部切削液、切屑及灰尘等沿主轴 6 与法兰盘 5 之间的间隙进入时，经法兰盘 5 的沟槽由泄漏孔 7 排出，少量的切削液、切屑及灰尘进入主轴前锯齿沟槽，在主轴 6 高速旋转离心作用下仍被甩至法兰盘 5 的沟槽内由泄漏孔 7 排出，达到了主轴端部密封的目的。

要使间隙密封结构能在一定的压力和温度范围内具有良好的密封防漏性能，必须保证法兰盘 4 和 5 与主轴及轴承端面的配合

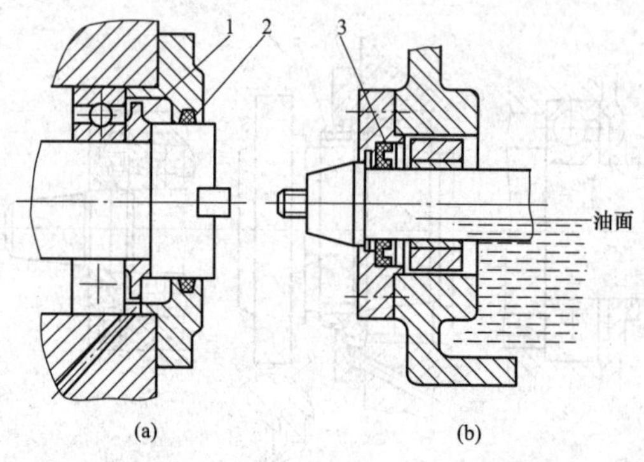

图 8-19　接触式密封

（a）油毡圈密封；（b）耐油橡胶密封圈密封

1—甩油环；2—油毡圈；3—耐油橡胶密封圈

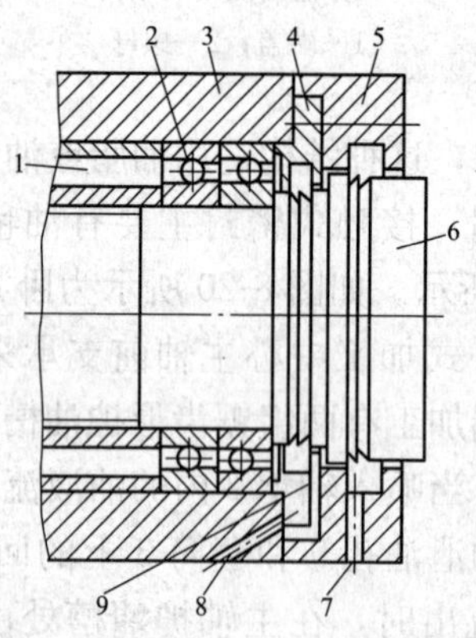

图 8-20　卧式加工中心主轴前支承的密封结构

1—进油口；2—轴承；3—套筒；4、5—法兰盘；

6—主轴；7—泄漏孔；8—回油斜孔；9—泄油孔

间隙。

1）法兰盘 4 与主轴 6 的配合间隙应控制在 0.1～0.2mm（单边）范围内。如果间隙偏大，则泄漏量将按间隙的 3 次方扩大；若间隙过小，由于加工及安装误差，容易与主轴局部接触使主轴局部升温并产生噪声。

2）法兰盘 4 内端面与轴承端面的间隙应控制在 0.15～0.3mm。小间隙可使压力油直接被挡住并沿法兰盘 4 内端面下部的泄油孔 9 经回油斜孔 8 流回油箱。

3）法兰盘 5 与主轴的配合间隙应控制在 0.15～0.25mm（单边）。间隙太大，进入主轴 6 内的切削液及杂物会显著增多；间隙太小，则易与主轴接触。法兰盘 5 的沟槽深度应大于 10mm（单边），泄漏孔 7 应大于中 6mm，并应位于主轴下端靠近沟槽的内壁处。

4）法兰盘 4 的沟槽深度大于 12mm（单边），主轴上的锯齿尖而深，一般在 5～8mm，以确保具有足够的甩油空间。法兰盘 4 处的主轴锯齿向后倾斜，法兰盘 5 处的主轴锯齿向前倾斜。

5）法兰盘 4 上的沟槽与主轴 6 上的护油槽对齐，以保证被主轴甩至法兰盘沟槽内腔的油液能可靠地流回油箱。

6）套筒前端的回油斜孔 8 及法兰盘 4 的泄油孔 9 的流量应控制为进油口 1 的 2～3 倍，以保证压力油能顺利地流回油箱。

这种主轴前端密封结构也适合于普通卧式车床的主轴前端密封。在油脂润滑状态下使用该密封结构时，可取消法兰盘泄油孔及回油斜孔，并且有关配合间隙可适当放大，经正确加工及装配后同样可达到较为理想的密封效果。

六、主轴的材料、热处理和技术要求

1. 主轴的材料及热处理

主轴的材料和热处理方法主要应根据刚度、强度、耐磨性、载荷特点和精度等方面的要求来确定。热处理对于改善主轴的力学性能、增加局部硬度或去除应力、减少变形等有重大作用。

（1）主轴材料的刚度要求。材料的刚性可通过弹性模量 E 值反映。钢的 E 值较大，所以，主轴材料首选钢材。但值得注意的是，钢的弹性模量 E 的数值和钢的种类及热处理方式无关，即无论是普通钢或合金钢，其 E 值基本相同。因此，应首先选择中碳钢（如 45 钢）。只是在载荷特别大和有较大冲击时，或者精密机床主轴，才考虑选用合金钢。

采用滚动轴承的主轴，一般调质到 220～250HBS；采用滑动轴承的主轴，轴颈处应高频感应加热淬火到 50～55HRC。此外，主轴前端的锥孔和定心轴颈、钻镗床的卸刀孔等处也应表面淬火到 45～55HRC。对于要求有较高疲劳强度的主轴，可选用 40Cr 钢。对于要求心部耐冲击而表面硬度较高的主轴，可选用 20Cr 钢进行渗碳淬火处理到 56～62HRC。

精密机床的主轴，要求在长期使用中，不会因为内应力引起的变形而降低机床的精度。故应选用在热处理后残余应力小的 40Cr 或 45MnB 钢等材料。采用滑动轴承的高精度磨床砂轮主轴，以及坐标镗床主轴等，要求有很高的耐磨性，可选用 38CrMoAlA 钢，进行渗氮处理，使轴颈处表面硬度达到 1100～1200HV［相当于 69～72HRC］。

（2）主轴滑动支承表面的耐磨性要求。当主轴采用滚动轴承时，轴颈可不淬硬，但为了提高接触刚度，防止装拆轴承时敲碰损伤轴颈的配合表面，多数主轴轴颈仍进行调质或局部淬火处理。当采用滑动轴承时，为减少磨损，轴颈必须有很高的硬度。

2. 主轴的技术要求

主轴的技术要求包括主轴各配合表面的尺寸公差、形位公差、表面粗糙度和表面硬度等内容，并应在主轴零件图上正确标注。

（1）设计要求。首先应制订出能满足主轴回转精度所必须的技术要求，在此基础上，再考虑制订为其他性能所需的要求，如表面粗糙度、表面硬度等。

（2）工艺要求。即考虑到制造的可能性和经济性，并尽量做到工艺基准与设计基准相统一。

（3）检测要求。应考虑采用简便，准确而又可靠的测量手段和计算方法对工件进行检测。尽可能使检测基准与设计及工艺基准统一。

（4）图面质量的要求。用较少的检测项目和标注来表达上述技术要求，标注方法及符号（特别是形位公差）应符合国家标准。图面应清晰易懂，只有在确实无法用代号标注时，才用简要的文字说明。

图 8-21 为主轴的主要形位公差标准，它是以两个支承轴颈 A

和 B 的公共中心线为基准（即组合基准 $A—B$），来检验主轴上各内、外圆表面和端面的径向圆跳动和端面圆跳动。支承轴颈 A、B 的精度直接影响主轴的回转精度，因此，对 A、B 表面的同轴度和圆度应严格控制。为了检测的方便，用 A、B 表面的径向圆跳动公差来表示，因径向圆跳动公差是形位公差的综合反映。

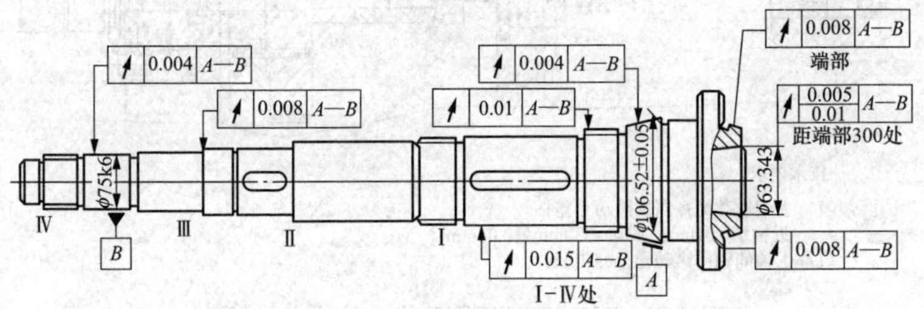

图 8-21　主轴的主要形位公差标注

为了保证主轴前端锥孔中心线与组合基准 $A—B$ 的中心线同轴，在制订工艺时，应以 A、B 作为工艺基准最后精磨锥孔。

上述锥孔中心线相对于 $A—B$ 中心线同轴度的检查（用插入锥孔中的标准量棒检测），以及其他有关表面与 $A—B$ 中心线的同轴度和垂直度的检查，均以 $A—B$ 作为测量基准，用径向圆跳动或端面圆跳动值来表示。

对于实心主轴，通常在主轴两端面上打出两个中心孔，孔的定心锥面经研磨后作为设计和工艺和检测用的统一基准。以此来规定两轴颈及其他外圆表面及止推面的径向圆跳动和端面圆跳动值。

主轴上的内、外锥面的锥度应采用量规或标准检验量棒涂色检查，其接触面积不少于 75%，且以大端接触较密合为宜。

3. 主轴部件装配图

如图 8-22 所示是 X6132 型万能升降台铣床主轴结构。主轴部件选用三支承结构，前中支承分别采用圆锥滚子轴承，承受作用于主轴上的径向力和轴向力，轴承间隙由螺母 M64×2 调整；后支承（深沟球轴承）只起辅助支承作用。由于铣削时有冲击性切削

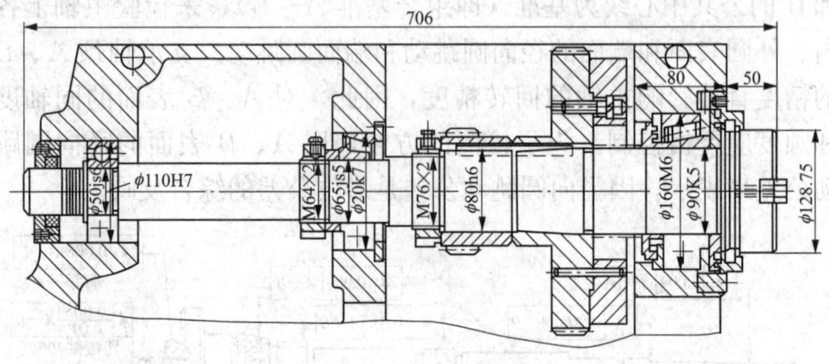

图 8-22　X6132 型万能升降台铣床主轴结构

力，在主轴上大齿轮处紧固 1 个钢制圆盘作为飞轮，以增加主轴惯性力矩，提高主轴运转平稳性。

七、数控机床主轴部件结构简介

当今世界各国都竞相发展自己的高速加工技术，并且得到成功应用，产生了巨大的经济效益。要发展和应用高速加工技术，首先必须有性能良好的数控机床，而数控机床性能的好坏则首先取决于高速主轴。高速主轴单元影响加工系统的精度、稳定性及应用范围，其动力学性能及稳定性对高速加工起着关键的作用。高速主轴的电动机转子装在主轴上，如图 8-23 所示，主轴就是电动机轴，所以又称为电主轴。这种高速主轴多用在小型加工中心机床上，也是近来高速加工中心主轴发展的一种趋势。

1. 高速主轴结构组成

数控机床的高速主轴单元包括动力源、主轴、轴承和机架等几个部分。高速主轴单元的类型有电主轴、气动主轴、水动主轴等，不同类型的高速主轴单元输出功率相差较大。高速加工机床要求在极短的时间内实现升降速，并在指定位置快速准停，这就需要主轴有较高的角减速度和角加速度。如果通过传动带等中间环节，不仅会在高速状态下打滑，产生振动和噪声，而且会增加

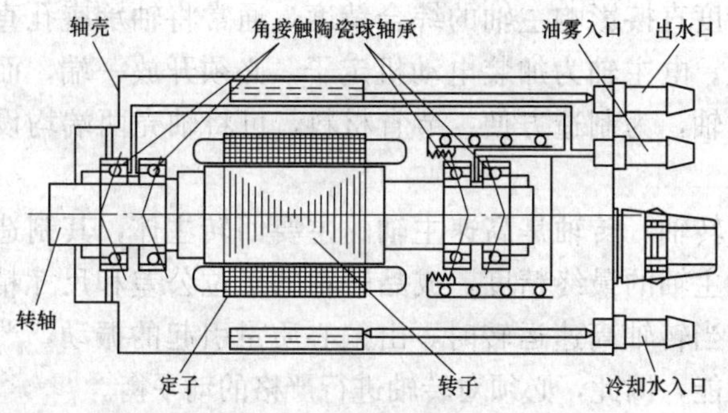

图 8-23　电主轴的基本结构

转动惯量，给机床快速准停造成困难。目前，随着电气传动技术的迅速发展和日趋完善，高速数控机床主传动系统的机械结构已得到极大的简化，基本上取消了带传动和齿轮传动。机床主轴由内装式电动机直接驱动，从而把机床主传动链的长度缩短为零，实现了机床的“零传动”。这种主轴电动机与机床主轴“合二为一”的传动结构形式，使主轴部件从机床的主传动系统和整体结构中相对独立出来，因此可做成主轴单元，俗称电主轴。由于当前电主轴主要采用的是交流高频电动机，故也称为高频主轴。由于没有中间传动环节，有时又称它为直接传动主轴。电主轴是一种智能型功能部件，它采用无外壳电动机，将带有冷却套的电动机定子装配在主轴单元的壳体内，转子和机床主轴的旋转部件做成一体，主轴的变速范围完全由变频交流电动机控制，使变频电动机和机床主轴合二为一。电主轴具有结构紧凑、质量轻、惯性小、振动小、噪声低、响应快等优点，不但转速高、功率大，还具有一系列控制主轴温升与振动等机床运行参数的功能，以确保其高速运转的可靠性与安全性。使用电主轴可以减少带传动和齿轮传动，简化机床设计，易于实现主轴定位，是高速主轴单元中的一种理想结构。

2. 电主轴结构组成

电主轴的基本结构组成如图 8-23 所示。

(1) 轴壳。轴壳是高速电主轴的主要部件，轴壳的尺寸精度和位置精度直接影响主轴的综合精度，通常将轴承座孔直接设计在轴壳上。电主轴为加装电动机定子，必须开放一端，而大型或特种电主轴，为制造方便、节省材料，可将轴壳两端均设计成开放型。

（2）转轴。转轴是高速主轴的主要回转主体，其制造精度直接影响电主轴的最终精度，成品转轴的形位公差和尺寸精度要求都很高。当转轴高速运转时，由偏心质量引起的振动，严重影响其动态性能，因此，必须对转轴进行严格的动平衡。

（3）轴承。高速主轴的核心支承部件是高速精密轴承，这种轴承具有高速性能好、动载荷承载能力高、润滑性能好、发热量小等优点。近年来，相继开发了陶瓷轴承，动、静压轴承和磁浮轴承。磁浮轴承高速性能好、精度高，但价格昂贵。动、静压轴承有很好的高速性能，而且调速范围广，但必须进行专门设计，标准化程度低，维护也困难。目前，应用最多的高速主轴轴承还是混合陶瓷球轴承，用其组装的电主轴兼有高速、高刚度、大功率、长寿命等优点。

（4）定子与转子。高速转轴的定子由具有高磁导率的优质硅钢片叠压而成，叠压成型的定子内腔带有冲制嵌线槽。转子由转子铁心、鼠笼、转轴三部分组成。

3. 数控铣床主轴部件的结构

NT-J320A 型数控铣床主轴部件结构如图 8-24 所示，该机床主轴可作轴向运动，主轴的轴向运动坐标为数控装置中的 Z 轴，轴向运动由直流伺服电动机 16，经同步带轮 13、15，同步带 14，带动丝杠 17 转动，通过丝杠螺母 7 和螺母支承 10 使主轴套筒 6 带动主轴 5 作轴向运动，同时也带动脉冲编码器 12，发出反馈脉冲信号进行控制。

主轴为实心轴，上端为花键，通过花键套 11 与变速箱连接，带动主轴旋转。主轴前端采用两个特轻系列角接触球轴承 1 支承，两个轴承背靠背安装，通过轴承内圈隔套 2，外圈隔套 3 和主轴台阶与主轴轴向定位，用圆螺母 4 预紧，消除轴承轴向间隙和径向间隙。后端采用深沟球轴承，与前端组成一个相对于套筒的双支

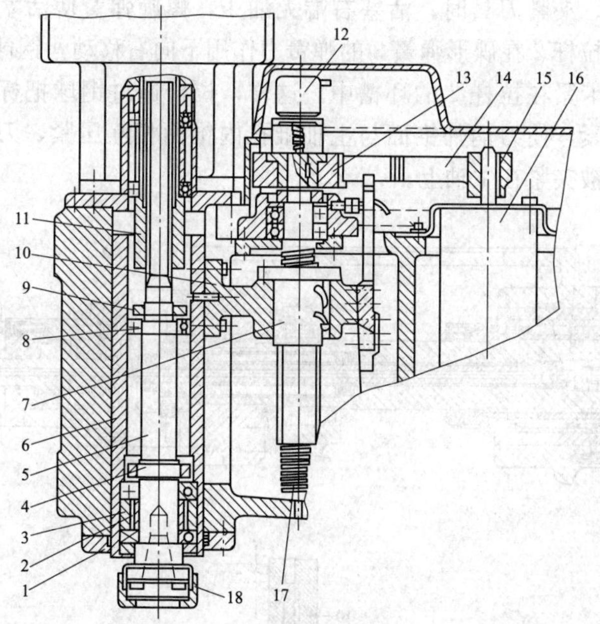

图 8-24　NT-J320A 型数控铣床主轴部件结构图

1—角接触球轴承；2、3—轴承隔套；4、9—圆螺母；5—主轴；
6—主轴套筒；7—丝杠螺母；8—深沟球轴承；10—螺母支承；11—花键套；
12—脉冲编码器；13、15—同步带轮；14—同步带；
16—伺服电动机；17—丝杠；18—快换夹头

点单固式支承。主轴前端锥孔为 7∶24 锥度，用于刀柄定位。主轴前端端面键用于传递铣削转矩。快换夹头 18 用于快速松、夹紧刀具。

4. 加工中心的主轴部件

加工中心的主轴部件如图 8-25（a）所示。刀柄采用 7∶24 的大锥度锥柄与主轴锥孔配合，既有利于定心，也为松夹带来了方便。标准拉钉 5 拧紧在刀柄上。放松刀具时，液压油进入液压缸活塞 1 的右端，油压使活塞左移，推动拉杆 2 左移，同时碟形弹簧 3 被压缩，钢球 4 随拉杆一起左移。当钢球移至主轴孔径较大处时，便松开拉钉，机械手即可把刀柄连同标准拉钉 5 从主轴锥孔中取出。夹紧刀具时，活塞右端无油压，螺旋弹簧使活塞退到最右端，拉杆 2 在碟形弹簧 3 的弹簧力作用下向右移动，钢球 4 被迫收拢，卡紧在拉杆 2 的环槽中。这样，拉杆通过钢球把标准拉钉向右拉紧，使刀柄外锥面与主轴锥孔内锥面相互压紧，刀具随刀柄一起被夹紧在主轴上。

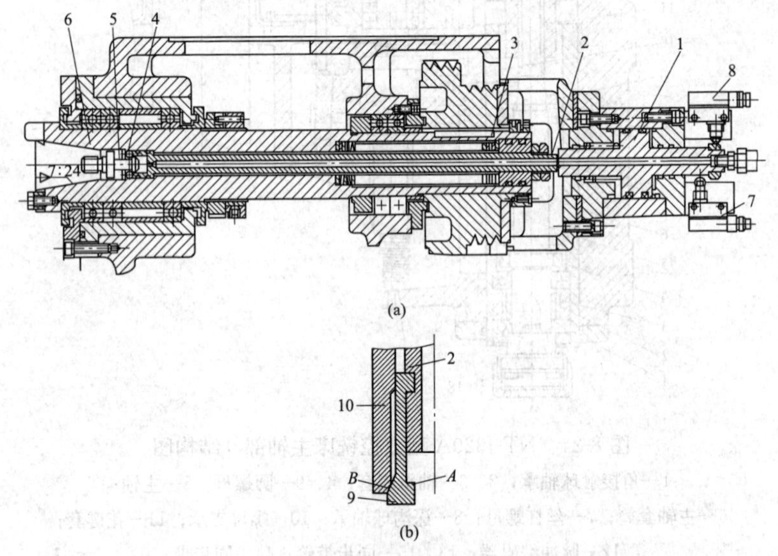

图 8-25　加工中心的主轴部件

(a) 结构图；(b) 弹力卡套结构

1—活塞；2—拉杆；3—碟形弹簧；4—钢球；5—标准拉钉；6—主轴；7、8—行程开关；9—弹力卡爪；10—卡套

A—接触面；B—定位面（锥面）

行程开关 8 和 7 用于发出夹紧和放松刀柄的信号。刀具夹紧机构使用碟形弹簧夹紧、液压放松，可保证在工作中如果突然停电，刀柄不会自行脱落。

自动清除主轴孔中的切屑和灰尘是换刀操作中的一个不容忽视的问题。为了保持主轴锥孔清洁，常采用压缩空气吹屑。图 8-25（a）所示活塞 1 的心部钻有压缩空气通道，当活塞向左移动时，压缩空气经过活塞由主轴孔内的空气嘴喷出，将锥孔清理干净。

为了提高吹屑效率，喷气小孔要有合理的喷射角度，并均匀分布。

用钢球 4 拉紧标准拉钉 5，这种拉紧方式的缺点是接触应力太大，易将主轴孔和标准拉钉压出坑来。新式的刀杆已改用弹力卡爪，它由两瓣组成，装在拉杆 2 的左端，如图 8-25（b）所示之卡套 10 与主轴是固定在一起的，卡紧刀具时，拉杆 2 带动弹力卡爪 9 上移，弹力卡爪 9 下端的外周是锥面孔与卡套 10 的锥孔配合，锥面 B 使弹力卡爪 9 收拢，卡紧刀杆。松开刀具时，拉杆带动弹力卡爪下移，锥面 B 使弹力卡爪 9 放松，使刀杆可以从弹力卡爪 9 中退出。这种卡爪与刀杆的接触面 A 与拉力垂直，故卡紧力较大；卡爪与刀杆为面接触，接触应力较小，不易压溃刀杆。目前，采用这种刀杆拉紧机构的加工中心机床逐渐增多。

第二节　机床床身与导轨

一、机床支承件

1. 机床支承件的结构特征和要求

(1) 支承件的基本要求。支承件是机床的基础构件，包括床身、立柱、横梁、摇臂、底座、刀架、工作台、箱体和升降台等。这些构件一般都比较大，所以也称为“大件”。

机床的各种支承件有的互相固定连接，有的则在导轨上作相对运动。在切削时，刀具与工件之间相互作用力沿着部分支承件传递并使之变形；机床的动态力（如变动的切削力、往复运动件的惯性、旋转件的不平衡等）使支撑件和整机振动；支承件的热变形将可能改变执行件的相对位置或运动轨迹。这些都将影响工件的加工精度和表面质量，因此，支承件是机床十分重要的构件。

支承件是机床的基础构件，其结构及布局是否合理将直接影响机床的加工质量和生产率。对支承件的基本要求如下。

1）应具有足够的刚度和较高的刚度质量比。后者在很大程度上反映了设计的合理性。

2）应具有较好的动态特性。这包括：较大的位移阻抗（动刚度）和阻尼；与其他部件相配合，使整机的各阶固有频率不致与激振频率相重合而出现共振；不应发生薄壁振动而产生噪声等。

3）支承件应使整机的热变形较小。

4）应该排屑畅通、吊运安全，并具有良好的工艺性，以便于制造和装配。

支承件对整台机床的性能影响较大，支承件的质量又往往占机床总质量的80%以上。因此，应该正确地进行支承件的结构设计，并对主要支承件进行必要的验算和试验。重要支承件的设计步骤，首先是根据使用要求进行受力分析；再根据所受的力和其他要求（如排屑、安装零部件等），并参考现有机床的同类型件，初步决定其形状和尺寸；然后可以采用有限元法，借助计算机进行验算或进行模型试验，求得其静态和动态特性，并据此对设计进行修改或对几个方案进行对比，选择最佳方案。

（2）支承件的结构特征。机床的床身、立柱、工作台、横梁、箱体、底座等支承大件，就其形体结构有如下两个特征：第一个特征从形体上看是空间板系结构，图8-26所示的卧式车床床身结构，是由板和梁等元件构成的；第二个特征从载荷上看是空间力系的载体机床在静态和动态中可能产生的各种作用力，都直接或间接地由支承件来承受。

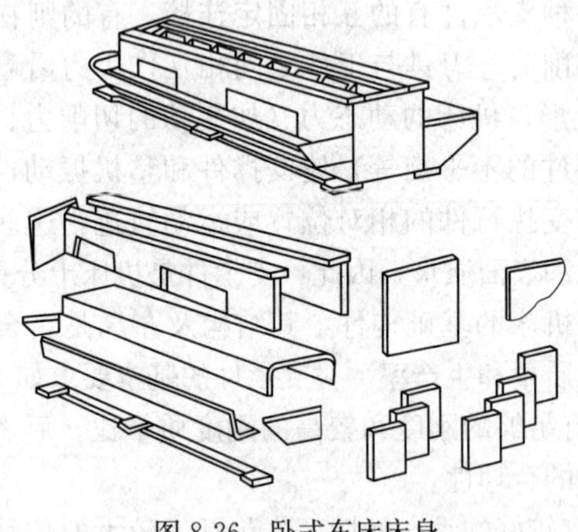

图8-26　卧式车床床身

在设计支承件时，要注意结构的工艺性。一般情况下，零件的铸造、锻造、焊接和机械加工等对零件结构提出的工艺要求，应该在结构设计方案中得到满足。在设计铸件时，应尽量使所设计的铸件能用最简单又最经济的方法制造，不给以后的机械加工带来困难，且应力求：铸件形状简单；拔模容易；模芯少且便于支撑；铸件能自由收缩，避免截面的急剧变化，避免过于突起的部位、很厚的壁厚、很长的分型面以及金属的局部积聚。总之，结构工艺性是指在一定生产规模条件下，实现产品特定功能所需的材料、加工和装配方法的经济性原则。机床大件的结构工艺性特征见表 8-3。

表 8-3　　机床大件的结构工艺特征

<table>
<tr><th rowspan="2">结构工艺类别</th><th rowspan="2">材料</th><th rowspan="2">生产方式</th><th rowspan="2">周期</th><th colspan="3">经济性原则</th><th rowspan="2">市场适应性</th></tr>
<tr><th>生产规模</th><th>产品类型</th><th>产品精度</th></tr>
<tr><td>铸造结构</td><td>灰铸铁</td><td>铸造工艺</td><td>长</td><td>大、中批量</td><td>中、小型</td><td>普通、精密</td><td>一般</td></tr>
<tr><td>焊接结构</td><td>钢板与型钢</td><td>焊接工艺</td><td>短</td><td>单件、小批</td><td>大、中型</td><td>精密、高精度</td><td>好</td></tr>
<tr><td>复合结构</td><td>钢与铸铁</td><td rowspan="3">综合工艺</td><td rowspan="3">长</td><td rowspan="3">单件、小批</td><td rowspan="3">大、中型</td><td rowspan="3">高精度</td><td rowspan="3">不好</td></tr>
<tr><td>金属与金属</td><td rowspan="2">钢、铁与混凝土、环氧树脂混凝土或花岗岩</td></tr>
<tr><td>金属与非金属</td></tr>
</table>

机床大件与大件之间（包括床身与地基）的固定连接，主要是用凸缘和螺钉连接。连接结构的主要形式有爪座式、翻边式和壁龛式。其结构与应用特点见表 8-4。

2. 机床支承件的材料

当导轨与支承件做成一体时，支承件的材料主要依据导轨要求来选择；当导轨镶装在支承件上时，材料按各自要求选择。多数普通机床属于第一种情况，此时，当用滑动导轨时对导轨材料的要求较高；当用静压导轨时，对导轨材料的要求不高。支承件

表 8-4　　机床大件连接与固定结构形式

序号	形式	简图	特点与应用
1	爪座式	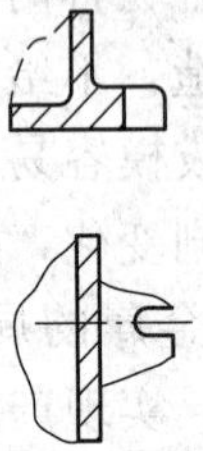	爪座式与板壁结合处刚性差，接触刚度低。板壁内侧加肋可提高刚度 1.5 倍。应注意：虽然爪座厚度增加，可以提高爪座刚度，但螺钉加长，对连接刚度提高的作用不大。 爪座式铸造简便，适用于侧向力不大的连接
2	翻边式	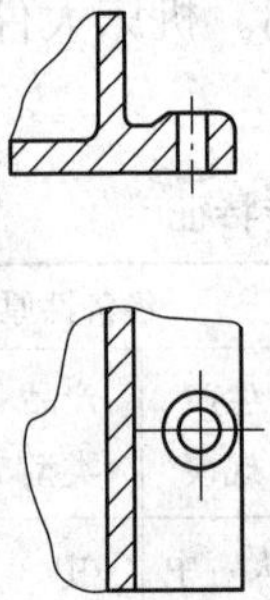	局部刚度比爪座式高 1～1.5 倍。外侧或内侧加肋，又可提高刚度 1.5～1.8 倍。 结构简单，但占空间比较大，也不太美观。适用于大件与大件、大件与地基的连接
3	壁龛式	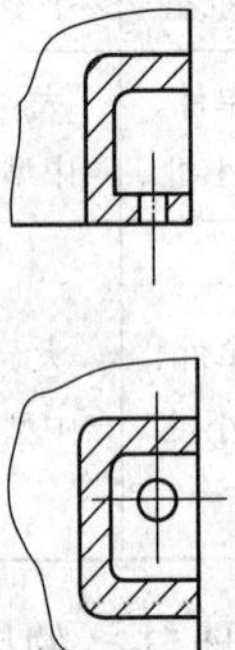	壁龛式的局部刚度，比爪座式大 2.5～3 倍，比翻边式大 1.5 倍以上。 壁龛式适用于各种载荷较大的大件、大件与地基的连接。铸造困难，但占地面积小

的材料有铸铁、钢及混凝土等。

（1）灰铸铁件。灰铸铁材料易于铸造，且可加工性好、制造成本低，并具有良好的耐磨性和减振性，是传统的机床大件结构材料。常用的铸铁有 HT200、HT150、HT100、HT300。

（2）耐磨合金铸铁。在灰铸铁中加入磷、铁、钒等合金元素后，能形成磷化物或碳化物，提高材料的耐磨性能。常用的有钒铁类、稀土类和铬钼铜类耐磨合金铸铁。它们的耐磨性要比普通灰铸铁副高出 1 倍以上，但成本也高，主要用于制造溜板箱、工作台上运动导轨部件。

（3）钢板焊接。用钢板、角钢等焊接支承件，生产周期短，没有铸件的截面形状限制，可做成封闭件，而且可根据受力情况布置加强肋来提高抗扭刚度和抗弯刚度。在保证动、静刚度前提下应使焊接件有简单的形状。由于钢的弹性模量约为铸铁的两倍，当刚度要求相同时，钢焊接件壁厚仅为铸件的一半，使质量减小，固有频率提高。但焊接结构在成批生产时成本比铸件高，因此多用在大型、重型机床及自制设备等小批生产中。

使用钢材能使支承件的质量轻些，但不应过分追求减轻质量而使壁厚太薄，以防止薄壁振动。钢的材料内阻尼较铸铁小，但机床阻尼主要取决于各零部件接合处的阻尼，材料的内阻尼影响不大。另外，焊接结构的焊缝本身还有阻尼作用，采用焊接蜂窝状夹层结构及封闭式箱形结构可有效地提高抗振能力，并保证有高的抗扭、抗弯刚度。

（4）非金属材料。目前，支承大件结构材料仍以铸铁和钢为主，但是，花岗岩、混凝土和环氧树脂混凝土等非金属材料在大件上的成功使用，已引起机床行业的关注。机床结构材料的物理性能见表 8-5。

表 8-5　机床结构材料的物理性能

材料 性能	弹性模量 /MPa	密度 /(g·cm^{-3})	比刚度 /(N·μm^{-1}·kg^{-1})	体胀系数 /(10^{-5}·℃$^{-1}$)	热导率 /(W·m^{-1}·K^{-1})	抗拉强度 σ_b/MPa	抗压强度 σ_{bc}/MPa
铸铁	117 000	7.21	16 000	12	75	230	
钢焊结构	207 000	7.83	26 000	12	80	460	
混凝土	24 000	2.29	10 000	9	0.1	4	
环氧树脂混凝土	33 000	2.5	14 000	12	0.5	25	80
花岗岩	39 000	2.66	15 000	8	0.8	14.7	1967

表中的“比刚度”是指结构的刚度与其质量之比（K/m），比刚度高（刚度高而质量轻）的结构具有高的固有频率和好的抗共振性。

随着现代机床工业的发展，支承大件的结构材料，正在由单一的铸铁结构向多元化的铸铁、钢板以及金属与非金属复合结构的方向发展。

3. 支承件的刚度要求

支承件的变形一般包括三个部分：自身变形、局部变形和接触变形。例如床身，载荷是通过导轨面施加到床身上去的，因此变形包括床身自身的变形、导轨部分的局部变形以及导轨面上的接触变形。对于局部变形和接触变形，有时不可忽略，在某些情况下甚至可能占主要地位。例如床身如果设计得不合理，导轨部分过分单薄，导轨处的局部变形就会相当大。又如车床刀架和升降台铣床的工作台，由于层次很多，接触变形就可能占相当大的比重。设计时，必须注意这三类变形的匹配，并针对薄弱环节进行加强。

（1）自身刚度。支承件所受的载荷，主要是拉伸、压缩、弯曲和扭转四种。其中弯曲和扭转是主要的，对精度的影响也较大。因此，支承件的自身刚度，主要应考虑弯曲刚度和扭转刚度。

1）弯曲刚度的确定。例如摇臂钻床的摇臂，主要就应考虑竖直面内的弯曲刚度和扭转刚度，且以前者为主。机床大件自身弯曲刚度指标见表 8-6。

表 8-6　　机床大件自身弯曲刚度指标

刚度指标	表达式	符号意义
水平弯曲刚度/(N·μm^{-1})	$K_y=F_y/y$	F_y、F_z——作用在大件上的 y 轴方向和 z 轴方向的切削力 M_n——作用在大件上的转矩 y、z 和 θ——大件自身的弯曲挠度和扭转倾角
垂直弯曲刚度/(N·μm^{-2})	$K_z=F_z/z$	
扭转刚度/(rad·cm^{-1})	$K_t=Mn/\theta$	

一般的床身、立柱、横梁等支承大件，可将其作为受弯矩和转矩综合作用的梁来考虑。大件自身的刚度指标，是以相对于刀

具和零件加工表面位移量来表示的，如图 8-27 所示。

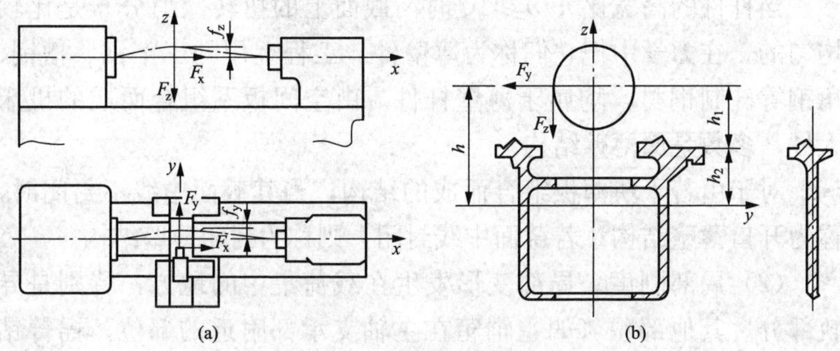

图 8-27　车床床身弯曲变形示意图

(a) y 方向综合位移 f；(b) 床身承受的转矩 $M_{yz}=F_z d/2+F_y\ (h_1+h_2)$

由车床床身所产生的各种变形占床身总变形的比值（见表8-7）可以看出，床身本体的扭转变形和导轨局部变形是车床床身的薄弱环节。如果已知车床的刚度可根据变形比值，确定床身和导轨应有的刚度。当结构的许用变形难以确定时，可参考表 8-8 经验数据确定。

表 8-7　车床床身的各种变形占总变形的比值

床身部位	变形形式	床头处	床身中间	床尾处
床身本体	弯曲变形	20%～30%	10%～20%	15%～25%
	扭转变形	60%～70%	50%～60%	55%～65%
床身导轨	弯曲变形	10%～25%	30%～40%	25%～35%

表 8-8　机器（机床）床身、底座允许变形量经验数据

机器名称	弯曲变形/(cm・cm^{-1})	扭转变形/[(°)・cm^{-1}]
一般机器	0.002～0.000 4	0.007 9～0.000 4
机床	0.000 1～0.000 01	0.000 157～0.000 007 9
精密机床	0.000 01～0.000 001	0.000 157～0.000 007 9

2）扭转刚度的确定。机床大件的抗扭刚度设计，主要是在给定许用变形或扭转刚度的前提下，正确选择结构材料和根据极惯

性矩（I_n）设计构件的截面形状和大小。

当杆件的高宽比 $h/b \geqslant 10$ 时，截面上的扭转应力分布是比较均匀的，在力学中把它们称为薄壁件。工程上用的工字钢、槽钢、角钢等轧制钢材，均属于薄壁杆件。由空间板系组合而成的机床大件，多数是属薄壁结构。

对于由若干块薄板组合而成的结构，当其截面中线不封闭时，称为开口薄壁结构；若截面中线封闭，则称为封闭薄壁结构。

（2）局部刚度。局部变形发生在载荷集中的地方，特别是导轨部分，其他部位（如主轴箱在主轴支承部附近的部位，摇臂钻床立柱与摇臂的配合部和底座装立柱的部位等）也有局部发生变形。局部刚度主要决定于受载部位的构造和尺寸以及肋的配置。

设计支承件时采取一些设计上的措施来提高局部刚度。例如8-28（a）所示的床身，如果改为使导轨与壁板基本对称，如图 8-28（b）所示，在内壁加三角形肋如图 8-28（b）、图 8-29（a）所示，并适当地增加导轨和过渡壁的厚度，应能显著提高局部刚度。采用螺钉连接时，连接部分的形状都可提高局部刚度。

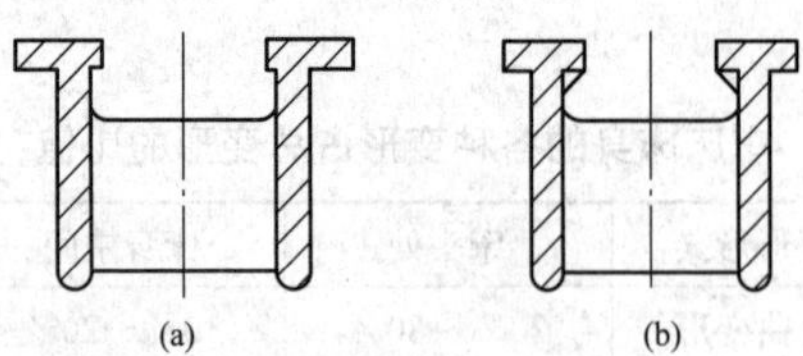

图 8-28　提高局部刚度实例

（a）原方案；（b）改进方案

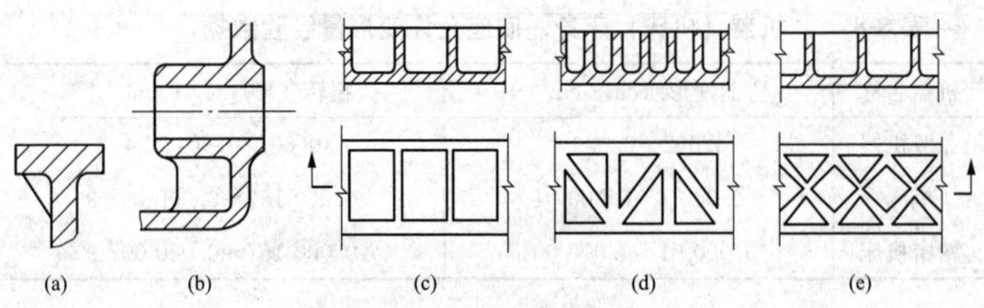

图 8-29　合理配置加强肋的应用实例

（a）、（b）提高局部刚度；（c）、（d）、（e）避免薄壁振动合理配置加强肋是提高局部刚度的有效措施。例如，如图8-29（a）和（b）中，肋分别用来提高导轨和轴承座处的局部刚度；如图8-29（c）、（d）、（e）所示为当壁板尺寸大于400mm×400mm时，为了避免薄壁振动而在壁板内表面加的肋。

（3）接触刚度。两个平面接触，由于两个面都不是理想的平面，而是有一定的宏观不平度，因而实际接触面积只是名义接触面积的一部分。又由于微观不平，其实真正的接触只是一些高点。所以，当压强很小时，两个面之间只有少数高点接触，接触刚度就较低，压强较大时，这些高点产生了变形，实际接触面积扩大了，接触刚度就提高了。

因此，为了提高接触刚度，不仅导轨面，重要的固定结合面也必须配磨或配刮。固定结合面配磨时，表面粗糙度值不超过$Ra1.6\mu m$；配刮时，每25mm×25mm面积内研点，高精度机床为12点，精密机床为8点，普通机床为6点，并应使接触点分布均匀。

4. 支承件的热变形影响及改善措施

（1）机床和支承件的热变形及其影响。机床工作时，切削过程中电动机、液压系统和机械摩擦都会发热。电动机输入的能量，不论通过什么途径，最后都变成了热。这些热量，有些由切屑和切削液带走，有些向周围发散，有些使工件升温，有些使机床升温。传导到机床的热就是机床温度变化的内部原因，也是主要原因。此外，机床的温度变化还有它的外部原因，如环境温度的变化和阳光的照射。机床的温度，不是一个恒定的值，而是一个复杂、周期性变化的值。例如，加工工件时温度上升，停机测量或装卸工件时，温度下降；加工一批工件时温度上升，加工完毕重新调整机床时温度下降；环境温度，既有昼夜的周期变化，也有以一年为周期的四季的变化。因此，由于温度变化而带来的机床的热变形，也不是定值。

热膨胀改变机床各执行机构的相对位置及其位移的轨迹，从而降低加工精度。由于温度变化有复杂的周期性，又使机床的加工精度不稳定。例如，主轴箱的前、后轴承温度不同，将引起主轴轴线位置的偏移；车床主轴箱的热膨胀，将使主轴轴线高于尾座轴线；龙门刨床和平面磨床床身导轨，由于工作台高速运动的摩擦，上表面温度将比下表面高，引起导轨中凸；卧式镗床由于镗头（主轴箱）发热，使立柱与镗头结合的导轨面温度比后面高，而使立柱后仰，改变主轴的位置。

热变形对自动化机床、自动线和精密机床、高精度机床的影响尤为显著。自动化机床和自动线是在一次调整好后大批地加工工件的，而调整又往往在升温前的冷态进行。加工中随着温度的升高，加工精度也在逐步变化。当温度升到一定值，加工件就可能不合格。精密机床和高精度机床的几何公差很小，热膨胀产生的位移很可能使机床热检时的几何公差不合格。所以，热膨胀已成为进一步提高精度的限制条件。

零件受热膨胀有两种可能：一种是均匀的热膨胀，另一种是不均匀的热膨胀，一般情况下，由于支承件各处受热情况不同，质量不均，使得各部位的温度不均，热膨胀也不均匀。不均匀的热膨胀对精度的影响比均匀的热膨胀大。

如果零件两端受到限制而不能自由膨胀，则将产生热应力。它会破坏机件正常的工作条件。例如，两端固定的传动轴，如果冷态时无间隙，则工作一段时期后由于箱体的散热条件比较好，轴的温度将高于箱体，热膨胀将使轴承内产生轴向附加载荷，这个载荷又将使轴承进一步发热，严重时会损坏轴承。

（2）改善支承件热变形的措施。设计支承件结构时，必须注意改善支承件热变形特性。为了减少支承件热变形，主要采取下列几方面措施。

1）散热和隔热。对于温升过高的部位，可以适当加大散热面积，设置散热片，并使散热片方向与气流方向一致。对于发热较多的部件（如变速箱等），应使周围空气流动畅通。如果自然通风不够，可加设风扇或用制冷系统降温，目前此法已在数控机床和加工中心的主轴箱中应用。

隔离热源也是减少热变形的有效措施之一。例如润滑油、液压油和切削液是主要的热源，如果利用床身或主轴箱作为油池，将会产生较大的温升和热变形。因此，多在机床外部设有独立的油箱以防止这部分热量传给机床。对于液压缸、液压马达等热源可在其外面设置隔离罩，以减少对支承件的热辐射。

设计中，有时需要考虑隔热，还需要考虑散热。在支承件上设有进、排气口，其内部还要加些隔板，引导气流流经温度较高的部位，以加强冷却。图 8-30 所示为单柱坐标镗床，电动机外面设有隔热罩，立柱后壁设有进气口，顶部有排气口，电动机风扇使气流向上运动，如图中的箭头所示，与自然通风的气流方向一致，以加强散热。

2）温度均衡分布。如图 8-31 所示是 M7150A 平面磨床床身温度均衡分布的设计方案。由于平面磨床工作运动速度可高达 40m/min，所以导轨摩擦发热较大，致使导轨上凸可达 0.21mm 以上。为了使床身上、下温度均匀，减少导轨热变形，采用了均衡温度场的措施。即将油池 1 移到床身外面，同时在床身下部设置热补偿油沟 2，机床工作时，通过油泵 3 将油强迫循环流经导轨，带走导轨上的摩擦热，再流回油池 1，同时使油引入到床身下部的热补偿油沟 2，并通过油泵 4 将油流回油池 1。这样，利用回油的余热流经床身的下部，促使床身上、下温度均衡分布，此时

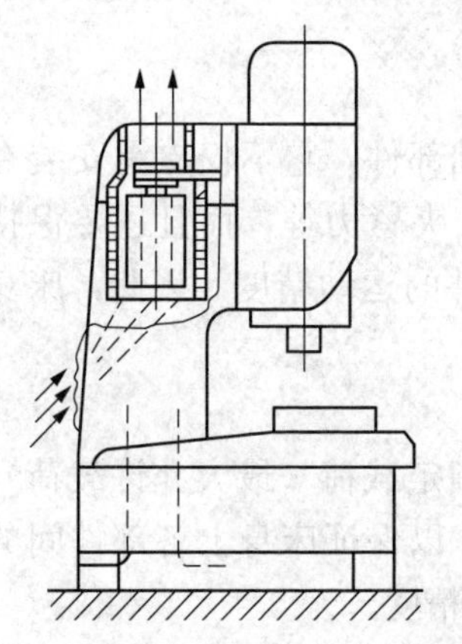

图 8-30　单柱坐标镗床的隔热与气流

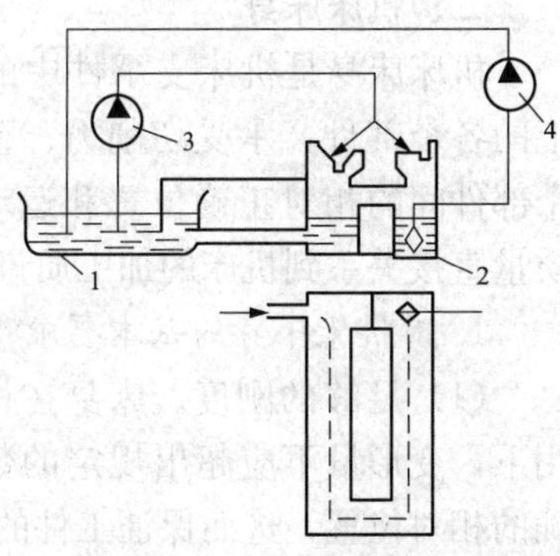

图 8-31　M7150A 型平面磨床床身温度均衡分布

1—油池；2—补偿油沟；3、4—油泵

导轨的下凹热变形仅约0.07mm。由于采用了热补偿油沟，基本上解决了热变形对加工精度的影响。

3）减少热变形对工作精度的影响。采用热对称结构可减少热变形对工作精度的影响。如图8-32所示为卧式坐标镗床。如果采用图8-32（a）所示的单柱结构，由于立柱前、后壁的温度不同而产生变形，使主轴轴线产生位移。

如果采用如图8-32（b）所示的双柱结构，则在热变形后，主轴轴线位置基本上不改变，从而保证了主轴的工作精度。

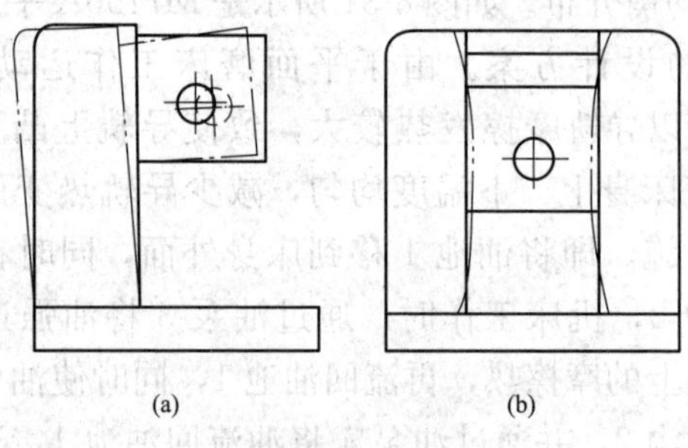

图8-32　卧式坐标镗床
（a）单柱结构；（b）双柱结构

二、机床床身

机床床身是机床支承件中的基础部件，它不仅支承安装在其上的各个部件，承受切削力、重力、夹紧力等，而且还要保持各个部件间的相对正确位置和运动部件的运动精度。因此，床身的质量直接关系到机床的加工质量。

1. 对机床床身的基本要求

（1）足够的刚度。床身在机床额定载荷（最大允许载荷）作用下，变形量不应超出规定的数值，以保证床身上各部件间的准确的相对位置，进而保证工件的加工精度。

（2）较高的精度。床身上的各结合面，应具有较高的形状精度和位置精度，以保证安装在其上的各部件间的相对位置的精确性和各运动部件间的运动精度。

（3）良好的抗振性。应合理选择床身的材料，合理设计床身的结构，以提高床身的抗振性能，保证机床在规定的切削条件下工作时，无自激振动产生，受迫振动的振幅不超过允许值，使机床的切削过程平稳。

（4）较小的热变形。机床加工时产生的切削热、摩擦热等都会引起床身的温度升高和温度分布不均，产生热变形，造成部件间的相对位置精度及运动部件的位置精度下降，影响加工精度。特别是精密机床和大型机床，床身的热变形往往是影响加工精度的主要因素。因此，应在机床床身结构上采取隔热、散热以及均衡床身温度分布等措施以减小热变形。

2. 机床床身的结构

机床床身在外力作用下的变形大小与其刚度有关，而床身的刚度大小主要取决于其结构形式。床身的结构主要指床身的截面形状，筋板和筋条的布置形式。筋板的作用是连接床身的外壁，以便提高床身的整体刚度，筋条的作用是提高床身的局部刚度，其高度较小，厚度较薄，如图 8-33（h）、(j）所示。根据各类机床床身受力情况的不同，床身的结构也应有所不同。

如图 8-33 所示为几种常见床身横截面形状。如图 8-33（a）所示结构简单，铸造方便，但刚度较差，常用于对刚度要求不高的中小型车床上；如图 8-33（b）所示为双壁车床床身，抗弯和抗扭刚度均好，但结构复杂，不易铸造；如图 8-33（e）所示的横截面呈半封闭状，刚度较如图 8-33（a）所示结构高近一倍，排屑性好，但结构复杂，多用于多刀半自动或转塔车床上；如图 8-33（d）所示结构为全封闭形，刚度较如图 8-33（a）所示结构高 3 倍，多用于数控车床上；如图 8-33（e）所示结构为三面封闭床身，主要用于中小型升降台式铣床、龙门刨床和镗床床身；如图 8-33（f）所示的床身前、后、下三面封闭，可兼作油箱或安置驱动装置，如图 8-33（e）所示结构适用于重型机床，导轨数量视刀架多少可达 4～5 个；如图 8-33（h）所示的抗拒性好，常用于摇臂钻床和立式钻床的立柱；如图 8-33（i）所示结构主要用于组合机床等的立柱；如图 8-33（j）所示为对称方形结构，能承受复杂空间载荷，主要用作镗床、铣床、滚齿机等的立柱。

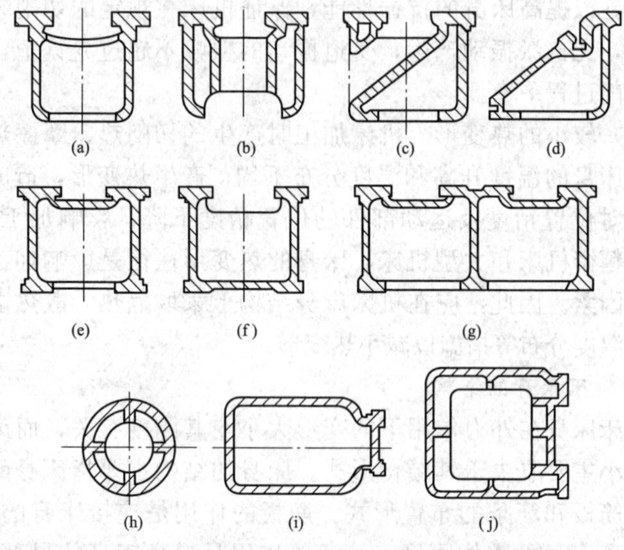

图 8-33　常见床身横截面形状

（a）中小型车床床身；（b）双壁车床床身；（c）半封闭形床身；（d）全封闭形床身（多用于数控车床）；（e）前、后、上三面封闭床身（主要用于中小型升降台式铣床、龙门刨床和镗床床身）；（f）前、后、下三面封闭床身（兼作油箱或安置驱动装置）；（g）重型机床床身；（h）摇壁钻床和立式钻床的立柱；（i）组合机床等的立柱；（j）对称方形结构床身（镗床、铣床、滚齿机等的立柱）

由材料力学可知，增加壁厚对提高床身刚度的效果并不显著，因此在工艺条件允许的前提下，应尽量减小壁厚。钢板焊接床身的壁厚，应充分考虑壁板的抗振性。

3. 钢板—混凝土结构床身

钢板—混凝土结构是融合钢板的高力学性能和混凝土的高减振性能于一体的复合结构，如图 8-34 所示。钢板—混凝土结构床身设计应注意如下问题。

（1）结构形状要合理。由于混凝土的弹性模量 E 比较低，提高刚度的主要措施是依靠加大壁厚或加大断面面积，所以混凝土结构的床身质量比较大。

（2）正确预埋钢筋等构件。正确预埋钢筋等构件，是提高混

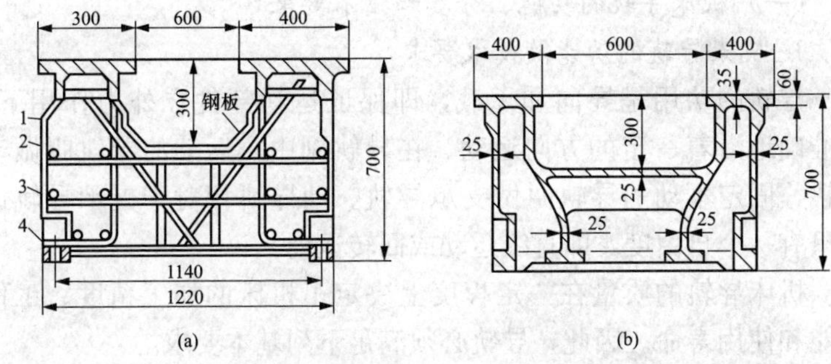

图 8-34　大型车床混凝土结构床身

(a) 混凝土结构床身；(b) 原铸造结构床身

1～4—预埋构件

凝土结构刚度的重要措施。混凝土结构的床身，一般是在钢板焊接的床身外壳中，加焊预埋钢筋等构件后浇灌而成的。为了提高混凝土的表面强度，并防止收缩产生裂纹，要在周边钢板内侧与混凝土表面之间加上一层（20mm×20mm，直径 2mm）金属网，在浇灌时使混凝土与金属网结合在一起。

（3）防止混凝土收缩开裂。混凝土的收缩性较大，一般为 0.15mm/m。防止混凝土收缩开裂的方法很多，有的在混凝土中加玻璃纤维，有的加金属丝，也有用砂和烧结粘土制成直径 10mm 的小球，以适当比例混入混凝土，使混凝土在凝固时产生微小的体积膨胀，来解决收缩开裂问题。

我国已经成功研制出低热膨胀水泥，凝固时体积稍有膨胀，较好地解决了混凝土收缩开裂问题。这种低热膨胀水泥用作机床结构时，由于外壳钢板的约束，可使受压的混凝土结构提高减振能力。

三、机床导轨

导轨在机械中是使用频率较高的零部件之一。在金属切削机床上都要使用导轨；在测量机、绘图机上，导轨是它们的工作基准；在其他机械中，例如轧机、压力机、纺织机等也都离不开导轨的导向。由此可见，导轨的精度、承载能力和使用寿命等都将直接影响机械的工作质量。

（一）机床导轨的功能、分类和技术要求

1. 机床导轨的功能及技术要求

导轨的功用是导向和承载，即保证运动部件在外力作用下，能准确地沿着一定的方向运动。在导轨副中，运动的导轨叫做动导轨，固定不动的导轨叫做支承导轨。动导轨相对于支承导轨通常只有一个自由度，即直线运动或回转运动。

机床导轨的质量在一定程度上决定了机床的加工精度、工作性能和使用寿命。因此，导轨必须满足下列基本要求。

（1）较高的导向精度。导轨在运动时必须具有足够的导向精度，就是指导轨运动轨迹的准确性。影响导向精度的主要因素有导轨的几何精度、导轨的接触精度、导轨及其支承件的自身刚度及热变形等。

为了能保持导向精度，对导轨提出了刚度和耐磨性的要求。若刚度不足，则直接影响部件之间的相对位置，使导轨面上的压强分布不均，加剧导轨的磨损，所以刚度是导轨工作质量的一个重要指标。导轨的耐磨性是决定导向精度能否长期保持的关键，是衡量机床质量的重要指标。导轨耐磨性与导轨材料、导轨面的摩擦性质、导轨受力情况及两导轨相对运动速度有关。

（2）良好的低速运动平稳性。低速平稳性要求在低速运动或微量位移时不出现“爬行”现象，否则将使加工零件的表面粗糙度增大。在工件定位时的不平稳，将降低定位精度。低速运动的平稳性与导轨的结构和润滑，以及动、静摩擦因数的差值和导轨传动系统的刚度等有关。

（3）较好的结构工艺性。应尽量使导轨结构简单，便于制造和维护。对于刮研导轨，应尽量减少刮研量；对于镶装导轨，应做到更换容易。

2. 机床导轨的分类及技术特性

（1）导轨分类方式及类型。

1）按运动性质。可分为主运动导轨、进给运动导轨和移置导轨。移置导轨只用于调整部件之间的相对位置，在加工时没有相对运动，例如车床尾座用的导轨。

2）按摩擦性质。可分为滑动导轨和滚动导轨。滑动导轨按两导轨面间的摩擦状态又可分为混合摩擦导轨、边界摩擦导轨和流体压力导轨。滑动导轨按两导轨面间的流体状态又分为液体动压导轨、气体静压导轨和液体静压导轨；滚动导轨按其滚动体不同又可分为滚珠导轨、滚柱导轨和滚针导轨。

3）按受力情况。可分为开式导轨和闭式导轨。图 8-35（a）所示为开式导轨，图 8-35（b）所示为闭式导轨。开式导轨是指靠外载荷和动导轨自重，使导轨面在全长上保持贴合的导轨，如图 8-36（b）、（e）、（i）所示组合。闭式导轨是指使用压板作为辅助导轨面，保证主导轨面贴合的导轨，如图 8-36（a）、（c）、（d）、（f）、（g）、（h）所示组合。

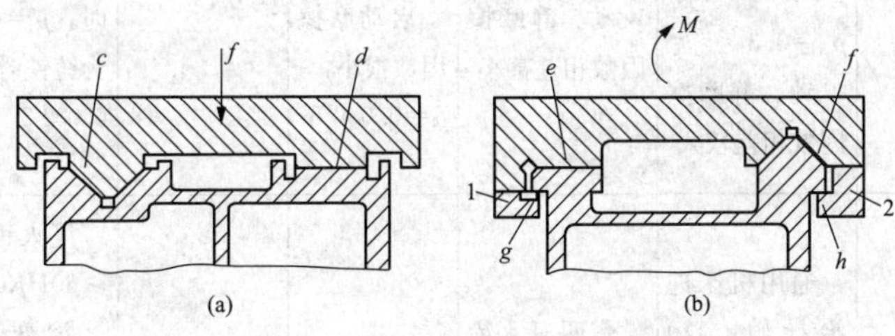

图 8-35　开式导轨与闭式导轨

（a）开式导轨；（b）闭式导轨

1、2—压板；c、d、e、f—导轨面；g、h—压板面

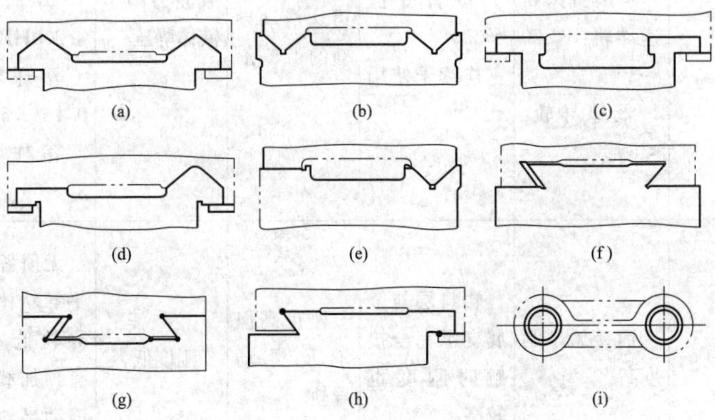

图 8-36　机床导轨的组合形式

（a）、（c）、（d）、（f）、（g）、（h）开式导轨；（b）、（e）、（i）闭式导轨

（2）机床导轨的主要技术特性。几种机床常用导轨主要技术特性见表 8-9。

表 8-9　　常用机床导轨主要特性

特性内容	滑动导轨		静压导轨		滚动导轨
	金属对金属	金属对塑料	液体静压	气体静压	
摩擦特征	铸铁-铸铁：μ=0.07～0.12 μ_s=0.018 铸铁-淬火钢：μ=0.05～0.15 μ_s=0.3 动、静摩擦因数相差较大	铸铁-聚四氯乙烯：μ=0.02～0.03 μ_s=0.05～0.07 动、静摩擦因数相差甚小	摩擦因数小，与速度呈线性关系，但变化不大 启动摩擦因数很小：μ=0.000 5	摩擦因数低于液体静压导轨	摩擦因数低，且与速度呈直线性关系。中等尺寸部件为淬火钢时，μ=0.001；为铸铁时，μ=0.002 5
承载能力平均抗压强度/MPa	通用机床进给导轨：120～150 主运动导轨：＜40～50 重型机床高速导轨：＜20～30 低速导轨：＜50	聚四氯乙烯导轨软带： 间断使用≤175 短暂峰值≈350 连续干使用＜35	油膜承载能力大，平均抗压强度可达滑动导轨的 1.5 倍	受供气压力影响，承载能力小于液体静压	淬火钢硬度≥60HRC 滚珠导轨：12～16 滚柱导轨：300～350 铸铁硬度≥200HBW 滚珠导轨：0.4～0.5 滚柱导轨：35～50
刚度	面接触，刚度高	塑料层与金属支承完全接触时刚度也较高	刚度高但不及滑动导轨	刚度低	无预紧的 V-平导轨比滑动导轨低 25%。有预加载荷的滚动导轨可略高于滑动导轨

续表

<table>
<tr><th rowspan="2">特性内容</th><th colspan="2">滑动导轨</th><th colspan="2">静压导轨</th><th rowspan="2">滚动导轨</th></tr>
<tr><th>金属对金属</th><th>金属对塑料</th><th>液体静压</th><th>气体静压</th></tr>
<tr><td>定位精度和调位移动灵敏度/μm</td><td>不用减摩措施：10～20
用防爬行油或液压卸荷装置：2～5</td><td>用聚四氯乙烯导轨软带导轨：2</td><td>微量进给定位精度：2
重型镗床立柱定位精度：5</td><td>可达0.125</td><td>传动刚度为22～45N/μm时为0.1</td></tr>
<tr><td>运动平稳性</td><td>低速时（1～60mm/min）容易产生爬行</td><td>低速无爬行</td><td colspan="2">运动平稳，低速无爬行</td><td>低速无爬行。预载荷过大或制造质量差时会有爬行</td></tr>
<tr><td>抗振性</td><td>激振力小于摩擦力时起阻尼作用，激振力大于摩擦力时振幅显著增加</td><td>塑料复合导轨板有良好的吸振性</td><td colspan="2">吸振性好，但不如滑动导轨</td><td>有预加载荷的滚动导轨，垂直于运动方向的吸振性近似于滑动导轨。沿运动方向的吸振性差</td></tr>
<tr><td>寿命</td><td>非淬火铸铁低，表面淬火或耐磨铸铁中等，淬火钢导轨高</td><td>聚四氯乙烯在260℃以下有良好的化学稳定性，可长期使用</td><td colspan="2">很高</td><td>防护措施好，刚性高</td></tr>
<tr><td>应用</td><td>仅用于卧式精密机床，数控机床已不采用</td><td>现代数控机床及重型机床大多采用</td><td>用于数控和重型机床</td><td>用于数控坐标磨床和三坐标测量机</td><td>用于要求定位精度高、移动均匀、灵敏的数控机床</td></tr>
</table>

注　μ—动摩擦因数；μ_s—静摩擦因数。

3. 导轨低速运动的平稳性要求

在机床低速或微量进给运动中，主动件作匀速运动，而被动件的速度发生明显的周期性变化现象称为“爬行”。爬行影响机床的加工精度、定位精度和零件的表面粗糙度，是精密机床及重型机床必须解决的问题。

爬行是一个复杂的摩擦自激振动现象。产生爬行的主要原因有：

1）静摩擦力和动摩擦力之差，这个差值越大，越容易产生爬行。

2）传动系统刚度越差，越容易产生爬行。

3）运动件的质量越大，越容易产生爬行。

4）当导轨面之间的阻尼较大时，有利于减轻或消除爬行。

在设计低速运动机构时，首先应估算其临界速度。如果所设计机构的最低速度低于临界速度时，应采取措施降低其临界速度，以避免产生爬行。由于运动部件的质量往往由于结构要求成为定值，因此下面只讨论减少静、动摩擦力之差以及提高传动系统刚度的措施。

(1) 减小静、动摩擦力之差。

1）采用导轨油。由于在导轨油中加入了极压添加剂，使油分子紧紧地吸附在导轨面上，以致运动停止时，油膜也不会被挤破，从而使静、动摩擦因数之差值减小，有利于克服爬行现象。

2）以滚动摩擦代替滑动摩擦。

3）采用卸荷导轨和静压导轨。

4）采用减摩导轨材料。

(2) 提高传动系统刚度。

1）机械传动时，提高传动系统的方法为：尽可能缩短传动链，以减少弹性变形量；适当提高末端传动副的刚度；合理分配传动比，使多数传动件受力较小。

2）液压传动时，由于液压传动机构受力后的变形来自油的可压缩性以及活塞杆、活塞杆座等的变形，因此要防止液压油中混入空气和注意提高活塞杆及活塞杆座的刚度。

4. 机床导轨常用材料

对机床导轨材料的主要要求是耐磨性好、工艺性好、成本低。

常用的机床导轨材料有铸铁、钢、非铁金属和塑料，其中以铸铁应用最为普遍。

为了提高耐磨性，动导轨和支承导轨应尽量采用不同的材料，或采取不同的热处理方法，以使其具有不同的硬度。目前看来，与采用铸铁合金化强化导轨相比，采用表面热处理强化的导轨有增多的趋势，其中镶钢导轨的增加尤为明显；与滑动导轨相比，滚动导轨所占比例增加；与金属导轨相比，塑料导轨的增加特别明显。

（1）常用金属导轨材料。

1）铸铁。铸铁是一种成本低，有良好减振性和耐磨性，易于铸造和切削加工的金属材料。导轨常用的铸铁有灰铸铁 HT100、HT300 和耐磨铸铁等。

灰铸铁 HT100 具有一定的耐磨性，适用于需手工刮研的导轨，润滑和防护条件好、载荷轻的机床导轨，不经常工作的导轨，对精度要求不高的次要导轨等。HT300 的耐磨性高于 HT100，但较脆硬，不易刮研，且成本较高，常用于较精密的机床导轨。

耐磨铸铁中应用较多的是高磷铸铁、磷铜钛铸铁及钒钛铸铁。与通过孕育处理得到的灰铸铁 HT300 相比，其耐磨性提高 1～2 倍，但成本较高，常用于精密机床导轨。

为了提高铸铁导轨的硬度，以增强抗磨粒磨损的能力和防止撕伤，铸铁导轨经常采用高频感应淬火、中频感应淬火及电接触自冷淬火等表面淬火方法。

2）钢。在耐磨性要求较高的机床上，可采用淬硬钢制成的镶钢导轨。淬火钢的耐磨性比普通铸铁高 5～10 倍。

镶钢导轨（见图 8-37）通常采用 45 钢或 45Cr 等材料，表面淬硬或全淬透，硬度达到 52～58HRC；或者采用 20Cr、20CrMnTi 等渗碳处理至 56～62HRC。此外，还可采用焊接和粘接的方式将导轨固接在床身上。镶钢导轨工艺复杂、成本高，目前国内主要用于数控机床的滚动导轨上。

3）非铁金属合金。非铁合金镶装导轨主要用在重型机床的运动导轨上，与铸铁或钢的支承导轨相匹配，以防止粘着磨损。两

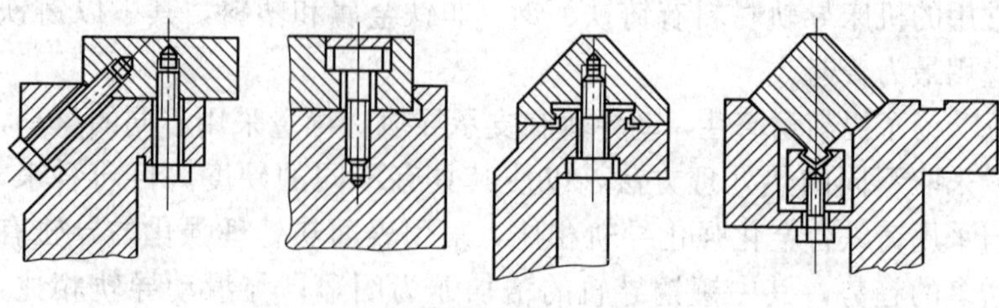

图 8-37　镶钢导轨

种材料之间形成金属化合物，则有抗粘着效应，对提高硬度有好处。所以，非铁合金与钢铁匹配比相同金属匹配好，金属与非金属（如塑料）匹配又比金属与金属匹配好。

4）导轨镶条、压板的材料。导轨镶条、压板的材料选用见表 8-10。

表 8-10　导轨镶条、压板材料

材料	特点	应用场合
灰铸铁 HT150、HT200	加工方便，但磨损大，易折断	用于制作中等压强、尺寸较大的压板、镶条
铸造锡青铜 ZCrSn10Pb1、 ZCuZn25Al6Fe3Mn3	加工容易，耐磨性好，成本高	用于较大压强、中等尺寸的高精度机床上制作镶条
45 钢正火	能够刮研，不易折断（相对铸铁而言），容易擦伤铸铁导轨面	用作较薄、较长的斜镶条，燕尾导轨镶条，受力不大（如移置导轨）的镶条
塑料	摩擦小，耐磨性好	用于制作受力大和尺寸较大的镶条

注　镶条的尺寸较大时，可在铸铁或钢镶条上固定或粘接塑料、铜合金、锌合金薄片。

（2）常用塑料导轨材料。我国机床塑料导轨曾普遍使用尼龙 1010 板、氯化乙醚板、高密度聚乙烯板、改性聚甲醛板和 Mc 尼龙板等工程塑料，这些材料的摩擦特性比先前使用的酚醛夹布胶木板有了很大的改进。

目前机床导轨上用的工程塑料，有以聚四氟乙烯为主要材料的填充聚四氟乙烯导轨带、塑料导轨板和塑料导轨涂层等 3 种耐磨工程塑料。

(二) 滑动导轨

1. 滑动导轨的结构形式

导轨按运动轨迹可分为直线运动导轨和圆运动导轨。

(1) 直线运动导轨结构。

1) 直线运动导轨截面形状。直线运动导轨的基本截面形状有 V 形、矩形、燕尾形及圆形截面等 4 种。它们的导向和支承作用，主要通过 M、N、J 等 3 个平面和一个顶角 α 来实现。

根据床身和固定件上导轨的凹凸形状，直线运动导轨又可分为凸形导轨和凹形导轨。当导轨水平布置时，凸形导轨不易积存切屑和脏物，但也不易存油，多用于移动速度小的部件上。凹形导轨的滑润条件较好，但必须有防积屑、保护装置，常用于移动速度较大的部件上。直线运动导轨的截面形状见表 8-11。

表 8-11　直线运动导轨的截面形状

序号	导轨名称	截面形状		导向和支承作用
		凸形	凹形	
1	V 形导轨	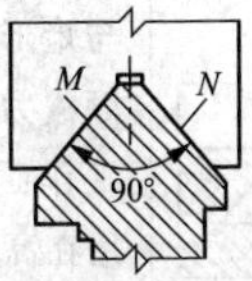 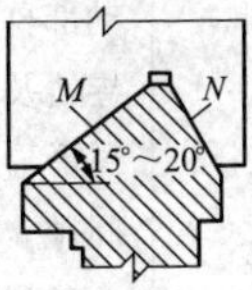 M　N　90° M　N　15°～20°	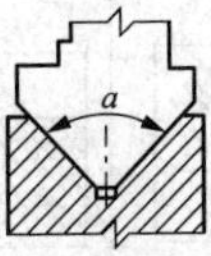 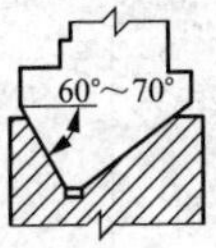 α 60°～70°	凸 V 形又称山形导轨，凹 V 形也称 V 形导轨。V 形顶角 α，一般为 90°。V 形导轨 M、N 面兼起导向和支承作用。当导轨面 M 和 N 受力不对称时，为使导轨面上压强分布均匀，可采用不对称导轨。重型机床导轨承受垂直载荷大，采用较大的顶角 α＝110°～120°，但其导向型较差

续表

序号	导轨名称	截面形状		导向和支承作用
		凸形	凹形	
2	矩形导轨	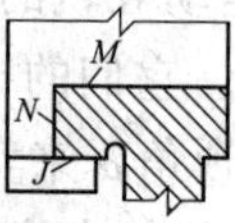	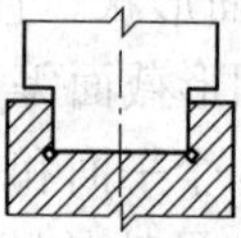	矩形导轨又称平导轨。其中 M、J 面起导向作用，保证在垂直面内的直线移动精度。M 面又是支承载荷的主要支承面，J 面是防止运动部件抬起的压板面。N 面是保证水平面内直线移动精度的导向面。矩形导轨主要由顶部平面承受载荷，刚度和承载能力大。水平方向和垂直方向上的位移互不影响，安装和调整也比较方便。但是，当起导向作用的导轨面 N 磨损后，不能自动补偿间隙，所以需要有间隙调节装置
3	燕尾形导轨	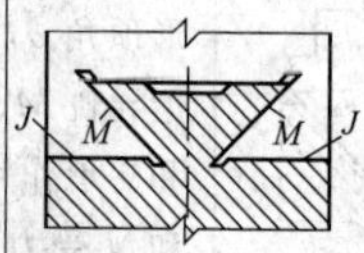	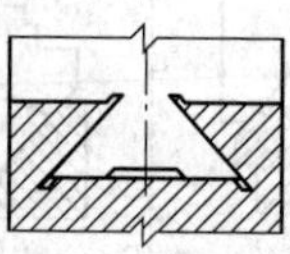	导轨中的 M 面起导向和压板作用，J 为支承面，夹角一般为 55°。这是闭式导轨中接触面最小的结构。当承受垂直载荷时，以 J 为主要工作面，它的刚度与矩形导轨相近；当承受颠覆力矩时，斜面为主要工作面，刚度较低，一般用在高度小而层次多的移动部件上，如车床的刀架导轨及仪表机床上导轨燕尾形导轨磨损后不能补偿间隙，需用镶条调整。两个燕尾面起压板作用，用一根镶条可以调整水平和垂直方向的间隙

续表

序号	导轨名称	截面形状		导向和支承作用
		凸形	凹形	
4	圆柱形导轨	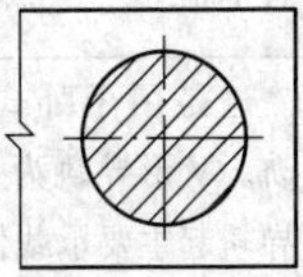	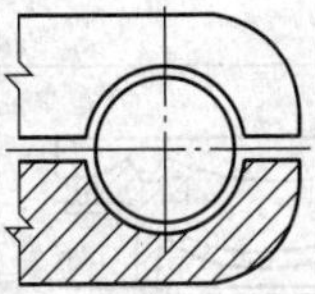	圆柱形导轨制造简单，内孔可珩磨，与磨削后的外圆可以精密配合，但磨损后调整间隙困难。为防止转动，在圆柱表面上开键槽或加工出平面。圆柱形导轨主要用在受轴向载荷的部件，如拉床、珩磨机及机械手等

2）直线运动导轨的组合形式。一般机床都采用两条导轨来承受载荷和导向，重型机床可用3～4条导轨组合。典型机床的滑动导轨的组合形式主要有：双V形导轨、双矩形导轨、V形—平导轨组合、V形—矩形导轨组合、平—平—V形导轨组合等，见表8-12。

表8-12 典型机床滑动导轨的组合形式

序号	组合形式	简图	说明
1	双V形组合	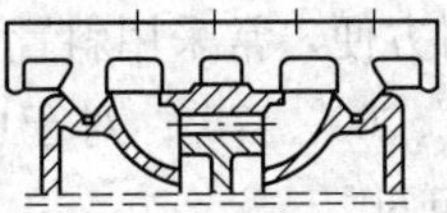	双V形导轨同时起支承和导向作用，磨损后能自行补偿垂直方向和水平方向的间隙，尤以90°角形为最优。双V形导轨具有最好的导向性、贴合性和精度自检性，是精密机床理想的导轨形式。但要求四个导轨表面同时接触，刮研或磨削工艺难度较大
2	双矩形组合	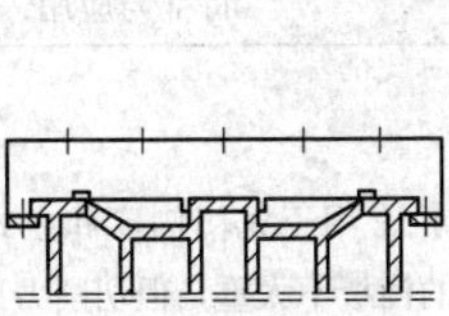	这种组合导轨主要用于垂直承载能力大的机床上，如升降台铣床、龙门铣床等。它的制造和调整简便，但导向性差，闭式导轨要用压板调整间隙，导向面用镶条调整间隙。或者采用镶钢导轨及偏心滚轮消隙机构也可改善上述缺点

续表

序号	组合形式	简图	说明
3	V形—平导轨组合	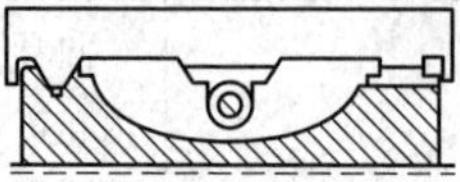	通常用于磨床、精密镗床和龙门刨床上。由于磨削力主要是向下的，故精镗切削力不大，工作台不致上抬
4	V形—矩形组合	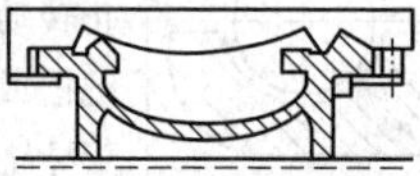	这是用于卧式车床上的两组导轨。V形导轨为主要导向面，矩形导轨起主要承载作用。它具有V形和矩形两种导轨的长处
5	平—平—V形组合	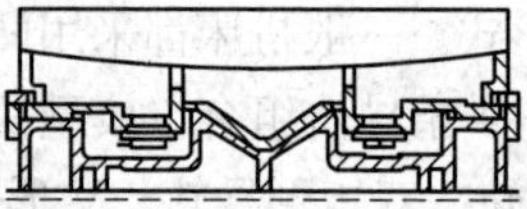	当龙门铣床工作台宽度大于3000mm、龙门刨床工作台宽度大于5000mm时，为提高工作台本身的刚度、中间加了一条V形导轨。这条导轨主要起导向作用，两侧的平导轨主要起承载作用。由于工作台的质量和宽度都比较大，故可不考虑颠覆力矩

3）其他直线运动导轨。其他直线运动导轨包括：横梁导轨、立柱导轨和数控机床导轨等。横梁导轨的截面形状，主要根据移动部件的重量和切削力的大小来决定，见表8-13。尺寸关系见表8-14。数控机床导轨，为了排屑方便，常采用斜置导轨，导轨的倾斜角度，对立式床身，常用45°、60°、75°；对于中、小型的数控机床，导轨的倾斜角度一般采用60°。

表8-13　横梁导轨的截面形状

序号	截面形状	特征与应用
1	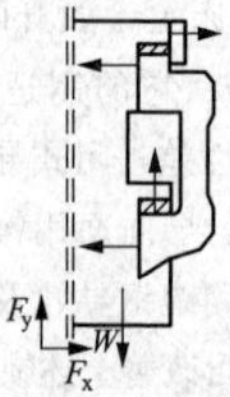 F_y W F_x	这种导轨常用于龙门刨床和立式车床等机床横梁，移动刀架的溜板不太重，但切削力比较大

续表

序号	截面形状	特征与应用
2	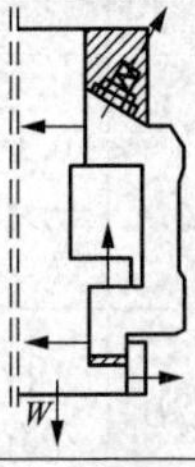	这种导轨常用于龙门铣床和导轨磨床等机床横梁上，移动的主轴箱或磨头较重，而垂直向上的切削力比较小。移动部件的重量 W 一部分由矩形导轨顶部水平面承受，一部分由上部燕尾形导轨的卸荷装置承受
3	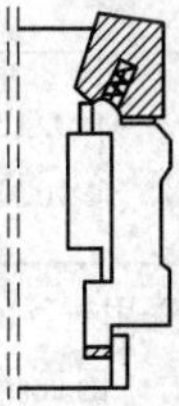	这种导轨常用在坐标镗床横梁上。主轴箱的重量一部分通过卸荷滚轮由 V 形导轨顶部平面承受，一部分由 V 形导轨面承受。V 形导轨还起导向作用
4	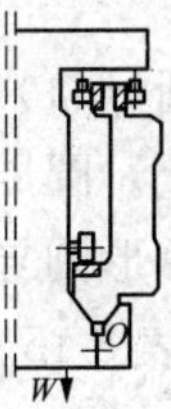	这是坐标镗床横梁导轨的另一种设计。向下的 V 形导轨做主要导向面，可承受垂直和水平切削力（F_y、F_x）。主轴箱上有水平轴线的预加载荷滚轮。它和 V 形导轨上方的淬硬钢导轨接触，可以消除导轨间隙。进给丝杠（O 点）靠近 V 形导轨，可减小由牵引力引起的力矩，能保证移动时没有爬行和振动。主轴箱上垂直轴线的滚轮与横梁上部矩形镶钢导轨接触，即可消除间隙，又可防止主轴箱在前、后平面内侧斜。以上的滚轮的结构也可以用滚轮导轨块代替

注　W—移动部件的重力。

表 8-14　　**立柱导轨面的尺寸关系**

机床名称	简图	B_m/B	b/B_m	b_2/B_m	h_1/B_m	h_2/B_m	b_2'/B
立式钻床	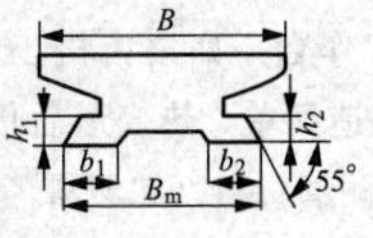	0.7～0.8	0.2～0.25	0.2～0.25	0.11～0.15	0.11～0.15	
升降台或铣床		0.6～0.7	0.24～0.32	0.24～0.32	0.1～0.14	0.1～0.14	

续表

机床名称	简图	B_m/B	b/B_m	b_2/B_m	h_1/B_m	h_2/B_m	b_2'/B
卧式镗床	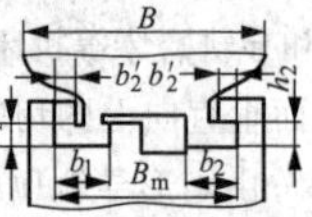	0.7～1.0	0.21～0.26	0.19～0.21	0.15～0.37	0.1～0.15	—
龙门刨床 双柱	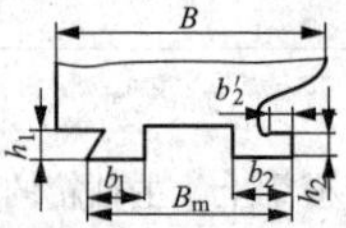	0.7～0.76	$\leqslant b_2/B_m$	0.24～0.28	$\leqslant h_2/B_m$	0.11～0.15	0.11～0.15
龙门刨床 单柱		0.5	$\leqslant b_2/B_m$	0.28～0.3	$\leqslant h_2/B_m$	0.16～0.19	0.24～0.3

注 升降台铣床的切削力方向随时可以改变，因而立柱导轨采用对称的形式。卧式镗床主轴箱立柱靠近主轴两端的前导轨钻孔时受轴向力，因而前导轨的高度 h_1 比导轨的 h_2 大，切削力接近前导轨，加宽前导轨的宽度，可提高前导轨的刚度和减少导向面的磨损。

(2) 圆周运动导轨。圆周运动导轨（简称圆导轨）主要用在圆形工作台、转盘和转塔头架等旋转运动部件上。圆周运动导轨的结构形式可分为平面圆导轨、锥形圆导轨、V 形圆导轨和平—锥面圆导轨等 4 类。圆周运动导轨的截面形状见表 8-15。

表 8-15　圆周运动导轨的截面形状

名称	截面形状	特征与应用
平面圆导轨	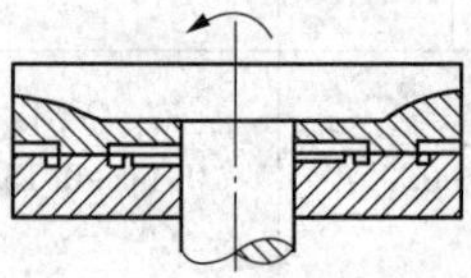	平面圆导轨能承受较大的轴向力。与装有滚动轴承的主轴联合使用，可以承受径向力，且摩擦损失小、精度高，常用于高速大载荷工作台，如立式车床、立轴圆台平面磨床工作台等；与装有径向间隙可调的滑动轴承的主轴联合使用，常用于低速工作台，如滚齿机工作台。平面圆导轨制造简单，热变形后仍能接触。便于镶装耐磨材料（如塑料等），可用做动压或静压导轨

续表

名称	截面形状	特征与应用
锥形圆导轨	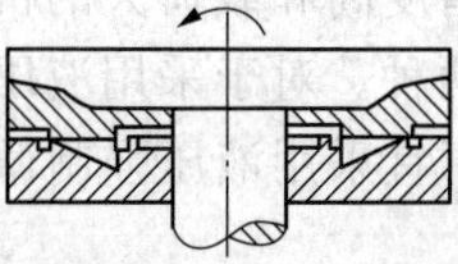	锥形圆导轨面的母线倾斜角一般为30°。它的轴向刚度较大，也能承受一定的径向力，热变形不影响导轨接触，导向性比平面圆导轨好，但不能承受颠覆力矩，常用于工作台直径小于3.5m的立式车床。要保持锥面与主轴的同轴度，制造上比较困难
V形圆导轨	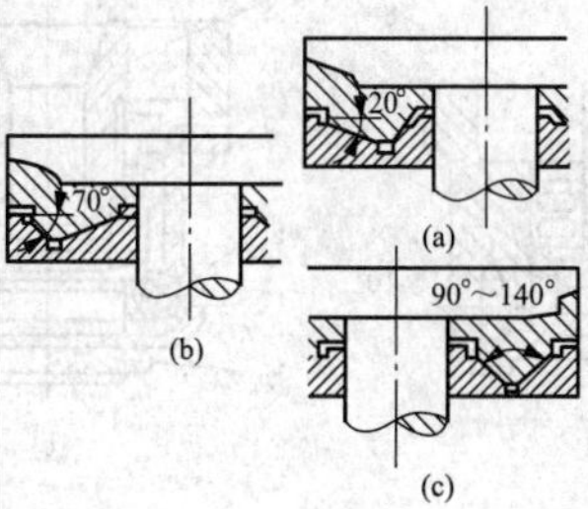 70° (b) 20° (a) 90°～140° (c)	V形圆导轨能承受较大的径向力、轴向力和一定的颠覆力矩。常与装有可调径向间隙滑动轴承联合使用于立式车床。V形角度的不同，其特点不同。如图(a)所示，20°夹角的导轨，离心力使油更容易流向外侧长边导轨，润滑条件好，但缺点是热变形会引起导轨面接触不良。如图(b)所示，夹角70°导轨的外圈锥面间留有一定间隙0.05～0.08mm，以补偿热变形，轴向力主要由内圈长锥面承受，多数立式车床采用这种V形导轨。滚齿机工作台主要用对称的V形圆导轨，如图(c)所示，其顶角为90°～140°。随着大型高精度滚动轴承的出现，V形圆导轨已被平面圆导轨代替
平—锥面圆导轨	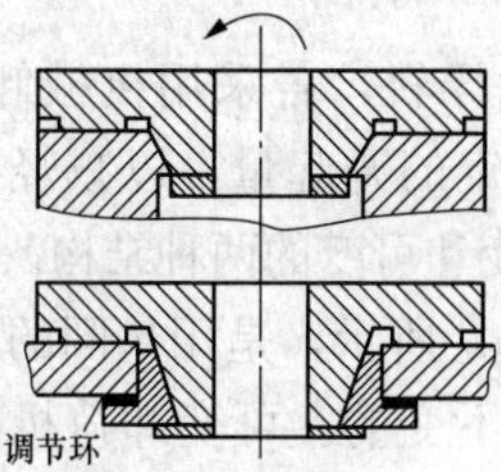 调节环	这种圆导轨具有一定的径向力和颠覆力矩的承载能力。它的主要特点是不用主轴，尺寸紧凑，结构简单，多用在小型滚齿机工作台和六角刀架等小型移动部件上

2. 导轨的卸荷装置

机床的支承导轨要承受工作台、加工零件的重量和切削载荷，是机床中承受载荷的部件。为了减少导轨的本体变形、接触变形和摩擦阻力，除了适当加宽导轨面以外，常用导轨卸荷装置来降低导轨压强。这也是提高导轨耐磨性和低速运动平稳性、防止爬行的有效措施。

卸荷导轨多用于要求导轨运动精度高和载荷大的机床上。导轨卸荷方式有机械卸荷和液压卸荷两种。对于采用液压传动的机床，一般应用液压卸荷导轨；对于不宜采用液压强制循环润滑的机床，则采用机械卸荷装置。

（1）机械卸荷装置。如图 8-38（a）所示是坐标镗床的卸荷导轨装置。在工作导轨 1 的旁边设置一条辅助导轨 2，工作台 6 上的载荷通过弹簧 7 加在滑柱 5 上，再由滑柱的销轴 4 通过滚动轴承 3 压在辅助导轨 2 上，这就大大减轻了导轨 1 的荷载。

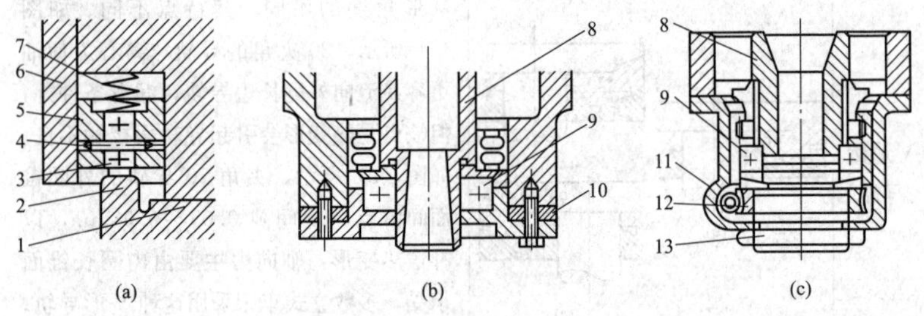

图 8-38 坐标镗床的卸荷装置

（a）弹簧卸荷装置；（b）不变卸荷装置；（c）可变卸荷装置

1—工作导轨；2—辅助导轨；3—滚动轴承；4—销轴；5—滑柱；6—工作台；7—弹簧；8—主轴；9—推力轴承；10—调整垫圈；11—蜗杆；12—蜗轮；13—丝杠

立式车床工作台上的圆周运动导轨，若采用机械卸荷装置，一般采用通过主轴将工作台预抬一定的升起量，以减轻导轨的压强。这种卸荷装置又可分卸荷量不变和可变的两种结构。

不变卸荷机械装置如图 8-38（b）所示，是用垫圈的厚度来确定工作台的升起量，它的卸荷量是不变的。可变卸荷机械装置如图 8-38（c）所示，转动调节蜗杆 11，可使带有螺母的蜗轮 12 转动，丝杠 13 固定不动，蜗轮上移，通过推力轴承 9 将主轴顶起一定升起量。

（2）液压卸荷装置。液压卸荷导轨须在导轨面上开出油腔，油腔形状与静压导轨相同，如图 8-39 所示，只是油腔的作用面积比静压导轨的小，不足以将运动部件浮起，但液压作用可使导轨卸荷。卸荷大小通过溢流阀控制液压来调节。

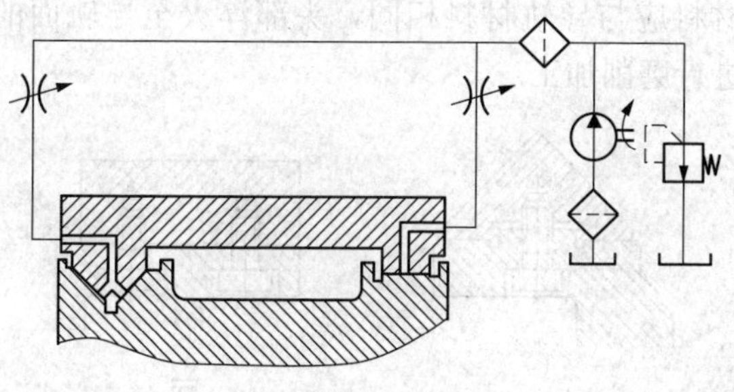

图 8-39　液压卸荷导轨

3．镶装导轨结构

在床身等支承大件上采用镶装导轨，主要出于如下的需要：

1）提高导轨的耐磨性或改善其摩擦特性。

2）采用焊接结构时，钢导轨用焊接方法，铸铁导轨用镶装方法。

3）修理时便于迅速地更换已磨损的导轨。

4）购买或订做已有的镶装导轨。

镶装导轨的形式为：在床身、立柱等固定导轨及铸造床身上通常镶装淬硬钢块、钢板或钢带；在焊接结构床身上通常镶装铸铁导轨。在工作台、床鞍等活动导轨上一般镶装塑料导轨、合金铸铁或耐磨非铁金属合金板。

镶装导轨结构主要用机械镶装方法和粘结方法两种。根据导轨的导向精度、荷载大小和导轨材料、形式不同，选取不同的镶装方法。

(1) 机械镶装结构。机械镶装结构，主要用于受载较大的淬硬钢导轨的连接，机械镶装的方法主要有螺钉固定和压板固定两种。

1）螺钉固定。如图 8-40 (a) 所示是螺钉从底部固定，不损坏导轨面。如图 8-40 (b) 所示是焊接结构卧式铣床立柱导轨镶装方法。当受结构限制时，可如图 8-40（c）所示用头部无槽的沉头螺钉，用螺母拧紧。如图 8-40（d）所示是从导轨面上把螺钉拧紧后，再切去头部。如图 8-40（c）、图 8-40（d）两种镶装方法，所用螺钉的材料应与导轨材料相同，头部淬火至导轨面的硬度，和导轨一起进行磨削加工。

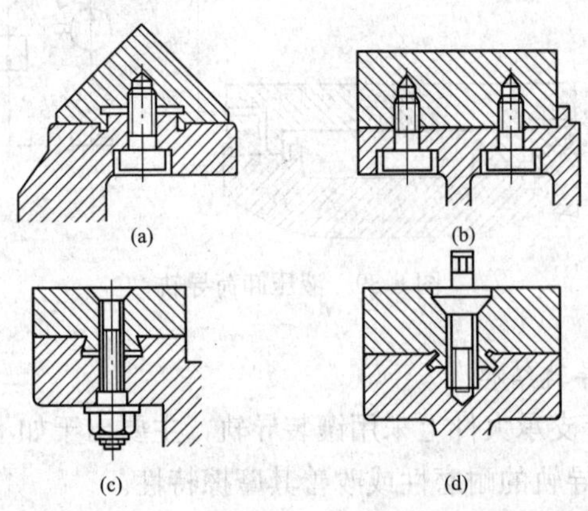

图 8-40 螺钉固定镶装结构

（a）螺钉从底部固定；（b）焊接结构卧式铣床立柱导轨镶装；
（b）用头部无槽的沉头螺钉联结（一）；（c）用头部无槽的沉头螺钉联结（二）；
（d）从导轨面用螺钉拧紧切去头部

2）压板固定。如图 8-41（a）所示为用压板挤紧导轨的结构，如图 8-41（b）所示是拉紧导轨的结构。夹板固定不如螺钉固定，但不损坏导轨面，导轨板的厚度可以减薄。

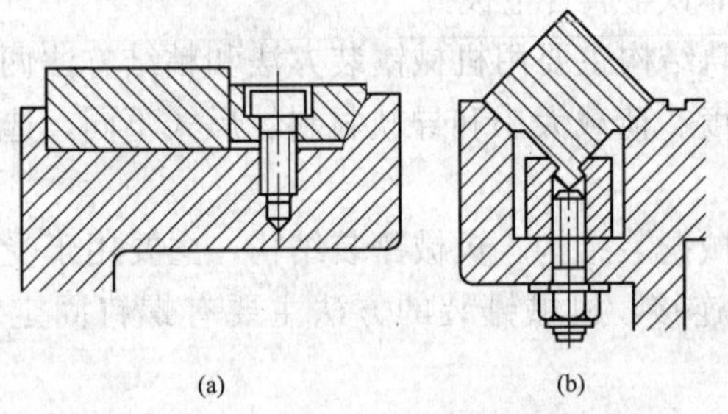

图 8-41 压板固定镶装结构

（a）用压板挤紧导轨；（b）用螺杆拉紧导轨

采用螺钉固定时，要保证导轨板底面与安装基面全面接触。螺钉间距 z 应按导轨板厚度 d 来确定。螺钉固定镶装导轨的螺钉间距，一般情况下，可取表 8-16 所列推荐值。

表 8-16　螺钉固定镶装导轨的推荐螺钉间距　（单位：mm）

导轨板厚	10	15	20	25	30	40	50
螺钉间距	30～40	40～50	50	65	75	90	110

镶装导轨采用分段组合时（每段长度一般为 600～2000mm），端部应精确加工，保证接头处无间隙。

机械镶装导轨工艺复杂，成本高，主要用于数控机床和加工中心的滚动导轨或焊接结构支承大件上。

（2）粘接导轨结构。粘接导轨一般是在铸铁或钢的滑动导轨面上粘贴一层比基体更为耐磨的材料。被粘接材料主要有津硬的铜板、钢带、铝青铜、锌合金和塑料等导轨板。

粘接导轨除了可以节省贵重的耐磨材料以外，还可以克服螺钉固定时的压紧力不均匀现象，在现代机床上日益得到广泛的应用。粘接镶装钢带的导轨结构如图 8-42 所示。

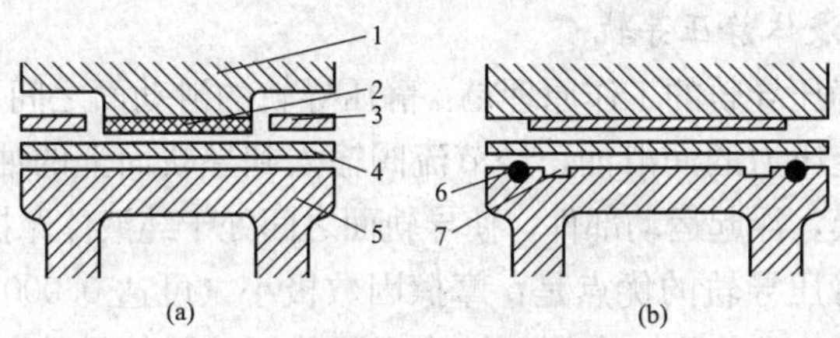

图 8-42　粘接钢带的导轨结构

（a）用压板夹固钢带；（b）用胶粘剂粘接钢带

1—动导轨；2—塑料板；3—压板；4—钢带；5—床身；

6—存放胶粘剂；7—容纳挤出胶粘剂的槽

粘接钢带一般与导轨上的青铜板配对，在 2～3mm/min 速度下不产生爬行，且钢带磨损后容易更换。非铁金属合金导轨板和塑料导轨板，一般用在溜板、主轴箱等活动导轨上。由于铝青铜和锌合金与铸铁的粘接强度不高，因此还需与螺钉固定相配合，如图 8-43（a）所示。

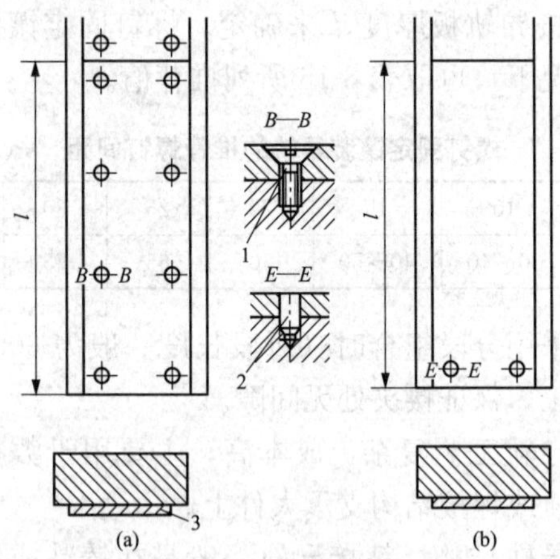

图 8-43　金属导轨板粘接结构形式

（a）粘接与螺钉固定；（b）嵌入式粘接结构

1、2—螺钉；3—导轨板

为了提高粘接强度和精度，可采用嵌入式粘接，把导轨板嵌入如图 8-43（b）所示贴合的槽中进行粘接。

（三）液体静压导轨

液体静压导轨的工作原理是：静压导轨的滑动面之间开有油腔，将具有一定压力的润滑油，经节流阀输入到导轨面上的油腔，可形成承载油膜，浮起运动部件，使导轨面之间处于纯液体摩擦状态。

液体静压导轨的优点是：摩擦因数极小（可达 0.000 5），因而传动效率高，发热少；由压力油产生的静压油膜使导轨面分开，因此在启动和停止过程中也不会产生磨损，精度保持性好；静压油膜较厚，对导轨表面的制造误差有均化作用，可以提高加工精度；低速运动平稳，移动准确，静压油膜具有吸振能力。缺点是：导轨自身结构比较复杂；需要增加一套供油系统；调整维护比较费时。液体静压导轨主要用作精密机床的进给运动导轨和低速运动导轨。

1. 液体静压导轨的结构形式

液体静压导轨按结构形式可分为开式和闭式，按供油情况可分为定量式和定压式导轨。

（1）开式静压导轨。

1）工作原理。如图 8-44 所示，节流阀 9 进口处的压强 p_s 是一定的，因为这里用的是固定节流器。也有用可变节流器，通过可变节流阀调整油压来控制油膜厚度 d。

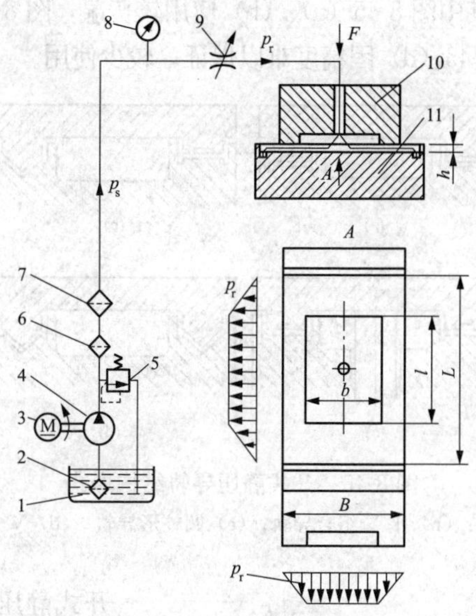

图 8-44　开式静压导轨工作原理

1—油箱；2—过滤器；3—油泵电动机；4—油泵；5—溢流阀；6、7—过滤器；8—压差计；9—节流阀；10、11—上、下支承

液体静压导轨通常把移动部件的导轨分成 L 长若干段，每一段为一个独立的油垫支承（简称支承），每个支承由油腔和封油面组成。来自油泵 4 并经过节流阀的润滑油在上、下支承间形成油膜。当作用在上支承的荷载 F 增大时，油膜被压缩，接合面间的液阻增大，由于节流阀的调节作用，使油腔压力 p_r 随之增大至与外加载荷相平衡。

2）结构形式。液体静压导轨大都用于矩形平导轨，其承载能力与刚度大，油膜调整比较容易，制造简便，也可用于 V 形导轨的斜面支承和圆柱形导轨上。所以，液体静压导轨又可分为直线往复运动和圆周运动的静压导轨。按节流形式，液体静压导轨还可分为固定节流和可变节流静压导轨。

开式导轨是依靠运动件的自身重量和外加荷载，保持移动件不从床身上分离的力封闭导轨。开式静压导轨各自往往只在一个方向上开有油腔，只能水平放置或倾斜一个较小角度。常用的开式导轨形式如图 8-45 所示，其中图 8-45（a）、（b）应用较普遍，图 8-45（c）用于圆柱形导轨，图 8-45（d）因精度难以保证，较少使用。

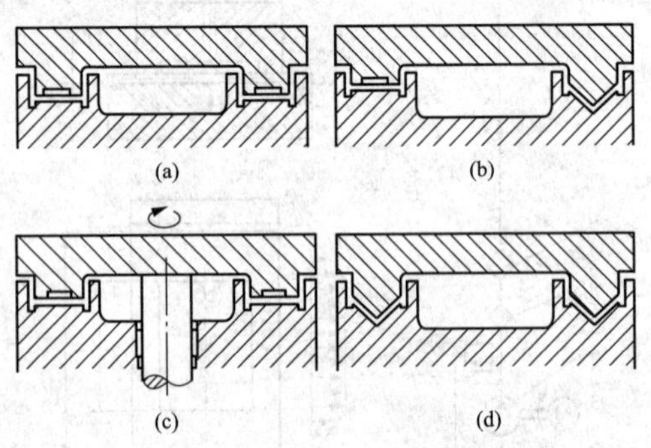

图 8-45　开式静压导轨结构形式

（a）平型导轨；（b）平 V 组合导轨；（c）圆柱形导轨；（d）V—V 组合导轨

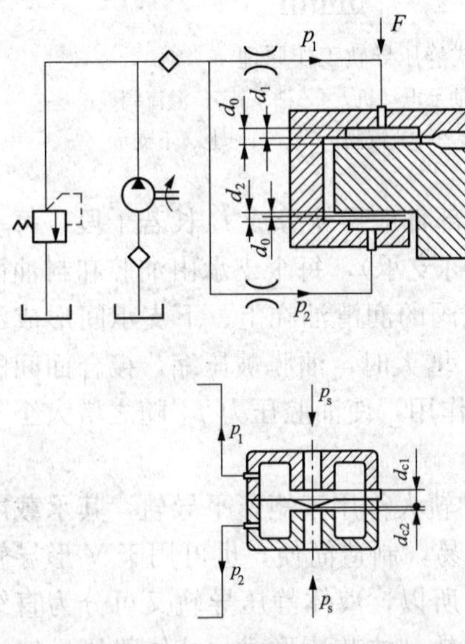

图 8-46　闭式静压导轨的工作原理

开式静压导轨主要用于荷载均匀、偏载小、颠覆力矩小的水平放置或仅有较小倾角的场合。

（2）闭式静压导轨。闭式静压导轨的工作原理如图 8-46 所示。闭式静压导轨只在其移动方向有 1 个自由度，其余自由度都由导轨结构所约束，称几何封闭。图 8-47（a）与图 8-47（b）油腔数相同，但图 8-47（b）所示结构的侧面间隙热变形比图 8-47（a）小；图 8-47

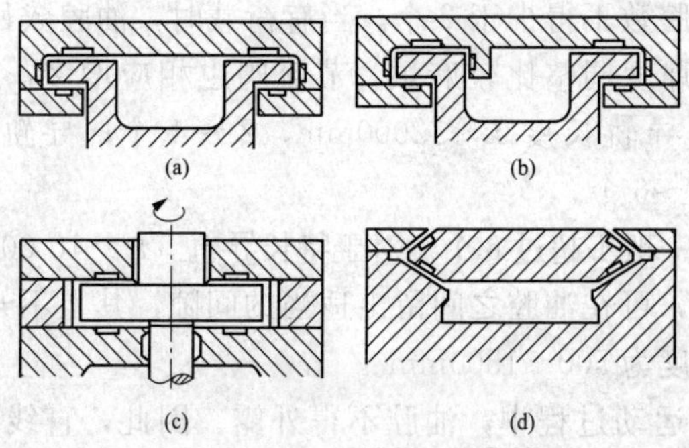

图 8-47　闭式静压导轨基本形式

(a)、(b) 平型导轨；(c) 回转运动平导轨；(d) 立式导轨

(c) 是常用的对置多油腔回转运动平导轨，它相当于推力轴承，仅尺寸较大而已；如图 8-47 (d) 所示适用于载荷不太大、移动件不太长闭式静压导轨，可用于荷载不均匀、偏载较大及有正、反方向荷载或立式导轨上，它结构复杂，对导轨本体刚度要求较高，不太常用。

2. 供油系统与油腔结构

(1) 对供油系统的主要技术要求。

1) 油压要稳定。静压导轨油腔的供油压力孔，应按载荷 F、油腔承载面积 A、节流比 β 等确定。当油腔结构确定后，油腔承载面积 A 为定值，为保证油膜刚度，节流比 β，一般约为 2。设油泵压力为 p_s，油腔的压力（压强）取决于载荷，即

$$p_r = F/A = p_s/\beta \tag{8-1}$$

2) 精滤液压油。液压油进入节流阀前应进行精滤，其过滤精度为：中小型机床，微粒直径 $d<10\mu m$；大型机床，微粒直径 $d=10\sim20\mu m$。一般采用纸质过滤器，并经常清洗或更换。

此外，供油系统常用时间继电器或程控设备来保证油泵启动一定时间后，才能启动静压导轨部件。设计供油系统时，还应注意回油问题，以免漏油而造成浪费和污染。

(2) 油腔结构设计。

1) 油腔数及其布置。为使油膜均匀，每一条导轨面在其长度

方向上的油腔数不得少于 2 个。当有荷载时，油腔数目可适当增加。但油膜厚度调整比较麻烦，节流阀也相应增多，成本提高，一般推荐：导轨长度 $L<2000$mm，2～4 个；导轨长度 $L>2000$mm，5～6 个。

油腔数一般不超过 6 个。对于特长导轨（$L>10\ 000$mm），为减少油腔数，可在油腔之间留出适当的间隙，其上不开油槽。每个油腔的长度为 500～1500mm。

在导轨运动过程中，油腔不得外露。因此，直线运动导轨，油腔开在移动部件上；圆周运动导轨，可以开在固定部件上。

2）油腔形式及尺寸。静压导轨的油腔形状，主要根据导轨的宽度来确定。常用的有一字形、工字形、口字形和王字形，如图 8-48 所示。考虑到动压力对油膜厚度的影响，在导轨面上设置了横、纵支承 s_1 和 s_2。为了排除相邻油腔压力的干扰，提高承受偏载能力，在两个油腔之间设置了横向回油槽。油腔的主要尺寸见表 8-17。

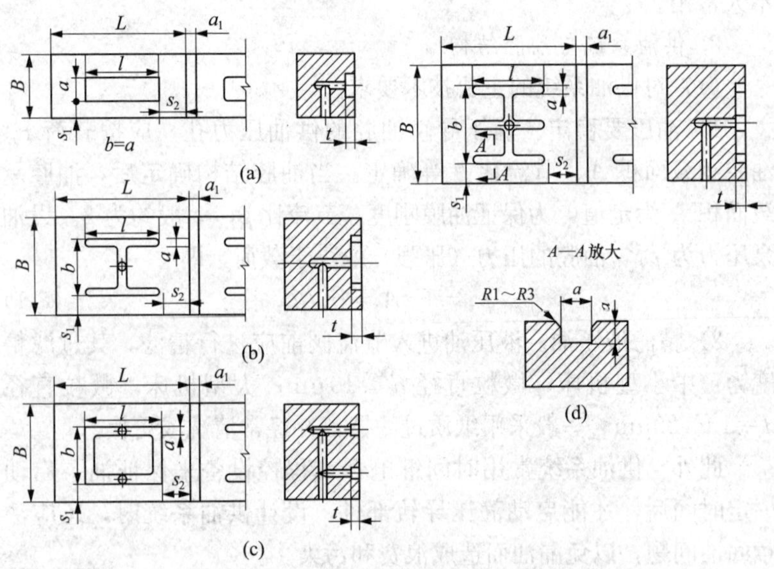

图 8-48　静压导轨的油腔形式

（a）一字形；（b）工字形；（c）口字形；（d）王字形

表 8-17　　静压导轨油腔形式与尺寸　　（单位：mm）

导轨宽度	油腔形式	油腔尺寸				纵向油槽宽度 a_1
		宽度 a	横支承 s_1	纵支承 s_2	槽深 t	
40～50	一字型	20～25	$\approx 0.25B$	① 有横向回油槽 $s_2=s_1$ ② 无横向回油槽 $s_2=(1\sim1.5)s_1$	3～6	$a_1=a$
50～150	工字型	10～15				
	口字型					
150～200	王字型					

3. 静压导轨油腔的参数

闭式静压导轨可采用等面积或不等面积油腔的对置静压油垫。对于等面积对置静压油垫，只要承载能力及刚度足够，供油压力 p_r 可任意选择；对于不等面积对置油垫，其供油压力 p_r 不能任意选择。因此，闭式静压导轨的设计，主要是确定不等面积油腔的参数，如图 8-49 所示。

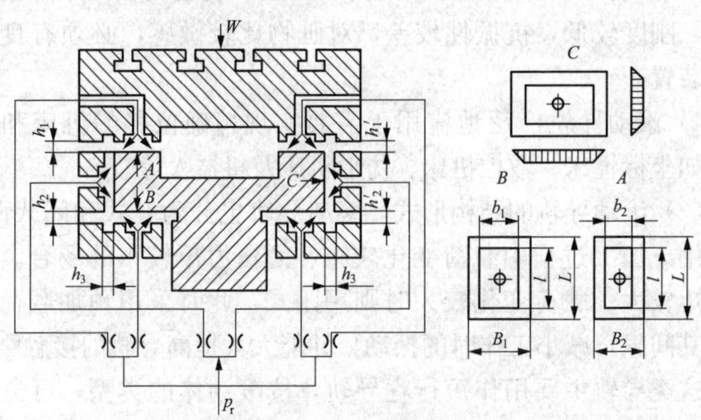

图 8-49　闭式静压导轨油腔计算图

不等面积闭式静压导轨的承载面积和 A_{e1}、A_{e2}，按沟槽式静压轴承的计算公式计算。在算出 A 和 A_{e1}、A_{e2} 后，设上、下两油垫支承的长度 L 及油腔的长度 z 相等，则以式（8-2）解得大、小油腔的尺寸

$$B_2=(B_1+b_1)/n\text{-}b_2 \tag{8-2}$$

其中，$n=A_{e1}/A_{e2}$。

（四）滚动导轨

在相配的两导轨面之间放置滚动体或滚动支承，使导轨面间的摩擦性质成为滚动摩擦，这种导轨就叫做滚动导轨。

1. 滚动导轨的特点及结构形式

（1）滚动导轨的特点。

1）最大优点是摩擦因数小（μ 约为 0.002 5～0.005），静、动摩擦因数很接近。因此其运动轻便灵活，运动所需功率小，摩擦发热少，磨损小，精度保持性好（钢制淬硬导轨修理期间隔可达 10～15 年），低速运动平稳性好，一般没有爬行现象。

2）移动精度和定位精度高（一般重复定位误差约 0.1～0.2μm）。此外，滚动导轨润滑简单（可用油脂润滑）；维护方便（一般只需更换滚动体）；高速运动时不会像滑动导轨那样因动压效应而浮起。

3）滚动导轨的缺点是：结构较复杂，制造比较困难，成本比较高，刚度较低，抗振性较差，对脏物比较敏感，必须有良好的防护装置。

4）滚动导轨广泛地应用于需要实现精确位移的机床和装置上，如坐标镗床、数控机床、仿形机床及机器人等。

（2）滚动导轨的结构形式。滚动导轨也分为开式和闭式两种，开式用于加工过程中载荷变化较小、颠覆力矩较小的场合。当颠覆力矩较大、载荷变化较大时则用闭式，此时采用预加载荷，能消除其间隙，减小工作时的振动，并能大大提高导轨的接触刚度。

这类导轨主要用作短行程导轨，按滚动体的类型，可分为滚珠、滚柱、滚针导轨。

1）滚珠导轨。结构紧凑、制造容易，但接触面积小，承载能力及刚度较差，适用于载荷较小的机床。

2）滚柱导轨。承载能力及刚度比滚珠导轨高，但对导轨面的平面度要求较高，适用于载荷较大的机床。

3）滚针导轨。滚针直径较小，因此滚针导轨结构紧凑。其承载能力比滚珠及滚柱导轨高，但摩擦因数较大，适用于尺寸受限制的场合。

滚动体不循环的滚动导轨的类型、特点及应用见表 8-18。

表 8-18　滚动体不循环的滚动导轨的类型、特点及应用

类型	简图	特点及应用
滚珠导轨		由于滑座与滚动体存在运动关系，所以这种导轨只能应用于行程较短的场合。 滚珠导轨，摩擦阻力小，刚度低，承载能力差，不能承受大的颠覆力矩和水平力。导轨适用于承载能力不大的机床。 滚柱导轨的承载能力及刚度比滚珠导轨高，交叉滚柱导轨副四个方向均能受载。 滚针导轨载荷能力及刚度最高。 滚柱、滚针对导轨面的平行度误差要求比较敏感，且容易倾向偏移和滑动。主要用于承载能力较大的机床上，如立式车床、磨床等
滚柱导轨		
滚针导轨		

2. 滚动直线导轨副

(1) 结构与特点。

1）结构。滚动直线导轨副是由导轨、滑块、钢球、反向器、保持架、密封端盖及挡板等组成，如图 8-50 所示。当导轨与滑块作相对运动时，钢球沿着导轨上的经过淬硬和精密磨削加工而成的四条滚道滚动，在滑块端部钢球又通过反向器进入反向孔后再进入滚道，钢球就这样周而复始地进行滚动运动。反向器两端装有防尘密封端盖，可有效地防止灰尘、屑末进入滑块内部。

现代数控机床普遍采用一种滚动导轨支承块，已做成独立的标准部件，其特点是刚度高、承载能力大、便于拆装，可直接装在任意行程长度的运动部件上，结构形式如图 8-51 所示。1 为防护板，盖板 2 与导向片 4 引导滚动体返回，5 为保持器。使用时用螺钉将滚动导轨块紧固在导轨面上。当运动部件移动时，滚柱 3 在导轨面与本体 6 之间滚动不接触，同时又绕本体 6 循环滚动，因而该导轨面不需淬硬磨光。

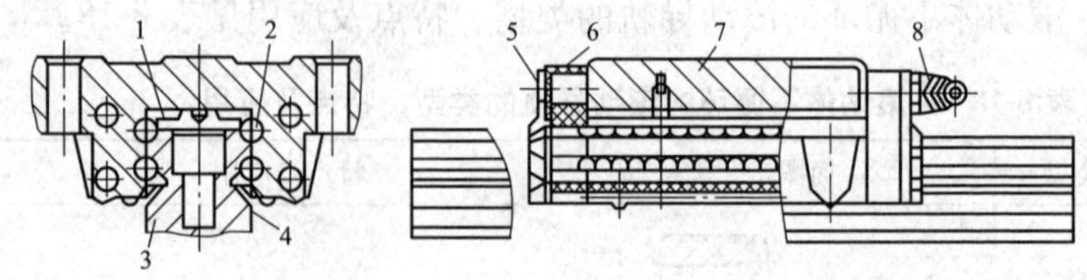

图 8-50　GGB型滚动直线导轨副

1—保持架；2—钢球；3—导轨；4—侧密封垫；
5—密封端盖；6—返向器；7—滑块；8—油杯

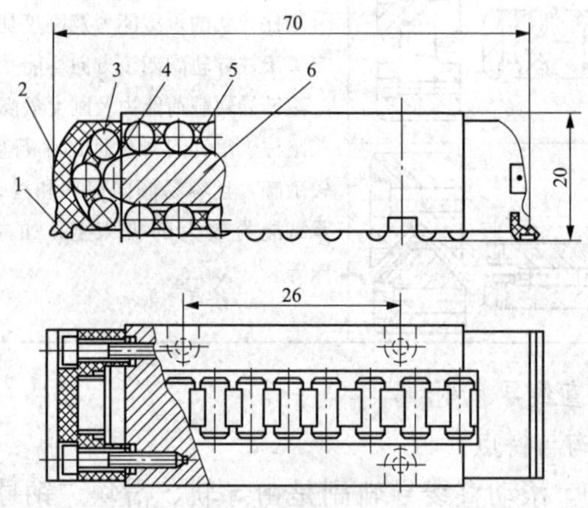

图 8-51　滚动导轨块

1—防护板；2—盖板；3—滚柱；4—导向片；5—保持器；6—本体

如图 8-52 所示为 TBA-UU 型直线滚动导轨（标准块），它由 4 列滚珠组成，分别配置在导轨的两个肩部，可以承受任意方向（上、下、左、右）的载荷，和图 8-50 所示的滚动导轨块相比较，后者可承受颠覆力矩和侧向力。

直线滚动导轨摩擦因数小、精度高，安装和维修都很方便，由于它是一个独立部件，对机床支承导轨的部分要求不高，即不需要淬硬也不需磨削或刮研，只要精铣或精刨。由于这种导轨可以预紧，因而比滚动体不循环的滚动导轨刚度大，承载能力大，但不如滑动导轨。抗振性也不如滑动导轨，为提高抗振性，有时

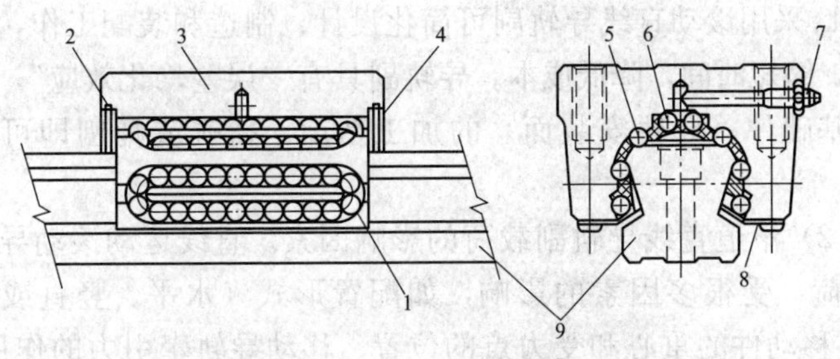

图 8-52　TBA-UU 型滚动导轨副

1—保持器；2—压紧圈；3—支承块；4—密封板；

5—承载钢珠列；6—反向钢珠列；7—加油嘴；8—侧板；9—导轨

装有抗振阻尼滑座，如图 8-53 所示。有过大的振动和冲动载荷的机床不宜应用直线导轨副。

直线运动导轨副的移动速度可以达到 60m/min，在数控机床和加工中心上得到了广泛应用。

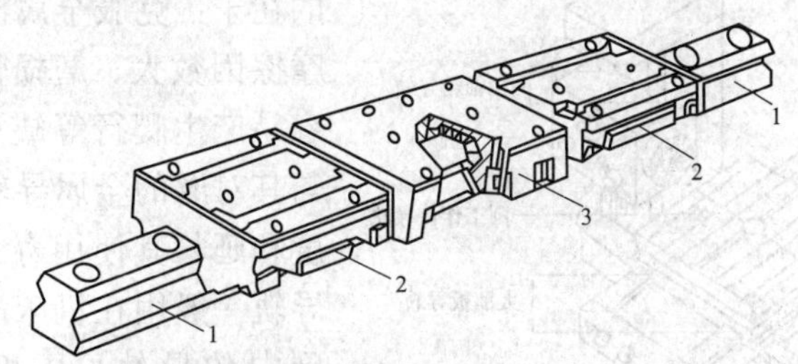

图 8-53　带阻尼器的滚动直线导轨副

1—导轨条；2—循环滚柱滑座；3—抗振阻尼滑座

2）特点。

a. 动、静摩擦力之差很小，摩擦阻力小，随动性极好，有利于提高数控系统的响应速度和灵敏度。驱动功率小，只相当于普通机械的 1/10。

b. 承载能力大，刚度高。导轨副滚道截面采用合理比值［沟槽曲率半径 $r=$（0.52～0.54）D，D 为钢球直径］的圆弧沟槽，因而承载能力及刚度比平面与钢球接触大大提高。

c. 能实现高速直线运动，其瞬时速度比滑动导轨提高 10 倍。

d. 采用滚动直线导轨副可简化设计、制造和装配工作，保证质量，缩短时间，降低成本。导轨副具有“误差均化效应”，从而降低基础件（导轨安装面）的加工精度，精铣或精刨即可满足要求。

(2) 滚道直线导轨副载荷的影响因素。直线运动滚动导轨所受载荷，受很多因素的影响，如配置形式（水平、竖直或斜置等）、移动件的重心和受力点的位置、移动导轨牵引力的作用点、启动及停止时的惯性力，以及工作阻力等。

（五）塑料导轨简介

所谓塑料导轨就是在普通的金属滑动导轨副中的一件（一般在移动件）的导轨面上，用铆接、粘接、刷（喷涂）涂等方法加上一层通用的塑料板纤维层压板或者专用的导轨软带和耐磨涂层。

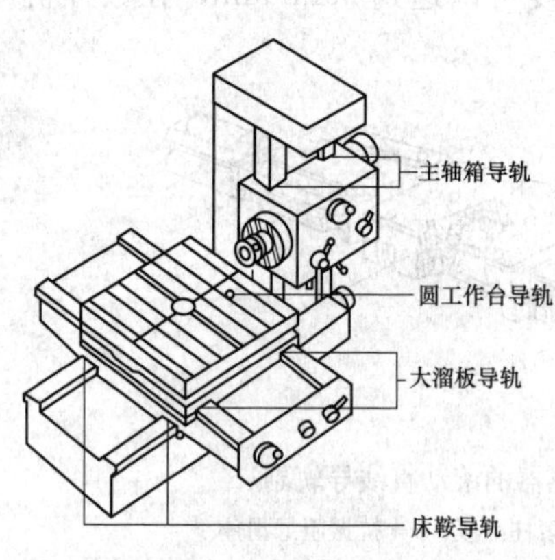

图 8-54 塑料导轨的应用形式

采用塑料导轨的主要目的在于：克服金属滑动导轨摩擦因数大、磨损快、低速容易产生爬行等缺点；保护与其对磨的金属导轨面的精度和延长其使用寿命。塑料导轨一般用在机床滑动导轨副中的导轨、压板和镶条上。床身和底座上的长导轨仍为金属（铸铁或淬火钢）导轨面。塑料导轨的应用形式如图 8-54 所示。

近年来国内外已研制了数十种塑料基体的复合材料用于机床导轨，其中比较引人注目的是应用较广的填充 PTEE（聚四氟乙烯）软带材料，如美国霞板（Shanban）公司的得尔赛（Turcite-B）塑料导轨软带及我国的 TSF 软带。Turcite-B 自润滑复合材料是在聚四氟乙烯中填充 50%的青铜粉，据称还加有二硫化钼、玻璃纤维和氧化物制成带状复合材料，具有优异的减磨、抗咬伤性能，不会损坏配合面，吸振性能好，低速无爬行，并可在干摩擦下工作。

1. 常用塑料导轨的性能

（1）塑料导轨的优点。

1）有优良的自润滑性和耐磨性。

2）对金属的摩擦因数小，因而能降低滑动件驱动力，提高传动效率。

3）静、动摩擦因数接近（变化小），使滑动平稳，可实现极低的不爬行的移动速度，同时还能提高移动部件的定位精度。

4）由于自润滑性好，可使润滑装置简化，即使润滑油偶尔短时中断，也不会导致导轨损伤。

5）施工简单，表面可用通用机械加工方法（铣、刨、磨、手工刮研等）加工。

6）由于塑料较软，偶尔落入导轨中的尘屑、磨粒等能嵌入其中，故不构成对金属导轨面的划伤。

7）可修复性好，需修复时只需拆除旧的塑料层，更换新的即可。

8）与其他导轨相比，结构简单，运行费用低，抗振性好，工作噪声极低，承载能力高。

（2）塑料导轨的缺点。

1）耐热性差，热导率低。

2）机械强度低，刚性较差，易蠕变。

2. 塑料导轨的工艺设计

塑料导轨工艺设计的基本程序，要依次确定 3 个问题：即验算 pv 值，确定塑料导轨材料和工艺方法。

（1）验算塑料导轨的 pv 值。

1）塑料导轨的 pv 值在不同压强或在不同速度下是不同的。TSF 导轨软带的 pv 值为 4～5MPa·m/min，而一般机床导轨的 pv 值很少超过 3MPa·m/min。可见，TSF 软带完全能满足机床提高运行速度和载荷的要求。以聚四氟乙烯为基的导轨板的 pv 值为 3.6～10MPa·m/min，比导轨软带更高。但从保守的观点出发，塑料导轨宜用于低速、低负荷的导轨上。作为进给系统的导轨，不受上述限制。

2）除了验算塑料导轨材料的 pv 值外，对特定导轨，还要计算导轨上的压强和最大滑动速度。如聚四氟乙烯在低压强（小于0.9MPa）下，摩擦因数也是低的，且基本保持不变。随着压强的增大，摩擦因数则缓慢减小。导轨涂层材料的抗压强度不低于70MPa；复合板的抗压强度为140～280MPa。而中等尺寸的通用机床导轨的压强为2.5～3.0MPa，重型机床导轨为1.0～1.6MPa，压板导轨面上有时可达10.0MPa。所以，塑料导轨的实际承载能力是能满足精度要求的。以聚四氟乙烯和改性聚四氟乙烯为主的塑料导轨，用于低速、低压强导轨是比较理想的。

3）计算导轨副的最大相对滑动速度。聚四氟乙烯的摩擦因数0.04，接近于冰的自摩擦因数，比层状固体润滑材料石墨和二硫化钼都低。这个摩擦因数是在低于1.1cm/s的滑移速度下自摩擦获得的。机床导轨最有代表性的运动速度为0.17～0.5cm/s。这个速度正好处在最低的摩擦因数范围内。

试验表明，对于聚四氟乙烯—铸铁摩擦副，在一般润滑条件下，速度在0.17～8.3mm/s时，不会出现爬行现象。

（2）工艺设计的基本原则。工艺设计的目的在于充分发挥塑料导轨优越的摩擦磨损特性。为此首先要选择好与塑料导轨匹配的材料。

摩擦副由同一种材料匹配或者由互溶性较大的两种金属材料匹配时，容易发生粘着现象。一般地说，晶格类型、晶格常数相近的材料，互溶性较大，容易粘着。两种材料之间形成金属间化合物，则有抗粘着效应，对于提高硬度有好处。对于钢质导轨，硬度在70HRC以上可避免粘着磨损。塑料与淬硬钢匹配，抗粘着性能好，防爬效果也好。

金属与非金属（如塑料）的匹配，比金属与金属匹配好，前者的摩擦因数相对低一些。不同材料的摩擦副，由于不同金属的互溶性差，故不容易发生粘着。

塑料对金属的摩擦副，如聚四氟乙烯对铸铁的导轨副，无论在干摩擦还是在油润滑状态下，摩擦因数都比对钢的小；聚四氟乙烯对花岗岩的静摩擦因数，则小于对铸铁的静摩擦因数。聚四氟乙烯与不同金属匹配时的耐磨性也不同。其耐磨性大致依如下顺序降低，即铸铁、高碳钢、不锈钢、低碳钢、铬、青铜、铝合金等。

一般地说，采用塑料导轨应注意如下几点：

1）塑料导轨只用于导轨副的一方，而且以用于短的运动导轨一方为好。

2）如在一个平面的同一个方向上有两条或两条以上的导轨，则要全部或对称使用塑料导轨，以免因摩擦因数不同而使运动部件在运动时发生偏转。

3）选择软带厚度时，在考虑磨损储备量、压缩变形、蠕变量、加工余量及软带强度的前提下，软带越薄越好，也越经济。一般情况下，软带厚度 0.30～1.0mm 是足够的。

4）以有润滑为好，润滑条件良好更佳，它们有利于降低温升。在塑料导轨上可以开油槽，打油眼，但油槽长度应比金属导轨的短一些。

5）塑料导轨可用于 V 形、矩形、燕尾形和圆形等各种截面形状的导轨上，也适用于卧式、立式、斜式导轨上及镶条、压板上。

6）由于对摩面材料不同，塑料导轨的耐磨性能也不同，与花岗岩匹配的摩擦特性最好。

7）对摩面的表面粗糙度，以 $Ra=0.20\sim1.6\mu m$ 为宜，过低和过高的表面粗糙度都无助于减小磨损量。

8）导轨应防护良好。

3. 塑料导轨的成型工艺

聚四氟乙烯是一种结晶聚合物，微晶熔点温度高达 327℃，受热时分子流动阻力大，不能采用普通的热塑性塑料注射法来成型，必须用预压烧结法。此外，由于聚四氟乙烯的摩擦因数极低，不可粘性是它的缺点。

在机床行业中，塑料导轨制品的应用工艺方法主要有：粘接法、涂敷压固法、注射成型法和机械镶装法四种。

（1）粘接法。粘接法最先用于酚醛夹布胶木板导轨的粘接，粘接对象不同，其工艺不同，如图 8-55 所示。对于以聚四氟乙烯为基的导轨材料，其表面必须经过化学处理或辐射接枝处理，然后用环氧树脂型胶粘剂牢固地粘接在金属导轨面上。金属导轨面可以是 V 形、矩形、燕尾形、圆柱形等各种的机床导轨。

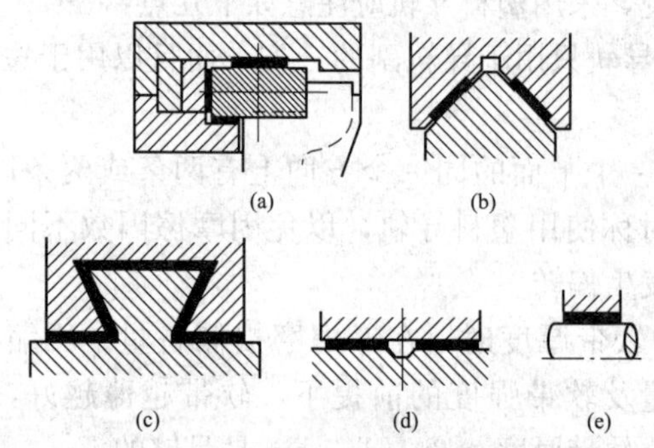

图 8-55　导轨软带的应用形式举例

（a）平导轨；（b）V 形导轨；（c）燕尾形导轨；（d）轴向支承；（e）轴支承

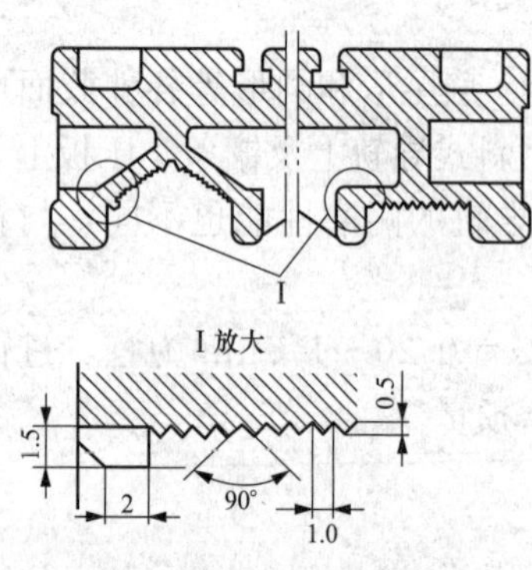

图 8-56　涂层导轨基面上粗刨成的锯齿形状

（2）涂敷压固法。涂敷压固法主要用于环氧型（FINT）和聚酯型（JKC）耐磨涂层材料的导轨成型。通常选择工作台导轨来制作塑料涂层导轨，长度较大的床身导轨面做“复印”面。为了提高涂层与金属的粘接强度，增大涂层与金属的接触面积，要求涂层导轨的基面上粗刨成锯齿形状（见图 8-56），作为“复印”面的床身导轨必须进行精加工。把耐磨涂料均匀地涂敷在整个工作台导轨面上以后，用床身导轨面压配上去，并适当外加压力，等涂层压配固化后起模（起出床身）。

含聚四氟乙烯的耐磨涂层材料（FT），由于与金属的粘接强度不高，一般先用环氧树脂配增强剂的涂料覆盖于金属基面上后，立即涂覆 FT 涂层，能取得满意的结果。

（3）注射成型法。尼龙 1010 粉末喷涂所用的喷枪如图 8-57 所示。注射成型法，也称喷涂法，常用有火焰喷涂法和静电喷涂法。它们都可以把耐磨塑料喷涂于金属表面。即将颗粒状或粉末状塑料加热，使其软化后用推杆或旋转螺杆施加压力，再用压注装置、手动注射枪、或挤压润滑脂的黄油枪注到所需涂层的表面上，然后冷却成型。

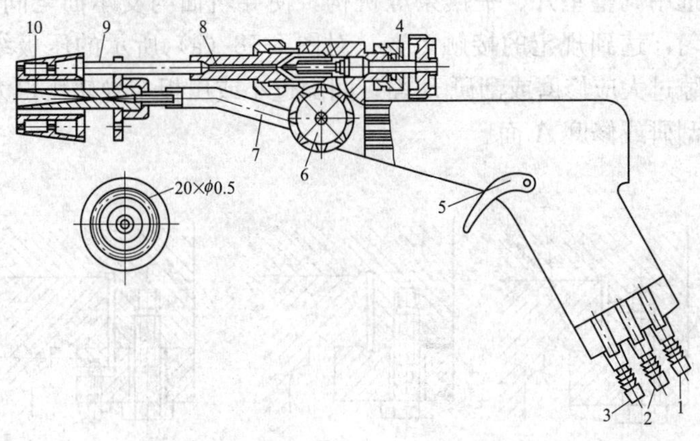

图 8-57　喷涂尼龙粉末的喷枪

1—接氧气管；2—接乙炔管；3—接二氧化碳尼龙送粉管；4—氧气针形阀；5—二氧化碳送粉管；6—乙炔阀；7—尼龙送粉管；8—射吸管；9—火焰喷嘴；10—尼龙送粉喷嘴

这种方法适用于低压聚乙烯、尼龙及氯化聚醚等塑料的成型，可制作形状复杂、生产批量大的溜板、尾座导轨、尾座孔、轴瓦等零部件的喷涂。这种工艺方法，成本低，效率高。

（4）机械镶装法。在大型、重型机床上采用三层复合导轨板时，也可采用机械镶装的方法。这种工艺方法与传统的镶钢导轨工艺方法基本相同。

当导轨板受载较大，粘接方法难以满足强度要求时，可采用螺钉固定的机械镶装方法。

（六）导轨的调整与预紧

1. 间隙调整

导轨副维护很重要的一项工作是保证导轨面之间具有合理的间隙。间隙过小，摩擦阻力大，导轨磨损加剧；间隙过大，则运动失去准确性和平稳性，失去导向精度。间隙调整的方法如下。

(1) 压板调整间隙。图 8-58 所示为矩形导轨上常用的几种压板间隙调整装置。压板用螺钉固定在动导轨上，常用钳工配合刮研及选用调整垫片、平镶条等机构，使导轨面与支承面之间的间隙均匀，达到规定的接触点数。对图 8-58（a）所示的压板结构，如间隙过大应修磨或刮研 B 面；间隙过小或压板与导轨压得太紧，则可刮研或修磨 A 面。

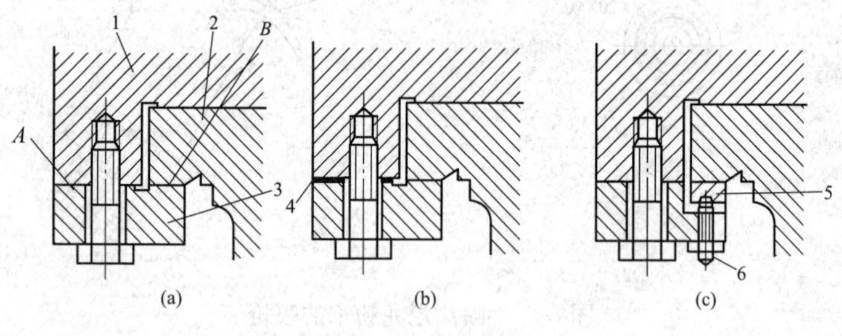

图 8-58　压板调整间隙

(a) 修复刮研式；(b) 垫片式；(c) 镶条式

1—动导轨；2—支承导轨；3—压板；4—垫片；5—平镶条；6—螺钉

(2) 镶条调整间隙。镶条调整用来调整矩形和燕尾形导轨的侧面间隙，以保证导轨面的正常接触。常用的镶条有平镶条和斜镶条两种。

图 8-59 所示是一种全长厚度相等、横截面为平行四边形（用于燕尾形导轨）或矩形的平镶条，通过侧面的螺钉调节和螺母锁紧，以其横向位移来调整间隙。由于收紧力不均匀，故在螺钉的着力点有挠曲。图 8-60 所示是一种全长厚度变化的斜镶条及 3 种用于斜镶条的调节螺钉，以其斜镶条的纵向位移来调整间隙。斜

镶条在全长上支承，其斜度一般为1∶20～1∶100，由于楔形的增压作用会产生过大的横向压力，因此调整时应细心。

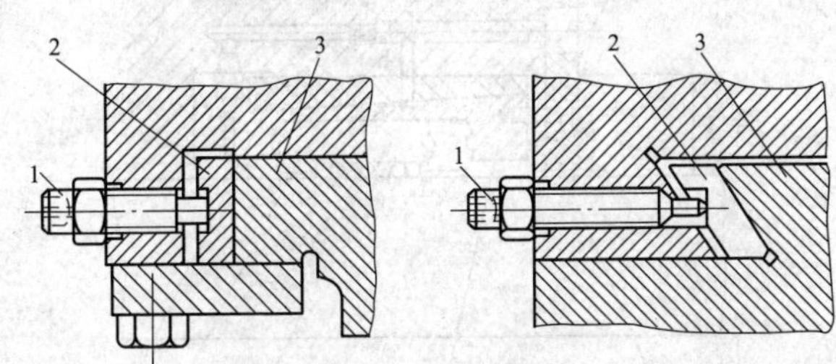

图8-59　平镶条

1—螺钉；2—平镶条；3—支承导轨

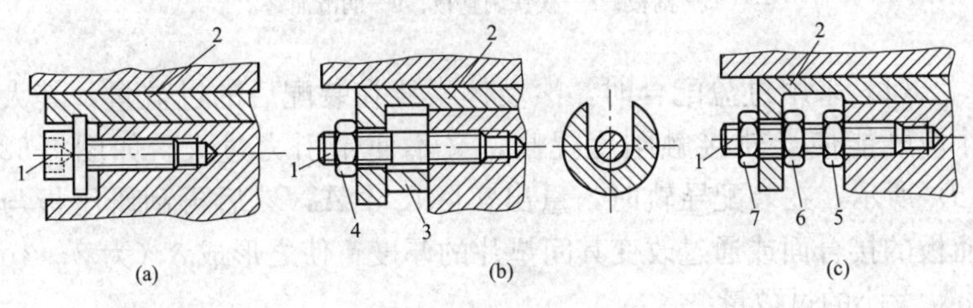

图8-60　斜镶条

1—螺钉；2—镶条；3—开口垫圈；4～7—螺母

（3）压板镶条调整间隙。如图8-58（c）所示，T形压板用螺钉固定在运动部件上，运动部件内侧和T形压板之间放置斜镶条，镶条不是在纵向有斜度，而是在高度方面做成倾斜。调整时，借助压板上几个推拉螺钉，使镶条上下移动，从而调整间隙。

（4）滚动导轨块的调整实例。图8-61所示是楔铁调整机构，楔铁1固定不动，标准滚动导轨2固定在楔铁4上，可随楔铁4移动，拧动调整螺钉5、7可使楔铁4相对楔铁1运动，从而可调整标准滚动导轨对支承导轨的间隙和预加载荷。

2. 滚动导轨的预紧方法

闭式滚动导轨经过预紧，可提高刚度3倍以上。因此，对于颠覆力矩较大，或要求接触刚度及移动精度较高的精密机床及垂直配置的滚动导轨，应进行预紧。预紧方法有如下两种。

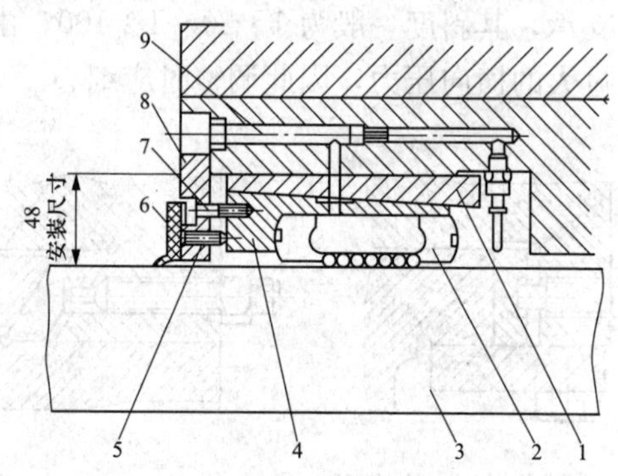

图 8-61 导轨间隙调整

1、4—楔铁；2—标准滚动导轨；3—支承导轨；5、7—调整螺钉；6—刮板；8—楔铁调整板；9—润滑油路

(1) 采用过盈配合时，滚动体素线在装配后的过盈量，其大小应既能使导轨接触刚度提高，又不使牵引力过大。如图 8-62 (a) 所示，在装配导轨时，量出实际尺寸 A，然后再刮研压板与溜板的接合面或通过改变其间垫片的厚度，使之形成 δ（为 2～3μm）大小的过盈量。

(2) 采用调整结构时，其调整方法与滑动导轨用平镶条调整间隙的方法相同。如图 8-62 (b) 所示。拧动调整螺钉 3，即可调整导轨 1 及 2 的距离而预加负载，也可以改用斜镶条调整，使过盈量沿导轨全长的分布较均匀。

不进行预紧的开式滚动导轨，适用于颠覆力矩较小，不致使滚动体脱离接触或运动部件较重，能起预紧载荷作用的情况。

（七）导轨的润滑与防护

导轨润滑的目的是：减少磨损以延长使用寿命；降低温度以改善工作条件；摩擦力以提高机械效率；保护表面以防止发生锈蚀。

1. 导轨的润滑方式

导轨的润滑方式可分为非强制润滑和强制润滑两大类。

(1) 非强制润滑方式。最简单的导轨润滑方式是人工定期直接加工油或用油杯供油。这种方法简单，成本低，但润滑不可靠。

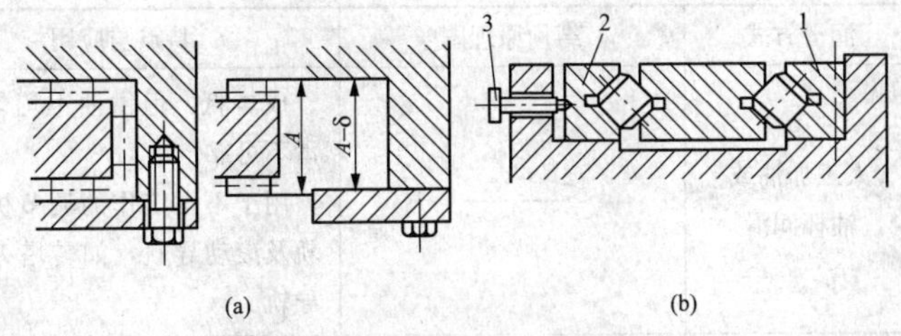

图 8-62　滚动导轨的预紧
（a）过盈配合预紧；（b）调整预紧
1、2—导轨；3—调整螺钉

常用的非强制润滑方式见表 8-19，非强制润滑时，润滑油一般不能回收。

（2）强制润滑方式。现代机床大多用油泵，以润滑油强制润滑，其方式可分为连续供油和间歇供油两大类。

强制润滑方式的润滑系统原理图如图 8-63 所示，不同强制润滑方式的特点及其应用见表 8-20。

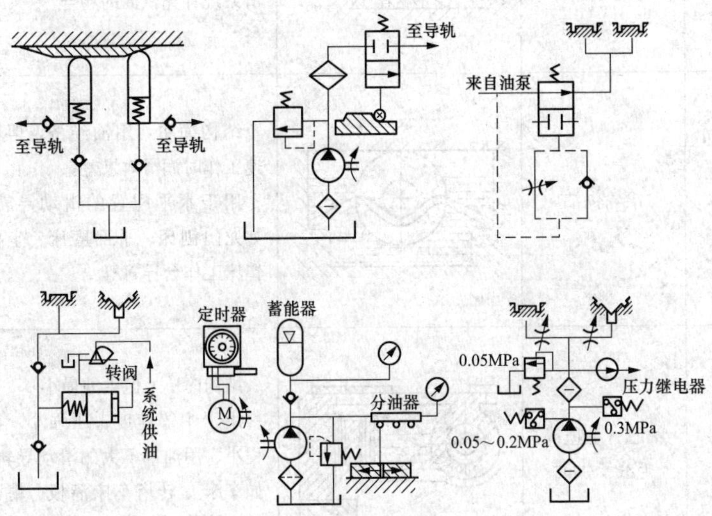

图 8-63　强制润滑方式的润滑系统原理图

表 8-19　　常用的非强制润滑方式

序号	润滑方式	结构原理图	特点与应用
1	人工加油或油杯润滑	——	成本低，但供油不均匀，润滑不可靠。 用于不常工作的调节机构导轨及滚动导轨，如转塔刀架的导轨
2	浸油润滑	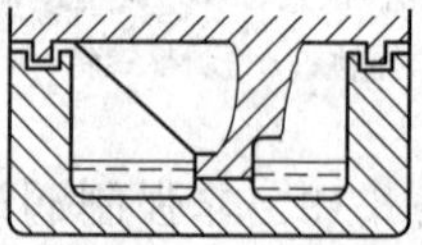	结构简单，工作可靠，但下导轨两边要有凸边，增加了导轨的轮廓尺寸。 用于水平配置的 V 形导轨、平导轨和周边封闭的圆柱形导轨（圆周速度小于 1m/min）
3	位能供油	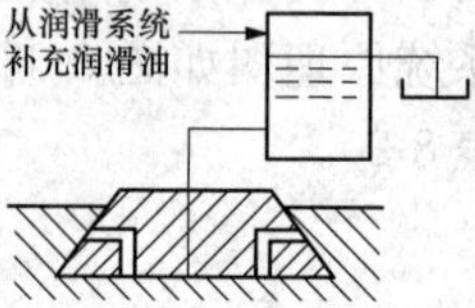 从润滑系统补充润滑油	结构简单，能连续供油，但要经常往油箱内补油。 用于润滑要求不高，可从润滑系统补充供油的场合
4	滚轮供油	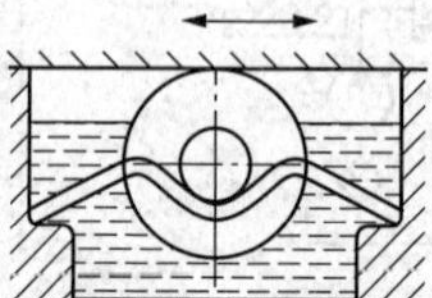	结构简单，用油经济，但低速工作时润滑效果差。 用于水平配置的滑动导轨，如龙门刨床、平面磨床、坐标镗床工作台导轨等
5	油芯（毛毡或毛线）供油	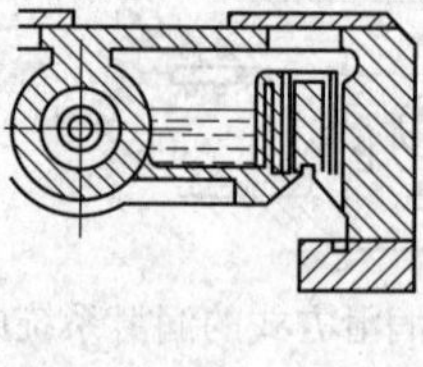	结构简单，但供油最小 用于中等速度、压强小、行程小、用油量不大的滑动导轨，如车床 、转塔车床溜板、精密平面磨床工作台导轨等

表 8-20　　不同强制润滑方式的特点及其应用

序号	润滑方式	结构特点	应用
一	间歇压力润滑		
1	手动油泵供油	结构简单，不需动力。但润滑油不能回收	用于低中速、荷载小、小行程或不常运动的导轨上，如不便人工加油的立柱和横梁导轨
2	手动分油阀供油	从机床润滑系统中分油润滑。用油比较经济	用于需油不大、间歇工作的导轨，如齿轮机工作台滑座与床身导轨
3	凸轮推动油泵供油	不需专用驱动装置，润滑可靠	用于需油量不大，间歇工作或低速运动的导轨，如坐标镗床工作台导轨
4	凸轮操纵分油阀供油	从机床的润滑系统中分油润滑	
5	液压换向阀分油供油	从机床的润滑系统中分油润滑	
6	用压力油推动油泵供油	压力油与润滑油分开，便于选择用油量	用于高黏度润滑油或含有防爬行剂导轨油的场合，如高精度外圆磨床滑动导轨等
二	定时或连续压力润滑		
1	定时压力供油润滑	能节省电量和油量消耗，但系统复杂	用于卧式镗床和数字程序控制机床
2	连续供油压力润滑	供油充足，并可调节。但系统复杂	用于速度较高或比压较大的滑动导轨，如平面磨床、外圆磨床、龙门刨床工作台导轨

强制油滑润和液体摩擦状态下，工作台可能会出现漂浮现象。在 V 形和平导轨上，如果导轨面上的法向油膜厚度相同，V 形导轨的漂移量大于平导轨，V 形导轨一侧工作台升起较多。消除的方法，一般采用每条导轨的油压可流量可以单独调整，也有每条导轨采用独立的滑润系统。

2. 导轨副的润滑

导轨副表面进行润滑后，可降低其摩擦因数，减少磨损，并且可防止导轨面锈蚀，滚动导轨副的防护与润滑如图 8-64 所示。

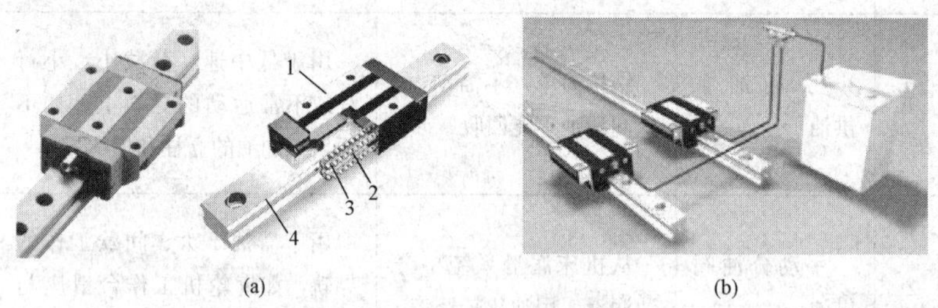

图 8-64　滚动导轨副的防护与润滑

(a) 导轨副及其结构；(b) 导轨副自润滑装置

1—滑块；2—钢珠；3—链带保持架；4—滑轨

导轨副常用的润滑剂有润滑油和润滑脂，前者用于滑动导轨，而滚动导轨则两种都用。滚动导轨低速时（$v<15$m/min）推荐用锂基润滑脂润滑。

（1）导轨副最简单的润滑方法是人工定期加油或用油杯供油，这种方法简单、成本低，但不可靠，一般用于调节用的辅助导轨及运动速度低、工作不频繁的滚动导轨。

（2）在数控机床上，对运动速度较高的导轨主要采用压力润滑，一般常用压力循环润滑和定时定量润滑两种方式。大都采用润滑泵，以压力油强制润滑，这样不但可连续或间歇供油给导轨进行润滑，而且可利用油的流动冲洗和冷却导轨表面。为实现强制润滑滑必须备有专门的供油系统。

常用的全损耗系统用油（俗称机油）型号有 L-AN10、15、32、42、68，精密机床导轨油 L-HG68，汽轮机油 L-TSA32、46 等。油液牌号不能随便选，要求润滑油黏度随温度的变化要小，以保证有良好的润滑性能和足够的油膜刚度，且油中杂质应尽可能少，以免侵蚀机件。

3. 导轨的防护装置

导轨的防护装置主要功能是防止灰尘、切屑、切削液进入导轨中，提高导轨的使用寿命。另外，一副制造精良、外形美观的防护罩还能增强机床外观整体艺术造型效果。

目前普遍使用的导轨防护装置如下。

（1）固定防护。利用导轨中移动件两端的延长物（或另加的防护板）保护导轨，适合行程较小的导轨，如车床的横刀架导轨。

（2）刮屑板。利用毛毡或耐油橡胶等制成与导轨形状相吻合的刮条，使之刮走落在导轨上的灰尘、切屑等，适合在工作中裸露的导轨的保护，例如卧式车床纵向导轨、滚动导轨等。

（3）柔性伸缩式导轨防护罩。适合行程大、工作速度高，而且对导轨清洁度要求较高的导轨，例如平面磨床的纵向导轨。

（4）刚性多节套缩式导轨防护罩。行程可大，但速度不能太高，不适合频繁的往复运动场合，多用于加工中心的导轨的防护。

（5）柔性带防护装置。利用柔性带（例如薄钢带、夹线耐油橡胶带等）。遮挡导轨面，可以设计成卷缩型和循环型等。

如图 8-65 所示，常用的导轨防护罩有刮板式、卷帘式和叠层式，这些防护罩大多用在长导轨上。在机床使用过程中应防止损坏防护罩，对叠层式防护罩应经常用刷子蘸机油清理移动接缝，以避免碰壳现象的产生。

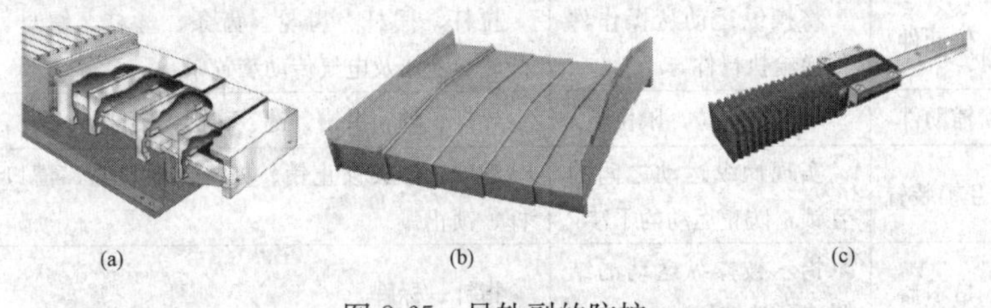

图 8-65　导轨副的防护

（a）刮板式；（b）叠层式；（c）卷帘式

第三节　机床操纵机构

一、机床操纵机构的组成及分类

1. 机床操纵机构的功用、组成及分类

机床操纵机构用于控制机床各运动部件的启动、停止、换向、变速以及控制、转位、定位、夹紧、松开等各种辅助运动。操纵机构虽不直接参与机床的表面成形运动，但却是操作者控制机床的枢纽。它对机床的使用性能、生产率等都有影响。

机床操纵机构通常由操纵件（包括手柄、手轮、按钮等）、传动件（包括机械、电气、液压和气动装置等各种传动装置）、控制件（包括凸轮、机械预选器、液压电气预选装置等）、执行件（包括滑块、拨叉、拨销等）、辅助件（包括导向、定位、限位装置等）、互锁装置和指示器等七个部分组成，见表8-21。对于简单的操纵机构，某一部分可起到几个部分的作用，因而会少于七个部分。

表8-21　　机床操纵机构的组成

名称	作用	常采用的构件
操作件	产生操作运动或发生操纵信号	手柄、手轮、液压操纵阀、电气开关和按钮
执行件	拨动被操纵件运动	滑块、拨叉、拨销
控制件	控制操纵机构的执行件按要求的方向和行程运动	凸轮、孔盘、机械预选器、液压电气预选装置
传动件	将操纵运动从操作件传递给执行件	拉杆、摆杆、齿轮、齿条、丝杠、螺母、凸轮、液压及电气传动装置
辅助件	导向、定位、限位	导杆、轴、滑槽、键、花键、钢球
互锁装置	实现操纵运动之间的互锁，防止运动的干涉	钢球、锥头锁止销、杠杆、槽口盘、槽口杆、锁止弧
指示器	指示被操纵运动的结果或预选结果	指针、标牌

操纵机构的类型很多，按一个操纵件所控制的被操纵件的数目，可分为单独操纵机构和集中操纵机构。单独操纵机构是一个操纵件控制一个被操纵件，其结构简单，制造容易，但被操纵件较多时，操纵件增多，不易布置。集中操纵机构是用一个操纵件控制多个被操纵件，因而其结构紧凑，使用方便省时，有利于提高生产率，但结构较复杂。

2. 对机床操纵机构的基本要求

(1) 轻便省力。为减轻工人劳动强度，手轮和手柄的操纵力应在机床标准（GB/T 9061—2006）规定的范围内。为使操纵轻便省力，可适当加长手柄。加大手轮直径或采用合适的杠杆比、传动比等减少操纵力，甚至可以采用液压、气动和电力驱动的操纵机构。操纵机构应布置在便于操纵的部位，不应过高、过低或过远。

(2) 易于操纵，便于记忆。操纵件的操作方向应与所控制件的运动方向一致或符合操纵习惯。如手轮、手柄顺时针旋转时，移动件移动方向应为离开操作者或向右。作用不同的操纵件，应采用不同形状或颜色。开停操纵如用按钮控制，应按右开左停或上开下停的顺序排列，应尽量减少操纵手柄数量，操纵手柄的尺寸应与人手相称。

(3) 安全可靠。操纵手柄的周围应有足够的空间，以免相互碰撞或碰伤人手；相互干涉的运动必须互锁；尺寸较大、转速较高的手轮在机床运动时应自动脱开传动，以免伤人；停止按钮应布置在最便于操作的地方，颜色醒目，以便于紧急停车；操纵手柄定位必须可靠，不得自动松脱。

二、变速操纵机构的结构及工作原理

1. 单独变速操纵机构

(1) 摆动式操纵机构。如图 8-66（a）所示为摆动式操纵机构。当扳动手柄 4 时，经转轴 5、摆杆 3、滑块 2 拨动滑移齿轮 1 作轴向移动而改变齿轮的位置，达到变速的目的。这种机构结构简单，应用较普遍。但摆杆摆动时，滑块的运动轨迹是半径为 R 的圆弧，如图 8-66（b）所示，因此，滑块相对于滑移齿轮轴线会产生偏移量 a，a 越大，操纵越费力，当偏移量过大时，滑块有可能脱离齿轮的环形槽。所以在设计摆动式操纵机构时，应力求减少偏移量 a。为此，应考虑如下两个问题。

1）摆杆转轴应对称安排。摆杆转轴 O 最好布置在滑移齿轮左右两极限位置的中垂线上，使滑块处于左、中、右 3 个位置时，偏移量相等，均为 a，如图 8-66（b）所示。当机床结构不允许时，

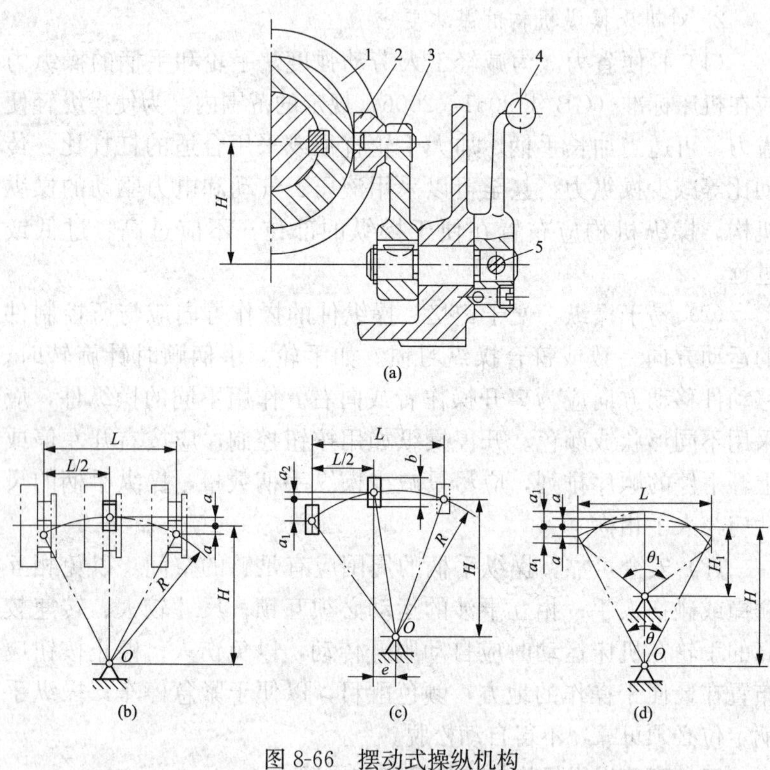

图 8-66　摆动式操纵机构

1—滑移齿轮；2—滑块；3—摆杆；4—手柄；5—转轴

可以向左或向右偏移摆杆转轴，但这样会增大偏移量，故应注意不要使偏移量 e 过大，如图 8-66（c）所示。

2）摆杆转轴与滑移齿轮轴线之间距离 H 的确定。由图 8-66（d）可知，当滑移齿轮的移动距离 L 一定时，H 越小，则偏移量 a 和摆角 θ 越大，操纵越费力，H 过大，结构不紧凑，且摆角 θ 过小，不利于准确定位，θ 在 60°～90°为好。通常，在结构设计时，先确定 L，再确定 a，然后根据 L 和 a 值确定 H 值，最后检查摆角 θ，调整 H，使 θ＝60°～90°。L、a 和 H 之间关系推导如下

$$R^2 = (H-a)^2 + \left(\frac{L}{2}\right)^2$$

将 $R=H+a$ 代入上式得

$$(H+a)^2=(H-a)^2+\left(\frac{L}{2}\right)^2$$

整理得

$$H=\frac{L^2}{16a}$$

一般要求偏移量 a 与滑块高度 b［见图 8-66（c）］之间的关系 $a\leqslant 0.3b$，故可得

$$H\geqslant\frac{L^2}{4.8a}$$

当滑移齿轮行程较大时，可采用摆杆—滑块—拨叉操纵机构，如图 8-67 所示。当滑块拨动拨叉 1 沿导向杆 2 轴向滑移时，滑块 3 本身可沿拨叉 1 的垂直槽滑动，因而，允许滑移齿轮有较大的行程，不受图 8-66 中的偏移量 a 的限制。

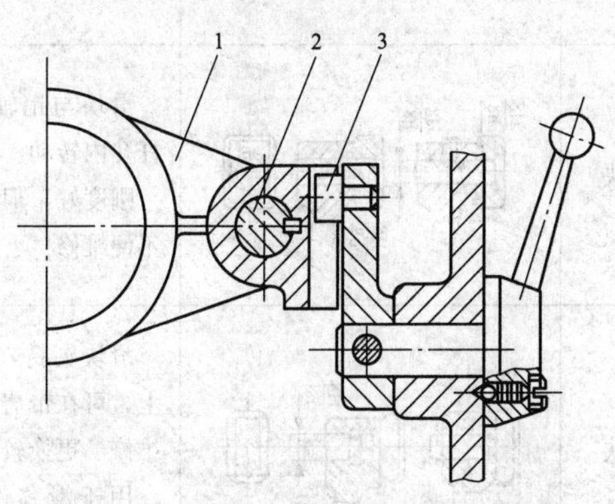

图 8-67　摆杆—滑块—拨叉操纵机构

1—拨叉；2—导向杆；3—滑块

滑块与拨叉的结构形式见表 8-22。

滑块常用于摆动式拨动结构，拨叉常用于移动式拨动结构。摆杆与滑块连接处的尺寸一般为 $D_1=(2\sim2.5)d_1$，$L_1=(1.2\sim1.5)d_1$。其中，d_1 为摆杆孔径，D_1 为摆杆凸缘直径，L_1 为摆杆凸缘长度。

拨叉与导杆配合处的尺寸一般 $D_2=(1.6\sim1.8)d_2$，$L_2=(1.2\sim$

1.5)d_2。其中，d_2 为拨叉导向孔直径，D_2 为拨叉凸缘直径，L_1 为拨叉凸缘长度。

表 8-22　　滑块与拨叉的结构形式

形式	简图	特点
滚子形滑块	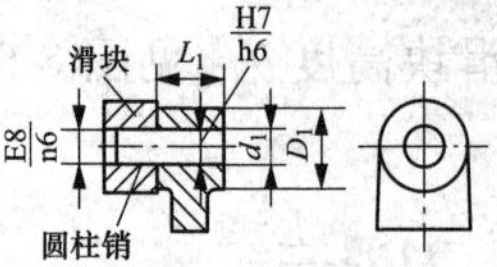 滑块 L_1 $\frac{H7}{h6}$ $\frac{E8}{n6}$ d_1 D_1 圆柱销	滑块为滚子，可在圆柱销上回转。 结构简单、制造方便、滚动摩擦，宜用于推力较小、高速转动的滑移件
圆柱销式矩形滑块	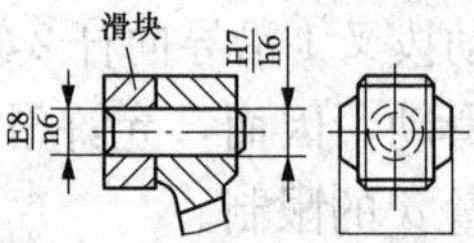 滑块 $\frac{H7}{h6}$ $\frac{E8}{n6}$	滑块呈矩形，可在圆柱销上转动。 结构简单，制造方便，应用广泛
销轴式矩形滑块	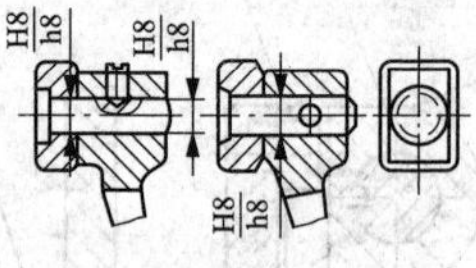 $\frac{H8}{h8}$ $\frac{H8}{h8}$ $\frac{H8}{h8}$	滑块与销轴一体，可在摆杆孔内转动。 刚度好，但制造工艺复杂，不便维修
整体式矩形滑块	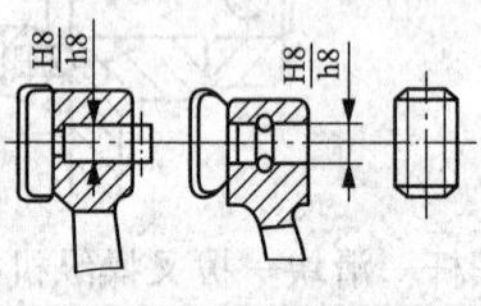 $\frac{H8}{h8}$ $\frac{H8}{h8}$	滑块夹持在滑移件的轮缘上，可在带肩的销轴上转动，维修、更换较方便。 用于滑移件不带环形槽，且便于钳形滑块夹持的情况
销轴式钳形滑块	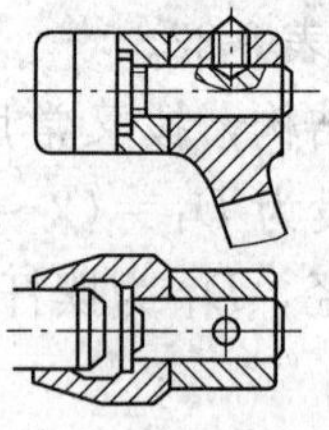	滑块夹持在滑移件的轮缘上，可在带肩的销轴上转动，维修、更换较方便。 用于滑移件不带环形槽，且便于钳形滑块夹持的情况

续表

形式	简图	特点
整体式钳形滑块		滑块与销轴一体，可在摆杆孔内转动。 刚度好，但不便维修。 应用情况同销轴式钳形滑块
弧形拨叉		拨叉嵌在滑移件的环形槽内，可沿导杆轴向移动，摩擦工作面包角 $\alpha \leqslant 180°$。 承载高，磨损较快。 适用于推动滑移件需要较大推力的场合
钳形拨叉		拨叉夹持在滑移件的轮缘或凸缘上，沿导杆移动磨损较小。 适用于滑移件不带环形槽的移动式操纵结构

若导杆带导向键时，要保证键盘槽处的凸缘壁厚 $\delta \geqslant 2\text{mm}$。

（2）移动式操纵机构。当滑移齿轮滑移行程较大时，可采用齿轮齿条操纵的移动式操纵机构（见图 8-68）。转动手柄 2，通过小齿轮 3 使齿条 4 及固定在齿条上的拨叉 1 沿导向杆 5 轴向移动，

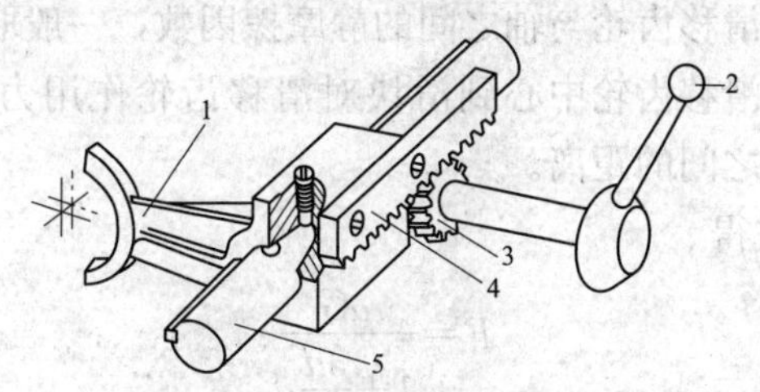

图 8-68　移动式操纵机构

1—拨叉；2—手柄；3—齿轮；4—齿条；5—导向杆

从而使滑移齿轮改变轴向位置。

按被操纵件的受力状况不同可将操纵机构分为偏侧作用式操纵机构（见图 8-66）和对称作用式操纵机构（见图 8-67、图 8-68）。

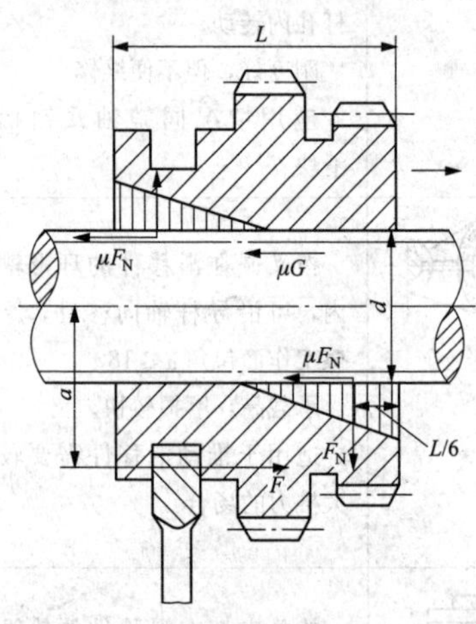

图 8-69　偏侧作用式操纵机构受力状况示意图

偏侧作用式操纵机构的滑块是从一边拨动滑移齿轮的，因此，滑移齿轮在被推动滑移的过程中受一附加力矩的作用。如图 8-69 所示为偏侧作用式操纵机构的受力状况示意图。为了顺利地拨动滑移齿轮移动，滑块的拨动力 F 必须克服滑移齿轮与轴之间的摩擦阻力。摩擦阻力由滑移齿轮的重力所产生的摩擦力 μG 和拨动力 F 与阻力作用中心不同线所产生的附加摩擦力 $2\mu F_N$ 所组成。设滑移齿轮的重力均布于滑移齿轮与轴的接触全长上，附加正压力 F_N 则在接触长度的一半上按三角形规律分布。若不考虑其他阻力，滑移齿轮的受力平衡式为

$$F=\mu G+2\mu F_N$$

$$F_a=F_N\times\frac{2}{3}L$$

式中　L——滑移齿轮长度，一般取 $L\geqslant d$；

μ——滑移齿轮与轴之间的静摩擦因数，一般取 0.3；

d——滑移齿轮中心到滑块对滑移齿轮作用力 F 的作用点之间的距离。

解方程式得

$$F=\frac{\mu G}{1+\frac{3d}{L}\mu}$$

将 $\mu=0.3$ 代入上式后可得

$$F=\frac{0.3G}{1-0.9\dfrac{d}{L}}$$

由上式可知，当G一定时，操纵力大小与d/L值有关，d/L越小，操纵力F越小；d/L越大，操纵力F也越大，甚至发生自锁。因此，设计时应保证使其满足如下条件

$$\frac{d}{L}<1$$

如果操纵机构的结构不能满足上述条件，则应采用对称作用式操纵机构，这种机构拨动滑块的作用力通过或接近滑移齿轮的中心线，可以减小或消除滑移齿轮所受的附加力。所以，滑移齿轮较重或较短时常用对称作用式操纵机构。

滑移件的拨动结构形式见表8-23，机构互锁装置的结构形式见表8-24。

表8-23　滑移件的拨动结构形式

名称	简图	特点及用途
滑动摩擦偏作用摆动式	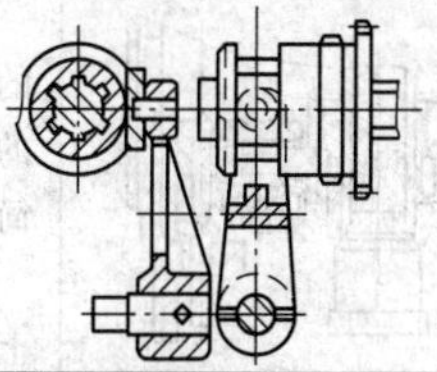	通过布置在一侧的摆杆—滑块直接拨动滑移件。 结构简单，制造方便，摆动量较小。 适用于滑移距离较小且拨动力也较小的场合
滑动摩擦对称作用摆动式	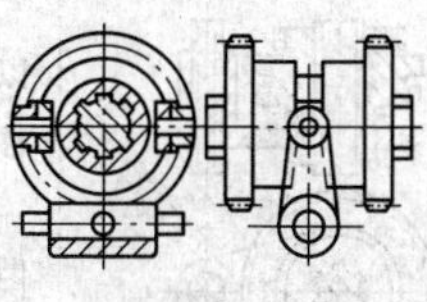	对称布置的摆杆—滑块直接拨动滑移件。 滑移阻力小，结构较复杂，装拆不便。 适用于拨动负荷较大，滑移距离较小的场合
滚动摩擦对称作用摆动式	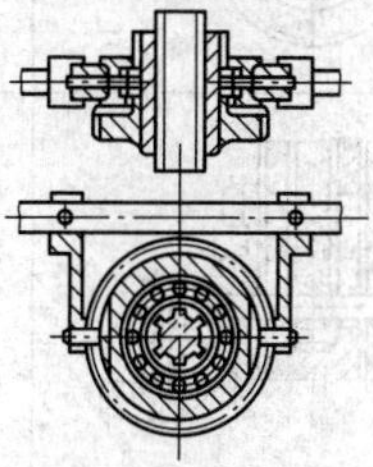	对称布置的摆杆—滑块经由深沟球轴承拨动滑移件，无滑动摩擦，结构复杂。 适用于拨动径向尺寸较小、质量较小、转速较高且滑移距离不大的场合

续表

名称	简图	特点及用途
滑动摩擦偏作用移动式	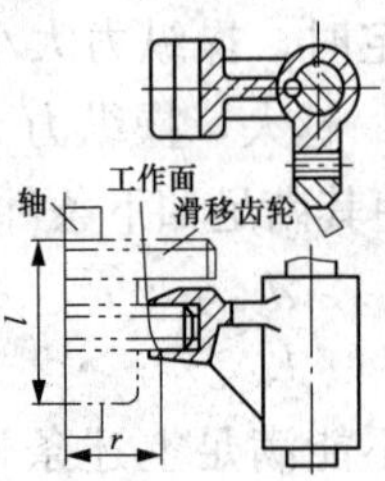 轴 工作面 滑移齿轮	通过置于一侧的拨叉直接拨动滑移件。 移动距离大，结构简单，便于采用液压缸等直接驱动，但阻力较大。 应用广泛，特别适于在滑移件的被夹持直径不大、滑移距离大或采用操纵液压缸的场合应用
滑动摩擦对称作用移动式	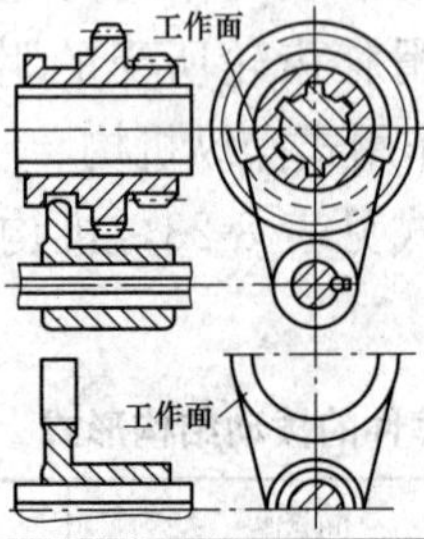 工作面 工作面	用大弧型拨叉直接拨动滑移件。 除具有滑动摩擦偏作用移动式的优点外，其阻力较小，但磨损严重。 用于拨叉负载及滑移距离较大或用液压缸操纵的场合
滚动摩擦偏作用移动式	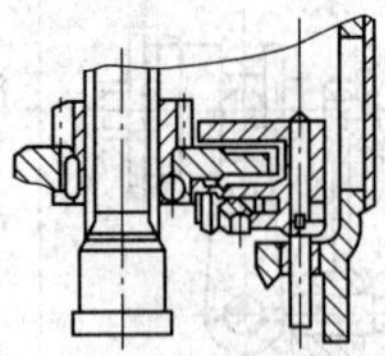	用一侧装有小深沟球轴承的钳形拨叉，拨动立置轴上的滑移件。其摩擦小，结构简单，但有偏转力矩。 适用于质量不大的立置轴上滑移件的操纵
滚动摩擦对称作用移动式	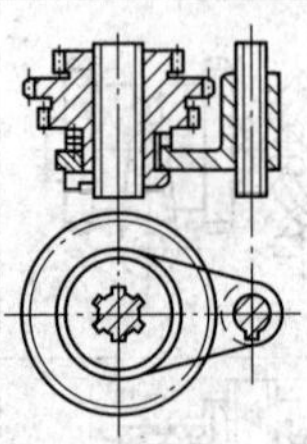	在拨叉上装有推力球轴承，以支承和拨动立置轴上的滑移件。 无滑动摩擦，受力情况好，但尺寸大，装拆不便。 用于操纵质量较大，转速不高的立置轴滑移件
轴心拉杆移动式	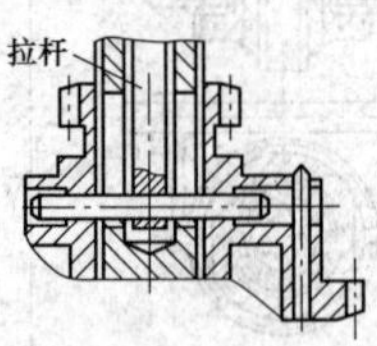 拉杆	通过轴心拉杆直接推动滑移件，结构简单，径向尺寸小，操纵平稳，无偏转力矩作用，但轴的强度和刚度较低。 适用于各种滑移件的操纵

表 8-24　　机构互锁装置的结构形式

名称	结构简图	特点
锁止弧互锁	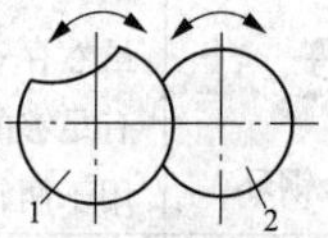 1、2—圆盘	在两圆盘 1、2 上分别开有锁止弧。当两锁止弧不对准时，一盘转动而另一盘被锁住。当两锁止弧上的弧对准时，则可任选一盘转动，而另一盘被锁止。结构简单，互锁可靠，用于两轴距离较近的场合
横向锥头销互锁	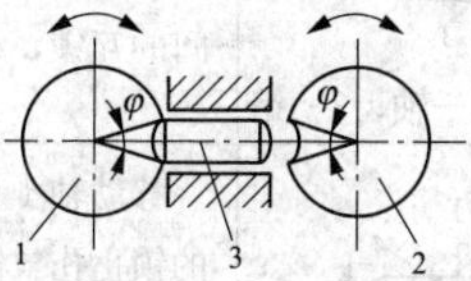 1、2—运动构件；3—锥头锁止销	在两运动构件 1、2 上分别制有三角锁止槽（或锥孔），通过锥头锁止销 3 互锁。结构简单，用于两轴距离较近的场合
杠杆互锁	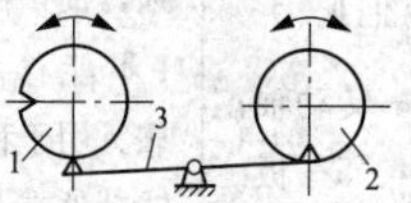 1、2—运动构件；3—杠杆	在两个运动构件 1、2 之间通过杠杆 3 实现互锁，要求杠杆有足够的刚度。结构简单，用于两轴之间距离较大或其他结构需要的场合
圆盘矩形槽口互锁	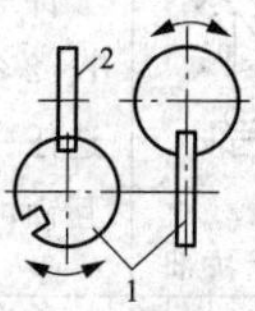 1、2—圆盘	在圆盘 1、2 的外缘上，分别沿轴向开有矩形锁止槽。当两槽口对准时，可任选一圆转动而另一盘被锁住。结构简单，无非互锁区，工作可靠。用于两轴空间垂直布置且相距较近的场合
齿轮锁止弧互锁	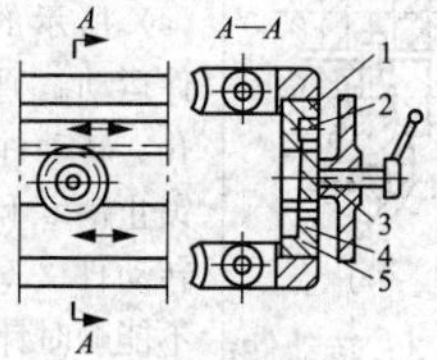 1、4—锁止板；2、5—齿条；3—齿轮	锁止板 1 与 4 的位置错开。当两板上的锁止弧对准时，可轴向移动齿轮 3，任选一齿条（2 或 5）与之啮合。转动齿轮可使齿条带着拨叉移动，而另一齿条被锁住。工作可靠，操纵方便，但手柄外伸较长

续表

名称	结构简图	特点
钢球环形槽互锁	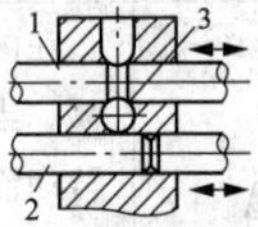 1、2—轴；3—钢环	在轴1、2上开有环形槽，通过钢环3实现两轴间的运动互锁。虽然存在非自锁区，被操纵件应有足够的空行程量，但结构简单，用于两轴距离很近的场合
T形槽互锁	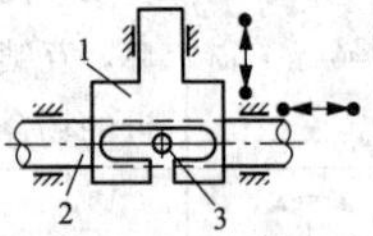 1—移动件；2—轴；3—销	通过轴2上的销3和移动件1上的T形槽实现移动件1与轴2之间的互锁，结构简单，互锁可靠
销孔互锁	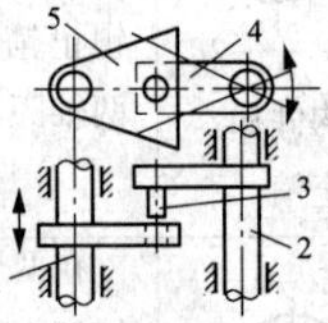 1—移动轴；2—转动轴；3—锁止销；4、5—板	移动轴1和转动轴2通过板5上的锁止孔与板4上的锁止销3实现互锁。销与孔对准时，移动轴1可移动，并锁住转动轴2的转动。否则，锁止销3挡住板5，使移动轴1不能移动。结构简单，互锁可靠。用于移动件有2个变换位置而转动件有2～3个变换位置的场合
槽口杆互锁	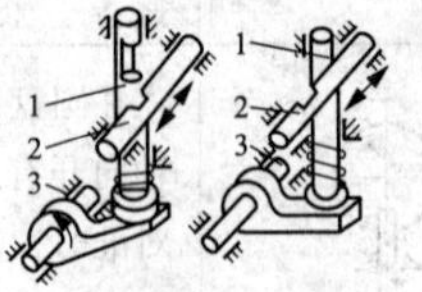 1、2—移动件；3—转轴	件3为转轴互相垂直的移动件1、2各带有槽口，两槽口相对时，选任一杆移动，而另一杆被锁住。互锁可靠，结构较复杂
凸轮锁止销互锁	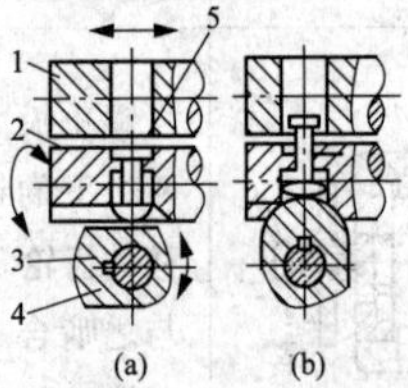 (a) (b) 1—移动件；2、3—转动件；4—凸轮；5—锁止销	移动件1与转动件2之间无互锁，但二者与转动件3的顺时针转动有互锁要求。当三者处于图(a)所示的零位置时，可任选两件运动。通过移动件1上的锁止孔、转动件2上的轴向锁止槽及锁止销5和凸轮4，使移动件1、转动件2离开零位后，转动件3不能顺时针转动。反之，转动件3作顺时针变换位置后，如图(b)所示，移动件1、转动件2均不能运动，结构复杂，互锁可靠

2. 集中变速操纵机构

集中变速操纵机构可分为顺序变速、选择变速笔预选变速三种类型。

（1）顺序变速操纵机构。从某一转速变为另一不相邻的转速时，滑移齿轮必须顺序地经过中间各级转速的啮合位置的操纵机构，即为顺序变速操纵机构。顺序变速操纵机构通常采用凸轮—杠杆作为传动件。CA6140 型卧式车床的主变速操纵机构即为一例，在此不再复述。

（2）选择变速操纵机构。从某一转速变换为另一转速时，滑移齿轮不须经过中间各级转速的啮合位置，就能越级变换转速的操纵机构，即为选择变速操纵机构。CA6140 型卧式车床的进给箱基本变速组的操纵机构和 X6132 型卧式万能升降台铣床的主变速操纵机构即为此例。

3. 预选变速操纵机构

预选变速操纵机构可以在机床正常运转中通过预选机构，选择好下一工步的转速，待上一工步结束后，只需经简单的操作就能使机床按预选的下工步所需的转速运转。这种机构可以使切削时间和选择变速的时间重合，提高生产率。预选变速操纵机构可以采用机械、液压或电气的方式来实现预选变速。

第四节　机床典型夹紧机构

一、螺旋夹紧机构

1. 手动螺旋夹紧机构

如图 8-70 所示为 T4240 型坐标镗床工作台的夹紧机构。转动手柄 1，使螺杆 3 将工作台 5 夹紧在床身导轨 4 上。垫圈 2 用以调整手柄的角度位置。

2. 手动螺旋联动夹紧机构

如图 8-71 所示为 T4263B 型双柱坐标镗床工作台的夹紧装置。在工作台 2 上装有两根钢带 5 和 4，由杠杆 11 和 14 横向夹紧。夹

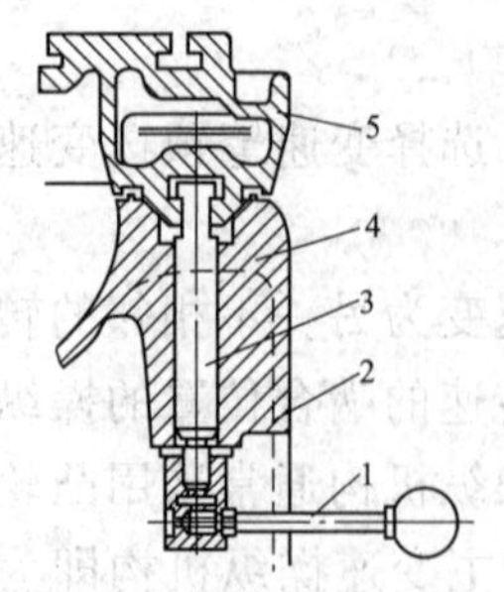

图 8-70　T4240 型坐标镗床工作台的夹紧机构

1—手柄；2—垫圈；3—螺杆；4—床身导轨；5—工作台

紧时，转动手柄 7，螺杆 10 使螺母 13 向右移，螺杆本身向左移，杠杆 11 和 14 就分别按逆时针和顺时针方向转动。杠杆的另一端就把两根钢带 5 和 4 夹紧固定于床身上的座体上。螺杆 10 和螺母 13 互相之间的作用力大小相等，力大小相等，螺杆 10 在轴向可以窜动，因此，两根钢带处的夹紧力相等。在夹紧状态下，套环 9 和衬套 8 两者端面之间的间隙为 0.5mm。这一间隙量是为了控制在松开时螺杆 10 的位置。螺母 13 上的销子 12 插在杠杆 11 下端孔的键槽内，以防止螺母转动。

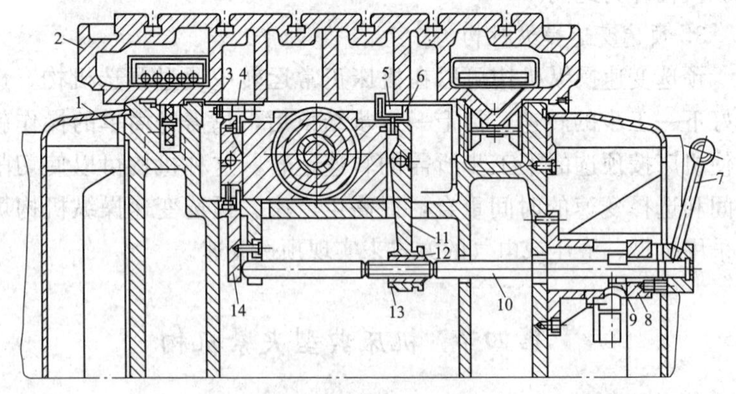

图 8-71　T4263B 型双柱坐标镗床工作台夹紧装置

1—床身；2—工作台；3—螺栓；4、5—钢带；6—压块；7—手柄；8—衬套；9—套环；10—螺杆；11、14—杠杆；12—销；13—螺母

3. 液压螺旋夹紧机构

如图 8-72 所示液压螺旋夹紧机构，液压油进入液压缸 1，推动活塞 2 向左移，使摆杆带动螺母 3 向左转动 α 角度，螺杆 4 向左移，拉紧压板 6 夹紧工作台。

如图 8-73 所示为 T4680 型卧式坐标镗床上滑座夹紧装置。

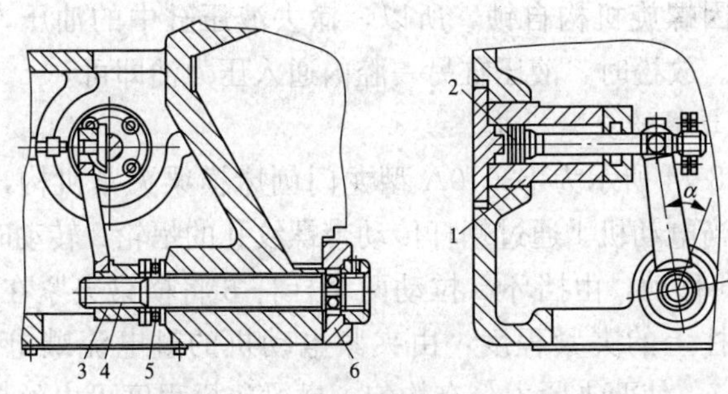

图 8-72 液压螺旋夹紧机构

1—液压缸；2—活塞；3—螺母；4—螺杆；5—推力轴承；6—压板

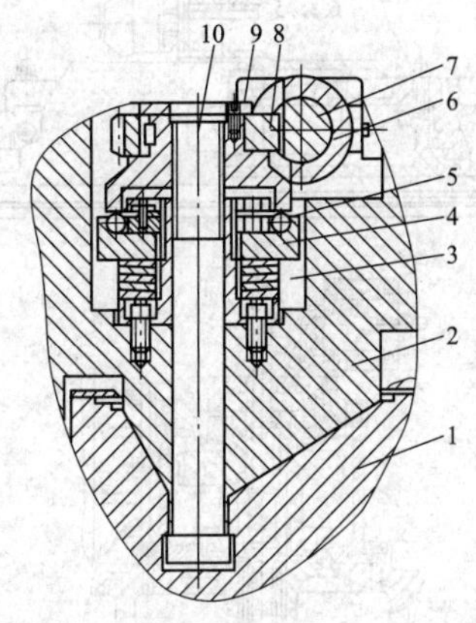

图 8-73 T4680 型卧式坐标镗床上滑座夹紧装置

1—下滑座；2—上滑座；3—碟形弹簧；4—套；5—钢球；
6—液压缸；7—活塞；8—齿轮；9—传动螺母；10—螺杆

上滑座 2 在下滑座 1 上的夹紧和放松，是由液压动力来完成的。当需要使上滑座夹紧时，可在液压缸 6 的一腔中通入压力油，活塞 7 上的齿条部分就经过齿轮 8 使传动螺母 9 在螺杆 10 上转动。螺杆 10 的头部装在 T 形槽内不能转动，因而传动螺母 9 一边转动，一边下降。当传动螺母 9 的下端面与钢球 5 接触后，即通过钢球 5、套 4 使碟形弹簧 3 压缩。这样，将上滑座 2 夹紧在下滑座 1 上。夹紧力大小可以通过选择碟形弹簧的刚度及液压缸活塞的行程确定。

夹紧后，因螺旋机构自锁，所以，撤去液压缸中的油压，也能保持夹紧力。放松时，液压缸另一腔内通入压力油即可。

4. 机动螺旋夹紧机构

如图 8-74 所示为 B2010A 型龙门刨床横梁夹紧机构，装于横梁后面。当电动机 1 通过蜗杆传动带螺纹孔的蜗轮 2 转动时，丝杠 3 则作轴向移动，由挡环 5 拉动两个杠杆 6 将横梁夹紧在立柱上。横梁在立柱上的夹紧程度，由夹紧电动机的过电流继电器调整。调整螺母 7，使两夹紧力分布均匀。横梁放松程度可由丝杠 3 端部的限位开关的挡圈 4 调整。

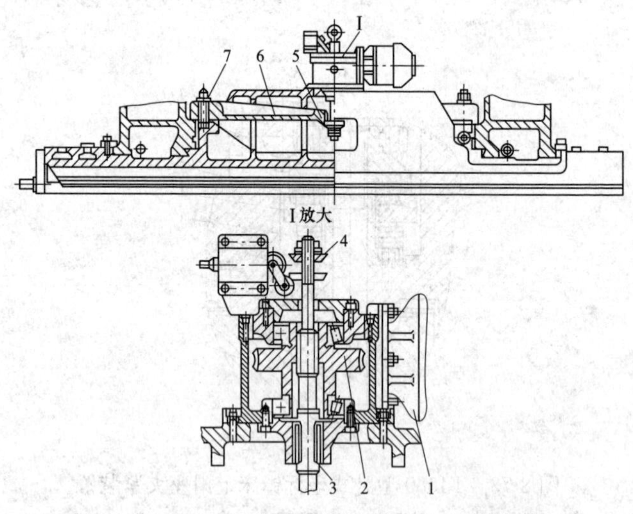

图 8-74　B2010 型龙门刨床横梁夹紧机构

1—电动机；2—蜗轮；3—丝杠；4—挡圈；5—挡环；6—杠杆；7—螺母

二、斜楔夹紧机构

1. 手动斜楔夹紧机构

如图 8-75 所示为镗床回转工作台楔块压板夹紧机构。顺时针扳动手柄 1，通过扇形齿轮 2 和弧齿条 3、转动盘 4，再经四个楔块 5 推动滚子 6，经推杆 7、螺钉 8，使四个钩形压板 10 转动，将回转工作台夹紧，手柄 1 反转时，由弹簧 9 使钩形压板复位，工作台松开。

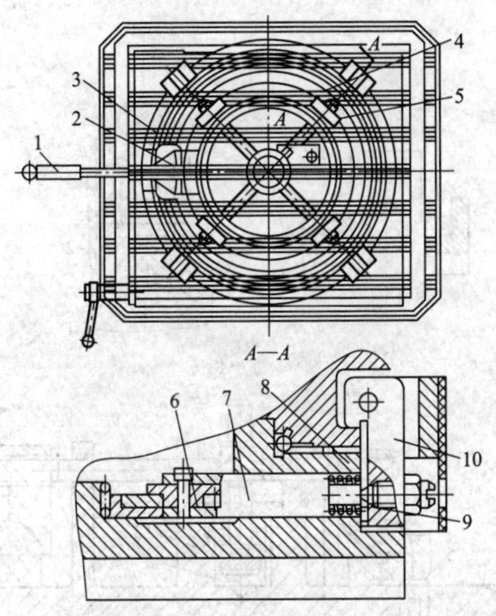

图 8-75　镗床回转工作台楔块压板夹紧机构

1—手柄；2—扇形齿轮；3—弧齿条；4—盘；5—楔块；
6—滚子；7—推杆；8—螺钉；9—弹簧；10—钩形压板

2. 液压斜楔夹紧机构

如图 8-76 所示为 T4680 型卧式坐标镗床主轴箱夹紧装置图。如图 8-76（a）所示为主轴箱在立柱上夹紧时的结构示意图。压板用螺钉固定在主轴箱上，装在压板上的夹紧机构可从图 8-76（b）所示的 A—A 剖视图中看出。主轴箱 1 用液压夹紧或放松。当向液压缸 12 的 c 腔中通入压力油时，作用在活塞上的作用力通过活塞杆拉动楔块 8。楔块 8 两侧面间有 5°夹角，因而向两边推动杆 7 和 9，并经过杠杆 6 和 10 压下柱销 5 和 11。因杠杆 6 和 10 的支点装在压板 2 上，也就是与主轴箱 1 边为一体，因而在杠杆的作用下，使主轴箱 1 的导轨面压紧在立柱的前导轨面 a 上，并将镶条 3 压紧在立柱后侧的面 b 上。在压力油的作用下，可使主轴箱在其一侧的两个夹紧点上同时夹紧。在主轴箱的另一侧有同样的夹紧机构，所以，当主轴箱在左、右两根立柱上夹紧时，共有 4 个夹紧点。楔块有自锁作用，在夹紧后去掉压力油的作用，仍主轴箱夹紧在立柱上。同时，楔块和杠杆都起到增力作用。当油腔 d 中通入压

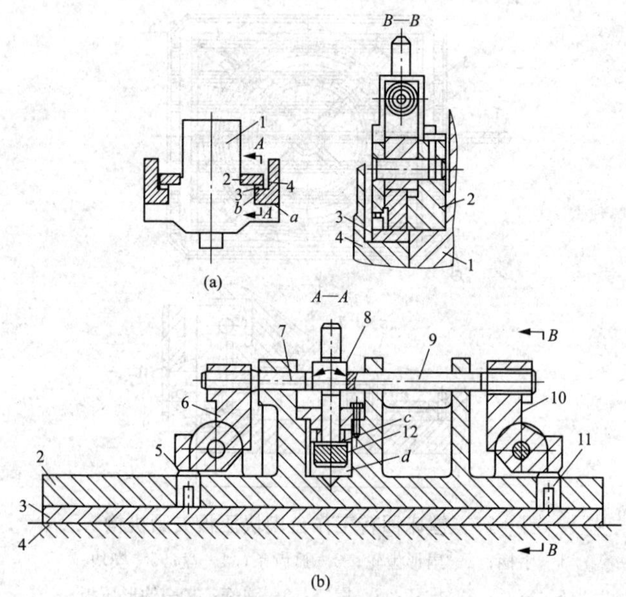

图 8-76　T4680 型卧式坐标镗床主轴箱的夹紧装置

（a）主轴箱在立柱上夹紧时的结构示意图；（b）夹紧装置结构示意图

1—主轴箱；2—压板；3—镶条；4—框式立柱；5、11—柱销；6、10—杠杆；7、9—杆；8—楔块；12—液压缸

力油时，即可使主轴箱在立柱上放松。

三、铰链杠杆夹紧机构

如图 8-77 所示为 T4145 型坐标镗床工作台夹紧机构，弹簧夹紧，电磁铁松开。当电磁铁通电时，推动小轴 9 使杠杆 8 绕轴 5 的圆心顺时针转动，通过夹紧块 4 使非金属件 2、3 对钢带 1 的夹紧被松开。当电磁铁断电时，弹簧 7 使螺杆 6 向右，杠杆 8 逆时针转动，通过夹紧块 4 和非金属件 2、3 夹紧钢带 1。

如图 8-78 所示为 T4263B 型双柱坐标镗床横梁夹紧机构。压板 2 用螺钉固定在横梁上，夹紧机构安装在压板 2 上。横梁在立柱上用弹簧力夹紧，用液压放松。液压缸 8 是不固定的。当油腔 c 通回油路时，由于弹簧 7 的张力作用，使活塞 6 向上移动，液压缸 8 向下移动，并带动两个杠杆 5 和 9 各绕销 10 旋转，销 10 固定在压

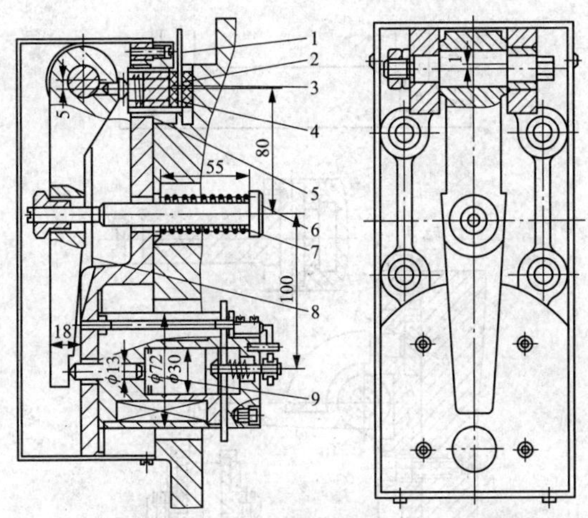

图 8-77　T4145 型坐标镗床工作台夹紧机构

1—钢带；2、3—非金属件；4—夹紧块；
5—轴；6—螺杆；7—弹簧；8—杠杆；9—小轴

板 2 上。杠杆的作用力通过支点使横梁的导轨面压紧在立柱的前导轨面 a 上，并通过其短臂使弹性压紧块 3 压紧在立柱的后侧面 b 上。杠杆起了增力机构的作用。弹簧可在横梁一端的两个夹紧点上产生相等的夹紧力。横梁另一端在右立柱上也有同样的夹紧机构，所以，横梁夹紧在两个立柱上时，共有四个夹紧点。如在油腔 c 中通入压力油，则活塞向下移动，液压缸向上移动（这时弹簧受压缩），使杠杆 5 和 9 作相反方向旋转，即可使横梁在立柱上松开。

四、偏心夹紧机构

偏心夹紧机构与斜楔夹紧机构在工作原理上属于同一类型。偏心轮以圆偏心轮为最多，大部分用于受力不大的场合。

1. 手动偏心夹紧机构图

如 8-79 所示为手动联动偏心夹紧机构。转动手柄 1，使偏心轴 2 转动，带动拉杆 3，通过两个压板 4 同时夹紧主轴箱，螺母 5 用于调节两边同时夹紧。

2. 液压偏心夹紧机构

如图 8-80 所示，压力油进入液压缸 5 的下腔，推动活塞 6 及

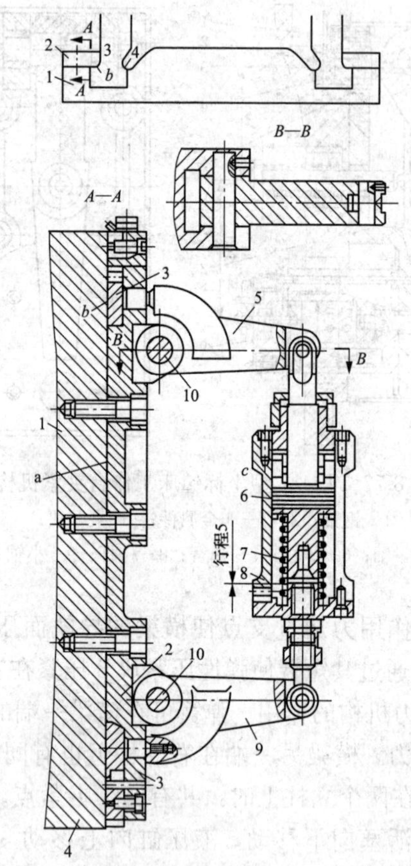

图 8-78　T4263B 型双柱坐标镗床横梁夹紧机构

1—横梁；2—压板；3—弹性夹紧块；4—立柱；5、9—杠杆；
6—活塞；7—弹簧；8—液压缸；10—销

活塞杆 7 向上移动，顶起杠杆 10，使偏心轮 4 移动，压紧压块 2、3 及斜铁 1，把主轴箱 8 夹紧在横臂 9 上，夹紧力大小靠螺钉 11 调整。

五、菱形块夹紧机构

如图 8-81 所示为 Z3040 型摇臂钻床的摇臂夹紧机构。压力油进入液压缸 1 的下腔，推动活塞 2 使菱形块直立，并越过中心约

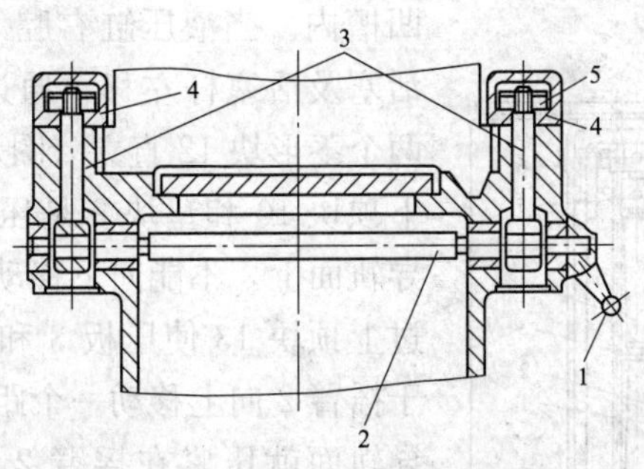

图 8-79　手动联动偏心夹紧机构

1—手柄；2—偏心轮；3—拉杆；4—压板；5—螺母

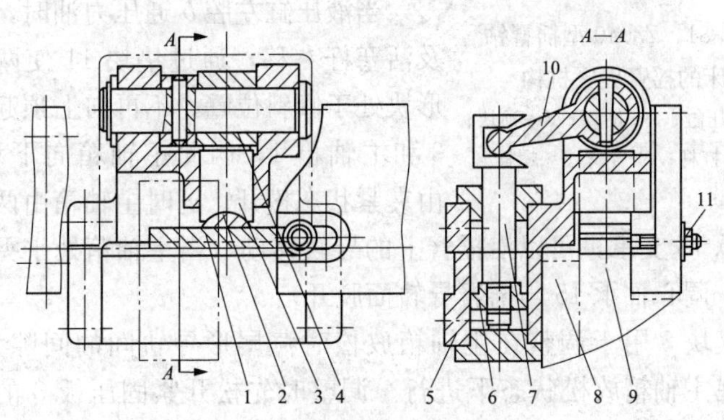

图 8-80　液压偏心夹紧机构

1—斜铁；2、3—压块；4—偏心轮；5—液压缸；6—活塞；
7—活塞杆；8—主轴箱；9—横臂；10—杠杆；11—螺钉

0.5mm 而自锁，使顶块 3 压向两个杠杆 4。杠杆 4 则绕销 5 转动，通过螺栓 6 拉紧摇臂套筒，把摇臂夹紧于外立柱上。螺栓上的螺母用于调整夹紧力。松开时，压力油进入液压缸 1 的上腔，使两个杠杆 4 作反方向转动，松开摇臂。

如图 8-82 所示为 Z3040 型摇臂钻床的主轴箱夹紧机构。图 8-82（a）为主轴箱装在摇臂上的外观图，图 8-82（b）为压板上的夹紧装置在 *K* 向的视图。压板 3 用螺钉 6 固定在主轴箱 1 上。夹紧液压缸 4 用螺钉固定在压板 3 上。菱形块夹紧机构装在压板 3 的

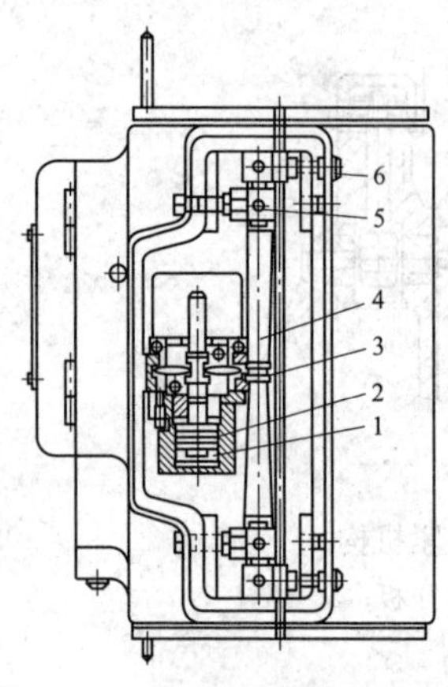

图 8-81 Z3040 型摇臂钻床的摇臂夹紧机构

1—液压缸；2—活塞；3—顶块；4—杠杆；5—销；6—螺栓

凹槽内。当液压缸右腔 a 通压力油时，活塞及活塞杆左移，通过垫块 11 推动两个菱形块 12 直立（图示位置），由于下顶块 10 和垫块 9 是压在摇臂 2 的上导轨面上，不能向下移动，菱形块就通过上顶块 13 使压板 3 和主轴箱 1 相对于摇臂 2 向上移动一个距离，箱体的下导轨面就压紧在摇臂 2 的燕尾形导轨上，如图 8-82（a）所示，使主轴箱夹紧在摇臂上。

当液压缸左腔 b 通压力油时，活塞及活塞杆右移，通过垫块 11 使两个菱形块处于倾斜位置，不再向上顶起压板 3 和主轴箱 1，因此主轴箱向下移动，由夹紧状态松开。这时主轴箱由两个调心轴承 15 支承，可以沿摇臂上的导轨移动（当主轴箱处于夹紧状态时，调心轴承 15 与摇臂导轨面脱开）。

楔块 5 用于调整在主轴箱放松时燕尾形导轨间的间隙大小，调整在主轴箱放松状态下进行。调整时先松开紧固压板 3 的螺钉 6，然后扭动螺栓 14，使楔块 5 向右或向左移动，以抬高或降低主轴箱位置。调整好后再拧紧螺钉 6。

垫块 9 的上表面是个斜面，可用来调整主轴箱夹紧力的大小，调整也是在主轴箱放松状态下进行。调整时先松开螺钉 7，再使螺钉 7 在压板 3 的槽内（从 K 向视图看）向左或向右移动。因为螺钉上的块 8 是嵌装在垫块 9 的槽中的，因此螺钉 7 就通过块 8 使垫块 9 向左或向右移动。垫块 9 上的斜面就使得下顶块 10 的位置下降或升高，这样就可调整主轴箱夹紧力的大小。在夹紧液压缸 4 的右腔内通入压力油进行试验，合适后再拧紧螺钉 7。

六、直接夹紧机构

1. 液压夹紧机构

如图 8-83 所示，压力油进入液压缸 1 推动活塞 2 带动螺母拉

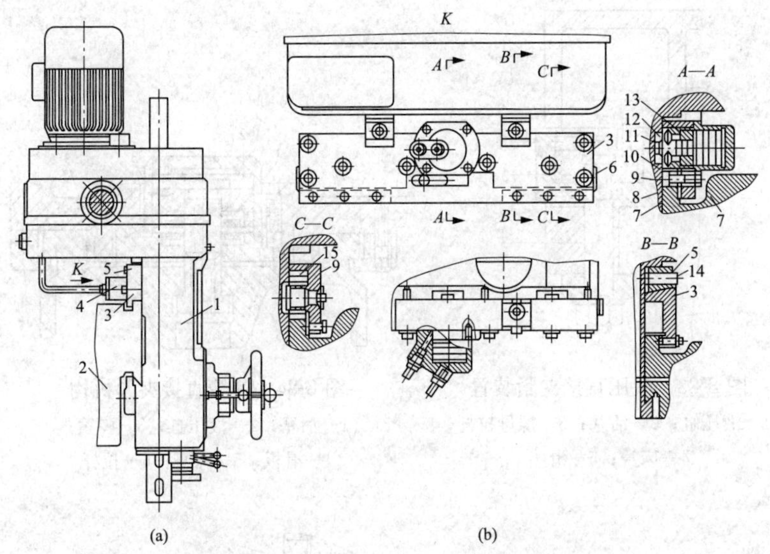

图 8-82　Z3040 型摇臂钻床主轴箱夹紧机构

(a) 主轴箱装在摇臂上的外观图；(b) 压板上的夹紧装置 K 向图

1—主轴箱；2—摇臂；3—压板；4—夹紧液压缸；5—楔块；6、7—螺钉；8—块；9、11—垫块；10—下顶块；12—菱形块；13—上顶块；14—螺栓；15—调心轴承

杆 3，把滑座 5 夹紧在床身 4 上。

2. 弹簧夹紧机构

弹簧夹紧装置在断开动力源时，能保持夹紧状况，工作安全可靠，因此应用较广。

如图 8-84 所示，压力油进入液压缸 2 时，推动活塞 1 压缩弹簧 3，停止供给压力油，靠弹簧 3 向上拉起拉杆 6，把滑板 4 夹紧在床身 5 上。

3. 弹性胀套夹紧机构

弹性胀套夹紧机构具有结构简单，定心精确，夹紧可靠，多次松开与夹紧后能保持初始间隙等优点。

如图 8-85 所示为某铣床利用弹性胀套夹紧主轴套筒的夹紧机构。压力油通过管接头 1 推动油封 2 向右移动，使弹性胀套 3 变形，从而夹紧主轴套筒 5，压力油停止后弹性胀套复位。夹紧时，

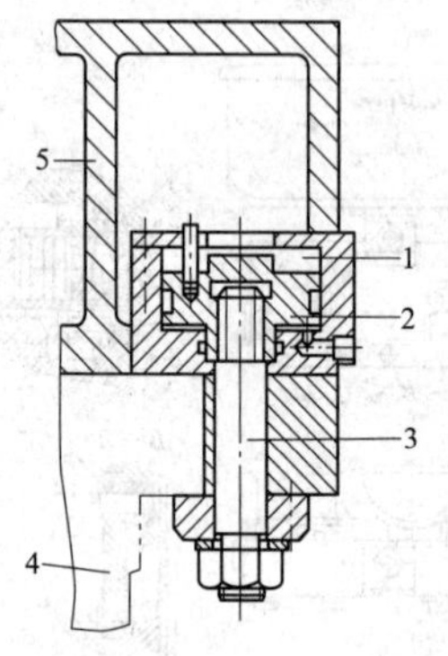

图 8-83 液压直接夹紧装置

1—液压缸；2—活塞；3—螺母拉杆；4—床身；5—滑座

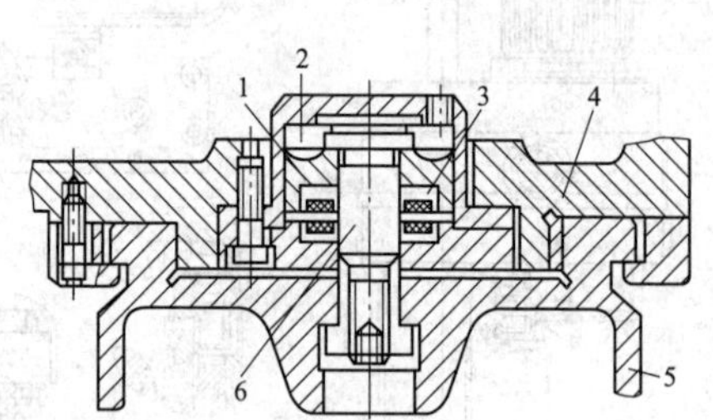

图 8-84 弹簧直接夹紧机构

1—活塞；2—液压缸；3—弹簧；4—滑板；5—床身；6—拉杆

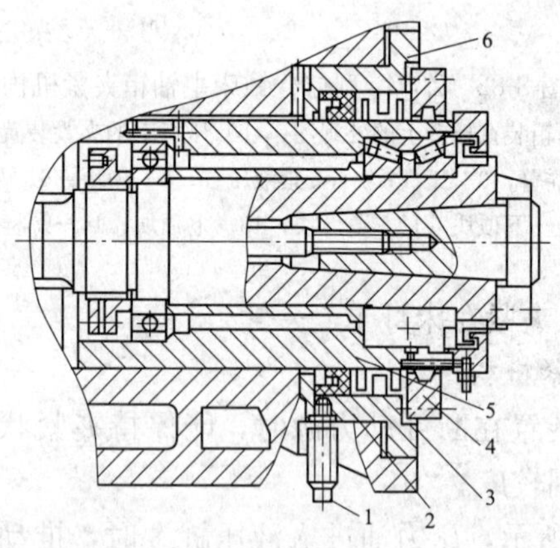

图 8-85 某铣床主轴套筒加紧机构

1—管接头；2—油封；3—弹性胀套；4—法兰盘；5—主轴套筒；6—支座

可调整法兰盘 4 上的螺钉使它紧靠在支座 6 上，使弹性胀套牢固地夹紧主轴套筒 5。

4. 异形金属管元件夹紧机构

利用异形金属管元件内腔通入压力油后改变尺寸的特性，可夹紧机床的滑座或工作台。图 8-86（a）中扁平的金属管 3 自由地放在压板 4 的槽中，中间压板 2 的尺寸应保证床身导轨 1 和金属管

3 之间有一定的预应力。向金属管中通入压力油，由于管壁变形，就使滑座 5 夹紧在床身导轨 1 上。但这种单面夹紧的方式会使被夹紧部件产生位移，并把油从导轨面 A 中挤出，从而破坏了滑座的位置精度，这对于滚动导轨和静压导轨是不允许的。图 8-86（b）中，采用双面夹紧，双面相互平衡的夹紧力不会导致滚动导轨的接触变形或静压导轨的油膜厚度发生变化，因此定位精度高。

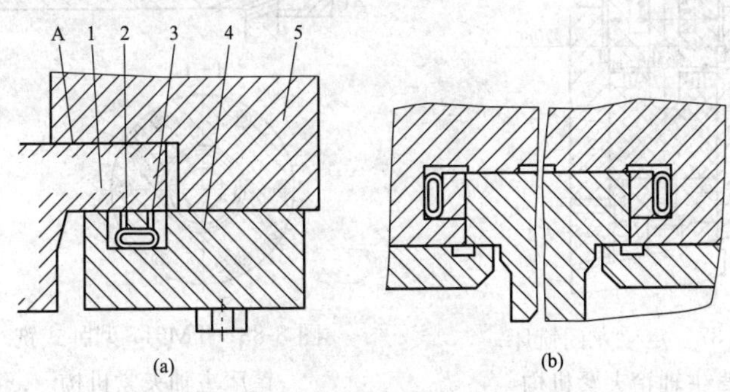

图 8-86　异形金属管元件加紧机构

（a）单面夹紧；（b）双面夹紧

1—床身导轨；2—中间压板；3—金属管；4—压板；5—滑座

七、液性塑料夹紧机构

如图 8-87 所示为定梁龙门铣床垂直主轴箱夹紧机构。当压力油从进油口 a 进入时，活塞 1 向下移动，压缩弹簧 2，并挤压液性塑料 3，增大单位面积压力，经夹紧块 4 夹紧主轴箱 5。当进油口 a 接通油箱时，活塞 1 在弹簧 2 作用下上移，则液性塑料压力降低，使主轴箱 5 松开。

图 8-88 为 TM617 型卧式铣镗床的主轴夹紧机构。在法兰盘 1 和薄壁套筒 3 之间装有液性塑料 2。拧紧螺钉 4 时，通过圆柱销 5 挤压液性塑料，使薄壁套筒产生变形而夹紧主轴，拧松螺钉 4 时，主轴即被松开。

有的机床可用凡士林代替液性塑料。如图 8-89 所示，压力油进入小液压缸 1 的上腔，小活塞 2 下降，压缩弹簧 3 及其空腔 4 中的凡士林。空腔 4 和大液压缸 5 之间有小孔相通，故大液压缸 5 中

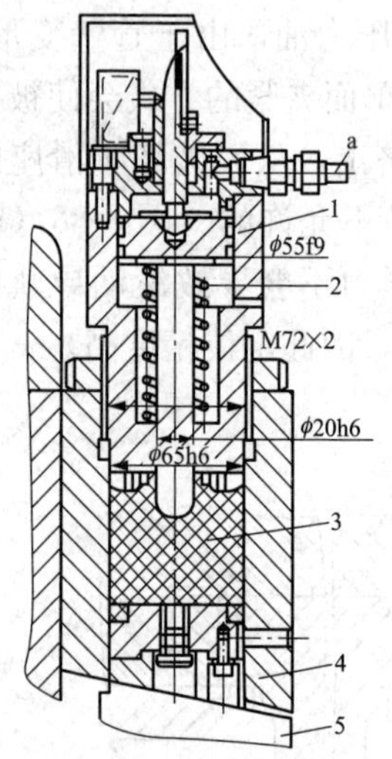

图 8-87 定梁龙门铣床垂直主轴箱夹紧机构

1—活塞；2—弹簧；3—液性塑料；4—夹紧块；5—主轴箱

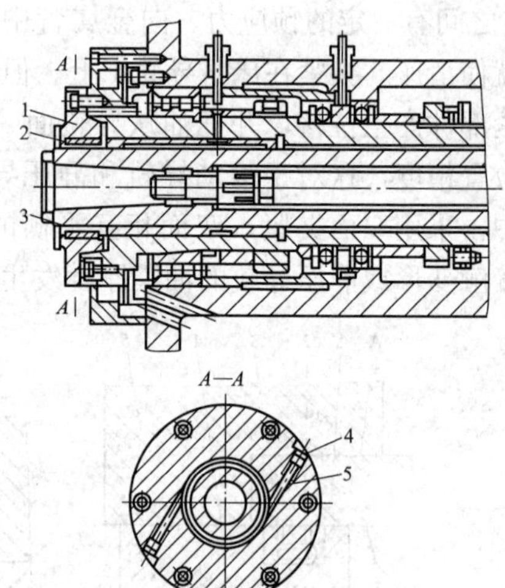

图 8-88 TM617 型卧式铣镗床主轴夹紧机构

1—法兰盘；2—液性塑料；3—薄壁套筒；4—螺钉；5—圆柱销

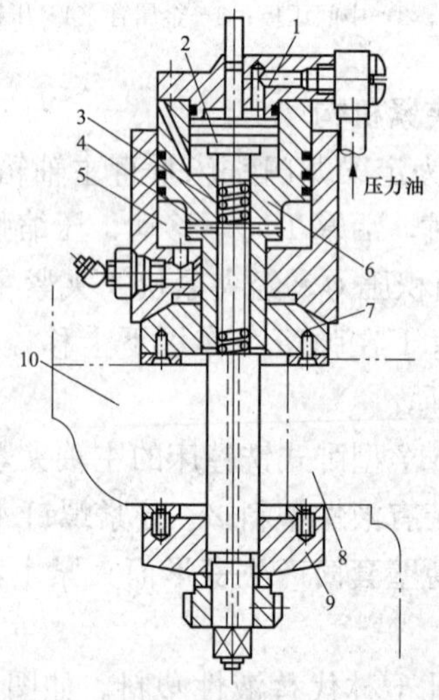

图 8-89 利用凡士林作为介质的夹紧机构

1—小液压缸主轴箱；2—小活塞；3—弹簧；4—空腔；5—大液压缸；6—大活塞；7、9—压板；8—床身；10—立柱底座的凡士林也增大压力，大活塞6连同压板9向上移动。浮动的大液压缸5与压板7一同向下移动，将立柱底座10夹紧在床身8上。当压力油停止供给时，弹簧3将小活塞抬起，立柱底座10即被松开。

第五节　数控机床刀库与机械手换刀

数控机床自动换刀装置结构比较复杂，它由刀库、机械手组成（有时还有中间传递装置）。目前许多坐标数控机床（如加工中心）大多采用这类自动换刀装置。

一、刀库的类型

刀库的功能是储存加工工序所需的各种刀具，并按程序指令，把将要用的刀具准确地送到换刀位置，并接受从主轴送来的已用刀具。刀库的储存量一般在8～64把范围内，多的可达100～200把。

1. 鼓（盘）式刀库

（1）刀具轴线与鼓（盘）轴线平行的鼓式刀库。如图8-90所示，刀具环形排列，分径向、轴向两种取刀形式，其刀座（刀套）结构不同。这种鼓式刀库结构简单，应用较多，适用于刀库容量较少的情况。为增加刀库空间利用率，可采用双环或多环排列刀具的形式，但这样会使鼓（盘）直径增大，导致转动惯量增加，选刀时间较长。

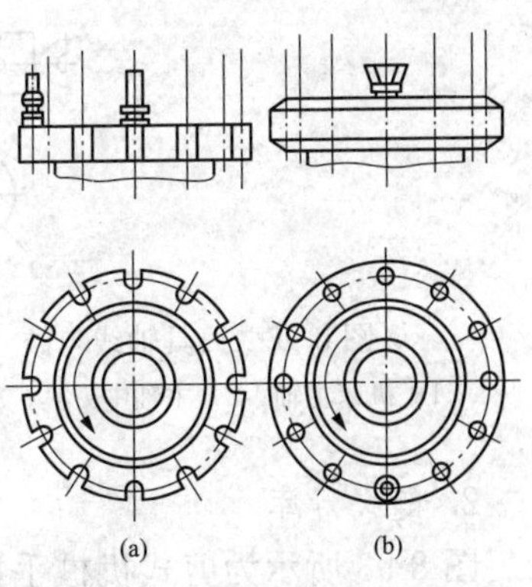

图8-90　刀具轴线与鼓（盘）轴线平行的鼓式刀库
(a) 径向取刀形式；(b) 轴向取刀形式

（2）刀具轴线与鼓（盘）轴线不平行的鼓式刀库。图8-91所示为刀具轴线与鼓（盘）轴线夹角为锐角的刀库。图8-92所示为刀具轴线与鼓（盘）轴线夹角为直角的刀库。这种鼓式刀库占地面积较大，刀库安装位置及刀库容量受限制，应用较少，但应用这种刀库可减少机械手换刀动作，简化机械手结构。

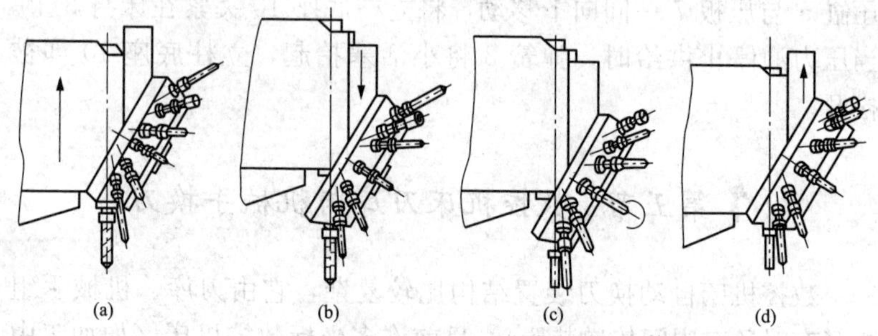

图 8-91　刀具轴线与鼓（盘）轴线夹角为锐角的刀库

（a）退离工件；（b）刀库拔刀；（c）刀库选刀；（d）不平行的鼓式刀库

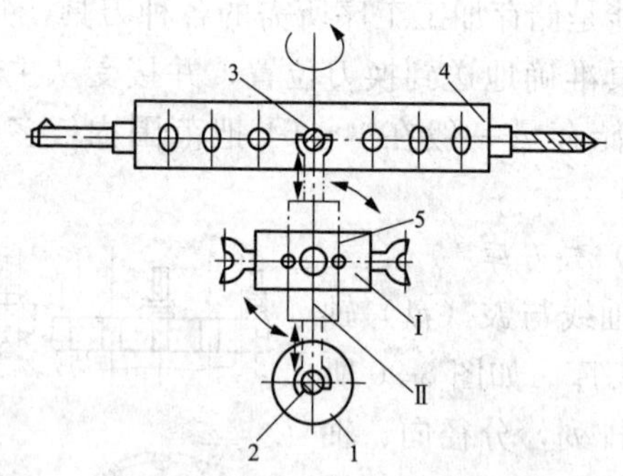

图 8-92　刀具轴线与鼓（盘）轴线夹角为直角的刀库

1—机床主轴；2—主轴中刀具；3—刀库中刀具；4—刀库；5—机械手

2. 链式刀库

图 8-93 所示为剪式机械手换刀链式刀库，其结构较紧凑，通常为轴向换刀。刀库容量较大，链环可根据机床的布局配置成各种形状，也可将换刀位置刀座突出以利换刀，如图 8-94 所示。

一般刀具数量在 30～120 把或更多时，可采用链式刀库。

3. 格子盒式刀库

（1）固定型格子盒式刀库。如图 8-95 所示，刀具分几排直线排列，由纵、横向移动的取刀机械手完成选刀运动，将选取的刀具送到固定的换刀位置刀座上，由换刀机械手交换刀具。由于刀

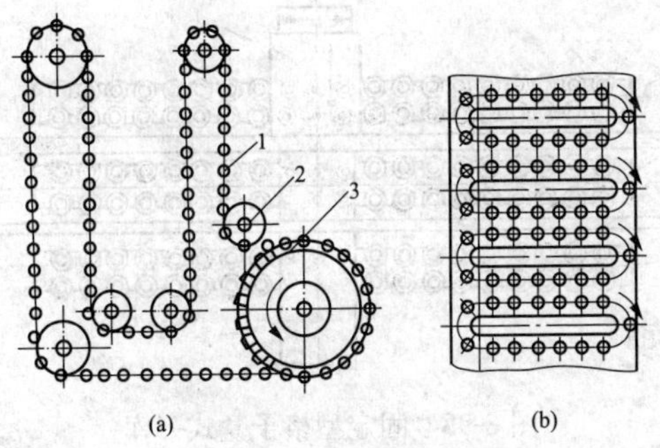

图 8-93　链式刀库

（a）单环链刀库；（b）多环链刀库

1—刀座；2—滚轮；3—主动链轮

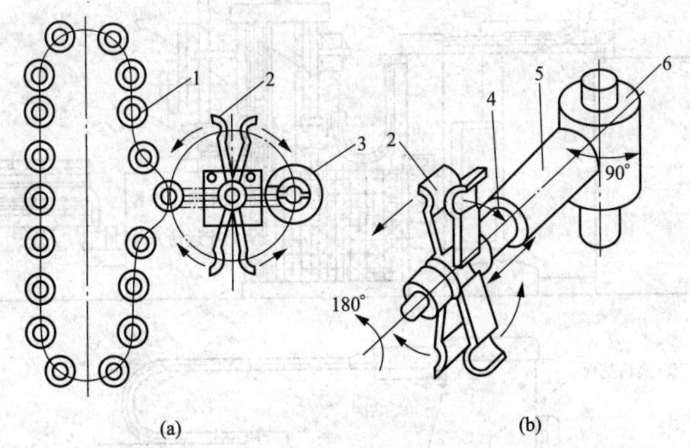

图 8-94　剪式机械手换刀链式刀库

（a）取刀；（b）送刀

1—刀库；2—剪式手爪；3—机床主轴；4—伸缩臂；

5—伸缩与回转机构；6—手臂摆动机构

具排列密集，空间利用率高，刀库容量大。

（2）非固定型格子盒式刀库。如图 8-96 所示。刀库由多个刀匣组成，可直线运动，刀匣可以从刀库中垂向提出。

二、刀库的容量

刀库的容量首先要考虑加工工艺的需要。例如：立式加工中心的主要工艺为钻、铣工艺。统计了 15 000 种工件，按成组技术

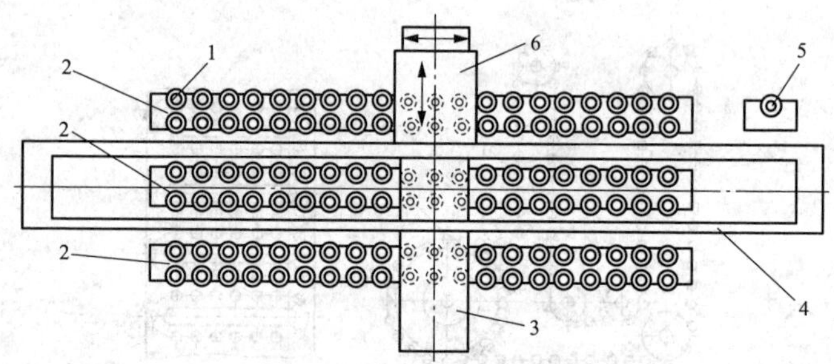

图 8-95　固定型格子盒式刀库

1—刀座；2—刀具固定板架；3—取刀机械手横向导轨；
4—取刀机械手纵向导轨；5—换刀位置刀座；6—换刀机械手

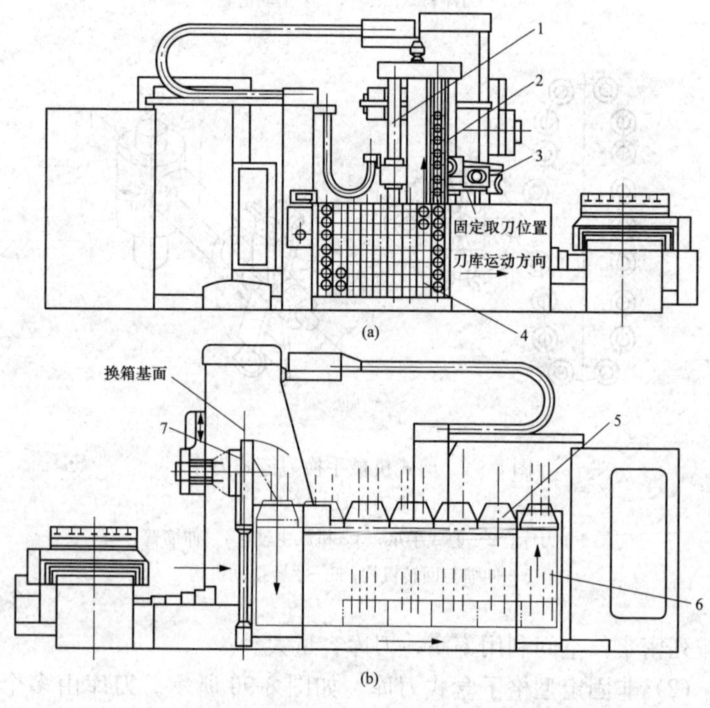

图 8-96　非固定型格子盒式刀库

(a) 机床左视图（自动换刀装置）；(b) 机床右视图（自动换箱装置）
1—导向柱；2—刀匣提升机构；3—机械手；4—格子盒式刀库；
5—主轴箱库；6—主轴箱提升机构；7—换箱翻板

分析，各种加工所必需的刀具数的结果是4把铣刀可完成工件95%左右的铣削工艺，10把孔加工刀具可完成70%的钻削工艺。因此，14把刀的容量就可完成70%以上的工件钻、铣工艺。如果从完成工件的全部加工所需的刀具数目统计，所得结果是80%的工件（中等尺寸，复杂程度一般）完成全部加工任务所需的刀具数在40种以下，所以一般的中、小型立式加工中心配有14～30把刀具的刀库就能够满足70%～95%的工件加工需要。

三、刀库的结构

1. 圆盘式刀库的结构

图8-97所示是JCS—018A型加工中心的盘式刀库结构简图。当数控系统发出换刀指令后，直流伺服电动机1接通，其运动经过十字联轴器2、蜗杆4、蜗轮3传到刀盘14，刀盘带动其上面的16个刀套13转动，完成选刀工作。每个刀套尾部有一个滚子11，当待换刀具转到换刀位置时，滚子11进入拨叉7的槽内。同时气

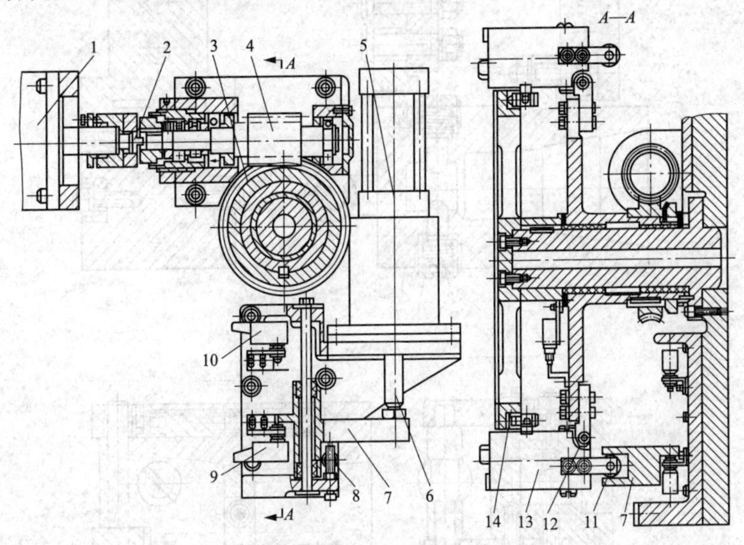

图8-97　JCS—018A刀库结构简图

1—直流伺跟电动机；2—十字联轴器；3—蜗轮；4—蜗杆；5—气缸；6—活塞杆；7—拨叉；8—螺杆；9—位置开关；10—定位开关；11—滚子；12—销轴；13—刀套；14—刀盘

缸 5 的下腔通压缩空气，活塞杆 6 带动拨叉 7 上升，放开位置开关 9，用以断开相关的电路，防止刀库、主轴等有误动作。如图 8-97 右图所示，拨叉 7 在上升的过程中，带动刀套绕着销轴 12 逆时针向下翻转 90°，从而使刀具轴线与主轴轴线平行。

刀库下转 90°后，拨叉 7 上升到终点，压住定位开关 10，发出信号使机械手抓刀。通过图 8-97 左图中的螺杆 8，可以调整拨叉的行程，拨叉的行程决定刀具轴线相对主轴轴线的位置。

刀库的结构如图 8-98 所示，*F*—*F* 剖视图中的件 7 即为图 8-97 中的滚子 11，*E*—*E* 剖视图中的件 6 即为图 8-97 中的销轴 12。刀套 4 的锥孔尾部有两个球头销钉 3。在螺纹套 2 与球头销之间装有弹簧 1，当刀具插入刀套后，由于弹簧力的作用，使刀柄被夹紧。拧动螺纹套，可以调整夹紧力的大小，当刀套在刀库中处于水

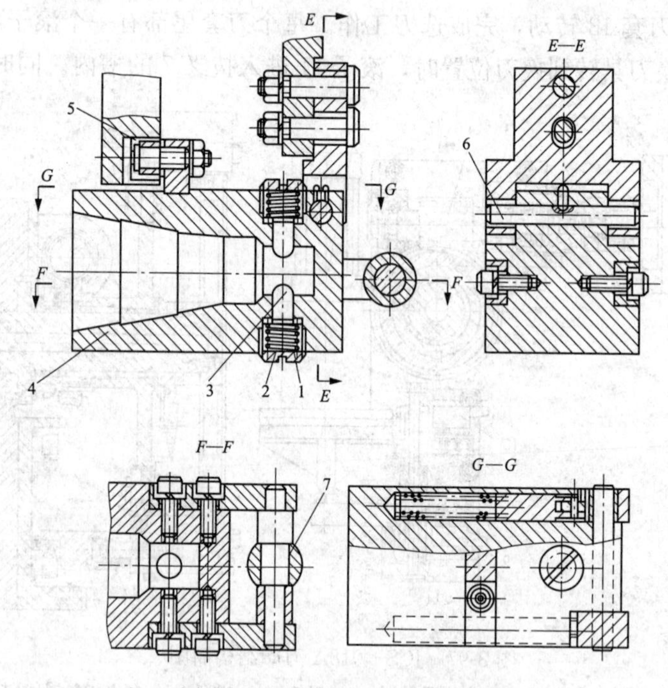

图 8-98 JCS—018A 刀库结构图

1—弹簧；2—螺纹套；3—球头销钉；4—刀套；5、7—滚子；6—销轴

平位置时，靠刀套上部的滚子 5 来支承。

2. 链式刀库的结构

图 8-99 所示是方形链式刀库的典型结构示意，主动链轮由伺服电动机通过蜗轮减速装置驱动（根据需要，还可经过齿轮副传动）。这种传动方式，不仅在链式刀库中采用，在其他形式的刀库传动中也多采用。

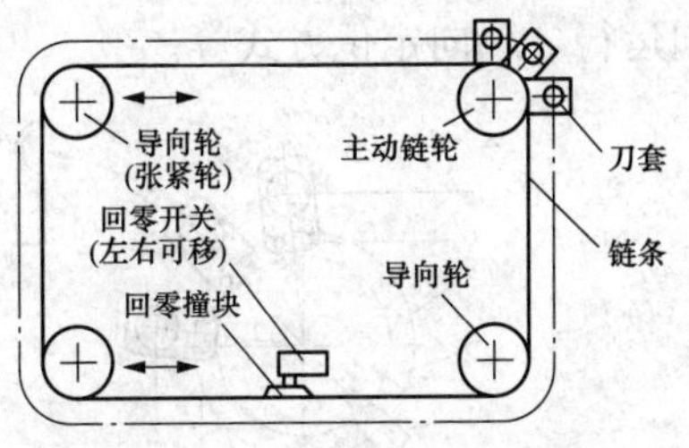

图 8-99　方形链式刀库示意图

导向轮一般做成光轮，圆周表面硬化处理。兼起张紧轮作用的左侧两个导轮，其轮座必须带有导向槽（或导向键），以免松开安装螺钉时轮座位置歪扭，对张紧调节带来麻烦。回零撞块可以装在链条的任意位置上，而回零开关则安装在便于调整的地方。调整回零开关位置，使刀套准确地停在换刀机械手抓刀位置上。这时处于机械手抓刀位置的刀套编号为 1 号，然后依次编上其他刀号。刀库回零时，只能从一个方向回零，至于是顺时针回转回零还是逆时针回转回零，可由机、电设计人员商定。

如果刀套不能准确地停在换刀位置上，将会使换刀机械手抓刀不准，以致在换刀时容易发生掉刀现象。因此，刀套的准停问题将是影响换刀动作可靠性的重要因素之一。为了确保刀套准确地停在换刀位置上，需要采取如下措施。

（1）定位盘准停方式采用液压缸推动的定位销，插入定位盘的定位槽内，以实现刀套的准停。或采用定位块进行刀套定位，如图 8-100 所示，定位盘上的每个定位槽（或定位孔）对应于一个相应的刀套，而且定位槽（或定位孔）的节距要一致。这种准停方式的优点是能有效地消除传动链反向间隙的影响，保护传动链，使其免受换刀撞击力，驱动电动机可不用制动自锁装置。

（2）链式刀库要选用节距精度较高的套筒滚子链和链轮，在将套筒装在链条上时，要用专用夹具定位，以保证刀套节距一致。

（3）传动时要消除传动间隙。消除反向间隙的方法有以下几种：电气系统自动补偿方式；在链轮轴上安装编码器；单头双导程蜗杆传动方式；使刀套单方向运行、单方向定位以及使刀套双向运行，单向定位方式等。

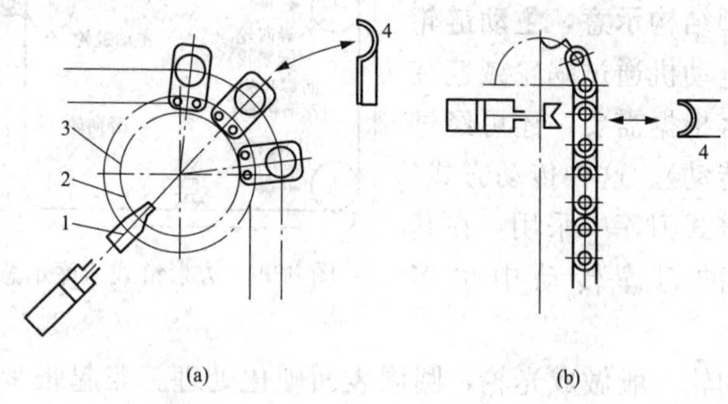

图 8-100　刀套的准停

1—定位插销；2—定位盘；3—链轮；4—手爪

四、刀库的转位

刀库转位机构由伺服电动机通过齿轮 1、2 带动蜗杆 3，通过蜗轮 4 使刀库转动，如图 8-101 所示。蜗杆为右旋双导程蜗杆，可以用轴向移动的方法来调整蜗轮副的间隙。压盖 5 内孔螺纹与套 6 相配合，转动套 6 即可调整蜗杆的轴向位置，也就调整了蜗轮副的间隙，调整好后用螺母 7 锁紧。

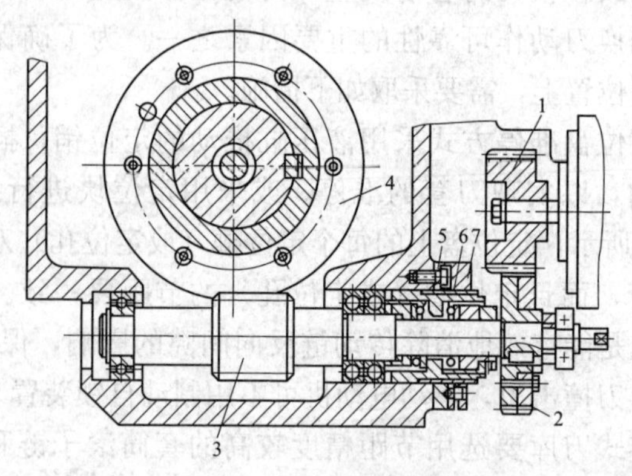

图 8-101　刀库转位机构

1、2—齿轮；3—蜗杆；4—蜗轮；5—压盖；6—套；7—螺母刀库的最大转角为180°，根据所换刀具的位置决定正转或反转，由控制系统自动判别，以使找刀路径最短。每次转角大小由位置控制系统控制，进行粗定位，最后由定位销精确定位。

刀库及转位机构在同一个箱体内，由液压缸实现其移动。图8-102所示为刀库液压缸结构。这种刀库，每把刀具在刀库上的位置是固定的，从哪个刀位取下的刀具，用完后仍然送回到哪个刀位去。

五、刀库的驱动、分度和夹紧机构

国内某机床厂生产的CH6144ATC型车削中心和CH6144FMC车削柔性加工单元的链式刀库可存放16把动力或非动力刀具。这种刀库结构紧凑，可自动沿最短路径换刀，动力刀具数可根据需要扩展，刀具与工件的干涉情况比转塔刀架小，制造成本较低，适用于中、小型车削中心。

图8-103所示为刀具主轴驱动机构。刀具主轴由AC主轴电动机通过两组皮带轮驱动，转速可在16～1600r/min内任意设定。根据加工种类的不同，刀具主轴转速可随程序自动转换，刀具主轴仅在使用动力刀具时旋转。

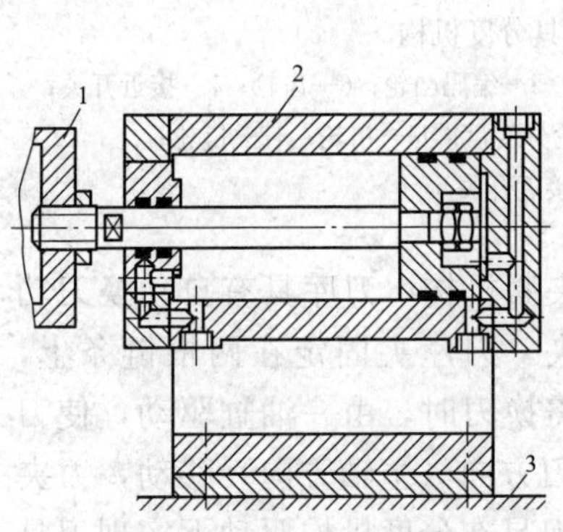

图8-102　刀库液压缸结构

1—刀库；2—液压缸；3—立柱顶面

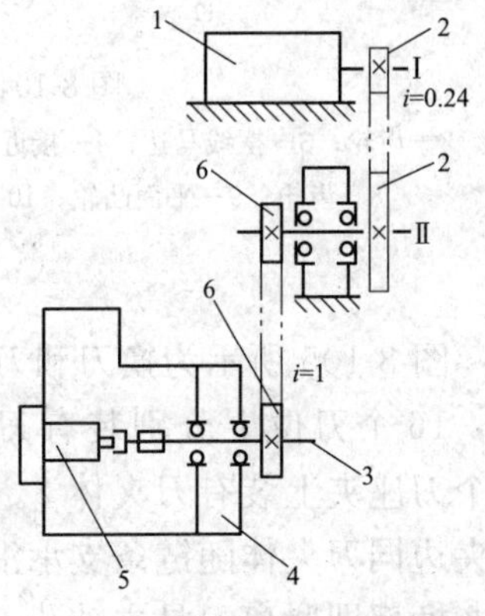

图8-103　刀具主轴驱动机构

1—AC主轴电动机；2—多楔带轮；3—刀具主轴；4—刀具主轴箱；5—刀夹体；6—同步齿形带轮

图 8-104 所示为刀具分度机构，该机构采用平行面共轭凸轮分度，分度速度快，工作平稳可靠。摆线马达 3 驱动齿轮 1、2，带动平面凸轮 9 转动，平面凸轮与凸轮分度盘 10 之间为间歇运动。凸轮分度盘 10 通过链轮 12 使固定在链条上的 10 把刀具转动换位。凸轮分度盘 10 与齿轮 8 同步转动并带动齿轮 6，齿轮 6 与编码凸轮 5 也同步转动。利用一组与编码凸轮一一对应的接近开关 4 检测到的通、断信号，对刀位号进行编码选择。接近开关 14 的作用是发出选通同步信号，使刀库可实现沿最短路径换刀。

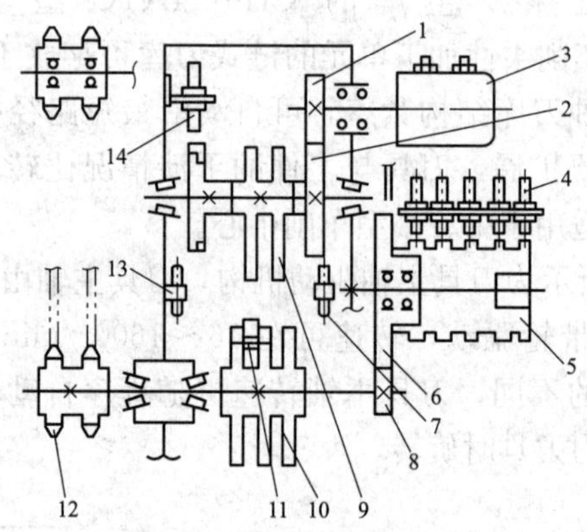

图 8-104　刀具分度机构

1、2—齿轮；3—摆线马达；4—接近开关；5—编码凸轮；6—齿轮；7—接近开关；8—齿轮；9—平面凸轮；10—凸轮分度盘；11—滑轮；12—链轮；13、14—接近开关

图 8-105 所示为换刀和刀具夹紧机构，刀库具有自动换刀功能，16 个刀位上分别装有刀座夹，刀座夹固定在两根链条上，每个刀座夹上装有刀夹体 3。当需换刀时，由一油缸驱动，使刀座夹边同刀夹体随链条支承沿拔刀方向（主轴方向）移动，刀夹体 3 柄部即脱离刀具主轴孔。当刀具在分度机构驱动下实现刀具换位后，再返回链上移动，新更换的刀夹体即可置入刀具主轴孔中。

实现刀具换位后，刀夹体还需处于夹紧状态下才可进入加工

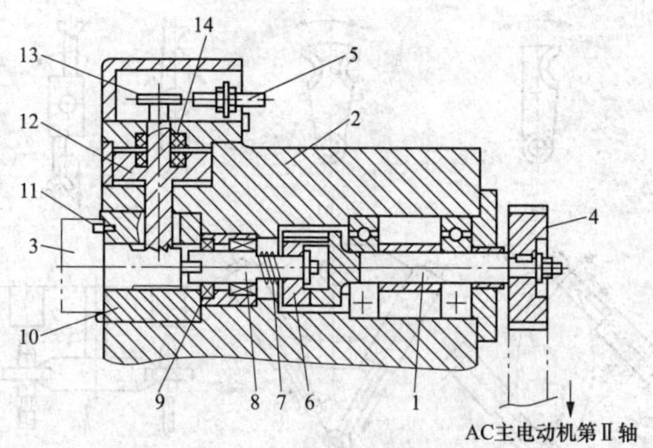

图 8-105　换刀和刀具夹紧机构

1—刀具主轴；2—刀具主轴箱；3—刀夹体；4—同步带轮；5—接近开关；
6—花键套；7—弹簧；8—花键传动轴；9—密封圈；10—刀柄套；
11—刀夹体定位销；12—活塞；13—夹紧定位块；14—碟形弹簧

状态。夹紧动作是由夹紧机构来实现的。

装有动力刀具的刀夹体插入刀具主轴孔后，首先由刀夹体定位销 11 初定位，然后在油缸活塞 12 和碟形弹簧 14 的作用下完成精定位并夹紧。在靠近夹紧定位块的接近开关 5 检测确认已夹紧后，刀具主轴 1 才能启动。在弹簧力的作用下，刀夹体 3 尾部的扁键卡入花键传动轴 8 槽中，刀具开始旋转。对于非动力刀具，刀夹体尾部无扁键，刀具主轴也无须转动。确认夹紧后，机床主轴转动，即可进入加工状态。

六、机械手

采用机械手进行刀具交换的方式应用得最为广泛，这是因为机械手换刀有很大的灵活性，而且可以减少换刀时间。

（一）机械手的形式与种类

在自动换刀数控机床中，机械手的形式也是多种多样的，常见的有如图 8-106 所示的几种形式：

（1）单臂单爪回转式机械手。如图 8-106（a）所示，这种机械手的手臂可以回转不同的角度进行自动换刀，手臂上只有一个夹爪，不论在刀库上或在主轴上，均靠这一个夹爪来装刀及卸刀，

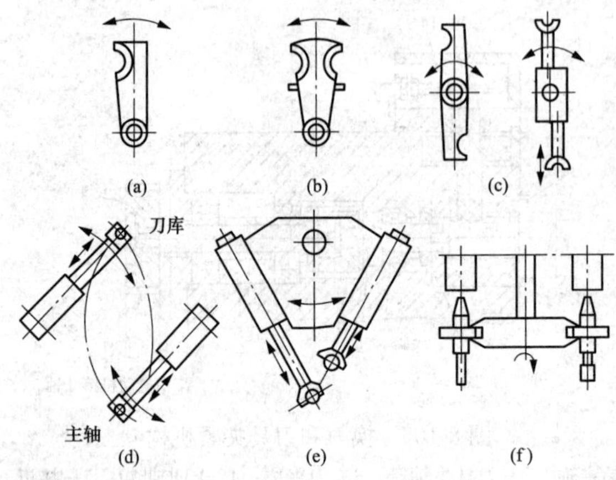

图 8-106 机械手形式

(a) 单臂单爪回转式；(b) 单臂双爪摆动式；(c) 单臂双爪回转式；(d) 双机械手；(e) 双臂往复交叉式；(f) 双臂端面夹紧机械手

因此换刀时间较长。

(2) 单臂双爪摆动式机械手。如图 8-106 (b) 所示，这种机械手的手臂上有两个夹爪，两上夹爪有所分工，一个夹爪只执行从主轴上取下“旧刀”送回刀库的任务，另一个爪则执行由刀库取出“新刀”送到主轴的任务，其换刀时间较上述单爪回转式机械手要少。

(3) 单臂双爪回转式机械手。如图 8-106 (c) 所示，这种机械手的手臂两端各有一个夹爪，两个夹爪可同时抓取刀库及主轴上的刀具，回转 180°后，又同时将刀具放回刀库及装入主轴。换刀时间较以上两种单臂机械手均短，是最常用的一种形式。图 8-106 (c) 中右边的一种机械手在抓取刀具或将刀具送入刀库及主轴时，两臂可伸缩。

(4) 双机械手。如图 8-106 (d) 所示，这种机械手相当于两个单爪机械手，配合起来进行自动换刀。其中一个机械手从主轴上取下“旧刀”送回刀库，另一个机械手由刀库里取出“新刀”装入机床主轴。

(5) 双臂往复交叉式机械手。如图 8-106 (e) 所示，这种机械手的两手臂可以往复运动，并交叉成一定的角度。一个手臂从主轴上取下“旧刀”送回刀库，另一个手臂由刀库取出“新刀”装入主轴。整个机械手可沿某导轨直线移动或绕某个转轴回转，以实现刀库与主轴间的运刀运动。

(6) 双臂端面夹紧机械手。如图 8-106 (f) 所示，这种机械手只是在夹紧部位上与前几种不同，前几种机械手均靠夹紧刀柄的外圆表面以抓取刀具，这种机械手则夹紧刀柄的两个端面。

(二) 常用换刀机械手

1. 单臂双爪式机械手

单臂双爪式机械手也叫扁担式机械手，它是目前加工中心上用得较多的一种。这种机械手的拔刀、插刀动作大都由液压缸来完成。根据结构要求，可以采取液压缸动、活塞固定或活塞动、液压缸固定的结构形式。而手臂的回转动作则通过活塞的运动带动齿条齿轮传动来实现。机械手臂的不同回转角度由活塞的可调行程来保证。

这种机械手采用了液压装置，既要保持不漏油，又要保证机械手动作灵活，而且每个动作结束之前均必须设置缓冲机构，以保证机械手的工作平衡、可靠。由于液压驱动的机械手需要严格的密封，还需较复杂的缓冲机构，故控制机械手动作的电磁阀都有一定的时间常数，因此换刀速度慢。

(1) 机械手的结构与动作过程。图 8-107 所示为 JCS—018A 型加工中心机械手传动结构示意。当前面所述刀库中的刀套逆时针旋转 90°后，压下上行程位置开关，发出机械手抓刀信号。此时，机械手 21 正处在如图所示的位置，液压缸 18 右腔通压力油，活塞杆推着齿条 17 向左移动，使得齿轮 11 转动。如图 8-108 所示，8 为液压缸 15 的活塞杆，齿轮 1、齿条 7 和轴 2 即为图 8-107 中的齿轮 11、齿条 17 和轴 16。连接盘 3 与齿轮 1 用螺钉连接，它们空套在机械手臂轴 2 上，传动盘 5 与机械手臂轴 2 用花键连接，它上端的销子 4 插入连接盘 3 的销孔中，因此齿轮转动时带动机械手臂轴转动，使机械手回转 75°抓刀。抓刀动作结束时，齿条 17 上的挡环 12 压下位置开关 14，发出拔刀信号，于是液压缸 15 的

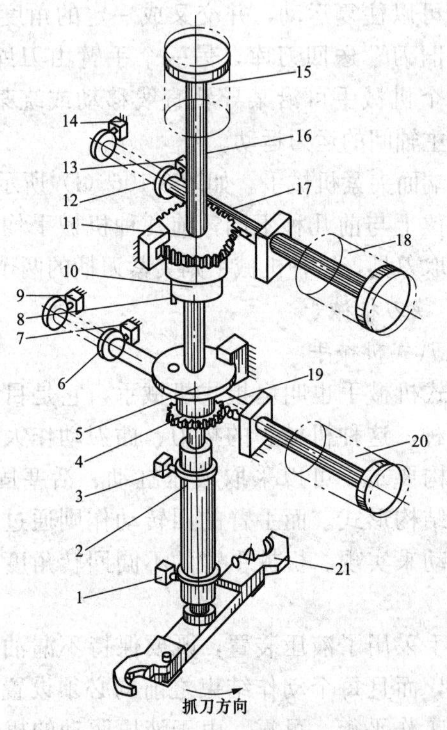

图 8-107　JCS—018A 机械手传动结构示意图

1、3、7、9、13、14—位置开关；2、6、12—挡环；4、11—齿轮；5—连接盘；8—销子；10—传动盘；15、18、20—液压缸；16—轴；17、19—齿条；21—机械手

上腔通压力油，活塞杆推动机械手臂轴 16 下降拔刀。在轴 16 下降时，传动盘 10 随之下降，其下端的销子 8（图 8-108 中的销子 6）插入连接盘 5 的销孔中，连接盘 5 和其下面的齿轮 4 也是用螺钉连接的，它们空套在轴 16 上。当拔刀动作完成后，轴 16 上的挡环 2 压下位置开关 1，发出换刀信号。这时液压缸 20 的右腔通压力油，活塞杆推着齿条 19 向左移动，使齿轮 4 和连接盘 5 转动，通过销子 8，由传动盘带动机械手转 180°，交换主轴上和刀库上的刀具位置。换刀动作完成后，齿条 19 上的挡环 6 压下位置开关 9，发出插刀信号，使液压缸 15 下腔通压力油，活塞杆带着机械手臂轴上升插刀，同时传动盘下面的销子 8 从连接盘 5 的销孔中移出。插刀动作

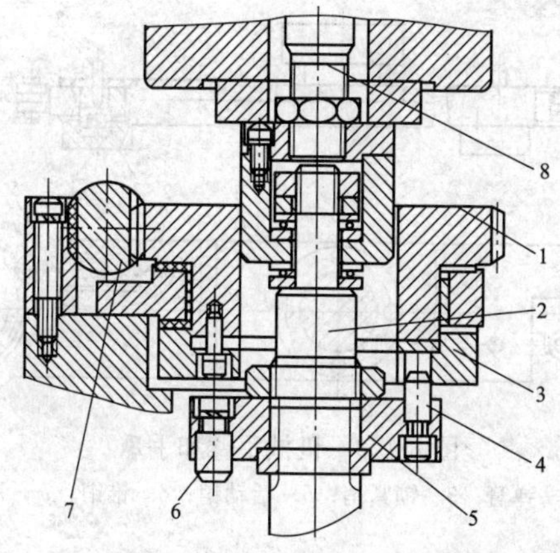

图 8-108　机械手传动结构局部视图

1—齿轮；2—轴；3—连接盘；4、6—销子；5—传动盘；7—齿条；8—活塞杆

完成后，轴 16 上的挡环压下位置开关 3，使液压缸 20 的左腔通压力油，活塞杆带着齿条 19 向右移动复位，而齿轮 4 空转，机械手无动作。齿条 19 复位后，其主挡环压下位置开关 7，使液压缸 18 的左腔通压力油，活塞杆带着齿条 17 向右移动，通过齿轮 11 使机械手反转 75°复位。机械手复位后，齿条 17 上的挡环压下位置开关 13，发出换刀完成信号，使刀套向上翻转 90°，为下次选刀做好准备。

(2) 机械手抓刀部分的结构。图 8-109 所示为机械手抓刀部分的结构，它主要由手臂 1 和固定其两端的结构完全相同的两个手爪 7 组成。手爪上握刀的圆弧部分有一个锥销 6，机械手抓刀时，该锥销插入刀柄的键槽中。当机械手由原位转 75°抓住刀具时，两手爪上的长销 8 分别被主轴前端面和刀库上的挡块压下，使轴向开有长槽的活动销 5 在弹簧 2 的作用下右移顶住刀具。机械手拔刀时，长销 8 与挡块脱离接触，锁紧销 3 被弹簧 4 弹起，使活动销顶住刀具不能后退，这样机械手在回转 180°时，刀具不会被甩出。当机械手上升插刀时，两长销 8 又分别被两挡块压下，锁紧销从活动销的孔中退出，松开刀具，机械手便可反转 75°复位。

近年来，国内外先后研制出凸轮联动式单臂双爪机械手，其

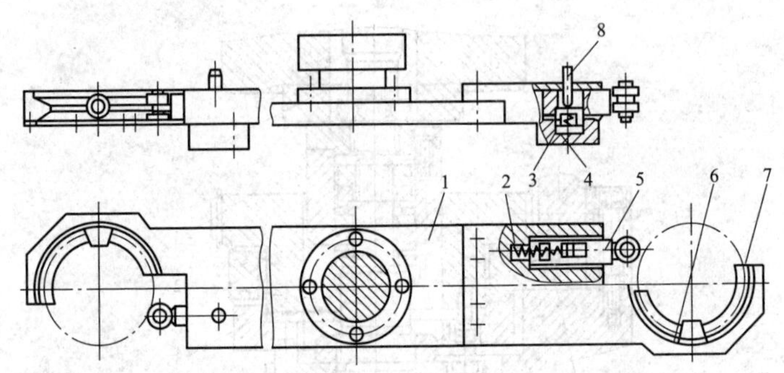

图 8-109　机械手臂和手爪

1—手臂；2、4—弹簧；3—锁紧销；5—活动销；6—锥销；7—手爪；8—长销

工作原理如图 8-110 所示。

这种机械手的优点是：由电动机驱动，不需较复杂的液压系统及其密封、缓冲机构，没有漏油现象，结构简单，工作可靠。同时，机械手手臂的回转和插刀、拔刀的分解动作是联动的，部分时间可重叠，从而大大缩短了换刀时间。

2. 两手呈 180°的回转式单臂双爪机械手

(1) 两手不伸缩的回转式单臂双爪机械手。如图 8-111 所示，这种机械手适用于刀库中刀座轴线与主轴轴线平行的自动换刀装置，机械手回转时不得与换刀位置刀座相邻的刀具干涉。手臂的回转由蜗杆凸轮机构传动，快速可靠，换刀时间在 2s 以内。

(2) 两手伸缩的回转式单臂双爪机械手。如图 8-112 所示，这种机械手也适用于刀库中刀座轴线与主轴轴线平行的自动换刀装置。由于两手可伸缩，缩回后回转，可避免与刀库中其他刀具干涉。由于增加了两手的伸缩动作，因此换刀时间相对较长。

(3) 剪式手爪的回转式单臂双爪机械手。这种机械手是用两组剪式手爪夹持刀柄，故又称剪式机械手。图 8-94 (a) 所示为刀库刀座轴线与机床主轴轴线平行时用的剪式机械手示意图。图 8-94 (b)所示为刀库刀座轴线与机床主轴轴线垂直时用的剪式机械手示意图。与上述剪式机械手不同的是两组剪式手爪分别动作，因此换刀时间较长。

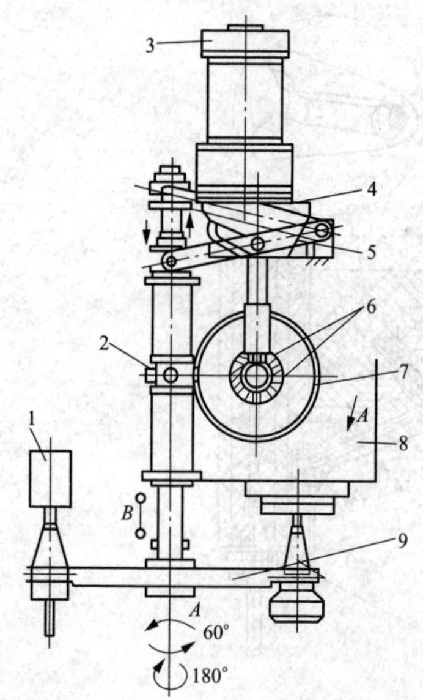

图 8-110　凸轮式换刀机械手工作原理

1—刀套；2—十字轴；3—电动机；4—圆柱槽凸轮（手臂上下）；5—杠杆；6—锥齿轮；7—凸轮滚子（平臂旋转）；8—主轴箱；9—换刀手臂

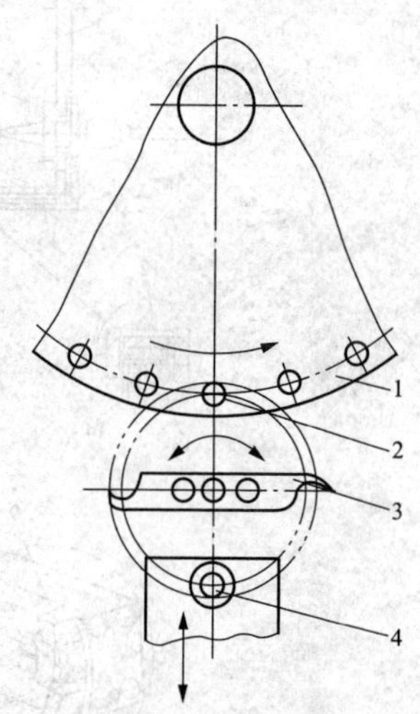

图 8-111　两手不伸缩的回转式单臂双爪机械手

1—刀库；2—换刀位置的刀座；3—机械手；4—机床主轴

3. 两手互相垂直的回转式单臂双爪机械手

图 8-112 所示的机械手用于刀库刀座轴线与机床主轴轴线垂直，刀库为径向存取刀具的自动换刀装置。机械手有伸缩、回转和抓刀、松刀等动作。伸缩动作为液压缸（图中未示出）带动手臂托架 5 沿主轴轴向移动；回转动作为液压缸活塞驱动齿条 2 使与机械手相连的齿轮 3 旋转；抓刀动作为液压驱动抓刀活塞 4 移动，通过活塞杆末端的齿条传动两个小齿轮 10，再分别通过小齿条 14、小齿轮 12、小齿条 13 移动两个手部中的抓刀动块 7，抓刀动块上的销子 8 插入刀具颈部后法兰上的对应孔中，抓刀动块 7 与抓刀定块 9 撑紧在刀具颈部两法兰之间；松刀动作为换刀后在弹簧 11 的作用下，抓刀动块松开及销子 8 退出。

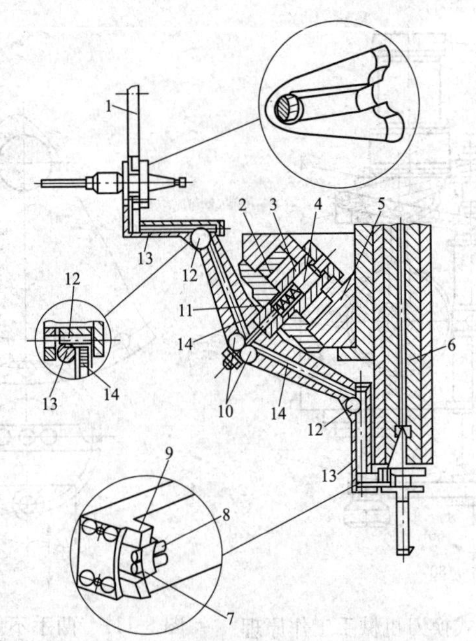

图 8-112　两手互相垂直的回转式单臂双爪机械手

1—刀库；2—齿条；3—齿轮；4—抓刀活塞；5—手臂托架；6—机床主轴；7—抓刀动块；8—销子；9—抓刀定块；10、12—小齿轮；11—弹簧；13、14—小齿条

4. 两手平行的回转式单臂双爪机械手

如图 8-113 所示，由于刀库中刀具的轴线与机床主轴轴线方向垂直，故机械手需有三个动作：沿主轴轴线移动（Z 向），进行主轴的插拔刀；绕垂直轴作 90°摆动（S_1 向），完成主轴与刀库间的刀具传递；绕水平轴作 180°回转（S_2 向），完成刀具交换。抓刀、松刀动作如图 8-114 所示，机械手有两对手爪，由液压缸 1 驱动夹紧和松开。液压缸 1 驱动手爪外伸时（见图中上部手爪），支架上的导向槽 2 拨动销子 3，使该对手爪绕销轴 4 摆动，手爪合拢实现抓刀动作。液压缸驱动手爪回缩时（见图中下部手爪），支架上的导向槽 2 使该对手爪放开，实现松刀动作。

5. 双手交叉式机械手

图 8-115 所示为手臂座移动的双手交叉式机械手，其换刀动作

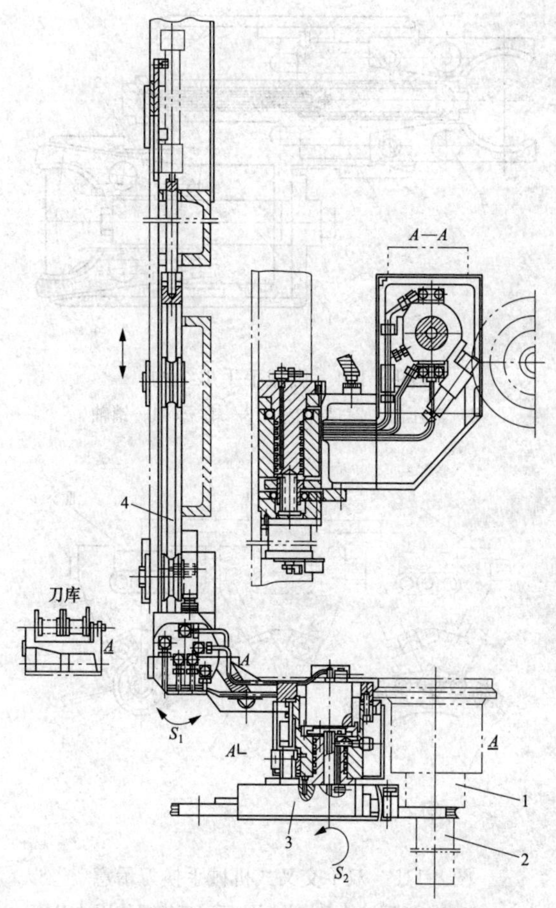

图 8-113　两手平行的回转式单臂双爪机械手
1—主轴；2—刀具；3—机械手；4—刀库链

过程如下。

(1) 机械手移动到机床主轴处卸、装刀具。卸刀手 7 伸出，抓住主轴 1 中的刀具 3，手臂座 4 沿主轴轴向前移，拔出刀具 3，卸刀手 7 缩回；装刀手 6 带着刀具 2 前伸到对准主轴；手臂座 4 沿主轴轴向后退，装刀手 6 把刀具 2 插入主轴；装刀手缩回。

(2) 机械手移动到刀库处送回卸下的刀具，并选取继续加工

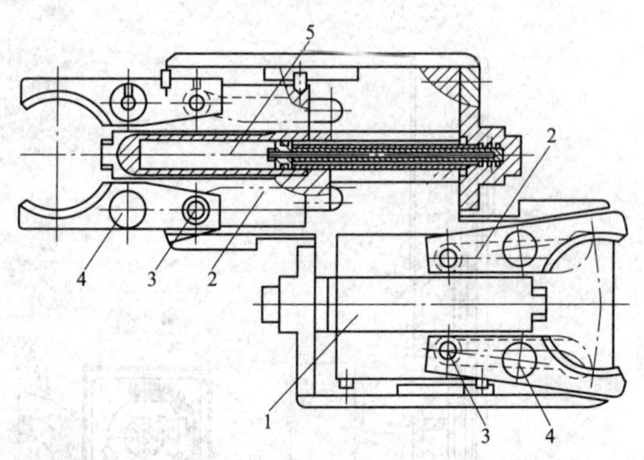

图 8-114　机械手手爪结构

1—液压缸；2—导向槽；3—销子；4—销轴

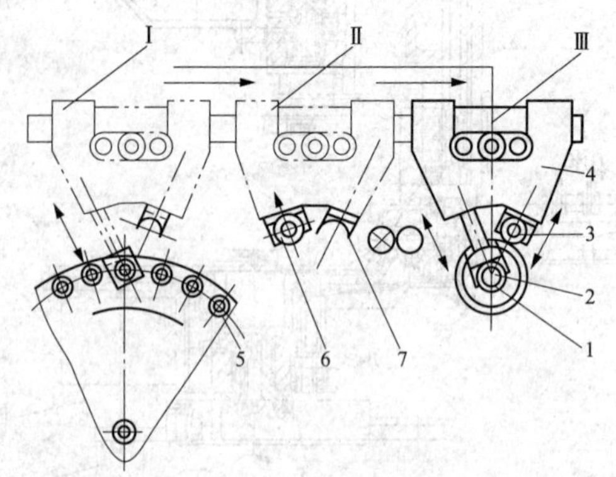

图 8-115　双手交叉式机械手换刀示意

Ⅰ—向刀库归还用过的刀具并选取下一工序要使用的刀具；
Ⅱ—等待与主轴交换刀具；Ⅲ—完成主轴的刀具交换；
1—主轴；2—装上的刀具；3—卸下的刀具；
4—手臂座；5—刀库；6—装刀手；7—卸刀手

所需的刀具（这些动作可在机床加工时进行），手臂座 4 横移至刀库上方位置Ⅰ并轴向前移；卸刀手 7 前伸使刀具 3 对准刀库空刀座；手臂座后退，卸刀手 7 把刀具 3 插入空刀座；卸刀手缩回。刀库的选刀运动与上述动作相同，选刀后，横移到等待换刀的中间位置Ⅱ。如果采用跟踪记忆任选刀具的方式，则上述动作应改为：

手臂座4横移至刀库上方位置Ⅰ；装刀手6前伸抓住新刀具；手臂座前移拔刀；装刀手6缩回；卸刀手7前伸使刀具3对准空刀座；手臂座后退，卸刀手把刀具3插入空刀座；卸刀手缩回，刀库作选刀运动使继续加工所需刀具转至换刀位置，手臂座横移到等待换刀的中间位置Ⅱ。

这类机械手适用于距主轴较远、容量较大、落地分置式刀库的自动换刀装置。由于向刀库归还刀具和选取刀具均可在机床加工时进行，故换刀时间较短。

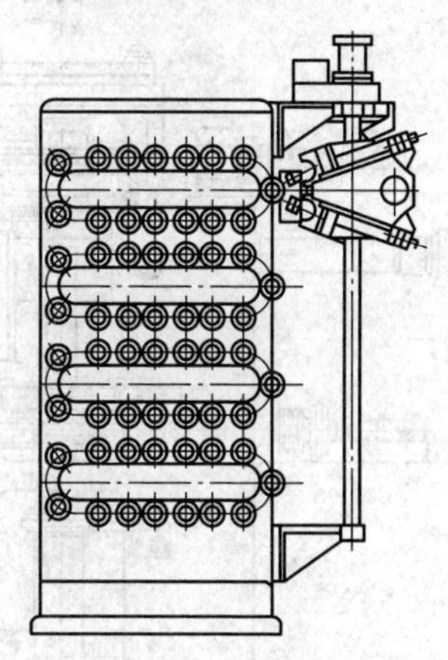

图8-116　双臂单爪交叉机械手

6. 双臂单爪交叉型机械手

由北京某单位开发和生产的JCS013卧式加工中心所用换刀机械手就是双臂单爪交叉型机械手，如图8-116所示。

（三）机械手的驱动机构

图8-117所示为机械手的驱动机构。升降气缸1通过杆6带动机械手臂升降。当机械手在上边位置时（图示位置），液压缸4通过齿条2、齿轮3、传动盘5、杆6带动机械手臂回转。当机械手在下边位置时，气缸7通过齿条9、齿轮8、传动盘5和杆6带动手臂回转。

（四）机械手手爪形式

（1）钳形手爪。钳形手爪的杠杆手爪如图8-118所示，图中的锁销2在弹簧（图中未画出）作用下，其大直径外圆顶着止退销3，杠杆手爪6就不能摆动张开，手中的刀具就不会被甩出。当抓刀和换刀时，锁销2被装在刀库主轴端部的撞块压回，止退销3和杠杆手爪6就能够摆动，放开，刀具9便能装入和取出，这种手爪均为直线运动抓刀。

（2）刀库夹爪。刀库夹爪既起着刀套的作用，又起着手爪的作用，图8-119所示为刀库夹爪结构。

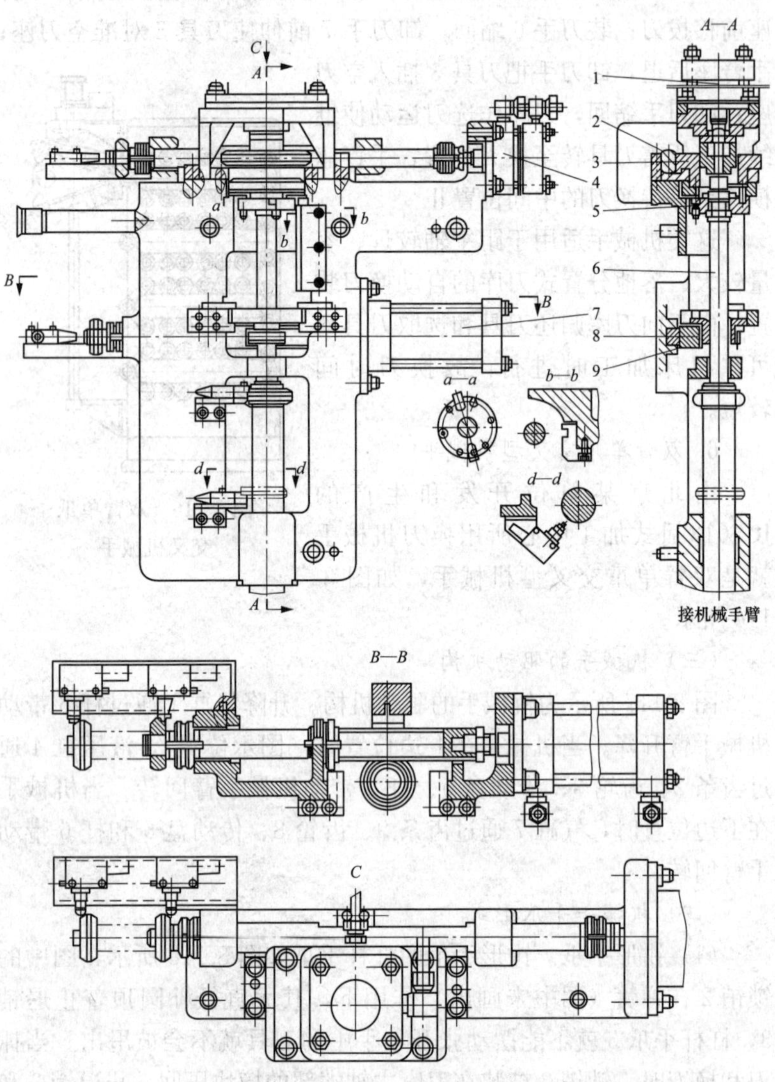

图 8-117　机械手的驱动机构

1—升降气缸；2、9—齿条；3、8—齿轮；4—液压缸；5—传动盘；6—杆；7—转动气缸

七、机械手换刀

采用机械手进行刀具交换的方式应用得最为广泛，这是因为

机械手换刀有很大的灵活性，而且可以减少换刀时间。机械手的结构形式是多种多样的，因此换刀运动也有所不同。下面以卧式镗铣加工中心为例说明采用机械手换刀的工作原理。

该机床采用的是链式刀库，位于机床立柱左侧。由于刀库中存放刀具的轴线与主轴的轴线垂直，故而机械手需要三个自由度。机械手沿主轴轴线的插拔刀动作，由液压缸来实现；绕竖直轴 90°的摆动进行刀库与主轴间刀具的传送，由液压马达实现；绕水平轴旋转 180°完成刀库与主轴上的刀具交换的动作，也由液压马达实现。其换刀分解动作如图 8-120（a）～（f）所示。

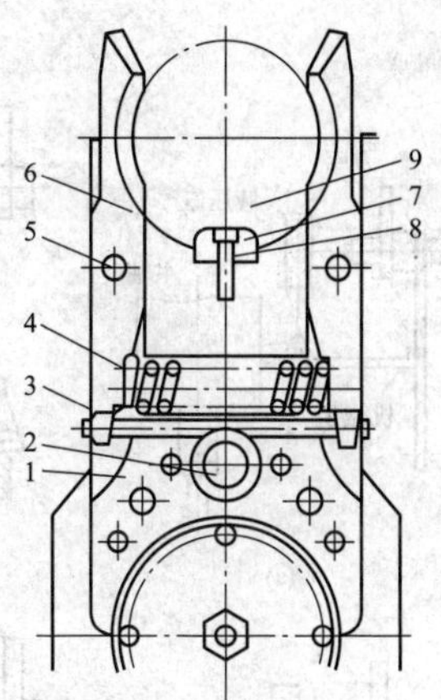

图 8-118　钳形机械手手爪

1—手臂；2—锁销；3—止退销；4—弹簧；5—支点轴；6—手爪；7—键；8—螺钉；9—刀具

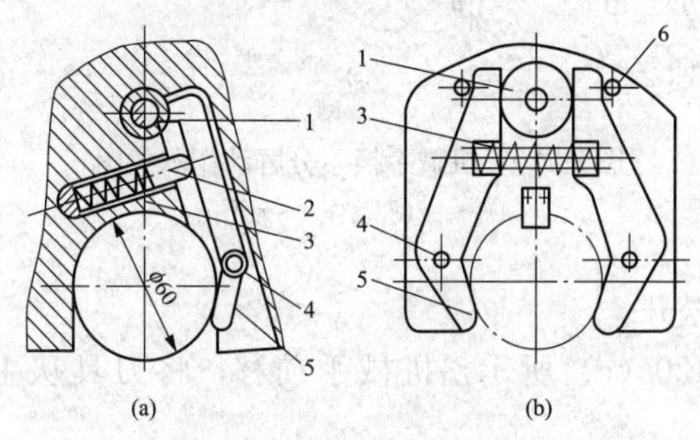

图 8-119　刀库夹爪结构

(a) 单爪；(b) 双爪

1—锁销；2—顶销；3—弹簧；4—支点轴；5—手爪；6—挡销

如图 8-120（a）所示，抓刀爪伸出，抓住刀库上的待换刀具，刀库刀座上的锁板拉开。

如图 8-120（b）所示，机械手带着待换刀具绕竖直轴逆时针方向转 90°，与主轴轴线平行，另一个抓刀爪抓住主轴上的刀具，

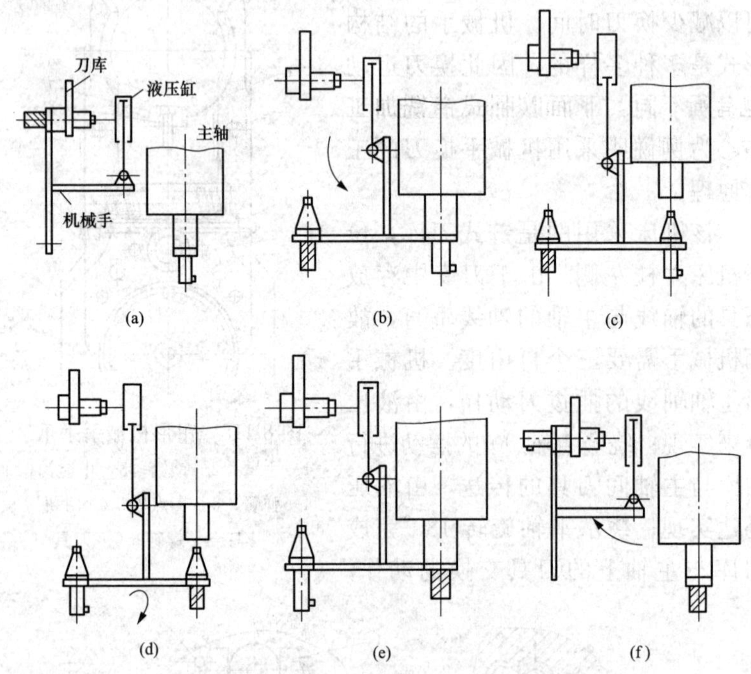

图 8-120　机械手换刀分解动作示意图

(a)～(f) 动作 1～动作 6

主轴将刀杆松开。

如图 8-120（c）所示，机械手前移，将刀具从主轴锥孔内拔出。

如图 8-120（d）所示，机械手绕自身水平轴转 180°，将两把刀具交换位置。

如图 8-120（e）所示，机械手后退，将新刀具装入主轴，主轴将刀具锁住。

如图 8-120（f）所示，抓刀爪缩回，松开主轴上的刀具。机械手竖直轴顺时针转 90°，将刀具放回刀库的相应刀座上，刀库上的锁板合上。

最后，抓刀爪缩回，松开刀库上的刀具，恢复到原始位置。

八、刀库方式自动换刀装置的换刀动作及常用机构

1. 刀库方式自动换刀装置的换刀动作及分类

自动换刀装置实现自动换刀的换刀动作分类及常用机构见表 8-25。为了达到快速和可靠的目的，这些动作在设计时应满足三点要求：①运动平稳、无冲击，即最大加速度和最大速度要小；②各相邻动作可重叠者，要按其规律尽量多重叠；③各个动作要可靠。

2. 刀库方式自动换刀装置常用机构及选择

为了实现自动换刀装置的功能，可以通过电、液、气、机联合实现需要的动作，目前的自动换刀装置一般通过各种机械机构实现主要动作，表 8-25 列出了实现其动作采用的机械机构及其实际应用机床。

表 8-25　刀库方式自动换刀装置的换刀动作分类及常用机构

<table>
<tr><th>动作类型</th><th>具体动作名称</th><th>常用机构</th><th>附加机构或装置</th><th>加工中心与车削中心应用实例</th></tr>
<tr><td rowspan="6">直线运动动作</td><td rowspan="2">拔刀动作</td><td>平面摆杆凸轮机构</td><td rowspan="2">一般不用</td><td>MCV510（秦川机床集团有限公司），TH5540（北京第三机床厂），KT1300V、KT1400V、XH715B（北京机床研究所）</td></tr>
<tr><td>圆柱摆杆凸轮机构</td><td>THY5640（中捷机床有限公司）</td></tr>
<tr><td rowspan="2">插刀动作</td><td>平面摆杆凸轮机构</td><td rowspan="2">一般不用</td><td>KT1300V、KT1400V、XH715B（北京机床研究所）、MCV510（秦川机床集团有限公司）、TH5540（北京第三机床厂）</td></tr>
<tr><td>圆柱摆杆凸轮机构</td><td>THY5640（中捷机床有限公司）</td></tr>
<tr><td rowspan="2">主轴松刀动作</td><td>平面摆杆凸轮机构</td><td rowspan="2">可附加杠杆机构</td><td>—</td></tr>
<tr><td>平面推杆凸轮机构</td><td>THY5640（中捷机床有限公司）</td></tr>
</table>

续表

动作类型	具体动作名称	常用机构	附加机构或装置	加工中心与车削中心应用实例
直线运动动作	刀套松刀动作	平面摆杆凸轮机构	一般不用	KT1300V、KT1400V、XH715B（北京机床研究所）
		平面推杆凸轮机构		—
	刀库移动动作	平面摆杆凸轮机构	一般不用	—
		槽轮机构	需附加齿条机构	—
		圆柱分度凸轮机构		—
回转运动动作	刀套翻转动作	平面摆杆凸轮机构	可附加直线位移机构	KT1300V、KT1400V、XH715B（北京机床研究所）、MCV510（秦川机床集团有限公司）、TH5540（北京第三机床厂）
		平面推杆凸轮机构	一般不用	—
	机械手回转抓刀动作	弧面分度凸轮机构	可附加齿轮放大机构	MCV510（秦川机床集团有限公司）、TH5540（北京第三机床厂）
		圆柱分度凸轮机构		—
		平行轴分度凸轮机构		—
		平面摆杆凸轮机构	需附加齿条机构	THY5640（中捷机床有限公司）
		平面推杆凸轮机构		—
	机械手回转新、旧刀交换动作	弧面分度凸轮机构	可附加齿轮放大机构	KT1300V、KT1400V、XH715B（北京机床研究所）、MCV510（秦川机床集团有限公司）、TH5540（北京第三机床厂）

续表

动作类型	具体动作名称	常用机构	附加机构或装置	加工中心与车削中心应用实例
回转运动动作	机械手回转新、旧刀交换动作	圆柱分度凸轮机构	需附加齿条机构或齿轮放大机构	—
		平行轴分度凸轮机构		—
		平面摆杆凸轮机构		—
		槽轮机构		THY5640（中捷机床有限公司）
		平面推杆凸轮机构		—
	机械手回转归位动作	弧面分度凸轮机构	可附加齿轮放大机构	—
		圆柱分度凸轮机构		KT1300V、KT1400V、XH715B（北京机床研究所）、MCV510（秦川机床集团有限公司）、TH5540（北京第三机床厂）
		平行轴分度凸轮机构		—
		平面摆杆凸轮机构	需附加齿条机构	THY5640（中捷机床有限公司）
		平面推杆凸轮机构		—
	刀库摆动动作	连杆机构	一般不用	ARROW500（辛辛那提·米拉克龙公司）
	刀库（或刀架、转塔）选刀动作	弧面分度凸轮机构	可附加齿轮放大机构	KT1300V、KT1400V、XH715B（北京机床研究所）、MCV510（秦川机床集团有限公司）、TH5540（北京第三机床厂）
		圆柱分度凸轮机构		CK3263 数控车床，GF圆盘式刀库
		槽轮机构		QUICKRAW ATC（美国SUMMIT公司）
		余摆线机构		—

九、机械手与刀库的维护

刀库与换刀机械手是数控机床的重要组成部分，应注意加强维护。

（1）严禁把超重、超长、非标准的刀具装入刀库，防止在机械手换刀时掉刀或刀具与工件、夹具等发生碰撞。

（2）采取顺序选刀方式的机床必须注意刀具放置在刀库上的顺序是否正确。其他的选刀方式也要注意所换刀具号是否与所需刀具一致，防止换错刀具导致事故发生。

（3）用手动方式往刀库上装刀时，要确保放置到位、牢固，同时还要检查刀座上锁紧装置是否可靠。

（4）刀库容量较大时，重而长的刀具在刀库上应均匀分布，避免集中于一段，否则易造成刀库的链带拉得太紧，变形较大，并且可能有阻滞现象，使换刀不到位。

（5）刀库的链带不能调得太松，否则会有“飞刀”的危险。

（6）经常检查刀库的回零位置是否正确，机床主轴回换刀点的位置是否到位，发现问题应及时调整，否则不能完成换刀动作。

（7）要注意保持刀具刀柄和刀套的清洁，严防异物进入。

（8）开机时，应先使刀库和换刀机械手空运行，检查各部分工作是否正常，特别是各行程开关和电磁阀能否正常动作。检查机械手液压系统的压力是否正常，刀具在机械手上锁紧是否可靠，发现异常时应及时处理。

十、无机械手换刀

无机械手换刀的方式是利用刀库与机床主轴的相对运动实现刀具交换。XH754 型卧式加工中心就是采用这类刀具交换装置的实例。

该机床主轴在立柱上可以沿 Y 轴方向上下移动，工作台横向运动为 Z 轴，纵向移动为 X 轴。鼓轮式刀库位于机床顶部，有 30 个装刀位置，可装 29 把刀具。换刀过程如图 8-121 所示。

（1）加工工步结束后执行换刀指令，主轴实现准停，主轴箱沿 Y 轴上升。这时机床上方刀库的空挡刀位正好处在交换位置，装夹刀具的卡爪打开，如图 8-121（a）所示。

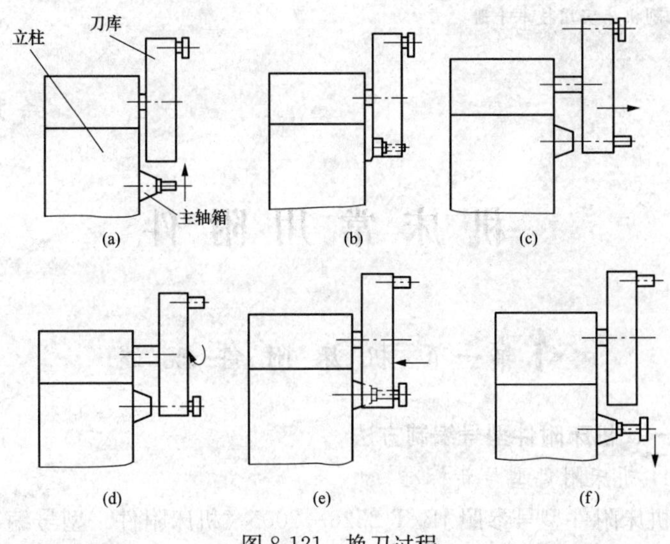

图 8-121 换刀过程

(a)～(f) 过程 1～过程 6

(2) 主轴箱上升到极限位置，被更换刀具的刀杆进入刀库空刀位，即被刀具定位卡爪钳住，与此同时，主轴内刀杆自动夹紧装置放松刀具，如图 8-121（b）所示。

(3) 刀库伸出，从主轴锥孔中将刀具拔出，如图 8-121（c）所示。

(4) 刀库转出，按照程序指令要求将选好的刀具转到最下面的位置，同时，压缩空气将主轴锥孔吹净，如图 8-121（d）所示。

(5) 刀库退回，同时将新刀具插入主轴锥孔。主轴内有夹紧装置将刀杆拉紧，如图 8-121（e）所示。

(6) 主轴下降到加工位置后启动，开始下一工步的加工，如图 8-121（f）所示。

这种换刀机构不需要机械手，结构简单、紧凑。由于交换刀具时机床不工作，所以不会影响加工精度，但会影响机床的生产率。同时因刀库尺寸限制，装刀数量不能太多。这种换刀方式常用于小型加工中心。

第九章

机床常用附件

第一节 机床附件概述

一、机床附件型号编制方法

1. 机床附件型号新标准

机床附件型号参照JB/T 2326—2005《机床附件　型号编制方法》，该标准是对JB/T 2326—1994《机床附件　型号编制方法》、JB/T 2814—1993《槽系列组合夹具元件　分类编号规则》、JB/T 7449—1994《槽系列组合冲模元件　分类编号规则》和JB/T 8335—1996《孔系列组合夹具元件　分类编号规则》的修订。

该标准规定了机床附件型号编制的一般规定、表示方法及管理办法，适用于批量生产的机床附件产品，单件生产、一次性生产和特殊订货的产品宜参考采用。

本章只对机床专用附件作介绍和说明，其他有关通用和专用夹具，如：顶尖与夹头，卡盘与吸盘等，只作简单说明，槽系、孔系组合夹具等。

该标准与JB/T 2326—1994相比，主要变化如下：

（1）增加了类代号H（组合夹具类）。

（2）增加了P类的过滤排屑器组和变动了机床卡具，而与防护罩合为一体。

（3）增加了几个指定产品的结构代号：钻夹头的代号H、M、L；固定顶尖与变径套的代号N、P、Q；吸盘的代号M、F、T、Z；盘丝卡盘的代号A、B、C；楔式动力卡盘的代号A、B、C、L、Q、R；铣头的代号L。

2. 机床附件型号编制方法

(1) 一般规定。

1) 机床附件型号按类、组、系划分，每类产品分为 10 个组，每组又分为 10 个系（即系列）。类、组、系划分仅作以下原则规定：

a) 工作状态、基本用途相同或相近的机床附件为同一类，但“其他类”除外（下面“组系”亦然；

b) 同一类机床附件，结构、性能或使用范围有共性者为同一组；

c) 同一组机床附件，主参数成系列、基本结构及布局大致相同者为同一系列。

2) 机床附件型号由汉语拼音字母、阿拉伯数字及必要的间隔符号组成。

(2) 型号组成及名称。

1) 通行方式。通行方式如图 9-1 所示。

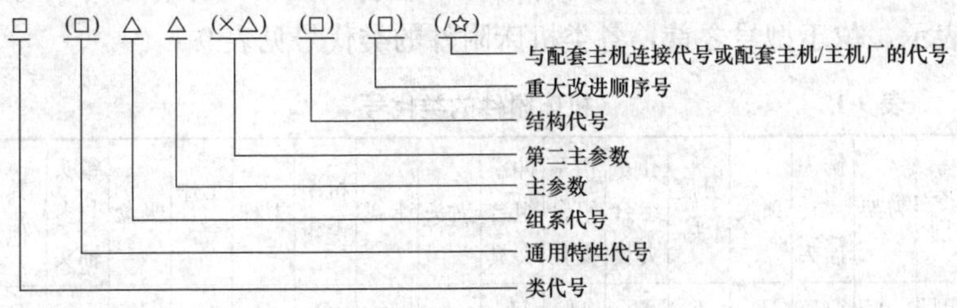

图 9-1　机床附件型号通行方式

2) 组合夹具的方式。组合夹具的方式如图 9-2 所示。对上述各代号，作如下简要的规定性说明：

a) 带括号“（　）”的代号或数字，若无内容则删去，反之则去掉括号；

b)“□”符号者为大写汉语拼音字母；

c)“△”符号者为阿拉伯数字；

d)“×”和“/”为间隔符号，必要时“/”可变通为“—”；

e)“☆”符号者一般为汉语拼音字母和/或阿拉伯数字组成的

特定含义的代号；

f）主机厂的代号可参考GB/T 15375—2008《机床型号　编制方法》有关规定，或与有关方协商。

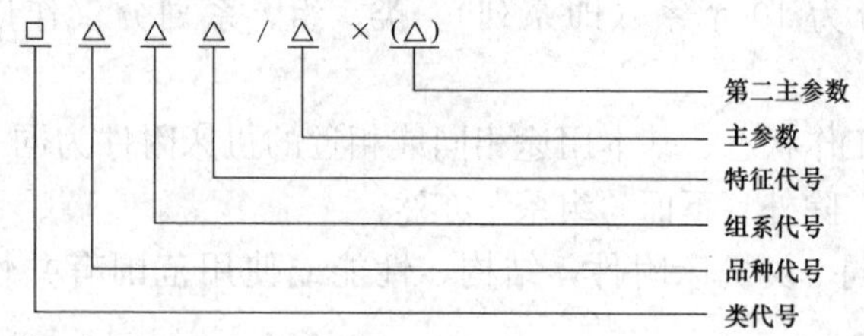

图9-2　机床附件型号组合夹具方式

（3）类代号。机床附件按工作状态和基本用途分为刀架、铣头与插头、顶尖、分度头、组合夹具（又分三类）、夹头、卡盘、机用虎钳、刀杆、工作台、吸盘、镗头与多轴头和其他机床附件，共15类。

类代号用大写的汉语拼音字母（组合夹具下角标有小写字母）表示，位于型号之首，各类机床附件的类代号见表9-1。

表9-1　机床附件的类代号

类别	刀架	铣头与插头	顶尖	分度头	孔系组合夹具	槽系组合夹具	冲模组合夹具	夹头	卡盘	机用虎钳	刀杆	工作台	吸盘	镗头与多轴头	其他
代号	A	C	D	F	H_k	H_c	H_m	J	K	Q	R	T	X	Z	P

（4）通用特性代号。机床附件的通用特性代号用大写的汉语拼音字母表示，位于类代号之后。型号中，一般只表示一个主要的通用特性。通用特性代号见表9-2。

表9-2　机床附件通用特性代号

通用特性	高精度	精密	电动	液压	气动	光学	数显	数控	强力	模块
代　号	G	M	D	Y	Q	P	X	K	S	T

（5）组系代号。机床附件的组、系代号分别用一位阿拉伯数字表示，组代号在前，系代号在后，它们位于通用特性代号之后。

各类机床附件的组、系代号参见附录C，表中空缺的组、系（包括主参数等），可随产品的发展、成熟定型后填补，由型号管理部门统一办理。

（6）主参数和第二主参数。

1）主参数和第二主参数均用阿拉伯数字表示，位于组系代号之后。主参数与第二主参数之间用间隔符号“×”分开。

2）主参数和第二主参数应符合相关规定，其计量单位应采用法定计量单位，长度一般采用毫米（mm），力一般采用牛（顿）(N)。

（7）结构代号。

1）同一组系的机床附件，当主参数相同，而结构不同时，可采用结构代号加以区分；结构代号用汉语拼音字母L至Z的13个字母（O、X除外，以免与数字“0”和符号“×”相混淆），即按顺序为L、M、N、P、Q、R、S、T、U、V、W、Y和Z来表示；结构代号位于第二主参数之后。

2）结构代号位置由某些指定字母出现在型号中，且有特定含义的，如顶尖类产品规定M代表以米制圆锥号作为参数时，又如钻夹头类产品，规定H、M、L分别代表重型、中型和轻型三种情况时，指定的这些字母均不能作为该系列产品一般意义上的结构代号（或重大改进顺序号），但仍可有其他字母作为结构代号。

3）结构代号在同类同组系机床附件中应尽可能地具体统一含义，型号管理部门应予以足够重视和控制，并及时公布已经确定的结构代号。

目前已公布的机床附件结构代号见表9-3。

表9-3　机床附件结构代号一览表

类	组系	机床附件名称	代号	特定含义	备注
J	0X 1X 2X 3X	钻夹头	H	重型	
			M	中型	
			L	轻型	

续表

类	组系	机床附件名称	代号	特定含义	备注
D		顶尖	M	米制圆锥号	
	1X	固定顶尖	N	7∶24 圆锥	
			P	1∶7 圆锥	
			Q	1∶10 圆锥	
R	5X	变径套	N	7∶24 圆锥	
			P	1∶7 圆锥	
			Q	1∶10 圆锥	
X		吸盘 （描述磁极）	M	密极	指圆形台面
			F	放射状	
			T	条状	
			Z	纵条状	指矩形台面
C	11 31	铣头	L	矩形导轨	
K	1X 等	盘丝式自定心卡盘	A	键、槽配合型分离爪	
			B	枣弧形卡爪、三块爪	
			C	窄形键、槽配合型分离爪	
	5X	楔式动力卡盘	A	90°梳齿分离爪（硬）	
			B	键、槽配合型分离爪（软）	
			C	90°梳齿分离爪（软）	
			L	键、槽配合型分离爪（硬）	
			Q	60°梳齿分离爪（硬）	
			R	60°梳齿分离爪（软）	

（8）重大改进顺序号。同一组系的机床附件，主参数相同，性能/结构必须有重大改进提高，且经重新设计、试制和鉴定，方可选用重大改进顺序号。

重大改进顺序号用大写的汉语拼音字母表示，位于结构代号之后，并以出型先后按A至K的10个字母（I除外，以免与数字“1”相混淆），即A、B、C、D、E、F、G、H、J、K的顺序选用。

（9）与配套主机的连接代号。当前需要表示与配套主机的连接形式或配套主机/主机厂代号时，可以以与主机相关的连接代号或配套主机/主机厂的代号表示，位于重大改进顺序号之后，并用间隔符号“/”与其前面部分分隔开。

（10）机床附件名称。机床附件名称，宜符合附录C的规定，必要时可在附录C规定的名称前加表示结构特性、功能特性的简单用语。

（11）组合夹具的品种代号。组合夹具的品种代号见表9-4。

表9-4　　组合夹具的品种代号

品种代号	6	8	10	12	16
紧固螺纹规格/T形槽宽度/mm	6	8	10	12	16

3. 机床附件型号编制示例

（1）刀架类机床附件。

1）刀方高25mm，楔式快换刀架，型号为A1125；

2）刀台方宽度125mm，4工位的数控转塔刀架，型号为AK21125×4；

3）中心高160mm，12工位、全功能卧式数控转塔刀架，型号为AK31160×12。

（2）铣头与插头类机床附件。

1）7∶24主轴圆锥孔40号，配套铣床工作台面宽度320mm的万能铣头，型号为C1140×320；

2）最大行程100mm，止口式插头，型号为C73100。

（3）顶尖类机床附件。

1）米制6号圆锥柄，高精度固定顶尖，型号为DG116M；

2）莫氏4号圆锥柄，经第二次改进的回转顶尖，型号为D414B。

（4）分度头类机床附件。

1）中心高 125mm 的万能分度头，型号为 F11125；

2）中心高 160mm，经第一次改进，蜗杆副传动的数控分度头，型号为 FK14160A；

3）中心高 125mm，端齿盘式的高精度立卧等分分度头，型号为 FG53125。

（5）孔系组合夹具类机床附件。

1）长度为 650mm，宽度 450mm，16mm 孔系长方形基础板，型号为 H_k16110/450；

2）方宽为 40mm，宽度 40mm，12mm 孔系方形直角台阶支承，型号为 H_k12203/40。

（6）槽系组合夹具类机床附件。

1）长度为 480mm，宽度 240mm，12mm 槽系，两侧槽长方形基础板，型号为 H_c121112/480×240；

2）直径 M8，长度 20mm，8mm 槽系长方头槽用螺栓，型号为 H_c86021/20。

（7）冲模组合夹具类机床附件。

1）长度为 540mm，宽度 360mm，16mm 冲模的长方形基础板，型号为 H_m12112/540×360；

2）直径 10mm，12mm 冲模的 C 型冲裁模，型号为 H_m12800/10。

（8）夹头类机床附件。

1）最大夹持直径 13mm，莫氏锥孔 B16，中型扳手钻夹头，型号为 J2113M-B16；

2）最大夹持直径 10mm，螺纹孔 M12×1.25，轻型扳手钻夹头，型号为 J3110L-M12×1.25；

3）最大攻丝直径 M24，齿式丝锥夹头，型号为 J4124；

4）最大钻孔（攻丝）直径 31.5mm（M24），内直柄连接，莫氏 4 号圆锥柄的快换夹头，型号为 J5231.5×24/MS4；

5）夹持直径 20mm，定位面直径 25mm，固定式弹簧夹头，型号为 J6120×25；

6）最大夹持直径 32mm，XT50 号圆锥柄，滚针式铣夹头，型号为 J7132/XT50。

(9) 卡盘类机床附件。

1) 卡盘直径 250mm，D6 连接盘，盘丝式三爪自定心卡盘，型号为 K11250/D6；

2) 卡盘直径 315mm，通孔直径 63mm 的楔式动力卡盘，型号为 K52315×63；

3) 卡盘直径 315mm，$A_2 8$ 连接的四爪单动卡盘，型号为 K72315/$A_2 8$。

(10) 机用虎钳类机床附件。

1) 钳口宽度 160mm，铣床用机用虎钳，型号为 Q12160；

2) 钳口宽度 100mm，磨床用高精度虎钳，型号为 QG18100；

3) 钳口宽度 125mm，精密角度压紧虎钳，型号为 QM71125。

(11) 刀杆类机床附件。

1) 最小镗孔直径 25mm，镗杆工作长度 63mm，莫氏锥柄 3 号的直角型粗镗刀杆，型号为 R1125×63/MS3；

2) 与钻夹头连接 B16，莫氏锥柄 4 号圆锥柄的钻夹头接杆，型号为 R4116/MS4；

3) 莫氏 4 号外圆锥，莫氏 2 号内圆锥的变径套，型号为 R514×2。

(12) 工作台类机床附件。

1) 台面直径 250mm，蜗杆副传动的回转工作台，型号为 T12250；

2) 台面直径 315mm，槽盘式立卧等分回转工作台，型号为 T43315；

3) 台面直径 400mm，二工位交换工作台，型号为 T95400×2。

(13) 吸盘类机床附件。

1) 工作台宽度 200mm，长度 500mm 电磁吸盘，型号为 X11200×500；

2) 台面宽度 250mm，台面长度 630mm 的双倾永磁吸盘，型号为 X43250×630；

(14) 镗头与多轴头类机床附件。

1）最大镗削直径400mm的万能镗头，型号为Z11400；

2）最大钻孔直径25mm，12轴的多轴头，型号为Z6125×12。

（15）其他类机床附件。

1）中心高160mm，配套车床为C6132的中心架，型号为P11160/C6132；

2）缸内径160mm，通孔直径52mm的回转油缸，型号为P23160×52；

3）中心高100mm，立式万能砂轮修整器，型号为P81100。

4. 机床附件名称及类、组系划分

机床附件名称及类、组系划分见附录C。

二、机床主要附件的作用

机床附件主要是用于扩大机床的加工性能和使用范围的附属装置。通用机床附件在各章机床结构组成内介绍，常用机床附件及主要作用如下。

1. 分度头

工件夹持在卡盘上或两顶尖间，并使其旋转和分度定位的机床附件，主要有以下几种。

（1）万能分度头：主轴可以倾斜，可进行直接分度、间接分度和差动分度的分度头。与机动进给连接可做螺旋切削。

（2）半万能分度头：可直接进行分度和间接分度的分度头。

（3）等分分度头：仅可进行直接分度的分度头。

（4）立卧分度头：具有与主轴轴线垂直和平行的两个安装基面的分度头。

（5）悬臂分度头：具有悬臂的分度头。利用悬臂使主轴轴线与尾座顶尖轴线同轴。

（6）光学分度头：具有光学系统显示分度值的分度头。

（7）数显分度头：用数字显示系统显示分度数值的分度头。

（8）数控分度头：用数字信息发出的指令控制分度的分度头。

2. 工作台

安装工件亦可使之运动的机床附件。台面一般有T型槽。工件一般可直接安装在台面上，也可借助其他装置夹持工件。

（1）圆工作台：工作台面为圆形的工作台。

（2）矩形工作台：工作台面为矩形的工作台。

（3）立卧工作台：具有与工作台平行和垂直的两个安装基面的工作台。

（4）可倾工作台：工作台面可在一定角度范围内倾斜的工作台。

（5）坐标工作台：工作台可沿纵、横两个坐标方向移动的工作台。

（6）交换工作台：具有两个或两个以上的可独立安装工件轮换进行工作的工作台。

（7）回转工作台：简称转台，可进行回转或分度定位的工作台。

1）机动回转工作台：由机动进给系统驱动的回转工作台。

2）坐标回转工作台：可纵、横两个坐标方向移动的回转工作台。

3）等分回转工作台：仅可进行直接分度的回转工作台。

4）光学回转工作台：具有光学分度装置并用光学系统进行度数的回转工作台。

（8）端齿工作台：用端齿盘作为分度元件的工作台。

（9）数显工作台：用数字显示系统显示位移量的工作台。

（10）数控工作台：用数字信息发出的指令控制的工作台。

（11）动力工作台：有动力驱动的工作台。

1）气动工作台：由压缩空气驱动的动力工作台。

2）液压工作台：由液体压力驱动的动力工作台。

3）电动工作台：由电动机驱动的动力工作台。

第二节　机床工作台和刀架

一、机床工作台

（一）回转工作台分类

回转工作台可辅助铣床等机床完成各种曲线零件、角度零件分度铣削以及用于划线工作。回转工作台的主要类型见表 9-5。

表 9-5　　回转工作台的主要类型

类型		性能特点
普通回转工作台	蜗杆副回转工作台	由蜗杆副传动分度，有手动、机动、立卧和万能等类型。分度精度为 6″
	度盘回转工作台	由度盘分度，有回转、立卧、可倾等类型。分度精度一般为 5″～10″，高的可达 1″
	孔盘分度回转工作台	由孔盘分度，有简易等分、等分、立卧等分和倾斜等分等类型
	齿盘分度回转工作台	由齿盘分度，有简易等分、等分、立卧等分等类型
	端齿盘分度回转工作台	用端齿盘作为分度元件，有等分、立卧和可倾等类型，可用于精密角度的计量。超精密分度精度为±0.01″
	角度回转工作台	工作台面可沿水平轴在一定范围内（常用±45°，也有的用 60°）注意调整，有角度、万向角度和可倾斜角度类型
	坐标回转工作台	工作台可沿纵、横两个坐标移动，有二坐标、三坐标，坐标回转、回转坐标、交换坐标等类型
	光学回转工作台	具有光学分度装置，并用光学系统进行读数
数控回转工作台		利用主机的数控系统或专门配套的数控系统，完成与主轴相协调的分度回转运动，实现等分度或不等分度的连续的孔、槽、曲面的加工。有立卧、可倾等类型 数控回转工作台，一般带有直流伺服电动机，通过调整连续板位置来调整电动机齿轮与转台相配齿轮副的间隙，用蜗杆调整蜗杆副间隙

1. 普通回转工作台

普通回转工作台的台面圆周上刻有 360°的等分线，台面与底座之间设有蜗杆副用以传动和分度，蜗杆从底座伸出的一端装有细分刻度盘和手轮。转动手轮即可驱动工作台，并由外圆周上的刻度与细分刻度盘读出回转角度。水平转台的蜗杆伸出端也可用联轴器与机床传动连接，以实现动力驱动。

T12 型回转工作台是手动操作的工作台，结构如图 9-3 所示。

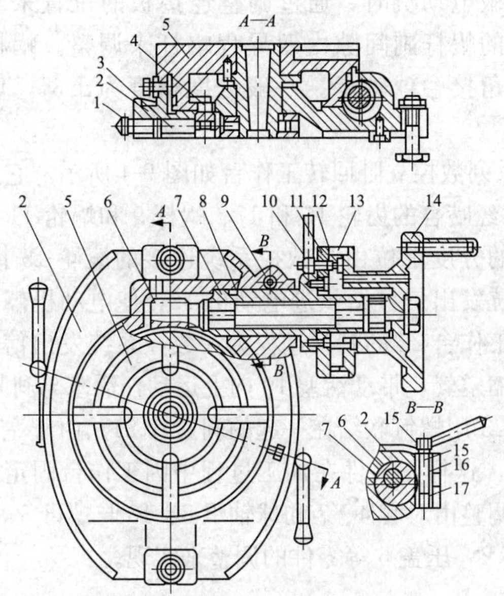

图 9-3　T12 型回转工作台

1、10—手柄；2—底座；3—偏心轴；4、12—锁轴；5—转台；6—蜗杆；7—偏心套；8—定位轴；9—小轴；11—法兰盘；13—刻度盘；14—手轮；15—偏心套锁紧手柄；16—锁套；17—锁柱

摇动手轮 14 带动蜗杆 6 转动，蜗杆 6 左端与蜗轮（和转台 5 同体）啮合，使转台 5 回转。工件的分度加工可通过调整观察与手轮连接的刻度盘 13 或转台 5 边缘的刻度及游标来完成。为了便于找正和简化操作，可将偏心套锁紧手柄 15 松开，转动手柄 10，通过锁轴 12 使法兰盘 11 与手轮 14 相对紧固，然后转动手轮 14 带动偏心套 7 转过一定角度，使蜗杆与蜗轮脱开，可使工作台大角度快速回转。转动偏心套锁紧手柄 15，使小轴 9 随之转动，通过锁套 16 和锁柱 17 刹紧偏心套 7。转动手柄 1，通过偏心轴 3，可使锁轴 4 向下移动，以此刹紧转台 5。该工作台还具有分度盘附件，需要时用分度盘换下手轮即可。

2. 数控回转工作台

数控回转工作台一般由直流伺服电动机驱动。齿轮副的间隙在安装伺服电动机时，通过调整连接板的位置来实现。驱动回转工作台的蜗杆副间隙由双导程蜗杆来调整。蜗杆支承一般采用精密的角接触球轴承。一般分度精度为±3″，重复精度为±2″。

TK13 系列数控立卧回转工作台如图 9-4 所示。它由步进电动机 18 驱动，经啮合的齿轮 16 和 17、蜗杆 9 和蜗轮 11 带动工作台回转。工件的分度定位由与数控系统连接的滚轮 15 接触碰块 14 后，数控系统发出信号给步进电动机 18，使电动机停止转动，以实现分度。工作台 22 的刹紧过程为：数控系统发出信号，通过进气阀输入压缩空气，带动活塞 19 向上运动，活塞与刹紧座 20 一起压紧与主轴 23 用螺钉联结在一起的刹紧片 21。由于主轴与工作台 22 相对固定，这样，工件在加工过程中因工作台固定而固定。蜗杆 9 的定位调整由对套 4、7 和球轴承 8、10 与螺母 3、5 以及背帽 1、固定螺钉 2、压盖 6 等零件的调整来实现。

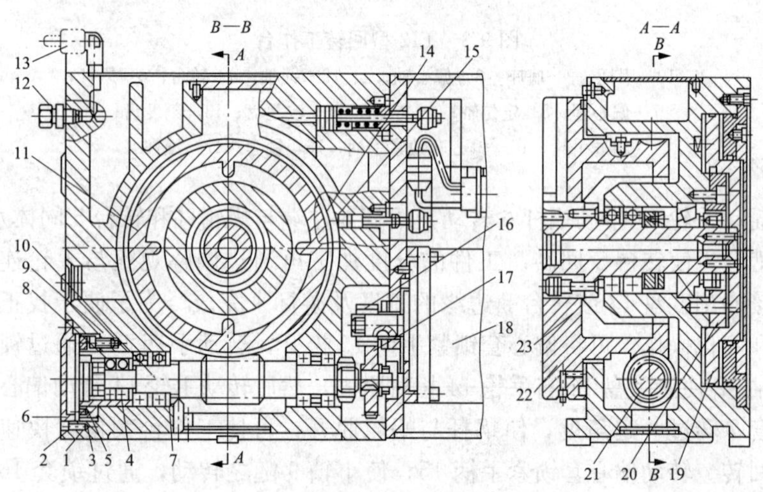

图 9-4　TK13 系列数控立卧回转工作台

1—背帽；2—固定螺钉；3、5—螺母；6—压盖；4、7—套；8、10—球轴承；9—蜗杆；11—蜗轮；12—进气阀；13—出气阀；14—碰块；15—滚轮；16、17—齿轮；18—步进电动机；19—活塞；20—刹紧座；21—刹紧片；22—工作台；23—主轴

（二）数控机床工作台与分度装置

1. 数控机床工作台

为了扩大数控机床的加工性能，适应某些零件加工的需要，数控机床的进给运动，除 *X*、*Y*、*Z* 三个坐标轴的直线进给运动之外，还可以有绕 *X*、*Y*、*Z* 三个坐标轴的圆周进给运动，分别称 *A*、*B*、*C* 轴。数控机床的圆周进给运动，一般由数控回转工作台（简称数控转台）来实现。数控转台除了可以实现圆周进给运动之外，还可以完成分度运动，例如加工分度盘的轴向孔，若采用间歇分度转位结构进行分度，由于它的分度数有限，因而带来极大的不便，若采用数控转台进行加工就比较方便。

数控回转工作台可作任意角度的回转和分度，表面 T 形槽呈放射状分布（径向）。数控转台的外形和分度工作台没有多大区别，但在结构上则具有一系列的特点。由于数控转台能实现进给运动，所以它在结构上和数控机床的进给驱动机构有许多共同之处。不同之处在于数控机床的进给驱动机构实现的是直线进给运动，而数控转台实现的是圆周进给运动。数控转台从控制方式分为开环和闭环两种；数控回转工作台按其台面直径可分为 160、200、250、320、400、500、630、800mm 等；按安装方式又可分为图 9-5 所示的立式、卧式、手动可倾斜式等几种。

(a)　　(b)　　(c)

图 9-5　各种数控回转工作台

（a）立式；（b）卧式；（c）手动可倾斜式

（1）开环数控回转工作台。开环数控转台和开环直线进给机构一样，都可以用功率步进电动机来驱动。图 9-6 所示为自动换刀数控立式镗铣床开环数控回转台。

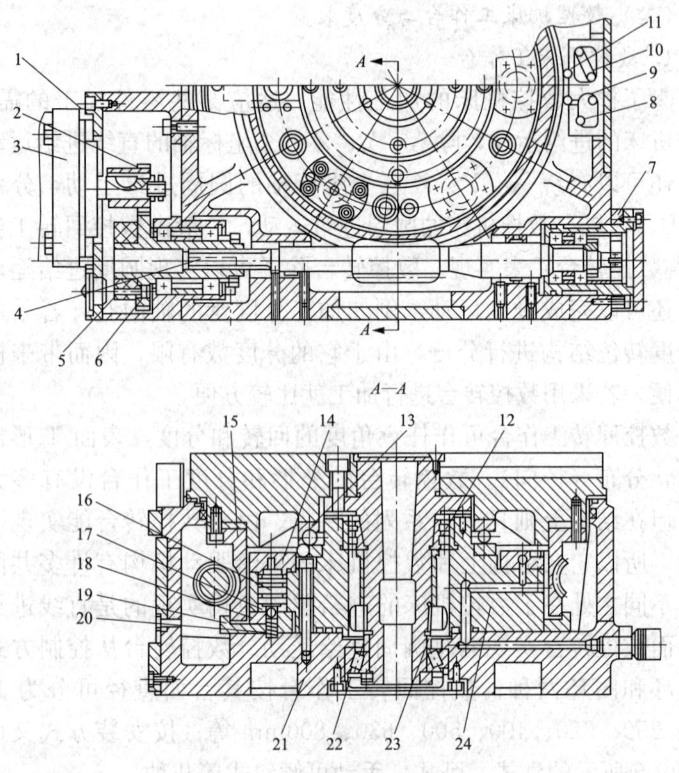

图 9-6　开环数控回转工作台

1—偏心环；2、6—齿轮；3—电动机；4—蜗杆；5—垫圈；7—调整环；8、10—微动开关；9、11—挡块；12、13—轴承；14—液压缸；15—蜗轮；16—柱塞；17—钢球；18、19—夹紧瓦；20—弹簧；21—底座；22—圆锥滚子轴承；23—调整套；24—支座

步进电动机 3 输出轴上的齿轮 2 与齿轮 6 啮合，啮合间隙由偏心环 1 来消除。齿轮 6 与蜗杆 4 用花键结合，花键结合间隙应尽量小，以减小对分度精度的影响。蜗杆 4 为双导程蜗杆，可以用轴向移动蜗杆的办法来消除蜗杆 4 和蜗轮 15 的啮合间隙。调整时，只要将调整环 7（两个半圆环垫片）的厚度尺寸改变，便可使蜗杆沿轴向移动。

蜗杆 4 的两端装有滚针轴承，左端为自由端，可以伸缩。右端装有两个角接触球轴承，承受蜗杆的轴向力。蜗轮 15 下部的内、外两面装有夹紧瓦 18 和 19，数控回转台的底座 21 上固定的支座 24 内均布 6 个液压缸 14。液压缸 14 上端进压力油时，柱塞 16 下行，通过钢球 17 推动夹紧瓦 18 和 19 将蜗轮夹紧，从而将数控转台夹紧，实现精确分度定位。当数控转台实现圆周进给运动时，控制系统首先发出指令，使液压缸 14 上腔的油液流回油箱，在弹簧 20 的作用下把钢球 17 抬起，夹紧瓦 18 和 19 就松开蜗轮 15，柱塞 16 到上位发出信号，功率步进电动机启动并按指令脉冲的要求驱动数控转台实现圆周进给运动。当转台做圆周分度运动时，先分度回转再夹紧蜗轮，以保证定位的可靠，并提高承受负载的能力。

数控转台的分度定位和分度工作台不同，它是按控制系统所指定的脉冲数来决定转位角度，没有其他的定位元件。因此，对开环数控转台的传动精度要求高、传动间隙应尽量小。数控转台设有零点，当它作回零控制时，先快速回转运动至挡块 11 压合微动开关 10 时，发出“快速回转”变为“慢速回转”的信号，再由挡块 9 压合微动开关 8 发出从“慢速回转”变为“点动步进”信号，最后由功率步进电动机停在某一固定的通电相位上（称为锁相），从而使转台准确地停在零点位置上。数控转台的圆形导轨采用大型推力滚珠轴承 13，使回转灵活。径向导轨由滚子轴承 12 及圆锥滚子轴承 22 保证回转精度和定心精度。调整轴承 12 的预紧力，可以消除回转轴的径向间隙。调整轴承 22 的调整套 23 的厚度，可以使圆导轨上有适当的预紧力，保证导轨有一定的接触刚度。这种数控转台可做成标准附件，回转轴可水平安装也可垂直安装，以适应不同工件的加工要求。

数控转台的脉冲当量是指数控转台每个脉冲所回转的角度（度/脉冲），现在尚未标准化。现有的数控转台的脉冲当量有小到 0.001°/脉冲，也有大到 2′/脉冲。设计时应根据加工精度的要求和数控转台直径大小来选定。一般来讲，加工精度愈高，脉冲当量应选得愈小，数控转台直径愈大，脉冲当量应选得愈小，但也不能盲目追求过小的脉冲当量。脉冲当量 δ 选定之后，根据步进电

动机的脉冲步距角。就可决定减速齿轮和蜗轮副的传动比，即

$$\delta=\frac{Z_1}{Z_2}\frac{Z_3}{Z_4}\theta$$

式中 Z_1、Z_2——主动、被动齿数；

Z_3、Z_4——蜗杆头数和蜗轮齿数。

在决定 Z_1、Z_2、Z_3、Z_4 时，一方面要满足传动比的要求，同时也要考虑到结构的限制。

(2) 闭环数控回转工作台。闭环数控转台的结构与开环数控转台大致相同，其区别在于闭环数控转台有转动角度的测量元件(圆光栅或圆感应同步器)。所测量的结果经反馈与指令值进行比较，按闭环原理进行工作，使转台分度精度更高。图 9-7 所示为闭环数控回转转台结构图。

回转工作台由电液脉冲电动机 1 驱动，在它的轴上装有主动齿轮 3（$Z_1=22$），它与从动齿轮 4（$Z_2=66$）相啮合，齿的侧隙靠调整偏心环 2 来消除。从动齿轮 4 与蜗杆 10 用楔形的拉紧销钉 5 连接，这种连接方式能消除轴与套的配合间隙。蜗杆 10 系双螺距式，即相邻齿的厚度是不同的。因此，可用轴向移动蜗杆的方法来消除蜗杆 10 和蜗轮 11 的齿侧间隙。调整时，先松开壳体螺母套筒 7 上的锁紧螺钉 8，使压块 6 把调整套 9 放松，然后转动调整套 9，它便和蜗杆 10 同时在壳体螺母套筒 7 中作轴向移动，消除齿侧间隙。调整完毕后，再拧紧锁紧螺钉 8，把压块 6 压紧在调整套 9 上，使其不能再作转动。

蜗杆 10 的两端装有双列滚针轴承作径向支承，右端装有两只止推轴承承受轴向力，左端可以自由伸缩，保证运转平稳。蜗轮 11 下部的内、外两面均有夹紧瓦 12 及 13。当蜗轮 11 不回转时，回转工作台的底座 18 内均布有八个液压缸 14，其上腔进压力油时，活塞 15 下行，通过钢球 17 撑开夹紧瓦 12 和 13，把蜗轮 11 夹紧。当回转工作台需要回转时，控制系统发出指令，使液压缸上腔油液流回油箱。由于弹簧 16 恢复力的作用，把钢球 17 抬起，夹紧瓦 12 和 13 就不夹紧蜗轮 11，然后由电液脉冲电动机 1 通过传动装置使蜗轮 11 和回转工作台一起按照控制指令作回转运动。

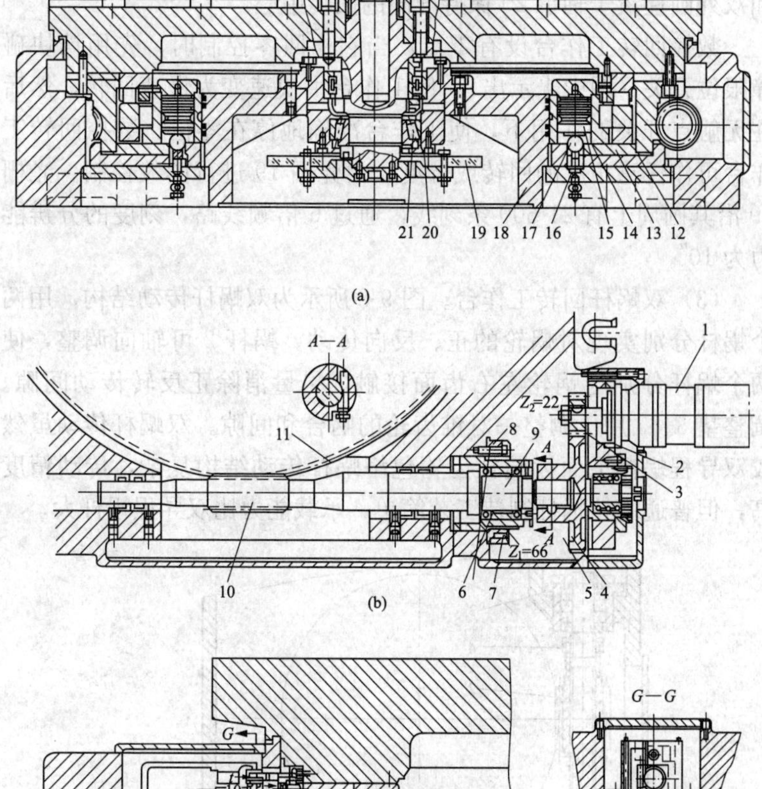

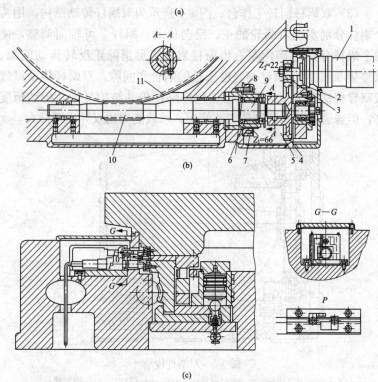

图 9-7　闭环数控回转工作台

（a）整体结构；（b）蜗杆结构；（c）液压缸结构

1—电液脉冲电动机；2—偏心环；3—主动齿轮；4—从动齿轮；5—销钉；6—压块；7—螺母套筒；8—螺钉；9—调整套；10—蜗杆；11—蜗轮；12、13—夹紧瓦；14—液压缸；15—活塞；16—弹簧；17—钢球；18—底座；19—光栅；20、21—轴承回转工作台的导轨面由大型滚柱轴承支承，并由圆锥滚子轴承 21 和双列圆柱滚子轴承 20 保持准确的回转中心。

数控回转工作台设有零点，当它作回零控制时，先用挡块碰撞限位开关（图中未示出），使工作台由快速变为慢速回转，然后在无触点开关的作用下，使工作台准确地停在零位。数控回转工作台可作任意角度的回转或分度，由光栅 19 进行读数控制。光栅 19 沿其圆周上有 21 600 条刻线，通过 6 倍频线路，刻度的分辨能力为 10″。

（3）双蜗杆回转工作台。图 9-8 所示为双蜗杆传动结构，用两个蜗杆分别实现对蜗轮的正、反向传动。蜗杆 2 可轴向调整，使两个蜗杆分别与蜗轮左右齿面接触，尽量消除正反转传动间隙。调整垫 3、5 用于调整一对锥齿轮的啮合和间隙。双蜗杆传动虽然较双导程蜗杆平面齿圆柱齿轮包络蜗杆传动结构复杂，传动精度高，但普通蜗轮蜗杆制造工艺简单，承载能力比双导程蜗杆大。

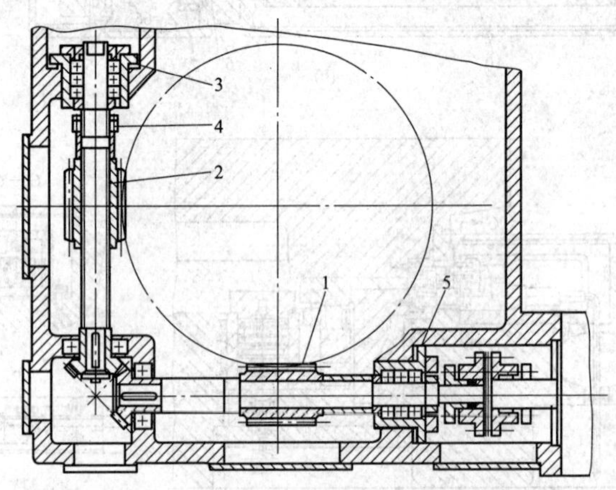

图 9-8　双蜗杆传动

1—轴向固定蜗杆；2—轴向调整蜗杆；3、5—调整垫；4—锁紧螺母

2. 分度工作台

分度工作台的分度和定位按照控制系统的指令自动进行，每次转位回转一定的角度（90°、60°、45°、30°等），为满足分度精度的要求，要使用专门的定位元件。常用的定位元件有插销定位、

反靠定位、端齿盘定位和钢球定位等几种。

(1) 插销定位的分度工作台。这种工作台的定位元件由定位销和定位套孔组成，图 9-9 所示是自动换刀数控卧式镗铣床分度工作台。

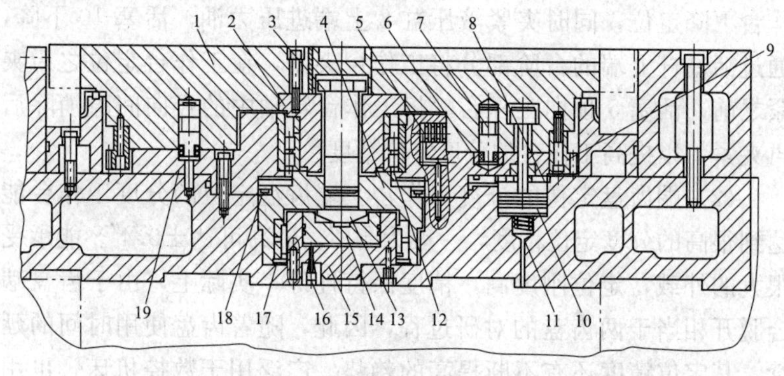

图 9-9　分度工作台

1—工作台；2—转台轴；3—六角螺钉；4—轴套；5—活塞；6—定位套；7—定位销；8—液压缸；9—齿轮；10—活塞；11—弹簧；12—轴承；13—止推螺钉；14—活塞；15—液压缸；16—管道；17、18—轴承；19—转台座

工作台下方有八个均布的圆柱定位销 7 和定位套 6 及一个马蹄式环形槽。定位时，只有一个定位销插入定位套的孔中，其他七个则进入马蹄形环槽中。此种分度工作台只能实现 45°等分的分度定位。当需要分度时，首先由机床控制系统发出指令，使六个均布于固定工作台圆周上的夹紧液压缸 8（图中只画出一个）上腔中的压力油流回油箱。在弹簧 11 的作用下，推动活塞上升 15mm，使分度工作台放松。同时中央液压缸 15 从管道 16 进压力油，于是活塞 14 上升，通过止推螺钉 13，止推轴套 4 将推力圆柱滚子轴承 18 向上抬起 15mm 而顶在转台座 19 上。再通过六角螺钉 3，转台轴 2 使分度工作台 1 也抬高 15mm。与此同时，定位销 7 从定位套 6 中拔出，完成了分度前的准备动作。控制系统再发出指令，使液压电动机回转，并通过齿轮传动（图中未表示出）便和工作台固定在一起的大齿轮 9 回转，分度工作台便进行分度，当其上的挡块碰到第一个微动开关时开始减速，然后慢速回转，碰到第二个

微动开关时准停。此时，新的定位销 7 正好对准定位套的定位孔，准备定位。分度工作台的回转部分由于在径向有双列滚柱轴承 12 及滚针轴承 17 作为两端径向支承，中间又有推力球轴承，故运动平稳。分度运动结束后，中央液压缸 15 的油液流回油箱，分度工作台下降定位，同时夹紧液压缸 8 上端进压力油，活塞 10 下降，通过活塞杆上端的台阶部分将工作台夹紧，在工作台定位之后夹紧之前，活塞 5 顶向工作台，将工作台转轴中的径向间隙消除后再夹紧，以提高工作台的分度定位精度。

（2）端齿盘定位的分度工作台。端齿盘定位的分度工作台能达到很高的分度定位精度，一般为±3″，最高可达±0.4″。能承受很大的外载，定位刚度高，精度保持性好。实际上，由于齿盘啮合脱开相当于两齿盘的对研过程，因此，随着齿盘使用时间的延续，其定位精度还有不断提高的趋势。广泛用于数控机床，也用于组合机床和其他专用机床。

图 9-10 所示为 THK6370 端齿盘定位分度工作台结构，主要由一对分度齿盘、升夹油缸、活塞、液压电动机、蜗轮副和减速

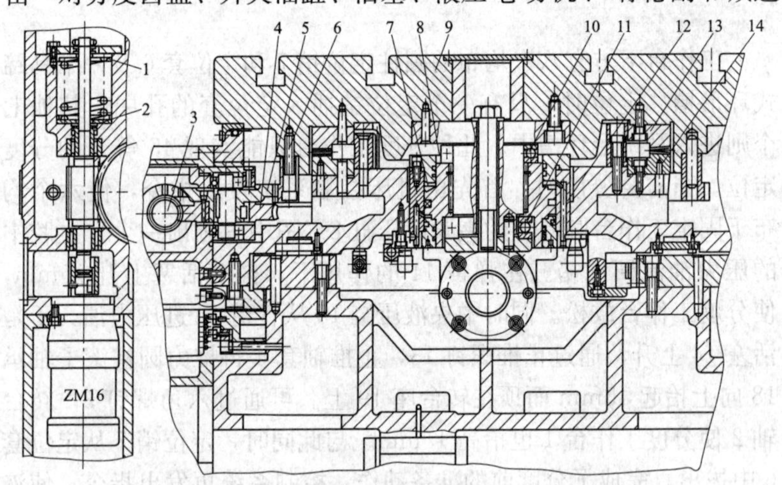

图 9-10　THK6370 端齿盘定位分度工作台结构

1—弹簧；2—轴承；3—蜗杆；4—蜗轮；5、6—齿轮；7—管道；8—活塞；9—工作台；10、11—轴承；12—液压缸；13、14—端齿盘

齿轮副等组成。分度转位动作包括：①工作台抬起，齿盘脱离啮合，完成分度前的准备工作；②回转分度；③工作台下降，齿盘重新啮合，完成定位夹紧。

工作台 9 的抬起是由升夹油缸的活塞 8 来完成，其油路工作原理如图 9-11 所示。当需要分度时，控制系统发出分度指令，工作台升夹油缸的换向阀电磁铁 E2 通电，压力油便从管道 24 进入分度工作台 9 中央的液油缸 12 的下腔，于是活塞 8 向上移动，通过止推轴承 10 和 11 带动工作台 9 也向上抬起，使液压缸上、下齿盘 13、14 相互脱离啮合，油缸上腔的油则经管道 23 排出，通过节流阀 M 流回油箱，完成分度前的准备工作。

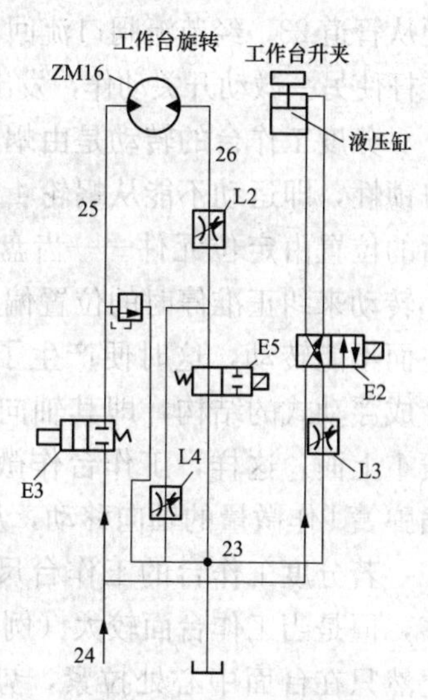

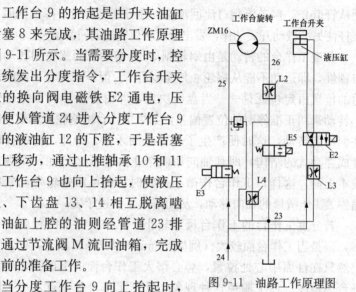

图 9-11 油路工作原理图

当分度工作台 9 向上抬起时，通过推杆和微动开关发出信号，使控制液压电动机 ZM-16 的换向阀电磁铁 E3 通电。压力油从管道 25 进入液压电动机使其旋转。通过蜗轮副 3、4 和齿轮副 5、6 带动工作台 9 进行分度回转运动。液压马达的回油经过管道 26、节流阀口及换向阀 E5 流回油箱。调节节流阀口开口的大小，便可改变工作台的分度回转速度（一般调在 2r/min 左右）。工作台分度回转角度的大小由指令给出，共有八个等分，即为 45°的整倍数。当工作台的回转角度接近所要分度的角度时，减速挡块使微动开关动作，发出减速信号，换向阀电磁铁 E5 通电，该换向阀将液压电动机的回油管道关闭，此时，液压电动机的回油除了通过节流阀口还要通过节流阀 M 才能流回油箱，节流阀 M 的作用是使其减速。因此，工作台在停止转动之前，其转速已显著下降，为齿盘准确定位创造了条件。当工作台的回转角度达到所要求的角度时，准停挡块压合微动开关发出信号，使电磁铁 E3 断电，堵住液压电动机的进油管道 25，液压电动机便停止转动。到此，工作台完成了准停动作，与此同时，电磁铁E2断电，压力油从管道24进入升夹油缸上腔，推动活塞8带着工作台下降，于是上下齿盘又重新啮合，完成定位夹紧。油缸下腔的油便从管道23，经节流阀口流回油箱。在分度工作台下降的同时，由推杆使另一微动开关动作，发出分度转位完成的回答信号。

分度工作台的转动是由蜗轮副3、4带动，而蜗轮副转动具有自锁性，即运动不能从蜗轮4传至蜗杆3。但是工作台下降时，最后的位置由定位元件——齿盘所决定，即由齿盘带动工作台作微小转动来纠正准停时的位置偏差，如果工作台由蜗轮4和蜗杆3锁住而不能转动，这时便产生了动作上的矛盾。为此，将蜗杆轴设计成浮动式的结构，即其轴向用两个止推轴承2抵在一个螺旋弹簧1上面。这样，工作台作微小回转时，便可由蜗轮带动蜗杆压缩弹簧1作微量的轴向移动，从而解决了上述矛盾。

若分度工作台的工作台尺寸较小，工作台面下凹程度不会太多，但是当工作台面较大（例如800mm×800mm以上）时，如果仍然只在台面中心处拉紧，势必增大工作台面的下凹量，不易保证台面精度。为了避免这种现象，常把工作台受力点从中央附近移到离多齿盘作用点较近的环形位置上，以改善工作台受力状况，有利于台面精度的保证，如图9-12所示。

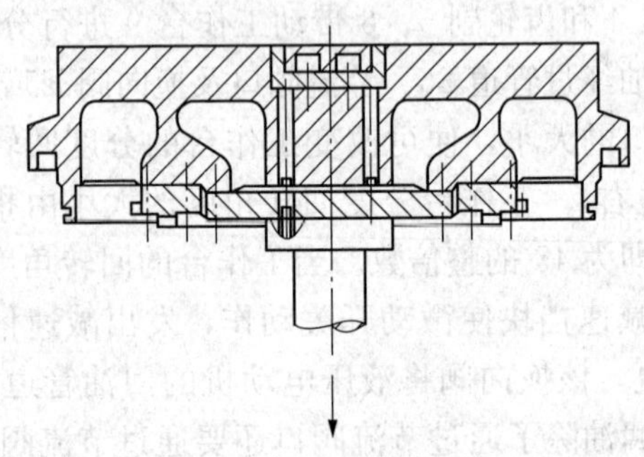

图9-12　工作台拉紧机构

（3）端齿盘分度工作台的特点。端齿盘分度工作台在使用中有很多优点：

1）定位精度高。端齿盘采用向心端齿结构，既可以保证分度精度，同时又可以保证定心精度，而且不受轴承间隙及正反转的影响，一般定位精度可达±3″，高精度的可在±0.3″以内。同时重复定位精度既高又稳定。

2）承载能力强，定位刚度好。由于是多齿同时啮合，一般啮合率不低于90%，每齿啮合长度不少于60%。

3）随着不断的磨合齿固磨损，定位精度不仅不会下降，而且有所提高，因而使用寿命也较长。

4）适用于多工位分度。由于齿数的所有因数都可以作为分度工位数，因此这种齿盘可以用于分度数目不同的场合。

端齿盘分度工作台除了具有上述优点外，也还有些不足之处：

a. 其主要零件——多齿端面齿盘的制造比较困难，其齿形及形位公差要求很高，成对齿盘的对研工序很费工时，一般要研磨几十小时以上，因此生产效率低，成本也较高。

b. 在工作时动齿盘要升降、转位、定位及夹紧。因此多齿盘分度工作台的结构也相对地要复杂些。但是从综合性能来衡量，它能使一台加工中心的主要指标——加工精度得到保证，因此目前在卧式加工中心上仍在采用。

（4）多齿盘的分度角度。多齿盘分度工作台可实现的分度角度为

$$\theta=360°/z$$

式中 θ——可实现的分度数（整数）；

z——多齿盘齿数。

（5）带有交换托盘的分度工作台。图9-13所示是ZHS-K63卧式加工中心上的带有托板交换的分度工作台，用端齿盘分度结构。

当工作台不转位时，上齿盘7和下齿盘6总是啮合在一起，当控制系统给出分度指令后，电磁铁控制换向阀运动（图中未画出），使压力油进入油腔3，使活塞体1向上移动，并通过滚珠轴承带动整个工作台台体13向上移动，台体13的上移使得端齿盘6与7脱开，装在工作台台体13上的齿圈14与驱动齿轮15保持啮

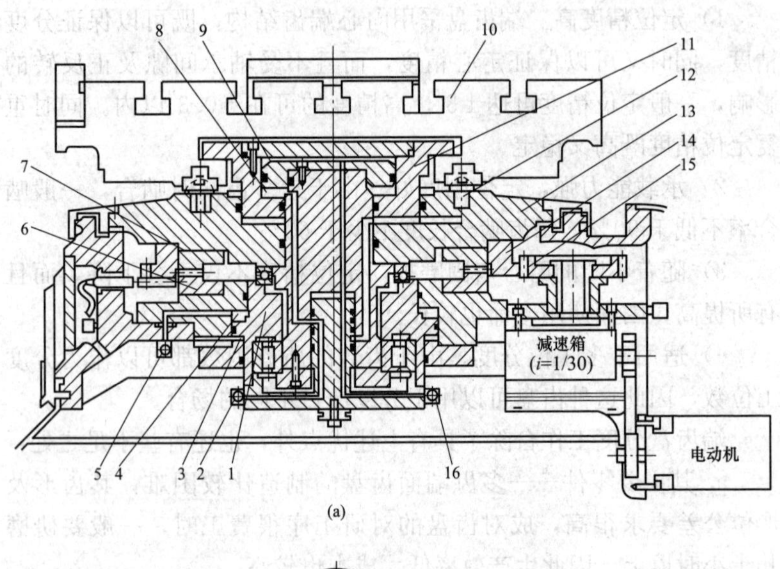

(a)

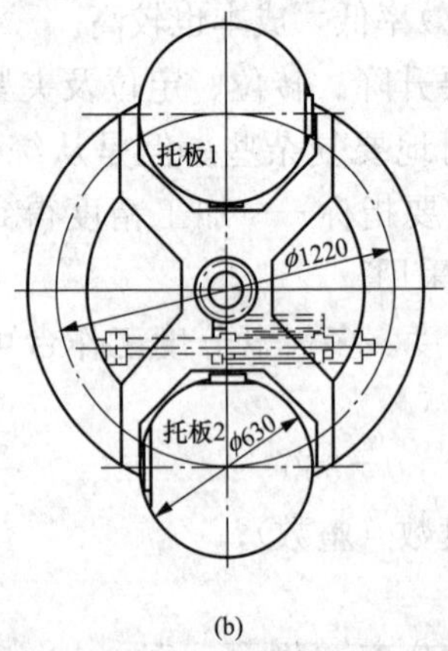

(b)

图 9-13　带有托板交换的分度工作台

(a) 分度工作台；(b) 托板交换装置

1—活塞体；2、5、16—液压阀；3、4、8、9—油腔；6—下齿盘；7—上齿盘；10—托板；11—液压缸；12—定位销；13—工作台体；14—齿圈；15—齿轮

合状态，电动机通过皮带和一个降速比为 $i=1/30$ 的减速箱带动齿轮 15 和齿圈 14 转动，当控制系统给出转动指令时，驱动电动机旋转并带动上齿盘 7 旋转进行分度。当转过所需角度后，驱动电动

机停止，压力油通过液压阀 5 进入油腔 4，迫使活塞体 1 向下移动并带动整个工作台台体 13 下移，使上下齿盘相啮合，可准确地定位，从而实现了工作台的分度。

驱动齿轮 15 上装有剪断销（图中未画出），如果分度工作台发生超载或碰撞等现象，剪断销将被切断，从而避免了机械部分的损坏。

分度工作台根据编程命令可以正转，也可以反转，由于该齿盘有 360 个齿，故最小分度单位为 1°。

分度工作台上的两个托板是用来交换工件的，托板规格为 ϕ630mm。托板台面上有 7 个 T 形槽，两个边缘定位块用来定位夹紧，托板台面利用 T 形槽可安装夹具和零件，托板是靠四个精磨的圆锥定位销 12 在分度工作台上定位，由液压夹紧，托板的交换过程如下：

当需要更换托板时，控制系统发出指令，使分度工作台返回零位，此时液压阀 16 接通，压力油进入油腔 9，使得液压缸 11 向上移动，托板则脱开定位销 12。当托板被顶起后，液压缸带动齿条［见图 9-13（b）中虚线部分］向左移动，从而带动与其相啮合的齿轮旋转并使整个托板装置旋转，使托板沿着滑动轨道旋转 180°，从而达到托板交换的目的。当新的托板到达分度工作台上面时，空气阀接通，压缩空气经管路从托板定位销 12 中间吹出，清除托板定位销孔中的杂物。同时，电磁液压阀 2 接通，压力油进入油腔 8，迫使油缸 11 向下移动，并带动托板夹紧在 4 个定位销 12 中，完成整个托板的交换过程。

托板夹紧和松开一般不单独操作，而是在托板交换时自动进行。图 9-10 中所示的是两托板交换装置，作为备选件也有四托板交换装置（图略）。

二、机床刀架

普通机床刀架在各章机床结构组成中都有介绍，这里只介绍自动机床和数控机床刀架。

（一）数控机床常用刀架

1. 排刀式刀架

排刀式刀架一般用于小规格数控车床，以加工棒料或盘类零件为主。在排刀式刀架中，夹持着各种不同用途刀具的刀夹沿着机床的 X 坐标轴方向排列在横向滑板上或一种称之为快换台板（QUIK-CHANGE PLATEN）上。刀具的典型布置方式如图 9-14（b）所示。

(a)

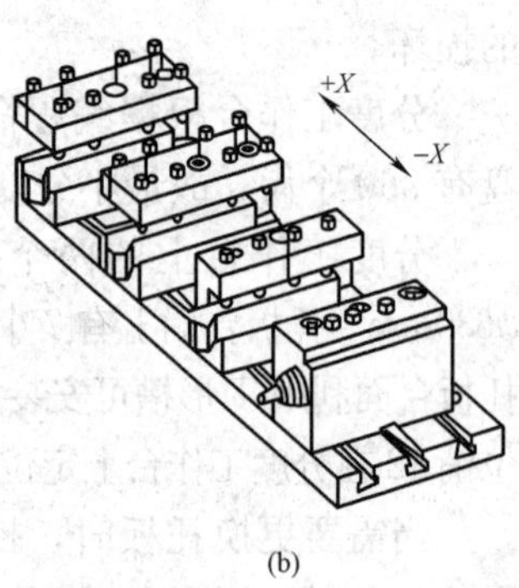

(b)

图 9-14　排刀式刀架及使用
（a）数控机床排刀架的使用；（b）刀具的布置方式

这种刀架在刀具布置和机床调整等方面都较为方便，可以根据具体工件的车削工艺要求，任意组合各种不同用途的刀具，一把刀具完成车削任务后，横向滑板只要按程序沿 X 轴移动预先设定的距离，第二把刀就到达加工位置，这样就完成了机床的换刀动作。这种换刀方式迅速省时，有利于提高机床的生产效率。图 9-14（a）所示数控车床配置的就是排刀式刀架。

排刀式刀架只适合加工旋转直径比较小的工件，只适合较小规格的机床配置，不适用于加工较大规格的工件或细长的轴类零件。一般地，旋转直径超过 100mm 的机床大都不采用排刀式刀架。

排刀式刀架使用如图 9-15 所示的快换台板，可以实现成组刀具的机外预调，即当机床在加工某一工件的同时，可以利用快换台板在机外组成加工同一种零件或不同零件的排刀组，利用对刀装置进行预调。当刀具磨损或需要更换加工零件品种时，可以通过更换台板来成组地更换刀具，从而使换刀的辅助时间大为缩短。

排刀式刀架还可以安装各种不同用途的动力刀具（见图9-16中刀架两端的动力刀具）来完成一些简单的钻、铣、攻螺纹等二次加工工序。以使机床可在一次装夹中完成工件的全部或大部分加工工序。特点之四是排刀式刀架结构简单，可在一定程度上降低机床的制造成本。然而，采用排刀式刀架只适合加工旋转直径比较小的工件，只适合较小规格的机床配置。不适用于加工较大规格的工件或细长的轴类零件。一般来说旋转直径超过100mm的机床大都不用排刀式刀架，而采用转塔式刀架。

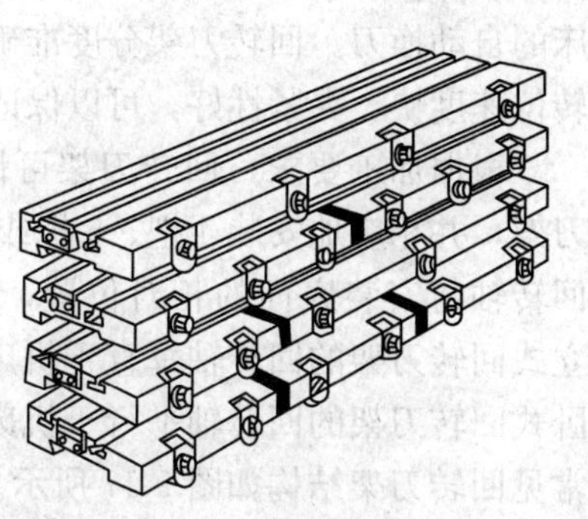

图9-15　快换台板

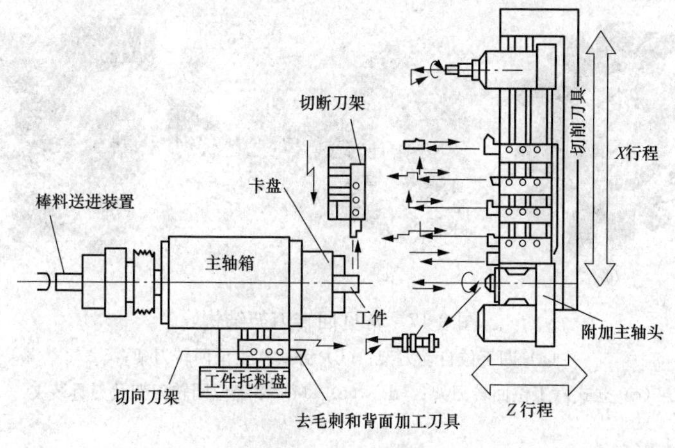

图9-16　排刀式刀架布置图

2. 回转刀架

回转刀架是数控车床最常用的一种典型换刀刀架，是一种最简单的自动换刀装置。回转刀架上回转头各刀座用于安装或支持各种不同用途的刀具，通过回转头的旋转、分度和定位，实现机床的自动换刀。回转刀架分度准确、定位可靠、重复定位精度高、转位速度快、夹紧性好，可以保证数控车床的高精度和高效率。

根据加工要求，回转刀架可设计成四方、六方刀架或圆盘式刀架，并相应地安装 4 把、6 把或更多的刀具。回转刀架根据刀架回转轴与安装底面的相对位置，分为立式刀架和卧式刀架两种，立式回转刀架的回转轴垂直于机床主轴，多用于经济型数控车床；卧式回转刀架的回转轴平行于机床主轴，可径向与轴向安装刀具。常见回转刀架结构如图 9-17 所示。

图 9-17 常见回转刀架结构

(a) 四工位自动刀架；(b) 卧式八工位回转刀架；

(c) 立式六工位回转刀架；(d)、(e)、(f) 多工位回转刀架及刀具装夹

3. 经济型数控车床方刀架

经济型数控车床方刀架是在普通车床四方刀架的基础上发展的一种自动换刀装置，其功能和普通四方刀架一样：有 4 个刀位，能装夹 4 把不同功能的刀具，方刀架回转 90°时，刀具交换一个刀位，但方刀架的回转和刀位号的选择是由加工程序指令控制的。换刀时方刀架的动作顺序是：刀架抬起、刀架转位、刀架定位和

夹紧。为完成上述动作要求，要有相应的机构来实现，下面就以WZD4 型刀架为例说明其具体结构，如图 9-18 所示。

该刀架可以安装 4 把不同的刀具，转位信号由加工程序指定。当换刀指令发出后，小型电动机 l 启动正转，通过平键套筒联轴器 2 使蜗杆轴 3 转动，从而带动蜗轮丝杠 4 转动。蜗轮的上部外圆柱加工有外螺纹，所以该零件称蜗轮丝杠。刀架体 7 内孔加工有内螺纹，与蜗轮丝杠旋合。蜗轮丝杠内孔与刀架中心轴外圈是滑动配合，在转位换刀时，中心轴固定不动，蜗轮丝杠环绕中心轴旋转。当蜗轮开始转动时，由于在刀架底座 5 和刀架体 7 上的端面齿处在啮合状态，且蜗轮丝杠轴向固定，这时刀架体 7 抬起。当刀架体抬至一定距离后，端面齿脱开。转位套 9 用销钉与蜗轮丝杠 4 连接，随蜗轮丝杠一同转动，当端面齿完全脱开，转位套正好转过 160°（见图 9-18 中 A-A），球头销 8 在弹簧力的作用下进入转位套 9 的槽中，带动刀架体转位。刀架体 7 转动时带着电刷座 10 转动，当转到程序指定的刀号时定位销 15 在弹簧的作用下进入粗定位盘 6 的槽中进行粗定位，同时电刷 13、14 接触导通，使电动机 l 反转，由于粗定位槽的限制，刀架体 7 不能转动，使其在该位置垂直落下，刀架体 7 和刀架底座 5 上的端面齿啮合，实现精确定位。电动机继续反转，此时蜗轮停止转动，蜗杆轴 3 继续转动，随着夹紧力的增加，转矩不断增大，达到一定值时，在传感器的控制下，电动机 1 停止转动。

译码装置由发信体 11、电刷 13、14 组成，电刷 13 负责发信，电刷 14 负责位置判断。刀架不定期会出现过位或不到位时，可松开螺母 12 调好发信体 11 与电刷 14 的相对位置。这种刀架在经济型数控车床及普通车床的数控化改造中得到广泛的应用。

4. 三齿盘转塔刀架

图 9-19 所示是一种电动机驱动的三齿盘转塔刀架的结构图，定位用的是端齿盘结构。过去用双齿盘，脱齿时刀盘需要轴向移动，因而容易将污物带入端齿盘内，使用三齿盘避免了上述不足。如图 9-19（a）所示，定齿盘 3 用螺钉及定位销固定在刀架体 4 上。动齿盘 2 用螺钉及定位销紧固在中心轴套 1 上（动齿盘左端面可安

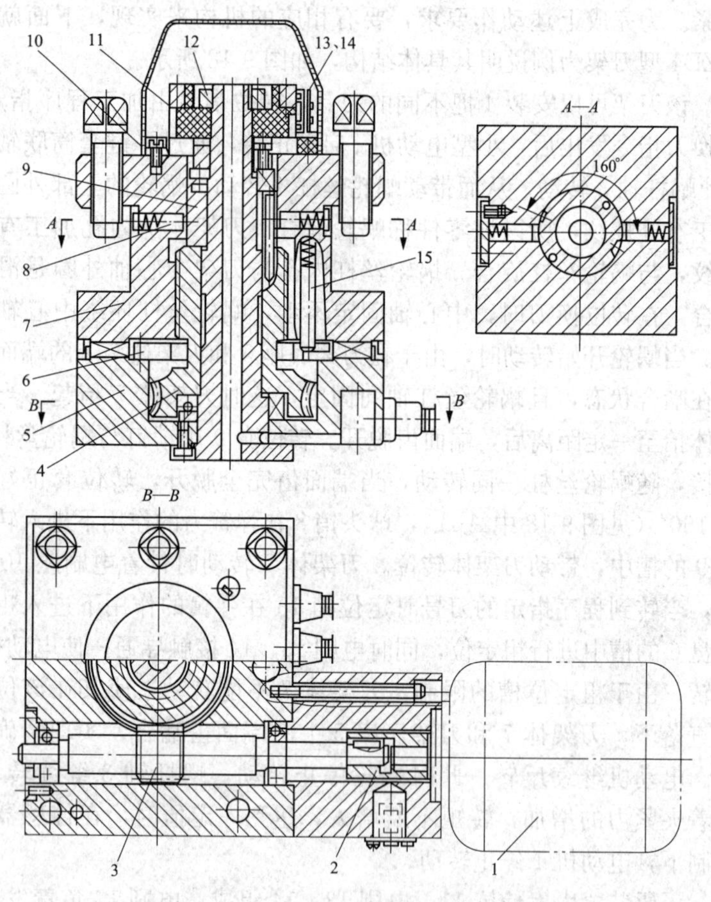

图 9-18　数控车床方刀架结构

1—电动机；2—联轴器；3—蜗杆轴；4—蜗轮丝杠；5—刀架底座；6—粗定位盘；7—刀架体；8—球头销；9—转位套；10—电刷座；11—发信体；12—螺母；13、14—电刷；15—粗定位销

装转塔刀盘），齿盘 2、3 对面有一个可轴向移动的齿盘 5，齿长为上二者之和，其沿轴向右移时，合齿定位、夹紧（碟形弹簧 18），其沿轴向左移时，松开脱齿。

可轴向移动的齿盘 5 的右端面，在三个等分位置上装有三个滚子 6。此滚子与端面凸轮盘 7 的凹槽相接触，其工作情况如图 9-

19（b)、(c）所示。当端面凸轮盘回转使滚子落入端面凸轮的凹槽时，可轴向移动的齿盘右移，齿盘松开、脱齿，如图 9-19（b）所示，当端面凸轮盘反向回转时，端面凸轮盘的凸面使滚子左移，可轴向移动的齿盘左移，齿盘合齿、定位，如图 9-19（c）所示，并通过碟形弹簧将动齿盘向左拉使齿盘进一步贴紧（夹紧）。

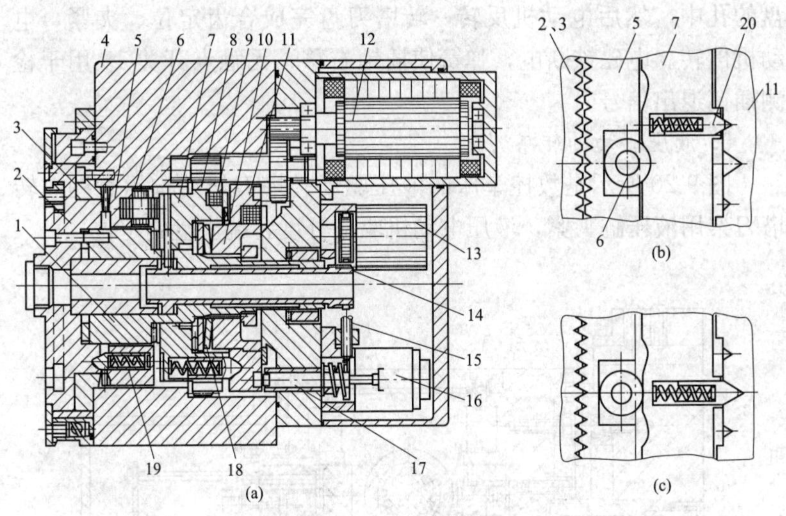

图 9-19　三齿盘转塔刀架

(a) 刀架总体结构；(b) 脱齿时；(c) 合齿时

1—中心轴套；2、3、5—齿盘；4—刀架体；6—滚子；7—端面凸轮盘；8—齿圈；9—缓冲键；10—驱动套；11—驱动盘；12—电动机；13—编码器；14—轴；15—无触点开关；16—电磁铁；17—插销；18—碟形弹簧；19、20—定位销

端面凸轮盘除控制齿盘 2 松开、脱齿、合齿定位、夹紧之外，还带动一个与中心轴套用齿形花键相连的驱动套 10 和驱动盘 11，使转塔刀盘分度。如图 9-19（a）所示。端面凸轮盘的右端面有凸出部分，能带动驱动盘、驱动套、中心轴回转进行分度。

整个换刀动作，脱齿（松开）、分度、合齿定位（夹紧），用一个交流电动机 12 驱动，经两次减速传到套在端面凸轮盘外圆的齿圈 8 上。此齿圈通过缓冲键 9（减少传动冲击）和端面凸轮盘相连，同样驱动盘和中心轴上的驱动套 10 之间也有类似的缓冲键。

为识别刀位，装有一个编码器 13，其用齿形带与中心轴套中间的齿形带轮轴 14 相连。当数控系统得到换刀指令后，自动判断将要换的刀向哪个方向回转分度的路程最短，然后电动机转动，脱齿（松开）、转塔刀盘按最短路程分度，当编码器测到分度到位信号后电动机停转，接着电磁铁 16 通电将插销 17 左移，插入驱动盘的孔中，然后电动机反转，转塔刀盘完成合齿定位、夹紧，电动机停转。电磁铁断电，弹簧使插销右移，无触点开关 15 用于检测插销退出信号。

5. 液压驱动的转塔刀架

图 9-20 所示是数控车床的液压驱动转塔刀架结构示意图。转塔刀架用液压缸夹紧，液压电动机驱动分度，端齿盘副定位。

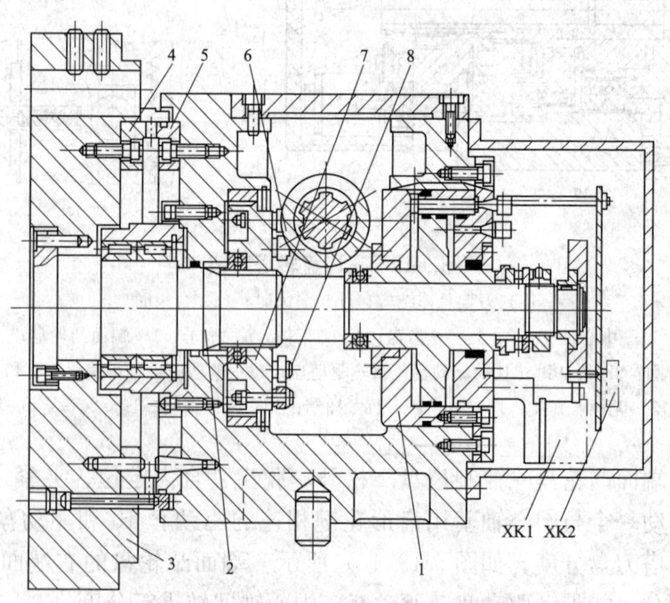

图 9-20　液压驱动转塔刀架结构示意图

1—液压缸；2—刀架中心轴；3—刀盘；4、5—端齿盘；
6—转位凸轮；7—回转盘；8—分度柱销；
XK1—计数行程开关；XK2—啮合状态行程开关

图 9-20 所示为转塔刀架处于夹紧状态，当刀架接收到转位指令后，液压油进入液压缸 1 的右腔，通过活塞推动中心轴 2 将刀盘 3 左移，使定位副端齿盘 4 和 5 脱离啮合状态，为转位作好准备。当刀盘处于完全脱开位置时，行程开关 XK2 发出转位信号，液压电动机带动转位凸轮 6 旋转，凸轮依次推动回转盘 7 上的分度柱销 8 使回转盘通过键带动中心轴及刀盘作分度运动。凸轮每转一周拨过一个分度柱销，使刀盘旋转 $1/n$ 周（n 为刀架的工位数）。中心轴的尾端固定着一个有 n 个齿的凸轮，当中心轴和刀盘转过一个工位时，凸轮压合计数开关 XK1 一次，开关将此信号送入控制系统。当刀盘旋转到预定工位时，控制系统发出信号使液压电动机刹车，转位凸轮停止运动，刀架处于预定位状态。与此同时液压缸 1 左腔进油，通过活塞将中心轴刀盘拉回，端齿盘副啮合，精确定位，刀盘便完成定位和夹紧动作。刀盘夹紧后中心轴尾部将 XK2 压下发出转位结束信号。由于夹紧力是靠液压缸中的油压实现的，油路中应加装蓄能器，防止切削过程中突然停电失压造成事故。

（二）车削中心的动力刀具

车削中心动力刀具主要由 3 部分组成：动力源、变速传动装置和刀具附件（钻孔附件和铣削附件等）。

（1）变速传动装置。图 9-21 是动力刀具的传动装置。传动箱 2 装在转塔刀架体（图中未画出）的上方。变速电动机 3 经锥齿轮副和同步齿形带，将动力传至位于转塔回转中心的空心轴 4，空心轴 4 的左端是中央锥齿轮 5。

（2）动力刀具附件。动力刀具附件有许多种，现仅介绍常用的两种。

1）高速钻孔附件。如图 9-22 所示，轴套的 A 部装入转塔刀架的刀具孔中。刀具主轴 3 的右端装有锥齿轮 1，与图 9-21 的中央锥齿轮 5 相啮合。主轴前端支承是三联角接触球轴承 4，后支承为滚针轴承 2。主轴头部有弹簧夹头 5。拧紧外面的套，就可靠锥面的收紧力夹持刀具。

2）铣削附件。如图 9-23 所示，分为两部分。图 9-23 上图是

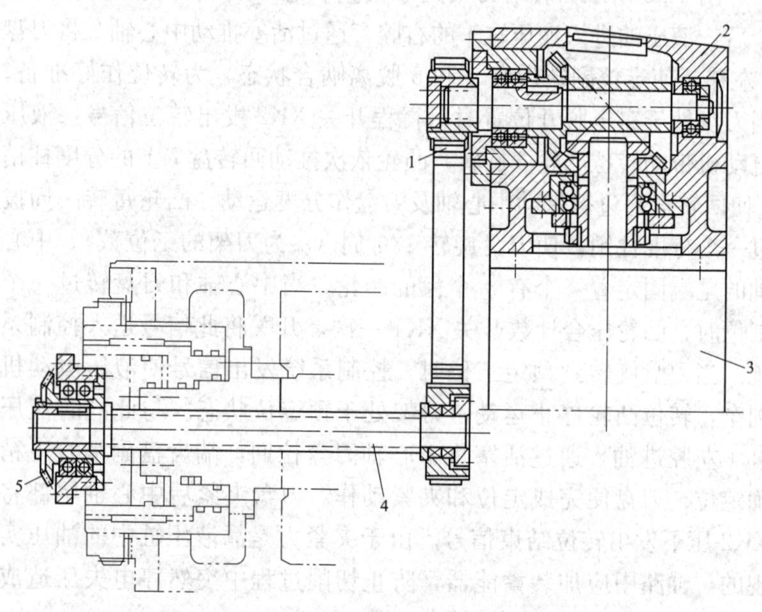

图 9-21　动力刀具的传动装置

1—齿形带；2—传动箱；3—变速电动机；4—空心轴；5—中央锥齿轮

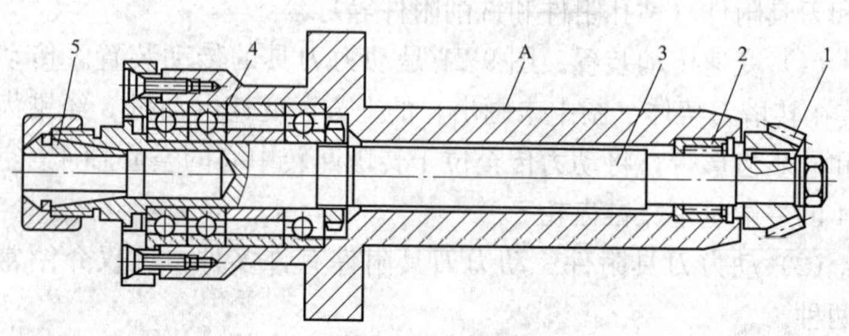

图 9-22　高速钻孔附件

1—锥齿轮；2—滚针轴承；3—刀具主轴；4—角接触球轴承；5—弹簧夹头；A—轴套

中间传动装置，仍由锥套的 A 部装入转塔刀架的刀具孔中，锥齿轮 1 与图 9-21 中的中央锥齿轮 5 啮合。轴 2 经锥齿轮副 3、横轴 4 和圆柱齿轮 5，将运动传至图 9-23 下图所示的铣主轴 7 上的

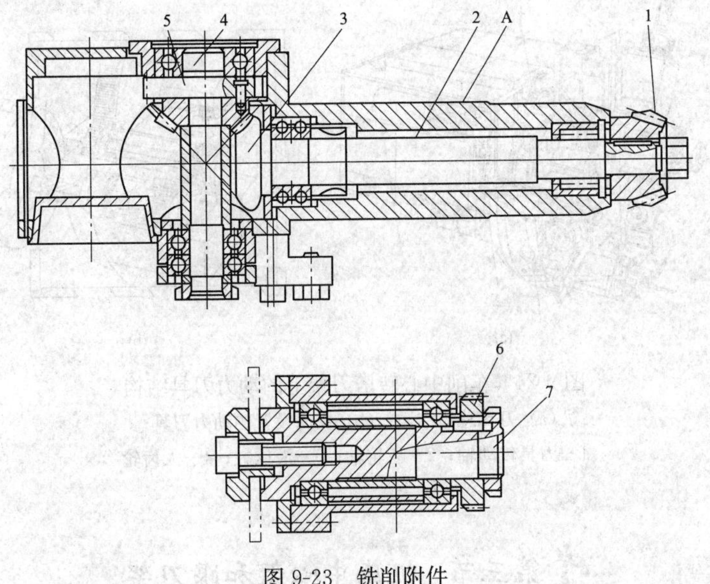

图 9-23　铣削附件

1、3—锥齿轮；2—轴；4—横轴；

5、6—圆柱齿轮；7—铣主轴；A—轴套

齿轮 6，铣主轴 7 上装铣刀，中间传动装置可连同铣主轴一起转方向。

(3) 动力刀具的结构。车削中心加工工件端面或柱面上与工件不同心的表面时，主轴带动工件作分度运动或直接参与插补运动，切削加工主运动由动力刀具来实现。图 9-24 所示为车削中心转塔刀架上的动力刀具结构。

当动力刀具在转塔刀架上转到工作位置时［见图 9-24（a）中位置］，定位夹紧后发出信号，驱动液压缸 3 的活塞杆通过杠杆带动离合齿轮轴 2 左移，离合齿轮轴左端的内齿轮与动力刀具传动轴 1 右端的齿轮啮合，这时大齿轮 4 驱动动力刀具旋转。控制系统接收到动力刀具在转塔刀架上需要转位的信号时，驱动液压缸活塞杆通过杠杆带动离合齿轮轴右移至转塔刀盘体内（脱开传动），动力刀具在转塔刀架上才开始转位。

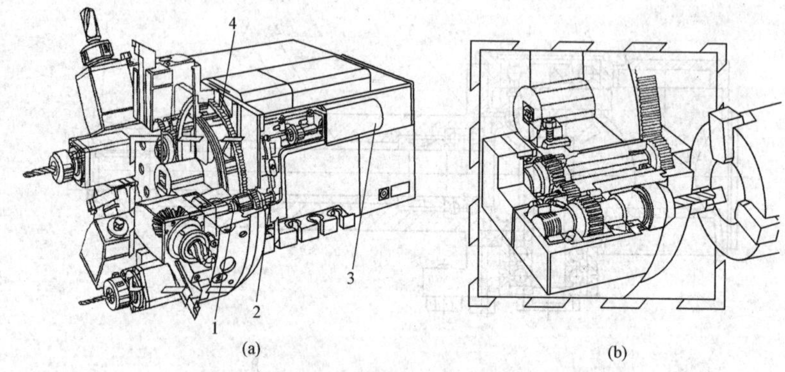

图 9-24　车削中心转塔刀架上的动力刀具结构

(a) 刀具总体结构；(b) 反向设置的动力刀具

1—刀具传动轴；2—齿轮轴；3—液压缸；4—大齿轮

第三节　机床中心架和跟刀架

一、中心架及其使用

1. 中心架的构造

中心架的结构如图 9-25 所示。工作时，架体 1 通过压板 8 和螺母 7 紧固在床身上，上盖 4 和架体用圆柱销作活动连接，为了便于装卸工件，上盖可以打开或扣合，并用螺钉 6 来锁定。三个支撑爪 3 的升降，分别用三个螺钉 2 来调整，以适应不同直径的工件，并分别用三个螺钉 5 来锁定。

中心架支撑爪是易损件，磨损后可以调换，其材料应选用耐磨性好、不易研伤工件的材料，通常选用青铜、胶木、尼龙 1010 等材料。

中心架一般有两种常见的形式，一种为普通中心架，如图 9-25 所示，另一种为滚动轴承中心架，如图 9-26 所示。滚动轴承中心架的结构大体与普通中心架相同，不同之处在于支撑爪的前端装有三个滚动轴承，以滚动摩擦代替滑动摩擦。它的优点是：耐高速、不会研伤工件表面；缺点是同轴度稍差。

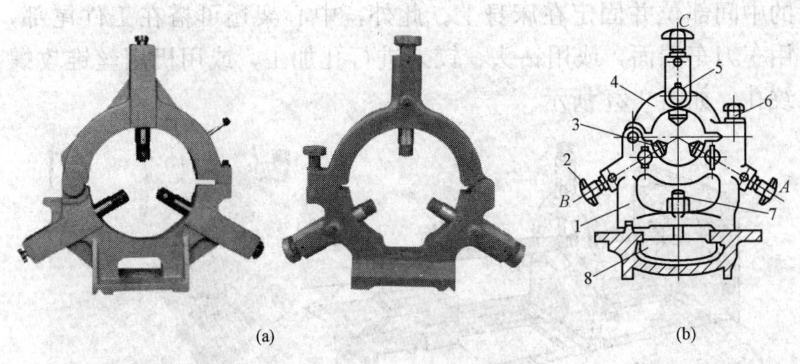

图 9-25　普通中心架

（a）外形图；（b）结构图

1—架体；2—调整螺钉；3—支撑爪；4—上盖；5、6—螺钉；7—螺母；8—压板

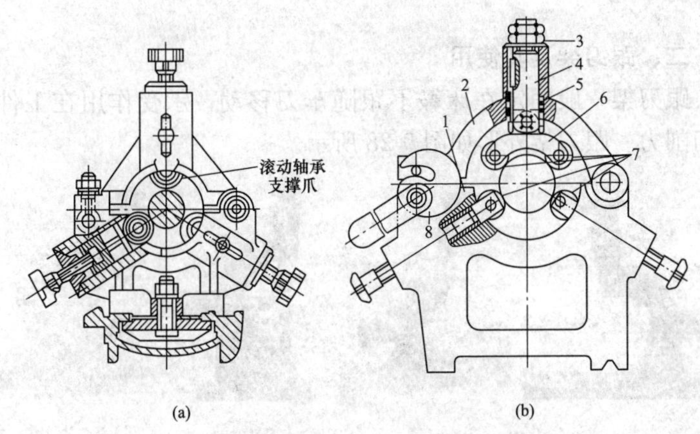

图 9-26　滚动式中心架

（a）普通滚动轴承中心架；（b）局部滚动式中心架

1—架体；2—上盖调整螺钉；3—螺母；4—螺杆；5—万向节；

6—摆动块；7—滚子；8—锁紧偏心轮

2. 中心架的使用

使用中心架支撑车削细长轴，关键是使中心架与工件接触的三个支撑爪所决定圆的圆心与车床的回转中心重合。车削时，一般是用两顶尖装夹或一夹一顶方式安装工件，中心架安装在工件的中间部位并固定在床身上。此外，中心架还可搭在工件尾部，用车刀车端面，或用钻头、铰刀进行孔加工，或用机用丝锥攻螺纹孔，如图 9-27 所示。

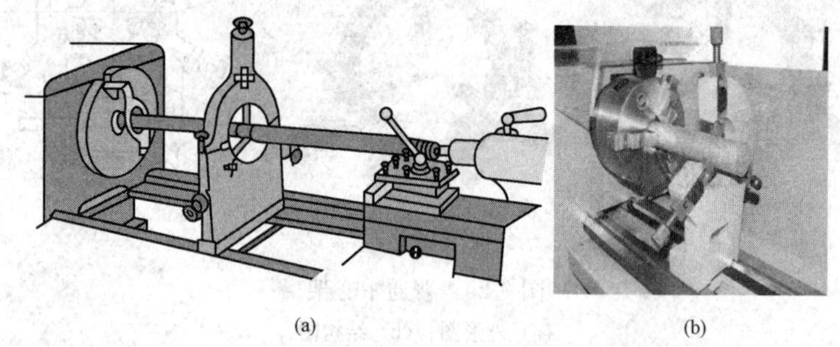

(a) (b)

图 9-27 普通中心架的使用

（a）支承在中间车细长轴；（b）车端面（或钻孔）

二、跟刀架及其使用

跟刀架一般固定在床鞍上跟随车刀移动，承受作用在工件上的切削力。跟刀架外形如图 9-28 所示。

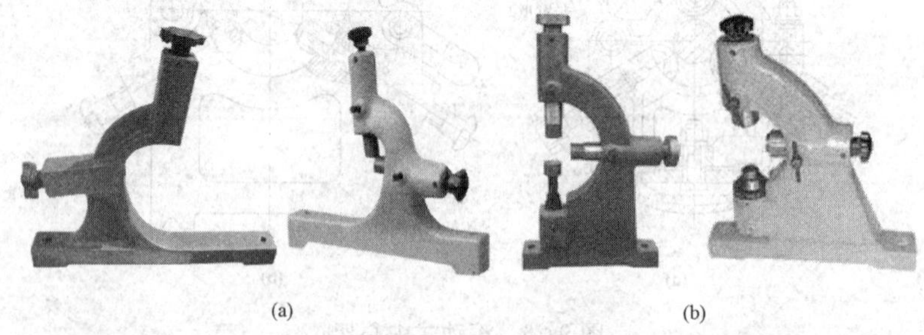

(a) (b)

图 9-28 常用跟刀架形状

（a）两爪跟刀架；（b）三爪跟刀架

细长轴刚性差，车削比较困难，如采用跟刀架来支撑，可以增加刚性，防止工件弯曲变形，从而保证细长轴的车削质量。

1. 跟刀架的结构

常用的跟刀架有两种：两爪跟刀架［见图 9-29（a）］和三爪跟刀架［见图 9-29（b）］。三爪跟刀架结构如图 9-29（c）所

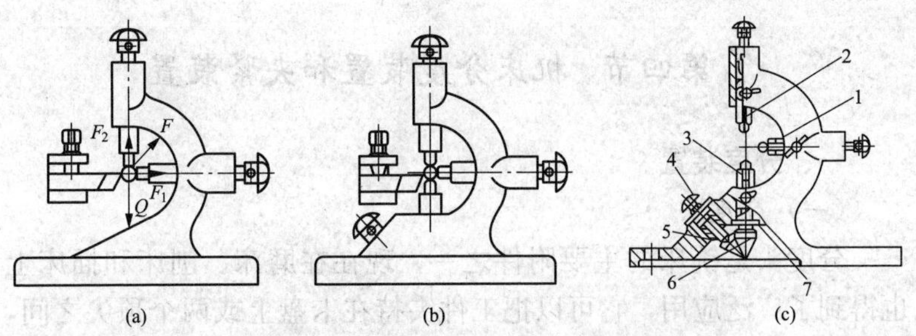

图 9-29　跟刀架的结构与应用

(a) 两爪跟刀架；(b) 三爪跟刀架；(c) 三爪跟刀架的结构

1、2、3—支撑爪；4—手柄；5、6—锥齿轮；7—丝杠

示。支撑爪 1、2 的径向移动可直接旋转手柄 4 实现。支撑爪 3 的径向移动可以用手柄转动锥齿轮 5，再经锥齿轮 6 转动丝杠 7 来实现。

2. 跟刀架的选用

从跟刀架用以承受工件上的切削力 F 的角度来看，只需两支支撑爪就可以了，如图 9-29 (a) 所示。切削力 F 可以分解 F_1 与 F_2 两个分力，它们分别使工件贴紧在支撑爪 1 和支撑爪 2 上。但是工件除了受 F 力之外，还受重力 Q 的作用，会使工件产生弯曲变形。跟刀架的使用如图 9-30 所示。

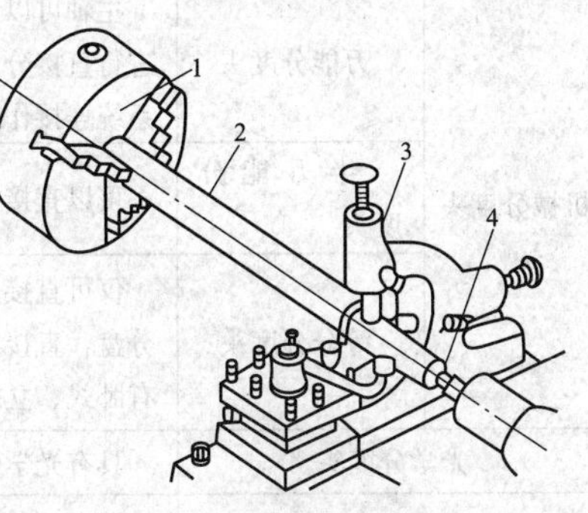

图 9-30　跟刀架的使用

1—卡盘；2—细长轴工件；

3—跟刀架；4—顶尖

因此车削时，若用两爪跟刀架支撑工件，则工件往往会受重力作用而瞬时离开支撑爪，瞬时接触支撑爪，而产生振动；若选用三爪跟刀架支撑工件，工件支撑在支撑爪和刀尖之间，便上下、左右均不能移动，这样车削就稳定，不易产生振动，所以选用三爪跟刀架支撑车削细长轴是一项很重要的工艺措施。

第四节 机床分度装置和夹紧装置

一、分度装置

（一）分度头

分度头是铣床的主要附件之一，现在在磨床、刨床和插床上也得到了广泛应用，它可以把工件夹持在卡盘上或两个顶尖之间，并使之旋转和分度定位。

分度头已成为机床上重要的精密附件，机械制造业中的很多零件都要利用分度头进行圆周分度的方法来加工所需要的结构，如花键、齿轮、离合器等。

1. 分度头常用类型

常用的分度头有万能分度头和自动分度头两种，其中万能分度度使用最为广泛。分度头的主要类型见表 9-6。

表 9-6　　分度头的主要类型

类别		性能特点
机械分度头	万能分度头	主轴可以在水平和垂直方向倾斜任意角度，可以进行直接分度、间接分度和差动分度，与机动进给系统连接作螺旋切削。分度精度为±45″
	半万能分度头	可以直接分度和间接分度。分度精度为±45″
	等分分度头	仅可直接分度。它一般采用具有 24 个槽或孔的等分盘，直接实现 2～4、6、8、12、24 等分的分度。有卧式、立式和立卧式 3 种。分度精度为 2′
光学分度头		具有光学分度装置，并用光学系统显示分度数值
电动分度头		用电动机动力进行分度
数显分度头		用数字显示系统显示分度数值
数控分度头		用数字信息发出指令，控制分度。它由 CNC 控制装置或机床本身特有的控制系统控制气动或液压驱动，自动完成对工件的夹紧、松开和任意角度的圆周分度，可立、卧使用

2. 万能分度头

万能分度头的分度盘一般由传动比 1∶40 的蜗杆副组成。分度盘上有多圈不同等分的定位孔。转动与蜗杆相连的分度手柄，将定位销插入选定的定位孔中，即可实现分度。当分度盘上的等分孔不能满足分度要求时，可通过蜗轮与主轴之间的交换齿轮改变传动比，以扩大分度范围。差动交换齿轮装置可与铣床工作台的进给丝杠连接，使工件的轴向进给与回转运动相结合，按一定导程铣削出螺旋沟槽。

(1) 万能分度头的主要功用。

1) 能将工件作任意圆周等分或作直线移距分度。

2) 可将工件夹成所需要的角度（垂直、水平或倾斜）。

3) 通过交换齿轮，可使分度头与工作台传动系统连接，使分度头主轴随工作台的进给运动连续转动，以铣削螺旋面和回转面。

(2) 万能分度头的结构组成。万能分度头的型号有很多，常用的为 F11125（也就是原 FW125）型，如图 9-31 所示。

F11125 型万能分度头的最大夹持直径为 250mm，其主轴是空心的，两端均为莫氏 4 号锥孔，前锥孔用来安装前顶尖或锥度心轴，后锥孔安装交换齿轮轴，用来搭配交换齿轮，以作差动分度和直线精确等距的移动。主轴前端外部有一段定位圆锥，用以安装三爪自定心卡盘的法兰盘。松开紧固螺钉，回转体 8 可在基座的环形导轨内转动－6°～90°，另外，主轴的前端还固定有一刻度盘（刻度盘上有 0°～360°的刻线），用作直接分度用。

分度盘（俗称孔盘）3 上数圈在圆周上均布的定位孔，用于各种分度。在分度盘的左侧有一分度盘紧固螺钉 1，当工件需要微量转动时，可松开此螺钉，用手轻敲分度手柄，使分度头手柄连同分度盘一起转动一个极小的角度，达到微调的目的，然后再紧固此螺钉以紧固分度盘。

在分度头的右侧（分度盘的反面）有两个手柄，一个是主轴锁紧手柄 7，用于分度锁紧；一个是蜗杆蜗轮脱落手柄 6，用于控制蜗杆和蜗轮的脱开与啮合。分度头基座下的定位键与工作台的 T 形槽配合，使分度头安装后，其主轴轴线平行于工作台的纵向进

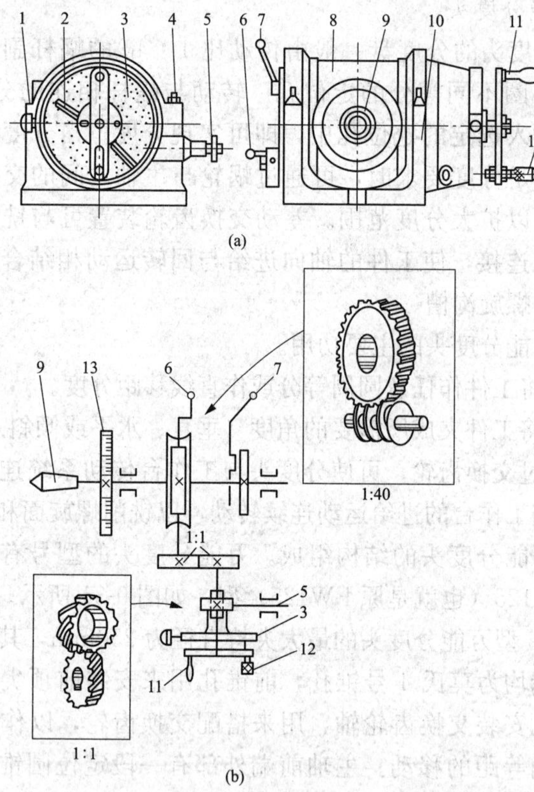

图 9-31 万能分度头的外形和传动系统

(a) 外形结构；(b) 传动系统

1—分度盘紧固螺钉；2—分度叉；3—分度盘；4—螺母；5—交换齿轮侧轴；
6—蜗轮脱落手柄；7—主轴锁紧手柄；8—回转体；9—主轴；10—基座；
11—分度手柄；12—分度定位销；13—刻度盘

给方向。

分度头右侧（分度盘正面）有一分度手柄 11，转动分度手柄可使主轴旋转，此外，分度头后侧还有一根安装交换齿轮用的侧轴 5，它通过一对斜齿轮副与空套在分度手柄上的分度盘相联系。

(3) 万能分度头的附件。万能分度头的附件有三爪自定心卡盘、前顶尖、拨盘和鸡心夹、千斤顶、交换齿轮心轴、交换齿轮架和交换齿轮、尾座等。

F11 系列万能分度头的主要技术参数见表 9-7。

表 9-7　　F11 系列万能分度头的主要技术参数

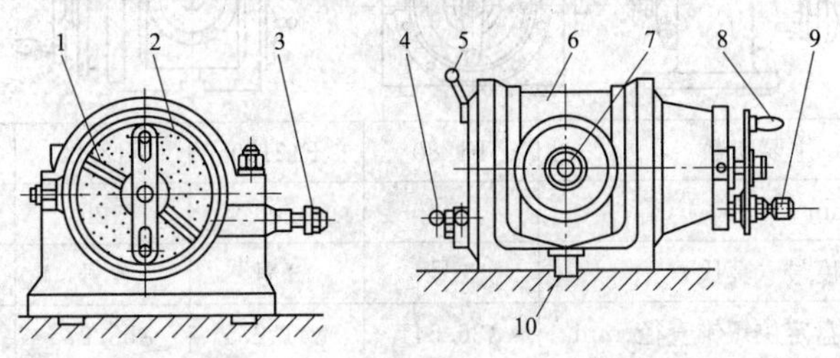

1—分度叉；2—分度盘；3—交换齿轮轴；4—蜗杆脱落手柄；5—主轴紧固手柄；6—回转体；7—主轴；8—分度手柄；9—定位销；10—固定键

主要参数	F1180	F11100A	F11125A	F11160A
中心高/mm	80	100	125	160
主轴孔锥度号（莫氏）	3 号	3 号	4 号	4 号
主轴法兰盘定位短锥直径/mm	ϕ36.541	ϕ41.275	ϕ53.975	ϕ53.975
主轴升降角/（°）	−6～90	−5～90	−5～90	−5～90
定位键宽度/mm	14	14	18	18
所配圆工作台直径/mm	—	ϕ125	ϕ160	ϕ200
分度精度	1″	±45″	±45″	±45″
外形尺寸（长/mm）×（宽/mm）×（高/mm）	334×334×147	410×375×190	470×330×225	470×330×260

3. 半万能分度头

半万能分度头与万能分度头的区别在于其不具备差动交换齿轮装置。F12 系列半万能分度头的主要技术参数见表 9-8。

（二）数控分度头

数控分度头也是一种半万能分度头，它是数控铣床、数控镗床和加工中心等使用的附件。它的分度过程是通过数控装置发出的分度指令来进行动作的，其作用是按照控制装置的信号或指令作回转分度或连续回转进给运动，以使数控机床能完成指定的加工工序。数控分度头一般与数控铣床、立式加工中心配套，用于

表 9-8　　F12 系列半万能分度头的主要技术参数

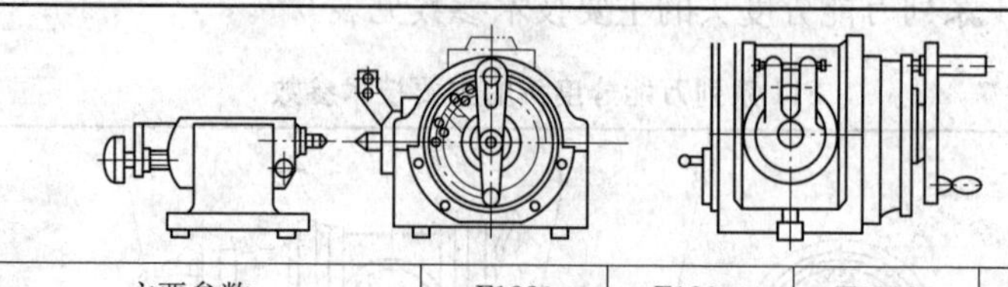

主要参数	F1280	F12100	F12125	F12160
中心高/mm	80	100	125	160
主轴孔锥度号（莫氏）	3 号	3 号	4 号	4 号
主轴法兰盘定位短锥直径/mm	ϕ36.541	ϕ41.275	ϕ53.975	ϕ53.975
主轴升降角/(°)	−6～90	−5～90	−5～90	−5～90
定位键宽度/mm	14	14	18	18
所配圆工作台直径/mm	ϕ100	ϕ125	ϕ160	ϕ200
分度精度	1″	—	—	—
外形尺寸（长/mm）×（宽/mm）×（高/mm）	317×206×147	389×251×186	477×318×225	477×318×260

加工轴、套类工件。数控分度头可以由独立的控制装置控制，也可以通过相应的接口由主机的数控装置控制。

如图 9-32 所示的 FK14 系列数控分度头，它由伺服电动机驱

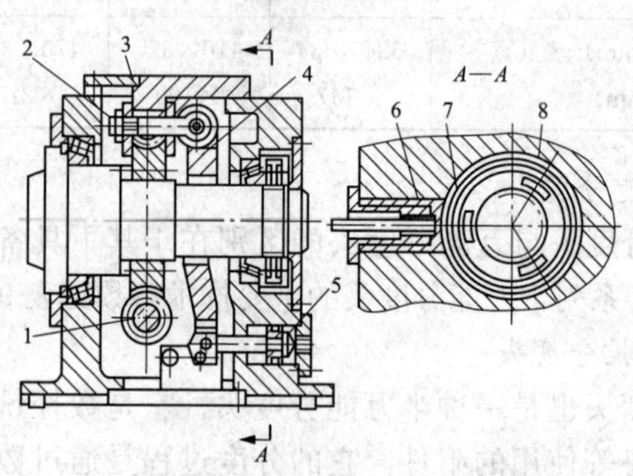

图 9-32　FK14 型数控分度头

1—蜗杆；2—螺母；3—蜗轮；4—杠杆；5—液压缸；6—传感器；7—缺口；8—调整环

动，通过蜗杆副1、3转动，实现任意角度的分度。当螺母2转动到预选位置时，编码器发出信号，电动机停止转动，液压缸5注入压力油，通过杠杆刹紧蜗轮3。刹紧力由螺母2调整，通过对调整环8上的缺口7与传感器6位置的调整来实现零件信号的调整。

（1）数控分度头的类型。等分式的FKNQ系列数控分度头的最终分度定位采用齿数为72牙的端齿盘来完成。万能式的FK14系列数控分度头用精密蜗轮副作为分度定位元件，用于完成任意角度的分度工作，采用双导程蜗杆消除传动间隙。常用数控分度头见表9-9。

表9-9　　数控机床常用分度头

序号	名称	使用特点说明
1	FKNQ系列数控气动等分分度头	FKNQ系列数控气动等分分度头是数控铣床、数控锥镗床、加工中心等数控机床的配套附件，以端齿盘作为分度元件，依靠气动驱动分度，可完成以5°为基数的整数倍的水平回转坐标的高精度等分分度工作
2	FK14系列数控分度头	FK14系列数控分度头是数控铣床、数控镗床、加工中心等数控机床的附件之一，可完成一个回转坐标的任意角度或连续分度工作。采用精密蜗轮副作为定位元件：采用组合式蜗轮结构，减少了气动刹紧时所造成的蜗轮变形，提高了产品精度；采用双导程蜗杆副，使得调整啮合间隙简便易行，有利于保持精度
3	FK15系列数控分度头	FK15系列数控、立卧两用型分度头是数控机床、加工中心等机床的主要附件之一，分度头与相应的CNC控制装置或机床本身特有的控制系统连接，并与（4～6）$\times10^5$Pa压缩空气接通，可自动完成工件的夹紧、松开和任意角度的圆周分度工作
4	FK53系列数控电动立式等分分度头	FK53系列数控等分分度头是以端齿盘定位锁紧，以压缩空气推动齿盘，实现工作台的松开、刹紧，以伺服电动机驱动工作台旋转的具有间断分度功能的机床附件。该产品专门和加工中心及数控镗铣床配套使用，工作台可立卧两用，完成5°的整数倍的分度工作

（2）数控分度头的工作原理。图9-33所示的FKNQ160型数

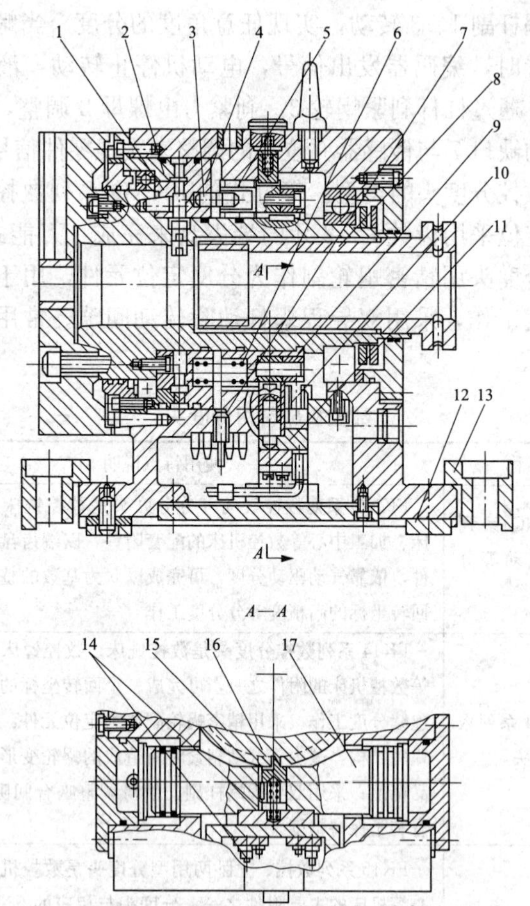

图 9-33　FKNQ160 型数控气动等分分度头结构

1—转动端齿盘子；2—定位端齿盘；3—滑动销轴；4—滑动端齿盘；5—镶装套；6—弹簧；7—无触点传感器；8—主轴；9—定位轮；10—驱动销；11—凸块；12—定位键；13—压板；14—传感器；15—棘爪；16—棘轮；17—分度活塞

控气动等分分度头的动作原理如下：其为三齿盘结构，滑动端齿盘 4 的前腔通入压缩空气后，借助弹簧 6 和滑动销轴 3 在镶套内平稳地沿轴向右移。齿盘完全松开后，无触点传感器 7 发信号给控制装置，这时分度活塞 17 开始运动，使棘爪 15 带动棘轮 16 进行分度，每次分度角度为 5°。在分度活塞 17 下方有两个传感器 14，用于检测活塞 17 的到位、返回位置并发出分度信号。当分度信号与控制装置预置信号重合时，分度台刹紧，这时滑动端齿盘 4 的后腔通入压缩空气，端齿盘啮合，分度过程结束。为了防止棘爪返回时主轴反转，在分度活塞 17 上安装凸块 11，使驱动销 10 在返回过程中插入定位轮 9 的槽中，以防转过位。

图 9-34 所示为 FK14160B 型数控分度头，其动作原理如下：刹紧液压缸活塞 4 的后腔（活塞右侧）通入压缩空气后，主轴松开。松开信号由传感器 6 发出。伺服电动机旋转至选定的角度后，刹紧液压缸的活塞 4 的前腔（活塞左侧）通入压缩空气，刹紧信号由传感器 5 发出，刹紧完毕后，主机发信号，开始切削加工。当工作台完成一个工作循环后，工作台返回零位，零位信号传感器 8 发出零位到位信号。

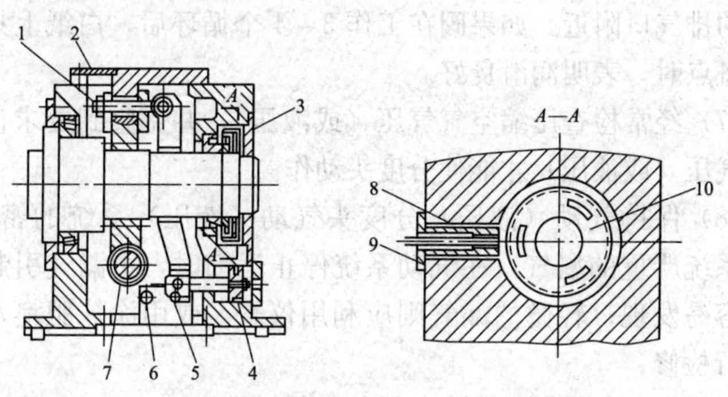

图 9-34　FK14160B 型数控分度头

1—调整螺母；2—压板；3—法兰盘；4—活塞；5—刹紧信号传感器；6—松开信号传感器；7—双导程蜗杆；8—零位信号传感器；9—传感器支座；10—信号盘

数控分度头未来的发展趋势是：在规格上向两头延伸，即开发小规格和大规格的分度头及相关制造技术；在性能方面将向进一步提高刹紧力矩、提高主轴转速及可靠性方面发展。

（三）分度装置维护

（1）及时调整挡铁与行程开关的位置。

（2）定期检查油箱是否充足，保持系统压力，使工作台能抬起和保持夹紧油缸的夹紧压力。

（3）控制油液污染，控制泄漏。对液压件及油箱等定期清洗和维修，对油液、密封件执行定期更换，定期检查各接头处的外泄漏。检查液压缸研损、活塞拉毛及密封圈损坏等。

（4）检查齿盘式分度工作台上下齿盘有无松动，两齿盘间有无污物，检查夹紧液压阀部有没有被切屑卡住等。

（5）检查与工作台相连的机械部分是否研损。

（6）如为气动分度头，保证供给洁净的压缩空气，保证空气中含有适量的润滑油。润滑的方法一般采用油雾器进行喷雾润滑，油雾器一般安装在过滤器和减压阀之后。油雾器的供油量一般不宜过多，通常每 $10m^3$ 的自由空气供 1mL 的油量（即 40～50 滴油）。检查润滑是否良好的一个方法是：找一张清洁的白纸放在换向阀的排气口附近，如果阀在工作 3～4 个循环后，白纸上只有很轻的斑点时，表明润滑良好。

（7）经常检查压缩空气气压（或液压），并调整到要求值。足够的气压（或液压）才能使分度头动作。

（8）保持气动（液压）分度头气动（液压）系统的密封性。气动系统严重的漏气，在气动系统停止运动时，由漏气引起的响声很容易发现；轻微的漏气则应利用仪表，或用涂抹肥皂水的办法进行检修。

（9）保证气动元件中运动零件的灵敏性。

二、夹紧机构和装置

（一）机用虎钳

1. 机床用平口虎钳的结构

机床用平口虎钳主要用于装夹长方体工件，也可用于装夹圆柱体工件。机床用平口虎钳通常直接安装在机床工作台面上，其结构如图 9-35 所示，各零件的作用如下。

（1）虎钳体。起连接各零部件组成完整夹具的作用，并通过它把虎钳固定在工作台面上。

（2）固定钳口和钳口铁。起垂直定位作用。

（3）活动座、螺母、丝杠（及方头）和紧固螺钉。这些都是

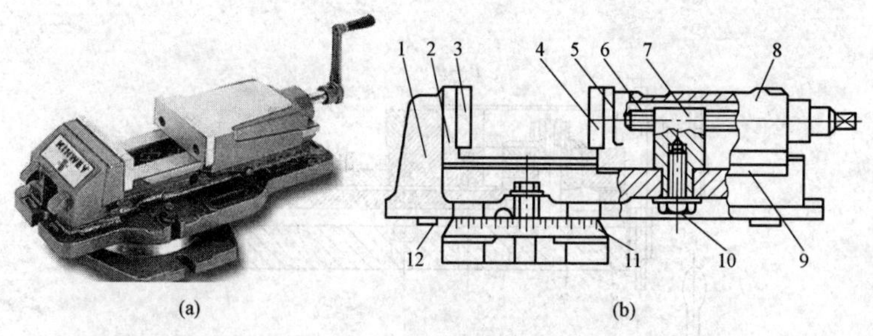

图 9-35 机床用平口虎钳的结构

(a) 外形图；(b) 结构图

1—虎钳体；2—固定钳口；3、4—钳口铁；5—活动钳口；6—丝杠；7—螺母；8—活动座；9—压板；10—紧固螺钉；11—固转底盘；12—定位键

夹紧元件，丝杠和螺母组成了丝杠螺母副，当用手转动丝杠方头时，丝杠带动活动座在虎钳体的导轨上移动，起夹紧工件的作用。

(4) 回转底座和定位键。起角度分度和夹具定位作用。

机用平口虎钳有多种规格，见表 9-10。

表 9-10　　机床用平口虎钳的规格和主要参数

参数	规格							
	60	80	100	125	136	160	200	250
钳口宽度 B	60	80	100	125	136	160	200	250
钳口最大张开度 A	50	60	80	100	110	125	160	200
钳口高度 h	30	34	38	44	36	50(44)	60(56)	56(60)
定位键宽度 b	10	10	14	14	12	18(14)	18	18
回转角度	360°							

2. 液压虎钳的结构

液压虎钳的结构如图 9-36 所示，其组成与机床用平口虎钳类似，不同的是夹紧部分由液压控制阀、活塞、活塞杆、滑板、滚轮和滚轮座、活动钳口座等组成。也就是机床用平口虎钳的夹紧力来源于人力，液压虎钳的夹紧力来源于液压力。

液压虎钳适用于大批量生产，可减轻劳动强度，在加工中还

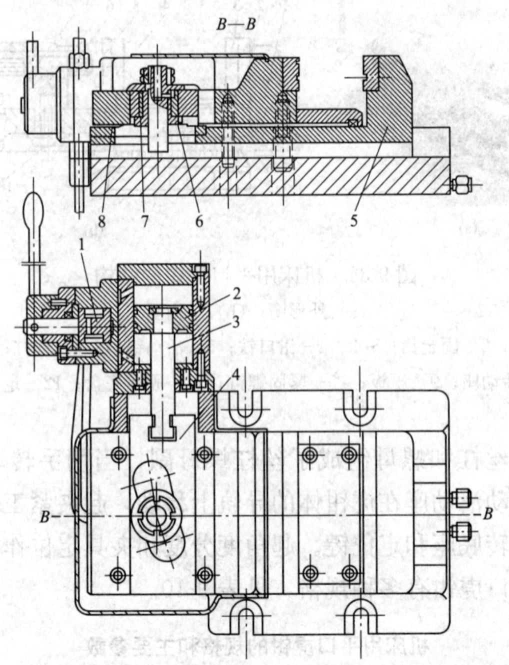

图 9-36　液压虎钳

1—控制阀；2—活塞；3—活塞杆；4—滑板；5—活动钳口座；6—滚轮；7—滚轮座；8—齿条

能吸收一定的振动。

(二) 花盘和卡盘

卡盘和花盘属机床常用附件，常用于车床、内圆磨床、外圆磨床和万能磨床上装夹工件加工。

1. 花盘

花盘可直接安装在机床主轴上。它的盘面上有很多长短不同的穿通槽和T形槽，用来安装各种螺钉和压板，以紧固工件，如图 9-37 所示。

花盘的工作平面必须与主轴的中心线垂直，盘面平整，适用于装夹不能用四爪单动卡盘装夹的形状不规则的工件。

2. 卡盘

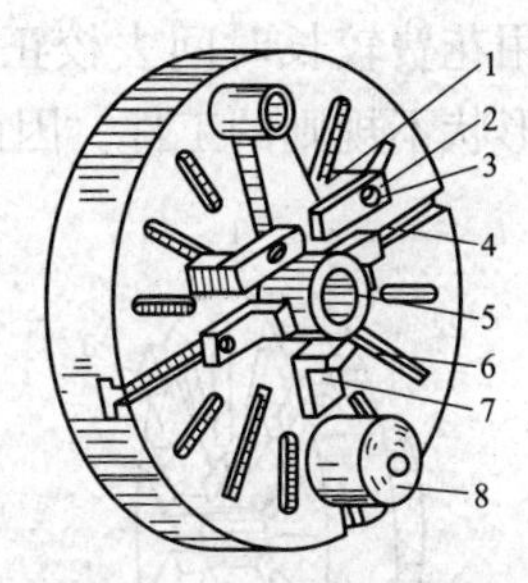

图 9-37　花盘上装夹工件

1—垫铁；2—压板；3—压板螺钉；4—T 形槽；5—工件；6—小角铁；7—可调定位螺钉；8—配重块

卡盘是用均布在盘体上的活动卡爪的径向移动，将工件夹紧和定位的机床附件。卡盘一般由卡盘体、活动卡爪和卡爪驱动机构组成。卡盘直径为 65～1500mm，中央有通孔，以便通过工件或棒料；背部有圆柱形或短锥形结构，直接或通过法兰盘与主轴端部相连接。卡爪是卡盘直接给工件施加夹紧力的零件，它的结构形式、尺寸和材质对卡盘的精度、刚度和极限转速等均有很大影响。

卡盘利用其后面法兰盘上的内螺纹可直接安装在机床主轴上，使用卡盘装夹轴类、盘类、套类等工件非常方便、可靠。

（1）常用的卡盘的结构。常用的卡盘主要有下面两种。

1）三爪自定心卡盘。如图 9-38 所示为三爪自定心卡盘。用扳手通过方孔 1 转动小锥齿轮 2 时，就带动大锥齿轮 3 转动，大锥齿轮 3 的背面有平面螺纹 4，它与三个卡爪后面的平面螺纹相啮合，当大锥齿轮 3 转动时，就带动三个卡爪 5 同时作向心或离心的径向运动。

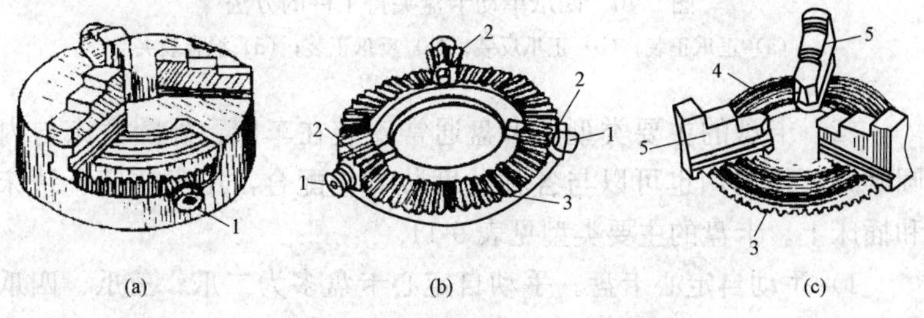

图 9-38　三爪自定心卡盘

（a）结构图；（b）大、小锥齿轮；（c）平面螺纹和卡爪

1—方孔；2—小锥齿轮；3—大锥齿轮；4—平面螺纹；5—卡爪

三爪自定心卡盘具有较高的自动定心精度，装夹迅速方便，

不用花费较长时间去校正工件。但它的夹紧力较小，而且不便装夹形状不规则的工件。因此，只适用于中、小型工件的加工。

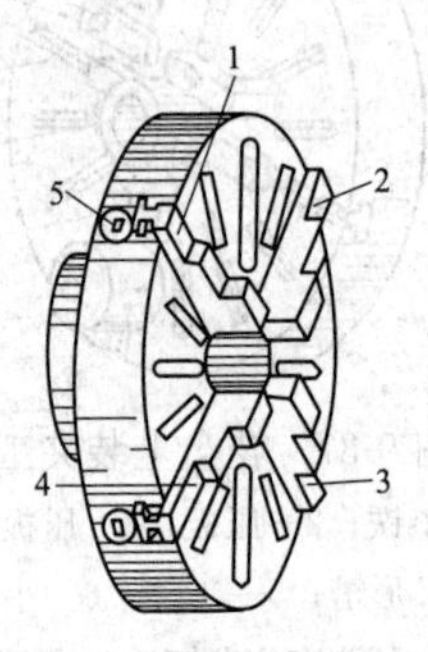

图 9-39 四爪单动卡盘

1、2、3、4—卡爪；5—调节螺杆

2）四爪单动卡盘。如图 9-39 所示为四爪单动卡盘。它有四个对称分布的相同卡爪 1、2、3、4，每个卡爪都可以单独调整，互不相关。用扳手调节螺杆 5，就可带动该爪单独的作径向运动。由于四个卡爪是单动的，所以适用于磨削截面形状不规则和不对称的工件。

四爪单动卡盘夹持工件的方法如图 9-40 所示。它的适用范围较三爪自定心卡盘广，但装夹工件时需要校正，要求工人的技术水平较高。

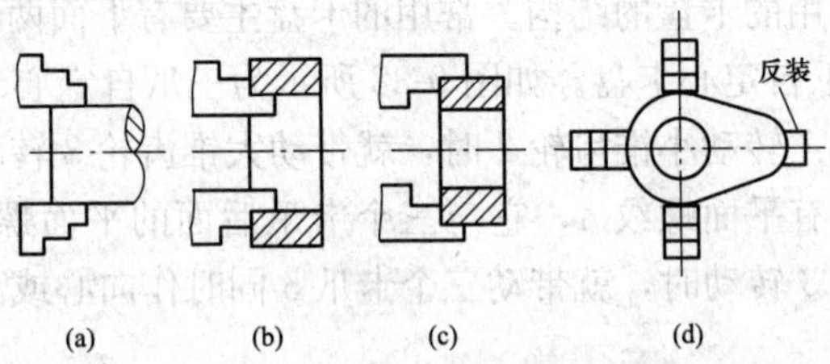

图 9-40 四爪单动卡盘夹持工件的方法

(a) 正爪正装；(b) 正爪反装；(c) 反爪正装；(d) 混合装夹

(2) 卡盘的主要类型。卡盘通常安装在车床、外圆磨床与内圆磨床上使用，也可以与各种分度装置相配合，用于铣床、钻床和插床上。卡盘的主要类型见表 9-11。

1）手动自定心卡盘。手动自定心卡盘多为二爪、三爪、四爪结构。手动三爪自定心卡盘采用锥齿轮传动，剖面图如图 9-41 所示。由小锥齿轮 3 带动大锥齿轮（齿盘）4，齿盘的背面有螺旋槽，与三个卡爪 2 相啮合。用扳手转动小锥齿轮 3，便能使三个卡爪同时沿径向移动，可实现自动定心夹紧，适用于夹持圆柱形、

表 9-11　　　　　　卡盘的主要类型

类型		结构特点
手动卡盘	自定心卡盘	卡爪可同心移动使工件自动定心，有自紧、盘丝、可调等类型。常见的为盘丝型，不同型号定心精度范围为 0.08～0.20mm。自紧型多用于轻型卡盘。可调型多为精密卡盘，不同型号定心精度范围 0.04～0.08mm。自定心卡盘多为两爪、三爪和四爪结构
	复合卡盘	卡爪既可同心移动，也可单独调整。装夹管件的卡盘多用复合卡盘。有两爪、三爪和四爪结构
	单动卡盘	卡爪可单独调整，分为轻型和重型，多为四爪和六爪结构
动力卡盘	整体式动力卡盘	动力装置直接装于卡盘内，不需要拉杆或拉管传动，具有较大的通孔，安装方便，只在夹紧和松开工件时才需要动力
	分离式动力卡盘	动力装置装于卡盘体外，由气缸、液压缸①或电动夹紧器做动力源，用通过机床主轴孔的连杆或拉管连接，使卡盘获得所需的夹紧力。有楔式、斜齿条式、杠杆式、自补偿式和平面螺旋式等类型。一般为三爪、四爪和两爪的。卡盘直径一般为 160～500mm

① 回转气缸、液压缸与动力卡盘配套使用，驱动卡盘夹紧工件。所需空气压力通常为 0.2～0.6MPa，允许转速为 2000～3000r/min。回转液压缸通常用 2.5～3.0MPa 的压力油，具有体积小、通孔大和动作灵活的特点。

正三角形或正六边形等工件。它的重复定位精度高、夹持范围大、调整方便，应用比较广泛。

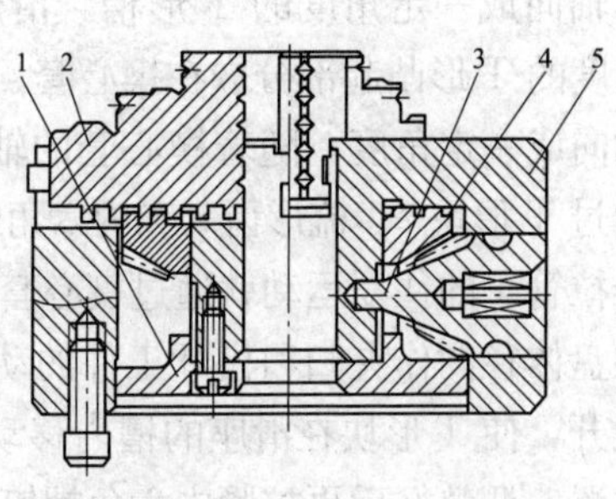

图 9-41　三爪自动定心卡盘剖面图
1—压盖；2—卡盘；3—小锥齿轮；4—大锥齿轮；5—盘体

2）高速动力卡盘。K55 型高速通孔楔式动力卡盘，如图 9-42 所示，与其配套的高速通孔回转液压缸（图中未标出）带动推拉管 1，作轴向往复运动，推拉管 1 与推拉螺母 3 连接，推拉螺母 3 一端又通过压盖 2 连接在楔心套 4 上，于是随着推

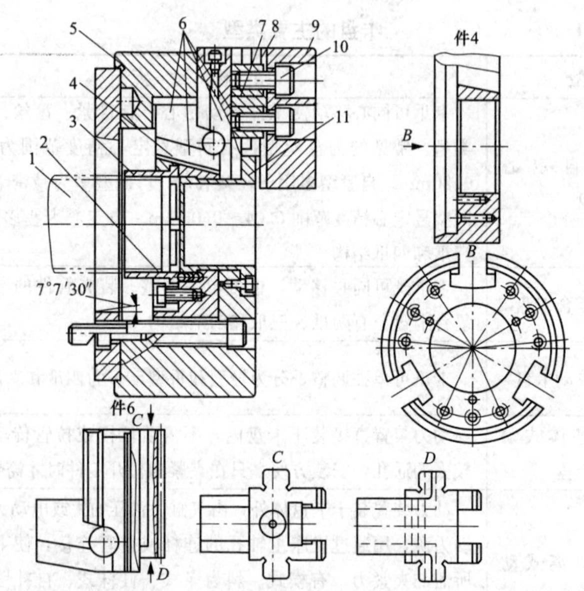

图 9-42　K55 型高速通孔楔式动力卡盘

1—推拉管；2—压盖；3—推拉螺母；4—楔心套；5—盘体；6—滑座；7—T 形块；8—梳形齿；9—卡爪；10—内六角螺钉；11—防护套

拉管 1 往复运动，楔心套 4 也随着运动。楔心套 4 上面有 3 个与套体轴向成一定角度的 T 形槽，滑座 6 上与卡盘体轴向同样成一定角度的 T 形凸起部分嵌在楔心套 4 的 T 形槽内。由于 T 形槽与盘体轴向成一定角度，随着楔心套的轴向运动，滑座作径向运动。滑座通过 T 形块 7、梳形齿 8 和内六角螺钉 10 与卡爪 9 相对固定。这样，推拉管 1 的往复运动就通过楔心套 4 和滑座 6 等件的传动，使卡爪 9 在盘体径向作夹归和松开工件的动作。松开内六角螺钉 10，梳形齿脱开，使 T 形块在滑座的槽内移动，可调整卡爪 9 与滑座 6 的相对位置，调整好后再拧紧内六角螺钉 10 使梳形齿 8 啮合。

3）斜齿条滑块高精度动力卡盘。THW 型高速高精度动力卡盘是一种斜齿条滑块式卡盘，其卡爪驱动方式如图 9-43 所示（图中仅画出一个滑块和卡爪）。当驱动丝杠在动力作用下转动时，边在同一圆环上的三个滑块同时被驱向同一方向转动，也就是滑块上的斜齿条在作切向运动，于是与滑块斜齿条相啮合的卡爪就被驱动作径向运动，从而夹紧或松开工件。

4）电动卡盘。JDK 型电动卡盘是一种简易的分离型电动三爪自定心卡盘，它由卡盘部分、传动部分、电动机和电控部分组成，如图 9-44 所示。电动机带动空心轴 8 转动，与空心轴连接的偏心套 3 带动齿轮 2 在连接盘 7 上和十字连接盘 6 上作快速运动。齿轮 2 以偏心套 3 的偏心距为半径，围绕某一中心作两个坐标方向的平移，从而拨动内齿轮 1 慢速转动，内齿轮 1 带动盘丝 4 回转，带动卡爪 5 夹持工件，卡爪的夹紧和松开由电动机的正反转来控制。

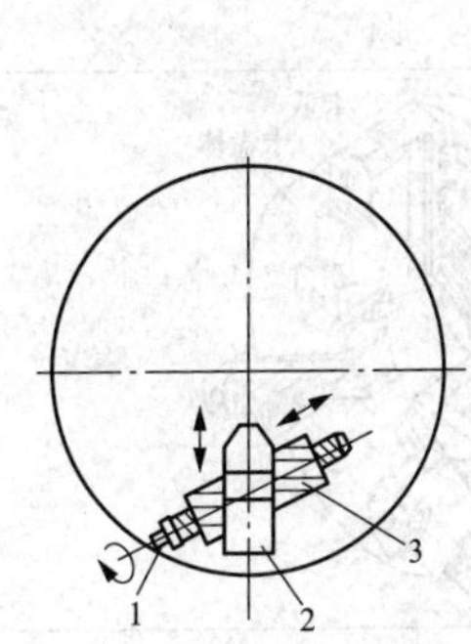

图 9-43　斜齿条滑块式卡盘驱动方式示意图

1—驱动丝杆；2—卡爪；3—滑块

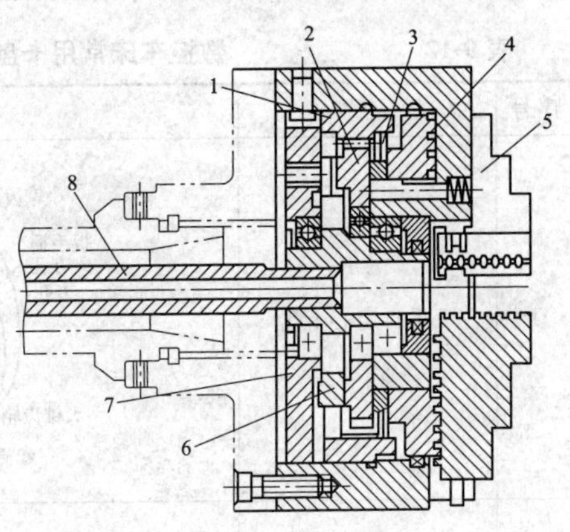

图 9-44　JDK 型电动三爪自定心卡盘

1—内齿轮；2—齿轮；3—偏心套；4—盘丝；5—卡爪；6—十字连接盘；7—连接盘；8—空心轴

KD 型电动卡盘配有通孔、电动机和机械调力装置，适合于加工长棒料和薄壁零件。

（三）数控车床常用卡盘

（1）数控车床常用卡盘结构类型。数控车床用卡盘按驱动卡爪所用动力不同，分为手动卡盘和动力卡盘两种。手动卡盘为通用附件，常用的有自动定心式的三爪卡盘和每个卡爪可以单独移动的四爪卡盘。三爪卡盘由小锥齿轮驱动大锥齿轮，大锥齿轮的背面有阿基米德螺旋槽，与三个卡爪相啮合。因此，用扳手转动小锥齿轮，便能使三个卡爪同时沿径向移动，实现自动定心和夹紧，适用于夹持圆形、正三角形或正六边形等工件。四爪卡盘的每个卡爪底面有内螺纹与螺杆连接，用扳手转动各个螺杆便能分别地使相连的卡爪作径向移动，适于夹持四边形或不对称形状的工件。动力卡盘多为自动定心卡盘，配以不同的动力装置（气缸、液压缸或电动机），便可组成气动卡盘、液压卡盘或电动卡盘。气缸或液压缸装在机床主轴后端，用穿在主轴孔内的拉杆或拉管，推拉主轴前端卡盘体内的楔形套，由楔形套的轴向进退使3个卡爪同时径向移动。这种卡盘动作迅速，卡爪移动量小，适于在大批量生产中使用。上述几种卡盘示意结构见表9-12。

表9-12　　数控车床常用卡盘结构

序号	名称	结构图
1	三爪自定心卡盘	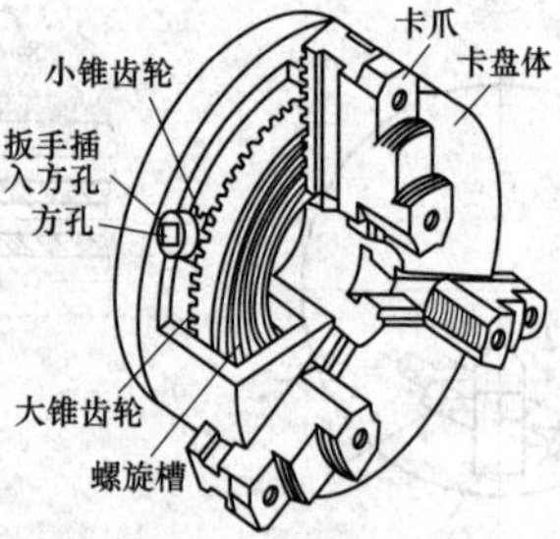
2	四爪单动卡盘	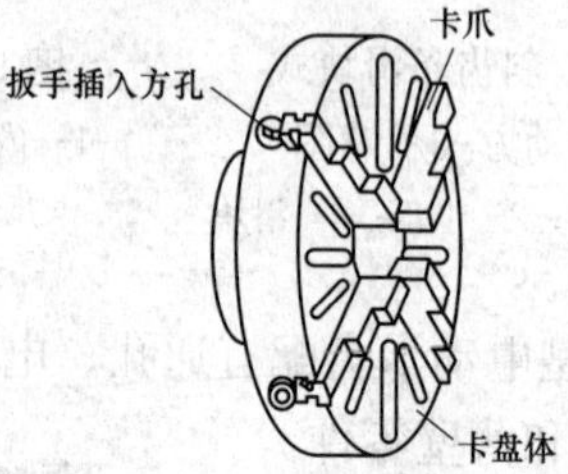
3	楔形套式动力卡盘	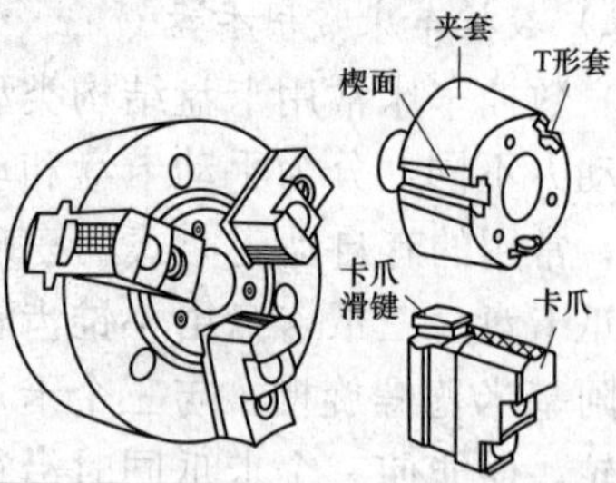

(2) 高速动力卡盘。为提高数控车床的生产率，对主轴转速要求越来越高，以实现高速甚至超高速切削。现在数控车床的最高转速已由 1000～2000r/min 提高到每分钟数千转，有的数控车床甚至达到 10 000r/min。普通卡盘已不能胜任这样的高转速要求，必须采用高速卡盘。早在 20 世纪 70 年代末期，德国福尔卡特公司就研制了世界上转速最高的 KGF 型高速动力卡盘，其试验速度达到了 10 000r/min，实用速度达到了 8000r/min。图 9-45 所示为 K55 系列楔式高速通孔卡盘，卡盘的松夹是靠用拉杆连接的液压卡盘和液压夹紧油缸的协调动作来实现的。卡盘配带梳齿坚硬卡爪和软爪各一副，适用于高速（转速小于或等于 4000r/min）全功能数控车床上进行各种棒料、盘类零件的加工。

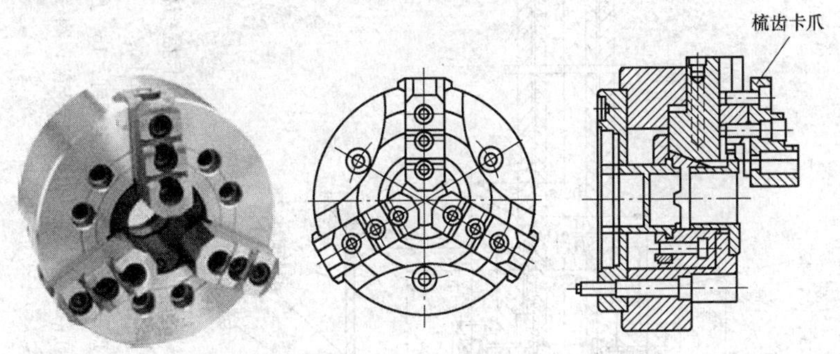

图 9-45　K55 系列楔式高速通孔动力卡盘

图 9-46 所示为中空式动力卡盘结构图，图中右端为 KEF250 型卡盘，左端为 P24160A 型液压缸。这种卡盘的动作原理是：当液压缸 21 的右腔进油使活塞 22 向左移动时，通过与连接螺母 5 相连接的中空拉杆 26，使滑体 6 随连接螺母 5 一起向左移动，滑体 6 上有三组斜槽分别与三个卡爪座 10 相啮合，借助 10°的斜槽，卡爪座 10 带着卡爪 1 向内移动夹紧工件。反之，当液压缸 21 的左腔进油使活塞 22 向右移动时，卡爪座 10 带着卡爪 1 向外移动松开工件。当卡盘高速回转时，卡爪组件产生的离心力使夹紧力减少。与此同时，平衡块 3 产生的离心力通过杠杆 4（杠杆力肩比 2：1）变成压向卡爪座的夹紧力，平衡块 3 越重，其补偿作用越大。为

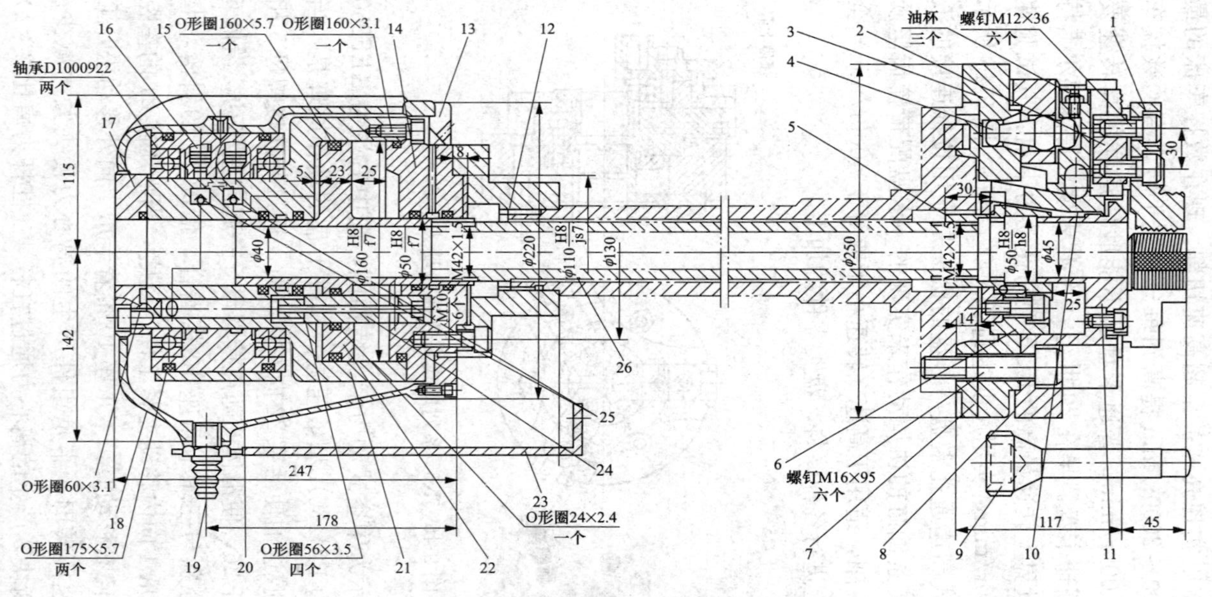

图 9-46　KEF250 型中空式动力卡盘结构图

1—卡爪；2—T 形块；3—平衡块；4—杠杆；5—连接螺母；6—滑体；7、12—法兰盘；8—盘体；9—扳子；10—卡爪座；11—防护盘；13—前盖；14—油缸盖；15—紧定螺钉；16—压力管接头；17—后盖；18—罩壳；19—漏油管接头；20—导油套；21—液压缸；22—活塞；23—防转支架；24—导向杆；25—安全阀；26—中空拉杆了实现卡爪的快速调整和更换，卡爪1和卡爪座10采用端面梳形齿的活爪连接，只要拧松卡爪1上的螺钉，即可迅速调整卡爪位置或更换卡爪。

第五节 机床其他附件

一、机床尾座和顶尖

1. 机床尾座

(1) 机床尾座的结构。通用机床尾座参见各章机床结构组成，CK7815型数控车床尾座结构如图9-47所示。当手动移动尾座到所需位置后，先用螺钉16进行预定位，紧螺钉16时，使两楔块15上的斜面顶出销轴14，使得尾座紧贴在矩形导轨的两内侧面上，然后，用螺母3、螺栓4和压板5将尾座紧固，这种结构可以保证尾座的定位精度。

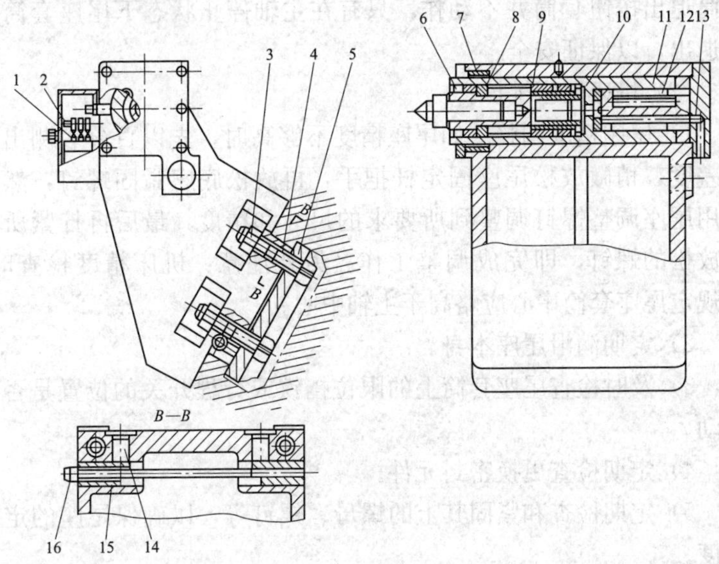

图9-47 CK7815型数控车床尾座结构图

1—行程开关；2—挡铁；3、6、8、10—螺母；4—螺栓；5—压板；7—锥套；9—套筒内轴；11—套筒；12、13—油孔；14—销轴；15—楔块；16—螺钉尾座套筒内轴9上装有顶尖，因套筒内轴9能在尾座套筒内的轴承上转动，故顶尖是活顶尖。为了使顶尖保证高的回转精度，前轴承选用NN3000K双列短圆柱滚子轴承，轴承径向间隙用螺母8和6调整；后轴承为三个角接触球轴承，由防松螺母10来固定。

尾座套筒与尾座孔的配合间隙，用内、外锥套7来作微量调整。当向内压外锥套时，使得内锥套内孔缩小，即可使配合间隙减小；反之变大，压紧力用端盖来调整。尾座套筒用压力油驱动。若在油孔13内通入压力油，则尾座套筒11向前运动，若在孔12内通人力油，尾座套筒就向后运动。移动的最大行程为90mm，预紧力的大小用液压系统的压力来调整。在系统压力为（5～15）×10^5Pa时，液压缸的推力为1500～5000N。

尾座套筒行程大小可以用安装在套筒11上的挡铁2通过行程开关1来控制。尾座套筒的进退由操作面板上的按钮来操纵。在电路上尾座套筒的动作与主轴互锁，即在主轴转动时，按动尾座套筒退出按钮套筒并不动作，只有在主轴停止状态下尾座套筒才能退出，以保证安全。

（2）机床尾座维护。

1）尾座精度调整。如尾座精度不够高时，先以百分表测出其偏差度，稍微放松尾座固定杆把手，再放松底座紧固螺钉，然后利用尾座调整螺钉调整到所要求的尺寸和精度，最后再拧紧所有被放松的螺钉，即完成调整工作。另外注意：机床精度检查时，按规定尾座套筒中心应略高于主轴中心。

2）定期润滑尾座本身。

3）及时检查尾座套筒上的限位挡铁或行程开关的位置是否有变动。

4）定期检查更换密封元件。

5）定期检查和紧固其上的螺母、螺钉等，以确保尾座的定位精度。

6）定期检查尾座液压油路控制阀，看其工作是否可靠。

7）检查尾座套筒是否出现机械磨损。

8）定期检查尾座液压缸移动时工作是否平稳。

9）液压尾座液压油缸的使用压力必须在许用范围内，不得任意提高。

10）主轴启动前，要仔细检查尾座是否顶紧。

11）定期检查尾座液压系统测压点压力是否在规定范围内。

12）注意尾座所在导轨的清洁和润滑工作。

13）重视尾座所在导轨的清洁和润滑。对于 CK7815 和 FANUC-OTD 及 OTE-A2 设备，其尾座体在一斜向导轨上可前后滑动，视加工零件长度调整与主轴间的距离。如果操作者只是注意尾座本身的润滑而忽略了尾座所在导轨的清洁和润滑工作，时间一长，尾台和导轨间挤压上脏物，不但移动起来费力，而且使尾座中心严重偏离主轴中心线。轻者造成加工误差大，重者造成尾台及主轴故障。

2. 机床顶尖

顶尖是车床和磨床等用于加工轴类工件的附件，它可扩大机床工艺范围和消除基准转换误差。顶尖与机床配合锥度一般为莫氏 2～7 号，顶尖尖部的径向圆跳动一般为 0.01～0.02mm，精密级为 0.005～0.01mm。

顶尖分为固定顶尖、回转顶尖、拨动顶尖和复合顶尖等。

固定顶尖主要用于加工精密度高的工件和工件转速低的场合。其中，半缺顶尖适用于加工直径较小的工件；带压出螺母顶尖适用于经常更换顶尖的场合；镶硬质合金顶尖适用于工件转速较高的场合。

回转顶尖多采用圆锥滚子轴承作前轴承，可定期调整预加负荷来补偿磨损，主要用于加工重型工件或工件转速较高的场合。回转顶尖包括插入式、锥形和弹性式。插入式回转顶尖带有一套可换顶尖头；锥形回转顶尖适用于支撑大孔径棒料或管材；弹性式回转顶尖在工件有热变形时能自身调节伸长量。拨动顶尖以内外棱刃传递扭矩，定心精度较高，以外棱刃传递扭矩的拨动顶尖，对整个工件的圆柱面都可以进行加工。

顶尖和鸡心夹具常配套使用，其用途极为广泛，是磨削轴类工件时最简易、且精度较高的一种装夹工件的工具。其中硬质合金顶尖寿命高，适用于装夹硬度高（淬火钢类）的工件。顶尖和鸡心夹具在车床上也常用，但磨床用的顶尖比一般车床用的精度要高。

二、吸盘

吸盘是利用吸力夹持工件的机床附件，最常用的是磁力吸盘，一般为矩形或圆形。吸盘的主要类型见表9-13。

表9-13　　吸盘的主要类型

类型	简图	结构特点
电磁吸盘	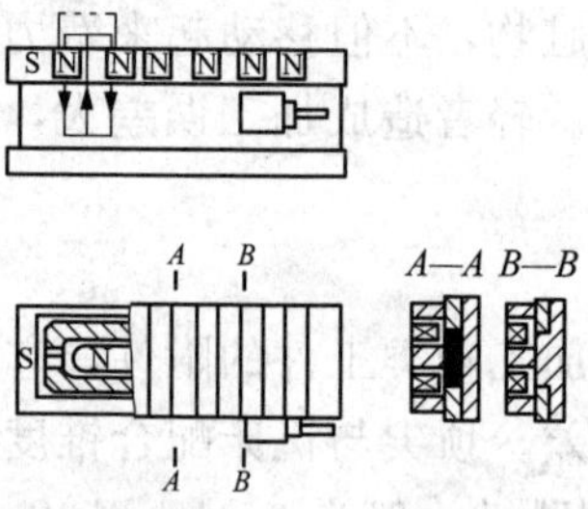 S N N N N N N A B A—A B—B A B	用电磁力吸紧工件，有平面、单倾、双倾、万向、单正弦和双正弦等形式。它体内装有多组线圈，通入直流电产生磁场，吸紧工件，切断电源磁场消失，松开工件
水磁吸盘	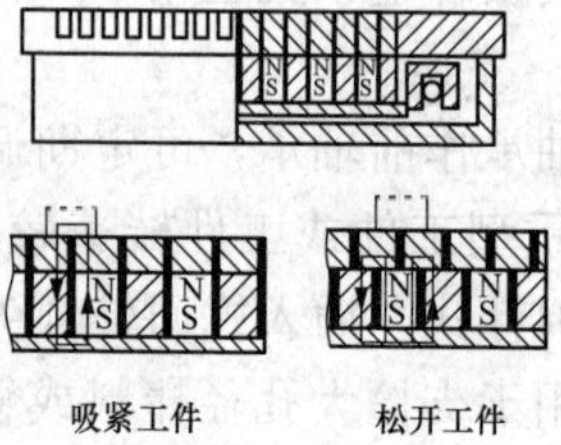 N S N S N S N S N S N S N S 吸紧工件 松开工件	用铝、镍、钴等永磁合金产生吸力吸紧工件。有平面、单倾、双倾、万向、单正弦和双正弦等形式，吸力大于或等于0.6MPa，具有不发热的优点。 它体内装有整齐排列并被绝缘板隔开的强力永久磁铁，当磁铁与吸盘板面上的导磁体对准时，磁力线通过工件及导磁板形成闭合回路，吸紧工件。当转动手柄偏心轮及偏心架时，使磁铁与导磁体错开，磁力线不通过工件，可卸下工件

续表

类型	简图	结构特点
电永磁吸盘	松开工件　吸紧工件	它是在吸紧工件过程中，用永磁材料做磁源、用电脉冲做状态转换开关的吸盘，只在状态转换时耗电，无热变形。它的状态转换过程为：线圈通电，磁力线从磁体发出，经导磁铁与工件形成闭合回路，工件被吸紧；改变电流方向（固定磁铁不变），磁力线不经工件，则无吸力
真空吸盘	—	用真空产生的负压吸紧工件
静电吸盘	—	用静电偶产生的吸力吸紧工件

1. 专用矩形电磁吸盘

专用矩形电磁吸盘如图 9-48 所示。该吸盘是根据工件尺寸和形状而设计的，专门用来磨削尺寸小而薄的垫圈。为了将工件吸牢，将吸盘的铁心 4 设计成星形，以增大其吸力，同时由螺钉 3 将定位圈 5 固定在吸盘面板上星形铁心的中心位置。定位圈 5 的外径 D 小于工件的孔径，厚度也低于工件。磨削时，工件不会产生位移。

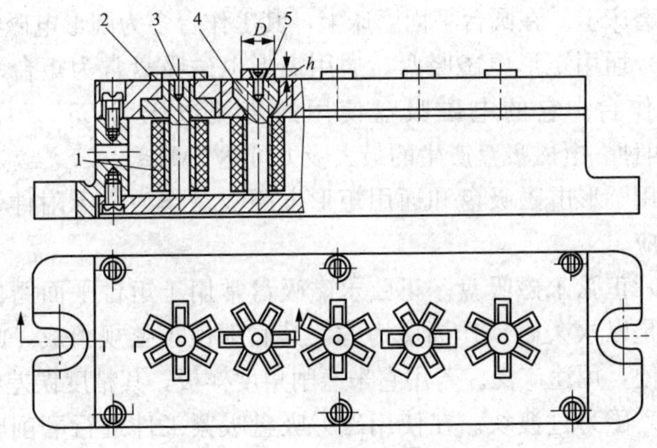

图 9-48　专用矩形电磁吸盘

1—线圈；2—工件；3—螺钉；4—星形铁心；5—定位圈

2. 磁力吸盘和磁力过渡垫块

磁力吸盘和磁力过渡垫块是磨床上常用夹具，特别是在平面磨床上，其用途极为广泛。磁力吸盘按外形可分为圆形、矩形和球面三类（见表 9-14）；按磁力来源可分为电磁吸盘、永久磁铁吸盘（又称永磁吸盘）和电永磁吸盘三类；按其用途又可分为通用、专用、正弦和多功能磁力吸盘。

表 9-14　　电磁吸盘的主要结构形式

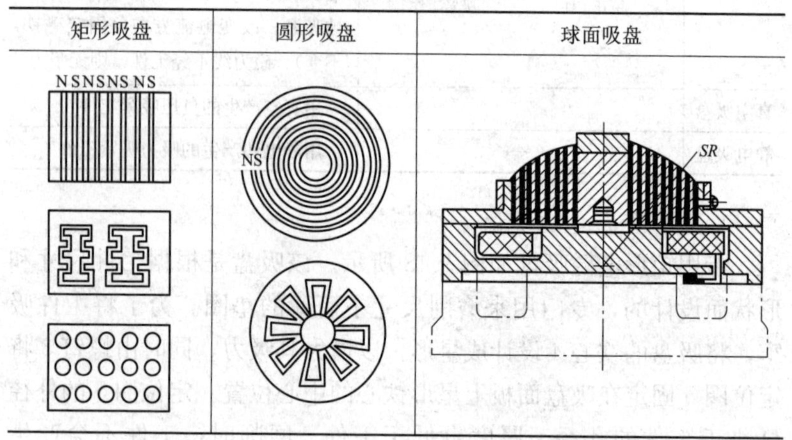

矩形吸盘
圆形吸盘
球面吸盘
NSNSNSNSNS
NS
SR

（1）通用圆形电磁吸盘。通用圆形电磁吸盘多用于外圆磨床和万能磨床上。在圆台平面磨床上，其工作台多为圆形电磁吸盘。

（2）通用矩形电磁吸盘。通用矩形电磁吸盘常为矩台平面磨床的工作台。它的电磁吸盘使用的直流电压为 55、70、110、140V 四种。电磁吸盘产生的最大吸力可达 2MPa。

通用圆形电磁吸盘和通用矩形电磁吸盘作为机床附件，一般随机供应。

（3）正弦永磁吸盘。正弦永磁吸盘常用于矩台平面磨床。它的内部是以永久磁铁作为磁力源，其底部由正弦规组成。此吸盘使用方便，用途广泛。若用它来磨削角度样板，其精度误差≤1′。

（4）磁力过渡块。在使用磁力吸盘吸紧工件进行磨削时，往往离不开过渡块的辅助。

磁力过渡块的作用是将吸盘上的磁力线 N 极引向过渡块本身，

再经过放在过渡块上（或贴靠过渡块）的工件和过渡块本身，使磁力线回到吸盘S极，形成一个磁力线回路而将工件吸住。为满足各种形状工件的需要，磁力过渡块可设计成各种形状，常见的是V形和方形磁力过渡块。

多功能电磁吸盘附有一套磁力过渡块，以扩大其使用范围。

3. 真空吸盘

真空吸盘如图9-49所示。该吸盘主要用于在平面磨床上磨削有色金属和非磁性材料的薄片工件。真空吸盘可放在磁力吸盘上，也可放在磨床工作台上用压板压紧后使用。

为了增大真空吸盘的吸力并使其吸力均匀，与工件接触的吸盘面上有若干小孔与沟槽相通，沟槽组成网格形，沟槽的宽度为0.8～1mm，深度为2.5mm。根据需要可在本体1上钻若干减轻重量的减重孔6。

真空吸盘根据工件的形状、大小等设计，工件与吸盘面结合要严密，为避免漏气，一般需垫入厚度为0.4～0.8mm的耐油橡胶垫，预先垫上一个与工件形状相同、尺寸稍小的孔口，然后放上工件，将孔口盖住，开启真空泵抽气，工件就被吸牢。如果是

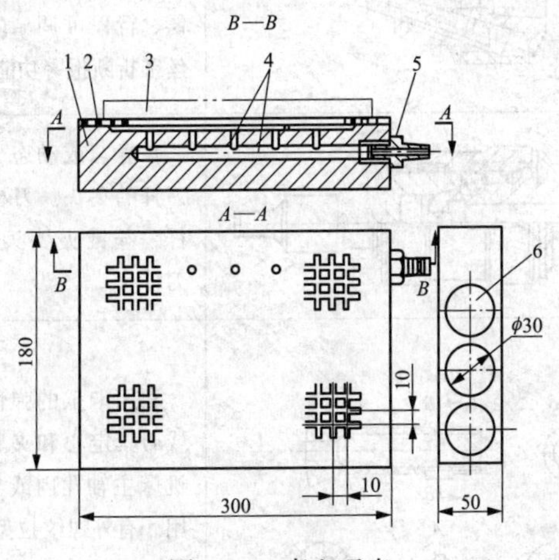

图9-49　真空吸盘

1—本体；2—耐油橡胶；3—工件；4—抽气孔；5—接头；6—减重孔

多个工件，则按工件数开孔。

三、夹头

夹头是用于钻床、铣床和镗床等机床的常用附件。

1. 夹头的主要类型

夹头的主要类型见表 9-15，其中扳手钻夹头形式和规格见表 9-16、表 9-17；快换夹头是由夹头体和多种心体及丝锥夹套等组成，其部件可分、可合、可独立形成钻孔使用形式或攻螺纹使用形式。快换夹头分为两种规格，第一种规格钻孔范围为 $\phi1\sim\phi31.5$mm，攻螺纹范围为 $M_3\sim M_{24}$；第二种规格钻孔范围为 $\phi14.5\sim\phi50$mm，攻螺纹范围为 M24～M42。快换夹头的形式及规格见表 9-18。

表 9-15　夹头的主要类型

类型	简图	结构特点
丝锥夹头	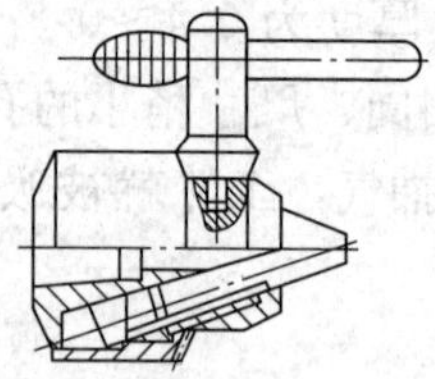	用前端方孔及滑套钢圈弹性变形夹持丝锥，有综合式、摩擦片式、齿形式、滚珠式和液柱式等。有些具有安全过载保护、螺距补偿、行程可调、内冷却、排屑及丝锥折断报警功能
快换夹头	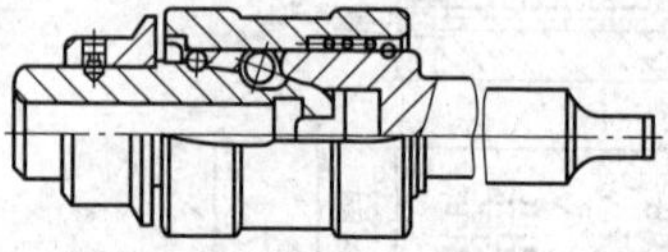	在静态或动态下，可快速更换刀杆的夹头。刀杆可为钻夹头刀杆、丝锥夹头刀杆和莫氏钻头刀杆
弹簧夹头	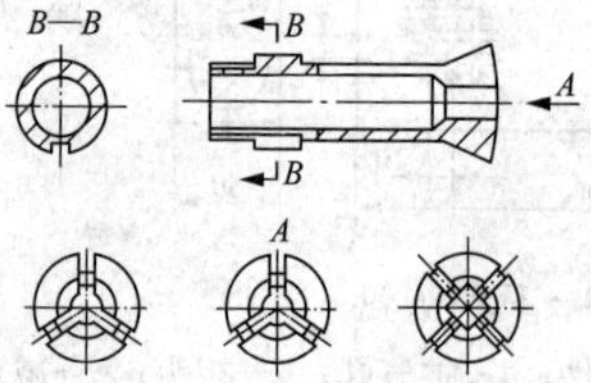 B—B　B　A　B　A	利用卡爪的弹性变形，使工件或刀具定心和夹紧。它通常装在机床主轴孔内或与闭合套配合使用。有外螺纹拉型、内螺纹拉型、固定型、长锥型、双锥型和卡簧型等

续表

类型	简图	结构特点
铣夹头		用于夹持直柄铣刀或刀杆进行铣削、镗削加工。有弹性、滚针、滚珠和短莫氏锥柄等类型
自紧钻夹头	见图 9-50	用于夹持各种直径的钻头。为保持切削时工作安全，夹头的夹紧力能随切削力的增大而增大
机用丝锥夹头	见图 9-51	机用丝锥夹头结构上要求快速夹紧，并有过载保护机构

表 9-16　锥孔扳手钻夹头的形式和规格尺寸（GB/T 6087—2003）

（单位：mm）

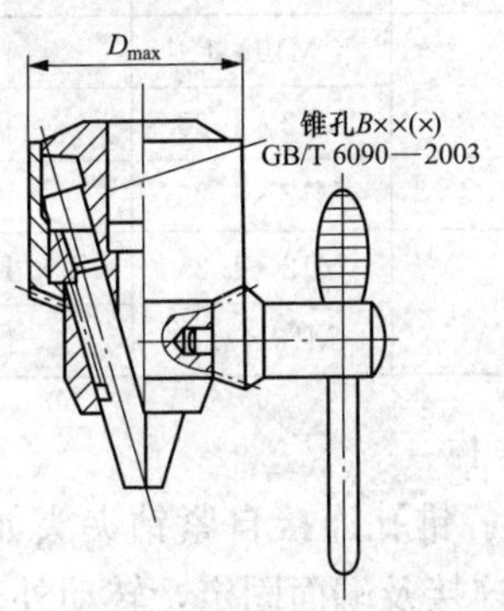

最大夹持直径/mm		4	6	8	10	13		16	20
锥孔	莫氏短锥	—	B10	B12	B12	B16		B18	B22
	贾格短锥	0	1	2	2	33		6	3
D_{max}/mm		22	30	38	43	48	53	57	65
夹持范围/mm		0.3～4	0.6～6	0.8～8	1～10	2.5～13	1～13	3～16	5～20

表 9-17 螺纹孔扳手钻夹头的形式和规格尺寸（GB/T 6087—2003）

（单位：mm）

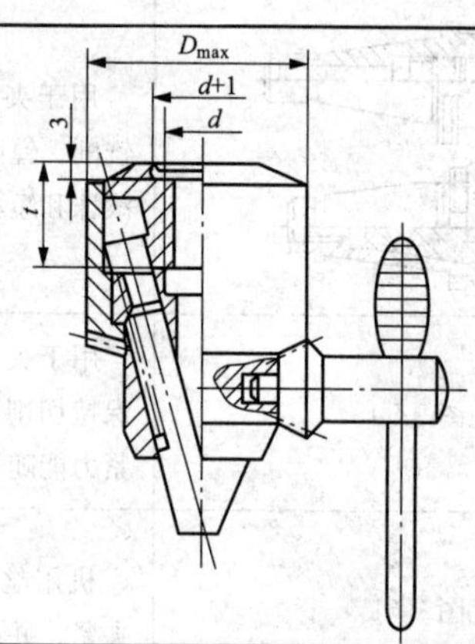

<table>
<tr><th>最大夹持直径</th><th>外径 D_{max}</th><th>连接螺纹 d</th><th>螺纹深度 t</th><th>夹持范围</th></tr>
<tr><td>6</td><td>30</td><td>M10×1</td><td>14</td><td>0.8～6</td></tr>
<tr><td rowspan="2">8</td><td rowspan="2">34</td><td>M10×1</td><td>14</td><td rowspan="2">1～8</td></tr>
<tr><td>M12×1.25</td><td>16</td></tr>
<tr><td rowspan="2">10</td><td rowspan="2">38</td><td>M10×1</td><td>14</td><td rowspan="2">1.5～10</td></tr>
<tr><td>M12×1.25</td><td>16</td></tr>
<tr><td>13</td><td>46</td><td>M12×1.25</td><td>16</td><td>2.5～13</td></tr>
<tr><td rowspan="2">16</td><td rowspan="2">53</td><td>M12×1.25</td><td>16</td><td rowspan="2">3～16</td></tr>
<tr><td>M16×1.5</td><td>18</td></tr>
</table>

2. 夹头的主要结构

(1) 自紧钻夹头。锥孔连接自紧钻夹头如图 9-50 所示。外套 5 与卡爪座 3 用螺纹连接及端面固定，转动外套 5 带动卡爪座 3 转动，通过卡爪 6 带动螺杆 4 转动，随着蜗杆在主体 2 内移动，卡爪 6 贴在外套内锥体内移动，以夹持不同直径的钻头。钢球 1 使外套转动灵活且能消除轴向力，达到自夹紧的目的。反向转动外套 5，能方便地卸下钻头。

(2) 机用丝锥夹头。机用丝锥夹头如图 9-51 所示。转矩由柄体 1 通过钢球 4、滑轴 3、固定半离合器 9（滑轴 3 一端带有凹槽

表 9-18　快换夹头的形式及规格尺寸（JB/T 3489—2007）

（单位：mm）

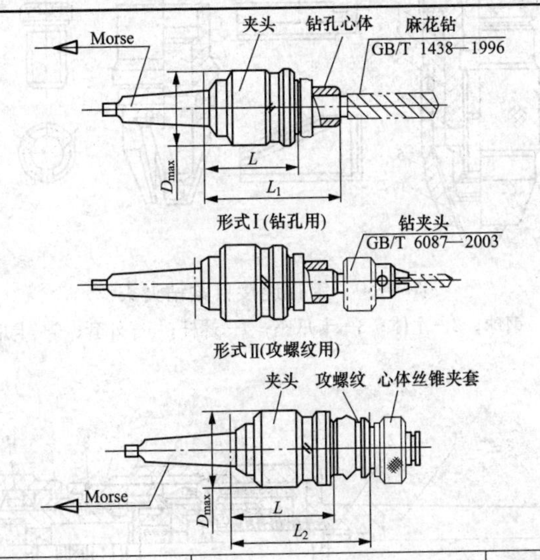

最大钻孔直径		31.5		50
最大攻螺纹直径		M12	M24	M42
钻孔范围		1～31.5		14.5～50
攻螺纹范围		M3～M12	M12～M24	M24～M42
锥柄莫氏圆锥		(3) 4 (5)		(4) 5
钻孔心体莫氏圆锥孔		1，2，3		2，3，4
D_{max}		70		85
参考尺寸	L_{max}	98		106
	L_{1max}	120，132，145		136，142，165
	L_{2max}	138		170

注　括号内锥柄根据订货生产。

与半离合器 9 的凸部啮合）、滑动半离合器 10 传给轴体 8 方孔中的丝锥。锥柄 2 不用从机床主轴上卸下即可快速更换丝锥夹套 16。方法是用手轻推滑动套 7，压缩弹簧 5，即可将轴体 8 装入滑轴 3 的右端孔内，当丝锥夹套 16 到位后，放手松开滑动套 7，将滚珠压入轴体 8 的半圆槽内，即完成了锥柄部分与丝锥夹套 16 的连接。

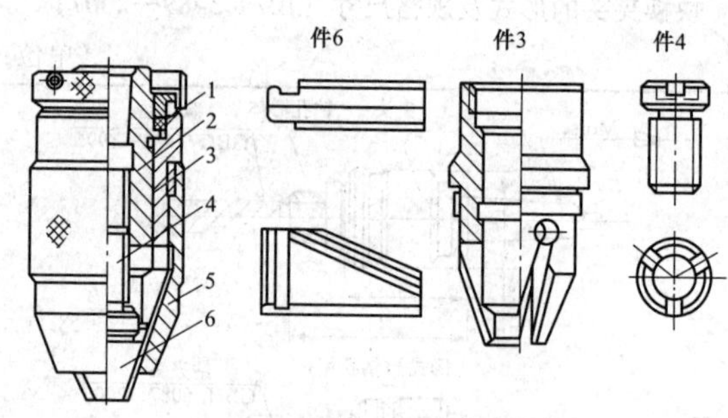

图 9-50　锥孔连接自紧钻夹头

1—钢球；2—主体；3—卡爪座；4—螺杆；5—外套；6—卡爪

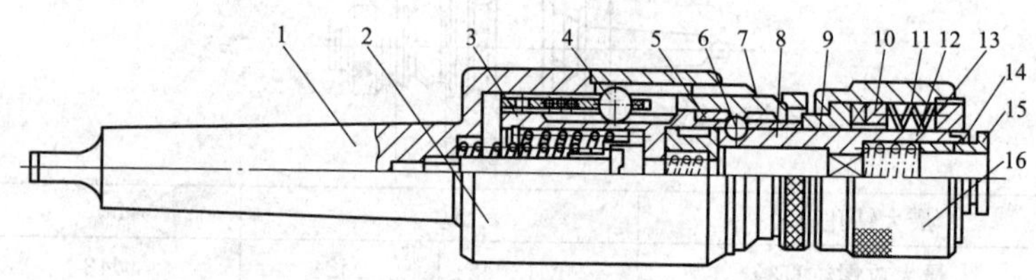

图 9-51　机用丝锥夹头

1—柄体；2—锥柄；3—滑轴；4—钢球；5、12—弹簧；6、14—滚珠；7—滑动套；8—轴体；9—固定半离合器；10—滑动半离合器；11—碟形弹簧；13—调整弹簧；15—丝锥套；16—丝锥夹套

装卸丝锥可用手轻推锥套 15，压缩弹簧 12，滚珠 14 进入轴体 8 右端的槽内，通过丝锥套 15 的中孔，将丝锥方头插入轴体 8 的方孔内，放手松开丝锥套 15，弹簧 12 使滚珠 14 接触丝锥顶部而定位。丝锥夹套 16 具有攻螺纹过载保护作用，根据丝锥转矩需要，可转动调整螺母 13，改变蝶形弹簧 11 的转矩大小。滑轴 3 可在夹头内轴向移动，通过钢球 4 在柄体 1 和滑轴 3 的两个长槽作导向，在攻丝时起螺距补偿作用。

(3) 静压膨胀式夹头。压膨胀式夹头是一种回转精度极高的夹头，根据使用场合不同可分成多种系列。表 9-19 给出由德国 SCHUNK 公司生产的几种常用夹头系列类型。

表 9-19　　常用静压膨胀式夹头

系列型号	外形	适用场合及特点
SDF—E		属短粗型夹头，这种结构具有很高的刚度，特别适合于大功率切削工况，接口形式有 SK（陡锥）和 MAS—BT（日本标准）两种
SDF—KS SDF—LS		有短细和长细两种形式，主要用于空间受较大限制场合
SDF—HSK—A SDF—HSK—C		夹头带有 HSK（锥柄）接口，A 型用于自动换刀，C 型用于手动换刀。具有高精度、高刚度、快换等特点，并能传递很大的扭矩

静压膨胀式夹头的装夹原理如图 9-52 所示。拧紧加压螺栓 3，密封体 6 在活塞 4 推动下挤压密封在油腔 1 内的油液，高压油将压力均匀地传递到油腔 1 的每个部分，经精确计算而设计的膨胀壁 5 在油压达到给定值时，即产生所需要的膨胀量，从而使装夹孔 2 内壁孔径均匀地向轴线方向缩小，达到夹紧刀具的目的。

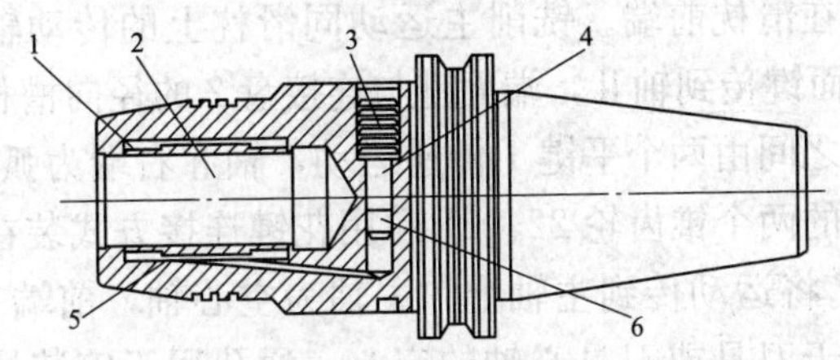

图 9-52　静压膨胀式夹头装夹原理简图

1—油腔；2—装夹孔；3—加压螺栓；4—活塞；5—膨胀壁；6—密封体

四、万能铣头

万能铣头部件结构如图 9-53 所示，主要由前壳体、后壳体、

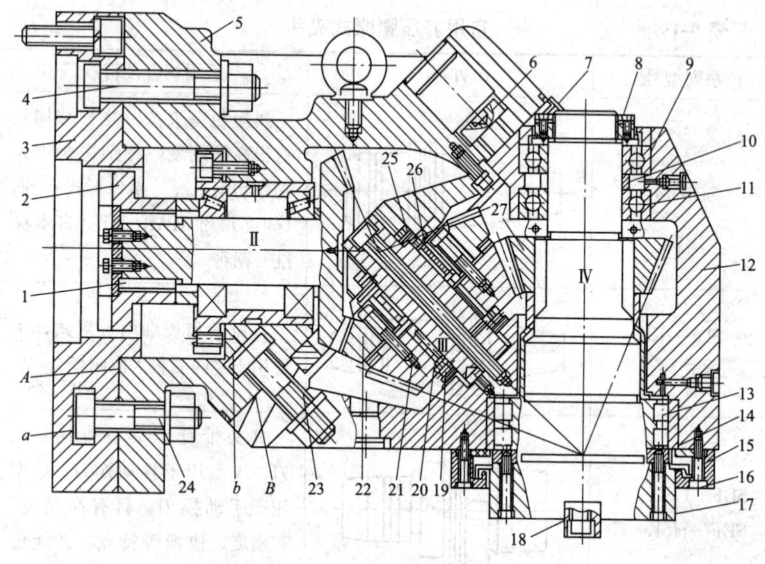

图 9-53 万能铣头部件结构

1—键；2—连接盘；3、15—法兰；4、6、23、24—T 形螺栓；5—后壳体；7—锁紧螺钉；8—螺母；9、11—向心推力角接触球轴承；10—隔套；12—前壳体；13—轴承；14—半圆环垫片；16、17—螺钉；18—端面键；19、25—推力短圆柱滚针轴承；20、26—向心滚针轴承；21、22、27—锥齿轮 *a*、*b*—拉紧孔；*A*、*B*—定位面

法兰、传动轴、主轴及两对弧齿锥齿轮组成。万能铣头用螺栓和定位销安装在滑枕前端。铣削主运动同滑枕上的传动轴Ⅰ（见图 9-54）的端面键传到轴Ⅱ，端面键与连接盘 2 的径向槽相配合，连接盘与轴Ⅱ之间由两个平键 1 传递运动，轴Ⅱ右端为弧齿锥齿轮，通过轴Ⅲ上的两个锥齿轮 22、21 和用花键连接方式装在主轴Ⅳ上的锥齿轮 27 将运动传到主轴上。主轴为空心轴，前端有7∶24 的内锥孔，用于刀具或刀具心轴的定心；通孔用于安装拉紧刀具的拉杆通过。主轴端面有径向槽，并装有两个端面键 18，用于主轴向刀具传递扭矩。

万能铣头能通过两个互成 45°的回转面 *A* 和 *B* 调节主轴Ⅳ的方位，在法兰 3 的回转面 *A* 上开有 T 形圆环槽 a，松开 T 形螺栓 4

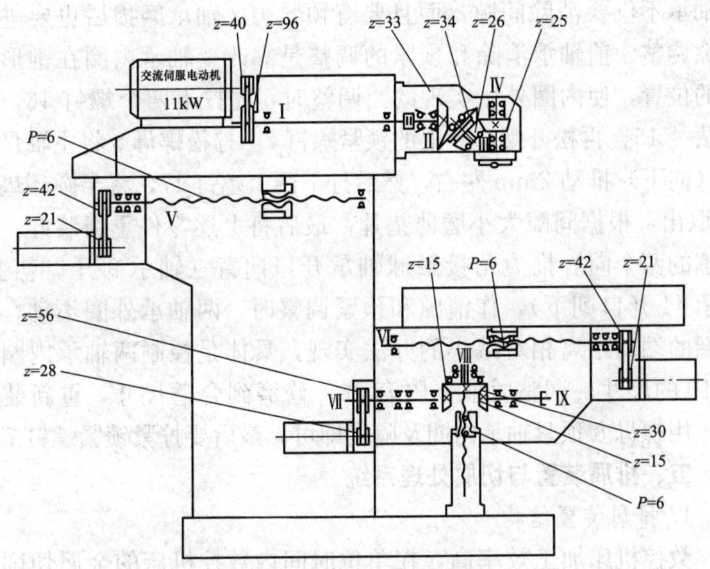

图 9-54　XKA5750 数控铣床传动系统图

和 24，可使铣头绕水平轴Ⅱ转动，调整到要求位置将 T 形螺栓拧紧即可；在万能铣头后壳体 5 的回转面 B 内也开有 T 形圆环槽 b，松开 T 形螺栓 6 和 23，可使铣头主轴绕与水平轴线成 45°夹角的轴Ⅲ转动。绕两个轴线转动组合起来，可使主轴轴线处于前半球面的任意角度。

万能铣头作为直接带动刀具的运动部件，不仅要能传递较大的功率，更要具有足够的旋转精度、刚度和抗振性。万能铣头除在零件结构、制造和装配精度要求较高外，还要选用承载力和旋转精度都较高的轴承。两个传动轴都选用了 D 级精度的轴承，轴上为一对 D7029 型圆锥滚子轴承，一对 D6354906 型向心滚针轴承 20、26，承受径向载荷；轴向载荷由两个型号分别为 D9107 和 D9106 的推力短圆柱滚针轴承 19 和 25 承受。主轴上前后支承均为 C 级精度轴承，前支承是 C3182117 型双列圆柱滚子轴承，只承受径向载荷；后支承为两个 C36210 型向心推力角接触球轴承 9 和 11，既承受径向载荷，也承受轴向载荷。为了保证旋转精度，主轴轴承不仅要消除间隙，而且要有预紧力，轴承磨损后也要进行间隙调整。前轴承消除和预紧的调整是靠改变轴承内圈在锥形颈上的位置，使内圈外胀实现的。调整时，先拧下四个螺钉16，卸下法兰15，再松开螺母8上的锁紧螺钉7，拧松螺母8将主轴Ⅳ向前（向下）推动2mm左右，然后拧下两个螺钉17，将半圆环垫片14取出，根据间隙大小磨薄垫片，最后将上述零件重新装好。后支承的两个向心推力角接触球轴承开口向背（轴承9开口朝上，轴承11开口朝下），作消隙和预紧调整时，两轴承外圈不动，用内圈的端面距离相对减小的办法实现，具体是控制两轴承内圈隔套10的尺寸。调整时取下隔套10，修磨到合适尺寸，重新装好后，用螺母8顶紧轴承内圈及隔套即可，最后要拧紧锁紧螺钉7。

五、排屑装置与切屑处理系统

1. 排屑装置结构

数控机床加工效率高，在单位时间内数控机床的金属切削量大大高于普通机床，而金属在变成切屑后所占的空间也成倍增大。切屑如果占用加工区域不及时清除，就会覆盖或缠绕在工件或刀具上，一方面，使自动加工无法继续进行；另一方面，这些炽热的切屑向机床或工件散发热量，将会使机床或工件产生变形，影响加工精度。因此，迅速、有效地排除切屑才能保证数控机床正常加工。

排屑装置是数控机床的必备附属装置，其主要作用是将切屑从加工区域排出数控机床之外。切屑中往往都混合着切削液，排屑装置从其中分离出切屑，并将它们送入切屑收集箱（车）内，而切削液则被回收到冷却液箱。数控铣床、加工中心和数控镗铣床的工件安装在工作台上，切屑不能直接落入排屑装置，往往需要采用大流量冷却液冲刷，或压缩空气吹扫等方法使切屑进入排屑槽，然后回收切削液并排出切屑。

排屑装置是一种具有独立功能的附件，它的工作可靠性和自动化程度随着数控机床技术的发展而不断提高，并逐步趋向标准化和系列化，由专业工厂生产。数控机床排屑装置的结构和工作形式应根据机床的种类、规格、加工工艺特点、工件的材质和使用的冷却液等来选择。

排屑装置的安装位置一般都尽可能靠近刀具切削区域，如车床的排屑装置装在回转工件下方；铣床和加工中心的排屑装置装在床身的回水槽上或工作台边侧位置，以利于简化机床或排屑装置结构，减小机床占地面积，提高排屑效率。排出的切屑一般都落入切屑收集箱或小车中，有的则直接排入车间排屑系统。

排屑装置的种类繁多，常见的几种排屑装置分类及结构见表9-20，各使用特点如下。

表 9-20　　排屑装置分类及结构

序号	名称	结构简图
1	平板链式排屑装置	提升进屑口 A−A B−B 冷却液回流口 出屑口 链板
2	刮板式排屑装置	
3	螺旋式排屑装置	减速器 电动机
4	磁性板式排屑装置	

续表

序号	名称	结构简图
5	磁性辊式排屑装置	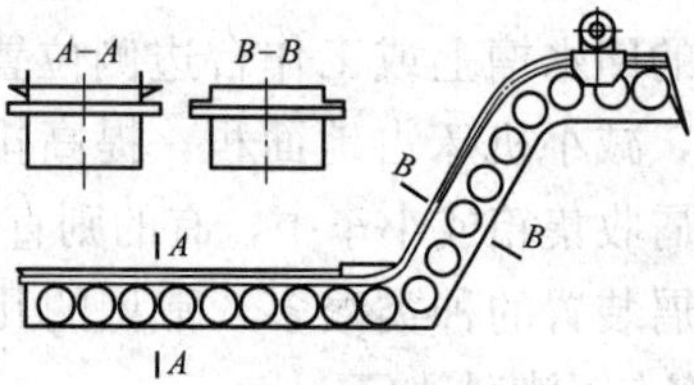 A-A　B-B　B　B　A　A

(1) 平板链式排屑装置。该装置以滚动链轮牵引钢制平板链带在封闭箱中运转，加工中的切屑落到链带上，经过提升将废屑中的切削液分离出来，切屑排出机床，落入存屑箱。这种装置主要用于收集和输送各种卷状、团状、条状、块状切屑，广泛应用于各类数控机床加工中心和柔性生产线等自动化程度高的机床，也可作为冲压、冷墩机床小型零件的输送机，同时也是组合机床冷却液处理系统的主要排屑功能部件，适应性强。在车床上使用时多与机床切削液箱合为一体，以简化机床结构。

(2) 刮板式排屑装置。该装置的传动原理与平板链式的基本相同，只是链板不同，它带有刮板链板。刮板两边装有特制滚轮链条，刮屑板的高度及间距可随机设计，有效排屑宽度多样化，因而传动平稳，结构紧凑，强度好，工作效率高。这种装置常用于输送各种材料的短小切屑，尤其是在处理磨削加工中的砂粒、磨粒以及汽车行业中的铝屑效果比较好，排屑能力较强，可用于数控机床、加工中心、磨床和自动线。因其负载大，故需采用较大功率的驱动电动机。

(3) 螺旋式排屑装置。该装置是采用电动机经减速装置驱动安装在沟槽中的一根长螺旋杆进行驱动的。螺旋杆转动时，沟槽中的切屑即由螺旋杆推动连续向前运动，最终排入切屑收集箱。螺旋杆有两种形式，一种是用扁型钢条卷成螺旋弹簧状，另一种是在轴上焊上螺旋形钢板。主要用于输送金属、非金属材料的粉末状、颗粒状和较短的切屑。这种装置占据空间小，安装使用方便，传动环节少，故障率极低，尤其适于排屑空隙狭小的场合。螺旋式排屑装置结构简单，排屑性能良好，但只适合沿水平或小角度倾斜直线方向排屑，不能用于大角度倾斜、提升或转向排屑。

（4）磁性板式排屑装置。该装置是利用永磁材料的强磁场的磁力吸引铁磁材料的切屑，在不锈钢板上滑动达到收集和输送切屑的目的（不适用大于 100mm 长卷切屑和团状切屑）。广泛应用在加工铁磁材料的各种机械加工工序的机床和自动线，也是水冷却和油冷却加工机床冷却液处理系统中分离铁磁材料切屑的重要排屑装置，尤其以处理铸铁碎屑、铁屑及齿轮机床落屑效果最佳。

（5）磁性辊式排屑装置。磁性辊式排屑装置是利用磁辊的转动，将切屑逐级在每个磁辊间传动，以达到输送切屑的目的。该排屑装置是在磁性排屑器的基础上研制的，它弥补了磁性排屑器在某些使用方面性能和结构上的不足，适用于湿式加工中粉状切屑的输送，更适用于切屑和切削液中含有较多油污状态下的排屑。

2. 切屑集中处理系统

切屑的集中处理系统是将数台机床排出的切屑和切削液集中到一个地方，把切屑与切削液分离，切屑送进储藏箱，切削液回收分别供给每台机床使用。

如图 9-55 所示为切屑集中处理系统应用实例。从机床 1 排出的切屑与切削液排放到机床旁边的沟槽里，再通过设计在沟槽里的切屑输送器 2，切屑被强制送到破碎机 3。在这里，切屑很容易被破碎成要求的大小，借助切屑输送机 5，送到切屑—油液分离器 6。另外，切屑中混入的螺钉或螺母等异物，从异物排出通道 4 排出。经过破碎机 3 及切屑—油液分离器被分离出来的切削液，可在沉淀槽或磁分离器 7 净化后，再用泵送给机床循环使用。

该系统为大流量冲洗切屑的生产线，其切削液流量为 50～100L/min，水箱的容积大于 300L。螺旋式排屑器装有转矩传感器，当遇到切屑堵塞时，可使螺旋及时反转。

为使机床的排屑过程流畅，不得污染作业环境，需要设计成机床的全封闭排屑系统。

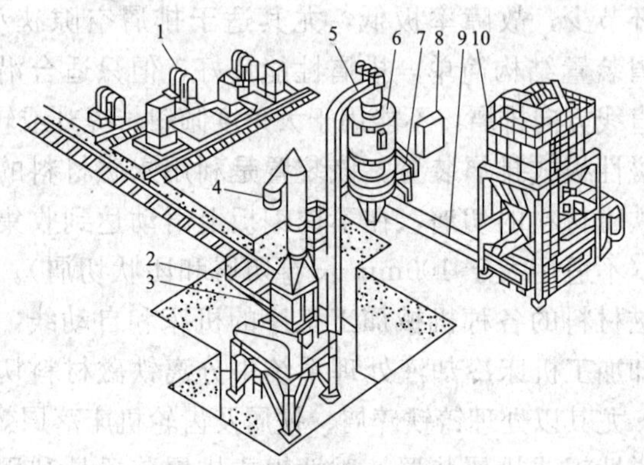

图 9-55　切屑集中处理系统

1—机床；2—切屑输送器；3—破碎机；4—异物排出通道；5—切屑输送机；6—切屑—油液分离器；7—磁分离器；8—切屑输送器（储藏漏斗）；9—切屑储藏漏斗箱；10—集中控制机

第十章

机床的控制与操作

第一节　机床的机械操纵与控制

一、机床的传动联系和传动原理图

1. 机床的传动联系

为了实现加工过程中所需的各种运动，机床必须具备以下三个基本部分。

(1) 执行部分。执行机床运动的部件，如主轴、刀架和工作台等，其任务是带动工件或刀具完成一定形式的运动（旋转或直线运动）和保持准确的运动轨迹。

(2) 动力源部分。提供运动和动力的装置，是执行件的运动来源。普通机床通常都采用三相异步电动机作动力源，现代数控机床动力源采用直流或交流调速电动机和伺服电动机。

(3) 传动装置。传递运动和动力的装置，通过它把动力源的运动和动力传给执行件。通常，传动装置同时还需完成变速、变向和改变运动形式等任务，使执行件获得所需要的运动速度、运动方向和运动形式。

传动装置把执行部分和动力源或者把有关的执行件之间连接起来，构成传动联系。

2. 机床的传动链

如上所述，机床为了得到所需要的运动，需要通过一系列的传动件把执行件和动力源（例如把主轴和电动机），或者把执行件和执行件（例如把主轴和刀架）之间连接起来，以构成传动联系。构成一个传动联系的一系列传动件，称为传动链。根据传动联系的性质，传动链可以区分为两类。

(1) 外联系传动链。外联系传动链是联系动力源（如电动机）和机床执行件（如主轴、刀架、工作台等）之间的传动链，使执行件得到运动，而且能改变运动的速度和方向，但不要求动力源和执行件之间有严格的传动比关系。例如，车削螺纹时，从电动机传到车床主轴的传动链就是外联系传动链，它只决定车螺纹速度的快慢，而不影响螺纹表面的成形。再如，在卧式车床上车削外圆柱表面时，由于工件旋转与刀具移动之间不要求严格的传动比关系，两个执行件的运动可以互相独立调整，所以，传动工件和传动刀具的两条传动链都是外联系传动链。

(2) 内联系传动链。内联系传动链联系复合运动之内的各个分解部分，因而传动链所联系的执行件相互之间的相对速度（及相对位移量）有严格的要求，用来保证运动的轨迹。例如，在卧式车床上用螺纹车刀车螺纹时，为了保证所需螺纹的导程大小，主轴（工件）转一周时，车刀必须移动一个导程。联系主轴—刀架之间的螺纹传动链，就是一条传动比有严格要求的内联系传动链。再如，用齿轮滚刀加工直齿圆柱齿轮时，为了得到正确的渐开线齿形，滚刀转 $1/K$ 转（K 是滚刀头数）时，工件就必须转 $1/z$ 工转（z 工为齿轮齿数）。联系滚刀旋转 B_{11} 和工件旋转 B_{12} 的传动链，必须保证两者的严格运动关系。这条传动链的传动比若不符合要求，就不可能展成正确的渐开线齿形。所以，这条传动链也是用来保证运动轨迹的内联系传动链。由此可见，在内联系传动链中，各传动副的传动比必须准确不变，不应有摩擦传动或是瞬时传动比变化的传动件（如链传动）。

3. 机床传动原理图

通常传动链中包括有各种传动机构，如带传动、定比齿轮副、齿轮齿条、丝杠螺母、蜗轮蜗杆、滑移齿轮变速机构、离合器变速机构、交换齿轮或交换齿轮架以及各种电的、液压的、机械的无级变速机构等。在考虑传动路线时，可以先撇开具体机构，把上述各种机构分成两大类：固定传动比的传动机构，简称“定比机构”和变换传动比的传动机构，简称“换置器官”。定比机构有定比齿轮副、丝杠螺母副、蜗杆副等，换置器官有变速箱、交换齿轮架、数控机床中的数控系统等。

为了便于研究机床的传动联系，常用一些简明的符号把传动原理和传动路线表示出来，这就是传动原理图。图 10-1 所示为传动原理图常用的一些示意符号。其中，表示执行件的符号，还没有统一的规定，一般采用较直观的图形表示。为了把运动分析的理论推广到数控机床，图中引入了画数控机床传动原理图时所要用到的一些符号，如脉冲发生器等的符号等。普通卧式车床车圆柱面时的传动原理图如图 10-2 所示，数控车床的螺纹链和进给链传动原理图如图 10-3 所示。

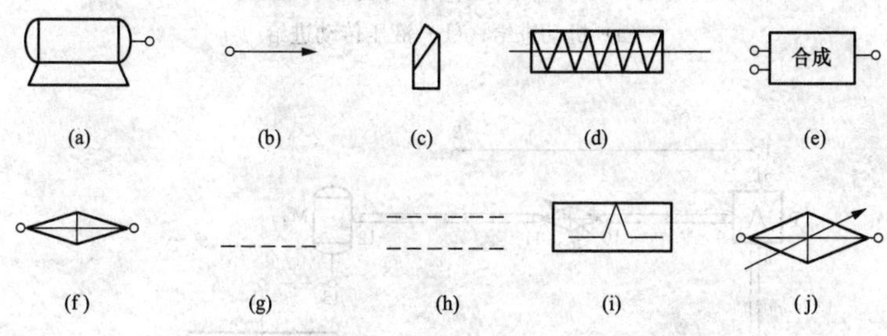

图 10-1　传动原理图常用的一些示意符号

(a) 电动机；(b) 主轴；(c) 车刀；(d) 滚刀；(e) 合成机构；(f) 传动比可换置的换置机构；(g) 传动比不变的机械联系；(h) 电的联系；(i) 脉冲发生器；(j) 快调换置器官（数控系统）

二、机床机械控制与操作

（一）齿轮变速装置及操作

1. 齿轮变速装置的作用及要求

(1) 齿轮变速装置的作用。首先把运动源的恒定转速变为主运动执行件（主轴、工作台、滑枕等）所需的各种速度，同时传递机床工作时所需的功率和转矩，还可以实现主运动的启动、停止、换向和制动。

(2) 对变速装置的要求。

1) 能提供足够的变速范围和转速级数。

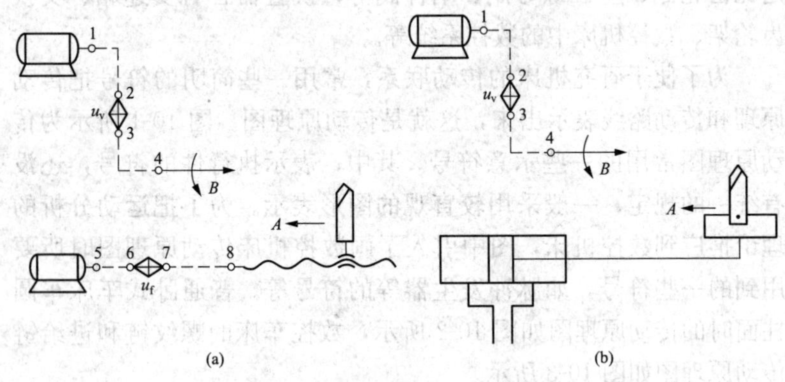

图 10-2　车圆柱面时的传动原理图

（a）机动进给；（b）液压传动进给

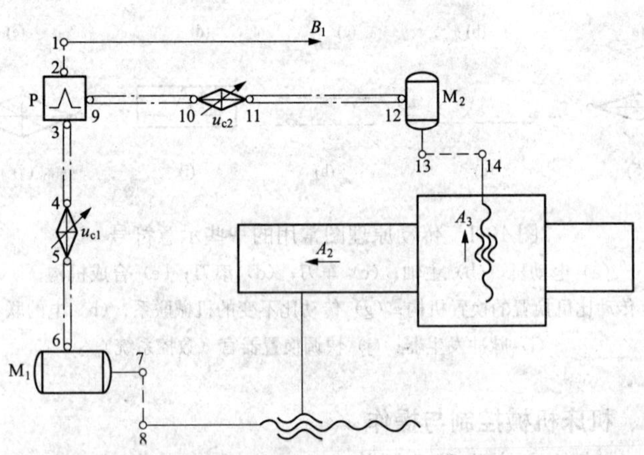

图 10-3　数控车床的螺纹链和进给链传动原理图

2）能传递足够的功率和转矩，并具有较高的传动效率。

3）执行件需有足够的精度、刚度、抗振性，噪声和热变形应控制在允许范围内。

4）结构简单、维修方便，操作灵活、安全可靠。

2. 常用齿轮变速装置

在通用机床中，常用的齿轮变速形式有交换齿轮、滑移齿轮，以及和离合器串联的结构形式。

（1）交换齿轮变速装置。交换齿轮变速的特点是齿轮数量少，结构简单，不需要操纵机构，主、从动齿轮可以互换，其缺点是更换麻烦。主要用于不经常变速，或变速操作时间长短对生产影响不大的场合，如批量生产的自动或半自动车床。交换齿轮在机床变速箱中的位置及特点见表 10-1。

表 10-1　　交换齿轮在机床变速箱中的位置及特点

变速箱类型	简　图	特点及应用
一对交换齿轮组成	交换齿轮	结构简单，用于主轴转速级数少，变速范围小且不经常变速的机床
两对交换齿轮组及一对固定齿轮组成	d b c a 交换齿轮；交换齿轮；交换齿轮	结构简单，主轴转速级数多，变速范围大且不经常变速的机床
交换齿轮与滑移齿轮组成	A 交换齿轮 B；A 交换齿轮 B	交换齿轮与滑移齿轮串联，交换齿轮转速高，传递扭矩小，尺寸小，结构紧凑。用于成批工件加工前的变速调整

续表

变速箱类型	简　图	特点及应用
交换齿轮与离合器串联组成	1450/2860r/min 交换齿轮 A B C D	变换齿轮作第一、二传动组，转速高，传递扭矩小，尺寸小，结构紧凑。用于成批工件加工前的变速调整

(2) 滑移齿轮变速装置。滑移齿轮的特点是变速级数多，范围大，可传递较大的功率和转矩，缺点是变速箱结构较复杂，轴向尺寸大。为了便于进入啮合，多采用直齿圆柱齿轮。

由于滑移齿轮传动中，一对齿轮完全脱开啮合后，另一对齿轮才能进入啮合，所以设计中，首先应该关注传动组的最小轴向长度。

由于滑移齿轮传动中，任何两个齿轮的齿顶都不能相碰。在模数相同的三联滑移齿轮中，最大与次大齿轮的齿数差应大于 4，否则可采取下列措施。

1）采用牙嵌式离合器的滑移齿轮。

2）采用变位齿轮。

3）改变滑移齿轮的轴向排列位置。

(3) 带离合器的齿轮变速装置。带离合器的齿轮变速装置的特点：变速器时齿轮不移动，可以使用斜具和人字齿轮，使传动平稳，但摩擦磨损大，效率低。

常用离合器的类型有：牙嵌式、齿式和摩擦式离合器。

(二) 进给传动系统及操作

机床的机动进给传动系统用于实现机床的进给运动和辅助运动。根据使用要求不同，机床进给量数列分为等比数列和等差数列两类。设计进给系统时，应选用相应的变速操纵机构。

1. 进给传动系统的组成

为方便起见，现以 CA6140 型普通车床进给传动系统为例，说明进给传动系统的组成。从图 10-4 中可以看出，进给传动系统一般由动力源、变速装置、换向机构、运动分配机构、安全装置、快速运动传动链、变回转运动为直线运动的机构（对于直线运动进给机构）以及进给运动执行件等组成。

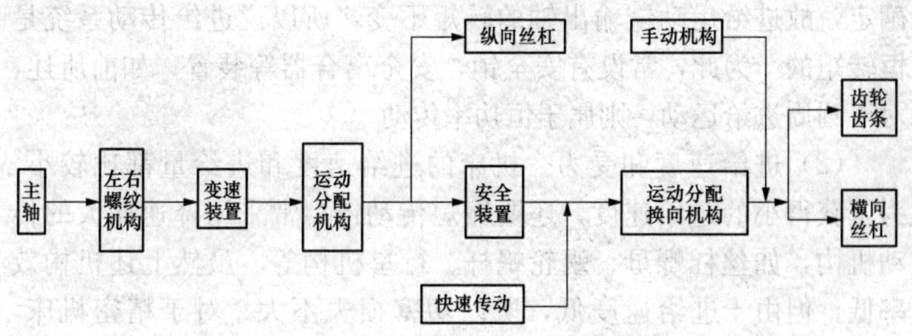

图 10-4 CA6140 型普通车床进给传动系统框图

对于转进给量（mm/r）的机床（如车床、钻床、镗床等），进给运动一般都与主运动共用一台电动机；对于分进给量（mm/min）的机床（如铣床），一般是用单独电动机驱动进给传动链（与快速运动共用）；对于重型机床，进给传动亦采用单独电动机驱动，而且每个方向的驱动都有相应的驱动电动机。

机床的进给运动一般都不止一个，如普通车床有纵向、横向进给运动，卧式万能升降台铣床有纵向、横向和升降运动等。为了简化机床结构，对于有几个进给运动的机床，多共用一个变速装置，此时进给传动链中应设置运动分配机构，且布置在变速装置之后。如 CA6140 型普通车床就是这样布置的，以便独立操作纵向、横向的进给运动，而且缩短了传动链，减少了惯性和冲击，但是换向机构复杂。对于换向冲击要求不高的机床，为了简化机床结构，可采用先换向后分配的布置方式。

进给传动链内还设有安全装置，以防止进给机构的转矩超载，如设安全离合器。安全装置多布置在变速装置与运动分配机构之间，各传动链可以共用。通常装在高速轴上尽量靠近变速装置的部位。

2. 机床进给传动系统的特点

(1) 载荷性质。对于直线进给运动（多数进给运动）的粗加工，当采用大的背吃刀量时，则采用小的进给量；用大的进给量时，则采用小的背吃刀量，而进给速度对切削力的影响不大。因此，在不同进给量情况下，切削力大致不变，由于机床结构已经确定，故进给运动链输出轴的转矩不变，所以说进给传动系统是恒转矩的。为此，常设有安全销、安全离合器等装置。如前所述，对于圆周进给运动，则属于恒功率传动。

（2）进给速度和受力。机床的进给速度和进给量都比较小，为了获得小的进给速度，还要缩短传动链。常采用降速比大的传动机构，如丝杠螺母、蜗轮蜗杆、行星机构等。虽然上述机构效率低，但由于进给速度低，所以功率损失不大。对于精密机床，由于进给速度低，运动部件容易产生爬行，影响被加工零件质量，因此要采用有效措施，以防止运动部件出现爬行或者抖动。

（3）运动转换。普通机床的进给运动数目较多，为使结构简单，几个进给运动往往共用一个变速装置。如接通快速或进给传动链、纵向或横向进给传动链、运动的启动、停止或转向，以及执行件的快速运动和调整运动等许多转换要求。因此，系统中设置运动分配机构和自锁机构。

（4）快速空行程运动。为了缩短辅助时间和减轻工人劳动强度，常在进给传动链中设置快速行程传动系统，使机床的工作台、刀架、主轴箱等移动部件实现快速移动或快速返回等。快速传动与进给运动可共用一台电动机，也可单独驱动，但要注意两者的互锁与转换。这种转换多在工作过程中进行，常选用超越离合器、差动螺母或差动机构等可避免两种运动速度的干涉。

（5）传动比的选择。进给传动系统每一传动副（如齿轮副），传动组的极限值和每一传动组的变速范围，可以比主传动系统中的相应值取得大些，一般可取

$$\frac{1}{5}\leqslant u_i\leqslant 2.8$$

$$R_i\leqslant 14$$

式中　u_i——任意传动副的传动比；

R_i——每一传动组的变速范围。

3. 进给传动系统设计原则

(1) 进给传动系统中变速机构在前，定比降速机构或运动分配机构在后。

(2) 进给传动系统中换向机构和运动分配机构的设计可有两种形式。

1) 先分配后换向。这样可使换向机构后面的传动链短，适合于重型机床及要求换向平稳的机床，但每个进给运动均需有换向机构。

2) 先换向后分配。只需一套换向机构，可简化机床结构，适合于对换向平稳性要求不高的机床。

4. 进给传动系统的类型

一般根据机床的类型、生产规模、加工精度等方面的要求，大致决定了进给传动系统的传动方式和类型。从变速方式上与主传动一样，进给运动的速度可以是有级的，也可以是无级的，目前应用较多的还是有级变速机构：从传动方式上则有机械、液压与电气等，由于机械传动方式简单可靠用得较多，但是液压或电气传动方式便于实现机床自动化，目前应用广泛。机械传动方式有以下几种。

(1) 交换齿轮进给系统。这种变速机构用在两个轴线位置不变的轴上，其结构简单、轴向尺寸小，不需要操纵机构，有时还可以倒装使用。适用于进给量不需经常调整，批量生产的自动或半自动机床。

(2) 滑移齿轮进给系统。这种变速系统变速范围大，变速级数多，可传递较大的转矩和实现较大的进给范围，传动效率也较高，但进给箱结构复杂，在通用机床上广泛应用。在进给传动系统中，滑移齿轮变速机构的设计步骤基本上和主传动系统类似。但由于进给传动系统一般是按恒转矩传动设计的，所以进给系统中各传动件都应根据系统末端输出轴上的允许最大转矩 M_{max}(N·m) 来计算。

(3) 棘轮机构进给系统。刨床、插床和磨床等需要具有间歇进给运动的机床，一般可采用棘轮机构来实现。棘轮上的棘齿是在圆周上分布的，进给量大小可由每次转过的齿数决定，所以这种变速机构的规律是等差数列。棘轮机构的棘爪可以在较短时间内使棘轮得到周期性回转，因而适用于往复运动中的越程或空程时进行间歇的进给运动。

棘爪每摆动一次时棘轮相应转过的角度最大不超过 90°～100°，一般以不超过 45°为宜。棘轮每次转过的角度可以通过两种方式来调节。

1）改变装有棘爪的杠杆的摆动角度。

2）杠杆摆角不变，而改变棘爪每摆动一次所拨动的棘轮齿数。

（4）凸轮机构进给系统。在自动或半自动机床以及专用机床上，比较广泛地应用凸轮机构来实现执行件的工作进给和快速运动。只要设计一定形状的凸轮曲线，可以很方便地使执行件得到所需要的运动循环；结构比较简单、紧凑，工作可靠，但行程较短，加工对象改变时需要更换一套凸轮，成本较高，不适宜于小批量生产的机床。

（5）回曲机构（梅安特机构）进给系统。这种机构的优点是径向尺寸紧凑，操纵机构简单。缺点是空间损失大，磨损快。因为机构工作时，所有齿轮都处在啮合状态。所以这种机构一般多作减速机构用，也可在切削螺纹传动系统中用作倍增机构。

5．常用变速进给机构

进给传动系统各组成部分常用机构及其特点见表 10-2。进给传动系统常用机构主要如下。

（1）直线运动机构。大多数机床的进给机构都是直线运动，其动力源（电动机或液压机）又多为旋转运动，在进给传动系统中，常用的有凸轮杠杆机构、齿轮齿条机构和丝杠螺母机构，将旋转运动变为直线运动。

丝杠螺母机构是机床上最常用的一种直线进给机构。根据机床精度和用途的不同，还分为滑动丝杠螺母、滚动丝杠螺母和静压丝杠螺母三类。丝杠螺母机构的特点：①传动比大；②传动平稳、位移均匀、准确；③自锁性强；④牵引力大；⑤传动效率低，磨损较大。

表 10-2　进给传动系统常用操纵机构及其应用特点

组成部分	常用机构	特点	应用
动力源	与主运动共用一个电动机（集中驱动）	（1）可以保证进给运动与主运动之间的严格速比关系，采用内联系传动链。 （2）便于实现主轴每转进给量。 （3）传动链较长，结构较复杂。 （4）机床电气控制系统简单	（1）需要具有内联系传动链的机床，如齿轮、螺纹加工机床和卧式车床等。 （2）需要实现分进给的机床，如镗床、钻床等
	单独电动机驱动（分散驱动）	（1）不能保证进给运动与主运动之间的严格速比关系。 （2）便于实现几个进给运动，进给量为分进给或周期进给。 （3）可以缩短传动链、简化结构。 （4）通过电动机调速可实现无级变速	（1）需要实现分进给的机床，如铣床。 （2）各进给运动分开的机床。 （3）重型机床，如龙门铣、刨床等
变速机构	机械无级变速	（1）可实现进给量的无级变速，但不能保证严格的进给量要求。 （2）进给传动链应采用恒转矩类型的机械无级变速器	外联系进给传动链的机床，如镗、铣床
	交换齿轮变速装置	（1）进给传动链短，有利于提高传动精度。 （2）通常采用挂轮架，结构简单。 （3）变速不方便	（1）不需经常变换进给量的专用机床，自动半自动机床。 （2）需要具有内联系传动链和较高传动精度的机床，如螺纹磨床，丝杠车床和齿轮加工机床等

续表

组成部分	常用机构	特 点	应 用
变速机构	滑移齿轮变速装置	(1) 只有直接参加传动的齿轮啮合，传动效率高，磨损少。 (2) 变速范围大，变速级数多。 (3) 不适合斜齿轮传动。 (4) 必须停车或低速时变速	广泛用于通用机床
	离合器接与齿轮变速装置	(1) 变速时齿轮不移动，可用斜齿轮。 (2) 各对齿轮始终啮合，传动效率低，磨损大。 (3) 摩擦离合器可在运行中变速，便于自动调速。 (4) 牙嵌式离合器或齿式离合器传递转矩大，但不能在运行中变速	自动及半自动机床，数控机床（多用摩擦离合器），重型机床（用牙嵌式或齿式离合器）
	回曲机构	(1) 变速范围大，可实现等比数列的速比。 (2) 变速齿轮类型少，便于加工。 (3) 全部齿轮在传动时都处于啮合状态，传动效率低，齿轮磨损大	在车螺纹进给系统中作增倍机构，在某些机床进给系统中用来扩大变速范围，如铣床
	拉键机构	(1) 结构紧凑，可用斜齿轮，但轴向尺寸大。 (2) 变速机构简单，但拉链头不易进入齿轮键槽。 (3) 轴上的拉键槽削弱了刚度。 (4) 除传递运动齿轮外，其余的齿轮空转，效率低。 (5) 变速级数不能过多(3～5级)，否则轴向尺寸大	某些车床、钻床，现代机床少用

续表

组成部分	常用机构	特　点	应　用
变速机构	诺顿机构（摆移塔齿轮机构）	（1）结构紧凑，轴向尺寸较小，需要齿轮数量少。 （2）容易实现任意数列的速比，可作为切螺纹的变速机构。 （3）不传递运动的齿轮不啮合，传动效率高。 （4）进给箱体开槽，削弱了强度	车螺纹进给系统的基本螺距机构
	棘轮机构	（1）变速规律为等差数列，进给量大小由棘轮转过的齿数决定。 （2）棘爪间歇带动棘轮转动，在往复运动的越程或空程时实现进给	间歇性的周期进给运动，如牛头刨床、插床等
运动分配机构	离合器	同离合器与齿轮变速装置	需要多个进给运动的机床，如铣床、镗床等不同方向的进给
	滑移齿轮	同滑移齿轮变速装置	
换向机构	进给电动机换向	操纵方便，易实现自动换向，换向次数不能过于频繁	单独电动机驱动进给系统的机床，如铣床、龙门刨
	圆柱、圆锥齿轮换向	（1）采用滑移齿轮或离合器。 （2）使用可靠	广泛用于各种机床
过载保险机构	剪销式安全离合器	结构简单，但特性不稳定，更换剪销麻烦	用于不常过载的场合，如车床丝杠或光杠的连接
	牙嵌式、钢球式、片式安全离合器	过载自动断开，排除后自动接通。传递最大转矩可调整，使用方便、可靠	广泛用于各种机床
	脱落蜗杆机构	过载保护兼定程装置，过载时蜗杆副脱开啮合	卧式车床

续表

组成部分	常用机构	特　点	应　用
过载保险机构	三圆弧定位的过载保护机构	过载保护兼定程装置，过载时离合器脱开	小型卧式车床
	球形离合器	过载保护兼定程装置，灵敏度高	卧式车床
运动转换机构	凸轮杠杆机构	(1) 结构紧凑，但进给行程短。 (2) 易于实现自动工作循环。 (3) 改变参数需更换凸轮	自动或半自动机床，专用机床
	齿轮齿条机构	(1) 传动比大，适于高速直线运动。 (2) 行程长，制造方便。 (3) 传动效率高，但传动精度低，平稳性差。 (4) 不能自锁，不能用于垂直进给	大行程高速进给运动，传动精度要求不高、不自锁场合，如龙门刨、卧车等。 若采用斜齿轮传动更平稳
	蜗杆齿条机构	与齿轮齿条相比，传动比小，效率低，但传动平稳	大型机床，如龙门刨床
	蜗杆蜗条机构	(1) 运动行程长，能自锁。 (2) 传动比小，效率低，适于低速直线运动	要求自锁的进给传动系统，如定梁龙门铣床、落地龙门镗铣床
	丝杠螺母机构	(1) 降速比大，传动链短，适于低速直线运动。 (2) 传动精度高，平稳性好。 (3) 除滚珠丝杠外能自锁	广泛用于各种机床，特别是有内联传动链的机床、精密机床、数控机床等

（2）消除间隙机构。为了在某些机床的手动进给机构中，消除反向运动的空行程，如在铣床顺铣时不产生激烈振动；在螺纹磨床上进行反向磨削时，以及在数控机床上使移动部件能按脉冲数年准确地移动，则相应的传动副和传动链要保证无间隙的运动，满足这个要求必须采用消除间隙机构。

消除间隙机构可采用传动副消除间隙，如在铣床上采用顺铣法加工时，由于水平切削分力和走刀方向相同，工作台摩擦阻力与走刀方向相反。若工作台进给丝杠和螺母之间存在间隙，顺铣时切削力会使工作台产生窜动，造成机床的振动和冲击，严重时还会损坏刀具。

为此采用如图 10-5 所示机构调整间隙。此机构由右旋丝杠 3、左螺母 1、右螺母 2、冠状齿轮 4 及齿条 5 组成。工作时，在弹簧 6 的作用下，齿条 5 向右移动，使冠状齿轮 4 沿图示箭头方向回转，带动螺母 1 和 2 沿相反方向回转，于是螺母 1 螺纹的左侧与丝杠螺纹的右侧靠紧，螺母 2 螺纹的右侧与丝杠螺纹的左侧靠紧。可见，这种机构在顺铣时自动消除丝杠与螺母的间隙。

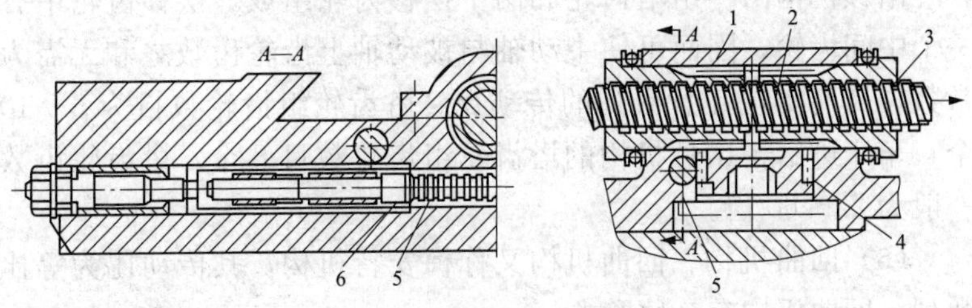

图 10-5　铣床顺铣机构

1—左螺母；2—右螺母；3—右旋丝杠；4—冠状齿轮；5—齿条；6—弹簧

此外还有传动链调整间隙机构。在机床上，首末两端执行件要求保持严格的传动比关系的内联系传动中所有传动副都应是无间隙传动。

（3）圆周进给机构。圆周进给机构（也称间歇进给）主要用于主运动是直线运动的机床，如刨床、插床等。有些磨床及齿轮加工机床也具有周期进给环节，周期进给设计的要求：①机床进给执行件应符合机床进给量所提出的要求；②进给运动精度满足机床精度要求；③完成进给动作的时间尽可能短，一般仅为0.1～0.5s；④结构简单、可靠、维护方便。

（4）微量进给机构。精密和数控机床上某些进给运动的执行部件在连续或间断进给时，要求进给量很小而且准确，用一般的进给机构就难以保证加工精度和定位精度的要求，必须采用实现很小的进给量的机构，称为微量进给。微量进给机构的设计要求：

1）灵敏度高。为了保证灵敏度，微量进给机构应具有高刚度。

2）平稳性好。在低速进给时速度均匀，无爬行现象。

3）精度高。必须按所需加工精度确定进给精度和重复定位精度。

4）结构简单，调整方便，操纵灵活轻便。

（5）诺顿机构。诺顿机构又称摆移塔齿轮机构，其特点是能够实现任意数列的传动比，能满足各种螺纹螺距的要求，所以通常用于卧式车床的进给传动中。

诺顿机构由一组塔齿轮和两个摆移齿轮组成。摆移齿轮中有一个中间齿轮，因而可使主动轴与被动轴上齿轮齿数之和无需为常数，从而实现任意数列的传动比。塔齿轮组齿轮数目为6～10个，车床进给箱诺顿机构的塔齿轮组齿轮数目8个，塔齿轮齿数一般为22～60齿。

（6）回曲机构。回曲机构又称梅安特机构，其传动比为等比数列。回曲机构有三种形式。

1）带摆移齿轮的回曲机构。由于采用摆移齿轮架，机构刚度差。

2）采用滑移齿轮或用离合器接通的方式传动。同样的齿轮数量，其变速级数比摆移齿轮的方案少一半。

3）圆周分布的回曲机构。这种回曲机构一般用于车床螺纹进给系统中，作为倍增机构（采用滑移齿轮的变速方式），在其他机床进给系统中用来扩大变速范围。

回曲机构的双联滑移齿轮可以是整体的也可是装配的。由于全部齿轮均处于啮合状态，而整个齿轮块的转速又不同，因此，应设法减少齿轮内孔与轴以及各齿轮块端面之间的摩擦及磨损。通常齿轮内孔镶装青铜衬套或装滚针轴承，在双联滑移齿轮块之间装有淬硬的钢隔圈或推力球轴承。

（7）拉键进给机构。相邻两轴间有若干经常处于啮合状态的齿轮，其中一根轴上的齿轮紧固在该轴上，另一根轴上的齿轮全部空套在该轴上，但其中任一齿轮都可通过该轴空心部分中滑动的拉键和轴相联，从而和轴一起旋转。

这种机构的优点是结构紧凑，可采用斜齿轮传动；但由于它的刚性差、效率低等缺点，因而在现代机床中已经很少采用了。

6. 快速传动系统

在机床上，为了缩短辅助时间和改善劳动条件，通常在进给传动中设有快速空行程传动链，使机床的刀架、工作台、主轴箱等移动部件，在加工过程中完成快速趋近、快速返回等动作。快速传动系统的特点如下。

（1）快速移动时无切削负荷，不变速，运动速度高。

（2）快速传动系统不经过进给变速机构，避免进给变速机构在高速下运转。

（3）快速传动系统和进给传动系统可以共用一个动力源。

其驱动方式有机械、液压和电气等，但液压方式只适用于液压传动机床，后面再具体介绍。机械、电气方式则根据快速行程和工作行程的开停、换向、变速及转换方式的不同，在表 10-3 中列出各种传动方案以供参考。

表 10-3　　　　快速-进给传动方案

序号	转换方式	传动原理图	特点及应用
1	直流电动机变速、换向和开停	M	直流电动机实现变速、换向和开停，结构简单。但受电动机允许换向频率限制，且电动机的变速范围（为快速行程转速与最小行程转速之比）远大于工作行程的变速范围。 仅适用于变速范围和功率较小的机床

续表

<table>
<tr><th>序号</th><th colspan="2">转换方式</th><th>传动原理图</th><th>特点及应用</th></tr>
<tr><td>2</td><td colspan="2">直流电动机变速、换向、离合器开停</td><td> 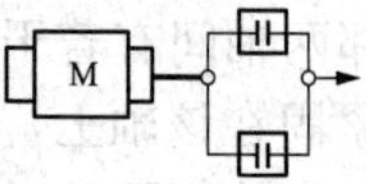</td><td>直流电动机实现变速、换向。开停和切换用离合器，开停频率不受限制。快速时电动机转速等于工作时最大转速，电动机的变速范围等于工作行程的变速范围，比方案1小。
部分重型机床</td></tr>
<tr><td rowspan="2">3</td><td rowspan="2">电动机换向、离合器开停</td><td>单电动机传动</td><td> 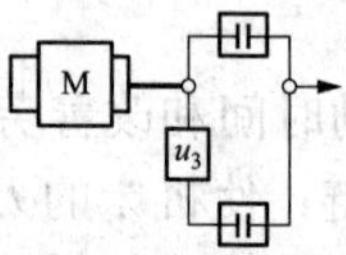</td><td rowspan="2">电动机实现换向，变速机构实现变速，离合器实现快速和工作行程间的转换与开停。
升降台铣床的快速进给系统中，快速和工作行程公用一个电动机而由两个分支传动，快速行程时路线短，由摩擦离合器接通快速，爪式离合器接通工作行程，两离合器之间互锁
立式车床快速—进给传动系统也属于此，快速和工作行程分别由两个电动机传动，可缩短传动链，简化进给箱的结构。
此种方案在各类机床上都较广泛地应用</td></tr>
<tr><td>双电动机传动</td><td> 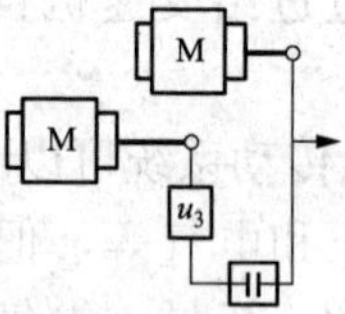</td></tr>
<tr><td rowspan="2">4</td><td rowspan="2">换向机构换向、离合器开停</td><td>单电动机传动</td><td> 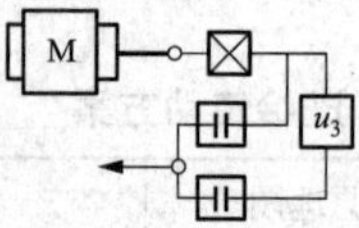</td><td rowspan="2">换向机构实现换向，变速机构实现变速，离合器实现快速和工作行程间的转换与开停。
电动机只是作为运动源，因此允许快速和工作行程频繁换向和开停。
用于快速和工作行程间频繁转换的机床</td></tr>
<tr><td>双电动机传动</td><td> 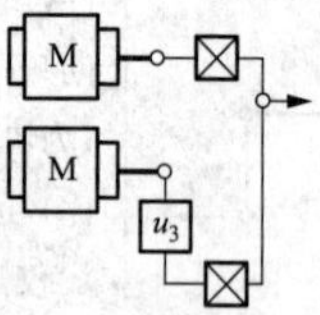</td></tr>
</table>

续表

序号	转换方式		传动原理图	特点及应用
5	电动机换向、合成机构	单电动机传动	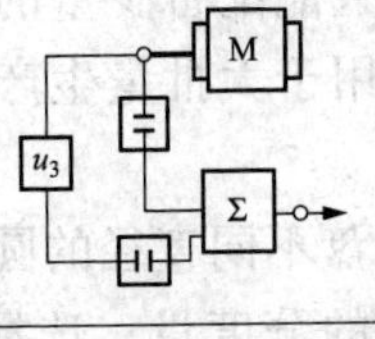	快速和工作行程两传动分支由合成机构合成后传动至运动部件。在进行进给和快速相互切换时，不必切断进给传动系统，因而快速和工作行程两传动分支间不需互锁，操纵控制系统较简单，但结构较复杂。 龙门铣床的快速—进给传动系统就是此方案的典型应用。该机床采用了圆柱齿轮差动机构作为合成机构
		双电动机传动	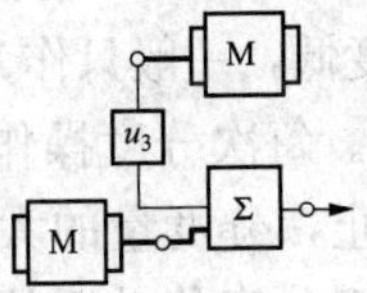	
6	电动机开停、单向或双向超越离合器	单电动机传动	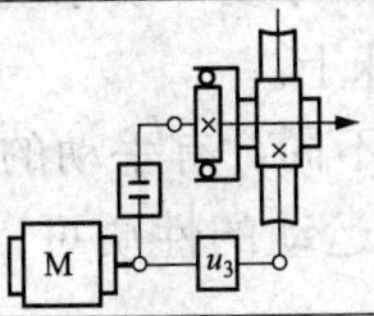	快速和工作行程间的互锁由超越离合器自动实现，快速行程时自动切断工作行程的传动分支。 此方案用于多轴自动车床凸轮轴的传动系统中，因为凸轮轴不需换向，采用了单向超越离合器。 而多刀半自动车床的快速—进给传动系统中，则采用了双向超越离合器 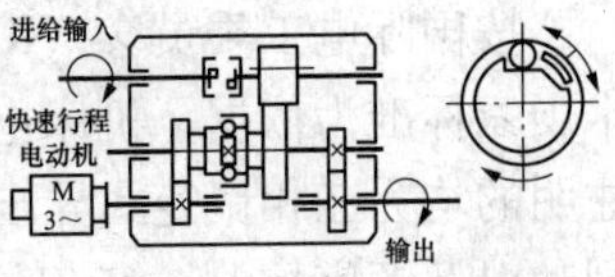
		双电动机传动	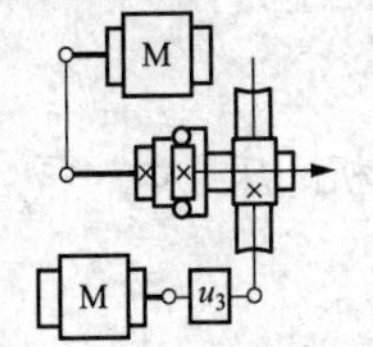	
		双电动机传动、换向机构换向	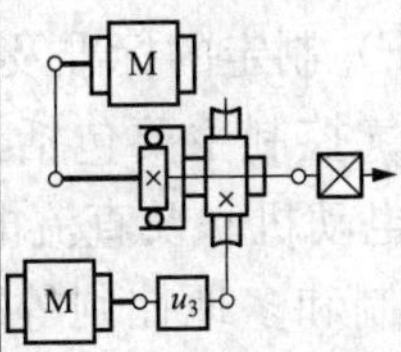	

7. 分度传动系统

在现代机床上分度运动是不可或缺的，机床上的分度运动有连续分度和非连续分度两种形式。连续分度是指在被加工零件表面形成的同时实现分度，因此不需另设分度传动系统。非连续分度则需设置专门的分度传动系统。为了实现分度运动的开停和所需的分度量，在分度传动系统中在设置分度机构。常见的分度机构有以下几种：

1）更换式分度盘。分度量的大小取决于分度盘在圆周方向的槽数，分度精度主要取决于分度盘的制造精度，可以达到较高的精度水平。但是每台机床上只能配备少量的分度盘，故此种分度机构适用于精度要求高，且用于大批量生产零件，分度部位较少的机床。

2）分度孔盘。在分度孔盘不同直径的圆周上开有不同数量的等分孔，根据加工零件所需的分度量，选择合适的孔盘等分数。这种分度机构结构简单，精度低，一般只作为分度头附件。

3）单槽盘和定转离合器。每次分度操作时，使单槽盘中定转离合器旋转固定整数转后停止，分度量的大小可由分度交换齿轮进行调整，分度精度则取决于分度传动系统的传动精度。这种分度机构广泛用于各种万能机床上。

根据分度系统运动源的不同，有手动的和机动之分。根据和表面形成运动的关系，分度运动的性质可以是独立的或复合的，可以组合成各种方案。

第二节 机床电气控制

一、机床电气控制概述

按国际电工委员会（ICE）制定的标准及我国新颁布的电气技术国家标准为依据，机床电气控制主要包括三相异步电动机（未注明的均为三相鼠笼式异步电动机）及直流电动机的启动、调速、制动以及顺序控制、行程控制和多地控制等机床电气控制基本线路，机床电气保护及控制线路，是各类机床控制线路分析和设计的基础和关键。

（一）交流电动机基本控制线路

1. 单向启动控制线路

（1）接触器点动正转控制线路。利用接触器构成的点动正转控制线路，具有电动机点动控制和短路保护功能，而且可实现远距离的自动控制，常用于电动葫芦等起重电动机控制和车床溜板箱快速移动电动机的控制。

（2）接触器连续正转控制线路。利用接触器构成的连续正转控制线路，具有电动机连续正转控制、欠压和失压（或零压）保护功能，是各种机床电气控制线路的基本控制线路。

（3）接触器具有过载保护的连续正转控制线路。利用接触器构成的具有过载保护的连续正转控制线路，具有电动机连续正转控制、欠压和失压（或零压）、短路、过载保护等功能，是电动机连续正转控制的典型实用电路。

（4）接触器连续与点动混合正转控制线路。利用接触器构成的连续与点动混合正转控制线路，具有电动机连续正转控制和电动机点动控制双重功能。它适用于需要试车或调整刀具与工件相对位置的机床。

2. 正反转控制线路

（1）接触器联锁的正反转控制线路。利用接触器联锁构成的正、反转控制线路，具有电动机正、反转控制，过流保护和过载保护等功能，常用于功率大于5.5kW的电动机正、反转控制，对于小于5.5kW的电动机正、反转的控制则采用转换开关控制。

（2）按钮联锁的正反转控制线路。利用按钮联锁构成的正、反转控制线路，也具有电动机正、反转控制，过流保护和过载保护等功能，且可克服接触器联锁正反转控制操作不便的缺点。

（3）按钮、接触器双重联锁的正反转控制线路。利用按钮、接触器双重联锁构成的正、反转控制线路，也具有电动机正、反转控制，过流保护和过载保护等功能，且可克服接触器联锁正反转控制线路和按钮联锁正反转控制线路的不足。

3. 行程控制和自动往返控制线路

（1）行程开关行程控制线路。利用行程开关构成的行程控制线路，常用于生产机械运动部件的行程、位置限制。如在摇臂钻床、万能铣床、镗床、桥式起重机及各种自动或半自动控制机床设备中运动部件的控制。

（2）行程开关自动往返行程控制线路。行程控制线路所控制的工作机械只能运动至所指定的行程位置上即停止，而有些机床在运行时要求工作机械能够自动往返运动，实现该功能的控制线路称为自动往返行程控制线路。

4. 多地控制和顺序控制线路

(1) 接触器多地控制线路。能在两地或多地控制同一台电动机的控制方式称为电动机的多地控制。利用接触器构成的多地控制线路，具有电动机单向运动控制和多地控制功能，是要求具有多地控制功能机床的常用控制线路单元。

(2) 接触器主电路顺序控制线路。在装有多台电动机的生产机械上，各电动机所起的作用是不同的，有时需按一定的顺序启动或停止，才能保证操作过程的合理和工作的安全可靠。例如，X62W 型万能铣床上要求主轴电动机启动后，进给电动机才能启动。

(3) 接触器控制电路顺序控制线路。利用接触器构成的控制电路顺序控制线路，具有电动机顺序控制、短路保护和过载保护等功能，是顺序控制线路的另一种电路结构形式。

(4) 接触器顺序启动、逆序停止控制线路。利用接触器构成的顺序启动、逆序停止控制线路，具有电动机顺序启动、逆序停止控制，短路保护和过载保护等功能。该控制线路广泛应用于传送带运输机控制线路。

5. 降压启动控制线路

(1) 接触器串电阻降压启动控制线路。交流电动机在启动时，其启动电流一般为额定电流的 6～7 倍。对于功率小于 7.5kW 的小型异步电动机可采用直接启动的方式，但当交流电动机功率超过 7.5kW 时，则应考虑对其启动电流进行限制，否则会影响电网的供电质量。常用的启动电流限制方法是降压启动法，用于降压启动的控制线路称为交流电动机的降压启动控制线路。常用的降压启动控制线路有：串电阻降压启动控制线路、Y-△降压启动控制线路、自耦变压器降压启动控制线路和延边△降压启动控制线路等。

(2) 接触器手动控制Y-△降压启动控制线路。Y-△降压启动是指电动机启动时，把定子绕组接成 Y 联结，以降低启动电压，限制启动电流。待电动机启动后，再把定子绕组改接成△联结，使电动机全压运行。由于功率在7.5kW以上的电动机其绕组均采用△联结，因此均可采用Y-△降压启动的方法来限制启动电流。

（3）时间继电器自动控制Y-△降压启动控制线路。利用时间继电器构成的自动控制Y-△降压启动控制线路，能在电动机运转转速上升并接近额定值时，自动实现定子绕组Y联结至△联结的转换。适用于功率在7.5kW以上、定子绕组采用△联结的电动机启动控制。

（4）自耦变压器的降压启动控制线路。自耦变压器降压启动也称为串电感降压启动，它是利用串接在电动机M绕组回路中的自耦变压器降低加在电动机绕组上的启动电压，待电动机启动后，再使电动机与自耦变压器脱离，电动机即可在全压下运行。

（5）接触器延边△降压启动控制线路。延边△降压启动是指电动机启动时，把定子绕组接成延边△联结降压启动，待电动机启动后，再把定子绕组改接成△联结全压运行。适用于定子绕组特别设计的电动机降压启动控制。

6. 制动控制线路

（1）通电型电磁抱闸制动器制动控制线路。电动机在切断电源停转的过程中，产生一个和电动机实际旋转方向相反的制动力矩，迫使电动机迅速制动停转的方法叫制动。交流电动机制动方法有机械制动和电力制动两种，其中机械制动常采用电磁抱闸制动器制动；电力制动常用的方法有反接制动、能耗制动、电容制动等。

（2）断电型电磁抱闸制动器制动控制线路。利用断电型电磁抱闸制动器构成的制动控制线路，具有短路、过载等保护功能，常用于电动葫芦、起重机等三相异步电动机需制动控制的机床控制线路，是利用电磁抱闸制动器实现三相异步电动机制动的另一种电路形式。

（3）接触器单向反接制动控制线路。依靠改变电动机定子绕组的电源相序形成制动力矩，迫使电动机迅速停转的方法叫反接制动。利用接触器构成的单向反接制动控制线路，适用于制动要求迅速，系统惯性较大，不经常启动和制动的场合，如铣床、镗床、中型车床等主轴的制动控制。

（4）接触器双向反接制动控制线路。利用接触器构成的双向反接制动控制线路，具有短路保护、过载保护、可逆运行和制动等功能，是一种比较完善的控制线路。

（5）接触器全波整流能耗制动控制线路。能耗制动是在电动机脱离交流电源后，迅速给定子绕组通入直流电源，产生恒定磁场，利用转子感应电流与恒定磁场的相互作用达到制动的目的。由于此制动方法是将电动机旋转的动能转变为电能，并消耗在制动电阻上，故称为能耗制动或功能制动。

（6）电容器制动控制线路。电容制动是指电动机脱离交流电源后，立即在电动机定子绕组的出线端接入电容器，利用电容器回路形成的感应电流迫使电动机迅速停转的制动方法。利用电容器构成的制动控制线路，一般适用于10kW以下的小容量电动机，特别适用于存在机械摩擦和阻尼的生产机械和需要多台电动机同时制动的场合。

7. 调速控制线路

（1）双速电动机时间继电器调速控制线路。双速电动机是指通过不同的连接方式可以得到两种不同转速，即低速和高速的电动机。其常用调速控制线路有基于时间继电器的双速电动机调速控制线路和基于接触器的双速电动机调速控制线路两种。

（2）双速电动机接触器调速控制线路。利用接触器构成的双速电动机接触器调速控制线路，具有双速电动机调速控制与短路保护、过载保护等功能，适用于小容量电动机的控制。

（3）三速电动机调速控制线路。利用接触器构成的三速电动机调速控制线路，具有高速、中速和低速三挡调速功能，适用于不需要无级调速的生产机械，如金属切削机床、升降机、起重设备、风机、水泵等控制领域。

（二）直流电动机基本控制线路

1. 启动控制线路

（1）并励直流电动机串电阻启动控制线路。并励直流电动机由于电枢绕组阻值较小，直接启动会产生很大的冲击电流，一般可达额定电流的10～20倍，故不能采用直接启动。实际应用时，常在电枢绕组中串接电阻启动，待电动机转速达到一定值时，切除串接电阻全压运行。

（2）串励直流电动机串电阻启动控制线路。利用接触器构成的串励直流电动机串电阻启动控制线路，常用于要求有大的启动转矩、负载变化时转速允许变化的恒功率负载的领域，如起重机、吊车、电力机车等。

2. 正反转控制线路

（1）并励直流电动机正反转控制线路。直流电动机的正反转控制主要是依靠改变通入直流电动机电枢绕组或励磁绕组电源的方向来达到改变直流电动机的旋转方向。因此，改变直流电动机转向的方法有电枢绕组反接法和励磁绕组反接法两种。

（2）串励直流电动机正反转控制线路。利用接触器构成的串励直流电动机正反转控制线路，通过改变励磁绕组 WE 中的电流方向来改变串励直流电动机旋转方向。常用于内燃机车和电力机床等控制领域。

3. 制动控制线路

（1）并励直流电动机能耗制动控制线路。直流电动机的制动与三相异步电动机相似，制动方法也有机械制动和电气制动两大类。其中电气制动常用的有能耗制动、反接制动和发电制动三种。

（2）串励直流电动机能耗制动控制线路。利用接触器构成的串励直流电动机能耗制动控制线路，在串励直流电动机断开电源后，将励磁绕组反接并与电枢绕组和制动电阻串联构成闭合回路，使惯性运转的电枢处于自励发电状态，产生与原方向相反的电流和电磁转矩，迫使电动机迅速停转。

（3）串励直流电动机反接制动控制线路。利用接触器构成的串励直流电动机反接制动控制线路，属于电枢直接反接法，即切断电动机的电源后，将电枢绕组串入制动电阻后反接，并保持其励磁电流方向不变的制动方法。

4. 调速控制线路

根据直流电动机的转速公式 $n=(U-I_aR_a)C_e\Phi$ 可知，直流电动机转速调节方法主要有电枢回路串电阻调速、改变励磁磁通调速、改变电枢电压调速和混合调速四种。例如：利用接触器构成的并励直流电动机改变励磁磁通调速控制线路。

（三）电动机的保护及控制线路

电气控制系统除了能满足生产机械的加工工艺要求外，要想长期无故障运行，还必须有各种保护措施。保护环节是所有机床电气控制系统不可缺少的组成部分，利用它来保护电动机、电网、电气控制设备以及人身安全等。

1. 电气控制系统常用的保护环节

电气控制系统中常用的保护环节有过载保护、短路保护、零电压和欠电压保护以及弱磁保护等。

(1) 短路保护。当电动机绕组的绝缘、导线的绝缘损坏或线路发生故障时，会造成短路现象，产生短路电流，并引起电气设备线路绝缘损坏和产生强大的电动力使电气设备损坏。因此在产生短路现象时，必须迅速将电源切断并采用保护措施，常用的短路保护元件有熔断器和自动空气断路器。

1）熔断器保护。熔断器的熔体（熔片或熔丝）是由易熔金属（如铅、锌、锡）及其合金等做成的，串联在被保护的电路中，当电路发生短路或严重过载时，短路电流首先使熔体自动熔断，从而将被保护电动机的电源切断电路，达到保护的目的。

2）自动空气断路器保护。自动空气熔断器又称自动空气开关，它有短路、过载和欠电压保护的作用，这种开关能在线路发生上述故障时快速地自动切断电源。它是低压配电的重要保护元件之一，常作为低压配电盘的总电源开关及电动机变压器的合闸开关。

通常熔断器比较适用于对动作准确度和自动化程度要求较差的系统中，如小容量的笼型电动机、一般的普通交流电源等。发生短路时，很可能造成一相熔断器熔断，造成单相运行；但对于自动空气断路器，只要发生短路瞬时动作的脱扣器就会自动跳闸，将三相同时切断。自动空气断路器结构复杂，操作频率低，广泛用于要求较高的场合。

(2) 过载（热）保护。电动机长期超载运行，电动机绕组温升超过其允许值，电动机的绝缘材料就要变脆，寿命减少，严重时会使电动机损坏。过载电流越大，达到允许温升的时间就越短。引起电动机过热的原因很多，例如，负载过大、三相电动机单相运行、欠电压运行及电动机启动故障造成启动时间过长等，过载保护装置则必须具备反时限特性（即动作时间随过载倍数的增大而迅速减少）。

常用的过载保护元件是热继电器。热继电器可以满足这样的要求，当电动机为额定电流时，电动机为额定温升，热继电器不动作；在过载电流较小时，热继电器要经过较长时间才动作；过载电流较大时，热继电器经过较短时间就会动作。

由于热惯性的原因，热继电器不会受电动机短时过载冲击电流或短路电流的影响而瞬时动作，所以在使用热继电器作过载保护的同时，还必须设有短路保护。并且选作短路保护的熔断器熔体的额定电流不应超过热继电器发热元件的额定电流的4倍。

为了使过载保护装置能可靠而合理地保护电动机，应尽可能使保护装置与电动机的环境温度一致。当电动机的工作环境温度和热继电器的工作环境温度不同时，保护的可靠性就受到影响。为了能准确地反映电动机的发热情况，某些大容量和专用的电动机制造时就在电动机易发热处设置了热电偶、热动开关等温度检测元件，用以配合接触器控制它的电源通断。现有一种用热敏电阻作为测量元件的热继电器，它可将热敏元件嵌在电动机绕组中，可更准确地测量电动机绕组的温升。

(3) 过电流保护。短时过电流虽然不一定会使电动机的绝缘损坏，但可能会引起电动机发生机械方面的损坏，因此也应予以保护。原则上，短路保护所用装置都可以用作过电流保护，不过对有关参数应适当选择。常用的过电流保护装置是过电流继电器。

过电流保护广泛用于直流电动机或绕线转子异步电动机，对于三相笼型电动机，由于其短时过电流不会产生严重后果，往往不采用过电流保护而采用短路保护。

过电流往往是由于不正确的启动和过大的负载转矩引起的，一般比短路电流要小。在电动机运行中产生过电流要比发生短路的可能性更大，尤其是在频繁正反转启制动的重复短时工作制动的电动机中。直流电动机和绕线转子异步电动机线路中，过电流继电器也起着短路保护的作用，一般过电流的强度值为起动电流的2.2倍左右。

（4）零电压与欠电压保护。当电动机正在运行时，如果电源电压因某种原因消失就会停止转动，那么在电源电压恢复时，电动机就有可能自行启动（也称自启动），这就有可能造成生产设备的损坏和工件的损坏，甚至造成人身事故。电网中，同时有许多电动机及其他用电设备自行启动也会引起不允许的过电流及瞬间网络电压下降，为了防止电压恢复时电动机自行启动的保护叫零电压保护。

当电动机正常运转时，电源电压过分地降低将引起一些电器释放，造成控制线路不正常工作，可能产生事故；还会引起电动机转速下降甚至停转。因此需要在电源电压降到一定允许值以下时将电源切断，这就是欠电压保护。

一般常用磁式电压继电器实现欠电压保护。在许多机床中不是用控制开关操作，而是用按钮操作的。利用按钮的自动恢复作用和接触器的自锁作用，可不必另加设零电压保护继电器。因此像这样带有自锁环节的电路本身已兼备了零电压保护环节。

（5）断相保护。断相保护用于防止电动机断相运行。可用ZDX-1型、DDX-1型电动机断相保护继电器以及其他各种断相保护装置完成对电动机的这种保护。

2. 电动机保护控制线路

（1）三相异步电动机多功能保护控制线路。电动机在运行过程中，除要按生产机械的工艺要求完成各种正常运转外，还必须在线路出现短路、过载、过电流、欠电压、失压及弱磁等现象时，能自动切除电源停转，以防止和避免电气设备和机械设备的损坏事故，保证操作人员的人身安全。

(2) 三相异步电动机断相保护电气控制线路。断相运行是电动机烧毁的主要原因。电动机断相保护电气控制线路，能在电动机断相运行时及时切断工作电源，保护电动机免受损坏。例如，利用三端稳压集成电路 LM7812 构成的三相异步电动机断相保护控制线路，具有通用性强、动作灵敏、电路简单及容易制作等特点。其输出端控制电压可随意选择，能对各种功率的单台或多台三相异步电动机实现断相自动保护功能。

(3) 三相异步电动机多功能保护控制线路。利用保护继电器构成的三相异步电动机多功能保护控制线路，具有漏电保护、断相保护、短路保护和过载保护功能，且能实现点动控制和长期工作，适用于单台电动机的保护。

三相异步电动机多功能保护控制线路具有电路简洁、性能稳定、保护范围宽等特点，进行安装后一般不用调试即可通电正常工作。值得注意的是，电流互感器的安装应与电动机 M 的三相输入线垂直。

(4) 三相异步电动机缺相自动延时保护电气控制线路。基于三相异步电动机的缺相自动延时保护电气控制线路，具有缺相自动延时保护功能和电路简单、不需外接电源等特点，适用于各种自动（或手动）控制设备的三相异步电动机。

二、机床电气控制应用实例

(一) CW6132 型卧式车床电气控制

1. CW6132 型卧式车床的主电路

CW6132 型卧式车床电气控制线路如图 10-6 所示。该车床共有两台电动机，M1 为主轴电动机，拖动主轴旋转并通过进给机构实现进给运动，主要有单向启动运转控制和过载保护控制等电气控制要求；M2 是冷却泵电动机，驱动冷却泵对零件加工部位进行供液，电气控制要求是加工时启动供液，并能长期运转。

(1) 电路结构及主要电气元件作用。CW6132 型卧式车床主电路由图 10-6 中 1～3 区组成。其中 1 区为电源开关及保护部分，2 区为主轴电动机 M1 主电路，3 区为冷却泵电动机 M1 主电路。对应图区中使用的各电气元件符号及功能说明见表 10-4。

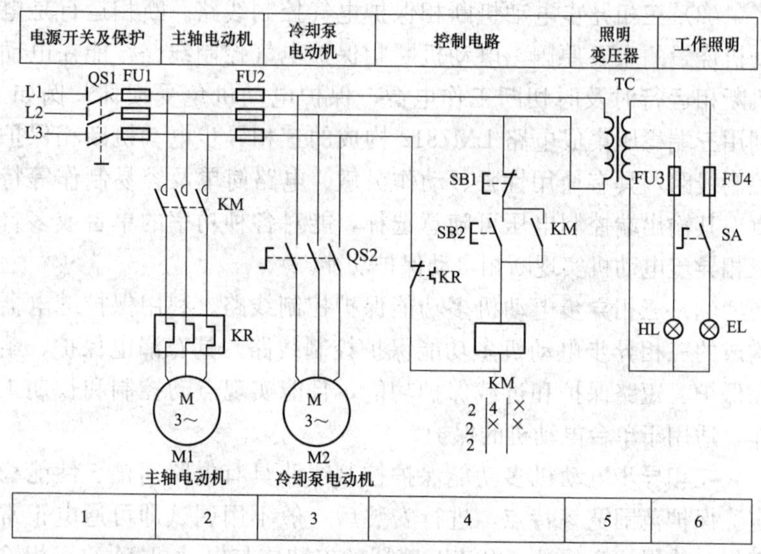

图 10-6　CW6132 型卧式车床电气控制线路

表 10-4　电气元件符号及功能说明表

符号	名称及用途	符号	名称及用途
M1	主轴电动机	QS2	M2 转换开关
M2	冷却泵电动机	KR	热继电器
KM	M1 控制接触器	FU1、FU2	熔断器
QS1	隔离开关		

（2）工作原理。电路通电后，隔离开关 QS1 将 380V 的三相电源引入 CW6132 型卧式车床主电路。其中主轴电动机 M1 主电路由接触器 KM 主触点、热继电器 KR 热元件和主轴电动机 M1 组成。实际应用时，主轴电动机 M1 工作状态由接触器 KM 主触点控制，即当接触器 KM 主触点闭合时，主轴电动机 M1 启动运转；当接触器 KM 主触点断开时，主轴电动机 M1 停止运转。热继电器 KR 实现主轴电动机 M1 过载保护功能。

冷却泵电动机 M2 主电路由控制开关 QS2 和冷却泵电动机 M2 组成，由于冷却泵电动机 M2 功率较小，故未接入热继电器热元件起过载保护作用。实际应用时，冷却泵电动机 M2 工作状态由控制开关 QS2 控制。

2. CW6132 型卧式车床的控制电路

CW6132 型卧式车床控制电路由图 10-6 中 4～6 区组成。由于控制电路电气元件较少，故可将控制电路部分直接接在交流电源上。机床工作低压照明和信号电路所需要的 36V 和 6.3V 交流电压由电源变压器 TC 单独提供。

(1) 电路结构及主要电气元件作用。由图 10-6 中 4～6 区可知，CW6132 型卧式车床控制电路由主轴电动机 M1 控制电路和照明、信号电路组成。对应图区中使用的各电气元件符号及功能说明见表 10-5。

表 10-5　　电气元件符号及功能说明表

符号	名称及用途	符号	名称及用途
TC	控制变压器	SA	照明灯控制开关
FU3、FU4	熔断器	EL	照明灯
SB1	M1 停止按钮	HL	电源指示灯
SB2	M1 启动按钮		

(2) 工作原理。CW6132 型卧式车床的主轴电动机 M1 主电路中接通电路的元件为接触器 KM 主触点。

在确定其控制电路时，只需找到相应元件的控制线圈即可。

1) 主轴电动机 M1 控制电路。主轴电动机 M1 控制电路由图 10-6 中 4 区对应电气元件组成。电路通电后，当需要主轴电动机 M1 启动运转时，按下启动按钮 SB2，接触器 KM 得电吸合并自锁，其主触点闭合接通主轴电动机 M1 工作电源，主轴电动机 M1 启动运转。

当需要主轴电动机 M1 停止运转时，按下停止按钮 SB1，接触器 KM 失电释放，其主触点断开切断主轴电动机 M1 工作电源，主轴电动机 M1 停止运转。

2) 照明、信号电路。CW6132 型卧式车床照明、信号电路由图 10-6 中 5 区和 6 区对应电气元件组成。实际应用时，从控制变压器 TC 二次侧输出 36、6.3V 交流电压分别作为机床工作照明、信号电路电源。EL 为车床工作照明灯，由照明灯控制开关 SA 控制。HL 为电源指示灯，熔断器 FU3、FU4 实现照明、信号电路短路保护。

（二）Z3040 型立式摇臂钻床电气控制

1. Z3040 型立式摇臂钻床的主电路

Z3040 型立式摇臂钻床是具有广泛用途的另一种万能型钻床，可以在中小型零件上进行多种形式的加工，如钻孔、镗孔、铰孔、刮平面及攻螺纹，因此要求钻床的主轴运动和进给运动的有较宽的调速范围。Z3040 型立式摇臂钻床的主轴的调速范围为 50：1，正转最低转速为 40r/min，最高为 2000r/min，进给范围为 0.05～1.60r/min。其调速是通过三相交流异步电动机和变速箱来实现的，也有的采用多速异步电动机拖动，这样可以简化变速机构。

摇臂钻床的主轴旋转运动和进给运动由一台交流异步电动机拖动，主轴的正反向旋转运动是通过机械转换实现的，故主电动机只有一个旋转方向。

摇臂钻床除了主轴的旋转和进给运动外，还有摇臂的上升、下降及立柱的夹紧和放松。摇臂的上升、下降由一台交流异步电动机拖动，立柱的夹紧和放松由另一台交流电动机拖动。Z3040 型立式摇臂钻床是通过电动机拖动一台齿轮泵，供给夹紧装置所需要的压力油。而摇臂的回转和主轴箱的左右移动通常采用手动。此外还有一台冷却泵电动机对加工的刀具进行冷却。

摇臂钻床适合于在大、中型零件上进行钻孔、扩孔、铰孔及攻螺纹等工作，在具有工艺装备的条件下还可以进行镗孔。

Z3040 型立式摇臂钻床电气控制线路如图 10-7 所示。

（1）电路结构及主要电气元件作用。Z3040 型立式摇臂钻床主电路由图 10-7 中 1～7 区组成。其中 1 区为电源开关及保护部分，2 区为冷却泵电动机 M4 主电路，3 区为主轴电动机 M1 主电路，4 区和 5 区为摇臂升降电动机 M2 主电路，6 区和 7 区为液压泵电动机 M3 主电路。对应图区中使用的各电气元件符号及功能说明见表 10-6。

表 10-6　　　　Z3040 型摇臂钻床电气元件目录表

符号	名称及用途	符号	名称及用途
M1	主电动机	YA2	立柱松开、夹紧用电磁铁
M2	摇臂升降电动机	K1	工作准备用中间继电器
M3	液压泵电动机	SA1	冷却泵电动机电源转换开关
M4	冷却泵电动机	SB1	主轴电动机停止按钮
KM1	主轴旋转接触器	SB2	主轴电动机启动按钮
KM2	摇臂上升接触器	SB3	摇臂上升按钮
KM3	摇臂下降接触器	SB4	摇臂下降按钮
KM4	主轴箱、立柱、摇臂放松接触器	SB5	立柱、主轴箱松开按钮
KM5	主轴箱、立柱、摇臂夹紧接触器	SB6	立柱、主轴箱夹紧按钮
KR1	M1 过载保护热继电器	FU1	总电源熔断器
KR2	M3 过载保护热继电器	FU2	M1、M2 保护熔断器
KT	控制 KM5 吸合的时间继电器	FU3	照明保护熔丝
QS1	总电源组合开关	YA	摇臂升降夹紧放松电磁铁
QS2	冷却泵电动机开关	QS3	照明开关
SQ1	摇臂升降终端保护开关	EL	低压照明灯
SQ2	摇臂升降限位开关	HL1	松开指示灯
SQ3	摇臂夹紧限位开关	HL2	夹紧指示灯
SQ4	指示灯明暗限位控制开关	HL3	主轴电机运转指示灯
T	控制变压器		

（2）工作原理。电路通电后，断路器 QS1、QS2 将 380V 的三相电源引入 Z3040 型立式摇臂钻床。其中主轴电动机 M1 主电路属于单向运转单元主电路结构，电动机 M1 只作单方向旋转，主轴的正、反转用机械的方法来变换。实际应用时，由接触器 KM1 主触点控制主轴电动机 M1 电源的通断，热继电器 KR1 热元件实现主轴电动机 M1 的过载保护功能。

摇臂升降电动机 M2 和液压泵电动机 M3 均属于正、反转单元主电路结构。实际应用时，分别由接触器 KM2、KM4 主触点控制对应拖动电动机正转电源的通断，接触器 KM3、KM5 主触点控制

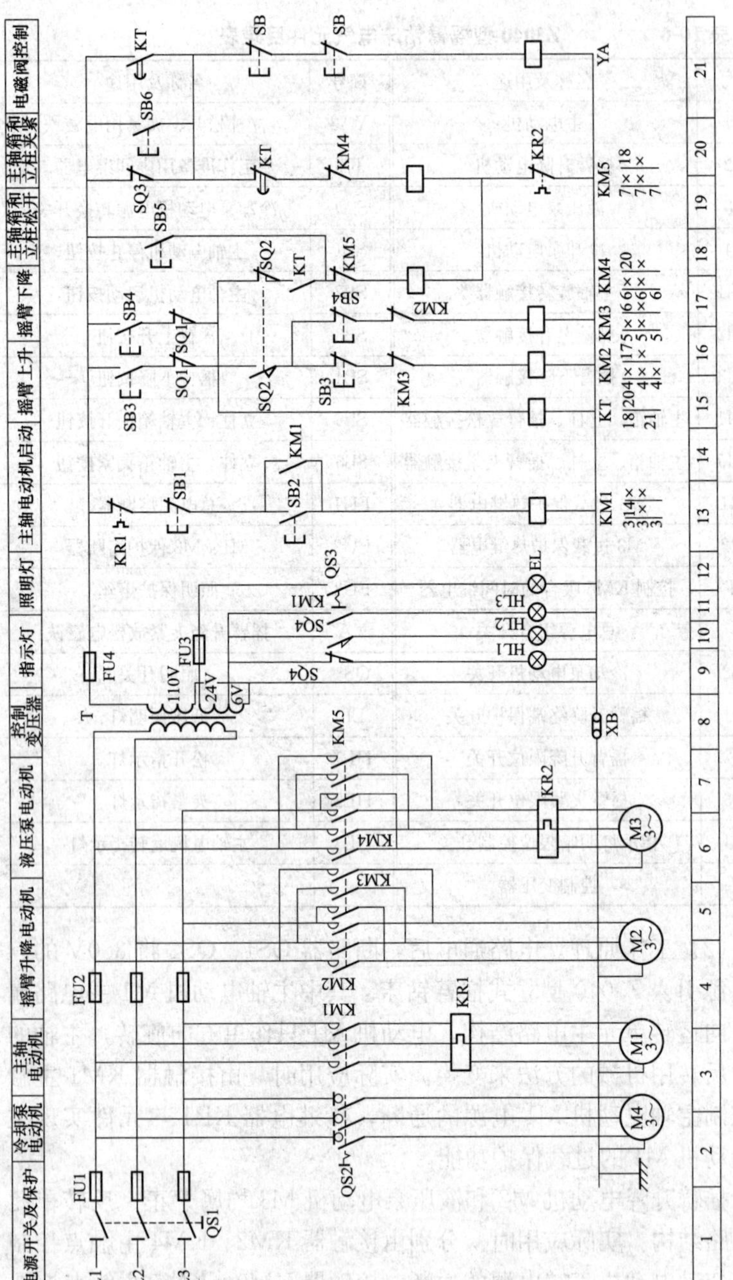

图 10-7 Z3040 型立式摇臂钻床电气控制线路

对应拖动电动机反转电源的通断，热继电器 KR2 热元件实现液压泵电动机 M3 的过载保护功能。另外，由于摇臂升降电动机 M2 为短时点动工作，故未设置过载保护装置。

冷却泵电动机 M4 主电路由转换开关 QS2 和冷却泵电动机 M4 组成。实际应用时，冷却泵电动机 M4 工作状态由转换开关 QS2 控制。另外，由于冷却泵电动机为短时工作，故也未设置过载保护装置。

2. Z3040 型立式摇臂钻床的控制电路

Z3040 型立式摇臂钻床控制电路由图 10-7 中 8～21 区组成。其中 8 区为控制变压器部分，实际应用时，合上断路器 QS1，380V 交流电源加至控制变压器 T 的一次绕组两端，经降压后输出 110V 交流电压作为控制电路的电源。另外，24V 交流电压为机床工作低压照明电路电源，6V 交流电源为信号电路电源。

在安装机床电气设备时，应当注意三相交流电源的相序。如果三相电源的相序接错，电动机的旋转方向就会与规定的方向不符，在开动机床时容易产生事故。Z3040 型立式摇臂钻床三相电源的相序可以用立柱的夹紧机构来检查，其夹紧和放松动作有指示标牌指示。接通机床电源，然后按立柱夹紧或松开按钮，如果夹紧和松开动作与标牌的指示相符合，就表示三相电源的相序是正确的；如果夹紧与松开动作与标牌的指示相反，则说明三相电源的相序接错了，这时就应当断开总电源，把三相电源线中的任意两根相线对调即可。

（1）电路结构及主要电气元件作用。由图 10-7 中 9～21 区可知，Z3040 型立式摇臂钻床控制电路由欠电压保护电路、主轴电动机 M2 控制电路、摇臂升降电动机 M3 控制电路、立柱和主轴箱松开及夹紧控制电路和照明、信号电路组成。

（2）工作原理。Z3040 型立式摇臂钻床的主轴电动机 M1、摇臂升降电动机 M2 和液压泵电动机 M3 的主电路中接通电路的电气元件为对应接触器 KM1～KM5 主触点。所以，在确定各控制电路时，只需各自找到它们相应元件的控制线圈即可。

1）主轴电动机 M1 的控制。主轴电动机 M1 控制电路由图 10-7 中 13 区和 14 区对应电气元件组成。按下启动按钮 SB2，接触器

KM1 通电闭合并自锁，其 3 区中的主触点闭合接通主轴电动机 M1 电源，主轴电动机 M1 通电启动运转，指示灯 HL3 亮；若按下停止按钮 SB1，则接触器 KM1 失电释放，其主触点处于断开状态，即主轴电动机 M1 失电停止运转，指示灯 HL3 灭。

2）摇臂升降电动机 M2 和液压泵电动机 M3 的控制。按上升（或下降）按钮 SB3（或 SB4），时间继电器 KT 获电吸合，KT 的瞬时闭合和延时断开动合触点闭合，接触器 KM4 和电磁铁 YA 同时获电，液压泵电动机 M3 旋转，供给压力油。压力油经二位六通阀进入摇臂松开油腔，推动活塞和菱形块，使摇臂松开。同时活塞杆通过弹簧片压住限位开关 SQ2，SQ2 的动断触点断开，接触器 KM4 断电释放，电动机 M3 停转；SQ2 的动合触点闭合，接触器 KM2（或 KM3）获电吸合，摇臂升降电动机 M2 启动运转，带动摇臂上升（或下降）。如果摇臂没有松开，SQ2 的动合触点不能闭合，接触器 KM2（或 KM3）也不能吸合，摇臂也就不会升降。当摇臂上升（或下降）到所需位置时，松开按钮 SB3（或 SB4），接触器 KM2（或 KM3）和时间继电器 KT 断电释放，电动机 M2 停转，摇臂停止升降。时间继电器 KT 的动断触点经 1～3s 延时后闭合，使接触器 KM5 获电吸合，电动机 M3 反转，供给压力油。压力油经二位六通阀进入摇臂夹紧油腔，向反方向推动活塞，这时菱形块自锁，使顶块压紧 2 个杠杆的小头，杠杆围绕轴转动，通过螺钉拉紧摇臂套筒，这样摇臂被夹紧在外立柱上。同时活塞杆通过弹簧片压住限位开关 SQ3，SQ3 的动断触点断开，接触器 KM5 断电释放。同时 KT 的动合触点延时断开，电磁铁 YA 也断电释放，电动机 M3 断电停转。时间继电器 KT 的主要作用是控制接触器 KM5 的吸合时间，使电动机 M2 停转后，再夹紧摇臂。KT 的延时时间视需要调整为 1～3s，延时时间应视摇臂在电动机 M2 切断电源至停转前的惯性大小进行调整，应保证摇臂停止上升（或下降）后才进行夹紧。SQ1 是摇臂升（降）至极限位置时使摇臂升降电动机停转的限位开关，其 2 对动断触点需调整在同时接通位置，而动作时又须是 1 对接通、1 对断开。摇臂的自动夹紧是由限位开关 SQ3 来控制的，当摇臂夹紧时，限位开关 SQ3 处于受压状态，SQ3 的动断触点是断开的，接触器 KM5 线圈处于断电状态；当摇臂在松开过程中，限位开关 SQ3 就不受压，SQ3 的动断触点处于闭合状态。

3）立柱、主轴箱的松开和夹紧控制。立柱、主轴箱的松开或夹紧是同时进行的，按压松开按钮 SB5（或夹紧按钮 SB6），接触器 KM4（或 KM5）吸合，液压泵电动机获电旋转，供给压力油，压力油经二位六通阀（此时电磁铁 YA 处于释放状态）进入立柱夹紧及松开液压缸和主轴箱夹紧及松开液压缸，推动活塞和菱形块，使立柱和主轴箱分别松开（或夹紧），指示灯亮。

Z3040 型摇臂钻床的主轴箱、摇臂和内外立柱 3 个运动部分的夹紧，均用安装在摇臂上的液压泵供油，压力油通过二位六通阀分配后送至各夹紧松开液压缸。分配阀安放在摇臂的电器箱内。

(d) 冷却泵电动机 M4 的控制。冷却泵电动机 M4 由转换开关 QS2 直接控制。

（三）XA6132 型卧式万能铣床电气控制

1. XA6132 型卧式万能铣床的主电路

XA6132 型卧式万能铣床主要由底座、床身、悬梁、刀杆刀架、升降台、溜板和工作台等部件组成，可用各种圆柱铣刀、圆片铣刀、角度铣刀、成形铣刀和面铣刀加工各种平面、斜面、沟槽、齿轮等，如果使用万能铣刀、圆工作台、分度头等铣床附件，还可以扩大机床加工范围。XA6132 型卧式万能铣床电气控制线路如图 10-8 所示。

（1）电路结构及主要电气元件作用。XA6132 型卧式万能铣床主电路由图 10-8 中 1～3 区组成，其中 1 区为电源开关、保护部分及冷却泵电动机 M3 主电路，2 区为主轴电动机 M1 主电路，3 区为进给电动机 M2 主电路。对应图区中使用的各电气元件符号及功能说明见表 10-7。

（2）工作原理。电路通电后，断路器 QS 将 380V 的三相电源引入 XA6132 型卧式万能铣床主电路。其中冷却泵电动机 M3 主电路属于单向运转单元主电路结构。实际应用时，冷却泵电动机 M3 工作状态由中间继电器 KA3 动合触点进行控制，即 KA3 动合触

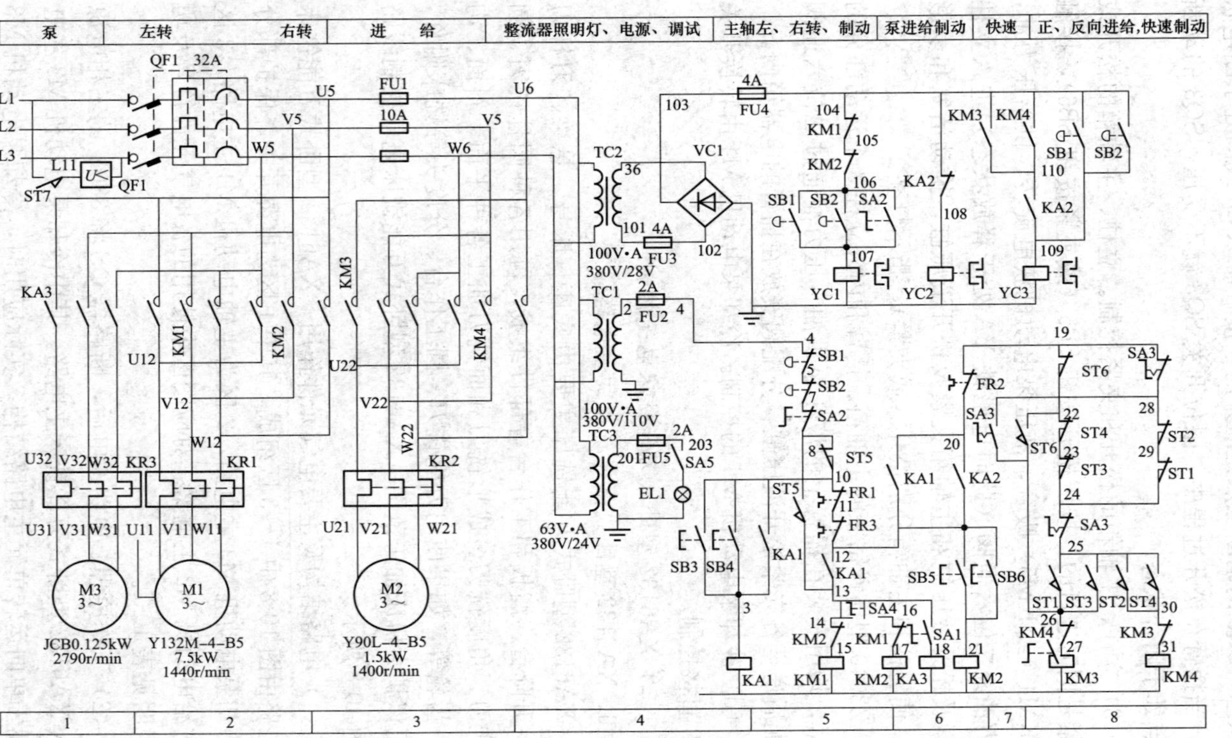

图 10-8　XA6132 型卧式万能铣床电气控制线路

表 10-7　　　　电气元件符号及功能说明表

符　号	名称及用途	符　号	名称及用途
M1	主轴电动机	KM4	M2 反转接触器
M2	进给电动机	KA3	M3 控制中间继电器
M3	冷却泵电动机	KR1～KR3	热继电器
KM1	M1 正转接触器	QF1	断路器
KM2	M1 反转接触器	FU1	熔断器
KM3	M2 正转接触器		

点闭合时 M3 启动运转，KA3 动合触点断开时 M3 停止运转。热继电器 KR3 实现冷却泵电动机 M3 过载保护功能。

主轴电动机 M1 和进给电动机 M2 主电路均属于正、反转单元主电路结构。实际应用时，由接触器 KM1、KM3 主触点控制 M1、M2 正转电源的接通与断开，接触器 KM2、KM4 主触点控制 M1、M2 反转电源的接通与断开。热继电器 KR1、KR2 实现对应拖动电动机过载保护功能。

2. XA6132 型卧式万能铣床的控制电路

XA6132 型卧式万能铣床控制电路由图 10-8 中 4～8 区组成。其中 4 区为控制变压器部分，实际应用时，合上断路器 QF1，380V 交流电压经熔断器 FU1 加至控制变压器 TC1～TC3 一次侧绕组两端，经降压后分别输出 110V 交流电压给控制电路供电，输出 28V 交流电压再经桥式整流形成 28V 直流电压给直流控制电路供电，输出 24V 交流电压给机床工作照明电路供电。

（1）电路结构及主要电气元件作用。由图 10-8 中 4～8 区可知，XA6132 型卧式万能铣床控制电路由主轴电动机 M1 控制电路、进给电动机 M2 控制电路、工作台进给控制电路和机床工作照明电路组成。对应图区中使用的各电气元件符号及功能说明如表 10-8 所示。

（2）工作原理。XA6132 型卧式万能铣床的主轴电动机 M1、进给电动机 M2、冷却泵电动机 M3 主电路中接通电路的电气元件分别为接触器 KM1、KM2，接触器 KM3、KM4 主触点和中间继电器 KA4 动合触点。所以，在确定各控制电路时，只需各自找到它们相应元件的控制线圈即可。

表 10-8　　电气元件符号及功能说明表

符　号	名称及用途	符　号	名称及用途
SB1、SB2	主轴两地停止按钮	SA1～SA5	转换开关
SB3、SB4	M1 两地启动按钮	TC1～TC3	控制变压器
SB5、SB6	M2 两地启动按钮	VC1	桥式整流器
KA1～KA3	中间继电器	YC1～YC3	电磁离合器
ST1～ST6	行程开关	FU2～FU5	熔断器

1）主轴电动机 M1 控制电路。主轴电动机 M1 控制电路由图 10-8 中 5 区、6 区对应电气元件组成。其中 SA1 为冷却泵电动机 M3 转换开关，SA2 为主轴上刀制动开关，SA4 为主轴电动机 M1 转向预选开关，ST5 为主轴变速冲动开关。

a. 主轴电动机 M1 启动控制。主轴电动机 M1 由正反转接触器 KM1、KM2 实现正、反转全压启动，由主轴换向开关 SA4 预选电动机的正反转。当需要主轴电动机 M1 启动运转时，将换向开关 SA4 扳至主轴所需的旋转方向，然后按下其启动按钮 SB3 或 SB4，中间继电器 KA1 通电吸合并自锁，其在 12 号线与 13 号线间的动合触点闭合，使接触器 KM1 或 KM2 得电吸合，其主触点闭合接通主轴电动机 M1 工作电源，M1 实现全压启动。同时，接触器 KM1 或 KM2 在 104 号线与 105 号线或 105 号线与 106 号线间的动断触点断开，切断主轴电动机 M1 制动电磁离合器 YC1 线圈回路电源，YC1 失电释放。此外，中间继电器 KA1 在 12 号线与 20 号线间的动合触点闭合，为工作台的进给与快速移动做好准备。

b. 主轴电动机 M1 的制动控制。由主轴停止按钮 SB1 或 SB2，正转接触器 KM1 或反转接触器 KM2，以及主轴制动电磁离合器 YC1 构成主轴制动停车控制环节。当需要主轴电动机 M1 停止运转时，按下 SB1 或 SB2，KM1 或 KM2 断电释放，M1 断开三相交流电源，同时 YC1 线圈通电，形成磁场，在电磁吸力作用下将摩擦片压紧产生制动，使主轴迅速制功；当松开 SB1 或 SB2 时，YC1 线圈断电，摩擦片松开，从而实现主轴制动控制功能。

c. 主轴换刀制动。在主轴上刀或更换铣刀时，主轴电动机 M1 不得旋转，否则将发生严重人身事故。为此，电路设有主轴上刀制动环节，它由主轴上刀制动开关 SA2 控制。在主轴上刀换刀前，将 SA2 扳至“接通”位置。SA2 在 7 号线与 8 号线间的动断触点断开，使主轴启动控制电路断电，主轴电动机 M1 不能启动旋转；同时，SA2 在 106 号线与 107 号线间的动合触点闭合，接通主轴制动电磁离合器 YC1 线圈，使主轴处于制动状态。上刀换到结束后，再将 SA2 扳至“断开”位置，SA2 触点复位，解除主轴制动状态，为主轴电动机 M1 启动做好准备。

d. 主轴变速冲动控制。主轴变速操纵箱装在床身左侧窗口上，变换主轴转速的操作顺序如下：先将主轴变速手柄拉出，然后转动主轴变速盘，将主轴的速度调整到当前加工所需要的数值，再将变速手柄推回原处。在手柄推回原处时，手柄瞬时压下主轴变速冲动行程开关 ST5，此时 ST5 在 8 号线与 13 号线间的动合触点闭合，在 8 号线与 10 号线间的动断触点断开。接触器 KM1 线圈瞬间通电吸合。其主触点瞬间闭合接通主轴电动机 M1 工作电源做瞬时点动，即起到主轴变速齿轮瞬时冲动的作用，从而实现主轴变速冲动控制。

2）进给电动机 M2、圆工作台控制电路。进给电动机 M2、圆工作台控制电路由图 10-8 中 7、8 区对应电气元件组成。其中 SA3 为圆工作台转换开关，ST1、ST2 为纵向进给行程开关，ST3、ST4 为垂直、横向进给行程开关。其具体控制过程与 X6132 型卧式万能铣床进给电动机控制过程基本相似，读者可参照自行分析。

3）冷却泵电动机 M3 和机床照明控制电路。冷却泵电动机 M3 在铣削加工时由冷却泵转换开关 SA1 控制，当 SA1 扳至“接通”位置时，中间继电器 KA3 通电闭合，冷却泵电动机 M3 启动运转。机床工作照明由控制变压器 TC3 供给 24V 安全电压，并由控制开关 SA5 控制照明灯 EL 工作状态。熔断器 FU6 实现照明电路短路保护功能。

3. XA6132 型卧式万能铣床电气保护

XA6132 型卧式万能铣床主轴电动机过载保护由热继电器 KR1 来实现；进给电动机的过载由 KR2 来实现其保护，短路保护则由 FU1 来实现；冷却泵电动机 M3 的过载由热继电器 KR3 来实现。当以上 M1、M2、M3 三个电动机过载时，由于电路中热敏元件的作用，都会使辅助电路中各自的动断触点断开，而使控制主电路通电的接触器失电，其主电路中对应的主触点断开，从而使过载的电动机断电而得以保护。

辅助电路的保护：控制回路（经变压器 TC1 供电）由 FU2 对其实现短路保护。直流电路（经变压器 TC2 供电），整流桥进线的交流由 FU3 保护，而整流桥出线的直流则由 FU4 进行保护。

照明回路的短路保护由 FU5 来实现；进给电动机 M2、变压器 TC1、TC2、TC3 的保护由 FU1 来实现；整个电气系统的过载、短路、欠压保护由电源空断开关 QF1 实现。

另外，在铣床床身上，升降工作台上及纵向工作台上都设有行程挡铁块，并与纵向机动操纵手柄上的挡铁块、鼓轮轴的联动轴上的挡铁块相互对应。当纵向、横向及竖向运动超程时，相应的挡铁会相碰，使手柄回到中间位置，并使之与其相对应的行程开关断开；从而使进给电动机 M2 失电停转，实现工作台的超程保护。

（四）XS5032 型立式升降台铣床电气维修

1. XS5040 型立式升降台铣床的主电路

XS5040 型立式升降台铣床适合于使用各种棒型铣刀、圆形铣刀、角度铣刀对平面、斜面、沟槽等工件进行铣削加工。该铣床具有足够的刚性和功率，能进行高速切削和承受重负荷的切削工作。XS5040 型立式升降台铣床电气控制电路如图 10-9 所示。

（1）电路结构及主要电气元件作用。XS5040 型立式升降台铣床主电路由图 10-9 中 1～5 区组成，其中 1 区为电源开关及保护部分，2 区为主轴电动机 M1 主电路，3 区为冷却泵电动机 M2 主电路，4 区和 5 区为进给电动机 M3 主电路。对应图区中使用的各电气元件符号及功能说明见表 10-9。

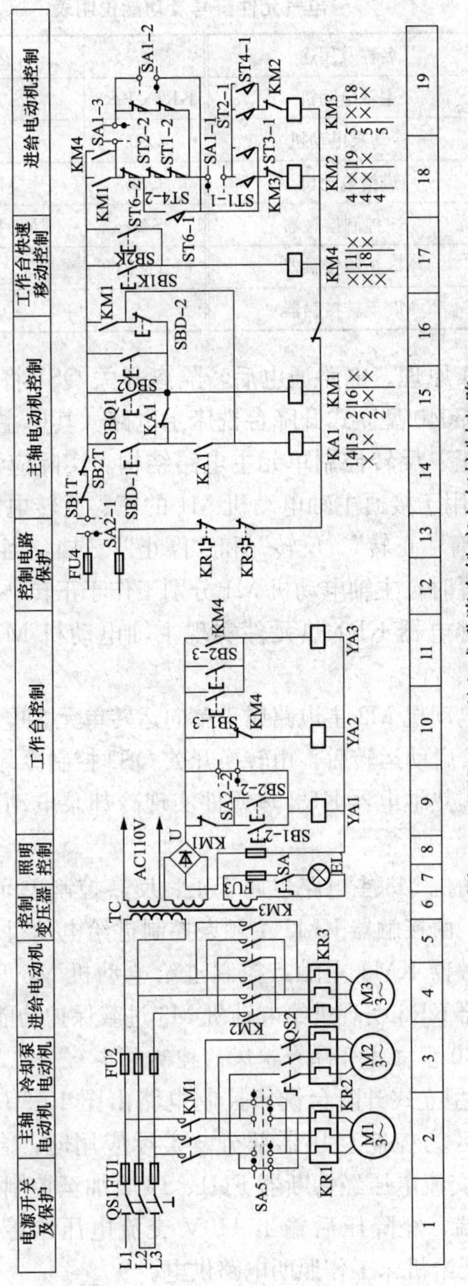

图 10-9　XS5040 型立式升降台铣床电气控制电路

表 10-9　　电气元件符号及功能说明表

符　号	名称及用途	符　号	名称及用途
M1	主轴电动机	KR1～KR3	热继电器
M2	冷却泵电动机	QS1	隔离开关
M3	进给电动机	QS2	M2 转换开关
KM1	M1 控制接触器	SA5	M1 换向转换开关
KM2	M3 正转接触器	FU1、FU2	熔断器
KM3	M3 反转接触器		

（2）工作原理。电路通电后，隔离开关 QS1 将 380V 的三相电源引入 XS5040 型立式升降台铣床主电路。其中主轴电动机 M1 主电路属于正、反转控制单元主电路结构。实际应用时，接触器 KM1 主触点用于接通主轴电动机 M1 的正、反转电源；换向转换开关 SA5 具有“正转”“反转”和“停止”三挡，当 QC 分别扳至上述三挡位置时，主轴电动机 M1 分别工作于正转、反转和停转三种状态；热继电器 KR1 热元件实现主轴电动机 M1 的过载保护功能。

冷却泵电动机 M2 主电路属于单向运转单元主电路结构。当主轴电动机 M1 启动运转后，由转换开关 QS2 控制冷却泵电动机 M2 电源的通断，热继电器 KR2 热元件实现冷却泵电动机 M2 的过载保护功能。

进给电动机 M3 主电路也属于正、反转控制单元主电路结构。实际应用时，由接触器 KM2 主触点控制进给电动机 M3 正转电源的通断，接触器 KM3 主触点控制进给电动机 M3 反转电源的通断。热继电器 KR3 实现进给电动机 M3 过载保护功能。

2. XS5040 型立式升降台铣床的控制电路

XS5040 型立式升降台铣床控制电路由图 10-9 中 6～19 区组成，其中 6 区为控制变压器部分。实际应用时，合上隔离开关 QS1，380V 交流电压经熔断器 FU1、FU2 加至控制变压器 TC 一次侧绕组两端，经降压后输出 110V 交流电压给控制电路供电，36V 交流电压给机床工作照明电路供电。

（1）电路结构及主要电气元件作用。由图 10-9 中 6～19 区可知 XS5040 型立式升降台铣床控制电路由主轴电动机 M1 控制电路、进给电动机 M3 控制电路、快速行程控制电路、圆工作台控制电路和机床工作照明控制电路组成。对应图区中使用的各电气元件符号及功能说明见表 10-10。

表 10-10　　电气元件符号及功能说明表

符号	名称及用途	符号	名称及用途
SBQ1、SBQ2	M1 两地启动按钮	ST1～ST7	行程开关
SB1T、SB2T	M1 两地停止按钮	TC	控制变压器
SB1K、SB2K	工作台快速移动两地控制按钮	U	桥式整流器
SBD	主轴啮合按钮	FU3、FU4	熔断器
KA1	中间继电器	SA	照明灯控制开关
YA1～YA3	离合器	EL	照明灯
SA1、SA2	转换开关		

（2）工作原理。XS5040 型立式升降台铣床主轴电动机 M1 和进给电动机 M3 的主电路中接通电路的电气元件分别为接触器 KM1 主触点和接触器 KM2、KM3 主触点。所以，在确定各控制电路时，只需各自找到它们相应元件的控制线圈即可。

1）主轴电动机 M1 控制电路。主轴电动机 M1 控制电路由图 10-9 中 13～15 区对应电气元件组成。电路通电后，当需要主轴电动机 M1 启动运转时，按下其启动按钮 SBQ1 或 SBQ2，接触器 KM1 得电吸合并自锁，其主触点闭合接通主轴电动机 M1 工作电源，M1 得电启动运转，其运转方向由换向转换开关 SA5 进行选定。当需要主轴电动机 M1 停止运转时，按下其停止按钮 SB1T 或 SB2T，切断接触器 KM1 线圈供电回路，并接通离合器 YA1 工作电源，主轴电动机 M1 断电并迅速制动。变速时为了齿轮易于啮合，须使主轴电动机 M1 瞬时转动。为此必须按动按钮 SBD，使接触器 KM1 瞬时接通。

当主轴上刀换刀时，首先将转换开关 SA2 扳至接通位置，然后再上刀换刀，此时主轴不能旋转。制动上刀完毕后，再将转换开关SA2扳至断开位置，主轴方可启动运转。

2）进给电动机M3控制电路。进给电动机M3控制电路由图10-9中18区、19区对应电气元件组成。实际应用时，升降台的上下运动和工作台的前后运动由操作手柄进行控制。

手柄的联动结构与行程开关相连接，ST3控制工作台向前及向下运动，ST4控制工作台向后及向上运动。

此外，工作台的左右运动亦由操作手柄进行控制，其联动结构控制着行程开关ST1和ST2，分别控制工作台向右及向左运动，手柄所指的方向即为工作台运动的方向。

3）快速行程控制电路。快速行程控制电路由图10-9中17区对应电气元件组成。主轴电动机M1启动运转后，将进给操作手柄扳至所需位置，则工作台按手柄所指的方向以选定的速度运动。此时如按下快速按钮SB1K或SB2K，接触器KM4得电吸合，接通快速离合器YA3工作电源，并切断进给离合器YA2工作电源，工作台即按原运动方向作快速移动；放开快速按钮时，快速移动立即停止，工作台仍以原进给速度继续运动。

4）圆工作台控制电路。圆工作台控制由进给电动机M3传动机构进行驱动。使用圆工作台时，首先将圆工作台转换开关SA1扳至接通位置，然后操作启动按钮，接触器KM1、KM2相继接通主轴和进给两台电动机。值得注意的是，圆工作台与机床工作台的控制具有电气联锁，即在使用圆工作台时，机床工作台不能进行其他方向的进给。

5）照明电路。照明电路由图10-9中7区对应电气元件组成。电路通电后，380V交流电压经熔断器FU1、FU2加至控制变压器TC一次侧绕组两端，经降压后输出36V交流电压给照明电路供电。熔断器FU3实现照明电路保护功能，控制开关SA实现照明灯EL控制功能。

（五）X8120W型万能工具铣床电气控制

1. X8120W型万能工具铣床的主电路

X8120W型万能工具铣床适用于加工各种刀具、夹具、冲模、压模等中小型模具及其他复杂零件，且借助特殊附件能完成圆弧、齿条、齿轮、花键等零件的加工，具有应用范围广、精度高、操作简便等特点。X8120W 型万能工具铣床电气控制线路如图 10-10 所示。

（1）电路结构及主要电气元件作用。X8120W 型万能工具铣床主电路由图 10-10 中 1～4 区组成，其中 1 区为电源开关及保护电路，2 区和 3 区为主轴电动机 M1 主电路，4 区为冷却泵电动机 M2 主电路。对应图区中使用的各电气元件符号及功能说明见表 10-11。

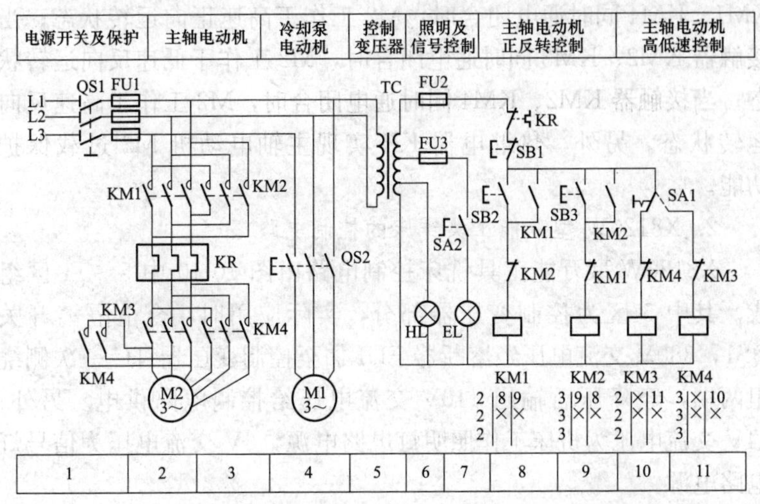

图 10-10 X8120W 型万能工具锐床电气控制线路

表 10-11　　电气元件符号及功能说明表

符　号	名称及用途	符　号	名称及用途
M1	冷却泵电动机	KM4	M2 高速接触器
M2	主轴泵电动机	KR	热继电器
KM1	M2 正转接触器	QS1	隔离开关
KM2	M2 反转接触器	QS2	M1 转换开关
KM3	M2 低速接触器	FU1、FU2	熔断器

（2）工作原理。电路通电后，隔离开关 QS1 将 380V 的三相

电源引入 X8120W 型万能工具铣床主电路。其中冷却泵电动机 M1 主电路属于单向运转单元主电路结构。实际应用时，冷却泵电动机 M1 工作状态由转换开关 QS2 进行控制。另外，由于冷却泵电动机 M1 为点动短期工作，故未设置过载保护装置。

主轴电动机 M2 主电路属于正反转双速控制单元主电路结构。实际应用时，主轴电动机 M2 具有低速正向运转、高速正向运转、低速反向运转、高速反向运转四种工作状态。当接触器 KM1、KM3 同时通电闭合时，M2 工作于低速正向运转状态；当接触器 KM1、KM4 同时通电闭合时，M2 工作于高速正向运转状态；当接触器 KM2、KM3 同时通电闭合时，M2 工作于低速反向运转状态；当接触器 KM2、KM4 同时通电闭合时，M2 工作于高速反向运转状态。另外，热继电器 KR 实现主轴电动机 M2 过载保护功能。

2. X8120W 型万能工具铣床的控制电路

X8120W 型万能工具铣床控制电路由图 10-10 中 5～11 区组成。其中 5 区为控制变压器部分，实际应用时，合上隔离开关 QS1，380V 交流电压经熔断器 FUI 加至控制变压器 TC 一次侧绕组两端，经降压后输出 110V 交流电压给控制电路供电。另外，24V 交流电压为机床工作照明灯电路电源，6V 交流电压为信号灯电路电源。

(1) 电路结构及主要电气元件作用。由图 10-10 中 5～11 可知，X8120W 型万能工具铣床控制电路由主轴电动机 M2 控制电路和照明、信号电路组成。对应图区中使用的各电气元件符号及功能说明见表 10-12。

表 10-12　　电气元件符号及功能说明表

符　号	名称及用途	符　号	名称及用途
SB1	M2 停止按钮	TC	控制变压器
SB2	M2 正转启动按钮	SA2	照明灯控制开关
SB3	M2 反转启动按钮	HL	信号灯
SA1	M1 低速、高速转换开关	EL	照明灯

（2）工作原理。X8120W 型万能工具铣床的主轴电动机 M1 主电路中接通电路的电气元件为接触器 KM1～KM4 主触点。所以，在确定各控制电路时，只需各自找到它们相应元件的控制线圈即可。

1）主轴电动机 M1 控制电路。主轴电动机 M1 控制电路由图 10-10 中 8～11 区对应电气元件组成，属于典型的正反转双速控制电路。电路通电后，当需要主轴电动机 M2 低速正转或高速正转时，按下其正转启动按钮 SB2，接触器 KM1 得电闭合并自锁，其主触点闭合接通主轴电动机 M2 正转电源，为主轴电动机 M2 低速正转或高速正转做好准备。此时若将转换开关 SA1 扳至“低速”挡位置，则接触器 KM3 通电闭合，其主触点处于闭合状态。此时主轴电动机 M2 绕组接成 Δ 联结低速正向启动运转。若将转换开关 SA1 扳至“高速”挡位置，则接触器 KM4 通电吸合，其主触点处于闭合状态。此时主轴电动机 M2 绕组接成 YY 联结高速启动运转。

主轴电动机 M2 的低速反转或高速反转控制过程与低速正转或高速正转控制过程相同，读者可自行分析。另外，串接在对应接触器线圈回路中的联锁触点实现接触器 KM1 和接触器 KM2 的联锁控制。

2）照明、信号电路。照明、信号电路由图 10-10 中 6 区、7 区对应电气元件组成。实际应用时，380V 交流电压经控制变压器 TC 降压后分别输出 24V、6V 交流电压给照明电路、信号电路供电。SA2 控制照明灯 EL 供电回路的通断，熔断器 FU3 实现照明电路短路保护功能。

（六）M7130 型卧轴矩台平面磨床电气控制

1. M7130 型卧轴矩台平面磨床的主电路

M7130 型卧轴矩台平面磨床适用于采用砂轮的周边或端面磨削钢料、铸铁、有色金属等材料平面、沟槽，其工件可吸附于电磁工作台或直接固定在工作台上进行磨削。该磨床具有磨削精度高及表面粗糙度值小、操作方便等特点。M7130 型卧轴矩台平面磨床电气控制线路如图 10-11 所示。

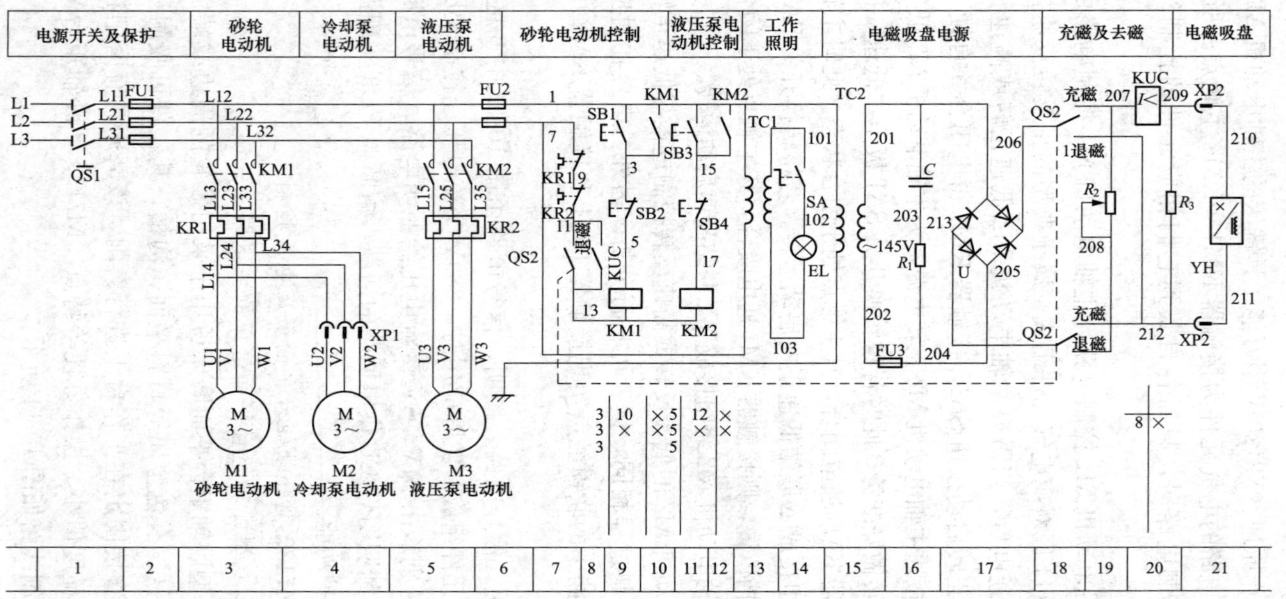

图 10-11 M7130 型卧轴矩台平面磨床电气控制线路

(1) 电路结构及主要电气元件作用。M7130 型卧轴矩台平面磨床主电路由图 10-11 中 1～5 区组成。其中 1 区和 2 区为电源开关、保护电路，3 区为砂轮电动机 M1 主电路，4 区为冷却泵电动机 M2 主电路，5 区为液压泵电动机 M3 主电路。对应图区中使用的各电气元件符号及功能说明见表 10-13。

表 10-13　　电气元件符号及功能说明表

符　号	名称及用途	符　号	名称及用途
M1	砂轮电动机	KR1、KR2	热继电器
M2	冷却泵电动机	QS1	隔离开关
M3	液压泵电动机	FU1、FU2	熔断器
KM1	M1、M2 控制接触器	XP1	接插件
KM2	M3 控制接触器		

(2) 工作原理。电路通电后，隔离开关 QS1 将 380V 的三相电源引入 M7130 型卧轴矩台平面磨床主电路。其中砂轮电动机 M1 主电路属于单向运转单元主电路结构。由接触器 KM1 主触点、热继电器 KR1 热元件和砂轮电动机 M1 组成。实际应用时，由 KM1 主触点控制砂轮电动机 M1 电源的通断，热继电器 KR1 实现砂轮电动机 M1 的过载保护功能。

冷却泵电动机 M2 主电路由接插件 XP1 和冷却泵电动机 M2 组成。实际应用时，冷却泵电动机 M2 受控于接触器 KM1 的主触点，故只有当接触器 KM1 通电闭合，砂轮电动机 M1 启动运转后，冷却泵电动机 M2 才能启动运转。当砂轮电动机 M1 启动运转后，将接插件 XP1 接通，冷却泵电动机 M2 启动运转，拔掉 XP1，冷却泵电动机 M2 停止运转。

液压泵电动机 M3 主电路也属于单向运转单元主电路结构。由接触器 KM2 主触点、热继电器 KR2 热元件和液压泵电动机 M3 组成。实际应用时，由接触器 KM2 主触点控制液压电动机 M3 电源的通断，热继电器 KR2 实现液压泵电动机 M3 过载保护功能。

2. M7130 型卧轴矩台平面磨床的控制电路

M7130 型卧轴矩台平面磨床控制电路由图 10-11 中 6～21 区组

成。由于控制电路电气元件较少，故可将控制电路直接接在380V交流电源上，而机床工作照明和电磁吸盘电源等辅助电路电源分别由控制变压器TC1、TC2供电。

（1）电路结构及主要电气元件作用。由图10-11中6～21区可知，M7130型卧轴矩台平面磨床控制电路由砂轮电动机M1控制电路、液压泵电动机M3控制电路、工作照明电路、电磁吸盘电源电路、充磁及退磁电路和电磁吸盘电路组成。对应图区中使用的各电气元件符号及功能说明见表10-14。

表10-14　电气元件符号及功能说明表

符　号	名称及用途	符　号	名称及用途
SB1	M1启动按钮	TC1、TC2	控制变压器
SB2	M1停止按钮	U	桥式整流器
SB3	M3启动按钮	FU3	熔断器
SB4	M4停止按钮	SA	照明灯控制开关
KUC	欠电流继电器	EL	照明灯
YH	电磁吸盘线圈	XP2	接插件
QS2	电磁吸盘充、退磁状态转换开关		

（2）工作原理。M7130型卧轴矩台平面磨床的砂轮电动机M1主电路、液压泵电动机M2主电路中接通电路的电气元件分别为接触器KM1主触点和接触器KM2主触点。所以，在确定各控制电路时，只需各自找到它们相应元件的控制线圈即可。

1）砂轮电动机M1控制电路。砂轮电动机M1控制电路由10-11中7～10区对应电气元件组成。电路通电后，当需要砂轮电动机M1启动运转时，按下启动按钮SB1，接触器KM1通电闭合并自锁，其在3区中的主触点闭合，接通砂轮电动机M1的工作电源，砂轮电动机M1启动运转。此时，如果需要冷却泵电动机M2启动运转，只需将接插件XP1插好，冷却泵电动机M2即可启动运转；拔下接插件XP1，冷却泵电动机M2停止运转。当需要砂轮电动机M1停止运转时，按下砂轮电动机M1的停止按钮SB2，接触器KM1失电释放，其主触点复位断开，砂轮电动机M1和冷却泵电动机 M2 均停止运转。

2）液压泵电动机 M3 控制电路。液压泵电动机 M3 控制电路由图 10-11 中 11 区和 12 区对应电气元件组成。其中按钮 SB3 为液压泵电动机 M3 的启动按钮；按钮 SB4 为液压泵电动机 M3 的停止按钮。其他的分析与砂轮电动机 M1 的控制电路相同，读者可自行分析。

3）M7130 型卧轴矩台平面磨床其他电路。M7130 型卧轴矩台平面磨床其他电路包括电磁吸盘充、退磁电路和机床工作照明电路。

（a）电磁吸盘充、退磁电路。电磁吸盘充、退磁电路由图 10-11 中 15～21 区对应电气元件组成。机床正常工作时，220V 交流电压经过熔断器 FU2 加在控制变压器 TC2 一次绕组两端，经过降压后在 TC2 二次绕组中输出约 145V 的交流电压，经整流器 U 整流输出约 130V 的直流电压作为电磁吸盘 YH 线圈的电源。当需要对加工工件进行磨削加工时，将充、退磁转换开关 QS2 扳至“充磁”位置，电磁吸盘 YH 正向充磁将加工工件牢固吸合，机床可进行正常的磨削加工。当工件加工完毕需将工件取下时，将充、退磁转换开关 QS2 扳至“退磁”位置，此时电磁吸盘反向充磁，经过一定的时间后，即可将加工工件取下。

（b）机床工作照明电路。机床工作照明电路由图 10-11 中 13 区和 14 区对应电气元件组成。其中控制变压器 TC1 一次侧电压为 380V，二次侧电压为 36V，工作照明灯 EL 受照明灯控制开关 SA 控制。

（七）M7475 型立轴圆台平面磨床电气控制

1. M7475B 型立轴圆台平面磨床的主电路

M7475B 型立轴圆台平面磨床是一种用砂轮端面磨削工件的高效率平面磨床。磨头立柱采用 90°V 型导轨，主要用来粗磨毛坯或磨削一般精度的工件，如果选择适当细粒度的砂轮，也可用于磨削精度和粗糙度较高的工件，如轴承环、活塞环等，适合于成批或大量生产车间使用。M7475B 立轴圆台平面磨床电气控制线路如图 10-12 所示。

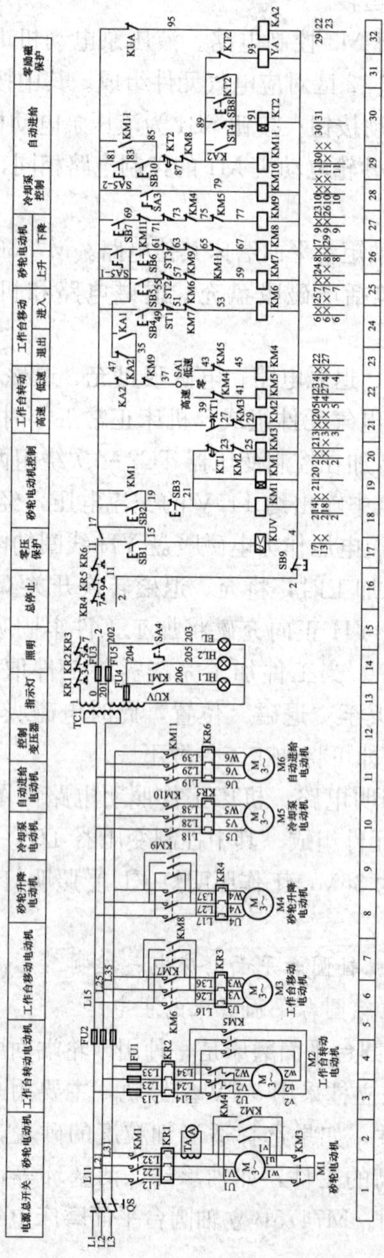

图 10-12 M7475B 型立轴圆台平面磨床电气控制线路

（1）电路结构及主要电气元件作用。M7475B型立轴圆台平面磨床主电路如图10-12所示。其中1区、6区为电源开关及保护电路，2区和3区为砂轮电动机M1主电路，4区和5区为工作台转动电动机M2主电路，7区和8区为工作台移动电动机M3主电路，9区和10区为砂轮升降电动机M4主电路，11区为冷却泵电动机M5主电路，12区为自动进给电动机M6主电路。对应图区中使用的各电气元件符号及功能说明见表10-15。

表10-15　电气元件符号及功能说明表

符　号	名称及用途	符　号	名称及用途
M1	砂轮电动机	KM6	M3正转接触器
M2	工作台转动电动机	KM7	M3反转接触器
M3	工作台移动电动机	KM8	M4正转接触器
M4	砂轮升降电动机	KM9	M4反转接触器
M5	冷却泵电动机	KM10	M5控制接触器
M6	自动进给电动机	KM11	M6控制接触器
KM1	M1控制接触器	KR1～KR6	热继电器
KM2	M1高速接触器	TA	电流互感器
KM3	M1低速接触器	A	电流表
KM4	M2低速接触器	QS	隔离开关
KM5	M2高速接触器	FU1、FU2	熔断器

（2）工作原理。电路通电后，隔离开关QS将380V的三相电源引入M7475B型立轴圆台平面磨床主电路。其中砂轮电动机M1主电路属于典型Y-△减压启动控制主电路结构。实际应用时，接触器KM1和接触器KM3主触点闭合时，砂轮电动机M1的定子绕组接成Y联结减压启动；接触器KM1和接触器KM2主触点闭合时，砂轮电动机M1的定子绕组接成△联结全压运行。热继电器KR1的热元件实现砂轮电动机M1的过载保护功能；电流互感器TA与电流表A组成砂轮电动机M1在运行时的电流监视器，可监视砂轮电动机M1在运行中的电流值。

工作台转动电动机M2主电路属于双速电动机单元主电路结构。实际应用时，接触器KM4主触点闭合时，工作台转动电动机

M2 的定子绕组接成 Y 联结低速启动运转；接触器 KM5 主触点闭合时，工作台转动电动机 M2 的定子绕组接成 YY 联结高速运转。热继电器 KR2 热元件实现工作台转动电动机 M2 过载保护功能；熔断器 FU1 实现工作台转动电动机 M2 短路保护功能。

工作台移动电动机 M3 主电路属于正、反转单元主电路结构。实际应用时，接触器 KM6 主触点闭合时，工作台移动电动机 M3 正向旋转；接触器 KM7 主触点闭合时，工作台移动电动机 M3 反向旋转。热继电器 KR3 热元件实现工作台移动电动机 M3 过载保护功能。

砂轮升降电动机 M4 主电路也属于正、反转单元主电路结构。实际应用时，接触器 KM8 主触点闭合时，砂轮升降电动机 M4 正向旋转；接触器 KM9 主触点闭合时，砂轮升降电动机 M4 反向旋转。热继电器 KR4 热元件实现砂轮升降电动机 M4 过载保护功能。

冷却泵电动机 M5 主电路属于单向运转单元主电路结构。实际应用时，接触器 KM10 主触点控制冷却泵电动机 M5 电源的接通和断开；热继电器 KR5 热元件实现冷却泵电动机 M5 过载保护功能。

自动进给电动机 M6 主电路也属于单向运转单元主电路结构。实际应用时，接触器 KM11 主触点控制自动进给电动机 M6 电源的接通和断开；热继电器 KR6 热元件实现自动进给电动机 M6 过载保护功能。

2. M7475B 型主轴圆台平面磨床的控制电路

M7475B 型立轴圆台平面磨床控制电路由图 10-12 中 13～32 区组成，其中 13 区为控制变压器。实际应用时，合上隔离开关 QS，380V 交流电源通过熔断器 FU2 加至控制变压器 TC1 的一次绕组两端，经降压后输出 110V 交流电压作为控制电路的电源，另外，24V 交流电压为照明灯电路电源，6V 交流电压为信号灯电路电源。

（1）电路结构及主要电气元件作用。由图 10-12 中 13～32 区可知，M7475B 型立轴圆台平面磨床控制电路由砂轮电动机 M1、砂轮升降电动机 M4 控制电路，工作台转动电动机 M2、工作台移动电动机 M3 控制电路，冷却泵电动机 M5 控制电路和自动进给电动机 M6 控制和照明、信号电路组成。对应图区中使用的各电气元件符号及功能说明见表 10-16。

表 10-16　　电气元件符号及功能说明表

符　号	名称及用途	符　号	名称及用途
SB1	机床启动按钮	YA	电磁吸盘线圈
SB2	M1 启动按钮	KA1、KA2	中间继电器
SB3	M1 停止按钮	ST1～ST4	行程开关
SB4	M3 正转点动按钮	SA1	M2 高、低速转换开关
SB5	M3 反转点动按钮	SA3	M5 转换开关
SB6	M4 正转点动按钮	SA4	照明灯控制开关
SB7	M4 反转点动按钮	SA5	砂轮升降转换开关
SB8	M6 停止按钮	TC1	控制变压器
SB9	机床停止按钮	FU3～FU5	熔断器
SB10	M6 启动按钮	HL1、HL2	信号灯
KUV	欠电压继电器	EL	照明灯
KT1、KT2	时间继电器		

（2）工作原理。M7475B 型立轴圆台平面磨床的砂轮电动机 M1、工作台转动电动机 M2、工作台移动电动机 M3、砂轮升降电动机 M4、冷却泵电动机 M5、自动进给电动机 M6 主电路中接通电路的电气元件为对应接触器 KM1～KM11 主触点。所以，在确定各控制电路时，只需各自找到它们相应元件的控制线圈即可。

1）机床启动和停止控制电路。M7475B 型立轴圆台平面磨床启动和停止控制电路由图 10-12 中 16 区和 17 区对应电气元件组成。当需要机床启动时，按下机床启动按钮 SB1，欠电压继电器 KUV 线圈通电闭合，其在 13 线与 17 号线间的动合触点闭合，接通各电动机控制电路的电源并自锁，此时机床各电动机可根据需要进行启动。当需要机床停止工作时，按下机床停止按钮 SB9，切断控制电路供电回路的电源，机床拖动电动机 M1～M6 均停止运转。

值得注意的是，当机床在运行过程中，如果突然停电或因某种原因电压突然降低，会造成机床电磁吸盘吸力不足。此时，17 区中欠电压继电器线圈 KUV 也会因电压不足而释放，其在 13 线与 17 号线间的动合触点复位断开，切断控制电路的电源，机床各电动机停止运行，从而起到机床欠电压保护作用。

2）砂轮电动机 M1 控制电路。砂轮电动机 M1 控制电路由图 10-12 中 18～21 区对应电气元件组成。当需要砂轮电动机 M1 启动运转时，按下启动按钮 SB2，接触器 KM1，KM3 和时间继电器 KT1 均通电闭合且通过接触器 KM1 自锁触点自锁。此时 1 区中接触器 KM1、KM3 的主触点将砂轮电动机 M1 接成 Y 联结减压启动。经过设定的时间后，时间继电器 KT1 动作，其在 20 区中的通电延时动断触点断开，切断接触器 KM3 线圈的电源，接触器 KM3 失电释放。同时，时间继电器 KT1 在 21 区中的通电延时动合触点闭合，接通接触器 KM2 线圈的电源，接触器 KM2 通电闭合。此时接触器 KM1 和接触器 KM2 的主触点将砂轮电动机 M1 接成 Δ 联结全压运行。

当需要砂轮电动机 M1 停止时，按下其停止按钮 SB3，接触器 KM1、KM2 和时间继电器 KT1 均失电释放，砂轮电动机 M1 断电停止运转。

3）工作台转动电动机 M2 控制电路。工作台转动电动机 M2 控制电路由图 10-12 中 22 区和 23 区对应电气元件组成。当需要工作台转动电动机 M2 高速运转时，将其高、低速转换开关 SA1 扳至“高速”位置挡，接触器 KM5 通电闭合，其主触点将工作台转动电动机 M2 绕组接成 Δ 联结高速运转；当需要工作台转动电动机 M2 低速运转时，将高、低速转换开关 SA1 扳至“低速”位置挡，接触器 KM4 通电闭合，其在 4 区的主触点将工作台转动电动机 M2 绕组接成 Y 联结低速运转；同理，若将高、低速转换开关 SA1 扳至“零位”位置挡，则工作台转动电动机 M2 停止运转。

4）工作台移动电动机 M3 控制电路。工作台移动电动机 M3 控制电路由图 10-12 中 24 区和 25 区对应电气元件组成。当需要工作台移动电动机 M3 带动工作台退出时，按下其正转点动按钮 SB4，接触器 KM6 通电闭合，其主触点接通工作台移动电动机 M3 的正转电源，工作台移动电动机 M3 带动工作台退出，至需要位置时，松开按钮 SB4，工作台移动电动机 M3 停止运转。当需要工作台移动电动机 M3 带动工作台进入时，按下其反转点功按钮 SB5，接触器 KM7 通电闭合，其主触点接通工作台移动电动机 M3 的反转电源，工作台移动电动机 M3 带动工作台进入，至需要位置时，松开按钮 SB5，工作台移动电动机 M3 停止运转。当工作台在退出或进入过程中撞击退出或进入限位行程开关 ST1 或 ST2 时，行程开关 ST1 或 ST2 串接在 49 号线与 51 号线间或 55 号线与 57 号线间的动断触点断开，切断接触器 KM6 或 KM7 线圈中的电源，使工作台移动电动机 M3 退出或进入停止。

5）砂轮升降电动机 M4 及自动进给电动机 M6 控制电路。砂轮升降电动机 M4 及自动进给电动机 M6 控制电路分别由图 10-12 中 26 区、27 区和 29～31 区对应电气元件组成。砂轮升降电动机 M4 及自动进给电动机 M6 的具体控制如下。

a. 手动控制。将砂轮升降“手动”控制和“自动”控制转换开关 SA5 扳至“手动”挡，SA5 在 26 区中 17 号线与 47 号线间的触点 SA5-1 闭合。当需要砂轮上升时，按下砂轮升降电动机 M4 的正转点功按钮 SB6，接触器 KM8 通电闭合，其主触点接通砂轮升降电动机 M4 的正转电源，砂轮升降电动机 M4 正向启动运转，带动砂轮上升，松开按钮 SB6，接触器 KM8 失电释放，砂轮升降电动机 M4 停止正向运转，砂轮停止上升。当需要砂轮下降时，按下砂轮升降电动机 M4 的反转点动按钮 SB7，接触器 KM9 通电闭合，其主触点接通砂轮升降电动机 M4 的反转电源，砂轮升降电动机 M4 反向启动运转，带动砂轮下降，松开按钮 SB7，接触器 KM9 失电释放，砂轮电动机 M4 停止反向运转，砂轮停止下降。当砂轮升降电动机 M4 带动砂轮上升或下降的过程中，撞击行程开关 ST3 或 ST4 时，ST3 或 ST4 的动合触点断开，切断接触器 KM8 或 KM9 线圈的电源，砂轮停止上升或下降。

b. 自动控制。将砂轮升降“手动”控制和“自动”控制转换开关 SA5 扳至“自动”挡，SA5 在 29 区中 17 号线与 83 号线间的触点 SA5-2 闭合。按下自动进给电动机 M6 启动按钮 SB10，接触器 KM11 通电闭合并自锁，同时机床砂轮自动进给变速齿轮啮合电磁铁 YA 通电动作，使工作台自动进给齿轮与自动进给电动机

M6 带动的齿轮啮合，通过变速机构带动工作台自动向下工作进给，对加工工件进行磨削加工。当工件达到加工要求后，机械装置自动压下行程开关 ST4，行程开关 ST4 在 30 区中，87 号线与 89 号线间的动合触点被压下闭合，接通时间继电器 KT2 线圈的电源，KT2 通电闭合，其在 30 区 87 号线与 89 号线间的瞬时动合触点闭合自锁，在 31 区中 87 号线与 91 线间的瞬时动断触点断开，切断机床砂轮自动进给变速齿轮啮合电磁铁 YA 线圈电源，YA 断电释放，工作台自动进给齿轮与变速机构齿轮分离，自动进给停止，此时自动进给电动机 M6 空转。经过设定时间后，时间继电器 KT2 动作，其在 29 区 83 号线与 85 号线间的通电延时断开动断触点断开，切断接触器 KM11 线圈和通电延时时间继电器 KT2 线圈的电源，接触器 KM11 和通电延时时间继电器 KT2 失电释放，自动进给电动机 M6 停转，完成自动进给控制过程。

6）冷却泵电动机 M5 控制电路。冷却泵电动机 M5 控制电路由图 10-12 中 28 区对应电气元件组成。实际应用时，冷却泵电动机 M5 工作状态由转换开关 SA3 控制。即单极开关 SA3 触点闭合时，接触器 KM10 得电闭合，冷却泵电动机 M5 通电运转；当单极开关 SA3 触点断开时，接触器 KM10 失电释放，冷却泵电动机 M5 断电停止运转。

7）照明、信号电路。M7475B 型立轴圆台平面磨床照明、信号电路由图 10-12 中 12～15 区对应电气元件组成。实际应用时，EL 为机床工作照明灯，由控制开关 SA4 控制；HL1 为机床控制电路电源指示灯，由欠电压继电器动合触点控制；HL2 为砂轮电动机 M1 的运转指示灯，由接触器 KM1 的辅助动合触点控制。熔断器 FU3～FU5 实现照明、信号电路短路保护功能。

（八）M1432A 型万能外圆磨床电气控制

1. M1432A 型万能外圆磨床电路特点及控制要求

万能外圆磨床是用于磨削各种外圆柱体、外圆锥体以及各种圆柱孔、圆锥孔和平面，由床身、工作台、砂轮架（或内圆磨具）、头架、砂轮主轴箱、液压控制箱、尾架等部分组成。

M1432A 型万能外圆磨床共有五台电动机：M1 是液压泵电动

机；M2 是头架电动机，采用双速电动机；M3 是内圆砂轮电动机；M4 是外圆砂轮电动机；M5 是冷却泵电动机。五台电动机都有短路和过载保护。

M1432A 型万能外圆磨床电路特点及控制要求如下。

（1）为了简化机械装置，采用多电动机拖动。

（2）砂轮电动机无反转要求。

（3）内圆磨削和外圆磨削分别用两台电动机拖动，它们之间应有联锁。

（4）采用液压传动，可使工作台运行平稳和实现无级调速。砂轮架快速移动也采用液压传动。

（5）在内圆磨头插入工作内腔时，砂轮架不许快速移动。

2. M1432A 型万能外圆磨床电路工作原理

M1432A 型万能外圆磨床电气控制原理图如图 10-13 所示。它的工作台纵向运动和砂轮架的快速进退运动采用液压传动，所以操作开始必须先开动液压泵电动机。按压启动按钮 SB2，电源从 1 经 FR1～FR5 和停止按钮 SB1，使 KM1 线圈通电并自锁，接通控制电路的电源。其主触点使液压泵电动机通电运行。

工件固定后，因头架电动机采用双速电动机和塔式皮带轮的变速措施，所以可以根据工件直径的大小和加工精度的不同，选择适当的转速。如使用低速时，可把选择开关 SA1 扳到低速位置，由于液压泵的运转，砂轮架已在液压装置控制下，快速进给向工件接近，压住行程开关 SQ1，使接触器 KM2 通电，主触点闭合，使电动机接成△形低速运行。同时动断触点打开，对接触器 KM3 进行联锁。

如选择开关 SA1 扳到高速挡，接触器 KM3 接通，由于 KM2 下面主电路的触点 KM3 闭合，所以将电动机接成 YY 形作高速运行。启动按钮 SB3 是点动按钮，起调整工作台工作状态的作用。在头架电动机运转的同时，接触器 KM2 或 KM3 的动合触点接通 KM6，冷却泵起动，供给冷却液。

内、外圆砂轮的启动运行受接触器 KM4 或 KM5 控制，两台电动机不能同时启动，由行程开关 SQ2 对它们进行联锁。当进行

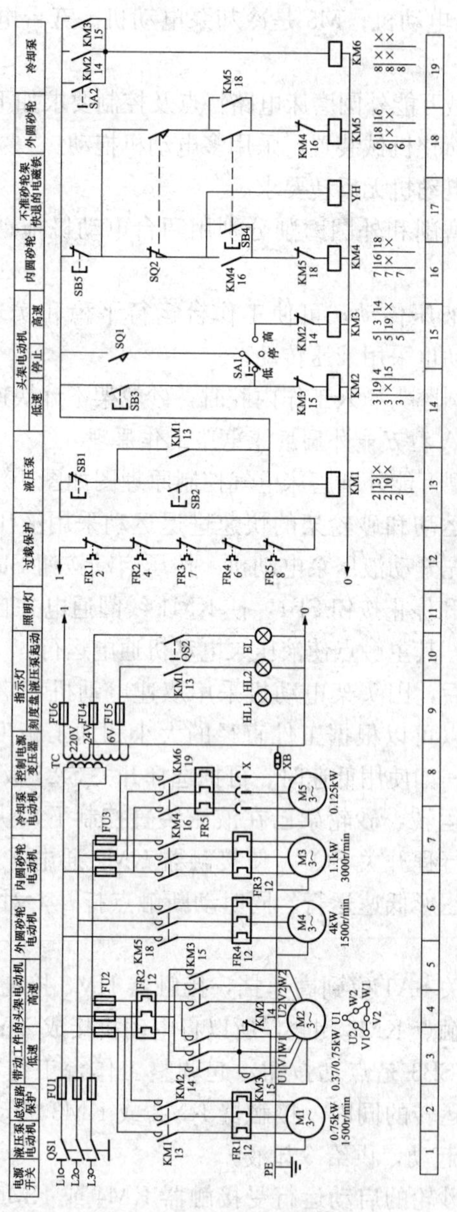

图 10-13　M1432A 型万能外圆磨床电气控制原理图

外圆磨削时，把砂轮架的内圆磨具向上翻转，它的后侧面压住行程开关 SQ2，其动合触点闭合，动断触点断开，切断内圆砂轮电路，按启动按钮 SB4，外圆砂轮电动机 M4 即可启动运行。

在内圆磨削时，砂轮架是不允许快速退回的。因为此时内圆磨头在工件的内孔，砂轮架若快速移动易造成磨头损坏及工件报废等严重事故。为此，在进行内圆磨削时，将砂轮架翻下，使行程开关复位，SQ2 动断触点闭合，接通电磁铁 YH 线圈通电，衔铁被吸合，砂轮快速进退的操纵柄锁住液压回路，使砂轮架不能快速退回。

(九) M2110 型普通内圆磨床电气控制

1. M2110 型普通内圆磨床的主电路

图 10-14 为 M2110 型普通内圆磨床的电气原理图。M2110 型普通内圆磨床是用来磨削内圆的一种专用机床，其主要的任务是磨削工件的内圆，提高工件精度，降低工件的表面粗糙度值，以达到图样需要。

(1) 电路结构及主要电气元件作用。M2110 型普通内圆磨床主电路由图 10-14 中 1～5 区组成。其中 1 区为电源开关及保护电路，2 区为液压泵电动机 M1 主电路，3 区为砂轮电动机 M2 主电路，4 区为工件旋转电动机 M3 主电路，5 区为冷却泵电动机 M4 主电路。对应图区中使用的各电气元件符号及功能说明如表 10-17 所示。

表 10-17　　电气元件符号及功能说明表

符　号	名称及用途	符　号	名称及用途
M1	液压泵电动机	FR1	M1 过载保护热继电器
M2	砂轮电动机	FR2	M2 过载保护热继电器
M3	工件旋转电动机	FR3	M3 过载保护热继电器
M4	冷却泵电动机	FR4	M4 过载保护热继电器
KM1	M1 控制接触器	XS、XP	插接器
KM2	M2 控制接触器	QS1	隔离开关
KM3	M3、M4 控制接触器	QC	组合开关
FU	熔断器		

(2) 工作原理。电路通电后，隔离开关 QS1 将 380V 的三相电源引入 M2110 型普通内圆磨床主电路。其中液压泵电动机 M1 主电路，砂轮电动机 M2、工件旋转电动机 M3 主电路和冷却泵电动机 M4 主电路均属于单向运转单元主电路结构。实际应用时，对

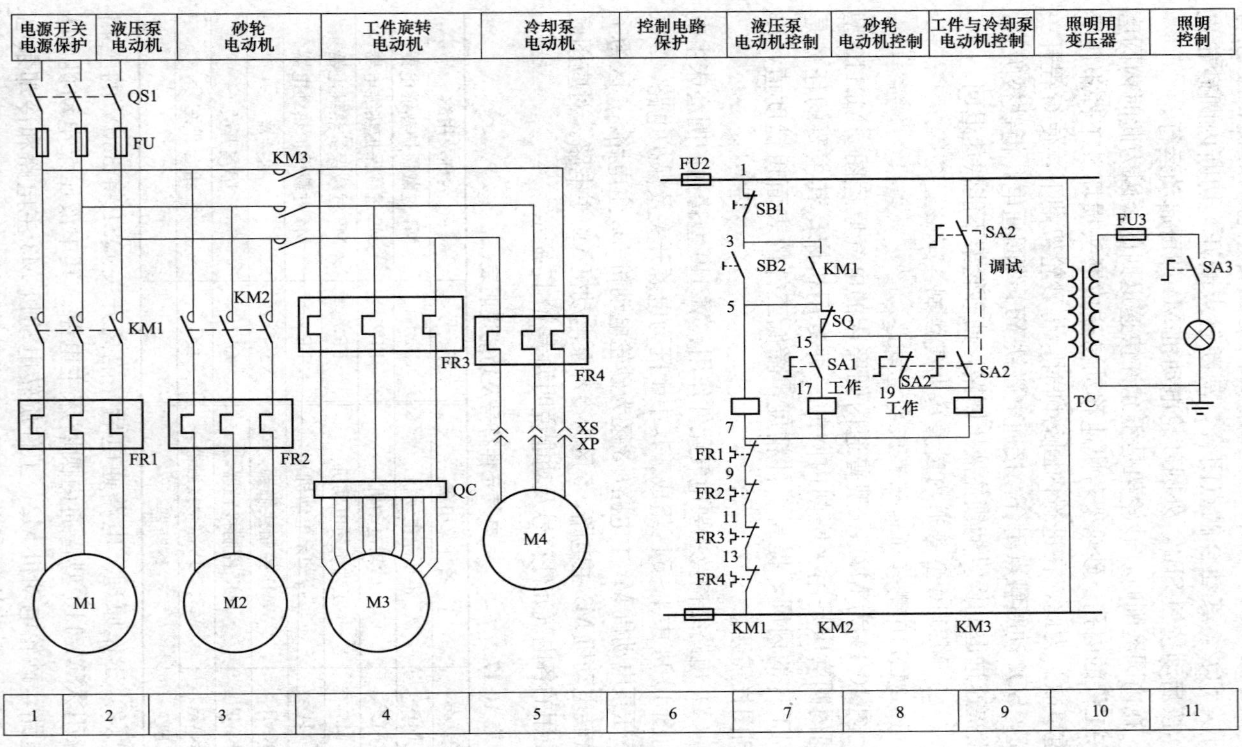

图 10-14　M2110 型普通内圆磨床电气原理图

应拖动电动机工作状态分别由接触器KM1、KM2、KM3主触点控制，即当接触器主触点闭合时，对应拖动电动机启动运转；接触器主触点断开时，对应拖动电动机停止运转。

其中工件旋转电动机M3为了改变速度，适应工作的需要，采用了一台三速电动机，其速度调节由组合开关QC控制。每台电动机分别都装有热继电器FR1～FR4，作为它们的过载保护。由熔断器FU作4台电动机的短路保护。冷却泵由XS-XP插座连接，如不用时，可将其拔下。

2. M2110型普通内圆磨床的控制电路

M2110型普通内圆磨床控制电路由图10-14中6～11区组成，其中10、11区为照明控制变压器部分。实际应用时，合上隔离开关QS1，380V交流电源通过熔断器FU2加至控制变压器TC的一次绕组两端，经降压后输出36V交流电压作为控制照明电路的电源。

（1）电路结构及主要电气元件作用。由图10-14中6～11区可知，M2110型普通内圆磨床控制电路由液压泵电动机M1控制电路，砂轮电动机M2控制电路，工件旋转电动机M3控制电路，冷却泵电动机M4控制和照明电路组成。对应图区中使用的各电气元件符号及功能说明见表10-18。

表10-18　电气元件符号及功能说明表

符　号	名称及用途	符　号	名称及用途
SB1	M1停止按钮	SQ	行程开关
SB2	M1启动按钮	TC	控制变压器
SA1、SA2	M2、M3旋钮开关	FU2、FU3	熔断器
SA3	照明灯控制开关	EL	照明灯

（2）工作原理。M2110型普通内圆磨床的液压泵电动机M1、砂轮电动机M2、工件旋转电动机M3、以及冷却泵电动机M4的主电路中接通电路的电气元件为对应接触器KM1～KM3主触点。所以，在确定各控制电路时，只需各自找到它们相应元件的控制线圈即可。

工作前首先把旋钮开关 SA1、SA2 放在工作位置上，把组合开关按工作速度的需要调到合适的位置上。

需要开车时，可按动起动按钮 SB2，接触器 KM1 吸合自锁，液压泵电动机启动。压下液压换向阀的摇杆手柄，工作台靠液压驱动向前移动，脱离行程开关 SQ，其动断触点（5-15）闭合，此时，接触器 KM2、KM3 相继接通。砂轮电动机 M2 工作，工件电动机 M3、冷却泵电动机 M4 也都开始旋转。如果工作结束，可将摇杆抬起，液压阀机械换向，工作台后退。到位置后，压下行程开关 SQ 时，使其动断触点（5-15）断开，除液压泵电动机外，其他电动机全部停止转动。

工件需要单独调试时，可按下列方法进行调试工作。

1）单独调试液压电动机，可将旋钮开关 SA1、SA2 放在停止位置上，用按钮 SB2、SB1 来控制它的起动、停止。

2）单独调试砂轮时，可将 SA2 放在调试位置上，组合开关放 QC 在“0”位上，用旋钮开关 SA1 控制砂轮。

3）单独调试工件（冷却）时，把旋钮开关 SA1 旋到停止的位置，将旋钮开关 SA2 旋到调试的位置，并将组合开关 QC 旋到所需速度的位置上即可实现。

机床照明使用 36V 电压，照明灯用旋钮开关 SA3 控制。熔断器 FU2 所控制电路短路保护，FU3 做照明电路的短路保护。

（十）B7430 型插床电气控制

1. B7430 型插床的主电路

B7430 型插床利用插刀的竖直往复运动插削键槽或花键，常用于单件或小批量生产中加工内孔键槽或花键孔，也可用于加工平面、方孔或多边形孔等。B7430 型插床电气控制线路如图 10-15 所示。

（1）电路结构及主要电气元件作用。B7430 型插床主电路由图 10-15 中 1～3 区组成，其中 1 区为电源开关部分，2 区为主轴电动机 M1 主电路，3 区为工作台快速移动电动机 M2 主电路。对应图区中使用的各电气元件符号及功能说明见表 10-19。

（2）工作原理。电路通电后，隔离开关 QS 将 380V 的三相电

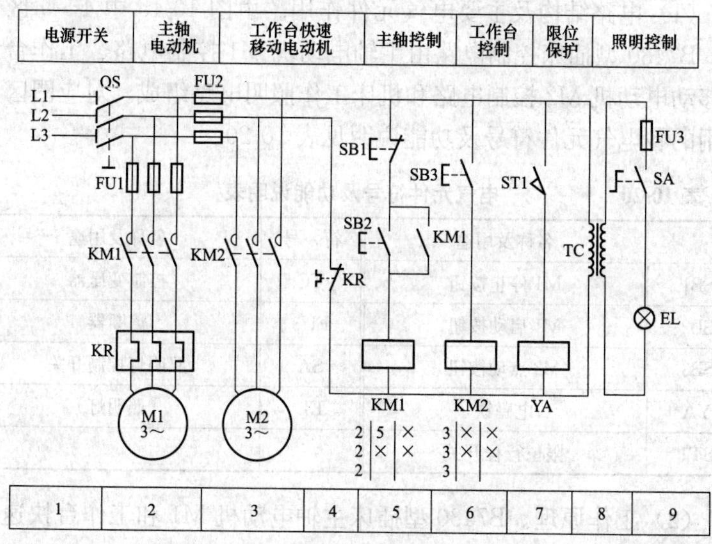

图 10-15 B7430 型插床电气控制线路

表 10-19　电气元件符号及功能说明表

符　号	名称及用途	符　号	名称及用途
M1	主轴电动机	KR1	热继电器
M2	工作台快速移动电动机	QS	隔离开关
KM1	M1 控制接触器	FU1、FU2	熔断器
KM2	M2 控制接触器		

源引入 B7430 型插床主电路。实际应用时，主轴电动机 M1 和工作台快速移动电动机 M2 主电路均属于单向运转单元主电路结构，故 M1 和 M2 工作状态分别由接触器 KM1、KM2 主触点进行控制。热继电器 KR1 实现主轴电动机 M1 过载保护功能，由于工作台快速移动电动机 M2 为短期点动运转，故未设置过载保护装置。

2. B7430 型插床的控制电路

B7430 型插床控制电路由图 10-15 中 4～9 区组成，由于控制电路电气元件较少，故可将控制电路直接接入 380V 交流电压。机床工作照明电路由控制变压器 TC 降压单独供电。

（1）电路结构及主要电气元件作用。由图 10-15 中 4～9 区可知，B7430 型插床控制电路由主轴电动机 M1 控制电路、工作台快速移动电动机 M2 控制电路和机床工作照明电路组成。对应图区中使用的各电气元件符号及功能说明见表 10-20。

表 10-20　　电气元件符号及功能说明表

符　号	名称及用途	符　号	名称及用途
SB1	M1 停止按钮	TC	控制变压器
SB2	M1 启动按钮	FU3	熔断器
SB3	M2 点动按钮	SA	照明灯控制开关
YA	电磁铁	EL	照明灯
ST1	限位行程开关		

（2）工作原理。B7430 型插床主轴电动机 M1 和工作台快速移动电动机 M2 主电路中接通电路的电气元件为接触器 KM1、KM2 主触点。所以，在确定各控制电路时，只需各自找到它们相应元件的控制线圈即可。

1）主轴电动机 M1 控制电路。主轴电动机 M1 控制电路由图 10-15 中 5 区、7 区对应电气元件组成。电路通电后，当需要主轴电动机 M1 启动运转时，按下其启动按钮 SB2，接触器 KM1 得电吸合并自锁，其主触点闭合接通主轴电动机 M1 工作电源，M1 得电启动运转。当需要主轴电动机 M1 停止运转时，按下其停止按钮 SB1 即可。

此外，该插床具有限位保护功能。主轴电动机 M1 启动运转后，当限位行程开关 ST1 被压合时，即 ST1 动合触点闭合，380V 交流电压经行程开关 ST1 加至电磁铁 YA 线圈两端，电磁铁工作，使主轴电动机 M1 停止运转，从而实现限位保护功能。

2）工作台快速移动电动机 M2 控制电路。工作台快速移动电动机 M2 控制电路由图 10-15 中 6 区对应电气元件组成，属于典型的点动控制单元电路。当需要工作台快速移动电动机 M2 启动运转时，按下其点动按钮 SB3，接触器 KM2 得电吸合，其主触点闭合接通 M2 工作电源，M2 得电启动运转，驱动工作台快速移动。当工作台移动至所需位置时，松开按钮 SB3，接触器 KM2 失电释放，M2 随之失电停止运转。

3）照明、信号电路。B7430 型插床照明电路由图 10-15 中 8 区、9 区对应电气元件组成。实际应用时，380V 交流电压经熔断器 FU2 加至电源变压器 TC 一次侧绕组两端，经降压后输出 24V 交流电压经熔断器 FU3 及单极开关 SA 加至照明灯 EL 两端。SA 实现照明灯 EL 控制功能，FU3 实现照明电路短路保护功能。

（十一）L5120 型立式拉床电气控制

1. L5120 型立式拉床的主电路

L5120 型立式拉床适用于各种机械部件的盘类、套类、环类零件内孔的键槽、异形内孔及螺旋形花键等几何形状的精加工，具有加工精度高、拉力大、传送系统紧凑、机械性能优越等特点。L5120 型立式拉床电气控制线路如图 10-16 所示。

（1）电路结构及主要电气元件作用。L5120 型立式拉床主电路由图 10-16 中 1～4 区组成，其中 1 区、3 区为电源开关及保护部分，2 区为主轴电动机 M1 主电路，4 为冷却泵电动机 M2 主电路。对应图区中使用的各电气元件符号及功能说明见表 10-21。

表 10-21　　电气元件符号及功能说明表

符　号	名称及用途	符　号	名称及用途
M1	主轴电动机	KR1、KR2	热继电器
M2	冷却泵电动机	QS	隔离开关
KM1	M1 控制接触器	FU1、FU2	熔断器
KM2	M2 控制接触器		

（2）工作原理。电路通电后，隔离开关 QS 将 380V 的三相电源引入 L5120 型立式拉床主电路。实际应用时，主轴电动机 M1 和冷却泵电动机 M2 主电路均属于单向运转单元主电路结构，即主轴电动机 M1 和冷却泵电动机 M2 工作状态分别由接触器 KM1 主触点和接触器 KM2 主触点控制。热继电器 KR1、KR2 分别实现主轴电动机 M1、冷却泵电动机 M2 过载保护功能。

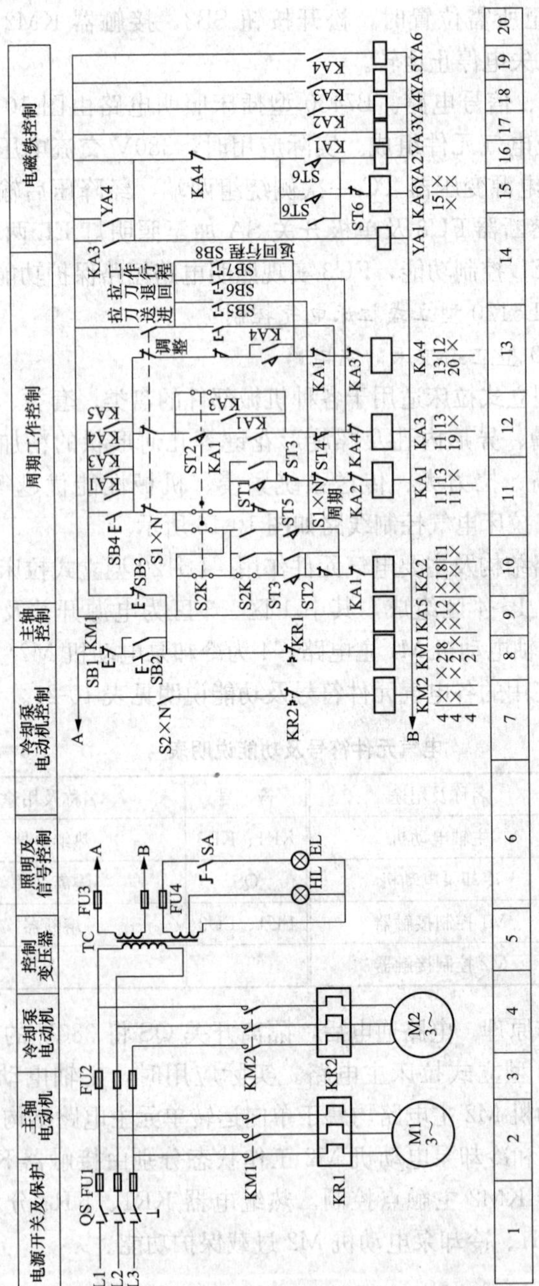

图 10-16 L5120 型立式拉床电气控制线路

2. L5120 型立式拉床的控制电路

L5120 型立式拉床控制电路由图 10-16 中 5～20 区组成，其中 5 区为控制变压器部分。实际应用时，闭合隔离开关 QS，380V 交流电压经熔断器 FU1、FU2 加至控制变压器 TC 一次侧绕组两端。经降压后输出 110V 交流电压给控制电路供电，24V 交流电压给机床工作照明电路供电，6V 交流电压给信号电路供电。

（1）电路结构及主要电气元件作用。由图 10-16 中 5～20 区可知，L5120 型立式拉床控制电路由主轴电动机 M1 控制电路、冷却泵电动机 M2 控制电路、周期工作控制电路和机床工作照明、信号电路组成。对应图区中使用的各电气元件符号及功能说明见表 10-22。

表 10-22　　电气元件符号及功能说明表

符　号	名称及用途	符　号	名称及用途
SB1～SB8	机床控制按钮	TC	控制变压器
KA1～KA6	中间继电器	FU3、FU4	熔断器
YA1～YA6	电磁铁	SA	照明灯控制开关
ST1～ST6	行程开关	EL	照明灯
S1×N	机床调整旋钮	HL	信号灯
S2×N	机床周期工作转换开关		

（2）工作原理。L5120 型立式拉床主轴电动机 M1 和冷却泵电动机 M2 主电路中接通电路的电气元件分别为接触器 KM1 主触点和接触器 KM2 主触点。所以，在确定各控制电路时，只需各自找到它们相应元件的控制线圈即可。

1）主轴电动机 M1 控制电路。主轴电动机 M1 控制电路由图 10-16 中 8 区对应电气元件组成，其中按钮 SB1 为 M1 停止按钮，SB2 为 M1 启动按钮，SB5 为拉刀送进按钮，SB6 为拉刀退回按钮，SB7 为工作行程按钮，SB8 为返回行程按钮。电路通电后，当需要主轴电动机 M1 启动运转时，按下其启动按钮 SB2，接触器 KM1 得电吸合并自锁，其主触点闭合接通主轴电动机 M1 工作电源，M1 启动运转。若在主轴电动机 M1 运转过程中，按下其停止按钮 SB1，则控制电路失电，主轴电动机 M1 停止运转。

此外，主轴电动机 M1 启动后，将旋钮 S1×N 扳至“调整”位置，分别按下 SB5、SB6、SB7、SB8 四个按钮，即可调整辅助溜板（拉刀）和主溜板。

2）冷却泵电动机 M2 控制电路。冷却泵电动机 M2 控制电路由图 10-16 中 7 区对应电气元件组成。实际应用时，由旋钮开关 S2×N 控制接触器 KM2 线圈回路电源的接通与断开。即当 S2×N 扳至“接通”位置时，接触器 KM2 得电吸合，其主触点闭合接通冷却泵电动机 M2 工作电源，M2 启动运转；当 S2×N 扳至“断开”位置时，则 KM2 失电释放，冷却泵电动机 M2 失电停止运转。

3）机床周期工作控制电路。机床周期工作控制电路由图 10-16（b）中 9～20 区对应电气元件组成。在周期工作之前，应先开“调整”，使辅助溜板（拉刀）和主溜板分别压合原位限位开关 ST1 和 ST5，然后分别使旋钮 S1×N 和转换开关 S2×N 处于所需的周期位置，最后按下“周期启动”按钮 SB4，机床便开始相应的周期工作。L5120 型立式拉床可以实现普通周期、自动周期、全周期、半周期四种工作周期和调整。

（a）普通周期。普通周期辅助溜板不动作，主溜板工作完成后自动停止。在图 10-16 中，S1×N 和 S2×N 分别处于“周期”和“自动周期”位置。

（b）自动周期。电路的具体控制过程如下。

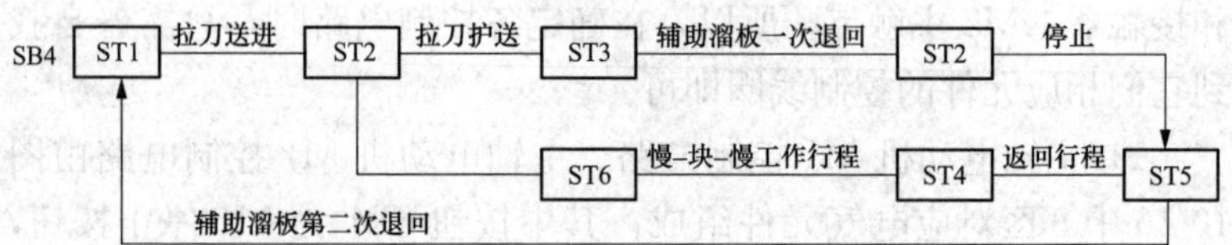

（c）全周期。全自动与自动周期不同之处在于全周期不是连续循环工作的，即当完成一个工作循环后自动停止。

（d）半周期（分全半周期和后半周期）。电路的具体控制过程如下：

4）照明电路。L5120 型立式拉床照明、信号电路由图 10-16

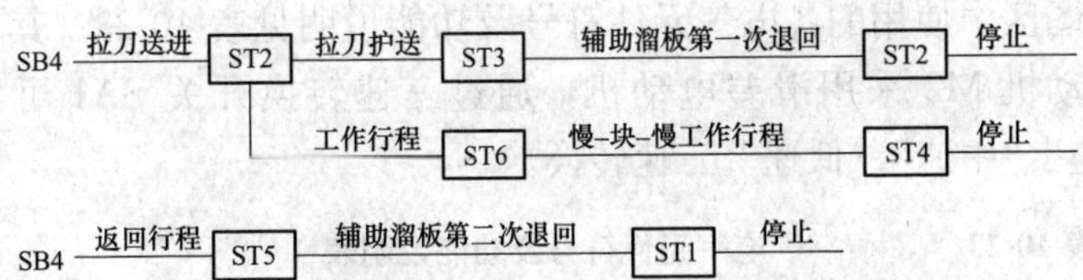

中 6 区对应电气元件组成。实际应用时，380V 交流电压经控制变压器 TC 降压分别输出 24、6V 交流电压给照明电路、信号电路供电。控制开关 SA 实现照明灯 EL 控制功能，熔断器 FU4 实现照明电路短路保护功能。

（十二）Y7131 型齿轮磨床电气控制

1. Y7131 型齿轮磨床的主电路

Y7131 型齿轮磨床属于专用磨床，适用于加工各种锥形齿轮。其缺点是加工精度较低，生产率不高，通常多用于机械修配。Y7131 型齿轮磨床电气控制线路如图 10-17 所示。

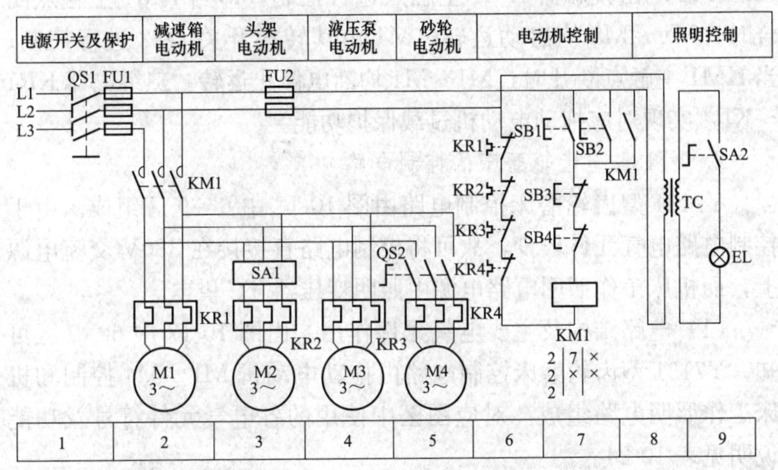

图 10-17　Y7131 型齿轮磨床电气控制线路

（1）电路结构及主要电气元件作用。Y7131 型齿轮磨床主电路由图 10-17 中 1～5 区组成。其中 1 区为电源开关及保护电路，2 区为减速箱电动机 M1 主电路，3 区为头架电动机 M2 主电路，4 区为液压泵电动机 M3 主电路，5 区为在砂轮电动机 M4 主电路。

对应图区中使用的各电气元件符号及功能说明见表 10-23。其中头架电动机 M2 采用滑差电动机，通过三速转换开关 SA1 可实现“高速”“中速”“低速”三速转换。

表 10-23　　电气元件符号及功能说明表

符　号	名称及用途	符　号	名称及用途
M1	减速箱电动机	KR1～KR4	热继电器
M2	头架电动机	SA1	M2 三速转换开关
M3	液压泵电动机	QS1	隔离开关
M4	砂轮电动机	QS2	M4 转换开关
KM1	M1～M4 控制接触器	FU1	熔断器

（2）工作原理。电路通电后，隔离开关 QS1 将 380V 的三相电源引入 Y7131 型齿轮磨床主电路。实际应用时，拖动电动机 M1～M4 均由接触器 KM1 主触点进行控制，即当 KM1 主触点闭合时，M1～M3 均启动运转，M4 由其转换开关 QS2 进行控制；当 KM1 主触点断开时，M1～M4 均断电停止运转。热继电器 KR1～KR4 实现对应拖动电动机过载保护功能。

2. Y7131 型齿轮磨床的控制电路

Y7131 型齿轮磨床控制电路由图 10-17 中 6～9 区组成。由于控制电路电气元件较少，故可将控制电路直接接在 380V 交流电源上，而机床工作照明电路电源由照明变压器 TC 供电。

（1）电路结构及主要电气元件作用。由图 10-17 中 6～9 区可知，Y7131 型齿轮磨床控制电路由拖动电动机 M1～M4 控制和机床工作照明电路组成。对应图区中使用的各电气元件符号及功能说明见表 10-24。

表 10-24　　电气元件符号及功能说明表

符　号	名称及用途	符　号	名称及用途
SB1、SB2	机床两地启动按钮	FU2	熔断器
SB3、SB4	机床两地停止按钮	SA2	照明灯控制开关
TC	照明变压器	EL	照明灯

（2）工作原理。Y7131 型齿轮磨床拖动电动机 M1～M4 均由接触器 KM1 控制，故其控制电路特别简单。电路通电后，当需要机床启动加工时，按下其两地启动按钮 SB1 或 SB2，接触器 KM1 得电吸合并自锁，其主触点闭合接通驱动电动机 M1～M4 工作电源，M1～M3 均启动运转，此时 M4 工作状态由转换开关 QS2 控制，即当 QS2 扳至“接通”位置时，M4 启动运转，反之 M4 不工作。当需要机床停止加工时，按下其两地停止按钮 SB3 或 SB4，接触器 KM1 失电释放，其主触点断开切断驱动电动机 M1～M4 工作电源，M1～M4 均停止运转，机床停止加工。

机床工作照明电路由图 10-17 中 9 区对应电气元件组成。实际应用时，380V 交流电压经控制变压器 TC 降压后输出 36V 交流电压经单极开关 SA2 加至照明灯 EL 两端，EL 工作状态由 SA2 控制。

（十三）Y3180 型滚齿机电气控制

1. Y3180 型滚齿机电路特点

Y3180 型滚齿机电气控制电路如图 10-18 所示。

（1）电动机配置情况及其控制。由图 10-18 中 1～9 区所示主电路可以看出，Y3180 型滚齿机有 5 台电动机，M2 为主轴电动机，带动装在滚刀主轴上的滚刀做旋转运动，通过接触器 KM2、KM3 实现正反转控制；M4 为刀架快速移动电动机，主要用于调整机床以及加工时刀具快速接近工件和快速退出，通过接触器 KM4、KM5 实现正反转控制；M5 为工作台快速进给带电动机，通过接触器 KM6、KM7 实现正反转控制；M1 为液压泵电动机，由接触器 KM1 控制；M3 为冷却泵电动机，由接触器 KM8 控制。

断路器 QF 为总电源开关，兼作主轴电动机 M2 的短路保护；熔断器 FU1 作 M1、M4 和 M5 的短路保护；熔断器 FU2 作为 M3 的短路保护。热继电器 KR1 和 KR2 和 KR3 分别作为 M1、M2 和 M3 的过载保护；电动机 M4 和 M5 为点动操作，短时工作，不设过载保护。

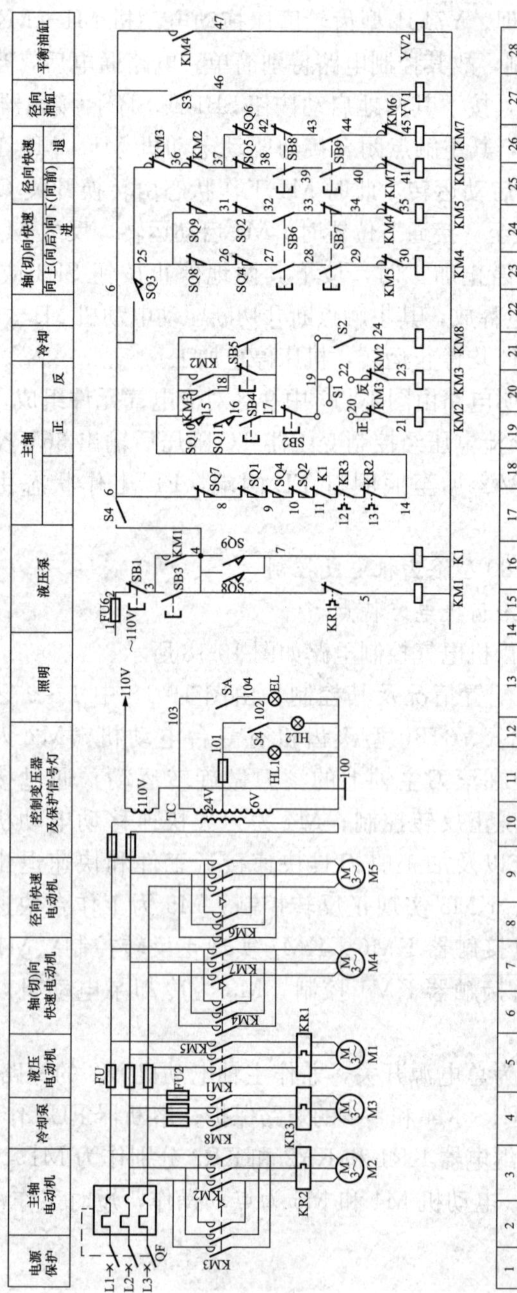

图 10-18 Y3180 型滚齿机电气控制电路

（2）行程开关和转换开关配置情况及其作用。行程开关和转换开关配置情况及其作用见表 10-25，供维修时参考。

表 10-25　行程开关和转换开关配置情况及其作用

符号	名　称	所在图区	用　途
SQ1	行程开关	17	轴向行程开关
SQ2	复合行程开关	17、24	轴向向上极限开关
SQ3	行程开关	22	进给与快速互锁开关
SQ4	复合行程开关	17、23	轴向向下极限开关
SQ5	行程开关	25	径向向前极限开关
SQ6	行程开关	26	径向向后极限开关
SQ7	行程开关	17	切向行程开关
SQ8	复合行程开关	15	切向向后极限开关
SQ9	复合行程开关	16	切向向前极限开关
SQ10	行程开关	19	左交换齿轮架门开关
SQ11	行程开关	19	右交换齿轮架门开关
YV1	电磁阀	27	—
YV2	电磁阀	28	—
S3	旋钮开关	27	工作台液压移动快速向前向后旋钮开关
S4	浮子继电器	12、17	保证机床可靠润滑
S1	转换开关	19、20	控制主轴正、反转
S2	转换开关	21	控制冷却泵电动机

为保证机床可靠润滑，在滚齿机立柱顶上的油池中设有浮子继电器液压缸，液压电动机运转片刻后，若液压系统已建立了液压，则其动合触点（101-102）闭合，润滑指示灯 HL2 亮，表明润滑正常，其另一动合触点（4-6）闭合，接通控制电路电源，此时才能启动机床。电磁阀 YV1、YV2 分别控制径向液压缸、平衡液压缸高压油的通断。

（3）根据各电动机主电路控制电器主触点文字符号将控制电路进行分解。

1）根据各液压泵电动机 M1 主电路控制电器主触点文字符号

KM1，在15区中找到KM1线圈电路，这是按钮控制的电动机启动、停止控制电路。

液压泵电动机M1启动后，液压系统中的浮子继电器得电吸合，其动合触点（4-6）闭合。

2）根据电动机M2主电路控制电器主触点文字符号KM2、KM3，在17～20区中找到KM2、KM3的线圈电路；根据KM2、KM3线圈电路中的动断触点（11-12），在16区中找到K1线圈电路，这样可得到电动机M1的控制电路（位于16～21区）。在图中有行程开关SQ1、SQ2、SQ4、SQ7、SQ9、SQ10及SQ11，其作用见表10-25；转换开关S1控制KM2或KM3，以实现控制M3反转；SB4为启动按钮，SB2为停止按钮；复合按钮SB5为点动按钮。

3）根据冷却泵电动机M3主电路（4区）控制电器主触点文字符号KM8，在21区中找到KM8线圈电路。

4）根据电动机M4、M5主触点文字符号KM4与KM5、KM6与KM7，在23、24、25及26区中找到KM4与KM5、KM6与KM7线圈电路，位于22～28区。

2. Y3180型滚齿机电气控制

（1）电动机的控制。将S1置于主轴正转位置［S1(19-20)闭合，S1(19-22)断开］，将进给与快速互锁开关SQ3置于快速位置［SQ3(6-25)闭合］，按下启动按钮SB3（5区），接触器KM1(6区)得电吸合并自锁，其主触点（5区）闭合，液压泵电动机M1（5区）启动运转。液压泵电动机运转片刻后，液压系统建立了液压，油池中的浮子继电器S4动作，其动合触点S4(101-102)闭合，指示灯HL2亮，表明润滑系统正常，其另一动合触点S4(4-6)闭合，接通控制电路电源。

再按下主轴启动按钮SB4（19区），若轴向未超程，即SQ1、SQ2、SQ4（17区）均处于原始状态（闭合），交换齿轮架门已关闭，即SQ10、SQ11(19区）被压合，则接触器KM2得电吸合［通路为：1→FU6→SB1→KM1(3-4）→S4(4-6）→SQ7(17区）→SQ1(8-9）→SQ4(9-10）→SQ2(10-11）→K1(11-12）→KR3→KR2→SQ10(19区）→SQ11→SB4→SB2→S1(19-20）→KM3(20-

21）→KM2 线圈］并自锁，其主轴触点（3 区）闭合，主轴电动机 M2 正转运行；其辅助动断触点 KM2(22-23）断开，使 KM3 不能得电。

冷却泵开关 S2 闭合［S2(19-24）闭合］，则 KM2 得电吸合并自锁后，KM8 同时得电吸合，其主轴触点（4 区）闭合，电动机 M3 启动运转，冷却泵开始工作，机床进行滚削。由于 KM8 的控制电源取自 KM2 或 KM3 的自锁回路，因此，M2 和 M3 属于顺序控制，只有 M2 启动后，M3 才能启动。

在滚削过程中，可以点动控制轴向快速电动机 M4 和径向快速电动机 M5。

（2）工作台的驱动。工作台有 3 种驱动方式。

1）用快速电动机驱动。工作台液压移动快速向前向后旋钮开关 S3 处于“向前”位置［S3(6-46）闭合］，电磁阀 YV1 得电，工作台向前移；S3 处于“向后”位置［S3(6-46）断开］，电磁阀 YV1 失电，工作台向后移动。最大移动距离 50mm。

2）用快速电动机驱动。操纵按钮 SB8、SB9，使 KM6、KM7 得电吸合，由径向快速电动机 M5 驱动工作台向前及向后移动。最大移动距离 400mm。

3）手动驱动调整。在调整工作台时，应首先使工作台向需要调整移动方向用液压油缸驱动移动 50mm，然后使用快速移动电动机 M5 驱动，最后才用手动调整到所需加工位置。

在刀架快速轴向向上或径向向后进给时，KM5 得电吸合，KM4 失电释放，KM4 辅助动合触点 KM4(6-47）断开，YV2 失电，油进入液压缸；在刀架快速轴向向下或径向向前进给时，KM4 得电吸合，KM5 失电，KM4 的辅助动合触点 KM4(6-47）闭合，YV2 得电，油不进入液压缸。

当 SQ3 处于进给位置［SQ3(6-25）断开］时，快速电动机 M4、M5 均不能启动。

（十四）CK6132 型数控车床电气控制

1. CK6132 型数控车床的主电路

CK6132 型数控车床采用卧式车床布局，主要由主轴箱、刀架、尾座、床身和控制面板等部件组成。X 轴和 Z 轴使用交流伺服电动机和滚珠丝杠驱动，主轴使用交流变频电动机驱动。且在主轴末端安装有主轴脉冲编码器，以保证主轴准确停在规定位置及准确进行螺纹切削。CK6132 型数控车床电气控制线路如图 10-19 所示。

（1）电路结构及主要电气元件作用。CK6132 型数控车床主电路由图 10-20 中 1～5 区组成，其中 1 区为电源开关及保护部分，2 区为主轴电动机 M1 主电路，3 区和 4 区为刀架电动机 M2 主电路，5 区为冷却泵电动机 M3 主电路。对应图区中使用的各电气元件符号及功能说明如表 10-26 所示。

表 10-26　电气元件符号及功能说明表

符　号	名称及用途	符　号	名称及用途
M1	主轴电动机	KM2	M4 正转接触器
M2	刀架电动机	KM3	M4 反转接触器
M3	冷却泵电动机	KM4	M5 控制接触器
KM1	M1 控制接触器	QF1～QF4	空气自动开关

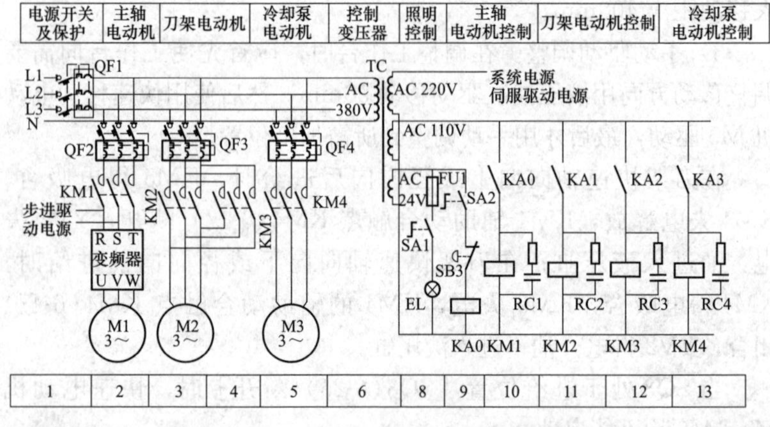

图 10-19　CK6132 型数控车床电气控制线路

（2）工作原理。电路通电后，空气自动开关 QF1 将 380V 的三相电源引入 CK6132 型数控车床主电路。其中主轴电动机 M1 和冷却泵电动机 M3 主电路均属于单向运转单元主电路结构。M1、M3 工作状态分别由接触器 KM1、KM4 进行控制，即当某接触器主触点闭合时，对应电动机启动运转。空气自动开关 QF2、QF3 实现电动机 M1、M2 短路，过载及欠电压等保护功能。此外，变频器实现主轴电动机 M1 调速、正反转控制等功能。

刀架电动机 M2 主电路属于正、反转控制单元主电路结构。其中接触器 KM2 控制刀架电动机 M2 正转电源接通与断开，接触器 KM3 控制刀架电动机 M2 反转电源接通与断开。空气自动开关 QF2 实现电动机 M1 短路、过载及欠电压等保护功能。

2. CK6132 型数控车床的控制电路

CK6132 型数控车床控制电路由图 10-19 中 6～13 区组成，其中 6 区为控制变压器部分。

实际应用时，合上空气自动开关 QF1，380V 交流电压加至控制变压器 TC 一次侧绕组两端，经降压后输出 220V 交流电压给数控系统及伺服驱动电路供电，输出 110V 交流电压给控制电路供电，输出 24V 交流电压给照明电路供电。

（1）电路结构及主要电气元件作用。由图 10-19 中 6～13 区可知，CK6132 型数控车床控制电路由主轴电动机 M1 控制电路、刀架电动机 M2 控制电路、冷却泵电动机 M3 控制电路、数控系统（未画出）等几部分组成。对应图区中使用的主要电气元件符号及功能说明见表 10-27。

表 10-27　　电气元件符号及功能说明表

符　号	名称及用途	符　号	名称及用途
TC	控制变压器	SB3	M1 急停开关
FU1	熔断器	KA0～KA3	中间继电器
SA1	照明灯控制开关	RC1～RC4	阻容吸收元件
SA2	M1 转换开关	EL	照明灯

（2）工作原理。CK6132 型数控车床主轴电动机 M1、刀架电动机 M2、冷却泵电动机 M3 主电路中接通电路的电气元件分别为接触器 KM1、接触器 KM2、KM3 和接触器 KM4 主触点。所以，

在确定各控制电路时，只需各自找到它们相应元件的控制线圈即可。

1）主轴电动机 M1 控制电路。主轴电动机 M1 控制电路由图 10-19 中 9 区、10 区对应电气元件组成。实际应用时，当需要主轴电动机 M1 启动运转时，将转换开关 SA2 扳至闭合状态，中间继电器 KA0 得电吸合，其动合触点闭合，接通接触器 KM1 线圈电源，KM1 得电吸合。其主触点闭合接通主轴电动机 M1 工作电源，M1 启动运转。当需要主轴电动机 M1 停止运转时，接下其急停开关 SB3 即可。

2）刀架电动机 M2 控制电路。刀架电动机 M2 控制电路由图 10-20 中 11 区、12 区对应电气元件组成。实际应用时，中间继电器 KA1、KA2 工作状态由数控系统进行控制。当中间继电器 KA1 动合触点闭合时，接触器 KM2 得电吸合，其主触点闭合接通刀架电动机 M2 正转电源，M2 正向启动运转；当中间继电器 KA2 动合触点闭合时，接触器 KM3 得电吸合，其主触点闭合接通刀架电动机 M2 反转电源，M2 反向启动运转。

3）冷却泵电动机 M3 控制电路。冷却泵电动机 M3 控制电路由图 10-19 中 13 区对应电气元件组成。实际应用时，中间继电器 KA3 工作状态由数控系统进行控制。当 KA3 动合触点闭合时，接触器 KM4 得电吸合，其主触点闭合接通冷却泵电动机 M3 工作电源，M3 启动运转；当 KA3 动合触点断开时，则 M3 停止运转。

4）照明电路。照明电路由图 10-19 中 9 区对应电气元件组成。实际应用时，24V 交流电压经熔断器 FU1 和控制开关 SA1 加至照明灯 EL 两端。FU1 实现照明电路短路保护功能，SA1 实现照明灯 EL 控制功能。

第三节　机床的液压与气动控制

一、液压基本回路及应用特点

机床设备的液压系统，不论是复杂还是简单，都是由一个或多个基本液压回路所组成的，但在不同的场合，有着不同的组织形式。液压基本回路是指由若干液压元件组成，且能完成某一特定功能的简单油路结构。它是从一般的实际液压系统中归纳出来的，具有一定的代表性。了解并熟悉这些常用的液压基本回路，可以为阅读机床液压系统图和设计液压系统打下基础，掌握液压系统各组成元件的功能和各种液压回路的应用特点，可为诊断和查找液压系统故障产生的原因提供理论依据，为最终排除液压系统故障创造条件。

机床液压基本回路按功能分为方向控制回路、压力控制回路、速度控制回路和多执行元件动作控制回路等。液压基本回路图形符号及应用特点见表 10-28。

表 10-28　　液压基本回路图形符号及应用特点

类别			基本回路图形符号	应用特点
方向控制回路	换向回路	采用换向阀的换向回路		利用控制进入执行元件的液流的通、断或进油方向。达到实现系统中执行元件的启动、停止或改变运动方向的目的
		采用双向变量泵的换向回路	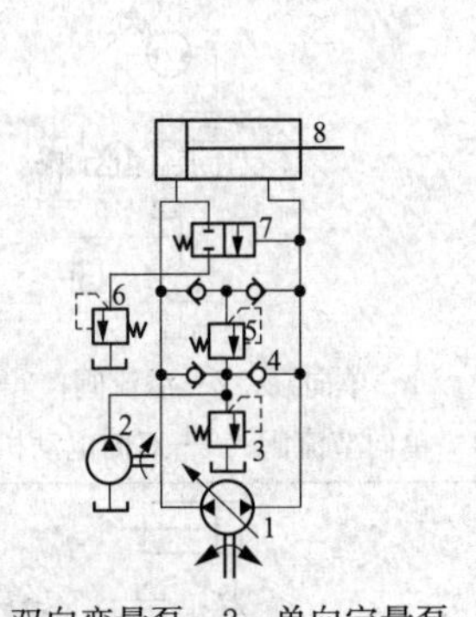 1—双向变量泵；2—单向定量泵； 3、5、6—溢流阀；4—单向阀； 7—换向阀；8—液压缸	

续表

类别			基本回路图形符号	应用特点
方向控制回路	锁紧回路	采用液控单向阀的锁紧回路	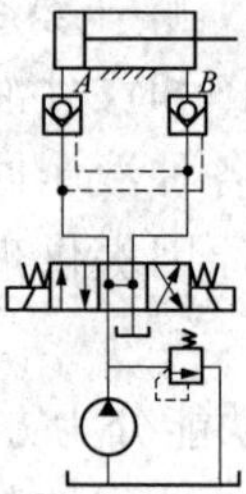	使执行元件停止在某一位置，不受其他外力的作用而产生运动
		采用制动器的锁紧回路	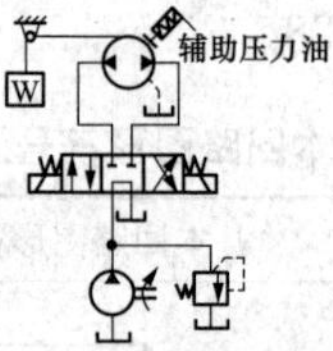	
	制动回路	采用溢流阀的制动回路	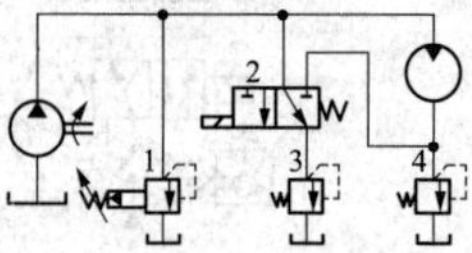 1、3、4—溢流阀；2—二位三通电磁换向阀	能使运动元件在短时间内停止运动，避免产生冲击或缓冲
		采用制动器的制动回路	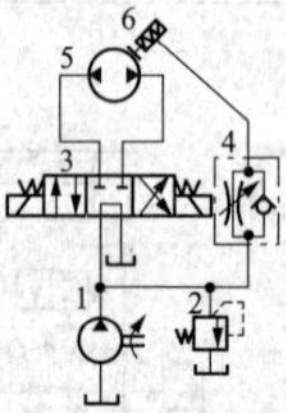 1—单向泵；2—溢流阀；3—换向阀； 4—单向节流阀；5—双向电动机；6—制动器	
压力控制回路	调压回路	压力调定回路	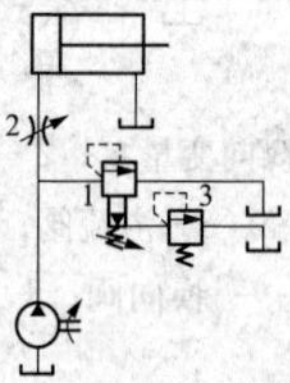 1、3—溢流阀；2—节流阀	使整个系统或局部油路的压力保持恒定或不超过某一数值。 一般用溢流阀来实现这一功能

续表

类别			基本回路图形符号	应用特点
压力控制回路	调压回路	三级调压回路	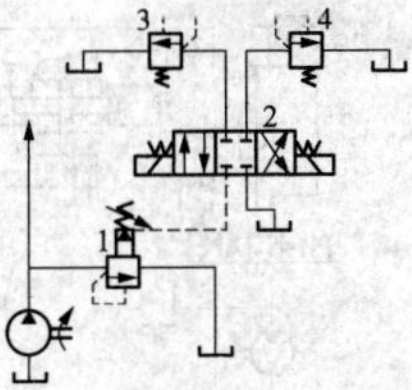 1、3、4—溢流阀；2—换向阀	使整个系统或局部油路的压力保持恒定或不超过某一数值。 一般用溢流阀来实现这一功能
		比例调压回路	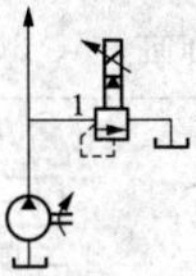 1—比例溢流阀	
	减压回路	定值减压回路	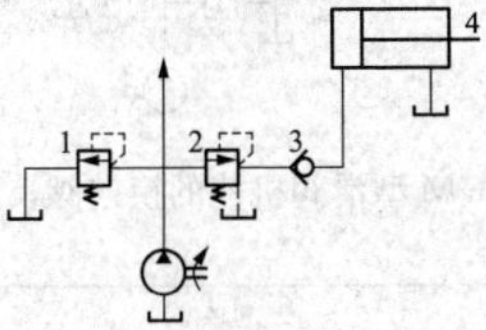 1—溢流阀；2—减压阀；3—单向阀；4—缸	使系统某一支路具有低于系统压力调定值的稳定工作压力
		二级减压回路	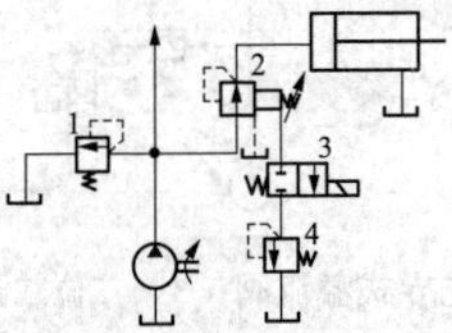 1、4—溢流阀；2—先导式减压阀； 3—换向阀	
	增压回路	用单作用增压缸的增压回路	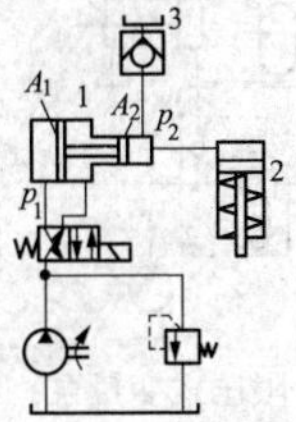 1—单作用增压缸； 2—工作缸；3—高位油箱	使系统某一支路获得比液压泵输出压力高且流量不大的油液供应

续表

<table>
<tr><th colspan="3">类别</th><th>基本回路图形符号</th><th>应用特点</th></tr>
<tr><td rowspan="4">压力控制回路</td><td>增压回路</td><td>用双作用增压缸的增压回路</td><td> 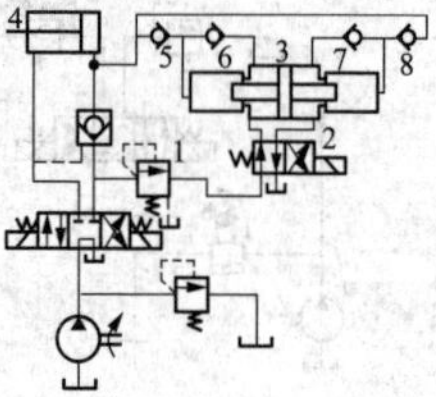1—顺序阀；2—换向阀；3—双作用增压缸；4—工作缸；5、6、7、8—单向阀</td><td>使系统某一支路获得比液压泵输出压力高且流量不大的油液供应</td></tr>
<tr><td rowspan="3">卸荷回路</td><td>利用M型（H、K型）的滑阀机能的卸荷回路</td><td> 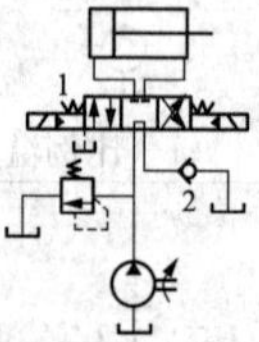1—M型滑阀机能的换向阀；2—单向阀</td><td rowspan="3">在系统只需要输出少量功率或不需输出功率时，使液压泵停止运转或使它在很低压差下运转，以减小系统功率损耗和噪声，延长泵的工作寿命</td></tr>
<tr><td>用先导式溢流阀的卸荷回路</td><td> 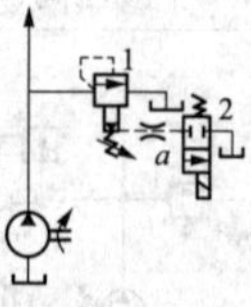1—先导式溢流阀；2—二位二通电磁换向阀</td></tr>
<tr><td>用限压式变量泵的卸荷回路</td><td> 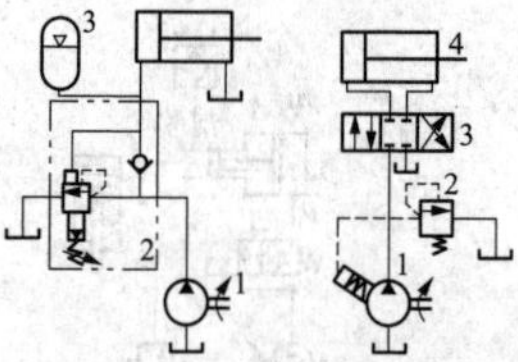1—限压式变量泵；2—溢流阀；3—换向阀；4—工作缸</td></tr>
</table>

续表

类别			基本回路图形符号	应用特点
速度控制回路	调速回路	节流调速回路	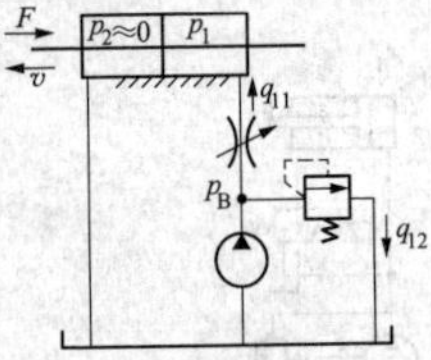 进油节流调速回路 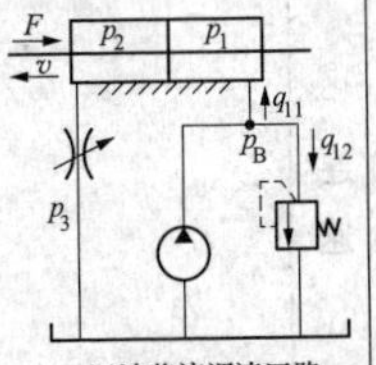 回油节流调速回路 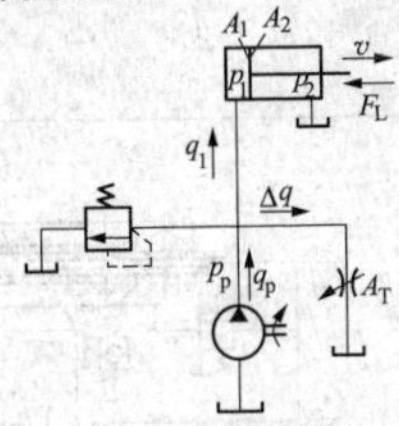 旁路节流调速回路	在定量泵供油的系统中安装节流阀来调节进入液压缸的油液流量，从而调节、控制执行元件工作行程的速度
		容积调速回路	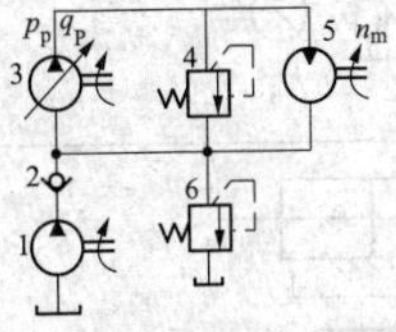 变量泵—定量电动机回路 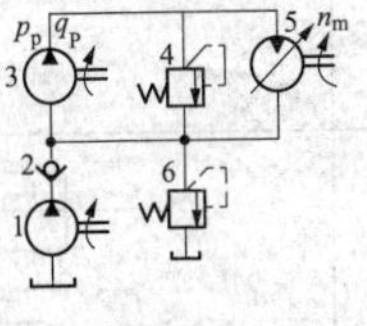 定量泵—变量电动机回路 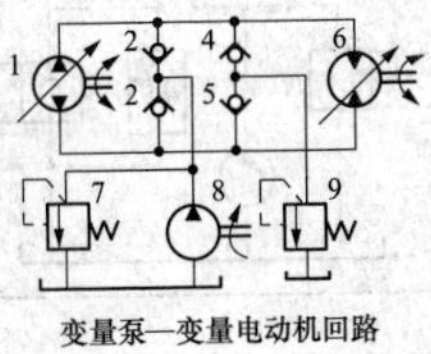 变量泵—变量电动机回路	依靠改变泵或（和）电动机的供油排量来调节执行元件的运动速度或转速
		容积节流调速回路	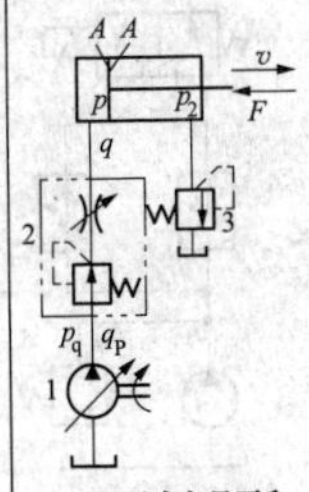 限压式变量泵和调速阀组成 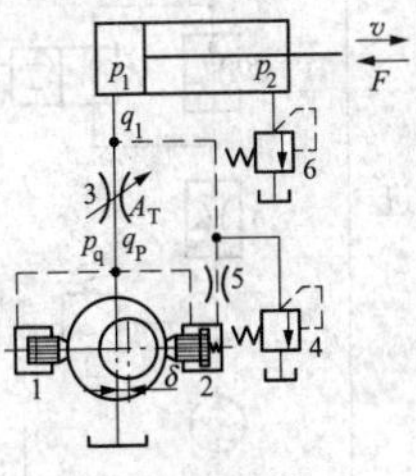 差压式变量泵和节流阀组成	由压力补偿型变量泵和流量控制阀组成的一种调速回路

续表

类别			基本回路图形符号	应用特点
速度控制回路	速度换接回路	差动连接的增速回路	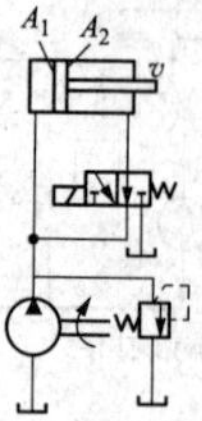 A_1 A_2 v	可使液压执行元件在一个工作循环中从一种运动速度转换到另一种运动速度
		用增速缸的增速回路	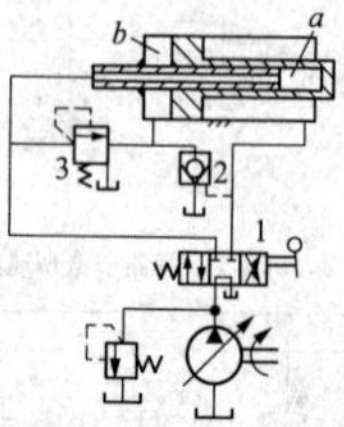 b a 3 2 1	
		慢—快换速回路	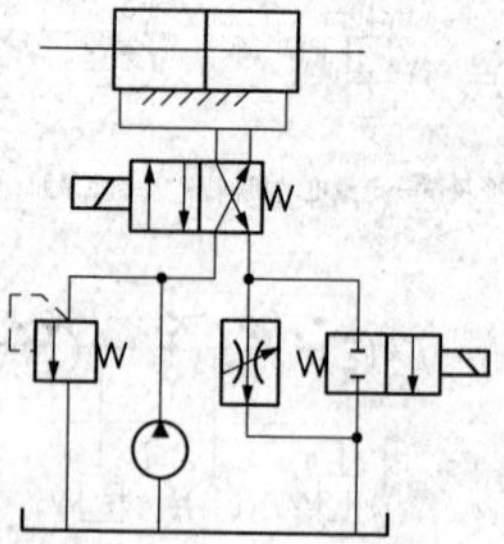	
		二次进给回路	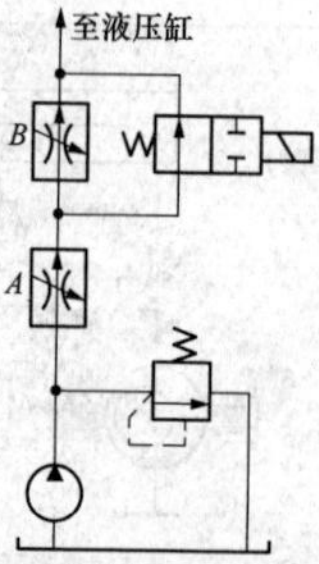 至液压缸 B A 采用调速阀串联；至液压缸 采用调速阀并联 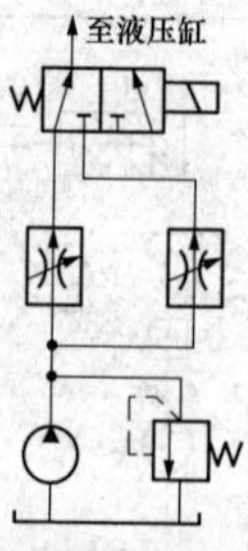	

续表

类别			基本回路图形符号	应用特点
顺序动作回路	压力控制	用顺序阀控制的顺序动作回路	加工液压缸　夹紧液压缸　A　B	在系统中，当一个液压泵同时驱动几个执行机构时，可控制执行元件的先后动作次序
		用压力继电器控制的顺序动作回路	B　A　2　1	
	行程控制	用行程阀控制的顺序动作回路	1　3　2　4　A　B	
		用行程开关控制的顺序动作回路	3　1　4　2　A　B　SQ3　SQ1　SQ2　1　2	

二、机床液压系统应用实例

机床液压系统是根据机床设备的工作要求，选用一些适当的基本回路组合而成的，通常用液压系统图来表示。在液压系统图中，各个液压元件及它们之间的联系与控制方式，均按标准图形符号画出。要了解一台机床设备的液压系统的性能、特点，并正确使用它，首先必须读懂其液压系统图。

（一）机床动力滑台液压系统

组合机床是由一些通用和专用机床部件组合而成的专用机床，其操作方便，效率高，能完成对工件的钻、扩、镗、铣等工序。液压动力滑台是组合机床上的主要通用部件。液压动力滑台的液压系统是一种以速度变换为主的液压系统。液压动力滑台对液压系统的要求是：速度换接平稳，进给速度稳定，功率利用合理，发热少，效率高。

现以YT4543型液压动力滑台为例分析其液压系统的工作原理及特点。该动力滑台要求进给速度范围为6.6～600mm/min，最大进给力为4.5×10^4N。图10-20所示为其液压系统原理图，该系统采用限压式变量泵供油，电液动换向阀换向。快进由液压缸差动连接来实现。该系统包含了换向回路、速度换接回路、二次进给回路、容积节流调速回路和卸荷等基本回路，可实现快进、慢速工作进给和快退的运动要求。

1. YT4543型动力滑台液压系统的工作原理

YT4543型动力滑台液压系统可实现多种自动工作循环，现仅以该液压系统典型的工作循环——二次工作进给的自动工作循环为例来说明其工作原理。

（1）快进。按下启动按钮，电磁铁1YA得电，电磁换向阀左位工作，控制油经电磁换向阀进入液动换向阀左端，推动阀芯右移，使液动换向阀左位接入系统工作。

1）控制油路。

进油路：变量泵1→电磁换向阀左位→单向阀I1→液动换向阀6左腔。

回油路：液动换向阀6右腔→节流阀口→电磁换向阀左位→油箱。

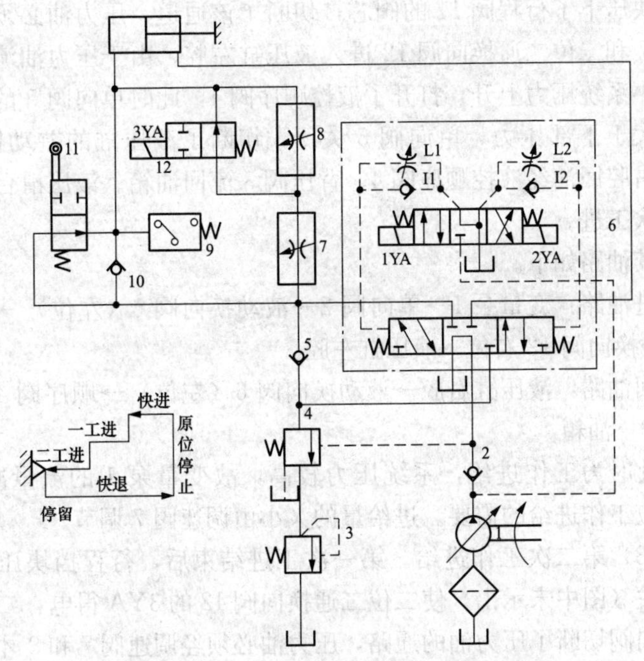

图 10-20　YT4543 型动力滑台液压系统图

1—单向变量泵；2、5、10—单向阀；3—溢流阀（背压阀）；
4—液控顺序阀；6—液动换向阀；7、8—调速阀；9—压力继电器；
11—行程阀；12—电磁换向阀

2）主油路。

进油路：变量泵 1→单向阀 I1→液动换向阀 6（左位）→行程阀 11（下位）→液压缸左腔。

回油路：液压缸右腔→液动换向阀 6（左位）→单向阀 5→行程阀 11（下位）→液压缸左腔。

滑台快进时不进行切削加工，负载小，系统的压力低，故液控顺序阀 4 关闭，液压缸形成差动连接，而限压变量泵 1 在低压控制下输出最大流量，滑台向左快速前进。单向阀 2 除防止系统中的油液倒流，保护变量泵 1 外，还使控制油路中的油液具有一定的压力，（开启单向阀的调定压力）以控制液动换向阀的启、闭。

（2）第一次工作进给。当滑台快速运动到一定位置，滑台上的挡块压下了行程阀 11 的阀芯，切断了该通道，压力油必须经调速阀 7 和二位二通换向阀 12 进入液压缸左腔。由于压力油流经调速阀，系统压力上升，打开了液控顺序阀 4，此时单向阀 5 的上部压力大于下部压力，单向阀 5 关闭，切断了液压缸的差动回路，油缸右腔回油经液控顺序阀 4、背压阀 3 流回油箱。液压滑台转为第一次工进。

其油路如下。

进油路：变量泵 1→单向阀 2→液动换向阀 6（左位）→调速阀 7→换向间 12 右位→液压缸左腔。

回油路：液压缸右腔→液动换向阀 6（左位）→顺序阀 4→背压阀 3→油箱。

此时为工作进给，系统压力较高，故变量泵 1 的流量减少，以适应工作进给的需要。进给量的大小由调速阀 7 调节。

(3) 第二次工作进给。第一次工进结束后，行程挡块压下行程开关（图中未示出）使二位二通换向阀 12 的 3YA 得电，二位二通换向阀切断了压力油的通路，压力油必须经调速阀 7 和 8 才能进入液压缸左腔，滑台转为第二次工进。由于调速阀 8 的开口比调速阀 7 小，所以进给速度再一次降低。其他油路情况与第一工进相同。

(4) 止挡块停留。当滑台工作进给完成后，碰上挡块的滑台停留在止挡块处，系统的压力立即升高，当压力升高到压力继电器 9 的调定值时，压力继电器动作，向时间继电器发出信号，由时间继电器控制滑台下一个动作前的停留时间。此时变量泵输出的流量极少，仅用来补充泄漏，系统处于保压状态。

(5) 快退。时间继电器经延时后，发出信号，使 1YA、3YA 断电，2YA 通电，电液换向阀 6 的电磁换向阀和液动换向阀均处于右位工作，实现换向。油液进入液压缸右腔，由于滑台后退时为空载，系统中压力较低，变量泵 1 的输出流量自动增至最大，使滑台快速退回。当滑台退至快进终点时，放开行程阀 11，回油更通畅。

1) 控制油路。

进油路：变量泵1→电磁换向阀（右位）→单向阀I2→液动换向阀6右腔。

回油路：液动换向阀6左腔→节流阀L1→电磁换向阀（右位）→油箱。

2）主油路。

进油路：变量泵1→单向阀2→电液换向阀6（右位）→液压缸右腔。

回油路：液压缸左腔→单向阀10→液动换向阀（右位）→油箱。

（6）原位停止。当滑台快退至原位时，滑台上的挡块压下终点行程开关，使2YA断电，电液换向阀6中的电磁换向阀和液动换向阀均处于中位。液压缸失去动力源处于锁紧状态，滑台停止运动。此时，变量泵1输出的油液经单向阀2和电液换向阀6流回油箱而卸荷。

上述工作循环中，电磁铁的工作状态见表10-29。

表10-29　电磁铁和行程阀动作顺序表

动作元件 / 工作循环环节	电磁铁			行程阀	压力继电器
	IYA	2YA	3YA		
快进	+	—	—	—	—
第一次工进	+	—	—	+	—
第二次工进	+	—	+	+	—
死挡铁停留	+	—	+	+	—
快退	—	+	—	±	+
原位停止	+	—	—	—	—

注　“+”表示电磁铁通电和行程阀压下；“—”表示电磁铁失电和行程阀原位。

2. YT4543型动力滑台液压系统的特点

（1）系统采用了限压式变量泵—调速阀—背压阀式的容积节流调速回路，基本上能保证稳定的低速运动（进给速度最小可达6.6mm/min），有较好的速度刚性和较大的调速范围（$R\approx100$），系统的效率较高，减少了系统的发热。采用两调速阀串联的进油路节流调速方式，使启动和速度变换准确且前冲量小，回路上设置背压阀，提高了运动的平稳性，并可使滑台承受一定的负载。

(2) 系统选用限压式变量泵作为动力元件，其输出的油量能随系统中工作压力的变化而自动调节，工进时没有溢流造成的功率损失。

(3) 采用电液换向阀换向，提高了换向的平稳性，换向阀的中位机能选为M型，能使滑台在原位停止时卸荷，这种卸荷方式功率损耗最低。

(4) 系统采用变量泵和液压缸差动连接相结合实现滑台快进，能源利用比较合理。

(5) 采用行程阀和顺序阀实现快进与工进的换接，不仅简化了电路，而且使动作可靠，换接精度也比电气控制高。由于两者速度都较低，采用电磁阀换接能满足速度换接的精度要求。

(二) 立式组合机床液压系统

一台组合机床要实现一个工作循环，除需要完成主运动和进给运动外，还有许多的辅助运动需要协调完成，如工件的定位、夹紧，工作台的旋转、升降，工件的分度、换刀等。由于液压传动具有许多优点，所以其不仅用在动力滑台的进给上，还广泛地应用在完成一系列辅助运动上。

图10-21所示为汽车发动机缸体底面加工自动线中的一台组合机床的液压系统。该系统由动力头进给、工件的定位、夹紧等子系统组成，包括了多种基本回路。利用该系统可实现工件的定位、夹紧和动力头的进给等自动工作循环。

1. 液压系统的工作过程

(1) 工件的定位。当工件在生产线上到达本工序后，电磁铁4YA和5YA通电，液压泵2输出的油液进入定位液压缸22的右腔，推动活塞左移，通过杠杆使定位销21下移，对工件进行定位。其油路如下。

进油路：液压泵2→换向阀10（上位）→减压阀11→单向阀12→换向阀13（左位）→定位液压缸22右腔。

回油路：定位液压缸22左腔→换向阀13（左位）→油箱。

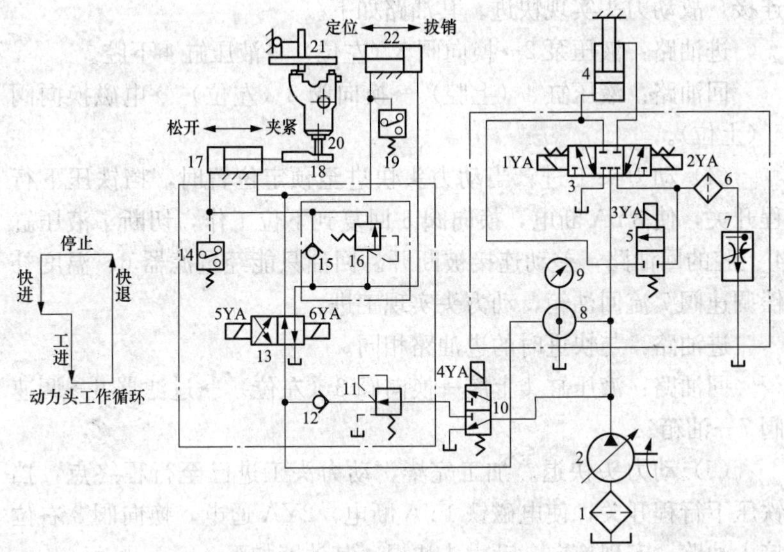

图 10-21　立式组合机床液压系统

1、6—过滤器；2—液压泵；3、5、10、13—换向阀；4—动力头液压缸；7—调速阀；8、9—压力表；11—液压阀；12、15—单向阀；14、19—压力继电器；16—顺序阀；17—夹紧油缸；18—楔块；20—顶杆；21—定位销；22—液压缸

（2）夹紧。当工件定位后，系统压力升高，当压力升高到顺序阀 16 的调定压力时，顺序阀 16 打开，压力油进入夹紧油缸 17 的左腔，推动活塞右行，通过模块 18 推动顶杆 20 上升，而将工件夹紧。

其油路为如下。

进油路：液压泵 2→换向阀 10（上位）→减压阀 11→单向阀 12→换向阀 13（左位）→顺序阀 16→夹紧油缸 17 左腔。

回油路：夹紧油缸 17 右腔→换向阀 13（左位）→油箱。

（3）动力头快进。当工件夹紧后，系统压力进一步升高。当油液压力升至压力继电器 14 的调定压力时，压力继电器发出信号，使电磁铁 1YA 和 3YA 通电，换向阀 3 左位接入油路，油液进入动力头液压缸 4 的下腔，动力头向下运动，因回油路采用差动连接，故动力头实现快进。其油路如下。

进油路：液压泵 2→换向阀 3（左位）→液压缸 4 下腔。

回油路：液压缸 4（上腔）→换向阀 3（左位）→电磁换向阀 5（上位）。

（4）动力头工进。当动力头快进至预定位置时，挡铁压下行程开关，使 3YA 断电，换向阀 5 回复到下位工作，切断了液压缸 4 上腔的回油路，差动连接被断开。回油只能经过滤器 6、温度补偿调速阀 7 流回油箱，动力头实现工进。

进油路：与快进时的进油路相同。

回油路：液压缸 4 上腔→换向阀 3（左位）→过滤器 6→调速阀 7→油箱。

（5）动力头快退。加工完毕，动力头工进已至行程终点，挡铁压下行程开关，使电磁铁 1YA 断电，2YA 通电，换向阀 3 右位接入油路，实现换向，动力头快退。其油路如下。

进油路：液压泵 2→换向阀 3（右位）→液压缸 4 上腔。

回油路：液压缸 4 下腔→换向阀 3（右位）→油箱。

（6）松开、拔销。动力头快退至原位时，挡块压下行程开关，使电磁铁 1YA、2YA 和 3YA 同时断电，液压缸 4 处于锁紧状态，动力头停止运动。同时，5YA 断电，6YA 通电，换向阀 13 右位接入油路，油液分别进入夹紧缸 17 的右腔和定位缸 22 的左腔，同时松开工件，拔出定位销。其油路如下。

1）进油路：液压泵 2→换向阀 10→减压阀 11→单向阀 12→换向阀 13→液压缸 17 右腔及液压缸 22 左腔。

2）回油路。

松开：液压缸 17 左腔→单向阀 15→换向阀 13（右位）→油箱。

拔销：液压缸 22 右腔→换向间 13（右位）→油箱。

（7）停止、卸荷。松开，拔销动作完毕后，系统压力继续升高，当压力升至压力继电器的调定压力时，压力继电器发出信号，使 4YA 断电，换向阀 10 的下位接入油路，油泵 2 输出的油液经换向阀 10（下位）流回油箱而卸荷。

上述工作循环中，电磁铁的工作状态见表10-30。

表10-30　电磁铁动作顺序表

动作＼电磁铁	1YA	2YA	3YA	4YA	5YA	6YA
工件定位	－	－	－	＋	＋	－
工件夹紧	－	－	－	＋	＋	－
动力头快进	＋	－	＋	＋	＋	－
动力头工进	＋	－	－	＋	＋	－
动力头快退	－	＋	－	＋	＋	－
松开、拔销	－	－	－	＋	－	＋
停止、卸荷	－	－	－	－	－	－

注　“＋”表示通电；“－”表示断电。

2. 液压系统的特点

(1) 本系统选用了限压式变量泵，泵的输出流量随系统的压力变化而变化，以适应不同的进给速度要求，没有溢流损失，因而减少了发热，提高了效率。

(2) 动力头油缸采用了差动连接，提高了动力头的快进速度和系统效率。

(3) 分别采用了顺序阀和压力继电器组成的顺序动作回路，使定位、夹紧、动力头进给等动作有序进行，互不干扰。

(4) 采用了减压阀控制夹紧力，防止了夹紧力过大而造成工件的变形加大，同时，利用单向阀12来保证动力头快进时，夹紧油缸17左腔的油液不会减少，使夹紧力稳定，避免了工件松动。

(5) 采用回油路节流调速，在回油路上形成一定的背压，使动力头工进速度平稳，同时采用了温度补偿性调速阀，使动力头工进速度不受负载和温度变化的影响，进一步提高了运动速度的平稳性。

(三) M1432A型万能外圆磨床液压系统

1. 外圆磨床对液压系统的要求

外圆磨床是机加工中广泛应用的精加工机床，其主要运动包括：砂轮的旋转和工件的旋转，工作台带着工件往复直线运动，砂轮架的周期切入运动，砂轮架的快速进、退和尾座顶尖的伸缩。在这些运动中，除砂轮的旋转和工件的旋转用电动机带动外，其余运动均采用液压传动。由于工作台连续往复运动，换向频繁，所以要求其具有良好的换向性能和换向精度。外圆磨床的液压系统是以换向精度为主的液压系统，应满足以下要求。

（1）调速范围要宽，要求在0.05～4m/min范围内实现无级调速，运动要平稳，低速时无爬行，高速时无冲击。

（2）在上述速度范围内能自动换向，换向过程平稳，冲击小，启动、停止迅速，换向精度高。

（3）工作台在行程端点换向前应有一定的停留时间，以免工件两端因磨削时间短而尺寸偏大。且停留时间能在0～5s内调整。

（4）工作台可作微量抖动，抖动频率为60～180次/min。外圆磨床如配置了内圆磨头附件，还可以磨削内孔和锥孔等。

2. M1432A型万能外圆磨床液压系统分析

图10-22所示为M1432A型磨床液压系统图，它包含了工作台往复运动及抖动子系统、砂轮架横向快速进退子系统、砂轮架进给子系统、尾架顶尖伸缩子系统等，包括了换向回路、调速回路、减压回路、调压回路等基本回路。

（1）工作台部分。工作台的纵向往复运动由HYY21/3P-25T型液压操纵箱控制。该操纵箱由开停阀13、先导阀5、换向阀9和抖动缸6等组成，用来实现工作台纵向直线往复运动的开停、换向、调速、端点停留及抖动等动作。

1）工作台直线往复运动。将开停阀13打开，使其右位接入系统，在图示状态下，先导阀5和换向阀9的阀芯均处于右端，压力油进入液压缸15的右腔，推动工作台向右运动。其主油路如下。

进油路：液压泵1→换向阀9→液压缸15右腔。

回油路：液压缸15左腔→换向阀9（右位）→先导阀5（右位）→开停阀13→节流阀14→油箱。

当工作台到达预定位置时，挡铁拨动换向杠杆，将先导阀5

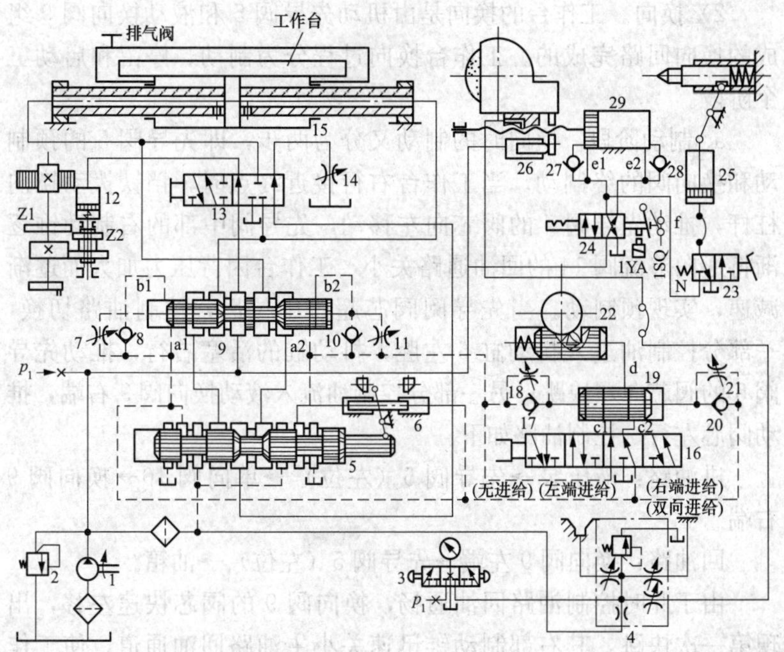

图 10-22　M1432A 型万能外圆磨床液压系统

1—液压泵；2—溢流阀；3—压力计座；4—导轨润滑油稳定器；5—先导阀；6—抖动缸；7、11、14、18、21—节流阀；8、10、17、20、27、28—单向阀；9—换向阀；12—互锁缸；13—开停阀；15—液压缸；16—选择阀；19—进给阀；22—进给缸；23—尾架阀；24—快动阀；25—尾架缸；26—周期进给棘爪液压缸；29—快动缸

的阀芯推至左端，控制油路切换，使换向阀 9 的阀芯左移，主油路切换，工作台换向左行。

其主油路如下。

进油路：液压泵 1→换向阀 9 左位→液压缸 15 左腔。

回油路：液压缸 15（右腔）→左位换向阀 9（左位）→先导阀 5（左位）→开停阀 13（右位）→节流阀 14→油箱。

工作台左行至终点时，又自动换向右行。如此往复，只有将开停阀 13 转到左位接入系统时，工作台才停止运动，工作台的运动速度由节流阀 14 调节。

2）换向。工作台的换向是由机动先导阀 5 和液动换向阀 9 组成的换向回路完成的。工作台换向过程分为制动、停留和启动三个阶段。

a. 制动阶段。换向时的制动又分为两步，即先导阀 5 的预制动和换向阀的终制动。当工作台右行接近终点时，挡铁拨动换向杠杆，推动先导阀 5 的阀芯向左移动，先导阀中部的右制动锥逐渐将通向节流阀 14 的回油通路关小，工作台因背压力加大而逐渐减速，实现预制动。当先导阅阀芯超过中位后，控制油路切换，一部分控制油进入抖动缸 6 左腔，抖动缸的活塞右行，推动先导阀 5 的阀芯向左快跳；另一部分控制油流入液动换向阀 9 右端，推动阀芯左行。控制油路如下。

进油路：液压泵→先导阀 5（左位）→单向阀 10→换向阀 9 右端。

回油路：换向阀 9 左端→先导阀 5（左位）→油箱。

由于此时控制油路回油通畅，换向阀 9 的阀芯快速左移，出现第一次快跳，其右部制动锥迅速关小主油路回油通道，使工作台迅速制动。当阀芯移动一定距离后，压力油同时进入液压缸 15 的左、右腔，工作台停止运动，实现了完全制动。

b. 停留阶段。当换向阀 9 的阀芯左移至将通往先导阀 5 的回油路 a1 切断后，第一次快跳结束。换向阀 9 的阀芯又慢速向左移动，此时控制油的回油路如下。

换向阀 9 左端→节流阀 7→先导阀 5（左位）→油箱。

由于换向阀阀芯中部台肩宽度小于阀体中间沉割槽的宽度，在阀芯慢速移动期间，液压缸 15 左、右两腔保持相遇，工作台停止不动，即处于停留状态。通过节流阀 7 可调节换向阀 9 阀芯的移动速度，也就调整了工作台在换向时的停留时间。

c. 启动阶段。当换向阀 9 的阀芯慢速向左继续移动，行至其左部的环形槽将油路 a1、b1 接通时，换向阀 9 左端的控制油液回油路通畅，阀芯快速左移，即第二次快跳，此时，控制油液的回油路为：

换向阀 9 左端→油路 b1→换向阀 9 阀芯左部环形槽→油路 a1

→先导阀 5 左位→油箱。

主油路被迅速切换，工作台快速反向启动，全部换向过程结束。

3）工作台的抖动。当磨削工件长度与砂轮宽度相近的短表面时，为了降低工件表面的粗糙度，工作台作短距离、高频率的往复运动，称为抖动。将工作台挡铁之间的距离调到很小，先导阀 5 的拨动杆近似垂直，先导阀控制的主回油通道和控制油液通道处于左右开闭的极限状态，只要挡铁推动拨杆略向左或向右偏移，控制油路就迅速被接通，利用抖动缸使先导阀换向过程迅速完成。同时将节流阀 7 和 11 调到最大开度，使先导阀快跳的同时换向阀也快跳到终点，没有换向停留，实现高速换向。如此反复，实现工作台的快速抖动。

4）工作台液动和手动互锁。为了避免工作台在液压传动下作往复运动时带动手轮快速旋转，要求工作台在液压驱动时，手摇机构脱开。只有在开停阀处于停的位置时，才能用手轮摇动工作台移动。当开停阀处于“开”的状态时，其右位接入系统，压力油进入互锁缸 12 上腔，推动活塞使齿轮 z_1、z_2 脱开啮合，工作台移动不能带动手轮旋转。当开停阀处于“停”的状态时，其左位接入系统，互锁缸 12 上腔通油箱，活塞在弹簧作用下上移，使齿轮 z_1、z_2 啮合。此时工作台左右两腔相通，即可通过手摇机构操纵工作台移动，实现了工作台液动与手动的互锁。

（2）砂轮架部分。

1）砂轮架快速进退。为了节省辅助时间，在磨削开始时要求砂轮快速接近工件，测量和装卸工件时又要求砂轮快速退回。

将快动阀 24 的右位接入系统，压力油进入快动缸 29 的右腔，砂轮架快速前进。油路如下。

进油路：液压泵 1→快动阀 24（右位）→单向阀 28（e2）→快动缸 29（右膛）。

回油路：快动缸 29（左腔）→油路 e1→快动阀 24（右位）→油箱。

扳动快动阀手柄，使其左位接入系统，则压力油进入快动缸

29 的左腔，砂轮架快速退回。快动阀 24 处于快进位置（右位）时，手柄使行程开关 1SQ 接通，头架电动机、冷却泵启动，砂轮架快退时，行程开关断开，头架电动机和冷却泵自动停止，以便测量。

进行内圆磨削时，内圆磨具放下的同时，将微动开关压下，使电磁铁 1YA 通电吸合，将快动阀 24 锁定在快进位置上，手柄无法扳动，避免了误动作引起砂轮快退，确保工作安全。

2）砂轮架周期进给。砂轮架的周期进给是在工作台往复行程终了、工作台换向之前进行的，由进给缸 22 通过其活塞上的棘爪、棘轮、齿轮、丝杆螺母等传动副实现的。周期进给分为双向进给、左端进给、右端进给和无进给四种方式，由选择阀 19 控制。在图 10-23 所示状态下，选择阀处于双向进给状态，工作台向右运动，当工作台右行至终点时，挡块推动换向拨杆，先导阀 5 切换控制油路，部分控制压力油进入进给缸 22 的右腔，推动活塞左移，使砂轮架在工件的右端进给一次。此时，控制油液的进油路为：

液压泵 1→先导阀 5（左位）→选择阀 16→油路 c1→进给阀 19→油路 d→进给缸 22 右腔。

同时，部分控制油液经节流阀 18 进入进给阀 19 左端，推动其阀芯移动，当阀芯移动至将油路 c1 封闭时，砂轮架横向进给结束。油路 c2 与 d 接通后，进给缸 22 右腔的油液与油箱相通，活塞在弹簧的作用下回到右端，为下次进给做准备。其回路为：

进给缸 22（右腔）→油路 d→进给阀 19→油路 c2→选择阀 16→先导阀 5（左位）→油箱。

同理，当工作台在左端换向时，控制油路经 c2、d 进入进给缸 22（右腔），使砂轮架在工件左端又进给一次，实现双向进给。由于液压进给系统进给量不均匀，精磨时不能满足微量进给要求，一些磨床取消了砂轮架横向自动进给系统，采用手动进给。

(3) 尾架顶尖的液动退回。尾架顶尖平时靠弹簧力顶在工件上，依靠液动退回。当砂轮架处于快退位置时，踏下脚踏板，使尾架阀 23 的右位接入系统，液压泵输出的压力油经快动阀 24（左位）、尾架阀 23（右位）进入尾架缸 25 下腔，使活塞上移，通过杠杆机构使顶尖向右退回。松开脚踏板，尾架阀 23 左位接入系统，尾架缸 25 下腔与油箱相通，尾架顶尖在弹簧力作用下顶出，将工件顶紧，同时使尾架缸的活塞复位。

（四）CK3225 型数控车床液压系统

CK3225 型数控车床可以车削内圆柱、外圆柱和圆锥及各种圆弧曲线零件，适用于形状复杂、精度高的轴类和盘类零件的加工。

图 10-23 为的 CK3225 型数控车床的液压系统，它的作用是用来控制卡盘的夹紧与松开，主轴变挡、转塔刀架的夹紧与松开，转塔刀架的转位和尾座套筒的移动。

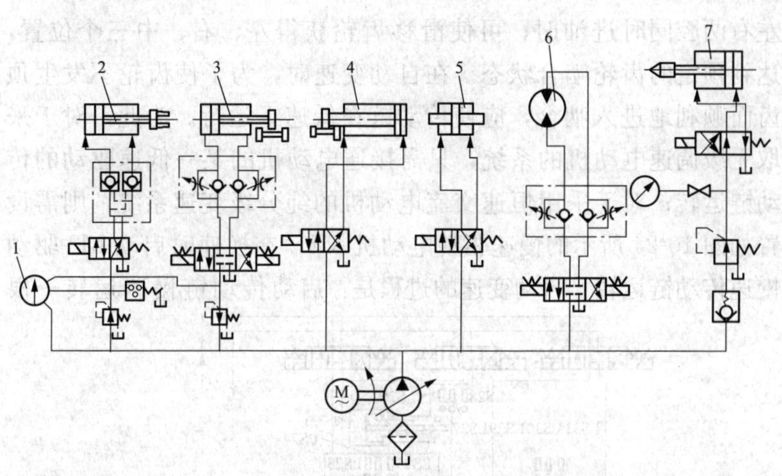

图 10-23　CK3225 型数控车床的液压系统图

1—压力表；2—卡盘液压缸；3—变挡液压缸Ⅰ；4—变挡液压缸Ⅱ；5—转塔夹紧缸；6—转塔转位液压马达；7—尾座液压缸

1. 卡盘支路

卡盘支路中减压阀的作用是调节卡盘夹紧力，使工件既能夹紧，又尽可能减小变形。压力继电器的作用是当液压缸压力不足时，立即使主轴停转，以免卡盘松动，将旋转工件甩出，危及操作者的安全以及造成其他损失。该支路还采用液控单向阀的锁紧回路。在液压缸的进、回油路中都串联液控单向阀（又称液压锁），活塞可以在行程的任何位置锁紧，其锁紧精度只受液压缸内少量的内泄漏影响，因此锁紧精度较高。

2. 液压变速机构

变挡液压缸Ⅰ回路中，减压阀的作用是防止拔叉在变挡过程中滑移齿轮和固定齿轮端部接触（没有进入啮合状态），如果液压缸压力过大会损坏齿轮。

液压变速机构在数控机床及加工中心得到普遍使用，图 10-24 为一个典型液压变速机构工作原理。三个液压缸都是差动液压缸，用 Y 型三位四通电磁阀来控制。滑移齿轮的拔叉与变速油缸的活塞杆连接。当液压缸左腔进油右腔回油、右腔进油左腔回油，或左右两腔同时进油时，可使滑移齿轮获得左、右、中三个位置，达到预定的齿轮啮合状态。在自动变速时，为了使齿轮不发生顶齿而顺利地进入啮合，应使传动链在低速下运行。为此，对于采取无级调速电动机的系统，只需接通电动机的某一低速驱动的传动链运转；对于采用恒速交流电动机的纯分级变速系统，则需设置如图 10-24 所示的慢速驱动电动机 M2，在换速时启动 M2 驱动慢速传动链运转。自动变速的过程是：启动传动链慢速运转→根

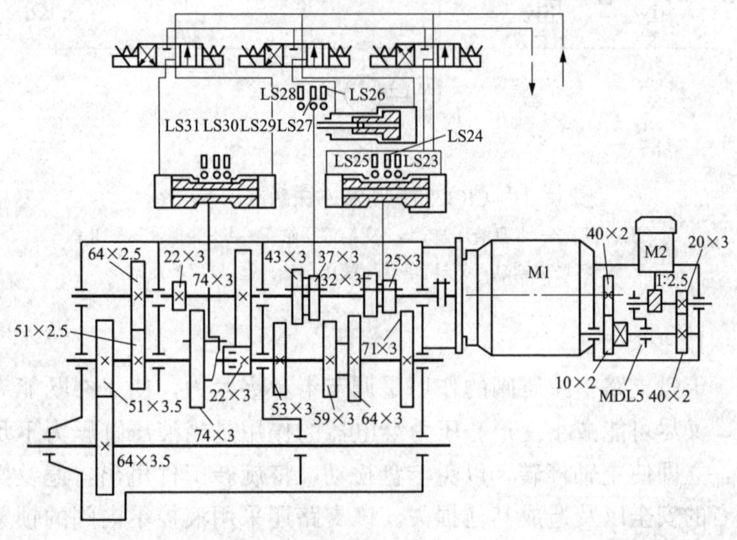

图 10-24　液压变速机构工作原理

据指令接通相应的电磁换向阀和主电动机 M1 的调速信号→齿轮块滑移和主电动机的转速接通→相应的行程开关被压下，发出变速完成信号→断开传动链慢速转动→变速完成。

3. 刀架系统的液压支路

根据加工需要，CK3225 型数控车床的刀架有 8 个工位可供选择。因以加工轴类零件为主，转塔刀架采用回转轴线与主轴轴线平行的结构形式，如图 10-25 所示。

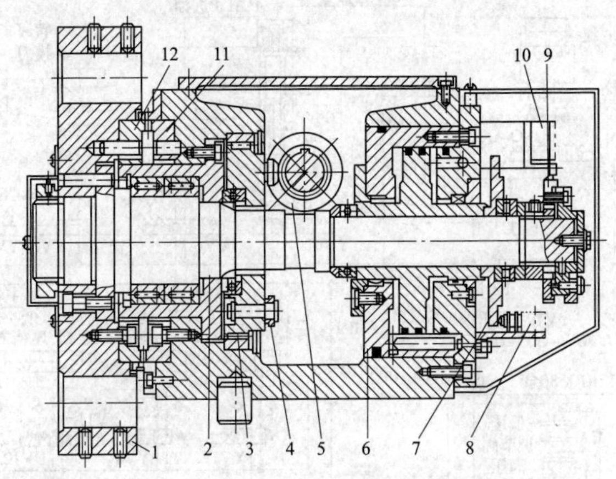

图 10-25　CK3225 型数控车床刀架结构

1—刀盘；2—中心轴；3—回转轴；4—柱销；5—凸轮；6—液压缸；7—盘；8—开关；9—选位凸轮；10—计数开关；11、12—鼠牙盘

刀架的夹紧和转动均由液压驱动。当接到转位信号后，液压缸 6 后腔进油，将中心轴 2 和刀盘 1 抬起，使鼠牙盘 12 和 11 分离。随后液压电动机驱动凸轮 5 旋转，凸轮 5 拨动回转盘 3 上的 8 个柱销 4，使回转盘带动中心轴 2 和刀盘旋转。凸轮每转一周，拨过一个柱销，使刀盘转过一个工位。同时，固定在中心轴 2 尾端的八面选位凸轮 9 相应压合计数开关 10 一次。当刀盘转到新的预选工位时，液压电动机停转。液压缸 6 前腔进油，将中心轴和刀盘拉下，两鼠牙盘啮合夹紧，这时盘 7 压下开关 8，发出转位停止信号。该结构的特点是定位稳定可靠，不会产生越位；刀架可正反两个方向转动；自动选择最近的回转行程，缩短了辅助时间。

(五) TH6350型卧式加工中心液压系统

图10-26为TH6350型卧式加工中心的液压系统原理图。系统由液压油箱、管路和控制阀等组成。控制阀采取分散布局，分别装在刀架和立柱上，电磁控制阀上贴上磁铁号码，便于用户维修。

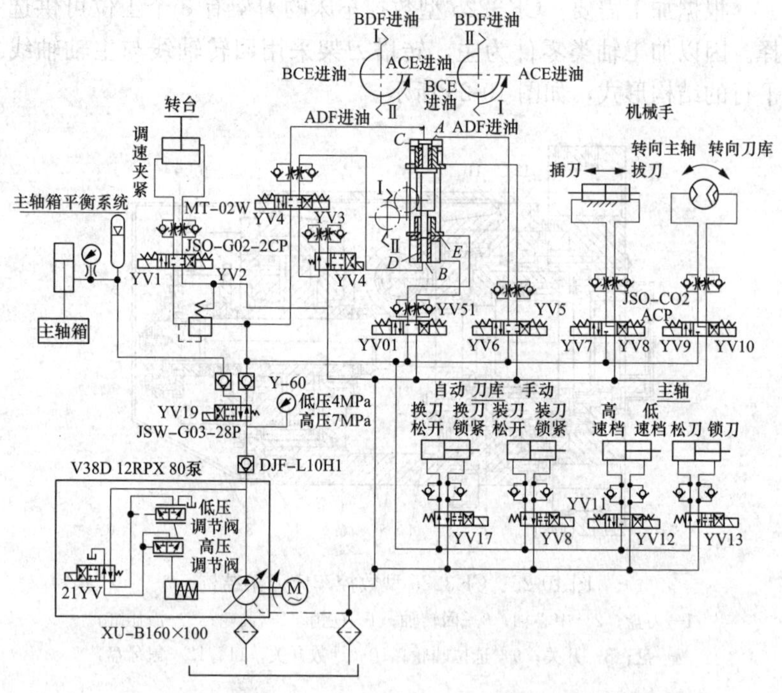

图10-26 TH6350型卧式加工中心的液压系统原理图

1. 油箱泵源部分

液压泵采用双级压力控制变量柱塞泵，低压调至4MPa，高压调至7MPa。低压用于分度转台抬起、下落及夹紧，机械手交换刀具的动作，刀具的松开与夹紧，主轴转动速度高、低挡的变换动作等。高压用于主轴箱的平衡。液压平衡采用闭式油路，系统压力由蓄能器补油和吸油来保持稳定。

2. 刀库刀具锁紧装置和自动换刀部分

刀库存刀数有30、40、60把三种，由用户选用，由伺服电动机带动减速齿轮副并通过链轮机构带动刀库回转。

(1) 刀具锁紧装置。在弹簧力作用下，刀套下部两夹紧块处于闭合状态，夹住刀具尾部的拉紧螺钉使刀具固定。换刀时，松开液压缸活塞，活塞杆伸出将夹紧块打开，即可进行插刀、拔刀。

(2) 机械手。机械手是完成主轴与刀库之间刀具交换的自动装置，该机床采用回转式双臂机械手。机械手手臂装在液压缸套筒上，活塞杆固定，由进入液压缸的压力油使手臂同液压缸一起移动，实现不同的动作。液压缸行程末端可进行节流调节，可使动作缓冲。改变液压缸的进油状态，液压缸套与手臂可实现插刀和拔刀运动。

利用四位双层液压缸中的活塞带动齿条、齿轮副，并带动手臂回转。大小液压缸活塞行程相差一倍，分别可带动手臂做 90°、180°回转。

刀库上的刀库中心和主轴中心成 90°，刀库位置在床身左侧。在刀库换刀时，机械手面向刀库；主轴交换刀具时，机械手面向主轴。机械手座 90°的回转由回转液压缸完成，回转缓冲可用节流调节。

三、数控机床气压系统的构成及其回路

与液压传动系统一样，气动系统也是由其基本回路所组成的。熟悉和掌握气动基本回路是分析和设计气动系统的必要基础。数控机床常用气动回路组成、作用及其应用特点简单介绍如下。

(一) 压力控制回路

压力控制回路的功能是使系统的气体压力保持在规定的范围之内。

1. 一次压力控制回路

如图 10-27 所示，这种回路的作用是控制空气压缩机使气罐内的气体压力不超过规定值。常用外控卸荷阀来控制（压力超过规定值，空压机卸荷运转；反之，空压机加载运转）也可用电接点式压力表来控制空压机电机的启动和停止（压力超过规定值，空压机停转；反之，空压机运转），使气罐内压力保持在规定的范围内。采用外控卸荷阀，结构简单，工作可靠，但气量浪费大；采用电接点式

压力表则对电动机及其控制要求较高，常用于小功率空压机。

2. 二次压力控制回路

为保证气动系统使用的气体压力稳定，利用溢流式减压间来实现定压控制，图 10-28 所示为常用的由空气过滤器、溢流减压阀和油雾器（亦称气动兰联件）组成的二次压力控制回路。

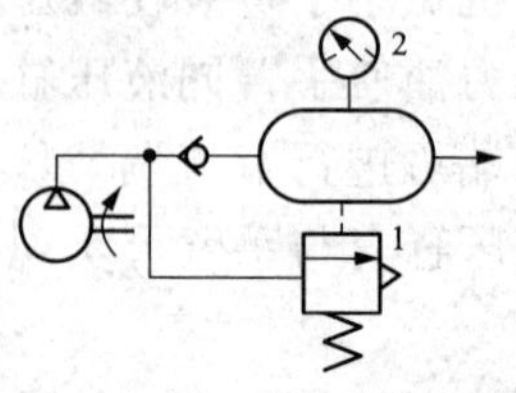

图 10-27　一次压力控制回路

1—外控卸荷阀；2—电接点式压力表

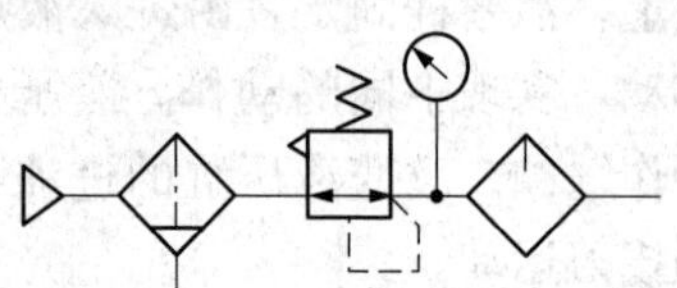

图 10-28　二次压力控制回路

3. 高低压转换回路

利用两个溢流减压阀与换向阀实现高低两种压力的转换，如图 10-29 所示。若将上述两个溢流减压阀用一个比例压力阀取代，取消换向阀，就构成了比例压力控制回路，从而实现对气体压力进行连续无级可调控制。显然，采用比例控制不仅提高了控制性能，而且简化了回路。

（二）换向回路

单作用气缸换向，可用一个二位三通阀来实现，如图 10-30 所示为用电磁换向阀控制的单作用气缸换向回路。

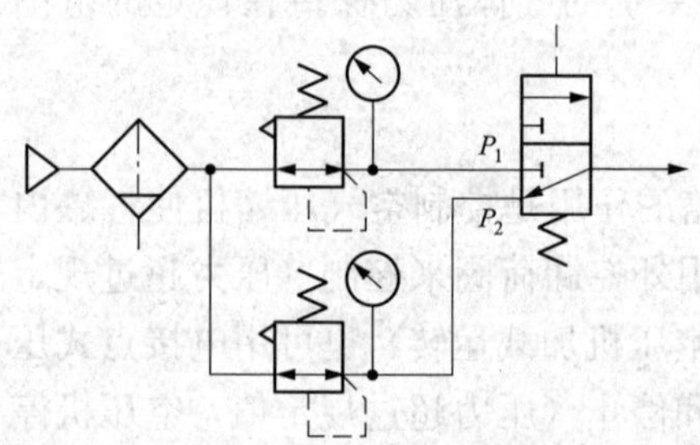

图 10-29　高低压转换回路

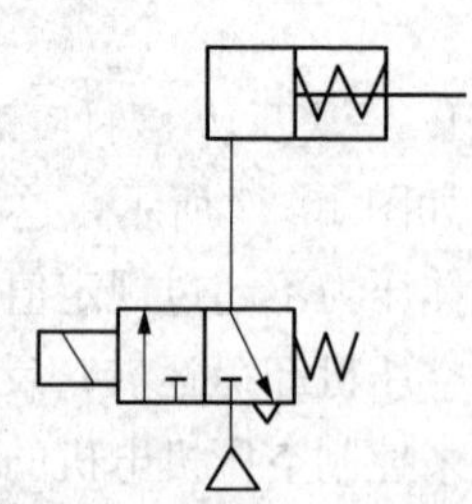

图 10-30　单作用气缸换向回路

双作用气缸的换向，可用二位阀，也可用三位阀，换向阀的控制方式可以是气控、电控、机控或手控。图 10-31 所示为各种双作用气缸的换向回路，图 10-31（a）、（b）为用气控二位五通阀的换向回路，其中图 10-31（b）为用小通径的手动阀作为先导阀来控制主阀的换向，先导阀也可以用机控阀或电磁阀。图 10-31（c）为用两个二位三通阀代替一个二位五通阀的换向回路。图 10-31（d）中用双电磁阀，图 10-31（e）中用双气控阀，它们都具有“双稳”的逻辑功能。图 10-31（f）中用双电磁三位五通阀，中位时可使气缸在任意位置停留，但定位精度不高。

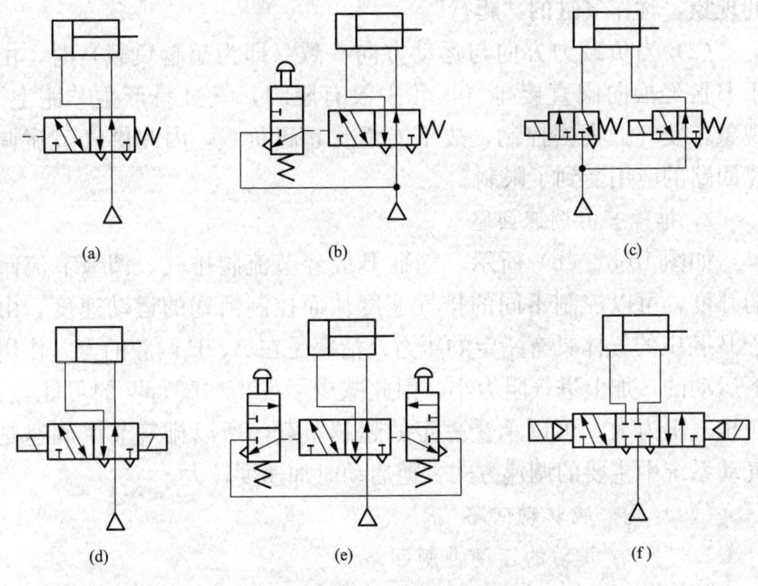

图 10-31　双作用气缸换向回路

（a）、（b）主控二位五通阀换向回路；（c）两个二位三通阀换向回路；（d）双电磁阀换向回路；（e）双气控阀换向回路；（f）双电磁三位五通阀换向回路

（三）速度控制回路

气动系统所使用的功率一般都不大，所以速度调节的方法主要是节流调速。与液压传动系统相仿，也有进口、出口节流调速之分。但在气动系统中常称供气节流调速和排气节流调速。

1. 供气节流调速回路

如图 10-32（a）所示，当气控换向阀处于左位时，气流经节流阀进入 A 腔，B 腔经换向阀直接排气。这种回路存在的问题如下。

（1）当节流阀开口较小时，由于进入 A 腔的流量较小，压力上升缓慢，当气压达到能克服负载时，活塞运动，A 腔容积增大，使压缩空气膨胀（进气容积小于运动扩大的容积），气压下降，又使作用在活塞上的力小于负载力，活塞停止运动。待压力再次上升，活塞再次运动。这种由于负载与供气原因造成活塞忽走忽停的现象，称作气缸的“爬行”。

（2）当负载力方向与运动方向一致（即为超越负载）时，由于B腔经换向阀直接排气，几乎没有阻力，气缸易产生“跑空”现象，使气缸失去控制，故不能承受超越负载，因此供气节流调速回路的应用受到了限制。

2. 排气节流调速回路

如图 10-32（b）所示，气缸 B 腔经节流阀排气，调节节流阀的开度，可以控制不同的排气速度从而控制活塞的运动速度。由于B腔中的气体具有一定的压力，活塞是在 A、B 两腔的力差作用下运动的，加上进气阻力小，因此减少了发生“爬行”的可能性。而排气阻力大，可以承受一定的超越负载，所以排气节流调速是气动系统中主要的调速方式，但启动时加速度较大。

（四）气—液联动回路

1. 气—液联动的速度控制回路

气—液联动速度控制是以气缸为动力，通过液压缸（无压力油源）可调的液体阻力来获得平稳的运动，它充分发挥了气动供气方便、液压速度平稳的特点。其速度控制范围约为 0.5～100mm/s。在使用中应注意气—液之间的密封，避免空气混入油液内。由于液压缸的阻力成为气缸的负载力，总输出力是气缸输出力与液压缸阻力之差。

（1）气缸与液压缸串联。图 10-33（a）所示为利用气—液阻尼缸的速度控制回路，它是气缸与液压缸串联（活塞杆同轴固连）

组成的，两节流阀调节两个方向的速度，高位油箱（实际是油杯）为补充漏油而设。

（2）气缸与液压缸并联。如图 10-33（b）所示，气缸与液压缸活塞杆固连在一起，形成并联关系，单向节流阀调节单向的速度，弹簧式蓄能器用来调节液压缸中油量的变化（实际结构是将单向节流阀、弹簧式蓄能器与液压缸组合为一体）。并联方式比串联方式结构紧凑，气—液也不会相混，但并联的活塞易产生憋劲现象，使用时应考虑导向装置。

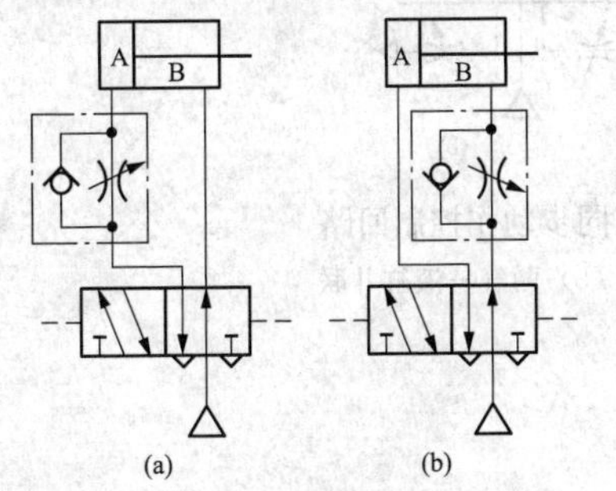

图 10-32 气动节流调速回路

（a）进气节流调速；（b）排气节流调速

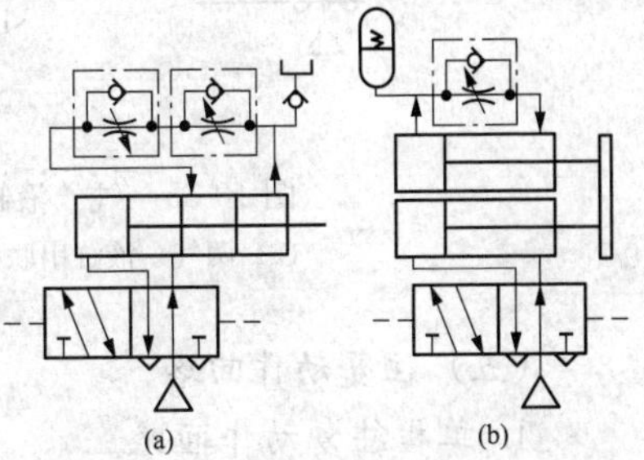

图 10-33 气—液联动的速度控制回路

（a）气—液缸串联；（b）气—液缸并联

2. 气—液增压回路

如图 10-34 所示，利用气—液增压缸将较低的气体压力变为较高的液体压力，提高工作缸的输出力。

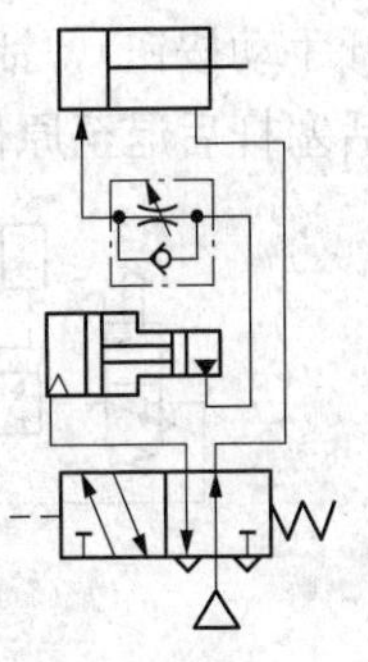

图 10-34 气—液增压回路

3. 气—液缸同步动作控制回路

图 10-35（a）所示为两气—液缸串联连接的同步回路，缸 1 无杆腔面积与缸 2 有杆腔面积相同，其间封入液压油，为了排掉混入油液中的空气，加设排气装置 3。图 10-35（b）中的两缸都是气缸与液压缸活塞杆固接，两气缸并联连接，两液压缸上、下油腔交叉相连，使得两缸运动同步。当主控换向阀处于中位时，弹簧蓄能器自动地通

过二位二通阀给液压缸补油。

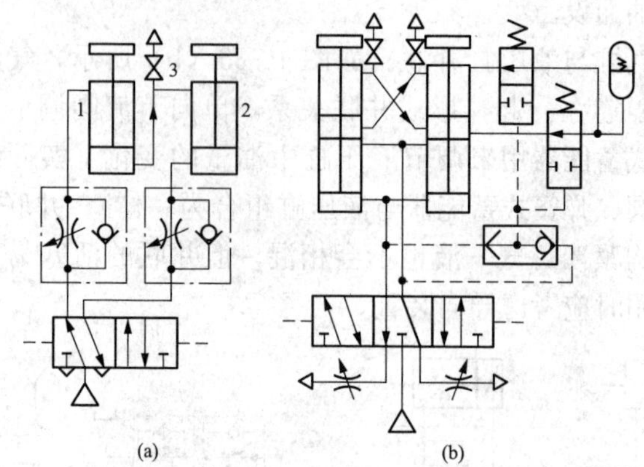

图 10-35 气—液缸同步动作控制回路

(a) 两气—液缸串联；(b) 两气—液缸并联

（五）往复动作回路

1. 单程往复动作回路

输入信号后，气缸只完成一次往复动作。图 10-36 所示为两种单程往复动作回路。图 10-36（a）所示为行程阀控制的单程往复回路，按下手动阀 1 的手动按钮后，气控换向阀 3 换位（此时再松开手动按钮），活塞杆前进；当挡块压下行程阀 2 后，阀 3 复位，活塞杆后退至原位停止，至此完成一次往复动作循环。

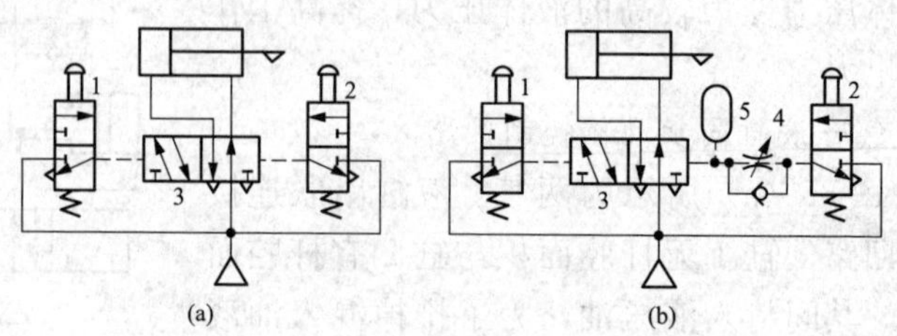

图 10-36 单程往复动作回路

(a) 单往复回路；(b) 增加延时功能的单往复回路

1—手动阀；2—行程阀；3—气控换向阀；4—节流阀；5—气室

图 10-36（b）所示则是在图 10-36（a）的基础上增加了延时

功能，当挡块压下行程阀 2 时，压缩空气经节流阀 4 向气室 5 充气，经过一段时间，气体压力升高后，阀 3 才复位。这样，使活塞杆前进至终点后，延长一段时间再返回。

2. 连续往复动作回路

输入信号后，气缸可实现连续往复动作循环。如图 10-37 所示，按下阀 4，气控换向阀阀 1 换向，活塞杆前进，在行程终点压下行程阀 3 后，阀 1 换向，活塞杆后退，在原点压下行程阀 2，阀 1 换向，活塞杆再次伸出，从而形成连续的往复动作。一旦提起阀 4 的按钮，循环结束。如果是在活塞杆前进中途提起按钮，则停在终点位置；如果是在活塞杆后退中途提起按钮，则停在原点位置。

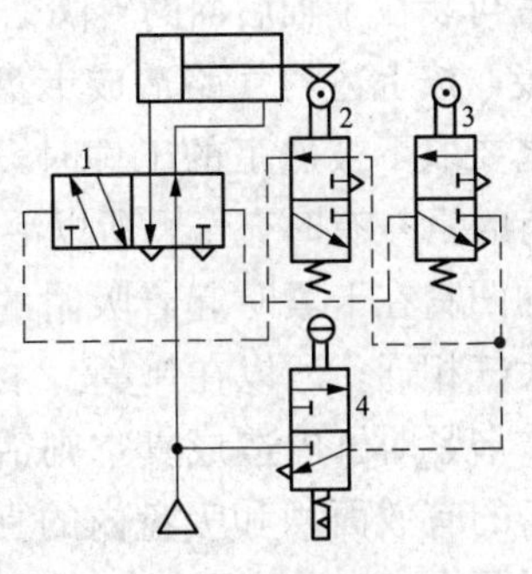

图 10-37　连续往复动作回路
1—气控换向阀；
2、3—行程阀；4—手动阀

以上介绍的往复动作回路，是全气控方式（主控换向阀和行程阀均为气控阀）。也可以采用电气控制方式，即将主控换向阀改为电磁换向阀，行程阀由行程开关替换。相应的气动回路将变得十分简单（图 10-37 中虚线表示的控制气路取消），但要增加电气控制线路。两种控制方式都能达到相同的往复动作功能，只是各自的应用场合有所不同，如全气控方式可以用在易燃、易爆、强磁场等恶劣的工作环境。

四、数控机床典型气压回路及其控制

（一）数控车床用真空卡盘

薄的加工件进行车削加工时是难以装夹的，很久以来这已成为从事工艺的技术者的一大难题。虽然对铁系金属材料的工件可以使用磁性卡盘，但是加工后工件容易被磁化，这是一个很麻烦的问题，而真空卡盘则是解决此难题较理想的夹具。

真空卡盘的结构如图 10-38 所示，下面介绍其工作原理。

在卡盘的前面装有吸盘，盘内形成真空，而薄的被加工件就靠大气压被压在吸盘上达到夹紧的目的。一般在卡盘本体上开有数条圆形的沟槽 2，这些沟槽就是前面提到的吸盘，这些吸盘是通过转接件 5 的孔道 4 与小孔 3 相通，然后与卡盘体内气缸的腔室 6 相连接。另外腔室 6 通过气缸活塞杆后部的孔 7 通向连接管 8，然后与装在主轴后面的转阀 9 相通。通过软管 10 同真空泵系统相连接，按上述的气路造成卡盘本体沟槽内的真空，以吸附工件。反之要取下被加工的工件时，则向沟槽内通以空气。气缸腔室 6 内有时真空有时充气，所以活塞 11 有时缩进有时伸出。此活塞前端的凹窝在卡紧时起着吸附的作用。即工件被安装之前缸内腔室与大气相通，所以在弹簧 12 的作用下活塞伸出卡盘的外面。当工件被卡紧时缸内造成真空则活塞缩进。一般真空卡盘的吸引力与吸盘的有效面积和吸盘内的真空度成正比例。在自动化应用时，有时要求卡盘速度要快，而卡盘速度则由真空卡盘的排气量来决定。

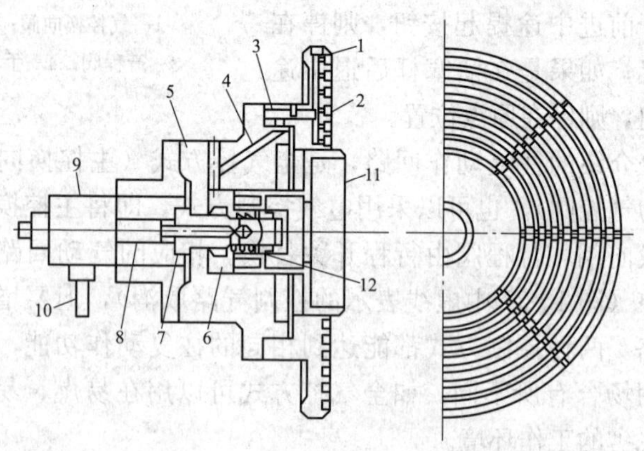

图 10-38 真空卡盘的结构简图

1—本体；2—沟槽；3—小孔；4—孔道；5—转接件；6—腔室；
7—孔；8—连接管；9—转阀；10—软管；11—活塞；12—弹簧

真空卡盘的夹紧与松夹是由图 10-39 中电磁阀 1 的换向来进行的，即打开包括真空罐 3 在内的回路以造成吸盘内的真空，实现卡紧动作。松夹时，在关闭真空回路的同时，通过电磁阀 4 迅速地打开空气源回路，以实现真空下瞬间松卡的动作。电磁阀 5 是用以开闭压力继电器 6 的回路。在卡紧的情况下，此回路打开，当吸盘内真空度达到压力继电器的规定压力时，给出夹紧完了的信号。在松卡的情况下，回路已换成空气源的压力了，为了不损坏检测真空的压力继电器，将此回路关闭。如上所述，卡紧与松卡时，通过上述的三个电磁阀自动地进行操作，而卡紧力的调节是由真空调节阀 2 来调节的，根据被加工工件的尺寸、形状可选择最合适的卡紧力数值。

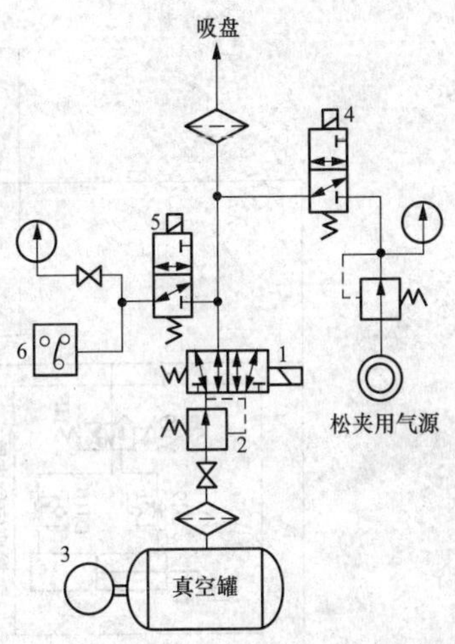

图 10-39　真空卡盘的气动回路

1、4、5—电磁阀；2—真空调节阀；3—真空罐；6—压力继电器

（二）H400 型卧式加工中心气动系统

加工中心气动系统的设计及布置与加工中心的类型、结构、要求完成的功能等有关，结合气压传动的特点，一般在要求力或力矩不太大的情况下采用气压传动。

H400 型卧式加工中心作为一种中小功率、中等精度的加工中心，为降低制造成本、提高安全性、减少污染，结合气、液压传动的特点，该加工中心的辅助动作采用以气压驱动装置为主来完成。

如图 10-40 所示为 H400 型卧式加工中心气动系统原理图，主要包括松刀缸、双工作台交换、工作台与鞍座之间的拉紧、工作台回转分度、分度插销定位、刀库前后移动、主轴锥孔吹气清理等几个动作完成的气动支路。

H400 型卧式加工中心气动系统要求提供额定压力为 0.7MPa 的压缩空气，压缩空气通过 ϕ8mm 的管道连接到气动系统调压、过滤、油雾气动三联件 ST，经过气动三联件 ST 后，得以干燥、洁净并加入适当润滑用油雾，然后提供给后面的执行机构使用，保证整个气动系统的稳定安全运行，避免或减少执行部件、控制部件的磨损而使寿命降低。YK1 为压力开关，该元件在气动系统达到额定压力时发出电参量开关信号，通知机床气动系统正常工

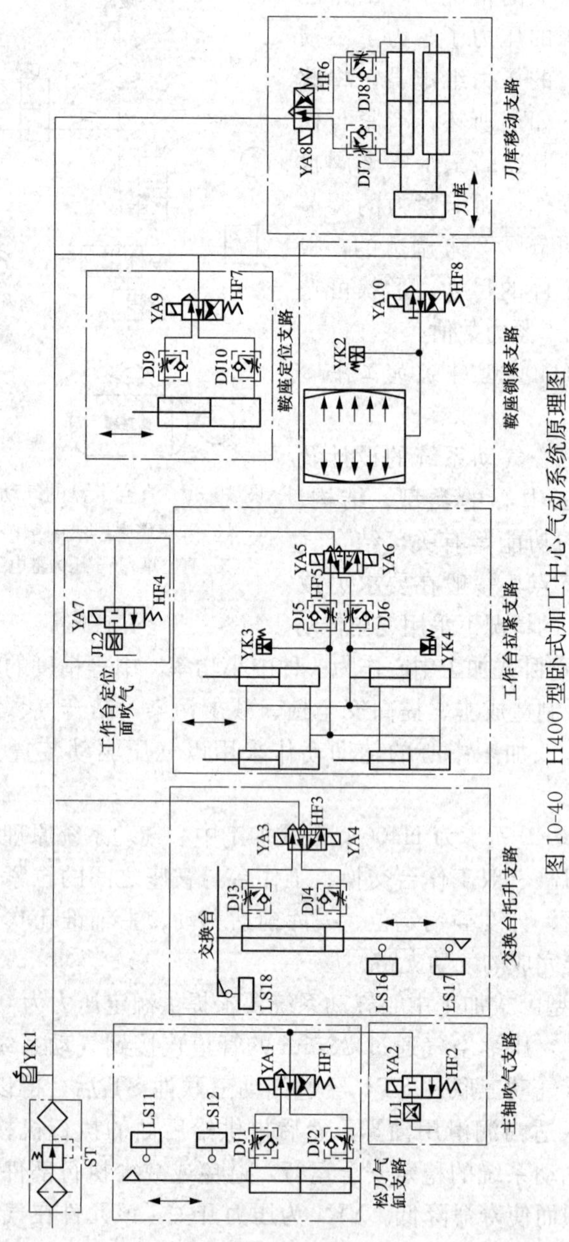

图 10-40 H400 型卧式加工中心气动系统原理图

作。在该系统中为了减小载荷的变化对系统的工作稳定性的影响，在气动系统设计时均采用单向出口节流的方法调节气缸的运行速度。

1. 松刀缸支路

松刀缸是完成刀具的拉紧和松开的执行机构。为保证机床切削加工过程的稳定、安全、可靠，刀具拉紧拉力应大于12 000N，抓刀、松刀动作时间在2s以内。换刀时通过气动系统对刀柄与主轴间的7∶24定位锥孔进行清理，使用高速气流清除结合面上的杂物。为达到这些要求，并且尽可能地使其结构紧凑，减轻质量，并且结构上要求工作缸直径不能大于150mm，所以采用复合双作用气缸（额定压力0.5MPa）可达到设计要求。如图10-41所示为主轴气动结构图。

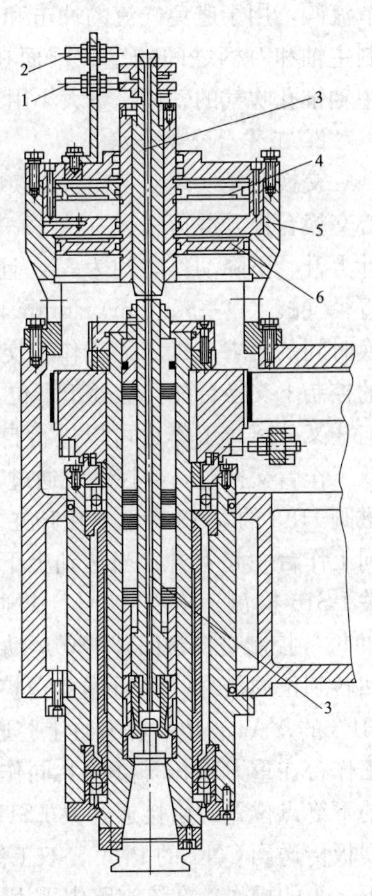

图10-41　主轴气动结构图

1、2—感应开关；3—吹气孔；4、6—活塞；5—缸体

在无换刀操作指令的状态下，松刀缸在自动复位控制阀HF1（见图10-40）的控制下始终处于上位状态，并由感应开关LS11检测该位置信号，以保证松刀缸活塞杆与拉刀杆脱离，避免主轴旋转时活塞杆与拉刀杆摩擦损坏。主轴对刀具的拉力由碟形弹簧受压产生的弹力提供。当进行自动或手动换刀时，两位四通电磁阀HF1线圈YA1得电，松刀缸上腔通入高压气体，活塞向下移动，活塞杆压住拉刀杆克服弹簧弹力向下移动，直到拉刀爪松

开刀柄上的拉钉，刀柄与主轴脱离。感应开关 LS12 检测到位信号，通过变送扩展板传送到 CNC 的 PMC，作为对换刀机构进行协调控制的状态信号。DJ1、DJ2 是调节气缸压力和松刀速度的单向节流阀，用于避免气流的冲击和振动的产生。电磁阀 HF2 用来控制主轴和刀柄之间的定位锥面在换刀时的吹气清理气流的开关，主轴锥孔吹气的气体流量大小用节流阀 JL1 调节。

2. 工作台交换支路

交换台是实现双工作台交换的关键部件，由于 H400 型加工中心交换台提升载荷较大（达 12 000N），工作过程中冲击较大，设计上升、下降动作时间为 3s，且交换台位置空间较大，故采用大直径气缸（D=350mm），6mm 内径的气管，可满足设计载荷和交换时间的要求。机床无工作台交换时，在两位双电控电磁阀 HF3 的控制下交换台托升缸处于下位，感应开关 LS17 有信号，工作台与托叉分离，工作台可以进行自由的运动。当进行自动或手动的双工作台交换时，数控系统通过 PMC 发出信号，使两位双电控电磁阀 HF3 的 YA3 得电，托升缸下腔通入高压气，活塞带动托叉连同工作台一起上升，当达到上下运动的上终点位置时，由接近开关 LS16 检测其位置信号，并通过变送扩展板传送到 CNC 的 PMC，控制交换台回转 180°运动开始动作，接近开关 LS18 检测到回转到位的信号，并通过变送扩展扳传送到 CNC 的 PMC，控制 HF3 的 YA4 得电，托升缸上腔通入高压气体，活塞带动托叉连同工作台在重力和托升缸的共同作用下一起下降，当达到上下运动的下终点位置时由接近开关 LS17 检测其位置信号，并通过变送扩展板传送到 CNC 的 PMC，双工作台交换过程结束，机床可以进行下一步的操作。在该支路中采用 DJ3、DJ4 单向节流阀调节交换台上升和下降的速度，避免较大的载荷冲击及对机械部件的损伤。

3. 工作台夹紧支路

由于 H400 加工中心要进行双工作台的交换，为了节约交换时间，保证交换的可靠，所以工作台与鞍座之间必须具有能够快速、可靠的定位、夹紧及迅速脱离的功能。可交换的工作台固定于鞍座上，由 4 个带定位锥的气缸夹紧，并且为了达到拉力大于

12 000N的可靠工作要求，以及受位置结构的限制，该气缸采用了弹簧增力结构，在气缸内径仅为 ϕ63mm 的情况下就达到了设计拉力要求。如 H400 型卧式加工中心气动系统原理图 10-41 所示，该支路采用两位双电控电磁阀 HF5 进行控制，当双工作台交换将要进行或已经进行完毕时，数控系统通过 PMC 控制电磁阀 HF5，使线圈 YA5 或 YA6 得电，分别控制气缸活塞的上升或下降，通过钢珠拉套机构放松或拉紧工作台上的拉钉，完成鞍座与工作台之间的放松或夹紧。为了避免活塞运动时的冲击，在该支路采用具有得电动作、失电不动作、双线圈同时得电不动作特点的两位双电控电磁阀 HF5 进行控制，可避免在动作进行过程中突然断电造成的机械部件冲击损伤。并采用单向节流阀 DJ5、DJ6 来调节夹紧的速度，避免较大的冲击载荷。该位置由于受结构限制，用感应开关检测放松与拉紧信号较为困难，故采用可调工作点的压力继电器 YK3、YK4 检测压力信号，并以此信号作为气缸到位信号。

4. 鞍座定位与锁紧支路

H400 型卧式加工中心工作台具有回转分度功能。与工作台连结为一体的鞍座采用蜗轮蜗杆机构使之可以进行回转，鞍座与床鞍之间具有了相对回转运动，并分别采用插销和可以变形的薄壁气缸实现床鞍和鞍座之间的定位与锁紧。当数控系统发出鞍座回转指令并做好相应的准备后，二位单电控电磁阀 HF7 得电，定位插销缸活塞向下带动定位销从定位孔中拔出，到达下运动极限位置后，由感应开关检测到位信号，通知数控系统可以进行鞍座与床鞍的放松，此时二位单电控电磁阀 HF8 得电动作，锁紧薄壁缸中高压气体放出，锁紧活塞弹性变形回复，使鞍座与床鞍分离。该位置由于受结构限制，检测放松与锁紧信号较困难，故采用可调工作点的压力继电器 YK2 检测压力信号，并以此信号作为位置检测信号。该信号送入数控系统，控制鞍座进行回转动作，鞍座在电动机、同步带、蜗杆蜗轮机构的带动下进行回转运动。当达到预定位置时，由感应开关发出到位信号，停止转动，完成回转运动的初次定位。电磁阀 HF7 断电，插销缸下腔通入高压气，活塞带动插销向上运动，插入定位孔，进行回转运动的精确定位。定位销到位后，感应开关发信通知锁紧缸锁紧，电磁阀 HF8 失电，锁紧缸充入高压气体，锁紧活塞变形，YK2 检测到压力达到预定值后，即是鞍座与鞍床夹紧完成。至此，整个鞍座回转动作完成。另外，在该定位支路中，DJ9、DJ10 是为避免插销冲击损坏而设置的调节上升、下降速度的单向节流阀。

5. 刀库移动支路

H400 型加工中心采用盘式刀库，具有 10 个刀位。在加工中心进行自动换刀时，由气缸驱动刀盘前后移动，与主轴的上下左右方向的运动进行配合来实现刀具的装卸，并要求在运行过程中稳定、无冲击。如图 10-41 所示，在换刀时，当主轴到达相应位置后，通过对电磁阀 HF6 得电和失电使刀盘前后移动，到达两端的极限位置，并由位置开关感应到位信号，与主轴运动、刀盘回转运动协调配合完成换刀动作。其中 FH6 断电时，刀库部件处于远离主轴的原位。DJ7、DJ8 为避免冲击而设置的单向节流阀。

该气动系统中，在交换台支路和工作台拉紧支路采用二位双电控电磁阀（HF3、HF4），以免在动作进行过程中突然断电造成的机械部件的冲击损伤。并且系统中所有控制阀完全采用板式集装阀连接，这种安装方式结构紧凑，易于控制、维护与故障点检测。为避免气流排出时所产生的噪声，在各支路的排气口均加装了消声器。

第四节 机床的 PLC 控制与数控技术

一、数控机床可编程控制器（PLC）的功能

1. S 功能处理

主轴转速可以用 S 加 2 位代码或 S 加 4 位代码直接指定。例如：某数控机床的主轴最高转速为 4000r/min，最低转速为 50r/min，若用 S4 位代码，CNC 送出 S4 位代码至 PLC，将进行二进制—十进制数转换，然后进行速度控制。当 S 代码大于 4000 时，限制 S 为 4000；当 S 代码小于 50 时，限制 S 为 50。此 S 数值被送

到 D/A 转换器，转换成 50～4000r/min 相对应的输出电压，作为转速指令控制主轴的转速；若用 S2 位代码指定主轴的转速，应首先制定 S2 位代码与主轴转速的对应表，CNC 输出 S2 位代码进入 PLC，经过一系列处理，很容易实现对主轴转速的控制。

2. T 功能处理

数控机床通过 PLC 可管理刀库，因此对加工中心的自动换刀带来了很大的方便。换刀时处理的信息包括选刀方式，刀具累计使用的次数，刀具剩余寿命等。

3. M 功能处理

M 功能是数控机床的辅助功能。根据不同的 M 代码，可控制主轴的正、反转和停止，主轴齿轮箱的换挡、变速，切削液的开、关，卡盘的夹紧、松开及换刀机械手的取刀、归刀等动作。

二、数控机床的可编程控制器与外部的信息交换

在研究数控系统和机床各机械部件、机床辅助装置、强电线路之间的关系时，常把数控机床分为“NC 侧”和“MT 侧”（机床侧）两大部分。“NC 侧”包括 CNC 系统的硬件和软件、与 CNC 系统连接的外部设备。“MT 侧”则包括机床机械部分及其液压、气压、冷却、润滑、排屑等机械装置、机床操作面板、继电器线路等。PLC 处于 NC 与 MT 之间，对 NC 和 MT 的输入、输出信号进行处理。MT 侧顺序控制的最终对象随数控机床的类型、结构、辅助装置等的不同而有很大差别。机床结构越复杂，辅助装置越多，最终受控对象也越多。一般来说，最终受控对象的数量和顺序控制的复杂程度是随 CNC 车床、CNC 铣床、加工中心、FMS、CIMS 的顺序递增的。

PLC 的控制对象是外部机械设备，它的输入/输出信号是面向数控系统和机床两侧的，如图 10-42 所示。

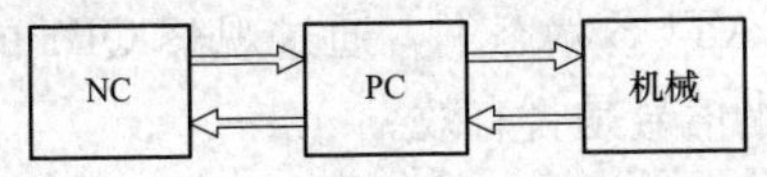

图 10-42　PLC 输入/输出关系图

1. 机床至 PLC(MT→PLC)

此类信号在有些数控系统中用 X 表示，一般为操作者在机床侧的操作和机床的现场信号。机床侧的开关量信号通过 I/O 单元接口输入至 PLC 中，除极少数信号外，绝大多数信号的含义及所占用 PLC 的地址均可由 PLC 程序设计者自行定义。

(1) 指令按钮。急停、手动/自动、启动、停止等各类按钮以及机床操作面板上各类操作键。

(2) 检测开关。X、Y、Z、A、B 等各坐标轴的极限位置行程开关、回原点减速开关、原点位置检测开关、防护门开关等。

(3) 传感器信号。温度传感器、压力传感器、电动机过载信号和刀具计数器等。

2. PLC 至机床 (PLC→MT)

此类信号在有些数控系统中用 Y 表示，一般为某一动作的执行信号。控制机床的信号通过 PLC 的开关量输出接口送到机床侧，所有开关量输出信号的含义及所占用 PLC 的地址均可由 PLC 程序设计者自行定义。由于 PLC 的驱动能力的限制，往往需要通过若干继电器和接触器才能驱动真实的负载。

(1) 电动机。排屑电机、冷却电机、润滑电机、刀库旋转电机等。

(2) 电磁阀。抓刀机构、夹紧装置、液压缸、气压缸的阀门等。

(3) 指示信号。指示灯、报警灯、蜂鸣器等。

举例：在 SINUMERIK810 数控系统中，机床侧某电磁阀的动作由 PLC 的输出信号来控制，设该信号用 Q1.4 来定义。该信号通过 I/O 模块和 I/O 端子板输出至中间继电器线圈，继电器的触点又使电磁阀的线圈通电，从而控制电磁阀的动作。同样，Q1.4 信号可在 PLCSTATUS 状态下，通过观察 QB1 的第 4 位“0”或“1”来获知该输出信号是否有效。

3. CNC 至 PLC(CNC→PLC)

此类信号在有些数控系统中用 F 表示，一般为 CNC 对 PLC 发出的指令信号。送至 PLC 的信息可由 CNC 直接送入 PLC 的寄存器中，所有CNC送至PLC的信号含义和地址（开关量地址或寄存器地址）均由CNC厂家确定，PLC编程者只可使用，不可改变和增删。

（1）M代码指令。M03、M05、M08、M38等各M代码指令。

（2）使能信号。主轴旋转、固定循环等。

（3）T代码指令。刀具的选择、刀库的旋转等。

举例：数控指令的M、S、T功能，通过CNC译码后直接送入PLC相应的寄存器中。在SINUMERIK810数控系统中，M03指令经译码后，送入FY27.3寄存器中。

4. PLC至CNC(PLC→CNC)

此类信号在有些数控系统中用G表示，一般为PLC对CNC所发出的应答和控制信号。PLC送至CNC的信息也由开关量信号或寄存器完成。所有PLC送至CNC的信号地址与含义由CNC厂家确定，PLC编程者只可使用，不可改变和增删。

（1）选择信号。控制轴的选择，挡位的选择，循环的选择等。

（2）刀具信号。刀具位置、检测信号、复位信号等。

（3）控制反馈信号。急停信号、超程信号等。

举例：SINUMERIK810数控系统中，Q108.5为PLC至CNC的进给使能信号。

三、PLC在数控机床上的应用

PLC在数控机床中，主要实现M、S、T的控制功能。本节主要以FANUC系统中PLC控制程序的几个应用实例作分析说明。

（一）PLC在数控机床中实现M控制功能的实例

1. 主轴准停控制

在加工中心进行加工时，为了换刀时使机械手对准抓刀槽或精镗孔时都要用到主轴准停功能。实现主轴的准停功能，在FANUC系统中采用PLC来实现，其梯形图如图10-43所示。

图10-43中，控制主轴定向运动有两个主要信号，一个是M06，是换刀指令信号，另一个是主轴定向控制指令信号，这两个信号并联作为主轴定向控制的主令信号，只要其中一个信号动作，

就能控制主轴做定向运动；除此之外，对主轴的控制还需要其他信号，AUTO为自动工作方式状态信号，手动时AUTO为“0”，自动时为“1”；RST为CNC系统的复位信号；ORCM为主轴定向继电器，其触点输出到机床以控制主轴定向；ORAR为从机床侧输入的“定向到位”信号。

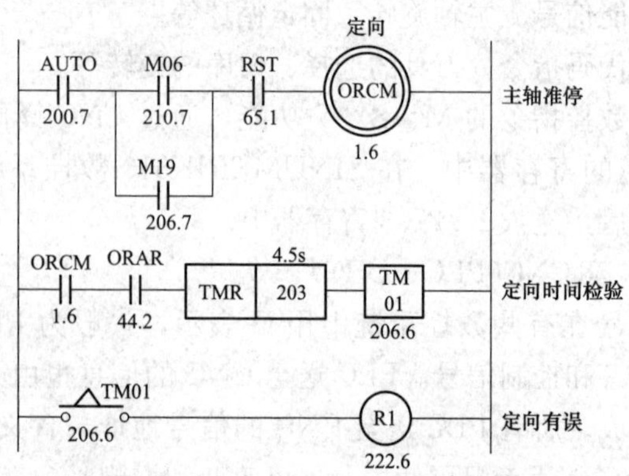

图10-43 主轴定向控制梯形图

为了检测主轴定向是否在规定时间内完成，这里应用了功能指令TMR进行定时操作。整定时限为4.5s，如在4.5s内不能完成定向控制，将发出报警信号，R1即为报警继电器。梯形图转为语句表如下：

1	RD	200.7	AUTO
2	RD. STK	210.7	M06
3	OR	206.7	M19
4	AND. STK		M06＋M19
5	AND. NOT	65.1	
6	WRT	1.6	定向输出
7	RD	1.6	ORCM
8	AND. NOT	44.2	ORAM
9	TMR	203	
10	WRT	206.6	

11　　RD　　206.6　　TM01

12　　WRT　　222.6

2. 主轴的正、反转控制

图 10-44 是控制主轴的正、反转的梯形图，图中，中间继电器 SPAW（R715.2）是控制主轴旋转的条件，它必须在以下 3 个条件同时满足时主轴才可能旋转：①CNC 处于非紧停状态，即 ＊ESP＝“1”；②主轴必须处于紧刀状态，即 SQ11B＝“1”（紧刀状态开关接通）；③主轴停止条件不满足。

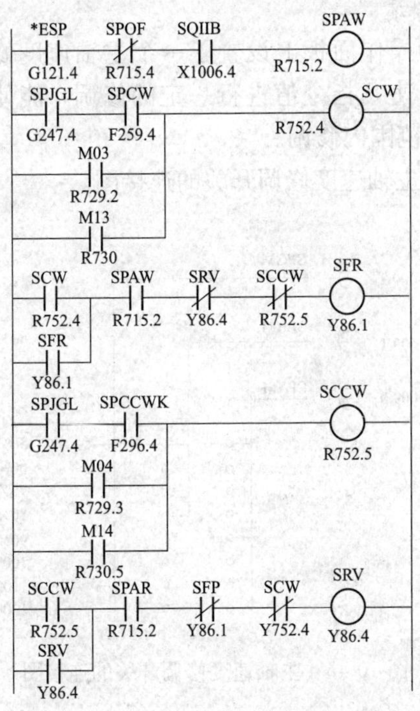

图 10-44　主轴正、反转控制梯形图

图 10-44 中，PLC 传送到 MT 信号 SFR（Y86.1）和 SRV（Y86.4）为输出到主轴伺服装置的主轴正转和反转命令（SFR＝1 主轴正转，SRV＝1 主轴反转）。

（1）当 SPAW＝1 时，执行下列操作使主轴正转（SFR＝1）。

1）在操作面板上的主轴手动方式生效（G247.4=1）时按下主轴正转键（SPCWK=1）。

2）执行加工程序段中的M03或M13指令时。

(2) 当SPAW=1时，执行下列操作使主轴反转（SRV=1）。

1）在操作面板上的主轴手动方式生效（G247.4=1）时，按下主轴反转键（SPCCWK=1）。

2）执行加工程序段中的M04或M14指令时。

注：要使主轴旋转的另一个必要条件是必须输入了主轴速度命令S。

3. 主轴的调速

数控机床的操作面板上设置了一个主轴速度修调开关，用来对程编的主轴转速S指令值进行一定的修调，能使主轴程编速度在50%～120%范围内修调。

图10-45是主轴速度修调开关的连接图。

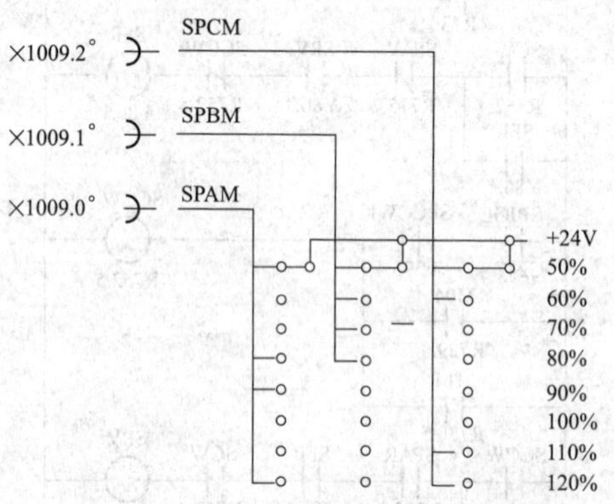

图10-45　主轴速度修调开关的连接图

在图10-45中，接点信号SPAM、SPBM和SPCM是从机床操作面板的主轴速度开关输入到PLC的输入信号，即MT→PLC。它们的地址分别为X109.0、X1009.1和X1009.2。表10-31是主轴速度修调范围内的信号状态表。其中SPA、SPB和SPC为PLC传送到CNC的输入信号，它们的地址分别为G103.3、G103.4和G103.5，这3个信号的不同状态组合，使得主轴的程编速度可在

50%～120%范围内的修调。

表 12-31　　主轴速度修调范围的信号状态

主轴修调百分率（%）	3 位信号		
	SPA	SPB	SPC
50	1	1	1
60	0	1	1
70	0	1	0
80	1	1	0
90	1	0	0
100	0	0	0
110	0	0	1
120	1	0	1

图 10-46 中的梯形图将外部开关信号 SPAM、SPBM 和 SPCM 直接与 CNC 输入点 SPA、SPB 和 SPC 接通，使外部开关的 8 种不同状态、输入到 CNC 中，从而达到主轴速度修调的目的。

4. 主轴的停止控制

要实现主轴的停止（R715. 4＝1）必须满足以下条件。

（1）主轴手动方式有效（G247. 4＝1），进给运动已经停止（F149. 3＝1）时按下主轴停止键（F294. 4＝1）。

（2）执行的程序段中有选择停止指令 M01，且操作面板上的选择停方式有效（G216. 1＝1），进给运动停止后。

（3）程序段中有 M00、M05、M02 和 M30 指令且进给运动停止后。图 10-47 中 PLC 传送给 CNC 的信号 ＊SSTP 为主轴停止信号，只有在 ＊SSTP＝1 时，才允许控制主轴速度的模拟电压输出。

（二）PLC 在数控机床上实现 M 功能的控制

1. M 功能的译码

M 功能用来控制机床的辅助操作，通常被编写在零件加工程序之中。CNC 系统执行含有 M 功能指令的零件加工程序段时，在

CNC 装置传送给可编程控制器，数据区地址为 F151 的字节中产生相应的 M 代码值。可编程控制器通过执行相应的译码程序，从中识别相应的代码类型，进行相应的辅助功能控制。如图 10-48 中为主轴控制用的一些 M 功能代码的译码程序，其中 M03 为主轴正转，M04 为主轴反转，M05 为主轴停止，M19 为主轴准停。

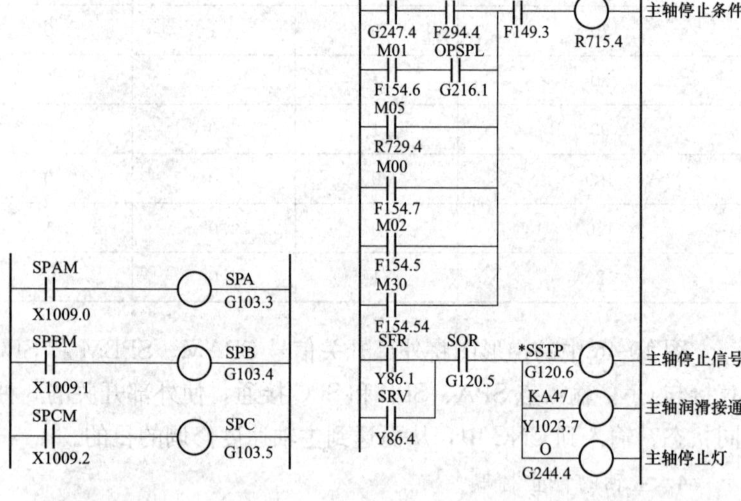

图 10-46　主轴速度修调控制程序梯形图

图 10-47　主轴停止控制梯形图

当 F151 的内容为 2 位 BCD 码数 03 时，中间继电器 R729. 2 为 1；当 F151 的内容为 2 位 BCD 码数 04 时，中间继电器 R729. 3 为 1。PLC 可以用这两个接点信号来控制主轴的正转和反转，同理，当 F151 的内容为 2 位 BCD 码数 05 时，中间继电器 R729. 4 为 1，PLC 利用这个节点信号控制主轴的停止；当 F151 的内容为 2 位 BCD 码数 19 时，中间继电器 R731. 2 为 1，PLC 利用这个节点信号来控制主轴的定向运动。

在图 10-48 中，接点 MF 为 M 功能的代码读信号，它是在 CNC 发出 M 功能代码之后发出的 CNC 传送到 PLC 的信号。

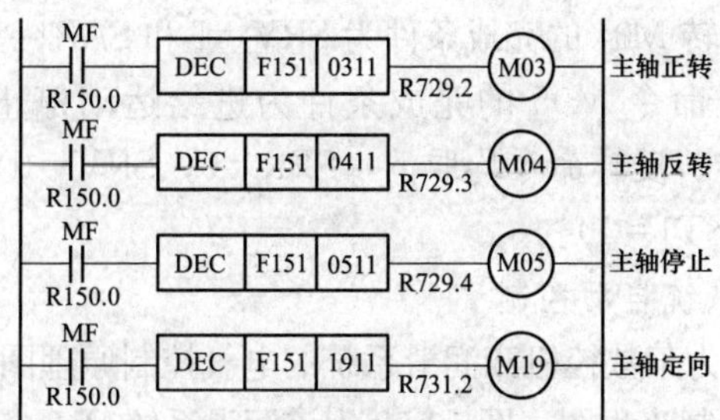

图 10-48　M 功能译码梯形图

2. PLC 完成 M 功能信号的处理

CNC 系统发出辅助功能指令 M，主轴转速指令 S 和刀具选择指令都是编写在零件加工程序段中的，只有在这些指令完成以后加工程序才能进入下一个程序段。为了简单起见，下面以 M 功能为例说明其完成信号的处理方法。

从图 10-49 中可以看出，主轴正转且冷却接通命令 M13 的完成条件为冷却泵接通（KA2＝1)，主轴正转命令信号发出（SFR＝1）以及主轴速度到信号（SAR1＝1)，而主轴正转命令 M03 的完成条件为 SFR＝1 以及 SAR1＝1。

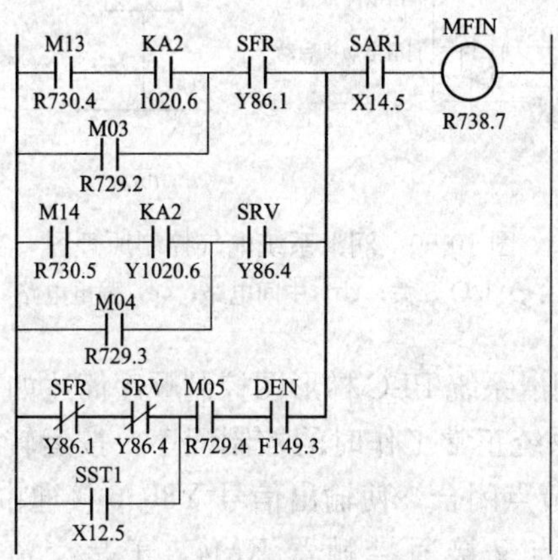

图 10-49　M 功能信号处理梯形图

主轴反转且冷却接通命令 M14 的完成条件为冷却泵接通（KA2＝1)，主轴反转命令发出（SRV＝1）以及主轴速度到达（SAR1＝

1)，而主轴反转 M04 的完成条件为 SRV=1 和 SAR1=1。

主轴停止命令 M05 的完成条件为进给运动停止（DEN=1）以及主轴正转、反转命令均取消（SFR=0，SRV=0）或者主轴速度为“0”（SST1=1）。

3. 润滑系统自动控制

图 10-50 为某数控机床润滑系统的电气控制原理图，图 10-51 为该润滑系统控制流程图，图 10-52 为该润滑系统 PLC 控制梯形图。

从图 10-50 中可知，要处理来自机床侧的 4 个以 X 字母开头的输入地址信号，2 个以 Y 地址开头的输出地址信号，12 个以 R 字母开头的内部继电器以及 4 组以 D 字母开头的固定定时器时间设定地址。

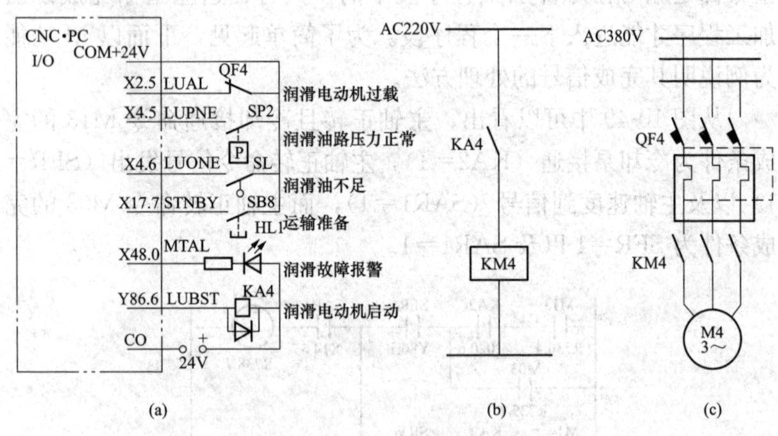

图 10-50 润滑系统电气控制原理图

(a) I/O 开关；(b) 中间电路；(e) 强电电路

图 10-52 润滑系统 PLC 梯形图控制顺序简述如下。

(1) 润滑系统正常工作时的控制程序：按运转准备按钮 SB8、23N 行 X17.7 节点闭合，使输出信号 Y86.6 接通中间继电器 KA4 线圈，KA4 触点又接通接触器 KM4，于是交流 AC380V 通过 KM4 触点与 M4 电机接通，启动润滑电机 M4 运行，23P 行的 Y86.6 触点实现自保。

当 Y86.6 为“1”时，24A 行 Y86.6 触点闭合，TM17 号定时

器（R613.0）开始计时，设定时间为 15s（通过 MDI 面板设定），到达 15s 后，定时器 TM17 线圈接通，23P 行的 R613.0 触点断开，于是 Y86.6 停止输出，润滑电机 M4 停止运行，同时也使 24D 行输出 R600.2 为“1”，并由 24E 行自保。

24F 行的 R600.2 为“1”，使 TM18 定时器开始计时，计时时间设定为 25min。到达时间后，输出信号 R613.1 为“1”，使 24G 行的 R613.1 触点闭合，Y86.6 输出并自锁，润滑电动机 M4 重新启动运行，重复上述控制过程。

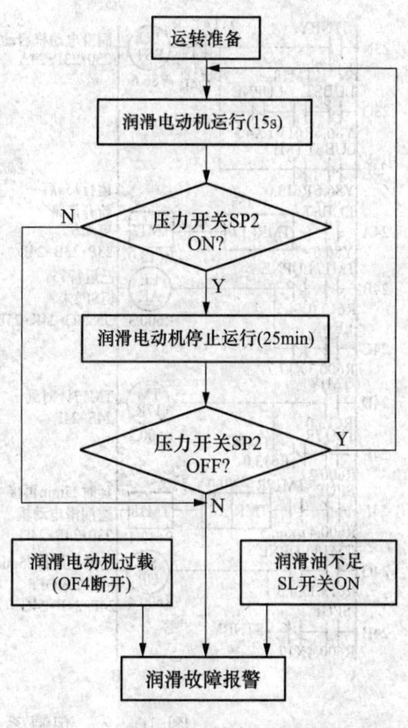

图 10-51　润滑系统控制流程图

（2）润滑系统出现故障时的监控。

1）当润滑油路出现泄漏或压力开关 SP2 失灵的情况时，润滑电动机 M4 已运行 15s，但压力开关 SP2 未闭合，则 24B 行的 X4.5 触点未打开，R600.3 线圈接通，并通过 24C 行触点 R600.3 实现自保。一方面使 24I 行 R616.7 输出为“1”，使 23N 行 R616.7 触点断开，润滑电动机 M4 停止运转，另一方面 24M 行 R616.7 触点闭合，使 Y48.0 输出为“1”，接通报警指示灯（发光二极管 HL 亮），并通过 TM02、TM03 定时器控制，使信号报警灯闪烁。

2）当润滑油路出现堵塞或压力开关失灵的情况时，在润滑电机 M4 已停止运行 25min 后，油路压力降不下来（SP2 处于闭合状态），则 24G 行的 X4.5 闭合，R600.4 输出为“1”，同样使 24I 行的 R616.7 输出为“1”，又使 23N 行的 R616.7 断开，润滑电动机将不再启动。

3）如果润滑油不足，液位开关 SL 闭合，24J 行的 X4.6 闭

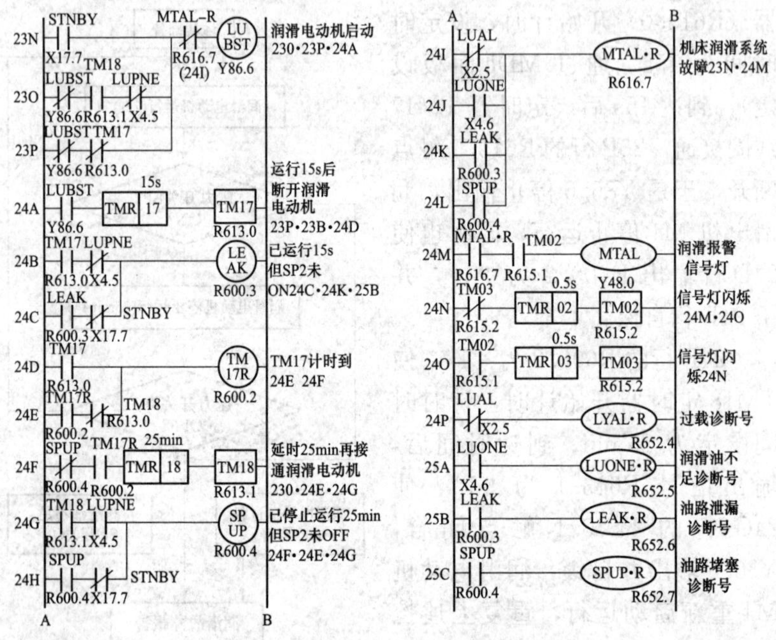

图 10-52　润滑系统的 PLC 控制梯形图

合，使 24I 行 R616.7 输出为“1”，又使 23N 行的 R616.7 断开，润滑电动机将不能再启动。

4）如果润滑电动机 M4 过载，QF4 断开 M4 的主电路，同时 QF4 的辅助触点合上，使 24I 行的 X2.5 合上，同样使 R616.7 为“1”，断开 M4 的控制电路并同时报警。

上述四种故障中有任何一种出现，将使 24I 行 R616.7 为“1”，并将 24M 行 Y48.0 信号输出，接通机床报警指示发光二极管，向操作者发出报警指示。

（三）PLC 在数控机床上实现 T 功能的控制

1. 双向就近找刀控制

如图 10-53 所示为一双向就近找刀控制梯形图，图中包括两个部分，即刀库旋转方向判别和运动步数计算部分。刀库的容量为 20，其中应用了比较（COMP）指令、符合（COIN）指令、传递（MOVE）指令和旋转（ROT）指令等 4 种功能指令。

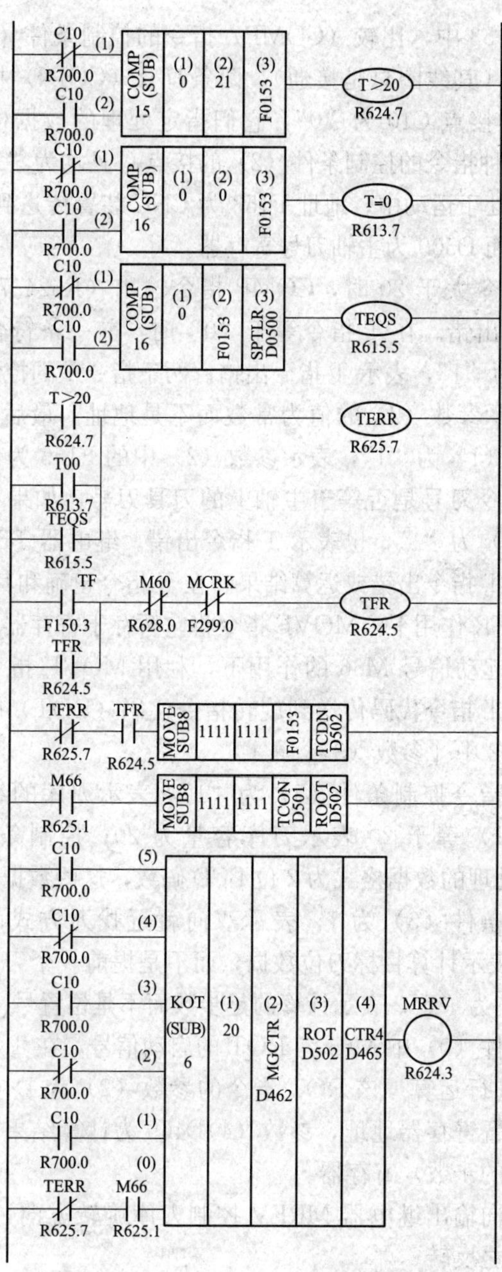

图 10-53　双向就近找刀控制梯形图

在图10-53中，比较（COMP）指令的控制条件（1）的接点C10为“1”（其线圈总是接通），两条符合（COIN）指令的控制条件（1）的接点C10为“0”，它们指定处理的数据格式为2位BCD码，两种指令的控制条件（2）的接点C且均为“1”，表示两种指令始终处于运动中。地址F153为CNC装置传送到PLC的T指令代码，而D500为主轴刀号寄存器。

在T指令大于20时，COMP指令输出（R624.7）为“1”，表示T指令出错。在T指令等于“0”时，前一条符合指令输出(R613.7）为“1”，表示T指令出错。两条指令中的控制条件（1）为“0”，表示参数（2）的值为常数而不是地址。最后一条COIN指令的常数（1）为“1”，表示参数（2）中的F153为地址。该指令判别T指令刀号是否等于主轴上的刀具刀号，如果相等，其输出（R615.5）为“1”，也表示T指令出错。继电器TERR的线圈是上述3种T指令出错或运算结果。在T指令正确和其读信号TF的寄存器TFR作用下，MOVE指令将它暂存于寄存器D501中。

在刀库起动信号M66的作用下，利用MOVE指令将暂存于D0501中的T指令代码传送到旋转指令代码（ROT）的目标位置寄存器四502中［参数（3)］。

该旋转指令控制条件（5）为“1”，表示刀库的编号从1开始，参数（1）等于20表示刀库容量为20；控制条件（4）为“0”，表示处理的数据格式为2位BCD码数，这些数据与刀库容量有关；控制条件（3）为1，表示双向就近找刀方式；控制条件(2）为0，表示计算目标刀位数据，而不是提前一个刀位数据；控制条件（1）为“1”，表示计算的是步数而不是位置号。

控制条件（0）中M66为ROT的启动信号，在T指令正确的ROT指令进行运算。该ROT指令的参数（2）为D462，它为刀库的现行位置寄存器地址，参数（4)D465为计算结果（现行刀位到目标刀位的步数）寄存器。

旋转方向输出继电器MREV控制刀库旋转方向，MREV＝0时正转，反之反转。

2. 刀库自动选刀控制

在加工中心上，刀库选刀控制（T 指令）和刀具交换控制（M06 指令）是 PLC 控制的重要部分。目前刀库选刀一般有两种控制方式，一是刀套编码方式的固定选刀，二是随机选刀。

（1）固定选刀。固定选刀是对刀库中的刀套进行编码，并将与刀套相对应的刀具一一放入指定的刀套号中，然后根据刀套的编码选取刀具，如图 10-54 所示为采用固定选刀控制。

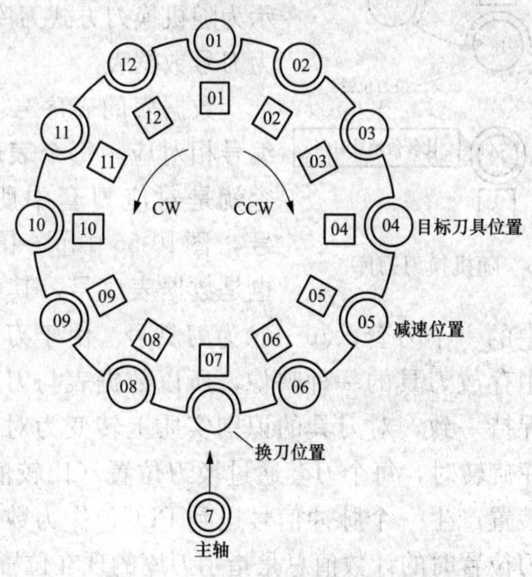

图 10-54　固定选刀控制

在图 10-54 中，如采用与刀库同时旋转的绝对值编码器，则01～12刀套号对应的二进制为 0000～1100，①～⑫为刀具编号，刀具编号与刀套编号一一对应。当执行 M06　T04 指令时，首先将刀套 7 转至换刀位置，由换刀装置将主轴中的 7 号刀装入 7 号刀套内，随后刀库反转，使 4 号刀套转至换刀位置，由换刀装置将 4 号刀装入主轴内。由此可以看出，固定选刀方式的特点是只认刀套不认刀具，刀具在自动交换过程中必须将用过的刀具放回原来的刀套内。当刀库选刀采用固定选刀方式控制时，要防止把刀具放入与编码不符合的刀套内而引起的事故。

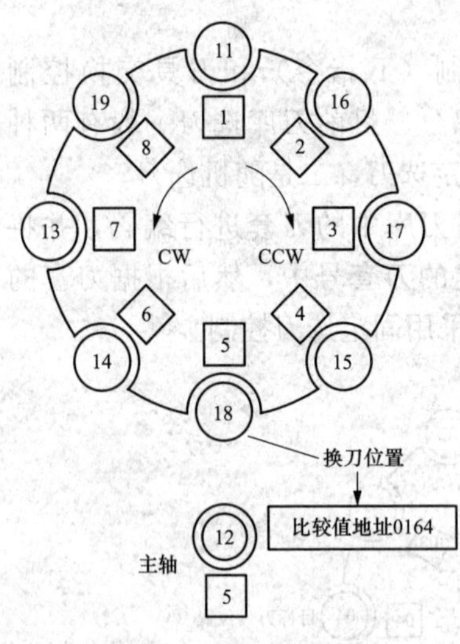

图 10-55　随机换刀刀库

(2) 随机换刀。在随机换刀方式中，刀库上的刀具能与主轴的刀具任意地直接交换。随机换刀控制方式需要在 PLC 内部设置一个模拟刀库的数据表，其长度和表内设置的数据与刀库的容量和刀具号相对应。如图 10-55 所示为随机换刀方式刀库，表 10-32 为刀号数据表。

数据表的表序号与刀库刀套编号相对应，每个表序号中的内容就是对应刀套中所放的刀具号，图 10-55 中⓪～⑧为刀套号，也是数据表序号，其中⓪是将主轴作为刀库中的一个刀套，⑪～⑲为刀具号。由于刀具数据表实际上是刀库中存放刀具的一种映像，所以数据表与刀库中刀具的位置应始终保持一致，对刀具的识别实质上转变为对刀库位置的识别。当刀库旋转时，每个刀套通过换刀位置（比较值地址）时，由外部检测装置产生一个脉冲信号送到 PLC，作为数据表序号指针，通过换刀位置时的计数值总是指示刀库的现在位置。

表 10-32　　刀号数据表

数据表地址	数据表序号（刀套号）（2 位 BCD 码）	刀具号（2 位 BCD 码）
0172	0（00000000）	12（00010010）
0173	1（00000001）	11（00010001）
0174	2（00000010）	16（00010110）
0175	3（00000011）	17（00010111）
0176	4（00000100）	15（00010101）
0177	5（00000101）	18（00011000）
0178	6（00000110）①	14（00010100）②
0179	7（00000111）	13（00010011）
0180	8（00001000）	19（00011001）

①　检索结果输出地址 0151。

②　检索数据地址 0117。

当 PLC 接到寻找新刀具的指令（T××）后，在模拟刀库的刀号数据表中进行数据检索，检索到 T 代码给定的刀具号，将该刀具号所在数据表中的表序号存放在一个地址单元中，这个表序号就是新刀具的刀库的目标位置。刀库旋转后，测得刀库的实际位置与刀库目标位置一致时，即识别了所要寻找的新刀具，刀库停转并定位，等待换刀。在执行 M06 指令时，机床主轴准停，机械手执行换刀动作，将主轴上用过的旧刀和刀库上选好的新刀进行交换，与此同时，修改现在位置地址中的数据，确定当前换刀位置的刀套号。

在 FANUC PLC 中，应用数据检索功能指令（DSCH）、符合检查功能指令（COIN）、旋转指令（ROT）和逻辑“与”后传输指令（MOVE）即可完成上述随机换刀控制。

现根据图 10-55 和表 10-32，执行 M06T14 换刀指令。换刀结果：刀库中的 T14 刀装入主轴，主轴中原 T12 刀插入刀库 6 号刀套内。主轴梯形图如图 10-56 所示。

图 10-55 中，换刀位置（刀库现在位置）的地址为 0164，在 COIN 功能指令中作为比较值地址，该地址内的数据为在换刀位置的刀套号（数据表序号），其值由外部计数装置根据刀库旋转方向进行加 1 或减 1 计数。图中所示的当前刀套号为 5，该值以 2 位 BCD 码的形式（00000101）存入 0164 地址中。

在 DSCH 功能指令中，参数 1 为数据表容量，本例刀库共有 9 把刀，建立的刀号数据表有 9 个数，故本参数设定值为 0009；参数 2 为数据表的头部地址，本参数为 0172；参数 3 为检索数据地址，其作用就是将 T 指令中的 14 号从数据表中检索出来，并将 14 号刀以 2 位 BCD 码的形式（00010100）存入 0117 地址单元中，故本参数为 0117；参数 4 为检索结果输出地址，其作用就是将 14 号刀所在数据表中的序号 6 以 2 位 BCD 码的形式（00000101）存入到 0151 地址单元中，故本参数为 0151。

通电后，动断触点 A(128.1) 断开，故 DSCH 功能指令按 2 位 BCD 码处理检索数据。当 CNC 读到 T14 指令代码信号时，将

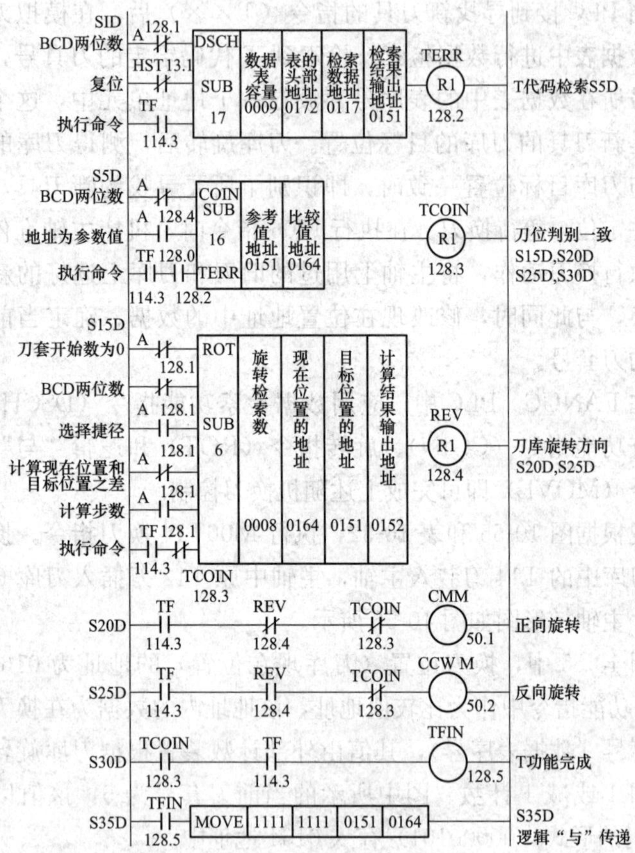

图 10-56　随机换刀控制梯形图

此信息送入 PLC。TF(114.3) 闭合，开始 T 代码检索，将 14 号刀号存入 0117 地址，数据表序号 6 存入 0151，同时 TEER (128.2) 置“1”。

在 COIN 功能指令中，由控制条件可知，参数 1 和参数 2 分别为参考值地址。151 和比较值地址 0164，并按 2 位 BCD 形式进行处理，其中 0151 存放的是指令刀号 14，而 0164 存放的是当前刀套数据表序号 6。

当 TERR 由 DSCH 指令置“1”后，COIN 指令即开始执行，因地址 0151 与 0164 内数据不一致，则输出 TCOIN(128.3) 为"0"，作为刀库旋转 ROT 功能指令的启动条件。

在 ROT 功能指令中，计算刀套的目标位置与现在位置之间相差的步数或位置号，并把它置入计算结果地址，可以实现最短路径将刀库旋转至预期位置。参数 1 为旋转检索数，即旋转定位点数，对本例，该参数为 8；参数 2 为现在位置的地址，因当前刀套号 5 存在 0164 地址内，故参数 2 为 0164；参数 3 为目标位置地址，因指令要求 T14 号刀具的刀套号 6 存在 0151 地址内，故参数 3 为 0151；参数 4 为计算结果输出地址，本例选定为 0152。

当刀具判别指令执行后，TCOIN(128.3) 输出为"0"，其动断触点闭合，TF(114.3) 此时仍为"1"，故 ROT 指令开始执行。根据 ROT 控制条件的设定，计算出刀库现在位置与目标位置相差步数为"1"，将此数据存入 0152 地址，并选择出最短旋转捷径，使 REV(128.4) 置"0"，正向旋转方向输出。通过 CW. M 正向旋转继电器，驱动刀库正向旋转一步，即找到了 6 号刀位。

在本梯形图中，MOVE 功能指令的作用是修改换刀位置的刀套号。换刀前的刀套号 5 已由换刀后的刀套号 6 替代，故必须将地址 0151 内的数据照全样传输到 0164 地址中，因此 MOVE 指令中的参数 1（高 4 位）、参数 2（低 4 位）均采用全"1"，经与 0151 地址内数据 6(BCD 码 00000110) 相"与"后，其值不变，照原样传送到 0164 地址中。当刀库正转一步到位后，ROT 指令执行完毕。此时 T 功能完成信号 TFIN(128.5) 的动合触点使 MOVE 指令开始执行，完成数据传送任务。

下一扫描周期，COIN 判别执行结果，当两者相等时，使 TCOIN 置"1"，切断 ROT 指令和 CW. M 控制，刀库不再旋转，同时给出 TFIN 信号，报告 T 功能已完成，可以执行 M06 换刀指令。

当 M06 执行后，必须对刀号及数据表进行修改，即序号 0 的内容改为刀具号 14，序号 6 的内容改为刀具号 12。

（四）PLC 在数控机床中其他方面的控制

1. 故障检测显示

图 10-57 为（AL1～AL10）10 个故障的检测梯形图，图 10-58 是与图 10-57 相应的故障显示梯形图。

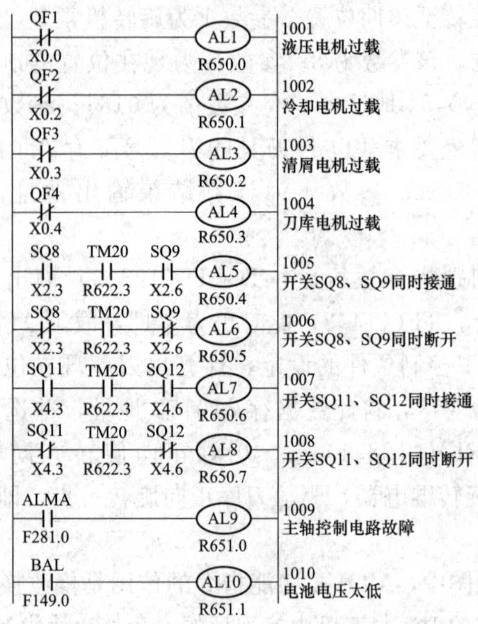

图 10-57　故障检测梯形图

故障检测结果应存放在显示指令的信息控制地址中（R650.0～R651.1），该显示指令共有 10 个信息数据，每个数据占用 14 步（参数 2），信息数据的步数总和为 140。

信息的编号用十进制数编号，信息中的英文字母和符号用指定的 2 位十进制数编写。图 10-57 的右侧为每条故障信息的编号和说明，它们与图 10-58 中的信息数据编码是一一对应的。

图 10-58 中，信息显示指令的控制条件 C10 取常数为 1，这样，一旦有故障出现，就无条件地显示出来，其中的故障编号在 1000～1099 范围内。所以，故障出现时将产生 CNC 报警，使系统进入保持状态。

C10 R700.0 | DISP SUB49 | (1) 140 | (2) 140 | (3) R650 | DSP1 R629.0

1001	7289	6882	7985	7673	6732	7779
8479	8232	7986	6982	7679	6568	3232
1002	6779	7976	6578	8432	7779	8479
8232	7986	6982	7679	6563	3232	3232
1003	6772	7380	3267	7669	6578	3277
7984	7982	3279	8669	8276	7965	6832
1004	7765	7465	9073	7869	3277	6984
7982	3279	8669	8276	7965	6832	3232
1005	8387	7384	6772	3283	8156	4483
8157	3279	7832	6576	7632	3232	3232
1006	8387	7834	6772	3283	8156	4483
8157	3279	7070	3265	7676	3232	3232
1007	8387	7384	6772	3283	8149	4944
3283	8149	5032	7978	3265	7676	3232
1008	8387	7384	6772	3283	8149	4944
3283	8149	5032	7970	7032	6576	7632
1009	8380	7378	6876	6932	6779	7884
8279	7632	6576	6582	7732	3232	3232
1010	6665	8469	8289	3286	7976	8465
7169	3276	7987	3232	3232	3232	3232

图 10-58　故障显示梯形图

2. 对加工零件计数

图 10-59 为零件加工计数控制梯形图。

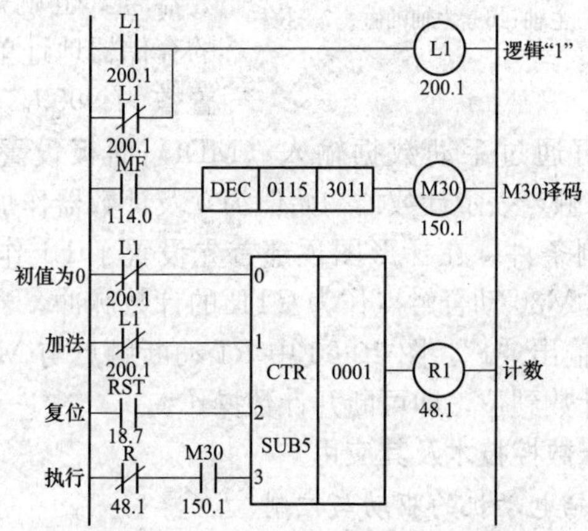

图 10-59　零件加工计数控制梯形图

该梯形图用 32 条功能指令，一条是译码指令 DEC，另一条是

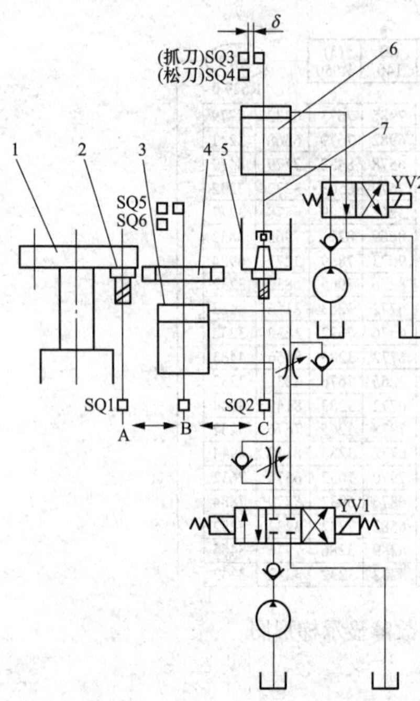

图 10-60　加工中心自动换刀控制示意图

1—刀库；2—刀具；3—换刀臂升降油缸；4—换刀臂；5—主轴；6—主轴油缸；7—拉杆

计数器指令 CTR。数控机床的 M 和 T 代码用译码指令来识别，译码指令 DEC 译 2 位 BCD 码，当 2 位数字的 BCD 码信号等于一个确定的指令数值时，输出为“1”，否则为“0”。图中，DEC 指令的参数 1 为译码地址 0115，参数 2 的译码指令 3011，软继电器 M30（150.1）即为译码输出。

在数控加工中，每当零件加工程序执行到结尾时，程序中出现 M30 代码，经译码输出，M30 为“1”，以此作为 CTR 计数脉冲，即可实现零件加工计数。在 CTR 功能指令中参数为计数器号，也就是一个 16 位的存储器地址单元，最大预置数为 9999。零件加工件数的预期值可通过手动数据输入（MDI）面板设置。控制条件 200.1 为动断触点表示计数器初始值为 0 及计数器作加法计数，为满足这一控制条件，在梯形图顶部首先设置了 L1 作为逻辑“1”电路。同时，M30 动合触点作为 CTR 的计数脉冲，当计数到初预置值时，R1 输出“1”，图 10-60 中 R1 动断触点与 M30 动合触点串联，一旦计数到位，即可断开计数操作。

四、机床数控技术及其应用

（一）主轴电动机的驱动与控制

1. 直流主轴电动机及其驱动控制

（1）直流主轴电动机。

1）直流主轴电动机的结构特点。直流主轴电动机的结构与永磁式直流伺服电动机的结构不同。由于要求有较大的功率输出，所以在结构上不能做成永磁式，而与普通直流电动机相同，也是由定子和转子两部分组成，一般是他励式。转子由电枢和换向器组成，定子由主磁极和换向极组成，有的主轴电动机带有补偿绕组。

这类电动机在结构上的特点是：为了改善换向性能，在结构上都有换向极，为缩小体积，改善冷却效果，以免电动机热量传到主轴上，常采用轴向强迫风冷或水管冷却技术。为适应主轴调速范围宽的要求，一般主轴电动机都能在调速比 1∶100 的范围内实现无级调速，而且在基本速度以上达到恒功率输出，在基本速度以下为恒转矩输出，以适应重负荷的要求。电动机的主磁极和换向极都采用硅钢片叠成，以便在负载变化或加速、减速时有良好的换向性能。电动机外壳为密封式，以适应恶劣的机加工车间的环境。在电动机的尾部一般都同轴安装有脉冲发生器或脉冲编码器作为速度反馈元件。

2）直流主轴电动机的性能。直流主轴伺服电动机的性能主要表现在转矩－速度特性曲线上，如图 10-61 所示。基本速度 n_j 以下属于恒转矩范围，采用改变电枢电压的方法调速；在基本速度以上属于恒功率范围，采用控制励磁的调速方法调速。一般来说，恒转矩速度范围与恒功率的速度范围之比为 1∶2。

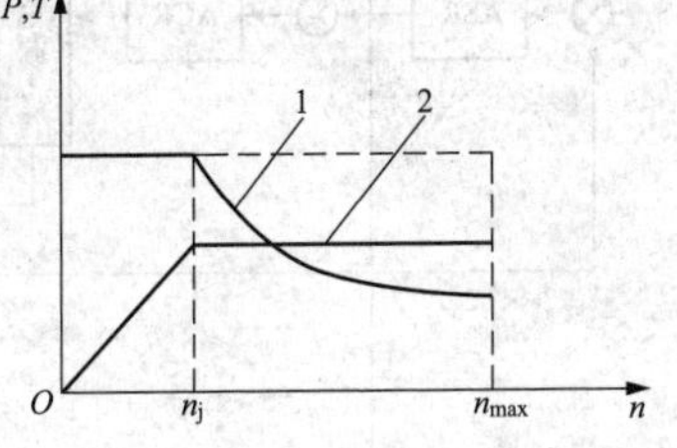

图 10-61　直流主轴电动机特性曲线

1—转矩特性曲线；2—功率特性曲线

直流主轴电动机一般都有过载能力，且大都能过载 150%（即为连续负载额定电流的 1.5 倍）。至于过载时间，在 1～30min 不等。

（2）直流主轴电动机的速度控制单元。

1）直流主轴电动机的调速方式。直流主轴电动机的调速控制方式较为复杂，一般在额定转速以下时，保持励磁绕组中励磁电流为额定值，通过改变电枢绕组的端电压调速；在额定转速以上时，则应保持电枢端电压不变（为额定值），通过改变励磁绕组中的励磁电流的办法调速。改变励磁电流，实际上就是改变气隙主磁通 Φ，由式 $U \approx E_a = C_e \Phi n$ 可知，在电枢端电压不变的情况下，电动机反电动势 E_a 也基本不变，因而气隙主磁通 Φ 与转速 n 成反比，减弱 Φ 即可升速。

改变电动机电枢端电压的调速方法是恒转矩调速，改变励磁电流的调速方式称为恒功率调速，直流主轴电动机的调速方法是恒转矩调速与恒功率调速的结合。

2）直流主轴电动机的速度控制单元。图 10-62 所示为直流主轴电动机速度控制单元电气回路框图。

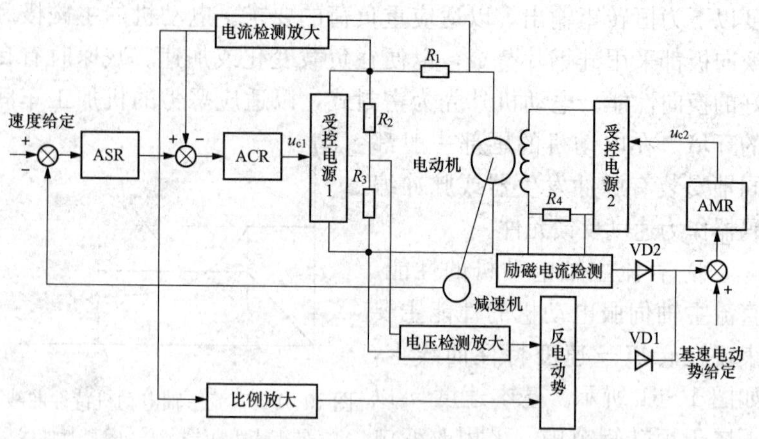

图 10-62　直流主轴电动机速度控制单元电气回路框图

直流主轴电动机的控制系统可分为两部分：电枢电压控制部分和励磁电流控制部分。电枢电压控制部分采用转速、电流双闭环结构，其中“速度给定信号”来自 CNC 装置，速度反馈信号来自测速装置，ASR 是速度调节器。电流反馈信号取自与电动机电枢相串联的电阻 R_1，R_1 上的电压信号，经过电流检测放大器的放大，即为电流反馈信号。ACR 是电流调节器。“受控电源 1”向电动机的电枢提供端电压，这一端电压的大小是受电流调节器 ACR 输出的信号控制的。“受控电源 1”的具体电路可以是晶体管直流斩波器，也可以是晶闸管可控整流器。

经过电阻 R_2、R_3 的分压，在电阻 R_3 上可取通电动机电枢电压信号，这一信号经过电压检测放大环节后，送入反电动势运算器。电动机的电枢电流信号，经过比例放大后亦送入反电动势运算器。所谓反电动势运算器，实际上就是一个减法器，它是根据下面公式进行反电动势运算的

$$E_a = U_d - I_a R_a$$

式中 E_a——反电动势；

U_d——电动机的电枢电压；

I_a——电动机的电枢电流；

R_a——电动机的电枢电阻。

图中的 AMR 是励磁电流调节器，“基速电动势给定”是指在额定励磁为满励时，对应于额定转速时的反电动势给定。事实上送入 AMR 的反馈信号有两个：一个是反电动势反馈，另二个励磁电流反馈。二极管 VD1 和 VD2 构成了反馈量的最大值选择电路，在同一时刻，只能让数值大的那个反馈量起作用，而把数值小的另一个反馈量封住。在额定转速下，反电动势反馈信号较小，而励磁电流反馈信号较大，只有励磁电流反馈起作用，构成电流闭环，维持励磁恒定；在额定转速以上，反电动势反馈量大于励磁电流反馈量，只有反电动势反馈起作用，构成电动势闭环，维持电动势恒定，进行弱磁升速。

2. 交流主轴电动机及其驱动控制

（1）交流主轴电动机。

1）交流主轴电动机的结构特点。交流伺服电动机的结构有笼型感应电动机和永磁式同步电动机两种。而交流主轴电动机与进给电动机不同，交流主轴电动机采用感应电动机形式。这是因为受永磁体的限制，当容量做得很大时电动机成本太高，另外数控机床主轴驱动系统不必像进给伺服驱动系统那样，要求如此高的性能，因此，采用感应电动机完全能满足主轴的要求。

作为数控机床的主轴电动机，虽然可以采用普通笼型感应电动机，但一般而言，交流主轴电动机是专门设计的，如为了增加

输出功率，缩小体积，都采用定子铁心在空气中直接冷却的办法，没有机壳，而且在定子铁心上加工有轴向通风孔以利于散热，为此电动机的外形多呈多边形而不是圆形。交流主轴电动机结构和普通感应电动机的比较如图 10-63 所示。交流主轴电动机的内部结构和普通交流异步电动机相同，定子上有固定的三相对称绕组，转子多为带斜槽的铸铝结构，每个槽内有一根导体，所有导体两端用短路环短接，像是鼠笼。在这类电动机轴的尾部安装有检测用脉冲发生器或脉冲编码器。

2）交流主轴电动机的特性。和直流主轴电动机一样，交流主轴电动机也是由功率—速度关系曲线来反映它的性能，其特性曲线如图 10-64 所示。从图中曲线可见，交流主轴电动机的特性与直流主轴电动机类似：在基本速度以下为恒转矩区域，而在基本速度以上为恒功率区域。但有些电动机，当速度超过一定值后，其功率—速度曲线又会向下倾斜，不能保持恒功率。对于一般主轴电动机，恒功率的速度范围只有 1∶3。另外，交流主轴电动机也有一定的过载能力，一般为额定电流的 1.2～1.5 倍，过载时间则从几分钟到半小时不等。

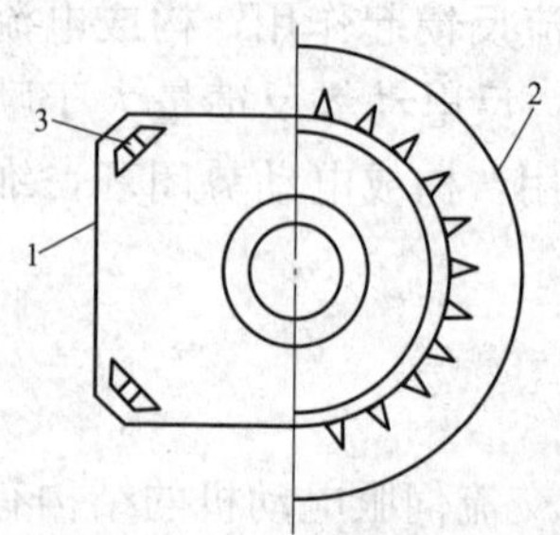

图 10-63　电动机比较示意图

1—交流主轴电动机；2—普通感应电动机；3—冷却通风孔

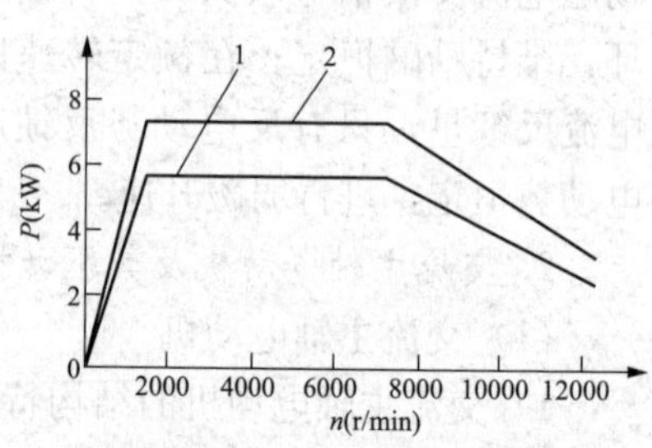

图 10-64　交流主轴电动机特性曲线

1—连续工作曲线；2—30min 工作曲线

(2) 交流主轴电动机的速度控制单元。

1）矢量变换变频调速。矢量变换 SPWM 调速系统，是将通过矢量变换得到相应的交流电动机的三相电压控制信号，作为

SPWM 系统的基准正弦波，即可实现对交流电动机的调速。

磁场矢量控制方法是目前工程上常用的调速方法，与其他变频控制系统相比，矢量调速系统具有如下优点。

a. 速度控制精度和过渡过程响应时间与直流电动机大致相同，调速精度可达±1%。

b. 自动弱磁控制与直流电动机调速系统相同，弱磁调速范围为 4∶1，同时可以达到高于额定转速的要求。

c. 过载能力强，能随冲击载荷，突然加速和突然可逆运行，能实现四相限运行。

d. 性能良好的矢量控制的交流调速系统比直流系统效率约高 2%，不存在直流电动机换向火花问题。

2）交流主轴电动机的速度控制单元。目前，用来控制交流主轴电动机的控制单元，大多采用感应电动机矢量控制系统。

图 10-65 所示为西门子 6SC650 系列交流主轴驱动装置，由晶体管脉宽调制变频器、IPH 系列主轴电动机、编码器组成。可实现主轴的自动变速、主轴定位控制和主轴 C 轴的进给。其中，电网端逆变器采用三相全控桥式变流电路，即可工作在整流方式，向中间电路及电动机提供直流电，也可工作于逆变方式，实现能量回馈。

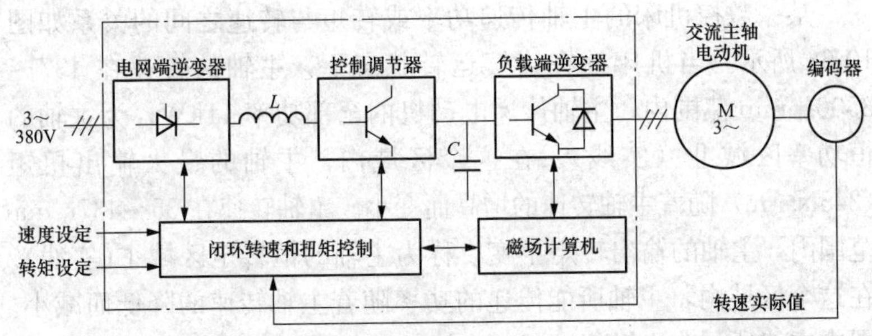

图 10-65　西门子 6SC650 系列交流主轴驱动装置原理图

控制调节器可将整流电压从 535V 提高到（575＋575×2%）V，提供足够的恒定磁通变频电压源；并在变频器能量回馈工作方式时，实现能量回馈的控制。

负载端逆变器是由带反并联续流二极管的6只晶体管组成。通过磁场计算机的控制，负载端逆变器输出正弦脉宽调制（SPWM）电压，使电动机获得所需的转矩电流和励磁电流。输出的三相SPWM电压幅值控制范围为0～430V，频率控制范围为0～300Hz。在回馈制动时，电动机能量通过6只续流二极管向电容器C充电，当电容器C上的电压超过600V时，控制调节器和电网端逆变器将电容器C上的电能回馈给电网。6只功率晶体管有6个互相独立的驱动级，通过对各功率晶体管U_{ce}和U_{be}的监控，可以防止电动机超载，并对电动机绕组匝间短路进行保护。

电动机的实际转速是通过电动机轴上的编码器测量的。闭环转速、扭矩控制以及磁场计算，是由两片16bit微处理器（80186）组成的控制电路完成的。

（二）数控机床主轴变速方式及其控制

1. 无级变速

数控机床一般采用直流或交流主轴伺服电动机实现主轴无级变速。交流主轴电动机及交流变频驱动装置（笼型感应交流电动机配置矢量变频调速系统），由于没有电刷，不产生火花，所以使用寿命长，且性能已达到直流驱动系统的水平，甚至在噪声方面还有所降低，因此，目前应用较为广泛。

某一数控机床的主轴传递功率或转矩与转速之间的关系如图10-66所示。当机床处在连续运转状态下，主轴的转速在437～3500r/min范围内，主轴传递电动机的全部功率11kW，为主轴的恒功率区域Ⅱ（实线）。在这个区域内，主轴的最大输出扭矩（245N·m）随着主轴转速的增高而变小。主轴转速在35～437r/min范围内，主轴的输出转矩不变，称为主轴的恒转矩区域Ⅰ（实线）。在这个区域内，主轴所能传递的功率随着主轴转速的降低而减小。图中虚线所示为电动机超载（允许超载30min）时，恒功率区域和恒转矩区域。电动机的超载功率为15kW，超载的最大输出转矩为334N·m。

2. 分段无级变速

数控机床在实际生产中，并不需要在整个变速范围内均为恒功率。一般要求在中、高速段为恒功率传动，在低速段为恒转矩传动。为了确保数控机床主轴低速时有较大的转矩和主轴的变速范围尽可能大，有的数控机床在交流或直流电动机无级变速的基础上配以齿轮变速，使之成为分在无级变速。

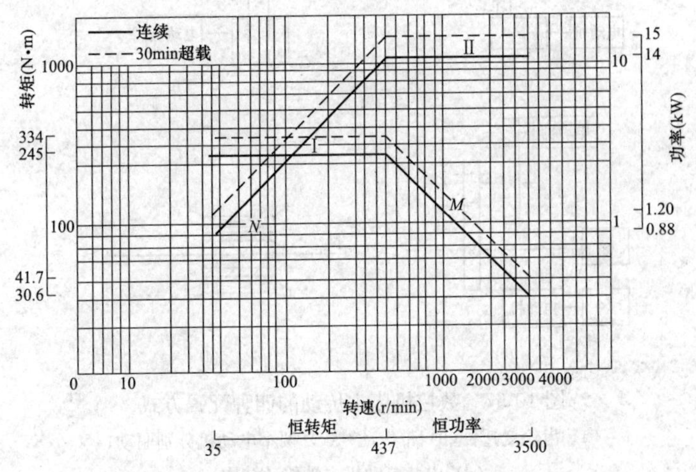

图 10-66　主轴功率转矩特性

（1）分段无级变速方式。

1）带有变速齿轮的主传动［见图 10-67（a）］。这是大中型数控机床较常采用的配置方式，通过少数几对齿轮传动，扩大变速范围，当需扩大这个调速范围时常用变速齿轮的办法来扩大调速范围，滑移齿轮的移位大都采用液压拨叉或直接由液压缸带动齿轮来实现。

2）通过带传动的主传动［见图 10-67（b）］。这种传动主要用在转速较高、变速范围不大的机床，电动机本身的调整就能够满足要求，不用齿轮变速，可以避免由齿轮传动时所引起的振动和噪声。它适用于高速、低转矩特性的主轴，常用的是同步齿形带。

3）用两个电动机分别驱动主轴。这是上述两种方式的混合传动，具有上述两种性能［见图 10-67（c）］，高速时由一个电动机通过带传动，低速时，由另一个电动机通过齿轮传动，齿轮起到降速和扩大变速范围的作用，这样就使恒功率区增大，扩大了变速范围，避免了低速时转矩不够且电动机功率不能被充分利用的问题。但两个电动机不能同时工作，也是一种浪费。

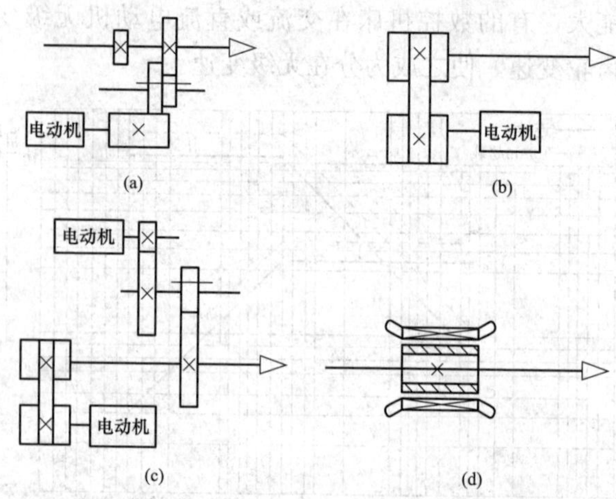

图 10-67　数控机床主传动的四种配置方式

（a）齿轮变速；（b）带传动；（c）两个电动机分别驱动；

（d）内装电动机主轴传动结构

（2）分段无级变速机构 。在带有齿轮传动的主传动系统中，齿轮的换挡主要靠液压拨叉来完成，如图 10-68 所示为液压拨叉的工作原理图。

通过改变不同的通油方式可以使三联齿轮块获得 3 个不同的变速位置。该机构除液压缸和活塞杆外，还增加了套筒 4。当液压缸 1 通入压力油，而液压缸 5 卸压时［见图 10-67（a)］，活塞杆 2 便带动拨叉 3 向左移动到极限位置，此时拨叉带动三联齿轮块移动到左端。当液压缸 5 通压力油，而液压缸 1 卸压时［见图 10-67 (b)］，活塞 2 和套筒 4 一起向右移动，在套筒 4 碰到油缸 5 的端部后，活塞杆 2 继续右移到极限位置，此时，三联齿轮块被拨叉 3 移动到右端。当压力油同时进入液压缸 1 和 5 时［见图 10-67（c)］，由于活塞杆 2 的两端直径不同，使活塞杆处在中间位置。在设计活塞杆 2 和套筒 4 的截面直径时，应使套筒 4 的圆环面上的向右推力大于活塞杆 2 的向左的推力。液压拨叉换挡在主轴停车之后才能进行，但停车时拨叉带动齿轮块移动又可能产生“顶齿”现象，因此，在这种主运动系统中通常设一台微电动机，它在拨叉移动齿轮块的同时带动各传动齿轮作低速回转，使移动齿轮与主动齿轮顺利啮合。

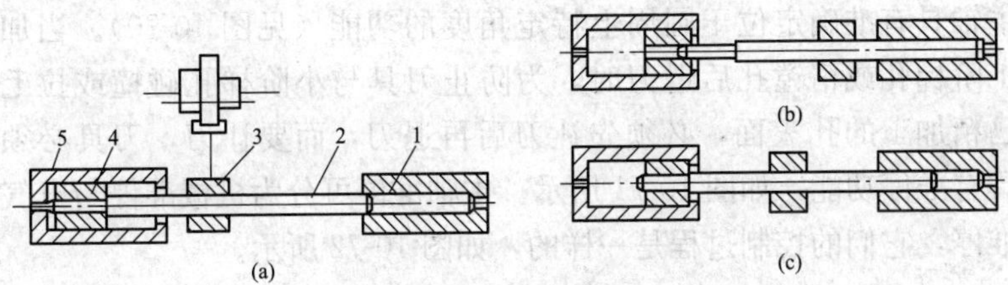

图 10-68　三位液压拨叉工作原理图

(a) 左极限位置；(b) 右极限位置；(c) 中间位置

1、5—液压缸；2—活塞杆；3—拨叉；4—套筒

3. 内置电动机主轴变速

这种主传动是电动机直接带动主轴旋转，如图 10-67 (d) 所示，因而大大简化了主轴箱体与主轴的结构，有效地提高了主轴部件的刚度，但主轴输出扭矩小，电机发热对主轴的精度影响较大。

近年来，出现了一种新式的内装电动机主轴，即主轴与电机转子合为一体。其优点是主轴组件结构紧凑、质量轻、惯量小，可提高启动、停止的响应特性，并有利于控制振动和噪声。缺点是电动机运转产生的热量易使主轴产生热变形。因此，温度控制和冷却是使用内装电动机主轴的关键问题。图 10-69 所示是日本研制的立式加工中心主轴组件，其内装电动机最高转速可达 20 000r/min。

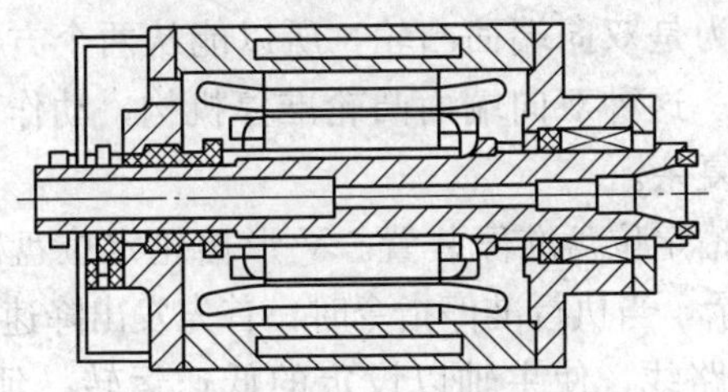

图 10-69　内装电动机主轴

（三）数控机床主轴准停装置

数控机床主轴准停功能即当主轴停止时，控制其停于固定的位置，这是自动换刀所必备的功能。在自动换刀的数控镗铣加工中心上，切削扭矩通常是通过刀杆的端面键来传递的。这就要求主轴具有准确定位于圆周上特定角度的功能（见图 10-70）。当加工阶梯孔或精镗孔后退刀时，为防止刀具与小阶梯孔碰撞或拉毛已精加工的孔表面，必须先让刀后再退刀，而要让刀，刀具必须具有准停功能，如图 10-71 所示。主轴准停可分为机械准停与电气准停，它们的控制过程是一样的，如图 10-72 所示。

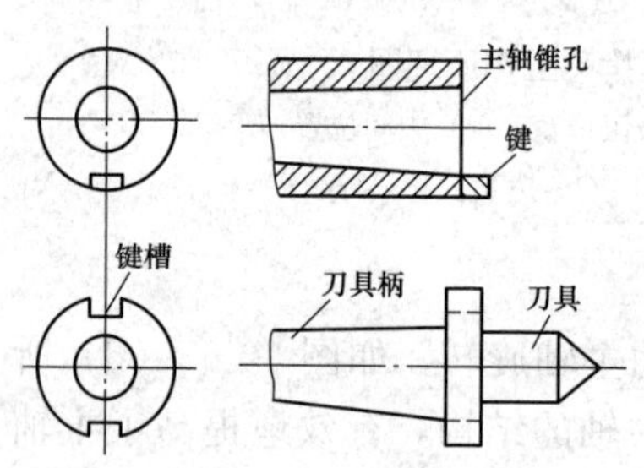

图 10-70　主轴准停示意

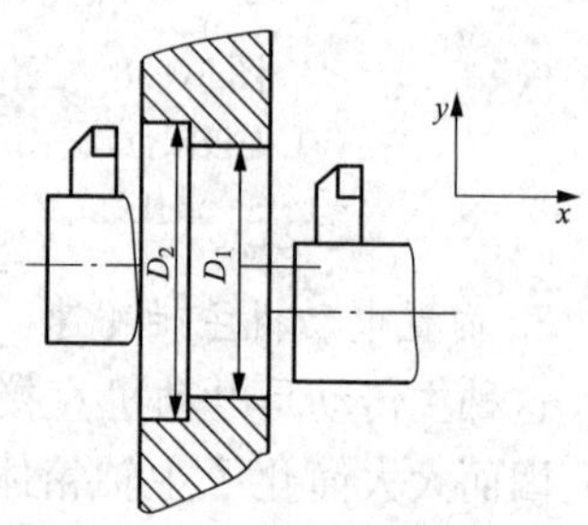

图 10-71　主轴准停镗背孔示意

1. 机械准停

(1) 端面螺旋凸轮准停装置。典型的端面螺旋凸轮准停装置如图 10-73 所示，在主轴 1 上固定有一个定位滚子 2，主轴上空套有一个双向端面凸轮 3，该凸轮和液压缸 5 中的活塞杆 4 相连接。当活塞带动凸轮 3 向下移动时（不转动），通过拨动定位滚子 2 并带动主轴转动，当定位滚子落入端面凸轮的 V 形槽内，便完成了主轴准停。因为是双向端面凸轮，所以能从两个方向拨动主轴转动以实现准停。这种双向端面凸轮准停机构，动作迅速可靠，但是凸轮制造较复杂。

(2) V 形槽定位盘准停装置。V 形槽轮定位盘准停机构示意如图 10-74 所示，当执行准停指令时，首先发出降速信号，主轴箱自动改变传动路线，使主轴以设定的低速运转。延时数秒钟后，接通无触点开关，当定位盘上的感应片（接近体）对准无触点开

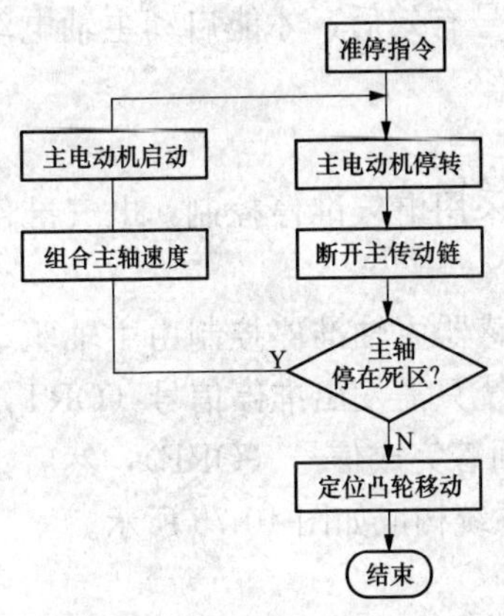

图 10-72　主轴准停控制

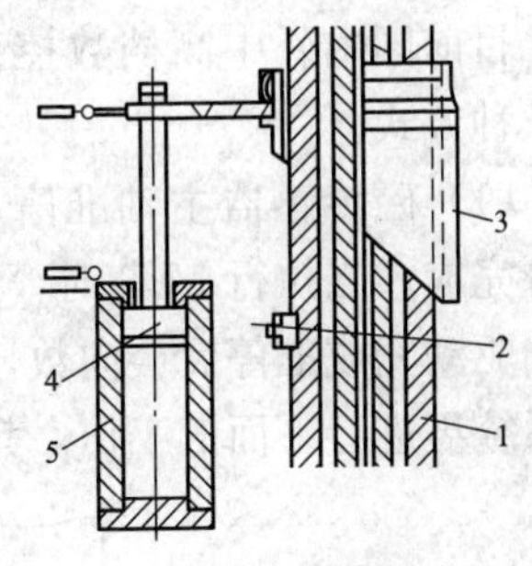

图 10-73　凸轮准停装置

1—主轴；2—定位滚子；3—凸轮；
4—活塞杆；5—液压缸

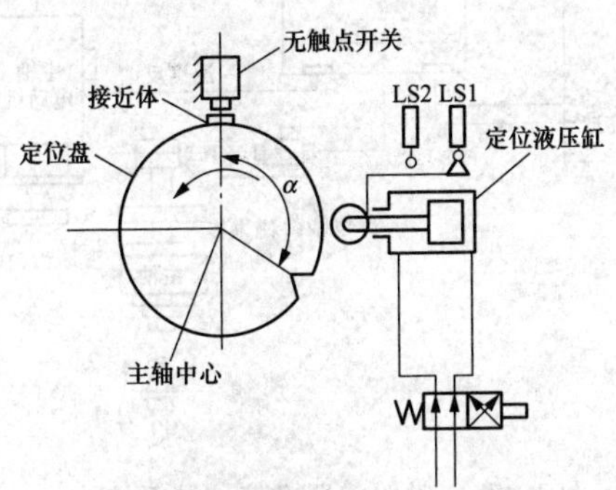

图 10-74　定位盘准停原理示意

关时，发出准停信号，立即使主轴电动机停转并断开主轴传动链，此时主轴电动机与主传动件依惯性继续空转。再经短暂延时，接通压力油，定位液压缸动作，活塞带动定位滚子压紧定位盘的外表面，当主轴带动定位盘慢速旋转至 V 形槽对准定位滚子时，滚子进入槽内，使主轴准确停止。同时限位开关 LS2 信号有效，表明主轴准停动作完成。这里 LS1 为准停释放信号。采用这种准停方式时，必须要有一定的逻辑互锁，即当 LS2 信号有效后，才能进行换刀等动作；而只有当 LS1 信号有效后，才能启动主轴电动机正常运转。

2. 电气准停控制

目前国内外中高档数控系统均采用电气准停控制，电气准停有 3 种方式。

（1）磁传感器主轴准停。磁传感器主轴准停控制由主轴驱动自身完成。当执行 M19 时，数控系统只需发出准停信号（ORT），主轴驱动完成准停后会向数控系统回答完成信号（ORE），然后数控系统再进行下面的工作。其控制系统构成如图 10-75 所示。

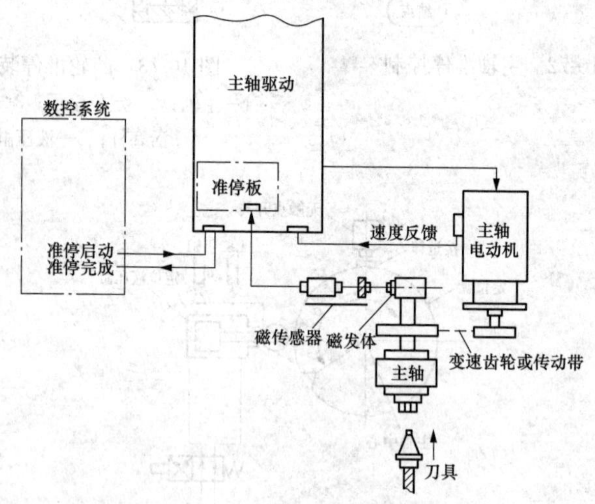

图 10-75　磁传感器准停控制系统构成

由于采用了磁传感器，故应避免将产生磁场的元件如电磁线圈、电磁阀等与磁发体和磁传感器安装在一起，另外磁发体（通常安装在主轴旋转部件上）与磁传感器（固定不动）的安装是有严格要求的，应按说明书要求的精度安装。

采用磁传感器准停时，接收到数控系统发来的准停信号（ORT），主轴立即加速或减速至某一准停速度（可在主轴驱动装置中设定）。主轴到达准停速度且准停位置到达时（即磁发体与磁传感器对准），主轴即减速至某一爬行速度（可在主轴驱动装置中设定)。然后当磁传感器信号出现时，主轴驱动立即进入磁传感器作为反馈元件的闭环控制，日标位置即为准停位置。准停完成后，主轴驱动装置输出准停完成 ORE 准停信号给数控系统，从而可进行自动换刀（ATC）或其他动作。磁发体与磁传感器在主轴上的位置示意如图 10-76 所示，准停控制时序如图 10-77 所示，在主轴上的安装位置如图 10-78 所示。发磁体安装在主轴后端，磁传感器安装在主轴箱上，其安装位置决定了主轴的准停点，发磁体和磁传感器之间的间隙为（1.5±0.5)mm。

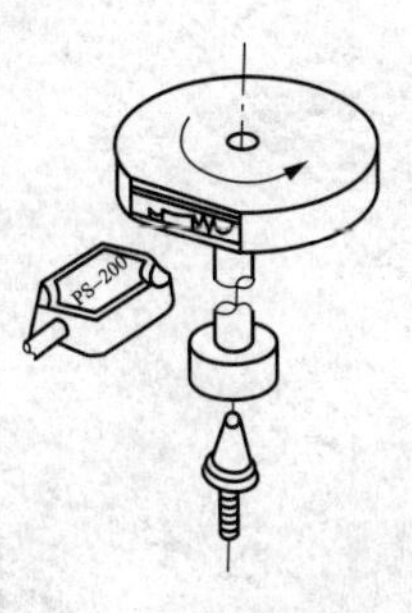

图 10-76　磁发体与磁传感器在主轴上的位置示意

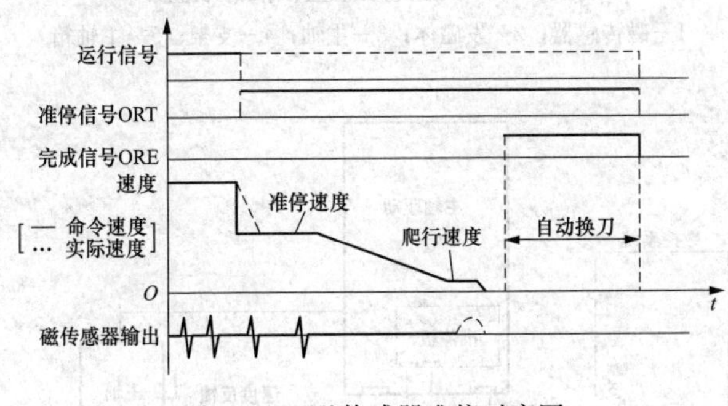

图 10-77　磁传感器准停时序图

（2）编码器型主轴准停。编码器型主轴准停控制也是完全由主轴驱动完成的，CNC 只需发出准停命令 ORT 即可，主轴驱动完成准停后回答准停完成 ORE 信号。

编码器主轴准停控制结构如图 10-79 所示。可采用主轴电动机内置安装的编码器信号（来自主轴驱动装置)，也可在主轴上直接安装另一个编码器。采用前一种方式要注意传动链对主轴准停精度的影响。主轴驱动装置内部可自动转换，使主轴驱动处于速度控制或位置控制状态。采用编码器准停，准停角度可由外部开关量随意设定，这一点与磁传感主轴准停不同，磁传感主轴准停的角度无法随意指定，要想调整准停位置，只有调整磁发体与磁传

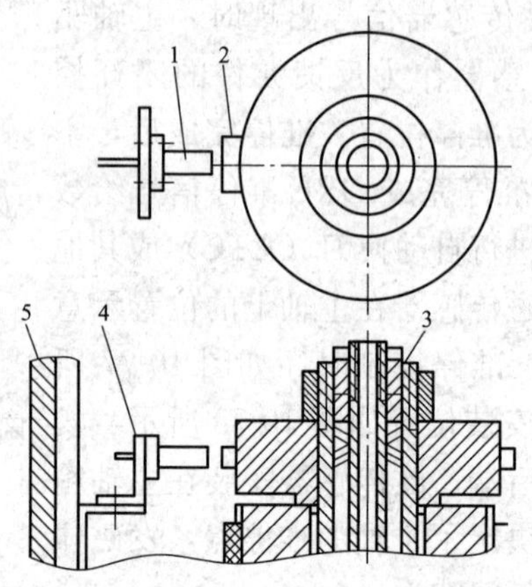

图 10-78 磁传感器主轴准停装置

1—磁传感器；2—发磁体；3—主轴；4—支架；5—主轴箱

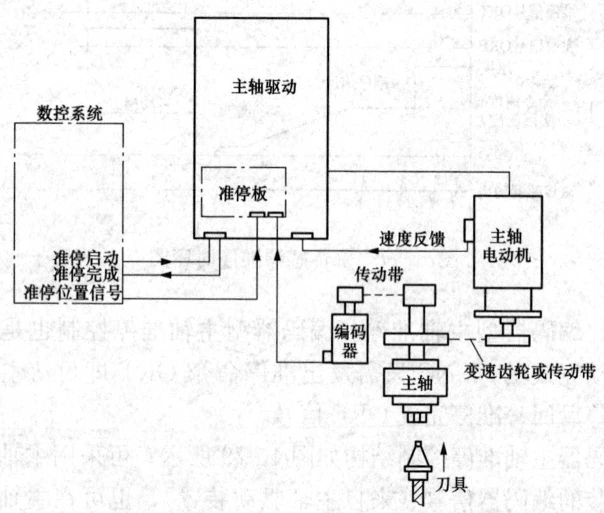

图 10-79 编码器型主轴准停控制结构

感器的相对位置。

编码器准停控制时序图如图 10-80 所示，其步骤与磁传感器类似。

(3) 数控系统控制准停。数控系统控制准停控制方式是由数

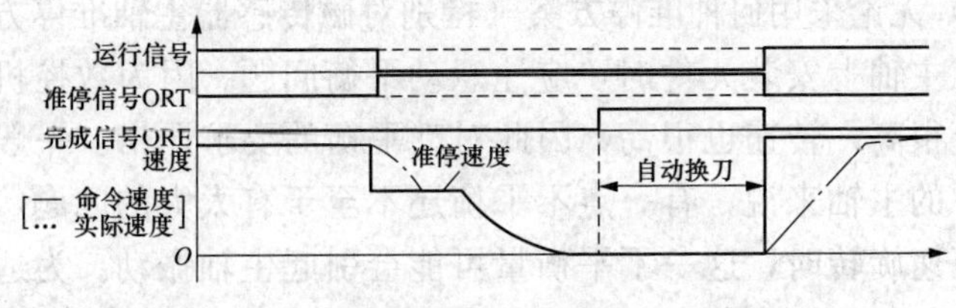

图 10-80　编码器型主轴准停控制时序图

控系统完成的，采用这种准停控制方式需注意如下问题。

1）数控系统须具有主轴闭环控制的功能。

2）主轴驱动装置应有进入伺服状态的功能。通常为避免冲击，主轴驱动都具有软启动等功能。但这会对主轴位置闭环控制产生不利影响。此时位置增益过低则准停精度和刚度（克服外界扰动的能力）不能满足要求，而过高则会产生严重的定位振荡现象。因此，必须使主轴驱动进入伺服状态，此时特性与进给伺服装置相近，才可进行位置控制。

3）通常为方便起见，均采用电动机轴端编码器信号反馈给数控系统，这时主轴传动链精度可能对准停精度产生影响。

数控系统控制主轴准停示意如图 10-81 所示。

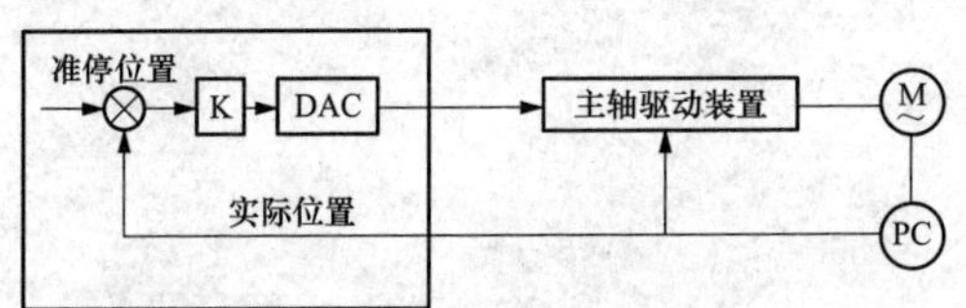

图 10-81　数控系统控制主轴准停示意

采用数控系统控制主轴准停的角度由数控系统内部设定，因此准停角度可更方便地设定，下面举例说明准停步骤。

例如：M03S1000　　　　主轴以 1000r/min 正转

M19　　　　主轴准停于缺省位置

M19　　S100　　主轴准停转至 100°倖处

S1000　　　　主轴再次以 1000r/min 正转

M19　　S200　　主轴准停至 200°处

4）无论采用何种准停方案（特别对磁传感器主轴准停方式），当需在主轴上安装元件时，应注意动平衡问题。因为数控机床主轴精度很高，转速也很高，因此对动平衡的要求严格。一般对中速以下的主轴来说，有一点不平衡还不至于有太大的问题，但当主轴高速旋转时，这一不平衡量可能会引起主轴振动。为适应主轴高速化的需要，国外已开发出整环式磁传感器主轴准停装置，由于磁发体是整环，动平衡性好。

第十一章

机床的合理使用与维护保养

第一节　机床的合理使用

一、机床设备使用规程

机床操作者必须经过安全知识方面和本职业（工种）专业知识和技能方面的培训，考试合格，持有机床的《设备操作证》方可上岗操作机床。

（一）工作前注意事项

(1) 仔细阅读交接班记录，了解上一班机床的运转情况和存在问题。

(2) 检查机床、工作台、导轨以及各主要滑动面，如有障碍物、工具、铁屑、杂质等，必须清理、擦拭干净，并上油保养。

(3) 检查工作台，导轨及主要滑动面有无新的拉伤、研伤、碰伤等，如有应通知班组长或设备人员一起查看，并作好记录。

(4) 检查安全防护、制动（止动）、限位和换向、信号显示、机械操纵等机构和装置应齐全完好。

(5) 检查机械、液压、气动等操作手柄、阀门、开关等应处于非工作的位置上。

(6) 机床开动前要观察设备周围是否存在不安全因素；检查各刀架应处于非工作位置。机床开动后，操作者应站在安全位置上，以避开机床运转的工作位置和切屑飞溅。

(7) 检查机床设备电气线路、开关按钮、插头等电器装置，应完好无损，并安装合格；不准乱拉、乱接临时线；检查电器配电箱应关闭牢靠，电气接地良好，机床局部照明应采用 36V 以下的安全电压。

(8) 检查润滑系统储油部位的油量应符合规定，封闭良好。油标、油窗、油杯、油嘴、油线、油毡、油管和分油器等应齐全完好，安装正确。按润滑指示图表规定作人工加油或机动（手位）泵打油，查看油窗是否来油。然后，低速、空载运转机床，确认机床无故障后，方能正式开始工作。

(9) 停车一个班次以上的机床，应按说明书规定及液体静压装置使用注意事项的开车程序和要求做空动转试车 3 ~ 5min。检查：

1）操纵手柄、阀门、开关等是否灵活、准确、可靠。

2）安全防护、制动（止动）、联锁、夹紧机构等装置是否起作用。

3）校对机构运动是否有足够行程，调正并固定限位、定程挡铁和换向碰块等。

4）由机动泵或手拉泵润滑部位是否有油，润滑是否良好。

5）机械、液压、静压、气动、靠模、仿形等装置的动作、工作循环、温升、声音等是否正常。压力（液压、气压）是否符合规定。确认一切正常后，方可开始工作。

凡连班交接班的设备，交接班人应一起按上述（9 条）规定进行检查，待交接班清楚后，交班人方可离去。凡隔班接班的设备，如发现上一班有严重违犯操作规程现象，必须通知班组长或设备员一起查看，并作好记录，否则按本班违犯操作规程处理。

在设备检修或调整之后，也必须按上述（9 条）规定详细检查设备，认为一切无误后方可开始工作。

（二）工作中注意事项

(1) 坚守岗位，精心操作，不做与工作无关的事。因事离开机床时要停车，关闭电源、气源。

(2) 按工艺规定进行加工。不准任意加大进给量、磨削量和切（磨）削速度。不准超规范、超负荷、超重量使用机床。不准精机粗用和大机小用。

(3) 刀具、工件应装夹正确、紧固牢靠。装卸时不得碰伤机床。找正刀具、工件不准重锤敲打。不准用加长扳手柄增加力矩的方法紧固刀具、工件。

(4) 不准在机床主轴锥孔、尾座套筒锥孔及其他工具安装孔内，安装与其锥度或孔径不符、表面有刻痕和不清洁的顶针、刀具、刀套等。

(5) 传动及进给机构的机械变速、刀具与工件的装夹、调整以及工件的工序间的人工测量等均应在切削、磨削终止，刀具、磨具退离工件后停车进行。

(6) 应保持刀具、磨具的锋利，如变钝或崩裂应及时磨锋或更换。

(7) 切削、磨削中，刀具、磨具未离开工件，不准停车。

(8) 不准擅自拆卸机床上的安全防护装置，缺少安全防护装置的机床不准工作。

(9) 液压系统除节流阀外，其他液压阀不准私自调整。

(10) 机床上特别是导轨面和工作台面，不准直接放置工具、工件及其他杂物。

(11) 经常清除机床上的铁屑、油污，保持导轨面、滑动面、转动面、定位基准面和工作台面清洁。

(12) 密切注意机床运转情况，润滑情况，如发现动作失灵、振动、发热、爬行、噪声、异味、碰伤等异常现象，应立即停车检查，排除故障后，方可继续工作。

(13) 机床发生事故时，应立即按总停按钮，及时抢救伤员，保持事故现场，报告有关部门分析处理。

(14) 不准在机床上焊接和补焊工件。

(三) 工作后注意事项

(1) 将机械、液压、气动等操作手柄、阀门、开关等扳到非工作位置上。

(2) 停止机床运转，切断电源、气源。

(3) 清除铁屑，清扫工作现场，认真擦净机床。导轨面、转动及滑动面、定位基准面、工作台面等处加油保养。

(4) 认真将班中发现的机床问题，填到交接班记录本上，做好交班工作。

（四）液体静压装置使用注意事项

液体静压装置（如静压轴承、静压导轨）使用注意事项如下。

（1）先启动静压装置供油系统油泵，一分钟后压力达到设计规定规定值，压力油使主轴或工作台浮起，才能开动机床运转。

（2）静压装置在运转中，不准停止供油。只有在主轴或工作台完全停止运转时，才能停止供油。

（3）静压供油系统发生故障突然中断供油时，必须立即停止静压装置运转。

（4）经常观察静压油箱和静压轴承或静压导轨上的油压表，保持油压的稳定。如油压不稳或发出不正常的噪声等异常现象时，必须立即停车检查，排除故障后再继续工作。

（5）注意检查静压油箱内油面下降情况，油面高度低于油箱高度的 2/3 时，必须及时补充。

（6）二班制工作的机床：静压油箱每年换油一次，静压装置每年拆洗一次。

二、机床安全隐患排查及防护装置

（一）机械加工常见安全事故

（1）设备接地不良、漏电，照明没采用安全电压，发生触电事故。

（2）旋转部位楔子、销子突出，没加防护罩，易绞缠人体造成伤害事故。

（3）清除切屑无专用工具，操作者未戴护目镜，发生刺割事故及崩伤眼球。

（4）加工细长杆、轴料时尾部无防弯装置或托架，导致长料甩击伤人。

（5）机床夹具或零部件装卡不牢，可飞出击伤人体。

（6）防护保险装置、防护栏、保护盖不全或维修不及时，造成绞伤、碾伤事故。

（7）砂轮有裂纹或装卡不合规定，发生砂轮碎片伤人事故。

（8）操作旋转机床戴手套，易发生绞手伤人事故。

（二）机械加工危险因素

1. 机床设备的危险因素

（1）静止状态的危险因素，包括：切削刀具的刀刃，尾座顶尖；突出较长的机械部分，如卧式铣床立柱后方突出的悬梁。

（2）直线运动的危险因素，包括：纵向运动部分，如外圆磨床的往复工作台；横向运动部分，如升降台铣床的工作台；单纯直线运动部分，如运动中的皮带、链条；直线运动的凸起部分，如皮带连接接头；运动部分和静止部分的组合，如工作台与床身；直线运动的刀具，如带锯床的带锯条，刨刀、插齿刀等。如果操作者的手误入此作业范围，就有可能会造成伤害。这类机床设备有冲床、锯床、剪床、刨床和插床等。

（3）回转运动的危险因素，包括：单纯回转运动部分，如轴、齿轮、车削的工件；回转运动的凸起部分，如手轮的手柄；运动部分和静止部分的组合，如手轮的轮辐与机床床身；回转部分的刀具，如各种铣刀、圆锯片。操作者的手套、上下衣摆、裤管、鞋带以及长发等，若与旋转部件接触，易被卷进或带入机器，或者被旋转部件凸出部件挂住而造成人身伤害。

（4）组合运动危险因素，包括：直线运动与回转运动的组合，如皮带与皮带轮、齿条与齿轮；回转运动与回转运动的组合，如相互啮合的齿轮、蜗轮蜗杆等。齿轮转动机构、螺旋输送机构、车床、钻床和铣床等，由于旋转部件有棱角或呈螺旋状，操作者的衣、裤和手、长发等极易被绞进机器，或因转动部件的挤压而造成伤害。

（5）飞出物击伤的危险，如：飞出的刀具、工件或切屑都具有很大的动能，都可能对人体造成伤害。做旋转运动的部件，在运动中产生离心力。旋转速度越快，产生的离心力越大。如果部件有裂纹等缺陷，不能承受巨大的离心力，便会破裂并高速飞出。操作者若被高速飞出的碎片击中，将会造成十分严重的伤害。

2. 不安全行为引起的危险

不安全行为主要表现在以下方面：

（1）忽视安全、忽视警告。

（2）操作错误造成安全装置失效。

（3）使用不安全设备。

（4）手代替工具操作。

（5）物体存放不当。

（6）冒险进入危险场所。

（7）攀、坐不安全位置。

（8）在起吊物下作业、停留。

（9）机器运转时进行加油、修理、检查、调整、焊接、清扫等工作。

（10）注意力分散。

（11）未穿戴使用个人防护用品。

（12）穿着不安全装束。

（13）对易燃、易爆物处理不当。

（三）常用机械设备的安全防护通则

1. 安全防护措施

（1）密闭与隔离。对于传动装置，主要的防护方法是将它们密闭起来（如齿轮箱）或加防护罩，使人接触不到转动部件。防护装置的形式大致有整体、网状保护装备和保护罩等。

（2）安全联锁。为了保证操作人员的安全，所有设备应设联锁装置。当操作人员操作错误时，可使设备不动作或立即停机。

（3）紧急制动。为了排除危险而采取的紧急措施。

2. 防止机械伤害通则

（1）正确维护和使用防护设施。应安装而没有安装防护设施的设备，不能运行；不能随意拆卸防护装置、安全用具、安全设备，或使其无效。一旦修理和调整完毕后，应立即重新安装好这些防护装置和设备。

（2）转动部件未停稳前，不得进行操作。由于机器在运转中有较大的离心力，如离心机、压缩机等。这时操作人员进行生产操作、拆卸零部件、清洁保养等工作是很危险的。

（3）正确穿戴防护用品。防护用品是保护操作人员安全和健康的必备用品，必须正确穿戴衣、帽、鞋等防护用具，工作服应做到三紧：袖口紧、下摆紧、裤口紧；酸碱岗位和机器高速运转岗位的实习学生，要坚持戴防护眼镜。

（4）站位得当。在使用砂轮机时，应站在砂轮机的侧面，以免万一砂轮破碎飞出时被打伤；另外，不允许在起重机吊臂或吊钩下行走或停留。

（5）转动部件上不得放置物品。特别是机床，在夹持工件过程中，不要将量具或其他物品顺手放在未旋转的部件上；否则，一旦机床起动，这些物件极易飞出而引发事故。

（6）不准跨越运转的机轴。机轴如处在人行道上，应加装跨桥；无防护设施的机轴，不准随便跨越。

（7）严格执行操作规程和操作方法。认真做好维护保养，严格执行有关企业规章制度和操作方法，是保证安全运行的重要条件。

3. 防护装置主要设置

为防止不安全行为引起不必要的危险，机床通常设置如下防护装置。

（1）防护罩。用于隔离外露的旋转部件，如皮带轮、链轮、齿轮、链条、旋转轴、法兰盘和轴头。

（2）防护挡板。用于隔离磨屑、切屑和润滑冷却液，避免其飞溅伤人。一般用钢板、铝板和塑料板作材料。妨碍操作人员观察的挡板，可用透明的材料制作。

（3）防护栏杆。用于隔离机床运动部位或防跌落防护。不能在地面上操作的机床，操纵台周围应设高度不低于 0.8m 的栏杆，以防操作不慎跌落；容易伤人的大型机床运动部位，如龙门刨床床身两端也应加设栏杆，以防工作台往复运动时撞人。

（4）顺序联锁机构。在危险性很高的部位，防护装置应设计成顺序联锁结构，当取下或打开防护装置时，机床的动力源就被切断。有一种比较简单轻便的联锁结构——电锁，它可用于各种形式与尺寸的防护罩的门上。转动它的旋钮，安装在防护罩门上的锁体内的门闩就进入固定不动的插座内，关闭防护罩的门。与此同时，三个电源插片也伸出进入插孔而使机床三相电源接通。

由于门闩与插片是联锁同时动作的，所以，打开防护罩门，插片退出插孔，机床电源也就被切断。

（5）其他防护设施。防护装置可以是固定式的（如防护栏杆），或平日固定，仅在机修、加油润滑或调整时才取下（如防护罩）；也可以是活动式的（如防护挡板）。在需要时还可以用一些大尺寸的轻便挡板（如金属网）将不安全场地围起来。

三、机床的合理使用

随着机床数控化进程的加快，数控机床的应用日益广泛，正确、合理使用机床，不仅能够提高劳动生产率，还可延长机床使用寿命。下面就以数控机床的使用为例加以说明。

（一）安全文明生产

数控机床操作者除了掌握好数控机床的性能、精心操作外，一方面要管好、用好和维护好数控机床；另一方面还必须养成文明生产的良好工作习惯和严谨的工作作风，应具有较好的职业素质、责任心和良好的合作精神。为此，要从以下几个方面要求。

1. 数控机床的管理

数控机床的管理要规范化、系统化并具有可操作性。数控机床管理工作的任务概括为“三好”，即“管好、用好、修好”。

（1）管好数控机床。企业经营者必须管好本企业所拥有的数控机床，即掌握数控机床的数量、质量及其变动情况，合理配置数控机床。严格执行关于设备的移装、调拨、借用、出租、封存、报废、改装及更新的有关管理制度，保证财产的完整齐全，保持其完好和价值。操作工必须管好自己使用的机床，未经上级批准不准他人使用，杜绝无证操作现象。

（2）用好数控机床。企业管理者应教育本企业员工正确使用和精心维护好数控机床，生产应依据机床的能力合理安排，不得有超性能使用和拼设备之类的行为。操作工必须严格遵守操作维护规程，不超负荷使用及采取不文明的操作方法，认真进行日常保养和定期维护，使数控机床保持“整齐、清洁、润滑、安全”的标准。

（3）修好数控机床。车间安排生产时应考虑和预留计划维修时间，防止机床带病运行。操作工要配合维修工修好设备，及时排除故障。要贯彻“预防为主，养为基础”的原则，实行计划预防修理制度，广泛采用新技术、新工艺，保证修理质量，缩短停机时间，降低修理费用，提高数控机床的各项技术经济指标。

2. 数控机床的使用要求

(1) 技术培训。为了正确合理地使用数控机床，操作工在独立使用设备前，必须经过基本知识、技术理论及操作技能的培训，并且在熟练技师指导下，进行上机训练，达到一定的熟练程度。同时要参加国家职业资格的考核鉴定，经过鉴定合格并取得资格证后，方能独立操作和使用数控机床。严禁无证上岗操作。

技术培训、考核的内容包括数控机床结构性能、数控机床工作原理、传动装置、数控系统技术特性、金属加工技术规范、操作规程、安全操作要领、维护保养事项、安全防护措施、故障处理原则等。

(2) 实行定人定机持证操作。数控机床必须由持职业资格证书的操作工担任操作，严格实行定人定机和岗位责任制，以确保正确使用数控机床和落实日常维护工作。多人操作的数控机床应实行机长负责制，由机长对使用和维护工作负责。公用数控机床应由企业管理者指定专人负责维护保管。数控机床定人定机名单由使用部门提出，报设备管理部门审批，签发操作证；精、大、稀、关键设备定人定机名单，设备部门审核报企业管理者批准后签发。定人定机名单批准后，不得随意变动。对技术熟练能掌握多种数控机床操作技术的工人，经考试合格可签发操作多种数控机床的操作证。

(3) 建立使用数控机床的岗位责任制。

1) 数控机床操作工必须严格按“数控机床操作维护规程”“四项要求”“五项纪律”的规定正确使用与精心维护设备。

2) 实行日常点检，认真记录。做到班前正确润滑设备；班中注意运转情况；班后清扫擦拭设备，保持清洁，涂油防锈。

3) 在做到“三好”要求下，练好“四会”基本功，搞好日常维护和定期维护工作；配合维修工人检查修理自己操作的设备；

保管好设备附件和工具，并参加数控机床修后验收工作。

4）认真执行交接班制度和填写好交接班及运行记录。

5）发生设备事故时立即切断电源，保持现场，及时向生产工长和车间机械员（师）报告，听候处理。分析事故时应如实说明经过。对违反操作规程等造成的事故应负直接责任。

（4）建立交接班制度。连续生产和多班制生产的设备必须实行交接班制度。交班人除完成设备日常维护作业外，必须把设备运行情况和发现的问题，详细记录在“交接班簿”上，并主动向接班人介绍清楚，双方当面检查，在交接班簿上签字。接班人如发现异常或情况不明、记录不清时，可拒绝接班。如交接不清，设备在接班后发生问题，由接班人负责。

企业对在用设备均需设“交接班簿”，不准涂改撕毁。区域维修部（站）和机械员（师）应及时收集分析，掌握交接班执行情况和数控机床技术状态信息，为数控机床状态管理提供资料。

（二）数控机床安全生产规程

1. 操作工使用数控机床的基本功和操作纪律

（1）数控机床操作工“四会”基本功。

1）会使用数控机床。操作工应先学习数控机床操作规程，熟悉设备结构性能、传动装置，懂得加工工艺和工装工具在数控机床上的正确使用。

2）会维护数控机床。能正确执行数控机床维护和润滑规定，按时清扫，保持设备清洁完好。

3）会检查数控机床。了解设备易损零件部位，知道完好检查项目、标准和方法，并能按规定进行日常检查。

4）会排除数控机床故障。熟悉设备特点，能鉴别设备正常与异常现象，懂得其零部件拆装注意事项，会做一般故障调整或协同维修人员进行排除。

（2）维护使用数控机床的“四项要求”。

1）整齐。工具、工件、附件摆放整齐，设备零部件及安全防护装置齐全，线路管道完整。

2）清洁。设备内外清洁，无“黄袍”，各滑动面、丝杠、齿条、齿轮无油污，无损伤；各部位不漏油、漏水、漏气，铁屑清扫干净。

3）润滑。按时加油、换油，油质符合要求；油枪、油壶、油杯、油嘴齐全，油毡、油线清洁，油窗明亮，油路畅通。

4）安全。实行定人定机制度，遵守操作维护规程，合理使用，注意观察运行情况，不出安全事故。

（3）数控机床操作工的“五项纪律”。

1）凭操作证使用设备，遵守安全操作维护规程。

2）经常保持机床整洁，按规定加油，保证合理润滑。

3）遵守交接班制度。

4）管好工具、附件，不得遗失。

5）发现异常立即通知有关人员检查处理。

2. 数控机床安全生产规程

（1）数控机床的使用环境要避免光的直接照射和其他热辐射，要避免太潮湿或粉尘过多的场所，特别要避免有腐蚀气体的场所。

（2）为了避免电源不稳定给电子元件造成损坏，数控机床应采取专线供电或增设稳压装置。

（3）数控机床的开机、关机顺序，一定要按照机床说明书的规定操作。

（4）主轴启动开始切削之前一定要关好防护罩门，程序正常运行中严禁开启防护罩门。

（5）机床在正常运行时不允许开电气柜的门，禁止按动“急停”“复位”按钮。

（6）机床发生事故，操作者要注意保留现场，并向维修人员如实说明事故发生前后的情况，以利于分析问题，查找事故原因。

（7）数控机床的使用一定要由专人负责，严禁其他人员随意动用数控设备。

（8）要认真填写数控机床的工作日志，做好交接工作，消除事故隐患。

（9）不得随意更改数控系统内制造厂设定的参数。

（三）金属切削数控机床的操作规程

大多数数控机床与数控铣床、加工中心的操作类似。以数控铣床、加工中心为例来说明金属切削数控机床的操作规程。

为了正确合理地使用数控铣床、加工中心，保证机床正常运转，必须制定比较完整的操作规程，通常应做到如下几点。

（1）机床通电后，检查各开关、按钮和按键是否正常、灵活，机床有无异常现象。

（2）检查电压、气压、油压是否正常，有手动润滑的部位要先进行手动润滑。

（3）各坐标轴手动回机床参考点，若某轴在回参考点前已在零位，必须先将该轴移动离参考点一段距离后，再手动回参考点。

（4）在进行工作台回转交换时，台面上、护罩上、导轨上不得有异物。

（5）机床空运转达 15min 以上，使机床达到热平衡状态。

（6）程序输入后，应认真核对，保证无误，其中包括对代码、指令、地址、数值、正负号、小数点及语法的查对。

（7）按工艺规程安装找正夹具。

（8）正确测量和计算工件坐标系，并对所得结果进行验证和验算。

（9）将工件坐标系输入到偏置页面，并对坐标、坐标值、正负号、小数点进行认真核对。

（10）未装工件以前，空运行一次程序，看程序能否顺利执行，刀具长度选取和夹具安装是否合理，有无超程现象。

（11）刀具补偿值（刀长、半径）输入偏置页面后，要对刀补号、补偿值、正负号、小数点进行认真核对。

（12）装夹工具时要注意螺钉压板是否妨碍刀具运动，检查零件毛坯和尺寸超常现象。

（13）检查各刀头的安装方向及各刀具旋转方向是否合乎程序要求。

（14）查看各刀杆前后部位的形状和尺寸是否合乎程序要求。

(15) 镗刀头尾部露出刀杆直径的部分，必须小于刀尖露出刀杆直径部分。

(16) 检查每把刀柄在主轴孔中是否都能拉紧。

(17) 无论是首次加工的零件，还是周期性重复加工的零件，首件都必须对照图样工艺、程序和刀具调整卡，进行逐段程序的试切。

(18) 单段试切时，快速倍率开关必须打到最低挡。

(19) 每把刀首次使用时，必须先验证它的实际长度与所给刀补值是否相符。

(20) 在程序运行中，要观察数控系统上的坐标显示，可了解目前刀具运动点在机床坐标系及工件坐标系中的位置。了解程序段的位移量，还剩余多少位移量等。

(21) 程序运行中也要观察数控系统上的工作寄存器和缓冲寄存器显示，查看正在执行的程序段各状态指令和下一个程序段的内容。

(22) 在程序运行中要重点观察数控系统上的主程序和子程序，了解正在执行主程序段的具体内容。

(23) 试切进刀时，在刀具运行至工件表面 30～50mm 处，必须在进给保持下，验证 Z 轴剩余坐标值和 X、Y 轴坐标值与图样是否一致。

(24) 对一些有试刀要求的刀具，可采用“渐近”方法。如镗一小段长度，检测合格后，再镗到整个长度。使用刀具半径补偿功能的刀具数据，可由小到大，边试边修改。

(25) 试切和加工中，刃磨刀具和更换刀具后，一定要重新测量刀长并修改好刀补值和刀补号。

(26) 程序检索时应注意光标所指位置是否合理、准确，并观察刀具与机床运动方向坐标是否正确。

(27) 程序修改后，对修改部分一定要仔细计算和认真核对。

(28) 手摇进给和手动连续进给操作时，必须检查各种开关所选择的位置是否正确，弄清正、负方向，认准按键，然后再进行操作。

(29) 全批零件加工完成后，应核对刀具号、刀补值，使程序、偏置页面、调整卡及工艺中的刀具号、刀补值完全一致。

(30) 从刀库中卸下刀具，按调整卡或程序清理编号入库。

(31) 卸下夹具，某些夹具应记录安装位置及方位号并做出记录、存档。

(32) 清扫机床并将各坐标轴停在中间位置。

第二节 数控机床的维护和修理

一、数控机床的维护

数控机床使用寿命的长短和故障发生的高低，不仅取决于机床的精度和性能，很大程度上也取决于它的正确使用和维护。正确的使用能防止设备非正常磨损，避免突发故障，精心的维护可使设备保持良好的技术状态，延缓劣化进程，及时发现和消除缺陷，防患于未然，从而保障安全运行，保证企业的经济效益，实现企业的经营目标。因此，机床的正确使用与精心维护是贯彻设备管理以防为主的重要环节。

(一) 数控机床的正确使用和合理维护

数控机床具有机、电、液集于一体，技术密集和知识密集的特点。因此，数控机床的维护人员不仅要有机械加工工艺及液压、气动方面的知识，也要具备电子计算机、自动控制、驱动及测量技术等知识，这样才能全面了解、掌握数控机床，以及做好机床的维护保养工作。维护人员在维修前应详细阅读数控机床有关说明书，对数控机床有一个详细的了解，包括机床结构特点、数控的工作原理及框图，以及它们的电缆连接。

对数控机床进行日常维护、保养的目的是延长元器件的使用寿命；延长机械部件的变换周期；防止发生意外的恶性事故；使机床始终保持良好的状态，并保持长时间的稳定工作。

具体的日常维护保养要求，在数控系统的使用、维修说明书中都有明确的规定，见表 11-1。概括起来，主要应注意以下几个方面。

表 11-1　　数控机床维护检查内容

序号	检查部位	检查内容	周期
1	导轨润滑油箱	检查油标、油量，及时添加润滑油，润滑泵能定时启动打油及停止	每天
2	X、Y、Z 轴向导轨面	清除切屑及污物，检查润滑油是否充分，导轨面有无划伤损坏	每天
3	压缩空气气源压力	检查气动控制系统压力，应在正常范围内	每天
4	气源自动分水滤水器，自动空气干燥器	及时清理分水器中滤出的水分，保证自动空气干燥器工作正常	每天
5	气液转换器和增压器油面	发现油面不够应及时补足油	每天
6	主轴润滑恒温油箱	工作正常，油量充足并调节温度范围	每天
7	机床液压系统	油箱、油泵无异常噪声，压力表指示正常，管路及各接头无泄漏，工作油面高度正常	每天
8	液压平衡系统	平衡压力指示正常，快速移动平衡阀工作正常	每天
9	CNC 的输入/输出单元	如输入/输出设备清洁，机械结构润滑良好等	每天
10	各种电气柜散热通风装置	各电气柜冷却风扇工作正常，风道过滤网无堵塞	每天
11	各种防护装置	导轨、机床防护罩等应无松动、漏水	每天
12	各电气柜过滤网	清洗各电气柜过滤网	每周
13	滚珠丝杠	清洗丝杠上旧的润滑脂，涂上新油脂	每半年
14	液压油路	清洗溢流阀、减压阀、滤油器，清洗油箱箱底，更换或过滤液压油	每半年
15	主轴润滑油箱	清洗过滤器，更换液压油	每半年
16	检查并更换直流伺服电机碳刷	检查换向器表面，吹净碳粉，去除毛刺，更换长度过短的电刷，并应跑合后才能使用	每年
17	润滑油泵，滤油器清洗	清理润滑油池底，更换滤油器	每年

续表

序号	检查部位	检 查 内 容	周期
18	检查各轴导轨上镶条，压紧滚轮松紧状态	按机床说明书调整	不定期
19	冷却水箱	检查液面高度，冷却液太脏时需要更换并清理水箱底部，经常清洗过滤器	不定期
20	排屑器	经常清理切屑，检查有无卡住等	不定期
21	清理废油池	及时取走废油池中废油，以免外溢	不定期
22	调整主轴驱动带松紧	按机床说明书调整	不定期

1. 严格遵守操作规程和日常维护制度

操作规程是保证数控机床安全运行的重要措施之一，操作者一定要按操作规程操作。操作规程中要明确规定开机、关机的顺序和注意事项，例如开机后首先要手动或程序指令自动回参考点；非电修人员，包括操作者不能随便动电器；不得随意修改参数；机床在正常运行时不允许开或关电气柜门；禁止按动“急停”按钮和“复位”按钮等。

数控系统编程、操作和维修人员必须经过专门的培训，熟悉所用数控机床数控系统的使用环境、条件等，能按机床和系统使用说明书的要求正确、合理地使用，应尽量避免因操作不当引起的故障。通常，首次采用数控机床或由不熟练工人来操作，在使用的第一年内，有一半以上的系统故障是由于操作不当引起的；同时，根据操作规程的要求，针对数控系统各种部件的特点，确定各自保养条例。例如，明文规定哪些地方需要天天清理（如数控系统的输入/输出单元——光电阅读机的清洁、检查机械结构部分是否润滑良好等），哪些部件要定期检查或更换。

2. 应尽量减少数控柜和强电配电柜的开门次数

因为在机械加工车间的空气中一般都含有油雾、灰尘甚至金屑粉末，一旦它们落在数控系统内的电路板或电子器件上，容易引起元器件间绝缘电阻下降，甚至导致元器件及电路板的损坏。

有的用户在夏天为了使数控系统能超负荷长期工作，采取打开数控柜的门来散热，这是一种极不可取的方法，其最终将导致数控系统的加速损坏。正确的方法是降低数控系统的外部环境温度。因此，应该严格规定，除非进行必要的调整和维修，否则不允许随意开启柜门，更不允许在使用时敞开柜门。

一些已受外部尘埃、油雾污染的电路板和接插件，可采用专用电子清洁剂喷洗。在清洗接插件时可对插孔喷射足够的液雾后，将原插头或插脚插入，再拔出，即可将污物带出，可反复进行，直至内部清洁为止。接插部件插好后，多余的喷射液会自然滴出，将其擦干即可，经过一段时间之后，自然干燥的喷射液会在非接触表面形成绝缘层，使其绝缘良好。在清洗受污染的电路板时，可用清洁剂对电路板进行喷洗，喷完后，将电路板竖放，使尘污随多余的液体一起流出，待晾干之后即可使用。

3. 定时清扫数控柜的散热通风系统

应每天检查数控柜上的各个冷却风扇工作是否正常。视工作环境的状况，每半年或每季度检查一次风道过滤器是否有堵塞现象。如果过滤网上灰尘积聚过多，需及时清理，否则将会引起数控柜内温度过高（一般不允许超过55℃），造成过热报警或数控系统工作不可靠。清扫的具体方法如下。

(1) 拧下螺钉，拆下空气过滤器。

(2) 在轻轻振动过滤器的同时，用压缩空气由里向外吹掉空气过滤器内的灰尘。

(3) 过滤器太脏时，可用中性清洁剂（清洁剂和水的配方为5∶95）冲洗（但不可揉搓），然后置于阴凉处晾干即可。

由于环境温度过高，造成数控柜内温度为55～60℃时，应及时加装空调装置。安装空调后，数控系统的可靠性有明显的提高。

4. 数控系统输入/输出装置的定期维护

目前使用的20世纪80年代的产品，绝大部分都带有光电式纸带阅读机，如果读带部分被污染，将导致读入信息出错。为此，应做到以下几点。

(1) 每天必须对光电阅读机的表面（包括发光体和受光体）、

纸带压板以及纸带通道用蘸有酒精的纱布进行擦拭。

（2）每周定时擦拭纸带阅读机的主动轮滚轴、压紧滚轴、导向滚轴等运动部件。

（3）每半年对导向滚轴、张紧臂滚轴等加注润滑油一次。

（4）纸带阅读机一旦使用完毕，就应将装有纸带的阅读机的小门关上，防止尘埃落入。

5. 经常监视数控系统的电网电压

通常，数控系统允许的电网电压波动范围在额定值的－15%～＋10%，如果超出此范围，轻则使数控系统不能稳定工作，重则会造成重要电子部件损坏。因此，要经常注意电网电压的波动。对于电网质量比较恶劣的地区，应及时配置数控系统用的交流稳压装置，这将使故障率有比较明显的降低。

6. 定期更换存储用电池

存储器如采用 CMOS RAM 器件，为了在数控系统不通电期间能保持存储的内容，内部设有可充电电池维持电路。在正常电源供电时，由＋5V 电源经一个二极管向 CMOS RAM 供电，并对可充电电池进行充电。当数控系统切断电源时，则改为由电池供电来维持 CMOS RAM 内的信息。在一般情况下，即使电池尚未失效，也应每年更换一次电池，以便确保系统能正常地工作。另外，一定要注意，电池的更换应在数控系统供电状态下进行，这样才不会造成存储参数丢失。一旦参数丢失，在调换新电池后，必须将参数重新输入。

7. 数控系统长期不用时的维护

为提高数控系统的利用率和减少数控系统的故障，数控机床应满负荷使用，而不要长期闲置不用。由于某种原因，造成数控系统长期闲置不用时，为了避免数控系统损坏，需注意以下两点。

（1）要经常给数控系统通电，特别是在环境温度较大的梅雨季节更应如此。在机床锁住不动（即伺服电动机不转）的情况下，让数控系统空运行，利用电器元件本身的发热来驱散数控系统内的潮气，保证电子器件性能稳定可靠。实践证明，在空气湿度较大的地区，经常通电是降低故障率的一个有效措施。

（2）如果数控机床的进给轴和主轴采用直流电动机驱动，应将电刷从直流电动机中取出，以免由于化学腐蚀作用，使换向器表面腐蚀，造成换向性能变化，甚至使整台电动机损坏。

8. 备用电路板的维护

印制电路板长期不用容易出故障，因此对所购的备用板应定期装到数控系统中通电运行一段时间，以防损坏。

9. 做好维修前的准备工作

为了能及时排除故障，应在平时做好维修前的充分准备，主要有如下几个方面。

（1）技术准备。维修人员应在平时充分了解系统的性能。为此，应熟读有关系统的操作说明书和维修说明书，掌握数控系统的框图、结构布置以及电路板上可供检测的测试点上正常的电平值或波形。维修人员应妥善保存好数控系统现场调试之后的系统参数文件和 PLC 参数文件，它们可以是参数表或参数纸带。另外，随机提供的 PLC 用户程序、报警文件、用户宏程序参数和刀具文件参数以及典型的零件程序、数控系统功能测试纸带等都与机床的性能和使用有关，应妥善保存。如有可能，维修人员还应备有系统所用的各种元器件手册（如 IC 手册等），以备随时查阅。

（2）工具准备。作为最终用户，维修工具只需准备一些常用的仪器设备即可，如交流电压表、直流电压表，其测量误差在±2%范围内即可。万用表应准备一块机械式的，可用它测量晶体管。

各种规格的螺钉旋具也是必备的，如有纸带阅读机，则还应准备清洁纸带阅读机用的清洁剂和润滑油等化学材料。如有条件，最好应具备一台带存储功能的双线示波器和逻辑分析仪，这样在查找故障时，可使故障范围缩小到某个器件、零件。无论使用何种工具，在进行维修时，都应确认系统是否通电，不要因仪器测头造成元器件短路从而引起系统的更大故障。

（3）备件准备。一旦由于 CNC 系统的部件或元器件损坏，使系统发生故障，为了能及时排除故障，用户应准备一些常用的备件，如各种熔丝、晶体管模块以及直流电动机用电刷等。

(二) 数控机床维护保养的重要性

1. 数控机床保养的必要性

正确合理地使用数控机床，是数控机床管理工作的重要环节。数控机床的技术性能、工作效率、服务期限、维修费用与数控机床是否正确使用有密切的关系。正确地使用数控机床，还有助于发挥设备技术性能，延长两次修理的间隔，延长设备使用寿命，减少每次修理的劳动量，从而降低修理成本，提高数控机床的有效使用时间和使用效果。

数控机床操作工除了应正确合理地使用数控机床之外，还必须精心保养数控机床。数控机床在使用过程中，由于程序故障、电器故障、机械磨损或化学腐蚀等原因，不可避免地出现工作不正常现象，如松动、声响异常等。为了防止磨损过快、故障扩大，必须在日常操作中进行保养。

保养的内容主要有清洗、除尘、防腐及调整等工作，为此应供给数控机床操作工必要的技术文件（如操作规程、保养事项与指示图表等），配备必要的测量仪表与工具。数控机床上应安装防护、防潮、防腐、防尘、防振、降温装置与过载保护装置，为数控机床正常工作创造良好的工作条件。

为了加强保养，可以制定各种保养制度，根据不同的生产特点，可以对不同类别的数控机床规定适宜的保养制度。但是，无论制定何种保养制度，均应正确规定各种保养等级的工作范围和内容，尤其应区别“保养”与“修理”的界限。否则容易造成保养与修理的脱节或重复，或者由于范围过宽、内容过多，实际承担了属于修理范围的工作量，难以长期坚持，容易流于形式，而且带来定额管理上与计划管理的诸多不便。

一般来说，保养的主要任务在于为数控机床创造良好的工作条件。保养作业项目不多，简单易行。保养部位大多在数控机床外表，不必进行解体，可以在不停机、不影响运转的情况下完成，不必专门安排保养时间，每次保养作业所耗物资也很有限。

保养还是一种减少数控机床故障、延缓磨损的保护性措施，但通过保养作业并不能消除数控机床的磨耗损坏，不具有恢复数控机床原有效能的作用。

2. 数控机床预防性维护的重要性

延长元器件的使用寿命和机械零、部件的磨损周期，防止故障，尤其是恶性事故的发生，从而延长数控机床的使用寿命，是对数控机床进行维护保养的宗旨。每台数控机床的维护保养要求，在其《机床使用说明书》上均有规定。这就要求机床的使用者要仔细阅读《机床使用说明书》，熟悉机械结构、控制系统及附件的维护保养要求。做好这些工作，将有利于大大减少机床的故障率。

此外，还需制订切实可行的维修保养制度，设备主管单位要定期检查制度执行情况，以确保机床始终处于良好的运行状态，避免和减少恶性事故的发生。

（三）数控机床机械部件的维护

数控机床的机械结构较传统机床简单，但精度却提高了，对维护也提出了更高要求。同时，由于数控机床还有刀库及换刀机械手、液压和气动系统等，使得机械部件维护的面更广，工作量更大。数控机床机械部件的维护与传统机床不同的内容如下。

1. 主传动链的维护

（1）熟悉数控机床主传动链的结构、性能和主轴调整方法，严禁超性能使用。出现不正常现象时，应立即停机排除故障。

（2）使用带传动的主轴系统，需定期调整主轴驱动带的松紧程度，防止因带打滑造成的丢转现象。

（3）注意观察主轴箱温度，检查主轴润滑恒温油箱，调节温度范围，防止各种杂质进入油箱，及时补充油量。每年更换一次润滑油，并清洗过滤器。

（4）经常检查压缩空气气压，调整到标准要求值，足够的气压才能使主轴锥孔中的切屑和灰尘清理干净，保持主轴与刀柄连接部位的清洁。主轴中刀具夹紧装置长时间使用后，会产生间隙，影响刀具的夹紧，需及时调整液压缸活塞的位移量。

（5）对采用液压系统平衡主轴箱重量的结构，需定期观察液压系统的压力，油压低于要求值时，要及时调整。

（6）使用液压拨叉变速的主传动系统，必须在主轴停车后变速。

(7) 每年对主轴润滑恒温油箱中的润滑油更换一次，并清洗过滤器。

(8) 每年清理润滑油池底一次，并更换液压泵滤油器。

(9) 每天检查主轴润滑恒温油箱，使其油量充足，工作正常。

(10) 防止各种杂质进入润滑油箱，保持油液清洁。

(11) 经常检查轴端及各处密封，防止润滑油液的泄漏。

2. 滚珠丝杠螺母副的维护

(1) 定期检查、调整丝杠螺母副的轴向间隙，保证反向传动精度和轴向刚度。

(2) 定期检查丝杠支承与床身的连接是否有松动以及支承轴承是否损坏。如有以上问题，要及时紧固松动部位，更换支承轴承。

(3) 采用润滑脂润滑的滚珠丝杠，每半年一次清洗丝杠上的旧润滑脂，换上新的润滑脂。用润滑油润滑的滚珠丝杠，每次机床工作前加油一次。

(4) 注意避免硬质灰尘或切屑进入丝杠防护罩和工作中碰击防护罩，防护装置一有损坏要及时更换。

3. 刀库及换刀机械手的维护

(1) 用手动方式往刀库上装刀时，要确保装到位、装牢靠，检查刀座上的锁紧是否可靠。

(2) 严禁把超重、超长的刀具装入刀库，防止在机械手换刀时掉刀或刀具与工件、夹具等发生碰撞。

(3) 采用顺序选刀方式须注意刀具放置在刀库上的顺序是否正确。其他选刀方式也要注意所换刀具号是否与所需刀具一致，防止换错刀具导致事故发生。

(4) 注意保持刀具刀柄和刀套的清洁。

(5) 经常检查刀库的回零位置是否正确，检查机床主轴回换刀点位置是否到位，并及时调整，否则不能完成换刀动作。

(6) 开机时，应先使刀库和机械手空运行，检查各部分工作是否正常，特别是各行程开关和电磁阀能否正常动作。检查机械手液压系统的压力是否正常，刀具在机械手上锁紧是否可靠，发现不正常及时处理。

4. 液压系统的维护

(1) 定期对油箱内的油液进行取样化验，检查油液质量，定期过滤或更换油液。

(2) 定期检查冷却器和加热器的工作性能，控制液压系统中油液的温度在标准要求内。

(3) 定期检查更换密封件，防止液压系统泄漏。

(4) 防止液压系统振动与噪声。

(5) 定期检查清洗或更换液压件、滤芯，定期检查清洗油箱和管路。

(6) 严格执行日常点检制度，检查系统的泄漏、噪声、振动、压力、温度等是否正常，将故障排除在萌芽状态。

5. 导轨副的维护

(1) 定期调整压板的间隙。

(2) 定期调整镶条间隙。

(3) 定期对导轨进行预紧。

(4) 定期对导轨润滑。

(5) 定期检查导轨的防护，定期清洗密封件。

6. 气动系统的维护

(1) 选用合适的过滤器，清除压缩空气中的杂质和水分。

(2) 注意检查系统中油雾器的供油量，保证空气中含有适量的润滑油来润滑气动元件，防止生锈、磨损造成空气泄漏和元件动作失灵。

(3) 定期检查更换密封件，保持系统的密封性。

(4) 注意调节工作压力，保证气动装置具有合适的工作压力和运动速度。

(5) 定期检查、清洗或更换气动元件、滤芯。

(四) 直流伺服电动机的维护

直流伺服电动机带有数对电刷，电动机旋转时，电刷与换向器摩擦而会逐渐磨损。电刷异常或过度磨损，会影响电动机工作性能，数控车床、铣床和加工中心中的直流伺服电动机应每年检查一次，频繁加、减速的机床（如冲床等）中的直流伺服电动机应每两个月检查一次，检查步骤如下。

（1）在数控系统处于断电状态且电动机已经完全冷却的情况下进行检查。

（2）取下橡胶刷帽，用螺钉旋具拧下刷盖取出电刷。

（3）测量电刷长度，如 FANUC 直流伺服电动机的电刷由 10mm 磨损到小于 5mm 时，必须更换同型号的新电刷。

（4）仔细检查电刷的弧形接触面是否有深沟或裂痕，以及电刷弹簧上有无打火痕迹。如有上述现象，则要考虑电动机的工作条件是否过分恶劣或电动机本身是否有问题。

（5）用不含金属粉末及水分的压缩空气导入装电刷的刷握孔，吹净粘在刷孔壁上的电粉末。如果难以吹净，可用螺钉旋具尖轻轻清理，直至孔壁全部干净为止，但要注意不要碰到换向器表面。

（6）重新装上电刷，拧紧刷盖。如果更换了新电刷，应使电动机空运行跑合一段时间，以使电刷表面和换向器表面相吻合。

（五）位置检测元件的维护

位置检测元件的维护要求见表 11-2。

表 11-2　位置检测元件的维护

<table>
<tr><th rowspan="2">检测元件</th><th colspan="2">维　护</th></tr>
<tr><th>项目</th><th>说　明</th></tr>
<tr><td rowspan="2">光栅</td><td>防污</td><td>（1）冷却液在使用过程中会产生轻微结晶。这种结晶在扫描头上形成一层薄膜且透光性差，不易清除，故在选用冷却液时要慎重。
（2）加工过程中，冷却液的压力不要太大，流量不要过大，以免形成大量的水雾进入光栅。
（3）光栅最好通入低压压缩空气（105Pa 左右），以免扫描头运动时形成的负压把污物吸入光栅。压缩空气必须净化，滤芯应保持清洁并定期更换。
（4）光栅上的污物可以用脱脂棉蘸无水酒精轻轻擦除</td></tr>
<tr><td>防振</td><td>光栅拆装时要用静力，不能用硬物敲击，以免引起光学元件的损坏</td></tr>
</table>

续表

检测元件	维护	
	项目	说明
光电脉冲编码器	防污	污染容易造成信号丢失
	防振	振动容易使编码器内的紧固件松动脱落，造成内部电源短路
	防止连接松动	（1）连接松动会影响位置控制精度。 （2）连接松动还会引起进给运动的不稳定，影响交流伺服电动机的换向控制，从而引起机床的振动
感应同步器	（1）保持定尺和滑尺相对平行。 （2）定尺固定螺栓不得超过尺面，调整间隙在 0.09～0.15mm 为宜。 （3）不要损坏定尺表面耐切削液涂层和滑尺表面一层带绝缘层的铝箔，否则会腐蚀厚度较小的电解铜箔。 （4）接线时要分清滑尺的 sin 绕组和 cos 绕组	
旋转变压器	（1）接线时应分清定子绕组和转子绕组。 （2）碳刷磨损到一定程度后要更换	
磁栅尺	（1）不能将磁性膜刮坏。 （2）防止铁屑和油污落在磁性标尺和磁头上。 （3）要用脱脂棉蘸酒精轻轻地擦其表面。 （4）不能用力拆装和撞击磁性标尺和磁头，否则会使磁性减弱或使磁场紊乱。 （5）接线时要分清磁头上励磁绕组和输出绕组，前者绕在磁路截面尺寸较小的横臂上，后者绕在磁路截面尺寸较大的竖杆上	

二、数控机床故障维修

数控机床一般故障维修处理方法，见表 11-3，供维修时参考。

表 11-3　　数控机床一般故障维修处理方法

序号	故障现象	故障原因	处理方法
1	CRT 无显示，机床不能工作	（1）主控制线路板故障。 （2）存储软件或 ROM 板故障	（1）修理或换新控制线路板。 （2）修理或换新 ROM 板
2	CRT 无显示，但机床能正常工	CRT 控制部分故障	排除故障或换新

续表

序号	故障现象	故障原因	处理方法
3	CRT无灰度或无画面	(1) 电缆故障。 (2) 电缆电路故障	(1) 检查电缆，重新连接。 (2) 检查电流、电压、接头插件是否正常
4	送电后机床根本不动	(1) 系统报警状态。 (2) 紧急按钮在停止状态	(1) 找出报警原因，解决后再送电。 (2) 将按钮复位
5	机床不能返回基准点	(1) 脉冲编码器断电。 (2) 脉冲编码器插头松动	(1) 检查电缆是否断线，修复或换新。 (2) 重新连接
6	局部不工作	控制某运动伺服系统故障	修复或换新件
7	工作台 X、Y、Z 某方面不能移动	(1) 坐标轴与丝杆联轴器松动。 (2) 润滑不好	(1) 拧紧联轴器上的螺钉。 (2) 注油或改善润滑状态使润滑充足
8	移动有噪声	(1) 润滑不好。 (2) 电机换向器磨损。 (3) 轴承压盖松动。 (4) 电机轴向移动。 (5) 轴承破损	(1) 注油或改善润滑状态使润滑充足。 (2) 修复或换新。 (3) 将轴承压盖拧紧。 (4) 修复。 (5) 换新轴承
9	主轴发热	(1) 轴承缺油。 (2) 轴承损坏。 (3) 轴承压盖破损	(1) 加注NBU15润滑油。 (2) 换新轴承。 (3) 换新压盖
10	刀套不能夹紧工具	(1) 增压器故障。 (2) 刀具夹紧液压缸漏油	(1) 找出故障点后排除。 (2) 压紧调整螺母堵漏
11	刀具不能旋转	刀具上调整螺母松动	压紧调整螺母
12	刀具必须停留一段时间后方可拆卸	(1) 拆卸气阀故障。 (2) 气压不足	(1) 修理气阀。 (2) 调整气压
13	机床失控	(1) 伺服电机故障。 (2) 检测元件故障。 (3) 反馈系统故障	(1) 修复或换新电机。 (2) 更换检测元件。 (3) 找出故障点后排除或换件

续表

序号	故障现象	故障原因	处理方法
14	机床振动	检测器、电位器或印制线路板故障	修复或换新
15	机床快速移动时噪声过大	伺服电机或测速发电机电刷接触不良	换新电刷并调整好
16	高电压报警	(1) 电流、电压超过额定值。 (2) 电动机绝缘能力降低。 (3) 控制单元印制线路板故障	(1) 调整电流、电压。 (2) 修复或换新电动机。 (3) 修理电路板
17	电压过低报警	(1) 电源电压过低。 (2) 电源接触不良	(1) 找出原因，提高电流、电压。 (2) 重新连接使其接触良好
18	大电流报警	速度控制单元上功率驱动元件损坏	找出故障点换新件
19	过载报警	(1) 机械负载过重。 (2) 永磁电动机上永磁体脱落	(1) 降低负载。 (2) 修复或换新永磁电动机
20	导轨得不到润滑或润滑不良	(1) 供油器缺油。 (2) 供油系统故障	(1) 加润滑油。 (2) 修复
21	保护开关动作	某控制部位及开关动作，则说明这一部位出现过流或短路故障	找出故障点修复或换新
22	机床润滑不良	(1) 缺润滑油。 (2) 供油系统故障	(1) 加润滑油。 (2) 找出故障点修复
23	强力切削时，失转或停转	(1) 电动机与主轴连接带过松。 (2) 连接带使用过久。 (3) 连接带表面有油	(1) 重新调整锁紧。 (2) 更换新带。 (3) 用汽油清洗干净

三、机床设备的修理

1. 设备修理的主要内容

设备修理的主要内容见表11-4。

表 11-4　　设备修理的内容

<table>
<tr><th colspan="2">修理名称</th><th>修 理 内 容</th></tr>
<tr><td rowspan="6">定期性计划修理</td><td>大修</td><td>(1) 将设备全部解体，修换全部磨损件，全面消除缺陷，恢复设备原有精度，性能和效率，达到出厂标准。
(2) 对一些陈旧设备的部分零部件作适当改装，以满足某些工艺上的要求</td></tr>
<tr><td>中修</td><td>有针对性地对设备作局部解体，修换磨损件，恢复并保持设备的精度、性能、效率</td></tr>
<tr><td>小修</td><td>消除设备在使用中造成的局部故障和零件的损伤，保证设备工艺上的要求</td></tr>
<tr><td>二级保养</td><td>以维修工人为主，操作工人为辅对设备进行部件解体，检查和修换磨损件，恢复其局部精度，达到工艺要求</td></tr>
<tr><td>项修</td><td>针对精、大、稀设备的特点而进行的。针对不同设备存在的主要问题实施部分修理，以满足工艺要求</td></tr>
<tr><td>定期性的工艺检查</td><td>对于重点设备在计划检修和间隔检修中，应进行定期性的精度检查</td></tr>
<tr><td rowspan="2">计划外修复</td><td>故障修理</td><td>设备临时损坏的修理</td></tr>
<tr><td>事故修理</td><td>因设备发生事故而进行的修理</td></tr>
</table>

2. 设备修理质量管理的目的和意义

设备修理的质量管理是指为了保证设备修理后达到规定的质量标准，组织和协调企业有关部门和职工，采取技术、经济和组织措施，全面控制影响设备修理质量的各种因素所进行的一系列管理工作。

设备修理的质量管理是企业全面质量管理的重要组成部分，其目的在于保证和不断提高设备修理质量。

3. 设备修理质量管理工作的主要内容

设备修理质量管理工作的内容主要包括以下几个方面。

(1) 制定设备修理的质量标准和为了达到质量标准所采取的工艺技术措施。制定质量标准时，既要充分考虑技术上的必要性，又要考虑经济上的合理性。

(2) 设备修理质量的检验和评定工作是保证设备修理后达到规定标准并且具有较好可靠性的重要环节。因此，企业必须建立设备修理质量检验组织，按图样、工艺及技术标准，对自制和外购备件、修理和装配质量、修后精度和性能进行严格检验，并做好记录和质量评定工作。

(3) 加强修理过程中的质量管理，如：认真贯彻工艺规程，对关键工序建立质量控制点和开展群众性的质量管理小组活动。

(4) 开展用户服务和质量信息反馈工作，统计分析，找出差距，拟定进一步提高设备修理的目标和措施。

(5) 加强技术业务培训，不断提高修理技术水平和管理水平。

4. 设备修理质量的标准和原则

设备修理质量标准是衡量设备整机技术状态的标准，包括修后应达到的设备精度、性能指标、外观质量及环境保护等方面的技术要求，它是检验和评定设备修理质量的主要依据。

制定设备大修理质量标准的原则如下。

(1) 以出厂标准为基础。

(2) 修后的设备性能和精度应满足产品工艺要求，并有足够的精度储备。如产品工艺不需要设备原有的某项性能或精度，可以不列入修理标准或修后免检；如设备原有的某项性能或精度不能满足产品工艺要求或精度储备不足，在确认可通过采取技术措施（如局部改装、采取提高精度、修理工艺等）解决的情况下，可在修理质量标准中提高性能和精度指标。

(3) 对有些磨损严重、已难以修复到出厂精度标准的机床设备，如由于某种原因需大修时，可按出厂标准适当降低精度，但仍应满足修后加工产品和工艺要求。

(4) 达到环境保护法和劳动安全法的规定要求。

5. 设备大修理的质量标准

设备大修理质量标准有如下内容。

(1) 外观质量。要求基本内容如下：

1) 对设备外表面和外露零件的整齐、防锈、美观的技术要求。

2）对涂装的技术要求。

3）对各种表牌、标志牌的技术要求。

(2) 空运转试验。设备空运转试验规程的主要内容有：

1）对各种空运转试验的程序，以及试验速度和持续时间的规定。

2）两种（及两种以上）运动同时空运转试验的规定。

3）空运转试验中应检查的内容和应达到的技术要求。检查内容主要包括：各种运动的平稳性、振动、噪声、轴承的温升；电气、液压（气压）、润滑、冷却系统的工作状况；操作机构动作的准确性和灵敏性；制动、限位、联锁装置的灵敏性及准确性；过载保护、安全防护装置的可靠性以及各种信号指示灯和仪表的正确显示等。

(3) 负荷试验。设备负荷试验规程的主要内容有：

1）试验内容和应达到的技术要求，如金属切削机床的最大切削负荷试验；重型机床最大静负荷试验；起重设备的静、动负荷试验；冲压设备的最大压力试验等。

2）试验程序及规范。

3）试验时及试验后应检测的数据等。

(4) 几何精度标准。几何精度标准是衡量设备静态精度的标准，包括以下内容：

1）检验项目主要有：安装精度、基准件相互位置精度、部件的运动精度及位置精度、各种运动的相关精度等。

2）各项检验项目的检验方法。

3）各项检验项目的允许误差。

(5) 工作精度标准。工作精度标准是用来代替衡量机床动态精度的标准，其主要内容有：

1）工件的材料、形状、尺寸及加工后应达到的精度。

2）加工工艺规程，包括工件装夹方式，采用的刀具及切削用量的规定。

对于专用机床，应按企业规定的产品零件及其加工工艺规程进行工作精度检验。对于通用机床，可选择企业经常加工的典型零件作为试件或按出厂标准的规定进行。

6. 设备修理质量检验的主要内容

设备修理质量检验工作，是保证设备修理后达到规定质量标准，尽量减少返工修理的重要环节之一。检验是根据修理工艺规程和质量标准，采用测量、试验等方法将修理后设备的质量特点与规定要求进行比较和作出判断的过程。

修理质量检验的主要内容有：

(1) 自制备件和修复零件的工序质量检验和终检。

(2) 外购材料的入库检验。

(3) 设备的定期精度检验。

(4) 修理过程中，零部件和装配质量的检验。

(5) 修理后的外观、试车、精度及性能的检验。

7. 大修后机械寿命缩短的原因及采取的措施

大修后机械寿命缩短的原因及采取的措施见表 11-5。

表 11-5　大修后机械寿命缩短原因及采取措施

原　因	分　析	措　施
基础零件变形	基础零件产生变形改变了各零件的相对位置，加速了零件的磨损	补偿和改变零件变形现象
机件平衡的破坏	由于离心力的作用，加速零件磨损	严格平衡检验
没有严格执行磨合工艺	新加工的零件或设备，经拆装后零件的配合表面若不严格执行合理的磨合工艺，随着时间的推移，零件配合表面的磨损量将增大	按工艺要求，对配合件进行必要的磨合
大修后零件的硬度达不到要求	修复零件的磨损表面时，没有采用适当的材料，热处理没按规定进行	按图样要求选用材料及进行热处理
大修后零件的表面粗糙度达不到要求	表面较粗糙的零件会加速零件的磨损，缩短使用寿命	根据零件的工艺性能，符合适当的表面粗糙度要求

8. 设备大修理质量等级的评定

对于设备大修理质量通常要评定等级（对项修和小修一般不作评定），其主要指标是：精度、性能、出力和修后初期使用中的返修率（或故障停机率）。评定大修理质量等级的前提，是所有质量检验项目必须按质量标准检验合格。目前，我国尚无统一的修理质量等级评定标准，各企业可根据情况制定各自标准。表 11-6 是某机械厂的设备大修理质量等级评定指标，可供参考。

表 11-6　设备大修理质量等级评定指标

设备类别	指标			等级
	精度指数	出力	返修率	
金属切削机床	0.5～0.67	—	≤1%	优良
	0.68～1	—	>1%	合格
动力设备	—	>100%	≤1%	优良
	—	100%	>1%	合格
其他设备	—	—	≤1%	优良
	—	—	>1%	合格

注　返修率的考核期为三个月。

第三节　机床修理的典型工艺

一、滚珠丝杠副的修理与调整

（一）滚珠丝杠副的工作原理及传动特点

1. 滚珠丝杠副的分类及特性

滚珠丝杠副按其结构可分为内循环式滚珠丝杠副和外循环式滚珠丝杠副。

(1) 内循环式滚珠丝杠副。如图 11-1 所示，滚珠的循环在返回过程中始终与丝杠保持接触。内循环式滚珠丝杠副的滚珠循环回路短，工作滚珠少，流畅性好，摩擦损失小，传动效率高。返向器若用工程塑料制造，则吸振性能好，耐磨、噪声小、可一次成型，工艺简单、成本低、适于成批生产。返向器若用金属制造则工艺较复杂，成本较高。根据返向器的工作状态，可分为浮动返向器和固定返向器两种。固定返向器可做成圆形、圆形带凸键和腰圆形。固定返向器固定在螺母上，其加工误差对滚珠循环的流畅性和传动平稳性有影响，且吸振性差。

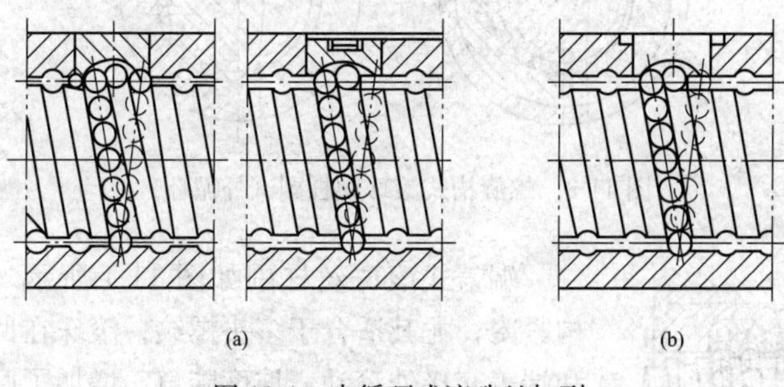

图 11-1　内循环式滚珠丝杠副

(a) 浮动返向器；(b) 固定返向器

(2) 外循环式滚珠丝杠副。滚珠的循环在返回过程中不与丝杠接触，而是沿着一条专用的通道返回。可分为插管式、螺旋式和端盖式三种。

插管式滚珠丝杠副如图 11-2 所示，就是用弯管插入螺母的通孔代替螺旋回珠槽作为滚珠返回通道。这种方式工艺性好，但螺母径向外形尺寸较大，不易在设备上安装。

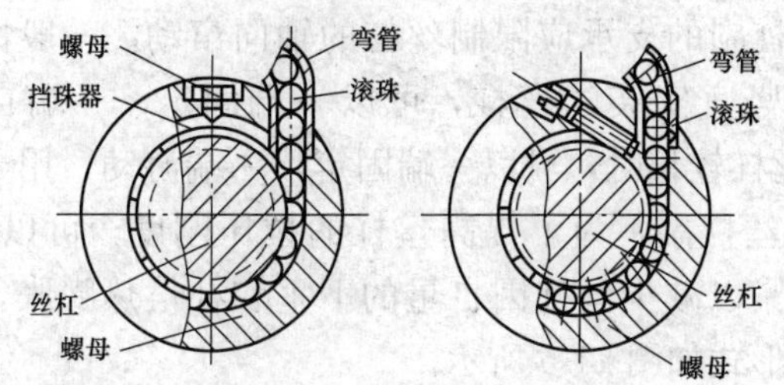

图 11-2　插管式滚珠丝杠副（外循环）

螺旋槽式滚珠丝杠副如图 11-3 所示。螺母轴向尺寸紧凑，外径比插管式小；由于螺旋回珠槽和回珠孔交接非圆滑连接，坡度陡急，增加了滚珠返回的阻力，并易引起滚珠跳动；挡珠器刚性差，易磨损。

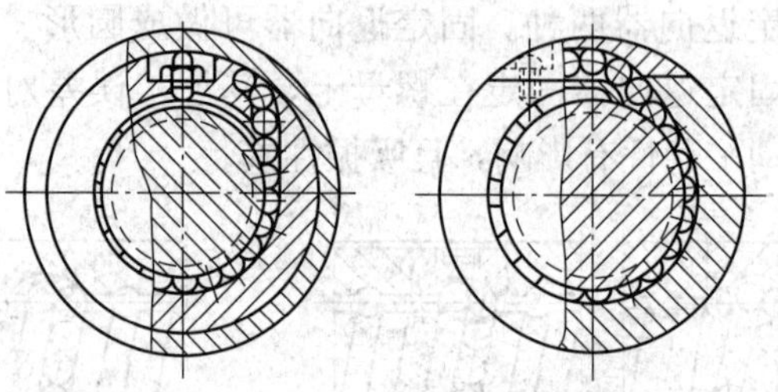

图 11-3　螺旋槽式滚珠丝杠副（外循环）

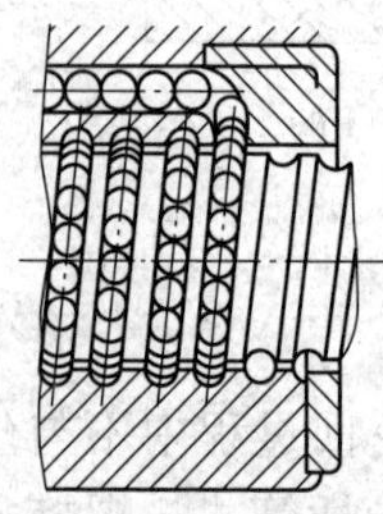

图 11-4　端盖式滚珠丝杠副（外循环）

端盖式滚珠丝杠副如图 11-4 所示。其结构紧凑，尤其适合于多头螺纹；滚珠在回路孔和端盖交接处滚动，坡度陡急，增加了摩擦损失，容易引起滚珠跳动；滚珠在螺母体内和端盖间循环，即使在高速下，噪声也很低。

2. 滚珠丝杠副的工作原理

滚珠丝杠副在丝杠的螺母之间滚动，并通过滚珠循环回路不断的循环。这样就把普通螺纹副丝杠与螺母之间的滑动摩擦变为滚动摩擦，因此，摩擦阻力小，传动效率高、磨损小，寿命长，可实现同步运动。

滚珠丝杠副的支承应限制丝杠的轴向窜动。一般情况下，较短的丝杆或竖直安装的丝杠，可以一端固定，一端自由（无支承）；水平丝杠较长时，可以一端固定，一端游动；用于精密和高精度机床的丝杠副，为了提高丝杠的拉压刚度，可以两端固定，并进行预拉紧以减少丝杠因自重的下垂和补偿热膨胀。滚珠丝杠副固定支承形式如图 11-5 所示。

滚珠丝杠副尽可能以固定端为驱动端，并以固定端作为轴向位置的基准，尺寸链和误差的计算都由此开始。如图 11-6 所示是一端固定，一端游动的支承形式；图 11-7 是两端单向固定，预拉紧形式；图 11-8 是丝杠不转，螺母旋转形式；图 11-9 是一端固定，一端自由形式。

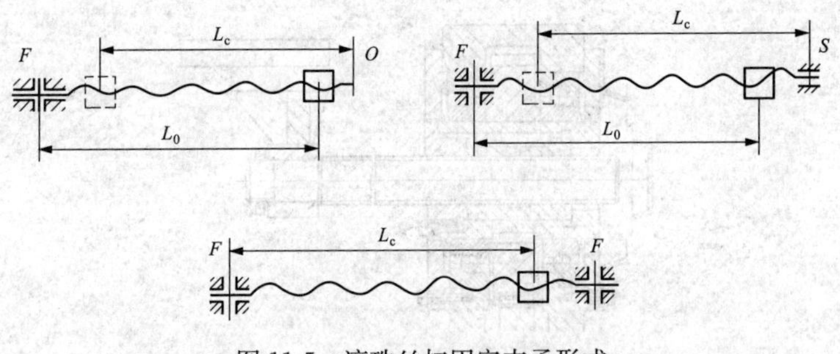

图 11-5　滚珠丝杠固定支承形式

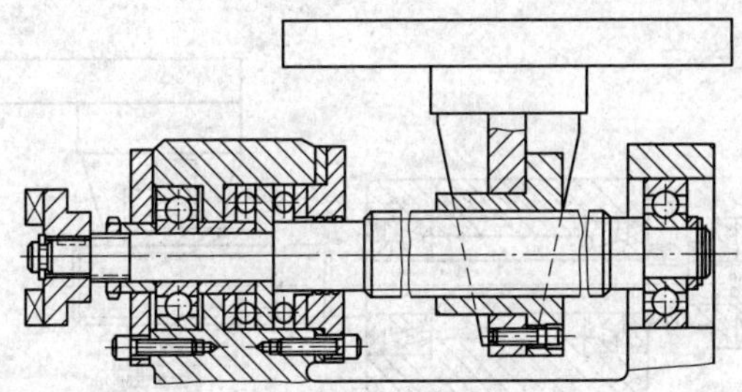

图 11-6　一端固定，一端游动支承形式

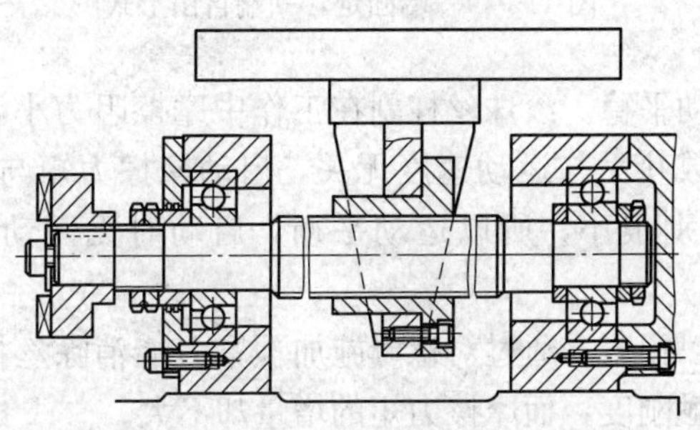

图 11-7　两端单向固定，预拉紧形式

滚珠丝杠副分为 1、2、3、4、5、7、10 级七个精度等级，1 级精度最高，依次递减。

3. 滚珠丝杠副的传动特点

(1) 传动效率高，滚珠丝杠副的传动效率高达 85%～98%，为普通丝杠副的 2～3 倍。

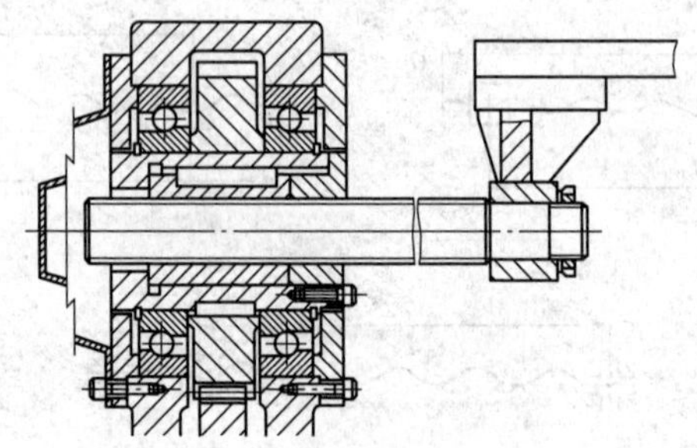

图 11-8　丝杠不转螺母旋转形式

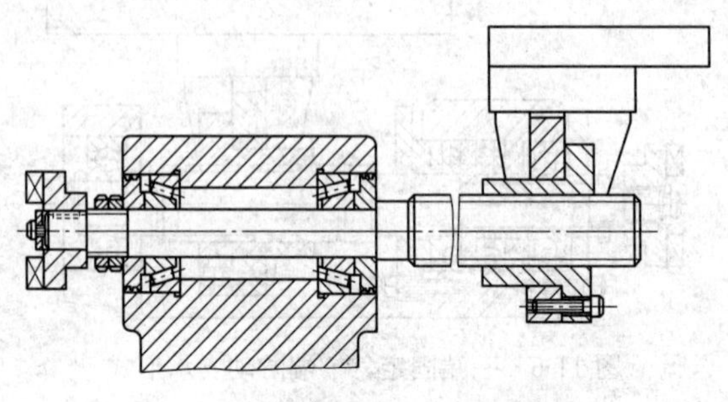

图 11-9　一端固定，一端自由形式

（2）运动平稳。滚珠丝杠副在工作中摩擦阻力小，灵敏度高，而且摩擦因数几乎与运动速度无关，启动摩擦力矩与运动时的摩擦力矩的差别很小，所以运动平衡，启动时无颤动，低速时无爬行。

（3）可以预紧。通过对螺母施加预紧力能消除丝杠副的间隙，提高轴向接触刚度，而摩擦力矩的增量却不大。

（4）定位精度和重复精度高。由于上述三个特点，滚珠丝杠副在运动中温升较小，无爬行，并可消除轴向间隙和对丝杠进行预拉紧以补偿热膨胀。因此当采用精密滚珠丝杠副时可以获得较高的定位精度和重复定位精度。

（5）使用寿命长。滚珠丝杠和螺母均用合金钢制造，螺母丝杠的滚道经热处理（硬度 50～62HRC）后磨至所需要的精度和表面粗糙度，具有较高的抗疲劳能力，滚动摩擦磨损极微。因此，具有较高的使用寿命和精度保持性。一般情况下，滚珠丝杠副的使用寿命为普通丝杠副的 4～10 倍，甚至更高。

（6）同步性好。用几套相同的滚珠丝杠副同时传动几个相同的部件或装置时，由于反应灵敏，无阻滞，无滑移，可以获得较好的同步运动。

（7）使用可靠，润滑简单，维修方便。在正常使用条件下，滚珠丝杠副故障率低，维修也极为简单；通常只需进行一般的润滑和防尘，在某些特殊场合（如在核反应堆中），可在无润滑状态下正常工作。

（8）不自锁。由于滚珠丝杠副的摩擦角小，所以不能自锁。当用于竖直传动或需急停时，必须在传动系统中附加自锁机构或制动装。

（二）滚珠丝杠副的预紧

通过预紧来消除滚珠丝杠副的轴向间隙，并施加预紧力，达到无间隙传动和提高丝杠的轴向刚度，这是滚珠丝杠副的主要特点之一。对于新制的滚珠丝杠副，专业制造厂在装配时已按用户要求进行了预紧，因此在安装时无须再进行预紧。但滚珠丝杠副经较长时间的使用后，滚珠与滚道不可避免地要产生磨损，甚至出现轴向间隙。在这种情况下，必须适时地对滚珠丝杠副进行预紧调整。

滚珠丝杠副预紧力的大小，直接影响滚珠丝杠副的工作状况和使用寿命。预紧力过小，在载荷的作用下会出现轴向间隙而使传动精度降低；预紧力过大，会加大滚珠丝杠副之间的摩擦，从而降低传动效率和缩短使用寿命。一般情况下，预紧力取最大轴向负荷的 1/3。

滚珠丝杠副常见调整机构的组成及特点如下。

1. 垫片式

垫片式如图 11-10 所示它是通过改垫片的厚度，以使螺母产生轴向位移来实现预紧调整和消除轴向间隙。这种调整机构的特点是结构简单、预紧可靠、拆装方便，但精度的调整比较困难、且在使用过程中不便调整。

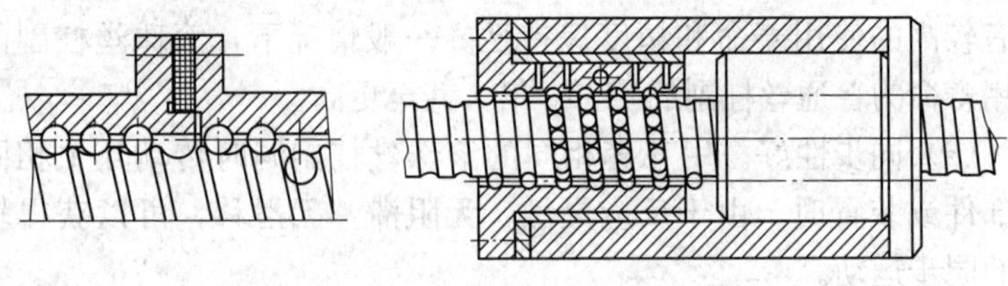

图 11-10　垫片式

2. 螺纹式

如图 11-11 所示。调整时，带调整螺纹的螺母 1 伸出螺母座 2 的外端，用两个螺母 3、4 调整轴向间隙，长键 5 的作用是限制两个螺母的相对转动。这种形式的特点是结构紧凑、可随时调整，但很难准确地获得需要的预紧力。

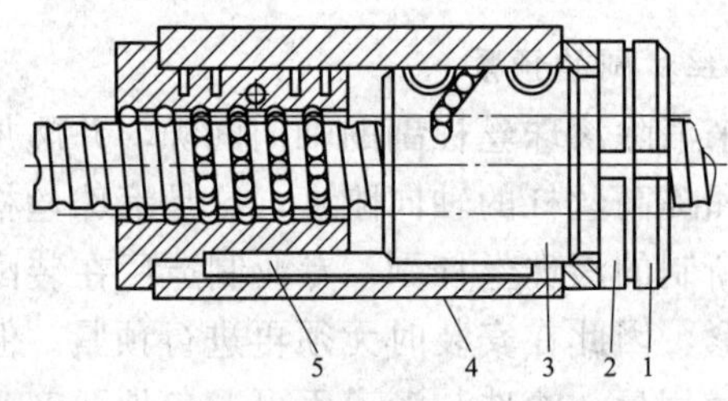

图 11-11　螺纹式

1—螺母；2—螺母座；3—螺母；4—螺母；5—长键

3. 随动式

如图 11-12 所示。活动螺母 1 和固定螺母 2 之间有滚针轴承 3，

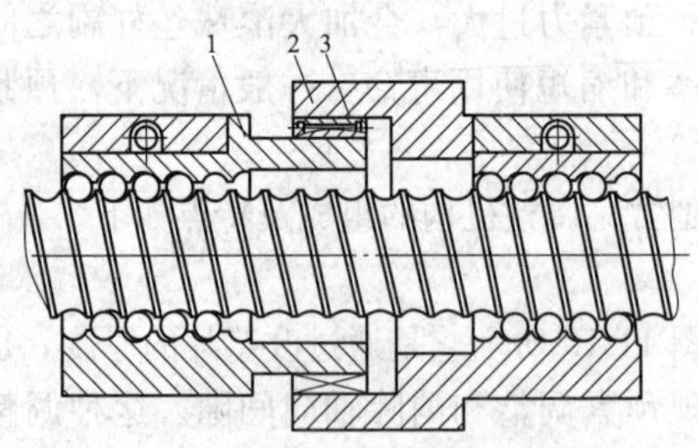

图 11-12　随动式

1—活动螺母；2—固定螺母；3—滚针轴承

工作中可相对扭转来消除间隙。这种结构形式的特点是结构复杂，接触刚度低，具有双向自锁作用。

4. 齿差式

如图 11-13 所示。它是通过改变两个螺母上齿数差来调整螺母在角度上的相对位置，实现轴向间隙的调整和预紧。这种机构调整简单，但不是十分精确。

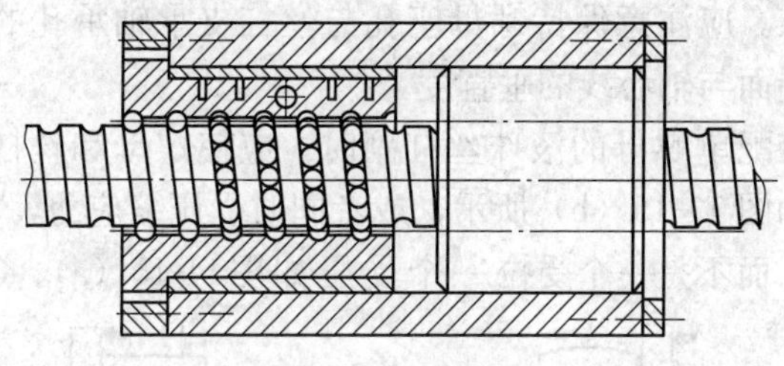

图 11-13　齿差式

5. 弹簧式

如图 11-14 所示。如图 11-14（a）所示左边的螺母可以借助于弹簧在轴向上的压紧力而做轴向移动，从而达到调整轴向间隙和预紧的目的。这种形式结构复杂、刚性较低，但具有单向自锁作用。如图 11-14（b）所示是在固定螺母和活动螺母之间装有弹簧，使螺母作相对的扭转来消除轴向间隙和预紧，其结构较复杂、刚性差，具有单向自锁作用。

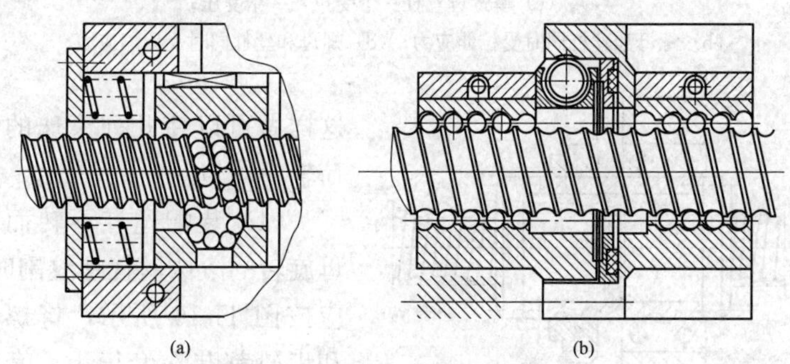

图 11-14　弹簧式

（a）轴向压紧；（b）相对扭转

（三）滚珠丝杠副的装配要点和磨损后预紧力的调整

1. 滚珠丝杠副的装配要点

（1）装配时应使滚珠受载均匀，以提高耐用度和精度保持性；螺母不应承受径向载荷和倾覆力矩，并尽量使作用在螺母上轴向载荷的合力通过丝杠的轴心线。

（2）装配时应以螺母（或套筒）的外圆柱面和凸缘的内侧面为安装基准。应注意保持螺母座孔与丝杠支承轴承孔的同轴度和螺母座孔端面与轴心线的垂直度。

（3）装配单螺母的滚珠丝杠副时，应使螺母和丝杠同时受拉伸应力，如图 11-15（b）所示，或者同时受压缩应力，如图 11-15（d）所示，而不是一个受拉一个受压如图11-15（a）、（c）所示。

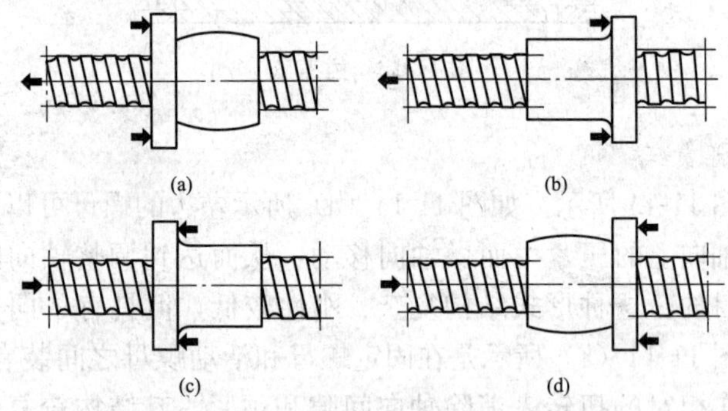

图 11-15　单螺母丝杠的受力

（a）、（c）单螺母丝杠一个受拉，一个受压；

（b）螺母和丝杠同时受拉伸应力；（d）螺母和丝杠同时受压缩应力

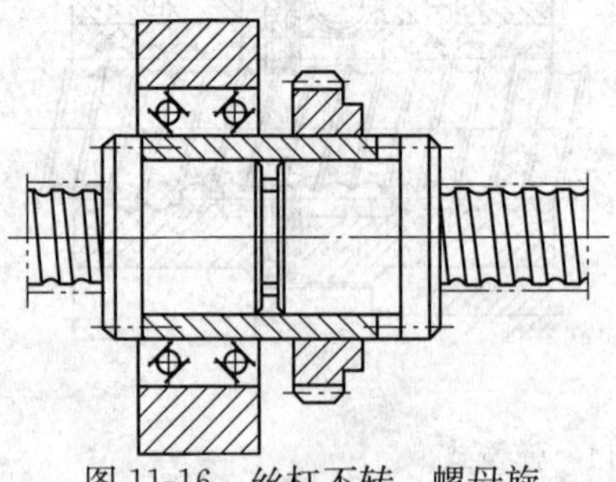

图 11-16　丝杠不转，螺母旋转的结构示意图

这样做可以使几列滚珠的载荷较为均匀。

（4）装配丝杠不转而螺母旋转的滚珠丝杠螺纹副时，应按图 11-16 所示，将螺母和齿轮都装在套筒上，套筒有轴承支承，以承受径向力和轴向力，这样就可以避免

螺母承受径向载荷。

（5）如果要使滚珠丝杠和螺母分开，可在丝杠轴颈上套一个辅助轴套，如图 11-17 所示。套的外径略小于丝杠螺纹滚道的底径，这样在拧出螺母时，滚珠不会失落。

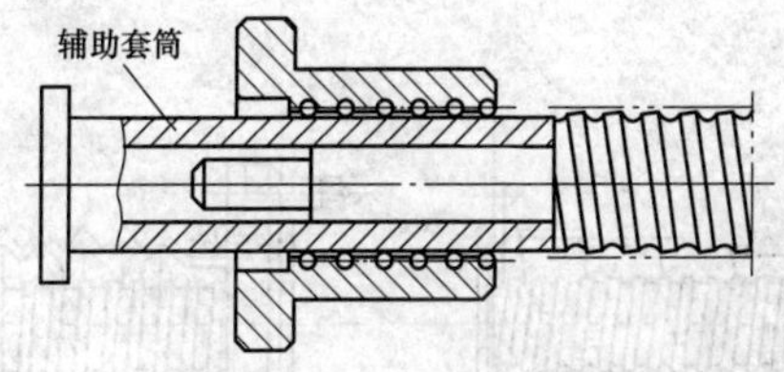

图 11-17　拆除滚珠丝杠螺母所用的辅助套筒

（6）装配时，支承滚珠丝杠轴的两轴承座孔与滚珠螺母座孔应保证同轴。同轴度公差应取 6～7 级或高于 6 级（GB/T 1184—1996）。螺母座轴线与导轨面轴线要保证平行，平行度误差应满足设备（机床）使用的技术要求。

（7）当插管式滚珠丝杠副水平安装时，应将螺母上的插管置于滚珠丝杠副轴线的下方。这样的安装方式可使滚珠易于进入插管，滚珠丝杠副的摩擦力矩较小。

（8）要注意螺母座、轴承座与螺钉的紧固，保证有足够的刚度。

（9）为了减小滚珠之间的相互摩擦，如图 11-18（a）所示，可以采用如图 11-18（b）所示的间隔滚珠，也可采用在闭式回路内减少几个滚珠的方法。采用间隔滚珠，可消除滚珠之间的摩擦，明显提高滚珠丝杠副的灵敏度。但因间隔滚珠直径比负载滚珠直径小，负载滚珠只剩下 1/2，滚珠丝杠副的刚度和承载能力会降低。

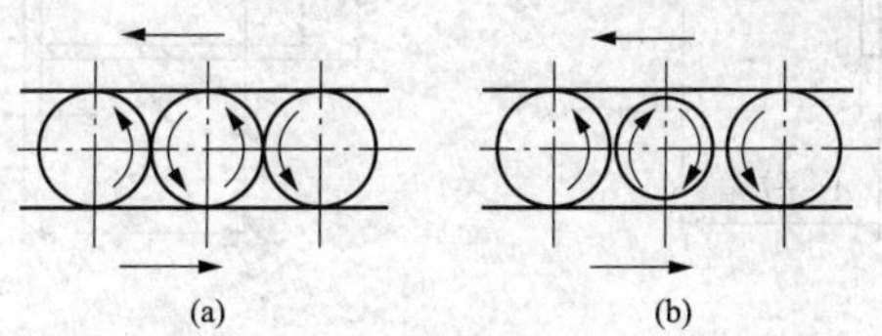

图 11-18　滚珠间的摩擦和间隔滚珠

（a）滚珠之间相互摩擦；（b）放置间隔滚珠

（10）为了避免丝杠外露，应根据滚珠丝杠的位置和具体工作环境选用弹簧钢套管（见图 11-19 左）、波纹管（见图 11-19 右）、折叠式密封罩等进行防护。螺旋钢带式防护套具体形状和尺寸如图 11-20（a）所示，如图 11-20（b）所示为连接钢带两端大小法兰的形状与尺寸。

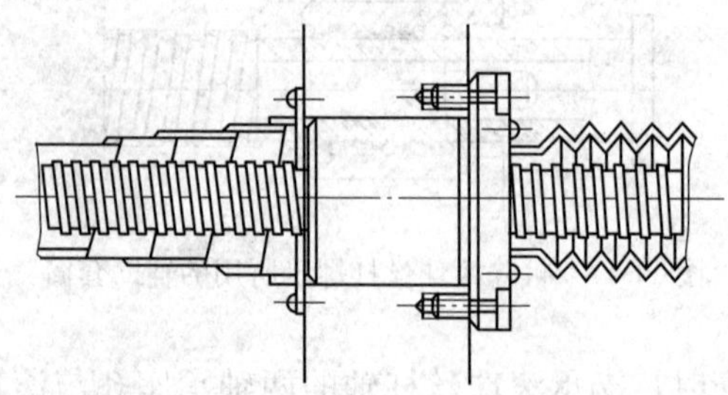

图 11-19　滚珠丝杠副的防护

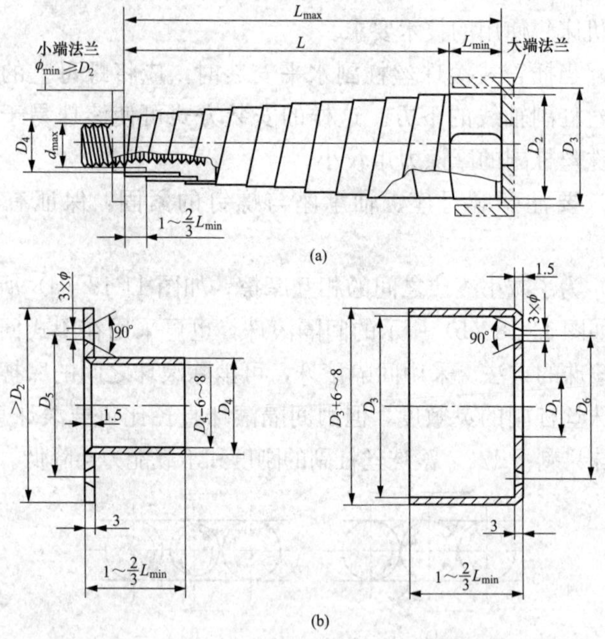

图 11-20　滚珠丝杠防护套

（a）螺旋钢带式保护套；（b）连接钢带的法兰

滚珠螺母两端的密封圈如图 11-21 所示，是用聚四氟乙烯或尼龙制造的接触式密封圈，用来防止灰尘、硬粒、金属屑末等进入螺母体内。使用中要注意防止螺旋式密封圈松动，否则密封圈将成为一个锁紧螺母，增大摩擦力矩，妨碍滚珠丝杠副正常转动。

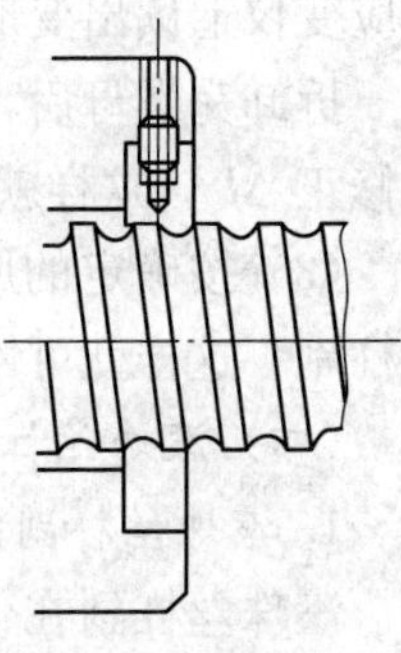

图 11-21　密封圈

（11）滚珠丝杠必须润滑，润滑不良常常导致滚珠丝杠副过早破坏。一般情况下可以用锂基脂润滑。高速和需要严格控制温升时，可用汽轮机油循环润滑或油浴润滑。

2. 滚珠丝杠副磨损后预紧力的调整

当滚珠丝杠副较长时间使用后，滚道及滚珠会磨损，部分预紧力释放，影响滚珠丝杠副的工作精度，此时就需要进行调整。

以垫片式调整机构为例，用增加垫片厚度来恢复预紧力。垫片厚度的增加量 δ，新垫片厚度及装配可以用如下方法确定及操作。

（1）制造厂在装配滚珠丝杠副预紧时，垫片的厚度按游隙和预压变形量确定。垫片的预压变形量用下式计算

$$\Delta L = F_{预} L / EA$$

式中　$F_{预}$——滚珠丝杠副的预紧力（从制造厂家查询），N；

E——垫片材料的弹性模数（从制造厂家查询），N/mm；

L——预紧前垫片的厚度（从制造厂家查询），mm；

A——垫片的横截面积，mm^2；

ΔL——垫片的预压变形量，mm。

滚珠丝杠副磨损后，由于部分预紧力释放，垫片的变形量相应减小。设丝杠磨损后垫片的变形量为 ΔL_1，则垫片应增加的厚度为

$$\delta = \Delta L - \Delta L_1$$

（2）把滚珠丝杠副保持装配状态整体拆下来。在拆卸松开螺母前，把电阻应变片沿轴向贴在垫片上，把应变片的两极接到静态应变仪上，然后松开螺母，使垫片完全放松。这时就可以从静

态应变仪上读出变形量 ΔL_1，由此就可以根据以上两式求出 δ 值。

拆卸完螺母后，应校核垫片的实际厚度 L，必要时按校核的 L 值修正 ΔL，这样就可以确定新垫片的厚度为 $L+\delta$。

(3) 按确定的厚度制造新垫片，然后用新垫片重新装配滚珠丝杠副，这样就可恢复滚珠丝杠副的工作精度。

（四）滚珠丝杠副的修理

1. 滚珠丝杠副的常见故障

滚珠丝杠副在使用过程中常发生的故障是：丝杠、螺母的滚道和滚珠表面磨损、腐蚀和疲劳剥落。

(1) 由于长时间的使用，滚珠丝杠、螺母的滚道和滚珠的表面总会逐渐磨损，这是难免的，且磨损往往是不均匀的。初期的磨损不易被发现，到了中后期，用肉眼可以明显地看出磨损的痕迹，甚至有擦伤现象。不均匀的磨损不仅会使滚珠丝杠副的精度降低，还可能产生振动。

(2) 由于润滑油有水分、润滑油酸值过大，或外界环境的影响，会使滚珠丝杠、滚道和滚珠表面腐蚀。腐蚀会加大表面粗糙度值，加速表面的磨损，加剧振动。

(3) 由于装配时产生误差，承受交变载荷、超载运行、润滑不良等原因，长期使用后，滚珠丝杠副的滚道和滚珠表面会出现接触疲劳麻点，甚至表层金属的剥落，使滚珠丝杠副失效。

2. 滚珠丝杠副的故障诊断

滚珠丝杠副发生故障后，其工作过程中会产生振动、噪声。早期的故障振动不明显，常常被较高的振动淹没，因此早期故障不易被发现。较好的解决办法是定期使用动态信号分析仪进行监测。到了故障的后期，滚珠丝杠、螺母的滚道和滚珠的表面出现磨损痕迹，甚至出现擦伤时，振动会加剧，容易在靠近螺母附近的支座外壳上测出。测量的方法最好是采用加速计或速度传感器，振动变化的特征频率将随着表面擦伤缺陷的扩展，振动变成了不规则的噪声，频谱中将不出现尖峰。

3. 滚珠丝杠副修复方法

滚珠丝杠副的修复方法应根据其故障情况进行选择。

（1）当出现滚珠不均匀磨损或少数滚珠的表面产生接触疲劳损伤时，应更换掉全部滚珠。更换时，要求购入2～3倍数量的同等精度等级的滚珠，用测微计对全部滚珠进行测量，并按测量结果分组，然后选择尺寸和形状公差在允许范围内的滚珠，进行装配和预紧调整。

（2）当滚珠丝杠、螺母的螺旋滚道因磨损严重而丧失精度时，通常同时修磨丝杠和螺母，以恢复其精度。修磨后应更换全部滚珠，然后进行装配和预紧调整。滚珠的更换应按上述方法进行。对于滚珠丝杠、滚道表面有轻微疲劳点蚀或腐蚀，可考虑用修磨方法恢复精度。对于疲劳损伤严重的丝杠副必须更换。

二、分度蜗杆副的修理与调整

（一）分度蜗杆副分度精度测量

分度蜗杆副分度精度的测量方法有静态综合测量法和动态综合测量法两种。

1. 静态综合测量法

静态综合测量法是指蜗杆副装入机器后，按规定的技术要求，调整好各部分的间隙和径向圆跳动误差，用测量仪器测出蜗杆准确地回转一整圈（或$1/Z_1$）时，蜗轮实际转过的角度对理论正确值的偏差。测量出蜗轮全部齿的偏差数值后，通过一定的计算得出蜗杆副的分度误差的一种测量方法。蜗杆副传动精度和回转精度某一瞬间的综合值，蜗杆副在修理前、中、后都可以检验。静态综合测量法有蜗轮转角测量法和蜗杆旋转定位测量法两种方法。

（1）蜗轮转角测量法。蜗轮每次转角的准确性代表了分度蜗轮的精度，测量时，所用的方法和测量仪器不同，误差计算方法应按要求选用相应精度等级的测量仪器。根据所用的仪器不同，有经纬仪和平行光管测量法、比较仪测量法两种。

经纬仪和平行光管测量法，如图11-22所示，其测量方法和操作步骤如下。

1）将经纬仪固定在蜗轮的回转中心线上（经纬仪回转层的中心线与蜗轮回转中心线同轴度允差为 0.005mm；其回转层的平面与蜗轮回转平面平行度允差为 0.002/1000mm）。

2）调整平行光管的位置和经纬仪的焦距，使平行光管发出的十字线在经纬仪望远镜分划板上成像并对中。

3）将经纬仪水平刻度盘对准零位。

4）松开经纬仪垂直轴的锁紧机构手柄，转动经纬仪直至成像近似重合时锁紧。

5）调整微调手轮直至成像图完全成像对中。

6）摇动经纬仪光学千分尺手轮，使正像与倒像刻度完全重合，在读数目镜中便可读出该位置的实际角度值。

7）如此反复操作，记录全部实测角度值，测出的角度值与理论角度值之差，就是分度误差，故这种测量方法又称绝对测量法。

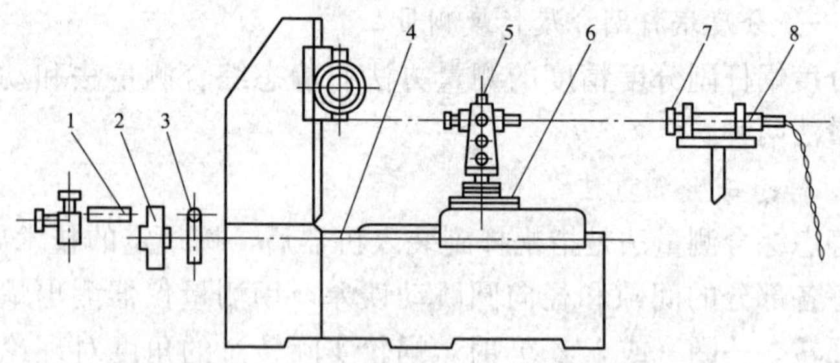

图 11-22　经纬仪和平行光管测量法

1—读数显微镜；2—高精度度盘；3—微调蜗杆；4—蜗杆中心线；5—经纬仪；6—工作台；7—平行光管；8—支架

（2）蜗杆旋转定位测量法。静态测量法是分度轴每转 360°即停止，然后用测角仪测量分度蜗轮的一个齿距误差，蜗杆每次输入的转角必须准确并定位。目前常用的输入转角定位法有以下两种。

1）刻度盘与读数显微镜定位法，如图 11-23 所示。将刻度盘固定在分度蜗杆 3 上，用读数显微镜 7 对准刻度盘 8 找正，转动分度蜗杆 3n 转的准确数值，即可从显微镜中读出。其中，微动蜗杆 1 可带动刻度盘 8 实现微调。

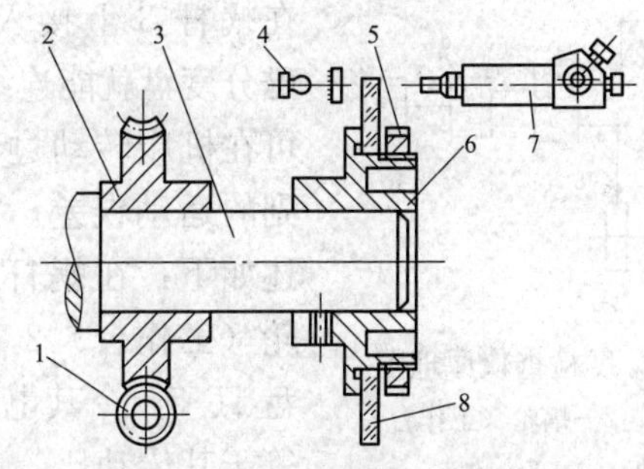

图 11-23　刻度盘与读数显微镜定位法

1—微动蜗杆；2—蜗轮；3—分度蜗杆轴；4—光源；
5—螺母；6—刻度盘支架；7—读数显微镜；8—刻度盘

2）光学准直仪与多面体定位法，如图 11-24 所示。测量时，将多面体 2 固定在分度蜗杆 3 上，在侧面距轴心约 1m 处安放准直仪。转动分度蜗杆轴 3 并调整好准直仪的位置，使准直仪发出的十字像准确地返回目镜。每当分度蜗杆转动 360°/n（n 为多面体的面数）转时在准直仪目镜中十字像与目镜分划板刻线对中，以控制蜗杆每次转过的角一致。

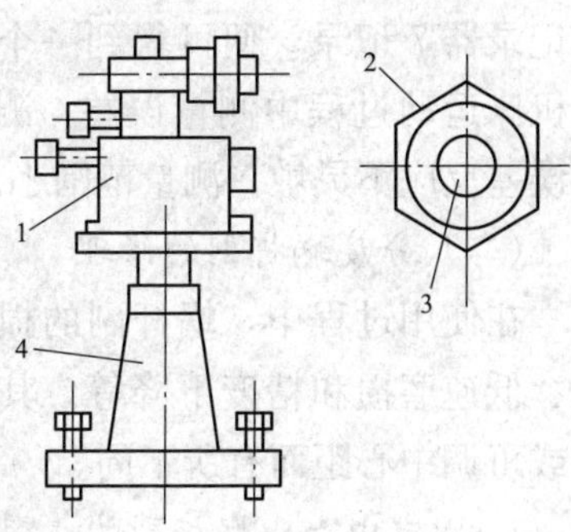

图 11-24　光准直仪与多面体定位法

1—准直仪；2—多面体；
3—分度蜗杆轴；4—支架

2. 动态综合测量法

静态综合测量法不能真实地反映运动误差，而动态综合测量法能克服这一不足。蜗杆副的动态测量可在各种单面啮合检查仪上进行。一对相啮合的蜗杆副，在中心距一定的条件下进行单面啮合测量，是很接近使用情况的。因此能较真实地反映蜗杆副的运动误差、累积误差和周期误差三项综合指标，从而能准确地反映蜗杆副的制造精度。

如图 11-25 所示是动态测量蜗杆副误差的磁分度检查原理图。

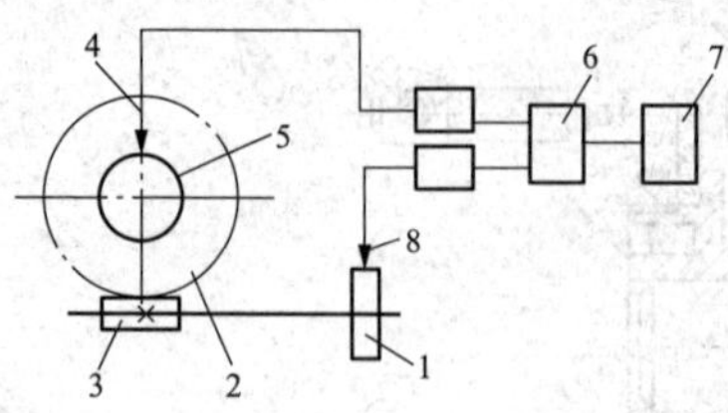

图 11-25　磁分度检查仪原理图
1、5—磁分度盘；2—蜗轮（工作台）；
3—蜗杆（轴）；4、8—磁头；
6—比较仪；7—记录器

在蜗杆 3 上接入连续运动后，磁分度盘就能连续分度。因此，可在机床转动过程中测量蜗杆副的运动误差。其工作原理简述如下：在蜗杆（轴）3 和蜗轮（工作台）2 上分别装上磁盘 1、5，令其电磁波数的比值等于其传动比。由于磁头 4、8 接收信号的相位差是不变的，运动中每一个不均匀的运动都能使两个磁头的比值发生变化。通过磁头记录下来并改变信号的相位，经过比较仪 6 以后，相位差由记录器 7 记录，便可得到一个周期误差曲线。此方法优点是可在机床运动过程中测量误差，测量精度高，速度快。缺点是对周期误差反应不灵敏，测量范围小。

(二) 分度蜗杆副的修理

在使用过程中，蜗杆副的损坏一般有齿面的烧伤、粘接、点蚀、低速磨损和精度下降等。其修理方法根据蜗杆副是固定中心距或可调中心距而有所不同。

1. 固定中心距蜗杆副的修理

在中心距不变的情况下：

(1) 对蜗轮用精滚、剃齿、珩磨或刮研修理后，如仍然使用原来蜗杆（假如蜗杆精度合格），装配后的啮合侧隙将超过允差，因此必须配制新蜗杆以保证啮合侧隙。

(2) 在精滚或剃齿时，除了必须严格控制加工时的中心距外，还必须严格控制刀具齿厚和轴向窜动量，并按照滚齿刀的齿厚配制蜗杆。这样就需要一把特制的滚齿刀（或剃齿刀）和工作蜗杆是在机床一次调整中精磨出来的，从而保证了两者的相应齿面压力角完全一致。

(3) 当采用珩磨法时，也应该按照上述工艺要求来安排加工和测量。

2. 可调中心距蜗杆副的修理

（1）可以缩小中心距，常采用径向负修正蜗轮的方法修理。当采用精滚（或剃齿）法修复蜗轮时，蜗杆两齿面的压力角也和滚刀完全一样，但可不必像固定中心距那样严格控制蜗杆的厚度。精滚（或剃齿）法修复蜗轮时，应在精密滚齿机上加工，蜗杆应在精密螺纹磨床或蜗杆磨床上加工。修理余量一般可采用下述推荐数值：滚齿时，蜗轮齿厚减薄量为 0.25～0.5mm；剃齿时，蜗轮齿厚减薄量为 0.1～0.2mm；配磨蜗杆时，齿厚的修配量 0.1～0.15mm。

（2）采用刮研修复时，先将安装分度蜗轮的工作台或主轴的几何精度、回转精度、配合间隙修理调整合格，然后将蜗杆装入，调整到啮合位置对蜗轮进行刮研。刮研前，用静态综合测量法进行测量，测出蜗杆每正转一转（或 $1/z_1$ 转）时蜗轮分度误差，然后计算出每个齿面的刮研量（如果蜗轮的左右齿面都是工作面时，左右齿面均需计算），对于直径尺寸大，无法进行单面啮合测量时，可测单个要素。计算刮研量时，先将测量所得的角度误差换成齿距误差，然后绘制齿距累积误差曲线图，计算累积误差值。在同名齿面中，选取一个基准齿面作为刮研其齿面的基准，一般将齿距值最小的齿面作为基准，其余的齿面相对这个基准齿面就具有正值刮研量。进行刮研修理操作时应按下列要求进行。

1）初步估计每个齿的刮研次数。

2）刮研用力要均匀。

3）以刮研着色法为准，并交叉刮研。

4）刮研点控制在 25mm×25mm 内 20 个点。

5）开孔刮研以保证刮研的质量。

（3）使珩磨蜗杆与蜗轮正常啮合，以珩磨蜗杆带动蜗轮回转，利用传动中齿面的相对运动使珩磨杆的磨料产生切削作用，这种分度蜗轮进行精加工的方法称为珩磨修复法，珩磨修复法有三种：自由珩磨法、强迫珩磨法、变制动力矩珩磨法

（三）啮合状态的检查与调整

分度蜗杆副啮合状态的检查与调整，主要包括提高接触精度、

侧隙检查和安装调整注意事项等几个问题。

1. 提高接触精度

蜗杆副接触率随着中心距变化而变化，精密蜗杆副必须在接触率合格的安装条件下测量和使用。影响接触精度的因素有：

（1）影响蜗杆接触带宽度均匀性、连续性的主要因素有蜗杆导程与加工刀具导程的一致性、齿距、齿距累积误差和蜗杆螺纹的径向圆跳动误差。

（2）影响蜗轮齿高方向、接触线长短及连续性主要因素有蜗杆齿形与刀具齿形的一致性、蜗轮齿距和轴线的倾斜度误差。

（3）影响蜗轮齿长方向接触线长短的主要因素有加工中心距与安装中心距的一致性、加工和安装时蜗轮中心平面偏移的不一致性和轴心线倾斜误差。

为提高蜗杆副的接触精度，可将蜗杆螺旋面制成与加工蜗轮的刀具一致，并用这样的刀具对蜗轮进行加工。保证蜗杆螺旋面与加工蜗轮刀具的一致性的方法有两种：同修法、修配法。

同修法是将刀具及蜗杆的螺旋面在最后精加工时，放在同一台机床上，同一次调整，同一次修整砂轮等完全相同条件下加工，以保证两者的一致性。但由于刀具和蜗杆的很多条件不一样，有时不一定能达到预期效果。

修配法是在机床上修配接触区时，可根据蜗轮与蜗杆的实际接触情况，调整机床以达到要求的接触区（通常由磨蜗杆或滚蜗轮来保证）。

2. 侧隙的检查

检查侧隙时可用两种测量方法，一是直接测量法，二是间接测量法。

（1）直接测量法。如图 11-26 所示是直接测量法的原理图。将百分表 a 的测量头直接触及蜗杆表面，将百分表 c 触及固定在工作台上方铁的侧面。检查时，轻微转动蜗杆，在保证百分表 c 指针无变化的情况下，读出百分表 a、b 两次读数的代数差 C_a、C_b，则侧隙 $C=C_a-C_b$。

（2）间接测量法。如图 11-26 所示，百分表 b 测量头仍触及蜗杆轴端，百分表 c 测量头仍触及方铁侧面，用杠杆左右扳动工作台，在确保蜗杆不发生转动的情况下，读出百分表 b、c 两次读数的代数差 C_b、C_c，则侧隙 $C=C_c-C_b$，此时 $r_{p2}=r$。如果 $r_{p2}\neq r$，则侧隙 $C=r/r_{p2}\ (C_c-C_b)$。测量侧隙时，应考虑蜗杆、蜗轮精度的影响。因而蜗杆每转动 45°后测量一次，在蜗轮全周内至少测量 6 次，各处的侧隙及侧隙的变动均应满足技术条件要求。

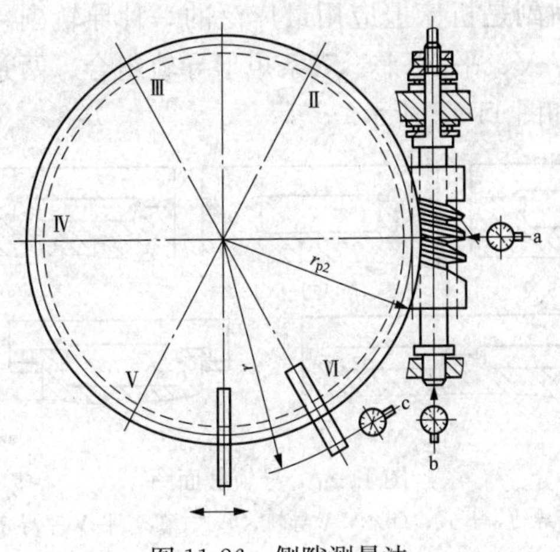

图 11-26　侧隙测量法

3. 安装调整注意事项

蜗杆副安装精度的高低直接影响分度精度，安装蜗杆副时应注意以下几点。

（1）注意负荷的影响，考虑到加上负荷后的变形及油膜对工作台浮起作用，蜗杆安装中应略高（或略低）于蜗轮中心平面，用以补偿变形及浮起量。一般在公差范围内浮起量大和变形大的可通过试验决定。

（2）注意蜗杆副齿面的润滑，保证蜗杆副齿承载面容易导入润滑油，以保证其寿命。为此，需要使蜗杆的螺纹开始滑入蜗轮齿沟的一侧，形成一个小的楔形。可依据蜗杆副的结构形式、蜗杆的螺旋方向和回转方向来实现这一要求。具体可采用使安装中心距稍大于加工中心距，或将蜗杆中心安装成稍高或稍低于蜗轮中心平面等方法。

(3) 应将蜗轮进入啮合的齿端倒角，即将有效齿长的一端切去一部分，以利润滑油导入。此法适用于蜗轮模数较大，正反向回转的蜗杆副。

三、滑动导轨副的修理技术

(一) 滑动导轨副的形式及工作特点

滑动导轨副是机床上应用最广泛的一种导轨副。其组合形式有：V-平、V-V、平-V-平、三条矩形导轨组合、两条矩形导轨闭式组合等，如图 11-27 所示。

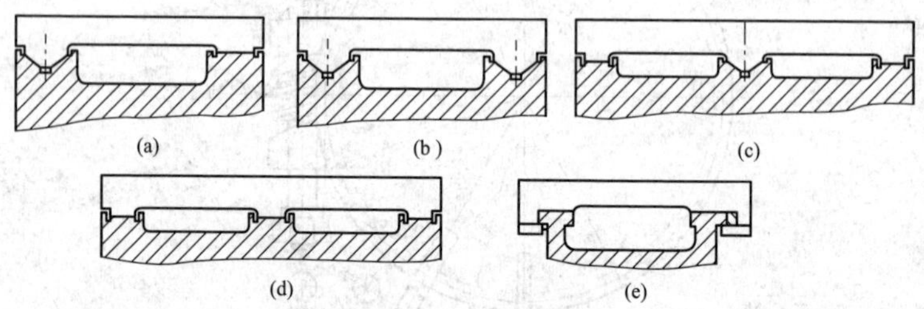

图 11-27　导轨截面图

(a) V-平导轨，开式；(b) V-V 导轨，开式；(c) 平-V-平导轨，开式；(d) 三条矩形导轨，开式；(e) 两条宽式矩形导轨，闭式

V-平组合具有润滑条件好，移动速度快，导向性好的特点，用于精度较高的机床。V-V 组合具有导向性好，磨损后能自动补偿等特点，适用于高精度机床。平-V-平组合具有导向性好，支承效果好等特点，适用于精度较高的大型机床。开式三条矩形导轨的组合具有运行平稳，导向性较差等特点，适用于一般精度的机床。

(二) 滑动导轨副的精度

(1) 导轨的形状精度。导轨的形状精度是单导轨本身几何形状的精确程度。包括：垂直平面内的直线度、水平平面内的直线度、垂直平面内的平行度。

(2) 导轨的位置精度。导轨的位置精度是一导轨对另一导轨的相互位置精度，主要是指导轨之间的平行度，以及对有关导轨的垂直度。

(3) 导轨副的接触精度。接触精度关系到相互配合的两个导轨面是否接触良好，导轨副几何形状是否一致，能否建立完整油膜使导轨副正常工作等问题。影响接触精度的主要因素是导轨面的表面粗糙度值，表面粗糙度值越小，接触精度越高；接触精度使用接触点作为检验指标，即刮研时，研具和导轨拖研中，在25mm×25mm 面积内显示的接触斑点数。

(三) 滑动导轨副刮研技术与诀窍

1. 基准选择原则

选择机床制造时的原始设计基准，或机床上不磨损的部件安装结合面及轴孔为刮研基准。在不影响转动性能前提下也可选择测量方便，测量工、量具简单的表面作为修理基准。如图 11-28 所示是 B220 龙门刨床床身导轨示意图，选择床身导轨副中的 V 形导轨为基准导轨。V 形基准导轨刮研时，选择了机床制造时的原始设计基准立柱结合面 6 作为刮研时的基准。因其测量时比较方便，测量工、量具比较简单，符合上述基准选择原则。

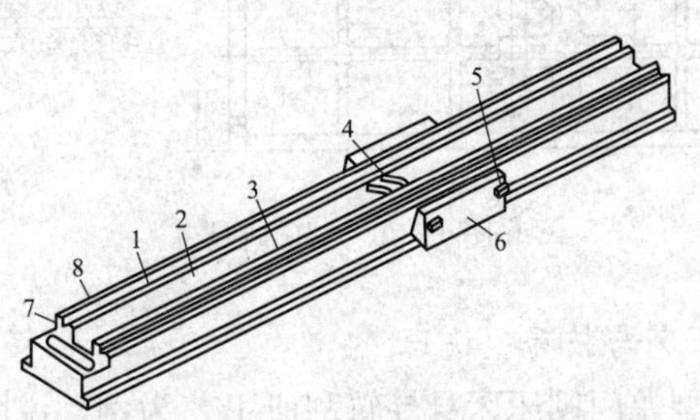

图 11-28　B220 型龙门刨床床身导轨示意图

1、2、3、4、5、7、8—导轨面；6—立柱结合面

2. 刮研顺序原则

(1) 导轨的刮修余量较大时（磨损大于 0.3mm 以上），应采用机械加工方法（精刨、磨削等）去掉一层冷作硬化表面。这样即可以减少刮削量又可以避免刮削后导轨产生变形。

(2) 刮削前若发现导轨局部磨损相当严重时，应先修复好，粗加工到刮削余量范围内，然后通过刮研将导轨加工至要求。

3. 刮研时的一般顺序

先刮和其他部件有关联的导轨、较长或面积较大的导轨、在导轨副中形状较复杂的导轨；后刮与上述情况相反的导轨。如两件配合刮研时，应先刮大部件导轨、刚度好的部件导轨、较长部件导轨。

4. 刮研工具

(1) 110°研具，如图 11-29 所示。

(2) 平面研具，如图 11-30 所示。

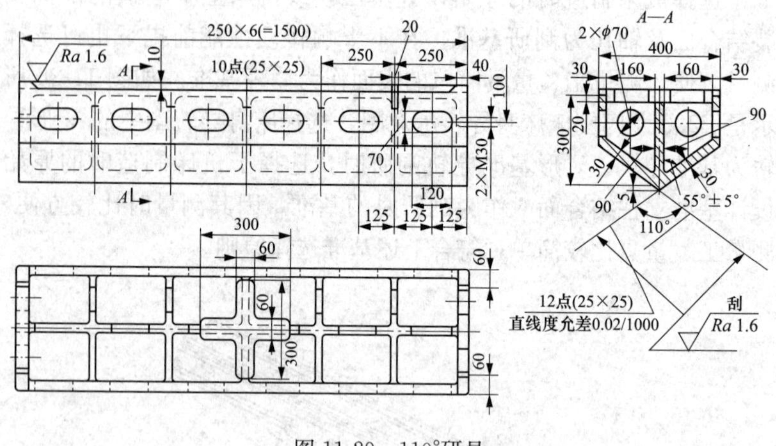

图 11-29 110°研具

5. 刮研工艺与技巧、诀窍

以 B220 型龙门刨床床身导轨刮研工艺为例，说明滑动导轨刮削方法和修理工艺。图 11-28 和图 11-31 分别为 B220 型龙门刨床床身导轨示意图和床身导轨截面图。

(1) 刮削 V 形导轨 1、2 面，如图 11-32 所示。精度要求为：在垂直平面内的直线度允差 0.015mm/1000mm，0.08mm/全长；在水平平面内的直线度允差 0.015mm/1000mm，0.08mm/全长；接触精度研点数 10 点/25mm×25mm。

用外 110°研具研点、刮削，按图 11-32 所示，用框式水平仪测

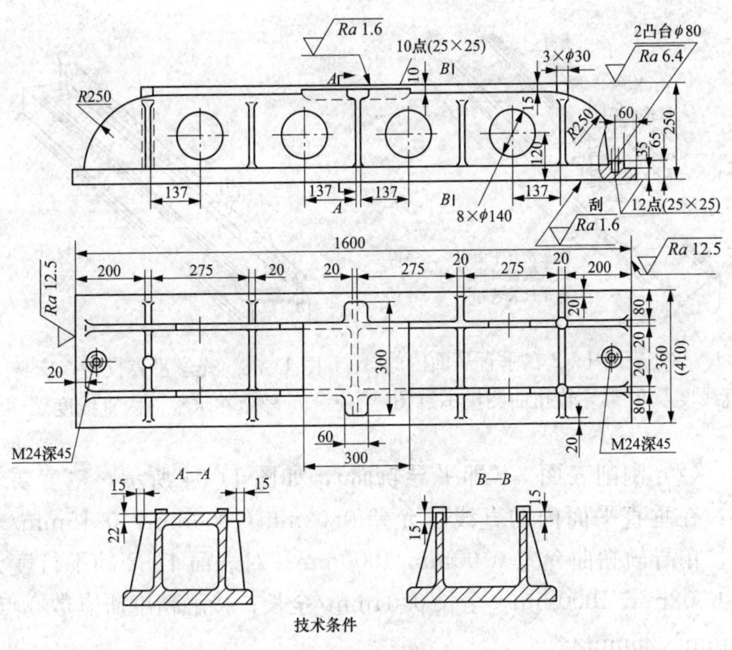

图 11-30　平面研具

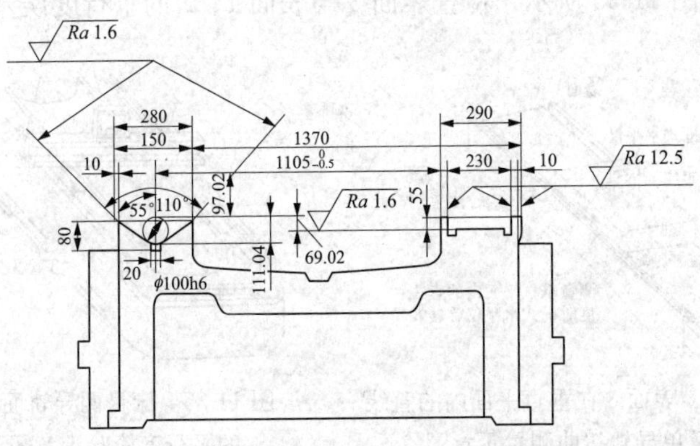

图 11-31　B220 型龙门刨床床身导轨截面图

量，由导轨的一端到另一端，按移动座的长度，依次测量下去，同时要控制 V 形导轨的扭曲，在全部长度上为 0.015mm/1000mm，这样便于达到精度要求。按图 11-33 所示，用光学平直仪检查导轨表面 1、2 在水平面内的直线度误差。

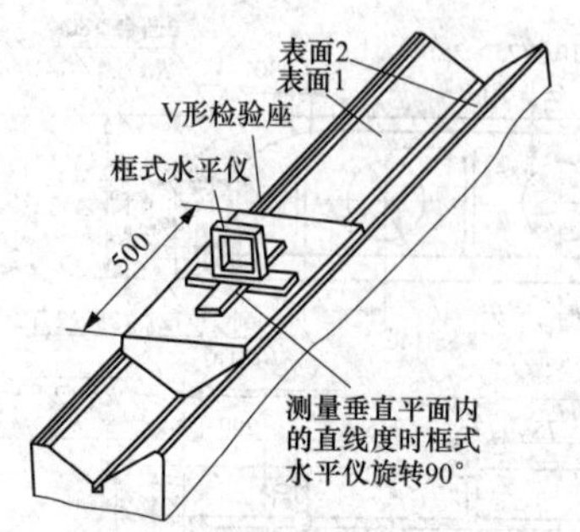

图 11-32　表面 1、2 在垂直平面内的直线度及 V 形导轨扭曲测量示意图

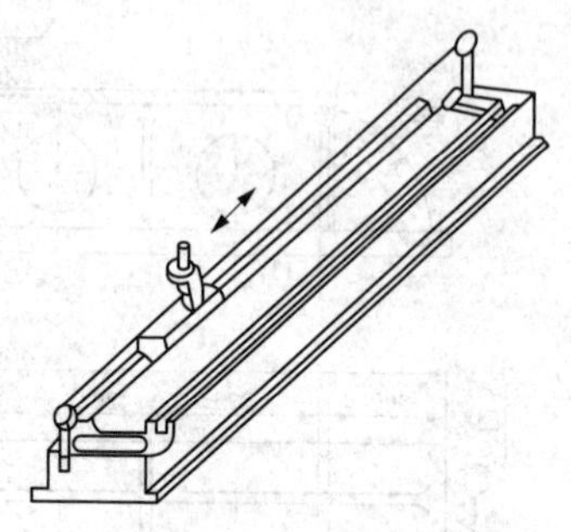

图 11-33　光学平直仪检查床身导轨在水平面内直线度

（2）刮削表面 3（即平导轨面），如图 11-34 所示，精度要求为：在垂直平面内的直线度允差 0.02mm/1000mm，0.15mm/全长；单导轨扭曲允差 0.02mm/1000mm；对表面 1、2 的平行度允差 0.02mm/1000mm，全长 0.04mm/全长；接触精度研点数 6 点/25mm×25mm。

按图 11-35 所示，检查表面 3 与表面 1、2 的平行度误差。

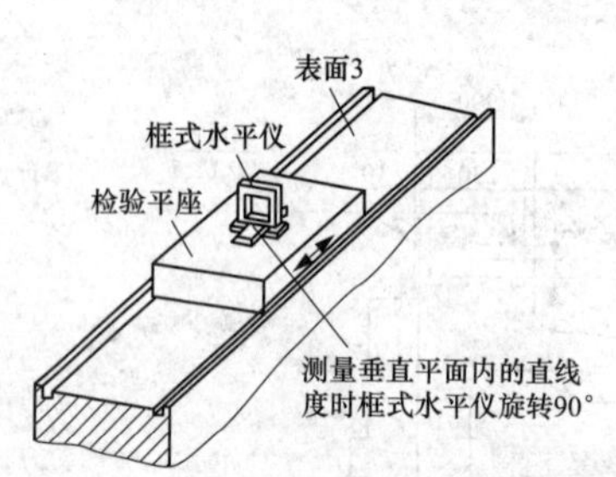

图 11-34　表面 3 在垂直平面内的直线度及单导轨扭曲测量示意图

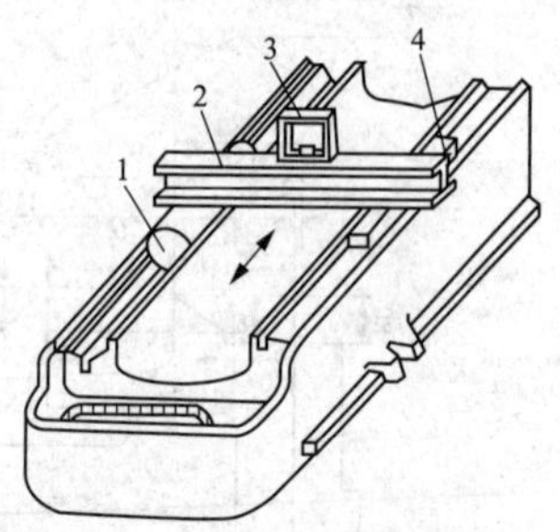

图 11-35　床身两导轨面间的平行度检验示意图

1—检验棒；2—平行平尺；3—框式水平仪；4—检验平尺

（3）刮研表面 4，如图 11-36 所示，精度要求为：对表面 1、2、3 的平行度允差 0.1mm/全长；接触精度研点数 6 点/25mm×25mm。

四、滚动导轨的修理技术

(一) 滚动导轨的结构

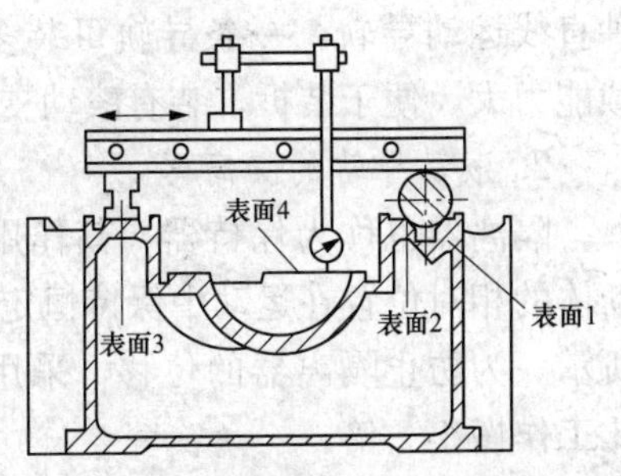

图 11-36　表面 4 对表面 1、2、3 的平行度误差测量示意图

滚动导轨由基座的支承面或镶装导轨、滚动体、隔离器组成。按滚动体的类型，滚动导轨可分为滚珠、滚柱、滚针和滚动导轨支承等形式；滚动导轨还可分为开式和闭式两种，闭式的可通过施加预加载荷来提高导轨的接触刚度和抗振性。

1. 滚动导轨的滚动体

滚动体的大小和数量是根据单位接触面积上允许压力来确定的，但也考虑结构上的需要。同一导轨所用的滚柱、滚珠的尺寸差不应超过 0.002mm，精密机床不宜超过 0.001mm。

滚动导轨支承是一个独立的部件，如图 11-37 所示。其滚动体可以是滚珠的，也可以是滚柱的，壳体 2 用螺钉固定在导轨 3 上，当导轨移动时，滚子 4 在支承导轨 1 上滚动，并通过滚动导轨支承两端的保持器 5 和 6，使滚子 4 得以循环。滚动导轨支承适用于各

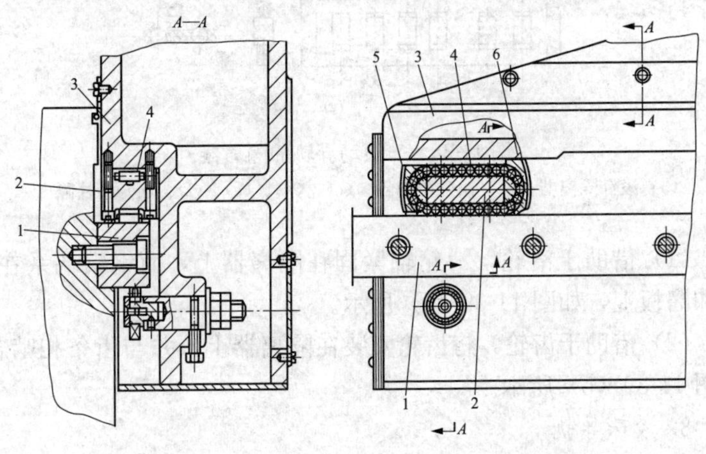

图 11-37　滚动导轨支承

1—支承导轨；2—壳体；3—导轨；4—滚子；5、6—保持器

种直线运动导轨，一条导轨可装多个支承。其特点是刚性高，承载能力大，便于装拆，装有滚动支承的导轨可不受行程的限制。

2. 滚动导轨的隔离器

隔离器也称为保持器，其作用是将各滚动体隔开，保证各滚动体的相对位置在运动中保持恒定，各种形式的隔离器如图 11-38 所示。为防止隔离器的位移，采用下列方法使隔离器的移动速度比工作慢小一倍。

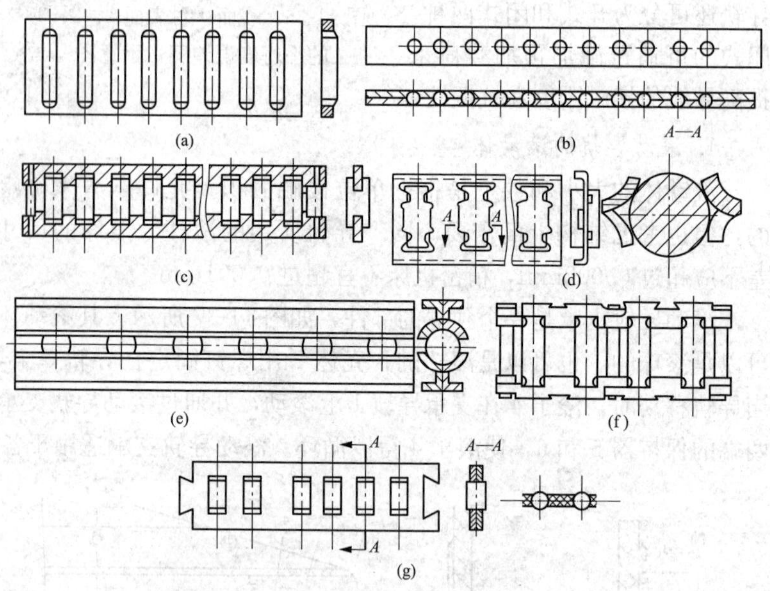

图 11-38　滚动导轨的隔离器

(a) 滚针隔离器；(b) 滚珠隔离器；(c)、(d)、(e)、(f)、(g) 滚柱隔离

(1) 借助于滑轮，滑轮轴紧固在隔离器上，而钢索端系在床身和溜板上，如图 11-39 (a) 所示。

(2) 借助于齿轮，将齿轮安装在隔离器上，并与齿条相啮合，如图 11-39 (b) 所示。

3. 滚珠导轨

滚珠导轨如图 11-40 所示。滚珠 4 用保持器 3 隔开，在淬硬镶装钢导轨中滚动。导轨 1、2 和 5、6 分别固定在工作台和床身上，

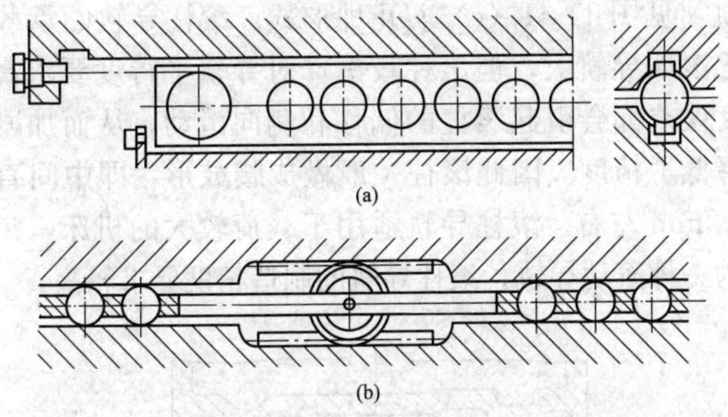

图 11-39　隔离器的连接

（a）滑轮、滑轮轴紧固法；（b）齿轮、齿条紧固法

如图 11-40（a）所示，它属于 V-平组合的开式导轨。图 11-40（b）所示的滚珠导轨结构，可用调整螺钉 7 调节导轨的间隙或进行预紧，调后，用螺母 8 锁紧。

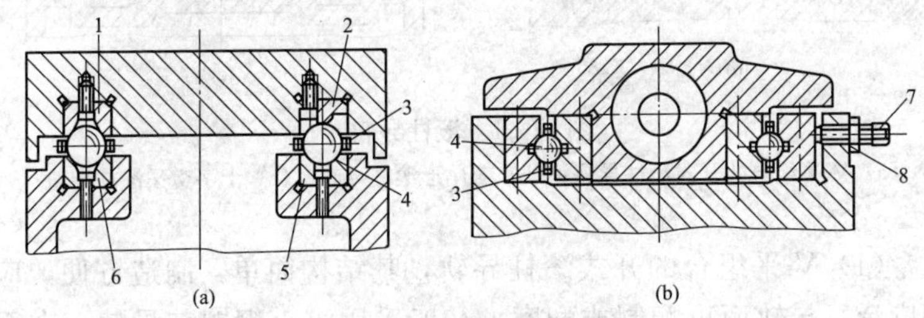

图 11-40　滚珠导轨

（a）V-平组合的开式导轨；（b）平-平组合的闭式滚珠导轨

1、2、5、6—导轨；3—保持器（隔离器）；4—滚珠；7—调整螺钉；8—螺母

滚珠导轨适用于运动部件重力不大于 2000N，切削力和颠覆力较小的机床，如工具磨床工作台导轨［见图 11-40（a）］；磨床砂轮修整器导轨［见图 11-40（b）］等。其特点是结构紧凑、制造容易、成本低、刚度低及承载能力小。

4. 滚柱导轨

滚柱导轨如图 11-41 所示。有 V-平组合的开式滚柱导轨［见图 11-41（a）］、燕尾形滚柱导轨［见图 11-41（b）］、十字交叉滚柱导轨［见图 11-41（c）］几种形式。滚柱导轨的承载能力和刚度都比滚珠导轨大，但滚柱较滚珠对导轨平行度要求高，微小的平行度误差都会引起滚柱的偏移和侧向滑动，从而加剧导轨的磨损，降低了精度。因此滚柱一般做成腰鼓形，即中间直径比两端大 0.02mm 左右。滚柱导轨适用于载荷较大的机床，是应用最为广泛的一种滚动导轨，滚柱导轨的制造精度要求较高。

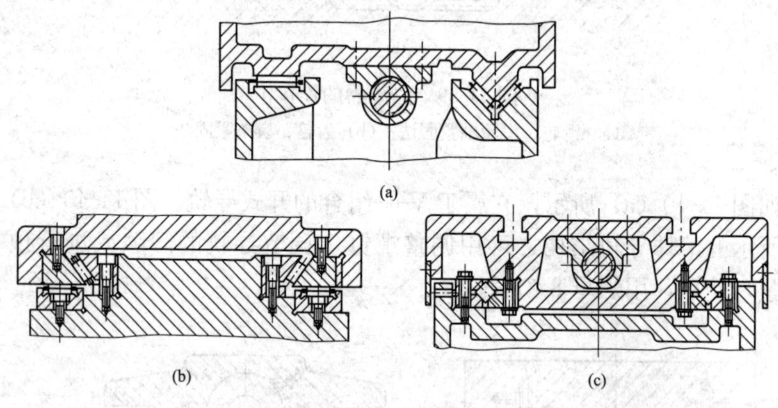

图 11-41　滚柱导轨

（a）V-平组合的开式滚柱导轨；（b）燕尾形滚柱导轨；（c）十字交叉滚柱导轨

（1）V-平组合的开式滚柱导轨，其结构简单，制造方便，应用广泛，导轨面可配制或配磨。一般采用淬火钢镶装导轨。在无冲击载荷，运动不频繁，防护条件较好时，也可采用铸铁导轨。

（2）燕尾形滚柱导轨，其结构紧凑，调节方便。但其制造劳动量大，装配精度不便检查。适用于空间尺寸不大，又承受颠覆力矩的机床部件上。

（3）十字交叉滚柱导轨，其导轨间是截面为正方形的空腔，滚柱装在空腔里，相邻滚柱的轴线交叉成 90°，这样导轨在哪个方向上都有承载能力。为了减小端面摩擦，滚柱的长度略小于其直径（小 0.15～0.25mm），滚柱由保持器隔开。其特点是精度高、动作灵敏、刚度高及结构紧凑；但制造要求高。如图 11-41（c）所示结构可用螺钉 2 预紧，为了增加滚柱数量，可不用保持器而紧密排列，从而提高刚度。除图示闭式结构外，交叉滚柱导轨也可是开式的，如坐极镗床导轨。此时采用铸铁镶装导轨，滚动体为大直径的空心滚柱，这样既有较高的刚度又有缓冲功能。

5. 滚针导轨

滚针可按直径分组选择。中间的长度略小于两端的，以便提高运动精度。滚针比滚柱的长径比大，所在其尺寸小，结构紧凑，承载能力也较大。但摩擦因数也大些，滚针导轨适用于尺寸受限制和承载较大的场合。

6. 镶装导轨的装接方法

镶装导轨与基座的装接，主要有下列几种方法：导轨全长与基座接拼用螺钉固定；导轨与基座上的小阶台间断接触用螺钉固定；压板夹持；还有胶合、卷边等，如图 11-42 所示。

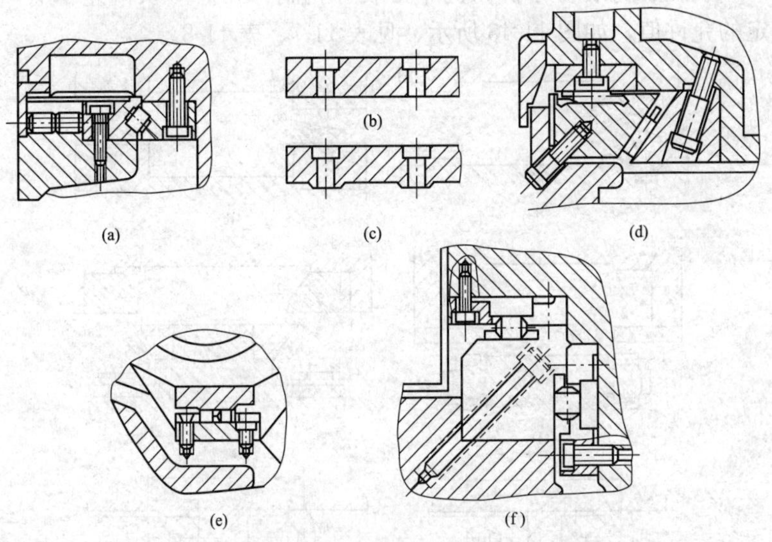

图 11-42　镶装导轨的装接方法

(a)、(b) 全长接触螺钉固定；(c)、(d)、(e) 间断接触螺钉固定；(f) 压板夹持固定

导轨全长与基座接拼用螺钉固定会产生不均匀的接触变形；导轨与基座上的小阶台间断接触没有接触变形；用压板夹持的导轨压力最均匀。

（二）滚动导轨的技术要求

1. 滚动导轨的材料和热处理

滚动导轨的材料有铸铁和淬火钢。铸铁导轨用于轻载和中载，硬度要求 HB200-220，个别情况下使用淬硬铸铁导轨。对于重载（包括预紧力）必须使用淬火钢，硬度必须达到 60～62HRC。镶装结构的镶钢滚动导轨，可以采用淬火（淬透）、渗碳淬火、高频表面淬硬、氮化等热处理强化工艺。

2. 滚动导轨的形状和位置精度

导轨的制造误差（直线度、扭曲度）不允许超过规定的预紧量，垂直导轨工作面的预紧量为 0.005～0.006mm；预紧导轨的直线度和扭曲度不超过 0.008～0.01mm；在普通级精度机床中，配合件的相对平面度、平行度不超过 0.01～0.015mm。

装配后的滚动导轨和机床镶装导轨副，几何形状偏差都有一定的允许值，如图 11-43 所示、见表 11-7、表 11-8。

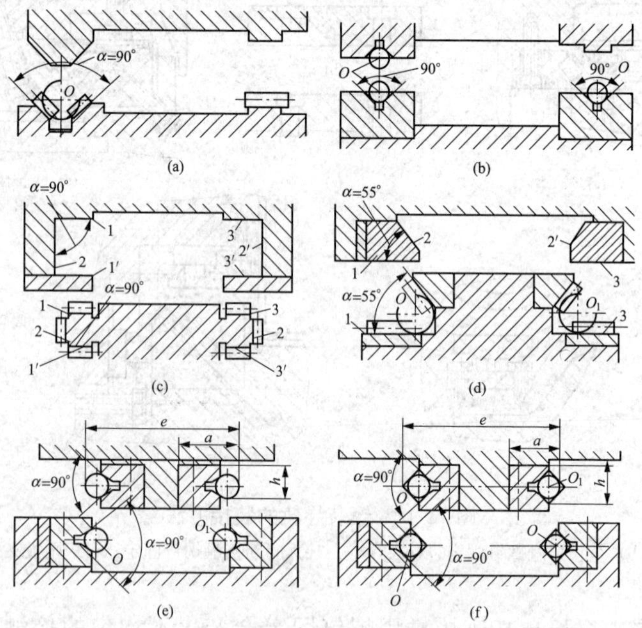

图 11-43 精度检验示意图

（a）V-平组合型；（b）开式滚珠型；（c）闭式矩形；（d）滚柱对向 V 型；（e）滚珠对向 V 型；（f）滚柱链或交叉滚柱对向 V 型

表 11-7　滚动导轨工作面装配形状和位置的允许偏差

偏差项目	各级精度导轨的长度/mm								
	高精度级			提高精度级			普通精度级		
	＜500	500～1000	＞1000	＜500	500～1000	＞1000	＜500	500～1000	＞1000
工作面的平面度及工作面的平行度［见图 11-43（c）、（d）中 1-2 及 1′-2′］	1.5	2.5	3	2.5	4	6	5	8	10
各工作面的等高度［见图 11-43（c）、（d）中 1-3 及 1′-3′］	2	3	5	3	5	6	3	5	6

表 11-8　闭式 V 型导轨形状和位置的允许偏差（滚珠导轨和滚柱导轨通用）

（单位：μm）

偏差项目	各种精度导轨的长度/mm			
	提高精度级		普通精度级	
	≤330	＞300	≤300	＞300
工作面的平面度和对支撑面的平行度	2	3	4	6
两配合导轨的等高度（图 11-43 中的尺寸 a 和 h）①	3	5	5	8
支撑面的平面度及同一导轨两支撑面间的垂直度（在全宽度上）	3	5	6	10

① 用量柱测量，在相互垂直的两平面内测量量柱轴线的相应等高性。

3. 滚动体的尺寸和数目

滚动体的尺寸和数目是根据单位接触面积上允许压力和导轨结构上的需要来确定的，具体应按下列原则来确定。

（1）滚动体的直径越大，滚动摩擦因数越小，滚动导轨的摩擦阻力越小，接触应力也越小。因此，在结构不受限制的情况下，滚动体的直径是越大越好。一般情况下，滚柱直径不得小于 6～

8mm，滚针直径不得小于4mm。

（2）滚动体承载能力不能满足要求时，可加大滚动体的直径或增加滚动体的数目。对于滚珠导轨，应先加大滚珠的直径；对于滚柱导轨，加大直径和增加滚动体数目是等效的。

（3）滚动体的数目也应选择得适当。通常，每个导轨上每排滚动体数目不应少于12～16个，具体可按下式确定每一导轨上滚动体数目的最大值，即

$$z_{珠} \leqslant \frac{G}{9.5\sqrt{d}} \qquad z_{柱} \leqslant \frac{G}{4l}$$

式中 $z_{柱}$、$z_{珠}$——滚柱和滚珠的数目；

G——每一导轨上所分担运动部件的重力，N；

l——滚柱长度，mm；

d——滚珠直径，mm。

（4）在滚柱导轨中，如果导轨是淬硬钢制造的，滚柱可短一些，长径比最好不超过1.5～2，长度不超过25～30mm。如果强度不够，可以增大滚动体的直径或增加其数目。对于铸铁导轨，由于可以刮研，加工误差较小，故滚柱的长径比可以大一些。

（三）滚动导轨的调整与修理

1. 导轨的调整

滚动导轨的调整主要是预紧力的大小及加载方法。预加载荷（预紧力）的滚动导轨，按其加载方法不同可以分为两类。

（1）把夹紧件通过滚动体夹到被夹紧件之间的配合为过盈配合，如图11-44（a）所示。

（2）使用专门的调整件加载，使被夹紧件和夹紧件之间产生垂直于导轨方向的微量移动，如图11-44（b）所示。

图11-44（a）中过盈量δ的产生方法又有几种，如通过适当选择滚柱直径；通过刮研或配磨压板和体壳的接触面；在体壳和压板间垫入适当垫片等。这种导轨的优点是过盈量可以直接测量出来。

图11-44（b）中有一根可调导轨，预紧力是通过可调导轨的微量位移产生的。可调节器导轨的微量位移可以用螺钉、塞铁、弹簧、精密垫板及偏心盘来调整，如图11-45所示。

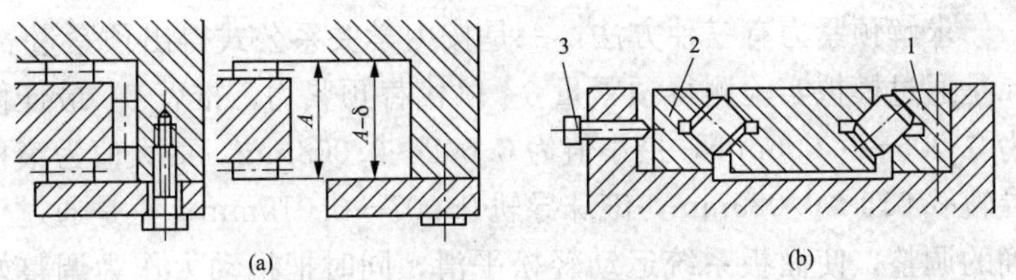

图 11-44　预紧力的加载方法

(a) 夹紧件通过滚动体夹到被夹紧件之；(b) 使用专门的调整件加载

1—固定导轨；2—调整导轨；3—压紧螺钉

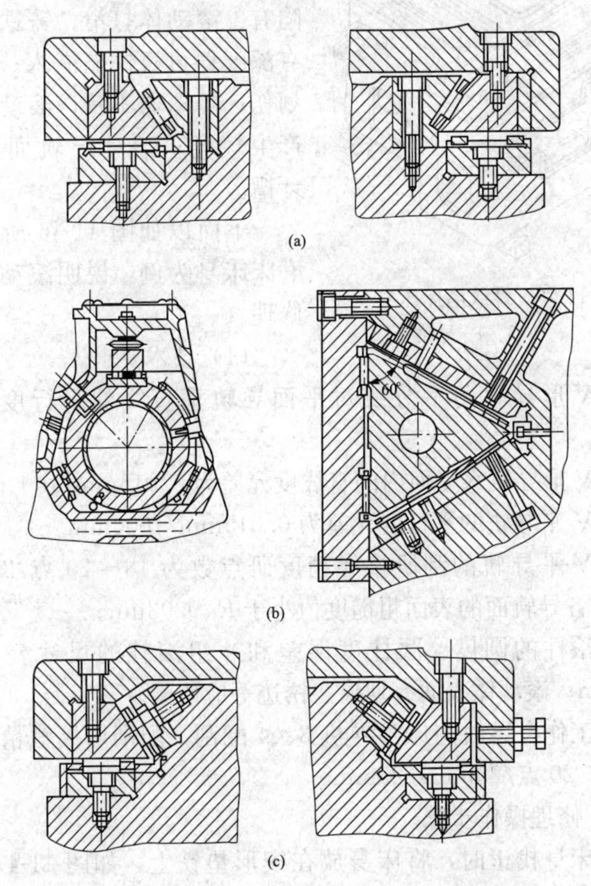

图 11-45　微量位移的调整

(a) 用塞铁调整微量位移；(b) 用弹簧调整微量位移；(c) 用螺钉调整微量位移

求解预紧力有三种方法：一是按力学关系公式得出预紧量 δ；二是通过模拟实验测得预紧量 δ_N 以代替预紧力，推荐 δ_N 最佳值为 0.005～0.006mm，最小值为 0.002～0.003mm，最大值为滚柱导轨 0.015～0.025mm，滚珠导轨 0.007～0.015mm；三是通过正确的调整，使溜板系统运动轻松平滑，同时把拖动力作为调整好坏的一个间接指标，中型机床拖动力应不超过 30～50N。

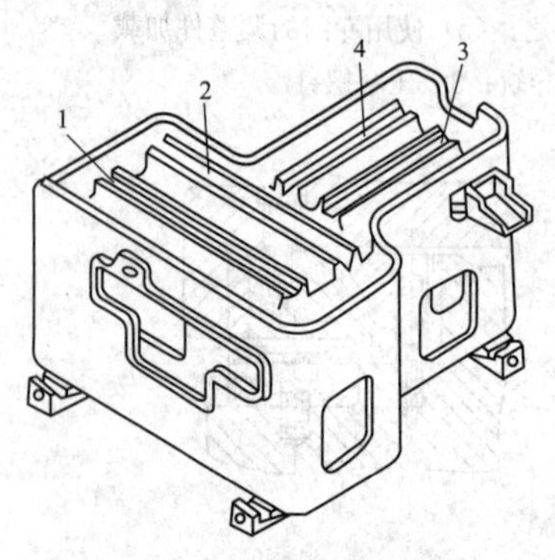

图 11-46　螺纹磨床床身
1、2、3、4—导轨

2. 导轨的修理

滚动导轨经常出现的主要缺陷有：滚动体打滑，铸铁导轨面有深度划痕及铁屑嵌入；滚动体划伤；隔离器不良；滚动导轨面产生棱角；滚动导轨面磨出月牙槽。

下面以如图 11-46 所示螺纹磨床床身为例，说明滚动导轨的修理。

（1）技术要求。

1）V形导轨角平分线对平面导轨垂直线的平行度，不超过±30′。

2）V形导轨水平面内的直线度允差为 0.015mm/1000mm。

3）V-平导轨的平行度允差为 0.015mm/1000mm。

4）V-平导轨的刮研接触精度研点数为 18～20 点/25mm×25mm，各导轨面的表面粗糙度值小于 $Ra0.02\mu m$。

5）滚柱的圆度、圆柱度误差和一组滚柱的尺寸差不超过 0.002mm；滚动体表面有划痕、锈迹等应研磨。

6）工作台导轨与床身导机 3、4 配刮，配刮后接触精度研点数为 18～20 点/25mm×25mm。

（2）修理操作步骤。

1）床身找正时，将床身放在楔形垫铁上，如图 11-47 所示。垫铁应放在坚实的基础上，用桥形板和水平仪找正导轨 1、2、3、4 至最小误差。

2）分别用 V 形角度直尺和标准平尺着色，拖研、刮削滚动导轨 3、4 至上述精度要求。

3）滚动体表面若有锈蚀、划痕、磨损等缺陷，应进行研磨，当研磨无法消除缺陷时，应更换滚动体。滚动体研磨如图 11-47 所示。

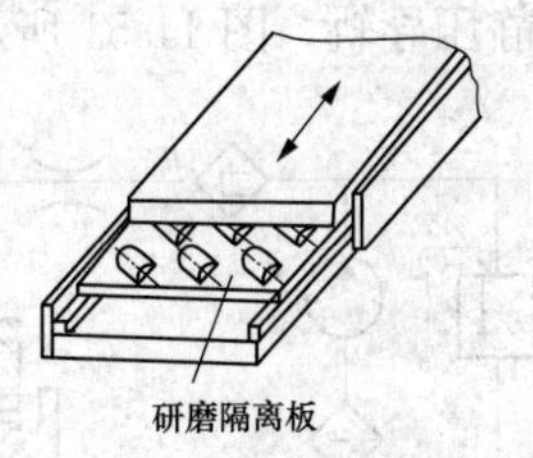

图 11-47　滚动体研磨示意图

4）保证 V 形导轨角平分线与平导轨垂线的平行度要求，如图 11-48（a）所示，从而确保导轨间垫入滚柱时按比例上移，否则将造成导轨面与滚柱成点接触。

5）将一组滚柱置于导轨面上。放置时，应把尺寸大、小的滚柱间隔开。V 形导轨的滚柱大端朝上为宜；平导轨滚柱大端向外为宜。然后在滚柱上放检验桥板，在全长上推动检查，结构应满足技术要求，如图 11-48（b）所示。注意应在 a、b 两个方向上检查。

6）将工作台导轨置于床身导轨 3、4 上着色、拖研、刮削，接触精度研点数为 18～20 点/25mm×25mm。

7）镶钢淬硬导轨的修复，只能用磨加工恢复其精度。若更换新导轨，导轨淬硬后应时效处理。

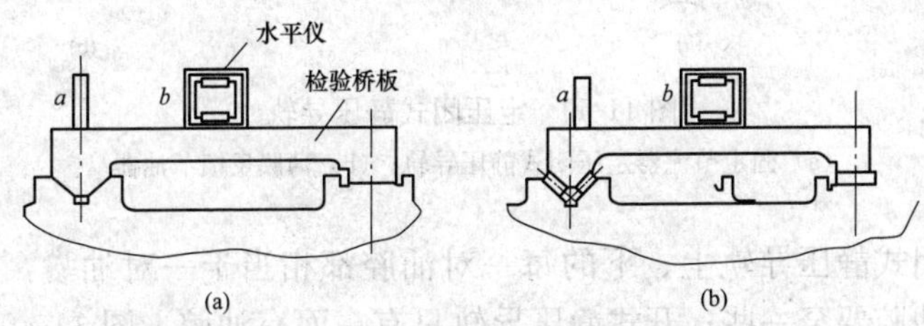

图 11-48　用检验桥板检查

（a）用检验桥板检查 V-平导轨的平行度误差；

（b）在滚柱上放置检验桥板检查 V-平导轨的平行度误差

五、静压导轨的修理

（一）静压导轨工作原理

如图 11-49 所示是定压开式静压导轨，图 11-50 所示是定压闭式静压导轨，图 11-51 所示是定量式静压导轨。

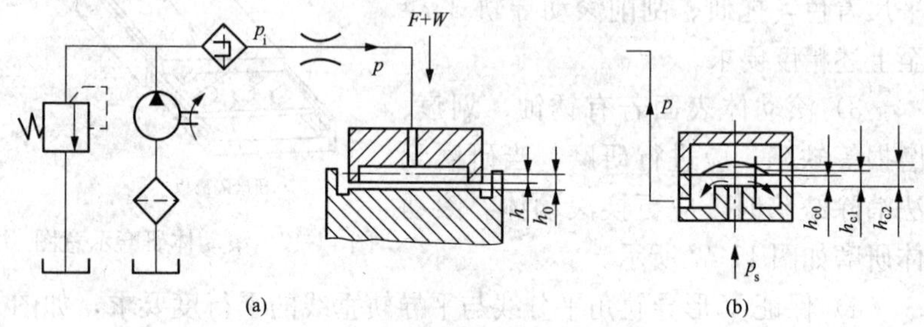

图 11-49　定压开式静后导轨

（a）固定节流器定压开式静压导轨；（b）薄膜反馈节油器

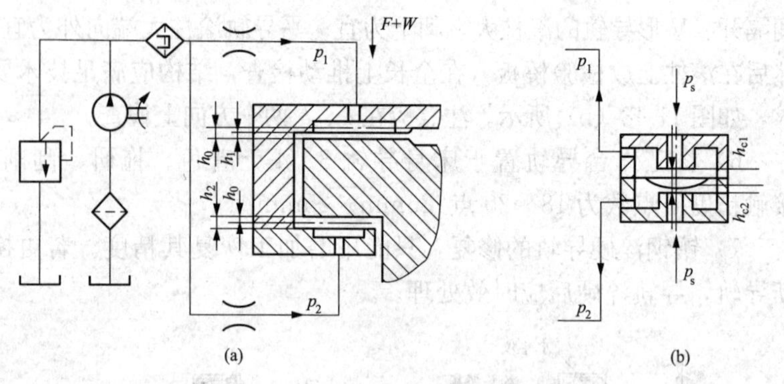

图 11-50　定压闭式静压导轨

（a）固定节流器定压闭式静压导轨；（b）薄膜反馈节油器

闭式静压导轨上、下的每一对油腔都相当于一对油囊，只是压板油腔要窄一些；开式静压导轨只有一面有油腔。图 11-49（a）和图 11-50（a）装有固定节流器，图 11-49（b）和图 11-50（b）装有薄膜反馈节油器。下面以装有固定节流器和薄膜反馈节流器的静压导轨为例，说明其工作原理。

1. 固定节流器

如图 11-52 所示是装有固定节流器的静压导轨。液压泵将压力为 p_B 的压力油送给系统。经节流器节流后，压力油压力变为 p_0，进入导轨的各个相应油腔，当 p_0 达到一定值后，上导轨面就浮起一

定高度 h_0，建立起纯液体摩擦。这种液体摩擦是动态的，因为压力油不断地穿过各油腔的封油间隙后，流回油箱，故压力降为零，然后再由泵送给系统，周而复始。当工作台在外载 F 的作用下，向下产生一个微小位移时，导轨间的间隙变小，使油腔回油阻力增大，产生“憋油”现象，使压力 p_0 略有升高，提高了工作台承载能力。该承载能力始终抵制工作台沿外载 F 方向下沉，维持住导轨的纯液体摩擦状态。工作台只是向下有个微小的位移后重新平衡下来。

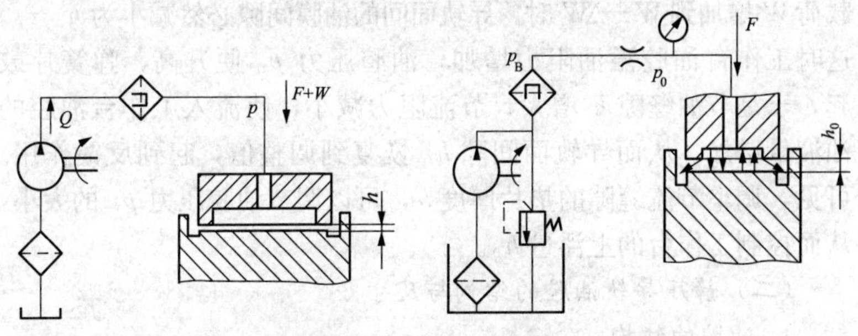

图 11-51　定量式静压导轨　　　图 11-52　开式静压导轨

2. 单薄膜反馈式节油器

如图 11-53 所示是单薄膜反馈式静压导轨的工作原理示意图。

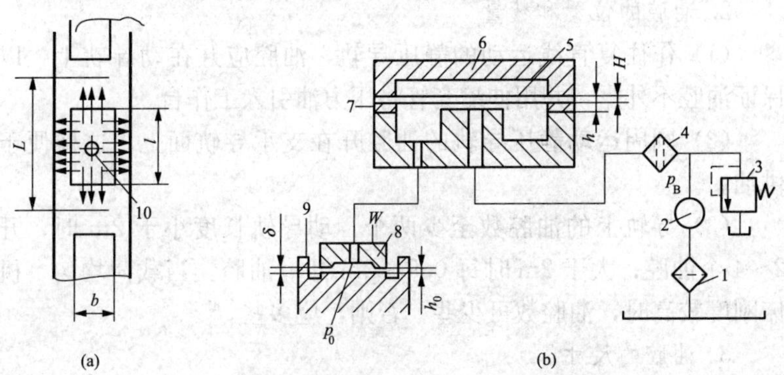

图 11-53　单薄膜反馈式节油器开式静压导轨示意图

(a) 静压导轨的一个压力油腔；(b) 静压导轨的工作原理

1—滤油器；2—液泵；3—溢流阀；4—滤油器；5—薄膜；6—单面薄膜节油器；7—调整垫件；8—工作台导轨；9—床身导轨；10—进油口

静压导轨的移动导轨上有若干个油腔，如图 11-53（a）所示，其有效长度为 L，油槽长为 l，宽度为 b，用单独的节油阀调整流量，控制压力，将上导轨面浮起来。液压泵将压力为 p_B 的压力油经滤油器送入单薄膜节流阀，压力油经节流阀凸台平面与薄膜组成的缝隙口以后，产生压力损失，压力降为 p_0，使工作台浮起，产生油薄间隙 h_0，然后压力油 p_0 经导轨间隙 h_0 流出，与大气相通，压力降低为零，经床身导轨两边回油槽流回油池。当工作台上的载荷 W 增加到 $W+\Delta W$ 时，导轨面间的油膜间隙必然减小为 h_0-s，这时工作台油腔溢油阻力增加，油腔压力 p_0 便升高，弹簧片鼓起，于是节油缝隙 h 增大，节流阻力减小，使流入工作台油腔的油液量增加，从而导轨面间隙 h_0 恢复到调整值，起到反馈作用。可见，调整节流缝隙的垫片厚度 h，可以调节油腔压力 p_0 的大小，从而控制工作台的上浮量 h_0。

（二）静压导轨油腔的结构与尺寸

1. 油腔的结构

静压导轨油腔的结构如图 11-54 所示。图中Ⅱ型和Ⅳ型应用较广泛；Ⅰ型多用于窄导轨和闭式静压导轨中的压板导轨；Ⅲ型很少用，只在长度 l 和 b 的比值小于 4 时使用。

2. 油腔的位置和数量

（1）作往复直线运动的静压导轨，油腔应开在动导轨上，以保证油腔不外露，并用伸缩套管将压力油引入工作台。

（2）圆周运动静压导轨的油腔开在支承导轨面上，这样便于供油。

（3）导轨上的油腔数至少两个。动导轨长度小于 2m 时，开 2～4 个油腔；大于 2m 时每 0.5～2m 开一油腔。当载荷均匀、机床刚度较高时，油腔数可少些，否则，应多些。

3. 油腔的尺寸

油腔的尺寸按表 11-9 选用，当尺寸 L 和 b 确定后，为了提高静压承载能力，可适当加长油沟长 L，如图 11-55 所示。若 $l_1 < 2a_2$，则相邻油腔的中间必须开横向沟 E，以便避免相邻油腔压力油相互影响；若 l_1 是 $2a_2$ 的较多倍，则不必开 E 沟。

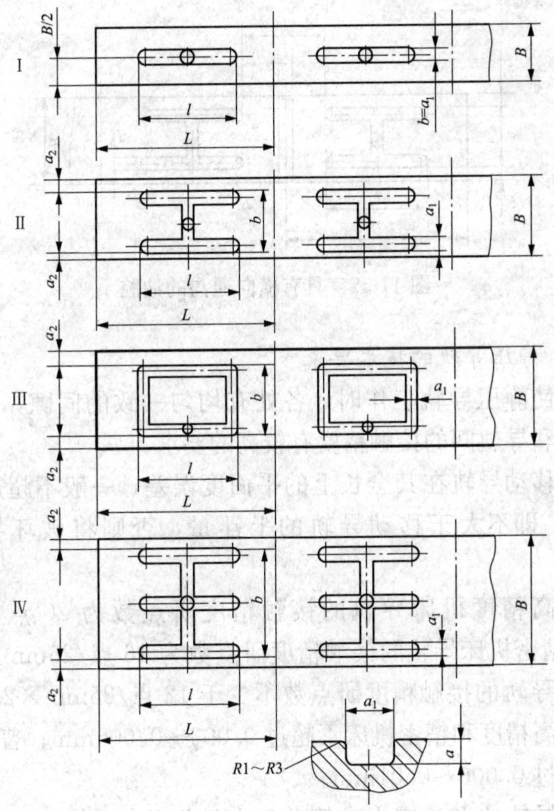

图 11-54　静压导轨的油腔

表 11-9　　**静压导轨油腔尺寸**　　（单位：mm）

导轨宽度 B	l/b	a	a_1	a_2	油沟形式
40～50	—	4	8	—	Ⅰ
60～70	＞4	4	8	15	Ⅱ
80～100	＞4	5	10	20	Ⅱ
	＜4				Ⅲ
110～140	＞4	6	12	30	Ⅱ
	＜4				Ⅲ
150～190	—	6	12	30	Ⅳ
≥200	—	6	15	40	Ⅳ

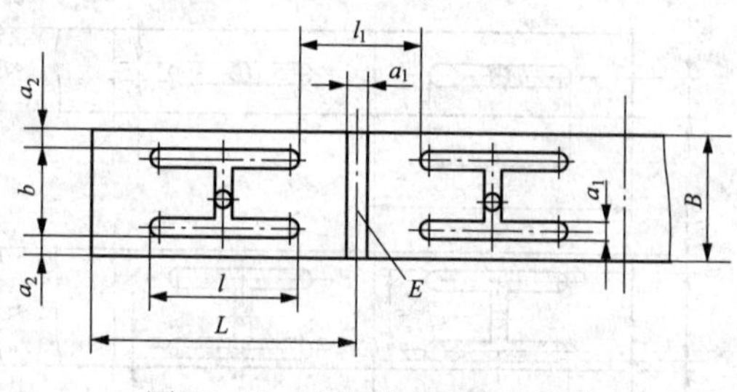

图 11-55　具有横向通沟的油腔

（三）静压导轨的技术要求

为了使静压导轨工作时，各处有均匀一致的间隙，对导轨的形状精度和导轨间的接触精度有较高的要求。

（1）移动导轨在其全长上的平面度误差，一般不超过 0.01～0.02mm，即不大于移动导轨的上浮量，否则将破坏导轨间的油膜。

（2）高精度机床导轨的接触精度研点数为 20 点/25mm×25mm；精密机床导轨的接触精度研点数为 16 点/25mm×25mm；普通机床导轨的接触精度研点数不少于 12 点/25mm×25mm。刮研深度，高精度和精密机床不超过 0.003～0.005mm；普通和大型机床不超过 0.006～0.01mm。

（3）导轨的形状应力求简单且有较好的加工工艺性。导轨及其支承间应有足够的刚度和可靠的防护。

（4）静压导轨的运动精度，一般为导轨本身精度的 1/10。若导轨自身精度为 0.01mm，则其运动精度可达 0.001mm。

（5）开式静压导轨多用 V-平组合，闭式静压导轨多用双矩形的组合形式。

（四）静压导轨的调整

（1）根据要求值，由液压系统中的溢流阀调整供油压力 p_B。

（2）对于薄膜反馈式节流器，由垫片厚度 h_0 来调整油腔压力 p_0；对于固定节流器，由调整节流长度来调整油腔压力 p_0。

（3）调整油膜厚度 h_0 时，在工作台四角处各放一只百分表，对于较长的工作台，应在中间加放百分表。启动液压泵，使工作台上浮，建立纯液体摩擦，然后调整各油腔压力，根据各百分表的读数，使工作台各点上浮量相等，并使上浮量 h_0（即油膜厚度）符合要求。

油膜厚度 h_0 关系到油膜刚度。所谓油膜刚度是指在外载荷作用下，能保持给定油膜厚度 h_0 不变的能力，它与油膜厚度成反比。油厚刚度影响机床的加工精度。若刚度不好，可适当减少供油压力 p_S 或改变油腔中的压力。

(4) 必须保持供油系统清洁，油液过滤精度一般为 0.003～0.01mm。若油中夹杂棉纱或杂质颗粒，会堵塞节流缝隙，使油膜遭到破坏，导轨时起时落，甚至拉伤导轨。

(5) 开动机床时，应先启动静压导轨供油系统，当液体摩擦形成后，再开动工作台。停机时，最后停止导轨供油系统。

（五）静压导轨的修理

(1) 检查液压系统各元件（油泵、节流器等）工作是否正常；经常清洗过滤器，检查液压油箱的防护装置是否完好；要定期更换液压油。液压系统工作稳定，是保证静压导轨建立纯液体摩擦的前提。

(2) 拉伤的导轨面要进行修复和刮研。对于中小型机床，刮研的接触研点数应达到 16～20/25mm×25mm；对于重型机床，刮研后接触研点数应达到 12～16 点/25mm×25mm。导轨面的平面度误差、扭曲度误差和平行度误差值，均为 h_0 值的 1/3～1/4。

六、组合式长导轨的拼接与修理

（一）组合式长导轨的拼接步骤

大型、重型机床床身导轨很多采用多段拼接。在修理装配导轨时，多段导轨的拼接质量直接影响导轨的精度，从而影响机床的加工精度。现以 B228-14 龙门刨床为例，介绍多段导轨的拼接工艺。

如图 11-56 所示是 B228-14 龙门刨床床身导轨示意图，床身导轨长 29m，A 工作台长 14m，可加工长 14m、宽 2.8m 的零件。导轨由五段拼接而成，有 8 个端面（见 A-A 放大图）需要作拼接加工，结合面是用螺钉连接的，其拼接步骤如下。

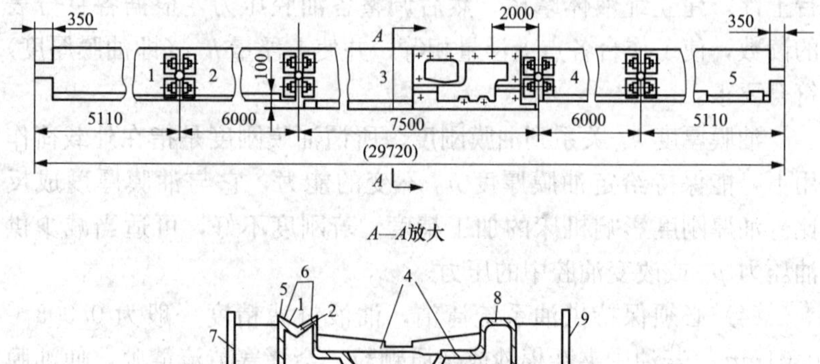

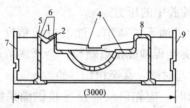

图 11-56　B228-14 型龙门刨床床身

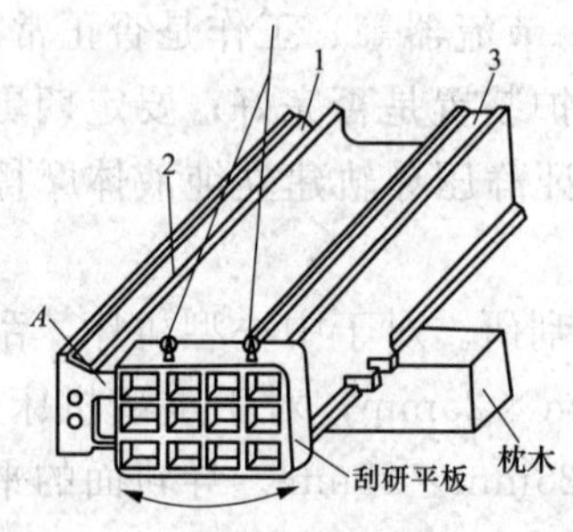

图 11-57　结合面 A 刮研示意图
1、2、3—表面

(1) 结合面如果有渗油现象，应刮研结合面，如图 11-57 所示，刮研的精度为：对表面 1、2、3 的垂直度允差 0.003mm/1000mm；接触精度研点数 4 点/25mm×25mm；与相邻床身结合面的密合程度（联系螺钉紧固的状态下），0.004mm 塞尺不得塞入。如有些机床没有防渗油装置，可用图 11-58 所示的方法，在结合面中的一个端面加工一截面为 8mm×8mm 的封油沟槽，槽内放置 ϕ10mm 耐油橡胶绳，拼接后可防止渗油。

(2) 以床身第三段为基准，将其吊装在调整垫块上，调整导轨的直线度误差和平行度误差，找正导轨平面处于水平状态，然后拧紧地脚螺柱，以它作为拼装基准。

(3) 依次拼装第二段、第四段、第一段、第五段。要用千斤顶在床身的另一端加力，将其顶到两接合面靠拢。切不可用联系螺钉直接拉紧，以免变形。接合面顶靠拢后，用调整垫块进行调

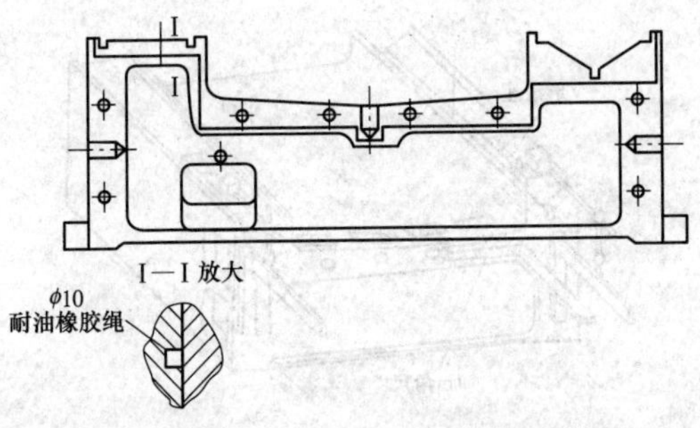

图 11-58　结合面防渗油装置

整，使连接的床身导轨保持一致性。

(4) 检查纵向、横向水平，用图 11-59 所示方法检查拼接后导轨的直线度，符合要求后拧紧连接螺钉，用 0.004mm 塞尺检查接合面应不得塞入。

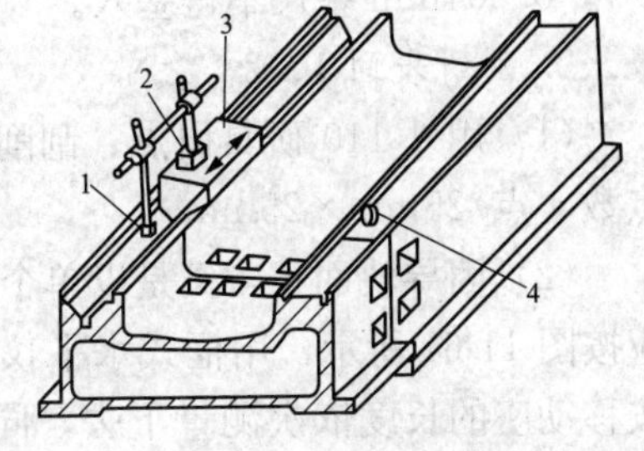

图 11-59　导轨表面连接处的直线度测量

1、4—百分表；2—磁性表座；3—V 形滑座

(5) 重铰定位销孔，用涂色法检查销钉与销孔的接触面积达 60%以上，装入销钉。

(6) 全部销钉装入后，松开所有连接螺钉，目的在于消除由于床身调整时所产生的内应力，自然调平整个床身，然后再拧紧所有连接螺钉。

(二) 组合式长导轨的刮研工艺

以 B228-14 型龙门刨床床身组合式长导轨为例，如图 11-56 所示，说明刮研工艺。

1. 刮研表面 A

(1) 如图 11-57 所示，将床身一端适当垫高，用平板拖研表面 A，刮削至技术要求。按图 11-60 所示的方法测量表面 A 对表面 1、2、3 的垂直度允差不超过 0.003mm/1000mm。

(2) 接触精度研点数 4 点/25mm×25mm。

(3) 与相邻床身结合面的密合程度（联系螺钉紧固的状态

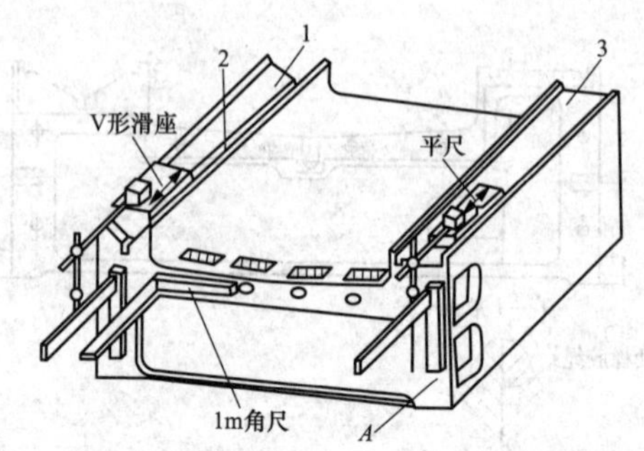

图 11-60 表面 A 对表面 1、2、3 的垂直度测量

1、2、3—表面

下)，0.004mm 塞尺不得塞入。

2. 刮研表面 1、2

(1) 用外 110°研具研点、刮削，达到表面 1、2 的接触精度研点数 4 点/25mm×25mm。

(2) 因导轨面长，又是以单个短研具研点。故在研刮过程中，应按图 11-61 所示，用框式水平仪测量。由导轨的一端到另一端，按移动座的长度依次测量下去，同时要控制 V 形导轨的扭曲，在全部长度上不超过 0.02mm/1000mm，以便于达到精度要求。

(3) 按图 11-62 所示的方法检查表面 1、2 在水平面内的直线度误差不超过 0.02mm/1000mm。

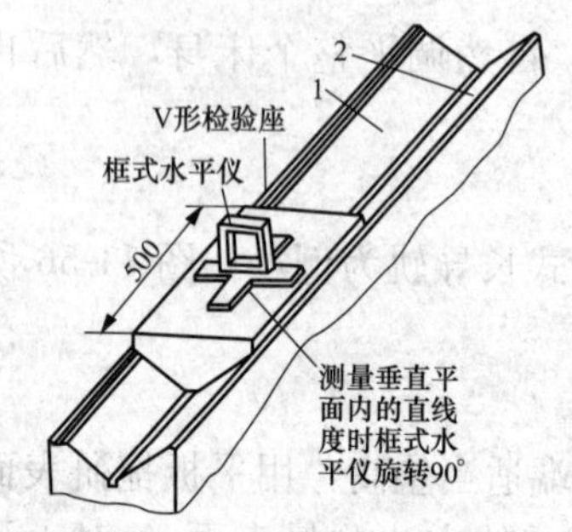

图 11-61 表面 1、2 在垂直平面内的直线度及 V 型导轨扭曲测量示意图

1、2—表面

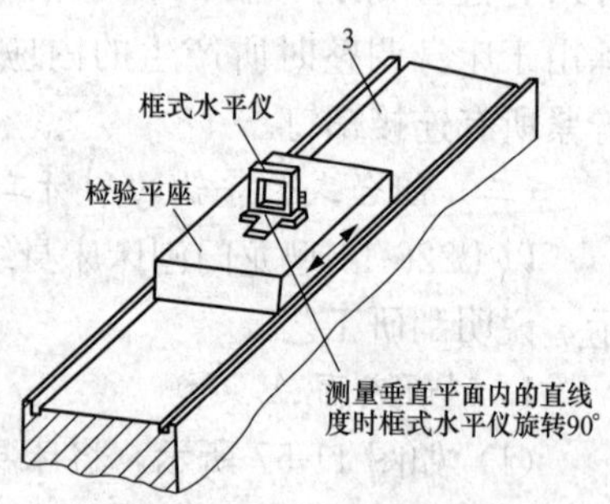

图 11-62 表面 3 在垂直平面内的直线度及单导轨扭曲测量示意图

3—表面

(4) 用准直仪检查表面 1、2 在垂直面内、水平面内的直线度误差不超过 0.02mm/1000mm。

3. 刮研表面 3

(1) 用 l=1600mm 的长平面研具研点、刮削。

(2) 按图 11-62 所示的方法检查表面 3 在垂直平面内的直线度误差不超过 0.02mm/1000mm，导轨的扭曲误差不超过 0.02mm/1000mm。

(3) 按图 11-63 所示的方法检查表面 3 对表面 1、2 的平行度误差不超过 0.02mm/1000mm，0.02mm/全长。

(4) 接触精度研点数 4 点/25mm×25mm。

4. 刮削表面 4

用平板研点、刮削，达到平行度要求和接触点要求，按图 11-64 所示的方法进行检查。

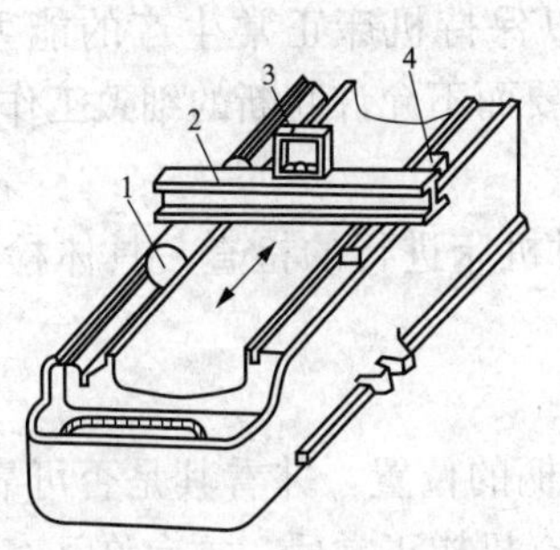

图 11-63　床身两导轨平行度检验示意图

1—检验棒；2—平行平尺；3—框式水平仪；4—检验平尺

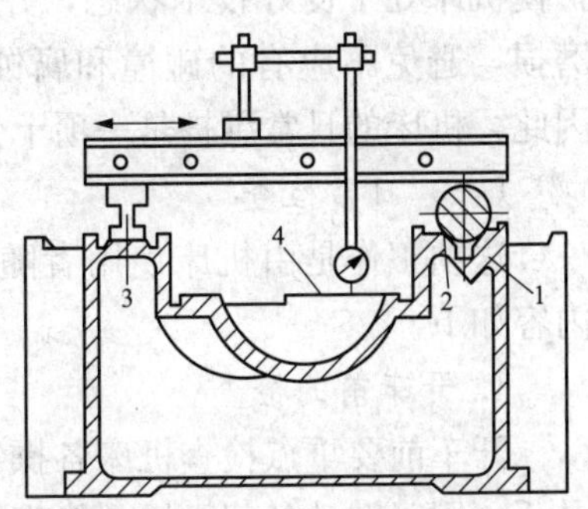

图 11-64　表面 4 对表面 1、2、3 的平行度误差示意图

1、2、3、4—表面

(1) 表面 4 对表面 1、2、3 的平行度误差不超过 0.1mm/全长。

(2) 接触精度研点数 4 点/25mm×25mm。

第四节 机床的维护和保养

金属切削机床的维护与保养要求了解机床日常维护和定期维护的内容与要求；掌握机床的润滑、密封、治漏和常见故障的诊断及排除方法。

机床的正确使用和精心维护，是保障机床安全运转、生产出优质产品，提高企业经济效益的重要环节。机床使用期限的长短、生产效率和工作精度的高低，在很大程度上取决于对机床设备的维修与保养。

一、机床的日常检查与维护

机床的日常维护保养是在机床具有一定精度，尚能使用的情况下，按照规定所进行的一种预防性措施。它包括机床的日常检查、维护，按规定进行润滑以及定期清洗等项内容。通过日常维护使机床处于良好技术状态，并使机床在开动过程中尽可能减轻磨损，避免不应有的碰撞和腐蚀，以保持机床正常生产的能力。因此，机床的日常维护是一项十分重要而不允许间断的细致工作。

（一）日常检查

这项工作是由机床使用者随时对机床进行的检查，具体检查内容如下。

1. 开车前的检查

开车前要重点检查机床各操纵手柄的位置，并看其是否可靠、灵活，用于转动各部机构，待确信所有机构正常后，才允许开车。

2. 工作过程中的检查

在工作过程中，应随时观察机床的润滑、冷却是否正常，注意安全装置的可靠程度，察看机床外露的导轨、立柱和工作台面等的磨损情况。如果听到机床传动声音异常，就要立即停车，并即刻协同机床维修工进行检查。对轴承部位的温度也要经常检查，滑动轴承温度不得超过 60℃，滚动轴承应低于 75℃，一般可用手摸，就可判断是否过热（一般不应烫手）。

3. 经常性的检查

经常性的检查也是十分重要的，要经常对下述各部进行巡视检查：主轴间隙、齿轮、蜗轮等啮合情况，丝杠、丝杠螺母间隙，光杠、丝杠的弯曲度，离合器摩擦片、斜铁和压板的磨损情况。在检查中，应做必要记录，以供分析。发现问题及时解决，以保持机床正常运转。

(二) 日常维护

机床日常维护的关键在于润滑。应按规定进行润滑，加足润滑油，则可使运动副之间能形成油膜，使两个面接触的干摩擦变成液体摩擦，这样就可大大减少运动副的磨损并降低功率的消耗。

1. 机床润滑方式及其选择

(1) 机床上常用的润滑方式。机床上常用的润滑方式见表11-10。

表 11-10　　机床上常用的润滑方式

分类	种类	概要	适用范围	特征
全损耗式润滑	手工加油(脂)润滑	用给油器按时向机床油孔加油	低、中速，低载荷间歇运转的轴承、滑动部位，开式齿轮、链等，及 d_n[①] $<0.6\times10^6$ mm·r/min 的滚动轴承	设备简单，需频繁加油，注意防止灰尘、杂物侵入
	滴油润滑	用滴油器，长时间以一定油量由微孔滴油	低、中载荷轴承，圆周速度为 4～5m/s	比手工润滑可靠，可调整油量，根据温度、油面高度变化给油量
	灯芯润滑	由油杯灯芯的毛细管作用，进行长时间给油	低、中载荷轴承，圆周速度为 4～5m/s	用灯芯数量来调节给油量，根据温度、油面高度、油的黏度变更给油量
	手动泵压油润滑	用手动泵间歇地将润滑油送入摩擦表面，用过的油一般不回收循环使用	需油量少，加油频率低的导轨	可按一定间隔时间给油，给油量随工作时间、载荷有所变化

续表

分类	种类	概要	适用范围	特征
全损耗式润滑	机力润滑	由机床本身的凸轮或电动机驱动的活塞泵作 35MPa 压力给油	高速、高载荷气缸、滑动面	能用高压适量正确给油，多达 24 处给油，但不能大量给油
	自动定时定量润滑	用油泵将润滑油抽起，并使其经定量阀周期地送到各润滑部位	数控机床等自动化程度较高的机床导轨等	在自动定时、定量润滑系统中，由于供油量小，润滑油不重复使用
	集中润滑	用 1 台油泵及分配阀、控制装置进行准确时间间隔、适量定压给油	低、中速，中等载荷	可实现集中自动化给油
	喷雾润滑	用油雾器由压力使油雾化，与空气一同通过管道给油，或用油泵将高压油送给摩擦表面，经喷嘴喷射给润滑部位	高速滚动轴承（$d_n>1\times10^6$mm·r/min）、轻载中小型滚动轴承、滚珠丝杠副、齿形链、导轨、闭式齿轮	可实现集中自动化给油，能经常供给足够量的油，空气冷却。空气需过滤和保温。给油量受到限制。有油雾污染环境问题，不宜循环使用。利用压缩空气由油嘴喷油雾化后送入摩擦表面，并使其在饱和状态下析出，让摩擦表面黏附油膜，可起大幅度冷却润滑作用
	喷射润滑	用油泵，通过位于轴承内圈与保持架中心之间的一个或几个口径为 0.5～1mm 的喷嘴，以 0.1～0.5MPa 的压力，将流量大于 500mL/min 的润滑油喷到轴承内部，经轴承另一端流入油槽	轴承高速运转时，滚动体、保持架也高速运转，使周围空气形成气流，一般润滑油进不到轴承，必须用高压喷射润滑，用于 $d_n>1.6\times10^6$mm·r/min 的重负荷轴承	润滑油不宜循环使用，用一段时间后会变质，需适时更换

续表

分类	种类	概要	适用范围	特征
全损耗式润滑	油/气润滑	每隔1～60min，由定量柱塞分配器定量0.01～0.06mL的微量润滑油，与压缩空气0.3～0.5MPa于20～50L/min混合后，经内径为2～4mm的管子喷嘴喷入轴承	高速轴承	与油雾润滑的区别是供油未雾化，以滴状进入轴承，易留于轴承，不污染环境，并能冷却轴承，轴承温升较油雾润滑低，$d_n > 10^6 mm \cdot r/min$ 润滑油的黏度10～40mm²/s，每次排油量0.01～0.03mL，排油间隔1～6min，喷嘴孔径0.5～1mm，润滑油不宜循环使用
反复式润滑	油浴润滑	轴承一部分浸在油中，润滑油由旋转的轴承零件带起，再流回油槽	主要用于中、低速轴承	油面不应超过最低滚动体的中心位置，防止搅拌作用发热
	飞溅润滑	回转体带动搅拌润滑油，使油飞溅到润滑部位	中心型减速箱	有一定的冷却效果，不适用于低速或超高速
	油垫（绳）润滑	由油垫的毛细管作用，吸上润滑油进行涂布给油	中速，低、中载荷鼓形轴承，圆周速度小于4m/s的滑动轴承	可避免给油的复杂操作，注意防止因杂质侵入而发生堵塞
	油环润滑	轴上带有油环、油盘，借用旋转将油甩上给油	中速，低、中、高载荷，电动机、离心泵轴承	有较好的冷却效果，如果低速回转或使用高黏度油，会给油不足，不能用于立轴
	循环润滑	油箱、油泵、过滤装置、冷却装置管路系统带有强制性循环方式，可不断地给油	大型机床用（高速、高温、高载荷）	给油量、给油温度可以细调节，可靠性高，冷却效果好

续表

分类	种类	概要	适用范围	特征
反复式润滑	自吸润滑	用回转轴形成的负压，进行自吸润滑	圆周速度小于3m/s，轴承间隙小于0.01mm的精密主轴滑动轴承	
	离心润滑	在离心力作用下，润滑油沿着圆锥形表面连续地流向润滑点	装在立轴上的滚动轴承	
	压力循环润滑	使用油泵将压力送到各摩擦部位，用过的油返回油箱，经冷却过滤后循环使用	高速重载或精密摩擦副的润滑，如滚动轴承、滑动轴承、滚子链、齿轮链等	

① d_n 为转速特征值。

（2）机床润滑方式的选择。影响机床主轴极限转速的因素除轴承本身个，润滑方式也是一个重要因素。为了便于比较不同轴颈的主轴，其转速特性一般采用转速特征值来度量。其定义为：

$$转速特征值=轴颈\times转速$$

表11-11是各种轴承在不同润滑条件下所能达到的特征值。

油脂润滑是一种使用最多的润滑方式。它的优点是结构简单，维护方便，可靠性高，造价低廉；缺点是轴承转速不能太高，要提高转速只有采用陶瓷滚动轴承。

润滑方式的选择参见表11-12。

表11-11　各种轴承不同润滑条件下的特征值

（单位：10^6 mm·r/min）

润滑种类	普通轴承	高速轴承	陶瓷滚动轴承
油脂润滑	0.8～1.0	1.1～1.3	1.3～1.5
油雾润滑	1.5～1.8	1.7～2.0	1.9～2.2
油气润滑	2.2～2.4	2.4～2.6	—

表 11-12　　润滑方式的选择

分类＼方式	润滑方式	润滑装置	润滑系统构造和措施	转速特征值 d_n/(mm·r/min)	适用的轴承类型和运转特性
固体润滑剂	强化耐久润滑	—	—	≈1500	主要适用于有槽的球轴承
	加注油(脂)	—	—		
润滑脂	加注油脂	手动压力油脂泵	油脂通过孔道进入油脂流量控制器、润滑脂收容空间	$\approx 0.5\times10^6$	所有轴承结构类型，主要用于有槽类轴承，除摆动轴承之外，均与其转速和润滑脂性能有关。噪声小，摩擦低
	强化耐油润滑	—	—	$\approx 1\times10^6$	
	喷射润滑	喷射润滑系统	通过管孔、进入润滑脂收容空间	适用于特殊润滑	
润滑油（大油量）	油浴润滑	测量标尺、竖形管、水平控制器	机座有油池、排油孔道，并接近监测器	0.5×10^6	所有轴承结构类型。其抗噪声均与油的黏度、使用的高气压及轴承结构本身的摩擦大小有关。通过油路，可排出磨屑，例如用于循环润滑和飞溅的情况
	浸油润滑	—	进油孔、轴承外壳、存油容器、催进剂　输油元件能调节转速和油的黏度	算出制冷作用的油量	
	循环润滑	循环润滑装置	计算合适的大量给油和排油的孔径	1×10^6	
	直接喷油润滑	带有喷管的循环润滑装置	选足够大的给油喷管	直到 4×10^6，通过试验确定	

续表

方式 分类	润滑方式	润滑装置	润滑系统构造和措施	转速特征值 d_n/（mm·r/min）	适用的轴承类型和运转特性
润滑油（最小油量）	脉冲给油润滑、滴油润滑	脉冲给油润滑装置、滴油器、冲油装置	需排油孔道	≈1.5×10^6，与轴承类型、润滑油黏度、耗油量及操作熟练程度有关	所有轴承结构类型。降噪效果与润滑油黏度有关；润滑效果与油量、润滑油黏度有关
	油雾润滑	油雾装置、油分离装置	根据具体情况确定油雾装置类型		
	油气润滑	油气润滑装置			

2. 机床日常维护规则

机床的日常维护应遵守下列规则：

（1）在机床开动之前，应将机床上的灰尘和污物清除干净，并按照机床润滑图表进行加油，同时检查润滑系统和冷却系统内的油液量是足够，如不足，应补足。

（2）导轨、溜板、丝杠以及垂直轴等必须用机油加以润滑，并经常清油污，保持清洁。

（3）经常清洗油毡（例如溜板两端的油毡）。清洗的方法是，先用洗油把油毡洗净，并把粘附在油毡上的铁末、切屑等除净，然后换用机油清洗。对于油线，也按同样的方法清洗，以恢复油线的毛细管作用。油线应深入油沟和油管的孔中，以保证润滑油流向润滑部位。

（4）按规定时间并视油的污浊程度，更换废油。

（5）工作完毕下班之前，应进行较为细致的机床保养工作：清除机床上的切屑，并将导轨部位的油污清洗干净，然后在导轨面上涂抹机油，同时将机床周围环境进行整理，打扫干净。

（6）工作中还要注意保护导轨等滑动表面，不准在其上放置工具及零件等物件。

（三）定期清洗

1. 清洗程序

首先对机床表面进行清洗，擦净床身各死角；随即将机床各部盖子、护罩打开，清洗机床的各个部件。

2. 重点清洗

清洗的重点应放在润滑系统：认真清洗润滑油滤清器，并清除杂物，清洗分油器、油线及油毡；疏通油路；清洗各传动零部件，清除堵塞现象；消除润滑系统和冷却系统内的油污杂质及渗漏现象。

3. 仔细检查

清洗过程中应仔细检查各传动件的磨损情况，如果有轻微的毛刺、刻痕，应打磨修光，检查并调整导轨斜铁、交换齿轮的配合间隙，丝杠、丝杠螺母间隙，V型皮带的松紧程度，以及离合器的松紧程度；对于大型及精密机床，还应该定期检查和调整床身导轨的安装水平，如果发现问题必须调整至要求，以防机床永久变形。

4. 注意事项

机床的日常清洗，尤其是精密机床的日常清洗，应注意保护关键的精密零部件（如光学部件），不使清洗液溅入或渗入其中，尤其不准随便拆卸这些零件；所用的油料必须是符合要求的合格品；机床在非工作时间，应盖上防护罩，以免灰尘落入。

二、机床的定期维护

机床的定期维护，就是在机床工作一段时间后，对机床的一些部位进行适当的调整、维护，使之恢复到正常技术状态所采取的一种积极措施。

机床经过使用一定时间后，各种运动零部件，因摩擦、碰撞等而被磨损较重。致使导轨、燕尾槽有拉伤，以及运动部件运转部位间隙增大等。机床到了此种技术状态，其工作性能将受到很大影响，如不及时进行维修，就会加重磨损。而机床日常维护由于维护内容所限，已不能使之恢复正常，因此，必须进行定期维护。

机床定期维护在一般情况下，如按两班制生产，以每半年左右进行一次为宜。对于受振动、冲击的机床，时间可适当缩短。

（一）机床定期维护主要内容

（1）由操作者介绍机床的技术状态及存在问题。再空车运转20～30min，检查各工作机构的运转情况。当它做旋转运动时，主要检查各运动部位有无噪声和振动现象。当它做滑动运动时，主要检查各滑动部位有无冲击和不平稳现象。

（2）根据机床存在的问题，有目的地局部解体机床。如同时进行清洗，则对未解体部位也应进行清洗，擦净各死角。对润滑系统应全面清洗保养，修理或更换油毡、油线和油泵柱塞等。清洗冷却装置、修理或更换水管接头。消除润滑系统和冷却装置中的渗漏现象。

（3）检查解体部位各种零件。对“症”进行维护，对磨损严重，虽经维护也难以恢复其原有精度的零件，则可以更换新件。

（4）调整主轴轴承、离合器、链轮链条、丝杠螺母、导轨斜铁的间隙，以及调整V带松紧程度。

（5）检查、维护电器装置并更换损坏元件。

（6）检查安全装置并进行调整。

（7）更换润滑油，按润滑图表加注润滑油。

之后，空载运转机床，并与维护开始时的技术状态进行对照。在正常情况下，运转情况应有所改善。如果发现新的问题，应分析并予排除。最后加工一试件，并检验其几何精度与表面粗糙度，应符合工艺要求。

（二）卧式车床的定期维护

（1）操作者介绍机床日常工作情况，进行空车运转，分析机床是否存在大的毛病。由于机床定期维护是在机床尚能工作的情况下进行的，因此如没有特殊情况，空车运转时间不宜过长。

（2）清洗主轴箱各部，疏通油路，清除滤油器内污物杂质；检查和更换磨损严重的摩擦片；检查齿轮，并修光毛刺。检查床头箱中所有轴的相对位置的正确性，要求轴向无窜动，不允许弯曲变形。调整主轴轴承间隙，调整离合器和刹车带；调整操纵手柄，并使之灵活可靠。

（3）交换齿轮箱、进给箱部分，先清洗各部、检查所有传动轴的相对位置，检查和调整齿轮间隙；调整光杠、丝杠间隙，并调整操纵手柄使之灵活可靠；换新油。

（4）对溜板箱及大、小刀架清洗之后，还须重点清洗溜板导轨两端的防护油毡，检查各传动件磨损情况。清洗刀台，更换刀架固定刀具用螺钉；调整开合螺母，检查和调整斜铁间隙，维护手动手柄，使之无松动，摇动轻便。

（5）清洗尾座（丝杠、螺母与套筒），重点修理套筒内锥孔上的毛刺和刻痕。

（6）清洗床身、去除油污、消除死角。重点修复导轨面的拉伤、刻痕。

（7）维护润滑系统与冷却装置，消除堵塞和渗漏现象。

（8）调整和更换V带。

（9）检查和维护电器装置。检查并修理各电器的触点、接线，使之牢固安全。

（10）按规定油质，更换润滑油，并按润滑图表加注润滑油。

（11）机床空车运转，作进一步调整；加工试件，其几何精度与表面粗糙度应满足工艺要求。

三、数控机床的日常维护与点检

（一）数控系统日常维护

数控系统日常维护要求见表11-13。

表11-13　数控系统的日常维护

注意事项	说　明
机床电气柜的散热通风	（1）通常安装于电柜门上的热交换器或轴流风扇，能对电控柜的内外进行空气循环，促使电控柜内的发热装置或元器件进行散热。 （2）定期检查控制柜上的热交换器或轴流风扇的工作状况，定期清洗防尘装置，以免风道堵塞。否则会引起柜内温度过高而使系统不能可靠运行，甚至引起过热报警

续表

注意事项	说　明
尽量少开电气控制柜门	(1) 加工车间飘浮的灰尘、油雾和金属粉末落在电气柜上，容易造成元器件间绝缘下降，从而出现故障。 (2) 除了定期维护和维修外，平时应尽量少开电气控制柜门
每天检查数控柜，电器柜	(1) 查看各电器柜的冷却风扇工作是否正常，风道过滤网有否堵塞。 (2) 如果工作不正常或过滤器灰尘过多，会引起柜内温度过高而使系统不能可靠工作，甚至引起过热报警。 (3) 一般来说，每半年或每三个月应检查清理一次，具体应视车间环境状况而定
控制介质输入/输出装置的定期维护	(1) CNC 系统参数、零件程序等数据都可通过它输入到 CNC 系统的寄存器中。 (2) 如果有污物，将会使读入的信息出现错误。 (3) 定期对关键部件进行清洁
定期检查和清扫直流伺服电动机	(1) 直流伺服电动机旋转时，电刷会与换向器摩擦而逐渐磨损。 (2) 电刷的过度磨损会影响电动机的工作性能，甚至损坏。应定期检查电刷： 1) NC 车床、NC 铣床和加工中心等机床，可每年检查一次。 2) 频繁启动、制动的 NC 机床（如 CNC 冲床等）应每两个月检查一次
支持电池的定期更换	(1) 数控系统存储参数用的存储器采用 CMOS 器件，其存储的内容在数控系统断电期间靠支持电池供电保持。 (2) 在一般情况下，即使电池尚未消耗完，也应每年更换一次（注意：是在通电的情况下更换），以确保系统能正常工作。 (3) 电池的更换应在 CNC 系统通电状态下进行
备用印制线路板定期通电	对于已经购置的备用印制线路板，应定期装到 CNC 系统上通电运行。实践证明，印制线路板长期不用易出故障
数控系统长期不用时的维护保养	(1) 数控系统处在长期闲置的情况下，要经常给系统通电。在机床锁住不动的情况下让系统空运行。 (2) 空气湿度较大的梅雨季节尤其要注意。在空气湿度较大的地区，经常通电是降低故障的一个有效措施。 (3) 数控机床闲置不用达半年以上，应将电刷从直流电动机中取出，以免由于化学作用使换向器表面腐蚀，引起换向性能变坏，甚至损坏整台电动机

（二）数控机床不定期点检

不同的数控机床，数控机床的不同部位，点检的要求也是不一样的。现仅以下面的液压及气动部位的点检说明。

1. 液压系统的点检

（1）各液压阀、液压缸及管子接头处是否有外漏。

（2）液压泵或液压电动机运转时是否有异常噪声等现象。

（3）液压缸移动时工作是否正常平稳。

（4）液压系统的各测压点压力是否在规定的范围内，压力是否稳定。

（5）油液的温度是否在允许的范围内。

（6）液压系统工作时有无高频振动。

（7）电气控制或撞块（凸轮）控制的换向阀工作是否灵敏可靠。

（8）油箱内油量是否在油标刻线范围内。

（9）行程开关或限位挡块的位置是否有变动。

（10）液压系统手动或自动工作循环时是否有异常现象。

（11）定期对油箱内的油液进行取样化验，检查油液质量，定期过滤或更换油液。

（12）定期检查蓄能器工作性能。

（13）定期检查冷却器和加热器的工作性能。

（14）定期检查和紧固重要部位的螺钉、螺母、接头和法兰螺钉。

（15）定期检查更换密封件。

（16）定期检查清洗或更换液压件。

（17）定期检查清洗或更换滤芯。

（18）定期检查清洗油箱和管道。

2. 气动系统的点检

气动系统的点检要求见表 11-14。

3. 铣削加工中心的不定期点检

铣削加工中心的不定期点检要求见表 11-15。

表 11-14　　气动系统的点检

元件名称	点检内容
气　缸	(1) 活塞杆与端盖之间是否漏气。 (2) 活塞杆是否划伤、变形。 (3) 管接头、配管是否松动、损伤。 (4) 气缸动作时有无异常声音。 (5) 缓冲效果是否合乎要求
电磁阀	(1) 电磁阀外壳温度是否过高。 (2) 电磁阀动作时，阀芯工作是否正常。 (3) 气缸行程到末端时，通过检查阀的排气口是否有漏气来确诊电磁阀是否漏气。 (4) 紧固螺栓及管接头是否松动。 (5) 电压是否正常，电线有否损伤。 (6) 通过检查排气口是否被油润湿，或排气是否会在白纸上留下油雾斑点来判断润滑是否正常
油雾器	(1) 油杯内油量是否足够，润滑油是否变色、混浊，油杯底部是否沉积有灰尘和水。 (2) 滴油量是否适当
管路系统	(1) 冷凝水的排放，一般应当在气动装置运行之前进行。 (2) 温度低于 0℃时，为防止冷凝水冻结，气动装置运行结束后，就应开启放水阀门将冷凝水排出

表 11-15　　铣削加工中心的不定期点检一览表

序号	检查周期	检查部位	检查内容及要求
1	每天	导轨润滑油箱	检查油量，及时添加润滑油，检查润滑油泵是否定时启动打油及停止
2	每天	主轴润滑恒温油箱	工作是否正常、油量是否充足，温度范围是否合适
3	每天	机床液压系统	油箱油泵有无异常噪声，工作油面高度是否合适，压力表指示是否正常，管路及各接头有无泄漏
4	每天	压缩空气气源压力	气动控制系统压力是否在正常范围之内

续表

序号	检查周期	检查部位	检查内容及要求
5	每天	气源自动分水滤气器，自动空气干燥器	及时清理分水器中滤出的水分，保证自动空气干燥器工作正常
6	每天	气液转换器和增压器油面	油量不够时要及时补足
7	每天	X、Y、Z 轴导轨面	清除切屑和污物，检查导轨面有无划伤损坏，润滑油是否充足
8	每天	CNC 输入、输出单元	如光电阅读机的清洁，机械润滑是否良好
9	每天	各防护装置	导轨、机床防护罩等是否齐全有效
10	每天	电气柜各散热通风装置	各电气柜中冷却风扇是否工作正常，风道过滤网有无堵塞；及时清洗过滤器
11	每周	各电气柜过滤网	清洗粘附的灰尘
12	不定期	切削油箱、水箱	随时检查液面高度，即时添加油（或水），太脏时要更换。清洗油箱（水箱）和过滤器
13	不定期	废油池	及时取走积存在废油池中的废油，以免溢出
14	不定期	排屑器	经常清理切屑，检查有无卡住等现象
15	半年	检查主轴驱动皮带	按机床说明书要求调整皮带的松紧程度
16	半年	各轴导轨上镶条、压紧滚轮	按机床说明书要求调整松紧状态
17	一年	检查或更换电动机碳刷	检查换向器表面，去除毛刺，吹净碳粉，磨损过短的碳刷及时更换
18	一年	液压油路	清洗溢流阀、减压阀、滤油器、油箱；过滤液压油或更换
19	一年	主轴润滑恒温油箱	清洗过滤器、油箱，更换润滑油
20	一年	润滑油泵，过滤器	清洗润滑油池，更换过滤器
21	一年	滚珠丝杠	清洗丝杠上旧的润滑脂，涂上新油脂

表 11-15 只列出了一些基本的检查内容，不同类型的数控机床不定期点检的内容不尽相同，检查的周期也不一样，可根据机床

的类型和开机率等情况提前或推迟，例如加减速频繁的转塔冲床碳刷的检查周期要更短些。液压油的更换周期最好是按油的质量情况决定是否需要更换，可采取定期对液压油进行化验，油液确实变质了再换，这样既可保证油的质量，又可避免由于机床利用率不高等原因，油质并无多大变化就换掉造成的浪费。

4. 数控车削加工中心的日常检查

数控车削加工中心的日常检查要求见表 11-16。

表 11-16　　　数控车削加工中心的日常检查

序号	检查部位	检查内容	备　注
1	油箱	（1）油量是否适当。 （2）油液有无变质、污染	不足时补给
2	冷却泵	（1）水位是否适当，是否变质污染。 （2）水箱端部过滤网是否堵塞	不足时补给
3	导轨面	（1）润滑油供给是否充足。 （2）油擦板是否损坏	
4	压力表	（1）油压是否符合要求。 （2）气压是否符合要求	
5	传动皮带	（1）皮带张紧力是否符合要求。 （2）皮带表面有无损伤	
6	油气管路 机床周围	（1）是否漏油。 （2）是否漏水	
7	电动机、齿轮箱	（1）有无异常声音振动。 （2）有无异常发热	
8	运动部件	（1）有无异常声音振动。 （2）动作是否正常、运动是否平滑	
9	操作面板	（1）操作开关手柄的功能是否正常。 （2）CRT 画面上有无报警信号	
10	安全装置	机能是否正常	
11	冷却风扇	各部位冷却风扇运转	
12	外部配线电缆	是否有断线及表层破裂老化	

续表

序号	检查部位	检查内容	备　注
13	清洁	卡盘、刀架、导轨面上的铁屑是否清扫干净	工作后进行
14	润滑卡盘	按要求从卡盘爪外周的润滑嘴处向内供油	每周一次
15	润滑油排油	在排油管处排出废油	每周一次

5. 数控车削加工中心的定期检查

数控车削加工中心的定期检查要求见表 11-17。

表 11-17　　　　数控车削加工中心的定期检查

检查部位		检　查　内　容	检查周期
液压系统	液压油箱	检查液压油，清洗过滤器和磁分离器	6 个月
		检查漏油情况	6 个月
润滑系统	润滑泵装置及管路	清洗滤油网、更换清洗滤油器	一年
		检查润滑管路状态	6 个月
冷却系统	过滤网	清洗顶盘处的过滤板及过滤网	适时
	水箱	更换冷却水，清扫冷却水箱	适时
气动系统	气动过滤器	清洗过滤器	一年
传动系统	皮带	外观检查，张紧力检查	6 个月
	皮带轮	清洁皮带轮槽部	6 个月
主轴电动机	声音、振动、发热、绝缘电阻	检查异常声音、振动、轴承温升	1 个月
		检查测定绝缘电阻值是否合适	6 个月
X/Z 电动机	声音、振动、发热、电缆插座	检查异常声音、振动、轴承温升	1 个月
		检查插座有无松动	6 个月
其他电动机	声音、振动、发热	检查异常声音及轴承部位温升	1 个月
液压卡盘	卡盘	分解、清洗除去卡盘内异物	6 个月
	回转油缸	检查有无漏油现象	3 个月
电箱、操作盘	电气件、端子螺钉	检查电气件接点的磨损，接线端子有无松动，清洁内部	6 个月

续表

检查部位		检　查　内　容	检查周期
安装在机械部件上的电气元件	极限开关、传感器、电磁阀	检查紧固螺钉和端子螺钉有无松动及动作的灵敏度	6个月
X/Z 轴	反向间隙	用百分表检查间隙状况	6个月
地基	床身水平	用水平仪检查床身水平并进行修正	一年

(三）数控机床日常点检

1. 数控车床的日常点检要点

(1）接通电前。

1）检查切削液、液压油、润滑油的油量是否充足。

2）检查工具、检测仪器等是否已准备好。

3）切屑槽内的切屑是否已处理干净。

(2）接通电源后。

1）检查操作盘上的各指示灯是否正常，各按钮、开关是否处于正确位置。

2）CRT 显示屏上是否有任何报警显示。若有问题应及时予以处理。

3）液压装置的压力表是否指示在所要求的范围内。

4）各控制箱的冷却风扇是否正常运转。

5）刀具是否正确夹紧在刀夹上；刀夹与回转刀台是否可靠夹紧；刀具有无损坏。

6）若机床带有导套、夹簧，应确认其调整是否合适。

(3）机床运转后。

1）运转中，主轴、滑板处是否有异常噪声。

2）有无与平常不同的异常现象。如声音、温度、裂纹、气味等。

2. 加工中心的日常点检要点

(1）从工作台、基座等处清除污物和灰尘；擦去机床表面上的润滑油、切削液和切屑。清除没有罩盖的滑动表面上的一切东西；擦净丝杠的暴露部位。

（2）清理、检查所有限位开关、接近开关及其周围表面。

（3）检查各润滑油箱及主轴润滑油箱的油面，使其保持在合理的油面上。

（4）确认各刀具在其应有的位置上更换。

（5）确保空气滤杯内的水完全排出。

（6）检查液压泵的压力是否符合要求。

（7）检查机床主液压系统是否漏油。

（8）检查切削液软管及液面、清理管内及切削液槽内的切屑等污物。

（9）确保操作面板上所有指示灯为正常显示。

（10）检查各坐标轴是否处在原点上。

（11）检查主轴端面、刀夹及其他配件是否有毛刺、破裂或损坏现象。

（四）数控机床每月检查要点

1. 数控车床每月检查要点

（1）检查主轴的运转情况。主轴以最高转速一半左右的转速旋转 30min，用手触摸壳体部分，若感觉温和即为正常。以此了解主轴轴承的工作情况。

（2）检查 X、Z 轴的滚珠丝杠，若有污垢，应清理干净。若表面干燥，应涂润滑脂。

（3）检查 X、Z 轴超程限位开关、各急停开关是否动作正常。可用手按压行程开关的滑动轮，若 CRT 上有超程报警显示，说明限位开关正常。顺便将各接近开关擦拭干净。

（4）检查刀台的回转头、中心锥齿轮的润滑状态是否良好，齿面是否有伤痕等。

（5）检查导套内孔状况，看是否有裂纹、毛刺，导套前面盖帽内是否积存切屑。

（6）检查切削液槽内是否积压切屑。

（7）检查液压装置，如压力表状态、液压管路是否有损坏，各管接头是否有松动或漏油现象等。

(8) 检查润滑油装置，如润滑泵的排油量是否合乎要求、润滑油管路是否损坏、管接头是否松动、漏油等。

2. 加工中心每月检查要点

(1) 清理电气控制箱内部，使其保持干净。

(2) 校准工作台及床身基准的水平，必要时调整垫铁，拧紧螺母。

(3) 清洗空气滤网，必要时予以更换。

(4) 检查液压装置、管路及接头，确保无松动、无磨损。

(5) 清理导轨滑动面上的刮垢板。

(6) 检查各电磁阀、行程开关、接近开关，确保它们能正确工作。

(7) 检查液压箱内的滤油器，必要时予以清洗。

(8) 检查各电缆及接线端子是否接触良好。

(9) 确保各联锁装置、时间继电器、继电器能正确工作，必要时予以修理或更换。

(10) 确保数控装置能正确工作。

(五) 数控机床半年检查要点

1. 数控车床的半年检查要点

(1) 主轴检查项目。

1) 主轴孔的跳动。将千分表探头嵌入卡盘套筒的内壁，然后轻轻地将主轴旋转一周，指针的摆动量小于出厂时精度检查表的允许值即可。

2) 主轴传动用V带的张力及磨损情况。

3) 编码盘用同步带的张力及磨损情况。

(2) 检查刀台。主要看换刀时其换位动作的平顺性。以刀台夹紧、松开时无冲击为好。

(3) 检查导套装置。主轴以最高转速的一半运转30min，用手触摸壳体部分无异常发热、噪声。此外用手沿轴向拉导套，检查其间隙是否过大。

(4) 加工装置检查内容。

1) 检查主轴分度用齿轮系的间隙。以规定的分度位置沿回转方向摇动主轴，以检查其间隙，若间隙过大应进行调整。

2）检查刀具主轴驱动电动机侧的齿轮润滑状态。若表面干燥应涂敷润滑脂。

（5）润滑泵的检查。检查润滑泵装置浮子开关的动作状况。可从润滑泵装置中抽出润滑油，看浮子落至警戒线以下时，是否有报警指示以判断浮子开关的好坏。

（6）伺服电动机的检查。检查直流伺服系统的直流电动机。若换向器表面脏，应用白布沾酒精予以清洗；若表面粗糙，用细金相砂纸予以修整；若电刷长度为10mm以下时，予以更换。

（7）接插件的检查。检查各插头、插座、电缆、各继电器的触点是否接触良好。检查各印制电路板是否干净。检查主电源变压器、各电动机的绝缘电阻应在1MΩ以上。

（8）断电检查。检查断电后保存机床参数、工作程序用的后备电池的电压值，看情况予以更换。

2. 加工中心的半年检查要点

（1）清理电气控制箱内部，使其保持干净。

（2）更换液压装置内的液压油及润滑装置内的润滑油。

（3）检查各电动机轴承是否有噪声，必要时予以更换。

（4）检查机床的各有关精度。

（5）外观检查所有各电气部件及继电器等是否可靠工作。

四、机床电气设备的维护和保养

1. 钻床电气维护保养

钻床电气维护保养参考标准见表11-18。

表11-18　钻床电气保养参考标准

项　目	参　考　标　准
钻床检修周期	（1）例行保养：每星期一次。 （2）一级保养：每月一次。 （3）二级保养：三年一次。 （4）大修：与机床大修（机械）同时进行

续表

项目	参考标准
钻床电气的例行保养	(1) 向操作工了解设备运行状况。 (2) 查看开关箱内及电动机是否有水或油污进入。 (3) 查看导线、管线有否破裂现象
钻床电气的一级保养	(1) 检查电线、管线有无过热现象和损伤之处。 (2) 清洁电器及导线上的油污和灰尘。 (3) 拧紧连接处的螺栓，要求接触良好。 (4) 必要时更换损伤的电器及导线
钻床其他电器的一级保养	(1) 检查电源线、限位开关、按钮等电器工作状况，并清扫油污，打光触点，要求动作灵敏可靠。 (2) 检查熔丝热继电器、安全灯、变压器等是否完好，并进行清扫。 (3) 测量各电气设备和线路的绝缘电阻，检查接地线，要求接触良好。 (4) 检查开关箱门是否完好，必要时要进行检修
钻床二级保养	(1) 进行一级保养的全部项目。 (2) 检查夹紧放松机构的电器，要求接触良好，动作灵敏。 (3) 检查总电源接触滑环接触良好，并清扫除尘。 (4) 重新整定过流保护装置，要求动作灵敏可靠。 (5) 更换个别损伤的元件和老化损伤的电线。 (6) 核对图纸，提出对大修的要求
钻床电气大修内容	(1) 进行一、二级保养的全部项目。 (2) 拆开配电板进行清扫，更换不能用的电器元件及电线。 (3) 重装全部管线及电器元件，并进行排线。 (4) 重新整定过流保护元件。 (5) 试车：要求开关动作灵敏可靠，电动机发热声音正常，三相电流平衡。 (6) 核对图纸，油漆开关箱内外及附件
钻床电气完好标准	(1) 电器线路整齐清洁，无损伤，电气元件完好。 (2) 各接触点接触良好。 (3) 各电器线路绝缘良好，床身接地良好。 (4) 各保护装置齐全，动作符合要求。 (5) 各开关动作灵敏可靠，电机电器无异常声响，三相电流平衡。 (6) 零部件完整无损。 (7) 图纸资料齐全

2. 车床电气的维护保养

车床电气的维护保养参考标准见表11-19。

表11-19　车床电气的维护保养参考标准

项　目	参　考　标　准
车床检修周期	（1）例保：每星期一次。 （2）一保：每月一次。 （3）二保：电动机（封闭式）三年一次，电动机（开启式）二年一次。 （4）大修：与机床大修同时进行
车床电气设备的修理例保	（1）检查电气设备是否运行正常。 （2）检查电气设备有没有不安全的因素。 （3）检查导线及管线有无破裂。 （4）检醒导线及控制变压器、电阻等有否过热。 （5）向操作工了解设备运行情况
车床线路的一保	（1）检查线路有无过热，电线的绝缘是否有老化及机械损伤，蛇皮管是否脱落或损伤。 （2）检查电线紧固情况，拧紧触点连接处。 （3）必要时更换个别损伤的电器元件和线路。 （4）电气箱等吹灰清扫
车床其他电器的一保	（1）检查电源线工作状况，并清除灰尘和油污，要求动作灵敏可靠。 （2）检查控制变压器和补偿器、磁放大器等线圈是否过热。 （3）检查信号过流装置是否完好，要求熔丝、过电流保护符号要求。 （4）检查铜鼻子是否有过热和熔化现象。 （5）更换不能用的电气部件。 （6）检查接地线接触情况。 （7）测量线路及各电器的绝缘电阻
车床开关箱的一保	（1）检查配电箱的外壳及其密封性是否完好，是否有油污进入。 （2）门锁及开门的联锁机构是否能用

续表

项　目	参 考 标 准
车床电气二保内容	（1）进行一保的全部项目。 （2）消除和更换损坏的配件。 （3）重新整定热保护过流保护及仪表装置，要求动作灵敏可靠。 （4）空试线路，要求各开关动作灵敏可靠。 （5）核对图纸，提出大修要求
车床电气大修内容	（1）进行二保一保的全部项目。 （2）全部拆开配电箱，重装所有配件。 （3）解体旧的电器开关，清扫各电器元件（包括熔丝、闸门、接线端子等）的灰尘和油污，除去锈迹，并进行防腐工作，必要时更新 （4）重新排线安装电器，消除缺陷。 （5）进行试车，要求各联锁装置、信号装置、仪表装置动作灵敏可靠，电动机、电器无异常声响、过热现象。 （6）油漆开关箱和其他附件。 （7）核对图纸，要求图纸编号符合要求
车床电气完好标准	（1）各电器开关线路清洁整齐并有编号，无损伤，接触点接触良好。 （2）电气开关箱门密封性能良好。 （3）电器线路及电动机绝缘电阻符合要求。 （4）具有电子及晶闸管线路的信号电压波形及参数符合要求。 （5）热保护、过电流保护、熔丝、信号装置符合要求。 （6）各电器设备动作灵敏可靠，电动机、电器无异常声响，各部温升正常。 （7）具有直流电动机的设备调整范围满足要求，电刷火花正常。 （8）零部件齐全，符合要求。 （9）图纸资料齐全

3．铣床电气维护和保养

铣床电气维护和保养参考标准见表 11-20。

表 11-20　　铣床电气保养参考标准

项　目	参 考 标 准
铣床检修周期	（1）例行保养：每星期一次。 （2）一级保养：每月一次。 （3）三级保养：三年一次。 （4）大修：与机械大修同时进行
铣床电气的例行保养	（1）向操作者了解设备运行情况。 （2）查看电气运行情况，看有没有影响设备运行的不安全因素。 （3）听听开关及电动机有无异常声响。 （4）查看电动机和线路有无过热现象
铣床电气线路一级保养	（1）检查电气线路是否有老化及绝缘损伤的地方。 （2）清扫电气线路的灰尘和油污。 （3）检查各线段接触点的螺丝接触是否良好
铣床其他电气的一级保养	（1）限位开关接触良好 。 （2）拧紧螺丝，检查手柄，要求灵敏可靠。 （3）检查制动装置中的速度继电器、硅整流元件、变压器、电阻等是否完好，要求主轴电动机制动准确，速度继电器动作灵敏可靠。 （4）按钮、转换开关工作应正常，接触良好。 （5）检查快速电磁铁，要求工作准确。 （6）检查动作保护装置是否灵敏可靠
铣床电气的二级保养	（1）进行一级保养的全部项目。 （2）更换老化和损伤的电器、导线及不能用的电器元件。 （3）重新整定热继电器的数据，校验仪表。 （4）对制动二极管或电阻进行清扫和数据测量。 （5）测量绝缘电阻。 （6）试车中要求开关动作灵敏可靠。 （7）核对图纸，提出大修要求

续表

项　目	参 考 标 准
铣床电气大修	（1）进行二级保养的全部项目。 （2）拆下配电板各元件并进行清扫。 （3）拆开旧的电器开关，清扫各电器元件的灰尘和油污。 （4）更换损伤的电器和不能用的电器及元件。 （5）更换老化和损伤的导线，重新排线。 （6）除去电器锈迹，并进行防腐处理。 （7）重新整定热继电器等保护装置。 （8）油漆开关箱，并对所有的附件进行防腐处理。 （9）核对图纸
铣床电气完好标准	（1）各电器开关线路整齐、清洁、无损伤，各保护装置信号装置完好。 （2）各接触点接触良好，床身接地良好，电机电器绝缘良好。 （3）试验中各开关动作灵敏可靠，符合图纸要求。 （4）开关和电动机声音正常，无过热现象。 （5）零部件完整无损符合要求。 （6）图纸资料齐全

4. 磨床电气维护保养

磨床电气维护保养参考标准见表 11-21。

表 11-21　　　　磨床电气保养参考标准

项　目	参 考 标 准
磨床检修周期	（1）例行保养：每星期一次。 （2）一级保养：每月一次。 （3）二级保养：三年一次。 （4）大修：与机床大修（机械）同时进行
磨床电气的例行保养	（1）检查电气设备各部分，并向操作工了解设备运行状况。 （2）查看开关箱内及电动机是否有水或油污进入，各部是否有异响，温升是否正常。 （3）查看导线、管线有否破裂现象

续表

项　目	参 考 标 准
磨床电气的一级保养	（1）检查电线、管线有无过热现象和损伤之处。 （2）清洁电器及导线上的油污和灰尘。 （3）拧紧连接处的螺栓，要求接触良好。 （4）检查信号装置热保护、过流保护装置是否完好。 （5）检查电磁吸盘线圈的出线端绝缘和接触情况，并检查吸盘力情况。 （6）检查退磁机构是否完好。 （7）测量电动机、电器及线路的绝缘电阻。 （8）检查开关箱及门的联锁机构。 （9）必要时更换损伤的电器及导线
磨床其他电器的一级保养	（1）检查电源线、限位开关、按钮等电器工作状况，并清扫油污，打光触头，要求动作灵敏可靠。 （2）检查熔丝热继电器、照明灯、变压器等是否完好，并进行清扫。 （3）测量各电气设备和线路的绝缘电阻，检查接地线，要求接触良好。 （4）检查开关箱门是否完好，必要时要进行检修
磨床二级保养	（1）进行一级保养的全部项目。 （2）检查电磁吸盘线圈，要求接触良好，吸力大，动作灵敏。 （3）检查总电源接触滑环接触良好，并清扫除尘。 （4）重新整定过流保护装置，要求动作灵敏可靠。 （5）更换个别损伤的元件和老化损伤的电线。 （6）核对图纸，提出对大修的要求
磨床电气大修内容	（1）进行一、二级保养的全部项目。 （2）拆开配电板进行清扫，更换不能用的电器元件及电线。 （3）重装全部管线及电器元件，并进行排线。 （4）重新整定过流保护元件。 （5）试车：要求开关动作灵敏可靠，电动机发热声音正常，三相电流平衡。 （6）核对图纸，油漆开关箱内外及附件

续表

项　目	参　考　标　准
磨床电气完好标准	（1）电器线路整齐清洁，无损伤，电气元件完好。 （2）各接触点接触良好。 （3）各电器线路绝缘良好，床身接地良好。 （4）各保护装置齐全，动作符合要求。 （5）各开关动作灵敏可靠，电机电器无异常声响，三相电流平衡。 （6）零部件完整无损。 （7）图纸资料齐全

5. 镗床电气维护保养

镗床电气维护保养参考标准见表11-22。

表11-22　　镗床电气保养参考标准

项　目	参　考　标　准
镗床检修周期	（1）例行保养：每星期一次。 （2）一级保养：每月一次。 （3）二级保养：三年一次。 （4）大修：与机床机械大修同时进行
镗床电气的例行保养	（1）检查电气设备各部分，并向操作工了解设备运行状况。 （2）查看开关箱内及电动机是否有水或油污进入。 （3）检查线路、开关的触点线圈有无烧焦的现象。 （4）听听电动机和开关是否有异响，并检查有无过热现象
镗床电气的一级保养	（1）检查电线、管线有无老化和损伤之处。 （2）清洁机床电器、配电箱及导线上的油污和灰尘。 （3）拧紧连接处的螺栓，要求接触良好。 （4）检查热继电器、过电流继电器是否灵敏可靠。 （5）检查电磁铁心及触点在吸持和释放时是否存在障碍。 （6）检查接地线是否接触良好。 （7）测量电动机、电器及线路的绝缘电阻。 （8）检查开关箱及门的联锁机构是否完好。 （9）必要时更换损伤的电器及导线

续表

项　目	参 考 标 准
镗床其他电器的一级保养	（1）检查电源线、限位开关、按钮等电器工作状况，并清扫油污，打光触点，要求动作灵敏可靠。 （2）检查熔丝热继电器，照明灯，变压器等是否完好，并进行清扫。 （3）测量各电气设备和线路的绝缘电阻，检查接地线，要求接触良好。 （4）检查开关箱门是否完好，必要时要进行检修
镗床二级保养	（1）进行一级保养的全部项目。 （2）检查电动机、电器及线路的绝缘电阻。 （3）重新整定过流继电器、热继电器的数据，要求动作灵敏可靠。 （4）更换个别损伤的元件和老化损伤的电线管、金属软管及塑料管。 （5）核对图纸，提出对大修的要求
镗床电气大修内容	（1）进行一、二级保养的全部项目。 （2）拆开开关板、配电板进行清扫，更换不能用的电器元件及电线。 （3）重装全部管线及电器元件，并进行排线。 （4）重新整定过热保护、过流保护元件的数据，并检验各仪表。 （5）重新排线，组装电器，要求各电器开关动作灵敏可靠。 （6）核对图纸，油漆开关箱内外及附件
镗床电气完好标准	（1）电器线路整齐清洁，无损伤，电气元件完好。 （2）各接触点接触良好。 （3）各电器线路绝缘良好，床身接地良好。 （4）各保护装置齐全，动作符合要求。 （5）各开关动作灵敏可靠，电机电器无异常声响，三相电流平衡。 （6）零部件完整无损。 （7）图纸资料齐全

五、机床的一级保养

（一）车床的一级保养

为了便于介绍，下面以普通卧式车床的一级保养为例加以说明。车床一级保养的要求如下：通常当车床运行500h后，需进行一级保养。其保养工作以操作工人为主，在维修工人的配合下进行。保养时，必须先切断电源，然后按下述顺序和要求进行。

1. 主轴箱的保养

（1）清洗滤油器，使其无杂物。

（2）检查主轴锁紧螺母有无松动，紧定螺钉是否拧紧。

（3）调整制动器及离合器摩擦片间隙。

2. 交换齿轮箱的保养

（1）清洗齿轮、轴套，并在油杯中注入新油脂。

（2）调整齿轮啮合间隙。

（3）检查轴套有无晃动现象。

3. 滑板和刀架的保养

拆洗刀架和中、小滑板，洗净擦干后重新组装，并调整中、小滑板与镶条的间隙。

4. 尾座的保养

摇出尾座套筒，并擦净涂油，以保持内外清洁。

5. 润滑系统的保养

（1）清洗冷却泵、滤油器和盛液盘。

（2）保证油路畅通，油孔、油绳、油毡清洁无铁屑。

（3）检查油质，保持良好，油杯齐全，油标清晰。

6. 机床电器的保养

（1）清扫电动机、电气箱上的尘屑。

（2）电气装置固定整齐。

7. 机床外表的保养

（1）清洗车床外表面及各罩盖，保持其内、外清洁，无锈蚀、无油污。

（2）清洗三杠：操纵杆、光杠和丝杠。

（3）检查并补齐各螺钉、手柄球、手柄。

(4) 清洗擦净后，各部件进行必要的润滑。

(二) 铣床的日常维护和一级保养

1. 铣床一级保养的内容和要求

(1) 铣床的日常维护。

1) 严格遵守各项操作规程，工作前先检查各手柄是否放在规定位置，然后低速空车运转2～3min，观察铣床是否有异常现象。

2) 工作台、导轨面上不准码放工、量具及工件，不能超负荷工作。

3) 工作完毕后要清除切屑，把导轨上的切削液、切屑等污物清扫干净，并注润滑油。做到每天一小擦，每周一大擦。

(2) 铣床的润滑。铣床的各润滑点，平时要特别注意，必须按期、按油质要求根据说明书对铣床润滑点加油润滑，对铣床润滑系统添加润滑油和润滑脂。各润滑点润滑的油质应清洁无杂质，一般使用L-AN32机油。

(3) 一级保养的内容和要求。机床运转500h后，要进行一级保养。一级保养以操作工人为主，维修工人及时配合指导进行，其目的是使铣床保持良好的工作性能，其具体内容与要求见表11-23。

表11-23　铣床一级保养的内容和要求

序号	保养部位	保养的内容和要求
1	铣床外部	(1) 铣床各外表面、死角及防护罩内外都必须擦洗干净、无锈蚀、无油垢。 (2) 清洗机床附件，并上油。 (3) 检查外部有无缺件，如螺钉、手柄等。 (4) 清洗各部丝杠及滑动部位，并上油
2	铣床传动部分	(1) 修去导轨面的毛刺，清洗塞铁（镶条）并调整松紧。 (2) 对丝杠与螺母之间的间隙、丝杠两端轴承间隙进行适当调整。 (3) 用V带传动的，应擦干净V带并作调整
3	铣床冷却系统	(1) 清洗过滤网和切削液槽，要求无切屑、杂物。 (2) 根据情况及时调换切削液

续表

序号	保养部位	保养的内容和要求
4	铣床润滑系统	（1）使油路畅通无阻，清洗油毡（不能留有切屑），要求油窗明亮。 （2）检查手动油泵的工作情况，泵周围应清洁无油污。 （3）检查油质，要求油质保持良好
5	铣床电器部分	（1）擦拭电器箱，擦干净电动机外部。 （2）检查电器装置是否牢固、整齐。 （3）检查限位装置等是否安全可靠

2. 铣床一级保养的操作步骤

铣床进行一级保养时，必须做到安全生产，如切断电源，拆洗时要防止砸伤或损坏零部件等，其操作步骤大致如下。

（1）切断电源，以防止触电或造成人身、设备事故。

（2）擦洗床身上各部，包括横梁、交换齿轮架、横梁燕尾形导轨、主轴锥孔、主轴端面拨块后尾、垂直导轨等，并修光毛刺。

（3）拆卸工作台部分。

1）拆卸左撞块，并向右摇动工作台至极限位置，如图 11-65 所示。

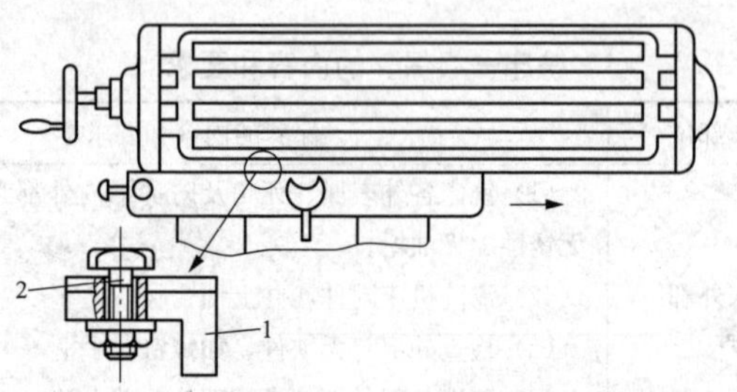

图 11-65　拆卸左撞块

1—撞块；2—T 型螺栓

2）拆卸工作台左端，先将手轮 1 拆下，然后将紧固螺母 2、刻度盘 3 拆下，再将离合器 4、螺母 5、止退垫圈 6、垫 7 和推力球轴承 8 拆下，如图 11-66 所示。

3）拆卸导轨楔铁。

4）拆卸工作台右端，如图 11-67 所示，首先拆下端盖 1，然后拆下锥销（或螺钉）3。再取下螺母 2 和推力球轴承 4，最后拆下支架 5。

5）拆下右撞块。

6）转动丝杠至最右端，取下丝杠。注意：取下丝杠时，防平键脱落。

7）将工作台推至左端，取下工作台。注意：不要碰伤，要放在专用的木制垫板上。

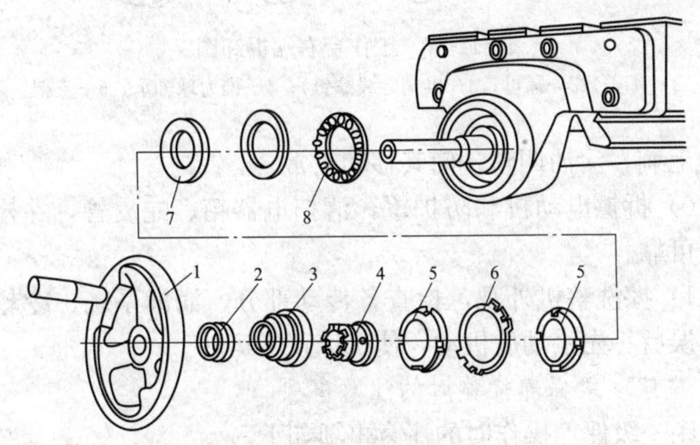

图 11-66　纵向工作台左端拆卸图

1—手轮；2—紧固螺母；3—刻度盘；4—离合器；
5—螺母；6—止退垫圈；7—垫；8—推力球轴承

（4）清洗卸下的各个零件，并修光毛刺。

（5）清洗工作台底座内部零件、油槽、油路、油管，并检查手拉油泵、油管等是否畅通。

（6）检查工作台各部无误后安装，其步骤与拆卸相反。

（7）调整楔铁的松紧和推力球轴承与丝杠之间的轴向间隙，以及丝杠与螺母之间的间隙，使其旋转正常。

（8）拆卸清洗横向工作台的油毡、楔铁、丝杠，并修光毛刺后涂油安装。使其楔铁松紧适当，横向工作台移动时应灵活、正常。

（9）上、下移动升降台，清洗垂直进给丝杠、导轨和楔铁，

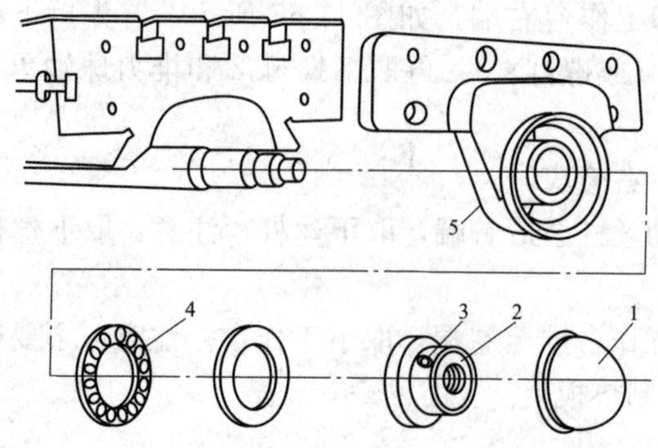

图 11-67　工作台右端拆卸图

1—端盖；2—螺母；3—锥销（或螺钉）；4—推力球轴承；5—支架

并修光毛刺，涂油调整，使其移动正常。

(10) 拆擦电动机和防护罩，清扫电器箱、蛇皮管，并检查是否安全可靠。

(11) 擦洗整机外观，检查各传动部分、润滑系统、冷却系统确实无误后，先手动后机动，使机床正常运转。

3. 铣床一级保养操作时的注意事项

铣床一级保养操作时的注意事项如下。

(1) 在拆卸右端支架时，不要用铁锤敲击或用螺丝刀撬其结合部位。应用木锤或塑料锤打，以防其结合面出现撬伤或毛刺。

(2) 卸下丝杠时，应离开地面垂直挂起来，不要使丝杠的端面触及地面立放或平放，以免丝杠变形弯曲。

(三) 磨床的日常维护和一级保养

1. 磨床日常维护和一级保养的目的和意义

磨床是金属切削机床中属于加工精度高、适用范围比较广的机床，它的工作状况是否良好，将会直接影响零件的加工质量和生产效率。定期对磨床进行日常维护保养，尽可能减少不正常磨损，避免受锈蚀和其他意外损坏，使磨床各个部件和机构处于完好正常的工作状态，并能在较长时期内保持机床的工作精度，延长机床的使用寿命。另外，通过对机床进行一级保养，还可以及时发现机床的缺陷或故障，以便及时进行调整和修理。因此，必须十分重视对磨床的维护保养工作。

当磨床运转500h后，需进行一级保养，一级保养工作以操作人员为主，维修人员辅助配合进行。

2. 磨床的日常维护

磨床的日常保养工作对磨床的精度保持、使用寿命有很大的影响，也是文明生产的主要内容。

以万能外圆磨床为例，日常维护时必须做到以下几点。

(1) 熟悉外圆磨床的性能、规格、各操纵手柄位置及其操作具体要求，正确合理地使用磨床。

(2) 工作前，应检查磨床各部位是否正常，若有异常现象，应及时修理，不能使机床“带病”工作。

(3) 严禁在工作台上放置工具、量具、工件及其他物件，以防止工作台台面被损伤。不能用铁锤敲击机床各部件，以免损坏磨床，影响磨床精度。

(4) 装卸体积或质量较大的工件时，应在工作台台面上放置木板，以防工件跌落时损坏工作台台面。

(5) 移动头架和尾座时，应先擦干净工作台台面，并涂一层润滑油，以避免头架或尾座与工作台面干摩擦而磨损滑动面。

(6) 启动砂轮前，应检查砂轮架主轴箱内的润滑油是否达到油标规定的位置，并检查砂轮是否有破损现象，检查无误，方可启动砂轮。

(7) 启动工作台之前，应检查床身导轨面是否清洁，是否有适量的润滑油，如发现润滑油太少，应请修理工进行检查与调整。

(8) 保持磨床外观的清洁，如有污渍应及时清除。

(9) 离开机床必须停车和切断电源。

(10) 按规定要求在机床的油孔内注入润滑油。

3. 磨床一级保养的内容及要求

以万能外圆磨床保养为例，说明如下。

(1) 外保养的诀窍。

1) 清洗机床外表面及各罩壳，保持内外清洁、无锈蚀、无油痕。

2）拆卸有关防护盖板进行清洗，做到清洁和安装牢固。

3）检查和补齐手柄、手柄球、螺钉螺母。

（2）砂轮架及头架、尾座的保养诀窍。

1）拆洗砂轮的皮带罩壳。

2）检查电动机及紧固用的螺钉螺母是否松动。

3）检查砂轮架传动皮带松紧是否合适。

4）清洗头架及尾座套筒，保持内外清洁。

（3）液压系统和润滑系统的保养诀窍。

1）检查液压系统压力情况，保持运行正常。

2）清洗油泵过滤器。

3）检查砂轮架主轴润滑油的油质及油量。

4）清洗导轨，检查油质，保持油孔、油路的畅通；检查油管安装是否牢固，是否有断裂泄漏现象。

5）清洗油窗，使油窗清洁明亮。

（4）冷却系统的保养诀窍。

1）清洗切削液箱，调换切削液。

2）检查冷却泵，清除杂质，保持电动机运转正常。

3）清洗过滤器，拆洗冷却管，做到管路畅通，牢固整齐。

（5）电器系统的保养诀窍。

1）清扫电器箱，箱内保持清洁、干燥。

2）清理电线及蛇皮管，对于裸露的电线及损坏的蛇皮管进行修复。

3）检查各电器装置，做到固定整齐，工作正常。

4）检查各发光装置，如照明灯、工作状态指示灯等，做到工作正常、发光明亮。

（6）随机附件的保养清洗诀窍。

磨床附件，如开式中心架、闭式中心架、砂轮修整器、三爪自定心卡盘、四爪单动卡盘等，做到清洁、整齐、无锈迹。

4. 一级保养的操作步骤和方法、诀窍与禁忌

（1）首先要切断电源，然后才能进行一级保养。

（2）清扫机床垃圾比较多的部位，如水槽、切削液箱、保护

罩壳等。

(3) 用柴油清洗头架主轴、尾座套筒、油泵过滤器等。

(4) 在维修人员指导配合下，检查砂轮架及床身油池内的油质情况、油路工作情况等，并根据实际情况调换或补充润滑油和液压油。

(5) 在维修电工的指导配合下，进行电器检查和保养。

(6) 进行机床油漆表面的保养，按从上到下、从后到前、从左到右的顺序进行，如有油痕，可用去污粉或碱水清洗。

(7) 进行附件的清洁保养。

(8) 缺件补齐（如手柄、手柄球、螺钉、螺母等）。

(9) 调整机床，如调整传动皮带松紧程度、尾座弹簧压力、砂轮架主轴间隙等。

(10) 装好各防护罩壳、盖板。

(11) 按一级保养要求，全面检查，发现问题及时纠正。

5. 容易产生的问题和注意事项

(1) 学生或学徒进行一级保养时，应在维修人员和指导技师的指导下进行，以防乱拆乱装，损坏机床。

(2) 一级保养前要充分做好准备工作，如拆装工具、清洗装置、放置机件的盘子、润滑油料、压力油料、必要备件等。

(3) 进行保养时，必须一个部件保养好后再保养另一部件，防止机床零件的遗失和弄错。

(4) 要重视文明操作和组织好工作位置。

(5) 要注意安全，防止发生意外事故。

(四) 牛头刨床的润滑和一级保养

1. 牛头刨床的润滑

为使刨床能保持正常的运转和减少磨损，必须经常对牛头刨床所有的运动部分进行充分的润滑。

牛头刨床上常用的润滑方式有以下几种。

(1) 浇油润滑。牛头刨床床身导轨面、横梁、滑板导轨面等外露部分的滑动表面，擦净后用油壶浇油润滑。

(2) 溅油润滑。牛头刨床上齿轮箱内的零件一般利用齿轮传动时将润滑油飞溅到箱内各处进行润滑。

（3）油绳、毛毡润滑。将毛线或毛毡浸放在油槽内，利用毛细管的作用把油引进所需润滑处，如图 11-68（a）所示，例如牛头刨床的滑枕导轨即采用这种方法润滑。

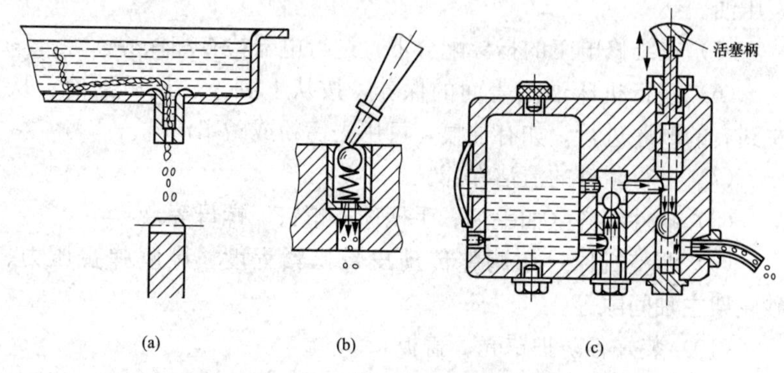

图 11-68　机床润滑的几种方法

（a）油绳、毛毡滴油润滑；（b）油杯润滑；（c）手压油泵润滑

（4）油杯润滑。油杯有弹子油杯和弹簧油杯两种。刀架、滑板升降、手摇丝杆轴承处，一般采用弹子油杯润滑。润滑时，用喷射油壶嘴将油杯弹簧揿下，再滴入润滑油，如图 11-68（b）所示。滑枕调节丝杆和曲柄大齿轮的轴承处，一般用弹簧油杯润滑。润滑时，将油杯的弹簧盖子拨开，将润滑油滴入该油杯空腔内。

（5）手压油泵润滑。有的牛头刨床利用手压式油泵供应充足的油量来润滑。润滑时，用油壶将储油腔灌油至油标中心线处，然后不断揿动活塞柄，就可将润滑油打到各处进行润滑。

如图 11-69 所示是普通牛头刨床的润滑图，润滑部位依次用数字标出。

滑枕导轨润滑加油点是 32、33，滑枕位置调节机构的润滑加油点是 14、28、29。工作台升降机构的润滑依靠加油点 16，而工作台水平进给丝杆两端轴承的润滑加油点是 17、18。

1 是润滑变速齿轮的加油点，它有三根油管通到三挡变速齿轮位置上；2 是摇杆下端滑块，4 是摇杆曲柄销的滑块，三处都是通

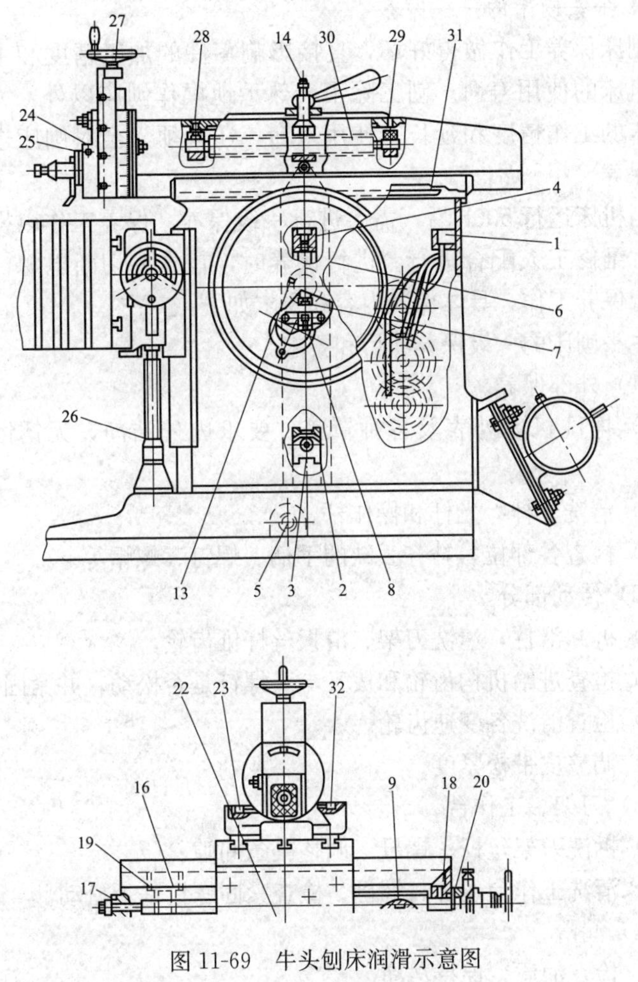

图 11-69　牛头刨床润滑示意图

1～33—加油点

过油绳将润滑油引导到摩擦面之间进行润滑。

刀架滑板靠 27 弹子油杯加油润滑。24、25 是用于活折板润滑，其他序号都是一般加油孔。牛头刨床的润滑主要靠操作者手工加油，通常加的是 30 号全耗损系统用油，一般每班加油 1～2 次。此外，床身垂直导轨、横梁水平导轨、刀架滑披导轨和丝杆在使用前后都必须擦净加油。

2. 牛头刨床的一级保养

刨床保养工作做得好坏，直接影响零件的加工精度和生产效率及机床的使用寿命。刨工除了会熟悉地操作刨床以外，为了保证机床的工作精度和延长其使用寿命，还必须学会对刨床进行合理的保养。

当机床运行 500h 后，需要进行一级保养，保养工作以操作者为主，维修工人配合进行。进行保养时，首先要切断电源，然后再进行保养工作，具体保养内容和要求如下。

牛头刨床的一级保养项目和要求。

(1) 外部保养。

1) 擦洗机床外表及各种罩盖，要求内外洁净，无锈蚀，无油污。

2) 清洗丝杆、光杆和操作杆。

3) 检查各部位，补齐丢缺的手柄、螺钉、螺帽等。

(2) 传动部分。

1) 拆卸滑枕，清洗刀架、滑板丝杆锥齿轮。

2) 检查进给机构齿轮和拨叉支头螺钉是否松动，并紧固。

3) 检查清洗各变速齿轮。

4) 调整皮带松紧度。

(3) 刀架、工作台。

1) 拆洗刀架丝杆、螺母、调整镶条间隙。

2) 清洗工作台丝杆、螺母、检查紧固螺钉是否松动。

(4) 润滑。

1) 检查油质，保持洁净。

2) 清洗各油孔，保持油毡、油线、油杯齐全干净。

(5) 液压系统。

1) 检查油泵、滤油器、压力表是否灵敏可靠。

2) 清洗储油池、保持清洁无杂物。

3) 保持管路畅通，整齐牢固。

(6) 电器部分。

1) 清洗电动机、电器箱。

2）电器装置应固定牢固可靠、清洁整齐。

（五）龙门刨床的润滑和一级保养

1. 龙门刨床的润滑

为了使龙门刨床正常运转和减少磨损，必须对龙门刨床上所有相互摩擦及传动部位进行润滑。如图 11-70 所示是龙门刨床润滑示意图。龙门刨床各主要摩擦部位的润滑加油周期都已在图上标明。

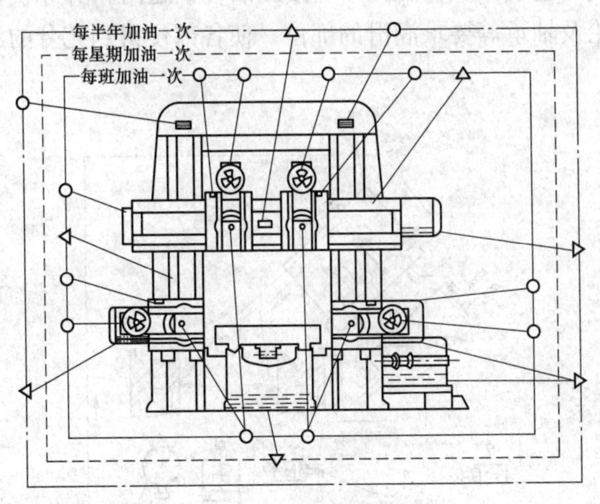

图 11-70　龙门刨床润滑示意图

龙门刨床的三个进给箱和一个工作台的两级变速箱内应有充分的润滑油，加润滑油一般保持到油标孔一半的位置。进给箱和变速箱内的齿轮是采用溅油法进行润滑，一般加 30 号全耗损系统用油。

垂直刀架上有两只储油槽，用来润滑横梁导轨。两个侧刀架也各有一只储油槽，用于润滑侧刀架的升降螺母和传动锥齿轮。油槽内分别有两根分油管通到这两个部位，它们都是采用油绳润滑。垂直刀架和侧刀架的手轮轴承处是用弹子油杯进行润滑。刀架活折板的掀动处润滑采用注油孔滴入润滑油进行润滑。

龙门顶的内腔有两只蜗轮减速箱，箱内需灌注较多的润滑油，以便横梁升降时使蜗轮蜗杆都浸在润滑油中转动，以减少磨损。

以上这些部位都使用 45 号全耗损系统用油进行润滑。此外，立柱导轨、横梁下导轨、刀架滑板导轨、丝杆等，在工作前后都须擦净加油。除了上述的润滑位置外，龙门刨床其他部位都有集中压力润滑系统进行自动润滑。

B2012 型龙门刨床的润滑系统如图 11-71 所示。包括齿轮泵 1、压力调节阀 2、滤油器 3、压力继电器 4、油压表 5、可调节流阀 6 和分配阀 7 组成。从分配阀 7 上接出油管，通向床身导轨、齿轮箱中的齿轮及轴承等要求润滑的部位，使各部位得到充分的润滑。

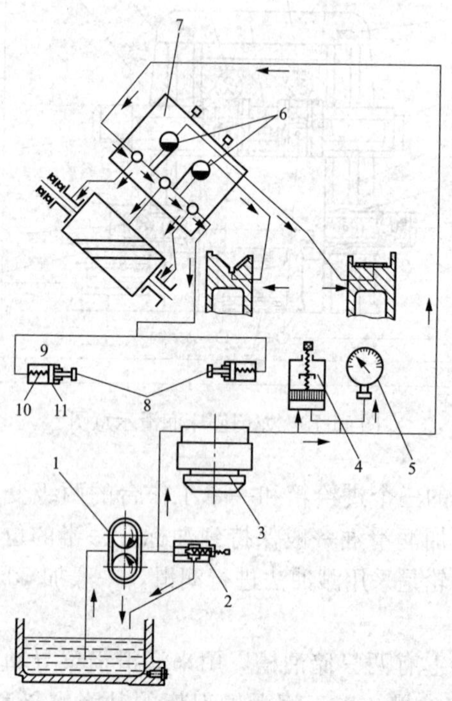

图 11-71　B2012A 型龙门刨床润滑系统

1—齿轮泵；2—压力调节阀；3—滤油器；4—压力继电器；5—油压表；6—可调节流阀；7—分配阀；8—活塞杆；9—油缸；10—压缩弹簧；11—活塞

压力继电器 4 的作用是只有当油压达到一定压力时，继电器才通电，才能启动机床，否则机床是无法启动的。这样，就保证机床只有在充分润滑条件下才能工作，使机床不致损坏。

另外，在油路中装有液压安全器。液压安全器由油缸 9、活塞 11 和压缩弹簧 10 等组成。当工作台底部的撞块碰到液压安全器的活塞杆端头 8 时，油缸中的油液被压缩，经阻尼孔注入床身中部的油箱，工作台因受油的背压作用而制动停止，避免工作台冲击床身而造成事故。

2. 龙门刨床的一级保养

龙门刨床的一级保养具体内容和要求如下：

（1）外保养。

1）拆擦洗罩壳，达到内外清洁。

2）擦洗机床外表，使长丝杆、光杆、齿条无锈蚀，无油污。

3）检查补齐各部位所缺失的手柄、螺钉、螺母。

（2）擦拭刀架、横梁、立柱、导轨。

1）清洗各导轨面及导架、横梁、丝杆、螺母。

2）调整刀架、横梁镶条间隙。

3）检查联轴器是否松动。

（3）机床润滑。

1）检查清洗油管，使油孔、毛线、毛毡、油路畅通，油窗明亮。

2）油管整齐、牢固、无泄漏。

3）检查油压表压力。

4）检查油质，油质应保持良好。

（4）电器部分。

1）清洁电器箱、电动机。

2）电器装置应固定整齐。

参考文献

[1] 顾维邦. 金属切削机床（上册）. 北京：机械工业出版社，1984.

[2] 机修手册第3版编委会. 机修手册（第3版）第3卷　金属切削机床修理（上册）. 北京：机械工业出版社，1993.

[3] 黄祥成，胡农，李德富. 机修钳工技师手册. 北京：机械工业出版社，1997.

[4] 黄祥成，邱言龙，尹述军. 钳工技师手册. 北京：机械工业出版社，1998.

[5] 邱言龙，李文林，谭修炳. 工具钳工技师手册. 北京：机械工业出版社，1999.

[6] 邱言龙. 机床维修技术问答. 北京：机械工业出版社，2001.

[7] 周宗明. 金属切削机床. 北京：清华大学出版社，2004.

[8] 机械工业职业技能鉴定指导中心. 机修钳工技术（高级）. 北京：机械工业出版社，2004.

[9] 顾维邦. 金属切削机床概论. 北京：机械工业出版社，2007.

[10] 邱言龙，王兵. 钳工实用技术手册. 北京：中国电力出版社，2007.

[11] 邱言龙，李文林，雷振国. 机修钳工入门. 北京：机械工业出版社，2009.

[12] 邱言龙，刘继福. 机修钳工实用技术手册. 北京：中国电力出版社，2009.

[13] 邱言龙. 装配钳工实用技术手册. 北京：中国电力出版社，2010.

[14] 隋秀凛、高安邦. 实用机床设计手册. 北京：机械工业出版社，2010.

[15] 邱言龙，李文菱，谭修炳. 工具钳工实用技术手册. 北京：中国电力出版社，2011.

[16] 邱言龙. 巧学装配钳工技能. 北京：中国电力出版社，2012.

[17] 邱言龙. 巧学机修钳工技能. 北京：中国电力出版社，2012.

[18] 邱言龙，黄祥成，雷振国. 钳工装配问答（第2版）. 北京：机械工业出版社，2013.

[19] 邱言龙，雷振国. 机床维修技术问答（第2版）. 北京：机械工业出版社，2013.

[20] 陈宏钧. 金属切削工艺技术手册. 北京：机械工业出版社，2013.

[21] 邱言龙，雷振国．机床机械维修技术．北京：中国电力出版社，2014.
[22] 邱言龙．机床电气维修技术．北京：中国电力出版社，2014.
[23] 邱言龙，李文菱．数控机床维修技术．北京：中国电力出版社，2014.
[24] 邱言龙，雷振国．机床液压与气动维修技术．北京：中国电力出版社，2014.
[25] 贾亚洲. 金属切削机床概论（第 2 版）．北京：机械工业出版社，2015.